Arnold - la Cour

Die Gleichstrommaschine

Ihre Theorie,
Untersuchung, Konstruktion, Berechnung und Arbeitsweise

Erster Band

Theorie und Untersuchung

von

I. L. la Cour

Dritte vollständig umgearbeitete Auflage
Manuldruck 1923

Mit 570 Textfiguren

Berlin
Verlag von Julius Springer
1919

ISBN-13:978-3-642-89282-0 e-ISBN-13:978-3-642-91138-5
DOI: 10.1007/ 978-3-642-91138-5

Vorwort.

In der vorliegenden dritten Auflage der Gleichstrommaschine hat Unterzeichneter, der Prof. Arnold bei der Ausarbeitung der ersten Auflage dieses Buches behilflich war, die Einteilung des Stoffes in den früheren Auflagen im wesentlichen beibehalten. Da Theorie und Untersuchung Hand in Hand gehen müssen, hatte Prof. Arnold in der zweiten Auflage die experimentelle Untersuchung der Gleichstrommaschine vom zweiten in den ersten Band übernommen. In dieser Auflage bin ich noch weiter gegangen und habe die Untersuchung der Gleichstrommaschine über den ganzen ersten Band verteilt, so daß z. B. die magnetische Untersuchung der Gleichstrommaschine sich der Theorie des magnetischen Feldes, und die experimentelle Untersuchung der Kommutierung sich der Kommutierungstheorie direkt anschließt. In dieser Weise folgt die Untersuchung der Gleichstrommaschine in irgendeiner Beziehung stets Hand in Hand der theoretischen Behandlung der Maschine in gleicher Beziehung.

Die Erfahrung hat gelehrt, daß eine Gleichstrommaschine, die im allgemeinen richtig berechnet und ausgeführt ist, nur dann gut arbeiten wird, wenn sie vollkommen symmetrisch ist und die momentanen Vorgänge in ihr nicht viel von den mittleren abweichen. Ich habe deswegen die ganze Theorie darauf ausgehen lassen, hauptsächlich die Vorgänge in möglichst symmetrischen Gleichstrommaschinen, und zwar die mittleren Vorgänge in denselben, zu untersuchen. In zweiter Linie ist dann theoretisch nachgewiesen, welche sekundäre Erscheinungen auftreten, wenn die Maschine entweder nicht symmetrisch ist, oder wenn die momentanen Vorgänge in der Maschine durch zu wenige Ankernuten oder Kommutatorlamellen von den mittleren Vorgängen abweichen. Diese Abweichung der momentanen von den mittleren Vorgängen machen sich hauptsächlich durch Pulsationen im Feld und Strömen bemerkbar.

Hierdurch wird der Anfänger stets danach streben, eine möglichst symmetrische Maschine zu entwerfen. Sollte durch die Wahl der Wicklungsart oder der Nutenzahl eine Unsymmetrie nicht gut vermieden werden können, so wird er ferner imstande sein, diese Unsymmetrie möglichst klein zu halten, sowie zu kontrollieren, ob keine schädlichen Sekundärvorgänge hierdurch entstehen.

Da beim Entwurf einer Maschine viele Größen in Betracht kommen, so ist es immerhin eine Kunst, die günstigsten Abmessungen derselben festzustellen. Die mathematischen Formeln reichen nicht allein aus; große Erfahrung und ein gutes Gefühl sind bei der richtigen Wahl der Hauptdimensionen auch von sehr großem Wert.

Ich glaube daher, daß eine ausführliche Theorie der Gleichstrommaschine, die alle wesentlichen Punkte behandelt und die durch das Experiment gewonnenen Erfahrungen untersucht und kritisiert, auch für den Ingenieur der Praxis von Nutzen ist.

Es ist nicht schwierig für normale Verhältnisse und wenn an den Materialaufwand keine sparsamen Bedingungen geknüpft werden, eine gut arbeitende Gleichstrommaschine zu bauen. Die Aufgabe des Ingenieurs besteht aber darin, mit dem Minimum an Herstellungskosten allen geforderten Bedingungen zu genügen. Je mehr man sich diesem Minimum nähert, um so sorgfältiger muß die Maschine berechnet werden und um so mehr ist es notwendig, die Theorie der Gleichstrommaschine zu beherrschen.

Ich bin der Ansicht, daß die Vorausberechnung einer Maschine mit größter Sorgfalt erfolgen soll und daß hierfür schwerlich zu viel Zeit verwendet werden kann; denn selbst wenn ein Ingenieur, der als Werkzeug nur Bleistift, Papier und einen Rechenschieber braucht, mehrere Tage anstatt nur einige Stunden an einer Maschine rechnet und es gelingt ihm dabei, günstigere Abmessungen zu finden, so ist das für die Fabrikation von Vorteil.

Zu der Behandlung des Stoffes selbst sei noch folgendes bemerkt:

Die selten vorkommenden Unipolarmaschinen, sowie Maschinen mit Scheibenankern und Ringankern sind in den einleitenden Abschnitten nur kurz behandelt, weil sie heute nur noch hauptsächlich historisches Interesse besitzen. Dasselbe gilt auch für offene Ankerwicklungen und glatte Trommelanker. Die einzigen Ankerwicklungen, die eine ausführliche Behandlung erfahren haben, sind deswegen nur die geschlossenen Trommelwicklungen. Diese sind im dritten Kapitel vom Gesichtspunkte der größtmöglichen Symmetrie behandelt. Hierdurch haben alle Wicklungsformeln sich ganz wesentlich vereinfachen lassen.

Nachdem in den ersten Kapiteln die gebräuchlichsten Wicklungen mit ihren Ausgleichverbindungen behandelt sind, folgt in den nächsten Kapiteln das magnetische Feld, seine Erregung und Berechnung, sowohl bei Leerlauf als bei Belastung. Ich will nur hier auf die Bedeutung der neutralen Zone des Ankerfeldes besonders aufmerksam machen, weil diese nicht allein die Berechnung der Ankerrückwirkung, sondern auch die Berechnung der Feldverteilung in Wendepolmaschinen besonders erleichtert. Aus den Feldkurven ergeben sich in einfacher Weise die Potentialkurven des Kommutators, und da diese für die Kommutierung von maßgebendem Einfluß ist, so bilden gerade die Potentialkurven des Kommutators einen natürlichen Übergang zu der Kommutierungstheorie.

Die Kommutierungstheorie habe ich auf die von Prof. Arnold und Verfasser ausgearbeitete graphische Methode aufgebaut, komplettiert durch die von Prof. Arnold und Mie gebrachte analytische Berechnung für den einfachsten Fall der Widerstandskommutierung. Die Kommutierungstheorie fängt deswegen im dreizehnten Kapitel mit der Berechnung der in den Kommutierungszonen auftretenden Felder und der von diesen in den kurzgeschlossenen Spulen induzierten EMKe an. Aus diesen bekannten Größen sind dann im siebzehnten Kapitel die Kommutierungsdiagramme, Kurzschlußstromkurven und Übergangsverluste am Kommutator abgeleitet.

In den folgenden Kapiteln sind einige komplettierende analytische Berechnungen sowie die experimentelle Untersuchung der Kommutierung gebracht. Die Kommutierungstheorie schließt dann mit den Bedingungen und Mitteln zur Förderung einer guten Kommutierung, von denen die Wendepole und Kompensationswicklungen im dreiundzwanzigsten Kapitel eingehend behandelt worden sind.

Die charakteristischen Kurven der Gleichstrommaschine sind auf Motoren und Generatoren konstanten Stromes ausgedehnt. Neu ist das folgende Kapitel, worin alle in Gleichstrommaschinen auftretende Schwingungen eingehend besprochen sind. In den letzten Kapiteln sind die Verluste und die Erwärmung, sowie die Untersuchung derselben ausführlich behandelt.

Im zweiten Band wird die Berechnung, Konstruktion und Arbeitsweise der Gleichstrommaschine behandelt werden. Er bringt die Anwendung der im ersten Band gegebenen Theorie.

Herr Dipl.-Ing. W. Gerhartz hat an einigen der ersten Kapitel und Dr.-Ing. A. Ytterberg an den drei letzten Kapiteln mitgearbeitet. Dr. Ytterberg hat mich bei der mühsamen Arbeit des Korrekturlesens sehr entlastet. Ich spreche diesen beiden Herren meinen besten Dank aus.

Ich hoffe, daß das alte in zwei Auflagen bewährte Arnoldsche Buch auch in seiner neuen Bearbeitung sich wiederum einen Freundeskreis erwerben möge.

Stockholm, im Mai 1919.

J. L. la Cour.

Inhaltsverzeichnis.

Sechstes Kapitel.

Das magnetische Feld einer Gleichstrommaschine.

Siebentes Kapitel.

Erregung des magnetischen Feldes einer Gleichstrommaschine.

Achtes Kapitel.

Polarität und Drehrichtung einer Gleichstrommaschine.

Neuntes Kapitel.

Magnetfeld und Feldamperewindungen bei Leerlauf.

Zehntes Kapitel.

Magnetische Untersuchung einer Gleichstrommaschine.

Elftes Kapitel.

Ankerfeld und Feldamperewindungen bei Belastung.

Zwölftes Kapitel.

Potentialkurven des Kommutators.

Dreizehntes Kapitel.

Das kommutierende Feld.

Vierzehntes Kapitel.

Kurzschlußzeit.

Fünfzehntes Kapitel.

Nutenfelder und Induktionskoeffizienten.

Sechzehntes Kapitel.

Übergangswiderstand bzw. Übergangsspannung zwischen Kommutator und Bürste.

Siebzehntes Kapitel.

Kommutierungsdiagramme und Kurzschlußstromkurven.

Achtzehntes Kapitel.

Analytische Berechnung einiger Kurzschlußstromkurven.

Neunzehntes Kapitel.

Zusätzliche Ströme in den kurzgeschlossenen Spulen bei einer Bürstenbreite größer als die Lamellenbreite ($b_1 > \beta$).

Zwanzigstes Kapitel.

Experimentelle Untersuchung der Kommutierung.

Einundzwanzigstes Kapitel.

Bedingungen für eine gute Kommutierung bei Maschinen ohne Wendepole.

Zweiundzwanzigstes Kapitel.

Hilfsmittel zur Förderung einer guten Kommutierung. Seite

Dreiundzwanzigstes Kapitel.

Wendepole und Kompensationswicklungen.

Vierundzwanzigstes Kapitel.

Die charakteristischen Kurven der Gleichstrommaschine.

Fünfundzwanzigstes Kapitel.

Eigenschwingungen in Gleichstrommaschinen.

Sechsundzwanzigstes Kapitel.

Verluste der Gleichstrommaschine.

Siebenundzwanzigstes Kapitel.

Wirkungsgrad der Gleichstrommaschine.

Achtundzwanzigstes Kapitel.

Erwärmung der Gleichstrommaschine.

Berichtigung.

Es muß heißen:

S. 76 in der Abschnittsüberschrift und den betreffenden folgenden Seitenüberschriften:

18. Ausgleichverbindungen der einfachen Schleifenwicklung.

S. 158 in den beiden Formeln: l statt l_i.

S. 426 in der ersten und in den vier letzten Formeln: B_{cg} statt B_c.

Erstes Kapitel.

Erzeugung eines Gleichstromes.

1. Erzeugung eines Gleichstromes durch unipolare Induktion.

Angeregt durch Versuche Aragos, der zeigte, daß eine kreisende Kupferscheibe auf eine Magnetnadel eine abstoßende Kraft ausübt, stellte Michael Faraday[1]) 1831 Versuche an, um, wie er sich ausdrückte, Magnetismus in Elektrizität zu verwandeln. Ihm gelang es als erstem, unter Aufwendung mechanischer Arbeit einen elektrischen Gleichstrom zu erzeugen.

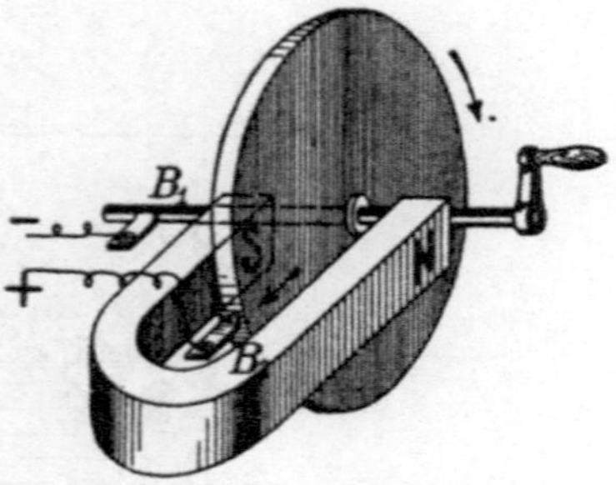

Fig. 1. Faradaysche Scheibe.

Fig. 1 gibt ein Bild der Vorrichtung, der er sich hierzu bediente. Eine drehbar gelagerte Kupferscheibe befindet sich zwischen den Polen eines Hufeisenmagnets. Faraday entdeckte, daß, bei Drehung der Scheibe, zwischen beliebigen Punkten derselben eine elektrische Spannung auftrat, die zwischen der Scheibenachse B_1 und einer auf dem Scheibenrande im Punkte B_2 schleifenden Kontaktfeder ihren größten Wert erreichte.

Von dieser einfachen Vorrichtung ausgehend, erkannte Faraday das allgemeine Naturgesetz, nach welchem in jedem Leiter, der sich relativ zu einem magnetischen Felde bewegt, und

[1]) Experimental researches on electricity. 1832.

zwar in einer Richtung, die nicht mit der Richtung der Kraftlinien zusammenfällt, eine elektromotorische Kraft induziert wird. Er fand weiter, daß die Größe dieser EMK proportional ist der Änderung pro Zeiteinheit des von dem induzierten Stromkreise umschlossenen Kraftflusses, die während der Dauer der Bewegung eintritt.

Bezeichnen wir den von dem Stromkreis umschlungenen Kraftfluß mit Φ_x, so können wir dieses Gesetz in die mathematische Form kleiden, die ihm Maxwell gab

$$e = -\frac{d\Phi_x}{dt} \quad \ldots\ldots\ldots\ldots \quad (1)$$

oder in Worten: Der Momentanwert der induzierten EMK ist der Änderungsgeschwindigkeit des induzierenden Kraftflusses proportional.

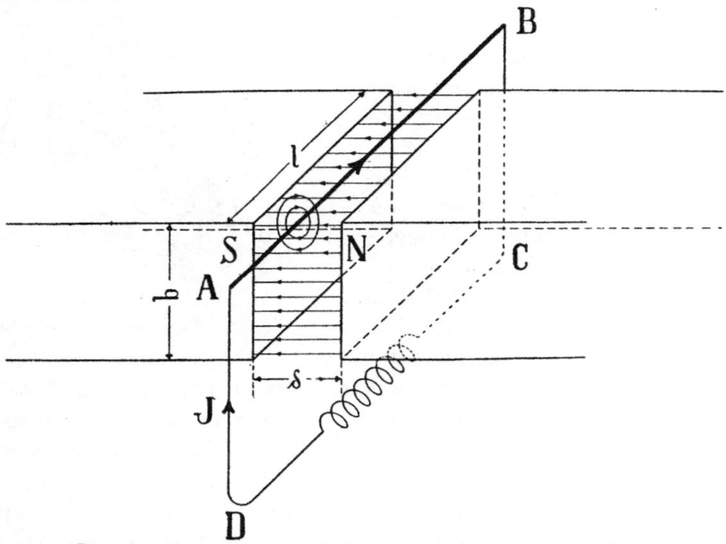

Fig. 2. Bewegung eines Leiters im konstanten Felde.

Dem Entdecker der elektromagnetischen Induktion zu Ehren nennen wir dieses Gesetz das Faradaysche Grundgesetz der elektromagnetischen Induktion.

Das negative Vorzeichen soll die Richtung der induzierten EMK andeuten, die nach dem von Lenz erkannten Naturgesetz stets so gerichtet ist, daß der entstehende Strom die Feldänderung zu verhindern strebt.

Bei allen Maschinen zur Erzeugung eines Gleichstromes ist der magnetische Fluß selbst als praktisch konstant anzusehen und es erfolgt die erforderliche Änderung des von dem Stromkreis umschlossenen Kraftflusses stets durch die Bewegung eines Teiles des Stromkreises, wodurch der von letzterem umschlossene Kraftfluß vergrößert oder verkleinert wird.

In Fig. 2 sind N und S der Nord- bzw. Südpol eines magnetischen Feldes, das von dem Stromkreis $ABCD$ umschlossen wird. Denken wir uns den Leiter AB nach abwärts bewegt, so wird das mit dem Stromkreis verkettete Feld verkleinert und es entsteht in dem geschlossenen Stromkreis ein Strom in der eingezeichneten Richtung, der dieser Verkleinerung des Feldes entgegen wirkt.

Ist $b \cdot l$ die Fläche eines Pols in cm² und setzen wir eine gleichmäßige Verteilung der Kraftlinien über den zwischen den Polen befindlichen Luftraum voraus, so nennt man die Zahl der Kraftlinien eines Quadratzentimeters dieser Fläche, die sogenannte Feldinduktion

$$B = \frac{\Phi}{bl} \text{ Kraftlinien/cm}^2 \quad \ldots\ldots \quad (2)$$

Bezeichnen wir ferner den von dem Leiter AB in der Zeit dt zurückgelegten Weg mit ds, so ist die Änderung des von dem Leiter umschlossenen Kraftflusses während dieser Verschiebung gleich

$$d\Phi_x = Blds \text{ Kraftlinien}$$

und der Momentanwert der in dem Stromkreis induzierten EMK

$$e = -\frac{d\Phi_x}{dt} = -\frac{Blds}{dt} = -Blv$$

wenn wir sie in absoluten Einheiten messen. Wenn B, l und v gleich eins sind, so wird im Leiter eine EMK gleich der Spannungseinheit induziert.

Die absolute Einheit der elektromotorischen Kraft wird induziert in einem Leiter von der Länge eines Zentimeters, der sich mit der Geschwindigkeit von 1 cm/sek. senkrecht zu den Kraftlinien eines magnetischen Feldes mit der Induktion von einer Kraftlinie/cm² bewegt.

Da die Verwendung einer derart kleinen Maßeinheit für technische Zwecke ungeeignet ist, so ist für diese das 10^8fache der absoluten Einheit als technische Einheit gewählt und mit der Bezeichnung ein Volt belegt worden. Diese EMK ist annähernd gleich der eines Daniell-Elementes.

Nach dieser Festlegung der Maßeinheit erhalten wir die in einem Leiter induzierte EMK zu

$$\boldsymbol{e = -Blv\, 10^{-8}} \textbf{ Volt,} \quad \ldots\ldots \quad (3)$$

worin die Geschwindigkeit v des Leiters in cm/sek. zu messen ist.

Wir sehen aus dieser Gleichung unmittelbar, daß die induzierte EMK eines Leiters von gegebener Länge l, der mit gleichförmiger Geschwindigkeit v durch ein magnetisches Feld hindurchbewegt wird, direkt proportional ist der Feldstärke in dem Orte, an welchem der Leiter sich befindet.

Aus Fig. 2 und Gl. 2 erkennen wir ferner, daß die in einem Leiter induzierte EMK (in abs. Einh.) gleich ist der Gesamtzahl der in einer Sekunde von dem Leiter geschnittenen Kraftlinien.

Die Benutzung dieser Beziehung, d. h. der Vorstellung von der Erzeugung einer EMK durch Kraftlinienschnitte, ist in vielen Fällen von Vorteil. Es ist jedoch nicht nur auf die Kraftlinienschnitte eines einzelnen Teiles des Stromkreises zu achten, was zulässig ist, so lange nur dieser Teil des Leiters allein bewegt wird, sondern es sind die Kraftlinienschnitte des ganzen Stromkreises zu beachten, wenn man vor Trugschlüssen bewahrt bleiben will.

Bewegt sich ein Leiter dauernd in einem Felde gleicher Richtung in gleichem Sinne, so wird in ihm eine EMK von gleichbleibender Richtung induziert. Ist ferner diese Bewegung gleichförmig ($v =$ konst.) und das Feld gleichmäßig verteilt, so ist auch die Zahl der geschnittenen Kraftlinien in der Zeiteinheit konstant, oder mit anderen Worten: die Änderungsgeschwindigkeit des Kraftflusses ist konstant, und es wird in dem Stromkreis eine EMK gleicher Richtung und Stärke induziert, die bei Schließung desselben einen elektrischen Gleichstrom erzeugt.

Diese Art der Erzeugung einer Gleichspannung bezeichnen wir als unipolare Induktion und nennen Maschinen, die auf ihr beruhen, Unipolarmaschinen, da sich der Leiter dauernd vor ein und demselben Pol bewegt.

Die Faradaysche Vorrichtung stellt somit die erste Unipolarmaschine dar. Da bei dieser nur die zwischen den Polen des Magnets befindlichen Teile der Kupferscheibe induziert werden, so fließen innerhalb der Scheibe Ausgleichströme nach den nicht induzierten Stellen, wodurch sich die Scheibe erhitzt. Die aufgewendete mechanische Arbeit wird demnach zum größten Teil in Wärme verwandelt, so daß die Vorrichtung zur wirtschaftlichen Stromerzeugung ungeeignet ist.

Le Roux verbesserte die Faradaysche Vorrichtung. Er machte die Beobachtung, daß ein Kupferzylinder, der zwischen zwei kreisförmigen, konzentrischen Polen kreist, sich nur mäßig erwärmt. Da bei einer solchen Anordnung alle Teile des Kupferzylinders gleichsinnig und annähernd gleich stark induziert werden, treten innere Ströme von wesentlicher Stärke nicht auf. Sie würden völlig verschwinden, wenn sich eine völlig gleichmäßige Feldverteilung längs des Zylinderumfanges erreichen ließe.

Fig. 3 läßt den konstruktiven Aufbau einer solchen Unipolarmaschine deutlich erkennen. Der mittels einer Riemenscheibe in Drehung versetzte Kupferzylinder ist mit K bezeichnet. Auf seinen Enden schleifen die Bürsten B_1 und B_2, die auf den ganzen Umfang des Zylinders in beliebiger Anzahl verteilt sein können. Der Weg des Kraftflusses, der durch die Feldspule F erzeugt wird, ist durch die gestrichelte Linie angedeutet. Trotz des einfachen Auf-

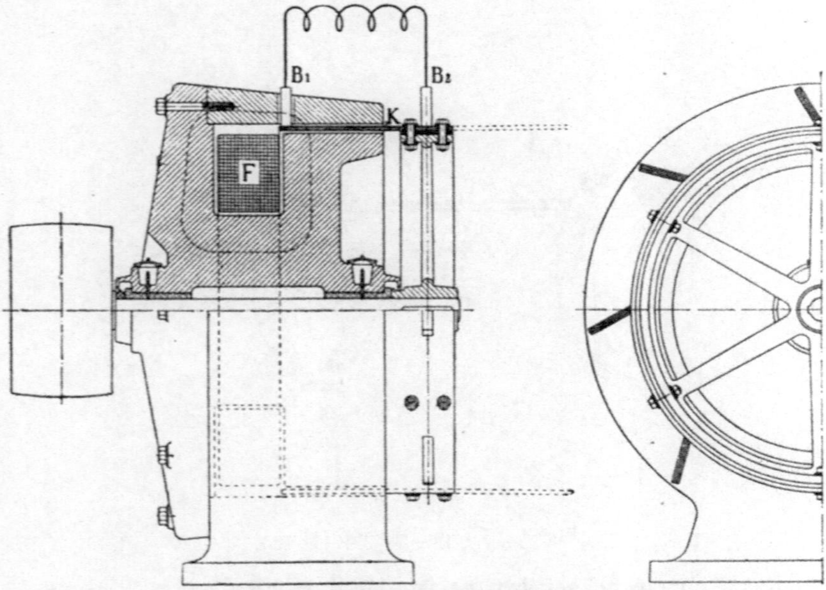

Fig. 3. Unipolare Gleichstrommaschine.

baues ist diese Art von Maschinen praktisch unbrauchbar. Die induzierte EMK ist verhältnismäßig klein. Weder die Feldstärke, noch die freitragende Zylinderlänge, noch auch die Umfangsgeschwindigkeit läßt sich beliebig steigern. Die größte praktische Schwierigkeit liegt jedoch in der Stromabnahme bei der notwendigen, hohen Umfangsgeschwindigkeit.

Um eine höhere Spannung zu erzeugen oder um die Umfangsgeschwindigkeit herabsetzen zu können, ist die Hintereinanderschaltung von Ankerleitern erforderlich.

Zu diesem Zweck ersetzen wir den Kupferzylinder durch einen stabförmgen Leiter, der, um eine Stromabnahme zu ermöglichen, mit zwei Schleifringen S_1 und S_2 (Fig. 4) verbunden ist, von welchen die Stromabnahme durch die Bürsten B_1 und B_2 erfolgt.

Betrachten wir den induzierten Stromkreis, so erkennen wir, daß der die Fläche $B_1 A_1 A_2 B_2$ durchsetzende Kraftfluß sich bei der Bewegung des Ankerleiters $A_1 A_2$ in der Pfeilrichtung vergrößert. Es entsteht ein Strom in der eingezeichneten Richtung, der das von ihm umschlossene Magnetfeld zu schwächen sucht. Diese Vergrößerung hält ständig an; denn je weiter der Ankerleiter $A_1 A_2$ sich dreht, um so größer wird der Kraftfluß, der vom induzierten Stromkreis umschlossen wird. Ist der Ankerleiter wieder zu den

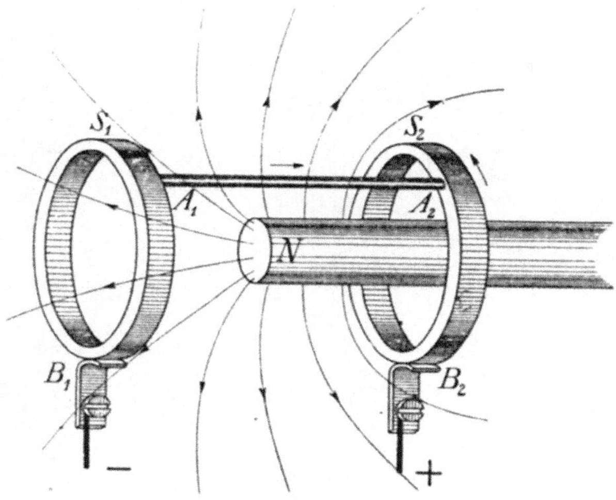

Fig. 4. Unipolare Induktion.

Bürsten $B_1 B_2$ zurückgekehrt, so ist der durch die erste Umdrehung eingeschlossene Kraftfluß am größten geworden und bei der zweiten Umdrehung nimmt er noch ständig zu. Wir treffen zwar wieder dieselben Kraftflüsse, die wir schon beim ersten Herumgehen eingeschlossen haben; wir müssen uns aber vorstellen, daß die vom induzierten Stromkreis gebildete Fläche mehr als einmal um die Schleifringe herumgelegt worden ist, so daß die Kraftflüsse diese Fläche zum zweiten Mal durchsetzten. Es wird aus dem Grunde im betrachteten Stromkreis eine gleichgerichtete EMK so lange induziert, wie der Ankerleiter sich dreht.

Wir wären zu demselben Ergebnis auch gekommen, wenn wir nur die vom Ankerleiter geschnittenen Kraftlinien ins Auge gefaßt und die induzierte EMK nach Formel (3) berechnet hätten.

Die Vorstellung von Kraftlinienschnitten kann jedoch unter Umständen zu Irrtümern führen. Lassen wir z. B. die Bürsten in Fig. 4 sich mit derselben Geschwindigkeit wie der Ankerleiter mitdrehen, und verbinden wir die Bürsten mit einem sich ebenfalls mitbewegendem Voltmeter, so zeigt das Voltmeter keine Spannung an, trotzdem der Ankerleiter ständig Kraftlinien schneidet. Wir dürfen aber den äußeren Stromkreis nicht vergessen, und gerade in der mitdrehenden Voltmeterleitung wird eine, der im Ankerleiter induzierten EMK gleiche und entgegengerichtete EMK, induziert. Aus der Vorstellung der Kraftflußänderung hätte dieses Resultat sich dagegen sofort ergeben; denn die Fläche $B_1 A_1 A_2 B_2$ des betrachteten Stromkreises und der von ihr umschlossene Kraftfluß behalten ihre Größen in diesem Falle stets unverändert bei; und wenn keine Kraftflußänderung vorkommt, kann auch keine EMK induziert werden.

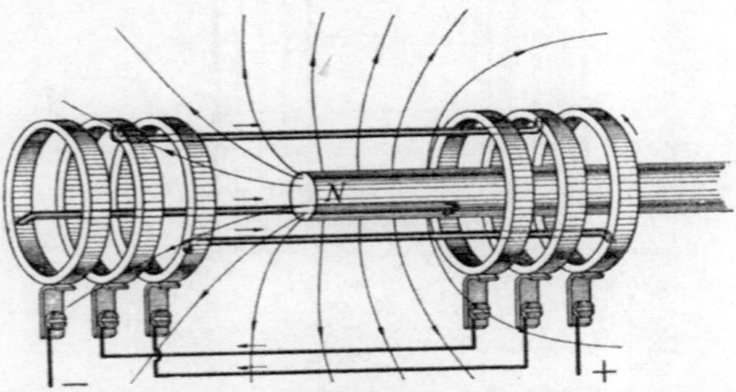

Fig. 5. Hintereinanderschaltung elektrischer Leiter in einer unipolaren Maschine.

Schalten wir, wie in Fig. 5 geschehen, mehrere derartige Leitersysteme hintereinander, so ist es möglich, eine hohe Gleichspannung bei verhältnismäßig niedriger Geschwindigkeit des Leitersystems zu erzeugen.

Unipolarmaschinen, die auf dieser Grundlage aufgebaut sind, sind insbesondere von der General Electric Co. nach Vorschlägen von Dr. Ing. J. E. Noeggerath[1]) mehrfach ausgeführt worden. Der Aufbau und die Wirkungsweise der Noeggerathschen Maschine ist aus Fig. 6 leicht zu erkennen. F_1 und F_2 sind Feldspulen, die konzentrisch zur Maschinenwelle angeordnet sind. Diese Feldspulen erzeugen zwei einander gleiche Kraftflüsse, deren Richtung und Wege gestrichelt eingezeichnet sind. Die Ankerleiter sind auf einem massiven Eisenkörper befestigt. Einen derartigen Anker mit 12 Ankerleitern und 24 Schleifringen zeigt Fig. 7. Dieser Anker gehört zu einem

[1]) Proc. of the American Inst. of Electr. Eng. 1905. C. Feldmann, ETZ 1905, S. 831.

Unipolar-Turbogenerator von 300 KW und 500 Volt bei $n = 3000$ Umdrehungen in der Minute.

Die größte Unipolarmaschine mit einer Leistung von 2000 KW ist von B. G. Lamme[1]) entworfen und von der Westinghouse El. & Mfg. Co., Pittsburg, gebaut worden.

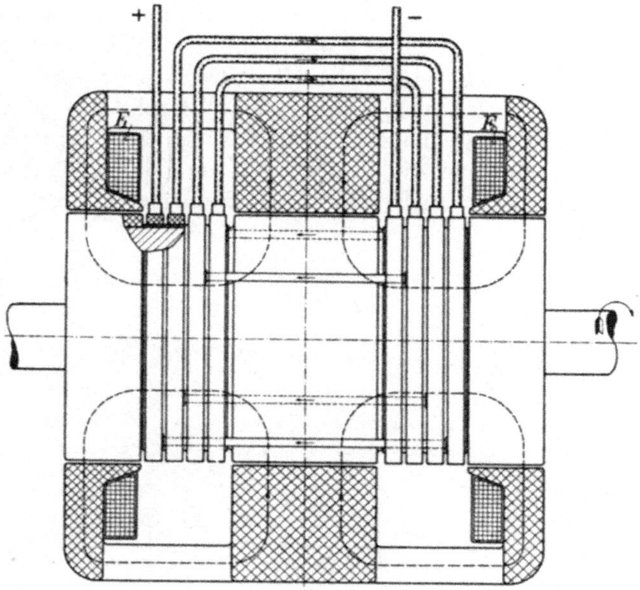

Fig. 6. Unipolare Gleichstrommaschine von Dr.-Ing. J. E. Noeggerath.

Fig. 7. Anker der Noeggerathschen Maschine.

Der Hauptnachteil der Unipolarmaschinen der Noeggerathschen Bauart ist der große Verschleiß der vielen Stromabnehmer und der Schleifringe[2]). Jede Bürste muß den gesamten

[1]) Electric Journal.

[2]) Noeggerath, Diss. Hannover 1910 und v. Ugrimoff, Diss. Karlsruhe 1910.

Strom der Maschine von den Schleifringen abnehmen, was bei der hohen Umfangsgeschwindigkeit der Schleifringe, deren Durchmesser nicht beliebig klein gewählt werden kann, nur bei einem verhältnismäßig großen Auflagedruck funkenfrei erreicht werden kann.

Die Herstellung derartiger Unipolarmaschinen für hohe Spannung ist heute noch nicht erfolgreich durchgeführt, da sie mit den Gleichstrommaschinen der üblichen Bauart nicht in Wettbewerb treten können. Das gleiche gilt für die außerordentlich große Zahl von anderen Vorschlägen, die für den Bau von Unipolarmaschinen gemacht worden sind.

Da die Aussichten, daß unipolare Maschinen in naher Zukunft zu größerer Bedeutung gelangen werden, sehr gering sind, so soll hier nicht näher auf sie eingegangen werden.

2. Erzeugung eines Gleichstromes durch Kommutierung eines Wechselstromes.

Die zur Erzeugung einer größeren EMK erforderliche Hintereinanderschaltung der Ankerspulen ist in Wechselstrommaschinen ohne jede Schwierigkeit ausführbar. Pixii kam bald nach Faradays

Fig. 8.

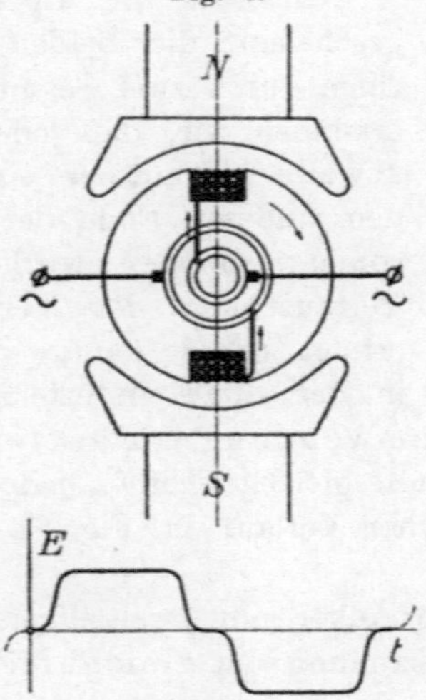

Fig. 8a.

Fig. 9.

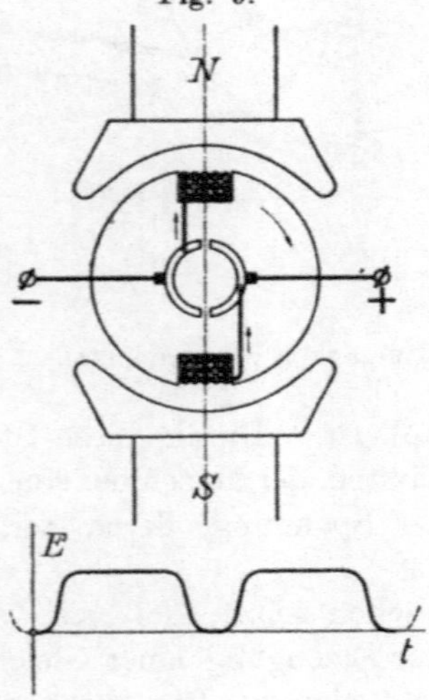

Doppel-T-Anker von Siemens.

Entdeckung als erster auf den Gedanken, durch einen Stromwender, einen sogenannten Kommutator, die in der Wicklung erzeugte Wechselspannung gleichzurichten, um auf diese Weise den gewünschten Gleichstrom höherer Spannung zu erhalten.

Die Figuren 8 und 9 erläutern diesen Vorgang näher. Fig. 8 stellt schematisch die beiden Pole eines Magnetfeldes dar, in deren Feld ein von Werner v. Siemens 1856 angegebener Anker, ein sogenannter Doppel-T-Anker, drehbar angeordnet ist. Die Enden der Ankerspule sind zu zwei Schleifringen geführt, auf denen die beiden Stromabnehmer schleifen, die ursprünglich aus Metallbürsten bestanden und für welche die Bezeichnung „Bürsten" beibehalten worden ist.

Bei jeder halben Umdrehung des Ankers ändert das von der Spule umschlossene Feld in bezug auf die Spule seine Richtung, so daß an den Schleifringen eine Wechselspannung auftritt. Die Kurvenform, d. h. der zeitliche Verlauf dieser Wechselspannung ist, wie aus Gl. (3) hervorgeht, durch die Verteilung der Induktion B des Feldes entlang dem Ankerumfang gegeben. Sie möge den in Fig. 8a gezeichneten Verlauf nehmen.

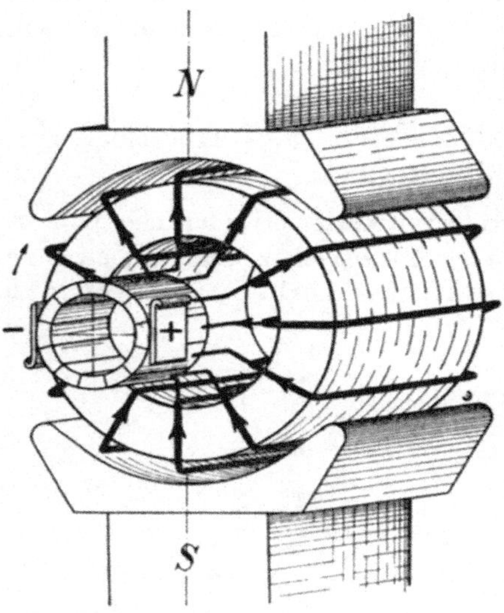

Fig. 10. Ringanker von Pacinotti.

Ersetzen wir, wie in Fig. 9 geschehen, die beiden Schleifringe durch zwei Segmente, so erkennen wir, daß jede Bürste abwechselnd mit dem einen oder dem anderen Ende der Ankerspule verbunden wird. Diese Vertauschung der Verbindung erfolgt gerade dann, wenn die in der Spule induzierte EMK gleich Null ist. Durch diese Stromwendung erhalten wir somit an den Bürsten der Maschine eine stets gleichgerichtete, jedoch stark pulsierende Spannung, deren zeitlicher Verlauf in Fig. 9a wiedergegeben ist.

Wir sehen somit, daß sich ein Anker mit zweiteiligem Kommutator zur Erzeugung einer Gleichspannung von gleichbleibender Stärke nicht eignet. Dies kann nur durch Vermehrung der Ankerspulen und der Zahl der Kommutatorsegmente erreicht werden.

a) Ringanker. Pacinotti gelang es 1860 zuerst, einen Anker zu bauen, der eine praktisch genügend konstante Gleichspannung lieferte.

Pacinotti und später (1870) Gramme bewickelten einen Hohlzylinder mit einer spiralförmig fortschreitenden Wicklung, die in sich geschlossen war (siehe Fig. 10). Die einzelnen Windungen oder

Gruppen von Windungen, die sogenannten Ankerspulen, verband er der Reihe nach fortschreitend mit unter sich isolierten Lamellen eines Kommutators. Aus der Abbildung geht der Aufbau und die Bewicklung des Pacinottischen Ankers, des sogenannten Ringankers, deutlich hervor.

Der Ankerkörper besteht aus lamelliertem Eisen. Seine Befestigung auf der Ankerwelle erfolgt durch einen Ankerstern aus unmagnetischem Stoff, meist Bronze. Bei den wirklichen Ausführungen ist der Hohlzylinder völlig mit Windungen bedeckt. Jede Windung umfaßt maximal nur den halben Kraftfluß eines Pols. Die Rich-

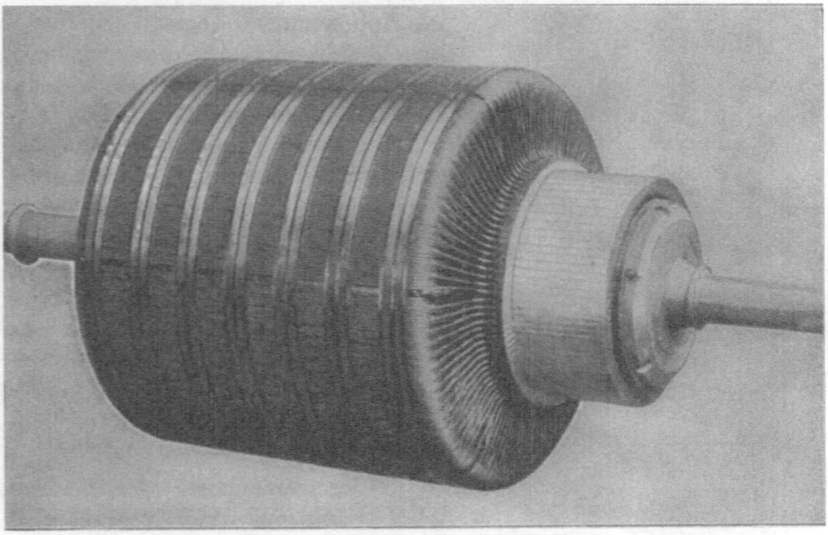

Abb. 11. Ringanker einer 40 KW-Maschine der Maschinenfabrik Oerlikon.

tung der in den Windungen induzierten EMKe ist durch Pfeile in den Stirnverbindungen angedeutet. Anstatt deren Richtung mittels des Lenzschen Gesetzes stets von neuem zu suchen, merken wir uns, daß bei Rechtsdrehung des Ankers, von der Kommutatorseite aus gesehen, die EMK in den vorderen Stirnverbindungen einen Strom erzeugt, dessen Richtung der Feldrichtung entgegengesetzt ist, woraus sich die Merkregel ergibt:

Bei Rechtsdrehung des Ankers treten die Strompfeile ⊗ unter dem ***N***ordpol ei***n***, unter dem ***S***üdpol au***s*** ⊙.

Wir erkennen aus der Figur, daß diese geschlossene Wicklung zwei parallele Zweige bildet. In jedem dieser Stromzweige wird infolge der völlig symmetrischen Anordnung durch die Bewegung des

Kommutators eine Ankerspule auf der einen Seite abgeschaltet und auf der anderen wieder zugeschaltet, so daß praktisch stets gleichviele Windungen hintereinandergeschaltet sind und eine praktisch konstante Gleichspannung erhalten wird.

Der Ringanker hat nach Einführung der Selbsterregung durch Werner von Siemens (1867) eine große Verbreitung gefunden.

Der große Nachteil des Ringankers ist der, daß die Wicklung in allen ihren Teilen auf dem Anker selbst von Hand hergestellt werden muß, was sehr zeitraubend und kostspielig ist. Dazu kommt der teure Ankerstern und die schlechte Abkühlung der inneren Ankerleiter, die der kleineren Innenfläche des Hohlzylinders wegen, sich mehrfach überdecken. Alle diese Nachteile haben dazu geführt, daß heute keine Ringanker mehr gebaut werden.

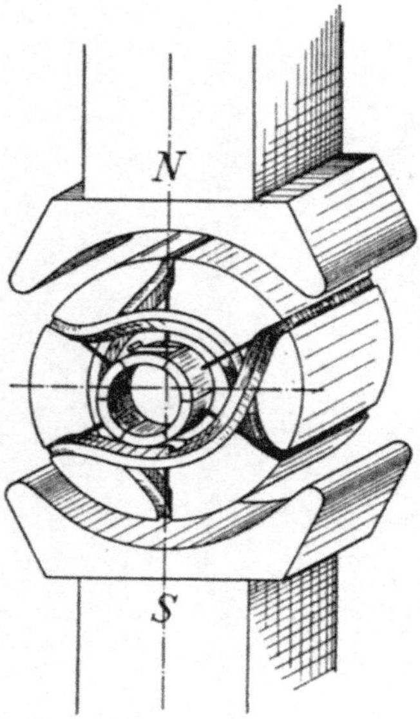

Fig. 12. Trommelanker von Hefner-Alteneck mit offener Ankerwicklung.

Trotzdem verdient er eine besondere Beachtung, da sich an ihm die Vorgänge in einem Anker am besten übersehen und zeichnerisch darstellen lassen.

Fig. 11 zeigt den Ringanker einer 4poligen 40 KW-Gleichstrommaschine der Maschinenfabrik Oerlikon, wie solche anfangs der neunziger Jahre von dieser Firma für Maschinen höherer Spannung ausgeführt wurden.

b) Trommelanker. Die genannten Nachteile des Ringankers vermeidet der von Hefner-Alteneck (1872) aus dem Siemensschen Doppel-T-Anker entwickelte Trommelanker, der den Ringanker völlig verdrängt hat.

Vervielfachen wir, wie in Fig. 12 dargestellt, die Zahl der Spulen und der Segmente des Siemensschen Doppel-T-Ankers (s. Fig. 9), so werden in den einzelnen Spulen Wechselspannungen entstehen, die zeitlich gegeneinander verschoben sind, und zwar um die Zeit, die eine Spule gebraucht, um an die Stelle der vorhergehenden zu gelangen. Wie man leicht erkennt, ist dabei jede Spule nur so lange in den Stromkreis eingeschaltet, wie die zu ihr gehörigen Lamellen sich unter den Bürsten befinden. In jeder Spule muß somit, wenn ihre Lamellen sich unter den Bürsten befinden, die volle Maschinenspannung induziert werden. Zeichnen wir den zeitlichen Verlauf der kommutierten Wechselspannungen, der sinusförmig erfolgen möge, auf, so erhalten wir das Bild nach Fig. 13. Wir sehen, daß die zwischen den Bürsten bestehende Spannung, deren zeitlicher Verlauf durch die stark ausgezogene Kurve angedeutet sei, nur noch schwach pulsiert und daß diese Schwankungen durch eine weitere Vermehrung der Spulen fast ganz zum Verschwinden gebracht werden können.

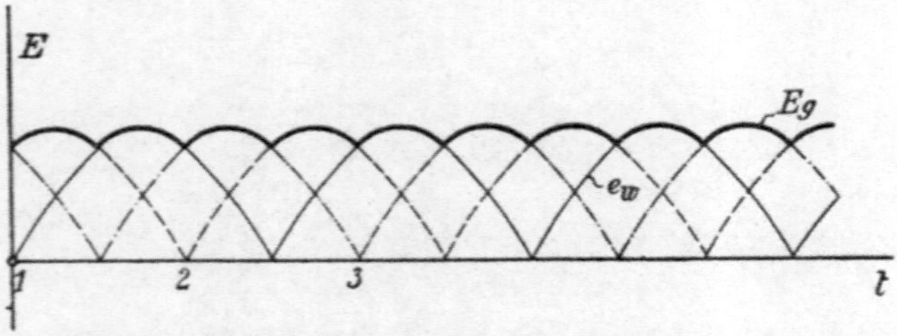

Fig. 13. Spannungsschwankungen eines Ankers mit kleiner Anzahl Kommutatorlamellen.

Wicklungen nach Fig. 9 und 12, bei denen die Spulen offene Stromzweige bilden, wenn die zu ihnen gehörigen Segmente des Kommutators sich nicht unter den Bürsten befinden, bezeichnen wir als offene Ankerwicklungen. Bei diesen ist stets ein Teil der Spulen von dem äußeren Stromkreis abgeschaltet. Folgen wir dem Stromlauf einer Spule bei einer offenen Wicklung, so gelangen wir nur bis zu einer zweiten Kommutatorlamalle; folgen wir ihm in einer geschlossenen Wicklung, wie z. B. an dem Pacinotti-Grammeschen Ringanker (Fig. 10), so kommen wir, nachdem alle Spulen durchlaufen sind, an den Ausgangspunkt wieder zurück.

Heute sind die offenen Ankerwicklungen, auf die wir noch zurückkommen wollen, nur mehr von geschichtlichem Interesse.

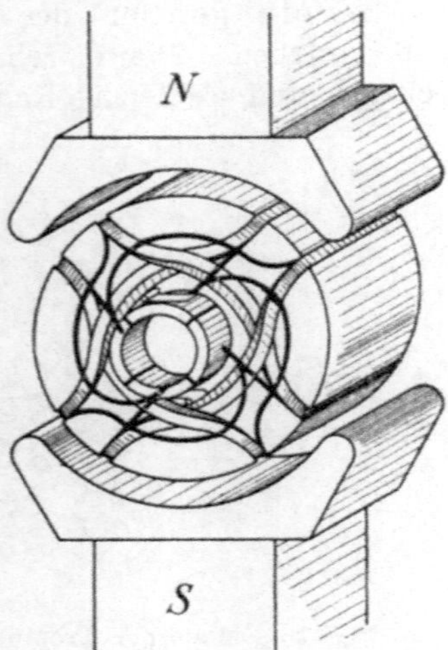

Fig. 14. Trommelanker von Hefner-Alteneck mit geschlossener Ankerwicklung.

Ebenso wie der Ringanker läßt sich auch der Trommelanker mit einer geschlossenen Wicklung versehen, und nur mit einer solchen wird er heute allgemein ausgeführt. In Fig. 14 ist ein Trommelanker mit geschlossener Wicklung dargestellt. Wie aus der Abbildung hervorgeht, umschlingt beim Trommelanker jede Windung maximal den gesamten Kraftfluß eines Pols, während beim Ringanker jede Windung nur den halben Kraftfluß eines Pols umfaßt. Hierdurch wird im allgemeinen beim Trommelanker eine Kupferersparnis erreicht.

Bei kleinen Trommelankern kann ein Ankerstern ganz in Wegfall kommen, bei den größeren bildet der Ankerkörper einen Hohl-

Fig. 15. Moderner Trommelanker ohne Wicklung.

zylinder, genau wie beim Ringanker; doch ist der Hohlraum frei von Windungen und der Ankerstern kann aus Gußeisen oder Stahlguß bestehen. Die einzelnen Windungen können auf Schablonen gebogen und als fertige Rahmen auf den Anker aufgebracht werden.

Fig. 16. Moderner Trommelanker mit Kommutator und Wicklung.

Infolge der hierdurch durchführbaren Arbeitsteilung ist eine wesentlich schnellere und vorteilhaftere Herstellung des Trommelankers möglich.

Einen kleinen Vorteil bietet der Ringanker vor dem Trommelanker dadurch, daß zwischen zwei benachbarten Windungen nur eine sehr geringe Spannung besteht, während diese beim Trommelanker annähernd gleich der vollen Maschinenspannung ist. Dieser Vorteil ist jedoch zu geringfügig, um alle Nachteile des Ringankers zu überwiegen.

Heute wird der Trommelanker, um den Luftspalt zwischen Magnetgestell und Anker klein halten zu können, nach dem Vorgang von J. Wenström (1882) allgemein mit Nuten versehen, in welche die Spulen eingebettet werden.

Fig. 17. Vierpoliges Magnetgestell ohne Wicklung.

Ein derartiger Nutenanker ist in Fig. 15 ohne Wicklung und ohne Kommutator dargestellt. Die gestanzten Ankerbleche sind direkt auf die Welle aufgesetzt und werden durch zwei Preßscheiben zusammengehalten, welche letztere auch als Träger für die Ankerwicklung ausgebildet sind. Fig. 16 zeigt denselben Anker mit in die Nuten eingelegter Trommelwicklung, die an die Lamellen des Kommutators angeschlossen ist. In Fig. 17 ist das zugehörige Magnetgestell, das mit vier Hauptpolen ausgeführt ist, dargestellt. Zwischen den Hauptpolen sind zwei kleine Pole angeordnet, die zur Unterstützung der Stromwendung dienen und deswegen Kommutierungspole oder Wendepole genannt werden. Fig. 18 zeigt dasselbe Magnetgestell mit den zur Erzeugung des Feldes dienenden Magnetspulen aufgesetzt.

c) Scheibenanker. Lediglich noch von geschichtlichem Interesse sind die Scheibenanker, von denen die von Desroziers[1]) und Fritsche[2]) Verbreitung gefunden haben.

Bei den Scheibenankern bewegen sich die aufeinander folgenden Leiter zwischen zwei in der Achsenrichtung gegenüberstehenden Polen entgegengesetzter Polarität, während die Ebene der Spulen senkrecht zu dem axial verlaufenden Feld steht.

Fig. 18. Vierpoliges Magnetgestell mit Wicklung.

Die Entfernung der Pole voneinander ist nur von der Dicke der Ankerstäbe abhängig. Ein Ankerkern kann ganz in Wegfall kommen. Somit verlaufen die Kraftlinien zwischen den Polen nur durch unmagnetische Stoffe bzw. Luft, weshalb die Leiter keine zu großen Abmessungen besitzen dürfen. Diese Bedingung, sowie die Verbindung der Spulen unter sich und mit dem Kommutator erschweren den Ankeraufbau sehr.

---

[1]) Franz. Patent 169746 vom Jahre 1885.
[2]) D. R. P. 57170 vom Jahre 1890.

Die Anordnung der Wicklung von Fritsche ist besonders einfach, weshalb sie als Beispiel erwähnt sei.

Die in Fig. 19 dargestellte vierpolige Wicklung enthält 66 radiale Ankerleiter, von denen die Hälfte (mit ungeraden Ziffern versehen) mit den Kommutatorsegmenten verbunden ist. Der Kommutator ist auf dem äußersten Umfange der Maschine angeordnet.

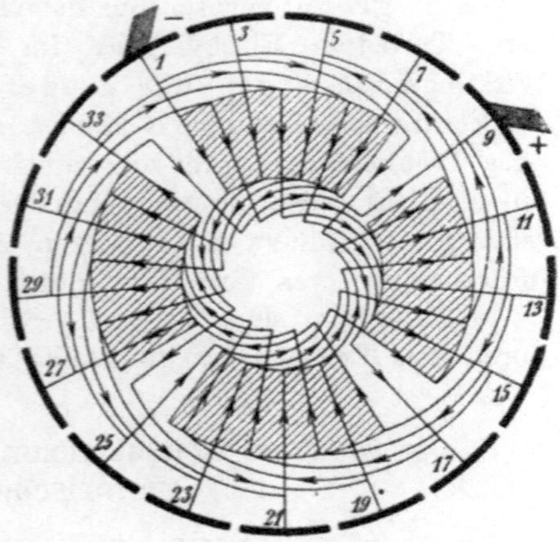

Fig. 19.

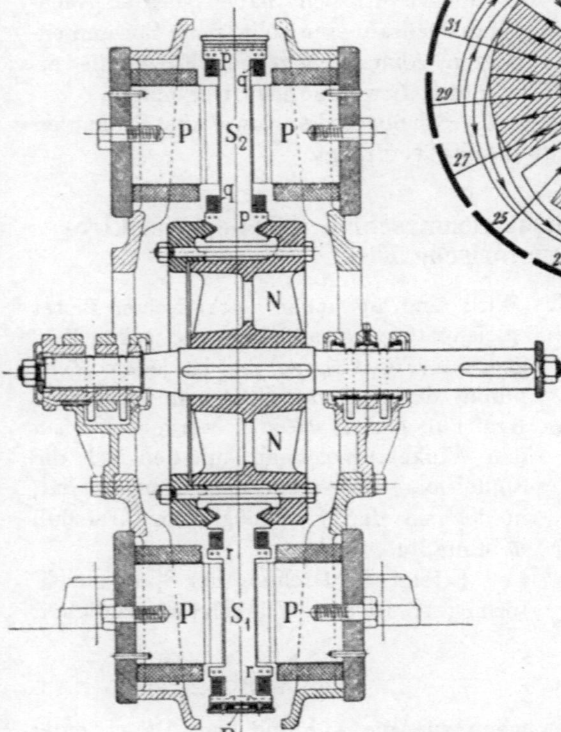

Fig. 20.

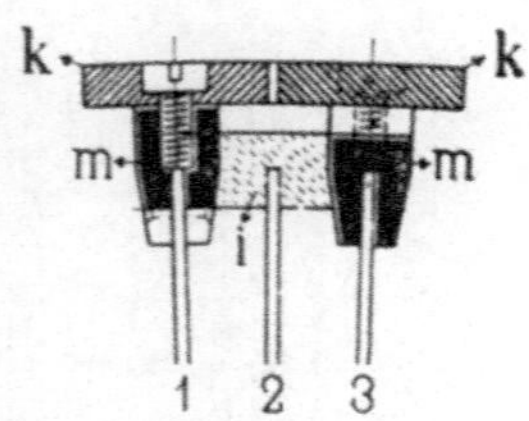

Fig. 21.

Scheibenanker von W. Fritsche.

Den mechanischen Aufbau dieses Scheibenankers zeigt Fig. 20. N ist ein Ankerstern, auf dem die Ankerleiter S_1, S_2 mittels Schwalbenschwanzes befestigt sind. Die Verbindungsleiter der Stäbe sind mit q, die Kommutatorlamellen mit B bezeichnet. Die Befestigung der letzteren zeigt Fig. 21, in der m Messingstücke bedeuten, die die Lamellen mit den ungeradzahligen Leitern (1 und 3) verbinden, während die geradzahligen Leiter durch Isolierstücke *i* in ihrer Lage gehalten werden. Eine unter den Lamellen liegende Bandage nimmt die Fliehkräfte der Teile auf. Man erkennt aus diesem Aufbau, daß sich die Maschine nur für verhältnismäßig niedrige Stabzahl bauen läßt. Die Steifigkeit des Ankers ist bei kleinen Stababmessungen zu gering.

Eine große Verbreitung haben die Scheibenanker nicht gefunden. Trotzdem Eisenverluste im Ankerkörper wegfallen, ist der Wirkungsgrad wegen der größeren Verluste in der Erregerwicklung im allgemeinen kleiner, als der einer Maschine mit Ring- oder Trommelanker. In konstruktiver Hinsicht haben sie den Nachteil, daß für jede Spannung und Drehzahl eine völlig neue Zusammensetzung des Ankers mit anderen Abmessungen der Einzelteile erforderlich ist, was ihre Herstellung unwirtschaftlich macht.

Seit Jahren sind daher die Scheibenanker sowie die Ringanker durch den Trommelanker völlig verdrängt.

3. Die in einer Gleichstrommaschine induzierte elektromotorische Kraft.

a) Größe der EMK. Wird eine aus einem elektrischen Leiter bestehende Spule in einem gleichmäßig verteilten magnetischen Feld gedreht (Fig. 22), so ist in jedem Zeitpunkt der von der Spule umschlungene Kraftfluß gleich $\Phi \cos \alpha$, wenn wir mit α den Winkel bezeichnen, um den sich die Spule aus der Anfangslage gedreht hat, in der sie den größtmöglichen Kraftfluß Φ umfaßte.

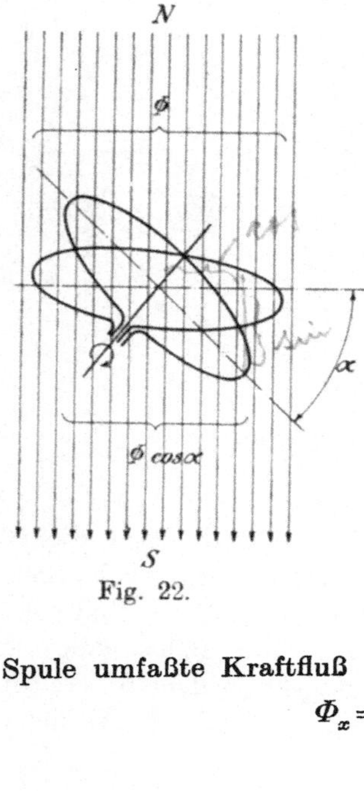

Fig. 22.

Erfolgt die Drehung der Spule gleichförmig, so ist ihre Winkelgeschwindigkeit

$$\omega = \frac{2\pi}{T},$$

wenn wir die während der Dauer einer Umdrehung verstrichene Zeit mit T bezeichnen. Ist t die zur Drehung um den Winkel α erforderliche Zeit, so wird

$$\alpha = \omega t$$

und der in diesem Zeitpunkt von der Spule umfaßte Kraftfluß

$$\Phi_x = \Phi \cos \alpha = \Phi \cos \omega t.$$

Da nach dem Faradayschen Gesetz die in einer Windung induzierte EMK

$$e = -\frac{d\Phi_x}{dt}$$

ist, so wird durch die gleichförmige Drehung einer Spule in einem gleichmäßig verteilten Feld eine in absoluten Einheiten gemessene EMK

$$e = -\frac{d(\Phi \cos \omega t)}{dt} = \Phi \omega \sin \omega t$$

induziert oder in Volt gemessen

$$e = \omega \Phi \sin \omega t \, 10^{-8}.$$

Wir erhalten somit durch die Drehung einer Windung in einem homogenen Feld eine sinusförmig veränderliche EMK, deren Maximalwert sich für $\omega t = 90^0$ zu

$$E_{w\,max} = \omega \Phi \, 10^{-8} \text{ Volt}$$

ergibt.

Macht die Spule in einer Sekunde c Umdrehungen, so ist die Dauer T einer Umdrehung gleich $\frac{1}{c}$ Sek. Folglich ist

$$\omega = \frac{2\pi}{T} = \frac{2\pi}{\frac{1}{c}} = 2\pi c$$

und

$$E_{w\,max} = 2\pi c \Phi \, 10^{-8} \text{ Volt} \quad . \; . \; . \; . \; . \quad (4)$$

Ist die Windung mit den Lamellen eines Kommutators verbunden, der ihre Verbindung mit dem äußeren Stromkreis in dem Zeitpunkt vertauscht, in dem die in ihr induzierte EMK gleich Null ist, so schwankt die EMK des äußeren Stromkreises sinusförmig zwischen Null und dem Größtwert $E_{w\,max}$. Indem wir uns erinnern, daß der Mittelwert aller Ordinaten einer Sinuskurve von 0^0 bis 180^0 $\frac{2}{\pi}$ mal dem Maximalwert ist, so erhalten wir als mittlere induzierte EMK

$$E_{w\,mitt} = \frac{2}{\pi} E_{w\,max} = \frac{2}{\pi} 2\pi c \Phi \, 10^{-8}$$

oder

$$E_{w\,mitt} = 4 c \Phi \, 10^{-8} \text{ Volt}.$$

Folgen, wie bei der gleichmäßig verteilten Wicklung einer Gleichstrommaschine, gleichartige, in Serie geschaltete Spulen in gleichen Abständen aufeinander, so überlagern sich die Mittelwerte der in den einzelnen Windungen induzierten EMKe. Da sich zwischen zwei festen Punkten des Kommutators, d. h. zwischen den Bürsten, praktisch stets gleich viele in Serie geschaltete Windungen befinden, deren mittlere EMK gleich $E_{w\,mitt}$ ist, so erhalten wir eine praktisch konstante Spannung an den Klemmen der Maschine, deren Wert

$$E = 4\,c\,w\,\Phi\,10^{-8}\ \text{Volt} \quad \ldots\ldots \quad (5)$$

ist, wenn wir unter w die Zahl der zwischen zwei Bürsten in Serie geschalteten Windungen verstehen.

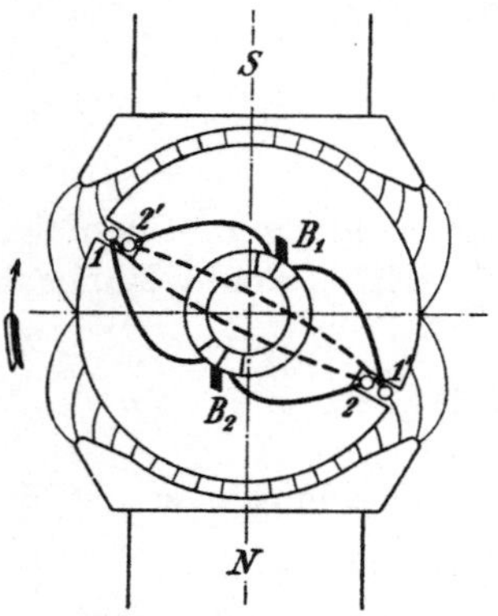

Fig. 23. Induzierte EMK in einer Ankerspule

Dieses Gesetz gilt nicht allein für einen zweipoligen Anker, der in einem homogenen Felde rotiert, sondern auch für jedes Feld, dessen Kraftfluß Φ mit den Ankerspulen in dem Augenblicke verkettet ist, in dem die Ankerspulen am Kommutator eine Bürste passiert und von dieser kurzgeschlossen wird (Fig. 23). Während eine Ankerspule sich von einer Bürste zur nächsten Bürste am Kommutator bewegt, d. h. während einer halben Periode, entsprechend der Zeit $\frac{1}{2c}$, wird sich der von der Ankerspule umschlossene Kraftfluß von $-\Phi$ zu $+\Phi$, d. h. sich um 2Φ ändern. Es wird somit nach dem Faradayschen Gesetz die mittlere induzierte EMK während dieser Halbperiode

$$E = w\frac{2\Phi}{\frac{2}{c}}10^{-8} = 4\,c\,w\,\Phi\,10^{-8}\ \text{Volt}$$

ganz unabhängig von dem Gesetze, wonach sich der Kraftfluß ändert.

Bezeichnen wir die Gesamtzahl der Ankerleiter mit N und die Anzahl der parallelen Ankerzweige mit $2a$, so ist die Zahl der in Serie geschalteten Windungen

$$w = \frac{\frac{N}{2}}{2a} = \frac{N}{4a},$$

so daß

$$E = \frac{N}{a}c\,\Phi\,10^{-8}\ \text{Volt}$$

wird.

Während der Umdrehung einer Spule in einem zweipoligen Feld durchläuft die induzierte EMK eine volle Periode. Besitzt die Maschine p Polpaare, so ist die Zahl der Perioden p mal so groß. Ist ferner n die Zahl der Umdrehungen in einer Minute, so ist die sekundliche Drehzahl gleich $\frac{n}{60}$, was in einem zweipoligen Feld $\frac{n}{60}$ Perioden entspricht. Allgemein ist somit bei einer Maschine mit p Polpaaren die Periodenzahl in der Sekunde

$$c = \frac{p\,n}{60} \quad \ldots\ldots\ldots\ldots \quad (6)$$

Setzen wir diesen Wert in vorstehende Gleichung ein, so erhalten wir als Schlußgleichung für die in einer Gleichstrommaschine induzierte EMK

$$E = \frac{N}{a}\frac{p\,n}{60}\Phi\, 10^{-8} \text{ Volt} \quad \ldots\ldots \quad (7)$$

b) Feldkurve und EMK-Kurve. In modernen Gleichstrommaschinen tritt der Kraftfluß unter dem Nordpole aus dem Magnetgestell über einen engen Luftspalt in den Anker hinein und tritt unter dem folgenden Südpol wieder vom Anker in das Magnetgestell zurück. Den Luftspalt entlang erhält man in der Weise eine wechselnde Feldstärke, die man als Funktion des Ankerumfanges auftragen kann. Die so erhaltene Kurve nennt man die Feldkurve, die meistens von der Sinuskurve ziemlich abweicht. Eine derartige Feldkurve ist in Fig. 24 dargestellt. An den Stellen, wo die Kurve durch Null geht, befindet man sich in den sogenannten neutralen Zonen des magnetischen Feldes. Den Abstand zwischen zwei neutralen Zonen oder zwei Polmitten bezeichnet man als die Polteilung des Magnetsystems.

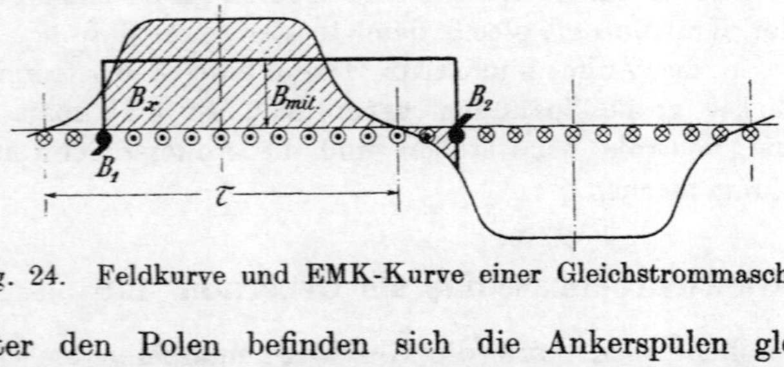

Fig. 24. Feldkurve und EMK-Kurve einer Gleichstrommaschine.

Unter den Polen befinden sich die Ankerspulen gleichmäßig verteilt und in jeder Ankerspule wird eine EMK induziert, entsprechend der Feldstärke an der Stelle, wo die Spule sich befindet. Addiert man die in den zwischen zwei Kommutatorbürsten liegenden Ankerspulen induzierten EMKe, so erhält man die in der totalen Ankerwicklung induzierte EMK. Diese ist nach Formel 2 gleich

$$E = l v \Sigma B_x\, 10^{-8} \text{ Volt,}$$

wo ΣB_x über alle Ankerspulen zwischen zwei Bürstenlagen zu erstrecken ist. Zwischen zwei Bürsten liegen $\frac{N}{2a}$ Drähte in Serie, und indem wir die mittlere Induktion der betrachteten $\frac{N}{2a}$ Ankerdrähte mit B_{mit} bezeichnen, so wird

$$E = \frac{N}{2a} l v B_{mit} 10^{-8} \text{ Volt.}$$

Es ist die Umfangsgeschwindigkeit des Ankers

$$v = \frac{\pi D n}{60} = \frac{2 p n \tau}{60} = 2 c \tau \quad \ldots \ldots \ldots \quad (8)$$

worin D der Ankerdurchmesser und τ die Polteilung des Ankers bedeuten. Es wird somit

$$E = \frac{N}{a} \frac{pn}{60} l \tau B_{mit} 10^{-8} \text{ Volt} \quad \ldots \ldots \quad (9)$$

Betrachten wir die Feldkurve Fig. 24, so sehon wir sofort, daß $l\tau B_{mit}$ gleich dem Kraftflusse ist, der in den Anker zwischen zwei Bürstenlagen eintritt und von einer Ankerspule umschlossen wird, wenn dieselbe eine Bürste passiert. Die Formel (9), die aus dem Gesetz der Kraftlinienschnitte abgeleitet ist, gibt somit dasselbe Resultat, wie die aus der Kraftflußvariation abgeleitete Formel (7).

Stehen die Bürsten am Kommutator in der neutralen Zone, d. h. über Ankerspulen, die in der neutralen Zone des magnetischen Feldes liegen, und ist die Weite der Ankerspulen gleich einer Polteilung, so wird der Kraftfluß Φ gleich dem totalen Kraftfluß Φ_a, der aus einem Pole in den Anker hineintritt. Damit eine Gleichstrommaschine eine möglichst große Spannung geben soll, so muß man die Bürsten in die neutrale Zone stellen und die Ankerspulenweite gleich der Polteilung machen.

4. Die Gleichstrommaschine als Generator und als Motor.

Wir wollen noch kurz die Gleichstrommaschine als Generator und als Motor betrachten.

Die mechanische Kraft K, die auf einen vom Strom J durchflossenen Stromleiter wirkt, dessen Länge senkrecht zum Kraftfluß gemessen gleich l cm ist, und der sich in einem Felde von der Stärke B befindet, hat den Wert

$$K = B l J \text{ abs. Einheiten,}$$

oder wenn wir die Stromstärke J in Ampere einsetzen

$$K = BlJ\,10^{-1} \text{ abs. Einheiten (Dynen)},$$

und da $9{,}81 \cdot 10^5$ Dynen $= 1$ kg ist, wird

$$\boldsymbol{K = \frac{BlJ}{9{,}81 \cdot 10^6} \text{ kg}} \quad \ldots \ldots \ldots (10)$$

Bei einem Generator bewegt sich der Leiter entgegengesetzt der Richtung von K, indem K den mechanischen Widerstand darstellt, der unter Aufwendung von Arbeit überwunden werden muß. Ist die Geschwindigkeit des Leiters v cm/sek., so wird die pro Sekunde verbrauchte Arbeit

$$W = Kv = BlJv\,10^{-1} \text{ abs. Einheiten (Erg.)}.$$

Wollen wir die verbrauchte Leistung in Watt ausdrücken, so haben wir mit 10^7 zu dividieren und erhalten

$$W = BlJv\,10^{-8} \text{ Watt}.$$

Die im Leiter induzierte EMK hat nach Gl. (2) die Größe

$$E = Blv\,10^{-8} \text{ Volt}$$

und Strom und EMK haben die gleiche Richtung, denn der erstere wird durch die letztere erzeugt. Aus den beiden letzten Gleichungen ergibt sich somit die Leistung eines Gleichstromgenerators, wenn man vom Spannungsabfall im Anker absieht, zu

$$\boldsymbol{W = EJ \text{ Watt}} \quad \ldots \ldots \ldots (11)$$

Bei einem Motor bewegt sich der Leiter in der Richtung von der Kraft K; die Bewegungsrichtung ist also derjenigen des Generators entgegengesetzt, und es wird mechanische Arbeit geleistet. Dieselbe ist ebenfalls

$$W = EJ \text{ Watt}.$$

Die im Leiter induzierte EMK

$$E = Blv\,10^{-8} \text{ Volt}$$

ist nun dem Strom J entgegengesetzt gerichtet; sie wird als gegenelektromotorische Kraft bezeichnet. Damit der Strom J bestehen kann, müssen die Enden des Leiters mit einer Stromquelle verbunden werden. Ist die Spannung dieser Stromquelle gleich P und ist R der Widerstand des Leiters, so wird der Motor nach dem Ohmschen Gesetz den Strom

$$J = \frac{P - E}{R}$$

aufnehmen.

Zweites Kapitel.

Offene Ankerwicklungen.

5. Offene Ankerwicklungen.

Maschinen mit offenen Ankerwicklungen haben besonders in England und in den Vereinigten Staaten einc größere Verbreitung als auf dem Kontinent gefunden, wo sie hauptsächlich zum Betriebe von Bogenlampen Verwendung fanden.

Da, wie wir sahen, bei den offenen Wicklungen jede Spulengruppe die volle Maschinenspannung liefern muß, so muß jede eine große Anzahl von Windungen erhalten. Hierdurch ist ihre Anzahl beschränkt und verhältnismäßig niedrig.

Gerade diese geringe Spulenzahl machte die Maschinen mit offenen Wicklungen zur Speisung von Bogenlampenstromkreisen geeignet, in denen bis zu 60 Bogenlampen in Serie geschaltet wurden. Sie lieferten eine vibrierende Spannung bzw. einen Strom, der den Mechanismus der Lampen in zitternder Bewegung hielt und dadurch die Einstellung der Kohlen günstig beeinflußte.

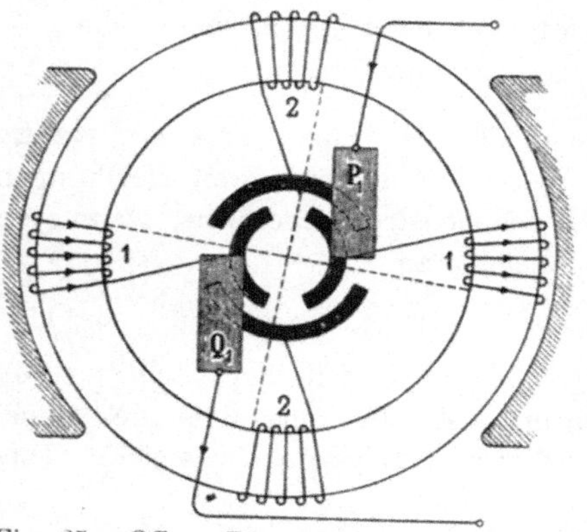

Fig. 25. Offene Ringwicklung nach Brush

Maschinen großer Leistung mit offenen Wicklungen sind insbesondere von Brush, Thomson-Housten und der Westinghouse Electric Co. ausgeführt worden.

Das Schema der Wicklung von Brush mit nur 4 Spulen zeigt Fig. 25. Je zwei diametral gegenüberliegende Ringspulen sind in Serie geschaltet und mit zwei gegenüberliegenden Kommutatorlamellen verbunden. Die Spulenpaare sind um 90 Grad gegeneinander versetzt. In der gezeichneten Stellung des Ankers wird in den Spulen 1, 1′ die volle Maschinenspannung induziert, die durch die Bürsten $P_1 Q_1$ abgenommen wird. Die Spulen 2, 2′, die sich in der Pollücke, der sog. neutralen Zone befinden, sind abgeschaltet. Die in ihnen induzierte Spannung ist gleich Null. Bei Rechtsdrehung des Ankers nimmt die EMK in den Spulen 1, 1′ ab, in den Spulen 2, 2′ zu. Da sich die Kommutatorlamellen überdecken, so berührt jede Bürste eine gewisse Zeit lang zwei aufeinanderfolgende Lamellen. Während dieser Zeit, in der in beiden Spulengruppen annähernd gleiche EMKe induziert werden, sind diese parallel geschaltet, so daß jede im günstigsten Falle den halben Strom führt. Bei weiterer Drehung des Ankers werden die Spulen 1, 1′ abgeschaltet, während die EMK der Spulen 2, 2′ ihrem Höchstwert zustrebt.

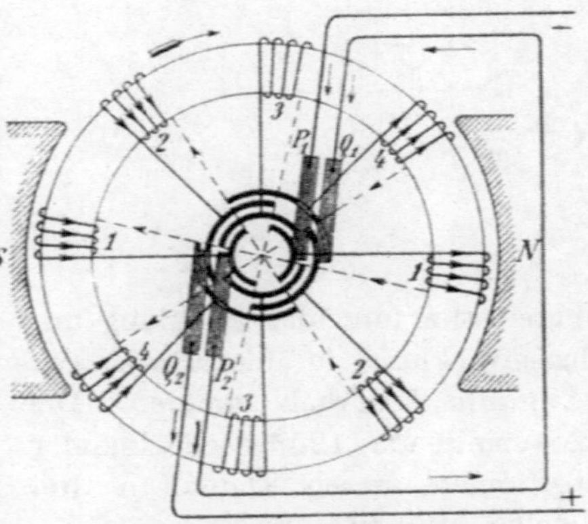

Fig. 26. Achtpolige Wicklung von Brush.

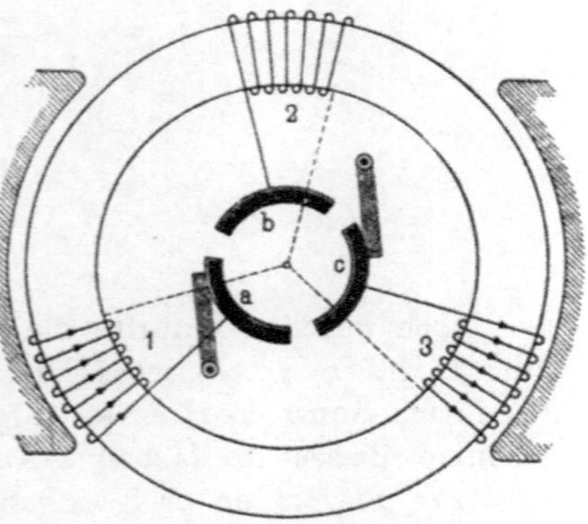

Fig. 27. Offene Ringwicklung nach Thomson-Housten.

Wir sehen, daß bei dieser Anordnung der Strom im äußeren Stromkreis zwar nie gleich Null wird, daß aber seine Schwankungen sehr groß sein werden. Brush verdoppelte aus diesem Grunde die ganze Anordnung und versetzte beide Anordnungen um 45 Grad gegeneinander, wodurch das Wicklungsschema Fig. 26 entstand. Die Wirkungsweise dieser Wicklung dürfte nach dem Gesagten ohne weiteres verständlich sein.

Für die Bogenlichtmaschinen von Thomson-Housten wurden bei den größeren Maschinen Ringanker, für die kleineren Trommelanker benutzt.

Das Wicklungsschema der Spulenanordnung eines dreispuligen Ringankers nach Thomson-Housten zeigt Fig. 27. Wir erkennen in dieser Wicklung eine in Stern geschaltete Mehrphasen-(Dreiphasen-)

Wicklung, deren Enden statt an Schleifringe an Kommutatorlamellen geführt sind. Der Stromverlauf geht aus der Figur deutlich hervor. Der zeitliche Verlauf der Spannung dieser Maschine entspricht der zeichnerischen Darstellung der Fig. 13.

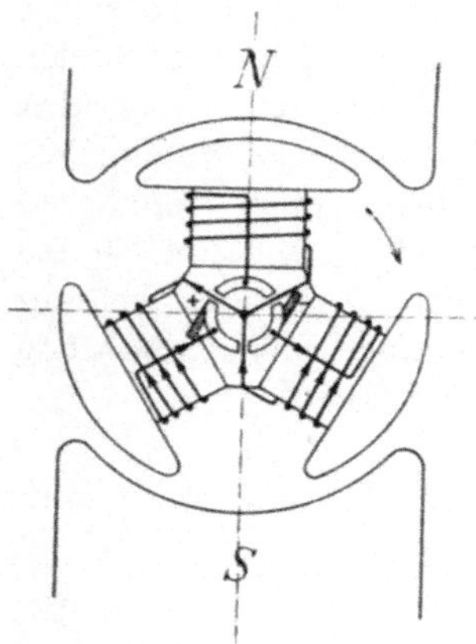

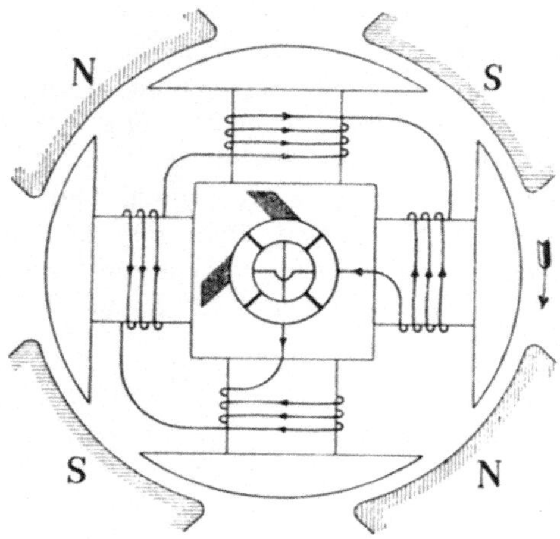

Noch deutlicher dürfte die Übereinstimmung der Wicklung mit einer in Stern geschalteten Dreiphasenwicklung in dem **Polanker** der Firma **Schuckert & Co.** (Fig. 28) zum Ausdruck kommen. Die Schenkel dieses dreifachen T-Ankers sind um 120° gegeneinander versetzt. Sie tragen drei verkettete Spulen, deren Enden an drei ebenfalls um 120° versetzte Lamellen führen.

Von den Polankern sei ferner der Anker von **Gérard** erwähnt, dessen Aufbau und Bewicklung für eine vierpolige Maschine Fig. 29 wiedergibt. Die eingezeichneten Strompfeile entsprechen dem eingezeichneten Drehsinn des Ankers bei Verwendung der Maschine als Motor.

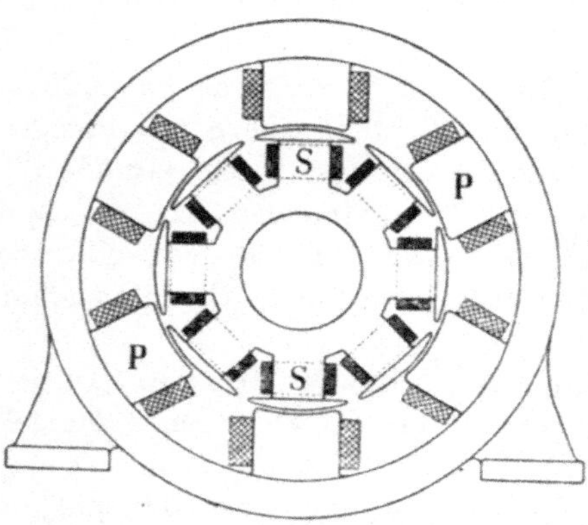

Fig. 30. Bogenlichtmaschine der Westinghouse Electric Co.

Die Maschine der **Westinghouse Electric Co.** hatte 6 Feldpole und 8 Ankerpole (Fig. 30). Ihr Wicklungsschema ist in Fig. 31 wiedergegeben, in welcher der Deutlichkeit halber die Wicklung als Ringwicklung gezeichnet ist. Die ungeradzahligen Spulen und die geradzahligen Spulen bilden je für sich eine besondere Wicklung mit einem besonderen Kommutator. Durch die Verbindung der Bürsten B—C sind diese hintereinander geschaltet. Der Stromverlauf läßt sich an Hand des Schemas leicht verfolgen.

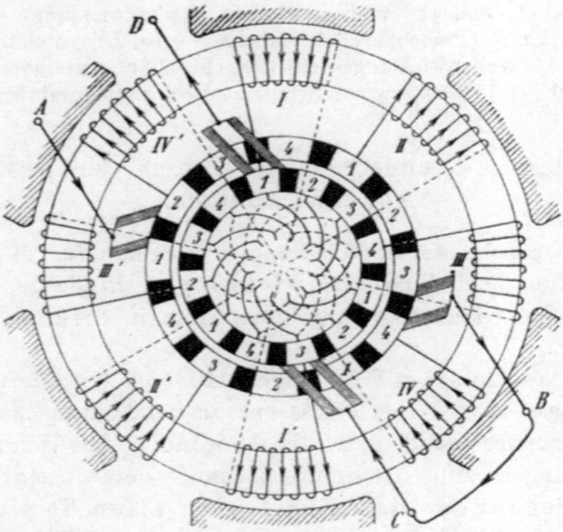

Fig. 31. Wicklungsschema der Westinghouse-Bogenlichtmaschine.

Dem Vorteil, den die offenen Wicklungen zur Speisung von Bogenlampen boten, standen mancherlei Nachteile bei Verwendung für andere Zwecke gegenüber. Vor allem aber bot eine einigermaßen funkenfreie Kommutierung die größten Schwierigkeiten, da bei der großen Selbstinduktion der Spulen sich eine Funkenbildung beim Abschalten der Spulen nicht vermeiden ließ.

Aus diesen Gründen werden offene Wicklungen nicht mehr ausgeführt.

Drittes Kapitel.

Geschlossene Trommelwicklungen.

6. Allgemeines. Symmetriebedingungen der geschlossenen Ankerwicklungen.

Von den geschlossenen Wicklungen kommen für die praktische Ausführung nur noch Trommelwicklungen in Frage, deren einzelne Spulen bei Gleichstrommaschinen stets in offene Nuten eingelegt werden.

An alle geschlossenen Wicklungen muß die Anforderung gestellt werden, daß sie sowohl in elektrischer als auch in mechanischer Beziehung symmetrisch sind, d. h. die Anordnung der Windungen und der Verbindungen zum Kommutator muß derart sein, daß die Wicklung gegenüber den Bürsten in allen Stellungen des Ankers die gleichen Eigenschaften besitzt. Jede Ankerspule, die unter der Bürste aus dem einen Ankerzweig in den andern übertritt, muß durch eine möglichst gleichwertige Spule ersetzt werden, woraus folgt, daß alle Spulen gleiche Windungszahl und möglichst gleiche Weite erhalten müssen.

Um die Erfüllung dieser Bedingungen nicht durch Probieren erreichen zu müssen, wie das lange Zeit hindurch geschehen ist, sind erstmalig von **E. Arnold (1891)** allgemein gültige Regeln, die sogenannten Wicklungsformeln, aufgestellt worden, durch die für alle Arten von Wicklungen die zur Erzielung einer symmetrischen Wicklung notwendigen Daten rechnerisch bestimmt werden können.

Heute interessieren uns von diesen Wicklungsformeln nur mehr die für genutete Trommelanker, weshalb wir uns auf diese beschränken können.

a) **Wicklungselemente.** Jede Trommelwicklung besteht aus einer Anzahl von Wicklungselementen. Ein Wicklungselement bilden diejenigen Windungen, die zwischen zwei im Wicklungsschema aufeinanderfolgenden Kommutatorlamellen liegen. Bei fast allen Wicklungen besteht ein Wicklungselement aus einer Ankerspule, die nur zwei Spulenseiten hat. Diese liegen entweder genau oder annähernd um eine Polteilung voneinander entfernt, damit jede Spule den Kraftfluß eines Pols möglichst ganz umfassen kann.

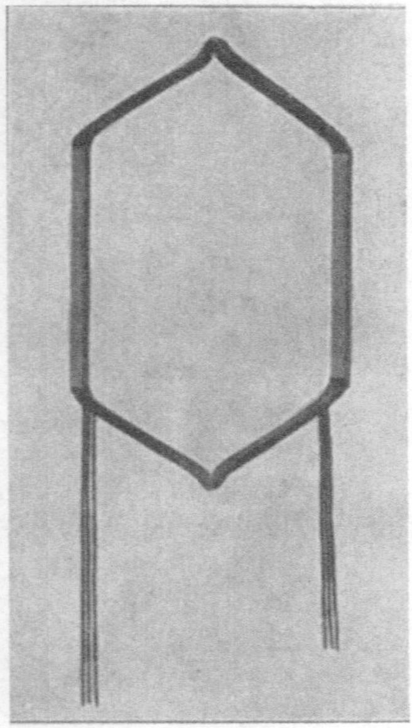

Fig. 32. Moderne Ankerspule eines Trommelankers.

Da es für die Ausführung der Wicklung gleichgültig ist, wie viele Windungen jede Spule besitzt, so können wir, der einfacheren zeichnerischen Darstellung halber, annehmen, daß jede Spule aus nur einer Windung bestehe.

Um die Aufstellung von Formeln zu ermöglichen, müssen wir die Spulenseiten fortlaufend beziffern.

Normalerweise erhält ein Anker nur eine geschlossene Wicklung, deren Spulen auf Schablonen gewickelt und in ihre Form gebracht werden, so daß sie nur in die Nuten des Ankers eingebettet zu werden brauchen. In Fig. 32 ist eine auf einer Schablone hergestellte Formspule abgebildet.

Bei Verwendung solcher Spulen liegt die eine Spulenseite oben, die andere unten in einer Nut, so daß die Spulenseiten jeder Nut in zwei Lagen angeordnet sind, wie Fig. 33 erkennen läßt.

Bei den Wicklungen mit Formspulen geben wir den Spulenseiten der äußeren Lage fortlaufend ungerade Ziffern, den Spulenseiten der inneren Lage fortlaufend gerade Ziffern.

Die in Fig. 34 dargestellten Nuten enthalten nur 2 Spulenseiten, eine in jeder Lage, während die Nut nach Fig. 35 3 Spulenseiten in jeder Lage aufweist. Bringen wir eine zweite Wicklung auf den Anker auf, so gilt das Gesagte für jede dieser beiden und die Bezifferung erfolgt nach Fig. 36a.

Fig. 33. Trommelanker mit teilweise eingelegten Spulen.

Bei Maschinen mit nur zwei Polen liegen die zu einer Spule gehörigen Nuten einander annähernd diametral gegenüber, so daß das

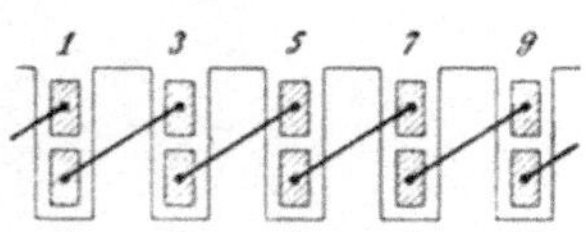

Fig. 34.

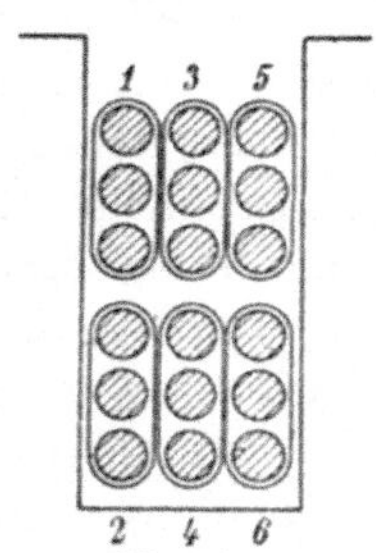

Fig. 35.

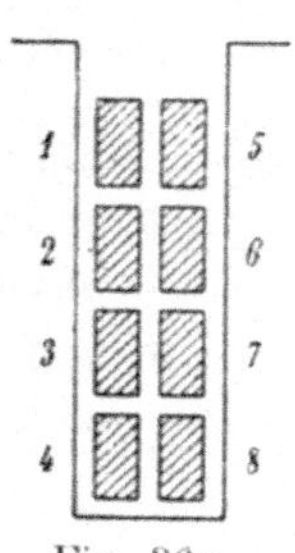

Fig. 36a.

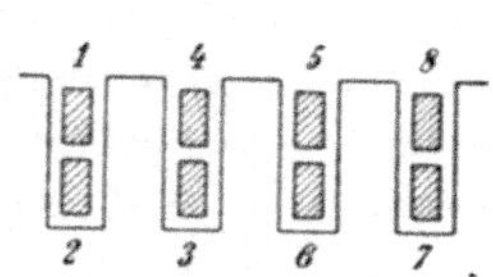

Fig. 36b.

Reihenfolge der Ankerspulen bei Nutenankern.

Einbringen von Formspulen schwierig ist. Bei diesen kleinen Maschinen ist deswegen vielfach noch die Handwicklung in Gebrauch.

Bei der Handwicklung liegen naturgemäß beide Seiten einer Spule entweder oben oder unten in einer Nut. Es wechseln folglich innere und äußere Spuien miteinander ab, so daß die Bezifferung nach Fig. 36b erfolgen muß. Es ist leicht einzusehen, daß bei einer Handwicklung die Spulenzahl geradzahlig sein muß, wenn die Wicklung symmetrisch sein soll.

Da jede Ankerspule im Wicklungsschema zwischen zwei Lamellen des Kommutators liegt, so wird die Zahl der Ankerspulen gleich der Lamellenzahl des Kommutators. Jede Ankerspule wird gewöhnlich mit zwei Spulenseiten ausgeführt; es wird somit die Lamellenzahl des Kommutators bei einer normalen Wicklüng

$$K = \frac{s}{2} = S,$$

worin s die gesamte Anzahl der Spulenseiten bezeichnet, während wir die gesamte Anzahl von Ankerspulen mit S bezeichnen.

Da wir ferner in jede Nut gleichviele Spulenseiten u_n einbetten, so muß ihre Gesamtzahl ein Vielfaches der gesamten Nutenzahl des Ankers sein, die wir mit Z beichnen. Es muß daher

$$\frac{s}{Z} \text{ ganzzahlig sein.}$$

Bei Maschinen mit nur zwei parallelen Ankerzweigen und bei gewissen Reihenparallelwicklungen ist die Erfüllung dieser Symmetriebedingung nicht unbedingt erforderlich. Hierauf soll später im Abschnitt 13 näher eingegangen werden.

b) Zahl und Symmetrie der Ankerzweige. Gehen wir im Wicklungsschema von einer neutralen Zone aus und folgen dem Lauf einer geschlossenen Ankerwicklung, so tritt ein Richtungswechsel des Stromes jedesmal ein, wenn wir uns im Magnetfeld um eine ganze Polteilung τ verschoben haben. Aus Fig. 37, die eine vierpolige Spiralwicklung eines Ringankers darstellt. geht das deutlich hervor. An jeder neutralen Zone, die man in dieser Weise passiert, tritt also eine Stromverzweigung ein und eine geschlossene Ankerwicklung erhält so viele parallele Ankerzweige, als man neutrale Zonen passiert,

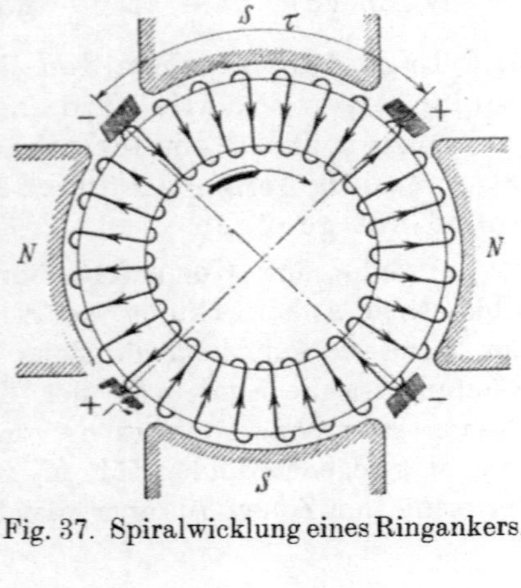

Fig. 37. Spiralwicklung eines Ringankers.

wenn man die ganze Wicklung des stillstehenden Ankers durchläuft.

Wenn nun alle parallelen Ankerzweige elektrisch gleichwertig sein sollen, was naturgemäß gefordert werden muß, so muß die Spulenzahl, und damit die Lamellenzahl K, ein Vielfaches der Zahl der Ankerzweigpaare sein, die wir mit a bezeichnen. Somit muß allgemein

$$\frac{K}{a} \text{ ganzzahlig sein. . . . . } (12)$$

Sollen die Ankerzweige in jeder Lage des Ankers genau einander gleichwertig sein, so muß auch jeder Spulenseite des einen Ankerzweiges eine in gleichem Feld gelegene Spulenseite der parallelen Zweige entsprechen.

Dies ist nur möglich, wenn a in gleichem Feld gelegene Nuten auf dem Anker vorhanden sind. Folglich muß die Nutenzahl Z ein ganzes Vielfaches der Zahl der parallelen Ankerzweigpaare sein d. h. es muß erstens

$$\frac{Z}{a} \text{ ganzzahlig sein. . . . . } (13)$$

Die Bedingung, daß in jeder Ankerstellung jeder Spulenseite eines Ankerzweiges eine in gleichem Feld gelegene Spulenseite der parallelen Ankerzweige entsprechen soll, erfordert zweitens, daß je a entsprechenden Nuten sich in gleicher Feldlage befinden.

Es muß somit die Polzahl $2p$ ein Vielfaches der Zahl des Ankerzweigpaares a sein, d. h. es muß auch

$$\frac{2p}{a} \text{ ganzzahlig sein. . . . . } (14)$$

Wenn sowohl $\frac{Z}{a}$ als $\frac{2p}{a}$ ganzzahlig sind, so wird die Zahl und Lage der zwischen den Bürsten gelegenen induzierten Spulenseiten für alle Stromzweige genau gleich.

Diesen drei Symmetriebedingungen **K, Z und $2p$ durch a ganzzahlig teilbar,** muß jede **symmetrische** Ankerwicklung unbedingt genügen.

c) Zahl der Kommutatorbürsten. In jeder Spule einer geschlossenen Ankerwicklung kehrt der Strom dann seine Richtung um, wenn sie eine neutrale Zone passiert, und während der Stromwendung ist die Spule von der Kommutatorbürste kurzgeschlossen. Daraus geht ohne weiteres hervor, daß auf allen Lamellen, die zu neutral gelegenen Spulen führen, Bürsten aufliegen dürfen. Die Zahl der neutralen Zonen ist aber gleich der Polzahl und es darf daher für jede geschlossene Wicklung die Zahl der Bürsten gleich der Polzahl sein.

Wie wir aber im folgenden sehen werden, muß die Bürstenzahl bei Schleifenwicklungen stets gleich der Polzahl sein, während sie bei Wellenwicklungen kleiner als die Polzahl sein darf.

7. Nutenschritt und Kommutatorschritt.

Wir können nunmehr dazu übergehen, die Weite der Ankerspulen, die bei allen Wicklungsarten in derselben Weise und nach den gleichen Gesichtspunkten bestimmt wird, festzulegen.

Gehen wir von einer Lamelle des Kommutators aus und folgen der einen Seite einer Spule nach der hinteren Stirnfläche des Ankers, so müssen wir auf letzterer zur anderen Seite der Spule vorschreiten, durch die wir unter einem Pol entgegengesetzter Polarität wieder zur vorderen Stirnfläche gelangen. Damit die in der Spule induzierte EMK möglichst groß wird, muß die Kraftflußänderung in ihr bei der Drehung möglichst groß werden, was wir erreichen, wenn die Spule den gesamten Kraftfluß eines Pols umfassen kann. Dies ist der Fall, wenn die Weite der Spule gleich oder annähernd gleich der Entfernung zweier Polmitten, der sogenannten Polteilung τ, ist.

Da wir die Spulen in Nuten des Ankereisens einbetten, so ist es für die Ausführung der Wicklung am vorteilhaftesten, wenn wir die Größe der Spulenweite durch die Anzahl von Nutenteilungen messen, welche die Spule umfaßt. Aus diesem Grunde hat sich für die Spulenweite der Ausdruck Nutenschritt eingebürgert, dessen Größe wir nunmehr bestimmen wollen.

Da, wie wir sahen, die Spulenweite annähernd gleich einer Polteilung ist und einer solchen $\frac{Z}{2p}$ Nuten entsprechen, so wird man gewöhnlich den Nutenschritt $y_n \leqq \frac{Z}{2p}$ Nutenteilungen machen.

Mit Rücksicht auf eine gute Kommutierung ist es oft zweckmäßig, die Spulenweite etwas kleiner als eine Polteilung zu wählen, wodurch der Nutenschritt

$$y_n = \frac{Z}{2p} - \varepsilon_n \quad \ldots \ldots \ldots \quad (15)$$

wird, worin ε_n die Verkürzung des Schrittes gegenüber der Polteilung in Nutenteilungen bzw. in Bruchteilen einer solchen mißt.

Bei den späteren Untersuchungen über die Kommutierung erweist es sich vielfach als vorteilhaft, die Schrittverkürzung ε anstatt in Nutenteilungen in **Lamellenteilungen** zu messen. Einer Nutenteilung entsprechen u_n Spulenseiten und demnach $\frac{u_n}{2}$ Spulen gleich u_k Lamellen, und da jede Spule einer Lamelle entspricht, so ist die **Schrittverkürzung**, gemessen in Lamellenteilungen,

$$\varepsilon_k = \frac{u_n}{2} \varepsilon_n = u_k \varepsilon_n \quad \ldots\ldots\ldots \quad (16)$$

Für die Ausführung und die Isolierung einer Wicklung ist es von Vorteil, wenn jede Spulenseite einer Nut mit einer gleichgelegenen Spulenseite in der anderen Lage der um die Spulenweite entfernten Nut verbunden werden kann. In diesem Falle liegen alle Spulen, deren Spulenseiten in der einen Nut nebeneinander liegen, auch in der anderen Nut zusammen. Sie können daher gemeinsam isoliert und als ein einziger Rahmen in die Nuten eingebettet werden. Diesen Vorteil erreicht man, wenn der Nutenschritt y_n eine ganze Zahl ist.

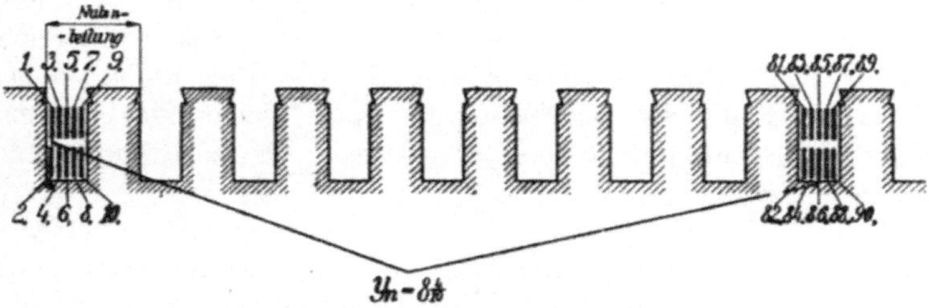

Fig. 38. Bestimmung des Nutenschrittes.

Nur bei Maschinen mit **schwierigen Kommutierungsverhältnissen** weicht man von dieser Regel ab, weil es unter Umständen für die Kommutierung günstiger ist, wenn die Spulen der einen Nut nicht auch in der anderen zusammenliegen.

In diesem Falle ist der Nutenschritt y_n eine gebrochene Zahl. Den Bruchteil einer Nutenteilung, um den der Nutenschritt größer als eine ganze Zahl von Nutenteilungen gewählt wird, drückt man in Spulenseiten aus. Da die Zahl der Spulenseiten einer Nut mit u_n bezeichnet ist, so ist es zweckmäßig, den Nenner des Bruches gleich u_n zu setzen. Der Zähler gibt dann an, um wie viele Spulenseiten die zweite Seite der betrachteten Spule gegenüber der ersten Seite im Nut verschoben ist, wobei wir auf die **Zählweise nach Fig. 35** zu achten haben.

Diese Art der Messung des Nutenschritts zeigt als Beispiel Fig. 38, bei der 10 Spulenseiten in einer Nut liegen ($u_n = 10$) und der Nutenschritt zu $8^4/_{10}$ gewählt wurde.

Da sowohl u_n als auch die Zahl der in der Nut vorgeschrittenen Spulenseiten immer geradzahlig sind, können wir den Bruch stets durch 2 kürzen. Nach dieser Kürzung gibt der Nenner (5) an, wie viele Spulenseiten in einer Lage liegen, d. h. wie viele Kommutatorlamellen es pro Nut gibt und der Zähler (2) sagt, um wie viele Spulenseiten oder Kommutatorlamellen die anzuschließende Spulenseite von der ersten Spulenseite der gleichen Lage entfernt ist.

Wir haben vorhin erwähnt, daß es für die Ausführung der Wicklung von Vorteil ist, wenn y_n eine ganze Zahl ist, da dadurch ein Einlegen von Spulenrahmen ermöglicht wird. Wählt man die Schrittverkürzung

$$\varepsilon_n = \frac{1}{2},$$

so daß

$$y_n = \frac{Z}{2p} - \frac{1}{2}$$

wird, so erhält man einen verkürzten Nutenschritt, der ganzzahlig ist, wenn $\frac{Z}{p}$ zwar ganzzahlig, aber ungerade ist.

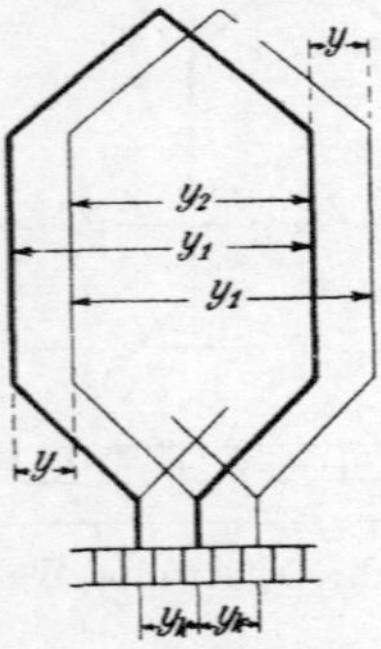

Fig. 39a.

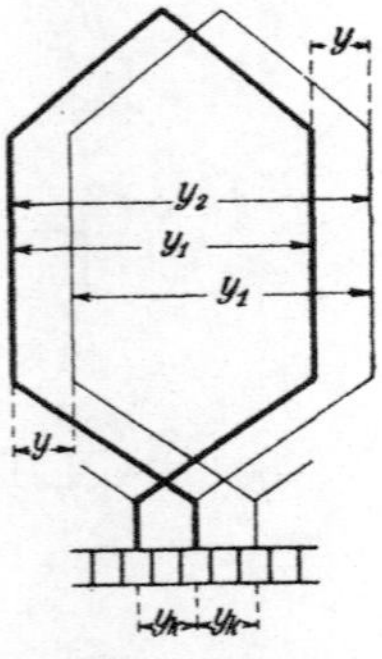

Fig. 39b.

Rechts- und linksgängige Schleifenwicklung.

Vielfach ist es noch gebräuchlich, den Verlauf der Wicklung auf der Ankeroberfläche durch die sogenannten Teilschritte anzugeben. Diese werden durch die Zahl der Spulenseiten gemessen, um die man am Ankerumfang fortschreitet, um von einer Spulenseite zur nachfolgenden zu gelangen. Diese Meßweise war bei den glatten Ankern der früheren Jahre notwendig; bei genuteten Trommelankern hat sie jedoch ihre Bedeutung fast ganz verloren.

Der erste Teilschritt y_1 ist ein Maß für die Spulenseiten, die wir an der Rückseite des Ankers fortschreiten und der zweite Teilschritt y_2 ist ein Maß für die Spulenseiten, die wir an der Kommutatorseite des Ankers fortschreiten. Der erste Teilschritt ist also ein Maß für den Abstand der zwei eine Ankerspule bildenden Spulenseiten und somit auch ein indirektes Maß für die Spulenweite.

Bei dem ersten Teilschritt y_1 schreiten wir um y_n Nuten vor (Fig. 39 und 40), die je u_n Spulenseiten enthalten, und gehen gleichzeitig von der einen, z. B. der oberen Spulenlage, nach der unteren über. Wir sind dabei um

$$y_1 = u_n y_n + 1$$

Spulenseiten vorwärts gegangen. Wären wir von der unteren Lage nach der oberen übergegangen, so wären wir nach der von uns in Fig. 34 festgelegten Zählweise

$$y_1 = u_n y_n - 1$$

Spulenseiten vorwärts geschritten. Es wird somit der erste Teilschritt

$$y_1 = u_n y_n \pm 1 \quad . \quad . \quad . \quad . \quad . \quad . \quad . \quad . \quad (17)$$

worin das obere Vorzeichen sich auf Übergang von der oberen auf die untere Spulenlage bezieht. Dieser Schritt, wie auch der zweite Teilschritt, wird stets eine ungerade ganze Zahl sein. Für die Wicklung nach Fig. 38 würde $y_1 = 10 \cdot 8{,}4 + 1 = 85$ sein.

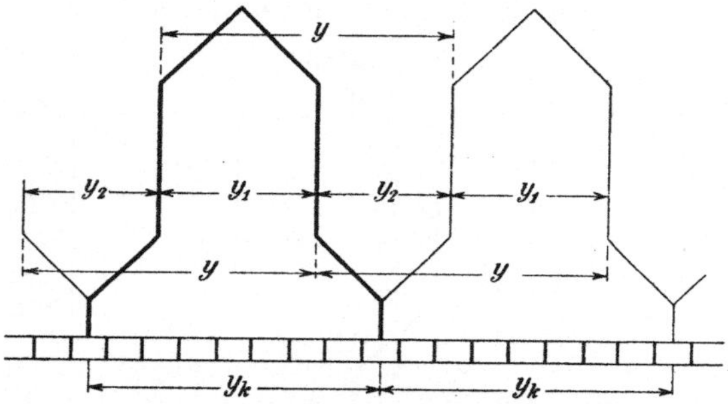

Fig. 40. Abgerollte Wellenwicklung.

Der erste Teilschritt ist, wie oben gesagt, ein Maß für das Vorwärtsschreiten an der Rückseite des Ankers und der zweite Teilschritt ein Maß für das Vorwärtsschreiten an der Kommutatorseite. Die algebraische Summe beider Teilschritte ist somit ein Maß für das Fortschreiten am Anker beim Durchlaufen einer Ankerspule und wird der resultierende Wicklungsschritt oder kurz Wicklungsschritt y genannt. In jeder der Fig. 39 und 40 ist eine Ankerspule dick ausgezogen und wie aus den Figuren ersichtlich, ist der Wicklungsschritt für beide Seiten des Ankers gleich. Je nachdem die beiden Teilschritte y_1 und y_2 in demselben oder im entgegengesetzten Sinne ausgeführt werden, ist für den resultierenden Wicklungsschritt

$$y = y_1 \pm y_2 \quad . \quad . \quad . \quad . \quad . \quad . \quad . \quad . \quad . \quad (18)$$

das obere resp. das untere Vorzeichen anzuwenden.

Der resultierende Wicklungsschritt y wird in Spulenseiten gemessen und ist stets eine gerade Zahl. Die Hälfte des Wicklungsschrittes ist ein Maß für die Ankerspulen, um die man beim Durchlaufen einer Spule auf dem Anker fortschreitet; diese Zahl ist somit auch ein Maß für die Zahl der Kommutatorlamellen, die zwischen den Enden einer Ankerspule liegen. Diese Zahl der Lamellenteilungen, um die wir beim Durchlaufen einer Spule auf dem Kommutator fortschreiten und die für jede Wicklungsart das charakteristische Kennzeichen ist, nennen wir den Kommutatorschritt und bezeichen ihn mit

$$y_k = \frac{1}{2} y = \frac{y_1 \pm y_2}{2} \quad . \quad . \quad . \quad . \quad . \quad . \quad . \quad (19)$$

Da bei Nutenankern die Messung der Spulenweite durch Nutenteilungen und des Kommutatorschrittes durch Lamellenteilungen bequemer ist und da die Angabe beider Größen zur Festlegung der Wicklung vollkommen genügt, so wollen wir uns in Zukunft nur letzterer Meßweise bedienen. Aus den Formeln (17) und (19) lassen sich jedoch die beiden Teilschritte durch den Nutenschritt und den Kommutatorschritt ausdrücken, wenn man mit diesen zu rechnen wünscht.

8. Einteilung der Wicklungen.

Die auf den Anker aufgebrachten Ankerspulen können unter sich in verschiedener Weise miteinander verbunden werden. Je nach den verlangten elektrischen Eigenschaften, der Spannung und des Stromes, der zu entwerfenden Gleichstrommaschine werden wir bestrebt sein, entweder möglichst viele parallele Ankerzweige zu bilden oder umgekehrt, möglichst viele Spulen in Reihe zu schalten oder schließlich einen Mittelweg zwischen beiden Ausführungen zu wählen.

Alle Trommelwicklungen lassen sich jedoch auf die eine von zwei großen Hauptgruppen zurückführen, und diese sind

a) die Schleifenwicklungen

und **b) die Wellenwicklungen.**

Bei den Schleifenwicklungen bildet jede Ankerspule (Fig. 39a und b) eine Schleife, indem der zweite Teilschritt y_2 in entgegengesetzter Richtung von dem ersten Teilschritte y_1 ausgeführt wird. Die Schleifenwicklung wird somit charakterisiert durch den Wicklungsschritt resp. den Kommutatorschritt

$$y = 2 y_k = y_1 - y_2 \quad . \quad . \quad . \quad . \quad . \quad . \quad . \quad (19\,a)$$

In Fig. 39a ist y_1 größer als y_2, also y positiv. Die Wicklung schreitet deswegen nach rechts an der Ankeroberfläche vorwärts. In Fig. 39b dagegen ist y_1 kleiner als y_2 gezeichnet, wodurch y negativ wird und die Wicklung nach links fortschreitet. Man bezeichnet die erste Wicklung als rechtsgängig und die zweite als linksgängig.

Einfach wird die Schleifenwicklung genannt, wenn die Schleifen, die elektrisch miteinander verbunden sind, räumlich direkt nebeneinander liegen. Es gibt dann nur einen einfachen in sich geschlossenen Schleifenzug um den Anker herum.

Bei den Wellenwicklungen schreitet die Ankerwicklung wellenförmig um den Anker vorwärts (Fig. 40) und man kann jede Ankerspule als eine Welle auffassen. Das charakteristische Merkmal der Wellenwicklungen läßt sich deswegen durch die Formel des Wicklungsschrittes

$$y = 2\,y_k = y_1 + y_2 \; . \; . \; . \; . \; . \; . \; . \qquad (19\text{b})$$

zum Ausdruck bringen.

Nachdem $2p$ Spulenseiten durchlaufen sind, kommt man an eine Spulenseite in der Nähe der ersten Spulenseite und je nachdem die $(2p+1)$te Spulenseite rechts oder links von der ersten zu liegen kommt, nennt man die Wellenwicklung rechtsgängig bzw. linksgängig.

Wie bei der Schleifenwicklung wird die Wellenwicklung auch als einfach bezeichnet, wenn die Wellen um den Anker, die elektrisch hintereinander geschaltet sind, räumlich direkt nebeneinander zu liegen kommen. Es gibt dann ebenfalls nur einen einfachen in sich geschlossenen Wellenzug um den Anker herum.

Legt man mehrere gleichartige einfache Wicklungen auf denselben Anker, so erhält man die mehrfachen Wicklungen. Die einzelnen Wicklungen sind hier symmetrisch ineinander hineingeschoben und können miteinander verbunden oder voneinander ganz getrennt sein. Im ersten Falle ist die mehrfache Wicklung einfach geschlossen, was bei Wellenwicklungen oft der Fall ist. Im anderen Falle muß jede Wicklung für sich geschlossen sein und man erhält eine mehrfach geschlossene Wicklung, wie man sie gewöhnlich bei Schleifenwicklungen ausführt.

Wie wir im folgenden sehen werden, kann die einfache Schleifenwicklung nicht mit weniger Ankerstromzweigen ausgeführt werden als die Maschine Pole besitzt, während die einfache Wellenwicklung nur zwei Ankerstromzweige erhält. Die einfache Wellenwicklung kommt deswegen hauptsächlich bei Maschinen kleiner Stromstärke, d. h. bei kleinen und langsam laufenden Maschinen zur Anwendung.

Wir wollen nunmehr in den folgenden Abschnitten auf die verschiedenen Schaltarten, ihre Entstehung und Besonderheiten näher eingehen und wenden uns zunächst den Schleifenwicklungen zu.

9. Einfache Schleifenwicklung (Parallelwicklung).

Die älteste Art der geschlossenen Ankerwicklungen ist die von Pacinotti (1861) für den Ringanker angegebene einfache Schleifenwicklung. Sie wird am häufigsten verwendet, und da ihre Anordnung und Wirkungsweise am einfachsten zu übersehen ist, so soll auf sie zunächst eingegangen werden.

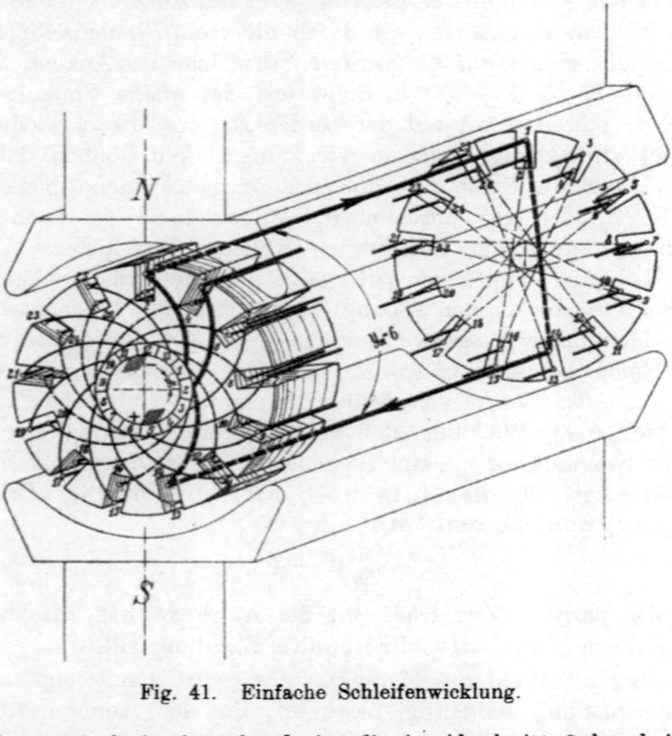

Fig. 41. Einfache Schleifenwicklung.

Unsere Aufgabe besteht darin, die in Abschnitt 2 beschriebene und in Fig. 37 dargestellte Pacinottische Ringwicklung auf einen Trommelanker zu übertragen. In gleicher Weise wie bei der Ringwicklung wollen wir auch bei der Trommelwicklung die zwischen zwei aufeinanderfolgenden Bürsten gelegenen Ankerspulen hintereinanderschalten, wodurch wir ebenso viele Ankerzweigpaare erhalten als Polpaare vorhanden sind. Wie bei der Ringwicklung wird das Ende der ersten Spule an den Anfang der zweiten

Spule usf. angeschlossen, so daß auch hier die hintereinander geschalteten Spulen räumlich nebeneinander zu liegen kommen und somit von dem gleichen Felde induziert werden.

Wir wollen die Entstehung einer Schleifenwicklung für einen Trommelanker an der Skizze nach Fig. 41 verfolgen. Für die in dieser Figur dargestellte Wicklung wurde die Spulenzahl gleich 13 und der Nutenschritt

$$y_n \leqq \frac{Z}{2p} \leqq \frac{13}{2} = 6$$

gewählt.

Folgen wir, von der Kommutatorlamelle 1 ausgehend, der ersten Spule (1) und schreiten auf der Rückseite des Ankers um den Nutenschritt (6) vor, so gelangen wir durch die rechte Spulenseite (14) der ersten Spule wieder auf die vordere Stirnfläche des Ankers. Da wir die zweite Spule (3 ÷ 16) in Serie mit der ersten Spule schalten wollen, so schreiten wir auf der Vorderseite des Ankers wieder nach dem Pol zurück, von welchem wir kamen. Wir können dabei das Ende der ersten Spule an eine der Ausgangslamelle benachbarte Lamelle (2 oder 13) anschließen, je nachdem wir nach rechts oder links den Anker umschreiten wollen. Der kürzeren Verbindung, d. h. der Kupferersparnis halber, gehen wir zur Lamelle 2, an die wir weiterhin den Anfang (3) der zweiten Spule anschließen. Durch letztere schreiten wir nun in derselben Weise, wie bei der ersten Spule beschrieben wurde, mit der Wicklung weiter, was an Hand der Skizze leicht verfolgt werden kann. Wir ersehen aus dem Fortschreiten der Wicklung, daß wir nach Durchlaufen je einer Spule auf dem Kommutator um eine Lamellenteilung weitergerückt sind und erhalten somit für die einfache Schleifenwicklung (Parallelwicklung) den Kommutatorschritt

$$\boldsymbol{y_k = \pm 1} \quad \ldots \ldots \ldots \quad (20)$$

worin das positive Vorzeichen für die nach rechts, das negative für die nach links fortschreitende Wicklung gilt.

Durch die Wahl des Nutenschrittes y_n ist somit eine einfache Schleifenwicklung eindeutig bestimmt, da der Kommutatorschritt $y_k = 1$ unveränderlich ist.

Um die Lage der Spulen im magnetischen Felde leicht übersehen zu können, ist es zweckmäßig sie in eine Ebene abzuwickeln, wie dies in Fig. 42 für die in der Skizze Fig. 41 dargestellte Wicklung geschehen ist. Deutlich tritt in dieser das schleifenartige Überdecken der einzelnen Spulen, der sogenannten Wicklungselemente, hervor, durch welches diese Wicklungen die Bezeichnung Schleifenwicklungen erhalten haben.

Wir haben in diese Figur die Maße für die Wicklungsschritte eingetragen, wie wir sie erhalten, wenn wir die Schritte durch die Zahl der Spulenseiten messen, um die wir in der Wicklung vorwärts oder rückwärts schreiten. Wie in Abschnitt 7 gezeigt ist, wird der Nutenschritt 6, gemessen in Spulenseiten, gleich dem ersten Teilschritt

$$y_1 = u_n y_n + 1 = 2 \cdot 6 + 1 = 13.$$

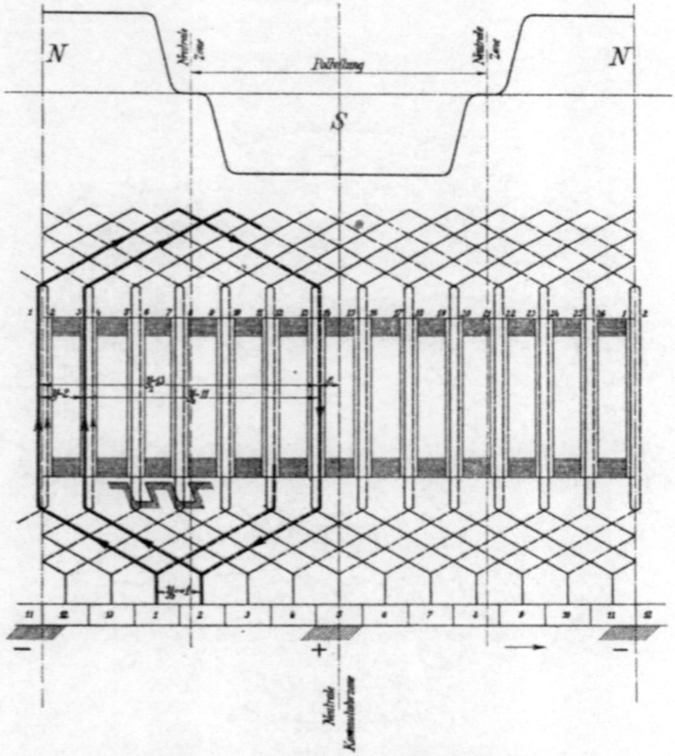

Fig. 42. Abgerollte Schleifenwicklung.

Ferner schreiten wir stets mit jeder Spule um eine Lamelle vor, und da jeder Spule zwei Spulenseiten entsprechen, so wird der Wicklungsschritt

$$y = 2\, y_k = 2,$$

und der zweite Teilschritt

$$y_2 = y_1 - y = 13 - 2 = 11,$$

beide in Spulenseiten gemessen.

Da, wie erwähnt, bei der einfachen Schleifenwicklung $a = p$ ist, so gehen die allgemeinen Symmetriebedingungen, nach denen

$$\frac{Z}{a}, \ \frac{K}{a} \text{ und } \frac{2p}{a} \text{ ganzzahlig}$$

sein sollen, für diese Wicklung in die Bedingungen über:

$$\frac{Z}{p} \text{ und } \frac{K}{p} \text{ ganzzahlig,}$$

da $\frac{p}{a}$ gleich 1 ist.

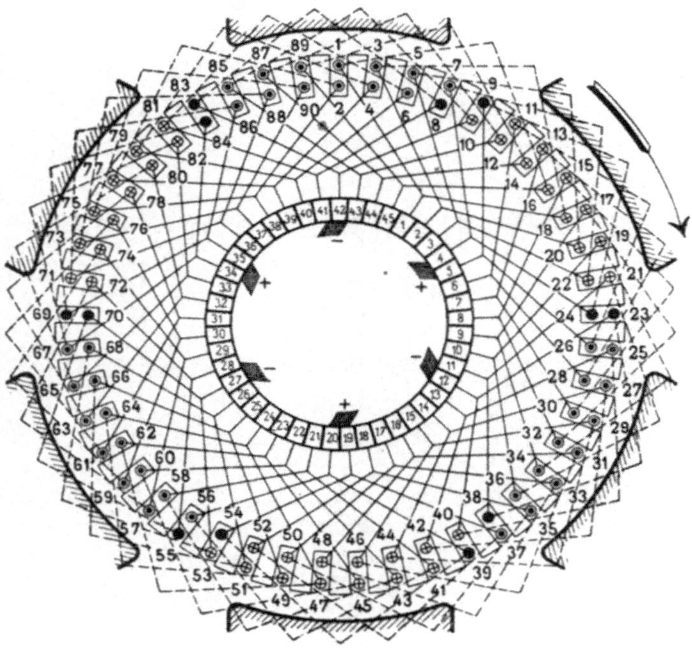

Fig. 43. Wicklungsschema einer einfachen Schleifenwicklung.

Wie aus Fig. 41 und 42 ersichtlich, muß bei der Schleifenwicklung wie bei der Spiralenwicklung Fig. 37 jede Kommutatorbürste den Strom von denjenigen Ankerzweigen führen, die mit der Bürste in Berührung stehen. Die Stromverteilung ist bei den Schleifenwicklungen also vollständig zwangläufig und man muß eben so viele Bürsten auflegen wie die Maschine Ankerzweige oder, was auf das gleiche hinauskommt, wie die Maschine Pole besitzt.

Eine zwangläufige Stromverteilung auf die verschiedenen Bürsten wird jedoch nur vollständig erreicht, wenn die Schleifenwicklung ohne Ausgleichverbindungen ausgeführt ist, was jedoch selten oder fast nie der Fall ist.

Zur weiteren Einführung in das Verständnis der Wicklungen ist in Fig. 43 das Schema einer sechspoligen Schleifenwicklung dargestellt, für die $S = 45$ Ankerspulen gewählt wurde.

Es ist $Z = K = 45$ und $p = 3$, so daß die Symmetriebedingungen erfüllt sind. Der Nutenschritt y_n ist gleich 7 und die Schrittverkürzung gegenüber der Polteilung somit

$$\varepsilon_n = \frac{Z}{2p} - y_n = \frac{45}{6} - 7 = \frac{1}{2}.$$

Infolge der Schrittverkürzung werden die Wicklungsköpfe kürzer, doch ist eine zu große Verkürzung zu vermeiden, weil sonst die Spulen während des Kurzschlusses in ein zu starkes Feld gelangen und weil der wirksame magnetische Fluß, den die Spule umschließt, durch die Verkürzung verkleinert wird.

Die Stromrichtung in den Ankerstäben ist dadurch angegeben, daß ein unter einem Pol, d. h. in die Papierebene, eintretender Strom durch ein Kreuz ⊗ und ein aus der Papierebene austretender Strom durch einen Punkt ⊙ gekennzeichnet ist. Die von den Bürsten kurzgeschlossenen Ankerstäbe sind durch volle schwarze Kreise ● hervorgehoben.

10. Mehrfache Schleifenwicklung.

Bei Niederspannungsmaschinen großer Leistung, wie sie beispielsweise für elektrolytische Zwecke benötigt werden, erhält man bei Verwendung einer einfachen Schleifenwicklung bei niedriger Polzahl Ankerstäbe von unzweckmäßig großem Querschnitt sowie eine nur geringe Anzahl von Kommutatorlamellen. Ist die Drehzahl der Maschine hoch, so kann infolge der geringen Lamellenzahl die zwischen den Lamellen auftretende Spannung leicht unzulässig hohe Werte annehmen.

Diese Übelstände lassen sich ohne Vermehrung der Pole vermeiden, wenn wir nach Weston (1882) die Zahl der Ankerzweigpaare dadurch vervielfachen, daß wir mehrere (m) einander gleiche Schleifenwicklungen auf den Anker aufbringen. Wir nennen eine solche Ankerwicklung, die nach dem Gesagten $a = mp$ Ankerzweigpaare besitzt, eine mehrfache (oder m-fache) Schleifenwicklung.

Damit die den verschiedenen Wicklungen angehörigen Ankerzweige, die durch die Bürsten parallel geschaltet sind, in jeder Ankerstellung einander gleichwertig sind, muß jeder Spule der einen Wicklung eine im gleichen Feld gelegene Spule der anderen Wicklungen entsprechen. Das ist nur möglich bei zweifach geschlossenen Schleifenwicklungen, wie es auch aus der Symmetriebedingung $\frac{2p}{a}$ gleich einer ganzen Zahl hervorgeht. Selbst durch Anordnung von gleich vielen Spulenseiten jeder der m-Wicklungen in einer Nut läßt sich, wie am Ende des Abschnittes gezeigt werden soll, für $m > 2$ keine völlig symmetrische Wicklung ausführen, und wie wir im nächsten Kapitel sehen werden, lassen sich zwischen den einzelnen Wicklungen einer derartigen mehrfachen Schleifenwicklung keine völlig symmetrische Ausgleichverbindungen anordnen. Man führt deswegen auch keine Schleifenwicklungen mit mehr als $2p$ Ankerzweigpaaren aus.

Wenn wir neben jede Spulenseite der einen Wicklung eine Spulenseite der zweiten Wicklung einschieben und in gleicher Weise neben jede Lamelle der ersten Wicklung eine der zweiten Wicklung angehörige Lamelle in gleicher Reihenfolge wie die Spulen anordnen, so wird die Zahl der Lamellenteilungen, um welche die aufeinander folgenden Lamellen der gleichen Wicklung auseinander rücken, um eine Lamellenteilung vergrößert. Der Kommutatorschritt y_k, den wir bei der einfachen Schleifenwicklung gleich eins fanden, wird somit bei der zweifachen Schleifenwicklung gleich zwei und bei der m-fachen Schleifenwicklung wird

$$y_k = m \qquad (21)$$

Bei der Ausführung der Wicklung für $m = 2$ werden wir stets eine Spule, und folglich auch eine Lamelle, überschlagen, d. h. wir verbinden das Ende der Spule 1 mit dem Anfang der Spule 3 usf. Nach einem Umgang um den Anker werden wir daher nur die Hälfte, oder allgemein $\frac{1}{m}$ der Spulen durchlaufen und nur $\frac{1}{m}$ der Lamellen berührt haben. Ist die Lamellenzahl durch m teilbar, so gelangen wir schon beim ersten Umgang um den Anker zur Ausgangslamelle zurück und schließen damit schon die Wicklung in sich.

Eine mehrfache Parallelwicklung, bei der

$$\frac{K}{m} = \frac{K}{y_k} \text{ ganzzahlig}$$

ist, ist demnach m-fach geschlossen und hat demzufolge auch m vollständig unabhängige Wicklungen. Die Wicklung wird sich erst nach Durchlaufen aller Spulen schließen, d. h. einfach geschlossen sein, wenn die Lamellenzahl K nicht durch $y_k = m$ ganzzahlig teilbar ist.

Damit geschlossene Ankerwicklungen symmetrisch sein sollen, so muß $\frac{K}{a}$ gleich einer ganzen Zahl sein. Da hier $a = mp$ ist, so muß $\frac{K}{mp}$ und somit auch $\frac{K}{m}$ gleich einer ganzen Zahl sein, d. h. eine mehrfache Schleifenwicklung kann nur symmetrisch ausgeführt werden, wenn sie mehrfach, und zwar m-fach geschlossen ist. Da ferner nur

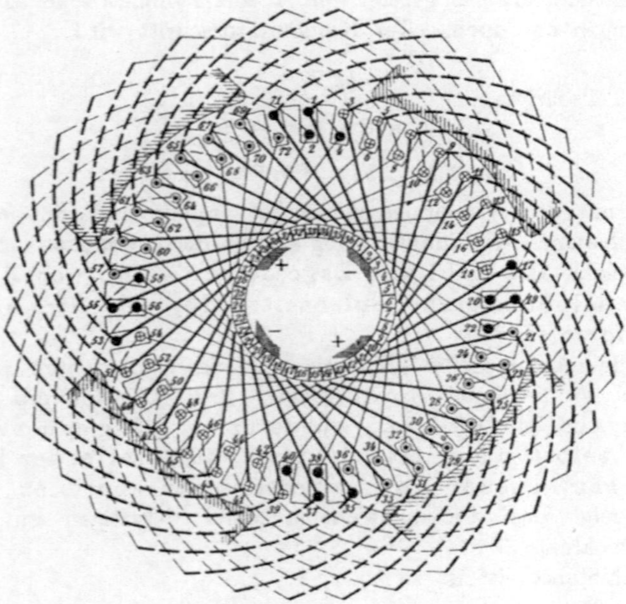

Fig. 44. Wicklungsschema einer zweifachen Schleifenwicklung.

zweifache Schleifenwicklungen, wie oben gesagt, völlig symmetrisch ausgeführt werden können, so empfiehlt es sich, von den mehrfachen Schleifenwicklungen nur zweifache und zwar zweifach geschlossene Schleifenwicklungen auszuführen. Werden diese mit 4 oder 8 Spulenseiten pro Nut ausgeführt, so darf der Nutenschritt y_n keine ganze Zahl sein, wie es gleich an Hand einiger Beispiele erläutert werden soll.

Als Beispiel einer zweifachen Schleifenwicklung ist in Fig. 44 das Wicklungsschema einer vierpoligen Maschine wiedergegeben. Die Wicklung besteht aus $S = 36$ Ankerspulen in 36 Nuten verlegt.

Damit jeder der acht Ankerzweige eine Spulenseite in gleicher Feldlage erhalten kann, müssen erstens $\frac{Z}{a} = \frac{36}{4} = 9$ und $\frac{2p}{a} = \frac{4}{4}$ ganze Zahlen sein. Zweitens darf der Nutenschritt nicht gleich $\frac{Z}{2p} = \frac{36}{4} = 9$ entsprechend der Polteilung gewählt werden; denn dann würden wir nur vier Ankerzweige erhalten, deren entsprechende Spulenseiten alle in genau gleicher Feldlage liegen. Wir wählen deswegen den Nutenschritt $y_n = \frac{Z}{2p} + 1 = 10$; es lassen sich dann, wie im nächsten Kapitel gezeigt werden soll, symmetrische Ausgleichverbindungen anordnen. Der Kommutatorschritt wird

$$y_k = 2$$

und die Teilschritte

$$y_1 = 2\,y_n + 1 = 21$$

$$y_2 = y_1 - 2\,y_k = 17.$$

Wie aus dem Wicklungsschema hervorgeht, sind die beiden in sich geschlossenen Wicklungen völlig symmetrisch, was man am besten dadurch sieht, daß Zahl und Lage der zwischen den Bürsten gelegenen induzierten Spulenseiten für alle Stromzweige genau gleich sind.

Würde man dieselbe Wicklung mit vier Spulenseiten pro Nut ausführen, so bekäme man 18 Nuten, d. h. $4^1/_2$ Nut pro Ankerzweigpaar, und die Wicklung würde nicht völlig symmetrisch werden, selbst wenn man je eine Spulenseite der beiden Wicklungen in jeder Nut nebeneinander anordnen würde. Fig. 45 zeigt das Wicklungsschema einer derartigen zweifachen Schleifenwicklung.

Der Nutenschritt ist zu

$$y_n = \frac{Z}{2p} - \varepsilon_n = \frac{18}{4} - \frac{1}{2} = 4$$

gewählt, so daß die Schrittverkürzung $\varepsilon_n = \frac{1}{2}$ wird. In jeder Lage einer Nut finden wir je eine Spulenseite beider Wicklungen. In den beiden Spulenseiten werden somit einander gleich große EMKe induziert, so daß die beiden Spulenseiten auch gleichzeitig von den Bürsten am Kommutator kurzgeschlossen werden müßten, wenn die Symmetrie völlig bewahrt bleiben sollte. Da aber die beiden Spulenseiten an benachbarte Kommutatorlamellen angeschlossen sind, so kann diese Forderung nicht erfüllt und die Wicklung deswegen nie völlig symmetrisch werden. In den beiden zwischen benachbarten Bürsten gelegenen Ankerzweigen hat außerdem abwechselnd der eine

eine i n d u z i e r t e Spule mehr als der andere. Diese periodisch auftretende Unsymmetrie läßt sich nicht völlig ausgleichen, da jede Bürste abwechselnd eine gerade und eine ungerade Spulenzahl kurzschließt, wobei sich die ungerade Spulenzahl naturgemäß ungleich auf beide Ankerzweige verteilen muß. Die von den Bürsten kurzgeschlossenen Spulen sind im Schema durch volle Kreise hervorgehoben. Damit diese Unsymmetrie nicht zu Ausgleichströmen zwischen den beiden Wicklungen unter den Bürsteu führen soll, so verbindet man an einigen Stellen, z. B. *a, b, c* usw., die gleichgelegenen Spulen-

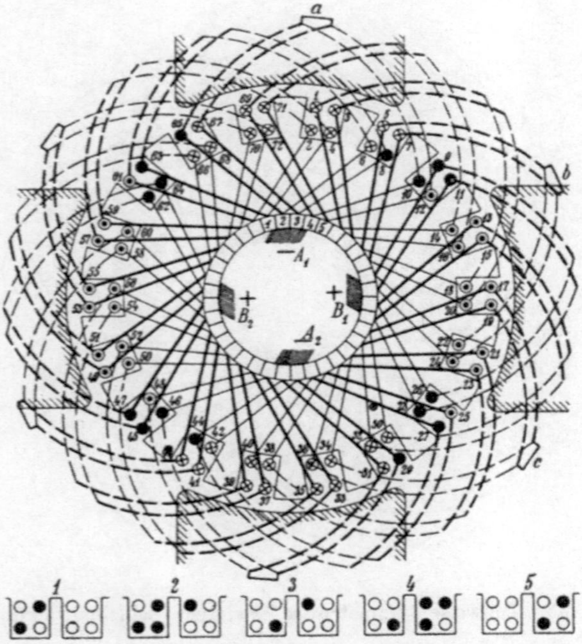

Fig. 45. Unsymmetrische zweifache Schleifenwicklung.

seiten beider Wicklungen miteinander. Durch diese Verbindungen werden die Ausgleichströme unter der Bürste zwar verkleinert; sie verschwinden aber erst ganz, wenn alle gleichgelegenen Spulenseiten jeder Nut miteinander verbunden werden. Dann kann aber die Wicklung nicht mehr als zweifache Schleifenwicklung aufgefaßt werden, sondern ist mit einer einfachen Schleifenwicklung, die 18 Nuten, 18 Spulen und 18 Kommutatorlamellen besitzt, identisch geworden.

Um eine der benachbarten Kommutatorlamelle entsprechende Verschiebung zwischen benachbarten Ankerspulen der beiden Wicklungen einer zweifachen Schleifenwicklung zu erreichen, kann man die oberen Seiten zweier Ankerspulen in derselben Nut anordnen, während man die unteren Seiten derselben Spulen in benachbarte Nuten verlegt. Man erhält dann für die zweifache Schleifenwicklung in Fig. 45 das etwas mehr symmetrische Schaltungsschema Fig. 46. Hier ist $\frac{Z}{a} = 4^1/_2$ auch keine ganze Zahl und diese Wicklung somit auch nicht völlig symmetrisch. Die Unsymmetrie besteht aber bei diesem Schema nur darin, daß Zahl

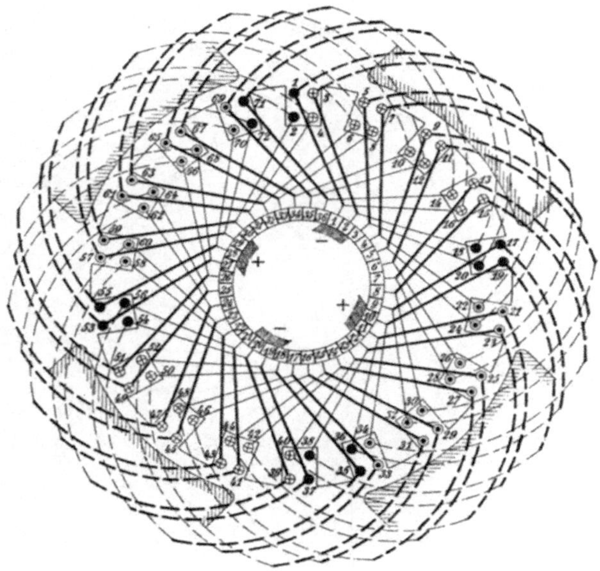

Fig. 46. Teilweise symmetrische zweifache Schleifenwicklung.

und Lage der zwischen den Bürsten gelegenen Spulenseiten für alle Stromzweige nicht genau gleich sind. Ist die Wicklung nur mit wenigen Nuten ausgeführt, so kann diese Unsymmetrie zu ziemlich großen Ausgleichströmen zwischen den verschiedenen Ankerzweigen führen, welche Ströme sich entweder durch die Bürsten oder durch Ausgleichverbindungen schließen. Eine derartige Ankerwicklung mit kleiner Nutenzahl wird deswegen nur funkenfrei arbeiten, wenn man sehr viele Ausgleichverbindungen anordnet, die im nächsten Kapitel beschrieben werden sollen. Besitzt die Wicklung viele Nuten pro Pol, so wird die Unsymmetrie geringer und die Ausgleichströme kleiner.

Eine zweifache Schleifenwicklung mit vier Spulenseiten pro Nut muß also, um ganz symmetrisch zu sein, eine ganze Nutenzahl pro Pol besitzen und nach dem Schaltungsschema Fig. 46 ausgeführt werden, die dadurch gekennzeichnet ist, daß der Nutenschritt keine ganze Zahl ist. Würde man eine vierpolige zweifache Schleifenwicklung mit 20 Nuten und 40 Ankerspulen nach dem Schaltungsschema Fig. 45, dessen Nutenschritt eine ganze Zahl ist, ausführen, so würde die Wicklung immer noch gleich unsymmetrisch bleiben, wie die mit 18 Nuten und 36 Ankerspulen in Fig. 45 dargestellte Wicklung.

Da eine mehrfache Schleifenwicklung mit $m > 2$ weder nach dem Schema Fig. 44 noch nach dem Schema Fig. 46 symmetrisch ausgeführt werden kann, so läßt sich diese Wicklung, wie oben behauptet, nicht symmetrisch ausführen, selbst wenn man gleich viele Spulenseiten jeder der m Wicklungen nebeneinander in einer Nut anordnet.

11. Einfache Wellenwicklung (Reihenwicklung).

Ist die Spannung einer Maschine im Verhältnis zur Leistung oder Drehzahl derselben hoch, so ist oft die Hintereinanderschaltung von möglichst vielen Ankerspulen erwünscht. Da jede geschlossene Ankerwicklung wenigstens zwei parallele Stromzweige bildet und jedem Stromzweige bei einer symmetrischen Wicklung gleich viele Spulen angehören, so ist die höchstmögliche Zahl der hintereinander geschalteten Ankerspulen gleich der Hälfte der Gesamtzahl.

Die einfache Wellenwicklung oder Reihenwicklung, wie wir eine solche von Perry (1882) angegebene Wicklung nennen, besitzt, wie wir gleich sehen werden, nur ein Ankerzweigpaar, d. h. es ist $a = 1$.

Die Entstehung einer Reihenwicklung ist in Fig. 47 gezeigt. Folgen wir, von der Lamelle 1 ausgehend, der linken (oberen) Spulen-

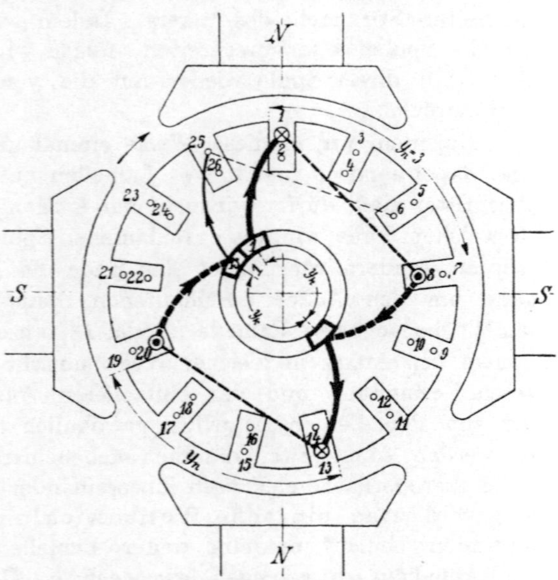

Fig. 47. Einfache Wellenwicklung.

seite (1) der ersten Spule, so schreiten wir auf der hinteren Stirnfläche des Ankers, wie bei jeder anderen Ankerwicklung, um die Spulenweite (d. i. den Nutenschritt)

$$y_n \cong \frac{Z}{2p}$$

vorwärts und gelangen, der rechten (unteren) Spulenseite (8) folgend, wieder zur vorderen Stirnfläche des Ankers.

Um eine Reihenschaltung der unter verschiedenen Polen gelegenen Ankerspulen zu erreichen, müssen wir nun, anstatt wie bei der Schleifenwicklung, unter dem Pol zurück zu schreiten, von welchem wir kamen, nach einer unter dem folgenden Pol gelegenen Spule vorwärts schreiten. Daraus folgt, daß eine Reihenwicklung nur ausführbar ist, wenn die Maschine mehr als ein Polpaar besitzt. Bei diesem zweiten Teilschritt, dem eigentlichen Schaltschritt der Wicklung, berühren wir eine Lamelle des Kommutators, die um den Kommutatorschritt y_k, d. h. um y_k Lamellenteilungen von der Ausgangslamelle entfernt ist. Die Zahl dieser Lamellenteilungen y_k, die gleich der halben Summe der Teilschritte, d. h. gleich $\frac{1}{2}(y_1 + y_2)$ ist, läßt sich wie folgt berechnen. Da jeder Lamelle am Ankerumfang eine Spule entspricht, so haben wir uns auf dem Ankerumfang um y_k Spulen von der ersten Spule entfernt. Wir schließen daher die berührte $(y_k + 1)$te Lamelle an den Anfang (d. i. an die linke Spulenseite 13) der $(y_k + 1)$ten Spule an und gelangen, dieser folgend, auf die hintere Stirnfläche des Ankers. Indem wir auf letzterer wiederum um die Spulenweite vorschreiten, folgen wir der rechten (unteren) Seite (20) dieser Spule wieder auf die vordere Stirnfläche des Ankers zurück.

Nachdem wir in dieser Weise einmal um den Anker geschritten und dabei somit p-mal um y_k Lamellen auf dem Kommutator vorgeschritten sind, dürfen wir nicht zur Ausgangslamelle zurückgelangen, in welchem Falle wir alle durchlaufenen Spulen in sich kurz schließen würden, sondern wir müssen das Ende der letzten beim ersten Umgang um den Anker durchlaufenen Spule an eine der Ausgangslamelle benachbarte Lamelle (2 oder 13) anschließen, worauf wir von neuem den Anker in gleicher Weise umschreiten können. Der kürzeren Verbindung und der einfacheren Ausführung wegen wählen wir von den beiden Lamellen gewöhnlich die näher gelegene (13). Es werden somit zwei räumlich nebeneinander liegende Wellen an der Ankeroberfläche elektrisch hintereinander geschaltet und die Wicklung wird eine einfache Wellenwicklung. Da wir bei jedem folgenden Umlauf um eine weitere Lamelle von den schon berührten zurückbleiben, so gelangen wir nach y_k Umläufen zur Ausgangslamelle zurück, d. h. die Wicklung schließt sich nach y_k Umläufen um den Anker bei Ausführung des ersten weiteren Kommutatorschrittes in sich (Fig. 48).

Wie wir in Fig. 47 sahen, sind wir bei einem Umgang um den Anker um $K \pm 1$ Lamellen auf dem Kommutator vorgeschritten, wobei wir p-mal den Kommutatorschritt y_k ausführten.

Folglich muß

$$p\, y_k = K \pm 1$$

sein, und wir erhalten

$$\boldsymbol{y_k = \frac{K \pm 1}{p}} \quad \ldots\ldots\ldots \quad (22)$$

worin das obere Vorzeichen einer rechtsgängigen und das untere einer linksgängigen Wicklung entspricht. Da y_k nur ganzzahlig sein kann, so muß demnach bei einer Reihenwicklung außer den allgemeinen Symmetriebedingungen noch die Bedingung

$\frac{K \pm 1}{p}$ gleich einer ganzen Zahl

erfüllt sein.

Durch die Wahl der Spulenweite y_n und die Festlegung des Kommutatorschrittes y_k ist die Reihenwicklung, wie jede andere Wicklung, eindeutig bestimmt.

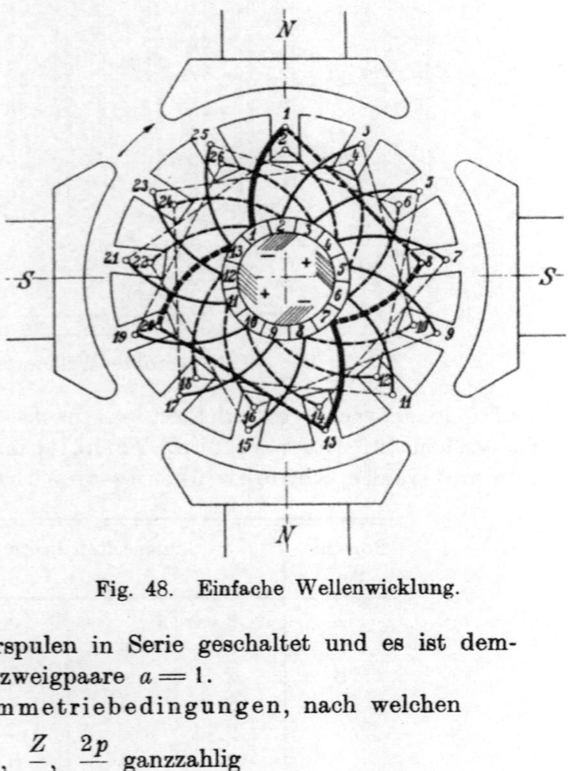

Fig. 48. Einfache Wellenwicklung.

Infolge unserer Wicklungsweise haben wir die Hälfte aller Ankerspulen in Serie geschaltet und es ist demnach die Zahl der Ankerzweigpaare $a = 1$.

Die allgemeinen Symmetriebedingungen, nach welchen

$$\frac{K}{a}, \quad \frac{Z}{a}, \quad \frac{2p}{a} \text{ ganzzahlig}$$

sein müssen, sind somit bei einer Reihenwicklung stets ohne weiteres erfüllt und wir brauchen nur zu untersuchen, ob $\frac{s}{Z}$ ganzzahlig ist, d. h. ob auf alle Nuten gleich viele Spulenseiten entfallen.

Diese Möglichkeit ist bei einer Reihenwicklung sehr beschränkt und auch nicht absolut erforderlich. Stellen wir die Bedingung, daß auf alle Nuten gleich viele Spulenseiten entfallen sollen und führen für $K = S$ den Wert $\frac{u_n}{2} Z$ ein, so wird $y_k = \frac{\frac{u_n}{2} Z \pm 1}{p}$.

Wählen wir nun z. B. $u_n = 4$, so kann man keine Nutenzahl Z finden, die beispielsweise bei der Polpaarzahl $p = 2$ einen ganzzahligen Kommutatorschritt y_k ergibt. Ziehen wir für u_n die Werte 2, 4, 6

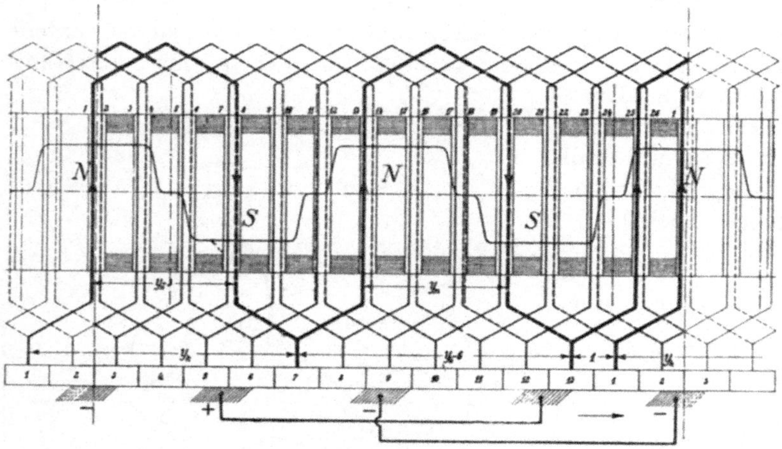

Fig. 49. Abgerollte Wellenwicklung.

und 8 in Betracht, so erhalten wir nachstehende Tabelle, aus der zu ersehen ist, unter welchen Verhältnissen eine vollkommen symmetrische Reihenwicklung ausführbar ist.

Polzahl $2p$	Spulenseiten in einer Nut (u_n)			
4	2	—	6	—
6	2	4	—	8
8	2	—	6	—
10	2	4	6	8
12	2	—	—	—
14	2	4	6	8
16	2	—	6	—

In Fig. 49 ist die Abwicklung der nach dem Schema (Fig. 48) ausgeführten Wicklung dargestellt und läßt das wellenförmige Fortschreiten der Wicklung leicht erkennen. Da die Reihenwicklung aus nur einem um den Anker fortschreitenden Wellenzug besteht, so ist sie, wie oben gesagt, eine einfache Wellenwicklung.

Bei Betrachtung der Abwicklung (Fig. 49) erkennen wir, daß alle gleichnamigen Bürsten durch die in der neutralen Zone liegenden Spulen miteinander verbunden und somit durch die Wicklung selbst parallel geschaltet sind. Eine äußere Parallelschaltung der gleichnamigen Bürsten ist demnach nicht unbedingt erforderlich und es könnten alle Bürsten bis auf eine positive und eine negative weggelassen werden.

Nur in Ausnahmefällen, wenn, wie beispielsweise bei Straßenbahnmotoren, ein Teil der Bürsten schwer zugänglich ist, macht man von dieser Möglichkeit Gebrauch. Im allgemeinen vermeidet man jedoch die dadurch hervorgerufene Unsymmetrie. Läßt man die Bürsten an einigen Stellen weg, so muß man die Zahl oder den Querschnitt der an den übrig bleibenden Stellen befindlichen Bürsten entsprechend erhöhen, damit bei diesen die zulässige Stromdichte nicht überschritten wird.

Bei den Wellenwicklungen sind alle gleichnamigen Bürsten durch die kurzgeschlossenen Spulen im Innern der Wicklungen parallel geschaltet. Der Strom verteilt sich daher auf die parallel geschalteten Bürsten entsprechend den Übergangswiderständen. Sind diese verschieden, so wirken die kurzgeschlossenen Spulen als Ausgleichleiter und der Strom verteilt sich so auf die Bürsten, daß bis zum äußeren Sammelpunkt der Ströme ein gleicher Spannungsabfall eintritt. Wir haben somit bei den Wellenwicklungen eine sogenannte selektive Stromabnahme.

Die Gefahr der Überlastung einer Bürste wächst mit der Anzahl derselben. Gibt man den Verbindungen der Wicklung mit dem Kommutator und den Verbindungen zwischen den Sammelringen und den Bürsten verhältnismäßig hohe Widerstände, so wird eine gleichmäßige Verteilung des Stromes gefördert. Deswegen ist bei Maschinen für große Stromstärken dieser Kunstgriff, um eine gleichmäßige Stromverteilung auf die verschiedenen Bürsten zu erzielen, sehr zu empfehlen.

Als weiteres Beispiel einer Reihenwicklung ist in Fig. 50 eine sechspolige Wicklung mit stark verkürzter Spulenweite dargestellt.

Die Wicklung besteht aus $S = 52$ Spulen, die in $Z = 26$ Nuten untergebracht sind, so daß auf jede Nut $u_n = \frac{2S}{Z} = \frac{2 \cdot 52}{26} = 4$ Spulenseiten entfallen. Der Nutenschritt wurde zu

$$y_n = 3$$

gewählt, während der normale Nutenschritt $y_n \leqq \frac{Z}{2p} = 4$ sein würde. Der Kommutatorschritt dieser Wicklung ergibt sich zu

$$y_k = \frac{K-1}{p} = \frac{52-1}{3} = 17 \cdot$$

und die Teilschritte zu

$$y_1 = u_n y_n + 1 = 4 \cdot 3 + 1 = 13$$

und

$$y_2 = 2\,y_k - y_1 = 34 - 13 = 21.$$

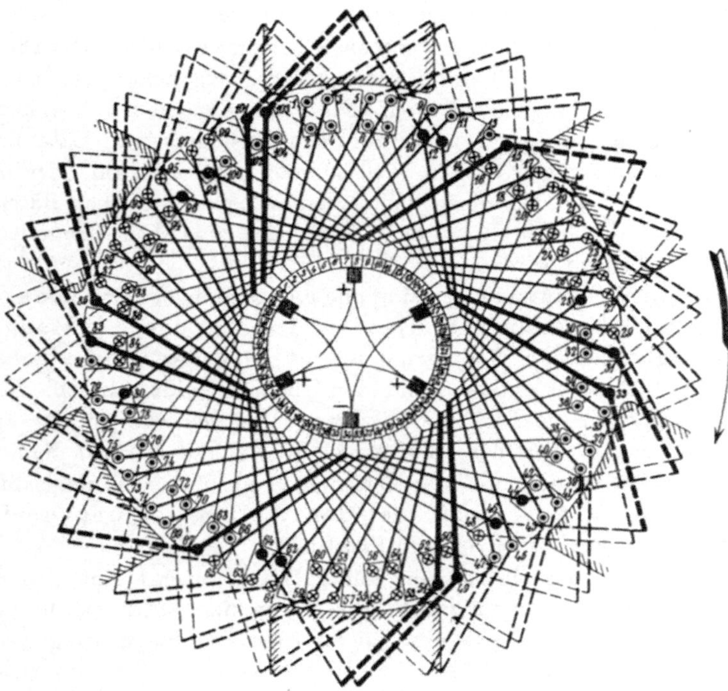

Fig. 50. Schema einer sechspoligen Wellenwicklung mit verkürztem Nutenschritt.

Die von den Bürsten kurzgeschlossenen Spulen sind in der Figur durch starke Linien hervorgehoben. Wir sehen, daß die von einer Bürste kurzgeschlossenen Spulen um eine bis zwei Nutenteilungen voneinander entfernt liegen. Die aus den Spulenseiten 67 bis 80 und 85 bis 98 bestehenden Spulen liegen um zwei Nutenteilungen im Felde verschoben, d. h. sie werden in Feldern kurzgeschlossen, deren Stärke erheblich verschieden ist. Da dies für die Kommutierung ungünstig ist, so ist es besser, bei Wellenwicklungen von einer so großen Schrittverkürzung abzusehen.

12. Mehrfache Wellenwicklung (Reihenparallelwicklung).

Nimmt der für die Ankerleiter erforderliche Querschnitt bei Annahme einer einfachen Wellenwicklung einen unzweckmäßig großen Wert an und wird andererseits die Zahl der parallelen Ankerzweige bei einer einfachen Schleifenwicklung größer als erforderlich, so kann man eine passende Zahl von parallelen Stromzweigen dadurch erhalten, daß man mehrere einfache Wellenwicklungen auf den Anker aufbringt.

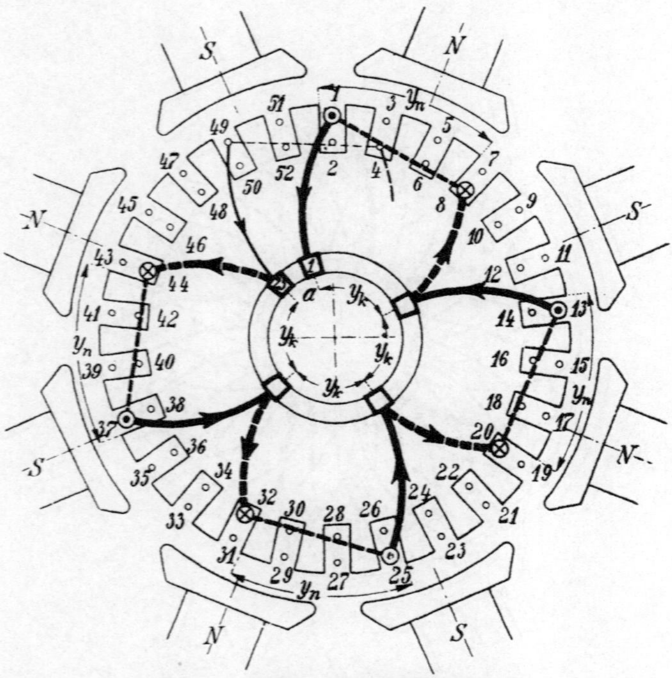

Fig. 51. Mehrfache Wellenwicklung.

Eine solche Ankerwicklung bezeichnen wir als mehrfache Wellenwicklung oder Reihenparallelwicklung (**E. Arnold**, 1891).

Um die Zahl der Ankerzweige einer solchen Wicklung dem Namen derselben gleich entnehmen zu können, so werden wir im folgenden eine mehrfache Wellenwicklung mit a Ankerzweigpaaren eine a-fache Wellenwicklung nennen. Es gibt somit einfache Wellenwicklungen (gewöhnliche Reihenwicklungen), zweifache, dreifache .... p-fache und $2p$-fache Wellenwicklungen. Die Entstehung einer Reihenparallelwicklung läßt Fig. 51 erkennen.

Gehen wir von der Lamelle 1 aus und folgen der Wicklung in gleicher Weise, wie bei der Reihenwicklung gezeigt wurde, einmal um den Anker, wobei wir p Spulen durchlaufen, so schließen wir das Ende der $p$ten Spule nicht an eine der Ausgangslamelle benachbarte Lamelle an, sondern wir bleiben um so viele Lamellenteilungen von dieser entfernt, als wir einzelne Reihenwicklungen auflegen wollen, wobei wir die zwischenliegenden Lamellen für die anderen Reihenwicklungen frei lassen. Da jeder Reihenwicklung ein Ankerzweigpaar entspricht, so ist auch die Zahl der Lamellenteilungen, um welche wir von der Ausgangslamelle bei einem Umgang entfernt bleiben, gleich a.

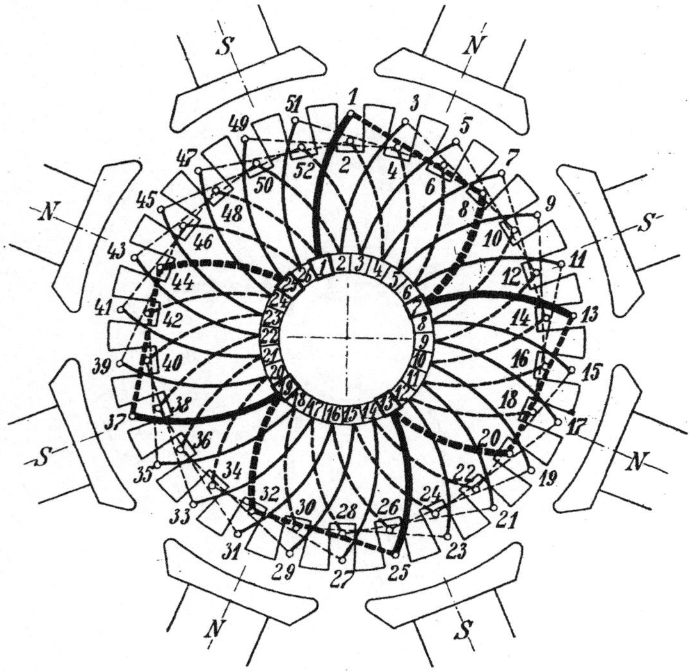

Fig. 52. Zweifache Wellenwicklung.

Wir sind somit bei einem Umgang um den Anker, d. h. bei Ausführung von p Kommutatorschritten y_k, denen py_k Lamellenteilungen entsprechen, um $K \pm a$ Lamellenteilungen auf dem Kommutator vorgeschritten. Es muß somit

$$py_k = K \pm a$$

sein, woraus sich der Kommutatorschritt einer a-fachen Wellenwicklung zu

$$y_k = \frac{K \pm a}{p} \quad . \; . \; . \; . \; . \; . \; . \; . \quad (23)$$

ergibt, welche Formel allgemein für Wellenwicklungen Gültigkeit hat

Das obere Vorzeichen bezieht sich auch hier auf **rechtsgängige** und das untere auf **linksgängige Wicklungen**. Da y_k nur ganzzahlig sein kann, so haben wir darauf zu achten, daß bei Wellenwicklungen

$$\frac{K \mp a}{p} \text{ ganzzahlig ist.}$$

Fig. 52 zeigt das vollständige Wicklungsschema für die der Fig. 51 zugrunde gelegte achtpolige zweifache Wellenwicklung. Die Spulenzahl wurde zu $S = K = 26$, der Nutenschritt $y_n \leqq \frac{Z}{2p} \leqq \frac{26}{8} = 3$ gewählt. Nach Gl. (23) erhalten wir unter diesen Annahmen $y_k = 6$.

Die Abwicklung der vollständig ausgeführten Wicklung gibt Fig. 53 wieder. Verfolgt man die Wicklung, etwa von Lamelle 1 ausgehend, so gelangt man schon zu dieser zurück, nachdem man nur die halbe Anzahl der Spulen durchlaufen und dabei auch nur die Hälfte der Lamellen berührt hat. Wir haben somit zwei vollständig unabhängige, in sich geschlossene Reihenwicklungen vor uns, die ineinander geschoben sind, d. h. die Wicklung ist zweifach geschlossen.

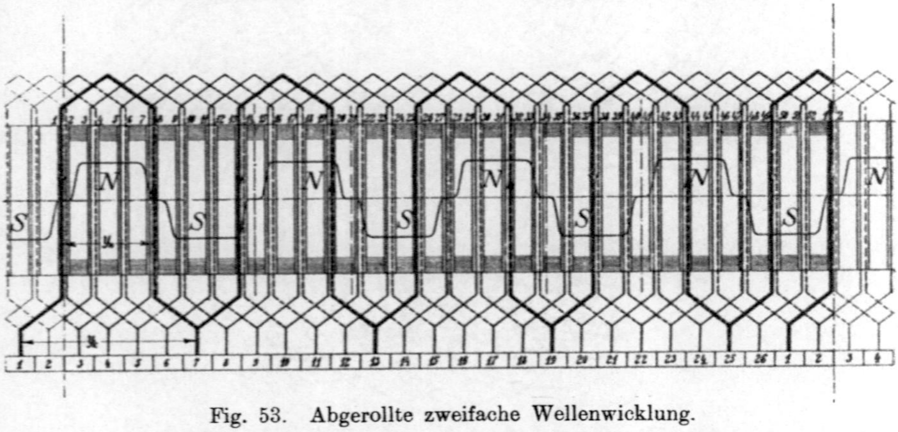

Fig. 53. Abgerollte zweifache Wellenwicklung.

Da auf jede der in sich geschlossenen Einzelwicklungen gleich viele Lamellen entfallen müssen, so muß die Lamellenzahl K ein Vielfaches der Anzahl Schließungen der Wicklung sein. Desgleichen muß der Kommutatorschritt y_k, d. h. die Entfernung zweier aufeinanderfolgenden Lamellen, die **derselben** Wicklung angehören, durch die den anderen in sich geschlossenen Wicklungen angehörigen Lamellen gleichmäßig geteilt werden; es muß also auch y_k ein ganzes Vielfaches der Schließungszahl sein.

Wir finden demnach für mehrfache Wellenwicklungen dieselbe Regel wie für mehrfache Schleifenwicklungen bestätigt, nämlich: **Die**

Zahl der Schließungen einer mehrfachen Wicklung ist gleich dem größten gemeinschaftlichen Teiler von K und y_k. Besitzen K und y_k keinen gemeinschaftlichen Teiler, so ist die mehrfache Wicklung einfach geschlossen.

Das Schema einer zweifach geschlossenen sechspoligen Reihenparallelwicklung mit $a = 2$ Ankerzweigpaaren ist in Fig. 54 gezeigt. Es wurde $S = K = 52$ gewählt und $u_n = 4$ Spulenseiten in einer Nut. Aus der Formel (23) folgt $y_k = \frac{K + a}{p} = \frac{52 + 2}{3} = 18$. Es wird die

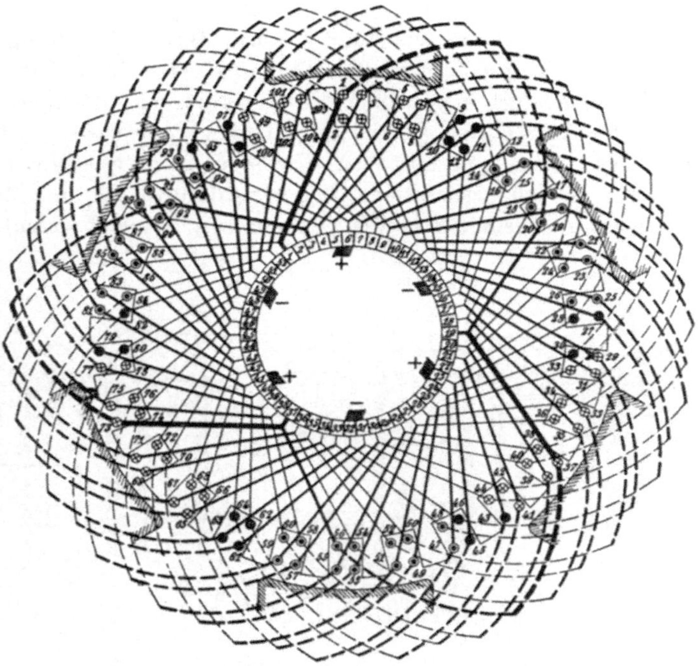

Fig. 54. Symmetrische zweifache Wellenwicklung.

Wicklung somit zweifach geschlossen. Den Nutenschritt wählen wir zu $y_n = 4\frac{1}{2}$, damit die Verschiebung zwischen benachbarten Ankerspulen der beiden Reihenwicklungen dem Abstande benachbarter Kommutatorlamellen entspricht. Es ergeben sich also die folgenden Teilschritte

$$y_1 = u_n y_n + 1 = 4 \cdot 4\tfrac{1}{2} + 1 = 19$$

und

$$y_2 = 2 y_k - y_1 = 36 - 19 = 17.$$

Wie man sich leicht überzeugen kann, ist die Zahl und die Lage der zwischen den Bürsten gelegenen induzierten Spulenseiten für alle vier Stromzweige genau gleich, d. h. die Wicklung ist völlig symmetrisch, was sich auch daraus ergibt, daß K, Z und $2p$ durch a teilbar sind. Die von den Bürsten kurzgeschlossenen Spulen sind in dem Schema schwarz hervorgehoben.

Da, wie bei der einfachen Wellenwicklung, auch bei der mehrfachen die gleichnamigen Bürsten bei genügender Bürstenbreite durch die unter den Bürsten liegenden Spulen selbst untereinander parallel geschaltet sind, ist auch bei der Reihenparallelwicklung die Möglichkeit gegeben, alle Bürsten bis auf ein Bürstenpaar wegzulassen. Da die Reihenparallelwicklung jedoch nur für Maschinen großer Leistung in Frage kommt und die Bürsten daher zugänglich sind, macht man von dieser Möglichkeit keinen Gebrauch, zumal auch bei der Reihenparallelwicklung auf Symmetrie der Wicklung der größte Wert zu legen ist.

Die allgemeinen Symmetriebedingungen

$$\frac{K}{a},\ \frac{Z}{a} \text{ und } \frac{2p}{a} \text{ gleich einer ganzen Zahl}$$

müssen auch bei einer Reihenparallelwicklung stets erfüllt sein, wenn die Wicklung ganz symmetrisch sein und keinen Anlaß zu Schwierigkeiten geben soll.

Führen wir in die Formel (23) für den Kommutatorschritt

$$y_k = \frac{K \pm a}{p},$$

für K den Wert $\frac{u_n}{2} Z$ ein, so erhalten wir

$$y_k = \frac{\frac{u_n}{2} Z \pm a}{p} = \frac{a}{p}\left(\frac{u_n}{2}\frac{Z}{a} \pm 1\right).$$

Aus dieser Gleichung läßt sich bestimmen, für welche Verhältnisse von a, p und u_n der Kommutatorschritt y_k, $\frac{2p}{a}$ und $\frac{Z}{a}$ ganzzahlig werden. Ziehen wir für u_n die Werte 2, 4, 6 und 8 in Betracht, so erhalten wir umstehende Tabelle, welche die zusammengehörigen Werte enthält, für die $\frac{s}{Z}$ und $\frac{Z}{a}$ beide ganzzahlig gemacht werden können.

Wenn die Formel (23) in die folgende Form

$$\frac{p}{a} y_k = \frac{K}{a} \pm 1$$

umgeschrieben wird, so sieht man leicht ein, daß alle Wicklungen für die $\frac{p}{a}$ keine, aber $\frac{2p}{a}$ eine ganze Zahl ist, wenigstens zweifach geschlossen sein müssen. Es müssen nämlich y_k, K und a den gemeinsamen Faktor 2 enthalten. Dies gilt sowohl für Wellen- als für Schleifenwicklungen. Außerdem darf für zweifach geschlossene Wicklungen der Nutenschritt keine ganze Zahl sein, wenn die Nut 4 oder 8 Spulenseiten enthält und die Wicklung vollständig symmetrisch sein soll; dies geht aus den Figuren 46 und 54 deutlich hervor.

Polzahl $2p$	Spulenseiten in einer Nut (u_n)	Anzahl Ankerzweige $2a$
2	2, 4, 6, 8	für alle Werte von a
4	2, 6	2
	2, 4, 6, 8	4, 8
6	2, 4, 8	2, 4
	2, 4, 6, 8	6, 12
8	2, 6	2, 4
	2, 4, 6, 8	8, 16
10	2, 4, 6, 8	2, 4, 10, 20
12	2	2
	2, 4, 8	4
	2, 6	6
	2, 4, 6, 8	12, 24
14	2, 4, 6, 8	2, 4, 14
16	2, 6	2, 4, 8
	2, 4, 6, 8	16, 32
18	2, 4, 8	2, 4, 6
	2, 4, 6, 8	18, 36

13. Unsymmetrische Wellenwicklungen.

Im Abschnitt 5 sind die Bedingungen für symmetrische Wicklungen aufgestellt. Von diesen sind einige absolut erforderlich, nämlich, daß $\frac{K}{a}$, $\frac{Z}{a}$ und $\frac{2p}{a}$ ganze Zahlen sind, während die Forderung, daß $\frac{s}{Z}$ gleich einer ganzen Zahl ist, nicht immer erfüllt zu sein braucht. Bei Schleifenwicklungen muß die letzte Bedingung — gleiche Anzahl Spulenseiten in allen Nuten — innegehalten werden, weil man beim Weglassen zweier Spulenseiten in einem Ankerzweig sehr große Ausgleichströme zwischen diesem Ankerstromzweig und den übrigen Zweigen hervorrufen würde.

a) Bei Reihenwicklungen hat das Fortlassen zweier Spulenseiten fast keinen Einfluß auf die in den zwei Ankerzweigen induzierten EMKe, wenn die beiden Spulenseiten gerade übereinander in derselben Nut weggelassen werden, wie z. B. Spulenseite 31 und 32. Es wird dann jede der beiden weggelassenen Spulenseiten in je einem Ankerzweige symmetrisch ausfallen. Diese Anordnung hat natürlich zur Folge, daß alle Spulenseiten, sowohl an der Kommutatorseite,

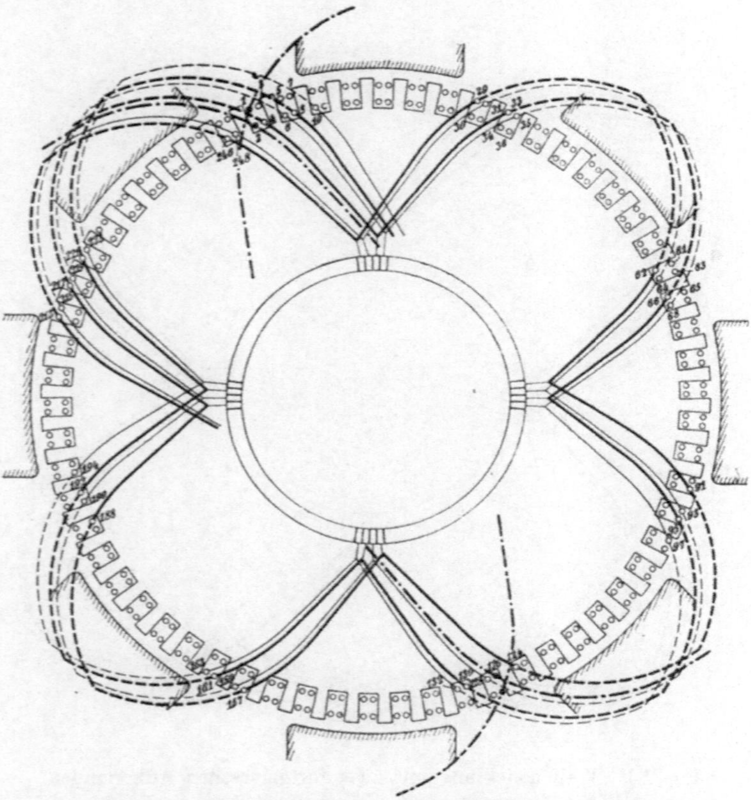

Fig. 55. Wellenwicklung mit vier fortgelassenen Spulenseiten.

als an der Rückseite des Ankers, zusammengelötet werden müssen. Man kann also keine aus ganzen Spulen bestehende Wicklungselemente anwenden. Wünscht man aus wicklungstechnischen Gründen ganze Spulen als Wicklungselemente anzuwenden, so werden die beiden weggelassenen Spulenseiten, d. h. die weggelassene Spule nur auf einen Ankerzweig fallen und es wird in diesem Zweig eine der weggelassenen Spule entsprechend kleinere EMK induziert, was einen inneren Strom in der Ankerwicklung zur Folge hat. Bei kleinen Maschinen wird dieser Ausgleichstrom nicht so groß werden, daß er die Kommutierung der Maschine nachteilig beeinflussen kann. Bei größeren Maschinen ist es jedoch ratsam diesen Ausgleichstrom zu berechnen, bevor man zur Ausführung der Maschine schreitet. Auf diese Berechnung werden wir im Abschnitt 52 zurückkommen.

b) Wie bei Reihenwicklungen macht sich das Fortlassen von Ankerspulen bei mehrfachen Wellenwicklungen in noch

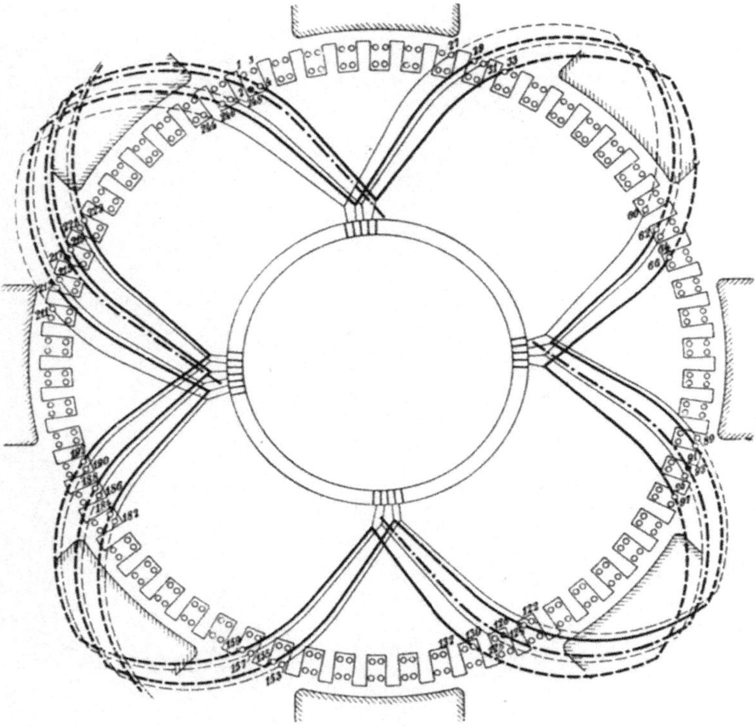

Fig. 56. Wellenwicklung mit zwei fortgelassenen Ankerspulen.

höherem Maße geltend. Hier ist es gestattet $2a$ Spulenseiten fortzulassen, wenn man je eine dieser Spulenseiten symmetrisch aus je einem Ankerzweige ausfallen läßt. In Fig. 55 sind die vier weggelassenen Spulenseiten 1, 2, 125 und 126 einer achtpoligen Ankerwicklung mit vier Ankerzweigen schwarz und strichpunktiert angegeben. Die Nutenzahl ist zu 62 und die Zahl der Spulenseiten pro Nut zu 4 gewählt. Wie aus der Tabelle Seite 60 ersichtlich, kann diese Wicklung nicht ohne weggelassene Spulenseiten geschlossen ausgeführt werden.

Durch Weglassen von vier Spulenseiten wird $K = 122$ und der Kommutatorschritt

$$y_k = \frac{K + a}{p} = \frac{122 + 2}{4} = 31.$$

Wünscht man bei dieser Wicklung ganze Spulen als Wicklungselemente anzuwenden, so muß man zwei ganze Spulen fortlassen und erhält die in Fig. 56 schwarz und strichpunktiert angegebenen toten Spulenseiten 93, 126, 217 und 2. Die a weggelassenen Ankerspulen verteilen sich hier symmetrich auf jedes Ankerzweigpaar. Dies wird bei großen Maschinen zu Ausgleichströmen zwischen den a geradzahligen und den a ungeradzahligen Ankerzweigen führen; und diese Ausgleichströme sind bedeutend größer als die, welche bei Reihenwicklungen auftreten.

Sowohl wenn man die $2a$ weggelassenen Spulenseiten, als wenn man nur die a Spulen symmetrisch auf die Wicklung verteilt, läßt sich die Reihenparallelwicklung mit Äquipotentialverbindungen ausführen ohne hierdurch zu weiteren inneren Strömen Anlaß zu geben.

c) **Wechselstromwellenwicklungen.** Bei Einankerumformern kommt es oft vor, daß man aus wicklungstechnischen Rücksichten gern eine Reihenwicklung oder Reihenparallelwicklung anwenden möchte, wo diese mit Rücksicht auf die Teilbarkeit der Lamellenzahl durch die Phasenzahl m nicht möglich ist. Es soll nämlich $\frac{K}{am}$ eine ganze Zahl sein. Außerdem soll der Kommutatorschritt $y_k = \frac{K \pm a}{p}$ eine ganze Zahl sein. Diese beiden Bedingungen lassen sich für Sechsphasenumformer mit Reihenwicklung bei 4, 6 und 8 Polen unmöglich vereinbaren. Man muß deswegen in diesem Falle einen Strich durch die Wicklungsformel machen, die Nuten mit Ankerspulen ganz füllen und die Spulen wie bei einer fortschreitenden Wellenwicklung[1]) einer Wechselstrommaschine verbinden. Man wird dann, wenn man mit dem Schalten der Spulen zu Ende ist, finden, daß die Wicklung nicht geschlossen ist, sondern erst durch eine besondere Verbindung geschlossen werden kann. Diese Verbindung stört zwar die mechanische Symmetrie der übrigen Verbindungen, gestattet aber, daß die Wicklung elektrisch symmetrisch an sechs Schleifringe angeschlossen werden kann. Fig. 57 zeigt das Schaltungsschema einer derartigen symmetrischen Sechsphasenwicklung, die der Wicklungsformel nicht genügt. Es ist $p = 2$, $a = 1$, $Z = 48$ und $K = 48$ (49). In dieser Figur ist $K = \frac{s}{2} + 1$, d. h. die Lamellenzahl ist um eins größer als die Spulenzahl. Die Lamellen 48 und 0 mit ihrer Verbindung übernehmen hier die Rolle der unsymmetrischen Schlußverbindung.

[1]) W. T. Bd. III, 2. Aufl., Seite 128.

Hätte man die Wicklung nach der Wicklungsformel ausführen wollen, so wären die Spulenseiten (1 ÷ 26) sowie die Lamellen 0 und 1 wegzulassen. In dem Falle hätte man eine Reihenwicklung mit einer in einem Ankerzweig weggelassenen Spule erhalten. Dies würde zu inneren Strömen in der Ankerwicklung führen; da die Wicklung aber außerdem durch die sechs Schleifringe an ein Sechsphasennetz angeschlossen ist, so würden zwischen den einzelnen Phasen so große Ausgleichströme fließen, daß die Kommutierung und die Ankererwärmung dadurch sehr nachteilig beeinflußt sein würden.

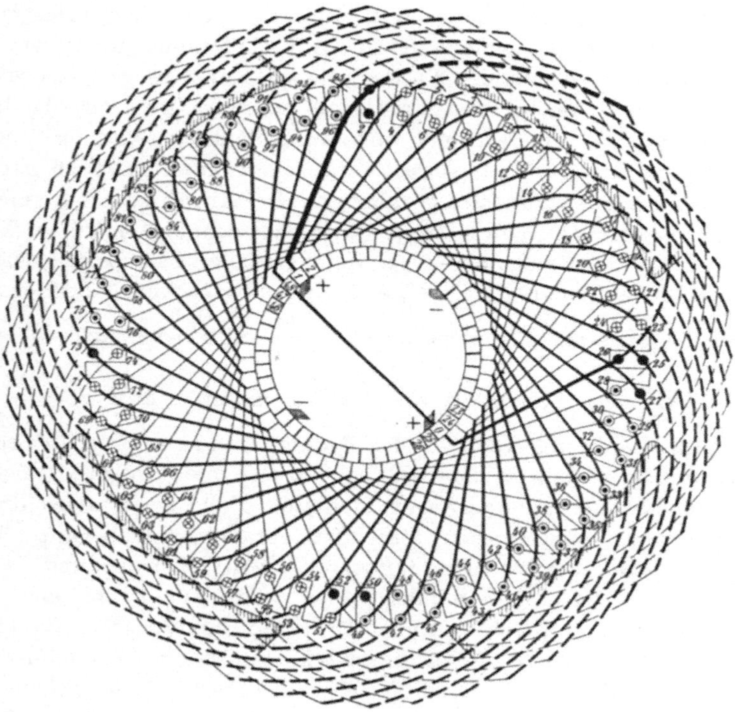

Fig. 57. Wechselstromwellenwicklung mit zwei eingeschobenen Kommutatorlamellen.

Wie leicht ersichtlich, unterscheiden sich die fortschreitenden Wechselstromwellenwicklungen von den Gleichstromwellenwicklungen nur dadurch, daß die in den letzten weggelassenen Ankerspulen in die ersten aufgenommen sind. Die Wechselstromwellenwicklungen haben somit den Vorteil, daß sie stets geschlossen werden können, ohne daß innere Ströme entstehen, d. h. daß sie elektrisch symmetrisch sind.

Die Wechselstromwellenwicklung läßt sich aber nicht symmetrisch an einen Kommutator anschließen. Den Kommutator führt man nämlich am besten, wie in Fig. 57 gezeigt, mit einer blinden Lamelle 0 aus. Dadurch wird erstens die mechanische Ausführung der Wicklung erleichtert und zweitens verhindert man, daß eine zu große Lamellenspannung zwischen den beiden Lamellen 24 und 25 (Fig. 57) auftritt. Zwischen allen Lamellen liegen zwei Ankerspulen, zwischen den Lamellen 48 und 1 liegt jedoch nur eine Spule, während zwischen den Lamellen 24 und 25 dagegen drei Spulen liegen. Durch Einschiebung der Lamelle 0 erhält man zwischen den Lamellen 24 und 0 eine Spule und zwischen den Lamellen 0 und 25 zwei Spulen. Die Einschiebung dieser Lamelle ruft natürlich eine Unsymmetrie sowohl in der Zahl der zwischen den Bürsten liegenden Ankerspulen als in der Zahl der von den einzelnen Bürsten kurzgeschlossenen Spulen hervor. Die erste dieser Unsymmetrien ist nicht von großem Belang, weil die in einem Ankerzweig auftretenden überzähligen Ankerspulen in der neutralen Zone liegen.

Man kann die Wechselstromwellenwicklung nicht allein bei Umformern anwenden, sondern auch bei gewöhnlichen Gleichstrommaschinen, um Reihen- und Reihenparallelwicklungen auf Ankern mit normaler Nutenzahl anzuordnen, die eine Anwendung symmetrischer Gleichstromwicklungen nicht gestatten.

Für die Ausführung der Wechselstromwellenwicklungen können folgende Regeln mit Vorteil angewandt werden. Man legt auf den Anker lle Ankerspulen ein und verbindet diese miteinander unter Benutzung eines Kommutatorschrittes $y_k = \frac{K}{p}$. Nach jedem a-tel des Umfanges vergrößert oder verkleinert man den Kommutatorschritt um eine Lamelle, d. h. man macht den Schritt $y_k = \frac{K}{p} \pm 1$. Nach einem Umgange auf dem Kommutator ist man somit um

$$(p-a)\frac{K}{p} + a\left(\frac{K}{p} \pm 1\right) = K \pm a, \text{ d. h. um } \pm a$$

Lamellen vorwärts geschritten. Wenn in dieser Weise alle Spulen unter sich und mit den K numerierten Kommutatorlamellen verbunden sind, ist die Wicklung noch nicht geschlossen und dies geschieht durch eine mechanisch unsymmetrische Verbindung und durch eine unnumerierte Lamelle. Diese unnumerierte Lamelle schiebt man nachträglich an der für die Schlußverbindung passenden Stelle in den Kommutator ein.

Soll die Wicklung a-fach geschlossen sein, so ordnet man in gleicher Weise a mechanisch unsymmetrische Schlußverbindungen an. Diese lassen sich am besten am Kommutator mittels a unnumerierter Lamellen anordnen, die um $\frac{1}{a}$tel des Kommutatorumfanges voneinander entfernt sind und gerade unter den eingeschobenen Ankerspulen liegen (s. Fig. 75).

14. Wellenwicklungen mit vermehrter und verminderter Lamellenzahl.

a) Wellenwicklungen mit vermehrter Lamellenzahl. Da bei einer Reihenwicklung zwischen zwei benachbarten Lamellen p Spulen liegen, so kann es vorkommen, daß die Spannung zwischen diesen Lamellen unzulässig hoch wird, selbst wenn man die Windungszahl der einzelnen Ankerspulen niedrig wählt. Man kann zwar die La-

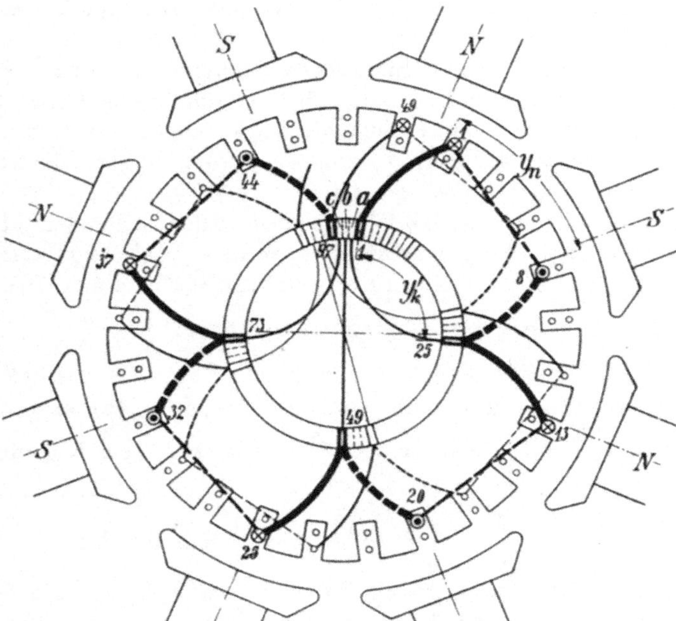

Fig. 58. Einfache Wellenwicklung mit vierfach vermehrter Lamellenzahl.

mellenspannung dadurch verkleinern, daß man die Zahl der parallelen Ankerzweigpaare a vergrößert, d. h. eine Reihenparallel- oder Schleifenwicklung wählt; doch ist dies bei Maschinen hoher Spannung und verhältnismäßig kleiner Leistung oft unzweckmäßig, weil dann der Querschnitt der Ankerleiter zu gering wird.

Auch wünscht man bei Hochspannungswicklungen die Spulenzahl möglichst zu verkleinern mit Rücksicht auf den Raumbedarf der Isolierung und die Herstellungskosten.

Die gewünschte Unterteilung der Lamellenspannung kann ohne Vermehrung der Spulenzahl durch Zwischenschieben von weiteren Lamellen erreicht werden, die mit Punkten der Wicklung verbunden werden, deren Potential zwischen den Potentialen der ursprünglich benachbarten Lamellen liegt. In welcher Weise das ausführbar ist, kann aus Fig. 58 ersehen werden, welche die Entstehung einer achtpoligen Reihenwicklung mit vermehrter Lamellenzahl wiedergibt.

Man erkennt, daß zwischen die ursprünglich benachbarten Lamellen K und $(K-1)$ noch 3 Lamellen eingeschoben sind, die mit den in der ursprünglichen Wicklung um je y_k Lamellenteilungen weitergelegenen Lamellen verbunden sind. Durch diese Vermehrung der Lamellen befindet sich nur eine Spule zwischen zwei benachbarten Lamellen. Die ursprünglich um 1 Lamellenteilung voneinander entfernten Lamellen sind jetzt um p Lamellenteilungen auseinander gerückt, wodurch sich der Kommutatorschritt von y_k auf

$$y_k' = p\,y_k$$

vergrößert, während die Wicklung im übrigen unverändert bleibt.

Ist die Lamellenspannung der ursprünglichen Wicklung nicht so groß, daß eine Vermehrung der Lamellen in dem vorstehend gezeigten (größtmöglichen) Umfange auf pK Lamellen erforderlich ist, so genügt es, von den möglichen Lamellen nur diejenigen einzuschieben, die eine gleichmäßige Unterteilung der Lamellenspannung ermöglichen, d. h. es müssen auch nach der m-fachen Vermehrung der Lamellen zwischen je zwei Lamellen gleich viele hintereinander geschaltete Spulen n liegen; es muß $\frac{p}{m}$ eine ganze Zahl n sein.

In dem in Fig. 58 dargestellten Beispiel wäre es somit möglich, nur die eine mit b bezeichnete Lamelle einzuschieben, wodurch die Zahl der zwischen zwei Lamellen liegenden Spulen auf $\frac{p}{2}$ vermindert wird. Die ursprünglich benachbarten Lamellen rücken dann um 2 Lamellenteilungen auseinander, wodurch der Kommutatorschritt

$$y_k' = 2\,y_k$$

und die Lamellenzahl

$$K' = 2\,K$$

wird.

Es ist leicht einzusehen, daß man der Forderung nach einer gleichmäßigen Unterteilung der Lamellenspannung stets genügt, wenn man zwischen zwei Lamellen der ursprünglichen Wicklung m Lamellen einschiebt, wobei m eine ganze Zahl zwischen 1 und p sein muß, für welche $\frac{p}{am}$ ganzzahlig ist.

Es wird somit der Kommutatorschritt einer Wellenwicklung mit m-fach vermehrter Lamellenzahl allgemein

$$y_k' = m y_k, \qquad (24)$$

die Lamellenzahl

$$K' = m K$$

und die Lamellenverbindungen sind mit den Schritten

$$\frac{p}{ma} y_k \pm 1, \quad 2\left(\frac{p}{ma} y_k \pm 1\right) \ldots\ldots (m-1)\left(\frac{p}{ma} y_k \pm 1\right)$$

auszuführen.

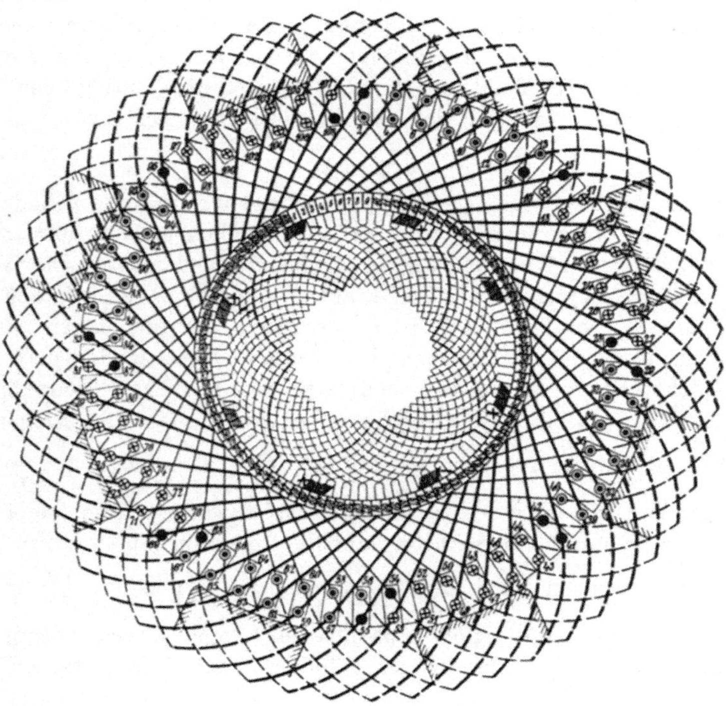

Fig. 59. Zweifache Wellenwicklung mit zweifach vermehrter Lamellenzahl.

Als Beispiel einer Reihenparallelwicklung mit vermehrter Lamellenzahl ist in Fig. 59 das Schema einer achtpoligen Wicklung mit $a = 2$ Ankerzweigpaaren und doppelter Lamellenzahl $K' = 108$ dargestellt.

Der Nutenschritt y_n wurde gleich 6 gewählt, der Kommutatorschritt

$$y_k' = 2\,y_k = 2\,\frac{54-2}{4} = 26$$

und der Verbindungsschritt am Kommutator

$$\frac{p}{ma}\,y_k + 1 = \frac{4}{2\cdot 2}\,26 + 1 = 27.$$

Würde man die Lamellenspannung noch kleiner als gleich der einer Spule machen, so könnte dies durch Anzapfungen an passenden Stellen der Ankerspulen erreicht werden, welche die Spannung einer Spule gleichmäßig unterteilen würden. Derartige Anzapfungen sind sowohl bei Wellenwicklungen als auch bei Schleifenwicklungen theoretisch möglich. In einigen Fällen sind derartige Anzapfungen an den hinteren Stirnverbindungen auch vorgeschlagen worden, wobei dann die Verbindungsleiter[1]) nach den eingeschobenen Lamellen durch den Ankerhohlraum geführt werden.

Dies bietet aber so große praktische Schwierigkeiten, daß man lieber zu einer zweifachen Schleifenwicklung übergeht und die beiden Wicklungen mittels Äquipotentialverbindungen durch den Ankerhohlraum miteinander verbindet. Bei kleinen Hochspannungsmaschinen führt man den Anker besser mit zwei Kommutatoren aus, die in Serie geschaltet werden.

b) Wellenwicklung mit verminderter Lamellenzahl. Bei Wellenwicklungen, deren Ankerspulen aus zwei Windungen in Serie bestehen, ist es aus wicklungstechnischen Rücksichten oft zweckmäßig, diese beiden Windungen nicht nebeneinander in derselben Nut anzuordnen, sondern unter zwei aufeinander folgenden Polen. Diese Wicklung entspricht einer gewöhnlichen Wellenwicklung, von der man jede zweite Kommutatorlamelle fortgelassen hat; es muß somit die ursprüngliche Lamellenzahl, d. h. die Windungszahl des Ankers, durch zwei teilbar sein und es muß der ursprüngliche Kommutatorschritt eine ungerade Zahl sein.

In Fig. 60 ist das Wicklungsschema einer derartigen Reihenwicklung für eine sechspolige Maschine aufgezeichnet. Die ursprüngliche Lamellenzahl war $34 = 2K$, und also der Kommutatorschritt

$$y_k = \frac{2K \pm a}{p} = \frac{34-1}{3} = 11.$$

Beim Fortlassen jeder zweiten Lamelle bleibt der Kommutatorschritt derselbe; man muß aber zwei Windungen des Ankers

[1]) Man vgl. ETZ 1909, Seite 607; Punga, E. u. M. 1911, Seite 6; M. Walker, ETZ 1909, Seite 583.

durchlaufen um von einer Lamelle zur nächsten zu kommen. Jede Ankerspule besteht also aus vier Spulenseiten und es muß die Summe der vier Teilschritte $y_1 + y_2 + y_3 + y_4 = 4\,y_k$ sein.

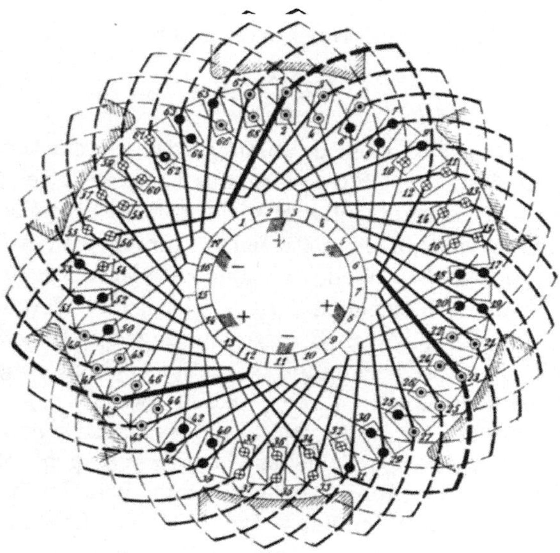

Fig. 60. Wellenwicklung mit verminderter Lamellenzahl.

Derartige Wicklungen, bei denen jede Ankerspule aus vier Spulenseiten besteht, die unter vier aufeinander folgenden Polen liegen, ist man gezwungen bei Maschinen anzuwenden, in denen

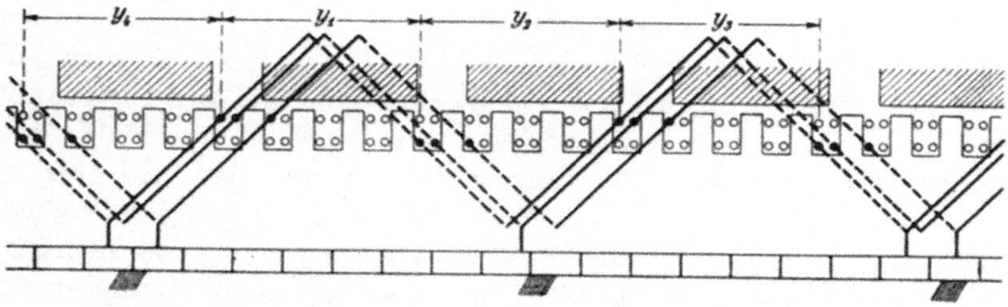

Fig. 61. Wellenwicklung mit vier Spulenseiten pro Ankerspule.

zwei magnetische Felder ungleicher Polzahlen gleichzeitig zur Anwendung kommen. Eine solche Wicklung läßt sich am besten als Wellenwicklung, wie sie in Fig. 61 schematisch dargestellt ist, ausführen. Bei einer Schleifenwicklung würden die vier Spulenseiten eines derartigen Wicklungselementes in vier Ebenen anzuordnen sein, was wicklungstechnisch nicht sehr schön wäre, wie die schematische Abwicklung Fig. 62 deutlich zeigt.

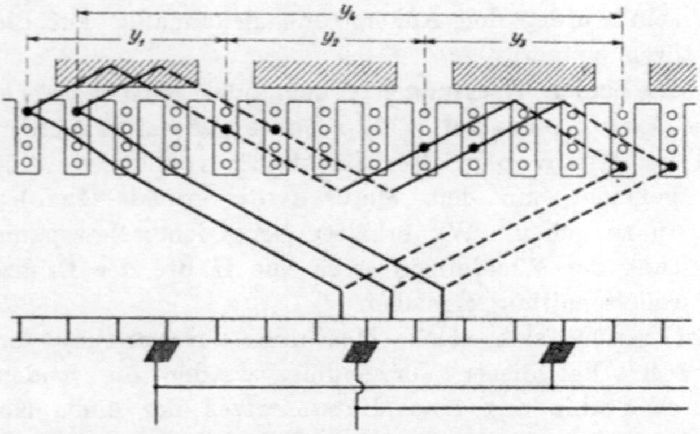

Fig. 62. Schleifenwicklung mit vier Spulenseiten pro Ankerspule.

Die Lamellenzahl eines Kommutators läßt sich natürlich auf weniger als die Hälfte reduzieren. Reduziert man die Lamellenzahl auf $\frac{1}{m}$ der normalen, so wird der Kommutatorschritt

$$y_k = \frac{mK \pm a}{p} \quad \ldots\ldots\ldots \quad (25)$$

und der Wicklungsschritt

$$y = y_1 + y_2 + \ldots + y_{2m} \quad \ldots\ldots \quad (26)$$

denn jede Ankerspule wird $2m$ Spulenseiten erhalten.

15. Wicklungen mit zwei Kommutatoren.

Zumeist werden Maschinen mit zwei Kommutatoren verwendet, wenn die Höhe der Stromstärke, die auf einen Bürstensatz entfällt, so hoch wird, daß eine funkenfreie Kommutierung nicht mehr zu erwarten ist oder wenn die Länge der Kommutatorlamellen unzweckmäßig groß wird. Der bequemen Ausführung halber ordnet man dabei die beiden Kommutatoren symmetrisch zu beiden Seiten des Ankereisens an.

Mit Rücksicht auf diesen Verwendungszweck der Maschinen kommen für die Wicklung des Ankers meist Schleifenwicklungen zur Anwendung. Man bringt auf den Anker zwei voneinander unabhängige Wicklungen auf und, anstatt die Lamellen der einen Wicklung zwischen die Lamellen der anderen Wicklung einzuschieben, geben wir jeder Wicklung ihren Kommutator. Man kann zwar auch nur eine Wicklung auf den Anker auflegen und auf jeder Stirnseite einen Kommutator an die Spulenverbinder anschließen, doch hat eine solche Anordnung keine praktische Bedeutung, weil es schwierig sein würde, den Ankerstrom gleichmäßig auf die beiden Kommutatoren zu verteilen.

Sind die beiden Wicklungen voneinander völlig getrennt, so können sie sowohl parallel als in Serie geschaltet werden. Vielfach wird bei Motoren großer Leistung von dieser Möglichkeit Gebrauch gemacht, um dem Motor zwei normale Geschwindigkeitsstufen zu geben. Wir erhalten bei gleicher Netzspannung bei Serienschaltung der Wicklungen etwa die Hälfte der Drehzahl, die wir bei Parallelschaltung erreichen.

Ferner eignen sich solche Maschinen zur Speisung von Dreileiternetzen. Bei dieser Verwendung werden die beiden Wicklungen durch Verbindung eines Bürstensatzes des einen Kommutators mit demjenigen entgegengesetzter Polarität des anderen Kommutators hintereinander geschaltet, während der Mittelleiter an die Zwischenverbindung beider Kommutatoren angeschlossen wird.

Nicht allein für Maschinen großer Stromstärken, sondern auch für kleine Maschinen sehr hoher Spannungen ist es zweckmäßig, die Maschinen mit zwei Kommutatoren auszuführen. Es läßt sich dann die hohe Spannung auf zwei Kommutatoren verteilen, wodurch die maximale Lamellenspannung innerhalb zulässiger Grenzen gehalten werden kann, ohne daß die Maschine mit einer allzu niedrigen Polzahl ausgeführt zu werden braucht.

Viertes Kapitel.

Ausgleichverbindungen.

16. Ausgleich- und Äquipotentialverbindungen.

Selbst wenn eine Wicklung in mechanischer Beziehung durch Beachtung der in Abschnitt 5 angegebenen Symmetriebedingungen völlig symmetrisch ausgeführt wird, so ist es doch noch möglich, daß die Stromverteilung auf die parallelen Ankerzweige nicht gleichmäßig erfolgt. Diese Ungleichheit kann zunächst durch kleine, bei der Ausführung der Wicklung entstandene Verschiedenheit der Ohmschen Widerstände der Ankerzweige entstehen oder aber durch eine Verschiedenheit in der Stärke oder in der Verteilung der Kraftflüsse der einzelnen Polpaare hervorgerufen werden. Durch die magnetischen Ungleichheiten werden in den einzelnen Ankerzweigen verschieden große EMKe induziert, die eine ungleichmäßige Stromverteilung hervorrufen.

Verschiedenheiten in der Stärke der Kraftflüsse der einzelnen Pole sind meist eine Folge exzentrischer Lagerung des Ankers. Durch diese wird der Kraftfluß in den Polen, denen sich der Anker näher befindet, gestärkt und in denen, von welchen er sich entfernt hat, geschwächt. Durch eine wesentliche Unsymmetrie in der Stärke der Kraftflüsse kann zwischen Anker und Magnetgehäuse eine außerordentlich starke einseitige Zugkraft auftreten, durch welche die Ankerwelle stark beansprucht wird.

Außer durch exzentrische Lagerung des Ankers können magnetische Unsymmetrien noch durch ungleiche Polschuhform, ungleichmäßiges Feldeisen, Luftblasen u. dgl. im gegossenen Feldeisen entstehen. Aus letzterem Grunde sind geblätterte Pole den gegossenen vorzuziehen.

Da, wie wir in Abschnitt 7 gesehen haben, bei einer Schleifenwicklung alle Spulen jedes Ankerzweiges stets von demselben Feld induziert werden, so muß bei dieser Wicklungsart eine magnetische Unsymmetrie auch eine entsprechende Verschiedenheit der EMKe der einzelnen Ankerzweige zur Folge haben. Und wenn die elektromotorischen Kräfte der einzelnen Ankerzweige verschieden sind, so entstehen Ausgleichströme, die sich durch die Sammelringe schließen, welche die gleichnamigen Bürsten der Maschine miteinander verbinden. Diese Ausgleichströme, welche die Verschiedenheit der ungleichen magnetischen Felder auszugleichen suchen, können die Bürsten oft stark überlasten und die Wicklung selbst unnötig erwärmen.

Durch geeignete Verbindunge im Innern der Wicklung, durch sogenannte **Ausgleichverbindungen**, lassen sich derartige äußere Ausgleichströme durch innere Ausgleichströme ersetzen, wodurch die Bürsten von diesen Strömen mehr oder weniger entlastet werden können.

Bei einer Wellenwicklung liegen die Verhältnisse ganz anders. Hier werden die Spulen eines Ankerzweiges von allen Feldern induziert, so daß bei diesen Wicklungen keine größeren Verschiedenheiten der EMKe der einzelnen Ankerzweige durch verschieden starke Kraftflüsse der einzelnen Polpaare entstehen können. Dagegen kann sich die Spannung einer mehrfachen Wellenwicklung unter einem Pol am Kommutator ganz ungleichmäßig auf die einzelnen Lamellen verteilen, weil die parallelen Zweige der Wicklung mit ihren zugehörigen Lamellen, ohne direkt miteinander verbunden zu sein, ineinander geschoben sind. Diese ungleichmäßige Spannungsverteilung am Kommutator einer mehrfachen Wellenwicklung führt oft zu Funken und kleinen Ausgleichströmen unter den Bürsten. Diese lassen sich auch durch geeignete Verbindungen im Innern der Wicklung beseitigen. Da aber diese Verbindungen nur den Zweck haben, die Spannung unter jedem Pol gleichmäßig am Kommutator zu verteilen, so werden wir dieselben im folgenden als **Äquipotentialverbindungen** bezeichnen. Die Ausgleichverbindungen der Schleifenwicklungen dienen aber nur dem Zweck, die ungleichen magnetischen Felder auszugleichen und haben keinen Einfluß auf die Verteilung der Spannung am Kommutator unter einem Pol.

17. Anzahl und Schritt der Ausgleichverbindungen.

Die Bedingung für die Möglichkeit der Anordnung von Ausgleich- und Äquipotentialverbindungen ist die, daß zwischen den zu verbindenden Punkten der Wicklung normalerweise, d. h. bei völliger Symmetrie der Wicklung und der Felder, zu keiner Zeit eine Spannung besteht.

Derartige Punkte sind bei allen Wicklungen vorhanden, bei denen die Symmetriebedingungen: K, Z und $2p$ durch a ganzzahlig teilbar eingehalten werden, wobei vorausgesetzt ist, daß a größer als eins ist. Es sind dann stets a völlig gleiche Ankerzweigpaare vorhanden und es müssen somit auch a Punkte (Nuten) am Umfang des Ankers geben, die genau gleiche Lage im Felde haben, und es müssen ebenso a Punkte (Lamellen) auf dem Kommutator vorhanden sein, die gegenüber den Bürsten genau die gleiche Lage besitzen. Derartige Punkte dürfen wir miteinander verbinden.

Die Entfernung, um die diese äquipotentialen Punkte auseinander liegen, nennen wir den **Potentialschritt (y_p)**. Es wird demnach

$$y_p = \frac{K}{a} \text{ in Lamellenteilungen} \quad . \quad . \quad . \quad . \quad (27)$$

oder $y_p = \frac{Z}{a}$ in Nutenteilungen.

Werden mehrere (m) in sich geschlossene Wicklungen auf den Anker aufgelegt oder wird die Ankerwicklung mit vermehrter (m-facher) Lamellenzahl ausgeführt, so daß der Kommutatorschritt $y_k' = m y_k$ wird, so wird, da die Lamellen der einen Wicklung zwischen die der anderen eingeschoben sind, der Potentialschritt jeder Wicklung, für sich betrachtet, gleich

$$y_p' = m\, y_p \quad . \quad . \quad . \quad . \quad . \quad . \quad . \quad . \quad (28)$$

Der bestmögliche Ausgleich wird erreicht, wenn wir alle Punkte, zwischen denen bei völlig symmetrischer Anordnung keine Spannung besteht, unter sich verbinden. Es entstehen dann $\frac{K}{a}$ Ausgleichsysteme mit a Anschlüssen. Die Ausführung einer so großen Zahl von Ausgleichsystemen ist jedoch nur bei raschlaufenden Maschinen großer Leistungen, z. B. bei Turbogeneratoren üblich. Im allgemeinen ordnet man bei schwierigen Kommutierungsverhältnissen meist nur eine Ausgleichverbindung für jede Nut an, so daß wir $\frac{Z}{a}$ Ausgleichsysteme mit je a Anschlüssen erhalten. Bei Maschinen mit leichten Kommutierungsverhältnissen begnügt man sich mit einem Anschluß für je 2 bis 3 Nuten; selten jedoch wählt man die Zahl der Ausgleichsysteme unter sechs. Wie wir später sehen werden, sollten wenigstens zwei Anschlüsse auf die Pollücke entfallen.

Die praktische Ausführung der Ausgleichverbindungen kann in verschiedener Weise erfolgen. Sie können, wie Fig. 63 zeigt, unmittelbar am Kommutator angeordnet sein oder sie befinden sich, leicht zugänglich, auf der hinteren Stirnfläche des Ankers (Fig. 64), in welchem Falle die Ausgleichsysteme in der Mitte der hinteren

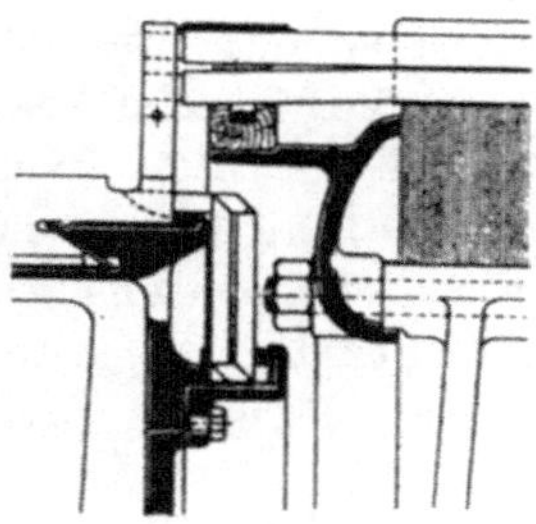

Fig. 63.

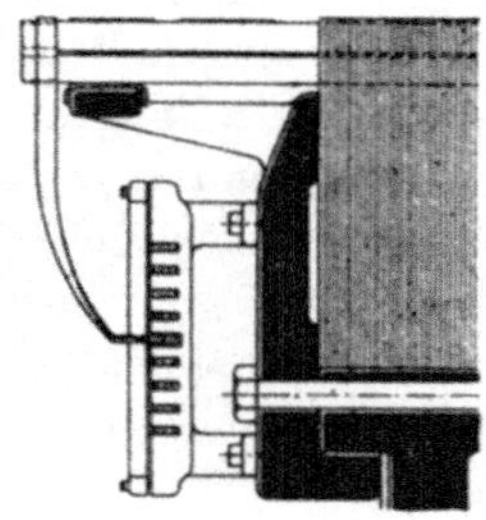

Fig. 64.

Konstruktive Anordnung von Ausgleichverbindungen.

Spulenköpfe angeschlossen werden. Letztere Anordnung ist bei Stabwicklungen üblich, bei denen jede Spule nur eine Windung besitzt. Weiteres über die mechanische Ausführung ist in dem entsprechenden Abschnitt des konstruktiven Teiles (Bd. II) gesagt.

Die Wirkungsweise der Ausgleichverbindungen ist, wie eingangs dieses Abschnittes erwähnt, bei den Schleifenwicklungen und den mehrfachen Wellenwicklungen verschieden und wir wollen diese daher gesondert betrachten.

18. Ausgleichverbindungen der Schleifenwicklungen.

Zuerst sind die Ausgleichverbindungen von Mordey bei der Schleifenwicklung ausgeführt worden. Mordey bezweckte damit eine Verminderung der Bürstensätze. In diesem Falle sind alle Lamellen anzuschließen und die Verbindungen müssen sehr kräftig ausgeführt und möglichst nahe am Kommutator angeordnet werden, um den doppelten Strom eines Ankerzweiges von einer Bürstenlage nach einer andern Bürstenlage überleiten zu können. Da bei Weglassung einiger Bürstensätze die übrig bleibenden entsprechend stärker belastet werden, so ist die Möglichkeit, Bürsten wegzulassen, von geringer praktischer Bedeutung, falls nicht die Unzugänglichkeit einzelner Bürstenstifte dazu Veranlassung gibt.

Die Anordnung einer Ausgleichverbindung für jede Lamelle hat wie leicht ersichtlich zur Folge, daß die Schleifenwicklung die zwangläufige Stromverteilung auf die verschiedenen Bürstenbolzen verliert und die Eigenschaft der selektiven Stromverteilung einer Wellenwicklung annimmt. — Dies ist natürlich ein Nachteil. Derselbe darf aber nicht überschätzt werden; die Stromverteilung auf die verschiedenen Bürsten eines Bürstenbolzens ist nämlich auch eine selektive, so daß der Strom sich auf alle Bürsten derselben Polarität entsprechend ihrer Lage und Übergangswiderständen verteilt. Bei symmetrischer Einstellung der Bürstenbolzen wird der auf jeden Bürstenbolzen entfallende Strom von den Übergangswiderständen aller Bürsten dieses Bolzens abhängen und die Stromverteilung auf die verschiedenen Bolzen wird somit nicht sehr unsymmetrisch ausfallen. — Die vielen Ausgleichverbindungen tragen aber dazu bei, den Ankerstrom ganz gleichmäßig auf alle Ankerzweige zu verteilen, was von so großem Vorteil ist, daß die kleine Unsymmetrie in der Stromverteilung auf die einzelnen Bürstenbolzen in den Hintergrund tritt.

Da die in einer Ankerwicklung induzierten EMKe Wechselspannungen sind, so sind auch die Ausgleichströme Wechselströme, und zwar Kurzschlußströme, die um nahezu 90^0 gegen ihre EMK phasenverschoben sind.

Bei den Schleifenwicklungen wirken diese Ströme schwächend auf das stärkere Feld zurück und verstärken das schwächere (Lenzsches Gesetz). Die Tatsache, daß eine mit Ausgleichverbindungen ausgeführte Schleifenwicklung ausgleichend auf die Felder zurückwirkt, ist ein großer Vorzug derselben. Ein starker einseitiger magnetischer Zug auf den Anker wird dadurch verhindert.

Feldpulsationen, die durch die Nuten oder durch unsymmetrische Kurzschlußströme in den kommutierenden Spulen entstehen können, werden durch die von ihnen induzierten Ausgleichströme gedämpft, was von günstigem Einfluß auf die Kommutierung ist.

Wir wollen die Wirkung der Ausgleichverbindungen an einem vierpoligen Anker mit Schleifenwicklung (Fig. 65) betrachten, der exzentrisch gelagert sei, so daß in den beiden unteren Ankerzweigen stärkere EMKe induziert werden. Wir wollen annehmen, daß die Differenz der EMKe sich gleichmäßig auf die Ankerwicklung verteile und ihre Richtung sei BDA und BCA. Sind keine Ausgleichverbindungen vorhanden, so wird sich ein Ausgleichstrom über die äußere Verbindung der positiven Bürsten schließen und dabei diese Bürsten unter Umständen überlasten. Heben wir die Bürsten ab und verbinden die Punkte A und B durch einen Leiter von möglichst niedrigem Widerstand, so wird in demselben ein so starker Ausgleichstrom fließen, daß der Spannungsabfall in jeder Wicklungshälfte gleich der ursprünglichen Spannung zwischen den beiden Punkten A und B wird. Hierbei ist der induktive Spannungsabfall, herrührend von der magnetischen Rückwirkung des Ausgleichstromes, auch zu berücksichtigen; denn dieser ist viel größer als der Ohmsche Spannungsabfall.

Damit der Ausgleichstrom bei Drehung des Ankers zwischen den feststehend zu denkenden Punkten *A* und *B* möglichst stetig fließen kann, müssen möglichst viele derartige Ausgleichverbindungen vorgesehen werden.

Ist, wie wir annahmen, die Differenz der EMKe auf die Wicklung gleichmäßig verteilt, so wird stets in der unter den positiven Bürsten befindlichen Ausgleichleitung der größte Strom fließen, da, wie aus der Figur ersichtlich, die auf die dazu senkrechte Verbindung wirkenden EMKe einander entgegen gerichtet und gleich sind. Es fließt somit in der senkrechten Verbindung *CD* kein Ausgleichstrom.

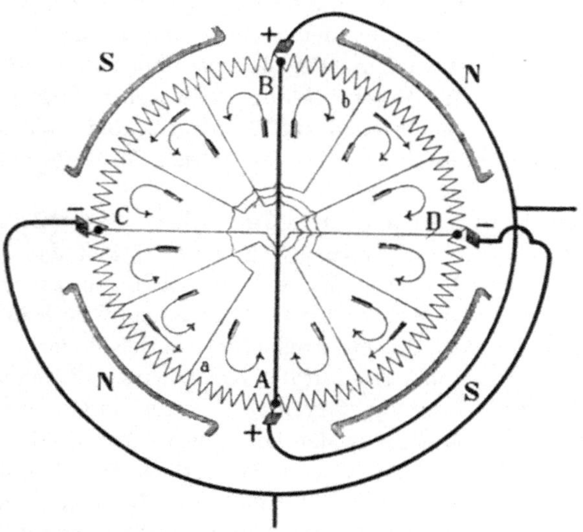

Fig. 65. Ausgleichströme einer Schleifenwicklung in unsymmetrischem Feld.

Ist die Differenz der elektromotorischen Kräfte nicht gleichmäßig über die Wicklung verteilt, sind beispielsweise die Kraftflüsse der einzelnen Pole zwar im ganzen einander gleich, aber in verschiedener Weise über den Polbogen verteilt, so treten in den Verbindungsleitern auch Ströme auf, die auf diese Verschiedenheiten ausgleichend zurückwirken; mit anderen Worten: Die Ausgleichverbindungen bewirken, daß die Feldkurven der verschiedenen Pole nicht nur der Flächeninhalt, sondern auch deren Gestalt nach möglichst gleich werden. Naturgemäß wird das um so vollkommener erreicht, je mehr Ausgleichverbindungen angeordnet werden.

Sollen auch Verschiedenheiten der Felder in den Kommutierungszonen ausgeglichen werden, ohne daß sich die Rückwirkung der Ausgleichströme auf die Hauptpole erstreckt, so müssen wenigstens zwei Ausgleichverbindungen sich stets in den Pollücken befinden.

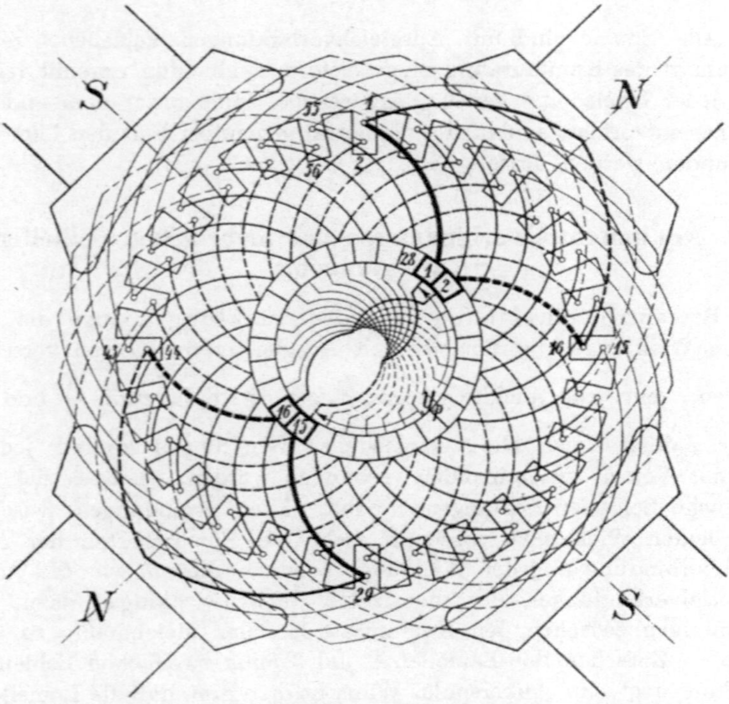

Fig. 66. Ausgleichverbindungen einer Schleifenwicklung.

Die Ausgleichströme, die den Unterschied zwischen den Strömen in den verschiedenen Ankerzweigen angeben, sind gewöhnlich klein, weil sie eine starke magnetisierende Wirkung auf die verschiedenen Felder ausüben und kleine magnetische Unsymmetrien leicht ausgleichen. Durch Anordnung von Ausgleichverbindungen wird sich der Ankerstrom deswegen auch nahezu gleichmäßig auf die einzelnen Ankerzweige verteilen und der durch die Ausgleichströme hervorgerufene Stromwärmeverlust und die durch diesen bewirkte Erwärmung der Wicklung wird durch die Anordnung von Ausgleichverbindungen nicht wesentlich beeinflußt.

Als Beispiel einer mit Ausgleichverbindungen ausgeführten Schleifenwicklung ist in Fig. 66 das Wicklungsschema einer vierpoligen vollkommen symmetrischen Schleifenwicklung mit 28 Ankerspulen wiedergegeben, für die der Nutenschritt $y = \frac{Z}{2p} = 7$ gewählt wurde.

Es wird der Potentialschritt

$$y_p = \frac{K}{a} = \frac{K}{p} = \frac{28}{2} = 14.$$

Alle Spulen sind mit Ausgleichverbindungen versehen, welche im Innern des Kommutators eingezeichnet sind. Man erkennt leicht, daß jeder Spule eine genau gleichwertige Spule unter dem anderen Polpaar entspricht, so daß die diametral gegenüberliegenden Lamellen verbunden werden dürfen.

19. Äquipotentialverbindungen der mehrfachen Schleifenwicklungen.

Bei einer mehrfachen Schleifenwicklung können die einzelnen Wicklungen je für sich mit Ausgleichverbindungen versehen werden, wenn jede Wicklung symmetrisch ist, d. h. wenn $\frac{K}{a}$ und $\frac{Z}{a}$ ganze Zahlen sind. Die verschiedenen Wicklungen können jedoch nur mit Vorteil untereinander verbunden werden, wenn es sich um zweifache Schleifenwicklungen handelt. Die Verbindungen zwischen den beiden Wicklungen besitzen nicht die Eigenschaften der Ausgleichverbindungen jeder Wicklung, sondern dienen wie die Äquipotentialverbindungen der mehrfachen Wellenwicklungen dazu, die Spannungen zwischen den Kommutatorlamellen gleichmäßig zu verteilen. — Zwischen den Lamellen 1 und 3 einer zweifachen Schleifenwicklung liegt eine Ankerspule. Wünscht man nun, daß die Lamelle 2, die der zweiten Ankerwicklung angehört, eine Spannung annimmt, die in der Mitte zwischen den Spannungen der Lamellen 1 und 3 liegt, so geschieht dies am einfachsten dadurch, daß man, wie in Fig. 67 gezeigt, Lamelle 2 durch eine Äquipotentialverbindung mit dem Mittelpunkt der Spule zwischen den Lamellen 1 und 3 verbindet. Dieser Mittelpunkt bildet den Spulenkopf auf der Rückseite des Ankers. Man muß deswegen mit der Äquipotentialverbindung zwischen den beiden Wicklungen von Lamelle 2 durch das Innere des Ankers gehen.

Die Ausgleich- und Äquipotentialverbindungen einer zweifachen Schleifenwicklung wird man deswegen praktisch wie folgt ausführen. Man versieht jede Wicklung für sich mit den gewöhnlichen Ausgleichverbindungen, von denen die der einen Wicklung auf der Kommutatorseite, und die der zweiten Wicklung auf der Rückseite des Ankers zu liegen kommen. Diese beiden Sätze von Ausgleichverbindungen verbindet man dann durch Äquipotentialverbindungen, die innerhalb des Ankerkernes von einer Seite des Ankers zur anderen führen. Da die Äquipotentialverbindungen nur dazu dienen, die Spannung am Kommutator gleichmäßig auf alle Lamellen zu verteilen, so genügt es, ca. drei Äquipotentialverbindungen pro Pol, d. h. ca. sechs Äquipotentialverbindungen im ganzen anzuordnen.

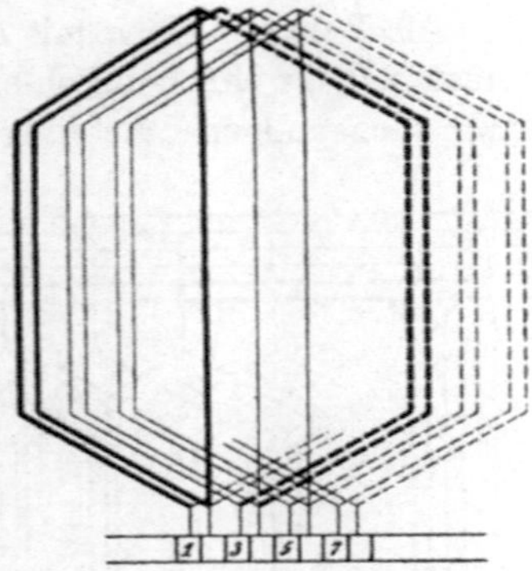

Fig. 67. Äquipotentialverbindungen einer zweifachen Schleifenwicklung.

Bei dreifachen Schleifenwicklungen liegt zwischen den Lamellen 1 und 4 eine Ankerspule, und da es mit vielen praktischen Schwierigkeiten verbunden ist, die in einer Ankerspule induzierte EMK in drei gleiche Teile zu zerlegen, so ist es auch praktisch fast unmöglich bei dreifachen Schleifenwicklungen, Äquipotentialverbindungen so anzuordnen, daß die Spannung sich gleichmäßig über den Kommutator verteilt. Es hat deswegen keinen Zweck, mit der Anzahl

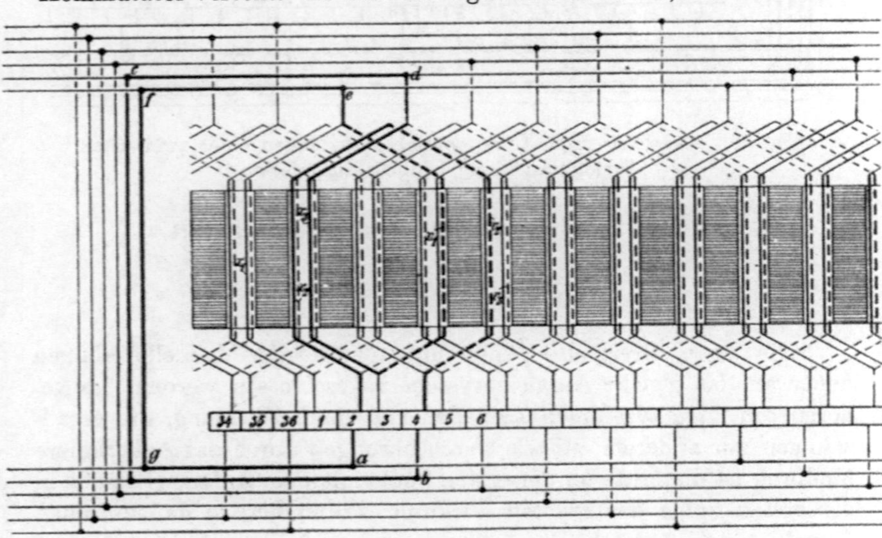

Fig. 68. Ausgleich- und Äquipotentialverbindungen einer zweifachen Schleifenwicklung, **falsch** ausgeführt.

der Ankerzweigpaare über $2p$ hinauszugehen; denn darüber hinaus wird man keine kleinere Lamellenspannung als die in einem Stabe induzierte EMK erreichen können. Dieses Ergebnis beruht natürlich darauf, daß eine Wicklung mit $a = 3p$ nicht symmetrisch ausgeführt werden kann, weil $\frac{2p}{a}$ dann keine ganze Zahl ist.

Als Beispiel einer mit Ausgleich- und Äquipotentialverbindungen versehenen zweifachen Schleifenwicklung ist in Fig. 68 die Abwicklung einer sechspoligen Wicklung mit 36 Ankerspulen wiedergegeben.

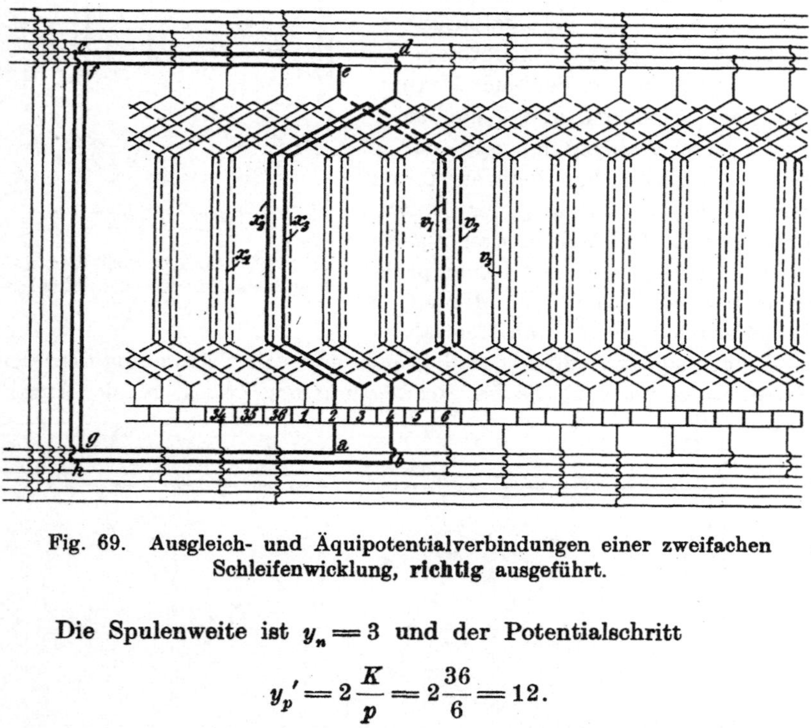

Fig. 69. Ausgleich- und Äquipotentialverbindungen einer zweifachen Schleifenwicklung, **richtig** ausgeführt.

Die Spulenweite ist $y_n = 3$ und der Potentialschritt

$$y_p' = 2\frac{K}{p} = 2\frac{36}{6} = 12.$$

Die erste, dreizehnte und fünfundzwanzigste Lamelle können daher an das gleiche Ausgleichsystem angeschlossen werden. Es gehören die ungeradzahligen Lamellen zur einen Wicklung, die geradzahligen zur anderen. Mittels Durchführungen durch das Ankerinnere hindurch ist die Mitte (e) der ersten Spule mit dem Anfang (Lamelle 2) der ersten Spule der zweiten Wicklung verbunden, so daß zwischen Lamelle 1 und 2 die halbe Spannung einer Spule auftritt, während zwischen Lamelle 1 und 3 die volle Spannung einer Spule besteht. Der Potentialschritt dieser Äquipotentialverbindung ist, wie leicht ersichtlich, $\frac{K}{a} \pm \frac{1}{2}$ Lamellen oder eine Spulenseite größer resp. kleiner als eine Polteilung. Als Vorteil dieser von Punga[1]) vorgeschlagenen Anordnung ist anzusehen, daß nur wenige Durchführungen nötig werden.

Nehmen wir, wie in Fig. 68 geschehen, für beide Wicklungen den gleichen, ganzzahligen Nutenschritt ($y_n = 3$), so bleiben die Spulenseiten, die in einer Nut zusammenliegen, auch in der anderen vereinigt, d. h. liegen die Spulenseiten x_2, x_3 in derselben Nut, so sind auch die Spulenseiten v_2, v_3 in einer Nut. Betrachten wir nun den Stromkreis zwischen zwei benachbarten Durchführungen, z. B. den stark gezeichneten Kreis (Lamelle) $2 - a - g - f - e - v_1 - x_3 - d - c - b - 4 - v_2 - x_2 - 2$, so wird jedesmal, wenn der zwischen v_1 und v_2 gelegene Zahn unter einen Pol eintritt oder unter ihm austritt, ein Strom in dem angegebenen Kurzschlußkreis induziert, der die Wicklung unnötig erwärmt und die Leerlaufverluste erhöht. Man vermeidet diese Verluste, wenn man die Spulenseiten nach Fig. 69 auf die Nuten so verteilt, daß man zwei benachbarte Spulenseiten (x_2, x_3) oben in einer Nut beisammen läßt, dagegen die entsprechenden unteren Spulenseiten (v_2 v_3) auf verschiedene Nuten verteilt. Es liegen dann sowohl x_2, x_3 als v_1, v_2 in gleichen Nuten, und in dem oben angegebenen Kurzschlußkreis kann kein Strom entstehen. Hier kommen wir also zu demselben Ergebnis wie bei der Aufstellung der Symmetriebedingungen einer zweifachen Schleifenwicklung, nämlich, daß bei 4 oder 8 Spulenseiten pro Nut der Nutenschritt keine ganze Zahl sein darf.

20. Äquipotentialverbindungen der mehrfachen Wellenwicklungen.

Wir wollen uns nunmehr den Äquipotentialverbindungen bei den Wellenwicklungen zuwenden, bei denen sie von **E. Arnold**[2]) und F. Collischonn eingeführt wurden.

Bei der einfachen Wellenwicklung, der Reihenwicklung, lassen sich Äquipotentialverbindungen nicht anordnen, da nur ein Ankerzweigpaar vorhanden ist; dagegen werden solche Verbindungen bei den mehrfachen Wellenwicklungen, den Reihenparallelwicklungen, fast stets vorgesehen.

Wie wir früher gesehen haben, können bei den Wellenwicklungen infolge magnetischer Unsymmetrien keine Ausgleichströme entstehen, da diese Unsymmetrien alle Ankerzweigpaare in gleicher Weise beeinflussen.

In je p Ankerspulen wird bei einer Wellenwicklung die gleiche

[1]) E. u. M. 1911, S. 6.

[2]) DRP. 126872.

EMK induziert, auch wenn die Kraftflüsse der einzelnen Pole unter sich verschieden sind. Schalten wir daher p Spulen oder ein ganzes Vielfaches von p Spulen der einen Reihenwicklung gegen gleich viele Spulen der anderen Reihenwicklungen, so können infolge magnetischer Unsymmetrien keine Ausgleichströme in diesen Verbindungen entstehen.

Die Ausgleichverbindungen dienen bei Wellenwicklungen fast ausschließlich zur gleichmäßigen Verteilung der Spannungen am Kommutator und werden deswegen auch Äquipotentialverbindungen genannt.

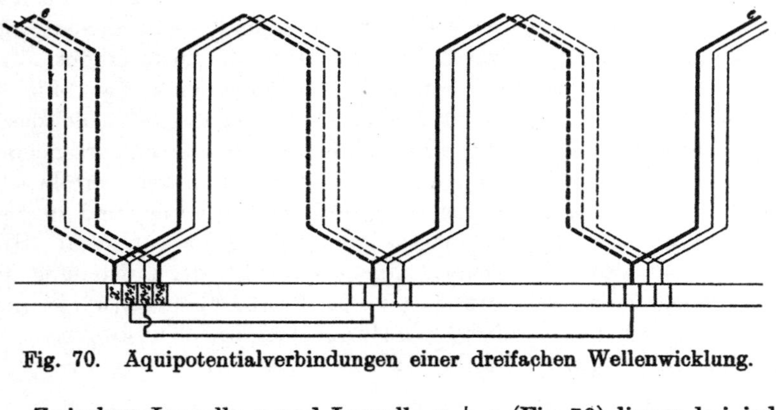

Fig. 70. Äquipotentialverbindungen einer dreifachen Wellenwicklung.

Zwischen Lamelle x und Lamelle $x+a$ (Fig. 70) liegen bei jeder Reihenparallelwicklung p Ankerspulen oder $2p$ Spulenseiten. Wenn $\frac{2p}{a}$ gleich einer ganzen Zahl ist, so läßt sich die Spannung zwischen Lamelle x und Lamelle $x+a$ auf die zwischenliegenden Lamellen gleichmäßig verteilen, indem man die $(x+1)$ste Lamelle $\frac{2p}{a}$ Spulenseiten und die $(x+2)$te Lamelle $\frac{4p}{a}$ Spulenseiten von Lamelle x aus anschließt usw. In dieser Weise ist es stets möglich, bei symmetrischen Reihenparallelwicklungen (d. h. wenn $\frac{K}{a}$, $\frac{Z}{a}$ und $\frac{2p}{a}$ ganze Zahlen sind) die Spannung am Kommutator unter jedem Pol gleichmäßig über alle Lamellen zu verteilen.

Ist $\frac{2p}{a}$ eine ungerade Zahl, so ist ein Teil und für $a=2$ sogar alle Äquipotentialverbindungen durch das Innere des Ankerkerns von einer Seite des Ankers zur anderen zu führen. In diesem Falle muß man wie bei den zweifachen Schleifenwicklungen dafür sorgen, daß keine inneren Ströme in den von den Äquipotentialverbindungen gebildeten geschlossenen Kreisen entstehen. Dies geschieht dadurch, daß die Spulenweite nicht für alle Spulen ein und derselben Nut gleich groß gemacht werden, sondern daß die Hälfte der Spulen mit Spulenweiten um eine Nutenteilung kleiner als die der zweiten Hälfte ausgeführt wird, d. h. der Nutenschritt darf nicht gleich einer ganzen Zahl gewählt werden.

In Fig. 71 ist der erste Teil einer einfach geschlossenen sechspoligen Reihenparallelwicklung für 30 Ankerspulen mit $a = 3$ Ankerzweigpaaren gezeigt.

Es ist der Kommutatorschritt

$$y_k = \frac{K + a}{p} = \frac{30 + 3}{3} = 11$$

und der Potentialschritt

$$y_p = \frac{K}{a} = \frac{30}{3} = 10.$$

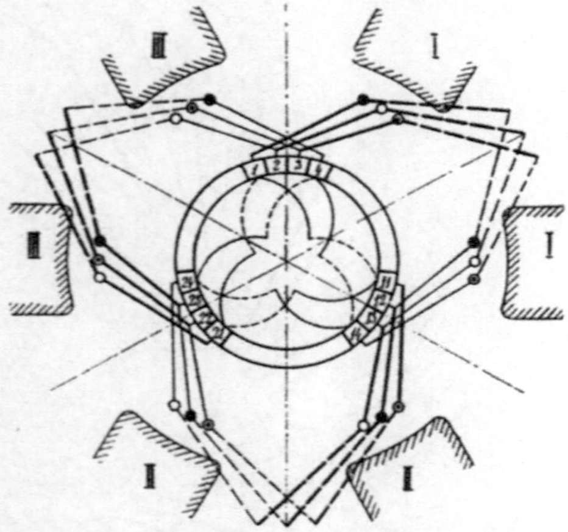

Fig. 71. Äquipotentialverbindungen einer dreifachen Wellenwicklung.

In der von den Ankerspulen (1—12—23—4) und (24—13—2—21) durch die Ausgleichverbindungen (4—24) und (21—1) gebildeten Schleife sind p Spulen gegen p Spulen einer der beiden anderen Reihenwicklungen geschaltet. Magnetische Unsymmetrien haben also hier keinen Ausgleichstrom in einer so gebildeten Schleife zur Folge und die magnetischen Unsymmetrien können daher auch nicht durch die Rückwirkung eines Ausgleichstromes verkleinert werden.

Im allgemeinen braucht man bei Reihenparallelwicklungen wie bei Schleifenwicklungen eher weniger als mehr Ausgleichverbindungen.

Interessant ist es aber zu bemerken, daß man bei Reihenparallelwicklungen auch einen vollständigen Ausgleich der verschiedenen magnetischen Felder erreichen kann, wenn man jede Kommutatorlamelle mit einer Äquipotentialverbindung versieht. Denn in dem Falle wird jeder Ankerspule unter einem Pol $(a-1)$ andere Ankerspulen unter $(a-1)$ anderen Polen gegengeschaltet, wie in Fig. 72 gezeigt. Wären die Felder unter den a verschiedenen Polen nicht gleich, so würden sofort derartige Ausgleichströme in den a Spulen entstehen, so daß die Felder praktisch identisch werden würden.

Durch Anordnung von einer Äquipotentialverbindung pro Lamelle erhält somit eine mehrfache Wellenwicklung das charakteristische Merkmal einer Schleifenwicklung, nämlich die Eigenschaft, Unsymmetrien verschiedener magnetischen Felder ausgleichen zu können. Umgekehrt haben wir aber Seite 76 gesehen, daß eine Schleifenwicklung durch Anordnung von einer Ausgleichverbindung pro Lamelle die charakteristische Eigenschaft der selektiven Stromverteilung auf die Kommutatorbürsten einer Wellenwicklung annimmt. Eine Schlei-

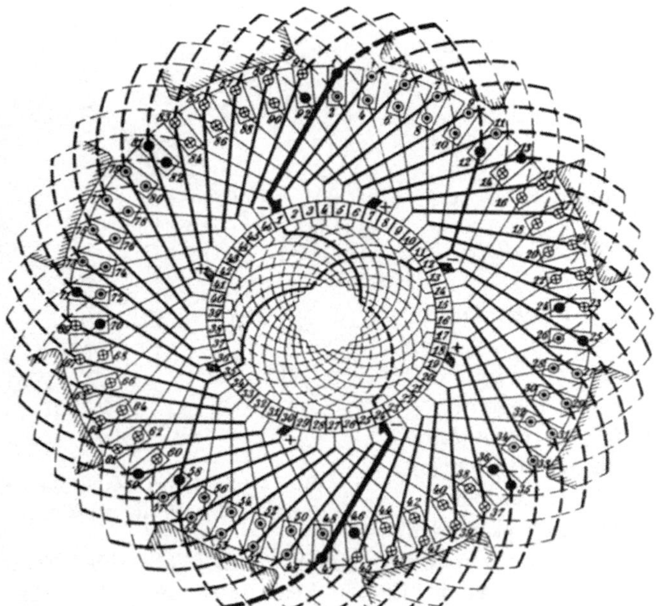

Fig. 72. Wellenwicklung mit voller Anzahl Äquipotentialverbindungen.

fenwicklung wird somit elektrisch fast identisch mit einer p-fachen Wellenwicklung, wenn beide mit einer Ausgleichverbindung pro Lamelle ausgeführt sind. Es scheint als wenn die Ausgleichverbindungen das schleifenartige resp. das wellenförmige Fortschreiten der Wicklungen änderten.

Wenn man jede $p$te Lamelle einer Wellenwicklung mit Äquipotentialverbindungen versieht, so verschwindet der ausgleichende Einfluß der Äquipotentialverbindungen auf die verschiedenen magnetischen Felder vollständig, wie an Hand der Fig. 71 gezeigt. Wenn man aber jede $x$te Lamelle mit Äquipotentialverbindungen versieht und $p > x > 1$ ist, so tritt ein ausgleichender Einfluß auf, der um so größer ist, je mehr x sich der Einheit nähert. Dasselbe ist auch der Fall, aber in geringerem Maße, wenn $mp > x > (m-1)p$ ist, und zwar tritt der ausgleichende Einfluß am stärksten hervor, wenn x sich $(m-1)p$ nähert.

Als zweites Beispiel einer mit Ausgleichverbindungen versehenen Wellenwicklung ist in Fig. 73 das Wicklungsschema einer zwölfpoligen dreifachen Wellenwicklung wiedergegeben. Für die Wicklung wurden 81 Ankerspulen mit einem Nutenschritt von $y_n \leqq \tau = 6$ gewählt.

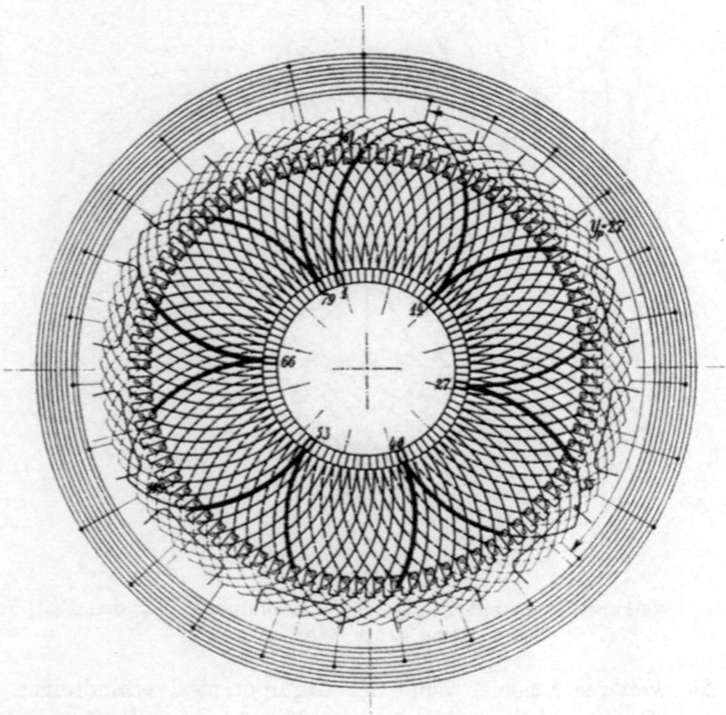

Fig. 73. Dreifache Wellenwicklung mit Äquipotentialverbindungen.

Jede Nut enthält zwei Spulenseiten, so daß $K = Z = 81$ wird. Wir erhalten einen Kommutatorschritt $y_k = \frac{K-a}{p} = \frac{81-3}{6} = 13$. K und y_k haben keinen größeren gemeinschaftlichen Teiler als **eins** und die Wicklung ist somit **einfach** geschlossen. Es wird daher der **Potentialschritt** $y_p = \frac{K}{a} = \frac{81}{3} = 27$, d. h. die Lamellen 1, 28, 55 können an dasselbe Ausgleichsystem angeschlossen werden. Führen wir alle Verbindungen aus, so erhalten wir $\frac{K}{a} = 27$ Ausgleichsysteme. Wir haben der Übersichtlichkeit halber nur $\frac{27}{3} = 9$ Systeme vorgesehen, die in Form von Ausgleichringen auf die hintere Stirnfläche des Ankers angeordnet sind. Auf jede dritte Nut entfällt eine Ausgleichverbindung.

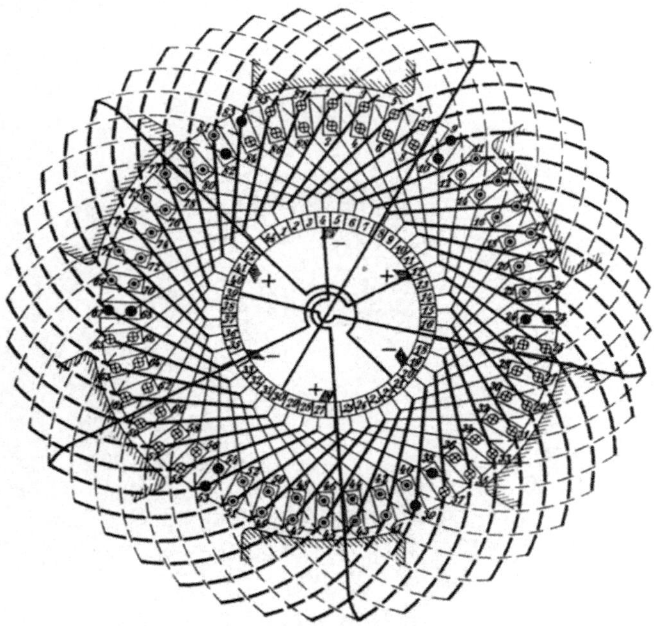

Fig. 74. Wellenwicklung mit Äquipotentialverbindungen für den Fall, daß $\frac{p}{a}$ keine ganze Zahl ist.

Als weiteres Beispiel einer mit Äquipotentialverbindungen ausgeführten Reihenparallelwicklung ist in Fig. 74 das Wicklungsschema einer sechspoligen zweifachen Wellenwicklung dargestellt. Die Wicklung besitzt 44 Ankerspulen mit einer Weite $y_n = 7$. Es sind 2 Spulenseiten in jeder Nut angeordnet.

Wir erhalten nach diesen Daten einen Kommutatorschritt $y_k = \frac{44 - 2}{3} = 14$. Die Lamellenzahl 44 und der Kommutatorschritt 14 besitzen als größten gemeinschaftlichen Teiler die Zahl 2. Die Wicklung ist somit zweifach geschlossen. Es ist der Potentialschritt hier gleich

$$y_p = \frac{K}{a} \pm \frac{1}{2}$$

Lamelle. $\frac{1}{2}$ kommt hinzu, wenn $\frac{2p}{a}$ eine ungerade Zahl ist, weil man dann von der einen Ankerseite zur anderen mit der Äquipotentialverbindung gehen muß.

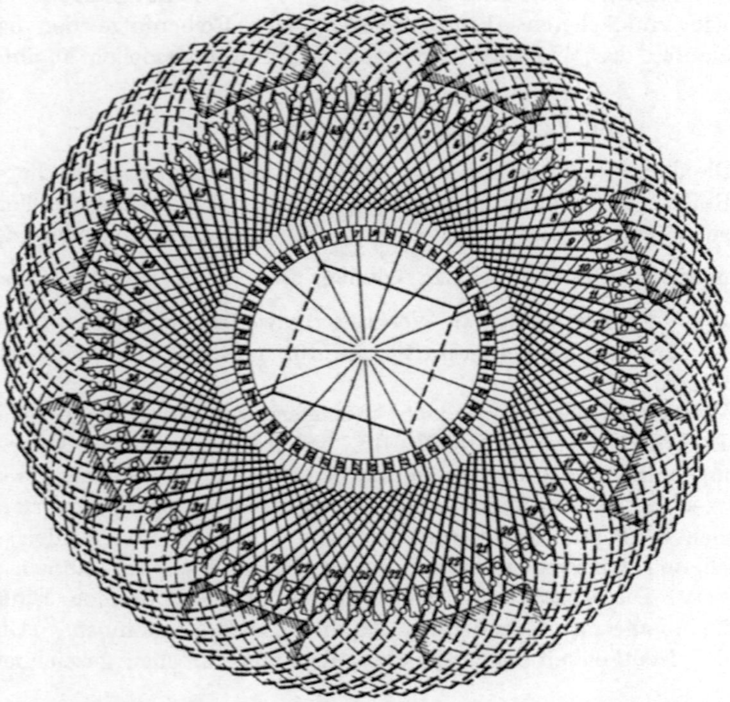

Fig. 75. Wechselstromwellenwicklung mit Äquipotentialverbindungen.

Bei Wechselstromwellenwicklungen läßt sich die gewöhnliche Formel $y_p = \frac{K}{a}$ für den Potentialschritt auch anwenden. Als Beispiel einer derartigen Wicklung ist in Fig. 75 eine achtpolige zweifache Wellenwicklung dargestellt. Es sind 48 Nuten mit je vier Spulenseiten, also im ganzen 96 Lamellen vorhanden.

Nach der Wicklungsformel für Gleichstromwicklungen sollte der Kommutatorschritt

$$y_k = \frac{K + a}{p} = \frac{96 + 2}{4} = 24{,}5$$

Lamellen sein, was natürlich nicht möglich ist. Nach der Regel der Wechselstromwellenwicklungen führen wir die Wicklung mit

$p - a = 2$ Schritten um $\frac{K}{p} = 24$ Lamellen und mit $a = 2$ Schritten um $\frac{K}{p} + 1 = 25$ Lamellen aus. Um eine Übersicht über die Reihenfolge der Lamellen zu erhalten, in der diese in der Wicklung aufeinander folgen, stellt man zweckmäßig eine Wicklungstabelle auf, die, wie im nächsten Abschnitt gezeigt, die Reihenfolge der beim Durchlaufen der Wicklung berührten Kommutatorlamellen angibt.

1, 25, 50, 74, 3, 27, 52, 76, 5 ....
49, 73, 2, 26, 51, 75, 4, 28, 53 ....

Die obere Reihe gehört dem ersten Ankerzweigpaar und die untere Reihe dem zweiten Ankerzweigpaar an. Wie ersichtlich, liegen korrespondierende Lamellen, die durch Äquipotentialverbindungen miteinander verbunden werden können, stets $\frac{K}{a} = 48$ Lamellen auseinander. Es gilt somit für Wechselstromwellenwicklungen dieselbe Formel für den Potentialschritt wie für gewöhnliche Gleichstromwicklungen.

Verbindet man die beiden unnumerierten Lamellen 0, 0 mit den Lamellen 1 und 49 durch die beiden ausgezogenen Querverbindungen innerhalb des Kommutators, so wird die Wicklung zweifach geschlossen. Verbindet man dagegen die beiden unnumerierten Lamellen 0, 0 mit den Lamellen 1 und 49 durch die beiden gestrichelten Querverbindungen, so wird die Wicklung einfach geschlossen. Die Anzahl der Schließungen hat aber keinen Einfluß auf die diametral verlaufenden Äquipotentialverbindungen. (Diese sind der Deutlichkeit halber in der Mitte unterbrochen gezeichnet.)

Fünftes Kapitel.

Wicklungstabellen und Reduziertes Schema.

21. Wicklungstabellen. — 22. Reduziertes Schema.

21. Wicklungstabellen.

Der Verlauf einer Wicklung kann durch eine sogenannte Wicklungstabelle dargestellt werden, indem man die Stäbe oder Lamellen in derjenigen Reihenfolge aufschreibt, wie sie im Schema aufeinander folgen.

Durch eine zweckmäßige Anordnung der Zahlen läßt sich die Aufstellung der Tabelle vereinfachen und zugleich eine Kontrolle für die Richtigkeit erreichen.

a) Wicklungstabelle einer Schleifenwicklung. Wir ordnen die Zahlen der Spulenseiten in $a = p$ vertikalen Doppelreihen. Die nebeneinander stehenden Zahlen einer Reihe bezeichnen die Seiten einer Spule. Ihre Differenz ist gleich dem ersten Teilschritt $y_1 = u_n y_n + 1$. Die Differenz von zwei untereinander stehenden Zahlen ist gleich $y_1 - y_2 = 2 y_k$.

Jedes Zahlenpaar einer horizontalen Reihe entspricht somit einer Spule, und die Spulen sind gleichmäßig auf die a Reihen zu verteilen. Jede Reihe entspricht einem Ankerzweigpaar und jede Gruppe von a Spulen, die in einer horizontalen Reihe nebeneinander stehen, können durch Ausgleichverbindungen miteinander verbunden werden. Anstatt der Spulenseiten kann man auch die Kommutatorlamellen in a ähnlichen Reihen nebeneinander aufstellen.

Beispiel: $Z = K = 45 \quad 2p = 2a = 6$ (Fig. 43).

Es ist $y_k = 1 \quad y_n = 7 \quad y_1 = 2 \cdot 7 + 1 = 15 \quad y_2 = 13$.

Wir erhalten folgende Tabellen:

Tabelle der Stabverbindungen.

1—16	31—46	61—76
3—18	33—48	63—78
5—20	35—50	65—80
7—22	37—52	67—82
9—24	39—54	69—84
11—26	41—56	71—86
13—28	43—58	73—88
15—30	45—60	75—90
17—32	47—62	77—2
19—34	49—64	79—4
21—36	51—66	81—6
23—38	53—68	83—8
25—40	55—70	85—10
27—42	57—72	87—12
29—44	59—74	89—14

Tabelle der Kommutatorlamellen.

1	16	31
2	17	32
3	18	33
4	19	34
5	20	35
6	21	36
7	22	37
8	23	38
9	24	39
10	25	40
11	26	41
12	27	42
13	28	43
14	29	44
15	30	45

Der letzte Stab resp. Spulenseite 14 ist mit 1 zu verbinden, wodurch sich die Wicklung schließt. Durch Ausgleichverbindungen können je drei Lamellen einer horizontalen Reihe, wie z. B. 3—18—33, verbunden werden; diese liegen ja auch $y_p = \frac{K}{a} = 15$ Lamellen auseinander.

b) Wicklungstabelle einer Wellenwicklung. Hier ordnen wir auch die Zahlen der Spulenseiten in a vertikalen Doppelreihen an, wodurch jede Reihe einem Ankerzweigpaar entspricht. Die Differenz von zwei untereinander stehenden Zahlen ist gleich $y_1 + y_2 = 2y_k$ Spulenseiten, während sie in der Tabelle der Kommutatorlamellen gleich dem Kommutatorschritt ist. Die Differenz von zwei nebeneinander in einer horizontalen Reihe stehenden Zahlen ist gleich dem Potentialschritt.

Es lassen sich somit die Lamellen jeder horizontalen Reihe, z. B. 53 und 26, durch Äquipotentialverbindungen verbinden.

Beispiel: $Z = K = 54$, $2p = 8$, $2a = 4$.

Es ist $y_k = \frac{K - a}{p} = 13$, $y_n = 3$, $y_1 = 4 \cdot 3 + 1 = 13$, $y_2 = 13$ und $y_p = 27$.

Wir erhalten folgende Tabellen:

Tabelle der Stabverbindungen.		Tabelle der Kommutatorlamellen.	
1—14	55—68	1	28
27—40	81—94	14	41
53—66	107—12	27	54
79—92	25—38	40	13
105—10	51—64	53	26
23—36	77—90	12	39
49—62	103—8	25	52
75—88	21—34	38	11
101—6	47—60	51	24
19—32	73—86	10	37
45—58	99—4	23	50
71—84	17—30	36	9
97—2	43—56	49	22
15—28	69—82	8	35
41—54	95—108	21	48
67—80	13—26	34	7
93—106	39—52	47	20
11—24	65—78	6	33
37—40	91—104	19	46
63—86	9—22	32	5
89—102	35—48	45	18
7—20	61—74	4	31
33—46	87—100	17	44
59—72	5—18	30	3
85—98	31—44	43	16
3—16	57—70	2	29
29—42	83—96	15	42

Der letzte Stab resp. Spulenseite 96 wird durch die Lamelle 1 mit Stab 1 verbunden, wodurch sich die Wicklung schließt. Die Wicklung ist, wie ersichtlich, einfach geschlossen.

22. Reduziertes Schema.

Um die Vorgänge in einer Schleifen- oder Wellenwicklung eines Trommelankers besser verfolgen zu können, insbesondere um anschaulich darstellen zu können, welche Spulen dieser Wicklungen gleichzeitig kommutieren, wie sie aufeinander folgen und in welcher Feldlage sie sich befinden, ist es vorteilhaft, eine solche Wicklung in eine Pacinottische Ringwicklung (Fig. 37) umzuwandeln.

Das Schema dieser Ringwicklung, das die Lage der Spulenseiten im Magnetfelde und die Stellung der Kommutatorlamellen gegenüber den Bürsten so wiedergeben muß, wie sie der wirklichen Wicklung entspricht, bezeichnen wir als das reduzierte Schema der Wicklung. Bei der Ausführung dieser Umwandlung setzen wir voraus, daß die Kraftflüsse aller Pole gleich stark und in gleicher Weise über die Polflächen verteilt sind.

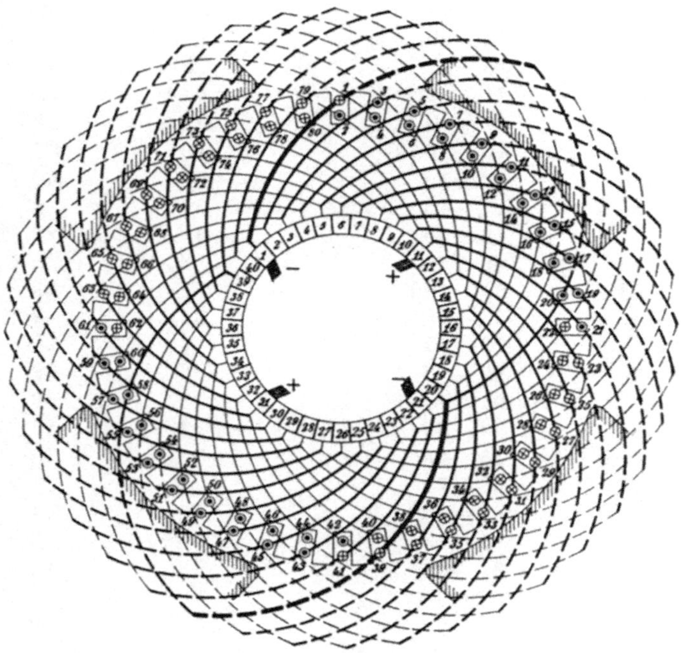

Fig. 76a. Zweifache Wellenwicklung mit $a = p$.

Wenn die reduzierte Wicklung der ursprünglichen Wicklung gleichwertig sein soll, so darf die Zahl der Ankerzweigpaare a der Wicklung bei der Umwandlung nicht geändert werden. Da nun das reduzierte Schema eine Parallelwicklung darstellt, bei der die Polpaarzahl p gleich der Zahl der Ankerzweigpaare a ist, so erkennen wir, daß das reduzierte Schema einer Trommelwicklung mit a Ankerzweigpaaren a Polpaare erhält, gleichgültig, wie viele Polpaare die Trommelwicklung besitzt.

Demnach erhält das reduzierte Schema einer einfachen Schleifenwicklung ($a = p$) die gleiche Polzahl wie die ursprüngliche Wicklung, dasjenige einer mehrfachen Schleifenwicklung ($a = mp$) die $m$fache Polzahl der ursprünglichen Wicklung, während das reduzierte Schema einer Reihenwicklung ($a = 1$) stets ein Polpaar besitzt. Desgleichen wird eine Reihenparallelwicklung beliebiger Polzahl mit a Ankerzweigpaaren im reduzierten Schema a Polpaare erhalten.

a) Ankerzweigzahl gleich Polzahl ($a = p$). Die Entstehung eines reduzierten Wicklungsschemas läßt sich am besten bei der Umwandlung einer Reihenparallelwicklung mit $a = p$ Ankerzweigpaaren erläutern, weshalb wir von einer solchen ausgehen wollen.

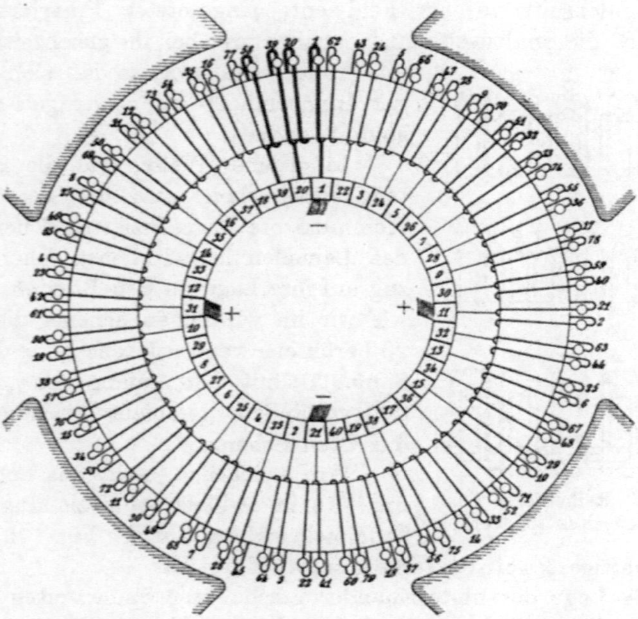

Fig. 76b. Reduziertes Schema der Fig. 76a.

In Fig. 76a ist als Beispiel eine einfach geschlossene vierpolige, zweifache Wellenwicklung mit 40 Ankerspulen gewählt. Je 2 Spulenseiten sind in eine Nut untergebracht. Der Nutenschritt wurde zu $y_n = 9$ Nutteilungen gewählt. Da die Wicklung $a = p = 2$ Ankerzweigpaare besitzen soll, so ist $y_k = \frac{K - a}{p} = \frac{40 - 2}{2} = 19$. Die Lamellenzahl K und der Kommutatorschritt y_k haben keinen größeren gemeinschaftlichen Teiler als eins; die Wicklung ist somit einfach geschlossen.

Folgen wir der Wicklung, etwa von der Lamelle 1 ausgehend, so reihen sich die Spulenseiten 1—20—39—58— aneinander. In dieser Reihenfolge schalten wir die Spulenseiten auch als stets fortschreitende Spiralwicklung im reduzierten Schema (Fig. 76b) hintereinander. Jeder Spulenseite des Trommelankers entspricht dabei eine Spule des Ringankers. Wir erhalten somit im reduzierten Schema dieselbe Anzahl von induzierten Spulenseiten oder anders ausgedrückt, die doppelte Anzahl von Ankerspulen, von denen jedoch jede nur den halben Kraftfluß eines Pols umfaßt. Wir haben jedoch nicht nur die gleiche Anzahl von Spulenseiten hintereinander geschaltet, sondern wir haben jede Spulenseite in eine genau gleichwertige Lage im magnetischen Felde verlegt. Haben wir dabei eine Spulenseite in ein Feld entgegengesetzter Polarität verlegt, wie z. B. die Spulenseite 20, so haben wir bei ihr gleichzeitig Anfang und Ende vertauscht, so daß sich die EMK der Ringspule 20 zu derjenigen der Ringspule 1 addiert.

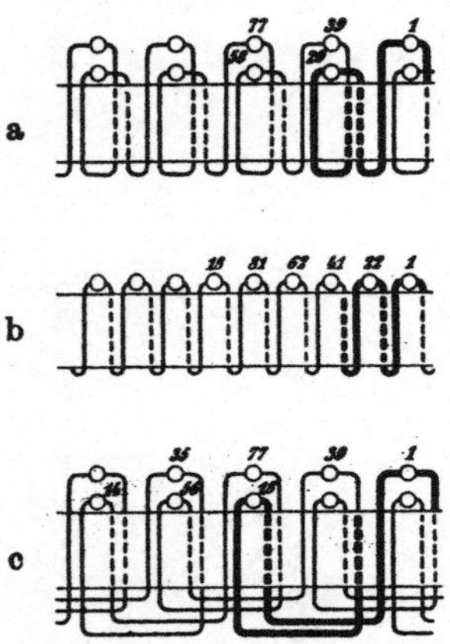

Fig. 77. Reihenfolge der Spulenseiten im Feld.

In gleicher Weise, wie die Spulenseiten, entsprechen auch die Lamellen des Kommutators im reduzierten Schema genau den Lamellen im wirklichen Schema in bezug auf ihre Lage zu den Bürsten. Ebenso wie wir im wirklichen Schema die Lamelle 20 berühren, wenn wir das Ende der ersten Spule (20) mit dem Anfang der $y_k$ten Spule (39) verbinden, geschieht dies auch im reduzierten Schema.

Wie ersichtlich stellt das Schema der Fig. 76b in elektrischer Beziehung eine der Trommelwicklung nach Fig. 76a völlig gleichwertige Pacinottische Ringwicklung dar.

Die Lage der hintereinander geschalteten Spulenseiten im Felde geht deutlich aus dem reduzierten Schema hervor. Entspricht einer der Teilschritte in Nuten gemessen einer Polteilung $\frac{Z}{2p}$, wie z. B. der zweite Teilschritt y_2 in Fig. 76a 10 Nuten entspricht, so fallen zwei Spulenseiten ins gleiche Feld. In Fig. 76b sind dieselben z. B. 20 und 39 nebeneinander gezeichnet; eigentlich sollten die betreffenden Spulenseiten wie in Fig. 77a übereinander gezeichnet sein. Beide Teilschritte können natürlich nicht gleichzeitig einer Polteilung entsprechen; denn dann würde jede Welle um den Anker in sich kurzgeschlossen werden und alle zu derselben gehörigen Spulenseiten in gleiche Felder fallen. Beim Durchlaufen einer Wicklung verschiebt man sich im Felde vorwärts oder rückwärts; das erste ist bei rechtsgängigen und das letzte bei linksgängigen Wicklungen der Fall. Fig. 76a und 77a sind linksgängige Wicklungen.

Je gleichmäßiger eine Wicklung im Felde fortschreitet, um so kleiner werden die Pulsationen in der Ankerspannung, die von der Lamellen- und Nutenzahl herrühren. Fig. 77b zeigt den Anfang des reduzierten Schemas einer Wicklung, die ganz gleichmäßig im Felde fortschreitet. Dieses Schema entspricht einer vierpoligen zweifachen Wellenwicklung mit $Z = 42$, $K = 42$, $m = 2$, $y_n = 10$, $y_1 = 21$ und $y_2 = 19$. Es ist $y_k = \frac{1}{2}(y_1 + y_2) = 20$ und die Wicklung somit zweifach geschlossen und linksgängig.

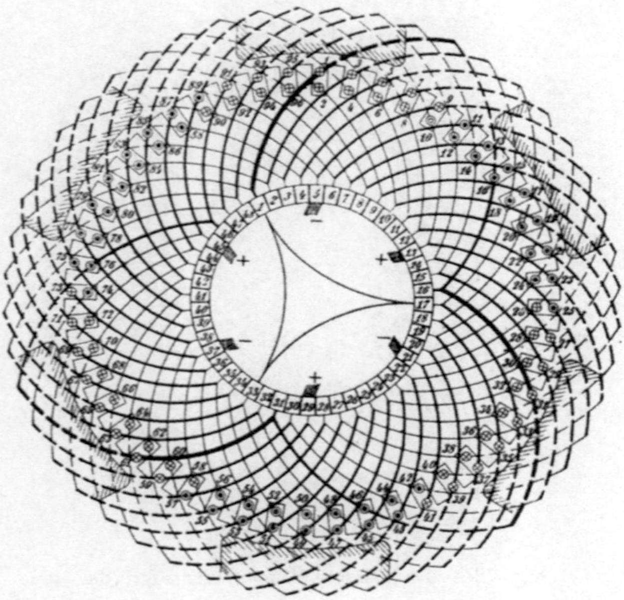

Fig. 78a. Dreifach geschlossene Wellenwicklung mit $a = p$.

Macht man den Nutenschritt stark verkürzt, so rücken die hintereinander geschalteten Spulenseiten auseinander und die einfache Ringwicklung geht in eine Ringwicklung mit Schleifen über, wie in Fig. 77c dargestellt. Diese Figur entspricht z. B. einer vierpoligen zweifachen Wellenwicklung mit $Z = 40$, $K = 40$, $u_n = 2$, $y_n = 8$, $y_1 = 17$ und $y_2 = 21$. Es ist $y_k = \frac{1}{2}(y_1 + y_2) = 19$ und die Wicklung somit einfach geschlossen und linksgängig.

Ordnet man, was ja meistens der Fall ist, mehr als 2 Spulenseiten pro Nut an, so werden die hintereinander geschalteten Spulenseiten im reduzierten Schema gegenseitig verschoben, und dies um so mehr, je mehr der Nutenschritt von der Polteilung abweicht. Es ist deswegen nicht ratsam, den Nutenschritt viel zu verkürzen, wenn jede Nut mehr als zwei oder vier Spulenseiten enthält.

Aus Fig. 76b ersehen wir ferner, daß die im wirklichen Schema um y_k entfernten Lamellen im reduzierten Schema nebeneinander liegen müssen, so daß die Kontrolle des Schemas auf seine Richtigkeit sehr einfach ist.

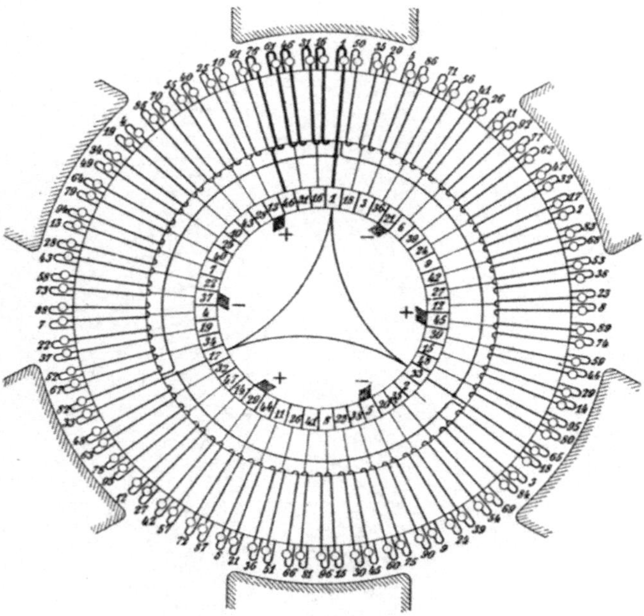

Fig. 78b. Reduziertes Schema der Fig. 78a.

Ist die wirkliche Wicklung einfach geschlossen, so irt auch die ihr entsprechende Pacinottische Wicklung einfach geschlossen. Die Zahl der Schließungen einer Wicklung bleibt im reduzierten Schema erhalten.

Als Beispiel einer mehrfach geschlossenen Wellenwicklung ist in Fig. 78a eine dreifach geschlossene Reihenparallelwicklung mit $a = 3$ Ankerzweigpaaren und $p = 3$ Polpaaren dargestellt. Die Zahl der Ankerspulen wurde zu 48 und der Nutenschritt $y_n = 7$ gewählt. Wir erhalten somit den Kommutatorschritt

$$y_k = \frac{K - a}{p} = \frac{48 - 3}{3} = 15.$$

Lamellenzahl K und Kommutatorschritt y_k sind durch 3 teilbar, so daß sich die Wicklung dreimal schließt.

In der Tat gelangen wir bei der Aufzeichnung des reduzierten Schemas (Fig. 78b) schon zur Ausgangslamelle zurück, nachdem wir ein Drittel aller Spulenseiten durchlaufen haben. Das zweite Drittel beginnt mit Spulenseite 33 und endet mit Spulenseite 18, von der wir zur Spulenseite 33 zurückgelangen. Für das letzte Drittel der Wicklung (Spulenseite 65 ÷ 50) gilt das gleiche

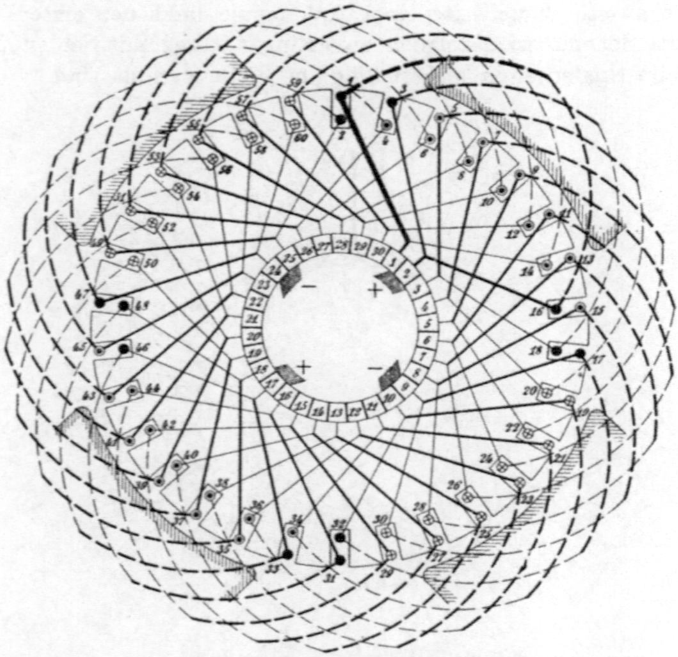

Fig. 79a. Einfache Schleifenwicklung.

Wir erkennen aus dem reduzierten Schema sofort, daß wir eine völlig symmetrische, dreifach geschlossene Wicklung vor uns haben. Jeder Spulenseite eines Ankerzweigpaares entspricht eine gleichgelegene in den beiden anderen Ankerzweigpaaren. Diese dürfen wir somit durch Ausgleichverbindungen miteinander verbinden. In dem Schema ist dies für die Lamellen 1—17—33 ausgeführt.

Zur Aufzeichnung des Schemas ist es wiederum am zweckmäßigsten, zuerst den Kommutator zu zeichnen, bei dem die benachbarten Lamellenbezifferungen um den Kommutatorschritt $y_k = 15$ fortschreiten. Die Anfänge des zweiten und dritten Teiles der Wicklung sind dann gegeben.

Der zweite Teilschritt ist in diesem Beispiel gleich einer Polteilung, so daß zwei hintereinander geschaltete Spulenseiten, wie

z. B. 16 und 31, übereinander liegen sollten. Der Bequemlichkeit halber sind sie jedoch dicht nebeneinander gezeichnet.

In Fig. 79a ist das Wicklungsschema einer vierpoligen einfachen Schleifenwicklung und in Fig. 79b das entsprechende reduzierte Schema aufgezeichnet. Es sind $Z = 30$, $K = 30$, $u_n = 2$ und $y_n = 7$, also $y_1 = 15$ und $y_2 = 13$ gewählt. Die Wicklung ist somit rechtsgängig. Da aber der Nutenschritt kleiner als die Polteilung ist, so liegt die zweite Spulenseite einer Ankerspule links der ersten. Das reduzierte Schema wird folglich eine Ringwicklung mit Schleifen, obgleich alle Spulenseiten gleichmäßig im Felde verteilt sind.

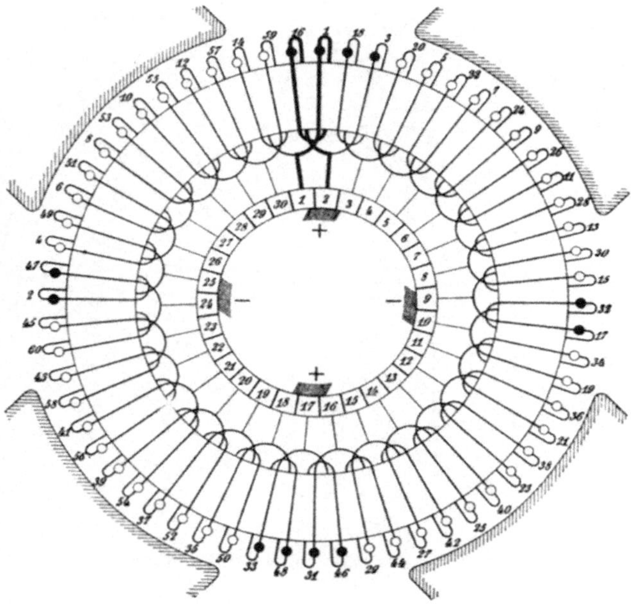

Fig. 79b. Reduziertes Schema der Fig. 79a.

Um die Erläuterung der Entstehung des reduzierten Schemas möglichst einfach zu gestalten, haben wir Wellenwicklungen als Beispiele gewählt, bei denen $a = p$ ist. Wir wollen nunmehr die Umwandlung von Wellenwicklungen zeigen, bei denen $\frac{a}{p}$ bzw. $\frac{p}{a}$ zwar ganzzahlig, aber p von a verschieden ist

b) Ankerzweigpaarzahl gleich Polzahl ($a = 2p$). Ist die Zahl der Ankerzweigpaare a größer als die Polpaarzahl, so wird die Polpaarzahl im reduzierten Schema größer als die der wirklichen Wicklung, und zwar gleich a, wie wir früher zeigten. Infolgedessen würde die Breite der Kommutatorlamellen, in elektrischen Graden[1]) gemessen, $\frac{a}{p}$ mal vergrößert werden, wenn wir sie in der ursprünglichen Breite zeichnen würden. Um die Lamellenbreite in elektrischen Graden unverändert zu erhalten, verkleinern wir sie im reduzierten Schema auf den $\frac{p}{a}$ ten Teil ihrer Breite im wirklichen Schema. Der zwischen zwei Lamellen liegende Restteil ist als Isolation zu betrachten. Die Figuren 80a und 80b lassen die Ausführung der Umwandlung einer

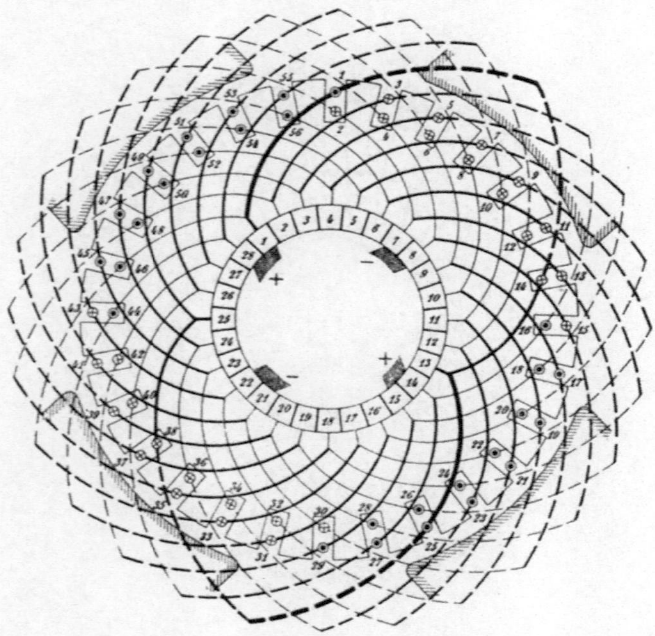

Fig. 80a. Wellenwicklung mit $a = 2p$.

Wellenwicklung, bei der $a > p$ ist, in eine Pacinottische Wicklung erkennen.

Als Beispiel haben wir eine vierpolige vierfache Wellenwicklung gewählt. Die Zahl der Ankerspulen ist zu 28 angenommen. Auf eine Polteilung entfallen $\tau_n = \frac{Z}{2p} = \frac{28}{4} = 7$ Nutteilungen. Die Spulen-

---

[1]) Bei der Messung mit elektrischen Graden wird eine Polteilung gleich 180 elektrischen Graden gesetzt. Im 2poligen Schema sind somit elektrische Grade und Winkelgrade einander gleich. Allgemein ist ein elektrischer Grad gleich $\frac{1}{p}$ eines Winkelgrades.

weite umfaßt $y_n = 6$ Nutteilungen, so daß die Schrittverkürzung ε_n eine Nutteilung beträgt. K und y_k sind durch 4 teilbar, also ist die Wicklung vierfach geschlossen.

Die Aufzeichnung des reduzierten Schemas dieser Wicklung erfolgt in der früher gezeigten Weise durch Aneinanderreihen der im wirklichen Schema aufeinander folgenden Spulenseiten. Die Lamellenbreite wird infolge der Verdoppelung der Polzahl $\frac{p}{a}$ mal, d. h. gleich der Hälfte der wirklichen Breite, so daß die Lamellenisolation gleich der halben Lamellenbreite wird.

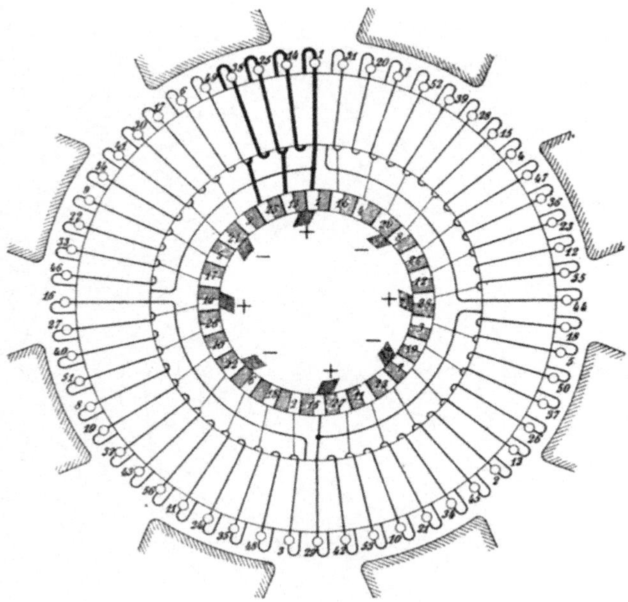

Fig. 80b. Reduziertes Schema der Fig. 80a.

Das reduzierte Schema erhält $2a = 8$ Bürsten. Jede ist, in Lamellenteilungen gemessen, ebenso breit wie die einzelnen Bürsten im wirklichen Schema. Wie aus dem reduzierten Schema ersichtlich, sind die Spulenseiten gleichmäßig im Felde verteilt, was bei so kleiner Spulenzahl pro Ankerzweig sehr wichtig ist.

c) Polzahl durch Ankerzweigzahl teilbar $\left(\frac{p}{a}\text{ ganzzahlig}\right)$. Bei den bisher betrachteten reduzierten Schemas sind wir mit einem Kommutator ausgekommen. Für $p > a$ würde ein Kommutator den Nachteil mit sich führen, daß man die Bürsten teilen müßte, wodurch man für jede neue Ankerstellung die Bürstenlagen neu zu ermitteln hätte. Dieser Nachteil läßt sich allerdings auf Kosten der Einfachheit umgehen.

Verschieben wir bei einer Wellenwicklung eine Bürste um a Lamellenteilungen, beispielsweise von Lamelle K auf Lamelle $K—a$, so liegen zwischen diesen Lamellen p Spulen, da wir ja bei der Ausführung der Wicklung bei einem Umgang um den Anker nach der Lamelle $(K—a)$ gekommen waren und dabei p Spulen durchlaufen und p Lamellen berührt hatten. Diese p Lamellen oder Spulen sollen auch im reduzierten Schema berührt werden, wenn wir eine Bürste um a Lamellen verschieben. Dies läßt sich dadurch erreichen, daß wir $\frac{p}{a}$ konzentrische Kommutatoren ineinander anordnen, von denen jeder $K\frac{a}{p}$ Lamellen erhält. Überdeckt dann eine Bürste alle Kommutatoren, so berührt sie $\frac{p}{a}$ Lamellen oder Spulen, wenn sie um eine Lamellenteilung verschoben wird. Verschieben wir sie um a Lamellenteilungen, so werden $a\frac{p}{a}=p$ Spulen durchlaufen, was wir ja erreichen wollten.

Der Kommutatorschritt einer Wellenwicklung ist $y_k=\frac{K\pm a}{p}=\frac{K}{p}\pm\frac{a}{p}$, d. h. er weicht um $\frac{a}{p}$ von einer doppelten Polteilung ab. Verschieben wir die Kommutatoren des reduzierten Schemas um $\frac{a}{p}$ gegeneinander, so fallen die gleichnamigen Bürsten, die im wirklichen Schema um eine doppelte Polteilung voneinander entfernt liegen, im reduzierten Schema zusammen.

Als Beispiel einer solchen Darstellung ist eine Wellenwicklung (Fig. 81 a) mit acht Polen und vier Ankerzweigen gewählt. Die Lamellenzahl ist $K=50$ und der Kommutatorschritt $y_k=12$. Die Wicklung ist zweifach geschlossen, da der größte gemeinschaftliche Teiler von K, a und y_k gleich zwei ist.

Das reduzierte Schema (Fig. 81 b) dieser Wicklung erhält $a=2$ Polpaare, und da $\frac{p}{a}=2$ ist, so ordnen wir zwei Kommutatoren an, von denen jeder 25 Lamellen erhält. Die Bürstenbreite, in Lamellenteilungen gemessen, bleibt wie die des wirklichen Schemas. Damit die gleichnamigen Bürsten zusammenfallen, verschieben wir schließlich noch die Kommutatoren um $\frac{a}{p}=\frac{1}{2}$ Lamellenteilung gegeneinander.

Aus dem reduzierten Schema ersehen wir, daß durch die positiven Bürsten die Spulen 3—16, 27—40, 53—66, 77—90 und durch die negativen Bürsten die Spulen 15—28, 39—52, 41—54, 65—78, 89—2 und 91—4 kurzgeschlossen sind. Um für eine beliebige andere Ankerstellung die Lage und Schaltung der Spulen zu übersehen, brauchen wir nur die Wicklung des reduzierten Schemas gegenüber den Bürsten entsprechend zu verschieben bzw. die Bürsten zu verdrehen.

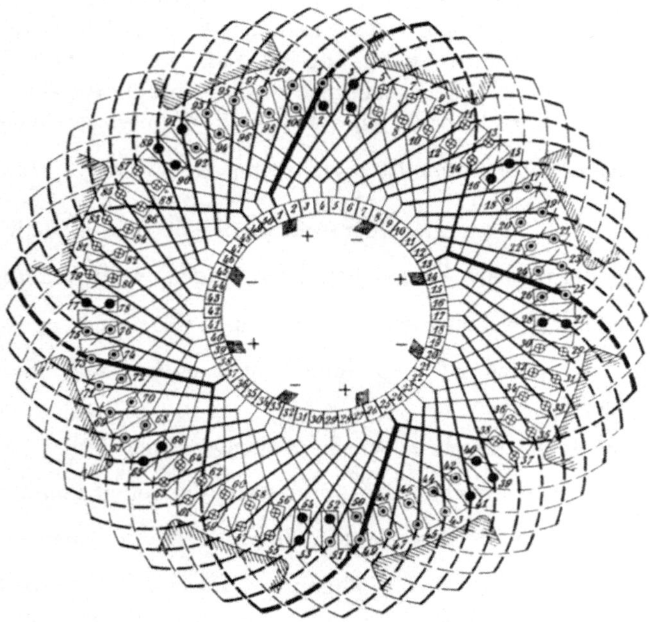

Fig. 81a. Wellenwicklung mit $\frac{p}{a}$ ganzzahlig.

Ist die Lamellenzahl nicht durch $\frac{p}{a}$ teilbar, so erhält jeder Kommutator keine ganze Lamellenzahl; wir müssen in diesem Fall eine oder mehrere Lamellen auf die verschiedenen Kommutatoren verteilen.

Ist $\frac{p}{a}$ keine, sondern $\frac{2p}{a}$ eine ganze Zahl, so zeichnet man das reduzierte Schema mit $\frac{2p}{a}$ Kommutatoren auf und verschieben diese um $\frac{a}{p}$ Lamellenteilungen gegeneinander. Jede Lamelle wird in diesem Falle zur Hälfte als Leiter und zur Hälfte als Isolationsmaterial dargestellt, wie wenn $a=2p$ wäre.

Fassen wir die Eigenschaften des reduzierten Schemas zusammen, so können wir sagen: Das reduzierte Schema ist die graphische Darstellung der Wicklungstabelle und bringt zugleich die Lage der induzierten Leiter im Magnetfelde zur Darstellung. Außerdem gestattet es in übersichtlicher Weise, Zahl und Lage der kurzgeschlossenen Spulen zu überblicken und die Änderung ihrer Zahl und Schaltung zu studieren.

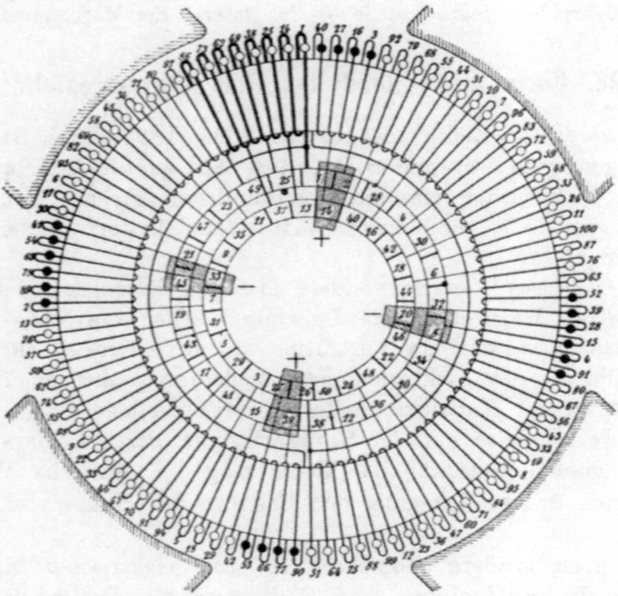

Fig. 81b. Reduziertes Schema der Fig. 81a.

Es kann daher der Einfluß der ungleichmäßigen Verteilung der Spulenseiten bei Nutenankern mit Hilfe des reduzierten Schemas anschaulich gemacht werden.

Wenn man die verschiedenen Schemas genauer betrachtet, so sieht man leicht ein, daß die Breite der Kommutatorbürsten nicht von der Wicklungsart abhängt, sondern nur von dem Verhältnis zwischen der Zone, in der man wünscht den Ankerstrom zu wenden, und der neutralen Zone. Dies ist ja auch a priori ganz selbstverständlich. — Aber im allgemeinen ist man jedoch gezwungen, bei großen Ankerströmen und somit bei einer großen Anzahl Ankerzweige die Bürsten verhältnismäßig breiter zu machen als bei kleinen Ankerströmen, damit der Kommutator nicht zu lang wird.

Sechstes Kapitel.

Das magnetische Feld einer Gleichstrommaschine.

23. Form und Anordnung der Magnetgestelle.

Trotzdem der Elektromagnet schon seit 1825 durch Sturgeon bekannt geworden war und Sinsteden 1851 auf dessen Vorteile für den Bau elektrischer Maschinen aufmerksam machte, wurde der Elektromagnet erst 1862 durch Wilde (Manchester) in den Dynamobau eingeführt.

Bis zu dieser Zeit verwendete man zur Erzeugung des Feldes permanente Magnete. Die Leistung solcher magnet-elektrischer Maschinen war im Verhältnis zu ihrer Größe sehr gering. Die Einführung des Elektromagnetes bedeutete daher einen großen Fortschritt in der Entwicklung der elektrischen Maschinen.

Wilde kuppelte mit der Hauptmaschine, deren Feldsystem aus Elektromagneten bestand, eine kleine magnet-elektrische Maschine, deren Strom er zur Erregung der Magnete der Hauptmaschine benutzte.

Ein noch größerer Forschritt im Bau elektrischer Maschinen bedeutete die Entdeckung der Selbsterregung durch Sören Hjorth (1854) und durch Werner von Siemens (1866).

Die Selbsterregung einer Maschine mit Elektromagneten beruht darauf, daß das Eisen schwach magnetisch bleibt, wenn es einmal magnetisiert worden ist. Daher entsteht bei Inbetriebsetzung einer unerregten Maschine an den Bürsten eine, wenn auch niedrige, Gleichspannung. Verbindet man die Erregerwicklung mit den Ankerbürsten in einer solchen Weise, daß der zunächst noch sehr schwache Strom die Feldmagnete derart umkreist, daß der erzeugte Kraftfluß dem vorhandenen remanenten Magnetismus gleichgerichtet ist, so wird der Kraftfluß der Feldmagnete verstärkt. Hierdurch erhöht sich die Ankerspannung, wodurch wiederum der Erregerstrom steigt, der das Magnetfeld noch mehr verstärkt. Diese wechselseitige verstärkende Einwirkung zwischen Ankerspannung und Felderregung, die Werner von Siemens das dynamo-elektrische Prinzip nannte, setzt sich weiter fort, bis die Spannung einen gewissen konstanten Wert erreicht hat, der durch den Widerstand des Erregerstromkreises und durch die Sättigung des Eisens bestimmt wird.

Die Form der Elektromagnete wurde zunächst der langgestreckten Form der Stahlmagnete nachgebildet. Erst als Hopkinson zeigte, daß für den magnetischen Kreis ein entsprechendes Gesetz gelte, wie es Ohm für den elektrischen Stromkreis aufgestellt hatte, wurde die Gestalt der Elektromagnete gedrungener gewählt, um ihren magnetischen Widerstand, die sogenannte Reluktanz, möglichst zu verkleinern.

Sowohl um den Kraftfluß zu erzeugen, als um denselben außerhalb des Ankers durch einen geringen magnetischen Widerstand zu leiten, benutzt man ein Magnetsystem (Magnetgestell), bestehend aus den Magnetpolen (Magnetkernen, Polkernen), den Polschuhen und dem Joch, auch Gehäuse genannt. Die Stellen, wo der Kraftfluß in das Magnetsystem eintritt, bezeichnet man als Südpole und diejenigen, wo er austritt, als Nordpole. — Die Magnetpole dienen gewöhnlich als Träger der Magnetspulen (Erregerspulen), die den Kraftfluß erzeugen.

Wir wollen nun einige von den Magnetsystemen, die den Maschinen der einzelnen Konstrukteure ein charakteristisches Äußere gaben, hier wiedergeben, um die Vorzüge und Nachteile derjenigen Formen, die eine weite Verbreitung gefunden haben, zu zeigen und die Entwicklung zur heutigen Form verfolgen zu können.

In den folgenden Figuren sind die bekanntesten Formen der Feldsysteme zusammengestellt.

24. Zweipolige Magnetgestelle.

Die einfachste Form ist die von Fig. 82. Dieselbe besitzt aber verschiedene Nachteile, und zwar wird das magnetische Feld wegen der unsymmetrischen Form ebenfalls unsymmetrisch, ferner ist diese Magnetkonstruktion verhältnismäßig schwer und die einzige Erregerspule hat eine verhältnismäßig größere Abkühlungsfläche notwendig, als wenn die Erregung geteilt wäre; auch ist die Streuung ziemlich groß.

Durch Vereinigung von zwei solchen Magnetsystemen erhalten wir den Manchestertyp (Fig. 83), der symmetrisch ist, sonst aber dieselben Nachteile hat, wie der Typ (Fig. 82). Eine Erregerspule umschlingt hier nur den halben Kraftfluß eines Pols. Eine größere

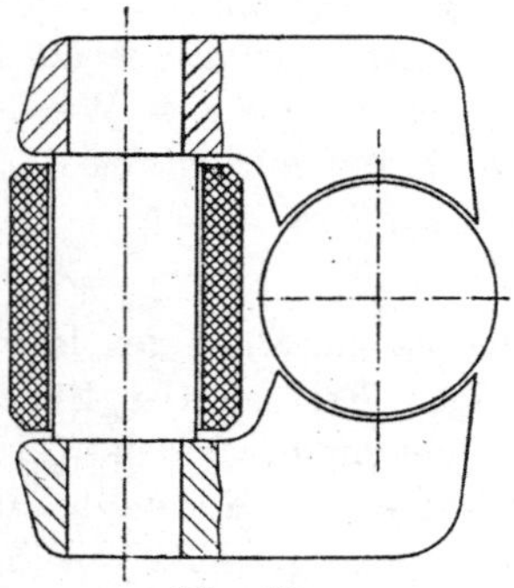

Fig. 82.

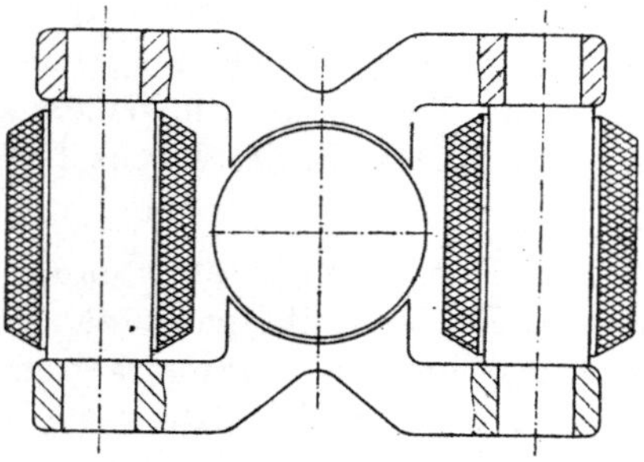

Fig. 83.

Abkühlungsfläche der Erregerspule erhalten wir, wenn wir dieselbe teilen und so anordnen, daß jede Spule den gesammten Kraftfluß eines Pols umschlingt; auf diese Weise erhalten wir die von Siemens ausgeführte Maschine (Fig. 84). Jedoch entsteht bei dieser Anordnung wieder ein unsymmetrisches Feld. Da die Magnetpole

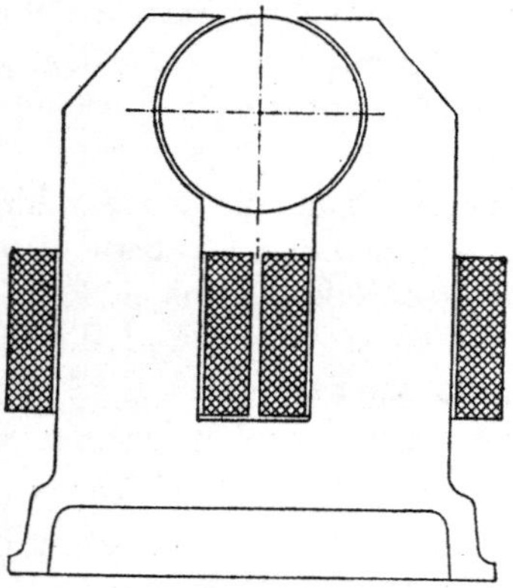

Fig. 84.

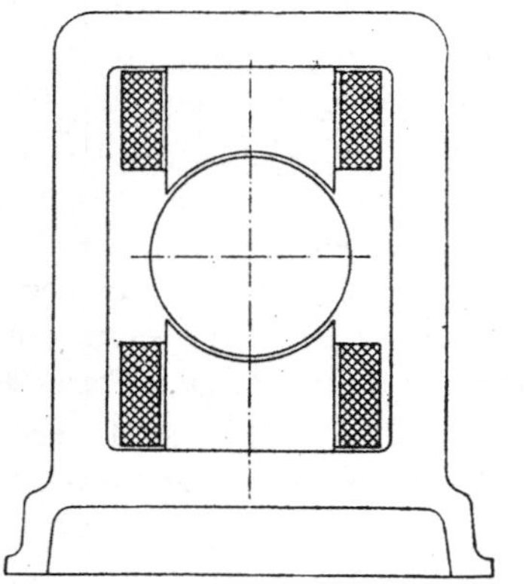

Fig. 85.

auf einer verhältnismäßig langen Strecke einander sehr nahe sind, so schließen sich viele Kraftlinien, ohne durch den Anker zu treten, so daß die magnetische Streuung dieser Magnetform sehr groß ist. Ferner ist die hohe Lagerung des Ankers mechanisch unzweckmäßig.

Eine weit bessere Bauform zeigt Fig. 85, die bis in die neuere Zeit noch ausgeführt ist. Bei dieser Feldform ist die Streuung gering; der Anker liegt tief und die Erregerwicklung ist durch das Gehäuse selbst, durch das Magnetjoch, gegen mechanische Beschädigungen geschützt.

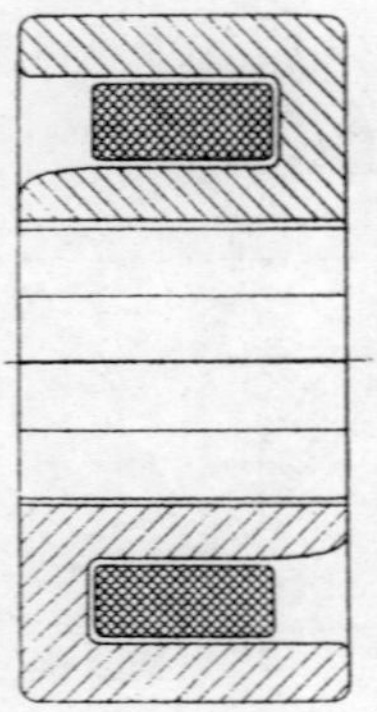

Fig. 86a.

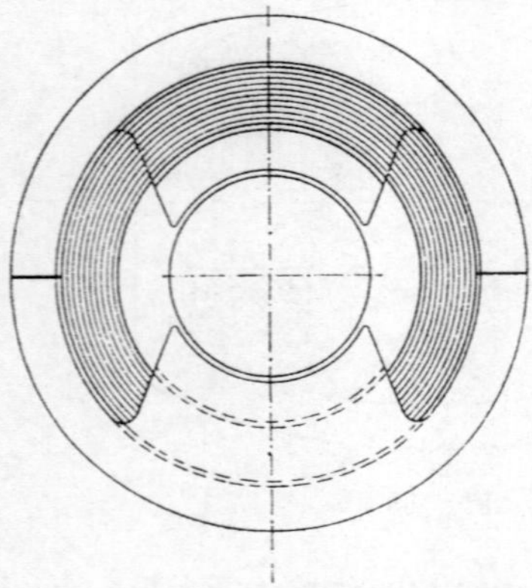

Fig. 86b.

Eigenartig ist der Feldmagnet von Lundell (Fig. 86a u. b), wo das Joch ringförmig ausgebildet ist und wo eine einzige ringförmige Erregerspule zwischen dem Joch und den Polhörnern liegt.

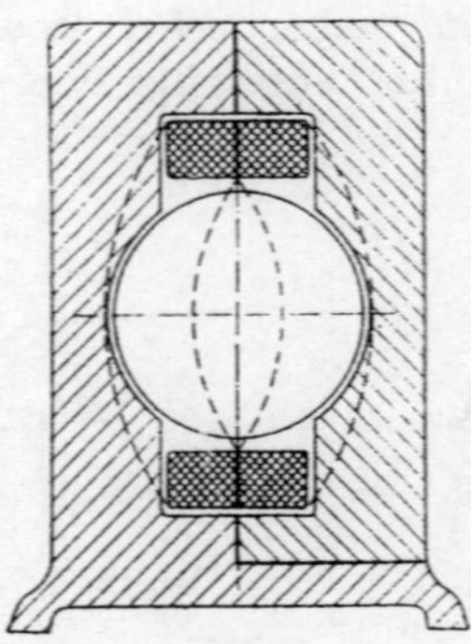

Fig. 87.

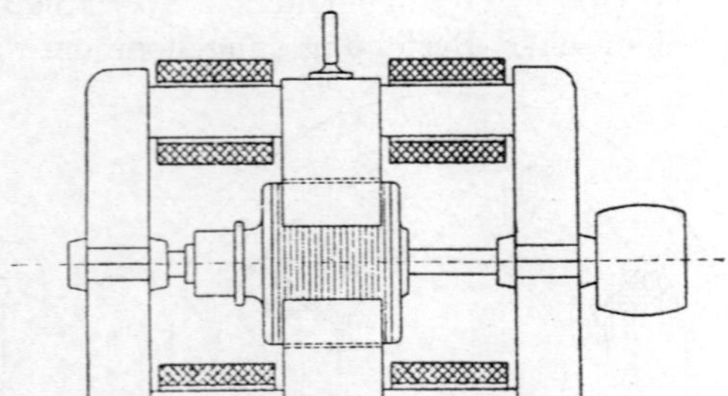

Fig. 88.

Eickenmeyer hat durch seine Konstruktion (Fig. 87) eine gedrungene Form mit möglichst kleiner Streuung angestrebt. Zum Schlusse sei noch ein Typ erwähnt, der mehr historisches Interesse hat. Es ist dies die Grammesche Dynamomaschine (Fig. 88), die früher von Schuckert und anderen Firmen viel gebaut wurde.

In den Fig. 89 und 90 sind die heute gebräuchlichsten zweipoligen Stahlgußmagnetgestelle skizziert. Von denselben ist der letzte Typ

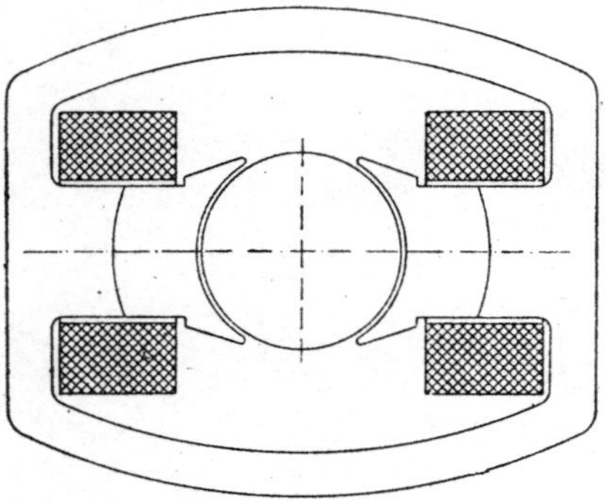

Fig. 89.

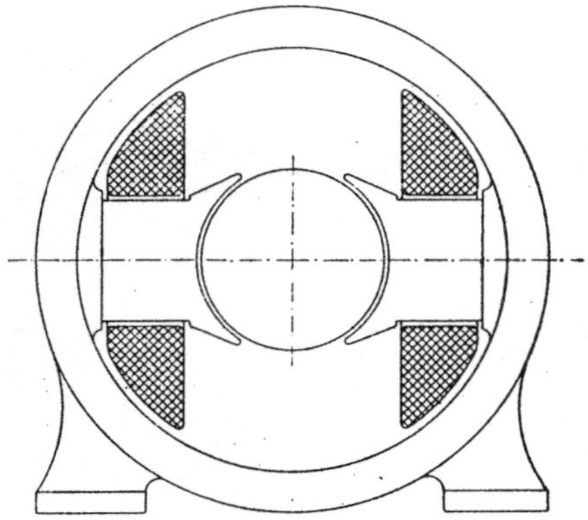

Fig. 90.

besonders bemerkenswert; er hat die kleinste Streuung und ist von sehr gefälliger Form. Er wurde zuerst von Lahmeyer in Frankfurt ausgeführt.

25. Mehrpolige Magnetgestelle.

Auch für vielpolige Maschinen ist die Bauart mit kreisförmigem Joch (Fig. 91) allgemein als zweckmäßigste, in magnetischer und mechanischer Beziehung, angenommen, so daß die ehemalige Viel-

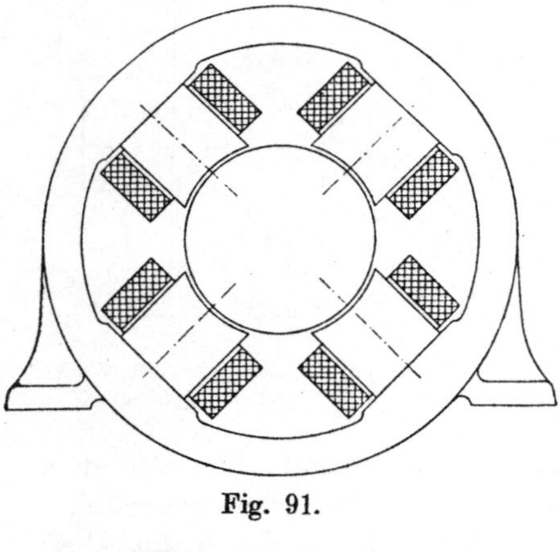

Fig. 91.

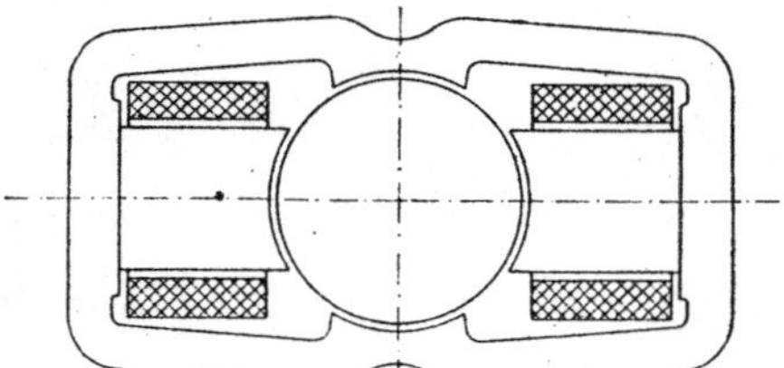

Fig. 92.

gestaltigkeit im äußeren Aufbau der Gleichstrommaschinen einer völligen Gleichheit im Aussehen der Maschinen gewichen ist, von der man nur für Sonderzwecke abweicht.

In Fig. 92 werden durch zwei Spulen vier Pole erregt. Solche Maschinen haben den Vorteil einer kleinen gedrungenen Gestalt und wurden deshalb früher als Straßenbahnmotoren vielfach verwendet. Da

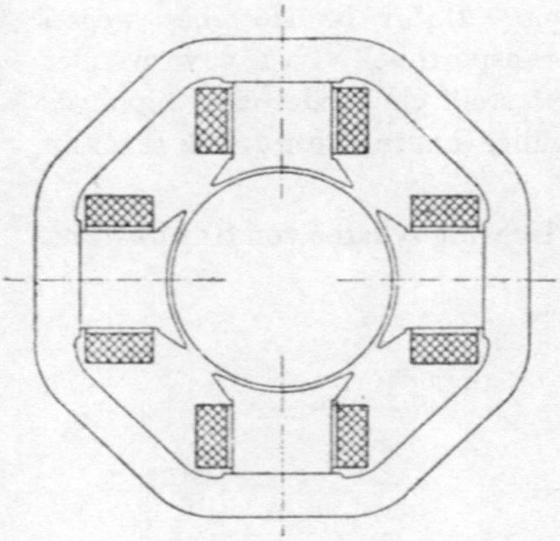

Fig. 93.

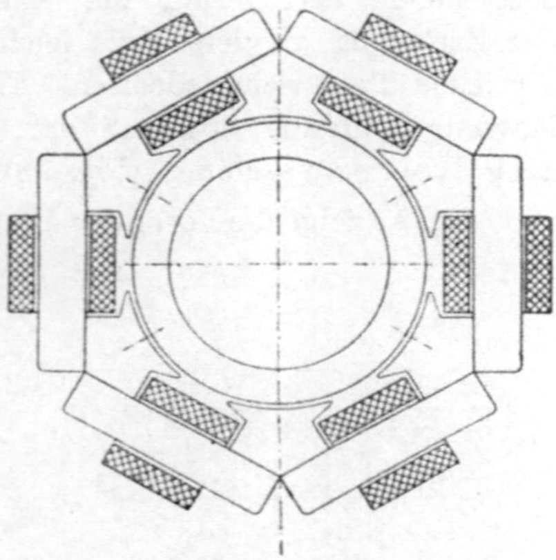

Fig. 94.

aber durch die Folgepole ungleiche Streuung entsteht, was für die Kommutierung ein Nachteil ist, so werden diese Magnetgestelle heute selten gebaut. Die heute am meisten noch verwendeten Formen für

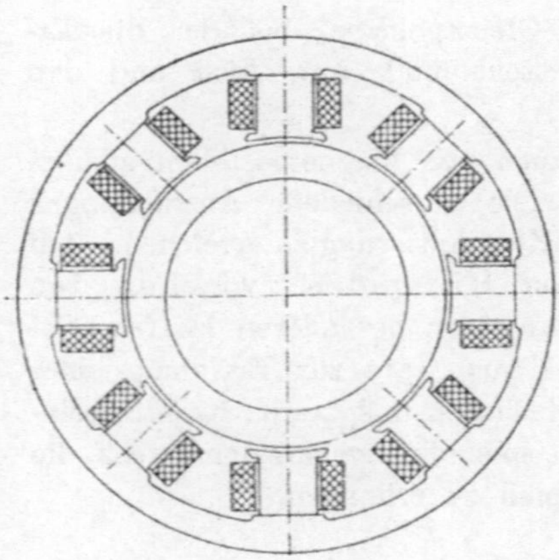

Fig. 95.

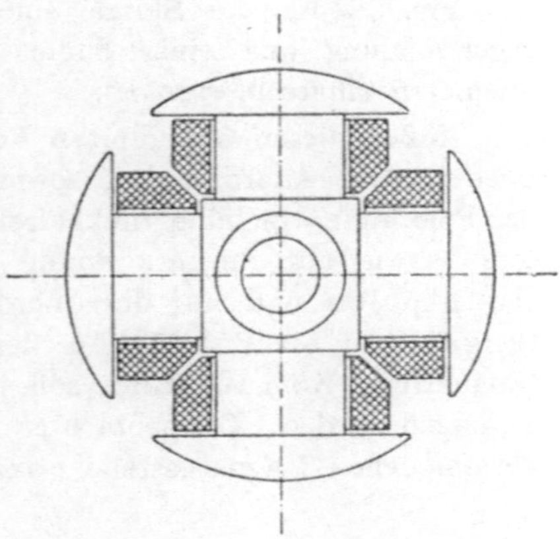

Fig. 96.

mehrpolige Maschinen sind die Außenpoltypen, die in den Fig. 91, 93 und 95 dargestellt sind. Das Material der beiden ersten Formen ist Gußeisen.

Bemerkenswert ist die Anordnung von Thury (Fig. 94), welche die Vorteile einer großen Abkühlungsfläche der Erregerspulen und guter Ventilation besitzt. Die Nachteile dieses Systems sind: Der große Kupferverbrauch und die infolge der vielen Trennungsflächen entstehende Verteuerung der Maschine. Dafür ist sie aber wegen der Zerlegung in viele Teile leicht transportabel. Thury verwendet für diese Type Schmiedeeisen. Fig. 95 stellt ein modernes vielpoliges Magnetgestell aus Stahlguß dar. Früher baute Siemens & Halske auch Innenpolmaschinen (Fig. 96).

Fig. 97 zeigt die Form der alten Flachringdynamo von Schuckert.

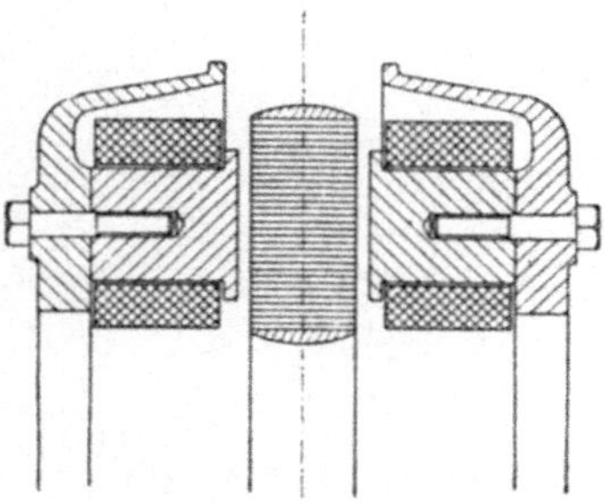

Fig. 97.

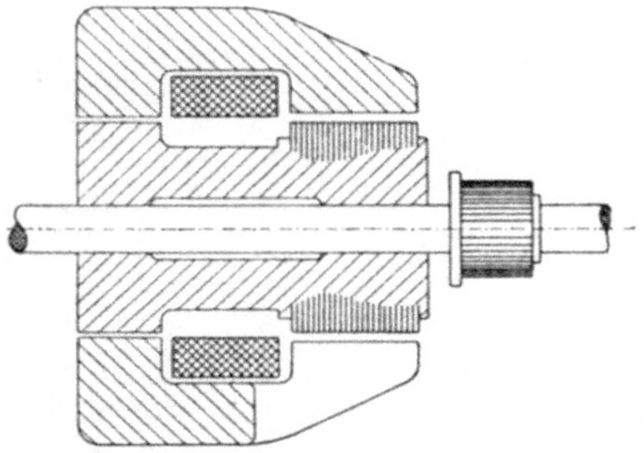

Fig. 98.

Fig. 98 ist die Skizze einer Gleichpoltype, bei der die Erregerwicklung aus einer Spule besteht und vom Joch und den Magneten eingeschlossen ist.

Außer diesen angeführten Formen von Magnetgestellen gibt es noch andere Anordnungen, sowie viele verschiedene Ausführungen der Polschuhe, um eine funkenfreie Kommutierung zu erreichen. Auf diese sowie auf die Anordnung von Hilfspolen zwischen den Hauptpolen und auf die Anordnung von besonderen Hilfswicklungen in den Polflächen der Hauptpole zur Erzielung einer funkenfreien Kommutierung, soll jedoch erst in späteren Kapiteln eingegangen werden. Die gebrachten Beispiele hatten nur den Zweck, die verschiedenen Magnetgestelle prinzipiell zu erläutern.

26. Material der Magnetgestelle.

Als Material für das Magnetgehäuse wird heute der Stahlguß dem Gußeisen vorgezogen, trotzdem er an sich teurer ist. Bei Verwendung von Stahlguß kann der Querschnitt des Joches kleiner gehalten werden, da die magnetische Leitfähigkeit fast doppelt so groß ist als die des Gußeisens. Bei der Verwendung von Stahlguß wird daher die Maschine leichter und es stellt sich das Gehäuse gewöhnlich billiger aus Stahlguß als aus Gußeisen. Für Exportmaschinen nach Ländern mit Gewichtszoll werden die Gehäuse stets aus Stahlguß hergestellt.

Nur für Maschinen großer Polzahlen ist es oft mit Rücksicht auf die mechanische Festigkeit des Gehäuses zweckmäßig, dasselbe aus Gußeisen in Kastenform auszuführen.

Für die Magnetkerne wendet man gewöhnlich lamelliertes Eisen oder Schmiedeeisen an. Im letzten Falle bestehen die Polschuhe aus lamelliertem Eisen. Früher hat man die Magnetkerne mit dem Magnetgehäuse in einem Stück aus Stahl gegossen. Da aber sehr leicht Gußblasen, besonders in den Magnetkernen entstehen können, so ist man in letzter Zeit trotz der billigen Herstellung eines derartigen Magnetgestelles von diesem abgekommen und wendet nunmehr hauptsächlich lamellierte Pole an.

Siebentes Kapitel.

Erregung des magnetischen Feldes einer Gleichstrommaschine.

27. Arten der Felderregung. — 28. Hauptschluß- oder Serienerregung. — 29. Nebenschlußerregung. — 30. Doppelschlußerregung. — 31. Erregung mit Hilfsbürste.

27. Arten der Felderregung.

Das Verhalten einer Gleichstrommaschine im Betriebe hängt wesentlich von der Schaltung der Erregerwicklung ab.

Zunächst lag es bei der Einführung der Elektromagnete in den Dynamobau nahe, die Magnete von irgendeiner fremden Stromquelle aus zu erregen. Bei einer solchen fremderregten Maschine besteht keinerlei selbsttätige Abhängigkeit der Erregung von der Spannung oder dem Strome der Maschine. Auch heute noch wird von dieser Schaltung, die in Fig. 99 dargestellt ist, vielfach Gebrauch gemacht. Man bedient sich ihrer beispielsweise, wenn die Spannung der Maschine für die Erregung unzweckmäßig ist, wenn sie etwa zu hoch oder, wie vielfach bei den Maschinen für chemische Zwecke, zu klein ist oder wenn die Spannung innerhalb sehr weiter Grenzen, z. B. bis auf Null herunter, reguliert werden soll.

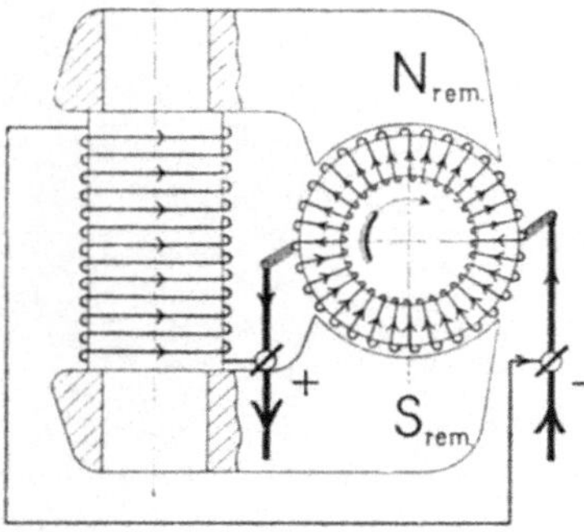

Fig. 99. Maschine mit Fremderregung.

Bei den ersten selbsterregten Maschinen wurde der gesamte Ankerstrom in verhältnismäßig wenig Windungen um die Magnetkerne geführt (Fig. 100). Derartig geschaltete Maschinen bezeichnet man als Hauptschlußmaschinen.

28. Hauptschluß- oder Serienerregung.

In Fig. 100 bezeichnet A den Anker und SFN das Magnetsystem einer Dynamomaschine. Bevor man die Maschine zum ersten Male in Betrieb setzt, wird sie mit Hilfe eines Batteriestromes oder des Stromes einer anderen Maschine magnetisiert oder fremderregt, indem man einen Strom in die Magnetwicklung einleitet. Nach Entfernung dieser magnetisierenden Kraft bleibt etwas Magnetismus im Magnetsystem zurück und die Maschine ist nun imstande, mit Hilfe des remanenten Magnetismus dauernd selbsterregend anzugehen.

Verbinden wir nämlich jetzt die Klemmen K_1K_2 durch den Widerstand R und setzen den Anker in Umdrehung, so induziert der remanente Magnetismus im Anker einen schwachen Strom; dieser fließt durch die Wicklung der Magnetkerne und verstärkt das Magnetfeld; in dem verstärkten Felde steigt die induzierte EMK des Ankers und die Stromstärke, und diese steigert wieder das Feld usw.

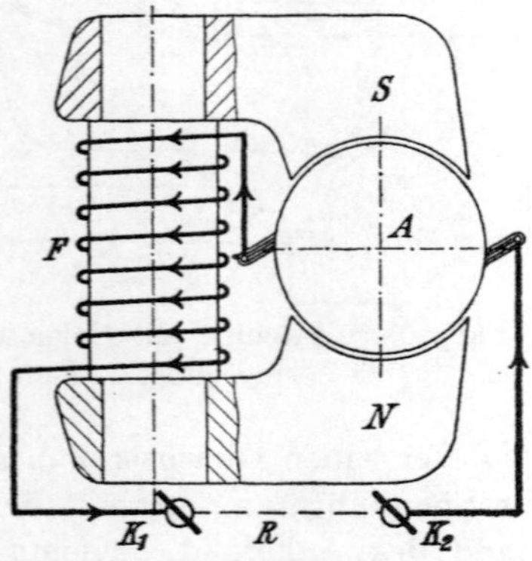

Fig. 100. Maschine mit Hauptschlußerregung.

Dieses wechselseitige Anwachsen der induzierten Spannung und der Stromstärke dauert so lange, bis eine gewisse Sättigung der Elektromagnete eingetreten ist und die Stromstärke einen vom Widerstande des Stromkreises abhängigen Betrag angenommen hat. Große Eisenmassen lassen sich oft nur langsam magnetisieren und es dauert viele Sekunden und sogar Minuten, bis die Selbsterregung den Gleichgewichtszustand erreicht hat. Die Selbsterregung kann nur entstehen, wenn die Schaltung der Magnetspulen derart ist, daß der Magnetisierungsstrom den ursprünglichen Magnetismus unterstützt.

Bei einer Gleichstrommaschine mit Hauptschlußschaltung ist das magnetische Feld und damit die Spannung von der Stromstärke des Ankers unmittelbar abhängig. Die Spannung steigt mit der Stromstärke, d. h. mit der Belastung an. Daher eignet sich diese Schaltung nicht für solche Generatoren, bei denen man eine möglichst konstante, von der Belastung unabhängige Spannung wünscht. Dagegen wird die Hauptschlußschaltung bei Motoren in ausgedehntem Maße verwendet, und hat hier eine Abnahme der Umdrehungszahl mit steigender Belastung bei konstanter Klemmenspannung zur Folge. Der Tourenabfall eines Hauptschlußmotors bei Belastung macht denselben für viele Zwecke besonders geeignet.

29. Nebenschlußerregung.

Anstatt den gesamten Ankerstrom zur Erregung einer Maschine zu benutzen, kann man die Schaltung auch so ausführen, daß nur ein verhältnismäßig kleiner Zweigstrom zur Erregung benutzt wird. Wheatstone sprach 1867 zuerst den Gedanken aus, die Erregerwicklung parallel zu den Klemmen der Maschine zu legen, nachdem diese erregt sei. Jedoch erst 1880 führte Siemens diese Schaltung bei einer selbsterregten Maschine aus. Die Stromstärke in der Erregerwicklung ist bei dieser Schaltung, der sogenannten Nebenschlußschaltung (Fig. 101) nicht mehr direkt abhängig vom äußeren Widerstande *R*, sondern nur noch von der Spannung zwischen den Klemmen K_1 und K_2 und dem Widerstande der Erregerwicklung. In den Stromkreis der Erregung ist noch ein Regulierwiderstand r_n eingeschaltet.

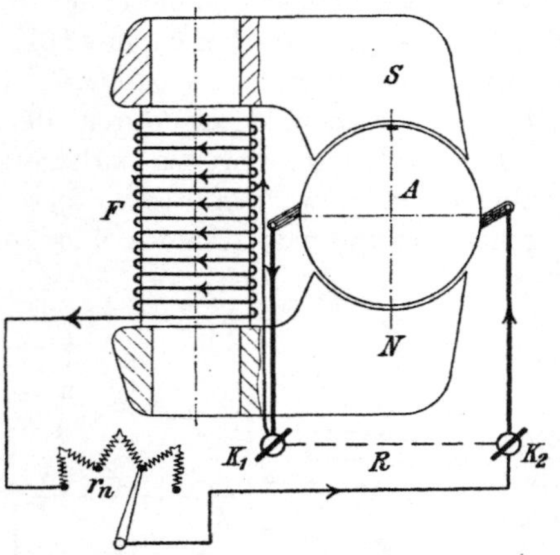

Fig. 101. Maschine mit Nebenschlußerregung.

Bei einer Gleichstrommaschine mit Nebenschlußerregung sinkt die Spannung langsam mit der Belastung, weil der Ohmsche Widerstand des Ankers die Klemmenspannung verkleinert, wodurch der Erregerstrom und mit ihm die Feldstärke und die Klemmenspannung weiter sinken.

30. Doppelschlußerregung.

Die Hauptschluß und Nebenschlußschaltung kann man gleichzeitig bei der gleichen Maschine anwenden. Dadurch erhalten wir die Doppelschlußschaltung (Fig. 102), die zuerst von Marcel Deprez angegeben wurde, um die Spannung einer Maschine bei Belastung konstant zu halten. Auf Grund der kompoundierten Schaltung der Erregerwicklungen nennt man diese Maschinen auch Kompoundmaschinen.

Bei der Nebenschlußmaschine sinkt die Klemmenspannung bei Belastung, während sie bei einer Haupsschlußmaschine steigt, bis das Eisen gesättigt ist. Folglich kann man durch eine Vereinigung beider Schaltungen und entsprechende Wahl der Windungszahl der beiden Erregerwicklungen erreichen, daß die Spannung konstant bleibt, oder daß etwa eine Spannungserhöhung oder -Erniedrigung bei Belastung der Maschine eintritt.

Wie aus Fig. 103 und 104 ersichtlich ist, kann die Nebenschlußerregung auf zwei Arten angeschlossen werden:

1. unmittelbar an die Bürsten (Fig. 103); dann fließt in der Hauptschlußwicklung HE der Arbeitsstrom $J_h = J_a - i_n = J$. Ist die Spannung zwischen den Klemmen $K_1 K_2$ konstant, so steigt die Spannung der Nebenschlußwicklung zwischen Leerlauf und Vollast um $J_h R_h$.

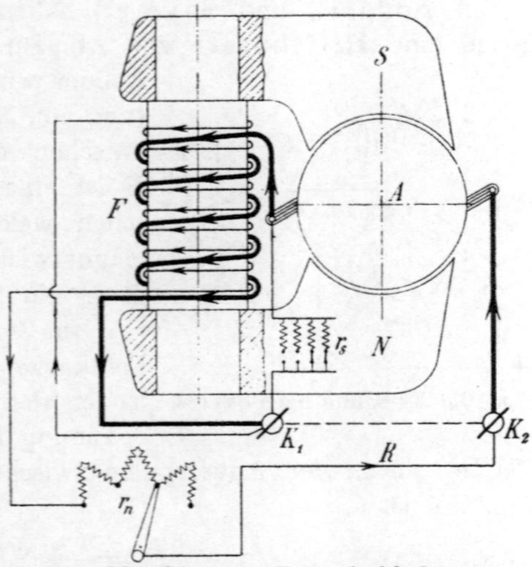

Fig. 102. Maschine mit Doppelschlußerregung.

2. an die Hauptklemmen K_1 und K_2 (Fig. 104). In diesem Falle fließt in der Hauptschlußwicklung HE der ganze Ankerstrom $J_h = J_a = J + i_n$. Dafür ist aber die Spannung an den Enden der Nebenschlußwicklung NE bei Belastung kleiner als in Fig. 103, und bei konstanter Klemmenspannung ist sie ebenfalls konstant.

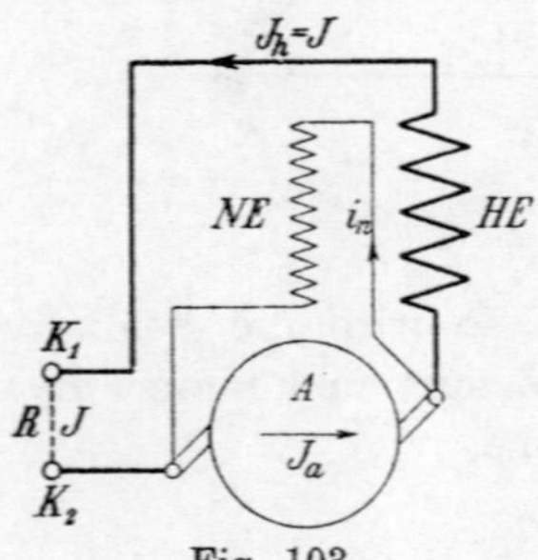

Fig. 103.

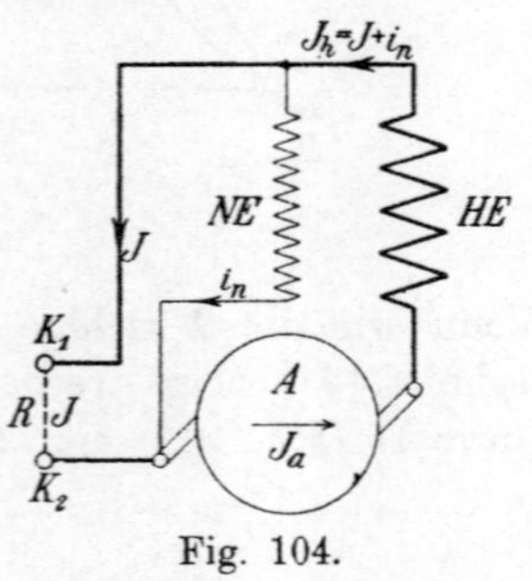

Fig. 104.

In Fig. 102 ist eine Doppelschlußerregung nach dem Schema von Fig. 104 dargestellt. Um die Erregung gut regulieren zu können, ist in den Stromkreis der Nebenschlußwicklung ein Regulierwiderstand r_n eingeschaltet, und zur Hauptschlußwicklung ein Regulierwiderstand r_s parallel gelegt.

Die Berechnung der Erregung und der Regulierwiderstände folgt im zweiten Teil des Buches.

31. Erregung mit Hilfsbürste.

A. Sengel[1]) und Sayers[2]) haben Schaltungen angegeben, bei denen eine Hilfsbürste zur Abnahme der Erregerspannung verwendet wird. Fig. 105 zeigt die Schaltung von Sayers. Ungefähr in der Mitte zwischen den beiden Bürsten B_1 und B_2 ist eine Hilfsbürste B_0 aufgelegt, zwischen welcher und der Bürste B_2 die Magnetwicklung *MW* eingeschaltet ist. *R* ist ein Regulierwiderstand.

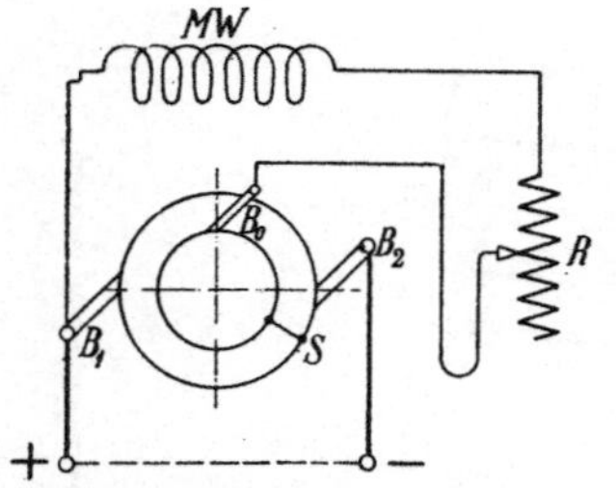

Fig. 105. Erregung nach Sayers.

In Fig. 106 stellt die Kurve I die Feldkurve bei Leerlauf dar; die an den Enden der Magnetwicklung herrschende Spannung E_n ist gleich der Summe der EMKe, die in den Ankerspulen zwischen B_0 und B_2 induziert werden. Es ist

$$E_n = \frac{l\,v}{10^8} \cdot \sum_{B_0}^{B_2} B_x.$$

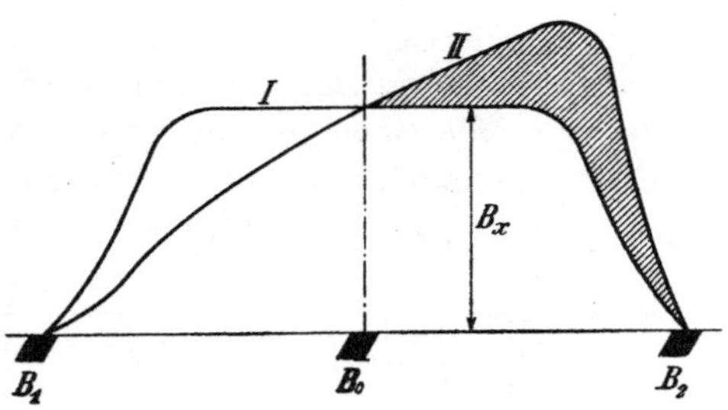

Fig. 106.

Wenn wir die Maschine belasten, so wird die Feldkurve, wie im Abschnitt 47 gezeigt werden soll, verzerrt und nimmt die Gestalt der Kurve II (Fig. 106) an. Die Summe

$$\sum_{B_0}^{B^2} B_x$$

nimmt also zu und mit ihm auch der Erregerstrom. Durch diese Anordnung wird also dasselbe wie bei einer Kompoundierung des Generators erzielt.

---

[1]) ETZ 1898, S. 514.
[2]) Engl. Patent 9364/1896.

Durch das Auflegen der Hilfsbürste wird eine Spule der Ankerwicklung in einem starken Felde kurzgeschlossen; infolgedessen entsteht in derselben ein großer Kurzschlußstrom, der durch die Hilfsbürste geht und Anlaß zur starken Funkenbildung an derselben geben muß. Die Funkenbildung kann dadurch vermindert werden, daß man die Pole an der Stelle, wo die Hilfsbürste aufliegt, mit einem breiten Einschnitte versieht oder eine mehrfach geschlossene Ankerwicklung verwendet.

Da man jedoch die Feldverzerrung möglichst klein halten soll und weil die Hilfsbürste die Betriebssicherheit vermindert, ist dieser Art der Erregung und Kompoundierung keine praktische Bedeutung beizumessen.

Achtes Kapitel.

Polarität und Drehrichtung einer Gleichstrommaschine.

32. Polarität eines selbsterregten Generators. — 33. Drehrichtung der Gleichstrommaschine als Motor. — 34. Klemmenspannung und Ankerstrom eines Generators und eines Motors.

32. Polarität eines selbsterregten Generators.

Die Wirkung der Gleichstrommaschine beruht, wie im sechsten Kapitel gezeigt wurde, auf dem von Siemens zuerst benutzten dynamo-elektrischen Prinzip, nach dem die Selbsterregung von dem remanenten Magnetismus ausgeht. Der beim Anlaufen der Maschine erzeugte schwache Strom muß dabei die Erregerspulen in einem solchen Sinne durchfließen, daß er den remanenten Magnetismus verstärkt. Die Polarität des remanenten Magnetismus bestimmt somit die Polarität eines selbsterregten Generators.

Die nachfolgenden Figuren beziehen sich auf Nebenschlußmaschinen, aber dasselbe gilt auch für Maschinen mit Hauptschluß- und Doppelschluß-Erregung. Besitzt die in Fig. 107 dargestellte Maschine die mit S und N bezeichnete remanente Polarität, so wird bei Rechtsdrehung ein Strom von der angegebenen Richtung im Anker induziert, und bei der gegebenen Schaltung unterstützt der Erregerstrom den remanenten Magnetismus.

Wären die Verbindungen zwischen den Klemmen und den Erregerspulen vertauscht, so würde der Strom in den Erregerspulen dem remanenten Magnetismus entgegenwirken und ihn aufheben, so daß die Maschine zuletzt keinen Strom mehr liefern könnte; das remanente Feld der Maschine würde vollständig vernichtet werden. Ändert man, anstatt die Klemmen zu vertauschen, die Drehrichtung der Maschine oder benutzt man Magnetspulen, die im entgegengesetzten Sinne gewickelt sind, so wird dasselbe eintreten, nämlich eine vollständige Entmagnetisierung der Maschine.

Dieselbe Wirkung hat auch die Änderung des Wicklungssinnes der Ankerwicklung zur Folge. Die Spiralwicklung nennt man rechtsgängig, wenn der Draht sich nach einer rechtsgängigen Schraubenlinie um den Kern des Ringes schlingt (siehe Fig. 107 und 108); im anderen Falle heißt die Wicklung linksgängig. — Denkt man sich vor dem Kommutator eines Trommelankers stehend und verfolgt man von irgendeiner Kommutatorlamelle x ausgehend die Wicklung nach rechts im Sinne des Uhrzeigers, so nennt man die Wicklung rechtsgängig, wenn eine Verschiebung im magnetischen Felde nach rechts stattgefunden hat, und linksgängig, wenn eine Verschiebung nach links stattgefunden hat.

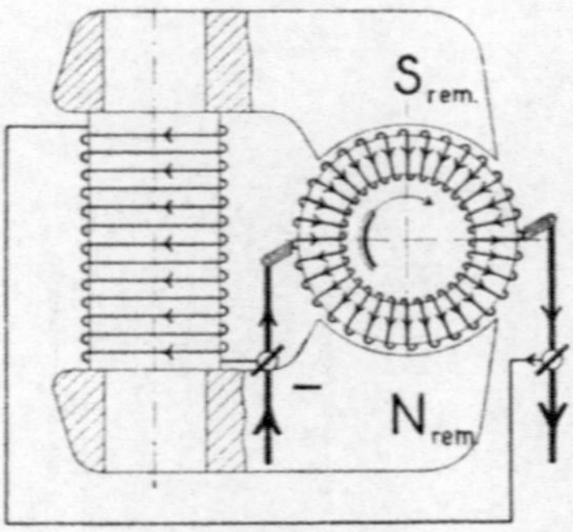

Fig. 108.

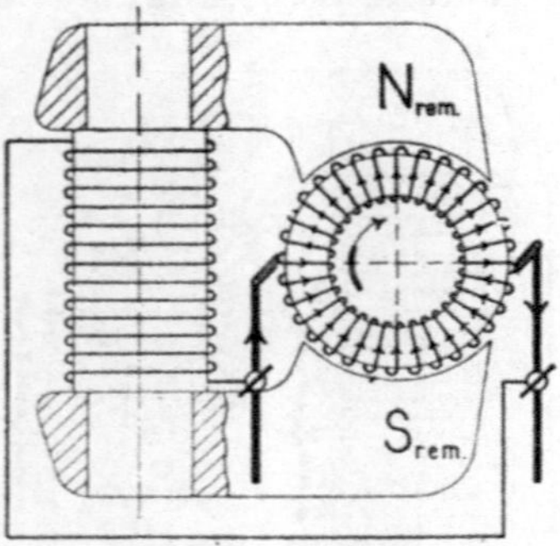

Fig. 109.

Rechtsgängige Wicklung.

Eine Schleifenwicklung ist somit

$$\text{rechtsgängig, wenn } y_1 > y_2$$

$$\text{und linksgängig, wenn } y_1 < y_2.$$

Eine Wellenwicklung ist

$$\text{rechtsgängig, wenn } y_k > \frac{K}{p}$$

$$\text{und linksgängig, wenn } y_k < \frac{K}{p}.$$

Wir sehen somit, daß eine Dynamomaschine nur Strom liefern kann, wenn die Drehrichtung des Ankers, der Wicklungssinn der Magnetspulen, der Wicklungssinn der Ankerwicklung und die Art der Verbindungen zwischen den Klemmen und den Erregerspulen gewisse Beziehungen zueinander besitzen. Ändert man nur einen von den vier Sinnen, z. B. den Wicklungssinn des Ankers, so wird die Maschine sich entmagnetisieren, welche Polarität auch der remanente Magnetismus der

Maschine besitzen mag (Fig. 109). Ändert man zwei von den Sinnen, z. B. den Wicklungssinn des Ankers, und vertauscht die Verbindungen zwischen den Klemmen und den Erregerspulen, so wird die Maschine wieder Strom liefern können (Fig. 110), und zwar ist die Polarität der Maschine nur abhängig von der Polarität des remanenten Magnetismus. Ändert man dagegen drei von den Sinnen, was durch Änderung der Drehrichtung geschehen kann, so entmagnetisiert die Maschine sich wieder. — **Dynamomaschinen, bei denen die Drehrichtung und die Wicklungssinne in richtiger Beziehung zueinander stehen, liefern stets Strom, und die Stromrichtung ist nur abhängig von der Polarität des remanenten Magnetismus der Maschine** (Fig. 107 u. 108).

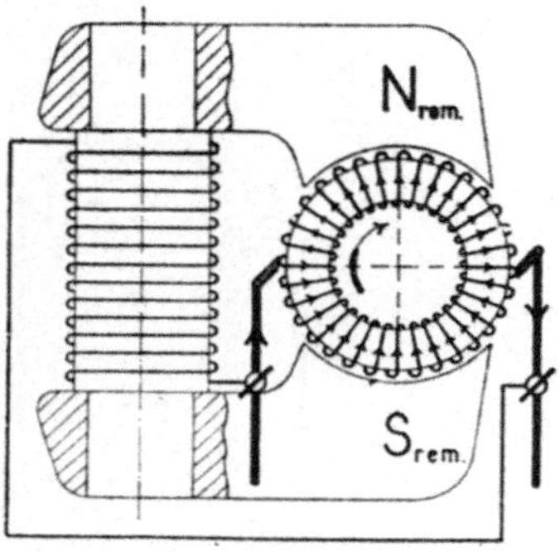

Fig. 109.

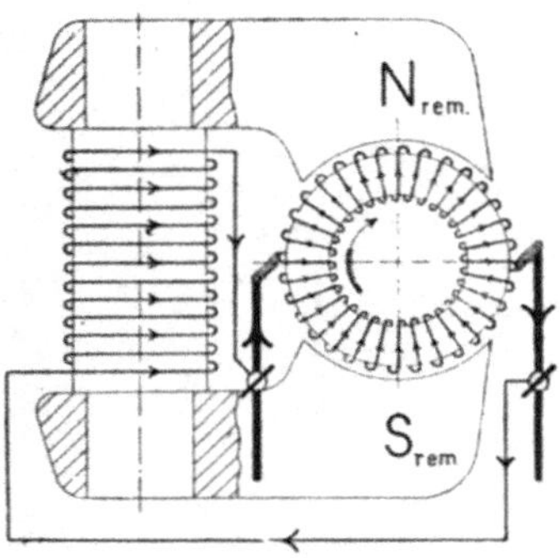

Fig. 110.

Linksgängige Wicklung.

Tritt deswegen durch irgendeine äußere Ursache eine Ummagnetisierung einer Maschine ein, so wird die Maschine die neue Polarität, die sich nach der Ummagnetisierung einstellt, beibehalten, in welcher Richtung man die Maschine auch dreht und wie man dieselbe auch schaltet. Um die Maschine auf die alte Polarität zu bringen, muß sie mittels einer fremden Stromquelle wieder ummagnetisiert werden.

33. Drehrichtung der Gleichstrommaschine als Motor.

Wir können die Drehrichtung leicht bestimmen, wenn wir beachten, daß die induzierte EMK der Stromrichtung entgegengesetzt gerichtet sein muß. Lassen wir zwischen den Klemmen einer Hauptschlußmaschine eine Spannung wirken, die die entgegengesetzte Polarität hat wie die Spannung, die die Maschine als Generator (Fig. 111 a) erzeugt, so werden die Ankerwicklung und die Magnetspulen (Fig. 111 b) von einem Strom in derselben Richtung durchflossen werden, als wenn die Maschine als Generator läuft, und die Maschine wird jetzt in der entgegengesetzten Richtung als Motor laufen. Gleichgewickelte Hauptschlußmaschinen laufen deswegen als Motor und als Generator in entgegengesetzter Richtung.

Betrachten wir dagegen eine Nebenschlußmaschine und führen wir den Klemmen derselben eine Spannung von solcher Polarität zu, wie sie die Maschine als Generator erzeugen würde, so wird die Richtung des Erregerstromes dieselbe bleiben, während der Ankerstrom die entgegengesetzte Richtung erhält (s. Fig. 112). Die Nebenschlußmaschine läuft daher als Motor in derselben Richtung wie als Generator.

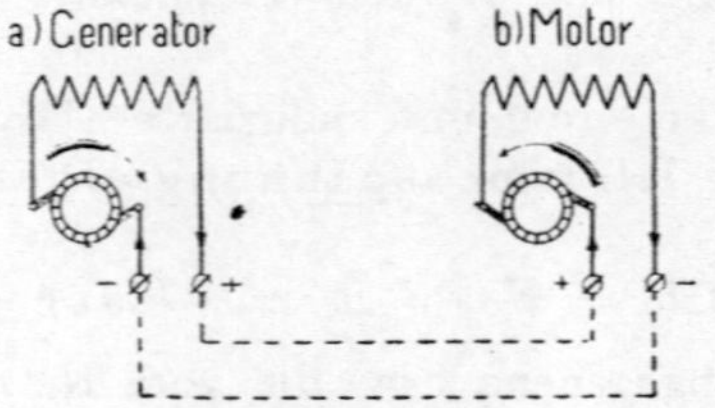

Fig. 111.

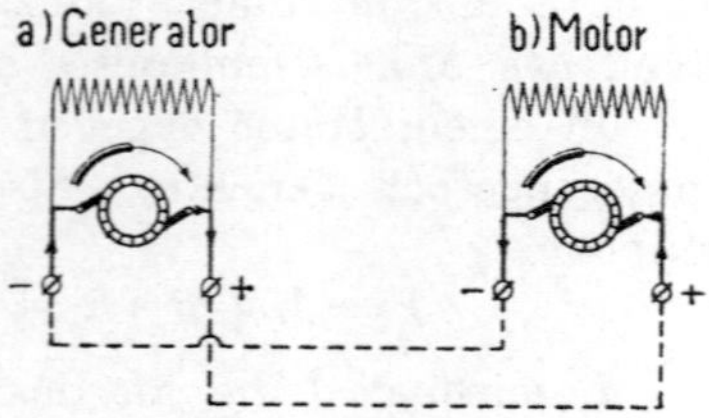

Fig. 112.

Hieraus folgt, daß ein Hauptschlußmotor keinen Strom in ein Leitungsnetz liefern kann, wenn er in derselben Richtung angetrieben wird, wie er als Motor läuft. Ein Nebenschlußmotor dagegen kann bei derselben Drehrichtung als Generator arbeiten. In einem Nebenschlußmotor, als Generator angetrieben, würde also der Ankerstrom seine Richtung umkehren und er würde Strom an das Netz abgeben.

Um die Drehrichtung eines Motors umzukehren, genügt es nicht etwa, die Polarität des zugeführten Stromes an den Klemmen zu vertauschen, weil damit zwei Umkehrungen (Ankerstrom und Erregerstrom) verbunden sind, sondern man muß durch entsprechende Umschaltung entweder nur die Richtung des Ankerstromes oder nur diejenige des Erregerstromes wechseln.

Will man einen Hauptschlußmotor unter Beibehaltung der Drehrichtung zum Generator machen, so muß ebenfalls entweder nur der Ankerstromkreis oder nur die Erregerwicklung umgeschaltet, d. h. die Klemmen derselben vertauscht werden, wovon bei der Bremsstellung der Straßenbahnmotoren Gebrauch gemacht wird.

34. Klemmenspannung und Ankerstrom eines Generators und eines Motors.

In einem Generator sind Strom und induzierte EMK gleichgerichtet, es ist daher die Klemmenspannung stets kleiner als die in der Ankerwicklung induzierte EMK, und zwar um den Spannungsabfall $J_a R_a$ in dieser Wicklung, $2\Delta P$ im Übergangswiderstand vom Kommutator zu den Bürsten und $J_a R_h$ in der Hauptschlußwicklung, wenn eine solche vorhanden und $J_h = J_a$ ist. Also ist die Klemmenspannung eines Generators

$$P = E - J_a(R_a + R_h) - 2\Delta P = E - J_a R_g \quad . \quad . \quad (29\,a)$$

worin E die im Anker induzierte EMK und R_g den Gesamtwiderstand des Ankerstromkreises bedeuten.

In einem Motor dagegen sind Ankerstrom und induzierte EMK entgegengesetzt gerichtet. Also ist die Klemmenspannung eines Motors

$$P = E + J_a(R_a + R_h) + 2\Delta P = E + J_a R_g \quad . \quad . \quad (29\,b)$$

Bezeichnet J die an das Netz abgegebene bzw. die vom Netz aufgenommene Stromstärke, i_n die Stromstärke im Nebenschluß, so ist der gesamte Ankerstrom J_a (siehe Fig. 112)

$$\text{bei einem Generator} \quad J_a = J + i_n \quad . \quad . \quad . \quad . \quad (30\,a)$$

$$\text{bei einem Motor} \quad J_a = J - i_n \quad . \quad . \quad . \quad . \quad (30\,b)$$

Der Ankerzweigstrom i_a ist

$$i_a = \frac{J_a}{2a} \quad . \quad . \quad . \quad . \quad . \quad . \quad . \quad . \quad . \quad . \quad (31)$$

Neuntes Kapitel.

Magnetfeld und Feldamperewindungen bei Leerlauf.

35. Magnetische Kreise einer Dynamomaschine und die Magnetisierungskurve derselben.

Jedes Polpaar des Magnetsystems einer elektrischen Maschine bildet mit dem Ankereisen und dem zwischenliegenden Luftspalt einen in sich geschlossenen magnetischen Kreis, dessen Kraftfluß Φ_a durch die magnetomotorische Kraft (MMK) der Amperewindungen der Erregerwicklung erzeugt wird.

Tragen wir die Amperewindungen als Abszissen und die zugehörigen Werte des Kraftflusses als Ordinaten auf, so erhalten wir die Magnetisierungskurve der Maschine. Ist die Umdrehungszahl der Maschine konstant, so entspricht jedem Kraftflusse Φ_a eine bestimmte im Anker induzierte EMK E. Befinden sich ferner die Bürsten in der neutralen Zone und ist die Spulenweite gleich der Polteilung, so wird der Kraftfluß Φ, der die von einer Bürste kurzgeschlossene Spule durchdringt, gleich Φ_a und daher die EMK E proportional Φ_a; man kann also statt Φ_a auch die EMK E als Ordinate auftragen.

Obgleich der Kraftfluß eines magnetischen Kreises in Wirklichkeit nicht völlig gleichmäßig über die von ihm durchsetzten Querschnitte verteilt ist, dürfen wir dies doch annehmen, um in einfachster Weise die mittlere Weglänge der Kraftlinien durch die

Verbindung der Schwerpunkte der von ihnen durchsetzten Querschnitte bestimmen zu können.

Der durch diese Vereinfachung entstehende Fehler ist so gering, daß er gegenüber dem Einfluß der Ungenauigkeit anderer Abmessungen, insbesondere der Größe des Luftspaltes vernachlässigt werden kann.

Um die magnetische Masse $+1$ den mittleren Kraftlinienweg C entlang zu führen, ist eine Kraft $\sum_C H_x L_x$ aufzuwenden, wo H_x die mittlere Feldstärke über die Teilstrecke L_x bedeutet. Diese Kraft, die durch das sogenannte Linienintegral der Feldstärke H über den befolgten Weg C gemessen wird, ist bekanntlich proportional den mit dieser Wegkurve verketteten Amperewindungen iw. Es gilt für diese Beziehung das Gesetz

$$\sum_C H_x L_x = \int_C H\,dl = 0{,}4\,\pi\,iw \quad \ldots\ldots \quad (32)$$

woraus wir die bei stromlosem Anker (d. h. bei Leerlauf) erforderlichen Amperewindungen eines magnetischen Kreises zu

$$AW_{k0} = iw = 0{,}8 \sum_C H_x L_x \quad \ldots\ldots \quad (33)$$

erhalten, oder wenn wir mit aw_x die Amperewindungen für einen cm Weglänge des Kraftflusses bezeichnen,

also
$$aw_x = 0{,}8\,H_x$$

setzen, so werden die erforderlichen Amperewindungen

$$AW_{k0} = \sum aw_x L_x \quad \ldots\ldots\ldots \quad (34)$$

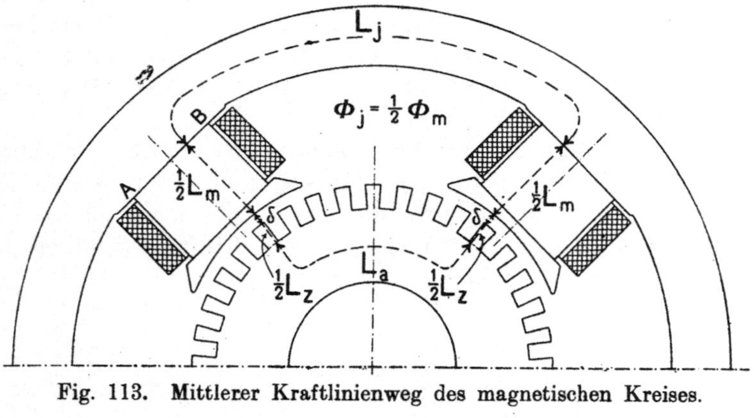

Fig. 113. Mittlerer Kraftlinienweg des magnetischen Kreises.

Wie wir aus Fig. 113 ersehen, kann das Feld jeder Maschine in magnetische Kreise und jeder magnetische Kreis in Teilstrecken zerlegt werden, in denen die Feldstärke H_x nahezu konstant ist.

Für diese Teilstrecken können der Kraftfluß Φ_x und der Querschnitt Q_x als konstant angesehen werden.

Die Induktion in den Querschnitten einer Teilstrecke L_x ist

$$B_x = \frac{\Phi_x}{Q_x}$$

und dieser entspricht eine gewisse Amperewindungszahl aw_x per cm.

Für die ganze Weglänge einer Teilstrecke mit der Länge L_x sind demnach

$$AW_x = aw_x L_x$$

Amperewindungen erforderlich.

Um die gesamten Amperewindungen AW_k eines magnetischen Kreises zu erhalten, sind die für die Teilstrecken erforderlichen Amperewindungen AW_x zu summieren. Unter Benutzung der in Fig. 113 eingetragenen Bezeichnungen der Teilstrecken erhalten wir daher die gesamten Amperewindungen eines Polpaares bei Leerlauf zu

$$AW_{k0} = aw_l \cdot 2\delta + aw_z L_z + aw_a L_a + aw_m L_m + aw_j L_j \quad (34\,a)$$

Die für einen cm Weglänge des Kraftflusses in Eisen erforderlichen Amperewindungen können nur durch Versuch ermittelt werden, da die Permeabilität der Eisensorten verschieden ist und sich mit der Induktion ändert, ohne daß die Größe dieser Änderungen etwa aus der physikalischen Beschaffenheit oder der chemischen Zusammensetzung des Eisens genau vorausbestimmt werden kann.

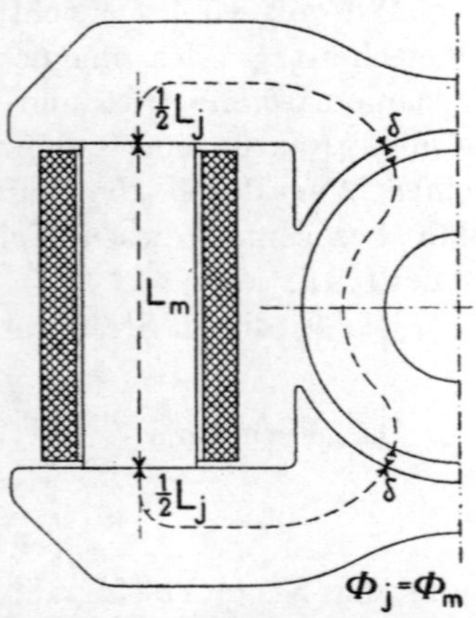

Fig. 114. Mittlerer Kraftlinienweg des magnetischen Kreises.

Trägt man die durch Versuch[1]) ermittelten Amperewindungen aw als Abszissen und abhängig von diesen die aus dem Kraftfluß Φ ermittelte Induktion B als Ordinaten auf, so erhält man die Magnetisierungskurve der untersuchten Eisenprobe.

Derartige Magnetisierungskurven, die sich auf Versuche von Gumlich, der M. F. Oerlikon und der Bismarckhütte beziehen, sind in Fig. 115 wiedergegeben.

Um für kleinere Werte B die Werte aw genauer ablesen zu können, sind für jedes Material drei Kurven eingezeichnet, deren

[1]) Siehe Wechselstromtechnik, Bd. I, Kap. 18.

Abszissen sich wie 1:10:100 verhalten. Den 10- und 100fachen Abszissenwerten, die am unteren Rande stehen, entsprechen die oberen Kurven.

Die Genauigkeit der Berechnung von AW_{k0} hängt wesentlich von der Richtigkeit der für die Berechnung verwendeten Magnetisierungskurven ab.

Erfahrungsgemäß können die magnetischen Eigenschaften derselben Eisensorte, z. B. von weichem Stahlguß oder Gußeisen, erheblich voneinander abweichen, und sogar Stücke, die derselben Lieferung angehören, also denselben Fabrikationsgang durchgemacht haben, zeigen oft erhebliche Unterschiede.

Um ein genaues Resultat mit Sicherheit zu erreichen, wäre es daher erforderlich, das zu verwendende Material vor der Berechnung zu prüfen. Das ist aber schon aus dem einfachen Grunde nicht ausführbar, weil die Berechnung der Maschine erfolgen muß, bevor es möglich ist, das Material, etwa mit Ausnahme des Ankerbleches, zu prüfen.

Der Konstrukteur muß daher bei der Vorausberechnung für die Eisensorten diejenige Permeabilität voraussetzen, die er erfahrungsgemäß erwarten darf. Im allgemeinen wird damit eine befriedigende Genauigkeit erreicht.

Wie aus Gl. 34 ersichtlich ist, muß der Kraftfluß Φ_x für jeden Querschnitt Q_x des magnetischen Kreises bekannt sein. In einer Dynamomaschine tritt nun nicht der ganze Kraftfluß des Feldsystems in die Armatur ein, sondern ein erheblicher Teil desselben nimmt seinen Weg durch die Luft direkt von einem Pol zum anderen. Man bezeichnet diesen Teil des Kraftflusses als **magnetischen Streufluß.**

Ist Φ_s dieser Streufluß, so wird der totale Kraftfluß pro Pol

$$\Phi_m = \Phi_a + \Phi_s.$$

Das Verhältnis

$$\frac{\Phi_m}{\Phi_a} = 1 + \frac{\Phi_s}{\Phi_a} = \sigma \quad . \; . \; . \; . \; . \; . \; . \; . \; . \; (35)$$

heißt der **Streukoeffizient.** Es ist immer $\sigma > 1$.

Der Streukoeffizient σ ist nicht nur abhängig von der Form und der Entfernung der streuenden Polflächen, sondern auch von der magnetischen Spannung derselben. Diese letztere muß dann zuerst bestimmt werden, sie ist gleich den Amperewindungen für die Luftzwischenräume und das Armatureisen.

In den Fig. 113 und 114 sind zwei verschiedene Magnetsysteme dargestellt. In Fig. 113 wird der Kraftfluß eines Kreises von zwei magnetisierenden Spulen und in Fig. 114 nur von einer Spule um-

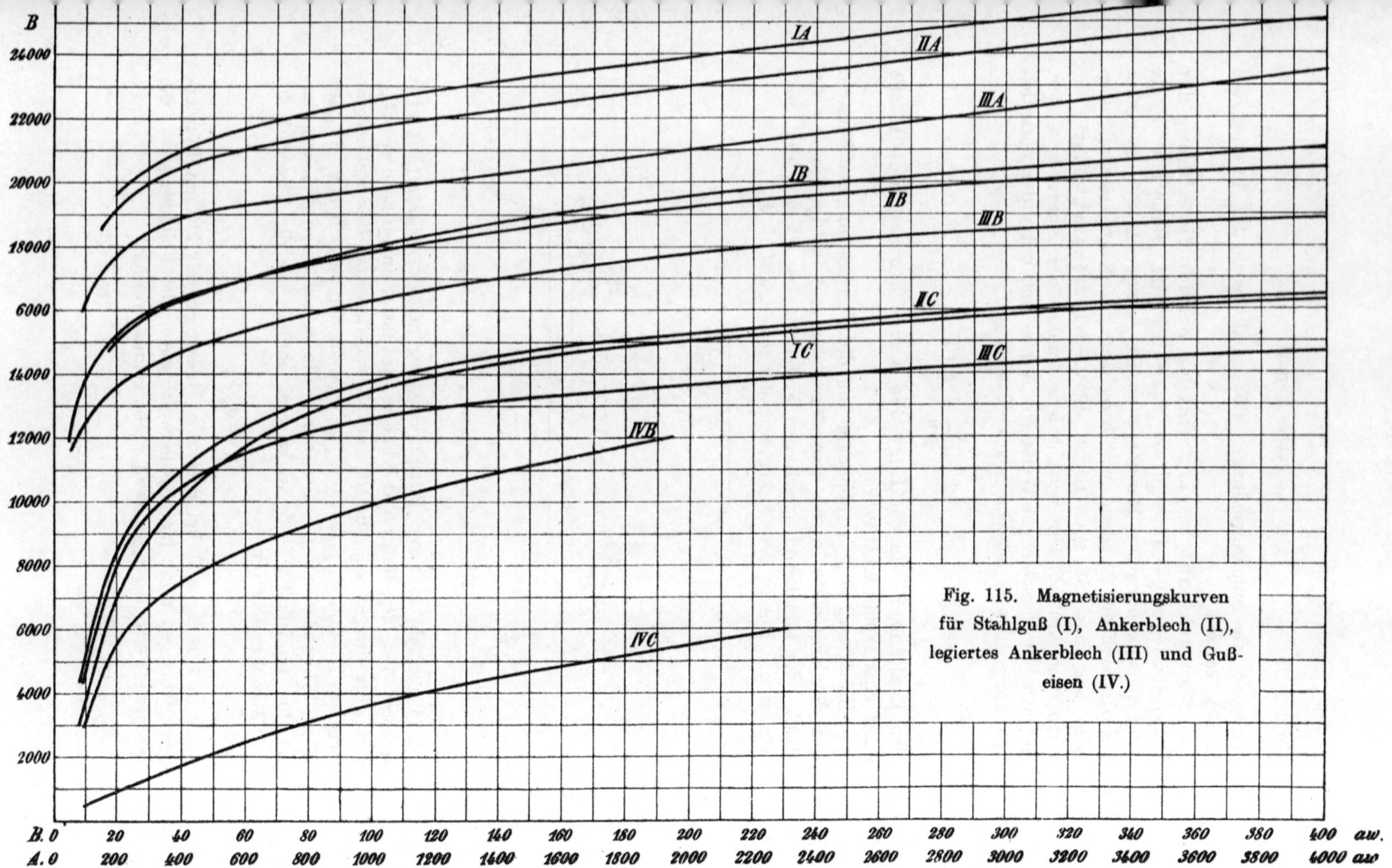

Fig. 115. Magnetisierungskurven für Stahlguß (I), Ankerblech (II), legiertes Ankerblech (III) und Gußeisen (IV.)

schlossen, die Amperewindungen AW_{k0} sind also in Fig. 113 auf zwei Spulen verteilt.

Man geht nun folgendermaßen bei der Berechnung der Magnetisierungskurve einer Maschine vor. Bezeichnet P die Klemmenspannung der Maschine, so ist P zugleich die im Anker induzierte EMK E, denn wir berechnen die Magnetisierungskurve oder wie man sie auch nennt, die Leerlaufcharakteristik bei stromlosem Anker. Um verschiedene Punkte der Kurve zu finden, nehmen wir verschiedene Werte von E über und unter der normalen Spannung an und berechnen aus Gleichung (7)

$$\Phi = \frac{60}{pn}\frac{a}{N} E\, 10^8$$

den Kraftfluß, der in der Lage des Kurzschlusses in die Fläche einer Ankerspule eintritt.

Der Kraftfluß Φ ist abhängig von der Verschiebung der Bürsten. Befinden sich diese in der neutralen Zone und ist die Spulenweite gleich oder annähernd gleich der Polteilung, so ist Φ gleich dem totalen pro Pol in den Anker eintretenden Kraftfluß Φ_a.

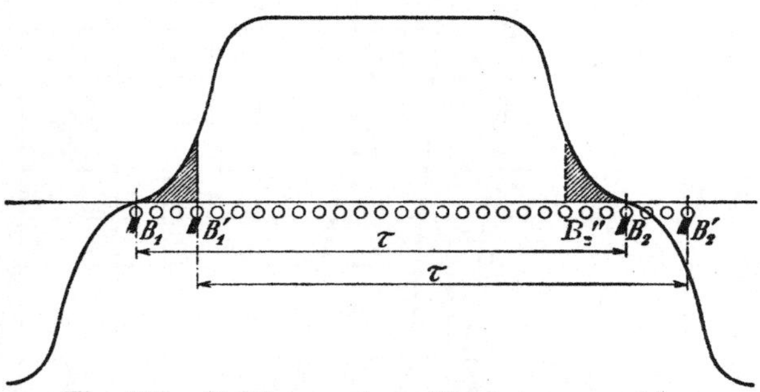

Fig. 116. Feldkurve einer Gleichstrommaschine.

Verschiebt man die Bürsten aus der neutralen Zone (Fig. 116), so wird $\Phi < \Phi_a$; und da Φ erhalten wird durch Integration zwischen den Bürstenlagen B_1' und B_2' oder, was dasselbe Resultat ergibt, zwischen B_1' und B_2'', so ist Φ_a um die kleinen schraffierten Flächen (Fig. 115) größer als Φ. Der durch die schraffierten Flächen dargestellte Kraftfluß $\Phi - \Phi_a$ wirkt ganz ähnlich wie der Streufluß Φ_s.

Man kann setzen

$$\Phi_a = \sigma_a \Phi,$$

wo $\sigma_a = 1{,}01$ bis $1{,}03$ bei normalen Maschinen mit kleinen Bürstenverschiebungen und einer Spulenweite gleich der Polteilung ist. Bei größeren Verschiebungen muß σ_a berechnet werden.

Nun haben wir vorhin

$$\Phi_m = \sigma \Phi_a = \sigma \Phi$$

gesetzt für den Fall, daß die Bürsten in der neutralen Zone stehen. Sind sie verschoben, so wird

$$\Phi_m = \sigma \Phi_a = \sigma \sigma_a \Phi \quad . \quad . \quad . \quad . \quad . \quad . \quad (36)$$

Der Kraftfluß Φ_a bzw. Φ_m bedingt eine gewisse Induktion in den verschiedenen Querschnitten des magnetischen Kreises, und von dieser Induktion ausgehend kann AW_{k0} berechnet werden. Man kann aber nicht umgekehrt von AW_{k0} ausgehen und Φ_a berechnen, weil AW_{k0} ein Linienintegral ist und nicht von vornherein in die einzelnen Beträge zerlegt werden kann, die auf die einzelnen Teile des magnetischen Kreises fallen. Wir bezeichnen für einen vollständigen magnetischen Kreis:

die Kraftlinienlänge	den Querschnitt	die Amperewindungszahl	
mit $2\,\delta$	Q_l	AW_l	für den Luftspalt
„ $L_z = 2\,l_z$	Q_z	AW_z	„ die Zähne
„ L_a	Q_a	AW_a	„ den Ankerkern
„ $L_m = 2\,l_m$	Q_m	AW_m	„ den Magnetkern
„ L_j	Q_j	AW_j	„ das Joch.

Die einzelnen Werte AW lassen sich nun wie folgt berechnen.

36. Berechnung der Amperewindungen (AW_l) für den Luftspalt.

Beim Übergang vom Polschuh in den Anker breitet sich der Kraftfluß Φ_a über die ganze Ankeroberfläche einer Polteilung aus. Dabei stellt sich die Verteilung des Feldes über den Luftspalt so ein, daß der gesamte magnetische Widerstand des Luftspaltes den geringsten Wert annimmt.

Wir denken uns das Kraftlinienbild für den Luftspalt etwa nach Fig. 117a aufgezeichnet und den von dem Kraftfluß durchsetzten Luftraum zwischen Pol und Anker in Kraftröhren zerlegt, deren Tiefe in Richtung der Ankerachse gleich einem Zentimeter sei.

Bezeichnen wir mit b_x die mittlere Weite und mit δ_x die mittlere Länge einer solchen Kraftröhre, so ist deren Leitfähigkeit proportional $\frac{b_x \mu_x}{\delta_x} = \frac{b_x}{\delta_x}$ und die Feldstärke B_x eines Flächenteilchens der Ankeroberfläche mit der Breite a_x und der Länge 1 cm ist proportional $\frac{b_x}{\delta_x a_x}$.

Bezeichnen wir die maximale Luftinduktion an der engsten

Stelle des Luftspaltes, dessen Größe δ sei, mit B_l, so wird diese proportional $\frac{1}{\delta}$, weil in der Polmitte $a_x = b_x$ ist. Da auf beide der betrachteten Kraftröhren dieselbe magnetomotorische Kraft wirkt, so verhalten sich die Feldstärken wie die auf 1 cm² der Ankeroberfläche berechneten Leitfähigkeiten der beiden Röhren. Es ist somit

$$B_x : B_l = \frac{b_x}{\delta_x a_x} : \frac{1}{\delta},$$

woraus folgt

$$B_x = \frac{\delta b_x}{\delta_x a_x} B_l \quad . \quad . \quad . \quad . \quad . \quad . \quad . \quad . \quad (37)$$

Tragen wir diese Werte der Feldstärke B_x als Funktion des Ankerumfanges auf, so erhalten wir die Feldkurve der Maschine. (Fig. 117b). Die von der Feldkurve umschlossene Fläche stellt den Kraftfluß für 1 cm Ankerlänge dar.

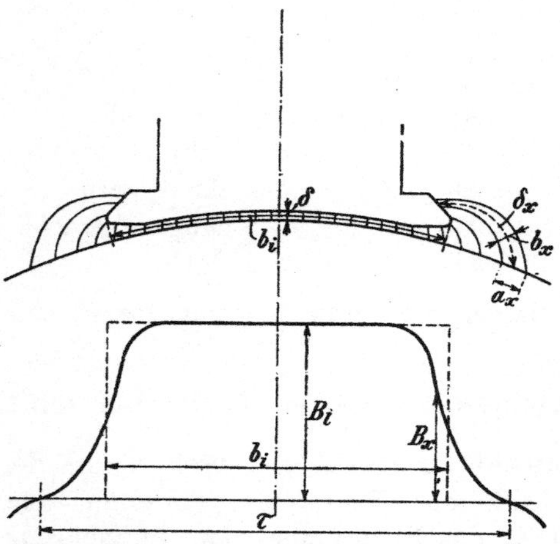

Fig. 117a und b. Polschuh und Feldkurve einer normalen Gleichstrommaschine.

Zur Ermittelung der mittleren Luftinduktion verwandeln wir diese Fläche in ein inhaltsgleiches Rechteck mit der Höhe B_l, dessen so gefundene Basis b_i wir den ideellen Polbogen nennen. Es ist daher $b_i B_l$ der Kraftfluß für 1 cm Ankerlänge.

Die Gestalt der Feldkurve wird durch die Form des Polschuhes bedingt. Ihre Ausbildung erfolgt mit Rücksicht auf eine gute Kommutierung, für die eine breite neutrale Zone, in der B_x möglichst klein sein soll, erwünscht ist. Außerdem muß man bei der Formgebung der Polspitzen dafür sorgen, daß die Feldstärke allmählich abfällt um einen möglichst geräuschlosen Gang der Maschine zu erreichen.

Das Verhältnis des ideellen Polbogens b_i zur Polteilung τ bezeichnet man als ideellen Füllfaktor α_i, so daß

$$\alpha_i = \frac{b_i}{\tau} \quad . \quad . \quad . \quad . \quad . \quad . \quad . \quad . \quad . \quad . \quad (38)$$

ist.

Die Größe α_i schwankt gewöhnlich zwischen etwa 0,65 bis 0,75.

Sind Hilfspole zur Verbesserung der Kommutierung vorhanden, oder ist die Polteilung an sich klein, so nähert man sich bei der Wahl dem kleineren Wert, um die Streuung zwischen den Polschuhen nicht zu groß werden zu lassen. Da andererseits für den eigentlichen Nutzkraftfluß ein möglichst großer Polbogen erwünscht ist, um B_l klein zu erhalten, so muß man die Vor- und Nachteile bei der Festlegung des Polbogens gegeneinander abwägen.

Um die für die Berechnung der Luftinduktion maßgebende Länge des Ankers zu finden, legen wir einen Längsschnitt durch Polmitte und Anker. In gleicher Weise, wie vorstehend gezeigt, können wir für diesen ein Kraftlinienbild aufzeichnen (Fig. 118a) und die aus diesem ermittelte Induktion B_x als Funktion der Ankerlänge aufzeichnen (Fig. 118b). Die von dieser Kurve umschlossene Fläche können wir dann gleichfalls in ein inhaltsgleiches Rechteck von der Höhe B_l verwandeln, wodurch wir als Länge des Luftraumes dessen Basis l_i erhalten.

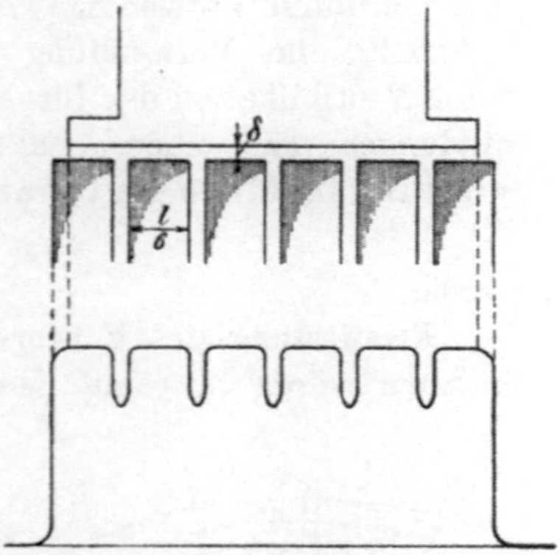

Fig. 118a und b.

Ist die Maschine in Betrieb, so erzeugen die in die Stirnflächen und durch die Lüftungsschlitze in den Anker eintretenden Kraftlinien in den Deckblechen und den Preßplatten Wirbelströme, durch deren Rückwirkung diese Flüsse so stark verkleinert werden, daß sie, praktisch genommen, vernachlässigt werden können.

Aus diesem Grunde kann für praktische Zwecke l_i gleich der Summe der Breite von den Blechpaketen des Ankers gesetzt werden, die wir mit l bezeichnen wollen.

Somit ist der gesamte Ankerkraftfluß für eine Polteilung gleich

$$\Phi_a = b_i l B_l, \quad \ldots \ldots \ldots \quad (39)$$

woraus sich die maximale Luftinduktion eines glatten Ankers

$$B_l = \frac{\Phi_a}{b_i l} \quad \ldots \ldots \ldots \quad (39\,a)$$

ergibt.

Da die Leitfähigkeit μ für Luft gleich eins ist, so ist im Luftspalt die Induktion gleich der Feldstärke, d. h.

$$B_l = H_l,$$

so daß für 1 cm Luftstrecke

$$aw_l = 0{,}8\, B_l$$

Amperewindungen, und für die gesamte Luftstrecke eines magnetischen Kreises einer Maschine mit glattem Anker

$$AW_l = 0{,}8\, B_l\, 2\, \delta = 1{,}6\, B_l\, \delta \quad \ldots \ldots \ldots (40)$$

Amperewindungen erforderlich sind.

Durch die Nutung des Ankers wird die magnetische Leitfähigkeit des Luftspaltes infolge der geringeren Leitfähigkeit des Nutenraumes verkleinert und die Induktion an den Zahnköpfen vergrößert. Die hierdurch notwendige Vermehrung der Amperewindungen des Luftspaltes bei Verwendung eines Nutenankers berücksichtigen wir durch Multiplikation der für einen glatten Anker errechneten Amperewindungen mit einem Faktor k_1, wodurch die Luftamperewindungen eines Nutenankers gleich

$$AW_l = 1{,}6\, k_1\, \delta\, B_l \quad \ldots \ldots \ldots (40\,\mathrm{a})$$

werden.

Ermittelung des Faktors k_1. Die Leitfähigkeit eines glatten Ankers würde für eine Nutteilung t_1 bei 1 cm Ankerlänge gleich

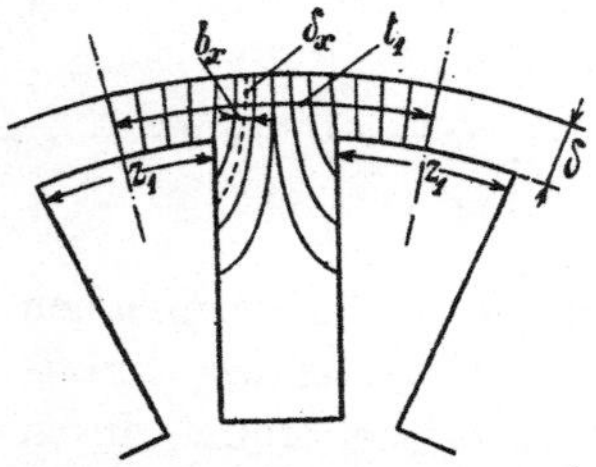

Fig. 119. Feld im Nutenraume.

$$\frac{t_1}{0{,}8\,\delta}$$

sein.

Um diejenige des Nutenankers zu finden, kann man für die gegebenen Nutenabmessungen das Kraftröhrenbild, etwa nach Fig. 119, aufzeichnen. Ist δ_x die mittlere Länge und b_x die mittlere Weite einer solchen Röhre, so ist die Leitfähigkeit eines Nutenankers für eine Nutenteilung bei 1 cm Ankerlänge gleich

$$\sum \frac{b_x}{0{,}8\,\delta_x},$$

wenn die Summierung über eine ganze Nutenteilung vorgenommen wird.

Auf diese Weise kann das Verhältnis

$$k_1 = \frac{t_1}{\delta \cdot \Sigma \dfrac{b_x}{\delta_x}}$$

aus den Kraftröhrenbildern leicht bestimmt werden.

Um jedoch nicht immer die Kraftröhrenbilder aufzeichnen zu müssen, so kann man auf Grund der folgenden Überlegungen den Faktor k_1 auch mittels einer empirischen Formel berechnen.

Man denkt sich die Leitfähigkeit des Luftspaltes in zwei Teile zerlegt, nämlich in einen Teil dem Zahnkopf gegenüber, der proportional z_1 ist und in einen zweiten Teil der Nutenöffnung gegenüber, der von der Nutenweite $t_1 - z_1$ abhängig ist. Ferner ist es leicht einzusehen, daß dieser letzte Teil um so größer ist, je größer der Luftspalt ist; denn je größer dieser ist, um so weniger Einfluß üben die Nuten auf die Leitfähigkeit des Luftspaltes aus. Es kann somit die Leitfähigkeit des Luftspaltes gegenüber der Nutenöffnung durch eine Funktion von dem Luftspalt δ und der Nutenweite $t_1 - z_1$ ausgedrückt werden. Wir werden diese Funktion gleich δX setzen, worin der Faktor X eine Funktion des Verhältnisses $\frac{t_1 - z_1}{\delta} = \nu$ ist. — Durch Aufzeichnung und Berechnung der Kraftröhren einer Reihe häufig vorkommender Nutenverhältnisse ergab sich die in Fig. 120

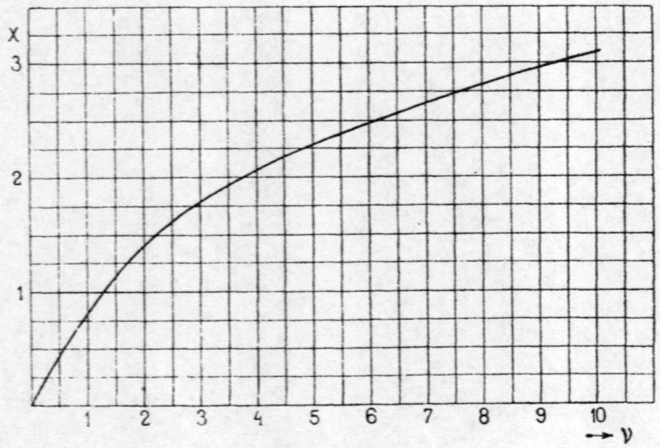

Fig. 120.

dargestellte Kurve für X als Funktion von ν. Die Leitfähigkeit des Luftspaltes beim Nutenanker ist somit für eine Nutenteilung proportional

$$z_1 + \delta X,$$

während sie für einen glatten Anker proportional t_1 sein würde. Der Widerstand des Luftspaltes hat sich somit um

$$k_1 = \frac{t_1}{z_1 + \delta X} \quad \ldots \ldots \ldots \quad (41)$$

durch die Nuten erhöht, zu dessen Bestimmung der Wert X aus der Kurve Fig. 120 als Funktion von $\frac{t_1 - z_1}{\delta}$ entnommen werden kann.

Bei der Bestimmung der Werte von X wurde auf den Einfluß der Sättigung der Zähne keine Rücksicht genommen. Bei sehr hohen Zahnsättigungen wird der Kraftfluß des Nutenraumes etwas größer und k_1 daher etwas kleiner.

Für $t_1 - z_1 \geqq 2\delta$ hat J. Rezelman gefunden, daß die folgende Formel

$$k_1 = \frac{t_1}{z_1 + \sqrt{\delta(t_1 - z_1)}} \quad \ldots \ldots \quad (41\,a)$$

brauchbare Werte gibt.

Ein mechanisches Verfahren zur Bestimmung von Kraftlinienbildern wurde von Hele-Shaw, Hay und Powell[1]) angegeben.

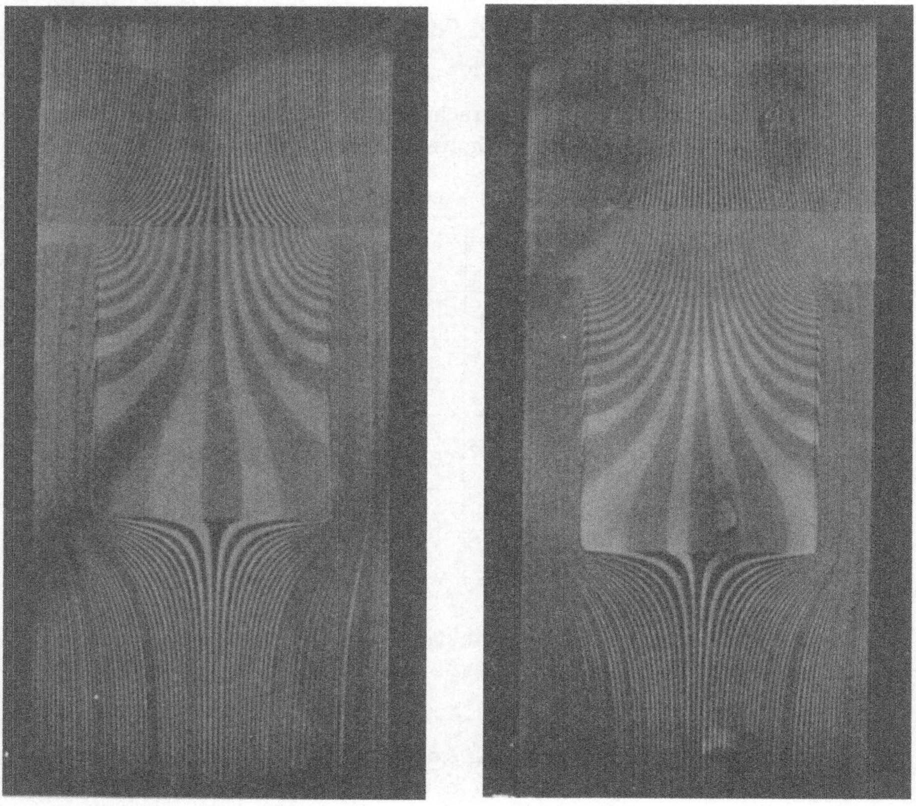

Fig. 121a. Fig. 121b.

Experimentell aufgenommene Nutenfelder.

Das Verfahren besteht darin, daß man eine Flüssigkeit zwischen zwei parallelen, nahe zusammenliegenden Flächen strömen läßt und die Strömungslinien dieser Flüssigkeit markiert. Es läßt sich dann

[1]) „The Electrician" 1904, S. 213 und ETZ 1905, S. 350. Vgl. „Wechselstromtechnik" Bd. I, S. 418.

zeigen, daß der Stromlinienverlauf der Flüssigkeit mit dem Kraftlinienverlaufe des magnetischen Feldes übereinstimmt. Weiter läßt sich beweisen, daß die Flüssigkeitsmenge, die einen senkrecht zur Strömungsrichtung stehenden Querschnitt durchströmt, proportional der dritten Potenz der Dicke der Flüssigkeitsschicht ist, sofern der Druck der Flüssigkeit konstant gehalten wird. Wir haben somit, indem wir den Abstand der parallelen Flächen an verschiedenen Stellen ungleich groß machen, ein Mittel, die im magnetischen Felde vorhandenen Teile verschiedener Permeabilität nachzuahmen.

Als Flüssigkeit wurde bei den Versuchen Glyzerin verwendet. Die Strömungslinien wurden sichtbar gemacht, indem man gefärbtes Glyzerin an verschiedenen Stellen einspritzte, das alsdann dünne farbige Bänder bildete. Die verschiedenen Abstände der parallelen Flächen wurden dadurch erhalten, daß man eine der Platten mit Paraffin und Wachs bestrich und für die Teile höherer Permeabilität diese Wachsschicht vorsichtig entfernte.

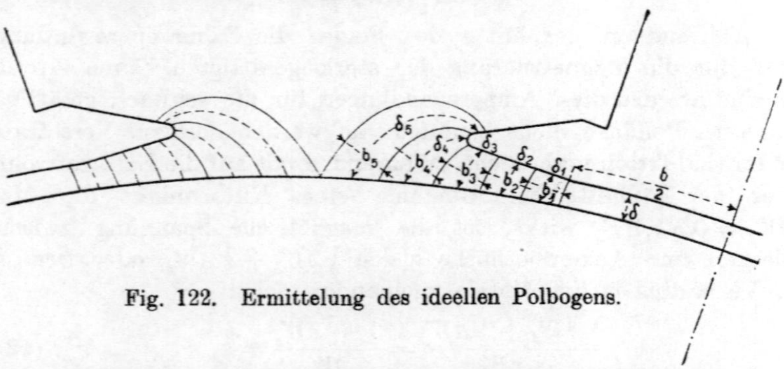

Fig. 122. Ermittelung des ideellen Polbogens.

Die Fig. 121a und 121b zeigen die Strömungsbilder zur Bestimmung des Kraftlinienverlaufes einer Nut, und zwar in Fig. 121a für einen kleinen Luftspalt und in Fig. 121b für einen größeren. Aus diesen Bildern läßt sich der Koeffizient k_1 berechnen. Die Wachsschicht tritt in den Figuren als eine hellere Farbe hervor.

Es wurde eine Reihe von Versuchen durchgeführt für verschiedene Verhältnisse von Nutenweite zur Zahnbreite und von Nutenweite zum Luftspalt. Die nach diesem Strömungslinienverfahren erhaltenen Werte stimmen sehr gut mit den Werten überein, die sich aus der empirischen Formel 41 ergeben.

Ermittelung des ideellen Polbogens b_i. Die Größe des ideellen Polbogens für eine angenommene Polschuhform kann aus dem Kraftröhrenbild für den Luftspalt ermittelt werden, das man, wie in Fig. 122 gezeigt ist, entwirft. Bei dem Entwurf des Kraftröhrenbildes nimmt man die Spreizung der Kraftlinien nach Gutdünken an, wobei man darauf zu achten hat, daß die Luftkraftlinien nahezu senkrecht auf den Eisentrennflächen stehen.

Will man sicher sein, daß das Bild dem tatsächlichen Verlauf der Kraftröhren mit großer Annäherung entspricht, so entwirft man dasselbe mehrmals in verschiedener Weise und ermittelt für jedes den ideellen Polbogen, wobei man erkennen wird, daß der Einfluß der Gestalt der Röhren auf den ermittelten Wert von b_i sehr gering st. Den größten für b_i gefundenen Wert sieht man als richtig an.

Da der Bogen b_i einer gleichmäßig verteilten Luftinduktion B_l entspricht, nehmen wir zum Entwurf des Kraftröhrenbildes eine glatte Ankeroberfläche an. Die Leitfähigkeit einer Kraftröhre mit der mittleren Weite b_x, der Länge δ_x und der Ankerlänge l ist dann

$$\lambda_x = \frac{b_x l}{0{,}8\,\delta_x}.$$

Die magnetomotorische Kraft zwischen Polfläche und Zahnfuß ist

$$MMK = \tfrac{1}{2}(AW_l + AW_z).$$

Während in der Mitte des Feldes die Zahnamperewindungen $\frac{1}{2}AW_z$ für die Magnetisierung der stark gesättigten Zähne erforderlich sind, werden diese Amperewindungen für die schwach gesättigten Zähne der Pollücke nicht benötigt und werden dort zur Verstärkung der Luftinduktion verbraucht. Während somit auf die Luftkraftröhren unter der Polmitte bei Annahme eines Nutenankers die MMK $\frac{1}{2}AW_l = 0{,}8\,k_1\,\delta B_l$ wirkt, ist die magnetische Spannung zwischen Polecken und Ankeroberfläche gleich $\frac{1}{2}AW_l + \frac{1}{2}AW_z$, oder wenn wir das Verhältnis beider MMKe zueinander gleich

$$\frac{\frac{1}{2}AW_l + \frac{1}{2}AW_z}{\frac{1}{2}AW_l} = \frac{1 + AW_z}{AW_l} = k_z \quad \text{. . . . . (42)}$$

setzen, so ist die MMK für eine Luftkraftröhre unter den Polecken

$$\tfrac{1}{2}k_z AW_l = 0{,}8\,\delta k_1 k_z B_l.$$

Der Kraftfluß einer Kraftröhre mit der Leitfähigkeit λ_x ist demnach

$$MMK\,\lambda_x = 0{,}8\,\delta k_1 k_z B_l \frac{b_x l}{0{,}8\,\delta_x}.$$

Durch Addition der Kraftflüsse aller Kraftröhren erhalten wir den gesamten Ankerkraftfluß eines Pols zu

$$\Phi_a = b_i l B_l = l B_l 2\left(\frac{b}{2} + \delta k_1 k_z \Sigma \frac{b_x}{\delta_x}\right),$$

woraus folgt, daß der ideelle Polbogen gleich

$$b_i = b + 2\,\delta k_1 k_z \left(\frac{b_1}{\delta_1} + \frac{b_2}{\delta_2} + \frac{b_3}{\delta_3} + \ldots\right) \quad \text{. . . (43)}$$

wird.

Streng genommen hätten wir bei Bestimmung der MMK der Luftkraftröhren an den Polecken die in den Polspitzen verbrauchten Amperewindungen AW_p abziehen, dagegen die Amperewindungen für das Ankereisen AW_a addieren müssen. Beide Einflüsse heben sich aber zum Teil auf und sind an sich so gering, daß sie vernachlässigt werden dürfen.

Für angenäherte Berechnungen genügt es sogar, den ideellen Polbogen zu schätzen und man wird ihn dem größten Polbogen von Polspitze zu Polspitze ungefähr gleich setzen können, wie in Fig. 116 angedeutet.

37. Feldkurven und Feldpulsationen bei Nutenankern.

Im vorigen Abschnitt ist gezeigt worden, wie die Nutenöffnungen den magnetischen Widerstand des Luftspaltes erhöhen und wie diese Erhöhung durch den Koeffizienten k_1 bei der Berechnung der Luftamperewindungen berücksichtigt werden kann. In diesem Abschnitt werden wir den Einfluß der Nuten auf die Feldkurve und die im Anker induzierten EMKe näher betrachten.

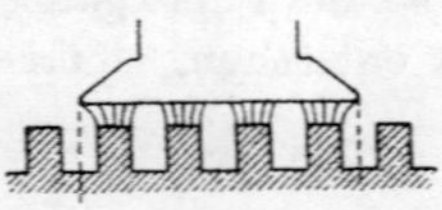

Fig. 123a.

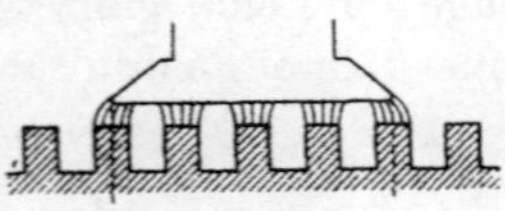

Fig. 123b.

Steht ein Nutenanker still, so wird sich das Feld im Luftspalt nach der Lage der Zähne verteilen, wie aus Fig. 123a hervorgeht. Dreht man den Anker um eine halbe Nutenteilung in die Lage 123b, so ändert sich die Feldkurve entsprechend, und der Kraftfluß pro Pol wird sich auch ändern, wenn der magnetische Widerstand des Luftspaltes für die beiden Lagen nicht gleich ist. Rotiert nun der Anker, so wird erstens das Feld im Luftspalt hin und her oszillieren im Takt mit den vorbeipassierenden Ankerzähnen und zweitens wird der Kraftfluß pro Pol zeitlich schwanken.

Um diese Vorgänge zu studieren, legen wir eine Prüfspule mit einer Spulenweite gleich oder nahezu gleich einer Polteilung auf den Anker. In dieser Spule wird durch das Oszillieren des Feldes im Luftspalt eine EMK von der Periodenzahl $\frac{Zn}{60}$ induziert, die unter den Polschuhen beträchtliche Werte annehmen kann, wie Fig. 124 zeigt. Das Pulsieren des Kraftflusses induziert dagegen in der Prüfspule EMKe, die in den Pollücken am größten sind. Diese letzte Erscheinung wird erstens durch die massiven Eisenteile des Magnetgestelles stark gedämpft und zweitens tritt sie nicht bei allen Ankern gleich stark auf. Dies hängt, wie von Prof. E. Arnold und J. L. la Cour[1]) zuerst nachgewiesen wurde, von dem Verhältnis zwischen Polbogen und Nutenteilung ab.

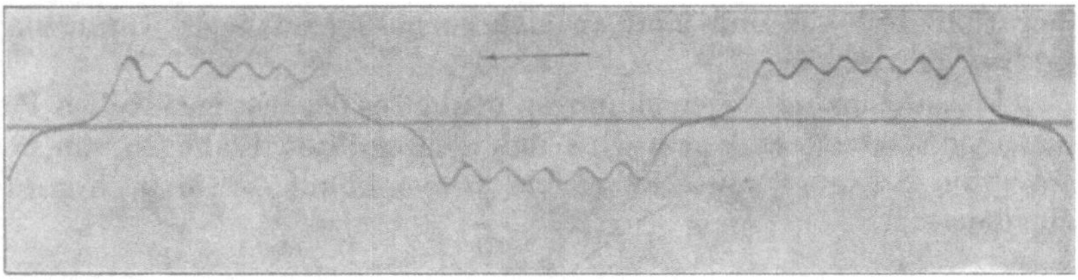

Fig. 124. Feldkurve mit Nutenpulsationen.

Ist die Nutenzahl pro Polteilung eine ganze Zahl, so werden, wie aus Fig. 123 und 125 ersichtlich, hauptsächlich Feldpulsationen dann auftreten, wenn es eine ganze Nutenzahl pro Polbogen gibt; während das Feld hauptsächlich hin und her schwingt, wenn es keine ganze Nutenzahl pro Polbogen gibt. Ist die Nutenzahl pro Polteilung dagegen keine ganze Zahl, sondern eine ganze Zahl plus $\frac{1}{2}$, so werden nur kleine Feldpulsationen entstehen, denn wenn unter

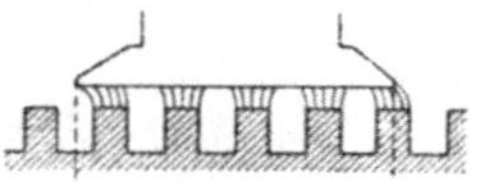

Fig. 125a.

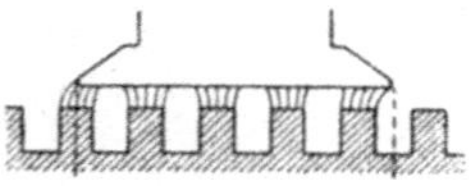

Fig. 125b.

einem Pol die größte Zähnezahl sich befindet, ist sie unter den Nachbarpolen um einen Zahn kleiner. Durch das Hin- und Herschwingen des Feldes unter jedem Pol werden außerdem nur kleine Oberspannungen (Nutenharmonische) in der Prüfspule induziert, denn die in den beiden Spulenseiten induzierten Oberspannungen sind einander entgegengesetzt gerichtet. Wir sehen also, daß keine Oberspannungen auftreten, wenn die Nutenzahl pro Polteilung keine ganze Zahl ist, und wir können deswegen unsere Betrachtungen auf den Fall begrenzen, wo die Nutenzahl pro Polteilung eine ganze Zahl ist.

Ist das Verhältnis $\frac{\text{Polbogen}}{\text{Nutenteilung}} = \frac{b_i}{t_1}$ eine ganze Zahl, so treten, wie oben gesagt, hauptsächlich Feldpulsationen auf und diese induzieren in den Ankerspulen, die in der Pollücke liegen, die größten Oberspannungen. Stehen die Bürsten in der neutralen Zone, so wer-

[1]) E. Arnold und J. L. la Cour, Beitrag zur Vorausberechnung und Untersuchung von Ein- und Mehrphasengeneratoren. Seite 57. F. Enke 1901.

den zwischen zwei Bürsten verschiedener Polarität sowohl Ankerspulen liegen, die den einen Pol umschließen, als solche, die den Nachbarpol umschließen. Die in diesen Spulen induzierten Oberspannungen sind also in Phase, aber einander entgegengesetzt gerichtet, woraus folgt, daß die Feldpulsationen keine Oberspannungen zwischen zwei Bürsten verschiedener Polarität induzieren und somit in der Klemmenspannung der Maschine keine Spannungsschwankungen hervorrufen können.

Ist das Verhältnis $\frac{\text{Polbogen}}{\text{Nutenteilung}} = \frac{b_i}{t_1}$ keine ganze Zahl, so wird das Feld im Luftspalt oszillieren und die größten Oberspannungen in den Ankerspulen, die unter den Polschuhen liegen, induzieren. In diesem Fall werden die Oberspannungen in den zwischen zwei Bürsten entgegengesetzter Polarität liegenden Ankerspulen sich alle addieren und eine Pulsation in der Klemmenspannung der Maschine hervorrufen.

Hieraus folgt, daß es, um Pulsationen in der Klemmenspannung, herrührend von Nutenfeldharmonischen, zu vermeiden, günstig ist, die Nutenzahl pro Polpaar gleich einer ungeraden Zahl zu wählen. Wenn dies aus anderen Gründen nicht zweckmäßig ist, so ist es anzuraten, die Nutenzahl pro Polbogen gleich einer ganzen Zahl zu machen. Es können zwar dann im Hauptkraftfluß Pulsationen auftreten, die zusätzliche Eisenverluste und Heulen der Maschine zur Folge haben werden. Diese lassen sich aber leicht durch einen massiven Bronzeträger für die Feldspulen stark dämpfen. Außer diesen Maßnahmen wird natürlich ein im Verhältnis zur Nutenöffnung großer Luftspalt und gut abgeschrägte Polspitzen bedeutend dazu beitragen, sowohl Feldpulsationen als vom Oszillieren des Feldes herrührende Oberwellen in der Klemmenspannung stark zu vermindern.

38. Berechnung der Amperewindungen AW_z für die Ankerzähne.

Bei einem Nutenanker sind die Zähne und der Nutenraum, oder genauer der Eisenquerschnitt eines Zahnes und der Luftquerschnitt für eine Nutenteilung, magnetisch parallel geschaltet.

Je höher die wirkliche Induktion B_{zw} des Eisens der Zähne gewählt wird, um so mehr macht sich die Leitfähigkeit der Luft bemerkbar.

Zur Ermittelung der Zahninduktion[1]) denken wir uns eine zylindrische Schnittfläche nach Fig. 126 durch die Zähne gelegt.

---

[1]) Parshall und Hobart Engineering Bd. 66, S. 130.

Nehmen wir zunächst an, daß alle Kraftlinien des Kraftflusses einer Nutenteilung durch das Eisen der Zähne gehen, so wird die sogenannte ideelle (fiktive) Zahninduktion

$$B_{zi} = \frac{\text{Gesamter Kraftfluß einer Nutenteilung}}{\text{Eisenquerschnitt einer Nutenteilung}}.$$

Bezeichnet t_1 die Nutenteilung am Ankerumfange, so tritt pro Nutenteilung ein Kraftfluß $\Phi_z = t_1 l B_l$ in den Anker ein.

Für irgend einen Zahnquerschnitt mit der Breite z ergibt sich dann die ideelle Zahninduktion zu

$$B_{zi} = \frac{\Phi_z}{k_2 z l} = \frac{t_1 B_l}{k_2 z}, \quad \ldots \ldots \ldots (44)$$

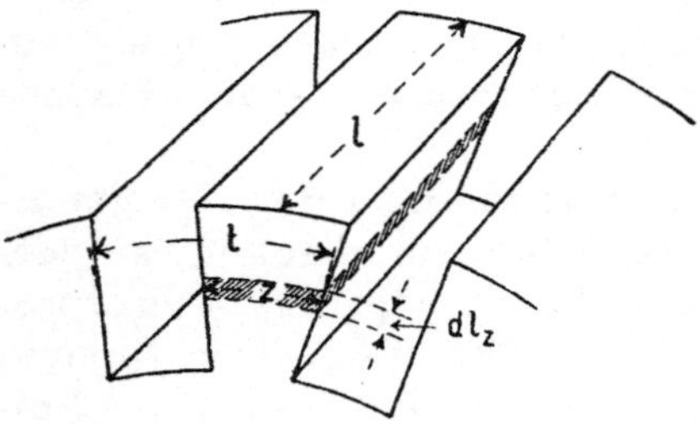

Fig. 126.

worin der Faktor k_2 die Verkleinerung der Ankereisenlänge l durch die Isolation der Bleche berücksichtigt. Die Dicke der letzteren kann zu $10\,^0/_0$ der Blechdicke angenommen werden, so daß im allgemeinen $k_2 = 0{,}9$ gesetzt werden kann.

Trennen wir den gesamten Kraftfluß einer Nutenteilung in Zahneisenkraftfluß und Luftkraftfluß, so ist

$$B_{zi} = \frac{\text{Zahneisenkraftfluß} + \text{Luftkraftfluß}}{\text{Zahneisenquerschnitt}}$$

$$= B_{zw} + \frac{\text{Luftkraftfluß}}{\text{Zahneisenquerschnitt}} = B_{zw} + \frac{H_w \cdot \text{Luftquerschnitt}}{\text{Zahneisenquerschnitt}},$$

worin B_{zw} die wirkliche Zahninduktion und $H_w = 0{,}8 aw_z$ die entsprechende magnetische Feldstärke der Zähne bedeuten.

Setzen wir schließlich das Verhältnis $\frac{\text{Luftquerschnitt}}{\text{Zahneisenquerschnitt}}$ gleich k_3, so wird

$$B_{zi} = B_{zw} + k_3 H_w, \quad \ldots \ldots \ldots (45)$$

worin

$$k_3 = \frac{l_1 t - l k_2 z}{l k_2 z} = \frac{l_1 t}{l k_2 z} - 1$$

ist, wenn l_1 die gesamte Ankerlänge einschließlich der Lüftungsschlitze bezeichnet.

Um nun B_{zw} aus B_{zi} zu ermitteln, macht man sich eine Kurvenschar wie folgt zurecht. Man zeichnet zuerst die wirkliche Magnetisierungskurve der Ankerbleche (Kurve I Fig. 127) auf, die durch Versuch bekannt ist. Für beliebige Punkte dieser B_{zw}-Kurve mit der Abszisse aw_z berechnet man für verschiedene Verhältnisse k_3 die Strecken $k_3 H_w = k_3 \frac{aw_z}{0{,}8}$ und addieren diese Werte zu B_{zw}, wodurch man nach Gl. 45 die Ordinaten der B_{zi}-Kurven (Kurve II, Fig. 127) erhält.

Um nun aw_z zu bestimmen, berechnet man für den betreffenden Zahnquerschnitt zuerst die ideelle Zahninduktion B_{zi} und das

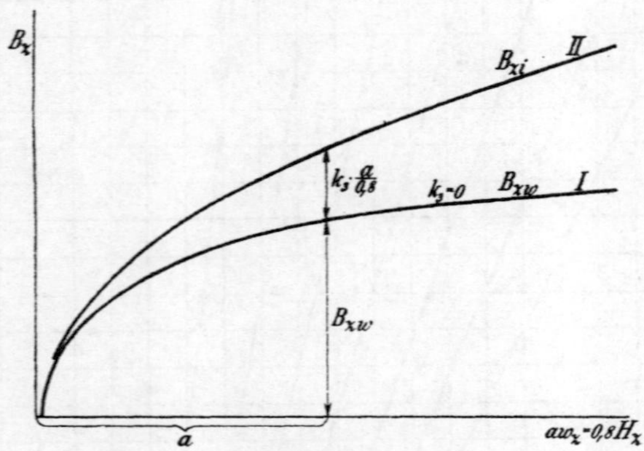

Fig. 127.

Verhältnis k_3. Mit B_{zi} geht man in die Kurve für das entsprechende Verhältnis k_3 Fig. 128 ein, und erhält als Abszisse die gewünschte Amperewindungszahl aw_z.

Da der Eisenquerschnitt der Zähne nicht an allen Stellen derselbe ist, so ist B_{zi} für mehrere Querschnitte zu bestimmen. Es genügt, die ideelle Zahninduktion für Zahnkopf, Zahnmitte und Zahnfuß zu berechnen.

Es ist (vgl. Fig. 129a) die ideelle Induktion

$$B_{z\,min} = \frac{t_1 B_l}{z_1 k_2}; \quad B_{z\,mitt} = \frac{t_1 B_l}{z_{mitt} k_2}; \quad B_{z\,max} = \frac{t_1 B_l}{z_2 k_2}$$

Für jede dieser Induktionen findet man aus einer der in Tafel II eingezeichneten ideellen Magnetisierungskurven, die dem errechneten Wert von k_3 entspricht, die Zahnamperewindungen

$$aw_{z\,min}, \quad aw_{z\,mitt}, \quad aw_{z\,max}$$

für einen cm Weglänge des Kraftflusses.

Um die gesamten Zahnamperewindungen AW_z zu erhalten, tragen wir die Amperewindungen aw_z als Ordinaten über die Zahnlänge $\frac{L_z}{2}$

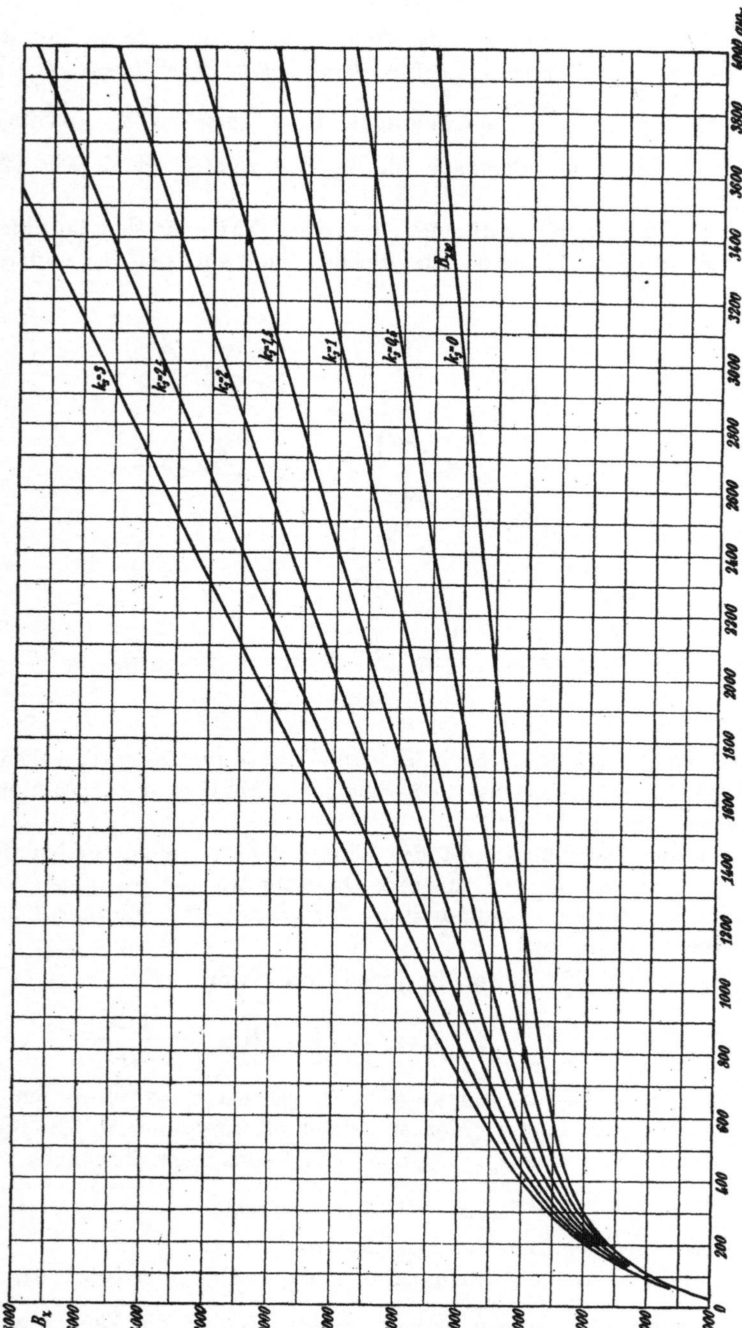

Fig. 128. Kurven zur Bestimmung der Amperewindungen für die Zähne.

als Abszisse auf und erhalten dadurch eine Fläche, deren Begrenzungskurve angenähert ein Teil eines Parabels ist und deren Inhalt gleich

$$0{,}8\int_0^{\frac{L_z}{2}} H\,dl = aw_z\,\frac{L_z}{2} = \frac{AW_z}{2}$$

ist. Diese Fläche wäre demnach in ein inhaltsgleiches Rechteck mit der Basis $\frac{L_z}{2}$ zu verwandeln und dessen Höhe aw_z ergeben würde.

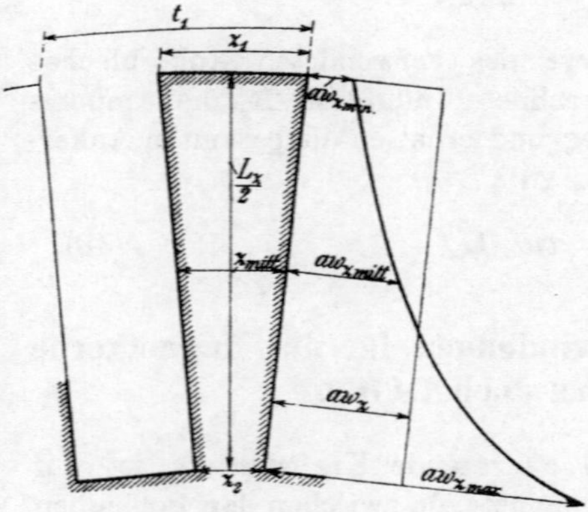

Fig. 129a.

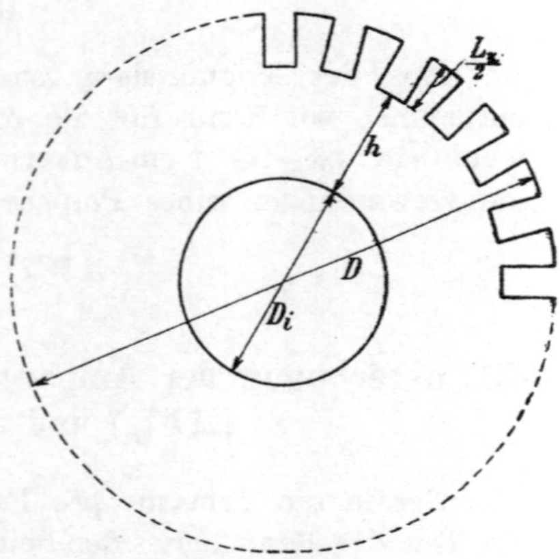

Fig. 129b.

Es genügt jedoch, die Begrenzungskurve als Parabel anzusehen, so daß man nach dem Annäherungsverfahren von **Simpson** die mittlere Höhe zu

$$aw_z = \frac{aw_{z\,min} + 4\,aw_{z\,mitt} + aw_{z\,max}}{6} \quad \ldots\ldots (46)$$

erhält, so daß die Gesamtzahl der Zahnamperewindungen eines Polpaares

$$AW_z = aw_z\,L_z = L_z\,\frac{aw_{z\,min} + 4\,aw_{z\,mitt} + aw_{z\,max}}{6} \quad (47)$$

wird.

39. Berechnung der Amperewindungen AW_a für den Ankerkern.

Durch den Querschnitt des Ankereisens geht maximal der halbe Kraftfluß Φ_a. Bezeichnen wir mit D den Ankerdurchmesser und mit D_i den inneren Durchmesser des Ankers, so ist dessen Eisenhöhe h (Fig. 129b)

$$h = \frac{D - D_i - L_z}{2}$$

und der wirkliche Eisenquerschnitt

$$Q_a = k_2 l h,$$

worin $k_2 \cong 0{,}9$ die Isolation der Bleche berücksichtigt und l die Ankerlänge ohne Lüftungsschlitze ist.

Wir erhalten demnach die Induktion B_a des Ankereisens zu

$$B_a = \frac{\frac{\Phi_a}{2}}{Q_a} = \frac{\Phi_a}{2 h k_2 l}.$$

Aus der Magnetisierungskurve des verwendeten Ankerbleches entnehmen wir dann für die errechnete Induktion B_a die Amperewindungen aw_a für 1 cm Ankerweg und erhalten die gesamten Ankeramperewindungen eines Polpaares zu

$$AW_a = aw_a L_a \quad \ldots\ldots\ldots \quad (48)$$

40. Berechnung der Amperewindungen für die Magnetkerne (AW_m) und das Joch (AW_j).

Der in die Armatur pro Pol eintretende Kraftfluß Φ_a ist nur ein Teil des Kraftflusses der Feldmagnete, da zwischen den Polflächen eine magnetische Streuung vorhanden ist. — Der Kraftfluß des Feldmagneten hat im Querschnitte AB (Fig. 113) sein Maximum; sei es gleich Φ_m, dann ist $\frac{\Phi_m}{\Phi_a} = \sigma$ der Streukoeffizient, dessen Berechnung später gezeigt werden soll.

Da die Streulinien seitlich austreten, nimmt Φ_m im Magnetkern gegen den Anker zu ab; wir dürfen aber, ohne einen wesentlichen Fehler zu begehen, Φ_m als konstant ansehen. Auch wollen wir die Abnahme der Induktion im Polschuh, da der betreffende Weg nur klein ist, nicht berücksichtigen. Es muß nun im allgemeinen (s. S. 131)

$$\Phi_m = \sigma \Phi_a = \sigma \sigma_a \Phi$$

$$B_m = \frac{\Phi_m}{Q_m} = \frac{\Phi_a \sigma}{Q_m}$$

$$\Phi = \frac{60}{p n} \frac{a}{N} E \, 10^8$$

sein.

Man sucht nun in der Magnetisierungskurve das zu B_m gehörige aw_m und erhält dann

$$AW_m = aw_m L_m \quad . \quad . \quad . \quad . \quad . \quad . \quad . \quad (49)$$

Bei der Manchester-Type (Fig. 114) und der Thury-Type (Fig. 94), wo jede Magnetspule nur mit ca. der Hälfte des Kraftflusses pro Pol verkettet ist, wird

$$B_m = \frac{\Phi_m}{2\,Q_m}.$$

Bei allen Typen mit mehr als vier Polen und bei allen modernen zweipoligen und vierpoligen Typen teilt der Kraftfluß sich im Joch nach zwei Seiten wie in Fig. 113, und deswegen ist gewöhnlich

$$\Phi_j = \frac{\sigma \Phi_a}{2} \quad \text{also} \quad B_j = \frac{\sigma \Phi_a}{2\,Q_j}.$$

Wir suchen nun wiederum in der Magnetisierungskurve, die dem Materiale des Joches entspricht, das zum Werte B_j gehörige aw_j und erhalten

$$AW_j = aw_j L_j \quad . \quad . \quad . \quad . \quad . \quad . \quad . \quad (50)$$

41. Magnetisierungskurve und Leerlaufcharakteristik.

Nachdem die für die einzelnen Teilstrecken eines magnetischen Kreises erforderlichen Amperewindungen bekannt sind, finden wir die gesamte Zahl der für ein Polpaar bei Leerlauf notwendigen Amperewindungen durch deren Summierung.

Es wird

$$AW_{k0} = AW_l + AW_z + AW_a + AW_m + AW_j$$

oder

$$AW_{k0} = 1{,}6\,\delta\,k_1 B_l + aw_z L_z + aw_a L_a + aw_m L_m + aw_j L_j \qquad (51)$$

Besitzt die Maschine p Polpaare, so ist die Gesamtzahl der Erregeramperewindungen einer Maschine bei Leerlauf

$$AW_0 = p\,AW_{k0} \quad . \quad . \quad . \quad . \quad . \quad . \quad . \quad (52)$$

Zur Aufzeichnung der Magnetisierungskurve nehmen wir mehrere verschiedene Werte für die EMK der zu entwerfenden Maschine an und berechnen für diese aus der Gleichung

$$\Phi = \frac{60}{pn}\,\frac{a}{N}\,E\,10^8$$

den jeweilig erforderlichen Kraftfluß und ermitteln die zu diesem notwendigen Leerlaufamperewindungen.

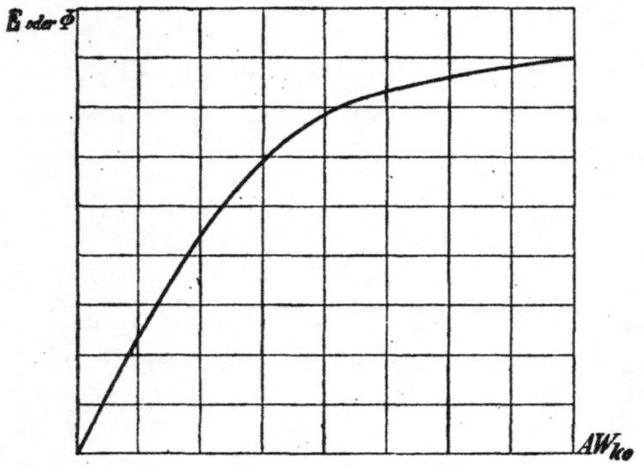

Fig. 130.

Tragen wir dann den Kraftfluß als Funktion der Amperewindungen AW_{k0} als Kurve auf. so erhalten wir die Magnetisierungskurve der Maschine (Fig. 130).

An Stelle des Kraftflusses kann man auch die entsprechende EMK als Kurve auftragen und erhält dadurch die Leerlaufcharakteristik der Maschine.

Da die EMK dem Kraftfluß proportional ist, so sind beide Kurven gleichgestaltet und fallen bei entsprechender Wahl der Ordinatenmaßstäbe in eine Kurve zusammen.

42. Berechnung der Feldstreuung.

Zur Vorausberechnung der Erregeramperewindungen ist die Kenntnis des Streukoeffizienten der Maschine

$$\sigma = \frac{\Phi_m}{\Phi_a} = \frac{\Phi_a + \Phi_s}{\Phi_a}$$

erforderlich.

Die Größe des Streuflusses Φ_s hängt von der Anordnung, der Form und den Abmessungen der Magnetpole, von der Sättigung des Eisens und vom Luftspalt δ ab. Eine für die Streuung günstige Anordnung der Lager und Fundamentplatte, die die magnetische Leitfähigkeit zwischen den streuenden Flächen vergrößert, kann den Wert von σ noch erhöhen.

Zur Berechnung unterteilen wir den gesamten Streufluß Φ_s eines Pols in sechs Teilflüsse und unterscheiden:

1. den Streufluß Φ_{s1} zwischen den inneren Streuflächen zweier Polschuhe.
2. den Streufluß Φ_{s2} zwischen den Stirnflächen zweier Polschuhe.
3. den Streufluß Φ_{s3} zwischen den inneren Kernflächen zweier Pole.
4. den Streufluß Φ_{s4} zwischen den Stirnflächen zweier Polkerne.

5. den Streufluß Φ_{s5} zwischen einer inneren Kernfläche eines Pols und dem Joch.
6. den Streufluß Φ_{s6} zwischen einer Stirnfläche eines Polkernes und dem Joch.

Allgemein ist

$$\Phi_{sx} = P_x \lambda_x$$

wenn P_x die magnetische Spannung und λ_x die Leitfähigkeit zwischen zwei streuenden Flächen x ist. Ist $a_x l_x$ die Größe der streuenden Fläche und zugleich der Querschnitt der vom Streufluß Φ_{sx} durchsetzten Fläche und bezeichnet L_x die mittlere Länge der Streulinien, so wird

$$\lambda_x = \frac{a_x l_x}{0{,}8 L_x}.$$

Die magnetische Spannung zwischen den Streuflächen nimmt vom Joch, wo sie gleich Null gesetzt werden kann, entsprechend der Anordnung der Erregerwicklung zu und erreicht am Ende der Erregerwicklung, d. h. an den Polschuhen, den größtmöglichen Wert

$$P_m = AW_l + AW_z + AW_a \quad . \quad . \quad . \quad . \quad . \quad (53)$$

Wir werden zur weiteren Berechnung zylindrische Erregerspulen voraussetzen, so daß P_x proportional der Höhe des Polkernes zunimmt.

Berechnung der Teilflüsse. 1. Der Streufluß Φ_{s1} zwischen den inneren Streuflächen zweier Polschuhe. Sehen wir von dem kleinen Verlust AW_p in den Polschuhspitzen ab, so ist die magnetische Spannung zwischen zwei Polschuhen gleich der maximalen Spannung P_m. Bei Verwendung der in Fig. 131 eingetragenen Bezeichnungen wird die Leitfähigkeit zwischen den Polschuhen

$$\lambda_1 = \frac{a_1 l_p}{0{,}8 L_1},$$

so daß der Streufluß

$$\Phi_{s1} = P_m \lambda_1 = P_m \frac{a_1 l_p}{0{,}8 L_1}$$

wird.

2. Der Streufluß Φ_{s2} zwischen den Stirnflächen zweier Polschuhe. Bezeichnet F_p die Größe einer Polschuhstirnfläche, so ist die Leitfähigkeit zwischen den Stirnflächen zweier Polschuhe

$$\lambda_2 = \frac{F_p}{0{,}8 L_2},$$

wobei wir als mittlere Länge des nach den beiden benachbarten

Polschuhen verlaufenden Streuflusses die Länge derjenigen Streulinie ansehen, die durch den Schwerpunkt S einer halben Polschuhstirnfläche geht (siehe Figur).

Es ist dann

$$\Phi_{s2} = P_m \frac{F_p}{0{,}8\, L_2}.$$

Bei der Ermittelung der Länge L_2 kann man annehmen, daß die mittlere Kraftlinie auf der Länge L_1 geradlinig und dann nach einem Kreisbogen mit dem Radius s verlaufe, so daß $L_2 = L_1 + s\pi$ ist.

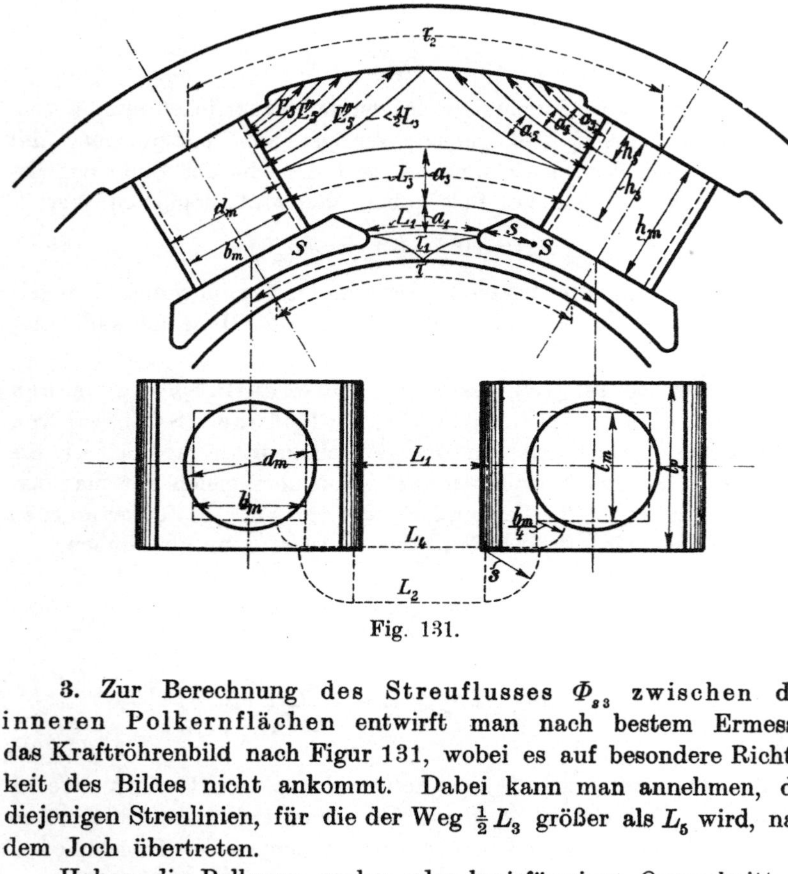

Fig. 131.

3. Zur Berechnung des Streuflusses Φ_{s3} zwischen den inneren Polkernflächen entwirft man nach bestem Ermessen das Kraftröhrenbild nach Figur 131, wobei es auf besondere Richtigkeit des Bildes nicht ankommt. Dabei kann man annehmen, daß diejenigen Streulinien, für die der Weg $\frac{1}{2} L_3$ größer als L_5 wird, nach dem Joch übertreten.

Haben die Polkerne ovalen oder kreisförmigen Querschnitt, so verwandeln wir diesen in einen inhaltsgleichen rechteckigen Querschnitt mit der Länge l_m und der Breite b_m. Für einen kreisförmigen Querschnitt mit dem Kerndurchmesser d_m erhalten wir einen inhaltsgleichen quadratischen Querschnitt mit der Kantenlänge

$$b_m = \frac{d_m}{2}\sqrt{\pi}.$$

Unter der Annahme, daß die magnetische Spannung P_m vom Polschuh bis zum Joch geradlinig abnehme, ist die auf den Streufluß Φ_{s3} wirkende MMK gleich $P_m \frac{h_3}{h_m}$.

Seine Leitfähigkeit ist gleich

$$\frac{a_3 l_m}{0{,}8 L_3},$$

so daß

$$\Phi_{s3} = P_m \frac{h_3}{h_m} \cdot \frac{a_3 l_m}{0{,}8 L_3}$$

oder

$$\Phi_{s3} = P_m \lambda_3$$

wird, wenn wir zur Vereinfachung

$$\lambda_3 = \frac{h_3}{h_m} \cdot \frac{a_3 l_m}{0{,}8 L_3}$$

setzen.

Ist die Maschine vielpolig, so kann man die inneren Polkernflächen als parallel ansehen und annehmen, daß die Streuung von ihnen nach dem Joch gleich Null sei. Es wird dann die magnetische Spannung für den Streufluß $\Phi_{s3} = \frac{P_m}{2}$. Ferner wird $a_3 = h_m$ und

$$L_3 = \frac{\tau_1 + \tau_2}{2} - b_m = \frac{\tau_1 + \tau_2 - 2b_m}{2},$$

so daß bei vielpoligen Maschinen

$$\Phi_{s3} = \frac{P_m}{2} \cdot \frac{h_m l_m}{0{,}8 \frac{(\tau_1 + \tau_2 - 2b_m)}{2}} = P_m \frac{h_m l_m}{0{,}8(\tau_1 + \tau_2 - 2b_m)}.$$

und

$$\lambda_3 = \frac{h_m l_m}{0{,}8(\tau_1 + \tau_2 - 2b_m)}$$

wird.

4. Der Streufluß Φ_{s4} zwischen den Stirnflächen zweier Polkerne. Der aus einer äußeren Kernfläche eines Pols austretende Streufluß teilt sich gleichfalls in zwei Teilflüsse, von denen der eine (Φ_{s4}) nach den Stirnflächen der benachbarten Polkerne, der andere (Φ_{s6}) nach dem Joch verläuft. Zur Vereinfachung nehmen wir an, daß die Trennfläche beider Teilflüsse geradlinig und senkrecht zur

Polaxe verlaufe. Der durch diese Vereinfachung entstehende Fehler ist gering.

Infolge dieser Annahme schließt sich der äußere Streufluß Φ_{s4} an den inneren Streufluß Φ_{s3} an, so daß auch auf ihn die MMK $P_m \frac{h_3}{h_m}$ wirkt. Seine Leitfähigkeit ist gleich $\frac{b_m a_3}{0{,}8 L_4}$, worin

$$L_4 = L_3 + \frac{b_m}{4}\pi.$$

Somit wird

$$\Phi_{s4} = P_m \frac{h_3}{h_m} \cdot \frac{a_3 b_m}{0{,}8\left(L_3 + \frac{b_m}{4}\pi\right)}$$

oder

$$\Phi_{s4} = P_m \lambda_4,$$

worin

$$\lambda_4 = \frac{h_3 a_3 b_m}{0{,}8 h_m\left(L_3 + \frac{b_m}{4}\pi\right)}$$

ist.

5. **Der Streufluß Φ_{s5} einer inneren Polkernfläche gegen das Joch.** Für jede Kraftröhre, die in der Entfernung h_5 vom Joch aus dem Pol austritt, ist die magnetische Spannung gleich $P_m \frac{h_5}{h_m}$ und die Leitfähigkeit gleich $\frac{a_5 l_m}{0{,}8 L_5}$.

Somit ist der Streufluß einer Kraftröhre

$$d\Phi_{s5} = P_m \frac{h_5}{h_m} \cdot \frac{a_5 l_m}{0{,}8 L_5}$$

und

$$\Phi_{s5} = \frac{P_m l_m}{0{,}8 h_m} \Sigma \frac{a_5 h_5}{L_5}.$$

Setzen wir wiederum

$$\Phi_{s5} = P_m \lambda_5,$$

so wird

$$\lambda_5 = \frac{l_m}{0{,}8 h_m} \Sigma \frac{a_5 h_5}{L_5}.$$

6. **Der Streufluß Φ_{s6} zwischen einer äußeren Polkernfläche und dem Joch.** Zur Berechnung dieses Streuflusses nehmen wir an, daß seine Kraftlinien in Ebenen verlaufen, die parallel zum Längsschnitt durch die Polmitte liegen, wobei der Weg der Streulinien kreisförmig sei (Fig. 131).

Um jedoch auch die in schräger Richtung aus der Polstirnfläche nach dem Joch streuenden Linien zu berücksichtigen, denken wir uns den Streufluß Φ_{s6} aus der ganzen Stirnfläche des Polkernes austretend. Durch diese Annahmen ist eine einfache Berechnung, die für unsere Zwecke genügt, ermöglicht.

Auf eine Kraftröhre von der Leitfähigkeit $\frac{b_m\,dx}{0{,}8\,x\,\pi}$ (siehe Fig. 132) im Abstande x vom Joch, wirkt dann eine MMK gleich $P_m \frac{x}{h_m}$.

Somit ist der Kraftfluß einer Röhre

$$d\,\Phi_{s6} = P_m \frac{x}{h_m} \cdot \frac{b_m\,dx}{0{,}8\,x\,\pi}$$

und unter den genannten Vereinfachungen erhalten wir durch Summierung

$$\Phi_{s6} = \frac{P_m}{2} \cdot \frac{h_m b_m}{0{,}8\,\pi\,h_m} = \frac{P_m}{2} \cdot \frac{b_m}{0{,}8\,\pi}$$

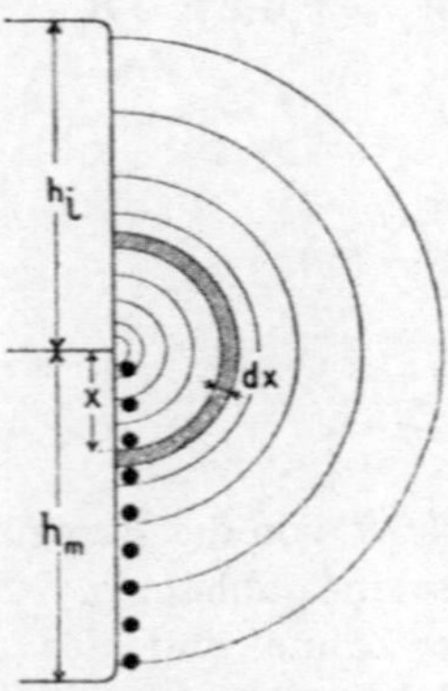

Fig. 132.

Fig. 133.

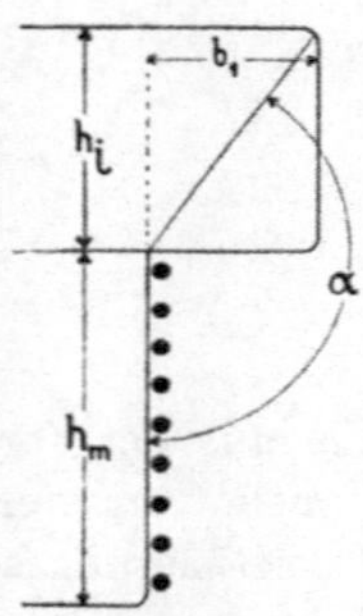

Fig. 134.

Im allgemeinen ist die Jochhöhe h_j nicht gleich der Polkernhöhe h_m (Fig. 133). Es ist dann

$$\Phi_{s6} = \frac{P_m b_m}{1{,}6\,\pi} \cdot \frac{h_j}{h_m}.$$

Ist das Joch breiter als der Magnetkern (Fig. 134), so dürfen wir mit genügender Annäherung setzen:

$$\Phi_{s6} = \frac{P_m b_m}{1{,}6\,\pi} \cdot \frac{\sqrt{h_j^2 + b_1^2}}{h_m} \cdot \frac{180}{\alpha}.$$

Schreiben wir zur Abkürzung

$$\Phi_{s6} = P_m \lambda_6,$$

so wird

$$\lambda_6 = \frac{b_m}{1{,}6\,\pi} \cdot \frac{\sqrt{h_j^2 + b_1^2}}{h_m} \cdot \frac{180}{\alpha}.$$

Da wir die Teilflüsse für je **eine** Streufläche berechnet haben und sich bei jedem Pol je **zwei** gleichwertige Streuflächen entsprechen, so erhalten wir durch Summierung den Gesamtstreufluß eines Pols zu

$$\Phi_s = 2(\Phi_{s1} + \Phi_{s2} + \Phi_{s3} + \Phi_{s4} + \Phi_{s5} + \Phi_{s6})$$

oder

$$\Phi_s = 2\,P_m(\lambda_1 + \lambda_2 + \lambda_3 + \lambda_4 + \lambda_5 + \lambda_6) = 2\,P_m \Sigma\lambda \quad . \quad . \quad (54)$$

Aus der Gleichung

$$\sigma = \frac{\Phi_m}{\Phi_a} = \frac{\Phi_a + \Phi_s}{\Phi_a} = 1 + \frac{\Phi_s}{\Phi_a}$$

folgt

$$\sigma = 1 + \frac{2\,P_m}{\Phi_a}\Sigma\lambda \quad . \quad . \quad . \quad . \quad . \quad . \quad . \quad . \quad . \quad (55)$$

und da

$$P_m = AW_l + AW_z + AW_a = k_z\,AW_l = k_z\,1{,}6\,k_1\,\delta\,B_l$$

ist, und

$$\Phi_a = b_i\,l\,B_l,$$

so wird

$$\sigma = 1 + \frac{2\,k_z\,1{,}6\,k_1\,\delta\,B_l}{b_i\,l\,B_l}\Sigma\lambda$$

oder

$$\boldsymbol{\sigma = 1 + \frac{3{,}2\,k_z k_1 \delta}{b_i l}\,\Sigma\lambda} \quad . \quad . \quad . \quad . \quad . \quad . \quad . \quad (56)$$

Wie aus der Formel (55) ersichtlich, ist σ von der Erregung und daher auch von der Belastung der Maschine abhängig. Solange die Magnetisierungskurve der Luft, der Zähne und des Ankers geradlinig verläuft, nimmt der Streufluß Φ_s proportional Φ_a zu und σ bleibt konstant. Sobald jedoch die Kurve abbiegt, wächst die prozentuale Streuung, σ ist also abhängig von der Sättigung des Ankereisens. Bei der Berechnung der Querschnitte der Feldmagnete ist es notwendig, daß der Streukoeffizient zunächt angenommen wird, da derselbe erst ermittelt werden kann, wenn die Dimensionen der Maschine bekannt sind. Zeigen sich größere Differenzen zwischen dem angenommenen Wert von σ und dem nachträglich ermittelten, so müssen die Dimensionen der Feldmagnete dementsprechend abgeändert werden.

Bei der heute allgemein üblichen kreisförmigen Bauart des Magnetgehäuses liegt σ bei normalen Maschinen zwischen 1,1 und 1,25.

Sind die Feldamperewindungen und die Abmessungen der Nuten noch nicht bekannt, so kann man in erster Annäherung $k_1 = 1{,}2$ und $k_z = 1{,}3$ schätzen, und erhält dann

$$\sigma = 1 + \frac{5\,\delta}{b_i\,l}\Sigma\lambda \quad . \quad . \quad . \quad . \quad . \quad . \quad . \quad . \quad (56\,\mathrm{a})$$

Beispiel:

Die Abmessungen des Feldgehäuses seien (in cm): Runde Polkerne: $d_m = 18$; $b_m = \frac{d_m}{2}\sqrt{\pi} = 16$; $l_m = 16$; $a_1 = 2$; $L_1 = 12{,}5$; $l_p = 20$; $F_p = 31$; $s = 4{,}5$; $L_3 = 21$; $h_3 = 8$; $h_m = 10{,}5$; $a_3 = 5{,}5$; $a_5 = 3$ bzw. 3,6; $h_5 = 2$ bzw. 3,5; $L_5 = 6$ bzw. 11; $h_j = 8$; $b_1 = 2$.

Es wird:

$$\lambda_1 = \frac{2 \cdot 20}{0{,}8 \cdot 12{,}5} = 4{,}0 \qquad \lambda_2 = \frac{31}{0{,}8 \cdot 27{,}5} = 1{,}4$$

$$\lambda_3 = \frac{8 \cdot 5{,}5 \cdot 16}{0{,}8 \cdot 10{,}5 \cdot 21} = 4{,}0 \qquad \lambda_4 = \frac{8 \cdot 5{,}5 \cdot 16}{0{,}8 \cdot 10{,}5 \cdot 35} = 2{,}4 \;.$$

$$\lambda_5 = \frac{16}{0{,}8 \cdot 10{,}5}\left(\frac{3 \cdot 2}{6} + \frac{3{,}6 \cdot 3{,}5}{11}\right) = 4{,}1$$ (unter Annahme zweier Kraftröhren).

Es ist $\sin(180 - \alpha) = \frac{b_1}{\sqrt{h_j^2 + b_1^2}} = \frac{2}{\sqrt{8^2 + 2^2}} = \frac{2}{8{,}3} = 0{,}24$

$$180 - \alpha = 14{,}5^0; \quad \alpha = 165{,}5^0$$

$$\lambda_6 = \frac{16}{1{,}6\,\pi} \cdot \frac{8{,}3}{10{,}5} \cdot \frac{180}{165} = 2{,}75$$

also $$\boldsymbol{\Sigma \lambda = 18{,}65.}$$

Unter der vorläufigen Annahme, daß

$$k_1 = 1{,}2; \quad k_z = 1{,}3; \quad \delta = 0{,}6; \quad b_i = 20; \quad l = 20$$

sei, erhalten wir den Streukoeffizienten der Maschine zu

$$\nu = 1 + \frac{5\,\delta}{b_i\,l}\,\Sigma\lambda = 1 + \frac{5 \cdot 0{,}6}{20 \cdot 20} \cdot 18{,}65 = 1{,}14.$$

Zehntes Kapitel.

Magnetische Untersuchung einer Gleichstrommaschine.

43. Aufnahme der Feldkurven. — 44. Messung des Streukoeffizienten einer Dynamomaschine.

43. Aufnahme der Feldkurven.

Die Feldverteilung am Ankerumfange kann experimentell in der Weise bestimmt werden, daß man die in einer Spule induzierte EMK an verschiedenen Stellen des Feldes mißt. Bei konstanter Geschwindigkeit ist die Feldstärke an der betreffenden Stelle der gemessenen EMK proportional.

a) Aufnahme der Feldkurven mit zwei beweglichen Hilfsbürsten. Die zwischen den Enden einer Armaturspule auftretende Spannung kann in beliebiger Lage der Spule durch zwei entlang des Kollektors verschiebbare Bürsten *B* gemessen werden.

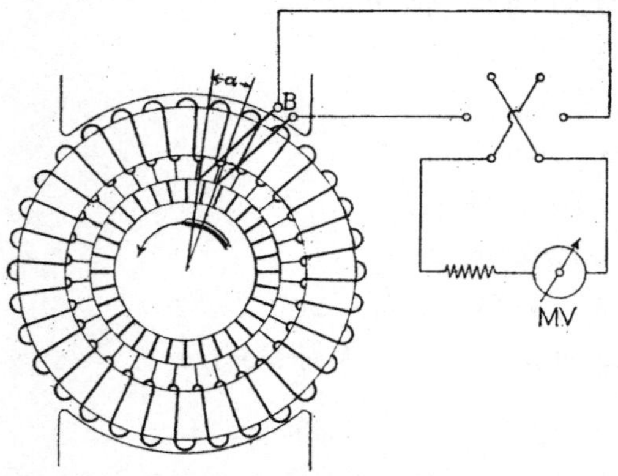

Fig. 135. Aufnahme der Feldkurven mit zwei Hilfsbürsten.

Die gemessene Feldstärke ist offenbar der Mittelwert der Feldstärke innerhalb des Bogens *α*, in Fig. 135, welcher der Zeit entspricht, während der die zwei Enden einer oder mehrerer Ankerspulen mit den Prüfbürsten verbunden sind.

Die Hilfsbürsten sollen, wie Fig. 136a zeigt, immer in einer solchen Entfernung *d* voneinander eingestellt werden, daß sie die auflaufenden Kanten derjenigen Lamellen berühren, die mit Anfang und Ende einer Spule verbunden sind, d. h. die um den Kommutatorschritt y_k auseinander liegen.

Stehen die Bürsten zu weit voneinander, wie in Fig. 136b, so wird zeitweise die Summe der Spannungen von zwei Spulen gemessen. Ist dagegen $d < \beta$, so wird der Voltmeterstromkreis um so länger kurzgeschlossen, je größer die Differenz $\beta - d$ ist.

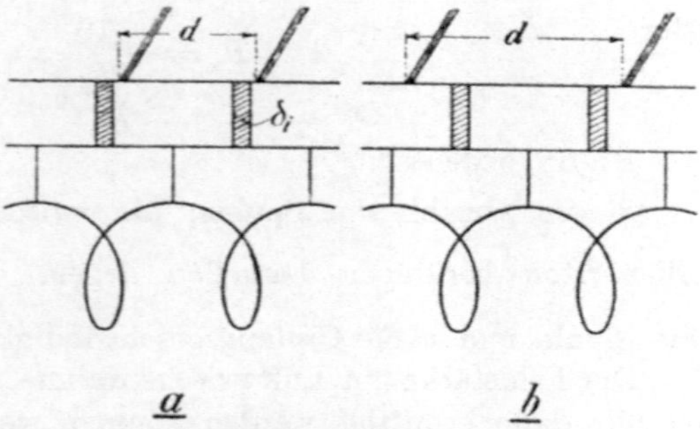

Fig. 136a und b.

Eine ganz kurze Unterbrechung des Voltmeterstromkreises muß zugelassen werden, denn die Dicke der Hilfsbürsten muß etwas kleiner sein als die Dicke δ_i der Isolation zwischen zwei Lamellen, damit keine Spule kurzgeschlossen wird. Man verwendet dünne, harte Bürsten aus Neusilber- und Stahlblech, oder um Thermoströme zu vermeiden, aus hartem Kupferblech. Es empfiehlt sich daher, eine Bürstenkonstruktion zu verwenden, die federt und nur bei einer Ablesung auf kurze Zeit angedrückt wird.

Bei Ankern mit Schleifenwicklungen ist die Spannung zwischen zwei benachbarten bzw. um m auseinanderliegenden Lamellen zu messen.

Bei Wellenwicklungen kann man entweder die Hilfsbürsten so einstellen, daß ihre Entfernung gleich y_k oder gleich a Lamellenteilungen ist. Im ersten Falle haben wir zwischen den Hilfsbürsten eine Spule, in letzterem Falle p Spulen, und die gemessene Spannung entspricht dann dem Mittelwert aus dem Feldbereiche, den die p Spulen am Ankerumfange einnehmen. Wir messen ferner mit p Spulen nicht die Feldkurve eines Pols, sondern die mittleren Feldstärken von p Polen. Um die ganze Feldkurve aufzunehmen, werden die Hilfsbürsten, von der neutralen Zone ausgehend, von Stufe zu Stufe verstellt, und jede Stellung wird an einer Kreisteilung abgelesen.

Die abgelesene Spannung ist nur bei stromlosem Anker der Feldstärke proportional. Führt die Spule Strom, so ist die induzierte EMK gleich der gemessenen Spannung vermehrt oder vermindert um den Ohmschen Spannungsabfall in der Spule, je nachdem der Strom und die induzierte EMK gleiche oder entgegengesetzte Richtung haben.

Aus den so ermittelten induzierten EMKen e_x kann die Feldstärke B_x gefunden werden aus der Beziehung

$$e_x = S' \frac{N}{K} l_i B_x v \, 10^{-6} \text{ Volt}$$

oder

$$B_x = \frac{e_x 10^6}{S' \frac{N}{K} l_i v}.$$

Hierin bedeutet:

S' die Anzahl von Spulen, die zwischen den beiden von den Hilfsbürsten berührten Lamellen liegen, $\frac{N}{K}$ die induzierten Leiter einer Spule und v die Umfangsgeschwindigkeit des Ankers in m/sek.

Die Feldstärke im Luftzwischenraume wird auf die beschriebene Art nur dann ermittelt werden können, wenn die Spulenweite gleich der Polteilung ist. Bei stark verkürzten Wicklungsschritten wird man daher in dieser Weise die Feldstärke in ihrer absoluten Größe nicht bestimmen können.

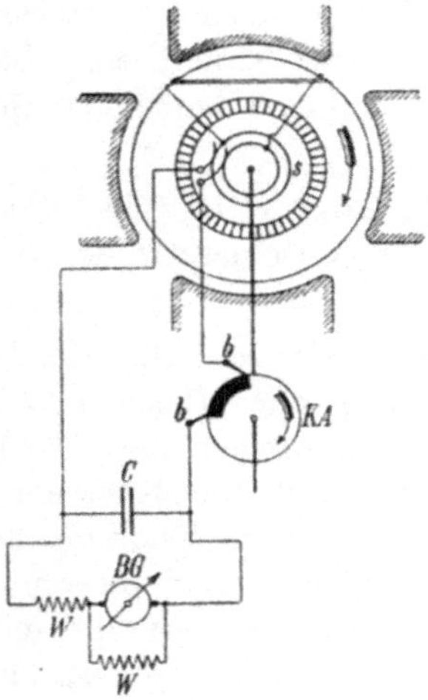

Fig. 137. Aufnahme der Feldkurve mit rotierender Prüfspule.

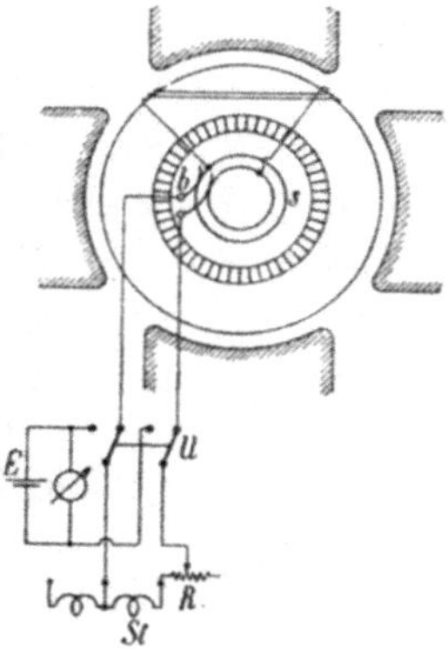

Fig. 138. Aufnahme der Feldkurve mittels Oszillograph.

b) Aufnahme der Feldkurve mit rotierender Prüfspule. Wo es sich darum handelt, die Feldverteilung genauer zu untersuchen, kann die Anordnung mit Hilfsbürsten nicht mehr verwendet werden. Die Feldstärke ermittelt man dann mittels einer auf die Armatur aufgelegten Prüfspule von kleiner Breite, deren Weite gleich der Polteilung ist.

Die Enden der Prüfspule (Fig. 137) sind mit zwei Schleifringen verbunden. Eine rotierende Scheibe mit Kontaktstück *KA* schließt einmal während einer Umdrehung den Meßstromkreis. Die Zeitdauer der Schließung kann durch gegenseitige Verstellung der Bürsten *bb* und der Zeitpunkt der Messung durch Verdrehung beider Bürsten eingestellt werden. Die induzierte Spannung wird mit einem ballistischen Galvanometer bestimmt. *C* ist ein Kondensator.

c) Aufnahme der Feldkurve mittels Oszillograph. Um die Feldkurve mittels Oszillograph[1]) aufzunehmen, verbindet man die Enden einer Ankerspule, deren Weite gleich der Polteilung ist, oder einer besonderen Prüfspule, welche eine Polteilung umspannt, mit zwei Schleifringen *S* (Fig. 138) und leitet den Strom über die Bürsten *b* unter Vorschaltung eines veränderlichen Widerstandes *R* nach dem einen beweglichen Streifen *St* des Oszillographen. Den Maßstab des Oszillogrammes erhält man, wenn man nach beendeter Aufnahme den Streifen des Oszillographen mittels des Umschalters *U* an eine Stromquelle *E* von bekannter Spannung anlegt und dabei denselben Vorschaltwiderstand *R* im Stromkreise läßt, wie bei der Aufnahme der Feldkurve. Man läßt hierbei den Oszillographen auf dasselbe Papier eine gerade Linie zeichnen, deren Abstand von der Nullinie die Spannung der Stromquelle *E* bezeichnet, und mit Hilfe derer nun der Wert von den Ordinaten der Feldkurve in Spannungen umgerechnet werden kann. Die Größe der Spannung *E* wählt man etwa gleich der größten induzierten EMK der Prüfspule, die hierzu angenähert berechnet werden muß. Hierbei muß jedoch der Widerstand der Prüfspule gegenüber dem Vorschaltwiderstand *R* vernachlässigbar klein sein.

d) Aufnahme der Feldkurve bei stillstehender Maschine. Um die Feldkurven bei Bürstenstellungen aufzunehmen, bei welchen die laufende Maschine stark feuern würde, kann man sich auch folgender Anordnung bedienen. Eine Drahtspule *F* (Fig. 139), welche annähernd gleich der Ankerlänge ist, ist in einer Führung verschiebbar angeordnet. Diese Spule wird mit einem ballistischen Galvanometer verbunden und in den Luftraum der stillstehenden, aber normal erregten und normal vom Strome durchflossenen Maschine eingeschoben. Durch Herausziehen der Spule aus der Führung kann man durch den ballistischen Ausschlag die in den einzelnen Stel-

[1]) Beschreibung des Oszillographen s. Duddell u. Marchant, Journal of the Institution of Electrical Engineers, Bd. XXVIII, Seite 8. Hornauer, Zeitschrift f. Elektrotechnik, Wien 1905, Heft 29/30. (Oszillograph von Siemens & Halske.)

lungen entlang des Ankerumfanges vorhandenen Induktionen aus der induzierten EMK berechnen.

Eine andere Methode zur Aufnahme der Feldkurve bei stillstehender Maschine besteht in der Anwendung einer Wismutspirale. Wismut hat die Eigenschaft, seinen Leitungswiderstand im magnetischen Feld zu ändern. Die Widerstandsänderung beträgt im Mittel ca. 5% für eine Induktion von 1000 cgs. Einheiten. Die Änderung des Widerstandes ist aber auch von der Temperatur abhängig, doch ist der Temperaturkoeffizient bei verschiedenen Feldstärken nicht konstant. Bei $B = 0$ ist er ca. 0,0037, bei $B = 8000$ ist er Null, während er bei höheren Feldstärken negativ wird. Wenn man daher die einer Wismutspirale beigegebene Eichkurve benutzt, ist es am besten, sie bei derjenigen Temperatur zu verwenden, bei der sie geeicht ist, und den zur Messung der Widerstandsänderung nötigen Strom möglichst klein zu halten und nur kurze Zeit eingeschaltet zu lassen, um größere Temperaturänderungen zu vermeiden.

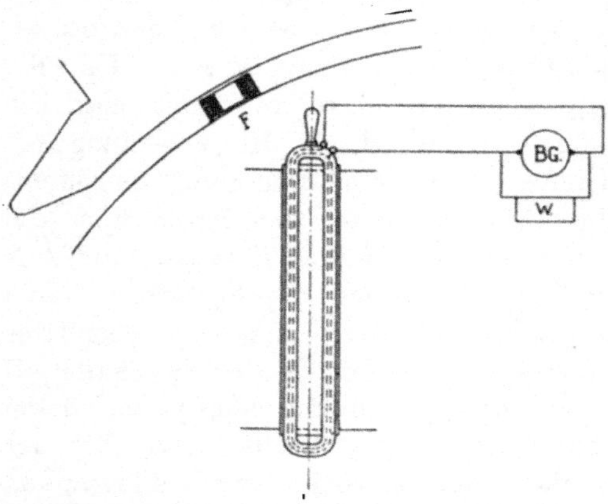

Fig. 139. Aufnahme der Feldkurven bei stillstehender Armatur.

Die von Hartmann & Braun gelieferten Wismutspiralen bestehen aus einem bifilar zu einer ebenen Spirale gewickelten chemisch reinen Wismutdraht, von einer Stärke von ca. 1 mm, so daß sie sich leicht in den Luftzwischenraum einer Dynamomaschine hineinbringen lassen. Die Eichung der Wismutspirale erfolgt durch Beobachtung des Widerstandes in verschiedenen Feldern, deren Größe durch ballistische Messung bestimmt wird.

Die Aufnahme der Feldkurve bei Belastung und der Kurve des Ankerfeldes mittels Hilfsbürsten oder mittels aufgeschnittener Ankerspule ergibt kein genaues Bild der Feldverteilung, weil die Kurven durch den Kurzschlußstrom in der neutralen Zone verzerrt werden. Die anderen Methoden sind zur Aufnahme dieser Kurven vorzuziehen. Abschnitt 48 zeigt verschiedene oszillographisch aufgenommene Feldkurven.

44. Messung des Streukoeffizienten einer Dynamomaschine.

Wir definierten als Streukoeffizienten das Verhältnis des in dem Magnetkern erzeugten Kraftflusses, zu dem in den Anker eintretenden Kraftfluß:

$$\sigma = \frac{\text{Kraftfluß im Magnetkern}}{\text{Kraftfluß im Anker}}.$$

Ebenso können wir auch die Streuung zwischen Magnetkern und Joch ausdrücken als Verhältnis von

$$\frac{\text{Kraftfluß im Magnetkern}}{\text{Kraftfluß im Joch}}.$$

Um diese Koeffizienten zu messen, legt man auf die Magnetspule, den Anker und das Joch Prüfspulen von gleicher Windungszahl und führt deren Enden nach einem Umschalter, an welchen ein ballistisches Galvanometer angeschlossen ist. Bei plötzlichem Öffnen oder Schließen des Stromes der Feldspulen induzieren die verschwindenden, bzw. entstehenden Kraftlinien in den Prüfspulen EMKe.

Ist Φ der Kraftfluß einer Prüfspule von der Windungszahl w, so ist die induzierte EMK $e = -\frac{w\,d\Phi}{dt}$. Diese sendet durch das ballistische Galvanometer eine Elektrizitätsmenge

$$Q = \int_0^\infty \frac{edt}{R} = -\frac{w}{R}\int_0^\Phi d\Phi = \frac{w\Phi}{R},$$

worin R der Widerstand des Stromkreises ist.

Bezeichnet C die ballistische Konstante des Galvanometers, so ergibt sich der ballistische Ausschlag aus der Beziehung

$$Q = C\alpha$$

und der Kraftfluß

$$\Phi = C\alpha\frac{R}{w}.$$

Haben alle Prüfspulen dieselbe Windungszahl und bleibt der Widerstand des Stromkreises und die ballistische Konstante unverändert, so wird der Streukoeffizient

$$\sigma = \frac{\Phi_m}{\Phi_a} = \frac{\alpha_m}{\alpha_a}$$

gleich dem Verhältnis der ballistischen Ausschläge für die Magnet- und Ankerprüfspule.

Man hat die Magnetprüfspule (Fig. 140) immer dort anzubringen, wo sie den maximalen Kraftfluß umfaßt. Diese Stelle liegt an der Grenzschicht zwischen Magnetkern und Joch. Demnach ist die Prüfspule stets am oberen Ende der Magnetspule anzubringen. Um den Einfluß des remanenten Magnetismus zu eliminieren, hat man die Ausschläge α zu beobachten, wenn der Erregerstrom in beiden Richtungen sowohl unterbrochen, als auch geschlossen wird. Die Mittelwerte ergeben dann die Werte, die in Rechnung zu setzen sind.

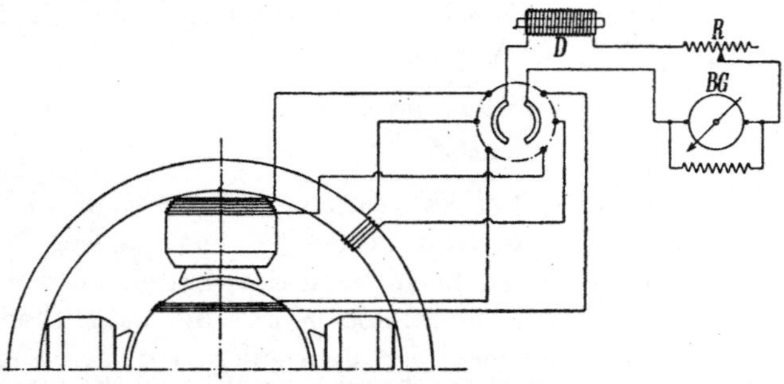

Fig. 140. **Messung des Streukoeffiizienten einer Dynamomaschine.**

Ferner ist zu beachten, daß die Drähte der Ankerprüfspule genau in der neutralen Zone liegen, damit man den gesamten in den Anker eintretenden Kraftfluß mißt.

Da der Streukoeffizient mit der Sättigung und mit der Belastung wächst (s. S. 154) ist es nötig, die Streuungsmessung bei verschiedenen Sättigungen und bei Belastung auszuführen.

Wegen der großen Selbstinduktion des Erregerstromkreises und der magnetischen Trägheit des Eisens dauert es eine gewisse Zeit, bis das Feld seinen vollen Wert erreicht hat bzw. bis es bei Unterbrechung des Erregerstromes verschwunden ist; diese Zeit muß klein sein gegenüber der Schwingungsdauer des ballistischen Galvanometers, und es ist daher die Schwingungsdauer des Galvanometers um so größer zu wählen, je höher die Windungszahl der Magnetspulen und der Querschnitt der Magnete ist. Bei einer derartigen Messung ist es zweckmäßig, in den Stromkreis des ballistischen Galvanometers eine kleine Induktionsspule (*D.* Fig. 140) einzuschalten, in deren Hohlraum sich ein Magnetstab befindet. Nach beendeter Ablesung kann dann das ballistische Galvanometer durch Stromstöße schnell zur Ruhe gebracht werden, indem man die Spule gegen den Magnetstab verschiebt. Um einen ruhigen und festen Nullpunkt des Galvanometers zu bekommen, ist es erforderlich, das Galvanometer und die Zuleitungen sorgfältig zu isolieren bzw. gegen Erdströme zu schützen.

Streukoeffizienten können auch mit hinreichender Genauigkeit nach einer Nullmethode gemessen werden (Goldschmidt, ETZ 1902, Seite 314).

Die Prüfspulen von Anker und Schenkel werden mit einem gewöhnlichen Millivoltmeter derart in Serie geschaltet, daß die in ihnen beim Entstehen oder Verschwinden des Kraftflusses induzierten EMKe entgegengesetzt gerichtet sind (Fig. 141).

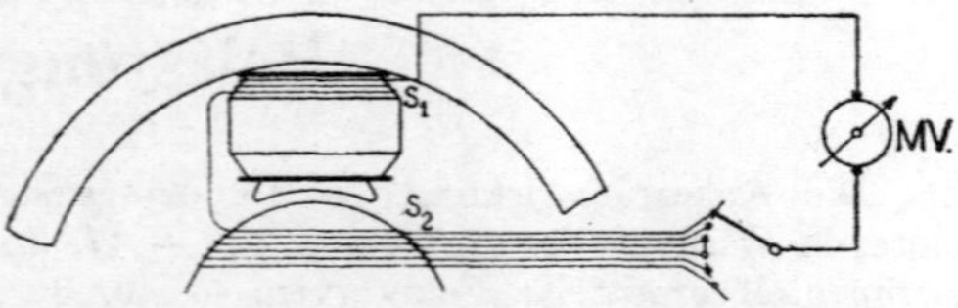

Fig. 141. Messung des Streukoeffizienten nach der Nullmethode.

Ändert man nun die Windungszahlen der Prüfspulen s_1 und s_2 so lange, bis einerseits beim Öffnen in der einen Richtung und andererseits beim Schließen des Erregerstromes in der anderen kein Zucken der Nadel bemerkbar ist, so kann

$$\sigma = \frac{s_2}{s_1}$$

gesetzt werden.

Elftes Kapitel.

Ankerfeld und Feldamperewindungen bei Belastung.

45. Die Ankerrückwirkung.

Wird die Ankerwicklung von einem Strome durchflossen, so erzeugen die Amperewindungen des Ankers ein magnetisches Feld, das auf das Erregerfeld zurückwirkt. Diese Einwirkung des Ankerfeldes auf das Magnetfeld bezeichnet man als Ankerrückwirkung.

Die Folgen dieser Ankerrückwirkung bestehen in einer Verzerrung und Schwächung des durch die Magnetspulen erzeugten Magnetfeldes; die neutrale Zone dieses Feldes wird infolgedessen verschoben und die Bedingungen für eine funkenfreie Kommutierung führen zu einer Bürstenverstellung, wenn die Maschine nicht mit Hilfspolen versehen ist.

Die Bürstenverstellung eines Generators und eines Motors.

Wir beziehen die Betrachtung auf eine zweipolige Maschine, Fig. 142 bis 144. In diesen sind die Kommutatoren der Übersichtlichkeit halber weggelassen. Die Bürsten schleifen unmittelbar auf den Ankerleitern. Die eingezeichnete Stromrichtung entspricht einem rechtsläufigen (von der Kommutatorseite aus gesehen) Generator. Wir nehmen zunächst (Fig. 142) an, das Magnetfeld sei erregt und der Anker stromlos. Der Kraftfluß verläuft dann von Pol zu Pol, d. h. in Richtung der Polachse und kann als Längsfeld bezeichnet werden. Die neutrale Zone ($B_l = 0$) fällt mit der geometrisch neutralen Zone, die rechtwinklig auf der Polachse steht, zusammen.

Denken wir uns die Ankerwicklung bei einem unerregten Magnetfeld vom Strome durchflossen, so erhalten wir ein Ankerfeld, das in Fig. 143 angedeutet ist und das wir als Querfeld bezeichnen können, da seine Achse bei der gewählten Bürstenstellung quer zur Polachse verläuft. Die Achse des Querfeldes fällt stets mit der geometrisch neutralen Zone zusammen.

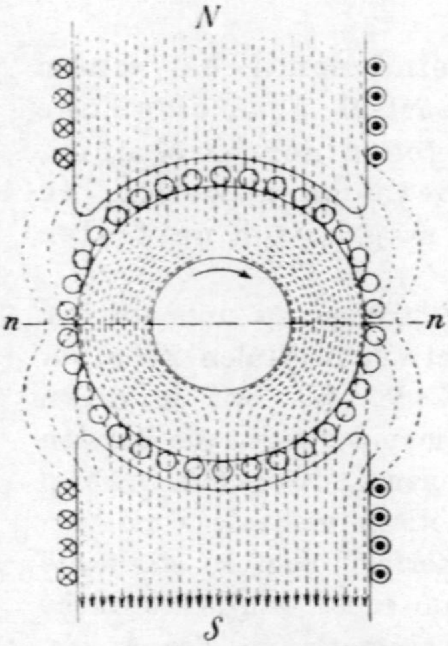

Fig. 142. Feld der Feldamperewindungen (Längsfeld).

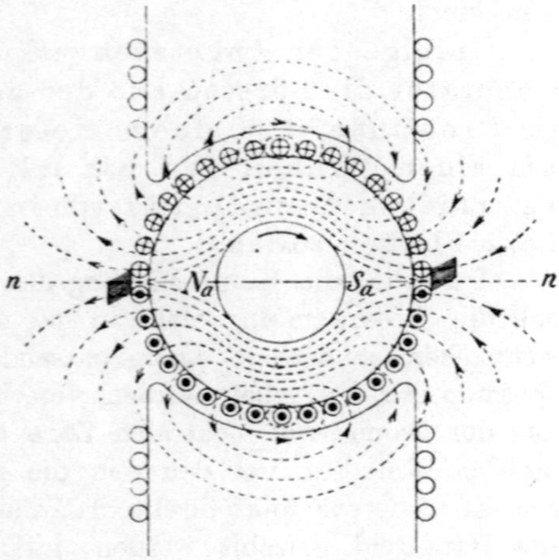

Fig. 143. Feld der Ankeramperewindungen (Querfeld).

Bei einer in Betrieb befindlichen Maschine sind sowohl Magnetfeld als Ankerfeld erregt. Beide Felder überlagern sich, wodurch ein resultierendes Feld entsteht, das Fig. 144 andeutet.

Aus diesem Kraftlinienbild erkennt man, daß infolge der Ankerrückwirkung bei einem G e n e r a t o r das Feld auf den Eintrittseiten *a* und *d* (d. h. wo die Ankerdrähte unter den Polflächen eintreten) geschwächt, auf den Austrittseiten *b* und *c* verstärkt wird. Die Achse des Gesamtfeldes wird demnach bei einem Generator im Sinne der Drehrichtung verschoben. Die gleiche Ver-

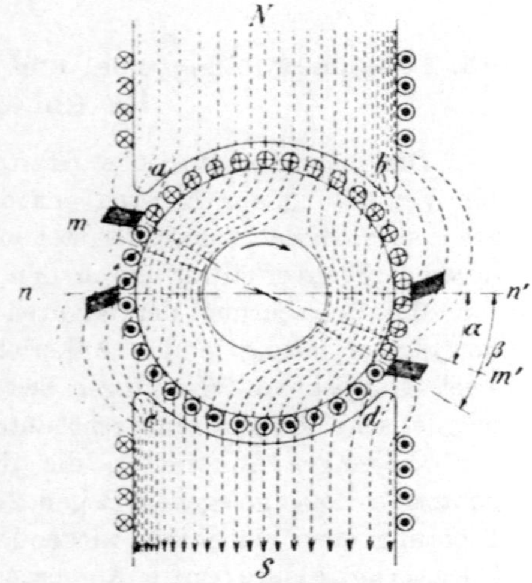

Fig. 144. Feld und Bürstenverstellung eines Generators.

drehung erfährt die neutrale Zone, und zwar ist dies in Fig. 144 durch den Winkel α angegeben.

Wird dieselbe Maschine als Motor verwendet, so wird die Drehrichtung bei gleichbleibendem Erregerfeld und Ankerstromrichtung umgekehrt. Bei einem Motor wird das Feld somit auf den Eintrittseiten verstärkt und die Feldverschiebung erfolgt entgegen der Drehrichtung, so daß auch die neutrale Zone sich in diesem Sinne verschiebt.

Infolge der Ankerrückwirkung sind somit bei einem Generator die Bürsten aus der geometrisch neutralen Zone im Drehsinne, bei einem Motor entgegen dem Drehsinne, um einen Winkel, den wir mit β bezeichnen wollen, zu verschieben, wenn die Bürsten in der magnetisch neutralen Zone bleiben sollen.

Um aber die Kommutierung des Ankerstromes zu unterstützen, soll die Stromwendung nicht in der magnetisch neutralen Zone vor sich gehen, sondern in einem passenden Felde. Wie wir in einem späteren Kapitel sehen werden, verschiebt man deswegen die Bürsten aus der geometrisch neutralen Zone um einen größeren Winkel β als den Winkel α, um den sich die magnetisch neutrale Zone verschiebt. Hieraus folgt direkt, daß das Ankerfeld nicht so stark wie das Hauptfeld gewählt werden darf; denn sonst würde es nicht möglich sein, ein passendes Feld für die Kommutierung des Ankerstromes zu erreichen, wieviel man die Bürsten auch verschieben würde.

46. Längsmagnetisierende und quermagnetisierende Wirkung des Ankerstromes.

Die magnetomotorische Kraft der Ankeramperewindungen kann bei Verstellung der Bürsten aus der geometrisch neutralen Zone in zwei aufeinander senkrecht stehende Komponenten zerlegt werden, deren Größenverhältnis durch den Winkel β bestimmt wird.

Bei Betrachtung der Figuren 145 und 146 erkennt man aus der Stromrichtung in den Ankerleitern, daß die Ankerwicklung aus zwei Gruppen von Windungen bestehend gedacht werden kann, deren magnetische Achsen senkrecht aufeinander stehen.

Diejenigen Ankerleiter, die den symmetrisch zur geometrisch neutralen Zone gelegenen Bogen 2β bedecken, erzeugen eine in der Richtung der Feldachse wirkende MMK und werden daher als längsmagnetisierende Amperewindungen bezeichnet. In der gezeichneten Darstellung (Fig. 145), die einem Generator mit in der Drehrichtung verstellten Bürsten entspricht, wirken die längsmagnetisierenden Amperewindungen dem Erregerfeld unmittelbar entgegen und werden entmagnetisierende Ankerwindungen genannt.

In gleicher Weise läßt Fig. 146 erkennen, daß die übrigen Ankerleiter als eine Spule aufgefaßt werden können, deren magnetische Achse stets mit der geometrischen neutralen Zone zusammenfällt.

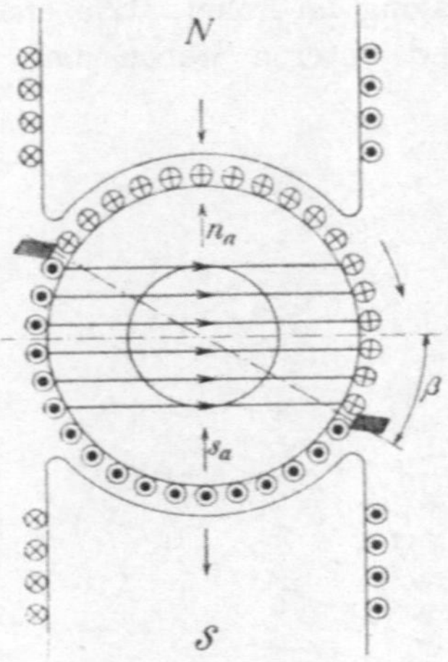

Fig. 145. Längsmagnetisierende Windungen des Ankers.

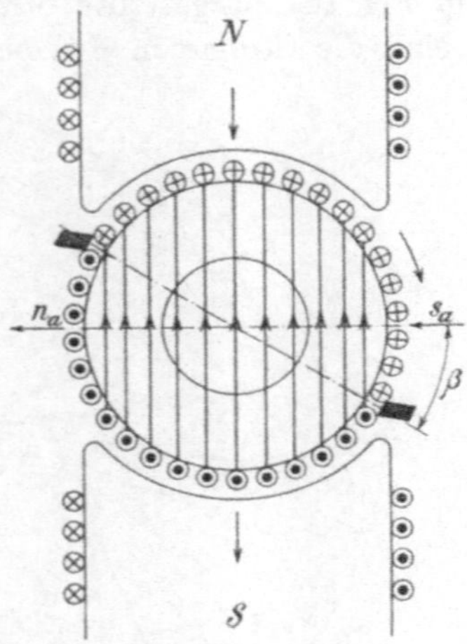

Fig. 146. Quermagnetisierende Windungen des Ankers.

Diese Amperewindungen wirken nicht unmittelbar schwächend auf das Erregerfeld ein. Sie verursachen die Verdrehung der Achse des Längsfeldes. Mittelbar wird durch diese Verschiebung des Feldes jedoch eine Schwächung desselben herbeigeführt, da die magnetische Leitfähigkeit des Eisens an den Punkten erhöhter Induktion mehr verringert wird, als sie an den Punkten verkleinerter Induktion vergrößert wird.

Verstellen wir die Bürsten beim Generator entgegen dem Drehsinn (negative Bürstenverstellung), so behält die MMK des Querfeldes ihre Richtung bei, dagegen kehrt sich die Stromrichtung in den längsmagnetisierenden Ankerwindungen um. Bei negativer Bürstenverstellung unterstützen daher beim Generator die längsmagnetisierenden Ankerwindungen das Erregerfeld, während sie dieses bei Verwendung der Maschine als Motor schwächen.

Hieraus erkennt man, daß es bei genügend großer Bürstenverschiebung möglich sein würde, auf eine Felderregerwicklung zu verzichten. Praktisch ist jedoch eine solche Felderregung unbrauchbar, da die Bürsten den Ankerstrom nicht mehr funkenfrei kommutieren könnten, weil die von den Bürsten kurzgeschlossenen Ankerspulen sich dann in einem für die Kommutierung ungünstigen, starken Feld bewegen würden.

Bis jetzt haben wir angenommen, daß die Weite der Ankerspulen gleich einer Polteilung sei; ist dies nicht der Fall, sondern sind die Spulen mit verkürztem Schritt ausgeführt, so erhält man die in Fig. 147 dargestellte Stromverteilung im Anker. Wie ersichtlich, sind die Ströme in den oberen und unteren Stäben eine und

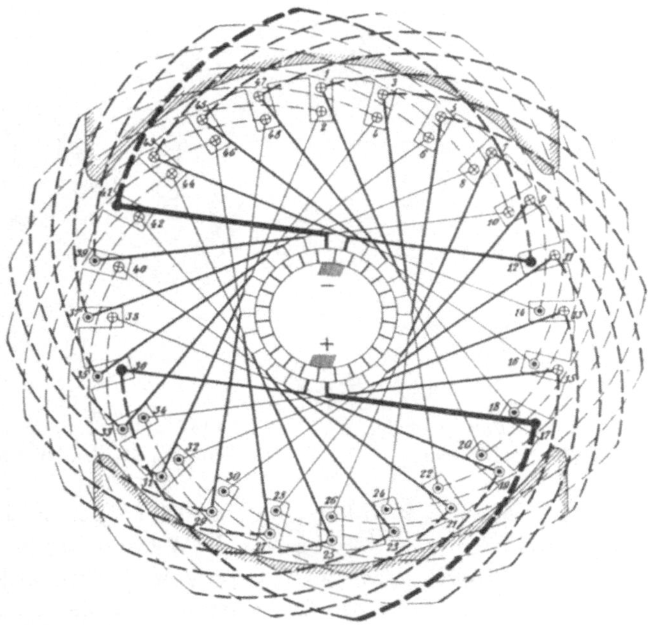

Fig. 147. Einfluß der Verkürzung des Nutenschrittes auf die Ankerrückwirkung.

derselben Nut in der neutralen Zone entgegengesetzt gerichtet und heben sich in ihrer magnetischen Wirkung auf. Man erhält somit als resultierendes Ankerfeld ein neutrales Stromband in der Kommutierungszone und ein dazu senkrechtes Stromband, das in eine quermagnetisierende und in eine längsmagnetisierende Komponente zerlegt werden kann, wenn die Bürsten aus der geometrisch neutralen Zone verschoben sind. Stehen die Bürsten in der geometrisch neutralen Zone, verschwindet das Längsfeld. Das neutrale Stromband hat eine Breite von ε_n Nutenteilungen, wenn ε_n die Verkürzung des Nutenschrittes in Nutenteilungen angibt; in Fig. 147 ist $\varepsilon_n = 3$ gewählt.

47. Form des Ankerfeldes.

Zur Bestimmung der Form und Stärke des Ankerfeldes nehmen wir zuerst an, daß das Magnetfeld konstant, etwa fremd, erregt und die Ankerwicklung gleichmäßig auf eine glatte Ankeroberfläche verteilt sei.

a) Ankerfeld eines glatten Ankers. Unter dieser Annahme können wir, wie in den Fig. 148 bis 152 geschehen, die Ankerwicklung durch eine gleichmäßig verteilte Kupferschicht ersetzt denken, deren Stromvolum für einen cm Ankerumfang, die sogenannte lineare Ankerbelastung AS, gleich dem der wirklichen Wicklung ist.

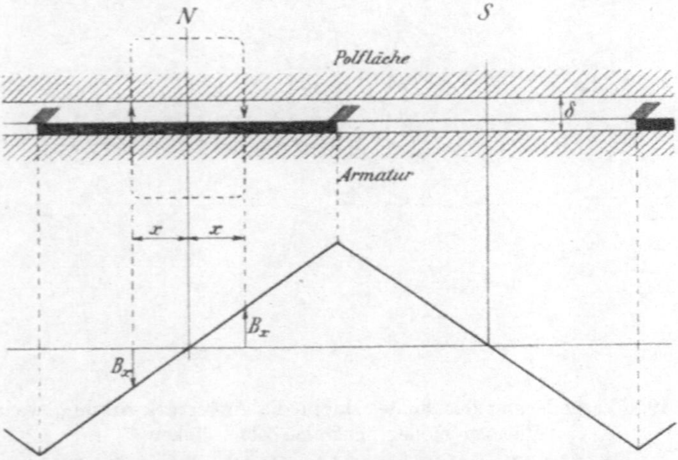

Fig. 148. Das Ankerfeld bei gleichmäßig verteiltem Feldeisen.

In Fig. 148 ist weiterhin angenommen, daß der magnetische Widerstand für alle Kraftlinien des Ankerfeldes gleich sei, weshalb das Feldeisen als ununterbrochene Fläche gezeichnet ist, die dem Anker gegenübersteht.

Ist die lineare Ankerbelastung gleich AS, so wirkt auf eine Kraftröhre im Abstande x von der Polachse eine magnetomotorische Kraft von $2xAS$ Amperewindungen. Vernachlässigen wir den magnetischen Widerstand des Eisens, so erhalten wir aus der Beziehung

$$2xAS = 1{,}6\delta B_x$$

die Luftinduktion im Punkte x zu

$$B_x = \frac{2xAS}{1{,}6\delta},$$

d. h. B_x ist proportional x oder von der Polmitte aus nimmt die Feldstärke geradlinig bis zur Bürstenachse zu, so daß ein dreieckiges Feld entsteht, dessen Spitze in die Bürstenachse fällt. Die Feldkurve des Ankerstromes wird in diesem speziellen Falle somit identisch mit der MMK-Kurve des Ankerstromes, deren Ordinate gleich $x AS$ ist.

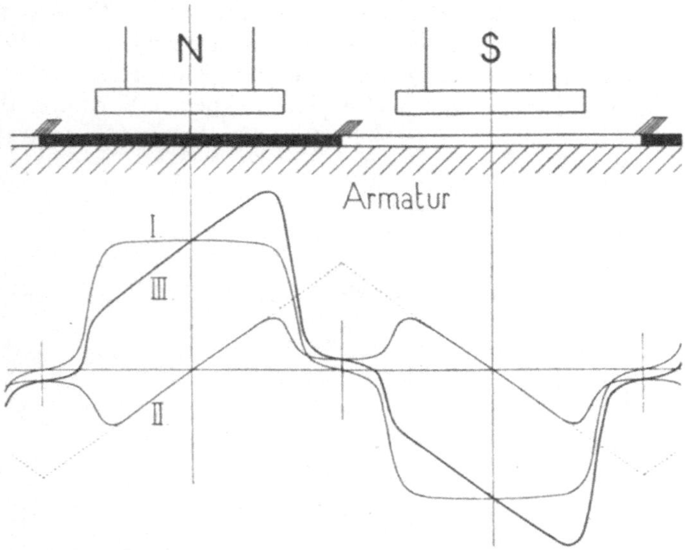

Fig. 149. Veränderung des Feldes durch die Ankerrückwirkung, wenn die Bürsten in der neutralen Zone stehen.
I. Magnetfeld. II. Ankerfeld. III. Resultierendes Feld.

Man hat nun gewöhnlich keine kontinuierliche Eisenfläche, sondern Polschuhe, die durch die Pollücken voneinander getrennt sind; deswegen wird das Ankerfeld nur an den Stellen, wo sich die Polschuhe befinden, den geradlinigen Verlauf beibehalten. Sind die Polspitzen oder die Zähne des Ankers stark gesättigt, so wird, wie wir später sehen werden, der Verlauf auch an diesen Stellen nicht mehr ganz geradlinig sein. Man wird deshalb, je nach der Lage der Bürsten, die durch die Kurven II der Fig. 149 bis 152 dargestellten Ankerfelder erhalten. Diese Felder lagern sich über das von den Erregerspulen erzeugte Feld und man erhält bei Belastung die in den Figuren dargestellten resultierenden Feldkurven III.

In der ersten Fig. 149 stehen die Bürsten in der geometrisch neutralen Zone; die Mittellinien der Pole sind Symmetrielinien für das Ankerfeld, woraus folgt, daß der Flächeninhalt der Kurve III

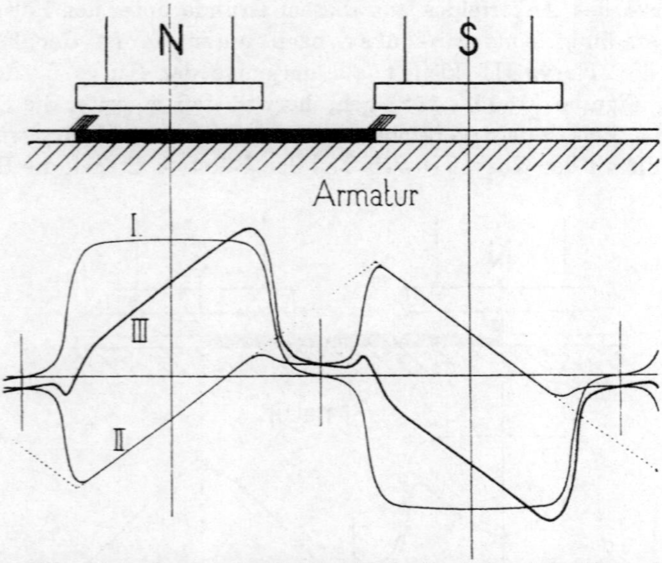

Fig. 150. Veränderung des Feldes durch die Ankerrückwirkung bei verschobenen Bürsten.

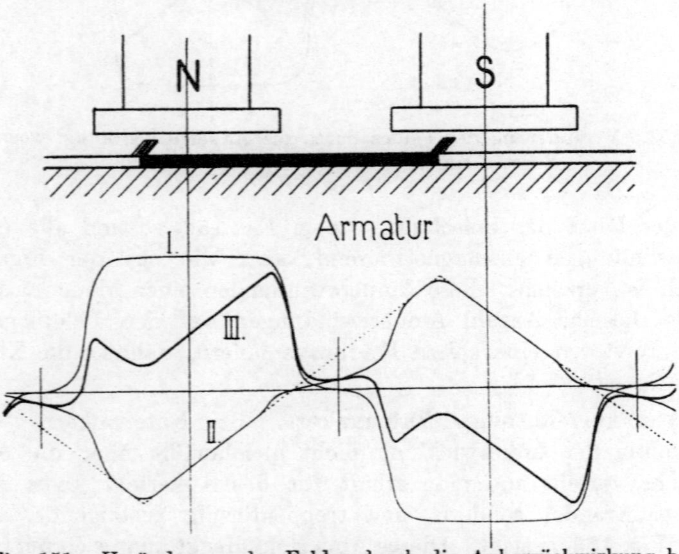

Fig. 151. Veränderung des Feldes durch die Ankerrückwirkung bei stark verschobenen Bürsten.

zwischen den Bürstenlagen gleich dem der Kurve I sein muß. Dies ist aber nur so lange der Fall, als der magnetische Widerstand des Eisens vernachlässigt werden kann; denn ist die

Feldkurve des Ankerfeldes aus diesem Grunde unter den Polschuhen nicht geradlinig, sondern konkav nach unten, so ist der Flächeninhalt der Kurve III kleiner als derjenige der Kurve I. Aus den übrigen Figuren (150 bis 152) geht hervor, daß je weiter die Bürsten unter die Pole hinein verschoben werden, um so kleiner wird der Flächeninhalt der Kurve III zwischen den Bürsten. Stehen die Bürsten

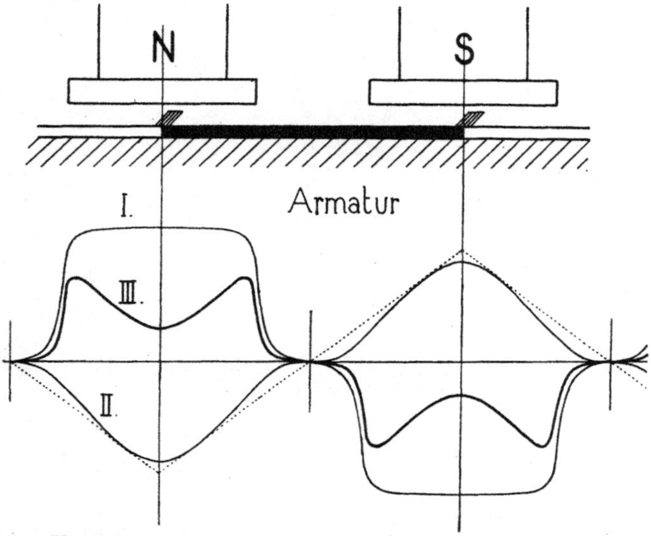

Fig. 152. Veränderung des Feldes durch die Ankerrückwirkung, wenn die Bürsten unter der Mitte der Pole stehen.

unter der Mitte der Polschuhe, wie in Fig. 152, so sind alle Amperewindungen entmagnetisierend, aber wie aus der Figur ersichtlich ist, erzeugen diese Amperewindungen einen kleineren Kraftfluß als dieselbe Anzahl Amperewindungen auf den Feldmagneten, weil die ersteren eine spitze Feldkurve liefern, während die Kurve I rechteckig ist.

b) Ankerfeld eines Nutenankers. Bei Nutenankern ist das Stromvolum der Ankerwicklung nicht gleichmäßig über die Ankeroberfläche verteilt und man erhält für das Ankerfeld keine geradlinig ansteigende, sondern eine treppenförmig ansteigende Kurve, wie in Fig. 153 gezeigt. Dieses Ankerfeld denkt man sich am besten in ein geradlinig verlaufendes Feld und kleine Oberfelder zerlegt, welche letzteren sich um die Nuten herumschließen und in der Figur schraffiert sind. Das geradlinig verlaufende Feld ist gestrichelt eingezeichnet und deckt sich mit dem Ankerfelde, das man bei einem glatten Anker mit derselben Ankerbelastung erhalten würde.

Ist die Weite der Ankerspulen verkürzt, so führen die Stäbe in den Nuten der Kommutierungszone entgegengesetzt gerichtete

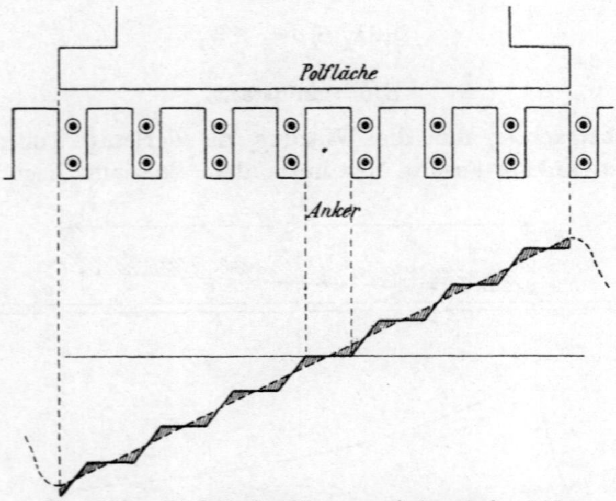

Fig. 153. Einfluß der Nuten auf das Ankerfeld.

Ströme und die MMK-Kurve des Ankerstromes wird in der Kommutierungszone abgeflacht, wie die Fig. 154 zeigt, und nicht spitz wie in Fig. 148 für unverkürzte Ankerspulen angegeben.

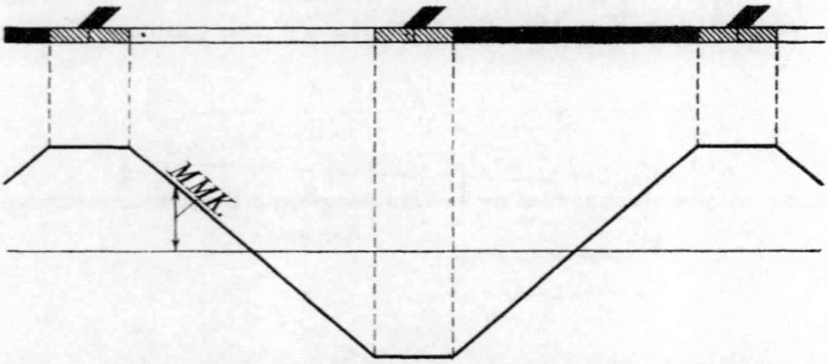

Fig. 154. Einfluß der Schrittverkürzung auf die MMK-Kurve.

c) Ankerquerfeld bei exzentrischem Polbogen. Ist der Polbogen exzentrisch, so daß δ_1 für die Eintrittkante (beim Generator) kleiner ist als δ_2 für die Austrittkante, so tritt bei Belastung keine große Deformierung der Feldkurve auf; denn die Feldkurve bei Leerlauf hat jetzt eine zu der vom Ankerfeld herrührenden Verzerrung entgegengerichtete Deformierung. Diese Feldverzerrungen, von denen die eine von der Exzentrizität des Polschuhes und die andere von dem Armaturfelde herrührt, kompensieren sich zum Teil.

Die Feldkurve unter dem Polschuh bei Leerlauf ist bei Vernachlässigung der Zahnsättigungen ein Teil einer gleichseitigen Hyperbel (Fig. 155); denn es ist

$$1{,}6 k_1 B_l \delta = AW_l$$

also

$$B_l \delta = \text{konstant.}$$

Wir betrachten nun die Wirkung, die derjenige Teil der Stromschicht des Ankers ausübt, der unter dem Polschuh liegt (Fig. 156).

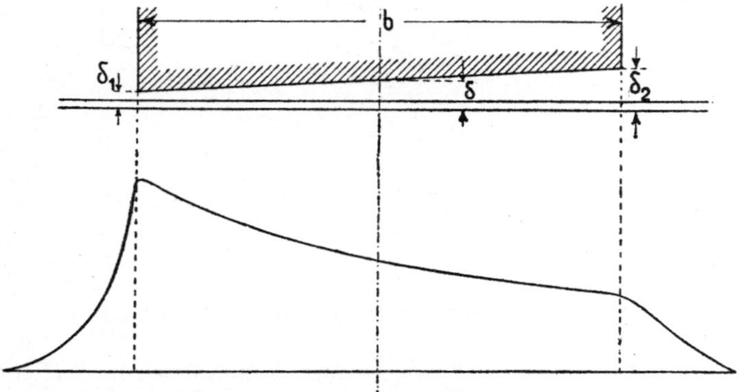

Fig. 155. Hauptfeld unter einem exzentrischen Polschuh.

Diese Stromschicht ergibt, wenn die Eisenwiderstände vernachlässigt werden, die in der Fig. 155 dargestellte Feldverteilung. Die Kurve

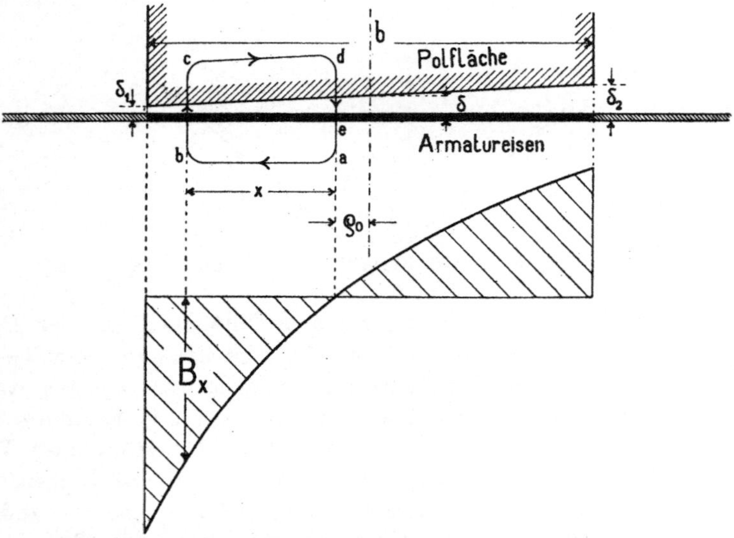

Fig. 156. Ankerfeld unter einem exzentrischen Polschuh.

des Ankerfeldes kann leicht berechnet werden, wenn man die neutrale Zone $d-e$ dieses Feldes kennt, denn dann erstreckt man das Integral $\int H dl$ über ähnliche Kurven, wie die durch den Linienzug *abcdea* dargestellten, die alle durch *dea* gehen, und erhält

$$B_x = \frac{A S x}{0{,}8\,\delta_x}.$$

In dieser Weise ist die in Fig. 149 angegebene Kurve berechnet. Die Richtigkeit der Kurve kann dadurch kontrolliert werden, daß man prüft, ob der Kraftfluß, der in den Anker eintritt, gleich demjenigen ist, der austritt, d. h. ob die Planimetrierung der schraffierten Flächen Null ergibt.

Zur Bestimmung der Lage der neutralen Zone des Ankerfeldes für die unerregte Maschine kann folgende Formel dienen,

$$\varrho_0 = \frac{1}{2}\, b \left[\frac{\delta}{\delta_2 - \delta_1} - \frac{\delta_1\,\delta_2}{(\delta_2 - \delta_1)^2} \ln\left(\frac{\delta_2}{\delta_1}\right)\right], \quad . \; . \; . \; . \; (57)$$

die die Entfernung der neutralen Zone des Ankerfeldes von der Mitte des Polschuhes angibt. Die neutrale Zone liegt natürlich auf der Seite der Mittellinie, auf der der kleinere Luftzwischenraum δ_1 vorhanden ist.

Sind die Eisenwiderstände in den Ankerzähnen und in den Polschuhen nicht zu vernachlässigen, so wird die neutrale Zone sich etwas nach der Seite des größeren Luftzwischenraumes hin verschieben; diese Verschiebung ist minimal. Ferner muß dann auch die Variation des Koeffizienten k_1 (s. Gl. 41 S. 135) mit dem ungleichen δ berücksichtigt werden, was angenähert durch Einführung von δk_1, $\delta_1 k_1{}^I$ und $\delta_2 k_1{}^{II}$ in die Formel für ϱ_0 geschehen kann.

Günstig ist es, $\delta_2 - \delta_1$ so groß zu wählen, daß bei halber Belastung das Feld im Luftzwischenraume fast konstant wird, denn dann wird das Feld bei Leerlauf wie bei Vollast ungefähr gleichviel verzerrt. Ist dies der Fall, so haben wir bei Halblast unter dem ganzen Pol in allen Zähnen dieselbe magnetische Sättigung, so daß die Differenz der resultierenden Amperewindungen des Luftspaltes unter den zwei Ecken gleich den unter dem Pol liegenden Ankeramperestäben wird.

Es muß somit

$$\delta_2\, k_1{}^{II} - \delta_1\, k_1{}^{I} = \frac{b\, A S}{1{,}6\, B_l}$$

sein, wo b gleich der Entfernung der beiden Punkte der Pole ist, die den Lufträumen δ_2 und δ_1 entsprechen. $k_1{}^I$ und $k_1{}^{II}$ sind die den Lufträumen δ_1 und δ_2 entsprechenden Werte von k_1.

48. Experimentell ermittelte Feldkurven.

Einige experimentell aufgenommene Feldkurven sind in den Fig. 157 bis 161 dargestellt. Sie zeigen, daß die angegebenen Verzerrungen des Magnetfeldes bei Belastung auftreten und daß das Ankerfeld die besprochenen charakteristischen Formen annimmt.

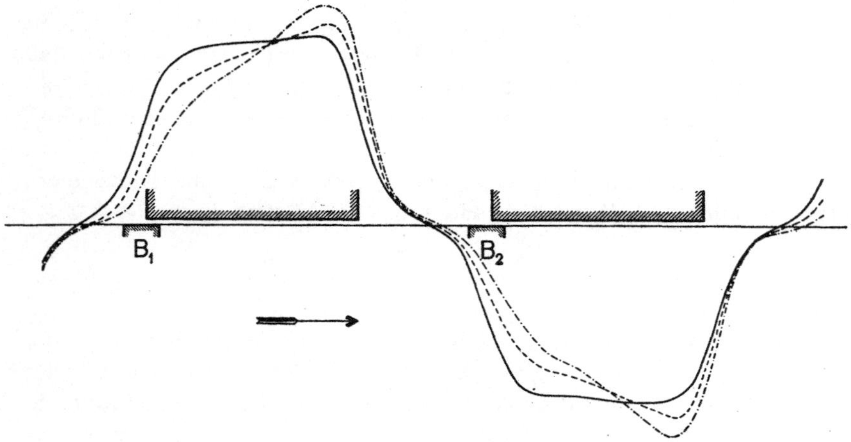

Fig. 157. Feldkurven für verschiedene Stromstärken im Anker bei konstanter EMK.

Die Fig. 157 stellt die Feldkurven eines Generators des elektrotechnischen Instituts der Hochschule Karlsruhe dar. Die Kurven sind mit zwei auf dem Kommutator verschiebbaren Prüfbürsten und einem Voltmeter aufgenommen und geben somit den Mittelwert der EMKe an, die in den zwischen den Prüfbürsten liegenden Ankerspulen induziert werden. Dieser Wert ist bekanntlich proportional der Stärke des Feldes, in dem sich die betreffenden Ankerspulen befinden. Die örtlichen Schwankungen des Feldes kommen daher nicht zum Ausdruck, sondern die Ordinaten stellen die Mittelwerte der örtlich veränderlichen Feldstärken dar.

Die Maschine besitzt 8 Pole, einen Anker mit Reihenwicklung, 91 Kommutatorlamellen und leistet bei 200 Umdrehungen in der Minute und 120 Volt im Maximum 65 Amp.

Um den Einfluß der Quermagnetisierung allein zu ermitteln, wurde für die Feldkurven in Fig. 157 die EMK und die Umdrehungszahl der Armatur konstant gehalten, d. h. die Erregung wurde so eingestellt, daß die Klemmenspannung

$$P = 110 \text{ Volt} - J_a \Sigma R \text{ wird,}$$

wo J_a die Stromstärke der Maschine und ΣR den Ankerwiderstand und den Übergangswiderstand an den Bürsten bedeutet.

Mit zunehmender Belastung verschiebt sich das Feld und die neutrale Zone immer mehr; die maximale Induktion im Anker, die für die Berechnung der Eisenverluste maßgebend ist, wird erhöht. Die Bürsten wurden bei allen Belastungen in der eingezeichneten Lage gelassen. Der Inhalt der Feldkurven zwischen den Bürsten ergab bei den verschiedenen Belastungen:

43,3 qcm	für	$J = 0$,	$E = P = 110$ Volt,		$i_n = 3{,}45$ Amp.
43,0 „	„	$J = 30$ Amp.,	$E = 110$ V.,	$P = 103{,}4$ V.,	$i_n = 3{,}75$ „
42,5 „	„	$J = 60$ „	$E = 110$ V.,	$P = 96{,}7$ V.,	$i_n = 4{,}2$ „

Um dieselbe induzierte EMK bei Belastung wie bei Leerlauf zu bekommen, müssen wir, wie aus dem vorhergehenden Versuch ersichtlich ist, die Stromstärke i_n der Feldspulen erhöhen.

Oszillogramme. Die örtlichen Feldschwankungen, die von den Ankernuten und dem pulsierenden Feld der Kurzschlußströme herrühren, lassen die mit einem Oszillographen aufgenommenen Kurven deutlich erkennen.

Die nachfolgenden Oszillogramme (Fig. 158 bis 161) sind an einer sechspoligen Maschine mit Reihenwicklung aufgenommen. Es beträgt

die Lamellenzahl	124	
die Nutenzahl	62	
der Polbogen	127	elektrischer Grade, d. h. $\alpha = 0{,}7$.

Diese Oszillogramme sind mit einer auf den Anker aufgelegten Prüfspule aufgenommen worden, deren Enden an zwei Schleifringe geführt waren. Wie aus Gl. (3) hervorgeht, ist die EMK einer Spule proportional der Feldstärke am Orte des Leiters, d. h. die EMK-Kurve, die den zeitlichen Verlauf der induzierten EMK wiedergibt, hat die gleiche Form wie die Feldkurve.

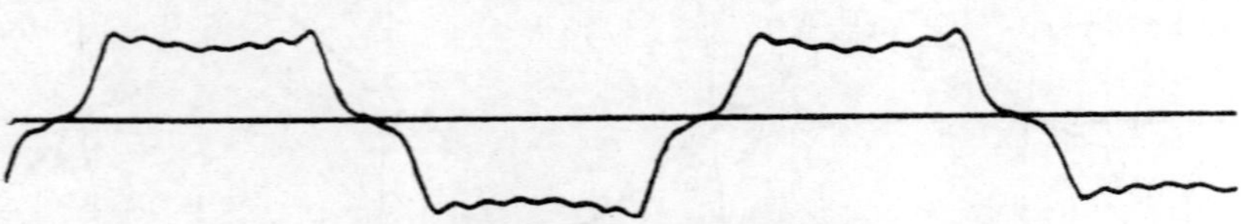

Fig. 158. Remanentes Feld.

Der Stromkreis des Oszillographen führt von den Schleifringen aus über einen regulierbaren Widerstand zum Oszillographen. Da der Widerstand jeweils so eingestellt wurde, daß die Amplitüde der aufzunehmenden Kurve eine passende Größe erhielt, ist der Ordinatenmaßstab für die verschiedenen Kurven verschieden.

Aus der Kurve des remanenten Feldes (Fig. 158) ist ersichtlich, daß die Polkanten am stärksten magnetisch sind. Dies rührt daher, daß entsprechend der kurzen Weglänge die Kraftlinien sich an den Polkanten zusammendrängen.

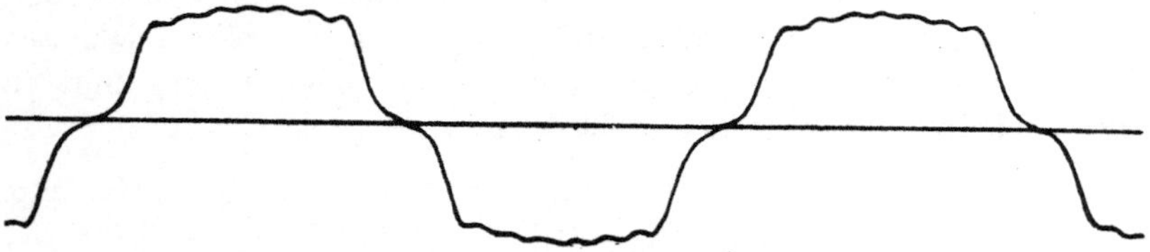

Fig. 159. Feld bei Leerlauf und starker Erregung.

Die Feldkurve bei starker Erregung (Fig. 159) ist nach oben gewölbt, es ist das eine Folge der magnetischen Kraft der Erregerspulen, indem die sogenannten H-Linien noch wachsen, auch wenn das Eisen gesättigt ist.

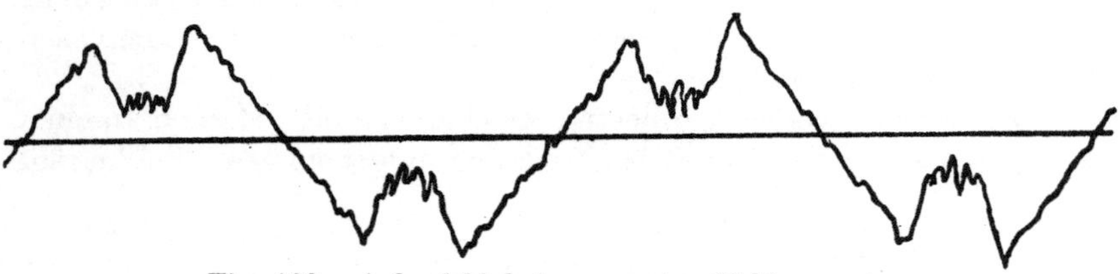

Fig. 160. Ankerfeld bei unerregten Feldmagneten.

Die Form des Ankerfeldes zeigt das Oszillogramm Fig. 160, bei dessen Aufnahme die Bürsten in der geometrisch neutralen Zone standen. Die der Kurve in der neutralen Zone überlagernden Zacken rühren daher, daß die vom Ankerstrom durchflossenen Ankerspulen durch die Bürsten kurzgeschlossen wurden.

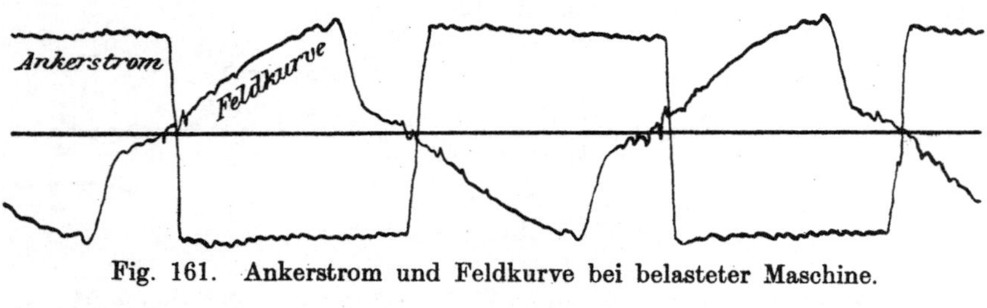

Fig. 161. Ankerstrom und Feldkurve bei belasteter Maschine.

Eine Aufnahme des Gesamtfeldes der belasteten Maschine zeigt das Oszillogramm Fig. 161. Die zu erwartende Verzerrung des Feldes ist deutlich zu erkennen. Um die Ankerstromkurve zu erhalten, wurde eine Ankerspule aufgeschnitten und in sie ein Widerstand von etwa 0,2 Ω eingeschaltet, dessen Enden mit zwei Schleifringen verbunden wurden.

49. Berechnung der Ankerrückwirkung und der Feldamperewindungen bei Belastung.

a) Einfluß der längsmagnetisierenden Ankeramperewindungen. Zur Berechnung der Ankerrückwirkung denken wir uns den Anker der Maschine mit einer gleichmäßig verteilten Kupferschicht bedeckt, deren Strom für jeden cm des Ankerumfanges, die sogenannte lineare Ankerbelastung AS, gleich dem Stromvolumen der wirklichen Wicklung für einen cm Ankerumfang sein soll.

Ist i_a der Strom eines Ankerzweiges, so folgt aus der Beziehung

$$i_a N = \frac{J_a}{2a} N = \pi D A S$$

$$AS = \frac{J_a N}{2 \pi a D} \quad \ldots \ldots \ldots \ldots (58)$$

Betrachten wir das Schema einer vierpoligen Maschine (Fig. 162) und ist b_c die Größe des Bogens in cm, um den wir die Bürsten aus der neutralen Zone auf dem Ankerumfang verstellt haben, so wirken auf ein Polpaar die Ankeramperewindungen

$$AW_e = 2 b_c AS \quad \ldots \ldots \ldots (59)$$

worin $b_c = \frac{\beta \pi D}{360}$ ist, längsmagnetisierend, wenn β den Winkel der Bürstenverstellung in geometrischen Graden bedeutet. Die längsmagnetisierenden Amperewindungen wirken bei einem Generator mit vorgeschobenen Bürsten auf das Hauptfeld schwächend, d. h. entmagnetisierend. Dasselbe ist beim Motor der Fall, wenn die Bürsten zurückverschoben sind.

Bei der Vorausberechnung von AW_e muß die zur Erzielung einer guten Kommutierung erforderliche Bürstenverstellung b_c zunächst angenommen oder berechnet werden.

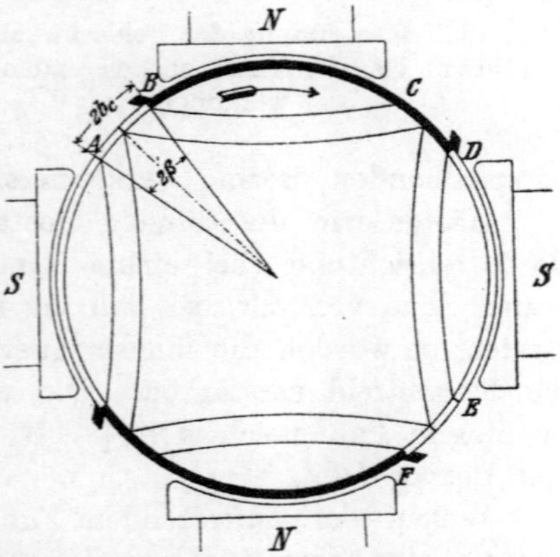

Fig. 162. Entmagnetisierende und quermagnetisierende Windungen eines vierpoligen Ankers.

Bei normalen Maschinen ohne Wendepole verschiebt man die Bürsten so weit, daß sie bei Leerlauf in einem Felde von der Stärke 1000 bis 2000 zu stehen kommen.

Ist die Spulenweite stark verkürzt, so brauchen die Bürsten weniger verstellt zu werden, um ein genügend starkes Kommutierungsfeld zu erzielen. Da beide Spulenseiten hier in ungleichen Feldern liegen, so versteht man unter kommutierendes Feld bei Wicklungen mit Schrittverkürzung den Mittelwert der Felder, in denen die beiden Spulenseiten sich während der Kommutierung befinden.

Bei Maschinen mit Wendepolen stehen die Bürsten normalerweise in der geometrisch neutralen Zone, und b_c ist dann sowie die entmagnetisierenden Amperewindungen AW_e gleich Null.

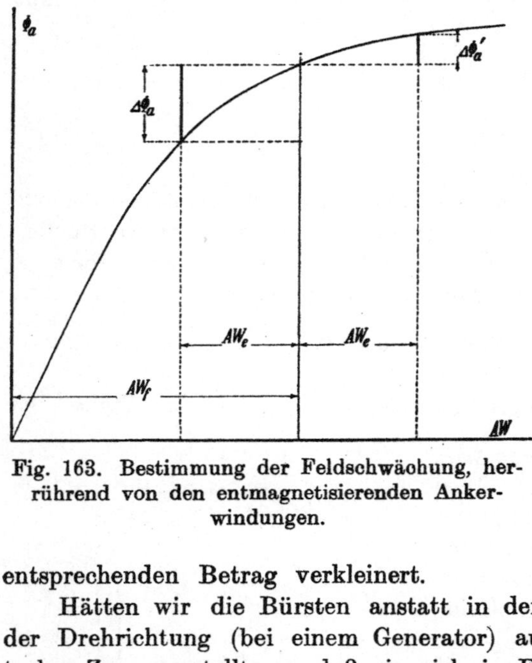

Fig. 163. Bestimmung der Feldschwächung, herrührend von den entmagnetisierenden Ankerwindungen.

Zeichnen wir nach Fig. 163 die Leerlaufcharakteristik der Maschine auf, so erhalten wir bei einer Felderregung von AW_f Amperewindungen nur die wirksamen Amperewindungen

$$AW_f - AW_e.$$

Der Kraftfluß Φ_a eines Pols sinkt unter dem Einfluß der entmagnetisierenden Amperewindungen um den Betrag $\Delta\Phi_a$ und die im Anker induzierte EMK wird um einen entsprechenden Betrag verkleinert.

Hätten wir die Bürsten anstatt in der Drehrichtung entgegen der Drehrichtung (bei einem Generator) aus der geometrisch neutralen Zone verstellt, so daß sie sich in Fig. 162 bei A und C befänden, so würden die längsmagnetisierenden Windungen des Ankers das Magnetfeld verstärken. Die wirksame Amperewindungszahl ist in diesem Fall gleich $AW_f + AW_e$ und der Kraftfluß Φ_a steigt um den Betrag $\Delta\Phi_a'$.

Wegen der auftretenden Funkenbildung ist jedoch im allgemeinen eine derartige negative Bürstenverstellung nicht zulässig.

Um die Wirkung der entmagnetisierenden Amperewindungen AW_e des Ankers zu kompensieren, muß die

Felderregung entsprechend erhöht werden. Die erforderliche Erhöhung der Feldamperewindungen ist jedoch ein wenig größer als AW_e; denn der ganze von AW_e erzeugte Kraftfluß geht nicht durch die Feldmagnete, sondern er streut zum Teil zwischen den Magnetkernen.

Das von den entmagnetisierenden Amperewindungen des Ankers erzeugte Längsfeld kommt in den Feldkurven nicht zum Vorschein.

b) Einfluß der quermagnetisierenden Ankeramperewindungen. Auf den Ankerquerfluß eines Polpaares wirkt die magnetomotorische Kraft von

$$AW_{aq} = (\tau - 2\,b_c)AS$$

Amperewindungen.

Diese bewirken eine Verzerrung des Magnetfeldes, wobei an der Austrittsseite des Querfeldes der magnetische Widerstand des Poleisens stärker ansteigt, als er an der Eintrittsseite verkleinert wird. Da somit im ganzen eine Vergrößerung des magnetischen Widerstandes eintritt, ist eine Feldverstärkung erforderlich, wenn Φ_a konstant bleiben soll.

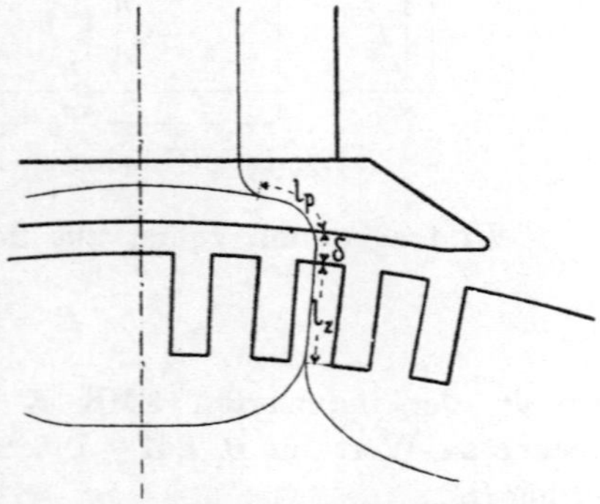

Fig. 164. Mittlerer Kraftlinienweg des quermagnetisierenden Kraftflusses.

Um den Einfluß der Quermagnetisierung auf das Magnetfeld in anschaulicher Weise mit Annäherung zu bestimmen, zeichnen wir zunächst die Magnetisierungskurve für den magnetischen Kreis des Ankerquerflusses auf (Fig. 164). Dabei können wir die für das Ankereisen und für den Weg quer durch den Polschuh notwendigen wenigen Amperewindungen vernachlässigen. Es sind somit nur die Amperewindungen für den Luftspalt und für die Zähne zu berücksichtigen. Als Ordinate tragen wir die Luftinduktion B_l anstatt den Kraftfluß Φ_a auf, was gestattet ist, weil

$$B_l = \frac{\Phi_a}{b_i l}.$$

Für verschiedene Werte der Luftinduktion B_l berechnen wir nach den früher angegebenen Regeln die Amperewindungen $\frac{1}{2}(AW_l + AW_z)$ und tragen B_l als Funktion dieser Amperewindungszahl auf, welche die Magnetisierungskurve für den Ankerquerfluß darstellt; diese wird auch oft Übertrittscharakteristik genannt, weil sie die nötigen Amperewindungen für den Übertritt des Kraftflusses vom Feldsystem ins Ankereisen angibt.

In Fig. 165 ist die so erhaltene Magnetisierungskurve dargestellt, die nicht stark von der Leerlaufcharakteristik abweicht. — Wenn es nicht auf große Genauigkeit ankommt, kann man deswegen auch die Leerlaufcharakteristik benutzen, statt die Übertrittscharakteristik besonders zu berechnen.

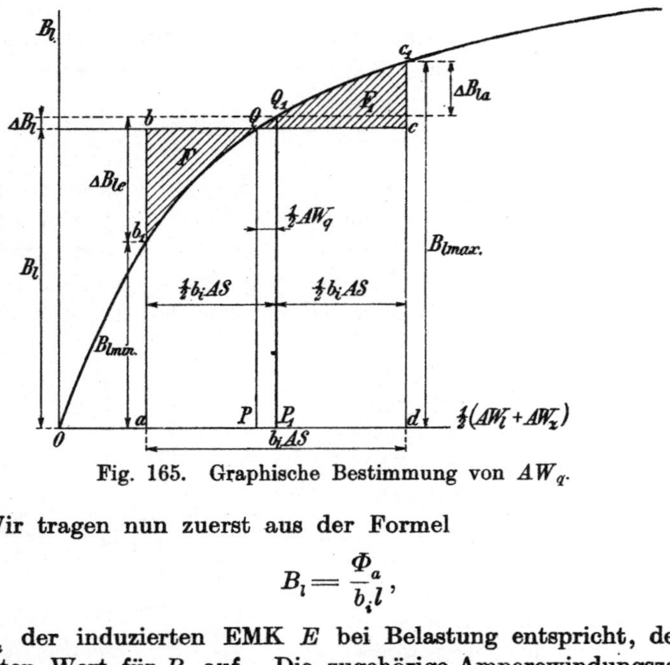

Fig. 165. Graphische Bestimmung von AW_q.

Wir tragen nun zuerst aus der Formel

$$B_l = \frac{\Phi_a}{b_i l},$$

wo Φ_a der induzierten EMK E bei Belastung entspricht, den berechneten Wert für B_l auf. Die zugehörige Amperewindungszahl ist gleich OP.

Bei Belastung des Ankers wirken die unter einem Pol liegenden Ankeramperewindungen $b_i AS$ quermagnetisierend; diese verteilen sich bei gleichem Luftspalt δ auf die Polecken derart, daß auf jede $\frac{1}{2} b_i AS$ wirkt. An der Austrittskante (bei einem Generator) würden daher die Amperewindungen $OP + \frac{1}{2} b_i AS$ und an der Eintrittskante die Amperewindungen $OP - \frac{1}{2} b_i AS$ bei unveränderter Erregung wirken.

Die Kurve $b_1 c_1$ gibt uns somit ein Bild für die Verteilung des Kraftflusses unter dem Pol und stellt den Teil der Feldkurve bei Belastung dar, der unter dem Pol liegt. Die Fläche des Rechtecks $abcd$ ist proportional $b_i B_l$; sie ist daher ein Maß für den Kraftfluß pro Pol

$$\Phi_a = l_i b_i B_l.$$

Soll dieser Kraftfluß durch die Quermagnetisierung nicht verändert werden, so müssen die Flächen ab_1c_1d und $abcd$ einander gleich, oder $b_1bQ = Qc_1c$ sein, d. h. der eintretende Ankerquerfluß muß gleich so groß wie der austretende Ankerquerfluß sein.

Man nimmt daher die Länge $b_i AS = \overline{bc}$ in den Zirkel und trägt sie so auf, daß die Flächen b_1bQ und Qc_1c einander gleich werden. Der Halbierungspunkt von $\overline{bc}$ liefert uns dann den Punkt P_1, und es ist

$$AW_q = 2\overline{PP_1}$$

die erforderliche Erhöhung der Erregung pro magnetischen Kreis, d. h. pro Polpaar, damit der Kraftfluß bei Belastung den gewünschten Wert Φ_b erhält.

P_1Q_1 ist die Luftinduktion unter der Polmitte und $\Delta B_l = P_1Q_1 - PQ$ ist somit der Betrag, um den die Luftinduktion bei Entfernung des Querflusses ansteigen würde.

Unter der Eintrittskante erhalten wir die um ΔB_{le} geschwächte Luftinduktion $B_{l\,min}$ und unter der Austrittskante die um ΔB_{la} verstärkte Luftinduktion $B_{l\,max}$. Damit das Feld unter der Eintrittskante nicht ganz verschwindet, dürfen die Amperewindungen $\frac{1}{2}(AW_l + AW_z)$ nicht kleiner als $(\frac{1}{2}b_i - \varrho)AS$ sein. Bei der Vorausberechnung einer Maschine muß man deswegen darauf achten, daß das Verhältnis

$$k_q = \frac{AW_l + AW_z}{b_i AS}$$

nicht kleiner als eins wird, und zwar wählt man dasselbe gewöhnlich 1,25 bis 2,0 je nach der Überlastung, für die die Maschine zu bauen ist.

Wenn man zur Bestimmung von AW_q die Leerlaufcharakteristik verwendet, die ein wenig tiefer liegt als die Übertrittscharakteristik, erhält man etwas größere Werte für AW_q; andererseits gibt aber die Übertrittscharakteristik etwas zu kleine Werte, weil die Amperewindungen für die Polschuhe vernachlässigt worden sind.

Bei modernen Maschinen, bei denen die Polkanten stark gesättigt sind, wird die Feldkurve unter dem Polschuh mehr gekrümmt sein als die Strecke b_1c_1 der Übertrittscharakteristik und auch oft in der Nähe von c_1 flacher verlaufen als die Leerlaufcharakteristik bei derselben Amperewindungszahl. Man wird deswegen keinen großen Fehler begehen, wenn man bei der Berechnung von AW_q die Leerlaufcharakteristik zur Bestimmung von AW_q verwendet. Ebenso werden die aus der Leerlaufcharakteristik für $B_{l\,min}$ und $B_{l\,max}$ ermittelten Werte ganz brauchbar sein, wenn nicht besondere Polkonstruktionen angewandt werden.

Bei diesem Verfahren ist der Einfluß der Queramperewindungen auf die Pollücke nicht berücksichtigt. Es wird hier von den Ankeramperewindungen $(\tau - 2\,b_c)\,AS$ ein Kraftfluß erzeugt, der eine Verschiebung der neutralen Zone mit der Belastung im Sinne der Bürstenverstellung zur Folge hat. Diese Verschiebung kann so groß werden, daß in Fig. 115 die Feldkurve durch die Bürstenmitten B_1', B_2' geht, d. h. daß das kommutierende Feld Null ist und der totale Kraftfluß eines Pols nutzbar gemacht, also $\Phi = \Phi_a$ wird. Die Erhöhung der Feldamperewindungen wird deswegen von Leerlauf bis Vollast etwas verkleinert. Diese relative Erhöhung des nutzbaren Kraftflusses durch die Quermagnetisierung wird aber dadurch wieder verkleinert, daß die Erregung bei Belastung erhöht und dadurch die neutrale Zone wieder zurückgeschoben wird.

c) Neutrale Zone des Ankerquerfeldes. In Fig. 165 ist Q der Schnittpunkt zwischen den Feldkurven mit und ohne Ankerquerfeld. Es gibt Q somit die neutrale Zone des Ankerquerfeldes an, und, wie aus der Figur ersichtlich, liegen zwischen der neutralen Zone des Querfeldes und der Polmitte an der Ankeroberfläche AW_q Amperewindungen, so daß AW_q einer physikalischen Bedeutung zukommt. Schreiben wir

$$AW_q = 2\,\varrho\,AS \quad . \; . \; . \; . \; . \; . \; . \; . \quad (60)$$

so ist $\varrho = \overline{PP_1}$ die Entfernung der neutralen Zone des Querfeldes von der Polmitte. Diese würde Null werden, wenn keine Eisensättigungen vorhanden wären und es würde damit auch $AW_q = 0$ werden. Dies trifft zwar nur zu, wenn der Luftspalt unter den Polen überall gleich groß ist. Ist dies nicht der Fall, wie z. B. bei den exzentrischen Polschuhen in Figur 155, so wird selbst unter Vernachlässigung des magnetischen Widerstandes im Eisen die neutrale Zone des Ankerquerfeldes von der Polmitte verschoben werden.

Treten bei exzentrischen Polbogen Eisensättigungen auf, so wird die neutrale Zone des Ankerquerfeldes sich noch mehr als die nach der Gleichung (57) berechnete Strecke ϱ_0 von der Polmitte zurückschieben. Es würde sonst die schraffierte Fläche unterhalb der Nullinie größer ausfallen als die schraffierte Fläche oberhalb derselben.

d) Feldamperewindungen bei Belastung. Wir gehen nun dazu über, die Feldamperewindungen bei Belastung zu bestimmen und verfahren hierbei wie folgt. Wir berechnen zuerst den Kraftfluß

$$\Phi_b = \frac{a}{N}\,\frac{60}{pn}\,E\,10^8,$$

der bei Belastung nötig ist, um in der Ankerwicklung die EMK

$$E = P \pm J_a\,(R_a + R_h) \pm 2\,\Delta P$$

zu induzieren. Für diesen Kraftfluß ergeben sich die Amperewindungen AW_{ab}, AW_{zb} und AW_{lb}.

Der Streuungskoeffizient war bei Leerlauf

$$\sigma = 1 + \frac{2(AW_{l0} + AW_{z0} + AW_{aa})}{\Phi_a} \Sigma \lambda .$$

Bei Belastung erhält man

$$\sigma_b = 1 + \frac{2(AW_{lb} + AW_{zb} + AW_{ab} + 2(b_c + \varrho) AS)}{\Phi_b} \Sigma \lambda \quad (61)$$

Dieser ist größer als bei Leerlauf, weil die magnetische Spannung P_m zwischen den Streuflächen der Polschuhe und der Magnetkerne um die Ankerrückwirkung $2(b_c + \varrho) AS$ größer ist. Es wird also bei Belastung

$$\Phi_{mb} = \sigma_b \sigma_a \Phi_b .$$

Infolge der Verdrehung des Magnetfeldes durch die Quermagnetisierung nähert sich σ_a bei Belastung der Einheit und darf in normalen Fällen gleich eins gesetzt werden. Es wird dann

$$\Phi_{mb} = \sigma_b \Phi_b$$

und man erhält

$$B_m = \frac{\Phi_{mb}}{Q_m} \qquad AW_{mb} = aw_{mb} L_m$$

und

$$B_j = \frac{\Phi_{mb}}{2 Q_j} \qquad AW_{jb} = aw_{jb} L_j ,$$

und die Amperewindungen pro magnetischen Kreis bei Belastung ergeben sich zu

$$\boldsymbol{AW_k = AW_{ab} + AW_{zb} + AW_{lb} + AW_{mb} + AW_{jb} + 2(b_c + \varrho) AS} \quad (62)$$

50. Genaue Berechnung der Feldamperewindungen bei Belastung.

Die im vorigen Abschnitt berechneten Werte von AW_q und AW_e sind nur angenähert richtig, weil man erstens die Bürstenlage geschätzt hat und zweitens, weil man bei der Bestimmung von AW_q nur das Feld unter den Polen und nicht das in den Pollücken berücksichtigt hat.

Zur genauen Ermittelung der zur Hergabe einer gegebenen Klemmenspannung bei Belastung erforderlichen Erregeramperewindungen kann man jedoch in ähnlicher Weise wie im vorigen Abschnitt vorgehen. Nur muß sowohl das Ankerquerfeld in den Pollücken als die Bürstenlage genau berechnet werden.

Man ermittelt zunächst für die gewählte Polschuhform die genaue Leerlauffeldkurve, und zwar bei einer Spannung entsprechend der bei Belastung induzierten EMK E, die dem Kraftfluß Φ_b bei Belastung entspricht.

Außerdem bestimmt man, wie im vorigen Abschnitt gezeigt, die Bürstenlage im Abstande b_c von der neutralen Zone und den Abstand ϱ der neutralen Zone des Querfeldes von der Polmitte. Unter der Annahme, daß diese beiden Punkte richtig gewählt sind, wird demnach die exakte Feldkurve bei Belastung berechnet und der dieser Kurve entsprechende Kraftfluß ermittelt. Ist der Flächeninhalt dieser Kurve zwischen den Bürsten gleich den der Leerlauffeldkurve, so ist der Kraftfluß bei Belastung gleich Φ_b; stehen außerdem die Bürsten in einem für die Kommutierung passenden Feld, so ist die Aufgabe gelöst und wir können die den Werten b_c und ϱ entsprechenden Amperewindungen

$$AW_e = b_c AS \quad \text{und} \quad AW_q = \varrho AS$$

für die genaue Bestimmung der Erregeramperewindungen bei Belastung benutzen.

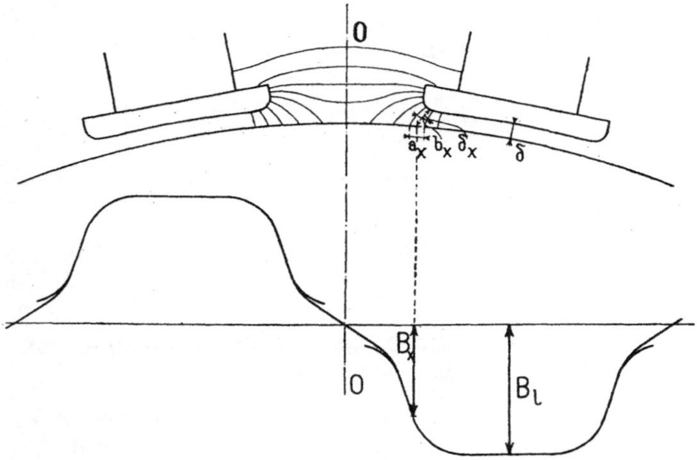

Fig. 166. Feldkurve bei Leerlauf.

Nachdem nun der Gang der Berechnung skizziert ist, gehen wir zu den Einzelheiten der Berechnung über.

Zur Bestimmung der Feldkurve für Leerlauf zeichnen wir in der bei Bestimmung des ideellen Polbogens gezeigten Weise für den Luftspalt das Kraftröhrenbild auf (Fig. 166), aus dem wir die Feldstärke jeder Röhre an der Ankeroberfläche

$$B_x = \frac{\delta k_1 k_z b_x}{\delta_x k_{1x} a_x} B_l \quad . \quad . \quad . \quad . \quad . \quad . \quad . \quad (63)$$

bestimmen können. Diese Formel ist genauer als Formel (37), weil hier der Einfluß der Nutenöffnungen durch k_1 und die Zahnsättigungen durch k_z berücksichtigt sind.

In der neutralen Zone OO erhält man jedoch zu große Werte. Dieser Fehler rührt daher, daß die Anwesenheit des anderen Pols nicht berücksichtigt ist, wodurch man ein Feld erhält, das sich asymptotisch dem Wert Null nähert. Überlagert man aber dieses Feld dasjenige des benachbarten Pols, so erhält man für das wirklich auftretende Feld kleinere Werte in der Nähe der neutralen Zone und in dieser selbst den Wert Null, da die beiden überlagerten Felder an dieser Stelle gleich groß und entgegengesetzt gerichtet sind. Man läßt daher, wie in Fig. 166 gezeigt, die berechneten Werte B_x in der Nähe der geometrisch neutralen Zone außer Betrachtung und verbindet den positiven Teil der Feldkurve mit dem negativen mittels einer Geraden durch die neutrale Zone.

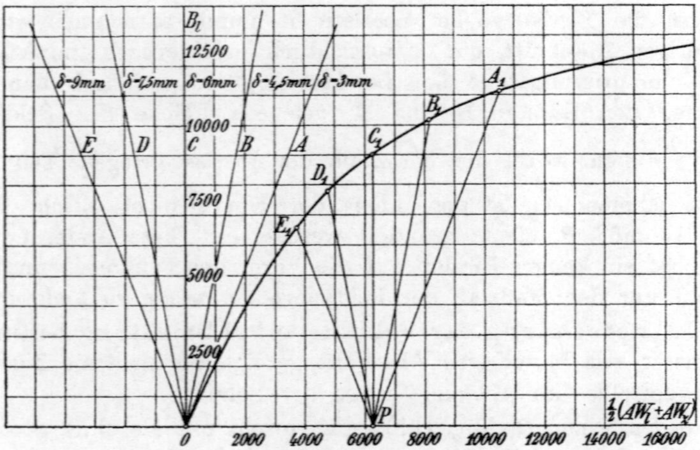

Fig. 167.

Ist der Luftspalt, wie z. B. bei exzentrischem Polbogen, nicht überall konstant, so ermittelt man den Teil der Feldkurve, der unter den Polen liegt, am besten in der folgenden Weise. Wir berechnen die Magnetisierungskurve (Fig. 167) des Kraftflusses in der Polmitte für die Strecke vom Polschuh bis zum Zahnfuß, d. h. wir tragen B_l als Funktion von $\frac{1}{2}(AW_l + AW_z)$ auf.

Diese Magnetisierungskurve ändert sich von Ort zu Ort, da sich δ und k_1 ändern. Wir können aber diese Induktionen B_x für eine gewisse Induktion B_l in der Polmitte bestimmen, indem wir vom Punkt O aus Strahlen (A, B, C usw.) ziehen, deren Abszissen gleich

$$0{,}8\, B_l (\delta k_1 - \delta_x k_{1x})$$

sind. Ziehen wir dann durch den Fußpunkt P der der Induktion B_l entsprechenden Ordinate Parallelen zu den Strahlen A, B, C usw., so ergeben die Ordinaten der Punkte A_1, B_1, C_1, D_1 usw. die an den Punkten mit dem Luftspalt δ_x vorhandene Luftinduktion B_x.

Ist B_x für eine genügende Anzahl Punkte unter und außerhalb des Polschuhes bestimmt, so kann die Feldkurve für Leerlauf aufgezeichnet werden.

Sind die Polschuhspitzen stark gesättigt, muß man auf die pro Polspitze entsprechenden Amperewindungen $\frac{1}{2} AW_p$ bei der Bestimmung von B_x außerhalb des Polschuhes Rücksicht nehmen. Dies geschieht, indem man für k_z in Formel (63) den Wert

$$k_z = 1 + \frac{AW_z - AW_p}{AW_l} \quad \ldots \ldots \quad (64)$$

einsetzt.

Ist die Feldkurve bei Leerlauf bestimmt, so nehmen wir, wie im vorigen Abschnitt, die voraussichtlich erforderliche Induktion in der Kommutierungszone bei Leerlauf B_{k0} an. Es muß dann die zwischen den Bürsten B_1 und B_2 gelegene Fläche der Feldkurve gleich $\frac{\Phi_b}{l}$ sein, wobei der unterhalb der Abszisse gelegene Teil negativ zu nehmen ist. Ist der Inhalt der Kurve nicht gleich diesem Wert, so muß B_l etwas geändert werden. Ist diese Änderung sehr klein, hat sie keinen Einfluß auf die Form der Feldkurve und man braucht nur den Maßstab der Feldkurve ein wenig zu ändern.

Zur **Berechnung der Feldkurve bei Belastung** bestimmen wir zuerst, wie im vorigen Abschnitt gezeigt, die neutrale Zone des Ankerquerfeldes im Abstande ϱ von der Polmitte.

In den Punkt O_2 (Fig. 168) wirkt sowohl mit als ohne Strom in der Ankerwicklung dieselbe magnetomotorische Kraft $AW_{lb} + AW_{zb} + AW_{ab}$. In einen Punkt im Abstande b_x von O_2 wirkt dann eine MMK, die um $\pm b_x AS$ Amperewindungen von $AW_{lb} + AW_{zb} + AW_{ab}$ abweicht. Für alle Punkte, die bei einem Generator in der Drehrichtung um b_x cm verschoben sind, wird die wirksame MMK um $b_x AS$ **erhöht**, für die entgegengesetzt der Drehrichtung liegenden Punkte um den gleichen Betrag **vermindert**. Tragen wir in der Übergangscharakteristik Fig. 165 den Wert $b_x AS$ von P aus nach rechts und links ab, so gibt das zwischenliegende Kurvenstück $b_1 c_1$ die Induktion unter dem Polbogen an.

Ist der Luftspalt nicht überall konstant, so verfährt man in gleicher Weise wie bei der Bestimmung der Leerlauffeldkurve und zieht eine Reihe von Strahlen A, B, C (Fig. 169), deren Abszissen gleich

$$0{,}8\, B_l\,(\delta k_1 - \delta_x k_{1x})$$

sind. Die Amperewindungen für die verschiedenen Werte von δ_x werden dann von den Geraden A, B, C usw. bis zur Kurve F gerechnet.

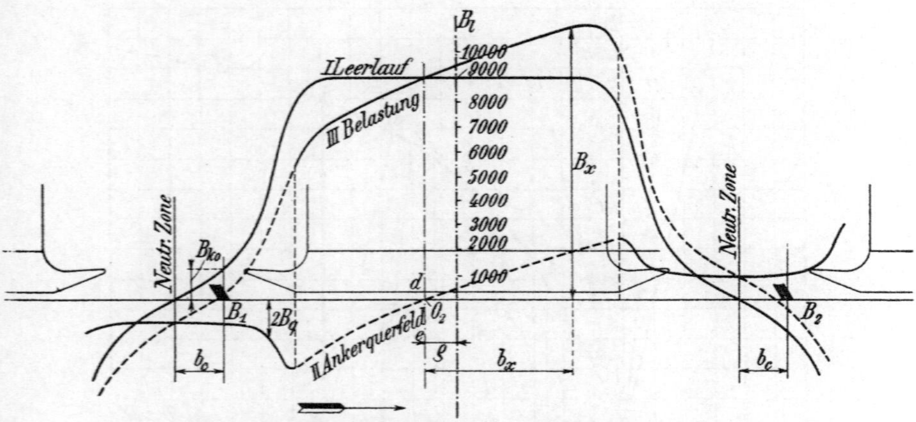

Fig. 168. Feldkurve bei Leerlauf und Belastung.

Herrscht z. B. im Punkt A bei Belastung eine MMK $\overline{Ob} = AW_{lb} + AW_{zb} - b_x AS$, so zieht man durch b zu dem Strahl A eine Parallele, die die Übertrittscharakteristik F in A_2 schneidet. Es ergibt sich somit im Punkt A eine Feldstärke B_a anstatt bb_1. In gleicher Weise erhält man in den Punkten B, C, D und E die den Punkten B_2, C_2, D_2 und E_2 entsprechenden Feldstärken, und das Kurvenstück $A_2 E_2$ gibt die Feldstärke unter dem Polbogen bei Belastung an. Aus den Fig. 167 und 169 sieht man leicht ein, welche Änderung die Feldkurve unter einem exzentrischen Pol von Leerlauf bis Belastung erfährt und man sieht deutlich, wie man durch exzentrische Polbogen der Wirkung der quermagnetisierenden Ankeramperewindungen entgegenwirken kann. — Die Strahlen der verschiedenen Luftabstände δ lassen sich nicht allein für exzentrische Polbogen, sondern auch mit Vorteil für die Berechnung der Feldkurven unter abgeschrägten Polspitzen anwenden.

Subtrahiert man die Feldkurve I bei Leerlauf von der Kurve III bei Belastung, so erhält man den Teil der Kurve II des Ankerquerfeldes, der unter dem Polschuh liegt und in Fig. 168 gestrichelt angegeben ist.

Um die **Feldkurve bei Belastung in der Pollücke**, die für die Beurteilung der Kommutierung wichtig ist, zu bestimmen, zeichnen wir zuerst bei unerregten Feldmagneten das Kraftröhrenbild des Ankerquerfeldes auf, das etwa nach Fig. 170 A verläuft. Dieses Kraftröhrenbild kann man sich durch Überlagerung zweier unabhängiger Ankerfelder entstanden denken (Fig. 170 B), indem man sich für jedes Ankerfeld nur einen Pol vorhanden denkt.

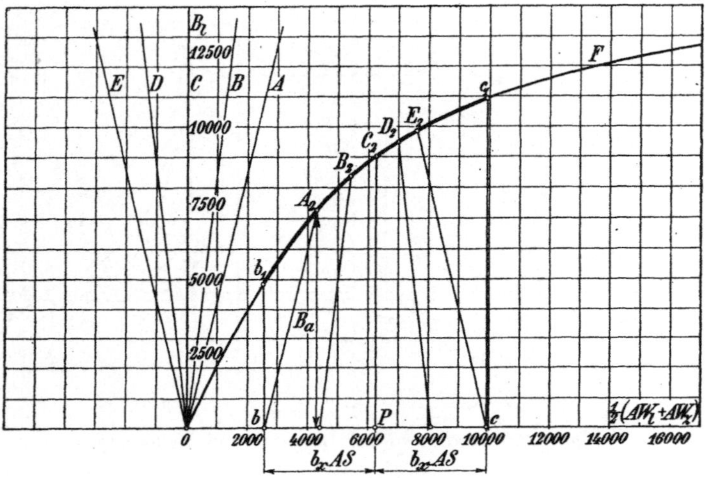

Fig. 169.

Gegenüber dem großen Luftwiderstand dürfen wir den Eisenwiderstand vernachlässigen. Ferner nehmen wir an, daß der Quer-

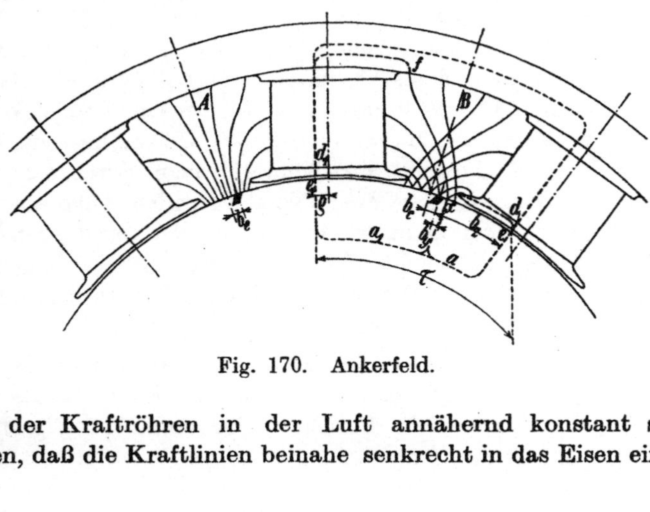

Fig. 170. Ankerfeld.

schnitt der Kraftröhren in der Luft annähernd konstant sei und beachten, daß die Kraftlinien beinahe senkrecht in das Eisen eintreten.

Es wird dann die Induktion des Ankerquerfeldes in der Pollücke B_{qx} gleich der Summe der Induktionen beider Querfelder, d. h. $B_{qx} = B_{q1} + B_{q2}$.

Bilden wir in Fig. 170 das Linienintegral der magnetischen Feldstärke $\int H dl$ einmal über die Wegstrecke $x - d - a - x$ und das andere Mal über die Kurve $x - f - d_1 - e_1 - a_1 - x$, so wird, wenn wir den Eisenwiderstand in den Polspitzen vernachlässigen und beachten, daß $\int H dl$ für den Luftspalt und die Zähne in der neutralen Zone $d - e$ resp. $d_1 - e_1$ gleich Null ist,

$$\int_1 H dl = 0{,}4\,\pi\, AS\,(b_z - b_y) = B_{q1}\,\delta_x$$

$$\int_2 H dl = 0{,}4\,\pi\, AS\,(\tau - b_z - b_y) = B_{q2}\,\overline{xf}$$

oder

$$B_{q1} = \frac{AS\,(b_z - b_y)}{0{,}8\,\delta_x} \text{ und } B_{q2} = \frac{AS\,(\tau - b_z - b_y)}{0{,}8\,\overline{xf}}.$$

Hierin bedeutet b_y den Abstand des betrachteten Punktes x von der Bürstenmitte, während der Abstand b_z der Bürstenmitte von der neutralen Zone des Ankerquerfeldes gleich $\frac{\tau}{2} - \varrho - b_c$ ist.

Es wird also die Induktion des Ankerquerfeldes in der Pollücke

$$B_{qx} = B_{q1} + B_{q2} = \frac{(b_z - b_y)\,AS}{0{,}8\,\delta_x} + \frac{AS\,(\tau - b_z - b_y)}{0{,}8\,\overline{xf}} \quad . \quad . \quad (65)$$

Wir ermitteln mit Hilfe dieser Gleichung für die gewählte Bürstenstellung die Induktion einiger Punkte in der Pollücke und erhalten dadurch die Feldkurve II des Ankerquerfeldes zwischen den Polen; diese ist in der Fig. 168 ganz ausgezogen.

Will man den Einfluß der Sättigung in den Polspitzen auf das bei Belastung wirklich auftretende Ankerquerfeld berücksichtigen, so geschieht dies am besten, indem man entweder den Kraftlinienweg δ_x für B_{q1} etwas länger wählt oder indem man von $(b_z - b_y)\,AS$ die Amperewindungen $\frac{1}{2}\,AW_p$ für eine Polspitze abzieht.

In der Kommutierungszone, wo $b_y = 0$, erhält man das Ankerquerfeld

$$B_q = \frac{\frac{\tau}{2} - (\varrho + b_c)}{0{,}8\,\delta_x}\,AS + \frac{\frac{\tau}{2} + \varrho + b_c}{0{,}8\,\overline{xf}}\,AS \quad . \quad . \quad . \quad (66)$$

Setzen wir der Abkürzung halber

$$B_q = (\lambda_{q1} + \lambda_{q2})\,AS = 2\,\lambda_q\,AS \quad . \quad . \quad . \quad . \quad . \quad (67)$$

so wird

$$\lambda_q = \lambda_{q1} + \lambda_{q2} = \frac{\frac{\tau}{2} - \varrho - b_c}{1{,}6\,\delta_x} + \frac{\frac{\tau}{2} + \varrho + b_c}{1{,}6\,\overline{xf}} \quad . \quad (68)$$

eine von den Polschuhen und von der Lage der Kommutierungszone abhängige konstante Größe; dieselbe hat die Dimension einer Zahl und kann als eine spezifische magnetische Leitfähigkeit für den Querfluß längs des Ankerumfanges aufgefaßt werden.

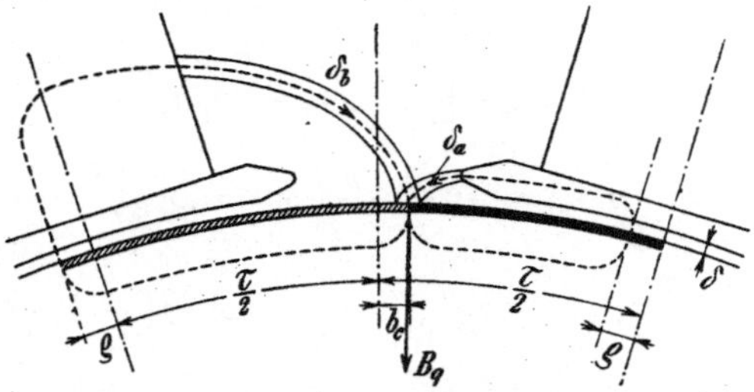

Fig. 171. Bestimmung des Ankerfeldes in der Pollücke.

Bei gesättigten Polschuhen erhält man an Hand des in Fig. 171 dargestellten Kraftlinienbildes das Ankerquerfeld B_q in der Kommutierungszone

$$B_q = \frac{\left(\frac{\tau}{2} - \varrho - b_c\right) AS - \frac{1}{2} AW_p}{0{,}8\,\delta_a} + \frac{\left(\frac{\tau}{2} + \varrho + b_c\right) AS}{0{,}8\,\delta_b}$$

und dementsprechend die spezifische magnetische Leitfähigkeit in der Kommutierungszone

$$\lambda_q = \frac{\frac{\tau}{2} - \varrho - b_c - k_p \frac{b_i}{2}}{1{,}6\,\delta_a} + \frac{\frac{\tau}{2} + \varrho + b_c}{1{,}6\,\delta_b} \quad . \; . \; . \quad (68\text{a})$$

worin $\frac{AW_p}{b_i AS} = k_p$ gesetzt worden ist.

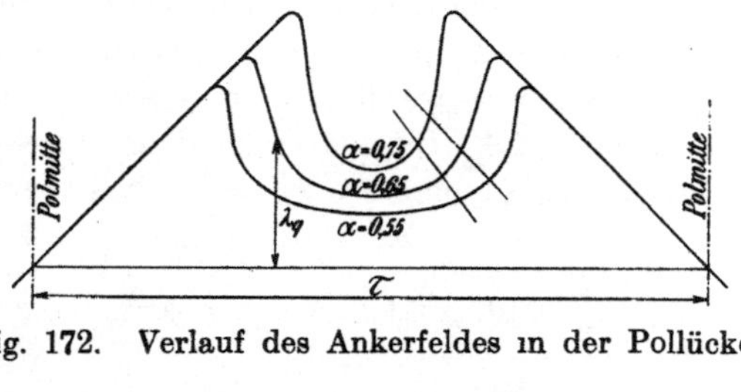

Fig. 172. Verlauf des Ankerfeldes in der Pollücke.

In Fig. 172 ist λ_q für verschiedene Breiten der Pollücke, d. h. für verschiedene $\alpha = \frac{b}{\tau}$ aufgezeichnet und verläuft sattelförmig zwischen den Polspitzen. Hierbei wurde $\varrho = 0$ gesetzt. In der normalen Kommutierungszone, die durch zwei schräge Linien angedeutet ist, verläuft das Ankerquerfeld fast nach einer schrägen Geraden und darf für die meisten Kommutierungszonen durch eine geradlinige Funktion des Ankerumfanges dargestellt werden.

Aus den drei Kurven, Fig. 172, ist deutlich zu erkennen, daß λ_q in der Mitte zwischen den Polschuhen um so kleiner ist, je kleiner α gewählt wird.

Um den Einfluß der Größe des Luftzwischenraumes auf λ_q zu zeigen, ist für dieselbe Polkonstruktion ($\alpha = 0{,}65$) wie oben, aber mit dem doppelten Luftzwischenraum δ die λ_q-Kurve berechnet und in Fig. 173 dargestellt. In der Mitte zwischen den Polschuhen ist λ_q fast unabhängig von der Größe des Luftzwischenraumes, was auch Versuche bestätigen; dagegen ist unter den Polkanten λ_q fast umgekehrt proportional mit δ, wenn alle anderen Verhältnisse gleich gehalten werden.

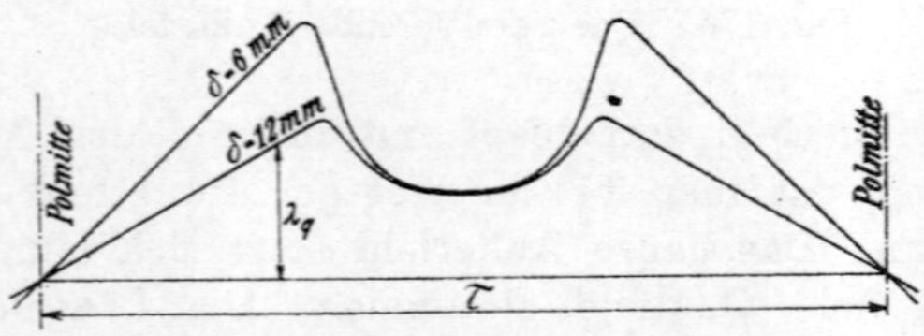

Fig. 173. Verlauf des Ankerfeldes in der Pollücke.

Bei Belastung erhält man in der Kommutierungszone ein Feld

$$B_{kb} = B_{k0} - B_q.$$

Das erforderliche Kommutierungsfeld, um bei Belastung eine geradlinige Kommutierung zu erzielen, bezeichnen wir mit

$$B_n + B_s = 2\,AS(\lambda_n + \lambda_s) \quad \ldots \ldots \quad (69)$$

worauf wir später zurückkommen werden.

Stellt man nun die Forderung, daß die Kommutierung von Leerlauf bis Vollast ohne Bürstenverschiebung funkenfrei verlaufen soll, so wird man gewöhnlich die Bürsten so einstellen, daß die Kommutierung bei Halblast fast geradlinig verläuft; es soll somit

$$B_{k^1/_2} = B_{k0} - \tfrac{1}{2} B_q = \tfrac{1}{2}(B_n + B_s)$$

sein, woraus folgt, daß das kommutierende Feld der Hauptpole

$$\boldsymbol{B_{k0} = \tfrac{1}{2}\,(B_q + B_n + B_s)} \quad \ldots \ldots \ldots \quad (70)$$

wird. Ist dies der Fall, so stehen die Bürsten im richtigen Felde. Bevor man die Berechnung der Feldkurve in der Pollücke bei Belastung anfängt, wird man also die Bürstenlage, d. h. b_e, kontrollieren.

Ist dies geschehen, so ermittelt man das Ankerquerfeld II der ganzen Pollücke und überlagert dieses mit der Feldkurve I bei Leerlauf um die Feldkurve III zwischen den Polen bei Belastung zu erhalten; dieselbe ist in Fig. 168 gestrichelt angegeben.

Es erübrigt sich nunmehr noch, den Flächeninhalt der Feldkurve III zwischen den Bürsten B_1 und B_2 zu kontrollieren um sicher zu sein, daß man die angenommenen Werte von b_c und ϱ für die Berechnung der Feldamperewindungen bei Belastung benutzen darf.

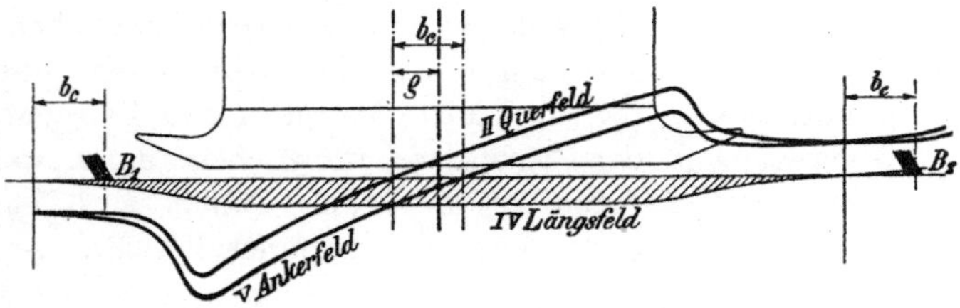

Fig. 174. Das resultierende Ankerfeld.

Das Ankerquerfeld darf nicht mit dem totalen Ankerfeld verwechselt werden, das man bei unerregtem Hauptfeld experimentell aufnehmen kann. Das ganze Ankerfeld setzt sich nämlich aus dem Längsfeld und dem Querfeld zusammen. Das Längsfeld hat praktisch dieselbe Form wie die Feldkurve bei Leerlauf. Addiert man das von den entmagnetisierenden Ankeramperewindungen AW_e erzeugte Längsfeld IV zu dem Ankerquerfeld II, so erhält man, wie in Fig. 174 gezeigt, das totale Ankerfeld V, das nur theoretisches Interesse hat. Zu erwähnen ist noch, daß der Abstand zwischen der neutralen Zone des Ankerquerfeldes und der des totalen Ankerfeldes gleich b_c ist. Dies rührt daher, daß die Feldstärke des Ankerfeldes in der neutralen Zone des Querfeldes gleich $\frac{AW_e}{1{,}6\,k_1\,\delta} = \frac{b_c\,AS}{0{,}8\,k_1\,\delta}$ ist und ein Feld von dieser Stärke muss im Abstande b_c cm von der neutralen Zone des Ankerfeldes liegen.

Ist die Maschine mit Kommutierungspolen versehen, so ist $b_c \simeq 0$ und man kann sofort ohne Rücksicht auf die Kommutierungszone das Feld in der Pollücke bestimmen, wie dies bei der Berechnung von Kommutierungspolfeldern später angegeben werden soll.

Zwölftes Kapitel.

Potentialkurven des Kommutators.

51. Potentialkurve bei Leerlauf. — 52. Potentialdiagramm. — 53. Lamellenspannung. — 54. Zulässige Lamellenspannung. — 55. Einfluß der Bürstenlage auf die Lamellenspannung. — 56. Verschiebung der Potentialkurve mit der Belastung.

51. Potentialkurve bei Leerlauf.

Alle Gleichstrommaschinen werden heutzutage mit geschlossener Ankerwicklung ausgeführt. Die einfachste dieser Wicklungen ist die Pacinotti-Grammesche Spiralwicklung, auf die, wie im fünften Kapitel gezeigt, sich jede andere geschlossene Wicklung zurückführen läßt. Fig. 175 zeigt das zweipolige Schema einer derartigen Wicklung. Zwischen den Bürsten B_1 und B_2 liegt stets die gleiche Anzahl Spulen; die in jeder dieser Spulen induzierte EMK hat dieselbe Kurvenform wie das Feld. Es wird somit für die gezeichnete Lage des Ankers in jedem Ankerleiter eine momentane EMK

$$e_x = B_x l v \, 10^{-6} \text{ Volt}$$

induziert, die durch die Umfangsgeschwindigkeit v, die Ankerlänge l und die Lage des Leiters im Felde bestimmt wird. In Fig. 176a sind die Spulen in ihrer relativen Lage zur Feldkurve aufgezeichnet, so daß die Ordinaten der Feldkurve gleichzeitig ein Maß für die in jeder Spule induzierte EMK darstellen. Da die Spulen gleichmäßig über den Anker verteilt sind, so erhält man ständig zwischen den Bürsten B_1 und B_2 eine konstante Spannung, die gleich der Summe

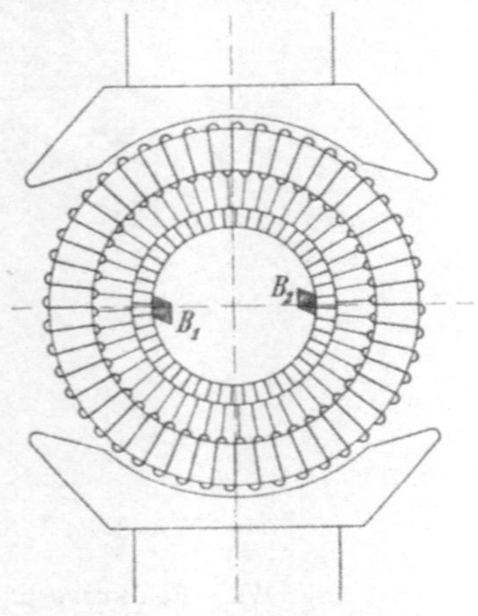

Fig. 175. Pacinottischer Ringanker.

der in den zwischen den Bürsten B_1 und B_2 liegenden Spulen induzierten EMKe ist. Die Spannung zwischen den Bürsten wird somit proportional dem Flächeninhalt der Feldkurve, die zwischen den beiden Bürstenlagen liegt; hierbei sind alle Flächenstücke oberhalb der Abszissenachse positiv und alle Flächenstücke unterhalb derselben negativ zu rechnen. Messen wir die Spannung zwischen einer Bürste, z. B. der negativen B_1, und verschiedenen Punkten des Kommutatorumfanges, was durch Auflegung einer Hilfsbürste b geschehen kann, so erhält man eine Spannung, die gleich der Summe der in den Spulen zwischen B_1 und b induzierten EMKe ist. Diese Spannung

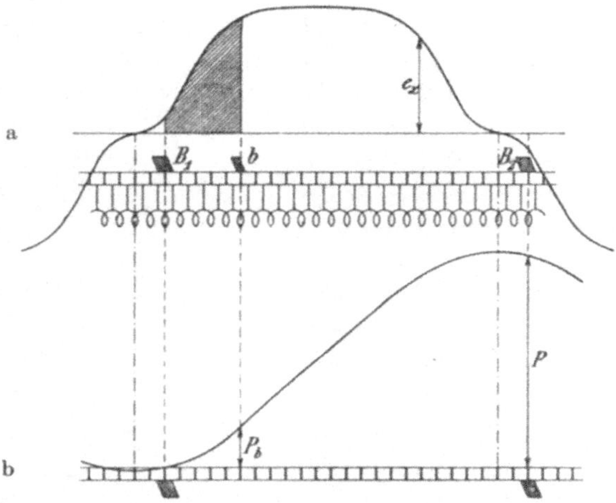

Fig. 176. Feldkurve und Potentialkurve eines Ringankers.

ist proportional dem Flächenstück oberhalb $B_1 b$. Trägt man diese Spannung P_b als Funktion der Bürstenlage b des betreffenden Punktes am Kommutatorumfang auf, so erhält man die sogenannte Potentialkurve des Kommutators Fig. 176b, die die Spannung an jedem Punkt des Kommutators darstellt. Diese Potentialkurve ergibt sich aus der Feldkurve durch das über der Abszisse $B_1 b$ liegende Flächenstück. Die Potentialkurve des Kommutators ist somit die Summations-, oder bei großer Lamellenzahl, die Integralkurve der Feldkurve. Selbst wenn die Feldkurve von der Sinusform bedeutend abweicht, nähert sich die Potentialkurve im allgemeinen der Sinusform.

Wenn die Bürsten $B_1 B_2$, wie in Fig. 177, in der neutralen Zone des Feldes stehen, so befinden sich die Bürsten an den Scheiteln der Potentialkurve, und man erhält zwischen ihnen die maximale Klemmenspannung P. Verschiebt man die beiden Bürsten gleichzeitig um gleich große Strecken aus der neutralen Zone, so ändert sich die

Spannung zwischen ihnen und man kann dies am besten durch Einzeichnung der Bürsten in die Potentialkurve, wie in Fig. 177 gezeigt, darstellen. In der Lage $B_1' B_2'$ ist die Spannung zwischen den Bürsten auf P' gesunken. Und kommen die Bürsten in der Mitte unter den Polen zu stehen, wie durch die Lage $B_1'' B_2''$ angegeben, so wird die Klemmenspannung gleich Null. Man kann jedoch nicht die Bürsten soweit ins Feld hinein verschieben, weil dann die Spannung $\Delta P''$ zwischen der vorderen und hinteren Bürstenkante, wie

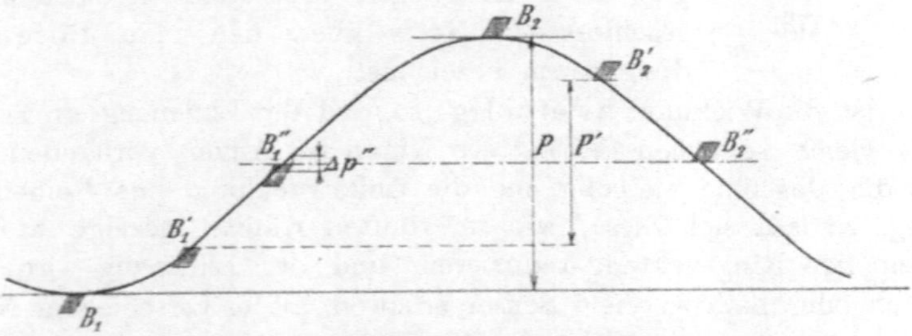

Fig. 177. Einfluß der Potentialkurve auf die Bürstenspannung.

aus der Figur ersichtlich, sehr groß werden und, wie wir später sehen werden, zu starkem Bürstenfeuer Anlaß geben würde. — Damit die Bürsten viel verschoben werden können, muß der obere und der untere Teil der Potentialkurve sehr flach verlaufen, was man durch Wahl eines kleinen Polbogens erreicht. Man erhält aber dann keine große Änderung der Bürstenspannung, so daß eine Spannungsregulierung durch Bürstenverschiebung praktisch keine große oder fast gar keine Bedeutung besitzt.

52. Potentialdiagramm.

Das Potentialdiagramm[1]) einer Ankerwicklung dient bekanntlich dazu, die in der Wicklung induzierten Wechsel-EMKe darzustellen. Man geht hierbei von einem sinusförmigen Feld aus, in welchem Falle die in jeder Ankerspule induzierte EMK auch sinusförmig wird und sich somit durch einen Vektor graphisch darstellen läßt.

Da die einzelnen Spulen einer gleichmäßig verteilten Wicklung in gleichen Zwischenräumen zeitlich nacheinander induziert werden, so sind die in ihnen induzierten sinusförmigen EMKe zeitlich alle um den gleichen Winkel gegeneinander in Phase verschoben.

a) Reihenwicklung. Stellen wir für eine zweipolige Maschine die EMKe der einzelnen Ankerspulen nach Größe und Richtung

---

[1]) Wechselstromtechnik, Bd. III, II. Aufl. Seite 1.

durch ihre Vektoren dar und addieren sie geometrisch, so reihen sich diese, unter sich gleichen, Vektoren unter gleichen Winkeln aneinander und bilden einen gebrochenen Linienzug, den wir mit großer Annäherung durch einen Kreisbogen ersetzen können (s. Fig. 178). Da sich die Wicklung in sich schließt, so muß der Linienzug sich auch schließen, damit die resultierende EMK gleich Null wird und nicht zu inneren Strömen Anlaß gibt. Der Kreisbogen geht dann in einen in sich geschlossenen Kreis über, den man Potentialdiagramm bezeichnet.

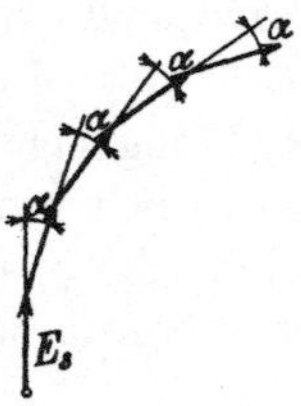

Fig. 178.

Ist die Wicklung zweipolig, so wird der Linienzug ein Polygon mit gleich so vielen Seiten, wie Nuten im Anker vorhanden sind. Ist die Maschine vielpolig und die Ankerwicklung eine Reihenwicklung, so läßt sich diese, wie im fünften Kapitel gezeigt, auf eine zweipolige Ringwicklung reduzieren, und der Linienzug wird dann gleich oder halb so viele Seiten erhalten, als es verschiedene Nutenlagen im reduzierten Schema gibt. Je mehr Nuten man nimmt, um so mehr nähert sich das Potentialdiagramm einem Kreis. Ist die Wicklung symmetrisch, d. h. sind keine Ankerspulen weggelassen, so daß alle Nuten ganz ausgefüllt sind, bildet das Potentialdiagramm ein regelmäßiges Polygon (Fig. 179). Dies rührt daher, daß die in den Spulenseiten jeder Nut induzierten Wechsel-EMKe alle nach Größe und Phase gleich sind, so daß der Vektor der in den oberen Ankerspulen einer Nut induzierten EMKe die eine Seite des Polygons bildet, während der Vektor der in den unteren Ankerspulen derselben Nut induzierten EMKe die diametrale Seite des Polygons bildet. Besitzt der zweipolige Anker z Nuten und der Anker des reduzierten Schemas z oder $2z$ Nuten, so sind die den Nuten entsprechenden z Vektoren alle gleich groß und zwei aufeinanderfolgende von ihnen um $\frac{360^0}{z}$ gegeneinander in Phase verschoben. Diese bilden also nach dem Gesetze der Geometrie und analog den Phasenspannungen eines Mehrphasensystems ein regelmäßiges Polygon, d. h. die Summe der in der Ankerwicklung induzierten EMKe ist gleich Null. Dies ist übrigens auch der Fall, selbst wenn die Feldkurve nicht sinusförmig ist, sondern eine andere Form hat; nur darf sie keine $z$te Harmonische enthalten.

Ist eine Ankerspule weggelassen, wie z. B. in Fig. 56 gezeigt, so fällt entweder eine Seite des Polygons ganz weg oder es wird eine Polygonseite kleiner als die übrigen. Das Polygon schließt sich also nicht mehr und die Summe der in der Ankerwicklung induzierten EMKe wird gleich der EMK E_s, die in der weggelassenen

Ankerspule induziert werden würde. Schließt man trotzdem die Ankerwicklung, so wird die resultierende Spannung E_s des Vektordiagramms einen inneren Strom in der Ankerwicklung erzeugen und der Effektivwert dieses Stromes ist gleich

$$J_i = \frac{E_s}{\sqrt{r_w^2 + (2\pi c L_w)^2}} = \frac{E_s}{z_w},$$

worin r_w der Widerstand aller hintereinander geschalteten Ankerspulen, während L_w gleich der Selbstinduktion derselben Spulen ist. Bei der Berechnung von L_w muß man berücksichtigen, daß der innere Strom J_i in allen oberen Spulenseiten nach einer Richtung, z. B. nach hinten, gerichtet und in allen unteren Spulenseiten entgegengesetzt, d. h. nach vorn gerichtet ist. Hieraus geht hervor, daß alle oberen Spulenseiten in den Nuten einer geschlossenen Ankerwicklung in bezug auf innere Ströme den unteren Spulenseiten gegengeschaltet sind. Um deswegen innere Ströme vollständig zu vermeiden, muß man stets gleich viele obere und untere Spulenseiten in jeder Nut haben, d. h. wenn man in einer Nut eine obere Spulenseite wegläßt, muß man in derseben Nut auch eine untere Spulenseite weglassen. Wenn dies konsequent durchgeführt wird, wie es z. B. in Fig. 55 geschehen ist, so treten in einer geschlossenen Ankerwicklung keine inneren Ströme auf. Im Potentialdiagramm hat das Weglassen einer Spulenseite in der oberen und unteren Lage einer Nut zur Folge, daß zwei diametrale Seiten des regelmäßigen Polygons verkürzt werden oder sogar wegfallen. Dadurch bleibt das Polygon immerhin geschlossen, d. h. die Summe der in allen Ankerspulen induzierten EMKe wird gleich Null. Bei dieser Überlegung ist vorausgesetzt worden, daß die Nutenweite einer Ankerspule gleich einer Polteilung ist; aber selbst wenn dies nicht der Fall ist, bleibt das Resultat jedoch dasselbe.

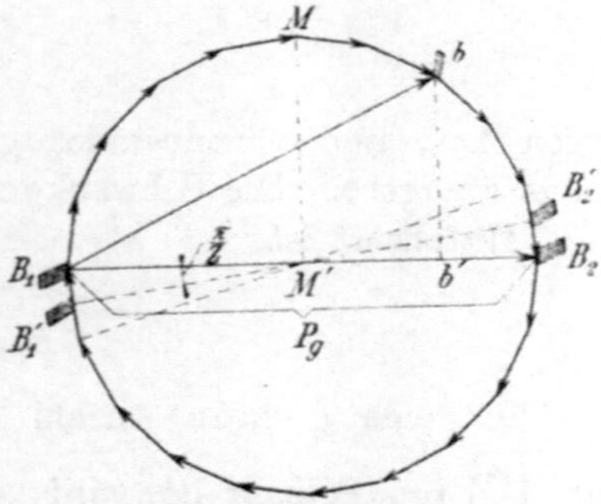

Fig. 179. Potentialdiagramm einer geschlossenen Ankerwicklung.

Läßt man in einer Reihenwicklung eine Ankerspule und nicht zwei in derselben Nut übereinander gelegene Spulenseiten weg, so wird der entstehende innere Strom J_i um so größer, je kleiner die Lamellenzahl pro Pol, d. h. je kleiner die Spannung der Maschine ist, und um so größer, je kleiner die Impedanz z_w der Wicklung, d. h. je größer die Maschine ist.

Jede Verbindungslinie zweier Punkte des Potentialdiagramms bildet die geometrische Summe der in den zwischenliegenden Spulen induzierten Wechsel-EMKe, d. h. jede Sehne gibt die Spannung zwischen den beiden Punkten nach Größe und Richtung wieder.

Um einem Vektordiagramm die Momentanwerte der Wechselstromspannungen zu entnehmen, muß man bekanntlich die durch Vektoren dargestellten Maximalwerte auf eine Achse projizieren. Da uns hier nur die Momentanwerte interessieren, die den am Kommutator auftretenden Gleichspannungen gleichkommen, so müssen wir als Achse für die Projektionen diejenige wählen, die mit der neutralen Zone zusammenfällt und durch $B_1 B_2$ in Fig. 179 angegeben ist.

Der Durchmesser $B_1 B_2$ des Potentialdiagramms wird gleich der Gleichspannung zwischen den Bürsten B_1 und B_2. Wenn der Anker rotiert, so dreht sich das Polygon um den Mittelpunkt M' und die Spannung zwischen den Bürsten ändert sich mit der Lage des Polygons. Wenn $B_1 B_2$ durch zwei diametrale Ecken des Polygons geht, so ist die Gleichspannung am größten, und wenn $B_1' B_2'$ einen Augenblick später auf zwei diametralen Seiten des Polygons senkrecht steht, so ist die Gleichspannung am kleinsten. Die Pulsation der Gleichspannung mit der Rotation des Ankers wird um so größer, je weniger Seiten das Polygon hat, und verschwindet ganz, wenn das Polygon in einen Kreis übergeht. Die Schwankung der Gleichspannung in Prozenten vom Mittelwert ist

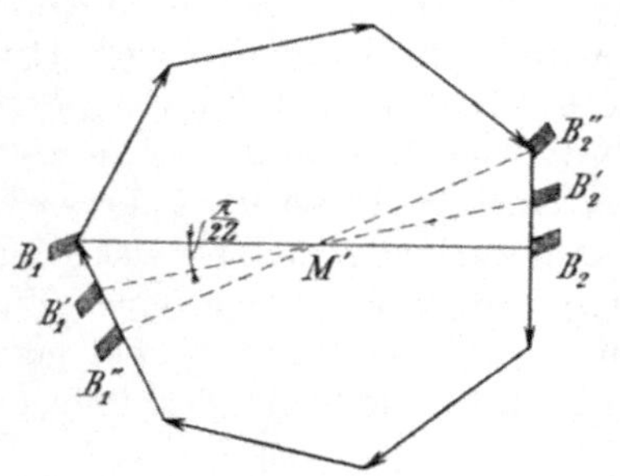

Fig. 180.

$$\varepsilon\,\% = \pm \frac{B_1 B_2 - B_1' B_2'}{B_1 B_2 + B_1' B_2'}\,100.$$

Für eine gerade Anzahl z Vektoren, die gleich der Nutenzahl $\left(\frac{Z}{p}\right)$ pro Polpaar ist, wird

$$\varepsilon\,\% = \frac{1 - \cos\left(\frac{\pi}{z}\right)}{1 + \cos\left(\frac{\pi}{z}\right)}\,100 = 100\,\mathrm{tg}^2\left(\frac{\pi}{2z}\right)\%;$$

für kleine Werte von $\frac{\pi}{2z}$ wird $\operatorname{tg}\frac{\pi}{2z} \simeq \frac{\pi}{2z}$, also

$$\varepsilon\,\% \simeq 100\left(\frac{\pi}{2z}\right)^2 = \frac{248}{z^2}\,\%.$$

Für eine ungerade Anzahl z Nuten pro Polpaar (s. Fig. 180) erhält man in ähnlicher Weise

$$\varepsilon\,\% = \pm\frac{B_1B_2 - B_1'B_2'}{B_1B_2 + B_1'B_2'}\,100 = \pm\frac{B_1''B_2'' - B_1'B_2'}{B_1''B_2'' + B_1'B_2'};$$

dies ist angenähert gleich

$$\varepsilon\,\% \simeq 100\left(\frac{\pi}{4z}\right)^2 = \frac{62}{z^2}\,\%.$$

Dies zeigt, daß die Spannungsschwankung einer Gleichstrommaschine, herrührend von der Nutung, 4 mal kleiner ist, wenn man eine ungerade Anzahl Nuten anstatt der nächstliegenden geraden Nutenzahl pro Polpaar (im reduzierten Schema) wählt. Man muß wenigstens 11 oder 22 Nuten pro Polpaar haben, damit die Schwankung nicht $^1/_2\,\%$ überschreitet.

Verschiebt man eine Hilfsbürste b auf einem Kommutator, so erhält man zwischen dieser und der negativen Bürste die Spannung B_1b', die die Projektion des Vektors B_1b auf die neutrale Achse angibt. Wenn die Bürste b an die positive Bürste B_2 gelangt ist, so erhalten wir die maximale Gleichspannung der Wicklung gleich dem Maximalwert der größten in der Wicklung induzierten Wechselstromspannung. Bezeichnen wir den Effektivwert der letzten mit P_w, so ist dessen Maximalwert $\sqrt{2}\,P_w$, und dieser ist wiederum gleich der Gleichspannung P_g; also gilt allgemein für sinusförmiges Feld

$$P_g = \sqrt{2}\,P_w, \quad \ldots\ldots\ldots \quad (71)$$

welche Formel das Verhältnis zwischen Gleich- und Wechselstromspannung eines Einankerumformers mit sinusförmigem Feld angibt.

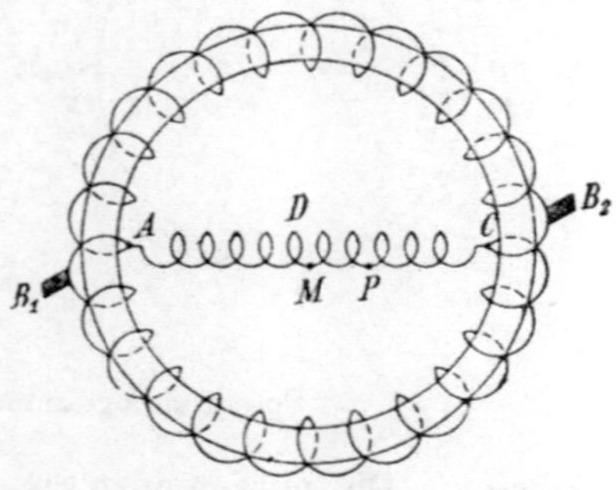

Fig. 181. Anordnung zur Teilung der Spannung einer Gleichstrommaschine.

Stellt man die Hilfsbürste b mitten unter den Pol im Punkt M, so wird dieselbe ein dem Mittelpunkt M' des Kreises entsprechendes Potential erhalten und somit die Spannung zwischen den Bürsten B_1 und B_2 halbieren. Es ist praktisch jedoch nicht möglich, mit

Rücksicht auf das (von der zwischen den Bürstenkanten induzierten EMK herrührende) Bürstenfeuer eine derartige Hilfsbürste zur Spannungsteilung bei Gleichstrommaschinen zu benutzen.

Verbindet man zwei diametrale Punkte der zweipoligen Ankerwicklung in Fig. 181 durch eine mit dem Anker rotierende Drosselspule, so wird sich das Potential von einem Ende A der Drosselspule D zum anderen Ende C ändern. In der Mitte M der Drosselspule erhält man ein Potential, das mit dem Mittelpunkt M' des Kreises zusammenfällt. Man kann somit durch Anschluß einer Leitung in der Mitte der Drosselspule, der Ankerwicklung eine Spannung entnehmen, die die Spannung zwischen den beiden Bürsten $B_1 B_2$ halbiert.

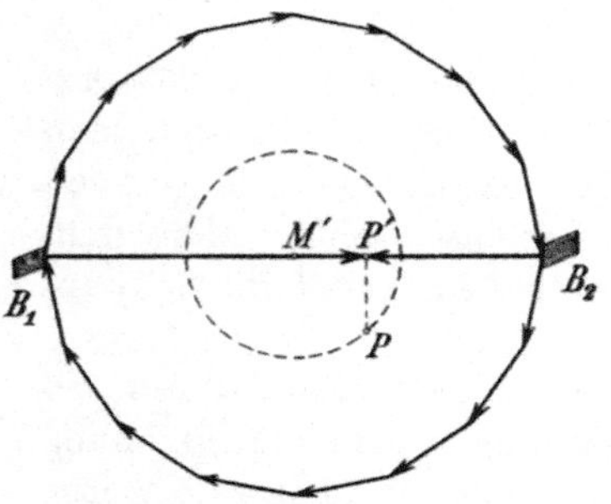

Fig. 182.

Diese Anordnung wird nach dem Vorschlag von Dolivo Dobrowolsky in der Praxis als Spannungsteiler vielfach benutzt, und zwar werden dann die beiden Punkte A und C an Schleifringe angeschlossen, deren Bürsten mit einer stationären Drosselspule verbunden werden, während die Mitte M der Drosselspule an den Mittelleiter des Gleichstromnetzes angeschlossen wird, dessen Spannung geteilt werden soll. Schließt man den Mittelleiter nicht in der Mitte M der Drosselspule an, sondern an einen anderen Punkt P der Spule, so wird man pulsierende Spannungen zwischen dem Mittelleiter und den Außenleitern

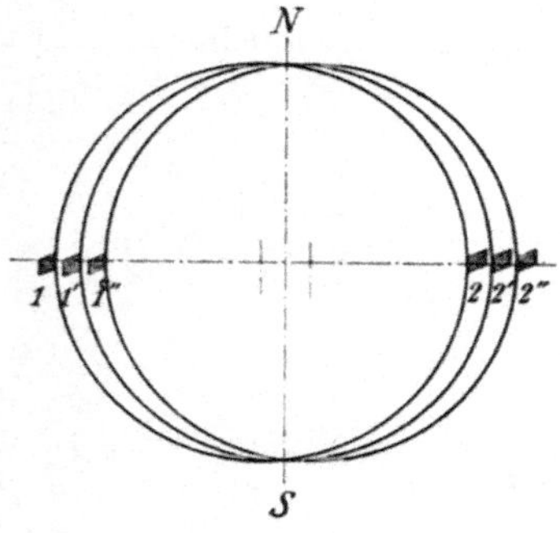

Fig. 183.

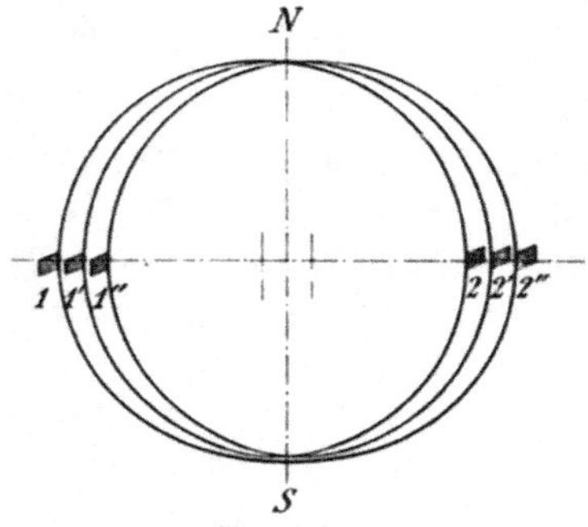

Fig. 184.

Potentialdiagramme mehrfacher Wicklungen.

erhalten. Die pulsierenden Spannungen lassen sich durch die Strecken $B_1 P'$ und $B_2 P'$ (Fig. 182) darstellen, wenn man P auf einem Kreise um M' mit der Geschwindigkeit des Ankers rotieren läßt.

b) Reihenparallel- und Schleifenwicklungen. Besitzt die Ankerwicklung mehr als zwei Ankerzweige, so erhält man für jedes Ankerzweigpaar einen Potentialkreis. In Fig. 183 sind die Potentialkreise für eine Wicklung mit drei unabhängigen parallelen Ankerzweigpaaren dargestellt. Sind die in den einzelnen Ankerzweigen induzierten EMKe gleich groß, so fallen diese Kreise in einen zusammen. Bildet die aus mehreren parallelen Ankerzweigpaaren bestehende Wicklung eine einfach geschlossene Wicklung, so besteht das Potentialdiagramm aus ebenso vielen untereinander gleich großen Kreisen, die sich zu einem einzigen geschlossenen Linienzug aneinander reihen (Fig. 184). In Wirklichkeit überlagern sich diese Kreise, die in der Darstellung nebeneinander gezeichnet sind.

Man sieht nun leicht ein, daß, wenn die Ankerzweigpaare durch unzweckmäßige Nutenzahl $\left(\frac{Z}{a}, \frac{K}{a} \text{ oder } \frac{2p}{a} \text{ keine ganze Zahl}\right)$ nicht genau in demselben Feld liegen, so werden die Linienzüge, die die Potentialdiagramme bilden, einander nicht genau decken, sondern sie werden, wie z. B. in Fig. 185 gezeigt, gegenseitig verschoben liegen, und indem diese beiden Wicklungen an den Bürsten vorbeipassieren, wird der Ankerzweig mit der momentan größten Spannung den größten Teil des Ankerstromes abgeben. Es werden deswegen Ausgleichströme zwischen den beiden Ankerzweigpaaren und den ungleichen Bürstenpaaren entstehen, die zu Bürstenfeuer oder Schwärzen der Lamellen führen können. Sucht man bei einer derartigen unsymmetrischen Wicklung das Potential durch Ausgleichverbindungen relativ zu den Bürsten gleichzumachen, so werden durch diese Ausgleichverbindungen relativ große Ausgleichströme fließen, die sowohl die Ankerwicklung als die Verbindungen unnötig erwärmen. Aus demselben Grund ist es bei Ankerwicklungen mit mehr als einem Ankerzweigpaar auch nicht zu empfehlen, einige Spulen in den Nuten wegzulassen, d. h. $\frac{K}{Z}$ keine ganze Zahl zu wählen, denn dann werden die Spannungsdiagramme, wie bei der Reihenwicklung, keine regelmäßige Polygone mehr bilden. Lassen sich alle Nuten mit Rücksicht auf vorhandene Ankerbleche nicht ganz mit Spulenseiten ausfüllen, so muß man darauf achten, daß man, wie auf S. 62 angegeben gleich viele Ankerspulen pro Ankerzweigpaar wegläßt und daß die weggelassenen Ankerspulen

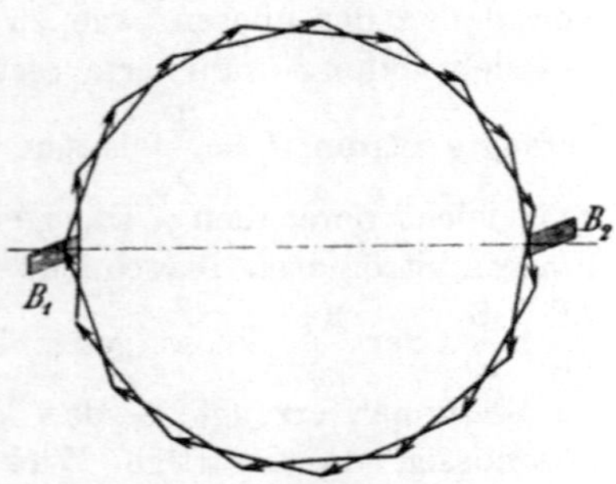

Fig. 185.

genau symmetrisch auf den Ankerumfang verteilt werden. Ferner ist es, wie bei der Reihenwicklung gezeigt, nötig, daß man gleich viele obere und untere Spulenseiten in jeder Nut hat, wenn man innere Ankerströme vollständig vermeiden will. Hieraus folgt, daß bei Reihenparallelwicklungen und Schleifenwicklungen muß beim Weglassen von Spulenseiten die Zahl der weggelassenen Spulenseiten $2a$, $4a$ oder $6a$ usw. betragen, und von je $2a$ weggelassenen Spulenseiten muß eine von der oberen und eine von der unteren Lage in a Nuten, die um $\frac{Z}{a}$ Nutenteilungen voneinander entfernt sind, weggelassen werden.

Läßt man in einer Reihenparallelwicklung jedoch einige Spulenseiten weg, so wird in jeder in sich geschlossenen Wicklung eine resultierende EMK induziert, die gleich der geometrischen Summe E_i der EMKe ist, die in den weggelassenen Spulenseiten induziert werden würden. Hierbei ist zu beachten, daß die EMKe in den weggelassenen Spulenseiten der unteren Lage mit entgegengesetztem Vorzeichen von denen der oberen Lage zu addieren sind. Die in einer Reihenparallelwicklung induzierte resultierende EMK E_i und der von ihr erzeugte Strom $J_i = \frac{E_i}{z_w}$ lassen sich also, wie bei der Reihenwicklung, sehr leicht berechnen. Dagegen würde es zu weit führen, alle die inneren Ströme zu berechnen, die in unsymmetrischen Wicklungen $\left(\frac{K}{a}, \frac{Z}{a} \text{ oder } \frac{2p}{a} \text{ keine ganze Zahl}\right)$ mit unsymmetrischen Ausgleichverbindungen erzeugt werden können. Das ist übrigens auch ganz überflüssig, da derartige Wicklungen heutzutage wohl nicht mehr zur Ausführung kommen dürften.

Wenn man die obenstehenden Regeln für das Weglassen von Spulenseiten einer Reihenparallelwicklung befolgt, so werden die Potentialdiagramme der verschiedenen Ankerzweigpaare alle gleich und gleichgelegen, obzwar sie alle nicht regelmäßige Polygone sind.

Wie man leicht einsieht, hat es keinen Zweck, Spulenseiten von einer Schleifenwicklung wegzulassen; denn wenn dies nach der obigen Regel geschehen könnte, so wäre es mit Rücksicht auf die Anordnung von Ausgleichverbindungen überhaupt nicht nötig, die betreffenden Spulenseiten wegzulassen. Man läßt deswegen von einer Schleifenwicklung nie, und wie oben gesagt, von einer Reihenparallelwicklung nur sehr ungern Spulenseiten weg.

Unsere ganze Betrachtung über Potentialdiagramme ist unter der Voraussetzung abgeleitet, daß die Felder aller Pole gleich sind und daß die Feldkurven Sinusform haben. — Sind die Felder unter den verschiedenen Polen etwas ungleich, so kommt diese Verschiedenheit auch an den Potentialdiagrammen der verschiedenen Ankerzweigpaare zum Ausdruck. Besonders die Potentialdiagramme der Ankerzweige einer Schleifenwicklung werden bei ungleichen Feldern unter den verschiedenen Polen in Größe und Form sehr verschieden ausfallen. Um dies zu verhindern, ordnet man selbst bei allen symmetrischen Wicklungen stets Ausgleichverbindungen an, und zwar um so mehr, je größer die Maschinen sind. Hierdurch werden die Potentialdiagramme der verschiedenen Ankerzweigpaare gezwungen, zusammenzufallen und man kann sagen: In einer richtig gebauten symmetrischen Gleichstrommaschine mit Ausgleichverbindungen gibt es nur ein einziges Potentialdiagramm, das für alle Ankerzweigpaare identisch ist, sowohl was Lage als Form betrifft, und wir brauchen deswegen im folgenden nur eins von den Ankerzweigpaaren zu betrachten.

53. Lamellenspannung.

Die Spannung zwischen zwei benachbarten Lamellen ändert sich mit der Lage der Lamellen oder der an diese angeschlossenen Ankerspulen im Feld. Bei einer gewöhnlichen Schleifenwicklung liegt zwischen zwei benachbarten Lamellen eine Ankerspule, und es ändert

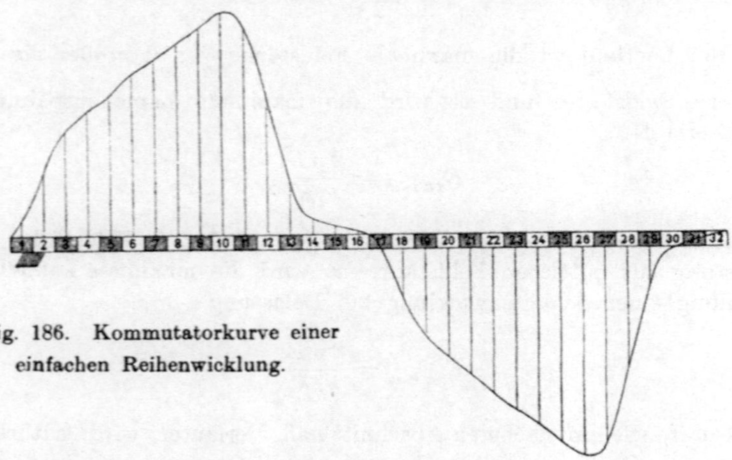

Fig. 186. Kommutatorkurve einer einfachen Reihenwicklung.

sich somit die Lamellenspannung einer Schleifenwicklung direkt mit der in der Ankerspule induzierten EMK. Setzt man zwei kleine aus einigen Metallblättchen bestehende Hilfsbürsten auf den Kommutator und stellt die beiden Bürsten um ungefähr eine Lamelle voneinander entfernt ein, so mißt man eine Spannung, die proportional der

Lamellenspannung an der betreffenden Stelle des Kommutators ist, und da diese Spannung gleich der in der zwischen den Lamellen liegenden Ankerspule induzierten EMK ist, so ist diese gemessene Spannung ein Maß für die Feldstärke an der betreffenden Bürstenstellung. Trägt man die mit den Hilfsbürsten gemessenen Spannungen als Funktion der jeweiligen Bürstenstellung auf, so erhält man eine Kurve, die identisch mit der Feldkurve ist und gleichzeitig ein Bild über die Änderung der Lamellenspannung gibt; man nennt diese Kurve die **Kommutatorkurve**. In Fig. 186 ist der Kommutator und die mittels zweier Hilfsbürsten auf demselben aufgenommene Feldkurve dargestellt. Dieses Diagramm ist an einer normalen achtpoligen Dynamo bei Belastung aufgenommen worden. Wie ersichtlich variiert die Lamellenspannung genau mit der Stärke des Magnetfeldes und ändert sich, wie die Feldstärke, von Leerlauf bis Belastung.

Bei einer Schleifenwicklung addieren die Spannungen zwischen den Lamellen sich mit gleichem Vorzeichen von Bürste zu Bürste, wenn diese in den neutralen Zonen stehen. Es wird somit bei einer Schleifenwicklung mit $\frac{K}{2p}$ Lamellen pro Pol die mittlere Lamellenspannung

$$E_{dk\,mitt} = \frac{E}{\frac{K}{2p}} = \frac{2pE}{K}.$$

Bei Leerlauf ist die maximale Feldstärke $\frac{1}{\alpha_i}$ mal größer als die mittlere Feldstärke und es wird die maximale Lamellenspannung bei Leerlauf

$$E_{dk\,max} = \frac{2pE}{\alpha_i K}.$$

Bezeichnen wir mit α_b das Verhältnis der maximalen Feldstärke bei Belastung zur mittleren Feldstärke, so wird die maximale Lamellenspannung einer Schleifenwicklung bei Belastung

$$E_{dk\,max} = \frac{2pE}{\alpha_b K};$$

diese darf, wie im nächsten Abschnitt näher erläutert wird, natürlich eine gewisse Größe nicht überschreiten, da die Spannung sonst von Lamelle zu Lamelle über die mit Kohlenpartikeln behafteten Micazwischenlagen überschlägt und zu Rundfeuer Anlaß geben kann. Gewöhnlich geht man mit $E_{dk\,max}$ nicht über 30 bis 50 Volt hinaus und man nimmt die Micaisolation des Kommutators um so stärker, je größer die maximale Lamellenspannung ist.

Bei Reihenwicklungen liegen zwischen zwei benachbarten Kommutatorlamellen p Ankerspulen, und die Lamellenspannung ist somit hier bei sonst gleicher Dimensionierung der Maschine p mal größer als bei der Schleifenwicklung. Die Reihenwicklung wird ja auch für Maschinen mit einer zur Stromstärke verhältnismäßig großen Spannung benutzt. Die Spannungen zwischen den Lamellen addieren sich auch bei einer Reihenwicklung mit gleichem Vorzeichen zueinander, so daß bei diesen Wicklungen dieselben Formeln für mittlere und maximale Spannung wie bei Schleifenwicklungen gelten.

So einfach liegen die Verhältnisse jedoch nicht, wenn man zu den zweifachen Schleifenwicklungen oder Reihenparallelwicklungen übergeht.

Bei den Reihenparallelwicklungen liegen zwischen einer Lamelle x und der $(x+a)$ten Lamelle p Ankerspulen, so daß man mit Sicherheit nur weiß, daß die Spannung zwischen diesen beiden Lamellen der $p$fachen Spannung einer Ankerspule gleichkommt.

Die zwischen der $x$ten und der $(x+a)$ten liegenden Lamellen gehören aber anderen Ankerzweigpaaren an und deren Potential würde, wenn keine Ausgleichsverbindungen vorhanden wären, in keinem bestimmten Verhältnis zu demjenigen der $x$ten und der $(x+a)$ten Lamelle stehen. Ihre Potentiale würden von Zufälligkeiten und Bürstenlagen abhängen. Daß dies tatsächlich der Fall ist, zeigt die Kommutatorkurve Fig. 187, die an einer 100 KW-Maschine in dem Laboratorium der Elektrizitäts-Aktien-Gesellschaft vorm. Lahmeyer & Co. bei einer Belastung von 400 Amp. bei 230 Volt aufgenommen wurde. Die Maschine feuerte bei dieser Belastung leicht. In der Kurve findet man direkt nebeneinander die Spannungen 34,6 und 24 Volt; ihr Verhältnis ist 1,44. Ziehen wir in Betracht, daß die Maschine $p=5$ und $a=2$ besitzt, so ist dies leicht erklärlich, denn zwischen den Lamellen x und $(x+2)$ liegen fünf $(p=5)$ Ankerspulen. Die in diesen fünf Spulen induzierte EMK läßt sich natürlich nicht in zwei gleichen Teilen auf die beiden Lamellenpaare $x \div (x+1)$ und $(x+1) \div (x+2)$ verteilen, sondern man erhält zwischen dem einen Lamellenpaar eine Spannung entsprechend der in zwei Ankerspulen induzierten EMK, und zwischen dem zweiten Lamellenpaar eine Spannung entsprechend der in drei Ankerspulen induzierten EMK. Die beiden aufeinanderfolgenden Lamellenspannungen sollten sich somit wie drei zu zwei, d. h. wie 1,5, verhalten, was nahezu mit dem gemessenen Wert 1,44 übereinstimmt. Durch einen Kunstgriff läßt sich jedoch bei der obigen Maschine die Spannung zwischen der $x$ten und der $(x+2)$ten Lamelle in nahezu gleichen Teilen auf die beiden Lamellenpaare aufteilen. Man muß dann die zwischenliegende $(x+1)$te Lamelle mit dem

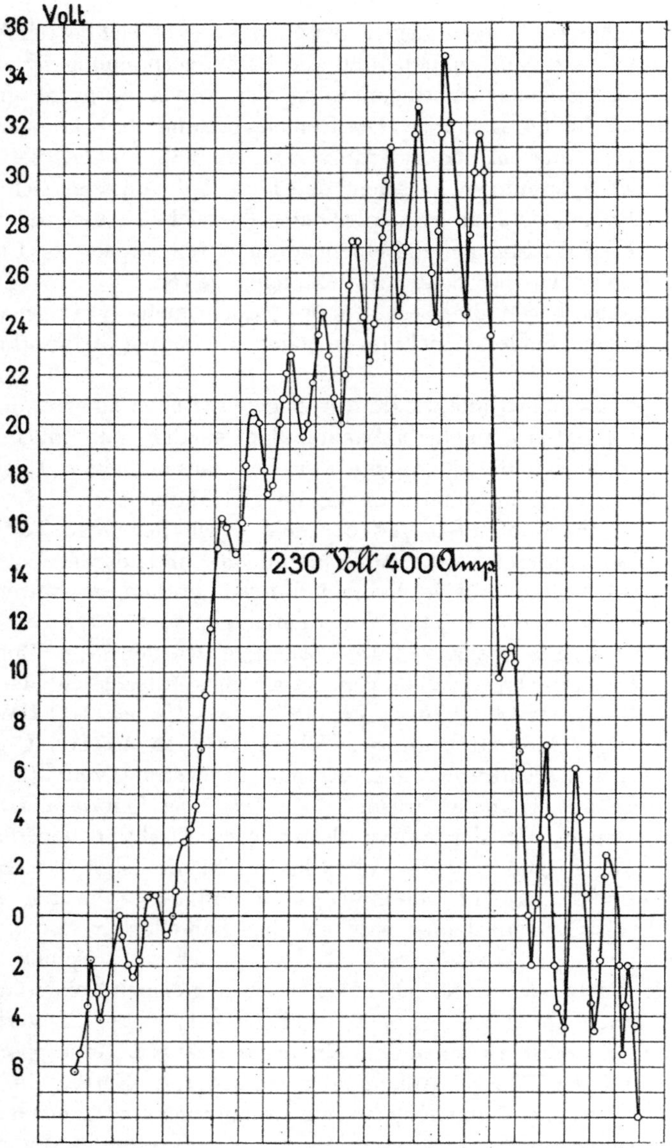

Fig. 187. Kommutatorkurve einer mehrfachen Reihenwicklung mit $\frac{p}{a}$ keine ganze Zahl.

Mittelpunkt der dritten Ankerspule zwischen den Lamellen x und $(x+2)$ verbinden, denn dann erhält man zwischen den beiden Lamellenpaaren je $2^1/_2$ Ankerspulen. Diese Ausgleichverbindung geht von der Kommutatorseite durch den Innenraum des Ankerkernes nach der Rückseite des Ankers und hier nach dem diametral gelegenen Punkt der Ankerwicklung. Die Ausführung derartiger Verbindungen ist auf S. 89 beschrieben; sie lassen sich jedoch schwieriger ausführen als Ausgleichverbindungen auf nur ein und derselben Seite des Ankers und fordern größere Aufmerksamkeit in der Werkstattausführung. Man soll deswegen derartige Ankerwicklungen, bei denen $\frac{2p}{a}$ eine ungerade Zahl ist, möglichst vermeiden.

Um bei Reihenparallelwicklungen eine gleichmäßige Aufteilung der Spannung zwischen der $x$ten und der $(x+a)$ten Lamelle stets zu sichern, ist es nötig, diese Wicklungen mit Äquipotentialverbindungen zu versehen. Ist z. B. $a=3$ und $p=6$, so verbindet man die $(x+1)$te Lamelle mit dem Ende der zweiten Ankerspule und die $(x+2)$te Lamelle mit dem Ende der vierten Ankerspule, die zwischen x und $(x+3)$ liegt. Durch diese beiden Verbindungen wird die Spannung der sechs Ankerspulen zwischen x und $(x+3)$ in drei gleichgroßen Teilen auf die drei Lamellenpaare $x \div (x+1)$, $(x+1) \div (x+2)$ und $(x+2) \div (x+3)$ verteilt und man erhält eine gleichmäßig fortschreitende Potentialkurve den Kommutator entlang. Die Lamellen der verschiedenen Ankerzweige liegen bei einer Reihenparallelwicklung nicht für sich getrennt, sondern sind zwischen einander eingeschoben; und da sie trotzdem Potentiale einnehmen, die auf einer stetig fortschreitenden Kurve liegen, so bedeutet dies, daß alle Ankerzweigpaare dieselbe Potentialkurve und somit dasselbe Potentialdiagramm besitzen, wenn die Wicklung mit Äquipotentialverbindungen versehen ist. Dies bestätigt also das im vorigen Abschnitt erreichte Resultat.

Wir sehen somit, daß bei symmetrischen Reihenparallelwicklungen mit Äquipotentialverbindungen die Maschinenspannung, wie bei der Reihenwicklung, sich nach dem Gesetze der Feldkurve gleichmäßig auf alle Lamellen zwischen den Bürsten verteilt und es gilt also für eine symmetrische Reihenparallelwicklung dieselbe Formel der Lamellenspannung wie für eine Reihenwicklung.

Was die zweifachen Schleifenwicklungen anbetrifft, so liegen die Verhältnisse hier ähnlich wie bei der Reihenparallelwicklung. Zwischen der $x$ten und der $(x+2)$ten Lamelle liegt nur eine Ankerspule. Um der $(x+1)$ten Lamelle ein Potential zu geben, das in der Mitte zwischen den Potentialen der Nachbarlamellen liegt, so muß die $(x+1)$te Lamelle mit der Mitte der Ankerspule zwischen x und $(x+2)$ verbunden werden, was mittels einer Ausgleichverbindung durch den Innenraum des Ankers geschieht. Derartige Verbindungen sind auf S. 81 beschrieben und kommen nur bei sehr großen und ziemlich raschlaufenden Maschinen vor. Führt man die zweifachen Schleifenwicklungen mit solchen Verbindungen aus, so verteilt sich auch bei ihnen die Maschinenspannung nach dem Gesetz der Feldkurve gleichmäßig auf alle Lamellen zwischen den Bürsten und wir erhalten für die Lamellenspannung einer zweifachen Schleifenwicklung dieselbe Formel wie für die einfache Schleifenwicklung.

Es ergibt sich somit für alle symmetrischen, d. h. brauchbaren Wicklungen dieselben Formeln der Lamellenspannung; die mittlere Lamellenspannung ist

$$E_{dk\,mitt} = \frac{2pE}{K} \quad \text{. . . . . (72)}$$

und die maximale Lamellenspannung

$$E_{dk\,max} = \frac{2pE}{\alpha_b K} \quad \text{. . . . . (73)}$$

Um bei gleicher Lamellenteilung und gleichem Kommutatordurchmesser einen Kommutator möglichst auszunützen, muß der Füllfaktor α_b bei Belastung möglichst groß sein, welche Forderung mit einer guten Ausnutzung des Ankereisens übereinstimmt.

Die Lamellenspannung ist gleichzeitig ein Maß für die Spannung zwischen den benachbarten Spulenseiten der Wicklung. Die Spannung zwischen den oberen und unteren Spulenseiten einer Nut ist jedoch viel größer und wird für die Spulen in der neutralen Zone gleich der Klemmenspannung.

54. Zulässige Lamellenspannung.

Im vorigen Abschnitt ist als zulässige Grenze für die maximale Lamellenspannung 30 bis 50 Volt angegeben. Diese Größe hat nämlich nicht einen für alle Maschinen konstanten Wert. B. G. Lamme[1]) hat eingehende Untersuchungen vorgenommen, um die Faktoren zu bestimmen, die auf die zulässige Lamellenspannung Einfluß haben. Hierbei ergab sich, daß außer der Stärke der Micazwischenlage und der Bürstenqualität auch die Umfangsgeschwindigkeit des Kommutators und der Ohmsche Widerstand der zwischen zwei Lamellen liegenden Ankerspule die zulässige Lamellenspannung beeinflussen. Wenn die zwischen den Kommutatorlamellen liegende Micaisolation nicht gleich so schnell abgenutzt wird, wie die Kupferlamellen, so wird das Mica von den Kohlenbürsten kleine Partikelchen abschleifen, die die Micaisolation überbrücken. Diese kleinen Kohlenteilchen

[1]) Proceeding of the American Institute of Electrical Engineers, Vol. 34, Seite 1574.

können unter dem Einfluß der Lamellenspannung glühend werden und zu kleinen Funken Anlaß geben, die hauptsächlich an der Stelle des Kommutators auftreten, die dem stärksten Feld unter den Polen entspricht. Diese Funken, die sich oft als Feuerstriche am Kommutator zeigen, sind gewöhnlich harmlos können aber unter Umständen auch zu ganz kräftigen Sekundärphänomen, z. B. zu Knallfunken, Rundfeuer und Überschlägen Anlaß geben. Da diese Funken oder scheinbaren Feuerstriche nicht in der neutralen Zone am Kommutator, sondern nur in der Zone des stärksten Feldes auftreten, so verteilen sich dieselben bandweise auf den Umfang des Kommutators und können zum Unterschied von Bürstenfeuer als Feldfeuer bezeichnet werden.

An Kommutatoren, bei denen die Micaisolation ein oder zwei Millimeter unterhalb der Kommutatoroberfläche weggeschnitten ist, tritt auch Feldfeuer auf, wenn kleine Kohlenteilchen zwischen die Kupferlamellen hineingelangen, Auch Öl mit Kohlenteilchen gemischt kann zu kleinen Feldfunken Anlaß geben; denn reibt man den Kommutator mit einem mit Öl befeuchteten Tuch ab, so treten diese Funken sehr leicht auf, um nachher allmählich zu verschwinden.

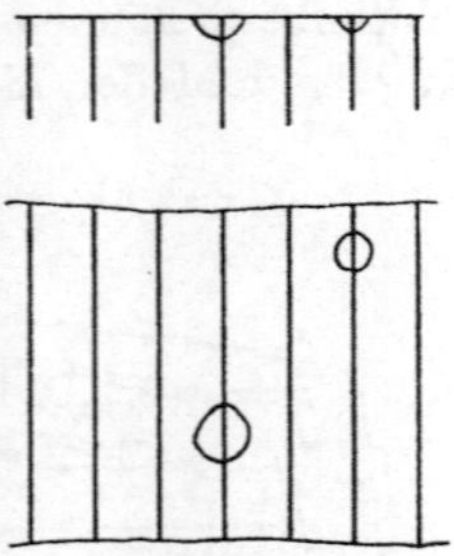

Fig. 188. Ausbrennungen zwischen Kommutatorlamellen.

Ist die Lamellenspannung sehr groß, so können die harmlosen Feldfunken sich zu kleinen Lichtbogen entwickeln, die imstande sind, etwas Kupfer von den Lamellen abzuschmelzen und teilweise zu verdampfen. Es entstehen dann kleine Grübchen um die Micazwischenlage in der Kommutatoroberfläche, wie in Fig. 188 angedeutet, und die Funken sind von einem heftigen Knall wie von einem Schuß begleitet. Lamme untersuchte diese Knallfunken an verschiedenen Maschinen und rieb hierbei den Kommutator mit einer Mischung von Graphit und Fett ein, damit die Funken häufiger und kräftiger auftreten sollten.

Bei diesen Versuchen ergab sich, daß es einer gewissen Zeit bedarf, um so große Funken zu erzeugen, daß etwas Kupfer abschmelzen kann. Es konnte z. B. vorkommen, daß diese großen Funken aufhörten, wenn man die Umdrehungszahl erhöhte. Dasselbe hat der Verfasser an einer 1000 KW 25 periodigen Maschine auch konstatiert; die maximale Lamellenspannung war hier nur ca. 22 Volt und die normale Umfangsgeschwindigkeit 16,2 m/sek. Die Ursache der Funken war hier hauptsächlich schlechte Micaisolation und das Abreiben des Kommutators mit einem geölten Lappen. Wenn die Geschwindigkeit um ca. 20% erhöht wurde, verschwanden die Knallfunken und nur die Feldfunken blieben zurück.

Lamme meint ferner festgestellt zu haben, daß der Ohmsche Widerstand der zwischen zwei benachbarten Lamellen liegenden Ankerspule einen großen Einfluß auf das Entstehen der Feld- und Knallfunken hat. Wenn der Widerstand groß ist, so kann schwierig ein genügend großer Strom entstehen, um das Schmelzen und Verdampfen eines Teiles der Kupferlamellen herbeizuführen. Lamme meint deswegen feststellen zu können, daß die maximale Lamellenspannung bei 0,8 mm Micazwischenlage für große Maschinen mittlerer Spannung höchstens zu 28 Volt gesetzt werden darf, während sie für mittlere Leistungen zu 30 Volt gewählt werden kann. Für kleinere Maschinen, z. B. 100 KW, kann bei 0,8 mm Micazwischenlage eine zulässige Lamellenspannung von höchstens 35 Volt und für ganz kleine Maschinen sogar von ca. 50 Volt gestattet werden.

Wie oben erwähnt, können die scheinbar unschuldigen Feldfunken auch zu Rundfeuer und Überschlägen Anlaß geben. Die Feldfunken können nämlich ganz kleine Kupferpartikelchen verdampfen und der hierbei entstehende Metalldampf kann ein Funkenüberschlag vom Kommutator zu benachbarten Metallteilen, wie z. B. zu überhängenden Bürstenhaltern (s. Fig. 189) oder zu Bürstenbrücken, verursachen. Ohne den Metalldampf würde ein Überschlagen selbst bei vielfach höherer Spannung als die normale Maschinenspannung nicht möglich sein. Es ist deswegen bei Hochspannungsmaschinen anzuraten, alle Metallteile in der Nähe des Kommutators durch Lackieren oder in anderer Weise gegen leitende Metalldämpfe zu isolieren. Bei unzweckmäßiger Behandlung eines Kommutators durch Abreiben mit Öllappen oder Abputzen mit sogenannten Kommutatorschmieren können die Feldfunken oft in so großer Anzahl und in solcher Größe auftreten, daß sie zu Rundfeuer Anlaß geben.

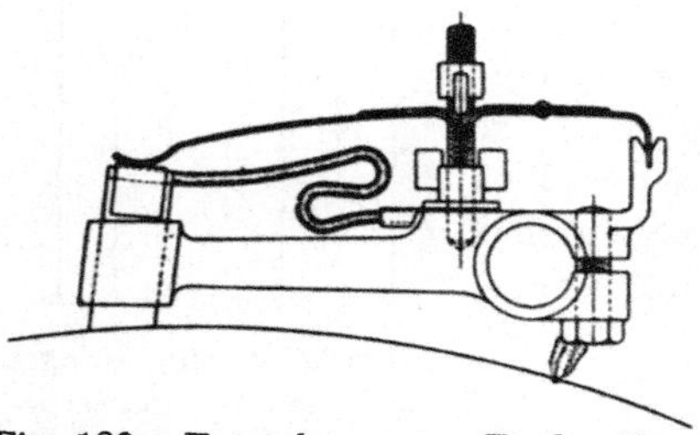
Fig. 189. Entstehung von Funkenüberschlagen zwischen Kommutator und Bürstenhalter.

55. Einfluß der Bürstenlage auf die Lamellenspannung.

Im Abschnitt 53 wurde der Einfachheit halber angenommen, daß die Bürsten in der neutralen Zone stünden, und daß alle Bürsten symmetrisch um eine Polteilung auseinander eingestellt wären. Dies ist jedoch nicht immer der Fall.

Sind die Bürsten aus der neutralen Zone verschoben, so addieren sich nicht alle Lamellenspannungen von Bürste zu Bürste, sondern einige der Lamellenspannungen sind negativ und subtrahieren sich von den anderen. Dies hat zur Folge, daß sich die Klemmenspannung nicht auf alle Lamellen verteilt, sondern nur auf einen Teil derselben. Da die Kommutatorkurve mit der Feldkurve identisch ist, so läßt die Erhöhung der Lamellenspannung durch Verschiebung der Bürsten aus der neutralen Zone sich auf die schlechte Ausnutzung des Ankerkraftflusses zurückführen. Φ_a ist der in den Anker eintretende Kraftfluß und somit ein Maß für die maximale Luftinduktion. Φ andererseits ist ein Maß für die Klemmenspannung und

$$\sigma_a = \frac{\Phi_a}{\Phi}$$

ein Maß für die Ausnutzung des Ankerkraftflusses. Verschiebt man die Bürsten aus der neutralen Zone, so steigt die maximale Lamellenspannung in demselben Verhältnis, wie der Ankerkraftfluß weniger ausgenutzt wird, d. h. proportional mit σ_a und es wird

$$E_{dk\,max} = \frac{2\,p\,E\,\sigma_a}{\alpha_b\,K} \quad \ldots \ldots \ldots \quad (74)$$

Gewöhnlich weicht σ_a nicht sehr viel von der Einheit ab. Bei Nebenschlußmotoren mit großer Geschwindigkeitsregulierung kann σ_a jedoch bedeutende Werte annehmen, wenn man das Hauptfeld sehr schwächt. In dem Fall erzeugen nämlich die Ankeramperewindungen ein im Verhältnis zum Hauptfeld sehr großes Querfeld,

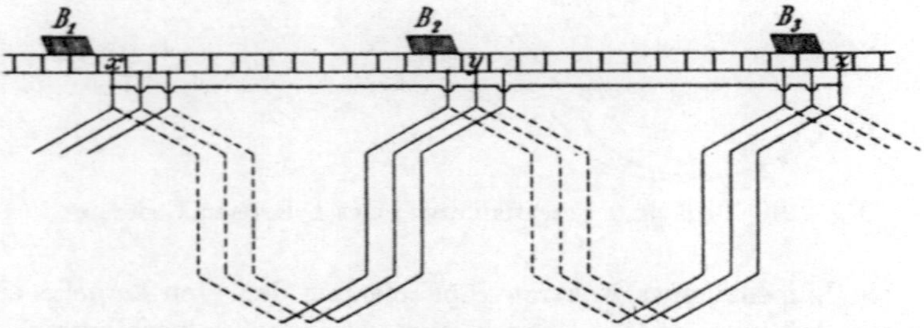

Fig. 190.

das die neutrale Zone weit von den Bürsten verschiebt, so daß σ_a sehr große Werte annimmt. Man ist deswegen selbst bei Nebenschlußmotoren mit Kommutierungspolen nicht immer imstande, deren Umdrehungszahl über eine gewisse Größe hinaus durch Feldschwächung allein zu erhöhen. Denn wenn σ_a so groß geworden ist, daß die Lamellenspannung den zulässigen Wert von ca. 35 Volt übersteigt, so überschlägt diese Spannung die Glimmerisolation zwischen den Lamellen und gibt eventuell zu Rundfeuer Anlaß.

Es ist bekannt, daß bei Wellenwicklungen ein Teil der Bürsten weggelassen werden kann. Die dadurch entstehende Unsymmetrie hat jedoch einen gewissen Einfluß auf die Lamellenspannung, wenn es nur wenige Äquipotentialverbindungen gibt. Laß z. B. (Fig. 190)

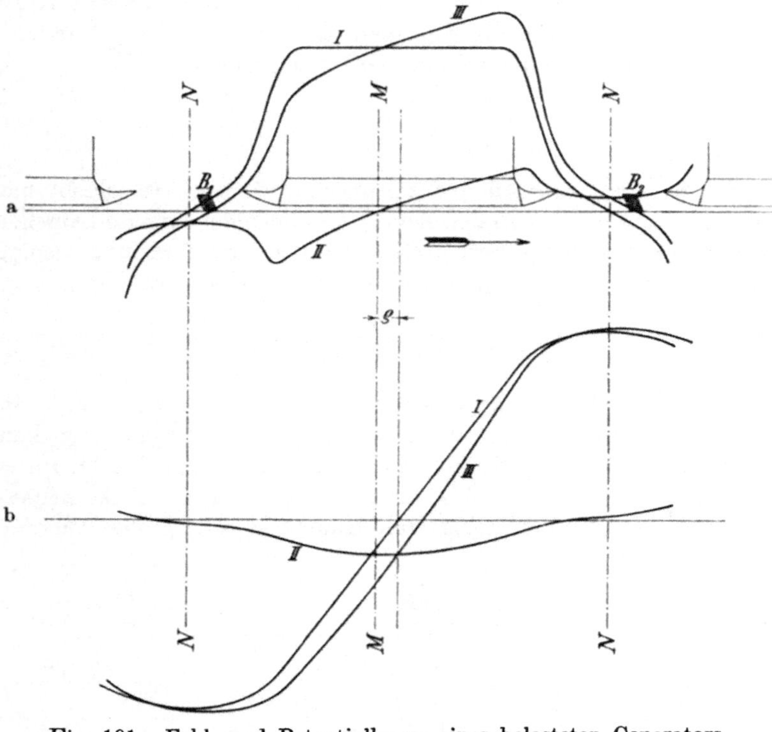

Eig. 191. Feld- und Potentialkurve eines belasteten Generators.

die $x$te Lamelle eines Ankerzweigpaares mit der $y$ten Lamelle eines anderen Ankerzweigpaares durch eine Äquipotentialverbindung verbunden sein und lasset uns ferner annehmen, daß diese beiden Lamellen die den Bürsten am nächsten liegenden Lamellen seien. Es wird dann bei Weglassen einer oder mehrerer Bürsten (z. B. B_2) die Anzahl der Ankerspulen zwischen Lamelle x und der von der Bürste B_3 berührten Lamelle desselben Ankerzweigpaares von der Spulenzahl, die zwischen Lamelle y und der von der Bürste B_3 berührten Lamelle dieses Ankerzweigpaares liegt, verschieden sein. Hieraus folgt, daß die beiden von den gleichnamigen Bürsten berührten Lamellen nicht dasselbe Potential besitzen und daß unter den Bürsten (hier B_3) selbst oder zwischen den gleichnamigen Bürsten Ausgleichströme fließen werden, um die Spannung zwischen den von den Bürsten (hier B_3) berührten Lamellen auszugleichen.

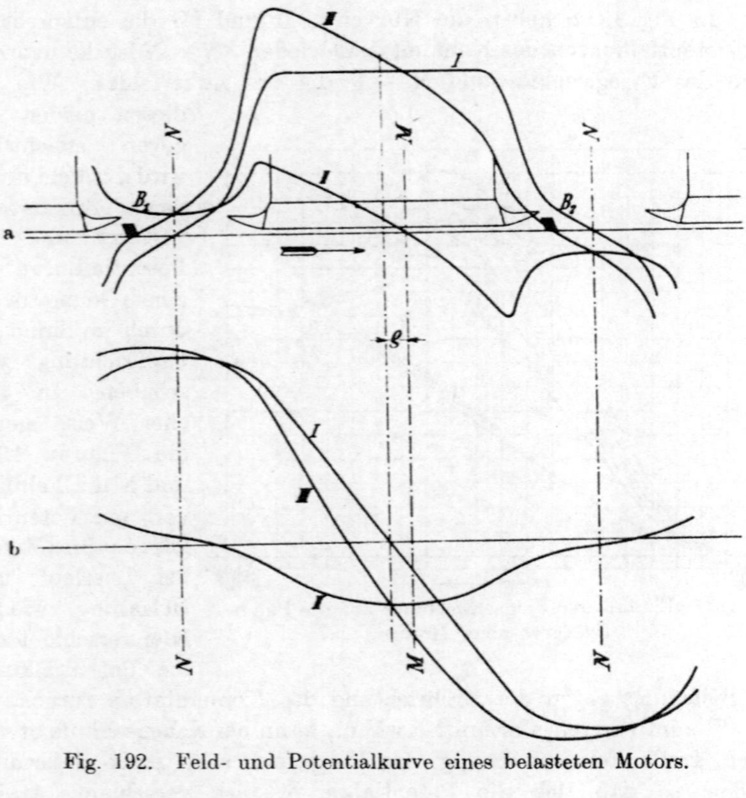

Fig. 192. Feld- und Potentialkurve eines belasteten Motors.

Dieselbe Ursache hat eine unsymmetrische Einstellung der gleichnamigen Bürsten relativ zueinander sowie Unsymmetrie in der Lamellenteilung zur Folge. Die relative Lage der positiven und negativen Bürsten zueinander hat dagegen keinen Einfluß auf die Lamellenspannung und kann ohne Rücksicht auf diese beliebig festgelegt werden. Um Ausgleichströme herrührend von Unsymmetrien in den Bürsteneinstellungen und in der Lamellenteilung möglichst zu vermeiden, ist es zweckmäßig, bei schwierigen Maschinen eine große Anzahl von Äquipotentialverbindungen anzuordnen.

56. Verschiebung der Potentialkurve mit der Belastung.

Belastet man eine Gleichstrommaschine, so erzeugt der Ankerstrom, wie im vorigen Kapitel gezeigt, ein im Raume feststehendes Feld, das sich über das Feld des Magnetsystems lagert. In Fig. 191a stellt die Kurve I das vom Erregerstrom, Kurve II das vom Ankerstrom erzeugte Querfeld und Kurve III die resultierende Feldkurve dar. In Fig. 191b geben die Kurven I, II und III die entsprechenden Potentialkurven des Kommutators wieder. *N* — *N* ist die neutrale Zone des Erregerfeldes und *M* — *M* die des Ankerfeldes. Wie aus diesen beiden Figuren ersichtlich, wird das Feld durch den Ankerstrom verzerrt und die Potentialkurve bei einem Generator dadurch im Sinne der Drehrichtung verschoben. In gleicher Weise geben die Figuren 192a und b die Feldkurven und Potentialkurven eines Motors bei Leerlauf und Belastung wieder. Hier verschiebt sich die Potentialkurve bei Belastung gegen die Drehrichtung des Kommutators zurück.

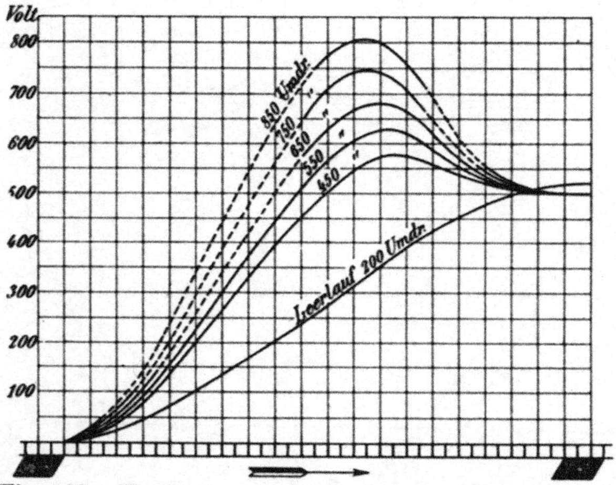

Fig. 193. Einfluß der Feldschwächung auf die Potentialkurve eines Motors.

Wie im vorigen Abschnitt erwähnt, kann bei Nebenschlußmotoren durch große Feldschwächung das Hauptfeld sehr stark deformiert werden, so daß sich die Potentialkurve stark verschiebt. Oehlschläger[1]) hat die in Fig. 193 dargestellten Potentialkurven an einem Motor bei verschiedenen Geschwindigkeiten aufgenommen und, wie man sieht, stehen die Bürsten bei den großen Geschwindigkeiten vom Scheitel der Potentialkurve weit entfernt, was eine Erhöhung der maximalen Lamellenspannung zur Folge hat und auch starkes Feuern unter den Bürsten verursacht, wenn die Maschine nicht mit Kommutierungspolen versehen ist.

[1]) ETZ 1907 Seite 212.

Dreizehntes Kapitel.

Das kommutierende Feld.

57. Kommutierung. — 58. Das für eine geradlinige Kommutierung erforderliche Kommutierungsfeld. — 59. Das für eine spannungslose Bürstenkante erforderliche Kommutierungsfeld. — 60. Günstigstes Kommutierungsfeld. — 61. Die von Nutenfeldern und Kommutierungsfeldern in den kurzgeschlossenen Spulen induzierten EMKe.

57. Kommutierung.

Wenn bei der Drehung des Ankers eine Spule von einem Ankerzweig in den folgenden übertritt, muß ein Richtungswechsel des Gleichstromes in dieser Spule stattfinden, d. h. der Gleichstrom muß kommutiert werden. Während des Übertrittes der Spule von einem Ankerzweig in den folgenden werden die Enden derselben durch die Bürsten leitend verbunden; die Spule ist also während dieser Zeit kurzgeschlossen.

In den Fig. 194a bis e sind die aufeinander folgenden Momente einer Kurzschlußperiode dargestellt.

In Fig. 194a befindet sich nur die Lamelle 1 unter der Bürste und der Strom von zwei Ankerzweigen vereinigt sich in dieser Lamelle. Es ist

$$i_1 = 2\, i_a \quad \text{und} \quad i_2 = 0\,.$$

In Fig. 194b berührt die Bürste die Lamellen 1 und 2 und die Spule b wird kurzgeschlossen. Der Kurzschlußkreis wird durch die Spule b, deren Verbindungen zum Kommutator, die Lamellen 1 und 2 und die Bürste gebildet. Der Strom, der in diesem Kreis fließt, heißt der Kurzschlußstrom (i). — Der gesamte in die Bürste übertretende Strom verteilt sich jetzt auf die Lamellen 1 und 2. Es ist

$$i_1 = i_a + i\,, \qquad i_2 = i_a - i\,.$$

Unter der Einwirkung der kommutierenden EMK wird die Stromstärke i rasch abnehmen und zu Null werden, Fig. 194c soll diesem

Moment entsprechen. — Im nächsten Moment (Fig. 194d) wird in der kurzgeschlossenenen Spule ein Strom von umgekehrter Richtung fließen, es wird

$$i_1 = i_a + (-i) \quad \text{und} \quad i_2 = i_a - (-i).$$

Am Ende der Kurzschlußzeit (Fig. 194e), d. h., wenn die Lamelle im Begriff ist, die Bürstenlage zu verlassen, nähert sich der Übergangswiderstand zwischen Lamelle und Bürste und daher auch der Widerstand des Kurzschlußkreises sehr rasch dem Wert ∞. Hat der Strom i_1 in diesem Moment noch einen erheblichen Wert, d. h. ist

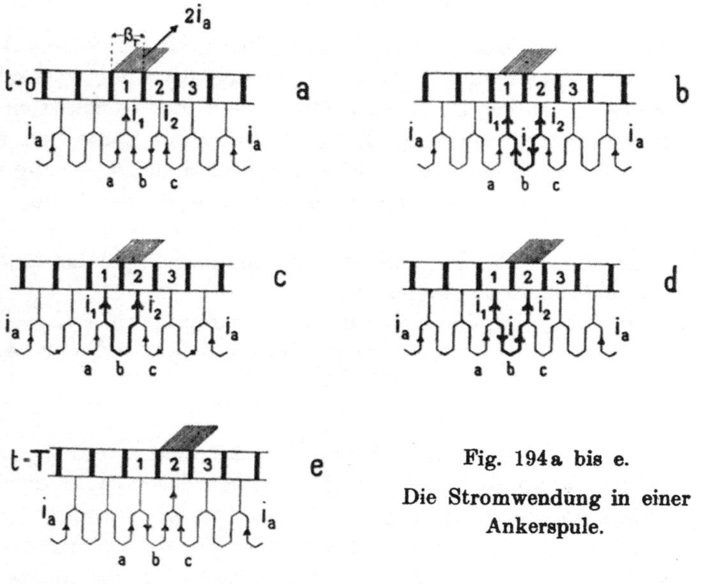

Fig. 194a bis e.
Die Stromwendung in einer Ankerspule.

der Kurzschlußstrom erheblich größer oder kleiner als i_a, so wird die Stromdichte unter der ablaufenden Bürstenkante zu groß; es tritt eine Erwärmung der Bürsten eventuell bis zum Glühendwerden ein und die plötzliche Unterbrechung eines großen Stromes führt zur Funkenbildung an der Unterbrechungsstelle.

Der zeitliche Verlauf des Kurzschlußstromes ist daher für die Funkenbildung und die Erwärmung der Bürsten von großem Einfluß.

Da nun einerseits die elektromotorische Kraft der Selbstinduktion das Kommutieren des Stromes (das Entstehen und Verschwinden desselben) in der kurzgeschlossenen Spule verzögert und da andererseits die Dauer des Kurzschlusses nur sehr kurz ist, so kann im allgemeinen der für eine funkenlose Kommutierung erforderliche zeitliche Verlauf des Kurzschlußstromes nur erhalten werden, wenn sich die kurzgeschlossene Spule in einem solchen magnetischen Feld bewegt, daß die in der Spule induzierte EMK die Kommutierung unterstützt.

Man nennt dieses Feld das kommutierende Feld und die von diesem induzierte EMK dementsprechend die kommutierende EMK. Um einen funkenlosen Betrieb zu erhalten, dürfen somit die kurzgeschlossenen Spulen sich im allgemeinen nicht in der neutralen Zone befinden, sondern die Bürsten müssen so weit verschoben werden, bis die kommutierenden Spulen in ein passendes kommutierendes Feld gelangen.

Das erforderliche Kommutierungsfeld ist aber nicht konstant, sondern nimmt mit der Belastung zu, während das zur Verfügung stehende Feld einer gewöhnlichen Gleichstrommaschine, wie im Abschnitt 50 gezeigt, mit der Belastung abnimmt. Es sollen somit von Rechts wegen die Bürsten um so weiter aus der neutralen Zone verschoben werden, je größer die Belastung wird.

Eine Änderung der Bürstenstellung mit der Belastung ist aber nicht sehr praktisch, weshalb man gewöhnlich die Bürsten in einer Mittelstellung einstellt und durch vorsichtige Dimensionierung der Maschine zu verhindern sucht, daß Bürstenfeuer auftritt. Hierdurch läßt sich das Material einer Gleichstrommaschine jedoch nicht bis zur Erwärmungsgrenze ausnutzen und man versieht deswegen in neuerer Zeit fast alle Gleichstrommaschinen mit Hilfspolen. Diese werden in den neutralen Zonen zwischen den Hauptpolen angeordnet und so erregt, daß sie bei jeder Belastung gerade das erforderliche Kommutierungsfeld erzeugen. Durch Anordnung von Hilfspolen braucht man somit nicht die Bürsten aus der neutralen Zone zu verschieben. Die Hilfspole werden auch Kommutierungspole oder besser Wendepole genannt, weil sie zum Wenden (Kommutierung) des Stromes in der kurzgeschlossenen Ankerspule beitragen.

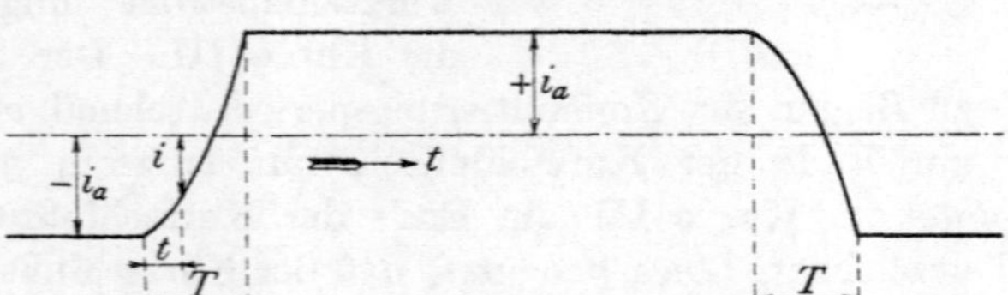

Fig. 195. Zeitlicher Verlauf des Stromes einer Ankerspule.

In Fig. 195 ist der zeitliche Verlauf des Stromes in einer Ankerspule angegeben; diese Kurve gibt uns gleichzeitig ein Bild der mittleren Stromstärke in den Spulen an jedem Punkt des Ankerumfanges. Der Strom in einer Ankerspule ist ein Wechselstrom, der zwischen den konstanten Werten $+i_a$ und $-i_a$ schwankt. Während der

Kurzschlußperiode T geht der Strom von einem Wert zum anderen über. In Fig. 195 ist angenommen, daß dieser Übergang nach einer gekrümmten Kurve vor sich gehe und nicht proportional der Zeit sei. Im letzteren Fall würde nämlich der Übergang geradlinig verlaufen und man hätte von einer geradlinigen Kommutierung sprechen können. In Fig. 196 sind verschiedene Kurzschlußströme als Funktion der Kurzschlußzeit t dargestellt. Nach Kurve I verläuft die Kommutierung geradlinig, d. h. gleichmäßig ohne Funkenbildung. Dieser Verlauf wird gewöhnlich als der ideelle angenommen, was jedoch nur in gewisser Hinsicht berechtigt ist.

Nach Kurve II verschwindet der Strom zuerst langsam und muß deswegen um so schneller in entgegengesetzter Richtung ansteigen, damit er am Ende der Kurzschlußzeit seinen vollen Wert erreicht; dieser Verlauf ist nicht besonders günstig, weil eine schnelle Stromänderung beim Unterbrechen des Kurzschlußkreises leicht in demselben eine zu große selbstinduzierte EMK hervorruft, die an der Unterbrechungsstelle, das ist an der ablaufenden Bürstenkante, Öffnungsfunken zur Folge hat. Die Kurve II entspricht einem schwächeren Kommutierungsfeld als Kurve I.

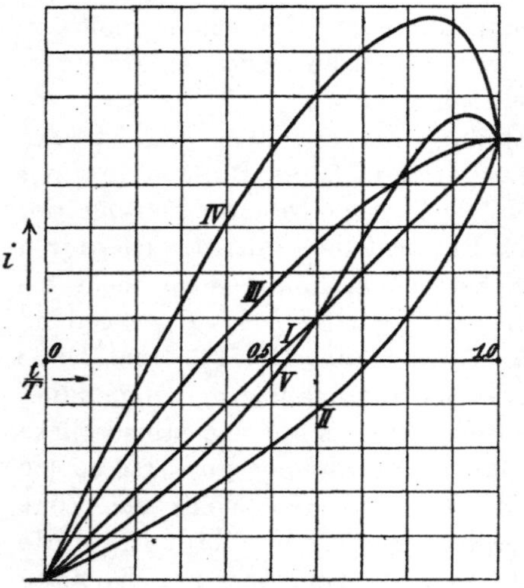

Fig. 196. Verschiedene Kurzschlußströme.

Macht man andererseits das Kommutierungsfeld stärker als für die geradlinige Kommutierung erforderlich, so erhält man einen Kurzschlußstrom ungefähr wie die Kurve III. Der Strom verschwindet zu Beginn der Kommutierungsperiode schnell und braucht deswegen am Ende der Kurzschlußzeit nur langsam anzusteigen. Die Tangente der Kurve III am Ende der Kurzschlußzeit ist hier horizontal gezeichnet. Dies bedeutet, daß der Kurzschlußstrom stetig in den konstanten Wert des normalen Ankerstromes i_a übergeht. Es findet somit keine Stromänderung an der ablaufenden Bürstenkante statt, d. h. die ablaufende Bürstenkante wird völlig stromlos und weist auch keine Spannung gegen die ablaufende Kommutatorlamelle auf. Dieser Kurzschlußstrom ist seinerseits von Prof. **Arnold** und **Mie**[1]) als der ideelle bezeichnet worden, was jedoch nur bis zu einem

[1]) ETZ 1899, S. 97.

gewissen Grad als richtig erachtet werden kann. Jedenfalls kann man aber sagen, daß die Kommutierung für alle Kurven, die zwischen I und III liegen, befriedigend und vollkommen funkenfrei verlaufen. Macht man das kommutierende Feld noch stärker als bei Kurve III, so erhält man die Kurve IV, bei der der Strom sehr schnell verschwindet und seinen normalen Wert in der entgegengesetzten Richtung erreicht, lange bevor die Kommutierungsperiode zu Ende ist. Der Strom geht also über seinen normalen Wert hinaus und kehrt am Ende der Kurzschlußzeit wieder auf diesen zurück, was leicht mit Funken an der ablaufenden Bürstenkante verbunden ist. Die Kurve V wieder stellt einen Kurzschlußstrom mit schwachem Feld am Anfang der Kurzschlußperiode und mit starkem Feld in der Mitte und am Ende derselben dar.

Wie ersichtlich kann man durch Wahl eines passenden Kommutierungsfeldes die Kommutierung vollkommen funkenfrei gestalten und dies geschieht am besten in einem Feld, das zwischen den den Kurven I und III entsprechenden Feldern liegt. — Da es in erster Linie darauf ankommt, die Bedingungen für eine funkenfreie Kommutierung zu schaffen, so soll im folgenden zuerst das für eine geradlinige Kommutierung nötige Feld berechnet werden. Demnächst werden wir die Feldverstärkung berechnen, die nötig ist, um die ablaufende Bürstenkante strom- und spannungslos zu machen. Da es aber nicht immer möglich ist, das bei jeder Belastung erforderliche Kommutierungsfeld zu schaffen, so sollen nach der Berechnung des Kommutierungsfeldes die von einem unrichtigen Kommutierungsfeld in den kurzgeschlossenen Spulen induzierten EMKe berechnet werden, und es soll ferner untersucht werden, wie groß diese sein dürfen, ohne daß es unter den Bürsten funkt. Um dies ganz genau festzustellen, muß man noch die von den EMKen in den kurzgeschlossenen Spulen erzeugten Ströme ermitteln; für diese letztere Aufgabe benötigt man jedoch ziemlich viel Mathematik, weswegen man diese Berechnungen in der Praxis natürlich nie durchführt. Sie haben aber akademisches Interesse und werden hier gebracht, weil sie eine Reihe von Erscheinungen und Verhältnissen bei der Kommutierung klarlegen und zum allgemeinen besseren Verständnis des Kommutierungsproblems beitragen.

58. Das für eine geradlinige Kommutierung erforderliche Kommutierungsfeld.

Bei der Berechnung der Feldkurve und der Ankerrückwirkung sind die von den Nuten herrührenden Oberschwingungen vernachlässigt, weil sie bei normalen Gleichstrommaschinen sehr wenig Einfluß auf die Klemmenspannung der Maschine ausüben. Beim Übergang zu den Kommutierungsvorgängen läßt sich der Einfluß der Nuten nicht mehr ganz vernachlässigen. Wir kommen jedoch am schnellsten zum Ziel, wenn wir zuerst die Mittelwerte ohne Rücksicht auf die von den Nuten herrührenden Oberschwingungen berechnen und nachträglich die von diesen Oberschwingungen erzeugten zusätzlichen Ströme hoher Periodenzahl besonders behandeln. Dadurch läßt sich auch leichter übersehen, wie die Nutenteilung mit Rücksicht auf die Bürsten- und Lamellenbreite zu wählen ist, um die von den Nuten herrührenden Pulsationen des Kurzschlußstromes möglichst klein zu halten.

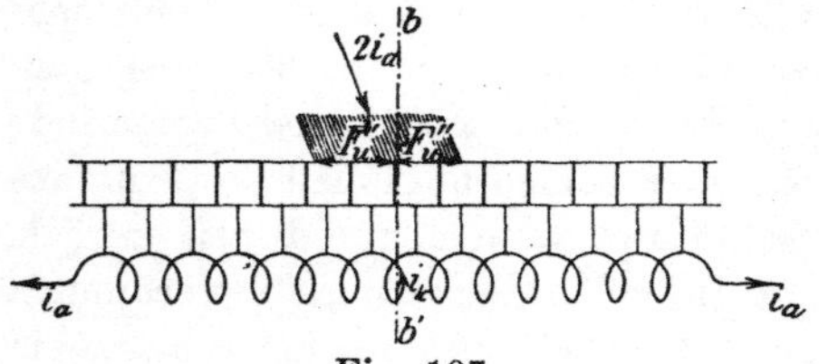

Fig. 197.

Wir betrachten wieder die Pacinottische Ringwicklung und zwar den Teil (Fig. 197), der in der Kommutierungszone liegt. Soll der Kurzschlußstrom geradlinig als Funktion der Kurzschlußzeit verlaufen, so muß

$$i_k = -i_a\left(1 - \frac{2t}{T}\right), \quad \ldots \ldots \quad (75)$$

worin i_k den geradlinig verlaufenden Kurzschlußstrom, T die ganze Kurzschlußzeit der Ankerspule und t die Zeit, gerechnet vom Beginn des Kurzschlusses, während i_a den jedem Ankerzweig zugeführten Strom bedeutet.

Zu Beginn der Kurzschlußperiode, d. h. $t = 0$ ist $i_k = -i_a$.

In der Mitte der Kurzschlußperiode, d. h. $t = \frac{T}{2}$ ist $i_k = 0$

und am Ende der Kurzschlußperiode, d. h. $t = T$ ist $i_k = +i_a$.

Mit F_u' bezeichnen wir den Teil der Bürstenfläche, der links von der Trennungsfuge $b\,b'$ (Fig. 197) liegt und mit F_u'' den rechtsliegenden Teil.

Verläuft die Kurzschlußstromkurve nicht geradlinig, sondern nach irgendeiner anderen beliebigen Kurvenform, so schreiben wir den Kurzschlußstrom

$$i = i_k + i_z,$$

worin i_k den geradlinigen Teil des Kurzschlußstromes und i_z einen zusätzlichen Strom bedeutet, der sich über den ersten lagert. Dieser letzte Teil verschwindet sowohl am Anfang als am Ende der Kurzschlußperiode und soll in der übrigen Zeit auch möglichst klein sein. In dem hier betrachteten Fall der geradlinigen Kommutierung ist der zusätzliche Strom für die ganze Kurzschlußperiode natürlich gleich Null.

Wenn die Trennungsfuge unter der Mitte der Bürste liegt, ist $t = \frac{1}{2} T$ und $i_k = 0$, so daß sich der Ankerstrom $2 i_a$ gleichmäßig auf die beiden Bürstenhälften verteilt und die mittlere Stromdichte s_u jeder von diesen beiden Hälften gleich groß wird. Wie hieraus leicht erkennbar, verteilt sich der Ankerstrom bei geradlinigem Verlauf des Kurzschlußstromes in jedem Augenblicke gleichmäßig über die ganze Bürstenfläche, d. h. bei geradliniger Kommutierung wird die Stromdichte s_u unter den Bürsten konstant.

Die zum Wenden des Ankerstromes nötige EMK hängt in erster Linie von der Selbstinduktion der Ankerspule und erst in zweiter Linie von den kleinen Widerständen in den Verbindungen zwischen der Wicklung und dem Kommutator und von den kleinen Widerständen der Ankerspulen ab. Diese letzteren können in allen praktischen Rechnungen ohne weiteres vernachlässigt werden, weil sie nur auf die Größe der zusätzlichen Ströme von Einfluß sind. Es ist somit zuerst die kommutierende EMK zu berechnen, die nötig ist, um die vom Kurzschlußstrom in den Ankerspulen selbstinduzierte EMK zu überwinden.

Das Stromvolumen pro Zentimeter Umfang des Ankers haben wir mit AS bezeichnet. Ist die Nutenteilung t_1, so ist das Stromvolumen pro Nut $t_1 AS$; dieses erzeugt pro Zentimeter Länge des Ankers ein Nutenfeld

$$\Phi_n = t_1 AS \lambda_n,$$

das seine Richtung während der Kommutierung ändert.

λ_n ist die magnetische Leitfähigkeit der Nut pro Zentimeter Länge des Ankereisens und soll im fünfzehnten Kapitel berechnet werden. Die Zeit, die erforderlich ist, um das ganze Stromvolumen der Nut zu wenden, bezeichnen wir mit T_n; also ist die von Φ_n pro Zentimeter Länge der Ankerleiter induzierte mittlere EMK proportional

$$\frac{2 \Phi_n}{T_n} = \frac{2 t_1 AS \lambda_n}{T_n}.$$

Eine gleichgroße EMK würde auch ein am Ankerumfang konstantes Feld von der Stärke

$$B_n = \frac{2 \Phi_n}{T_n v} = 2 AS \lambda_n \frac{t_1}{T_n v}$$

pro Zentimeter Länge der Ankerleiter induzieren, wo v die Umfangsgeschwindigkeit der Ankerleiter in cm/sec bedeutet.

Man kann somit das Nutenfeld in seiner Wirkung durch ein am Ankerumfang gedachtes Feld ersetzen und dieses Feld durch ein entgegengesetzt gerichtetes kompensieren. Dieses kompensierende Feld muß noch um das konstante Feld $B_s = 2 AS \lambda_s$, das zur Kompensierung des Feldes der Stirnverbindungen (Spulenköpfe) der Ankerwicklung nötig ist, verstärkt werden, um das für die geradlinige Komutierung erforderliche Komutierungsfeld B_{cg} zu erhalten. Bezeichnen wir die Breite der Kommutierungszone einer Ankernut mit b_k, so wird

$$b_k = T_n v,$$

und wir erhalten als Mittelwert des für eine geradlinige Kommutierung erforderlichen Kommutierungsfeldes

$$B_{cg\,mit} = B_n + B_s = 2\,AS\left(\lambda_n \frac{t_1}{b_k} + \lambda_s\right) \quad . \quad . \quad . \quad (76)$$

Das Nutenfeld Φ_n ändert sich nicht proportional der Kommutierungszeit; man braucht deswegen, um eine geradlinige Kommutierung zu erzielen, nicht ein konstantes, sondern ein veränderliches Feld, dessen Mittelwert sich nach der obigen Formel berechnen läßt. Um die für eine geradlinige Kommutierung nötige Feldform genau zu berechnen, verfährt man am besten wie folgt.

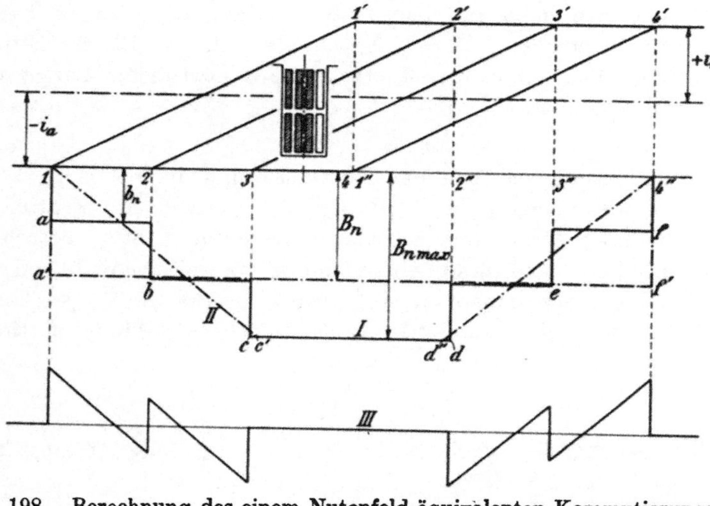

Fig. 198. Berechnung des einem Nutenfeld äquivalenten Kommutierungsfeldes.

Man zeichnet für eine Nut zuerst (Fig. 198) den Verlauf der Kurzschlußströme jedes Stabes oder Stabpaares auf und bestimmt die Stabzahl (resp. Stabpaarzahl), die sich in jedem Augenblick im Kurzschluß befindet Diese Zahl der kurzgeschlossenen Stäbe oder Spulenseiten pro Nut zeichnet man demnach als Funktion der Kommutierungszeit der Nut auf, und die so erhaltene Kurve gibt uns die Feldform des erforderlichen Kommutierungsfeldes. In jedem

Augenblick ist das erforderliche Kommutierungsfeld nämlich proportional der Anzahl kurzgeschlossener Stäbe, in jedem von denen sich der Kurzschlußstrom mit derselben konstanten Geschwindigkeit $\left(\frac{di_k}{dt}\right)$ ändert. In Fig. 198 sind die Kurzschlußströme der acht Stäbe einer Nut durch die Linien $1 \div 1'$, $2 \div 2'$, $3 \div 3'$ und $4 \div 4'$ dargestellt, indem angenommen ist, daß zwei in einer Nut übereinander gelegenen Stäbe gleichzeitig kommutieren, also dieselbe Kurzschlußstromkurve aufweisen. Dies ist der Fall, wenn der Nutenschritt y_n gleich der Polteilung ist, denn dann ist $\varepsilon_k = 0$. In Fig. 198 entspricht der Abstand von 1 bis 2 resp. von 2 bis 3 der Zeit, die der Kommutator benötigt, um sich eine Lamelle vorwärts zu bewegen. Ferner ist angenommen, daß eine Bürste drei Lamellen bedecke, so daß die Stäbe 1 in demselben Moment den Kurzschluß verlassen, wie die Stäbe 4 in den Kurzschluß eintreten. Es liegen somit $1'$ und 4 in derselben vertikalen Linie. Die Kommutierungszeit des ganzen Stromvolumens der Nut liegt, wie leicht ersichtlich, zwischen den Vertikalen durch 1 und $4'$ und ist somit gleich der Zeit, die der Kommutator benötigt, um sich sechs Lamellen vorwärts zu bewegen. In der Zeit zwischen 1 und 2 befindet sich nur ein Stabpaar im Kurzschluß, während in der Zeit 2 bis 3 zwei Stabpaare und in der Zeit 3 bis $2''$ drei Stabpaare sich im Kurzschluß befinden. Wir erhalten somit für die Feldform des Kommutierungsfeldes den treppenförmigen Linienzug $1\,a\,b\,c\,d\,e\,f\,4''$, dessen Mittelwert durch die strichpunktierte Linie $a'\,b\,e\,f'$ angegeben wird.

Da es nicht möglich ist, dem Kommutierungsfeld die zackige Form zu geben, so ersetzen wir dieses Treppenfeld I durch das trapezförmige $1\,c'\,d'\,4''$, das denselben Flächeninhalt wie $1\,a\,b\,c\,d\,e\,f\,4''$ und $1\,a'\,b\,e\,f'\,4''$ besitzt und somit in den kurzgeschlossenen Ankerspulen ungefähr dieselbe mittlere EMK induziert, wie das treppenförmige Feld. In dem betrachteten Fall fallen c' und d' mit c bzw. d zusammen. Es wird somit die obere Seite des Trapezes ein Drittel der Grundlinie desselben, und die maximale Feldstärke $B_{n\,max}$ anderthalb mal so groß wie die mittlere Feldstärke B_n des Kommutierungsfeldes. Gelingt es, ein Kommutierungsfeld zu schaffen, das genau die trapezförmige Gestalt II der Fig. 198 besitzt, so werden in den kurzgeschlossenen Spulen nur zusätzliche Ströme von der zackenförmigen Feldkurve III in Fig. 198 induziert, die sich durch Subtraktion der treppenförmigen Feldkurve von der trapezförmigen ergibt. Diese zusätzlichen Ströme in den kurzgeschlossenen Spulen lagern sich über die geradlinigen Kommutierungsströme und deformieren somit den geradlinigen Verlauf derselben, worauf wir im Kapitel 18 und 19 zurückkommen werden.

Die Form des trapezförmigen Feldes läßt sich durch die folgenden allgemein gültigen Formeln für jedes beliebige Verhältnis zwischen Nutenteilung, Bürstenbreite und Lamellenbreite leicht berechnen. Es mag die auf den Ankerdurchmesser reduzierte Bürstenbreite mit b_r und die auf denselben Durchmesser reduzierte Lamellenbreite mit β_r bezeichnet werden; es ist dann

$$b_r = \frac{D}{D_k} b_1 \quad \text{und} \quad \beta_r = \frac{D}{D_k} \beta,$$

worin der Ankerdurchmesser mit D und der Kommutatordurchmesser mit D_k bezeichnet ist. Für Wellenwicklungen ist, wie wir im nächsten Kapitel sehen werden, überall b_1 durch b_1' und b_r durch b_r' zu ersetzen. Das Stromvolumen des Stabpaares einer Nut ist somit gleich $\beta_r AS$ und dieses wird während der Zeit $b_r v$ gewendet. Es ist also das erforderliche kommutierende Feld, um den Strom in dem ersten Stabpaar einer Nut zu wenden, gleich

$$b_n = \frac{2\beta_r AS\lambda_n}{b_r} = \frac{\beta_r}{b_r} \frac{b_k}{t_1} B_n,$$

welches Feld gleich der Ordinate der ersten Stufe des treppenförmigen Feldes, Fig. 198, ist. Es sind nun zwei Fälle zu unterscheiden.

Wenn die Nutenteilung größer ist als die reduzierte Bürstenbreite, d. h. $t_1 > b_r$, so können alle $\frac{b_r}{\beta_r}$ kurzgeschlossenen Stabpaare sich gleichzeitig in einer Nut befinden und es wird somit das maximale Nutenfeld

$$\text{für} \quad t_1 \geqq b_r \quad \text{und} \quad \varepsilon_k = 0,$$

gleich
$$B_{n\,max} = \frac{b_r}{\beta_r} b_n = 2\,AS\,\lambda_n = \frac{b_k}{t_1} B_n,$$

während die obere Seite des Trapezes, die wir mit b_{ki0} bezeichnen werden, gleich

$$b_{ki0} = \frac{2\,B_n - B_{n\,max}}{B_{n\,max}} b_{k0} = 2\,t_1 - b_{k0}$$

wird, worin b_{k0} die Breite der Kommutierungszone einer Nut für $\varepsilon_k = 0$ bedeutet.

Ist die reduzierte Bürstenbreite größer als die Nutenteilung, d. h. $b_r > t_1$, so können alle $\frac{t_1}{\beta_r}$ Stabpaare einer Nut sich gleichzeitig im Kurzschluß befinden und es wird somit das maximale Nutenfeld

$$\text{für} \quad b_r > t_1 \quad \text{und} \quad \varepsilon_k = 0,$$

gleich
$$B_{n\,max} = \frac{t_1}{\beta_r} b_n = 2\,AS\,\lambda_n \frac{t_1}{b_r} = \frac{b_k}{b_r} B_n,$$

während die obere Seite des Trapezes für $b_r > t_1$ gleich

$$b_{ki0} = \frac{2\,B_n - B_{n\,max}}{B_{n\,max}}\, b_k = 2\,b_r - b_{k0} \text{ wird.}$$

Ist der Nutenschritt y_n größer oder kleiner als die Polteilung, so werden die kurzgeschlossenen Stäbe (s. Fig. 199), die unten in einer Nut liegen um $\varepsilon_k \beta_r$ in der Richtung des Ankerumfanges gegen die oberen kurzgeschlossenen Stäbe derselben Nut verschoben und wir erhalten folgende Formeln für das trapezförmige Kommutierungsfeld.

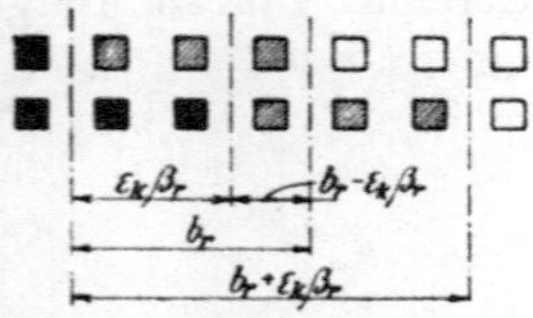

Fig. 199.

Für $t_1 \geqq b_r + \varepsilon_k \beta_r$ (Fig. 200):

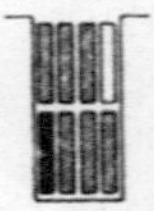
Fig. 200.

$$B_{n\,max} = \frac{b_r}{\beta_r}\, b_n = \frac{b_k}{t_1}\, B_n = \frac{B_n}{\alpha_k} \quad \ldots\ldots \quad (77\,a)$$

und

$$b_{ki} = (2\,\alpha_k - 1)\, b_k = 2\,t_1 - b_k \quad \ldots\ldots \quad (78\,a)$$

Für $b_r + \varepsilon_k \beta_r \geqq b_r - \varepsilon_k \beta_r$ (Fig. 201):

Fig. 201.

$$B_{n\,max} = \frac{t_1 + b_r - \varepsilon_k \beta_r}{2\,\beta_r}\, b_n$$

$$= \frac{t_1 + b_r - \varepsilon_k \beta_r}{b_r} \cdot \frac{b_k}{2\,t_1}\, B_n = \frac{B_n}{\alpha_k} \,. \quad (77\,b)$$

und

$$b_{ki} = \frac{4\,t_1\, b_r}{t_1 + b_r - \varepsilon_k \beta_r} - b_k \quad \ldots\ldots \quad (78\,b)$$

Für $b_r - \varepsilon_k \beta_r > t_1$ (Fig. 202):

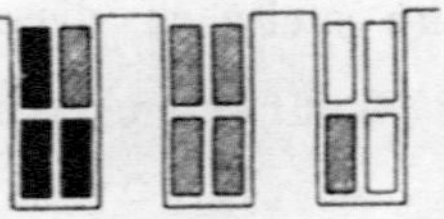
Fig. 202.

$$B_{n\,max} = \frac{t_1}{\beta_r}\, b_n = \frac{b_k}{b_r}\, B_n = \frac{B_n}{\alpha_k} \quad \ldots\ldots \quad (77\,c)$$

und

$$b_{ki} = 2\,b_r - b_k \quad \ldots\ldots\ldots \quad (78\,c)$$

worin α_k den Füllfaktor des Nutenfeldes bedeutet.

Die hier als maximale Feldstärke berechneten Werte von $B_{n\,max}$ sind nicht immer die wirklich auftretenden Maximalwerte. Wenn z. B. die Nutenteilung größer als die Bürstenbreite plus Verkürzung des Nutenschrittes und $\frac{b_1}{\beta}$ keine ganze Zahl ist, so erhält man ein Nutenfeld mit zackiger Krone. In Fig. 203 ist das auf den Ankerumfang reduzierte Nutenfeld, Kurve I, für 4 Stabpaare pro Nut und $\frac{b_1}{\beta} = 2{,}5$ aufgezeichnet. Das trapezförmige Feld, Kurve II, ist strichpunktiert, während das aus Nutenfeld und Kommutierungsfeld resultierende zackenförmige Differenzfeld, Kurve III unten eingezeichnet ist.

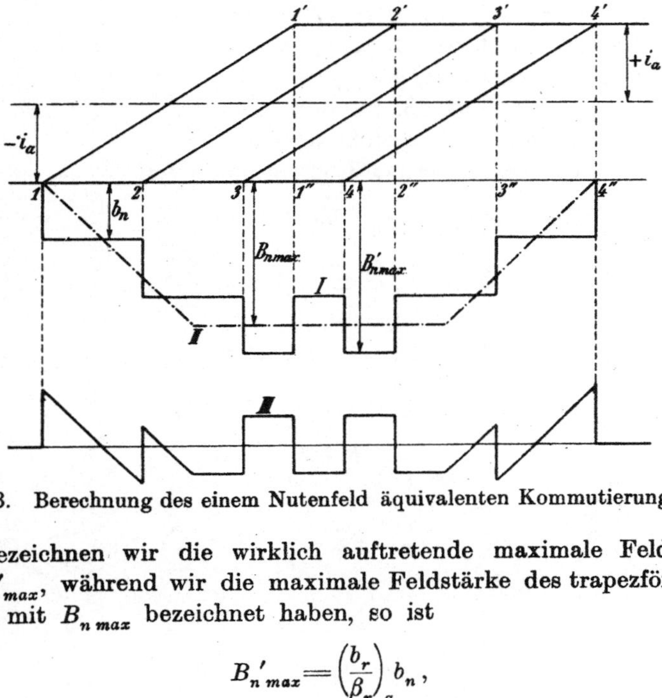

Fig. 203. Berechnung des einem Nutenfeld äquivalenten Kommutierungsfeldes.

Bezeichnen wir die wirklich auftretende maximale Feldstärke mit $B'_{n\,max}$, während wir die maximale Feldstärke des trapezförmigen Feldes mit $B_{n\,max}$ bezeichnet haben, so ist

$$B'_{n\,max} = \left(\frac{b_r}{\beta_r}\right)_g b_n,$$

worin $\left(\frac{b_r}{\beta_r}\right)_g$ die nächst größere ganze Zahl bedeutet, wenn $\frac{b_r}{\beta_r}$ selbst keine ganze Zahl ist. Setzen wir das Verhältnis zwischen dieser ganzen Zahl $\left(\frac{b_r}{\beta_r}\right)_g$ und dem Bruch $\frac{b_r}{\beta_r}$ gleich dem Koeffizienten f_b, so erhält man für $\varepsilon_k = 0$

$$f_b = \left(\frac{b_r}{\beta_r}\right)_g \frac{\beta_r}{b_r}$$

und

$$B'_{n\,max} = f_b B_{n\,max} \quad . \quad . \quad . \quad . \quad . \quad . \quad . \quad . \quad (79)$$

Das Nutenfeld bekommt stets eine zackige Krone, wenn $\frac{b_r}{\beta_r}$ oder ε_k keine ganze Zahl ist und man muß in diesem Fall $B_{n\,max}$ mit einem Koeffizienten f_b, der stets größer als eins ist, multiplizieren, um den wirklich auftretenden Maximalwert des Nutenfeldes zu erhalten.

Will man den kleinen Einfluß der Ohmschen Widerstände der Ankerspulen auf die kommutierende EMK berücksichtigen, so läßt sich diese Korrektur in der folgenden Weise durchführen. Es ändert sich der Kurzschlußstrom während der Kurzschlußzeit nach der Formel

$$i_k = -i_a\left(1 - \frac{2t}{T}\right).$$

Um diesen durch eine Ankerspule vom Widerstande r_s zu treiben, muß eine EMK

$$e_r = i_k r_s = -i_a r_s\left(1 - \frac{2t}{T}\right)$$

in der Ankerspule induziert werden und das entsprechende Kommutierungsfeld lautet

$$B_r = \frac{e_r\, 10^6}{\frac{N}{K} l v} = \frac{i_a r_s\, 10^6}{\frac{N}{K} l v}\left(\frac{2t}{T} - 1\right), \quad . \quad . \quad . \quad . \quad (80)$$

worin $\frac{N}{K}$ die Zahl der induzierten Leiter einer Spule bedeutet; dieses Feld geht also (s. Fig. 204) geradlinig von einem negativen Wert am Anfang der Kommutierung in einen gleich großen positiven Wert am Ende der Kurzschlußzeit einer Spule über. Der Mittelwert dieses Feldes ist somit Null und hat keinen Einfluß auf die mittlere Feldstärke des Kommutierungsfeldes. Man überzeugt sich leicht, daß B_r sehr klein im Verhältnis zu B_n ist, und da ferner das für die verschiedenen Stäbe einer Nut erforderliche Kommutierungsfeld B_r zu verschiedenen Zeitpunkten auftreten sollte, so läßt sich B_r nicht durch eine ideelle Feldstärke am Ankerumfang darstellen und über das Feld B_{cg} superponieren. Man läßt deswegen B_r in allen praktischen Rechnungen weg. Der Fehler, den man hierdurch begeht, ist sehr klein, weil der Mittelwert von B_r Null ist. Dieses Feld hat somit keinen Einfluß auf die mittleren Vorgänge unter den Bürsten, sondern kann nur zusätzliche Ströme in den kurgeschlossenen Spulen veranlassen. Es reicht deswegen aus, wenn man die EMK e_r in den analytischen Berechnungen der zusätzlichen Ströme berücksichtigt, welche Rechnungen, wie gesagt, von mehr theoretischer Natur sind und nur akademisches Interesse besitzen.

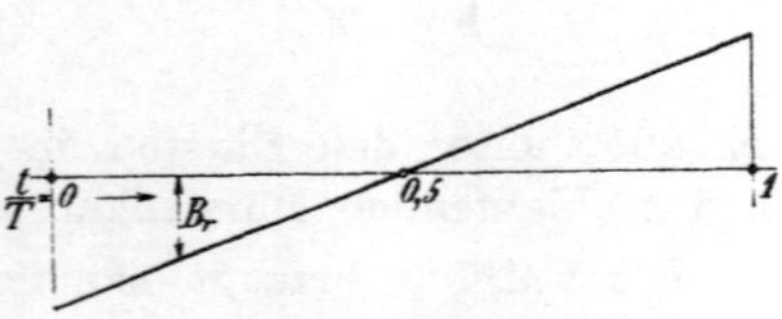

Fig. 204.

59. Das für eine spannungslose Bürstenkante erforderliche Kommutierungsfeld.

Im vorigen Abschnitt wurde das Kommutierungsfeld für den Fall einer geradlinigen Kommutierung berechnet. Hierbei ergab sich, daß sich der der Ankerwicklung zugeführte Strom gleichmäßig über die Bürstenfläche verteilt. Es muß somit bei geradliniger Kommutierung die Spannung zwischen jedem Punkt der Bürste und den darunter liegenden Lamellen überall denselben konstanten Wert aufweisen; diesen Wert, der gewöhnlich zwischen 0,5 und 1,5 Volt liegt, wollen wir mit ΔP bezeichnen. Soll nun die ablaufende Bürstenkante spannungslos werden, so muß das Kommutierungsfeld B_{cg} für geradlinige Kommutierung verstärkt und der Kurzschlußstrom dadurch in seiner Änderung soviel beschleunigt werden, daß er von Kurve I in die tangentiale Kurzschlußstromkurve III, Fig. 196, übergeht.

Den Mittelwert dieser Feldverstärkung in der Kommutierungszone werden wir mit B_z bezeichnen und dieses zusätzliche Feld muß so stark gemacht werden, daß in den kurzgeschlossenen Spulen eine zusätzliche EMK e_z induziert wird, die ein wenig größer als die doppelte Übergangsspannung $2\,\Delta P$ unter den Bürsten ist. Es geht dann die geradlinige horizontale Potentialkurve I, Fig. 205, unter den Bürsten in eine schräge Gerade II über, die an der ablaufenden Bürstenkante durch Null geht.

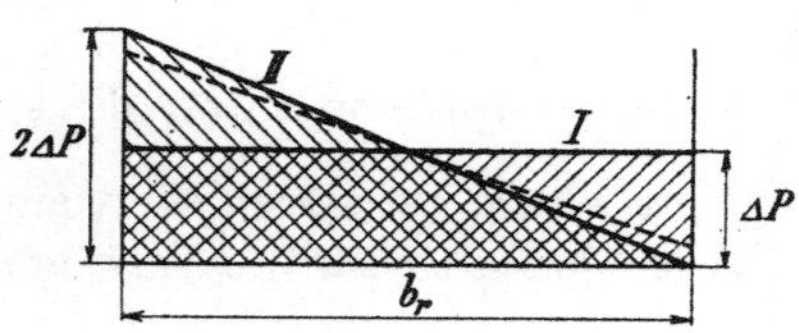

Fig. 205.

Die EMK e_z erzeugt nämlich einen zusätzlichen Strom i_z, der sich durch die Bürsten und die kurzgeschlossenen Ankerspulen schließt und da die Übergangsspannung unter den Bürsten den anderen Spannungsabfällen dieses Stromes im Kurzschlußkreis stark überwiegt, so braucht e_z nur ein wenig größer als $2\,\Delta P$ zu sein, damit die ablaufende Bürstenkante spannungslos wird. Würde man in den kurzgeschlossenen Spulen nur eine EMK gleich $2\,\Delta P$ induzieren, so würden sich die Potentialkurven unter den Bürsten wegen des Spannungsabfalles in den kurzgeschlossenen Spulen nach der gestrichelten Linie, und nicht nach der ausgezogenen, einstellen. Der Übergangswiderstand unter den Bürsten ist aber keine konstante Größe, wie wir im Kapitel 16 sehen werden, sondern eine mit zunehmender Stromdichte abnehmende Größe, weshalb andererseits eine zusätzliche EMK gleich $2\,\Delta P$ zu groß sein würde. Es reicht deswegen für praktische Zwecke vollkommen aus, wenn man in den kurzgeschlossenen Spulen eine EMK gleich der doppelten Bürstenspannung $2\,\Delta P$ induziert.

Es werden von jeder Bürste gleichzeitig $\frac{b_1 p}{\beta a}$ Ankerspulen kurzgeschlossen und jede von ihnen enthält $\frac{N}{K}$ induzierte Leiter. Es muß somit

$$2\,\Delta P = e_z = \frac{b_1 p N}{\beta a K} l v B_z 10^{-6}$$

sein, woraus folgt, daß das kommutierende Feld im Mittel um

$$B_z = \frac{2\,\Delta P 10^6}{\frac{b_1 p N}{\beta a K} l v} \quad . \quad . \quad . \quad . \quad . \quad . \quad (81)$$

über das für geradlinige Kommutierung erforderliche Feld erhöht werden muß.

Für eine spannungslose Bürstenkante erhält man somit das resultierende Kommutierungsfeld

$$B_{ct} = B_{cg} + B_z,$$

dessen Mittelwert gleich

$$B_{ct\,mit} = 2\,AS\left(\lambda_n \frac{t_1}{b_k} + \lambda_s\right) + \frac{2\,\Delta P 10^6}{\frac{b_1 p N}{\beta a K} l v} \quad . \quad . \quad . \quad (82)$$

ist. Würde man B_z über die Kommutierungszone veränderlich machen, so würde die Potentialkurve unter den Bürsten nicht mehr nach einer Geraden verlaufen, sondern nach einer anderen Kurve, abhängig von der Form des zusätzlichen Feldes B_z in der Kommutierungszone.

60. Günstigstes Kommutierungsfeld.

Im Abschnitt 57 wurde gezeigt, daß das günstigste Kommutierungsfeld zwischen dem Feld B_{cg} der geradlinigen Kommutierung und dem Feld B_{ct} der tangentialen Kommutierung liegt.

a) Ist die Maschine mit Wendepolen versehen, die vom Ankerstrom erregt werden, so hat man es in der Hand, das Kommutierungsfeld bei jeder Belastung nahezu genau so zu gestalten, wie man es wünscht. Man wird deswegen immer die Wendepole so bemessen, daß das Feld unter ihnen zwischen der trapezförmigen Kurve, Fig. 198, und dieser Kurve um B_z erhöht zu liegen kommt. Es wird mit anderen Worten das Kommutierungsfeld B_c wie folgt gewählt

$$B_{ct} > B_c > B_{cg}$$

und am meisten wird man B_c in der Mitte zwischen diesen beiden Grenzwerten wählen, damit die Stromdichte unter den Bürsten nicht zu sehr verschieden wird und die Kommutatorverluste dadurch nicht unnötig groß ausfallen. Es wird somit das günstigste Kommutierungsfeld

$$B_c = B_{cg} + \frac{1}{2} B_z = B_{cg} + \frac{\Delta P 10^6}{\frac{b_1 p N}{\beta a K} l v}, \quad . \quad . \quad . \quad (83)$$

worin B_{cg} sich der trapezförmigen Kurve möglichst anschließt. Diese Formel gilt, wie leicht ersichtlich, nur für den Fall, daß es ebensoviele Wendepole als Hauptpole, d. h. als neutrale Zonen gibt und daß die Wendepole gleich so lang gemacht werden wie die Hauptpole. Ist dies nicht der Fall, sondern verhält sich die Länge aller Wendepole zu der Länge aller Hauptpole wie γ, d. h.

$$\gamma = \frac{\text{totale Länge aller Hauptpole}}{\text{totale Länge aller Wendepole}},$$

so muß die Feldstärke unter dem Wendepol gleich

$$B_c = B_{n1} + (\gamma - 1)(B_{n2} + B_q) + \gamma B_s + \frac{\gamma}{2} B_z \quad . \quad (84)$$

gemacht werden, worin B_{n1} dem Nutenfeld unter dem Wendepol und B_{n2} dem Nutenfeld außerhalb des Wendepols entspricht, während B_q die Stärke des Ankerquerfeldes bedeutet. Dieses letztere Feld ist für die neutrale Zone über der ganzen Kommutierungszone einer Nut nahezu konstant.

Ist $B_{n1} \cong B_{n2} = B_{ng} = B_{cg} - B_s$, so ist das Feld unter dem Wendepol

$$B_c \cong \gamma (B_{cg} + \tfrac{1}{2} B_z) + (\gamma - 1) B_q$$

stark zu machen.

Durch Verkürzung der Wendepole relativ zu den Hauptpolen im Verhältnis $\frac{1}{\gamma}$, muß das Feld unter den Wendepolen erstens γ mal so stark sein als sonst nötig wäre, und außerdem um $(\gamma - 1) B_q$ vergrößert werden. Bei Verkürzung der Wendepole muß der totale Kraftfluß derselben somit um den zur Kompensierung des Ankerquerfeldes nötigen Kommutierungsfluß erhöht werden.

b) Ist die Maschine ohne Wendepole ausgeführt, aber nur für eine Drehrichtung vorgesehen, so werden die Bürsten, wie auf S. 193 erwähnt, so eingestellt, daß die Kommutierung bei Halblast möglichst geradlinig verläuft. Ein ganz geradliniger Verlauf des Kurzschlußstromes ist mit dem Kommutierungsfeld, das eine

Maschine ohne Wendepole besitzt, nicht möglich, weil man dem Kommutierungsfeld nicht die erforderliche trapezförmige Form geben kann. Dagegen kann man, wie im nächsten Abschnitt gezeigt werden soll, durch Verstärkung eines rechteckigen Kommutierungsfeldes über den Wert $B_n + B_s$ hinaus erreichen, daß keine EMK zwischen den Bürstenkanten auftritt. Es wird dann die Potentialkurve unter den Bürsten eine ähnliche Form wie Kurve A und B in Fig. 206 annehmen. Die Stärke des rechteckigen Feldes, das für einen derartigen Verlauf der Potentialkurve nötig ist, werden wir mit $B_{c0} = B_{n0} + B_s$ bezeichnen, und diese wird, wie wir später sehen werden, gleich $f_m B_n + B_s$, worin f_m sozusagen eine Art Wicklungsfaktor ist.

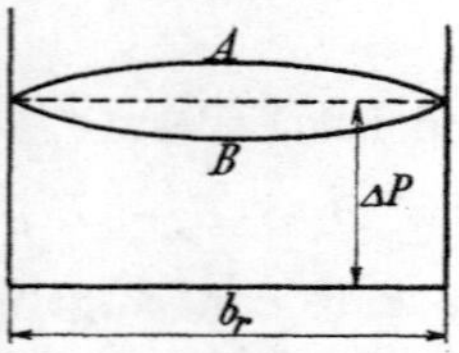

Fig. 206.

Soll nun bei Halblast die Spannung zwischen den Bürstenkanten gleich Null sein, so muß die Feldstärke in der Kommutierungszone bei Halblast gleich

$$\tfrac{1}{2} B_{c0} = B_{k0} - \tfrac{1}{2} B_q$$

sein. Diese Werte sind in dieser Formel jedoch nur als Mittelwerte aufzufassen. Sowohl das Leerlaufsfeld B_{k0} als das Ankerquerfeld B_q ist nämlich innerhalb der Kommutierungszone einer Nut nicht konstant, sondern verläuft nach schrägen Geraden, wie Fig. 173 und 207 zeigen. Die Schrägheit des Ankerquerfeldes wie die des Leerlaufsfeldes rührt von den ungleichen Abständen der Polspitzen von den verschiedenen Punkten der Kommutierungszone her.

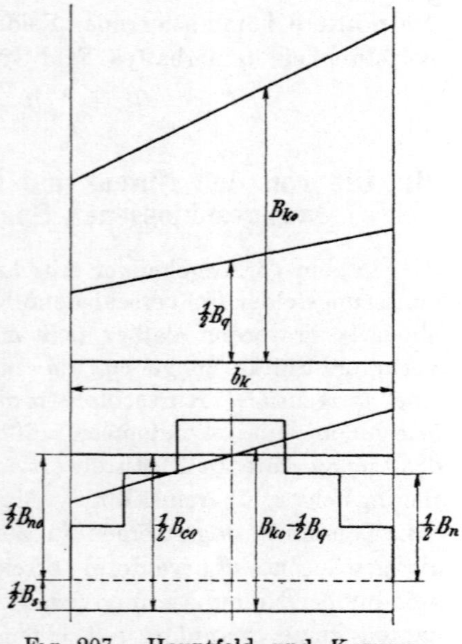

Fig. 207. Hauptfeld und Kommutierungsfeld einer Gleichstrommaschine ohne Wendepole.

Es wird somit ein mittleres Feld

$$B_{k0} = \tfrac{1}{2}(B_{c0} + B_q) = \tfrac{1}{2}(f_m B_n + B_s + B_q) \quad . \quad . \quad . \quad (85)$$

in der Kommutierungszone bei Leerlauf bestehen bleiben, obgleich man keines braucht, und bei Vollast wird man nur ein mittleres Kommutierungsfeld

$$B_{kb} = B_{k0} - B_q = \tfrac{1}{2}(B_{c0} - B_q) = \tfrac{1}{2}(f_m B_n + B_s - B_q)$$

bekommen, obgleich man mindestens ein Feld $f_m B_n + B_s$ nötig hätte.

Man erhält somit ein fehlerhaftes Feld in der Kommutierungszone, dessen Mittelwert bei Leerlauf

$$B_f = \tfrac{1}{2}(f_m B_n + B_s + B_q)$$

und bei Vollast

$$\tfrac{1}{2}(f_m B_n + B_s - B_q) - f_m B_n - B_s = -\tfrac{1}{2}(f_m B_n + B_s + B_q) = -B_f$$

ist, d. h. den entgegengesetzten Wert des Feldes bei Leerlauf besitzt. Die Maschine arbeitet also ebenso günstig oder ungünstig bei Leerlauf wie bei Vollast.

c) Bei Motoren, die in beiden Drehrichtungen arbeiten sollen, ist man gezwungen die Bürsten in der geometrisch neutralen Zone zu stellen, damit der Motor für beide Drehrichtungen gleich gut arbeitet. Ist der Motor ohne Wendepole ausgeführt, so wird das mittlere kommutierende Feld gleich Null und man erhält bei Belastung ein fehlerhaftes Feld von der mittleren Feldstärke

$$B_f = f_m B_n + B_s + B_q \quad \ldots \ldots \quad (86)$$

61. Die von den Nuten- und Kommutierungsfeldern in den kurzgeschlossenen Spulen induzierten EMKe.

In den vorhergehenden Abschnitten sind die erforderlichen Kommutierungsfelder für verschiedene Fälle berechnet. Es ist auch darauf hingewiesen worden, daß es nicht möglich ist, diesen stets die richtige Form und Stärke zu geben, um entweder eine absolut geradlinige oder eine tangentiale Kurzschlußstromkurve zu bekommen. Bei den Maschinen mit Wendepolen läßt sich wohl ein Feld herstellen, das genau mit dem Mittelwert des theoretisch richtigen Kommutierungsfeldes übereinstimmt. Man wird also hier, als Mittel von den Kommutierungsströmen in den verschiedenen Stäben einer Nut, die gewünschte Kurvenform erreichen können, und man wird bei geradliniger Kommutierung zwischen den Lamellen unter den Bürstenkanten keine Spannung mit einem Gleichstromvoltmeter, das ja nur Mittelwerte angibt, messen können. Es werden aber von dem Differenzfeld III, Fig. 198, zusätzliche EMKe und Ströme hoher Periodenzahl in den kurzgeschlossenen Spulen induziert. Außerdem treten auch zusätzliche EMKe auf, weil es irgendeinem Kommutierungsfeld unmöglich ist, die zur Überwindung der Ohmschen Spannungsabfälle nötigen EMKe in den kurzgeschlossenen Spulen zu induzieren.

Bei den Maschinen ohne Wendepole liegen die Verhältnisse noch ungünstiger. Hier stimmt das vorhandene Kommutierungsfeld weder nach Größe noch Form mit dem erforderlichen Feld überein. Nur bei einer bestimmten Belastung, gewöhnlich Halblast, stimmt das vorhandene Kommutierungsfeld der Größe nach mit dem erwünschten überein. Man wird deswegen bei allen Belastungen, außer dieser einen, mit einem Millivoltmeter zwischen den Lamellen unter den Bürstenkanten eine mittlere Spannung messen können, die von Null sehr stark abweicht. Aber außer den zwischen den Bürstenkanten induzierten mittleren EMKen, die zu großen zusätzlichen Strömen in den kurzgeschlossenen Spulen Anlaß geben und somit die mittlere Kommutierungsstromkurve stark deformieren können, werden auch bei den Maschinen ohne Wendepole von den zackenförmigen Teilen der Nutenfelder und von den veränderlichen Teilen der Leerlauf- und Ankerquerfelder zusätzliche EMKe und Ströme in den kurzgeschlossenen Spulen induziert. Diese sind aber verschieden für die verschiedenen Stäbe einer Nut, so daß jeder Stab eine andere Kurzschlußstromkurve bekommt.

Es soll nun gezeigt werden, wie man sowohl die mittleren als die veränderlichen EMKe, die in den kurzgeschlossenen Ankerspulen induziert werden, in ziemlich einfacher Weise bestimmen kann. Man geht hierbei am besten von der von jedem Feld induzierten EMK aus und superponiert nachträglich diejenigen, welche gleichzeitig auftreten.

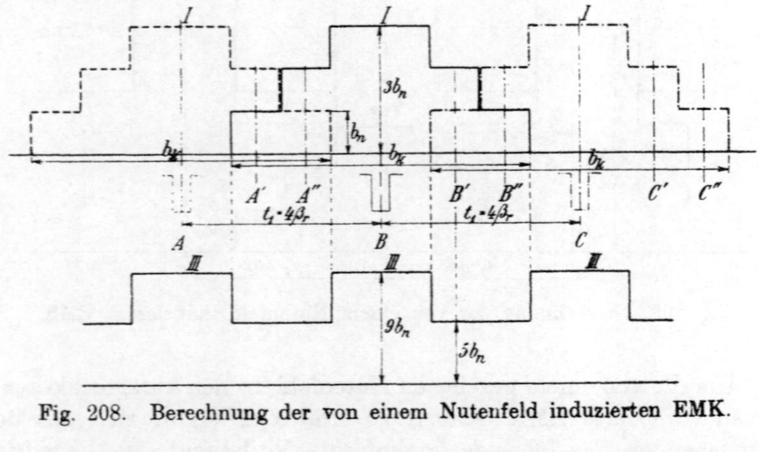

Fig. 208. Berechnung der von einem Nutenfeld induzierten EMK.

a) Zuerst sollen die von dem Nutenfeld induzierten EMKe berechnet werden. Man zeichnet zunächst das dem Nutenfeld entsprechende Feld am Ankerumfang auf; ein solches Feld ist in Fig. 208 durch die zackenförmige Kurve I dargestellt. Dieses Feld wurde auf S. 224 für den Fall berechnet, daß es pro Nut vier Lamellen gibt und daß eine Bürste drei Lamellen bedeckt. Unterhalb der

Feldkurve zeichnet man die Nuten mit ihren Mittellinien ein, die um vier Lamellen voneinander entfernt liegen. In der gezeichneten Lage der Nut befinden sich drei Stabpaare derselben im Kurzschluß, so daß die Feldstärke in der Mittellinie durch B gleich $3\,b_n$ ist. Dieses Feld induziert in den drei kurzgeschlossenen Ankerspulen eine EMK proportional $3 \cdot 3\,b_n = 3^2 b_n$. Diese Spannung tritt, wenn kein Kommutierungsfeld vorhanden ist, in voller Größe zwischen den Bürstenkanten auf und man trägt sie auf der Mittellinie durch B auf. Verschiebt man die Nuten in die Lage $A'B'C'$, so werden zwei Stabpaare der Nut B' und ein Stabpaar der Nut C' sich im Kurzschluß befinden. In den Stabpaaren dieser beiden Nuten werden somit EMKe induziert, die den Feldordinaten durch B' und C' proportional sind. Addiert man diese beiden EMKe, erhält man die bei dieser Nutenlage zwischen den Bürstenkanten auftretende Spannung, die proportional $(2^2 + 1^2)\,b_n = 5\,b_n$ ist. Diese trägt man auf der Mittellinie durch B' auf. Für die Nutenlage $A''B''C''$ verfährt man in derselben Weise und erhält dadurch als Funktion der Zeit die zackige Kurve III, die die zwischen den Bürstenkanten induzierte EMK darstellt.

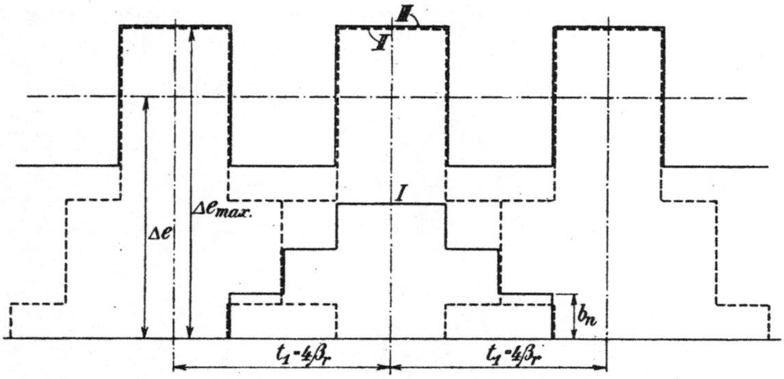

Fig. 209. Berechnung der von einem Nutenfeld induzierten EMK.

Um die von einem gegebenen Nutenfeld in den kurzgeschlossenen Spulen induzierte EMK schnell zu ermitteln, ergibt sich aus dem obenstehenden das folgende vereinfachte Verfahren: Man quadriert zuerst, wie in Fig. 209 gezeigt, die Feldkurve I, die die in den Spulenseiten jeder Nut vom Nutenfeld selbst induzierte EMK darstellt. Demnächst zeichnet man diese Kurve II mehrmals im Abstande einer Nutenteilung voneinander auf und summiert die Ordinaten der sich überlappenden Kurven. In dieser Weise erhält man die Spannungskurve III zwischen den Bürstenkanten.

Der Mittelwert dieser Spannung ist proportional $\frac{9+5}{2} b_n = 7 b_n$ und weicht somit von der vom Mittelwert $2 b_n$ des Nutenfeldes in den drei Stabpaaren induzierten EMK $3 \cdot 2 b_n = 6 b_n$ ab. Berechnet man aber in gleicher Weise die vom trapezförmigen Kommutierungsfeld in den drei kurzgeschlossenen Spulen induzierten EMKe und trägt sie als Funktion der Nutenlage auf, so erhält man die EMK-Kurve Fig. 210, deren Mittelwert $7{,}125 b_n$ ist und somit nur wenig von der vom Nutenfeld zwischen den Bürstenkanten induzierten mittleren EMK abweicht.

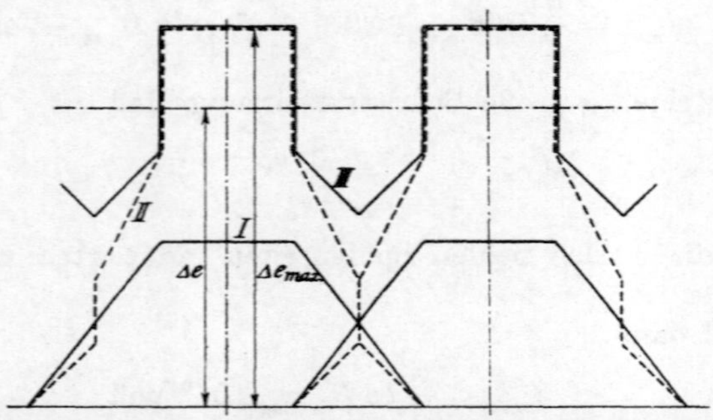

Fig. 210. Die von einem trapezförmigen Kommutierungsfeld induzierte EMK.

Durch das trapezförmige Kommutierungsfeld läßt sich somit eine geradlinige Kommutierungskurve erreichen, wenn man den Mittelwert der Kurzschlußstromkurven aller Stäbe einer Nut nimmt, und mehr kann man ja nicht von einem Kommutierungsfeld fordern.

Zwischen den Bürstenkanten wird vom Nutenfeld eine mittlere EMK induziert, die durch die strichpunktierte Linie in Fig. 209 angegeben ist. Um diese mittlere EMK herum schwankt die wirklich auftretende EMK. Es treten hauptsächlich zwei verschiedene Pulsationen auf. Die langsamen und großen Pulsationen schwanken mit der Periodenzahl der Nuten, welche durch die an der Kommutierungszone vorbeipassierende Nutenzahl pro Sekunde angegeben wird. Die schnelleren und kleineren Pulsationen, die bei $t_1 > b_r$ häufig auftreten, schwanken mit der Periodenzahl der Kommutatorlamellen. Es ist

die Periodenzahl der Nuten $\quad c_n = \frac{Zn}{60}$

und die Periodenzahl der Lamellen $c_k = \frac{Kn}{60}$.

In einer kurzgeschlossenen Ankerspule mit $\frac{N}{K}$ induzierten Leitern wird vom Nutenfeld eine maximale EMK

$$e'_{max} = \frac{N}{K} l v B'_{n\,max} 10^{-6} = f_b \frac{N}{K} l v B_{n\,max} 10^{-6} \text{ Volt}$$

und eine mittlere EMK

$$e_{mitt} = \frac{N}{K} l v B_n 10^{-6} \text{ Volt}$$

induziert, wenn der Nutenschritt y_n gleich einer Polteilung, d. h. $\varepsilon_k = 0$ ist.

Wird der Nutenschritt verkürzt, aber weniger als eine Nutenteilung, d. h. $t_1 \geqq \varepsilon_k \beta_r$, so wird immer noch

$$e'_{max} = \frac{N}{K} l v B'_{n\,max} 10^{-6} = f_b \frac{N}{K} l v B_{n\,max} \text{ Volt},$$

während für eine so große Schrittverkürzung, daß

$$\varepsilon_k \beta_r - t_1 = x \beta_r > b_r - 2 t_1,$$

worin

$$x = \varepsilon_k - u_k$$

ist, werden die in den beiden Spulenseiten induzierten EMKe nicht mehr gleich.

Es wird dann

$$e'_{max} < \frac{N}{K} l v B'_{n\,max} 10^{-6} \text{ Volt}.$$

Die von dem trapezförmigen Kommutierungsfeld maximal induzierte EMK ist stets gleich

$$e_{max} = \frac{e'_{max}}{f_b},$$

worin $f_b \geqq 1$.

Wir gehen nun dazu über, die Maximal- und Mittelwerte der zwischen den Bürstenkanten induzierten EMKe zu berechnen. Zwischen den Bürstenkanten liegen $\frac{b_1}{\beta}$ Lamellen und da zwischen den Lamellen 1 und $(a+1)$ einer Wellenwicklung p Ankerspulen liegen, so liegen zwischen den Bürstenkanten $\frac{b_1}{\beta} \frac{p}{a}$ Ankerspulen, die sich gleichzeitig im Kurzschluß befinden. Wenn $\frac{b_1}{\beta}$ keine ganze Zahl ist, so werden bald $\frac{p}{a}\left(\frac{b_1}{\beta}\right)_g$ und bald $\frac{p}{a}\left[\left(\frac{b_1}{\beta}\right)_g - 1\right]$ Ankerspulen von einer Bürste kurzgeschlossen. Wenn $2 b_r > t_1 > b_r$ ist, so liegen von den kurzgeschlossenen Spulenseiten t_1 in einer Nut, während die übrigen $\frac{b_r - t_1}{\beta_r}$ kurzgeschlossenen Spulenseiten in der benachbarten Nut liegen, wo das sich ändernde Nutenfeld in diesem Augenblick eine kleinere EMK pro Spulenseite induziert als in der ersten Nut. Ist der Nutenschritt verkürzt, so liegen die beiden Spulenseiten einer kurzgeschlossenen Spule auch nicht in Nutenfeldern, die sich gleich schnell ändern. Aus diesen drei Ursachen wird zwischen den Bürstenkanten nicht immer eine maximale EMK $\left(\frac{b_1}{\beta}\right)_g \frac{p}{a} e_{max}$ induziert, sondern meistens eine kleinere EMK. Wir schreiben deswegen die vom Nutenfeld zwischen den Bürstenkanten maximal induzierte EMK in der folgenden Form

$$\varDelta e_{max} = f_s \frac{b_1}{\beta} \frac{p}{a} \frac{N}{K} l\, v\, B_n 10^{-6} \text{ Volt} \quad . \; . \; . \; (87)$$

worin f_s ein Koeffizient ist, der sowohl die Verkürzung des Nutenschrittes als die Verteilung der kurzgeschlossenen Spulenseiten auf mehrere Nuten berücksichtigt. f_s ist somit eine Art Wicklingsfaktor und läßt sich am besten durch Aufzeichnung der Nutenfelder für die beiden Spulenseiten der kurzgeschlossenen Spulen und durch Ermittelung der maximalen EMK aus der Spannungskurve zwischen den Bürstenkanten bestimmen. Es soll deswegen hier keine komplizierte analytische Formel für denselben abgeleitet werden, sondern im Kapitel 15 wird eine Reihe Beispiele von Wicklungsanordnungen gebracht und die für diese ermittelten Werte von f_s in Tabelle III zusammengestellt.

Aus den Spannungskurven zwischen den Bürstenkanten läßt sich außer der maximalen EMK auch die zwischen den Bürstenkanten induzierte mittlere EMK ermitteln, und diese drückt man am besten durch die folgende Formel aus

$$\varDelta e = f_m \frac{b_1}{\beta} \frac{p}{a} \frac{N}{K} l\, v\, B_n 10^{-6} \text{ Volt} \quad . \; . \; . \; . \; (88)$$

worin f_m ein von f_s ganz verschiedener Koeffizient ist; dieser ist im Kapitel 15 für dieselben Wicklungsanordnungen wie f_s ermittelt und in Tabelle II eingetragen.

Die Pulsationen in der zwischen den Bürstenkanten induzierten EMK, herrührend von den Nuten- und Lamellenteilungen, ergeben sich nun direkt zu

$$\varDelta e_p = \varDelta e_{max} - \varDelta e = \left(\frac{f_s}{f_m} - 1\right) \varDelta e = \frac{f_s - f_m}{f_m} \varDelta e \quad . \quad (89)$$

und es läßt sich die maximale EMK durch die mittlere ausdrücken; denn es ist

$$\varDelta e_{max} = \frac{f_s}{f_m} \varDelta e .$$

Wie es durch Anordnung von Wendepolen möglich ist, die mittlere EMK Δe^{s} zwischen den Bürsten auf Null herunter zu drücken, so ist es auch möglich, die langsamen Pulsationen, herrührend von den Nutenteilungen, bei Maschinen mit Wendepolen fernzuhalten, wenn das Feld trapezförmige Form erhält. Gibt man dagegen dem Kommutierungsfeld rechteckige Form, wie z. B. in Fig. 198 durch die strichpunktierte Kurve $1\,a'f'\,4''$ angedeutet, so treten außer den schnellen Pulsationen, herrührend von den Lamellenteilungen, auch die langsamen Pulsationen, herrührend von den Nutenteilungen auf. Es soll in einem folgenden Kapitel gezeigt werden, daß die Zacken in der Krone des Nutenfeldes durch richtige Dimensionierung der Ankerwicklung und des Kommutators vermieden werden können. Es bleibt somit nur der Einfluß der Zacken in den ab- und aufsteigenden Teilen der Nutenfeldkurve unkompensiert und wir sehen, daß es möglich ist, eine Gleichstrommaschine mit Wendepolen so zu dimensionieren, daß nur ganz kleine Spannungsschwankungen von der Periodenzahl c_k der Kommutatorlamellen zwischen den Bürstenkanten auftreten.

b) Wir gehen nun dazu über, die EMKe in den kurzgeschlossenen Spulen, die von konstanten Feldern induziert werden, zu bestimmen. Von einem konstanten Feld, das wir mit B_{n0} bezeichnen wollen, wird zwischen den Bürstenkanten eine mittlere EMK

$$\Delta e = \frac{b_1}{\beta}\frac{p}{a}\frac{N}{K} l v B_{n0} 10^{-6} \text{ Volt}$$

und eine maximale EMK

$$\Delta e_{max} = \left(\frac{b_1}{\beta}\right)_g \frac{p}{a}\frac{N}{K} l v B_{n0} 10^{-6} \text{ Volt}$$

induziert.

Wünscht man nun, daß ein derartiges Kommutierungsfeld eine ebenso große mittlere EMK zwischen den Bürstenkanten wie das Nutenfeld induzieren soll, so muß

$$f_m \frac{b_1}{\beta}\frac{p}{a}\frac{N}{K} l v B_n 10^{-6} = \frac{b_1}{\beta}\frac{p}{a}\frac{N}{K} l v B_{n0} 10^{-6} \text{ Volt}$$

sein, woraus folgt, daß

$$B_{n0} = f_m B_n; \quad \ldots \ldots \ldots \quad (90)$$

und halb so stark, aber um $\frac{1}{2}B_s$ erhöht, muß somit das Kommutierungsfeld einer Maschine ohne Wendepole bei Halblast gemacht werden. Es tritt dann bei Vollast und Leerlauf ein mittleres fehlerhaftes Feld

$$\tfrac{1}{2}(B_{n0} + B_s + B_q) = \tfrac{1}{2}(f_m B_n + B_s + B_q)$$

auf, das zwischen den Bürstenkanten eine mittlere EMK gleich

$$\Delta e = \frac{b_1}{2\beta} \frac{p}{a} \frac{N}{K} lv (f_m B_n + B_s + B_q) 10^{-6} \text{ Volt} \quad . \quad . \quad (91)$$

und eine maximale EMK gleich

$$\Delta e_{max} = \frac{b_1}{2\beta} \frac{p}{a} \frac{N}{K} lv \left[(2 f_s - f_m) B_n + \left(\frac{b}{\beta}\right)_g \frac{\beta}{b} (B_s + B_q) \right] 10^{-6} \text{ Volt} \quad (92)$$

induziert.

Bei reversierbaren Motoren ohne Wendepole, die kein Kommutierungsfeld besitzen, wird bei Vollast eine doppelt so große EMK zwischen den Bürstenkanten induziert wie wenn die Bürsten aus der neutralen Zone verschoben sind. Bei ihnen ist nämlich das konstante fehlerhafte Feld bei Vollast

$$B_f = B_{c0} + B_q = f_m B_n + B_s + B_q$$

also

$$\Delta e = \frac{b_1}{\beta} \frac{p}{a} \frac{N}{K} lv (f_m B_n + B_s + B_q) 10^{-6} \text{ Volt} \quad . \quad (93)$$

und

$$\Delta e_{max} = \frac{b_1}{\beta} \frac{p}{a} \frac{N}{K} lv \left[f_s B_n + \left(\frac{b}{\beta}\right)_g \frac{\beta}{b} (B_s + B_q) \right] 10^{-6} \text{ Volt.} \quad (94)$$

c) Zuletzt sollen noch die EMKe, die von einem nach einer schrägen Gerade verlaufenden Felde in den kurzgeschlossenen Spulen induziert werden, berechnet werden.

Es reicht aus den Fall zu betrachten, bei dem das Feld in der Mitte der Kommutierungszone durch Null geht; denn jedes andere Feld, das nach einer schrägen Geraden verläuft, läßt sich stets in zwei Teile zerlegen, nämlich in ein konstantes Feld und in ein nach einer schrägen Geraden ansteigendes Feld, das in der Mitte der Kommutierungszone durch Null geht.

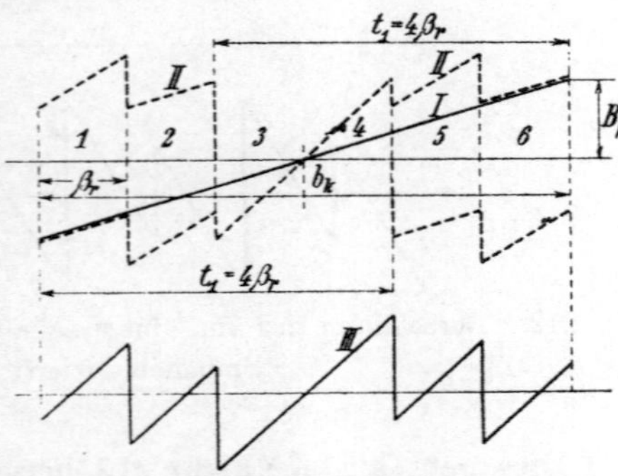

Fig. 211. Berechnung der von einem schrägen Feld in den kurzgeschlossenen Spulen induzierten EMKe.

Um die von diesem Feld (Kurve I) induzierten EMKe zu berechnen verfährt man ähnlich wie beim Nutenfeld. Man teilt die Abszissenaxe (Fig. 211) in kleinere Teile von der reduzierten Bürstenbreite β_r einer Lamelle ein und multipliziert die Ordinaten der Feldkurve mit 1 in der ersten und letzten Zone, mit 2 in der zweiten und fünften und mit 3 in den beiden mittleren Zonen, weil sich so viele Stabpaare innerhalb der respektiven Zonen im Kurzschluß befinden. Die so erhaltene Kurve II gibt ein Bild von den in den kurzgeschlossenen Spulen einer Nut (mit acht Spulenseiten) induzierten EMKen. Demnach zeichnet man im Abstand einer Nutenteilung, d. h. vier Lamellen voneinander entfernt, EMK-Kurven identisch mit der so berechneten Kurve. Addiert man die Ordinaten dieser Kurven innerhalb der Kommutierungszone, so erhält man die EMK-Kurve III zwischen den Bürstenkanten. Wie ersichtlich, ist der Mittelwert dieser Kurve gleich Null. Das nach einer schrägen Geraden durch die Mitte der Kommutierungszone verlaufende Feld induziert somit eine mittlere EMK $\varDelta e = 0$. Dies ist auch der Fall, wenn man die Bürstenbreite nicht gleich der Breite einer ganzen Anzahl Lamellen wählt und ebenfalls, wenn man den Wicklungsschritt verkürzt.

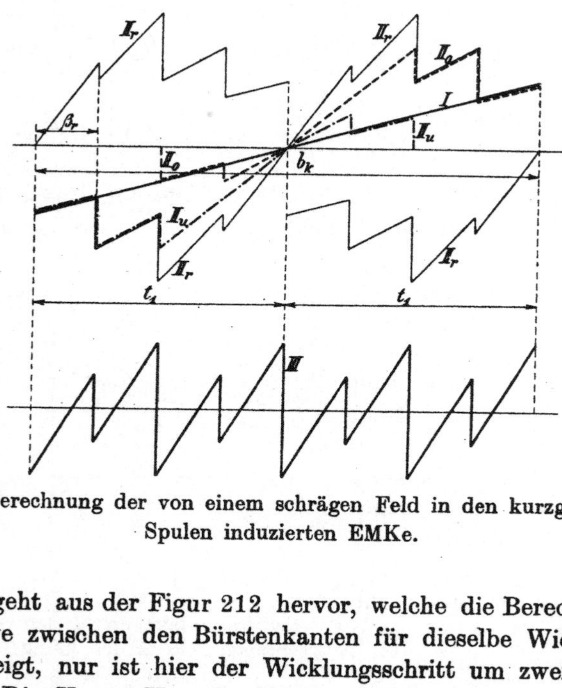

Fig. 212. Berechnung der von einem schrägen Feld in den kurzgeschlossenen Spulen induzierten EMKe.

Dies geht aus der Figur 212 hervor, welche die Berechnung der EMK-Kurve zwischen den Bürstenkanten für dieselbe Wicklung wie Fig. 211 zeigt, nur ist hier der Wicklungsschritt um zwei Lamellen verkürzt. Die Kurve II_0 gibt die in der einen Spulenseite induzierten EMKe, während II_u die in der anderen Spulenseite induzierten EMKe darstellt. II_r ist die Summe dieser beiden Kurven und besitzt, wie ersichtlich, den Mittelwert Null. Die größte EMK tritt dann auf, wenn alle kurzgeschlossenen Spulen in einer Nut liegen, und zwar im ersten und letzten Augenblick, als dies geschieht.

Es wird somit

$$\Delta e_{max} = \frac{b_{ki}}{b_k} \left(\frac{b_1}{\beta}\right)_g \frac{p}{a} \frac{N}{K} l v B_p 10^{-6} \text{ Volt}, \quad . \quad . \quad . \quad (95)$$

worin B_p die maximale Induktion am Anfang und am Ende der Kommutierungszone bedeutet.

Nachdem in diesem Kapitel die verschiedenen Felder der Kurzschlußzone und die von diesen in den kurzgeschlossenen Spulen induzierten EMKe allgemein berechnet sind, so sollen in den folgenden Kapiteln die Konstanten des Kurzschlußkreises für die verschiedenen Ankerwicklungen berechnet werden. Diese Konstanten sind Kurzschlußzeit, Induktionskoeffizienten und Widerstände. Sind diese Größen alle bekannt, so lassen sich nachher die zusätzlichen Ströme leicht angenähert bestimmen.

Vierzehntes Kapitel.

Kurzschlußzeit.

62. Kurzschlußzeit T einer Ankerspule. — 63. Kommutierungszeit T_n des Stromvolumens einer Nut. — 64. Zahl der kurzgeschlossenen Spulen und ihre gegenseitige Lage.

62. Kurzschlußzeit T einer Ankerspule.

Bei der theoretischen Behandlung der Kommutierung bedienen wir uns des Schemas einer einfach geschlossenen Spiralwicklung, denn auf ein solches können alle Wicklungen reduziert werden. Wir werden jetzt die verschiedenen Wicklungen in bezug auf die Kommutierung näher studieren und zuerst den Einfluß der Wicklungsart auf die Kurzschlußzeit der Ankerspulen feststellen.

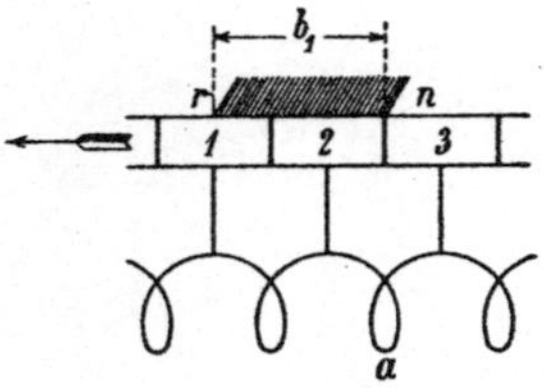

Fig. 213.

a) Bei den einfachen Schleifenwicklungen liegt zwischen zwei benachbarten Kommutatorlamellen eine Ankerspule. Vernachlässigen wir die Isolation zwischen den Lamellen als eine im Verhältnis zu Fehlern in der Bürsteneinstellung kleine Größe, so wird die Kurzschlußzeit T einer Ankerspule gleich der Zeit, die eine Isolationsschicht benötigt, um an der Bürste in der Breite b_1 vorbeizugehen; es ist somit (s. Fig. 213)

$$T = \frac{b_1}{100\, v_k} = \frac{b_r}{100\, v},$$

worin b_r die auf den Ankerdurchmesser reduzierte Bürstenbreite bedeutet; also

$$b_r = \frac{D}{D_k} b_1 = \frac{v}{v_k} b_1 .$$

b) Bei den **mehrfachen Schleifenwicklungen**, wo $\frac{a}{p}$ eine ganze Zahl ist, liegt eine Ankerspule zwischen Lamelle 1 und Lamelle $\left(1+\frac{a}{p}\right)$. Es wird die Kurzschlußzeit hier somit gleich der Zeit, welche die zwischenliegenden $\left(\frac{a}{p}-1\right)$ Lamellen benötigen, um sich von einer Bürstenkante zur anderen zu bewegen, und es wird die Kurzschlußzeit einer Ankerspule

$$T=\frac{b-\left(\frac{a}{p}-1\right)\beta}{100\, v_k}.$$

c) Bei den **Wellenwicklungen**, gleichgültig ob diese als Reihen- oder Reihenparallelwicklungen ausgeführt sind, liegen zwischen zwei aufeinanderfolgenden gleichnamigen Bürsten (p_w+1) kurzgeschlossene Ankerspulen, wenn p_w die Anzahl weggelassener gleichnamiger Bürsten bedeutet, die zwischen zwei aufeinanderfolgenden gleichnamigen Bürsten liegen sollte.

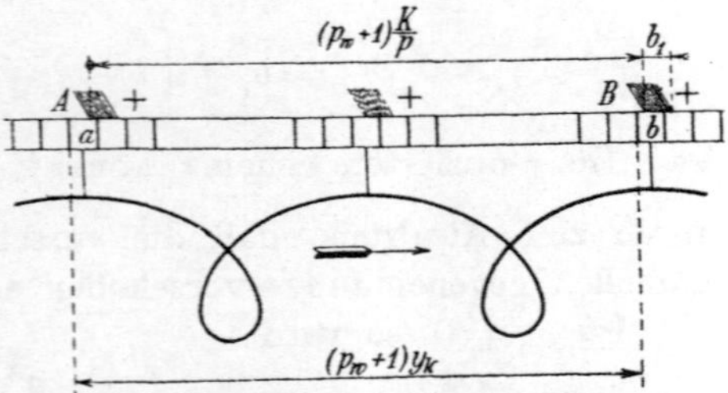

Fig. 214. Berechnung der Kurzschlußzeit einer Ankerspule.

In Fig. 214 sind einige in Reihe geschaltete Ankerspulen mit ihren Anschlüssen an die Kommutatorlamellen und die auf diesen liegenden Bürsten aufgezeichnet. Zwischen den auflaufenden Kanten zweier benachbarter Bürsten ist ein Abstand von $(p_w+1)\frac{K}{p}$ Lamellen, während die darunter liegenden Lamellen, welche durch in Reihe geschaltete Ankerspulen verbunden sind, um $(p_w+1)\,y_k$ Lamellen voneinander entfernt sind. Fängt die Kante der ersten Bürste A gerade an, die Lamelle a zu berühren, so ist die zweite Bürste B schon um $(p_w+1)\left(y_k-\frac{K}{p}\right)=\pm(p_w+1)\frac{a}{p}$ Lamellenbreite auf die darunter liegenden Lamelle hineingekommen. Wäre $\frac{a}{p}=0$, so würden die beiden gleichnamigen Bürsten gleichzeitig auf die beiden Lamellen auflaufen, und es würde die Kurzschlußzeit der zwischenliegenden Ankerspulen gleich der Zeit sein, während der die Lamellen a und b mit den Bürsten A und B in Berührung wären.

Diese Zeit ist gleich $\frac{b_1 + \beta}{100\, v_k}$. Da aber $\frac{a}{p}$ stets von Null verschieden ist, so werden die Lamellen a und b stets um $(p_w + 1)\frac{a}{p}$ Lamellen in ihrer Lage relativ zu den Bürsten A und B gegeneinander verschoben, wodurch die Kurzschlußzeit entsprechend dieser Verschiebung der Lamellen verkürzt wird. Dies ist davon unabhängig, ob die Verschiebung positiv oder negativ ist. Es wird somit die Kurzschlußzeit der Ankerspulen einer Wellenwicklung

$$T = \frac{b_1 + \beta - (p_w + 1)\frac{a}{p}\beta}{100\, v_k} = \frac{b_1 + \left[1 - (p_w + 1)\frac{a}{p}\right]\beta}{100\, v_k} = \frac{b_1'}{100\, v_k} \quad (96)$$

Hieraus folgt, daß im reduzierten Schema die Breite einer Bürstengruppe, die der Kurzschlußzeit T entsprechen würde, gleich

$$b_1' = b_1 + \left[1 - (p_w + 1)\frac{a}{p}\right]\beta$$

ist. Im reduzierten Schema kommt diese Bürstenverbreiterung dadurch zum Ausdruck, daß die verschiedenen Kommutatoren um $\frac{a}{p}$ Lamellen gegeneinander verschoben sind.

Ist $p_w = 0$, so wird

$$T = \frac{b_1 + \left(1 - \frac{a}{p}\right)\beta}{100\, v_k} = \frac{b_1'}{100\, v_k}, \quad . \quad . \quad . \quad . \quad (96\,\mathrm{a})$$

welche Formel auch für einfache und mehrfache Schleifenwicklungen gültig ist und somit für alle Wicklungen allgemeine Gültigkeit besitzt.

Durch Betrachtung des reduzierten Schemas Fig. 81b sieht man, daß nur eine Ankerspule pro Bürste den Kurzschluß gleichzeitig verläßt. Dies gilt jedoch nur so lange, wie man keine Bürste wegläßt; denn wenn man eine Bürste wegläßt, so berührt die gemeinsame Bürste nicht mehr beide Kommutatoren, sondern nur einen von ihnen. In diesem Fall treten abwechselnd eine und zwei Ankerspulen gleichzeitig aus dem Kurzschluß heraus. Dies ist natürlich mit Rücksicht auf die an der ablaufenden Bürstenkante auftretende Öffnungsspannung nicht so günstig, als wenn nur eine Spule pro Bürste gleichzeitig aus dem Kurzschluß heraustritt. Man soll deswegen bei Wellenwicklungen keine Bürsten weglassen, wenn man nicht aus besonderen Gründen dazu genötigt ist und dadurch andere und größere Vorteile erreicht. Sind bei Wellenwicklungen nicht alle gleichnamigen Bürsten genau gleich eingestellt, so wird die Kurzschlußzeit für die verschiedenen Ankerspulen ungleich; für einige wird sie verlängert und für andere verkürzt. Eine relative Verschiebung der gleichnamigen Bürsten bedeutet nämlich im reduzierten Schema eine Verschiebung der sonst zusammenfallenden Bürsten, die eine Verlängerung der Kurzschlußzeit für einige Ankerspulen, und eine Verkürzung derselben für andere zur Folge hat.

Außerdem treten bei derartigen Unsymmetrien in der Einstellung gleichnamiger Bürsten, sowohl bei Schleifen- als bei Wellenwicklungen, Ausgleichströme zwischen den Bürsten auf, die bei größeren Unsymmetrien erhebliche Werte annehmen können. Es ist deswegen von größter Bedeutung, daß die gleichnamigen Bürsten absolut symmetrisch eingestellt werden. Ebenso wichtig ist es aber auch, daß der Kommutator genau symmetrisch aufgebaut ist, so daß die Lamellenteilung β den ganzen Kommutator herum absolut konstant ist. Eine Verschiebung aller positiven Bürsten im Verhältnis zu den negativen hat dagegen keinen Einfluß auf die Kurzschlußzeit und auf die Kommutierung der einzelnen Ankerspulen, dagegen übt eine derartige Verschiebung einen Einfluß auf die Kommutierungszeit des Stromvolumens einer Nut aus, wie im folgenden Abschnitt gezeigt werden soll.

63. Kommutierungszeit T_n des Stromvolumens einer Nut.

Da die Stäbe 1, 3, 5 der Fig. 215 an nebeneinander liegende Lamellen angeschlossen sind, so wird jeder Stab um eine Zeit $\frac{\beta}{100\,v_k}$ später als der vorhergehende in den Kurzschluß eintreten. Sind u_k Lamellen, d. h. u_k Stäbe in der Breite der Nut vorhanden, so wird der letzte der oberen Stäbe um eine Zeit $\frac{(u_k-1)\beta}{100\,v_k}$ später als der erste der oberen Stäbe in den Kurzschluß eintreten. Das gilt ebenfalls für die unteren Stäbe. Treten jetzt die Stäbe 1 und 2 gleichzeitig in den Kurzschluß ein, so ist die Zeit, die zwischen dem Anfang des Kurzschlusses für den ersten Stab und dem Ende des Kurzschlusses für den letzten Stab einer Nut verläuft,

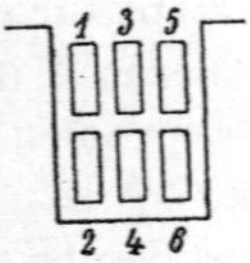

Fig. 215.

$$T_{n0} = T + \frac{(u_k-1)\beta}{100\,v_k} = T + \frac{(u_k-1)\beta_r}{100\,v}.$$

Indem wir uns erinnern, daß $u_k \beta_r = t_1$ und

$$T = \frac{b_r + [1-(1+p_w)]\frac{a}{p}\beta_r}{100\,v}$$

ist, so wird die Kommutierungszeit T_{n0} einer Nut für $\varepsilon_k = 0$

$$T_{n0} = \frac{t_1 + b_r - (1 + p_w)\frac{a}{p}\beta_r}{100\,v} = \frac{t_1 + b_r' - \beta_r}{100\,v} = \frac{b_{k0}}{100\,v}; \quad (97)$$

worin

$$b_r' = b_1' \frac{D}{D_k} = \left\{b_1 + \left[1 - (1 + p_w)\frac{a}{p}\right]\beta\right\}\frac{D}{D_k}$$

die reduzierte Breite einer Bürstengruppe im reduzierten Schema und

$$b_{k0} = t_1 + b_r - (1 + p_w)\frac{a}{p}\beta_r = t_1 + b_r' - \beta_r \quad . \quad . \quad (98)$$

die Breite der Kommutierungszone einer Nut für $\varepsilon_k = 0$ bedeutet.

Diese Formeln sind unter der Annahme abgeleitet, daß der Wicklungsschritt nicht verkürzt sei. Ist der Nutenschritt[1]) um ε_k Lamellenteilungen gegen die Polteilung verlängert oder verkürzt, so werden die oberen und unteren Spulenseiten oder Stäbe, die gleichzeitig sich im Kurzschluß befinden, um diese Lamellenzahl, d. h. um ε_k Spulenseiten verschoben und wir erhalten die folgenden allgemein gültigen Formeln für die Kommutierungszeit einer Nut

$$T_n = \frac{t_1 + b_r + \left[\varepsilon_k - (1 + p_w)\frac{a}{p}\right]\beta_r}{100\,v} = \frac{t_1 + b_r' + (\varepsilon_k - 1)\beta_r}{100\,v} = \frac{b_k}{100\,v} \quad (99)$$

und für die Breite der Kommutierungszone

$$b_k = t_1 + b_r + \left[\varepsilon_k - (1 + p_w)\frac{a}{p}\right]\beta_r = t_1 + b_r' + (\varepsilon_k - 1)\beta_r. \quad (100)$$

Der Wert von ε_k kann nicht beliebig groß gemacht werden, weil erstens für sehr große Werte von ε_k einige der kurzgeschlossenen Spulen außerhalb des günstigsten Kommutierungsfeldes und sogar unter den Hauptpolen zu liegen kämen, und weil es zweitens nicht zweckmäßig ist, ε_k so groß zu wählen, daß die oberen Stäbe einer Nut schon aus dem Kurzschluß herausgetreten, bevor die unteren Stäbe in den

---

[1]) Bei Wellenwicklungen ist darauf zu achten, daß, selbst wenn der Nutenschritt y_n genau gleich $\frac{Z}{2p}$ ist, so ist ε_k doch nicht vollständig gleich Null. Dies rührt daher, daß man bei Wellenwicklungen gewöhnlich Spulenseiten weglassen muß, wenn die Nutenzahl Z durch die Polzahl $2p$ teilbar ist. Will man deswegen bei Wellenwicklungen die Schrittverkürzung ε_k ganz genau berechnen, geht man am besten von der Formel für den ersten Teilschritt y_1 aus. Es ist dann

$$\varepsilon_k = \frac{K}{2p} - \tfrac{1}{2}(y_1 - 1).$$

Kurzschluß hineingetreten sind. Denn wenn dies der Fall wäre, würde das Nutenfeld in zwei Teile zerfallen, wie Fig. 216 zeigt, und man

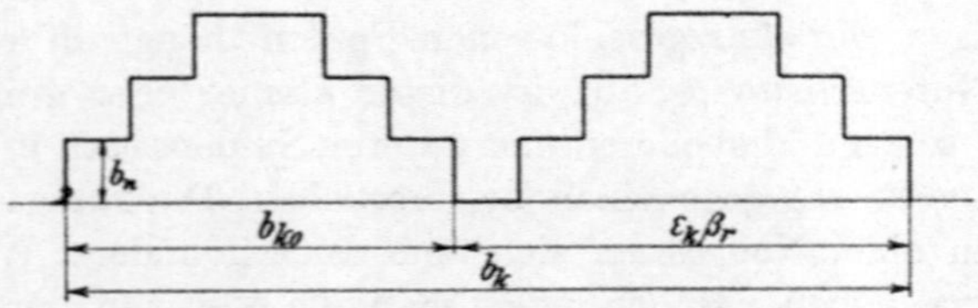

Fig. 216. Sattelförmiges Nutenfeld.

würde ein sehr stark schwankendes Feld bekommen. Außerdem würde der letzte obere Stab aus dem Kurzschluß heraustreten, wenn sich die unteren Stäbe noch nicht im Kurzschluß befänden, und somit keine dämpfende Wirkung auf die in den oberen Stäben induzierte Öffnungsspannung im Augenblick des Heraustretens ausüben können. Diese dämpfende Wirkung tritt z. B. für den Stab 7 in Fig. 217 ein. In diesem Beispiel ist $b_r = 4\,\beta_r$ und $u_k = \varepsilon_k = 3$.

Da die Kommutierungszone für die oberen Stäbe einer Nut gleich b_{k0} ist, so ist es zweckmäßig $\varepsilon_k\beta_r < b_{k0}$ zu machen, weil dann die unteren Stäbe einer Nut in den Kurzschluß hineintreten, bevor alle die oberen herausgetreten sind. Gewöhnlich wird man aber ε_k noch kleiner machen und zwar so klein,

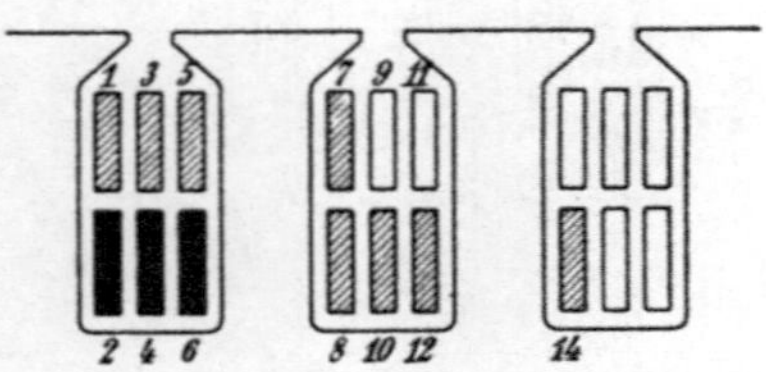

Fig. 217.

daß gar keine Einsenkung in der Krone der Nutenfeldkurve eintritt. Dies wird der Fall sein, wenn $b_{ki0} \geqq \varepsilon_k\beta_r$, d. h.

$$\text{für } t_1 > b_r' \quad \text{muß} \quad t_1 - b_r' + \beta_r \geqq \varepsilon_k\beta_r$$

$$\text{und für } t_1 < b_r' \quad \text{,,} \quad b_r' - t_1 + \beta_r \geqq \varepsilon_k\beta_r$$

sein.

64. Zahl der kurzgeschlossenen Spulen und ihre gegenseitige Lage.

Die Zahl der kurzgeschlossenen Spulen ergibt sich aus der resultierenden Bürstenbreite b_1', die für Schleifenwicklungen gleich b_1 ist. Ist $\frac{b_1'}{\beta}$ keine ganze Zahl, so befinden sich gleichzeitig pro Kommutierungszone abwechselnd $\left(\frac{b_1'}{\beta}\right)_{g'}$ und $\left(\frac{b_1'}{\beta}\right)_g - 1$ Spulen im Kurzschluß. Von diesen sind $\frac{p}{a}$ hintereinander geschaltet und zweimal a parallel geschaltet, so daß es $2p\frac{b_1'}{\beta}$ kurzgeschlossene Spulen in den $2p$ Kommutierungszonen gibt.

Die Lage der kurzgeschlossenen Spulen hängt in erster Linie von dem Nutenschritt y_n ab; ist dieser kleiner oder größer als die Polteilung, so sind die oberen und unteren Spulenseiten in den Nuten um denselben Betrag gegeneinander verschoben. Die kurzgeschlossenen Spulenseiten einer Nut lassen sich aber auch in anderer Weise gegeneinander verschieben, nämlich indem man alle positiven Bürsten relativ zu allen negativen Bürsten verschiebt, so daß die Bürsten verschiedener Polarität nicht um eine Polteilung auseinander stehen. Diese beiden Methoden zur Verschiebung der oberen und unteren kurzgeschlossenen Spulenseiten einer Nut relativ zueinander sind aber im Prinzip ganz verschieden, wie aus den folgenden vier Figuren hervorgeht.

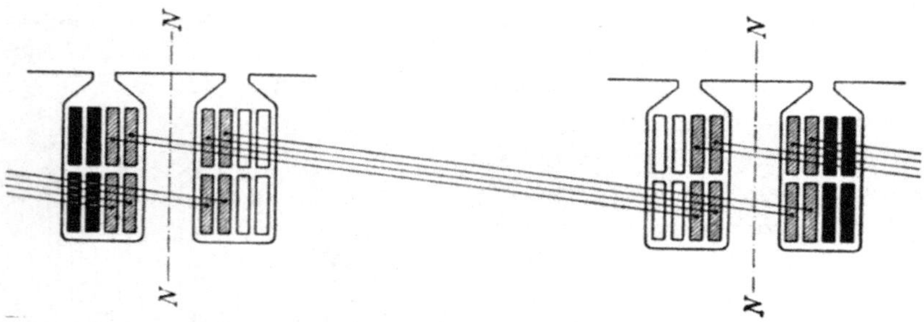

Fig. 218. Lage der kurzgeschlossenen Spulen bei unverkürztem Nutenschritt.

In Fig. 218 ist die Lage der kurzgeschlossenen Spulen relativ zu der geometrisch neutralen Achse bei unverkürztem Nutenschritt und symmetrischer Bürstenlage eingezeichnet. Wie ersichtlich, liegen alle kurzgeschlossenen Spulenseiten hier genau übereinander in den

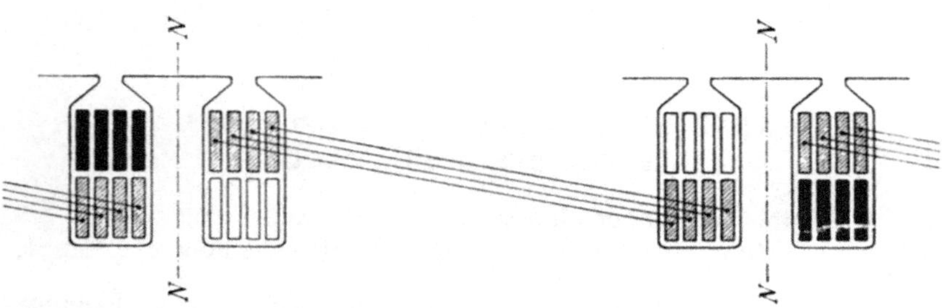

Fig. 219. Lage der kurzgeschlossenen Ankerspulen bei verkürztem Nutenschritt.

Nuten. In Fig. 219 ist andererseits die Lage der kurzgeschlossenen Spulenseiten relativ zu der geometrisch neutralen Zone für den Fall eingezeichnet, daß der Nutenschritt um eine Nutenteilung verkürzt ist. Wie ersichtlich, haben die Spulenseiten in allen Kommutierungszonen sich symmetrisch aus den neutralen Zonen verschoben, die oberen nach rechts und die unteren nach links, so daß die Symmetrie der Maschine völlig gewahrt worden ist.

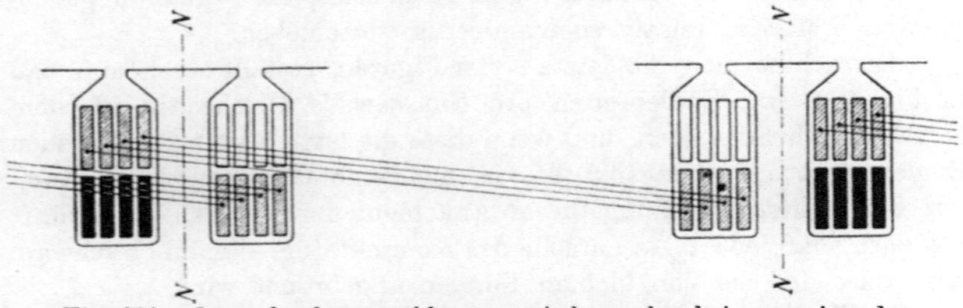

Fig. 220. Lage der kurzgeschlossenen Ankerspulen bei gegeneinander verschobenen Bürsten.

In Fig. 220 ist die Lage der kurzgeschlossenen Spulen relativ zu der geometrisch neutralen Achse für den Fall aufgezeichnet, daß die positiven Bürsten um vier Lamellen gegen die negativen zurück verschoben sind. In diesem Fall liegen die oberen Spulenseiten bald rechts und bald links von den unteren kurzgeschlossenen Spulenseiten. Die hierdurch entstandene Unsymmetrie tritt jedoch noch

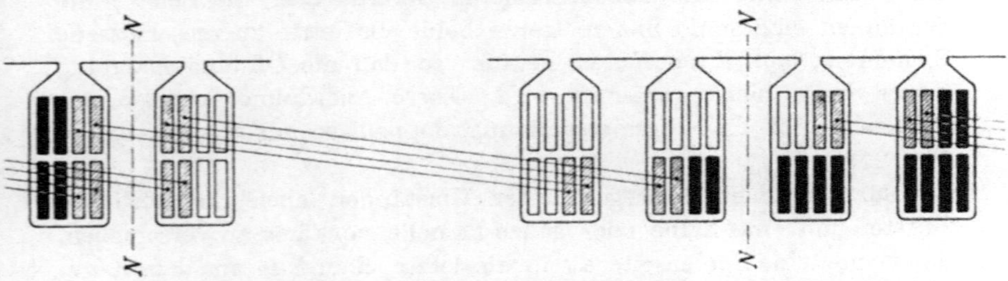

Fig. 221. Lage der kurzgeschlossenen Ankerspulen bei verkürztem Nutenschritt und bei gegeneinander verschobenen Bürsten.

mehr hervor, wenn man die Fig. 221 betrachtet. In dieser ist nämlich die Lage der kurzgeschlossenen Spulen relativ zu der geometrisch neutralen Achse für den Fall eingezeichnet, daß sowohl der Nutenschritt y_n um eine Nutenteilung verkürzt ist, als die positiven Bürsten um vier Lamellen zurück verschoben sind. Wie ersichtlich, liegen in jeder zweiten Kommutierungszone die kurzgeschlossenen Spulenseiten übereinander und in jeder zweiten Zone sehr weit auseinander verschoben. Die Verkürzung des Nutenschrittes ist nämlich in der einen Hälfte der Zonen durch die Bürstenverschiebung in ihrer

Wirkung aufgehoben, während die gegenseitige Verschiebung der kurzgeschlossenen Spulen in den anderen Kommutierungszonen doppelt so groß ist, wie die Verkürzung des Nutenschrittes erfordert.

Die Lage der kurzgeschlossenen Spulen ist in Fig. 221 unsymmetrisch, woraus man gleich sieht, wie sehr unzweckmäßig es ist, den Wicklungsschritt zu verkürzen und gleichzeitig die Bürsten ungleichnamiger Polarität relativ zueinander zu verschieben.

Betrachtet man die letzten vier Figuren, so fällt einem auf, daß in Fig. 218 zwei Spulenseiten pro Nut jeweils gleichzeitig aus dem Kurzschluß heraustreten, und wenn diese die letzten kurzgeschlossenen Spulenseiten einer Nut sind, so wird gar keine dämpfende Einwirkung auf die Öffnungsspannung dieser Ankerspulen ausgeübt. Dies führt oft dazu, daß jede u_k-te Lamelle des Kommutators allmählich schwarz wird oder daß sie von kleinen Funken angebrannt wird.

In Fig. 219 tritt nur eine kurzgeschlossene Spulenseite als letzte einer Nut aus dem Kurzschluß heraus, und die mit dieser Spulenseite in Reihe geschaltete zweite Spulenseite liegt in einer Nut, worin mehrere kurzgeschlossene Spulen sich befinden und eine dämpfende Wirkung auf die Öffnungsspannung der ersten Spule ausüben können. Diese Anordnung ist deswegen mit Rücksicht auf die Öffnungsspannungen die günstigst mögliche.

In Fig. 220 tritt auch nur eine kurzgeschlossene Spulenseite als letzte einer Nut aus dem Kurzschluß heraus, aber die Seiten, die zusammen eine Spule bilden, treten beide als letzte kurzgeschlossene Spulenseite aus ihren Nuten heraus, so daß die Öffnungsspannung dieser Spule nicht gedämpft wird. Diese Anordnung ist also mit Rücksicht auf die Öffnungsspannung doppelt so günstig wie die in Fig. 218.

Man braucht deswegen unter Umständen auch die positiven Bürsten um eine halbe oder ganze Lamelle vorwärts zu verschieben, damit nur eine Spulenseite allein als letzte einer Nut aus dem Kurzschluß heraustritt, und zwar wird der Kurzschluß dieser Spule an der ablaufenden Kante der positiven Bürste beendet. Man verschiebt gewöhnlich die positiven und nicht die negativen Bürsten voraus, weil die negativen Bürsten bei Generatoren im allgemeinen empfindlicher sind als die positiven und deswegen nicht so gut, wie die letzten, die Öffnungsspannungen an der ablaufenden Kante ohne Funkenbildung ertragen.

Fünfzehntes Kapitel.

Nutenfelder und Induktionskoeffizienten.

65. Zerlegung des Ankerfeldes.

Im dreizehnten Kapitel ist mit einer konstanten Leitfähigkeit λ_n für das Nutenfeld und mit einer auf die Ankerlänge reduzierten Leitfähigkeit λ_s für die Stirnverbindungen gerechnet worden. Es ist hierbei keine Rücksicht auf die Anzahl kurzgeschlossener Spulenseiten einer Nut genommen. Wir werden nun die Leitfähigkeit einer Nut für verschiedene Verhältnisse berechnen, um zu sehen, inwiefern die Anzahl und die Lage der kurzgeschlossenen Spulenseiten auf die Leitfähigkeit λ_n einwirken.

Es ist außerdem bei der Berechnung dieser Leitfähigkeit darauf zu achten, daß man nicht einen Teil der magnetischen Leitfähigkeit des Ankerquerfeldes mitnimmt. Der in der Wicklung eines Gleichstromankers fließende Strom erzeugt nämlich ein magnetisches Feld, das in mehrere Teile zerlegt werden kann, obgleich es ein zusammenhängendes Ganzes bildet. Ein Teil des Ankerfeldes ist das von den entmagnetisierenden Ankeramperewindungen erzeugte Feld, das sich durch den magnetischen Kreis der Hauptfelder schließen würde, wenn es nicht durch eine gleichgroße Amperewindungszahl auf dem Magnetsystem kompensiert wäre. Ein anderer Teil des Ankerfeldes ist das von den quermagnetisierenden Ankeramperewindungen erzeugte Feld, das sich hauptsächlich durch die Polschuhe schließt und in der Kommutierungszone eine Feldstärke $2\,AS\,\lambda_q$ besitzt. Der übrige Teil des Ankerfeldes, den wir in der Kommutierungszone durch die Leitfähigkeiten λ_n und λ_s berücksichtigen wollen, besteht aus dem Nutenfeld B_n und dem von den Stirnverbindungen der Ankerspulen erzeugte Feld B_s.

Es ist hieraus leicht ersichtlich, daß man bei der Berechnung von λ_q, λ_n und λ_s das Ankerfeld beliebig zerlegen kann. Es ist aber zweckmäßig, das Ankerfeld so zu zerlegen, daß die Leitfähigkeit λ_n den Feldteilen entspricht, die ihre Richtung während der Kommutierung umkehren, während das Ankerquerfeld, das in der Kommutierungszone durch die Leitfähigkeit λ_q berücksichtigt ist, ein im Raume konstantes und stillstehendes Feld ist.

Das von den Stirnverbindungen erzeugte Feld ist auch ein im Raume feststehendes Feld, über das sich kleine Lokalfelder innerhalb der Ankerspulen selbst lagern, die ihre Richtung während der Kommutierung ändern. Diese beiden Felder der Stirnverbindungen sollen jedoch zusammen durch die auf die Ankerlänge reduzierte Leitfähigkeit λ_s berücksichtigt werden.

Die Feldteile oder Felder, die der Leitfähigkeit λ_n entsprechen, müssen sich somit innerhalb des Ankers oder ganz nahe an der Oberfläche desselben schließen und sollen in den folgenden Abschnitten für verschiedene Fälle berechnet werden.

66. Leitfähigkeit des Nutenfeldes bei nur einer kurzgeschlossenen Spulenseite pro Nut.

Bei der Berechnung von Leitfähigkeiten der Nuten unterscheidet man gewöhnlich zwischen

1. dem Kraftfluß, der den Nutenraum selbst durchsetzt und dessen ideelle Leitfähigkeit pro Zentimeter Ankerlänge wir mit λ_1 bezeichnen, und
2. dem Kraftfluß, der von einem Zahnkopf bis zum nächsten Zahnkopf durch die Luft verläuft und nur eine Nut umschlingt. Die Leitfähigkeit dieses Flusses pro Zentimeter Ankerlänge bezeichnen wir mit λ_2.

Ist die Nut schmal und nicht viel weiter als die Spule breit ist, so werden die Kraftlinien quer über die Nut verlaufen und senkrecht auf den Nutenwänden stehen. Ist dagegen die Spule viel schmäler als die Nut, so wird der Verlauf der Kraftlinien nicht so einfach und die Rechnungen ergeben etwas kleinere Werte als die der Wirklichkeit entsprechenden. Erhält man aus diesem Grunde zu kleine Werte für λ_n, so wird man aus anderen Gründen (Vernachlässigung der Schirmwirkungen) zu hoch rechnen.

Wir denken uns die betrachtete Ankerspule so in den Nuten angeordnet, wie die Fig. 222 zeigt, mit der einen Spulenseite oben und der anderen unten in der Nut. Für die in der Figur gezeichneten Kraftröhren ist die magnetomotorische Kraft proportional dem Abstand x der betrachteten Röhre vom unteren Teil der betrachteten Spulenseite. Oberhalb der kurzgeschlossenen Spulenseite ist die MMK konstant. Man erhält somit die in Fig. 222 Kurve I eingezeichnete Feldstärke im Nutenraum. Die eingezeichnete Kraftröhre ist nicht

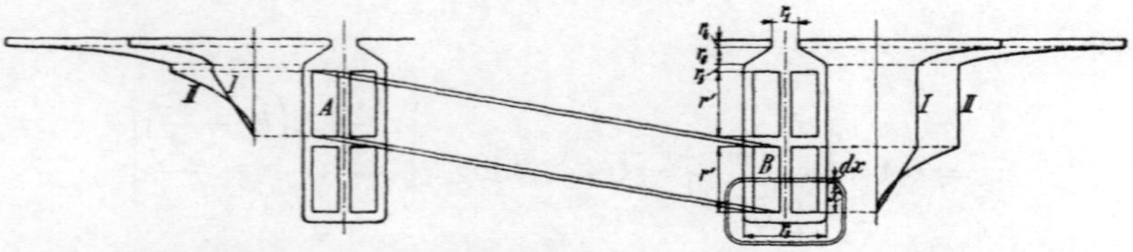

Fig. 222. Berechnung des Nutenfeldes und der von diesem induzierten EMK.

mit der ganzen Spulenseite verkettet, sondern nur mit einem Teil $\frac{x}{r}$ derselben. Da die MMK der Kraftröhre proportional $\frac{x}{r}$ ist, so wird von dem Fluß dieser Kraftröhre eine EMK proportional $\frac{x^2}{r^2}$ in der Spulenseite induziert. Diese EMK ist in der Figur durch die quadratische Kurve II dargestellt und der Mittelwert derselben wird proportional

$$\int_{x=0}^{x=r} \frac{x^2 dx}{r^2} = \frac{1}{3} r.$$

Es ist deswegen die magnetische Leitfähigkeit des Feldes, das die kurzgeschlossene Spulenseite durchsetzt, nicht proportional r, sondern nur $\frac{1}{3} r$, und es wird die ideelle Leitfähigkeit für diesen Teil des Feldes für 1 cm Ankerlänge gleich $0{,}4\,\pi \frac{r'}{3\,r_3}$.

Für den Teil des Nutenkraftflusses, der die ganze Spulenseite A umschlingt, findet man leicht die magnetische Leitfähigkeit pro Zentimeter Ankerlänge zu

$$0{,}4\,\pi \left(\frac{r_5}{r_3} + \frac{2\,r_6}{r_1 + r_3} + \frac{r_4}{r_1} \right),$$

woraus folgt, daß die Leitfähigkeit des Kraftflusses vom Nutenraum für die obere Spulenseite A gleich

$$\lambda_{10} = 1{,}25 \left(\frac{r'}{3\,r_3} + \frac{r_5}{r_3} + \frac{2\,r_6}{r_1 + r_3} + \frac{r_4}{r_1} \right)$$

und für die untere Spulenseite B gleich

$$\lambda_{1u} = 1{,}25\left(\frac{r'}{3r_3} + \frac{r' + r_5}{r_3} + \frac{2r_6}{r_1 + r_3} + \frac{r_4}{r_1}\right)$$

wird. Um die Leitfähigkeit λ_2 des Kraftflusses zwischen den Zahnköpfen zu berechnen, nehmen wir den Kraftlinienverlauf, wie in Fig. 223 eingezeichnet, an und erhalten

$$d\lambda_2 = 0{,}4\,\pi \frac{dx}{r_1 + \pi x},$$

also

$$\lambda_2 = 0{,}4\,\pi \int\limits_{x=0}^{x=t_1-\frac{r_1}{2}} \frac{dx}{r_1 + \pi x} = 0{,}4 \cdot 2{,}3 \log_{10}\left[\frac{r_1 + \pi\left(t_1 - \frac{r_1}{2}\right)}{r_1}\right]$$

$$\cong 0{,}92 \log\left(\frac{\pi t_1}{r_1}\right).$$

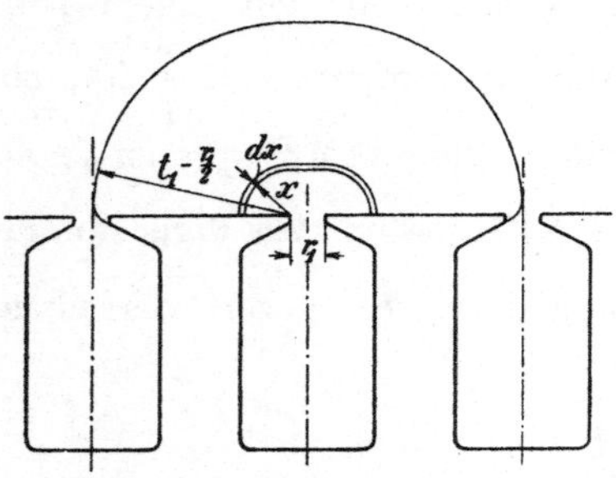

Fig. 223.

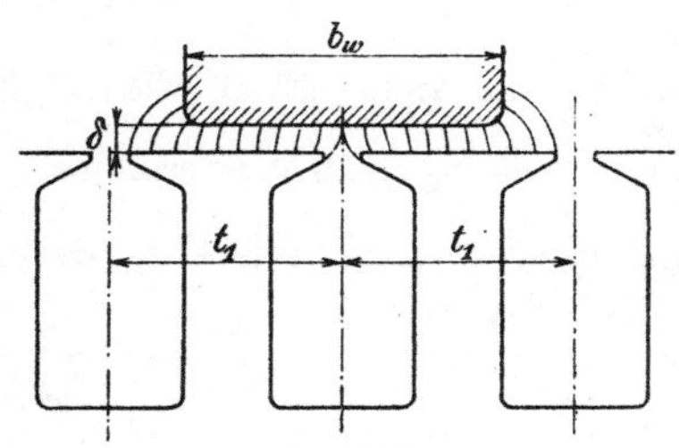

Fig. 224.

Addieren wir nun diese Leitfähigkeiten, so erhalten wir die Leitfähigkeiten einer Nut für den Fall, daß die Maschine ohne Wendepole ausgeführt ist. Für die oberen Spulenseiten einer Nut ergibt sich die Leitfähigkeit zu

$$\lambda_{n2o} = \lambda_{1o} + \lambda_2 = 1{,}25\left(\frac{r'}{3r_3} + \frac{r_5}{r_3} + \frac{2r_6}{r_1 + r_3} + \frac{r_4}{r_1}\right) + 0{,}92 \log\left(\frac{\pi t_1}{r_1}\right) \quad (101)$$

für die unteren Spulenseiten zu

$$\lambda_{n2u} = \lambda_{1u} + \lambda_2 = 1{,}25\left(\frac{4r'}{3r_3} + \frac{r_5}{r_3} + \frac{2r_6}{r_1 + r_3} + \frac{r_4}{r_1}\right) + 0{,}92 \log\left(\frac{\pi t_1}{r_1}\right) \quad (102)$$

und für die ganze Ankerspule zu

$$\frac{1}{2}(\lambda_{n2o} + \lambda_{n2u}) = 1{,}25\left(\frac{2{,}5\,r'}{3r_3} + \frac{r_5}{r_3} + \frac{2r_6}{r_1 + r_3} + \frac{r_4}{r_1}\right) + 0{,}92 \log\left(\frac{\pi t_1}{r_1}\right) \quad (103)$$

Ist die Maschine mit Wendepolen ausgeführt, so ist die Leitfähigkeit λ_2 für das Lokalfeld zu berechnen, das sich um den Teil einer Nut schließt, der sich unter dem Wendepol befindet. Dieses Lokalfeld hat seine maximale Leitfähigkeit (s. Fig. 224)

$$\lambda_2' = \frac{b_w}{4 k_1 \delta} \quad \text{für} \quad b_w < 2 t_1$$

und

$$\lambda_2' = \frac{t_1}{2 k_1 \delta} \quad \text{für} \quad b_w > 2 t_1.$$

wenn die Nut unter der Mitte des Wendepols steht. Die Leitfähigkeit λ_2' ist dagegen bedeutend kleiner, wenn die Nut sich unter der Kante des Wendepols befindet. Wir werden abeı den Maximalwert in unsere Formeln einführen, weil es in erster Linie darauf ankommt, den Maximalwert $B_{n\,max}$ des Nutenfeldes unter der Polmitte zu bestimmen. Die Abnahme der Leitfähigkeit gegen die Polkanten hin muß dann nachträglich durch eine Schwächung des Kommutierungsfeldes unter den Polkanten berücksichtigt werden. Bei einer Maschine mit Wendepolen erhalten wir somit die Leitfähigkeit des Nutenteiles, der unter dem Wendepol liegt, für die oberen Spulenseiten zu

$$\lambda_{n10} = 1{,}25\left(\frac{r'}{3 r_3} + \frac{r_5}{r_3} + \frac{2 r_6}{r_1 + r_3} + \frac{r_4}{r_1}\right) + \frac{b_w}{4 k_1 \delta} \,. \quad (104)$$

für die unteren Spulenseiten zu

$$\lambda_{n1u} = 1{,}25\left(\frac{4 r'}{3 r_3} + \frac{r_5}{r_3} + \frac{2 r_6}{r_1 + r_3} + \frac{r_4}{r_1}\right) + \frac{b_w}{4 k_1 \delta} \,. \quad (105)$$

und für die ganze Ankerspule zu

$$\frac{1}{2}(\lambda_{n10} + \lambda_{n1u}) = 1{,}25\left(\frac{2{,}5\, r'}{r_3} + \frac{r_5}{r_3} + \frac{2 r_6}{r_3 + r_1} + \frac{r_4}{r_1}\right) + \frac{b_w}{4 k_1 \delta} \quad (106)$$

Für den übrigen Teil der Nut, der sich außerhalb des Wendepols befindet, sind die Leitfähigkeiten gleich λ_{n20} und λ_{n2u}, wie sie für Maschinen ohne Wendepole abgeleitet wurden.

67. Leitfähigkeit des Nutenfeldes bei mehreren übereinanderliegenden kurzgeschlossenen Spulenseiten pro Nut.

Wir werden nun die Leitfähigkeit des Nutenfeldes für den Fall berechnen, daß es zwei kurzgeschlossene Spulenseiten übereinander in der Nut gibt und daß der Kurzschlußstrom in beiden Spulenseiten genau gleich verläuft. Dies ist der Fall, wenn der Wicklungsschritt nicht verkürzt ist, d. h. $\varepsilon_k = 0$. Wir betrachten zu diesem Zwecke die Ankerspulen in den Nuten Fig. 225. Für beide Nuten erhalten wir genau die gleichen Feldstärken und die gleichen EMK-Kurven, die durch die Kurven I bzw. II dargestellt sind. In den beiden zusammengehörigen Spulenseiten *A* und *C* wird von dem Nutenfeld genau die gleiche EMK induziert wie in den beiden Spulen-

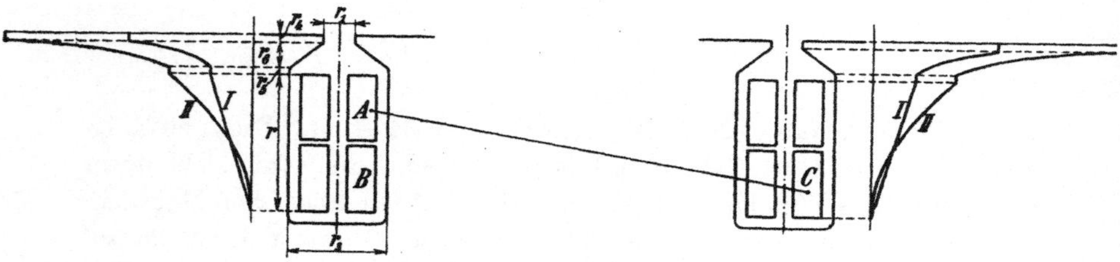

Fig. 225.

seiten *A* und *B* zusammen. Um die magnetische Leitfähigkeit des Nutenfeldes zu bestimmen, braucht man also nur eine Nut mit zwei übereinanderliegenden Spulenseiten für sich zu betrachten. Für den Fall, daß zwei übereinanderliegende kurzgeschlossene Spulenseiten pro Nut denselben Kurzschlußstrom führen, d. h. für $\varepsilon_k = 0$, ergibt sich somit die Leitfähigkeit einer Nut für den Teil. der unterhalb eines Wendepols liegt, zu

$$\lambda_{n1} = 1{,}25\left(\frac{r}{3\,r_3} + \frac{r_5}{r_3} + \frac{2\,r_6}{r_1 + r_3} + \frac{r_4}{r_1}\right) + \frac{b_w}{4\,k_1\,\delta} \qquad (107)$$

und für den Teil, der nicht unterhalb eines Wendepols liegt, zu

$$\lambda_{n2} = 1{,}25\left(\frac{r}{3\,r_3} + \frac{r_5}{r_3} + \frac{2\,r_6}{r_1 + r_3} + \frac{r_4}{r_1}\right) + 0{,}92 \log \frac{\pi\,t_1}{r_1} \qquad (108)$$

worin $2\,r' = r$ gesetzt ist.

Diese Formeln weichen nur im ersten Glied um $1{,}25\,\frac{0{,}25\,r}{3\,r_3}$ von den Formeln (103) und (106) ab. Für normale Verhältnisse ist r gleich (2 bis 3) r_3; also beträgt der Unterschied höchstens $\cdot$ 0,375, was nur ca. 10 % von λ_n ausmacht.

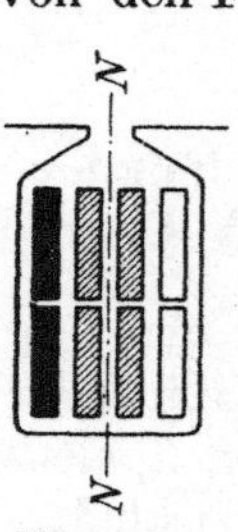

Fig. 226.

Die obigen Formeln gelten natürlich nicht allein für den Fall, daß es nur eine kurzgeschlossene Spulenseite in der oberen und unteren Lage der Nut gibt, sondern auch, wenn es gleich viele kurzgeschlossene Spulenseiten in beiden Lagen gibt, wie in Fig. 226 gezeigt. Diese Nut enthält 8 Spulenseiten, von denen zwei in jeder Lage gleichzeitig kurzgeschlossen sind; das ist der Fall, wenn der

Nutenschritt gleich der Polteilung ist, also wenn $\varepsilon_k = 0$ ist. Außerdem ist vorausgesetzt, daß der Kommutierungsstrom in allen Spulenseiten geradlinig verläuft, so daß man dieselbe Kurvenform für Nutenfeld und induzierte EMK, wie in Fig. 225, erhält.

Ist der Nutenschritt dagegen so viel verkürzt, daß ε_k sehr viel von Null abweicht, so wird die Anzahl der untereinanderliegenden kurzgeschlossenen Spulenseiten pro Nut sehr verschieden sein. Dies ist besonders der Fall, solange sich die Nut am Anfang und am Ende der Kurzschlußzone befindet. Hier wird die Leitfähigkeit gleich λ_{n0}, wenn es nur kurzgeschlossene Spulenseiten in der oberen Lage gibt, und gleich λ_{nu}, wenn es nur kurzgeschlossene Spulenseiten in der unteren Lage gibt. Da es uns aber hauptsächlich darauf ankommt, den Maximalwert des Nutenfeldes in der Mitte der Kommutierungszone zu bestimmen, so betrachten wir die Zahl und die Lage der kurzgeschlossenen Spulenseiten, wenn die Nut in der Mitte der Kommutierungszone liegt. Es befinden sich dann, wie die Fig. 227 zeigt, stets gleich viele Spulenseiten der oberen und unteren Spulenlage im Kurzschluß und es läßt sich somit die Leitfähigkeit der Nut in der Mitte der Kommutierungszone nach den Formeln (107) und (108) berechnen, die für diese Nutenlage allgemeingültig sind.

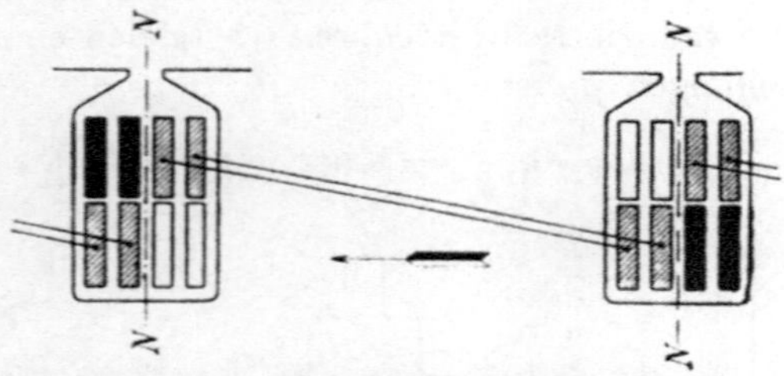

Fig. 227. Lage der kurzgeschlossenen Ankerspulen bei verkürztem Nutenschritt.

Bei verkürzten Nutenschritten sollte das Nutenfeld b_n eigentlich mit einer Leitfähigkeit λ_n berechnet werden, die sich innerhalb der Kurzschlußzone von λ_{nu} über λ_n zu λ_{n0} ändert. Dies würde aber sehr umständlich sein, weshalb wir in alle kommenden Rechnungen λ_n einführen, der nur um einige Prozente von $\frac{1}{2}(\lambda_{n0} + \lambda_{nu})$ abweicht.

Es soll jedoch hier nicht unerwähnt bleiben, daß es auf die Kommutierung günstig einwirkt, wenn man die unteren Spulenseiten einer Nute zuerst in den Kurzschluß eintreten läßt, so daß die oberen Spulenseiten, die die kleinste Leitfähigkeit besitzen, zuletzt aus dem Kurzschluß heraustreten. Dies läßt sich dadurch erreichen, daß man die Ankerspulen auf dem Anker in der Drehrichtung desselben schräg nach außen anordnet. Die Ankerspule Fig. 227 soll sich somit am liebsten nach links, d. h. gegen den Sinn des Uhrzeigers, drehen.

68. Nutenfelder.

Im vorigen Abschnitt ist gezeigt worden, daß man die Nutenfeldstärke mittelst einer konstanten mittleren Leitfähigkeit λ_n berechnen kann, ohne daß ein merkbarer Fehler in den EMKen begangen wird, die in den einzelnen kurzgeschlossenen Ankerspulen induziert werden. Darauf fußend werden wir in diesem Abschnitt die Felder verschiedener Wicklungsanordnungen aufzeichnen, um an Hand derselben die günstigsten Ausführungsformen der Ankerwicklungen und Kommutatoren näher zu studieren. Wir fangen mit Wicklungen ohne Schrittverkürzung an und zwar für den Fall, daß die reduzierte Bürstenbreite b_r gleich einer ganzen Anzahl Lamellenteilungen β_r ist.

a) $\varepsilon_k = 0$, $\frac{b_r}{\beta_r}$ = einer ganzen Zahl.

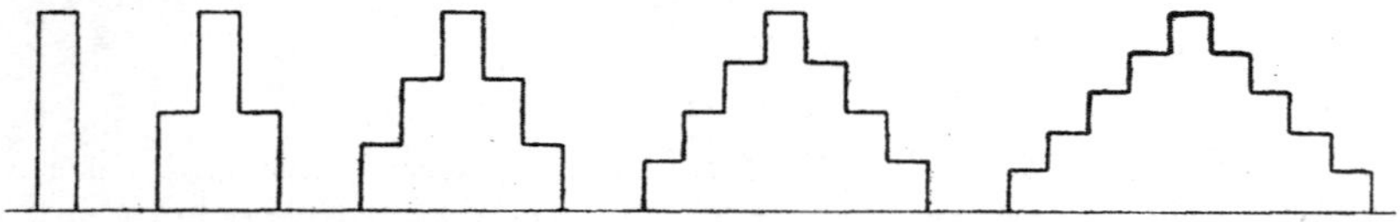

Fig. 228.

Wird die Bürstenbreite gleich der Nutenteilung gemacht, also $b_r = t_1 = u_k \beta_r$, so erhalten wir die in Fig. 228 auf den Ankerumfang reduzierten Nutenfelder für $u_k = 1$, 2, 3, 4 und 5, deren Stufen alle gleich breit, nämlich gleich β_r sind. Es ist hier

$$b_n = \frac{2\,A\,S\,\lambda_n}{u_k},$$

$$b_k = b_{k0} = t_1 + b_r - \beta_r = (2\,u_k - 1)\beta_r,$$

$$B_{n\,max} = \frac{b_r}{\beta_r}\,b_n = 2\,A\,S\,\lambda_n,$$

der Mit elwert

$$B_n = \frac{t_1}{b_k}\,B_{n\,max} = \frac{2\,u_k}{2\,u_k - 1}\,A\,S\,\lambda_n$$

und die obere Seite des Trapezes

$$b_{ki} = b_{ki0} = 2\,t_1 - b_k = \beta_r.$$

Da es ebenso viele kurzgeschlossene Spulenseiten in der oberen wie in der unteren Lage gibt, so ist die Nutenfeldkurve mit der Kurve der kurzgeschlossenen Spulenseite der oberen oder unteren Spulenlage identisch.

Die so erhaltenen Felder sind alle sehr spitz, weshalb es nicht leicht ist für diese einen Wendepol richtiger Form herzustellen. Macht man aber die Nutenteilung größer als die Bürstenbreite, d. h. $t_1 > b_r$, so wird die Krone des Feldes sofort breiter und zwar verbreitert sich die oberste Stufe um ebenso viele Lamellen wie man die Nutenteilung größer als die Bürstenbreite macht. Macht man umgekehrt die Nutenteilung kleiner als die Bürstenbreite, d. h. $t_1 < b_r$, so wird die Krone des Feldes zwar auch breiter, dies kommt aber dadurch zustande, daß der obere Teil der

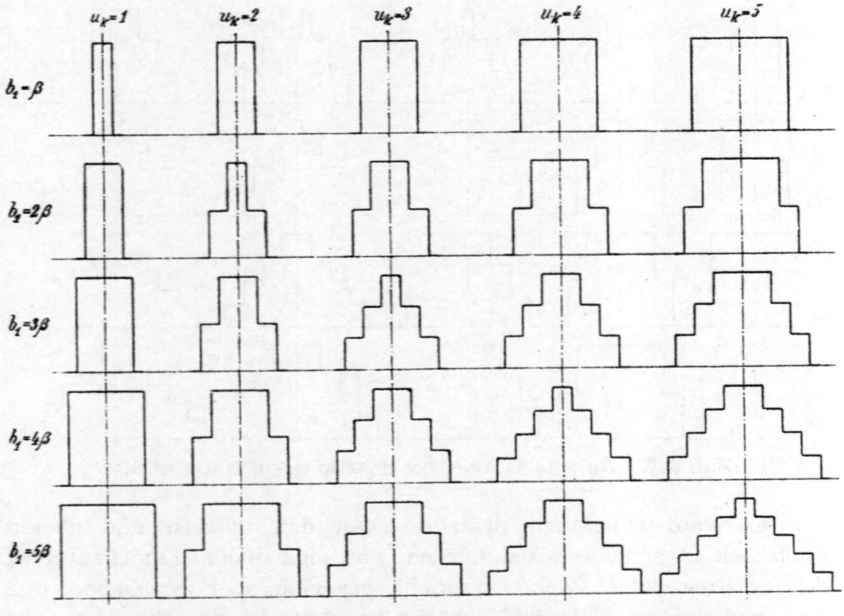

Fig. 229. **Nutenfeldkurven bei unverkürztem Nutenschritt.**

Feldkurve abgeschnitten wird. Die verschiedenen Feldformen gehen alle aus der tabellarischen Darstellung in Fig. 229 deutlich hervor Um ein flaches Kommutierungsfeld bei unverkürztem Nutenschritt zu erhalten, ist es somit nötig, die reduzierte Bürstenbreite von der Nutenteilung möglichst verschieden zu machen.

b) Für $\varepsilon_k = 0$ und $\frac{b_r}{\beta_r} =$ einer ganzen Zahl $+ \frac{1}{2}$ erhält man in ähnlicher Weise die in Fig. 230 zusammengestellten Feldformen für verschiedene Verhältnisse von Nutenteilung und Bürstenbreite. Wie ersichtlich, weichen diese Feldkurven in ihren Hauptzügen nicht viel von denen der ersten Tabelle ab. Bemerkenswert sind die zackigen Kronen, die von dem gebrochenen Verhältnis zwischen Bürstenbreite und Lamellenteilung herrühren. Um diese Zacken wegzubringen, könnte man alle positiven Bürsten um eine halbe Lamelle gegen die negativen vorwärts verschieben.

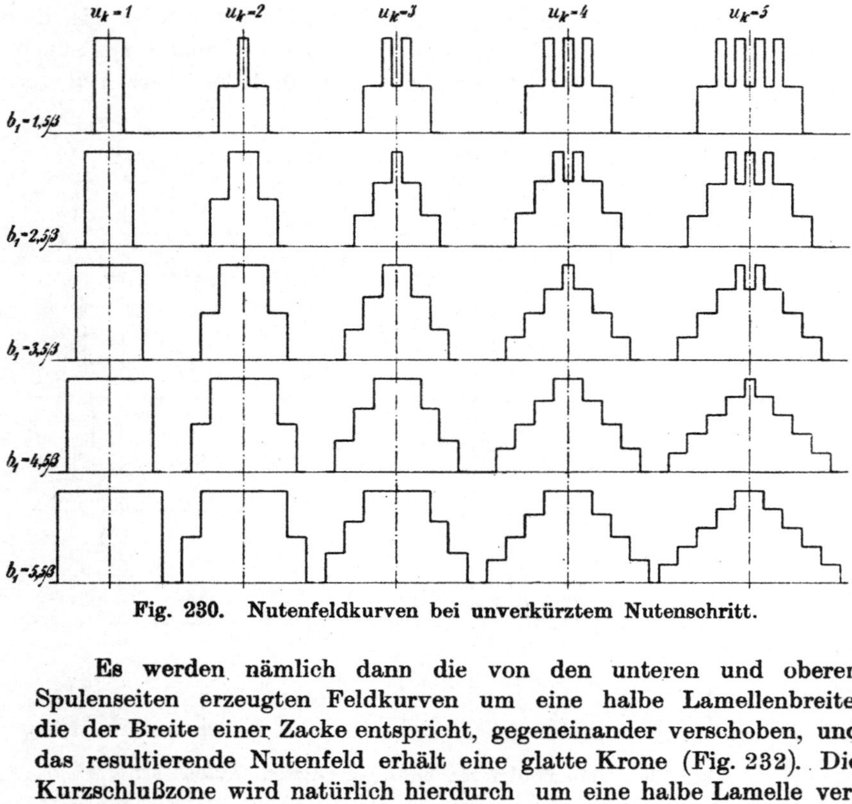

Fig. 230. Nutenfeldkurven bei unverkürztem Nutenschritt.

Es werden nämlich dann die von den unteren und oberen Spulenseiten erzeugten Feldkurven um eine halbe Lamellenbreite, die der Breite einer Zacke entspricht, gegeneinander verschoben, und das resultierende Nutenfeld erhält eine glatte Krone (Fig. 232). Die Kurzschlußzone wird natürlich hierdurch um eine halbe Lamelle verbreitert und die Nutenfeldform wird nicht mehr mit der Kurve identisch, welche die Zahl der kurzgeschlossenen Spulenseiten der oberen oder unteren Lage angibt.

Man erhält für $\varepsilon_k = \frac{1}{2}$ und $\frac{b_r}{\beta_r}$ = einer ganzen Zahl $+ \frac{1}{2}$, die in Fig. 232 dargestellten Feldformen; diese ergeben sich aus denen der Fig. 229, indem man in diese mit einer doppelt so großen Nutenteilung und Bürstenbreite eingeht, wie man in Wirklichkeit hat. Zum Beispiel hat die Feldkurve in Fig. 232 für $b_r = 2^1/_2\,\beta_r$ und $u_k = 2$ dieselbe Form wie die Feldkurve in Fig. 229 für $b_r = 5\,\beta_r$ und $u_k = 4$. Die Feldformen der Fig. 232 sind sogar schöner als die der

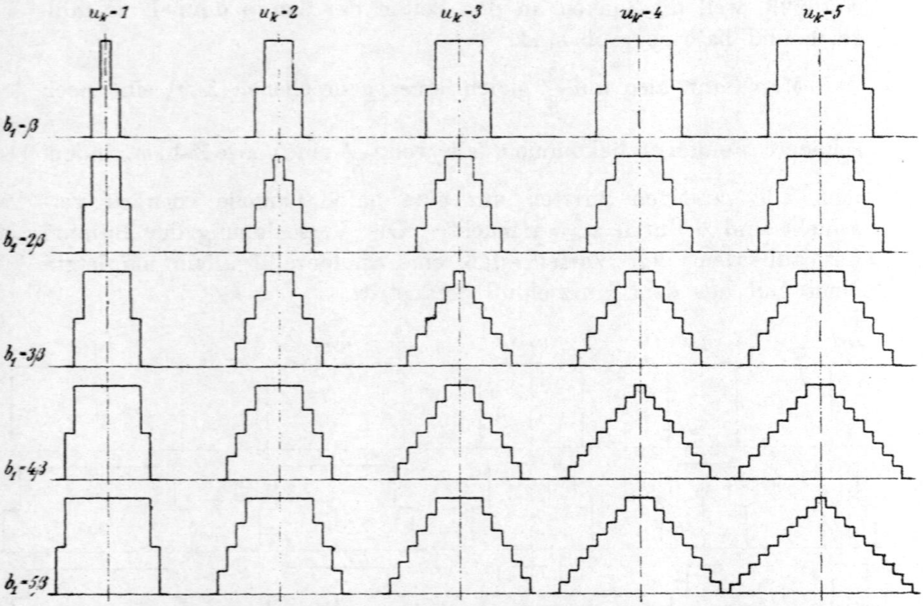

Fig. 231. Nutenfeldkurven bei unverkürztem Nutenschritt, aber Bürsten um eine halbe Lamelle gegeneinander verschoben.

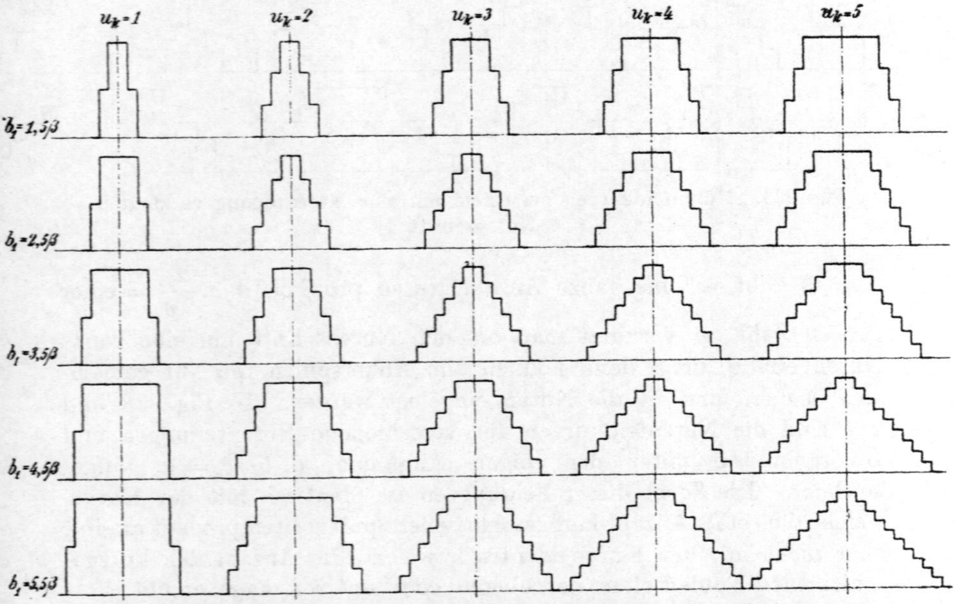

Fig. 232. Nutenfeldkurven bei unverkürztem Nutenschritt, aber Bürsten um eine halbe Lamelle gegeneinander verschoben.

Fig. 229, weil die Zacken an den Seiten der Kurve doppelt so zahlreich und halb so groß sind.

Man kann also mit $\frac{b_r}{\beta_r}$ gleich einer gebrochenen Zahl eine noch schönere Feldform bekommen, als wenn $\frac{b_r}{\beta_r}$ eine ganze Zahl ist, indem man alle positiven Bürsten um eine halbe Lamelle vorwärts verschiebt und dadurch $\varepsilon_k = \frac{1}{3}$ macht. Die Verschiebung der Bürsten hat außerdem den Vorteil, daß eine Spulenseite allein als letzte einer Nut aus dem Kurzschluß heraustritt.

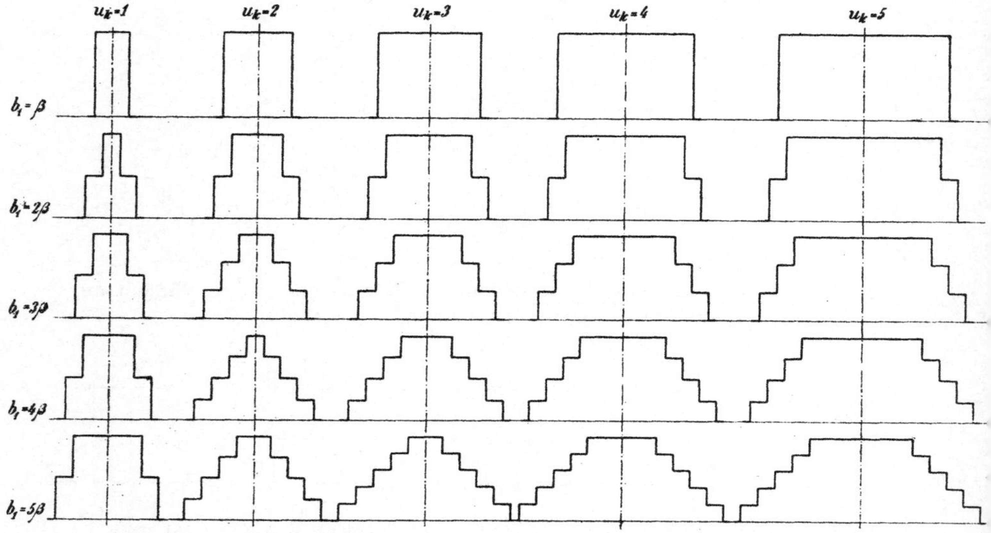

Fig. 233. Nutenfeldkurven bei einem um eine Nutenteilung verkürzten Nutenschritt.

c) Gibt es eine ganze Anzahl Nuten pro Pol, d. h. $\frac{Z}{2p}$ = einer ganzen Zahl, so verkürzt man oft den Nutenschritt um eine ganze Nutenteilung; denn dann können alle Ankerspulen pro Nut gemeinsam isoliert und in die Nuten eingelegt werden. In Fig. 233 und 234 sind die Nutenfeldkurven für verschiedene Nutenteilungen und Bürstenbreiten unter der obigen Annahme, d. h. $\varepsilon_k = u_k$ aufgezeichnet. Die Form dieser Feldkurven ist identisch mit der Kurve, welche die totale Anzahl kurzgeschlossener Spulenseiten pro Nut angibt, aber nicht mit der Kurve identisch, welche die Anzahl der kurzgeschlossenen Spulenseiten der oberen oder unteren Lage angibt.

Die Fig. 233 bezieht sich auf den Fall, daß $\frac{b_r}{\beta_r}$ = einer ganzen

Zahl ist, während Fig. 234 sich auf den Fall bezieht, daß $\frac{b_r}{\beta_r}$ = einer ganzen Zahl $+ \frac{1}{2}$ ist. Die Feldformen in Fig. 233 ergeben sich für $b_r \leqq 2\, u_k$ aus denen in Fig. 229, wenn man in diese mit einer doppelt so breiten Nutenteilung eingeht, wie man in Wirklichkeit hat. Zum Beispiel hat die Feldkurve in Fig. 233 für $u_k = 2$ und $b_r = 3\, \beta_r$ dieselbe Form, wie die Feldkurve in Fig. 229 für $u_k = 4$ und $b_r = 3\, \beta_r$. In gleicher Weise ergeben sich die Feldkurven in Fig. 234 aus denen in Fig. 230.

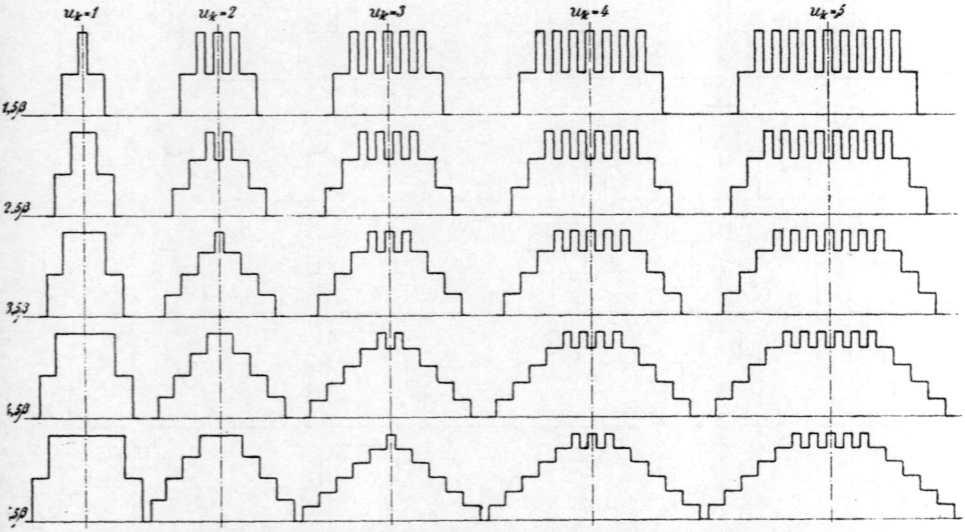

Fig. 234. Nutenfeldkurven bei einem um eine Nutenteilung verkürzten Nutenschritt.

Wie ersichtlich, erreicht man durch eine Verkürzung des Nutenschrittes eine ebenso schöne Feldform, wie man bei unverkürztem Schritt erhalten würde, wenn die Nutenteilung sehr groß im Verhältnis zur Bürstenbreite gemacht wird. Dies läßt sich jedoch aus anderen praktischen Ursachen nicht gut über einer gewissen Grenze hinaus durchführen.

d) Oft macht man die Nutenzahl nur durch die Polpaarzahl teilbar, also $\frac{Z}{2p}$ = einer ganzen Zahl $+ \frac{1}{2}$, und macht dann $\varepsilon_k = \frac{1}{2} u_k$, damit man alle Spulen pro Nut gleichzeitig isolieren und in die Nuten einlegen kann. Für diesen Fall sind die Feldkurven aus Fig. 235 für $\frac{b_r}{\beta_r}$ = einer ganzen Zahl und in Fig. 236 für $\frac{b_r}{\beta_r}$ = einer ganzen Zahl $+\frac{1}{2}$ für verschiedene Nutenteilungen und Bürstenbreiten zusammengestellt. Diese Feldkurven haben keine so breite Krone wie die in den Figuren 233 und 234; andererseits haben sie aber auch keine so breite Kommutierungszone. Es ist deswegen oft vorteilhafter, wenn die Pollücke einer Maschine klein ist, die Feldformen in den Figuren 235 und 236 anstatt der in den Figuren 233 und 234 anzuwenden. — Die Feldkurven in Fig. 234 und einige in den Fig. 235 und 236 haben zackige Kronen; diese Zacken lassen

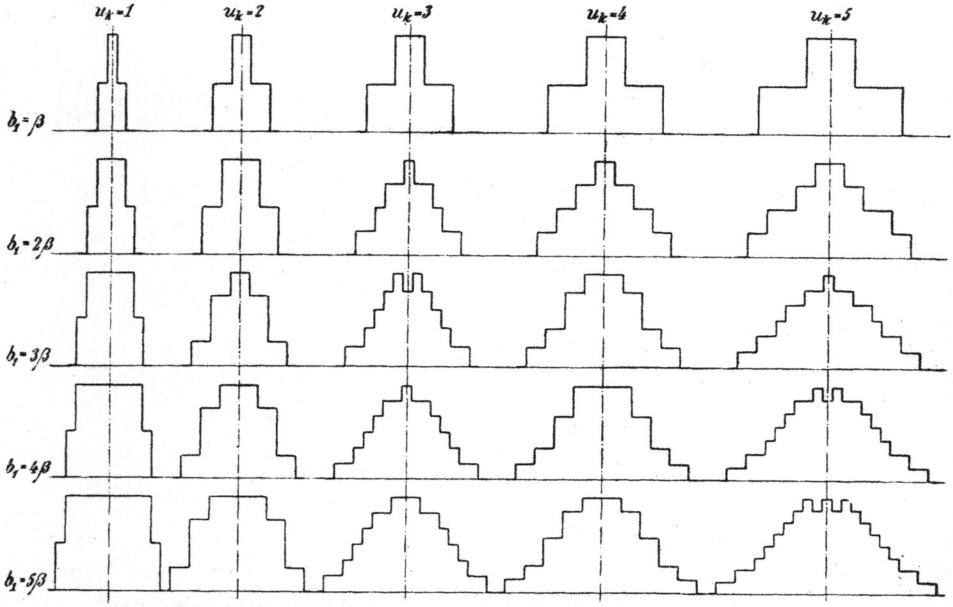

Fig. 235. Nutenfeldkurven bei einem um eine halbe Nutenteilung verkürzten Nutenschritt.

sich jedoch leicht vermeiden, indem man durch Verschiebung der positiven Bürsten um eine halbe Lamelle $\varepsilon_k = u_k + \frac{1}{2}$ beziehungsweise $\varepsilon_k = \frac{u_k}{2} + \frac{1}{2}$ macht. Es werden zwar dann die Kommutierungszonen nicht alle gleich breit, sondern die Hälfte um eine reduzierte Lamellenteilung β_r breiter als die anderen. Diese kleine Unsymmetrie spielt jedoch keine große Rolle, weshalb man die im nächsten Abschnitt ermittelten Konstanten der Figuren 234, 235 und 236 auch für diesen Fall anwenden kann.

e) Wir können nun an Hand der gebrachten Beispiele in allgemeiner Form die Forderungen ausdrücken, die erfüllt sein müssen, um eine schöne Nutenfeldkurve zu bekommen.

Damit die Krone glatt, d. h. ohne Zacken verläuft, müssen

$$2\frac{b_r}{\beta_r} = \text{einer ganzen Zahl},$$

$$2\,\varepsilon_k = \text{einer ganzen Zahl}$$

und

$$\frac{b_r + \varepsilon_k \beta_r}{\beta_r} = \text{einer ganzen Zahl}$$

sein. Es reicht nicht aus, daß $\frac{b_r + \varepsilon_k \beta_r}{\beta_r}$ allein gleich einer ganzen Zahl ist, obgleich die Zacken dann sehr kurz und fast vernachlässigbar klein werden.

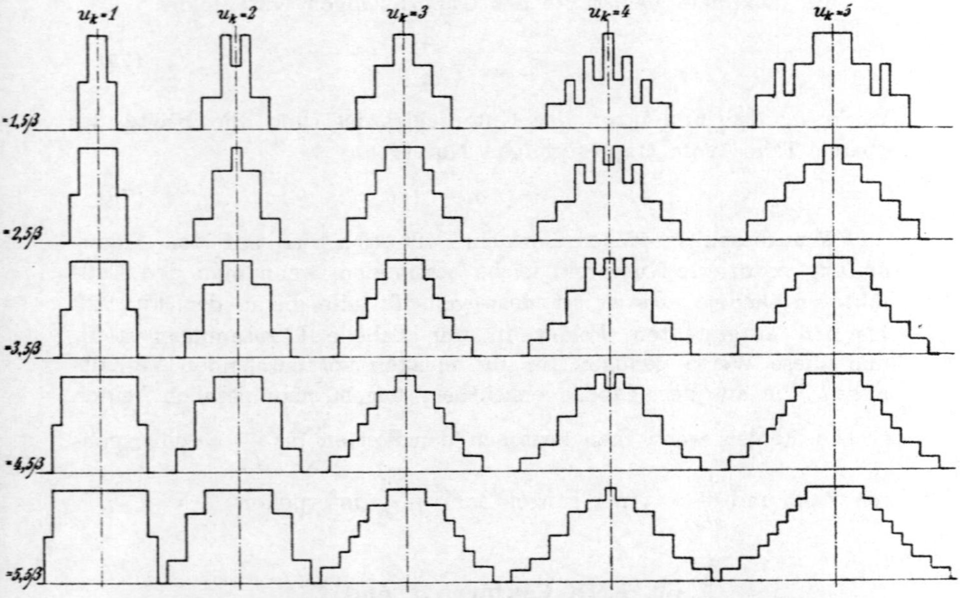

Fig. 236. Nutenfeldkurven bei einem um eine halbe Nutenteilung verkürzten Nutenschritt.

Damit die Krone ihre größte Breite bekommt, muß

$$\varepsilon_k \beta_r = b_{ki0}$$

sein und es wird dann die Breite der Krone

$$b_{ki} = 2\,b_{ki0},$$

d. h. für $t_1 > b_r$

$$b_{ki} = 2\,(t_1 - b_r + \beta_r)$$

und für $t_1 < b_r$

$$b_{ki} = 2\,(b_r - t_1 + \beta_r).$$

Es genügt jedoch für die meisten Verhältnisse, wenn man die Breite der Krone fast gleich der Nutenteilung für $t_1 > b_r$ und gleich der reduzierten Bürstenbreite für $b_r > t_1$ macht.

Im dreizehnten Kapitel haben wir die folgenden Formeln abgeleitet.

Die mittlere Feldstärke des reduzierten Nutenfeldes

$$B_n = 2 A S \lambda_n \frac{t_1}{b_k} = \frac{b_r}{\beta_r} \frac{t_1}{b_k} b_n \quad \ldots \ldots \quad (76)$$

worin die Breite der Kommutierungszone

$$b_k = t_1 + b_r' + (\varepsilon_k - 1) \beta_r \quad \ldots \ldots \quad (100)$$

ist; die maximale Feldstärke des trapezförmigen Nutenfeldes

$$B_{n\,max} = \frac{B_n}{\alpha_k}, \quad \ldots \ldots \ldots \quad (77)$$

worin α_k der Füllfaktor des Nutenfeldes ist, und die Breite des oberen Teiles vom trapezförmigen Nutenfeld

$$b_{ki} = (2\,\alpha_k - 1)\, b_k \quad \ldots \ldots \quad (78)$$

Mit diesen einfachen Formeln läßt sich das auf den Ankerumfang reduzierte Nutenfeld leicht bestimmen, wenn man den Füllfaktor α_k kennt. Dieser ist deswegen für alle die in den Fig. 229 bis 236 dargestellten Felder in der Tabelle I zusammengestellt, und diese Werte genügen für die meisten vorkommenden Verhältnisse. Wie aus der Tabelle ersichtlich, begeht man nämlich keinen großen Fehler, wenn man zwischen den Werten für $\frac{b_r}{\beta_r}$ = einer ganzen Zahl und $\frac{b_r}{\beta_r}$ = einer ganzen Zahl $+ \frac{1}{2}$ interpoliert.

69. EMK-Faktoren f_s und f_m.

Nachdem wir im vorigen Abschnitt die Nutenfeldformen für zahlreiche Wicklungsanordnungen und Kommutatoren festgestellt haben, so sollen nun die EMK-Kurven derselben berechnet und daraus die EMK-Faktoren f_s für die maximale Spannung zwischen den Bürstenkanten und die EMK-Faktoren f_m für die mittlere Spannung zwischen den Bürstenkanten ermittelt werden.

Um die EMK-Kurve zwischen den Bürstenkanten zu ermitteln, quadriert man die Feldkurve und zeichnet mehrere der so erhaltenen Kurven im Abstand einer Nutenteilung voneinander in der Kommutierungszone auf. Die Summe der Ordinaten dieser Kurven gibt die

Tabelle I.

Füllfaktor α_k verschiedener Nutenfelder.

$\frac{b_1}{\beta}$	$\varepsilon_k = 0$	$u_k = 1$ ¹/₂	$\frac{u_k}{2}$	u_k	$u_k = 2$ 0	¹/₂	$\frac{u_k}{2}$	u_k	$u_k = 3$ 0	¹/₂	$\frac{u_k}{2}$	u_k	$u_k = 4$ 0	¹/₂	$\frac{u_k}{2}$	u_k	$u_k = 5$ 0	¹/₂	$\frac{u_k}{2}$	u_k
1,0	1,0	0,665	0,665	1,0	1,0	0,8	0,665	1,0	1,0	0,855	0,665	1,0	1,0	0,89	0,665	1,0	1,0	0,91	0,665	1,0
1,5	1,0	0,75	0,75	0,80	0,80	0,665	0,685	0,89	0,855	0,75	0,60	0,925	0,89	0,80	0,615	0,94	0,91	0,835	0,625	0,955
2,0	1,0	0,80	0,80	0,665	0,665	0,57	0,665	0,80	0,75	0,665	0,625	0,855	0,80	0,725	0,57	0,89	0,835	0,77	0,59	0,91
2,5	1,0	0,835	0,835	0,715	0,715	0,625	0,635	0,73	0,665	0,60	0,625	0,80	0,725	0,665	0,595	0,845	0,77	0,715	0,555	0,87
3,0	1,0	0,855	0,855	0,75	0,75	0,665	0,60	0,665	0,60	0,545	0,615	0,75	0,665	0,615	0,60	0,80	0,715	0,665	0,575	0,835
3,5	1,0	0,875	0,875	0,78	0,78	0,70	0,635	0,615	0,635	0,585	0,60	0,705	0,615	0,57	0,60	0,76	0,665	0,625	0,585	0,80
4,0	1,0	0,89	0,89	0,80	0,80	0,73	0,665	0,57	0,665	0,615	0,58	0,665	0,57	0,535	0,595	7,725	0,625	0,59	0,585	0,77
4,5	1,0	0,90	0,90	0,82	0,82	0,75	0,695	0,60	0,695	0,645	0,565	0,63	0,60	0,565	0,585	0,695	0,59	0,555	0,585	0,74
5,0	1,0	0,91	0,91	0,835	0,835	0,77	0,715	0,625	0,715	0,665	0,59	0,60	0,625	0,59	0,57	0,665	0,555	0,525	0,58	0,715
5,5	1,0	0,915	0,915	0,845	0,845	0,785	0,735	0,645	0,735	0,69	0,61	0,57	0,645	0,61	0,56	0,64	0,58	0,55	0,575	0,69

EMK, die in den kurzgeschlossenen Spulenseiten einer Kommutierungszone induziert wird. Ist der Nutenschritt nicht verkürzt, so ist diese EMK gleich der Hälfte der zwischen den Bürstenkanten induzierten EMK. Ist der Nutenschritt verkürzt, so ist die Nutenfeldkurve nicht mehr mit der Kurve identisch, welche die Zahl der kurzgeschlossenen Spulenseiten der oberen oder unteren Lage angibt, sondern mit der Kurve, welche die Zahl der kurzgeschlossenen Spulenseiten der oberen und unteren Lage angibt. Um die in den Spulenseiten induzierten EMKe zu bestimmen, muß man deswegen die Nutenfeldkurve zuerst mit der Kurve der kurzgeschlossenen Spulenseiten der oberen Lage und nachher mit der Kurve der kurzgeschlossenen Spulenseite der unteren Lage multiplizieren. Man erhält dann die in den oberen und unteren Seiten der kurzgeschlossenen Spulen induzierten EMKe, welche addiert werden, um die in den kurzgeschlossenen Spulen einer Nut induzierte EMK zu erhalten. Man zeichnet danach mehrere derartige EMK-Kurven im Abstand einer Nutenteilung voneinander auf und addiert sie, wodurch man die zwischen den Bürstenkanten vom Nutenfeld induzierte EMK erhält.

In den Figuren 237 bis

241 sind mehrere der interessantesten EMK-Kurven der in den Figuren 229 bis 236 dargestellten Felder aufgezeichnet. In diese Figuren sind die Mittelwerte der zwischen den Bürstenkanten induzierten EMKe strichpunktiert eingezeichnet und diese mittleren EMKe ergeben sich aus der Formel

$$\Delta e = f_m \frac{b_1}{\beta} \frac{p}{a} \frac{N}{k} l v B_n 10^{-6} \text{ Volt} \quad . \quad . \quad . \quad . \quad . \quad (88)$$

während der Maximalwert derselben EMKe sich aus der Formel

$$\Delta e_{max} = f_s \frac{b_1}{\beta} \frac{p}{a} \frac{N}{k} l v B_n 10^{-6} \text{ Volt} \quad . \quad . \quad . \quad . \quad (87)$$

ergibt.

Fig. 237.

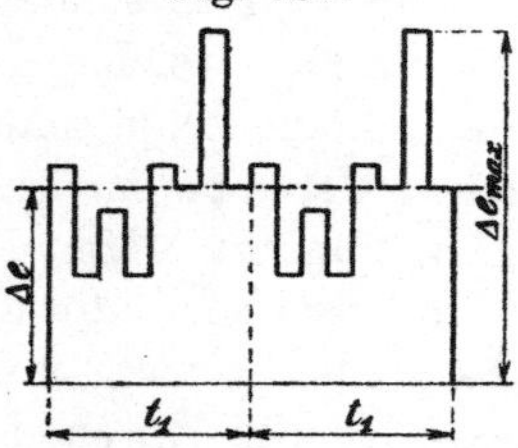

$\varepsilon_k = 0 \quad \frac{b_r}{\beta_r} = 3{,}5 \quad u_k = 4$

Fig. 238.

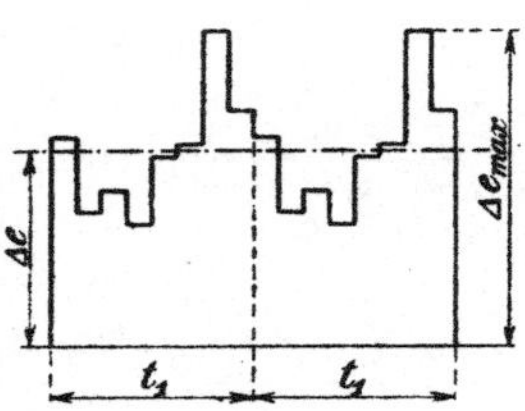

$\varepsilon_k = \frac{1}{2} \quad \frac{b_r}{\beta_r} = 3{,}5 \quad u_k = 4$

Fig. 239.

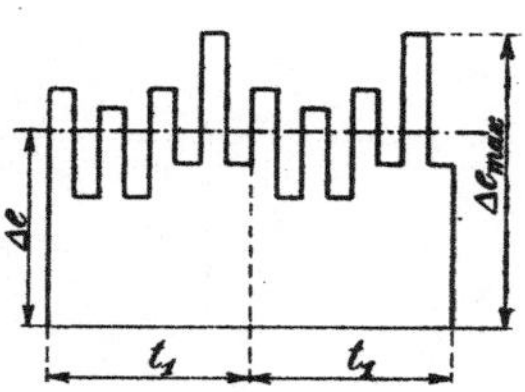

$\varepsilon_k = u_k \quad \frac{b_r}{\beta_r} = 3{,}5 \quad u_k = 4$

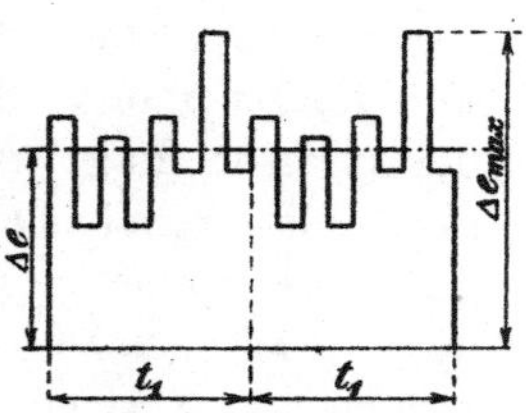

$\varepsilon_k = \frac{u_k}{2} \quad \frac{b_r}{\beta_r} = 3{,}5 \quad u_k = 4$

Fig. 240.

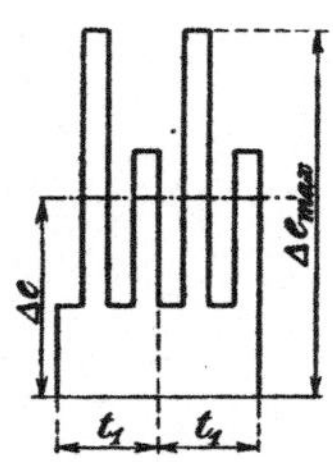

$\varepsilon_k = \frac{u_k}{2} \quad \frac{b_r}{\beta_r} = 1{,}5 \quad u_k = 2$

Fig. 241.

Vom Nutenfeld zwischen den Bürstenkanten induzierte EMKe.

Diese EMKe lassen sich somit leicht berechnen, wenn man die EMK-Faktoren f_m und f_s kennt. Diese sind für die in den Figuren 229 bis 236 dargestellten Feldformen berechnet und in den Tabellen II u. III zusammengestellt. Die Berechnung der Koeffizienten erfolgt nach den Formeln:

$$f_m = \left(\frac{\beta_r}{b_r}\right)^2 \frac{b_k}{2 t_1 b_n} \quad \left(\begin{array}{c}\text{Mittelwert der Summe kurzgeschlossener Spulenseiten}\\ \text{mal Stärke des Nutenfeldes, worin sich die betreffen-}\\ \text{den Spulenseiten befinden.}\end{array}\right)$$

und $$f_s = \left(\frac{\beta_r}{b_r}\right)^2 \frac{b_k}{2\,t_1\,b_n} \quad \left(\begin{array}{c}\text{Maximalwert der Summe kurzgeschlossener Spulen-}\\ \text{seiten mal Stärke des Nutenfeldes, worin sich die}\\ \text{betreffenden Spulenseiten befinden.}\end{array}\right)$$

Wie aus diesen Tabellen ersichtlich, sind f_m und f_s stets größer als die Einheit. Der Koeffizient f_m für die mittlere EMK ist aber selten viel größer als 1, während der Koeffizient f_s für die maximale EMK oft bedeutend größer als 1 und sogar größer als 2 werden kann. Da ein großer Unterschied zwischen den beiden Koeffizienten zu großen Pulsationen in der Bürstenspannung führen kann, so ist beim Entwurf von Maschinen mit schwierigen Kommutierungsverhältnissen darauf zu achten, daß der Kommutator und die Ankerwicklung so dimensioniert werden, daß f_s möglichst klein wird und möglichst wenig von f_m abweicht.

Tabelle II.

EMK-Faktor f_m für mittlere Bürstenspannung.

$\frac{b_1}{\beta}$	$u_k = 1$				$u_k = 2$				$u_k = 3$				$u_k = 4$				$u_k = 5$			
	$\varepsilon_k = 0$	1/2	$\frac{u_k}{2}$	u_k	0	1/2	$\frac{u_k}{2}$	u_k	0	1/2	$\frac{u_k}{2}$	u_k	0	1/2	$\frac{u_k}{2}$	u_k	0	1/2	$\frac{u_k}{2}$	u_k
1,0	1,0	1,12	1,12	1,0	1,0	1,09	1,12	1,0	1,0	1,07	1,12	1,0	1,0	1,05	1,12	1,0	1,0	1,04	1,12	1,0
1,5	1,0	1,11	1,11	1,11	1,11	1,17	1,26	1,12	1,12	1 14	1,17	1,12	1,13	1,11	1,22	1,12	1,12	1,09	1,17	1,12
2,0	1,0	1,09	1,09	1,12	1,13	1,20	1,25	1,09	1,11	1,19	1,23	1,07	1,09	1,16	1,20	1,05	1,08	1,14	1,19	1,05
2,5	1,0	1,08	1,08	1,12	1,12	1,20	1,26	1,15	1,16	1,22	1,25	1,13	1,15	1,20	1,27	1,11	1,15	1,18	1,22	1,10
3,0	1,0	1,07	1,07	1,11	1,11	1,19	1,25	1,17	1,17	1,24	1,28	1,13	1,17	1,23	1,28	1,11	1,15	1,21	1,26	1,09
3,5	1,0	1,06	1,06	1,1	1,10	1,17	1,23	1,19	1,17	1,24	1,29	1,18	1,19	1,25	1,30	1,15	1,19	1,25	1,28	1,13
4,0	1,0	1,05	1,06	1,09	1,09	1,16	1,22	1,20	1,17	1,26	1,29	1,19	1,20	1,26	1,32	1,16	1,20	1,25	1,30	1,14
4,5	1,0	1,05	1,05	1,09	1,09	1,15	1,20	1,20	1,16	1,25	1,28	1,21	1,20	1,26	1,32	1,19	1,22	1,27	1,32	1,17
5,0	1,0	1,05	1,05	1,08	1,08	1,14	1,19	1,20	1,15	1,21	1,27	1,22	1,20	1,25	1,32	1,20	1,22	1,27	1,33	1,18
5.5	1,0	1,04	1,04	1,07	1,07	1.13	1,18	1,20	1,14	1,20	1,26	1,23	1,19	1,25	1,32	1,22	1,23	1,27	1,34	1.20

Tabelle III.

EMK-Faktor f_s für maximale Bürstenspannung.

$\frac{b_1}{\beta}$	$u_k = 1$				$u_k = 2$				$u_k = 3$				$u_k = 4$				$u_k = 5$			
	$\varepsilon_k = 0$	1/2	$\frac{u_k}{2}$	u_k	0	1/2	$\frac{u_k}{2}$	u_k	0	1/2	$\frac{u_k}{2}$	u_k	0	1/2	$\frac{u_k}{2}$	u_k	0	1/2	$\frac{u_k}{2}$	u_k
1,0	1,0	1,50	1,25	1,0	1,0	1,25	1,12	1,0	1,0	1,17	1,12	1,0	1,0	1,12	1,12	1,0	1,0	1,1	1,12	1,0
1,5	1,33	1,20	1,33	1,67	2,22	1,80	2,33	2,0	2,08	1,78	1,85	1,93	2,0	1,67	2,16	1,89	1,96	1,60	1,78	1,87
2,0	1,0	1,25	1,09	1,13	1,50	1,75	1,50	1,25	1,33	1,50	1,38	1,17	1,25	1,38	1,31	1,12	1,20	1,30	1,27	1,10
2,5	1,20	1,20	1,20	1,4	1,40	1,6	1,62	1,54	2,16	2,0	1,92	1,80	1,98	1,80	2,02	1,71	1,87	1,68	1,73	1,66
3,0	1,0	1,17	1,07	1,11	1,11	1,25	1,25	1,17	1,67	1,83	1,62	1,33	1,50	1,63	1,50	1,25	1,40	1,50	1,42	1,22
3,5	1,14	1,14	1,14	1,29	1,47	1,43	1,57	1,59	1,50	1,55	1,47	1,50	2,12	2,0	2,08	1,72	1,96	1,83	1,80	1,63
4,0	1,0	1,13	1,05	1,09	1,25	1,38	1,31	1,31	1,25	1,35	1,37	1,22	1,75	1,88	1,69	1,38	1,60	1,70	1,57	1,30
4.5	1,11	1,11	1,11	1,22	1,22	1,26	1,36	1,39	1,39	1,38	1,45	1,49	1,57	1,63	1,58	1,49	2,10	2,0	1,90	1,67
5,0	1,0	1,10	1,05	1,08	1,08	1,17	1,19	1,20	1,21	1,30	1,33	1,27	1,36	1,45	1,43	1,26	1,80	1,90	1,73	1,40
5,5	1,09	1,09	1,09	1,18	1.29	1,27	1,36	1,40	1.49	1.45	1,49	1.62	1,40	1,41	1,56	1.45	1,63	1,69	1,59	1.34

70. Leitfähigkeit λ_s der Stirnverbindungen.

Das Feld der Stirnverbindungen setzt sich, wie auf Seite 254 erwähnt, aus zwei Teilen zusammen, nämlich aus einem konstanten im Raume stillstehenden Feld und aus einem innerhalb oder direkt außerhalb der Spulenseiten selbst liegenden Lokalfeld. Das erstere von ihnen erzeugt ähnlich wie das Ankerquerfeld des Ankers in der ganzen Ankerwicklung eine EMK; diese ist so klein, daß man sie bei allen praktischen Berechnungen vernachlässigen kann. Dagegen muß man die von diesem stillstehenden Feld in den kurzgeschlossenen Spulen induzierten EMKe berücksichtigen, was in derselben Weise wie beim Ankerquerfeld geschieht. Das Lokalfeld in den Stirnverbindungen der Spulenseiten induziert während der Kommutierung in den kurzgeschlossenen Spulen eine konstante EMK, die am besten mit der ersten EMK zusammengefaßt wird.

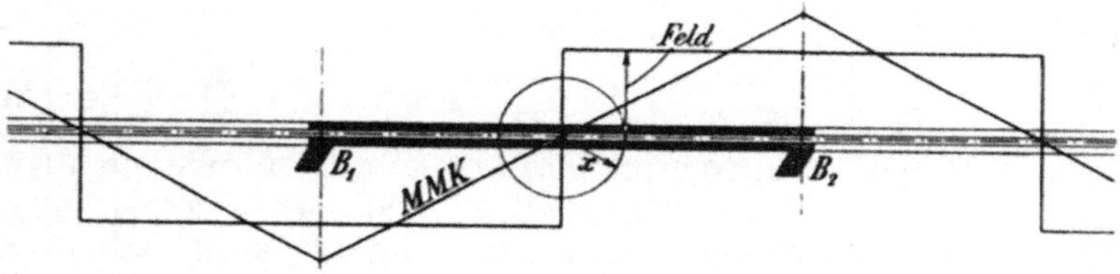

Fig. 242. Stillstehendes Feld der Stirnverbindungen.

a) Die Stirnverbindungen der Ankerspulen liegen in zwei Ebenen; jede dieser Wicklungsebenen bildet einen stromführenden Zylinder mit der Stromstärke $\frac{1}{2} A S$ pro cm Ankerumfang, die ihre Richtung in der Kommutierungszone ändert. In Fig. 242 ist ein Vertikalsschnitt einer dieser Wicklungsebenen abgerollt dargestellt und ebenfalls die von derselben erzeugte MMK-Kurve, die dieselbe Form hat wie an der Ankeroberfläche. Die von dieser MMK erzeugten Kraftlinien werden nahezu Kreisform bekommen, so daß die Feldstärke im Abstande x von O gleich

$$\frac{0{,}4 \pi A S x}{2 \pi x} = 0{,}2 A S,$$

d. h. konstant über der ganzen Polteilung wird. Man erhält somit angenähert die in Fig. 242 dargestellte Feldkurve mit einer konstanten Feldstärke, die zwischen 30 und 80 liegt. Denkt man sich nun die Ankeroberfläche mit den Ankerspulen in der Papierebene abgerollt, so erhält man das in Fig. 243 dargestellte Bild. Alle rechtsgehenden Stirnverbindungen erzeugen dann in den rechtsschraffierten Zonen ein resultierendes Nordfeld und ein Südfeld in den übrigen Teilen. Ebenso erzeugen alle linksgehende Stirnverbindungen in den linksschraffierten Zonen ein Nordfeld und ein Südfeld in den übrigen Teilen. Hieraus ergeben sich die in Fig. 243 eingeschriebenen Felder.

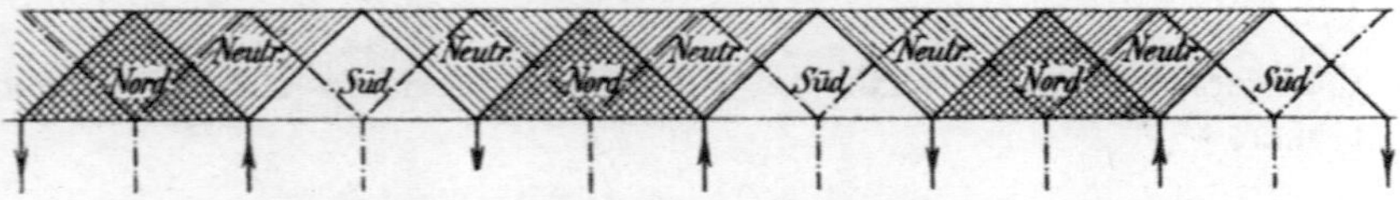

Fig. 243. Stillstehendes Feld der Stirnverbindungen.

Zeichnet man nun in dieses Feld die kurzgeschlossenen Ankerspulen, die strichpunktiert sind, ein, so sieht man leicht, daß in einer rechtsgehenden Verbindung eine EMK nur von dem Feld induziert wird, das von den rechtsgehenden Verbindungen erzeugt wird. Es wird somit in jedem der $\frac{N}{K}$ Leiter einer Ankerspule von dem stillstehenden Feld der Stirnverbindungen eine konstante EMK

$$e_s = \frac{N}{K} l_w v (0{,}2\, A S) 10^{-6} \text{ Volt}$$

induziert. l_w ist die doppelte Länge der Ausladung der Stirnverbindungen von dem Ankerkern; es ist im allgemeinen l_w gleich $^3/_4$ der Länge l_s einer Stirnverbindung.

Setzen wir

$$0{,}2\, l_w A S = 0{,}15\, l_s A S = 2\, l A S \lambda_{s1},$$

so wird die auf 1 cm Ankerlänge reduzierte Leitfähigkeit der Stirnverbindungen

$$\lambda_{s1} = 0{,}15 \frac{l_s}{2\, l}$$

und die entsprechende Feldstärke am Ankerumfang

$$B_{s1} = 2\, \lambda_{s1} A S = 0{,}15 \frac{l_s}{l} A S.$$

b) Um die Leitfähigkeit λ_{s2} des Lokalfeldes, das die Stirnverbindungen umschlingt, zu bestimmen, geht man am besten von der von dem Lokalfeld induzierten EMK pro Ankerleiter aus. Von den Stirnverbindungen befinden sich $\frac{b_r}{\beta_r}$ Spulenseiten gleichzeitig im Kurzschluß. Diese führen zusammen einen Strom von $\frac{1}{2} b_r A S$ Ampere und erzeugen somit einen Kraftfluß von $\frac{1}{2} b_r A S \lambda_b l_s$, der während der Zeit $\frac{b_r}{100\,v}$ seine Richtung gleichmäßig wechselt. Dadurch wird in jedem Leiter eine konstante EMK

$$\frac{b_r\,A\,S\,v}{b_r}\,\lambda_b\,l_s = l\,v\,B_{s2} = 2\,l\,v\,A\,S\,\lambda_{s2}$$

induziert und man erhält die auf 1 cm Ankerlänge reduzierte Leitfähigkeit

$$\lambda_{s2} = \lambda_b\,\frac{l_s}{2\,l}\,.$$

Die Leitfähigkeit λ_b ergibt sich aus der Leitfähigkeit eines geradlinigen Leiters[1]) zu

$$\lambda_b = 0{,}46\log\left(\frac{2\,a}{d_s}\right) + 0{,}05\,,$$

worin d_s den Durchmesser eines Kreises von demselben Umfange wie der Leiter, und a die Entfernung zweier benachbarter Leiter bedeuten. Für $\frac{2\,a}{d_s}$ können wir hier 2,5 bis 3 einsetzen, wodurch

$$\lambda_b \cong 0{,}25 \quad \text{und} \quad \lambda_{s2} \cong 0{,}25\,\frac{l_s}{2\,l} \quad \text{wird.}$$

Wir erhalten somit eine totale Leitfähigkeit für die Stirnverbindungen

$$\lambda_s = \lambda_{s1} + \lambda_{s2} = (0{,}15 + 0{,}25)\,\frac{l_s}{2\,l} = 0{,}2\,\frac{l_s}{l}\,.$$

Da die Stirnverbindungen einen kleineren mittleren Durchmesser als der Anker besitzen, so wird AS für die Stirnverbindungen etwas größer als für den Anker, weshalb der obige Wert von λ_s etwas erhöht werden muß. Die gußeisernen Wicklungsträger und die eisernen Teile des Magnetgestelles und der Lagerschilder sowie die aus Klavierdraht hergestellten Bandagen erhöhen auch die Leitfähigkeit λ_s bedeutend, weswegen man, um sicher zu rechnen, zweckmäßig die totale Leitfähigkeit

$$\lambda_s = 0{,}5\,\frac{l_s}{l} \quad \ldots\ldots\ldots \quad (109)$$

setzen kann. Das Feld der Stirnverbindungen erfordert somit ein konstantes kommutierendes Feld

$$B_s = 2\,AS\,\lambda_s = \frac{l_s}{l}\,AS \quad \ldots\ldots\ldots \quad (110)$$

[1]) Wechselstromtechnik Bd. I, S. 551. Berlin, Julius Springer.

71. Leitfähigkeit eines glatten Ankers.

Der Vollständigkeit halber sollen auch die Leitfähigkeiten für einen glatten Anker angegeben werden. Es entspricht hier ein Stabpaar einer Nutenteilung, so daß $t_1 = \beta_r$ wird. Das Nutenfeld wird somit über der ganzen Kommutierungszone konstant und kann in ähnlicher Weise wie die Leitfähigkeit λ_{s2} für die Stirnverbindungen eines Nutenankers berechnet werden. Am glatten Anker liegen die Stäbe in der unteren und oberen Wicklungsebene parallel, so daß das Lokalfeld, wenn $\varepsilon_k = 0$ ist, aus dem Grunde doppelt so stark wird. Außerdem wird die Leitfähigkeit durch die Anwesenheit des Ankereisens verdoppelt. Es wird deswegen für $\varepsilon_k = 0$

$$\lambda_{n0} = 4\,\lambda_{s2} \cong 0{,}5.$$

und für $\varepsilon_k \beta_r = b_r$

$$\lambda_n = 2\,\lambda_{s2} \cong 0{,}25.$$

Für die Stirnverbindungen erhält man hier, wie beim Nutenanker, die auf die Ankerlänge reduzierte Leitfähigkeit

$$\lambda_s = 0{,}5\,\frac{l_s}{l}.$$

72. Induktionskoeffizienten der Kurzschlußstromkreise.

Werden in einer Maschine gleichzeitig mehrere Ankerspulen kurzgeschlossen, so wirkt der Eigenstrom jeder Spule auf diese selbstinduzierend und auf die anderen Spulen gegenseitig induzierend.

Betrachtet man eine der kurzgeschlossenen Spulen, so sieht man, daß in dieser vom Eigenstrom eine EMK $-\frac{d(L_1 i_1)}{dt}$ und in einer zweiten kurzgeschlossenen Spule eine EMK $-\frac{d(M i_1)}{dt}$ induziert wird, worin L_1 den Selbstinduktionskoeffizienten und M einen gegenseitigen Induktionskoeffizienten bedeutet. Diese Induktionskoeffizienten sind nicht ganz konstante Größen, ändern sich aber während der Kurzschlußzeit so wenig, daß man sie für alle praktische Berechnungen als konstant ansehen kann. Es wird dann

$$-\frac{d(L_1 i_1)}{dt} = -L_1 \frac{di_1}{dt}$$

und

$$-\frac{d(M i_1)}{dt} = -M \frac{di_1}{dt}.$$

Die in der zweiten Spule induzierte EMK erzeugt hier einen Strom, der auf die betrachtete Ankerspule zurückinduzierend wirkt. Die zweite Spule verhält sich mit anderen Worten zu der ersten Spule, wie die Sekundärwicklung eines Transformators zu der Primärwicklung desselben. Vernachlässigen wir vorläufig den Widerstand der zweiten Spule, so wird der Strom i_1 in der ersten Spule einen Strom i_2 in der zweiten induzieren, der sich aus der Differentialgleichung der zweiten Spule ergibt

$$0 = L_2 \frac{di_2}{dt} + M \frac{di_1}{dt}$$

und dieser Strom i_2 wird in der ersten Spule eine EMK

$$-M \frac{di_2}{dt} = \frac{M^2}{L_2} \frac{di_1}{dt}$$

zurückinduzieren, welche EMK der in der ersten Spule selbstinduzierten EMK $-L_1 \frac{di_1}{dt}$ entgegengesetzt gerichtet ist. Also wird von dem Strom i_1 in der betrachteten Spule die EMK

$$-L_1 \frac{di_1}{dt} + \frac{M^2}{L_2} \frac{di_1}{dt} = -\left(L_1 - \frac{M^2}{L_2}\right) \frac{di_1}{dt} = -L_s \frac{di_1}{dt}$$

induziert, wenn sich eine kurzgeschlossene widerstandslose Ankerspule in der Nähe der ersten befindet. Durch die Anwesenheit dieser Spule wird die Selbstinduktion der ersten scheinbar reduziert, weshalb man auch den neuen Wert L_s den scheinbaren Selbstinduktionskoeffizienten der kurzgeschlossenen Ankerspule nennt. Es ist L_s mit den vom Verfasser in die Wechselstromtechnik eingeführten Streuinduktionskoeffizienten nicht zu verwechseln; diese sind nämlich

$$S_1 = L_1 - M$$

und

$$S_2 = L_2 - M,$$

während

$$L_s = L_1 - \frac{M^2}{L_2} = L_1 - k_m M \quad \ldots\ldots \quad (111)$$

worin

$$k_m = \frac{M}{L_2} = \frac{1}{1 + \frac{S_2}{M}}, \quad \ldots\ldots \quad (112)$$

oder man kann schreiben

$$L_s = S_1 + M - \frac{M^2}{M + S_2} = S_1 + S_2 \frac{M}{M + S_2} = S_1 + \frac{S_2}{1 + \frac{S_2}{M}} = S_1 + k_s S_2 .$$

Der scheinbare Selbstinduktionskoeffizient ist somit kleiner als die Summe der beiden Streuinduktionskoeffizienten, und zwar um so kleiner, je größer S_2 im Verhältnis zu M ist.

L_s ist der in die Kurzschlußreaktanz[1]) x_k eingehende Induktionskoeffizient. Es ist für $r_2 = 0$

$$2\pi c L_s = x_k = x_1 + \frac{x_2}{\gamma_2} = 2\pi c S_1 + \frac{2\pi c S_2}{1 + \frac{S_2}{M}}.$$

Ist der Widerstand r_2 der zweiten Spule nicht vernachlässigbar klein, wird

$$L_s = S_1 + k_s S_2 = L_1 - k_m M, \quad \ldots \quad (111\,\mathrm{a})$$

worin

$$k_m = \frac{1 + \frac{S_2}{M}}{\left(1 + \frac{S_2}{M}\right)^2 + \frac{r_2^{\,2}}{x_2^{\,2}} \frac{S_2^{\,2}}{M^2}} = \frac{\frac{L_2}{M}}{\frac{S_2^{\,2}}{M^2} + \frac{r_2^{\,2}}{x_m^{\,2}}} \quad \ldots \quad (112\,\mathrm{a})$$

und

$$x_m = 2\pi c M \quad \text{ist}.$$

Der Einfluß von $\frac{S_2}{M}$ und $\frac{r_2}{x_2}$ auf den Faktor k_m geht aus der Kurvenschar, Fig. 244, deutlich hervor. Solange $r_2 < x_2$ ist, ist der Einfluß des Sekundärwiderstandes auf k_m verhältnismäßig klein; die Verhältnisse liegen aber ganz anders, wenn r_2 größer als x_2 wird, was jedoch bei normalen Maschinen selten der Fall ist.

Liegen mehrere kurzgeschlossene Ankerspulen in der Nähe der betrachteten Spulen, so üben diese alle einen dämpfenden Einfluß auf die Selbstinduktion der ersten Spule aus. Um diese zu berechnen, denkt man sich am besten, daß alle kurzgeschlossenen Spulen serie- oder parallelgeschaltet sind und einen sekundären Stromkreis bilden. Ermittelt man den Streuinduktionskoeffizienten S_2, den gegenseitigen Induktionskoeffizienten M und den Widerstand r_2 dieses Sekundärkreises und setzt sie in die obige Formel für k_m und L_s ein, so erhält man den scheinbaren Selbstinduktionskoeffizienten der betreffenden Ankerspule.

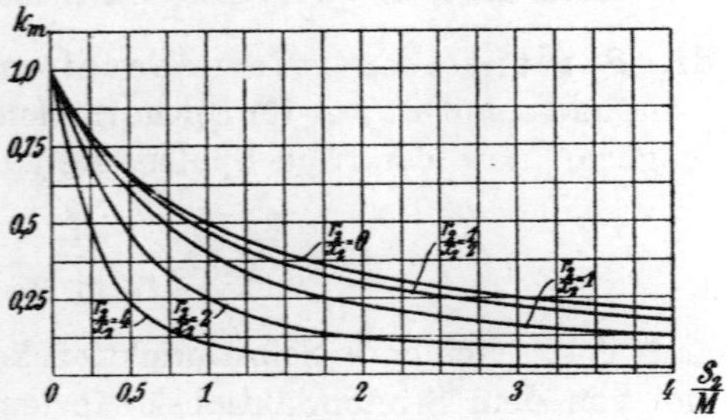

Fig. 244.

Um die Kurven, Fig. 244, benutzen zu können, müssen wir die Periodenzahl festlegen, für die x_2 zu berechnen ist, und außerdem r_2 approximativ berechnen. — Da es uns auf den scheinbaren Selbst-

[1]) Wechselstromtechnik Bd. I, S. 180.

induktionskoeffizienten einer Spule in dem Moment ankommt, wo dieselbe den Kurzschluß verläßt, so wird die Ausschaltezeit $\frac{\beta_r}{100\,v}$ mit einer halben Periode zu vergleichen sein. Man kann deswegen

$$c = \tfrac{1}{2} c_k = \frac{Kn}{2 \cdot 60} = \frac{Kn}{120} \quad \text{setzen.}$$

Um die Größe des Verhältnisses $\frac{r_2}{x_2}$ beurteilen zu können, denkt man sich einen Wechselstrom gleich dem Strom $2\frac{\beta}{b_1} i_a$ und von der Periodenzahl $\frac{c_k}{2}$ durch die von einer Bürste kurzgeschlossenen Ankerspulen geschickt: man erhält dann

$$\frac{r_2}{x_2 + x_m} = \frac{2\frac{\beta}{b_1} i_a r_2}{2\frac{\beta}{b_1} i_a (x_2 + x_m)} = \frac{\Delta P}{\frac{\beta}{b_1} i_a (x_2 + x_m)}$$

worin ΔP den Mittelwert der Übergangsspannungen unter einer positiven und einer negativen Bürste bedeutet.

Bei normalen Maschinen ist der Nenner für die letzte Spule einer Nut gewöhnlich größer als ΔP, und dies ist besonders bei kleinen Maschinen der Fall.

Betrachten wir nun das Verhältnis $\frac{S_2}{M} = \frac{x_2}{x_m}$, so ist dies nur für die Spulenseiten, die nebeneinander in einer Nut liegen, klein und somit ist nur für solche Spulenseiten eine effektive Dämpfung möglich. Für derartige Spulenseiten ist

$$k_m \cong \frac{x_m^2}{r_2^{\,2} + x_m^2} \cong 1$$

und der scheinbare Selbstinduktionskoeffizient L_s wird somit nicht viel von dem Streuinduktionskoeffizienten $S_1 = L_1 - M$ abweichen.

Für die Spulenseiten, die in einer Nut zuletzt aus dem Kurzschluß heraustreten, ist der Streufluß dagegen stets bedeutend größer als der mit den kurzgeschlossenen Spulenseiten in der Nachbarnut verketteten Fluß, und die Dämpfung wird hier sehr klein.

Der Sekundärwiderstand kann gegenüber x_2 zwar in diesem Fall vernachlässigt werden, so daß

$$L_s \cong L_1 - \frac{M^2}{L_2} \cong L_1\left(1 - \frac{M^2}{L_1^{\,2}}\right) \cong L_1 \quad \text{wird.}$$

Treten zwei übereinander liegende Spulenseiten als letzte einer Nut gleichzeitig aus dem Kurzschluß heraus, so wird für jede dieser Spulen

$$L_s \cong L_1 + M \cong 2\,L_1 .$$

Es wird zuweilen behauptet, daß die ganze in sich geschlossene Ankerwicklung einen dämpfenden Einfluß auf die Ströme einer kurzgeschlossenen Spule ausübt. Dies ist jedoch nicht mit der Tatsache übereinstimmend, denn die sekundäre Streuung dieses Dämpferkreises ist, wie man sich leicht überzeugen kann, so groß, daß der scheinbare Selbstinduktionskoeffizient selbst bei Vernachlässigung des Widerstandes der Ankerwicklung praktisch gleich

$$L_s = L_1 - \frac{M^2}{L_2} \cong L_1$$

wird. Ferner soll noch darauf aufmerksam gemacht werden, daß die an ein Netz angeschlossene Ankerwicklung auch nicht auf die Kurzschlußströme dämpfend wirken kann, weil die magnetische Achse der an das Netz angeschlossenen Ankerwicklung auf der Achse der kurzgeschlossenen Spulen senkrecht steht.

Der Selbstinduktionskoeffizient L_1 ist mit einem Strom von ca. $\frac{c_k}{2}$ Perioden zu bestimmen, und da bei dieser hohen Periodenzahl die massiven Kupferstäbe des Ankers eine dämpfende Wirkung auf das Nutenfeld ausüben, so wird der mit dieser Periodenzahl gemessene Wert von L_1 kleiner ausfallen als der berechnete. Bei der Berechnung sollte man deswegen die Leitfähigkeit des Feldes. das die Nuten durchsetzt, etwas reduzieren; aber andererseits können bei der Berechnung nicht alle Teile des Feldes vollständig berücksichtigt werden, weshalb wir für die Leitfähigkeit des Nutenraumes sowohl für eine als für zwei Spulenseiten pro Nut $\frac{r}{3\,r_3}$ einsetzen. Aus der Wechselstromtechnik, Bd. I, wissen wir, daß der Selbstinduktionskoeffizient einer Spule in Henry durch die Zahl der Kraftröhrenverkettungen $\Sigma(w_x \Phi_x)$, die die Leiter der Spule mit dem von einem Strom von 1 Ampere erzeugten Kraftfluß bilden, multipliziert mit 10^{-8}, gemessen wird. Nach dieser Definition ist somit

$$L = \Sigma(w_x \Phi_x)\,10^{-8} = \Sigma\left(\frac{w_x}{R_x}\right)^2 10^{-8} = \left(\frac{N}{2\,K}\right)^2 \Sigma\,\frac{10^{-8}}{R_x}$$

$$= \left(\frac{N}{2\,K}\right)^2 \Sigma(l_x \lambda_x)\,10^{-8} = \left(\frac{N}{2\,K}\right)^2 2\,l\,\lambda_{ns}\,10^{-8},$$

worin R_x den magnetischen Widerstand der mit w_x Windungen verketteten Kraftröhren bedeutet. Die totale Windungszahl einer Spule ist $\frac{N}{2K}$.

Um die Leitfähigkeit λ_{ns} zu bestimmen, muß die Summation über den ganzen Innenraum der betrachteten Ankerspule erstreckt werden. Es wird dann

$$\lambda_{ns} = 1{,}25\left(\frac{r}{3r_3} + \frac{r_5}{r_3} + \frac{2r_6}{r_3 + r_1} + \frac{r_4}{r_1}\right) + 0{,}92 \log \frac{\pi\tau}{2r_1} \frac{p}{1+p}$$

$$+ \frac{l_s}{l} 0{,}46 \log\left(\frac{2l_s}{U_s}\right) \quad . \quad . \quad . \quad . \quad . \quad . \quad . \quad (113)$$

worin τ die Polteilung und $\frac{p}{1+p}$ ein Faktor zur Berücksichtigung der Rundung des Ankers ist, was bei der Integration über die ganze Polteilung nötig ist. U_s ist der Umfang der Stirnverbindung einer Spulenseite.

Wir erhalten somit die folgende Formel des scheinbaren Selbstinduktionskoeffizienten L_s für die letzte Spule einer Nut, die den Kurzschluß verläßt,

$$L_s = (1 \text{ oder } 2)\, L = (1 \text{ oder } 2)\left(\frac{N}{K}\right)^2 \frac{l\lambda_{ns}}{2 \cdot 10^8} \text{Henry} \quad . \quad (114)$$

je nachdem eine oder zwei Spulenseiten gleichzeitig den Kurzschluß verlassen.

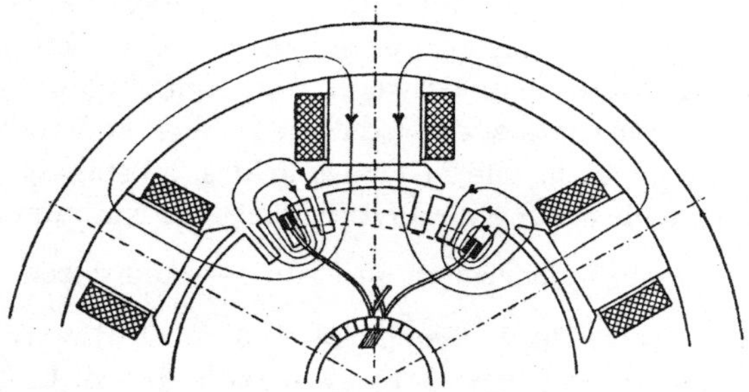

Fig. 245. Das Eigenfeld eines durch eine Ankerspule geschickten Wechselstromes.

Der in dieser Weise berechnete Selbstinduktionskoeffizient L stimmt sehr gut mit dem Wert überein, den man mißt, wenn ein Wechselstrom durch eine Ankerspule geschickt wird und der Anker sich frei außerhalb des Magnetfeldes befindet. Bringt man den Anker in das Magnetsystem hinein und schickt einen Wechselstrom durch eine Ankerspule, die in der neutralen Zone liegt, so wird dieser Strom das in Fig. 245 dargestellte Feld erzeugen. Die Kraftlinien, die sich durch die Pole und das massive Joch schließen, werden von Wirbelströmen im Eisen und von Sekundärströmen in den Magnetspulen stark gedämpft. Versuche ergeben deswegen auch, daß nur ein Kraftfluß von einigen Prozenten des totalen Wechselkraftflusses durch das Joch fließt, wenn die Periodenzahl des Wechselstromes über ca. 100 hinausgeht. Aus diesem Grunde mißt man für Ankerspulen in der neutralen Zone eher kleinere als größere Selbstinduktionskoeffizienten, als wenn der Anker aus dem Felde ganz entfernt ist[1]). Man macht deshalb keinen großen Fehler, wenn man für den Selbstinduktionskoeffizienten entweder mit dem nach der obigen Formel berechneten Wert oder mit dem Wert rechnet, den man mittels eines hochperiodigen Wechselstromes messen kann, wenn der Anker sich außerhalb des Magnetfeldes befindet. Die Periodenzahl des Wechselstromes kann man z. B. gleich $\frac{c_k}{2} = \frac{Kn}{120}$ wählen.

Es soll nur noch erwähnt werden, daß der Streuinduktionskoeffizient S einer Ankerspule gegenüber einigen in der Nachbarnut kurzgeschlossenen Spulen sich auch nach Formel (114) berechnen läßt, wenn man in diese für λ_{ns} die Leitfähigkeit des Nutenfeldes $(\lambda_{n2} + \lambda_s)$ einsetzt. Es wird somit der Streuinduktionskoeffizient S für eine Ankerspule. die als letzte einer Nut aus dem Kurzschluß heraustritt,

$$S = \left(\frac{N}{K}\right)^2 \frac{l(\lambda_{n2} + \lambda_s)}{2 \cdot 10^8} \text{ Henry} \quad . \quad . \quad . \quad . \quad . \quad (115)$$

woraus folgt, daß der gegenseitige Induktionskoeffizient zweier Ankerspulen in benachbarten Nuten sich zu

$$M = L - S = \left(\frac{N}{K}\right)^2 \frac{l(\lambda_{ns} - \lambda_{n2} - \lambda_s)}{2 \cdot 10^8} \text{ Henry}$$

ergibt.

[1]) J. Rezelman, Recherches sur les Phénomènes de la Commutation. Brüssel 1914.

Sechszehntes Kapitel.

Übergangswiderstand bzw. Übergangsspannung zwischen Kommutator- und Bürsten.

73. Widerstände des Kurzschlußstromkreises. — 74. Abhängigkeit der Übergangsspannung von der Stromdichte und Stromrichtung bei verschiedenen Bürstensorten. — 75. Abhängigkeit der Übergangsspannung von der Temperatur. — 76. Abhängigkeit der Übergangsspannung von der chemischen Beschaffenheit der Übergangsflächen. — 77. Abhängigkeit der Übergangsspannung vom Auflagedruck. — 78. Abhängigkeit der Übergangsspannung von der Umfangsgeschwindigkeit, den Erschütterungen und dem Zustand des Kommutators. — 79. Übergangsspannung und Übergangswiderstand bei rasch veränderlichen Stromdichten. — 80. Praktische Angaben über zulässige Stromdichten und Übergangsspannungen.

73. Widerstände des Kurzschlußstromkreises.

Die Widerstände des Kurzschlußstromkreises setzen sich, wie die Fig. 246 zeigt, aus den Widerständen r_s der kurzgeschlossenen Ankerspulen, aus den Widerständen r_v der Verbindungen zwischen Ankerwicklung und Kommutator und aus den Übergangswiderständen zwischen Kommutator und Bürsten zusammen.

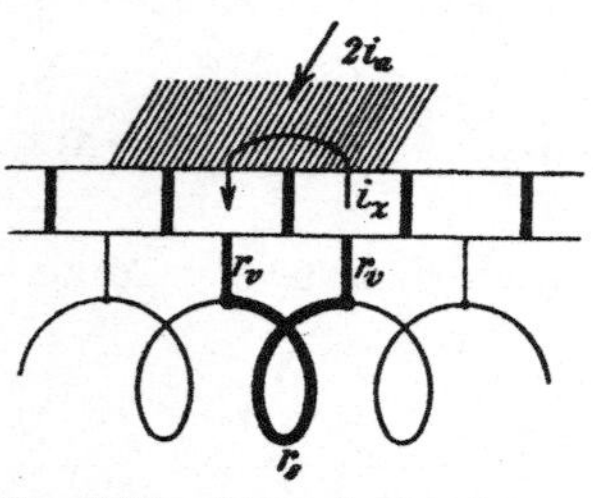

Fig. 246. Stromkreis des zusätzlichen Kurzschlußstromes.

Von diesen Widerständen ist der Widerstand r_s der Ankerspulen von vornherein gegeben; denn dieser wird so bemessen, daß das Kupfergewicht auf dem Anker möglichst klein wird, ohne daß die Temperaturerhöhung oder die Verluste desselben zu groß ausfallen.

Der Widerstand r_v kann dagegen erhöht werden, ohne daß die Temperatur oder die Verluste der Maschine dadurch merkbar steigen, weil jede Verbindung nur ganz kurze Zeit den Ankerstrom oder einen Teil desselben führt. Um die Kommutierung bei Maschinen, die unter sehr schwierigen Verhältnissen arbeiten, zu verbessern, kann man deswegen die Verbindungen zwischen Ankerwicklung und Kommutatorlamellen mit verhältnismäßig hohem Widerstand ausführen, indem man z. B. die Verbindungen aus Eisenblech oder Widerstandsmetallen herstellt. Ein hoher Widerstand in den Verbindungen zwischen Ankerwicklung und Kommutator wird nämlich die von einem fehlerhaften Kommutierungsfeld in den kurzgeschlossenen Ankerspulen induzierten Ströme begrenzen. Dies ist jedoch nur bis zu einem gewissen Grade möglich, weil die Verbindungen gewöhnlich sehr kurz sind. Um aber die vom fehlerhaften Kommutierungsfeld induzierten Kurzschlußströme auf einen zulässigen Wert herabzudrücken, wendet man mit großem Vorteil Kohlenbürsten an. Zwischen diesen und dem Kommutator besteht nämlich ein viel größerer Übergangswiderstand als zwischen Metallbürsten und Kommutator. Wie im zwölften Kapitel erwähnt, arbeiten die Gleichstrommaschinen ohne Kommutierungspole mit großen fehlerhaften Kommutierungsfeldern und derartige Maschinen wandte man bis vor einigen Jahren allgemein an.

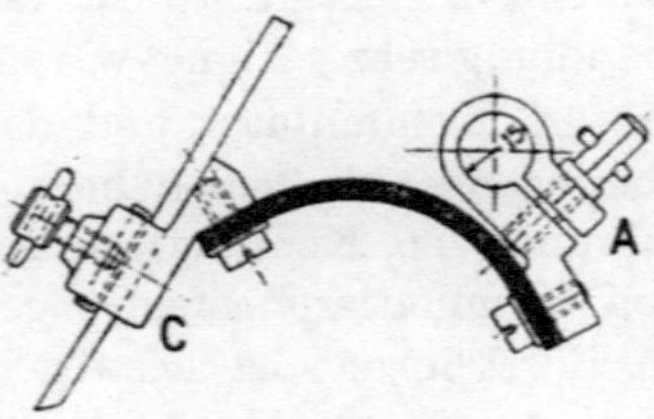

Fig. 247. Kupferbürstenhalter.

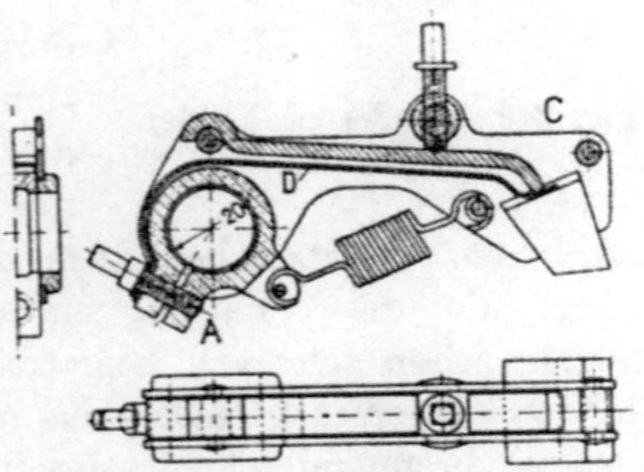

Fig. 248. Kohlenbürstenhalter von Thury.

Es bedeutete daher einen großen Fortschritt im Bau von Gleichstrommaschinen, als Thury, Genf, anfangs der neunziger Jahre die Kohlenbürste an Stelle der damals üblichen Metallblechbürste einführte. Fig. 247 zeigt den Bürstenhalter einer Metallblechbürste und Fig. 248 den ersten Bürstenhalter von Thury, in denen beiden die Bürste fest eingespannt und durch eine Blattfeder leicht auf den Kommutator aufgedrückt wird. Heutzutage wendet man gewöhnlich Bürstenhalter von der in Fig. 249 gezeigten Form an, in dem die Kohle sich frei in einem viereckigen Halter auf und abwärts bewegen kann und durch eine Blatt- oder Spiralfeder gegen den Kommutator gepreßt wird.

Wie aus Fig. 246 ersichtlich, schließen sich die in den kurzgeschlossenen Ankerspulen induzierten Ströme durch den unteren Teil der Bürsten und verlaufen innerhalb dieser in tangentialer Richtung, während der dem Anker zugeführte Strom die Bürsten der Länge nach in radialer Richtung durchfließt. Es ist deswegen wünschenswert, daß die Bürsten einen großen Widerstand in der Querrichtung und einen kleinen in der Längsrichtung besitzen. Dies ist z. B. der Fall bei den sogenannten Boudreaux-Bürsten, die aus Metallblechen mit Kohlenbelag bestehen, und bei den Kohle-Kupferbürsten, System Endruweit, in denen die Kohle zahlreiche sehr dünne Metallhäutchen aus chemisch reinem Kupfer enthält. Die Firmen Ringsdorf und Morgan Cruicible Co. liefern auch Kohlenbürsten, die durch schichtweisen Aufbau größere Widerstände in der Querrichtung als in der Längsrichtung aufweisen. Diese Bürsten sind jedoch noch nicht zur Vollkommenheit entwickelt und spalten sich leicht. Es ist aber nicht ausgeschlossen, daß derartige Bürsten bei richtiger Konstruktion und Behandlung sehr geeignet wären, die Verluste am Kommutator und dadurch die Abmessungen desselben herabzudrücken. Hierzu hat zwar die Einführung von Kommutierungspolen, die die Schaffung eines richtigen Kommutierungsfeldes gestatten, schon sehr viel beigetragen. Die Bürstenfrage ist deswegen bei den Gleichstrommaschinen mit Kommutierungspolen heute lange nicht so brennend wie bei Maschinen ohne Kommutierungspole, aber immerhin spielt der Übergangswiderstand zwischen Bürste und Kommutator eine so große Rolle, sowohl in der Praxis als in der Kommutierungstheorie, daß derselbe in diesem Kapitel eingehend besprochen werden soll.

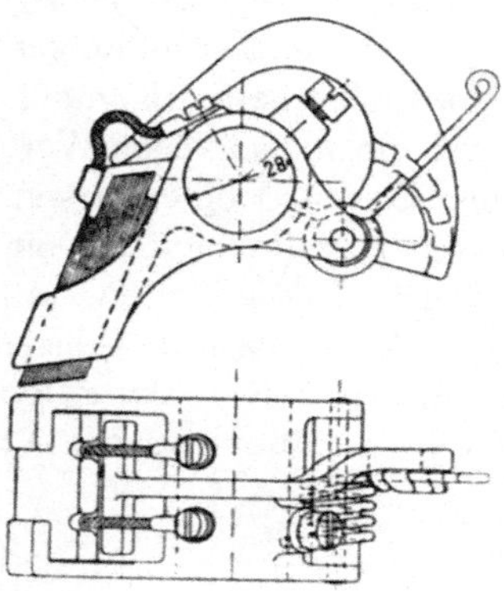

Fig. 249. Moderner Kohlenbürstenhalter.

Im folgenden bezeichnen wir den spezifischen Übergangswiderstand zwischen 1 cm² Bürstenfläche und dem Kommutator mit R_k und die Stromdichte (Amp. pro cm²) mit s_u. Wir bezeichnen weiter die Übergangsspannung zwischen dem Kommutator und einer positiven Bürste (eines Generators) mit

$$\varDelta P_{(+)} = s_u R_{k(+)}$$

(Stromrichtung Metall-Kohle)

und die Übergangsspannung zwischen einer negativen Bürste (eines Generators) und dem Kommutator mit

$$\Delta P_{(-)} = s_u R_{k(-)}$$

(Stromrichtung Kohle-Metall)

während

$$\Delta P = \tfrac{1}{2}[\Delta P_{(+)} + \Delta P_{(-)}] = s_u [R_{k(+)} + R_{k(-)}] = s_u R_k$$

den Mittelwert der Übergangsspannungen unter beiden Bürsten, d. h. den halben Spannungsverlust am Kommutator bedeutet. Es ist jedoch nicht zu vergessen, daß R_k keinen eigentlichen Ohmschen Widerstand darstellt, da er, wie wir sehen werden, im hohen Grade von der Stromdichte abhängig ist.

Auf den Spannungsverlust ΔP haben folgende Verhältnisse Einfluß:

Das Material von Bürste, Kommutator und Schleifring,
die Stromdichte s_u,
die Stromrichtung,
die Temperatur der Übergangsfläche,
die chemische Beschaffenheit der Berührungsflächen,
der Auflagedruck g,
die Umfangsgeschwindigkeit v, und
die Stromart (Gleich-, Wechsel- oder Wellenstrom).

Ferner üben die Erschütterungen von Bürstenhalter und Maschine, also die Bauart und Lagerung derselben, ebenfalls einen großen Einfluß auf den Übergangswiderstand aus.

Jedoch läßt sich für jede einzelne dieser Größen ihr Einfluß nicht genau abgrenzen, da die Änderung einer von ihnen meistens auch Änderungen von den anderen hervorruft.

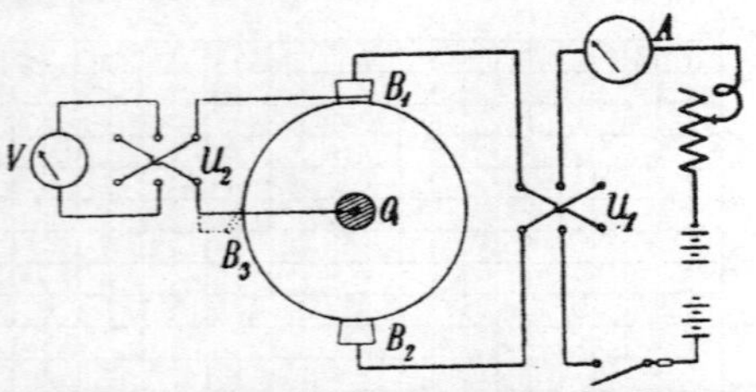

Fig. 250. Versuchsanordnung zur Bestimmung der Übergangsspannung von Bürsten.

Die ersten und ausführlichsten Untersuchungen über diesen Gegenstand sind im Elektrotechnischen Institut zu Karlsruhe teils von Prof. Arnold[1]), teils auf seine Anregung von Dr.-Ing. M. Kahn[2]) ausgeführt worden.

Da bei einem Kommutator Vibrationen sich nie ganz vermeiden lassen und es außerdem sehr schwierig ist, für beide Bürsten

[1]) E. Arnold, „Der Übergangswiderstand von Kohlen- und Kupferbürsten und die Temperaturerhöhung des Kollektors". ETZ 1899, S. 5.

[2]) M. Kahn, „Der Übergangswiderstand von Kohlenbürsten", Sammlung elektrot. Vorträge. Stuttgart 1902, F. Enke.

genau die gleichen Versuchsbedingungen herzustellen, so benützte sowohl Prof. **Arnold** als Dr. Kahn die in Fig. 250 dargestellte Anordnung zur experimentellen Untersuchung von Bürsten. Hierbei wird ein Schleifring angewendet, auf welchem die beiden zu untersuchenden Bürsten B_1 B_2 hintereinander sitzen. Die mit dem Schleifring leitend verbundene Welle führt in ihrer Verlängerung zu einem Quecksilberkontakt Q, dessen Spannung gegen eine von den beiden Bürsten leicht meßbar ist. Anstatt des Kontaktes Q kann man auch eine Hilfsbürste B_3 aus Kupfer verwenden (in der Fig. 250 punktiert), die nur den geringen Voltmeterstrom führt und daher nur eine kleine eigene Spannung hat[1]).

Zur Darstellung der Ergebnisse trägt man am besten die gemessene Übergangsspannung ΔP einer Bürste oder den Übergangswiderstand $R_k = \frac{\Delta P}{s_u}$ als Funktion der Stromdichte s_u auf.

Ablesungen an den Instrumenten wurden in der Regel erst gemacht, wenn an den Bürsten sich konstante Verhältnisse eingestellt hatten.

74. Abhängigkeit der Übergangsspannung von der Stromdichte und der Stromrichtung bei verschiedenen Bürstensorten.

a) Metallbürsten werden jetzt selten, und zwar nur bei Niederspannungsmaschinen mit großen Stromstärken gebraucht, weil sie eine kleine Übergangsspannung und somit einen kleinen spezifischen Übergangswiderstand besitzen. Dauerversuche haben ergeben, daß die Übergangsspannung anfangs fast geradlinig und dann etwas langsamer mit zunehmender Stromdichte s_u wächst.

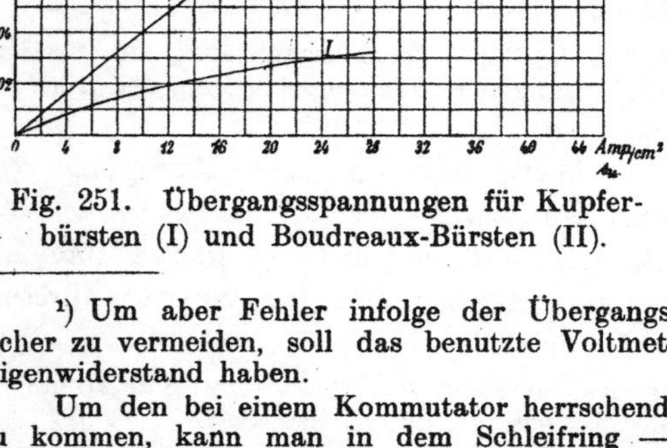

Fig. 251. Übergangsspannungen für Kupferbürsten (I) und Boudreaux-Bürsten (II).

Fig. 251 zeigt die Übergangsspannung einer

[1]) Um aber Fehler infolge der Übergangsspannung in der Hilfsbürste sicher zu vermeiden, soll das benutzte Voltmeter (V, Fig. 250) einen hohen Eigenwiderstand haben.

Um den bei einem Kommutator herrschenden Verhältnissen etwas näher zu kommen, kann man in dem Schleifring — entsprechend der Isolation zwischen den Kommutatorlamellen — in regelmäßigen Abständen Rillen anordnen. Eine derart aufgenommene Kurve siehe Fig. 262 C_{II}.

Kupferblatt- (I) und einer Boudreaux-Bürste (II). Der Übergangswiderstand nimmt also mit zunehmender Stromdichte etwas ab und kann für die übliche Stromdichte ca. 20—30 Amp/cm² zwischen 0,002 und 0,005 Ohm pro cm² angenommen werden.

Die Metallbürste, System Endruweit, ist aus galvanisch niedergeschlagenen Metallblättern hergestellt, zwischen denen sich eine präparierte Kohlenmasse befindet, nach Angaben der Firma zur Verminderung der Abnutzung des Kommutators dienend. Bei einem Auflagedruck von ca. 200 g/cm² ergab sich eine maximale Spannung von 0,5 Volt für die positive und negative Bürste zusammen. Die Charakteristik (Fig. 252) für die Stromrichtung Bürste-Ring liegt oberhalb derjenigen für die umgekehrte Richtung.

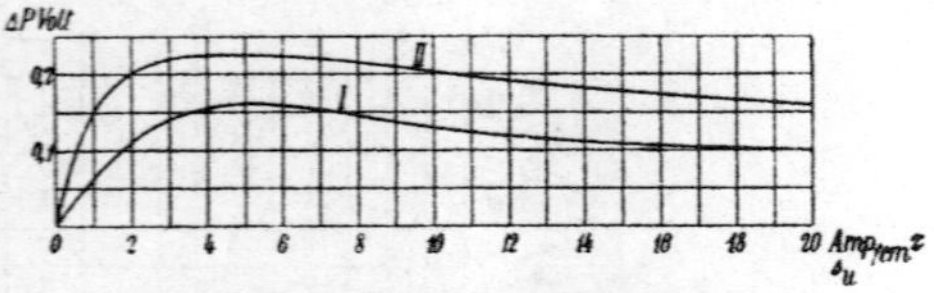

Fig. 252. Endruweit-Metallbürste.
$g = 200$ g/cm². $F = 1{,}8$ cm².
$v = 5{,}5$ m/sek.
I. Stromrichtung: Ring nach Bürste.
II. Stromrichtung: Bürste nach Ring.

Die Bronskol der Firma Conrady in München bestehen aus einer Mischung von Kohle und Bronze und sind sehr hart. Die Übergangsspannung für ein Bürstenpaar übersteigt nicht 0,4 Volt, wie die Fig. 253 zeigt.

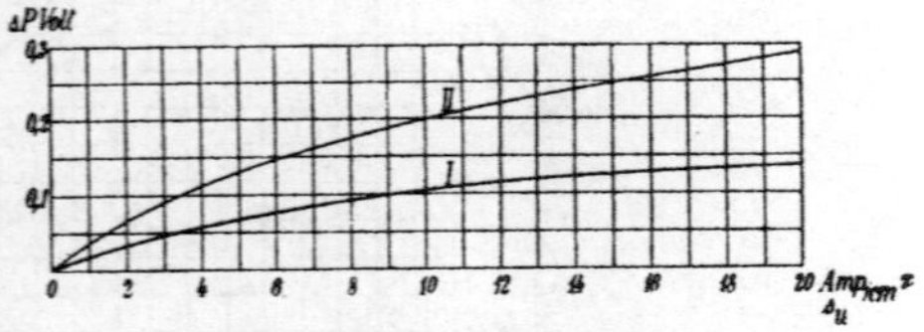

Fig. 253. Bronskol.
$g = 300$ g/cm². $F = 2{,}47$ cm².
$v = 5{,}5$ m/sek.
I. Stromrichtung: Ring nach Bürste.
II. Stromrichtung: Bürste nach Ring.

b) Kohlenbürsten werden jetzt fast ausschließlich angewandt, weil sie einen größeren Übergangswiderstand als die Metallbürsten besitzen und weil sie die Kommutatoren nicht so stark abnutzen wie diese.

Läßt man die Stromdichte bei jedem einzelnen Versuch mit Gleichstrom zeitlich konstant, so findet man, daß der spezifische Übergangswiderstand R_k bei den Kohlenbürsten, wie Prof. Arnold nachgewiesen hat, mit zunehmender Stromdichte schnell abnimmt. Die Kurven I und II der Fig. 254 und 255 zeigen die Abhängigkeit des Übergangswiderstandes (voll ausgezogen) und der Übergangsspannung (gestrichelt) von der Stromdichte; dieselben sind, wie Dr. Kahn gezeigt hat, auch abhängig von der Stromrichtung. Für die Richtung des Stromes Metall-Kohle, d. h. unter den positiven Bürsten, ist der Übergangswiderstand und die Übergangsspannung größer als für die umgekehrte Stromrichtung Kohle-Metall, d. h. unter den negativen Bürsten.

Nimmt man die Mittelwerte aus beiden Kurven, so wird man

finden, daß dieser mittlere Übergangswiderstand von Kohle zum Kommutator für die mittleren und größeren Stromdichten fast umgekehrt proportional der Stromdichte ist, d. h. fast nach einer gleichseitigen Hyperbel verläuft.

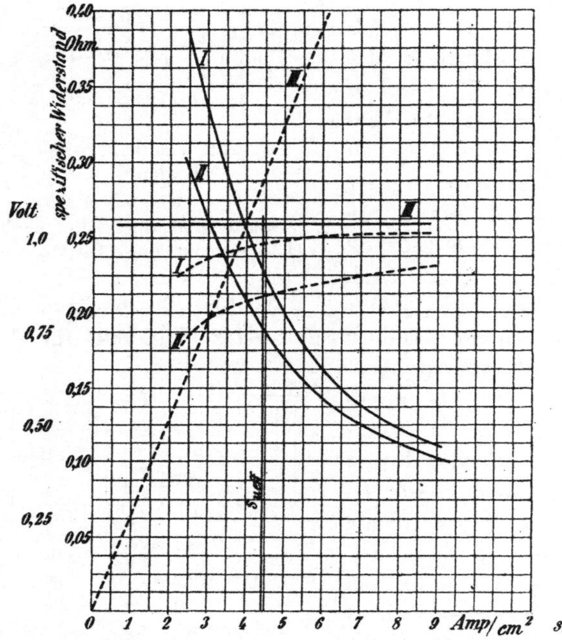

Fig. 254. Übergangsspannungen und Übergangswiderstand zwischen Kohle und Schleifring.
I. Stromrichtung: Ring nach Bürste. II. Stromrichtung: Bürste nach Ring.

Die Versuche von Dr. Kahn haben weiter ergeben, daß der spezifische Übergangswiderstand von der Umfangsgeschwindigkeit des Ringes kaum merkbar beeinflußt wird. Läßt man den Ring nach und nach zur Ruhe kommen, so bleibt der Widerstand bei allen Geschwindigkeiten konstant; sobald der Ring still steht, fängt aber der Widerstand sofort an zu steigen und nimmt schließlich den Wert von Kurve III (Fig. 254) an.

Die gestrichelte Kurve III (Fig. 254) ist eine Gerade durch den Ursprung. Es ist ja auch ganz natürlich, daß bei Stillstand die Spannung proportional mit der Stromdichte wächst. Bei rotierendem Schleifring ist es nicht der Fall, woraus sich schließen läßt, daß ein Teil der Änderungen des Übergangswiderstandes auf Änderungen der Temperatur an der Übergangsstelle zurückzuführen ist.

Man kann dies auch leicht nachweisen, wenn man den Schleifring oder Kommutator durch eine Flamme erwärmt. In Übereinstimmung damit steht das später besprochene Sinken der Übergangsspannung bei Erhöhung des Auflagedruckes, d. h. bei gesteigerter Reibungsarbeit am Schleifring.

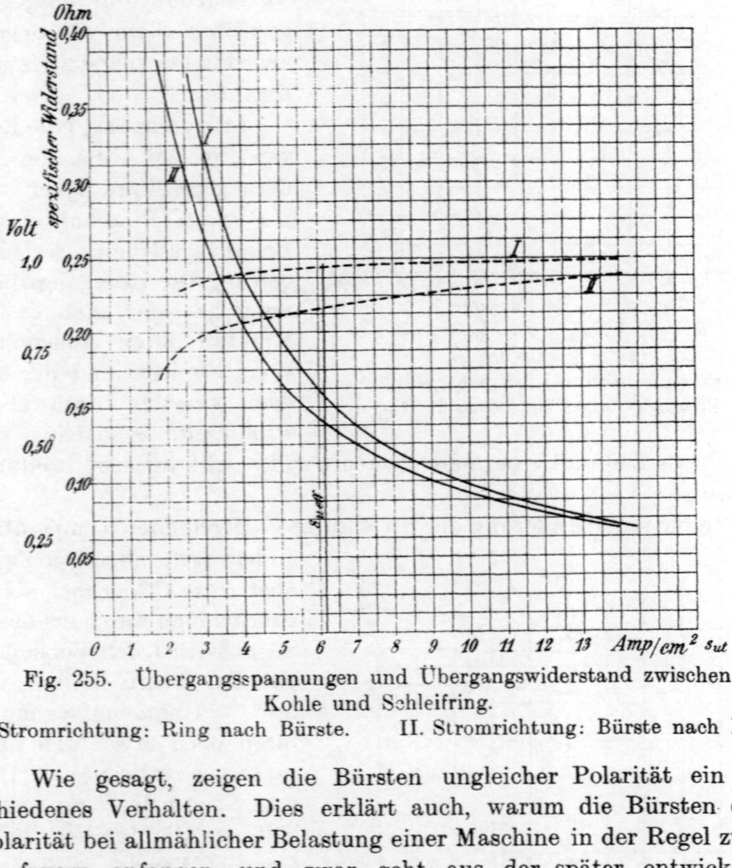

Fig. 255. Übergangsspannungen und Übergangswiderstand zwischen Kohle und Schleifring.

I. Stromrichtung: Ring nach Bürste. II. Stromrichtung: Bürste nach Ring.

Wie gesagt, zeigen die Bürsten ungleicher Polarität ein verschiedenes Verhalten. Dies erklärt auch, warum die Bürsten einer Polarität bei allmählicher Belastung einer Maschine in der Regel zuerst zu feuern anfangen, und zwar geht aus der später entwickelten Kommutierungstheorie und der obengenannten Polarität hervor, daß bei Überlastung die negativen Bürsten in der Regel zuerst feuern. Aus diesem Schluß folgt aber ein anderer, nämlich, daß bei zu großer Verschiebung der Bürsten gegen die Pole hin, die positiven Bürsten zuerst feuern müssen; denn in dem Falle hat man Überkommutierung, und der Strom geht unter den ablaufenden Kanten der positiven Bürsten von Kohle nach Metall. Bei Leerlauf werden deswegen im allgemeinen die positiven Bürsten zuerst feuern, denn wenn sie in derselben Lage wie bei Belastung stehen bleiben, erhält man bei Leerlauf Überkommutierung.

Weiter folgt hieraus, wie von Dr. Czeija[1]) auch experimentell bestätigt wurde, daß bei ein und derselben Drehrichtung eines Generators eine Verschiebung der Bürsten in der Drehrichtung die positiven Bürsten, und eine Verschiebung im entgegengesetzten Sinne die negativen Bürsten zuerst zu feuern brachte.

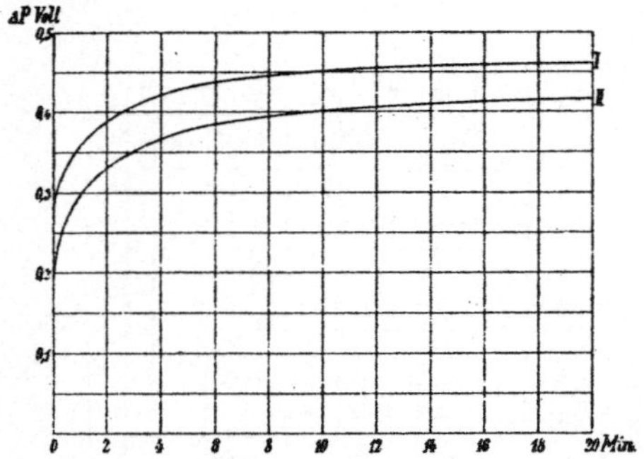

Fig. 256. Le Carbone Z.
$F = 2{,}53$ cm². $v = 4{,}5$ m/sek.
$s_u = 8$ Amp/cm².
I. Stromrichtung: Ring nach Bürste.
II. Stromrichtung: Bürste nach Ring.

Interessant sind die Kurven Fig. 256, die die Änderungsgeschwindigkeit von ΔP nach Einschalten des Belastungsstromes wiedergeben. Die Übergangsspannung hat hier nach ca. 20 Minuten ihren konstanten Wert erreicht und der vor dem Versuch frisch abgeschmirgelte Schleifring war nach dieser Zeit mit einer hellbraunen Oxydschicht bedeckt, wodurch ΔP stieg.

Die bei einer Änderung der Stromdichte auftretenden Temperaturänderungen allein genügen aber zur Erklärung dieser Erscheinung durchaus nicht. So geht aus den Versuchen von Dr. Kahn hervor, daß die Übergangsspannung ihren oben erwähnten Charakter selbst bei sehr kleinen Stromdichten beibehält, wo die durch Reibung erzeugte Wärme soweit überwiegt, daß die durch Variation der Stromdichte verursachten Temperaturänderungen der Übergangschicht ganz vernachlässigt werden können.

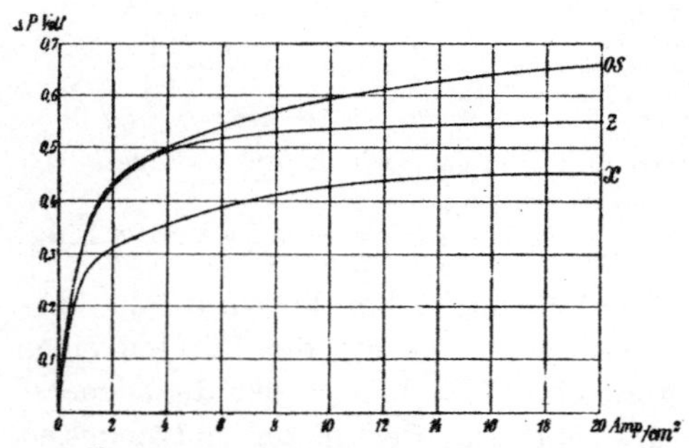

Fig. 257. Le Carbone-Bürsten am Schleifring.
$v = 5{,}5$ m/sek. $g = 270$ (X), 300 (QS), 350 (Z) g/cm².

F. Hayashi[2]) sucht das charakteristische Verhalten der Übergangsspannung zwischen Bürsten und Kommutator als ein glüh-

[1]) K. Czeija, „Die experimentelle Untersuchung der Kommutierungsvorgänge in Gleichstrommaschinen". Stuttgart 1903. F. Enke.
[2]) Archiv für Elektrotechnik Bd. 2, S. 70.

elektrisches Phänomen in der Übergangsschicht zu erklären, was bei kleinen Strömen zutrifft; denn hier steigt die Übergangsspannung ähnlich wie die Spannung eines Lichtbogens anfangs sehr schnell an, um bei größeren Strömen fast konstant zu werden. Da aber die Spannung des elektrischen Lichtbogens bei den größeren Strömen mit zunehmender Stromstärke schwach abnimmt, während die Übergangsspannung zwischen Bürsten und Kommutator langsam ansteigt, so faßt R. Czepek[1]) den Bürstenübergangswiderstand eher als den Widerstand eines festen Leiters kombiniert mit einem lichtbogenähnlichen Vorgang auf. Es soll hier jedoch nicht näher auf diese Hypothesen eingegangen werden, da die hierher gehörenden Phänomene noch gar nicht genügend untersucht sind und weil sie außerdem sehr komplizierter Natur sein müssen.

Bei harten Kohlenbürsten liegt die ΔP-Kurve wesentlich höher als bei weichen, wenn Umfangsgeschwindigkeit, Auflagedruck und Stromdichte dieselben sind. Fig. 257 zeigt die Spannungskurven für drei verschiedene Kohlensorten der Firma „Le Carbone", und zwar für die harte Sorte „QS", die mittelharte „Z" und die weiche „X". Die Kurven sind nach der Versuchsanordnung Fig. 250 mit Schleifring aufgenommen worden; die Kurven Fig. 258 dagegen sind für dieselben drei Kohlensorten an einem Kommutator bei 12 m/s Umfangsgeschwindigkeit aufgenommen. Es wurde der Strom durch eine Kohle dem Kommutator zugeführt und durch eine zweite demselben entnommen. Die Spannung ΔP einer Bürste ist als Funktion der Stromdichte s_u aufgetragen. Nachdem die Kohlen gut eingelaufen waren, wurde der größte Strom durch dieselben geschickt, so daß sie sich gut erwärmten. Es wurden nun Strom und Spannung bei verschiedenen Strömen in möglichst schneller Reihenfolge abgelesen. Die Kohlen und der Kommutator hatten somit keine Zeit, sich abzukühlen, und die erhaltenen Kurven beziehen sich auf fast dieselbe Temperatur in der Übergangsschicht, was ja auch den bei der Kommutierung herrschenden Verhältnissen näher kommt.

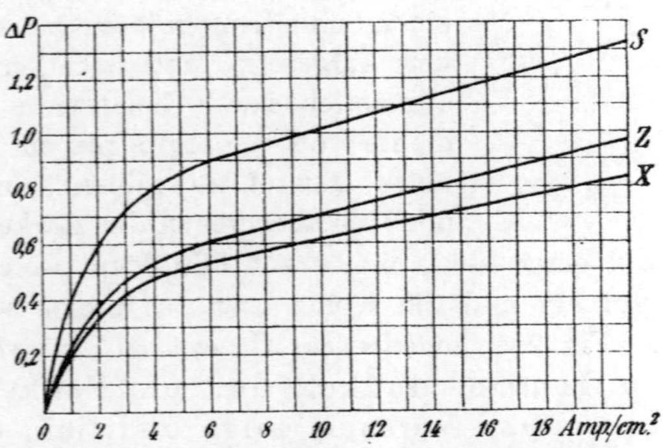

Fig. 258. Le Carbone-Bürsten am Kommutator.

[1]) Archiv für Elektrotechnik Bd. 5, S. 161.

In Fig. 258 ist die Hälfte der für eine positive und eine negative Bürste gemessenen Summe der Übergangsspannungen aufgetragen. Durch Vergleichen der Fig. 257 und 258 sieht man erstens, daß die Maximalwerte der letzteren fast doppelt so groß sind, wie die der ersteren; es ist das eine Folge von Erschütterungen, denen Bürsten, die auf Kommutatoren laufen, immer ausgesetzt sind. Während die Bürsten auf einem ruhig laufenden Schleifring fast gleiten und dadurch in guter Berührung mit dem Schleifring kommen, so tanzen die Bürsten auf einem Kommutator immer mehr oder weniger, wodurch ein so inniger Kontakt wie bei dem Schleifring nicht erzielt werden kann. Der Übergangswiderstand und die Übergangsspannungen werden deswegen auf einem Kommutator stets größer als auf einem Schleifring sein, weshalb auch die Kurven Fig. 258 den wirklichen Verhältnissen am nächsten kommen. Zweitens ist zu bemerken, daß die Kurven der Fig. 258 von dem Knie an steiler verlaufen als die in der Fig. 257, was in der raschen Aufeinanderfolge der Ablesungen bei hoher Temperatur der Übergangsfläche seinen Grund hat. In den später erörterten Versuchen mit rasch veränderlicher Stromdichte, bei Fig. 269, tritt das noch viel klarer hervor. Die Kurven der Fig. 258 liegen ihrer charakteristischen Form nach etwa in der Mitte zwischen den Kurven I, II und I', II' der Fig. 269.

Um über das Verhalten der Kohlenbürsten bei sehr hohen Stromdichten Aufschluß zu erhalten, wurde folgender Versuch angestellt: Von einer Le Carbone „X"-Bürste wurde ein Stück nach Fig. 259 (Maße in mm) abgespalten, auf einen Schleifring mit ca. 5,5 m/sek Umfangsgeschwindigkeit aufgesetzt, und nachdem es genau eingelaufen war, allmählich durch Gleichstrom belastet. Bei einer Stromdichte von 465 Amp. pro cm² fing die Kohle an, in der Mitte dunkel zu glühen, auf den beiden Endflächen blieb sie aber wegen der starken Wärmeableitung schwarz. Bei einer Stromdichte von 500 Amp. pro cm² trat in der Mitte Weißglut ein und die Kohle brannte binnen wenigen Sekunden auf die in Fig. 259 angedeutete Gestalt ab; aber die Lauffläche blieb vollkommen dunkel, und ein Funken war nicht zu bemerken. Der Versuch zeigt deutlich, daß das Funken einer Bürste durch hohe Stromdichte allein nicht verursacht werden kann.

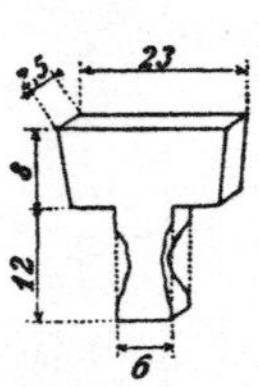

Fig. 259.

c) **Metall-Kohlenbürsten.** In dieser neuerdings vielfach angewandten Gattung sucht man die große Leitfähigkeit der Metallbürsten mit den Vorteilen der Kohlenbürsten, die den Kommutator weniger angreifen und die zusätzlichen Kurzschlußströme durch einen höheren

Übergangswiderstand herabdrücken, zu vereinigen. Nachstehend sind in den Fig. 260 bis 262 für einige solche Arten von Bürsten die Übergangsspannungen wiedergegeben, die in derselben Weise wie unter b) mit Schleifring und erschütterungsfreiem Bürstenhalter gefunden wurden.

Kupfer-Kohle-Bürste System Endruweit der galvanischen Metall-Papierfabrik Berlin. Die Kohle enthält zahlreiche sehr dünne Metallhäutchen aus chemisch reinem Kupfer, die die Leitfähigkeit der Bürste in der Längsrichtung erhöhen. Der Ohmsche Widerstand ist in der Querrichtung ca. 5 mal größer als in der Längsrichtung. Die Übergangsspannungen bei normalen Stromdichten sind relativ klein und betragen nicht über 0,6 Volt für die positive und negative Bürste zusammen. Der Schleifring, der mit einer Umfangsgeschwindigkeit von ca. 5,5 m/sek lief, zeigte nach Einlaufen der Kohle eine schwachbraune Färbung. Die Charakteristik (Fig. 260) für die Stromrichtung Metall-Kohle liegt oberhalb derjenigen für die umgekehrte Stromrichtung.

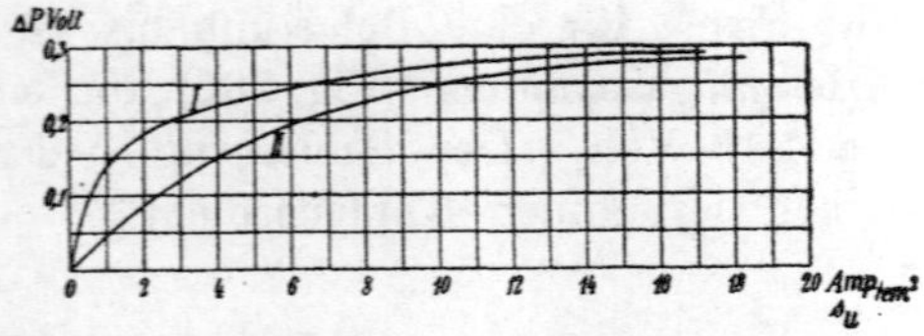

Fig. 260. Endruweit Kupfer-Kohle-Bürste.
$g = 580$ g/cm². $F = 2,64$ cm².
$v = 5,5$ m/sek.
I. Stromrichtung: Ring nach Bürste.
II. Stromrichtung: Bürste nach Ring.

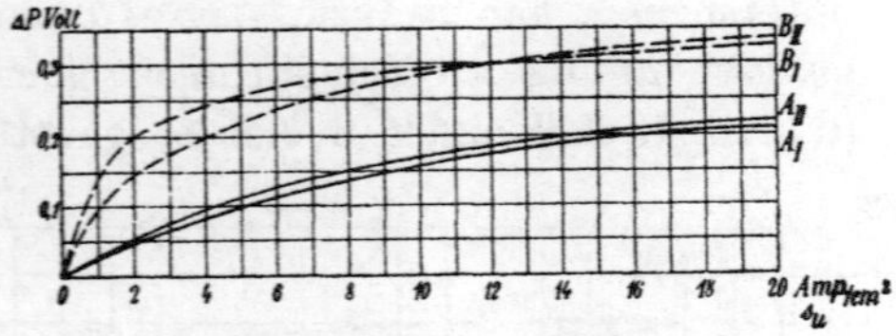

Fig. 261. Ringsdorff R III.
$g = 350$ g/cm². $F = 2,64$ cm².
$v = 5,5$ m/sek.
Stromrichtung: $A_I B_I$ Ring nach Bürste.
" $A_{II} B_{II}$ Bürste nach Ring.

Ringsdorff, Sorte RIII[1]). Durch eingelegte Kupfer- oder Messingstreifen ist der Ohmsche Widerstand in der Querrichtung ca. 12 mal so groß wie in der Längsrichtung. Die Übergangsspannung für die positive und negative Bürste zu-

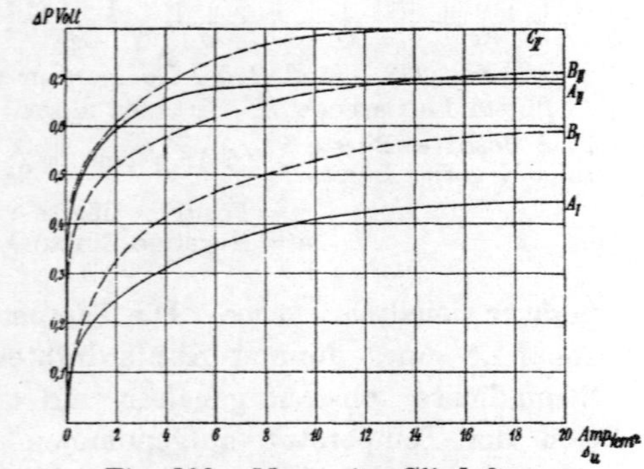

Fig. 262. Morganite Glied 2.
$g = 550$ g/cm². $F = 3,0$ cm².
$v = 5,5$ m/sek.
Stromrichtung: $A_I B_I$ Ring nach Bürste.
" $A_{II} B_{II} C_{II}$ Bürste nach Ring.
Kurve C_{II} wurde im Laboratorium der M. C. Co. aufgenommen.

[1]) P. Ringsdorff, Essen-Ruhr.

sammen übersteigt nicht 0,4 Volt. Der Spannungsabfall für Kohle-Metall ist größer als der für Metall-Kohle (Fig. 261).

Morganite-Bürste[1]. Bürste Glied-Zwei soll nach Angaben der Firma für eine Belastung bis 16 Amp./cm² brauchbar sein. Die Übergangsspannung (Fig. 262) für ein Kohlenpaar beträgt maximal ca. 1,13 Volt. Der Schleifring bedeckt sich nach kurzer Zeit mit einer tiefbraunen Kohlenschicht.

75. Abhängigkeit der Übergangsspannung von der Temperatur.

Im vorigen Abschnitt wurde erwähnt, daß nach den Versuchen von Dr. Kahn mehrere Erscheinungen darauf schließen lassen, daß die Temperatur einen bedeutenden Einfluß auf die Übergangsspannung von Kohlenbürsten ausübt. Um diesen Einfluß näher zu untersuchen, haben Prof. Arnold und Ing. E. Pfiffner[2] die Übergangsspannung an Schleifringen gemessen, die mittels Heizspiralen (dünner Nickelbänder in Asbest gebettet) auf einer bestimmten Tem-

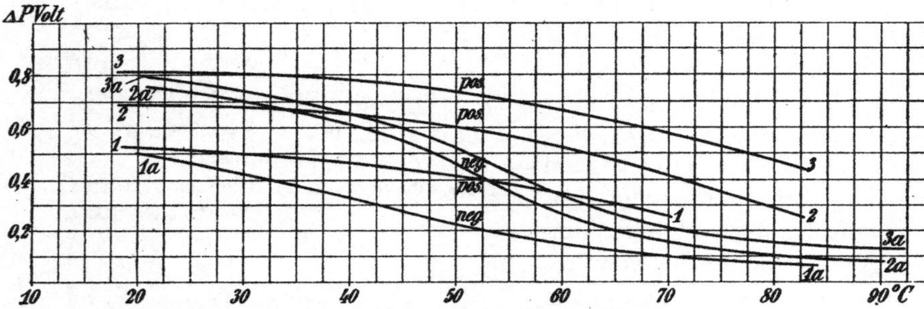

Fig. 263. Einfluß der Temperatur auf die Übergangsspannung.
Bürste Le Carbone X. $v = 7,4$ m/sek. $F = 2,5$ cm². $g = 160$ g/cm².

1 = Positive Bürste, 1a = Negative Bürste } 2,5 Amp./cm². | 2 = Positive Bürste, 2a = Negative Bürste } 5,0 Amp./cm².

3 = Positive Bürste, 3a = Negative Bürste } 10,0 Amp./cm².

peratur gehalten wurden. Die Temperatur wurde durch Widerstandszunahme eines dünnen Kupferdrahtes gemessen. Zuerst wurde die Stromdichte konstant gehalten und die Übergangsspanung als Funktion der Temperatur aufgenommen. Fig. 263 und 264 zeigen die charakteristischen Kurven für zwei Bürstensorten Le Carbone „X“ und Morganite Glied 2. Zweitens wurde bei konstanter Ringtem-

[1] Von der Morgan Crucible Co., Ltd. London. Sie wird nach einem neuen Verfahren hergestellt und besteht zum größten Teil aus Graphit und Blei.

[2] E. Arnold, Arbeiten aus dem Elektrotechnischen Institut der Technischen Hochschule Karlsruhe, S. 299.

peratur die Übergangsspannung als Funktion der Stromdichte aufgenommen. Fig. 265 und 266 zeigen die charakteristischen Kurven für Gebrüder Siemens S und Morganite Glied 2.

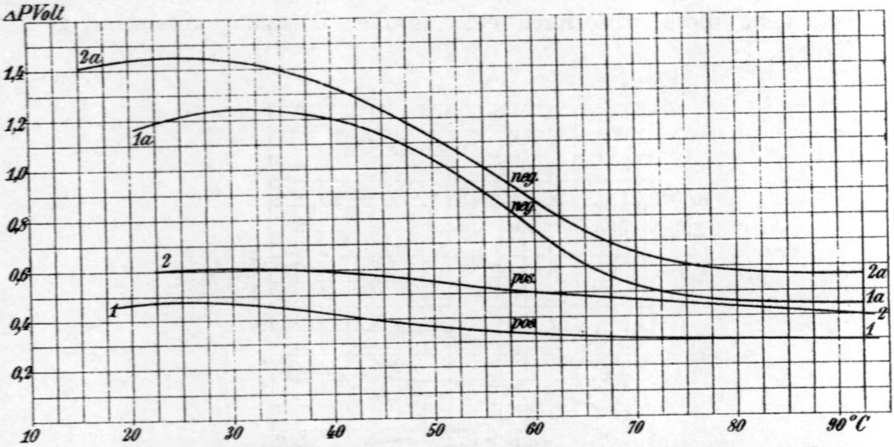

Fig. 264. Übergangswiderstand und Übergangsspannung bei konstanter Temperatur. Bürste Morganite Glied 2. $v = 7{,}4$ m/sek. $F = 2{,}4$ cm². $g = 160$ g/cm².
1 = Positive Bürste, 1a = Negative Bürste } 2,5 Amp./cm³. | 2 = Positive Bürste, 2a = Negative Bürste } 5,0 Amp./cm².

Wie aus diesen Versuchen ersichtlich, sinkt bei ein und derselben Stromdichte die Übergangsspannung mit zunehmender Tem-

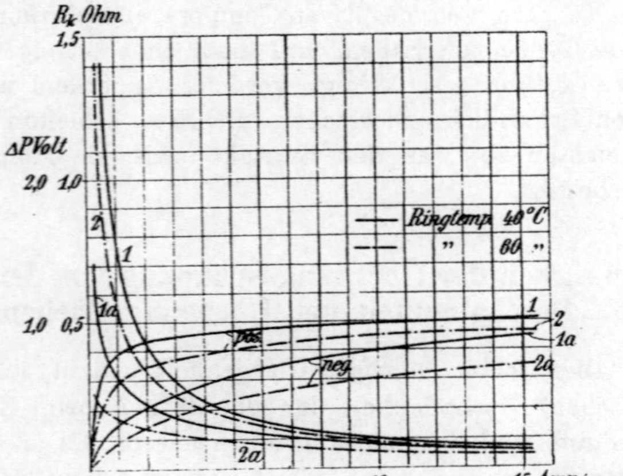

Fig. 265. Übergangswiderstand und Übergangsspannung bei konstanter Temperatur. Bürste Gebrüder Siemens-S.

peratur. Bei konstanter Temperatur sinkt der Übergangswiderstand zwar mit zunehmender Stromdichte, jedoch nicht so stark, wie der

Fall ist, wenn man den Ring nicht in künstlicher Weise auf einer konstanten Temperatur hält. Hieraus folgt direkt, daß eine gute Kühlung des Kommutators und der Bürsten von großer Wichtigkeit für die Erreichung einer guten Kommutierung ist; denn diese wird durch einen großen Übergangswiderstand gefördert.

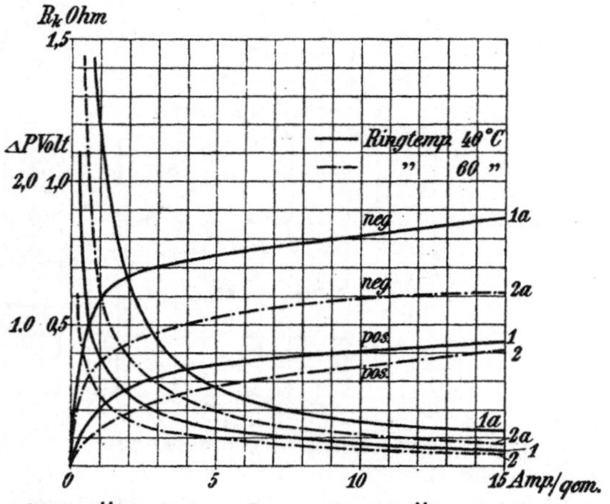

Fig. 266. Übergangswiderstand und Übergangsspannung bei konstanter Temperatur. Bürste Morganite Glied 2.

Das Sinken der Übergangsspannung mit zunehmender Temperatur ist übrigens auch verständlich, da wir es an der Übergangsfläche meist mit Körpern von negativen Temperaturkoeffizienten — Kohle, Metalloxyde — zu tun haben, und da auch elektrolytische Prozesse durch Wärmezufuhr beschleunigt werden. Außerdem wird die Kohle bei höheren Stromdichten weicher, d. h. es schleifen sich Kohlenteilchen leichter ab, was den Kontakt zwischen Kommutator und Bürste verbessert.

76. Abhängigkeit der Übergangsspannung von der chemischen Beschaffenheit der Übergangsflächen.

Wir haben schon mehrfach Gelegenheit gehabt, auf den Einfluß der chemischen Beschaffenheit der Oberflächen beim Stromübergang zwischen Bürste und Kommutator hinzuweisen. Es ist für die Größe der Übergangsspannung nicht gleich, ob die Lauffläche frisch geschmirgelt oder oxydiert, ob sie feucht oder trocken, ob sie geölt ist oder nicht. Schmirgelt man den Schleifring ab und leitet in diesem Zustande Strom durch die Bürste, so ist die Übergangsspannung anfangs ziemlich klein (vgl. Fig. 256); allmählich überzieht sich der Ring mit einer braunen Oxydschicht, und die Übergangsspannung steigt, bis sie schließlich einen konstanten Wert erreicht. Es ist deswegen auch nicht gleich, ob man die beiden zu untersuchenden Bürsten hintereinander auf demselben Ring oder jede Bürste auf eigenem Schleifring laufen läßt.

Bei getrennten Laufflächen der Bürsten bemerkt man in der Regel, daß nach einiger Zeit an dem Schleifring, wo der Strom von Metall zu Kohle geht, eine tiefbraune Färbung entsteht, während die Lauffläche des zweiten Schleifringes sich hellbraun färbt. Die Erscheinung wiederholt sich, wenn man die Ringe abschmirgelt, und kehrt sich um, wenn man die Stromrichtung umkehrt; sie ist bei harten Kohlenbürsten deutlicher zu beobachten als bei weichen, weil letztere den Ring verschmieren. Vielleicht läßt sich dieses Phänomen durch die Elektrolysierung der an der Ringoberfläche haftenden Feuchtigkeitsschicht erklären. Es wandert dabei der Sauerstoff zur Anode, so daß sich der die Anode bildende Schleifring stärker oxydiert.

Die Unterschiede der Übergangsspannungen bei gemeinsamer und getrennter Lauffläche sind für verschiedene Sorten in den Fig. 261 und 262 dargestellt. Die Kurven *A* sind mit auf gemeinsamem Schleifring hintereinander sitzenden Bürsten aufgenommen, die Kurven *B* bei getrennten Laufflächen. Der Einfluß ist, wie man sieht, nicht für alle Bürstensorten gleich.

Das Ölen und Polieren des Kollektors hat eine Verminderung der Reibungsarbeit und oft eine kleine Widerstandserhöhung zur Folge. Im allgemeinen ist es bei Verwendung von Kohlenbürsten nicht anzuraten, die Kommutatoren zu ölen oder zu schmieren, da diese sich dann leicht schwärzen und ein Schluß zwischen einzelnen Lamellen entsteht. Bei Kupferbürsten dagegen sind diese Mittel gut geeignet, ein Fressen der Bürsten zu vermeiden, und es genügt im allgemeinen, den Kommutator mit einem Öllappen abzureiben, wodurch der Übergangswiderstand sinkt. Bei Anwendung von Kommutatorschmiere wird dagegen der Übergangswiderstand erhöht, wodurch die Kommutierungsbedingungen unter Umständen verbessert werden können.

77. Abhängigkeit der Übergangsspannung vom Auflagedruck.

Mit zunehmendem Auflagedruck fällt unter sonst gleichen Umständen die Übergangsspannung zuerst rasch, dann langsamer. Die Abnahme der Übergangsspannung beruht wahrscheinlich darauf, daß die Kontaktfläche zwischen Bürste und Kommutator teils durch den größeren Auflagedruck und teils durch eine größere Anzahl abgeschliffener Kohlenteilchen vergrößert wird. Fig. 267 gibt die Beziehung zwischen Übergangsspannung und Auflagedruck für drei verschiedene Stromdichten wieder.

Diese Kurven im Verein mit der Charakteristik $\Delta P = f(s_u)$ sind für die Beurteilung einer Bürstensorte von einer gewissen Wichtigkeit. Denn mit zunehmendem Auflagedruck wachsen die Reibungsverluste, während die Übergangsverluste abnehmen, es wird also ein bestimmter Auflagedruck in bezug auf die gesamten Kommutatorverluste der günstigste sein. Derselbe Druck wird aber nicht für die Kommutierung der zweckmäßigste sein, denn, wie hier schon erwähnt und später ausführlich erörtert werden wird, verschlechtert eine kleine Übergangsspannung im allgemeinen die Kommutierung.

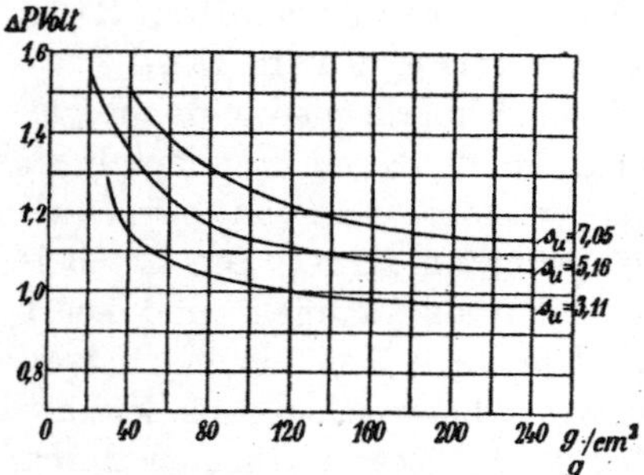

Fig. 267. Abhängigkeit der Übergangsspannung vom Auflagedruck in g/cm² der Bürste auf dem Kommutator.

Manchmal kann man bei Niederspannungs-Gleichstrommaschinen die Beobachtung machen, daß sie sich mit Kohlenbürsten gar nicht oder nur langsam von selbst erregen und daß der Zustand des Kommutators und der Bürstendruck von großem Einfluß auf den Verlauf der Selbsterregung ist.

78. Abhängigkeit der Übergangsspannung von der Umfangsgeschwindigkeit, den Erschütterungen und dem Zustand des Kommutators.

Wenn der Kommutator genau rund läuft, ist die Übergangsspannung von der Umfangsgeschwindigkeit, solange diese nicht extreme Werte annimmt, nur wenig abhängig. Allgemeine Regeln haben sich aus den Versuchen nicht ergeben.

Ist der Kommutator unrund oder exzentrisch gelagert, so daß er die Bürsten in Schwingungen versetzt, so wächst die Übergangsspannung stark an. Es treten unter der Bürste zuerst ganz kleine Funkenperlen auf, die bei stärkeren Erschütterungen zunehmen, schließlich spritzen aus der Übergangsstelle Funken hervor, und die mittlere Übergangsspannung erreicht dann unzulässig hohe Werte, — 6 Volt und darüber — wodurch die für den Kommutator sehr schädlichen Funken aufrecht erhalten werden. In solchen Fällen kann man bemerken, daß es eine kritische Umdrehungszahl gibt, bei der die Funkenbildung den Höhepunkt erreicht. Es ist das jene

Geschwindigkeit, bei der Resonanz der Stöße mit der Eigenschwingungszahl der Bürstenhalter eintritt. Gewicht, Federung, Länge und Konstruktion des Bürstenhalters, sowie Lamellenzahl des Kommutators sind dabei von großer, aber von vornherein nicht bestimmbarer Bedeutung. Illustriert werden diese Einflüsse durch die in Fig. 268 a, b, c und d wiedergegebenen Oszillogramme, die im Karlsruher Elektrotechnischen Institut an schwingenden Bürsten aufgenommen wurden.

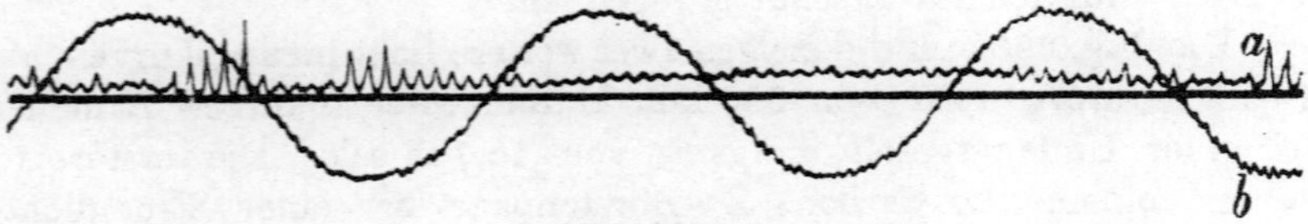

Fig 268 a.

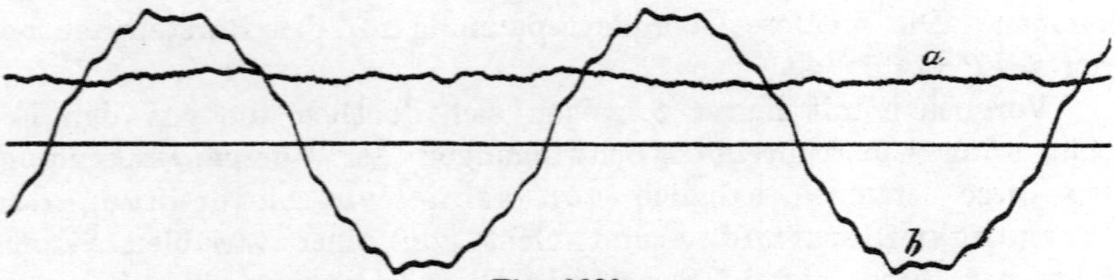

Fig. 268 b.

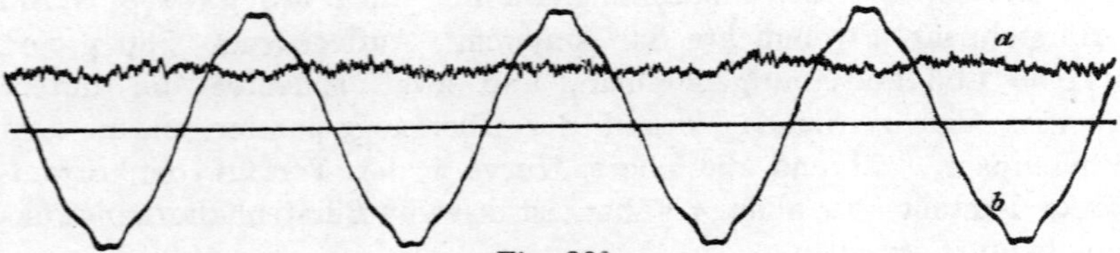

Fig. 268 c.

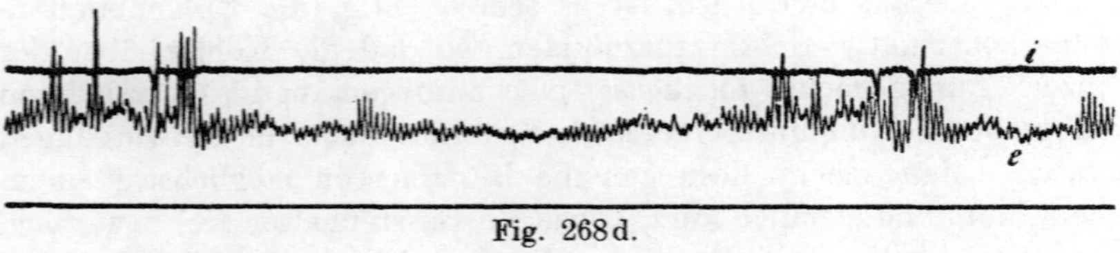

Fig. 268 d.

Die Bürste, mit der das Oszillogramm Fig. 268 a erhalten wurde, lief auf einem Schleifring; auf ihrem Halter war ein Stab mit einem verschiebbaren Gewicht angebracht, so daß durch Veränderung der Stellung dieses Gewichtes die Schwingungszahl des Bürstenhalters verändert werden konnte. Die Umfangsgeschwindigkeit des Schleifringes war 5,5 m/sek, die Stromdichte 8 Amp./cm². Den Verlauf von ΔP zeigt die Kurve a; hierbei war das Laufgewicht so eingestellt, daß die Bürste zeitweise zitterte und hierauf für kurze Zeit wieder ruhig war, was aus der Kurve deutlich zu ersehen ist. Die Zitterungen sind durch starke Spannungserhöhungen, die das 2- bis 3fache der normalen Übergangsspannung erreichen, gekennzeichnet; unter der Bürste traten dabei kleine Funkenperlen auf. Als Maß für die Schwingungszahl dient die darüber gelagerte Wechselstromwelle *b* von 50 Perioden in der Sekunde.

Das Oszillogramm Fig. 268b ist in ähnlicher Weise, aber mit einem gewöhnlichen Bürstenhalter und einem Schleifring aufgenommen, es traten nur leichte Erschütterungen auf[1]).

Die Fig. 268 c und d zeigen zwei weitere Schwingungskurven auf einem Kommutator von 200 mm Durchmesser und 120 Lamellen bei einer Umfangsgeschwindigkeit von 15,7 m/sek. Die erstere (c) ist mit einem „Le Carbone Z"-Bürstenpaar bei einer Stromdichte von 8 Amp./cm^2 und einem Auflagedruck von 350 g/cm^2 aufgenommen. Die mittlere Übergangsspannung für das Bürstenpaar betrug $2\,\Delta P = 1{,}5$ Volt

Verglichen mit Kurve *b* zeigen sich deutlich die von den Erschütterungen herrührenden Schwingungen der Übergangsspannung. Daß diese letzteren lediglich von schnellen Änderungen des Übergangswiderstandes und nicht von einer variablen Stromdichte herrühren, beweist Fig. 268d. Diese ist an demselben Kommutator und bei derselben Umdrehungszahl mit einem Morganite, Glied 1-Bürstenpaar (Stromdichte 8,0 Amp./cm^2, Auflagedruck 230 g/cm^2, $2\,\Delta P = 1{,}96$ Volt) aufgenommen, und zwar bedeutet die untere Kurve *e* den zeitlichen Verlauf der Übergangsspannungen an dem Bürstenpaar, während die obere Kurve *i* den Verlauf der Stromstärke darstellt. In allen 4 Fällen ist dieselbe Bürstenhalterkonstruktion benutzt worden.

Wie hieraus ersichtlich, ist es sehr wichtig, die Kohlenbürstenhalter konstruktiv richtig auszubilden, so daß die Kohlen über der ganzen Auflagefläche möglichst gut aufliegen und bei mittleren und größeren Kommutatorgeschwindigkeiten nicht in Schwingungen geraten. Man macht deswegen die Bürsten von möglichst kleinem Querschnitt und ziemlich kurz, sowie im Bürstenhalter frei beweglich, damit die schwingende Masse der Bürste nicht zu groß wird.

79. Übergangsspannung und Übergangswiderstand bei rasch veränderlichen Stromdichten.

Bei allen bisher beschriebenen Versuchen sind die Bürsten mit konstanter Stromdichte belastet worden, was den Arbeitsverhältnissen einer Kommutatorbürste nicht entspricht.

---

[1]) Die Ordinatenmaßstäbe der einzelnen Figuren a bis d sind verschieden.

Versuche über die Vorgänge in und unter den Bürsten auf einem Kommutator haben gezeigt, daß alle Punkte der Bürsten gleicher Polarität fast das gleiche Potential haben, selbst wenn große Ströme der kurzgeschlossenen Spulen sich durch die Bürsten schließen. Man kann bei Kohlenbürsten zwischen den äußersten Kanten einer Bürste Spannungen von höchstens ein paar Hundertstel Volt messen. Über der ganzen Auflagefläche einer Bürste ist das Potential somit konstant; das Potential der unter den Bürsten vorbeilaufenden Lamellen ist dagegen nicht konstant, sondern oft sehr veränderlich. Hieraus folgt, daß die Übergangsspannung zwischen Bürste und Kommutator, sowohl örtlich als zeitlich für ein und denselben Punkt stark variiert. Es entsteht folglich die Frage, ob die Übergangsspannung der örtlichen Stromdichte in ihrem raschen Wechsel folgt und in welcher Art dies geschieht.

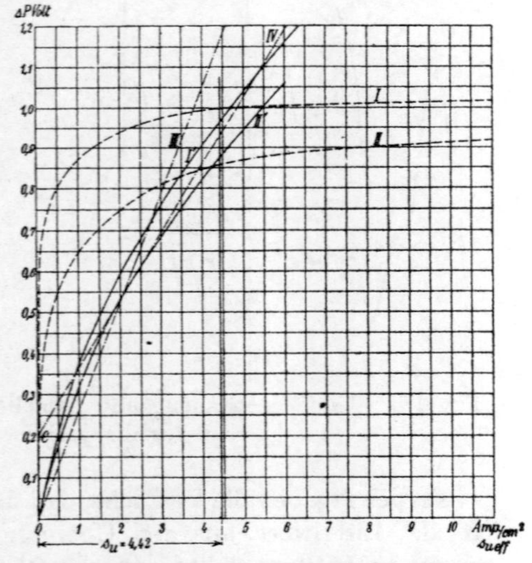

Fig. 269. Übergangsspannung bei rasch veränderlicher Stromdichte. Stromrichtung: I I′ Ring nach Bürste. II II′ Bürste nach Ring.

Um diese Frage zu untersuchen, führte Dr. Kahn auch Versuche mit einer sich zeitlich schnell ändernden Stromdichte aus, indem er über den Schleifring Wechselstrom leitete. Die Kurven I′ und II′ der Fig. 269 geben die Momentanwerte Δp_t der Übergangsspannung als Funktion der momentanen Stromdichte s_{ut} für eine effektive Stromdichte $s_u = 4{,}42$ wieder. Wie man daraus sieht, ist auch bei rasch veränderlicher Bürstenbelastung die momentane Übergangsspannung von der momentanen Stromdichte abhängig. Dieselbe Abhängigkeit zeigte sich noch bei einer Periodenzahl von 186, der größten, die für diese Versuche zur Verfügung stand. Die Stromdichte steigt dabei in $^1/_{744}$ Sek. von Null auf ihren Maximalwert. Zwischen 40 und 186 Perioden konnte kein bedeutender Unterschied im Verhalten der sich zeitlich ändernden Übergangsspannung Δp_t festgestellt werden. Auch hier ist, wie man sieht, eine bestimmte Polarität vorhanden, für die Stromrichtung Metall nach Kohle ist Δp_t am größten. Die Gerade III, Fig. 269, gilt für den ruhenden Schleifring. Für Umfangsgeschwindigkeiten des Schleifringes von 1,8, 6,7 und 8,0 m/sek. zeigte Δp_t keine merklichen Unterschiede. Ließ man bei einer bestimmten Stellung des Kontaktgebers, also bei einem bestimmten Momentanwert s_{ut} den Schleifring auslaufen, so blieb Δp_t annähernd konstant, und zwar noch bei einer Ringgeschwindigkeit von nur 0,26 m/sek. Sobald aber der Ring ganz stillstand, stieg Δp_t plötzlich auf den der Geraden III, Fig. 269, entsprechenden Wert.

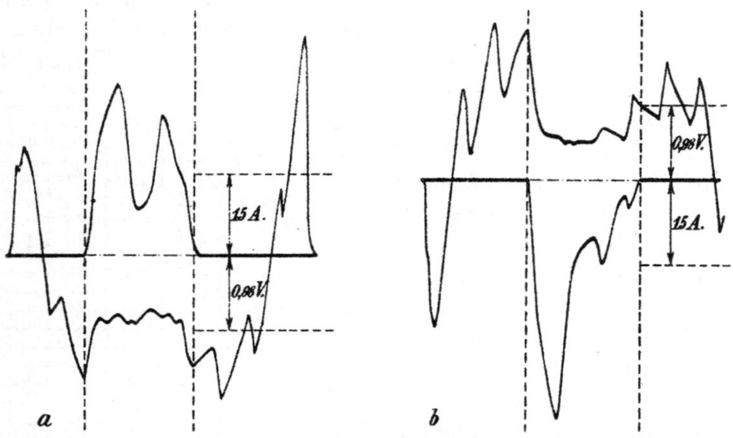

Fig. 270. Lamellenspannung und Lamellenstrom, a für die negative und b für die positive Bürste.

Ferner ergaben die Versuche, daß die effektive Übergangsspannung sich als Mittelwert aus den Übergangsspannungen herausstellt, die man für beide Stromrichtungen mit Gleichstrom aufnimmt. Dies geht auch aus den Kurven, Fig. 269, hervor; denn die Δp_t-Kurven (I' und II') für Wechselstrom schneiden sich mit den ΔP-Kurven (I und II) für Gleichstrom annähernd bei der effektiven Stromdichte

$$s_{u\,eff} = \sqrt{\frac{2}{T}\int_0^{\frac{T}{2}} s_{ut}^2\, dt},$$

worin T die Zeitdauer einer Periode bedeutet.

Prof. Arnold hat später ähnliche Versuche mit Wellenstrom ausgeführt und ist hierbei zu demselben Ergebnis für die Momentanwerte der Übergangsspannungen wie Dr. Kahn gekommen. Die Momentanwerte der Übergangsspannungen verlaufen, wie aus Fig. 269 ersichtlich, bedeutend steiler als die ΔP-Kurven für Gleichstrom, so daß man sie annähernd mit Geraden durch den Ursprung ersetzen kann, d. h. der spezifische Übergangswiderstand R_k ist bei einer konstanten, effektiven Stromdichte für alle Momentanwerte der sich schnell ändernden Stromdichte nahezu konstant.

Hiermit ist jedoch das Verhalten des spezifischen Übergangswiderstandes zwischen Bürste und Kommutator nicht völlig klargelegt· denn bei den Versuchen von Dr. Kahn war in jedem Moment die Stromdichte über der ga[illegible]en Auflagefläche der Bürsten praktisch konstant. Dies ist bei Kommutatorbürsten nur bei geradliniger Kommutierung der Fall. In den meisten Fällen schwankt aber die Strom-

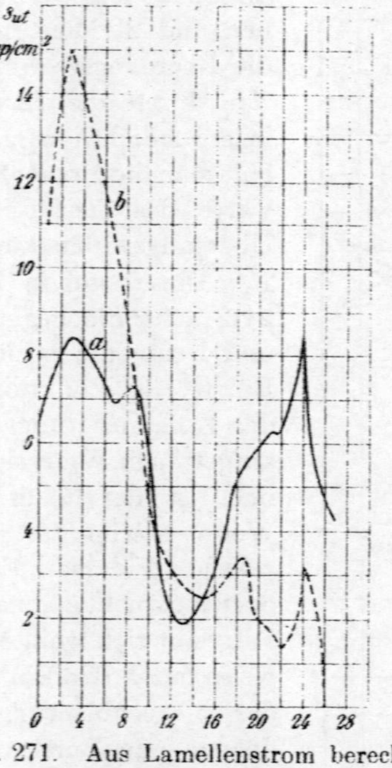

Fig. 271. Aus Lamellenstrom berechnete Stromdichten.

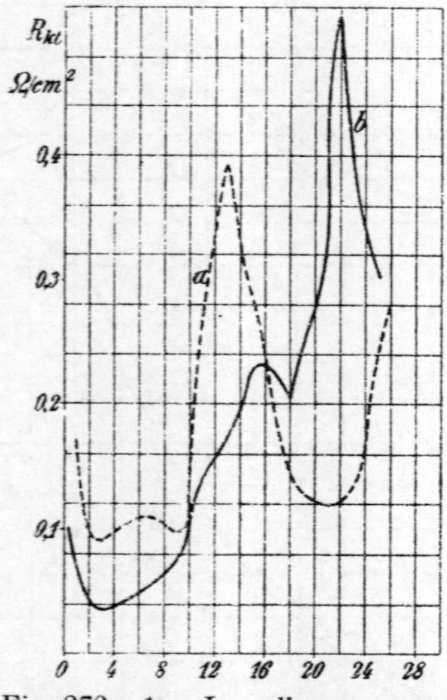

Fig. 272. Aus Lamellenspannung und Lamellenstrom berechnete spezifische Übergangswiderstände.

dichte unter einer Bürste örtlich sehr stark, ja sie kann sogar ihre Richtung umkehren. In dem Fall wird die Bürstenauflagefläche an den verschiedenen Teilen ungleiche Kontakteigenschaften und damit auch Verschiedenheiten in dem spezifischen Übergangswiderstand aufweisen.

Um diese Ungleichheiten in dem spezifischen Übergangswiderstand einer Kommutatorbürste näher zu studieren, hat Dr. Jordan[1]) viele Oszillogramme von der Stromaufnahme einer Lamelle und von der Übergangsspannung zwischen derselben Lamelle und

[1]) E. Arnold, Arbeiten aus dem Elektrotechnischen Institut. S. 252 bis 255.

einer Bürste aufgenommen. In Fig. 270a und b ist der Verlauf des Lamellenstromes und der Lamellenspannung eines dieser Versuche, sowohl für die negative als für die positive Bürste, während der Kurzschlußzeit wiedergegeben. Die Kurven des Lamellenstromes gehen am Anfang der Kommutierung von Null aus und kehren am Ende der Kommutierung auf Null zurück. Die Bürstenbreite b_1 war ca. 20 mm, während die Lamellenteilung 8,4 mm betrug. Aus der Lamellenstromkurve läßt sich die Lamellenstromdichte s_{ut} (Fig. 271) leicht berechnen und dividiert man die Übergangsspannung Δp_t durch die Lamellenstromdichte s_{ut}, erhält man die Momentanwerte des spezifischen Übergangswiderstandes R_k. Diese sind in Fig. 272, a für die negative und b für die positive Bürste, als Funktionen der Kommutierungszeit aufgetragen. Wie ersichtlich, ist der in dieser Weise bestimmte spezifische Widerstand R_k durchaus nicht konstant. Dies läßt sich wohl teilweise durch den Einfluß der Erschütterungen, denen jede Bürste am Kommutator ausgesetzt ist, und teilweise durch die ungleichen Kontakteigenschaften der verschiedenen Teile der Bürstenfläche erklären.

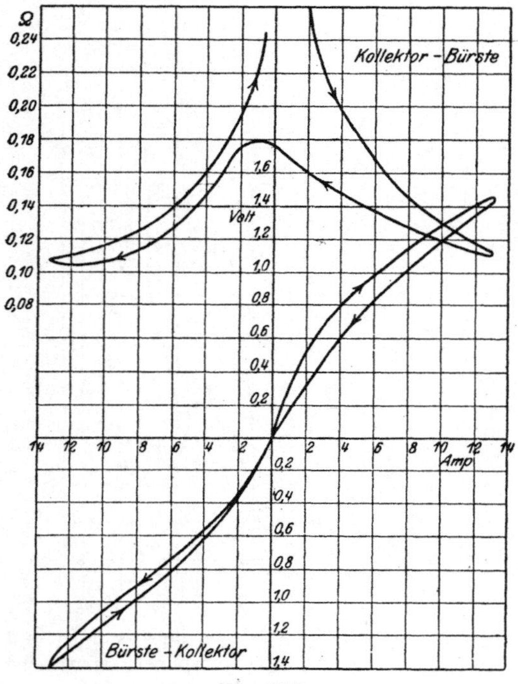

Fig. 273.

Da Dr. Jordan aber weder die effektive noch die mittlere örtliche Stromdichte der Bürste aufgenommen hat und diese sich nicht aus der Lamellenstromkurve einwandfrei berechnen lassen, so ist es schwierig festzustellen, welchem Gesetz der spezifische Übergangswiderstand unter den Bürsten am besten folgt.

F. Hayashi und R. Czepek haben auch eingehende Versuche über das Verhalten des Übergangswiderstandes bei Wechselstrom ausgeführt und nachgewiesen, daß der Übergangswiderstand für ansteigenden und abnehmenden Strom verschiedene Werte annimmt.

Zeichnet man die Übergangsspannung als Funktion der momentanen Stromdichte für eine ganze Periode auf, so erhält man eine schleifenartige Kurve wie in Fig. 273 gezeigt, welche Kurve von Czepek experimentell aufgenommen ist. Diese Erscheinung bezeichnet Hayashi als eine Art Hysteresis, was ja für jede halbe Periode zutrifft. Die obenliegende offene Schleife stellt den spezifischen Übergangswiderstand als Funktion der Stromdichte dar.

Aus dem Obigen lassen sich jetzt folgende Schlüsse ziehen: Ist die effektive (oder angenähert die mittlere) örtliche Stromdichte unter einer Kommutatorbürste überall konstant, so ist der spezifische Übergangswiderstand R_k auch überall nahezu konstant und je mehr die effektive (bzw. mittlere) örtliche Stromdichte schwankt, um so mehr schwankt auch der spezifische Übergangswiderstand. Der Verfasser neigt ferner zu der Anschauung, daß der spezifische Übergangswiderstand für die zeitlichen Schwankungen der Stromdichte in einem Punkt der Bürstenfläche nahezu konstant ist und für die verschiedenen Punkte der Bürste als Funktion der effektiven Stromdichte sich dem hyperbolischen Verlauf für konstante Temperatur des Schleifringes nähert.

80. Praktische Angaben über zulässige Stromdichten und Übergangsspannungen.

Wir haben in den vorhergehenden Abschnitten gesehen, daß man eine Bürste bis zum Glühen belasten kann, ohne daß Funken unter derselben aufzutreten brauchen. Andererseits kann zwischen einer Bürste und einem Schleifring starkes Feuern auftreten, wenn die Bürste in Zitterungen gerät. Das Feuern an der Kommutatorbürste ist also nicht allein auf elektrische, sondern auch auf mechanische Ursachen zurückzuführen. Im folgenden werden wir aber annehmen, daß die mechanischen Ursachen zur Funkenbildung durch richtige Ausführung des Kommutators und Bürstenhalters auf ein praktisches Minimum herabgedrückt worden sind und werden unter dieser Annahme die Belastungsgrenze der Bürste in bezug auf Strom und Spannung feststellen.

Bei Maschinen mit Wendepolen, deren Kommutierung anstandslos verläuft, wird die Stromdichte unter den Bürsten teils mit Rücksicht auf die Qualität der Bürsten und die Schwärzung des Kommutators und teils mit Rücksicht auf Anzahl und Größe der Bürsten festgelegt.

Die weichen Kohlen schmieren den Kommutator, und zwar um so mehr, je größer der Auflagedruck ist, so daß der Kommutator mit einer ganz dünnen Kohlenschicht überzogen wird; besonders bei hohen Stromdichten kann dieses Schwarzwerden beobachtet werden. Ist die Spannung zwischen benachbarten Kommutatorlamellen groß, so können die abgeschliffenen Kohlenteilchen zu Funken zwischen den Lamellen Veranlassung geben. Bei sehr weichen Kohlenbürsten verbreitert sich leicht die Auflagefläche der Bürste; deswegen darf die Spannung an den Bürstenkanten hier nicht so große Werte annehmen wie bei harten Kohlen, um Funken an den Bürstenkanten zu verhindern. Aus diesen Gründen eignen sich die weichen Kohlenbürsten nur für Niederspannungsmaschinen mit großen Stromstärken; die Übergangsverluste und Reibungsverluste sind bei den weichen Kohlensorten kleiner als bei den harten; der Kommutator fordert aber bei der Benutzung von weichen Kohlen bessere Wartung, um blank und sauber gehalten zu werden.

Die harten Kohlen machen den Kommutator hart und glänzend, und die Auflagefläche der Kohle verbreitert sich nicht, so daß auch aus diesem Grunde eine größere Spannung zwischen Bürstenkante und Kommutator zulässig ist als bei weichen Kohlen.

Da der spezifische Übergangswiderstand mit der Stromdichte stark abnimmt, so wird die Verteilung des Ankerstromes auf die Bürsten gleicher Polarität immer etwas labil werden, indem der Widerstand einer Bürste mit ihrer Stromaufnahme sinkt und somit zu einer noch größeren Stromaufnahme Anlaß gibt. Je mehr Bürsten eine Maschine besitzt, um so größere Unterschiede können deswegen in der Stromaufnahme der einzelnen Bürsten eintreten, und um so kleiner muß man also die mittlere Stromdichte aller Bürsten wählen. — Aus derselben Ursache soll man die Auflagefläche jeder Bürste nicht zu groß wählen; denn dann wird der Strom sich auf die Bürstenfläche sehr ungleichmäßig verteilen. Übrigens kühlen sich große Bürsten schlechter ab als kleine.

Was die zulässige Spannung zwischen Bürste und Kommutator anbetrifft, so wird diese teils durch eine gleichzeitige Schwärzung des Kommutators und ein Mattwerden der Bürstenflächen und teils durch die Funkenbildung begrenzt.

Die kleinste Spannung, bei der ein Mattwerden der Lauffläche einer Bürste beobachtet werden konnte, gibt Dr. Jordan zu 2,5 Volt an und die kleinste Spannung, bei der mit Sicherheit keine Funken mehr auftraten, gibt er zu 3 Volt für die Richtung Kohle-Metall und zu 3,5 Volt für die Richtung Metall-Kohle an. Es gibt aber unzählige Maschinen, bei denen Mattwerden und Funkenbildung erst bei bedeutend größeren Spannungen eintreten. Das Schwärzen des Kommutators bzw. Mattwerden der Bürsten hängt nämlich, wie die Funkenbildung, nicht allein von der Spannung, sondern auch von der Energie, die bei der Spannungserzeugung zur Verfügung steht, ab. Hierauf werden wir im zwanzigsten Kapitel noch zurückkommen.

Zur Zeit rechnet man in der Praxis für die mittlere Stromdichte mit den folgenden Werten als zulässig für normale und maximale Belastung der verschiedenen Bürstensorten:

a) **Metallbürsten.** Kupferbürsten. Die normal zulässige Stromdichte beträgt $s_u = 10$ bis 25 Amp./cm², wobei $\Delta P = 0{,}017$ bis 0,03 Volt, und die maximal zulässige Stromdichte $s_{u\,max} =$ ca. 40 Amp./cm², wobei $\Delta P = 0{,}04$ Volt.

Boudreauxbürsten

$s_u = 15$ bis 30 Amp./cm², wobei $\Delta P = 0{,}06$ bis 0,11 Volt
$s_{u\,max} =$ ca. 50 Amp./cm², wobei $\Delta P = 0{,}15$ Volt.

Bronskol, je nach Qualität

$s_u = 20$ bis 30 Amp./cm², wobei $\Delta P =$ ca. 0,2 Volt
$s_{u\,max} =$ bis 40 Amp./cm², wobei $\Delta P =$ ca. 0,2 Volt.

b) **Kohlen- und Graphitbürsten.**

Sehr weiche Kohlen

$s_u = 8$ bis 11 Amp./cm², wobei $\Delta P = 0{,}40$ bis 0, 60 Volt.

Weiche Kohlen

$s_u = 6$ bis 10 Amp./cm², wobei $\Delta P = 0{,}55$ bis 0,7 Volt.

Mittelharte Kohlen

$s_u = 5$ bis 7 Amp./cm², wobei $\Delta P = 0{,}9$ bis 1,1 Volt.

Sehr harte Kohlen

$s_u = 4$ bis 6 Amp./cm², wobei $\Delta P = 1{,}2$ bis 1,5 Volt.

Für kurzzeitige Belastungen kann man höher gehen. Als maximal zulässig ist etwa für

sehr weiche Kohlen	$s_{u\,max} =$ bis 20	Amp./cm²,	wobei	$\Delta P = 0{,}70$ Volt,
weiche	„ „ = „ 15	„	„	$\Delta P = 0{,}90$ „
mittelharte	„ „ = „ 11	„	„	$\Delta P = 1{,}2$ „
sehr harte	„ „ = „ 9	„	„	$\Delta P = 1{,}6$ „

c) **Metallkohlenbürsten.**

Kupferkohle-Bürste Endruweit

$s_u = 15$ bis 20 Amp./cm², wobei $\Delta P = 0{,}5$ bis 0,6 Volt
$s_{u\,max} =$ bis 30 Amp./cm², wobei $\Delta P = 0{,}7$ Volt.

Ringsdorff, R III

$s_u = 15$ bis 20 Amp./cm², wobei $\Delta P = 0{,}6$ bis 0,8 Volt
$s_{u\,max} =$ bis 30 Amp./cm², wobei $\Delta P = 1{,}2$ Volt.

„Morganite Glied eins“

s_u = 5 bis 8 Amp./cm², wobei ΔP = 0,9 bis 1,0 Volt

$s_{u\,max}$ = bis 10 Amp./cm², wobei ΔP = 1,1 Volt.

„Morganite Glied zwei“

s_u = 8 bis 12 Amp./cm², wobei ΔP = 1,0 bis 1,1 Volt

$s_{u\,max}$ = bis 15 Amp./cm², wobei ΔP = 1,2 Volt.

Für Schleifringe, bei denen die Verhältnisse wesentlich günstiger liegen und die Übergangsspannungen kleiner sind, können die Stromdichten 30 bis 50% höher gewählt werden.

Mit den angegebenen Spannungsverlusten ist bei praktisch funkenlosem Betrieb zu rechnen. Diese Werte stellen den mittleren Spannungsverlust einer Bürste dar; wie später gezeigt wird, ändert sich die Spannung zwischen Bürste und Kommutator über die Bürstenbreite.

Siebzehntes Kapitel.

Kommutierungsdiagramme und Kurzschlußstromkurven.

81. Potentialkurve des Kommutators in der Kommutierungszone.

Im zwölften Kapitel ist der Verlauf der Potentialkurve am Kommutator und ihre Verschiebung von Leerlauf bis Belastung eingehend beschrieben. In diesem Abschnitt werden wir nun die Vorgänge unter den Bürsten und in der Nähe derselben betrachten.

Da alle Punkte der Bürsten gleicher Polarität in der Nähe der Auflagefläche dasselbe Potential haben, so wird die Form desjenigen Teiles der Potentialkurve, der unter den Bürsten liegt, allein von den EMKen abhängen, die in den kurzgeschlossenen Spulen induziert werden. Die Potentialkurve unter den Bürsten ergibt sich somit in ähnlicher Weise wie der übrige Teil der Potentialkurve.

Wir haben hierbei den Einfluß des Ohmschen Spannungsabfalles in der Ankerwicklung auf die Potentialkurve unerwähnt gelassen. Der Einfluß dieses Abfalles ist sehr klein; er läßt sich durch Subtraktion desselben von den induzierten EMKen berücksichtigen.

Unter den Bürsten haben wir aber außerdem den Spannungsabfall, herrührend von dem Stromübergang zwischen Bürste und Kommutator, und dieser Abfall ist, wie im vorigen Abschnitt gezeigt, von der Größenordnung eines Voltes.

In Fig. 274 ist der unter der positiven Bürste B_1 eines Generators liegende Teil der Potentialkurve bei Leerlauf und Vollast im vergrößerten Maßstab aufgezeichnet. Die Kurve I, welche sich auf stromlosen Anker bezieht, schließt mit der Abszissenachse xx fast gleich große positive und negative Flächen ein, während die auf Belastung sich beziehende Potentialkurve II wegen der Übergangsspannung unter der Bürste eine große positive Fläche mit der Achse xx einschließt.

Ziehen wir eine Horizontale $x'x'$, mit welcher Kurve II ebenso große positive wie negative Flächen F einschließt, so ist der Abstand dieser Linie von der Abszissenachse ein Maß für die Übergangsspannung ΔP unter einer Bürste, die durch den Übergang des Ankerstromes bedingt wird. Beim Belasten einer Maschine treten somit zwei Erscheinungen auf, nämlich erstens eine Verschiebung der Potentialkurve am Kommutator und zweitens eine Erhöhung der mittleren Spannung zwischen den Bürsten und dem Kommutator. Außer diesen Haupterscheinungen tritt drittens eine kleine Deformierung der Potentialkurve unter den Bürsten auf. Diese Deformierung rührt hauptsächlich von den inneren Strömen in den kurzgeschlossenen Spulen her und soll im folgenden Abschnitt näher untersucht werden.

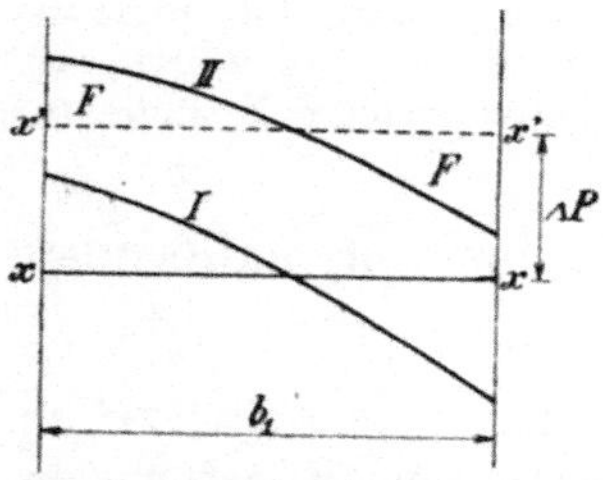

Fig. 274. Potentialkurven unter einer Bürste bei Leerlauf und Belastung.

Da der Teil der Potentialkurve, der unter den Bürsten fällt, über die EMKe und Ströme in den kurzgeschlossenen Spulen Aufschluß gibt, so wird diese Kurve allgemein zur Untersuchung und Beurteilung der Kommutierung einer Gleichstrommaschine benutzt. Man nennt deswegen die Potentialkurve unter den Bürsten auch das Kommutierungsdiagramm.

82. Deformierung der Potentialkurve unter den Bürsten.

Wie oben angegeben, haben Versuche gezeigt, daß alle Punkte einer Bürste fast das gleiche Potential haben, selbst wenn große Kurzschlußströme sich durch die Bürsten schließen. Man kann bei Kohlenbürsten zwischen ihren äußersten Kanten m und n höchstens ein paar hundertstel Volt messen. Mißt man dagegen die Spannung zwischen einem Punkt A der Bürste (Fig. 275a) und einer Hilfsbürste B, die an verschiedenen Stellen 1 bis 10 auf dem Kommutator aufliegt, so erhält man ganz verschiedene

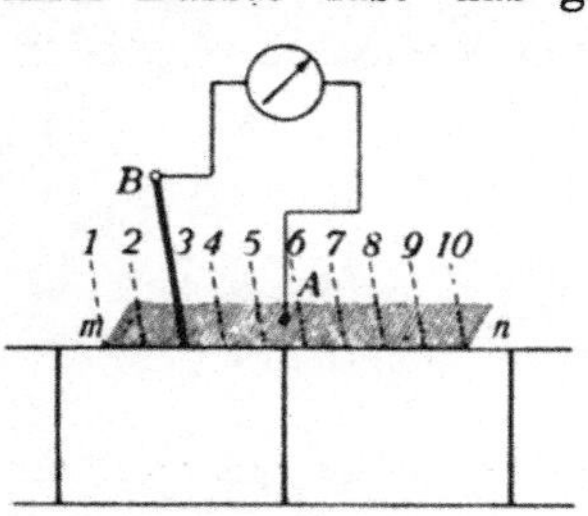

Fig. 275a.

Spannungen, z. B. 0,1 Volt an der auflaufenden und 3 Volt an der ablaufenden Bürstenkante.

Bei Überkommutierung und Unterkommutierung erhält man positive und negative Spannungen unter derselben Bürste, was man leicht feststellen kann, indem man bei Leerlauf die Bürsten zu weit in das Feld hinein verschiebt (Überkommutierung) oder indem man bei einem belasteten Generator die Bürsten im Felde zurückverschiebt (Unterkommutierung).

Um die verwickelten Vorgänge, die unter den Bürsten eine Deformierung der Potentialkurve zur Folge haben, besser zu verstehen, soll zunächst ein Versuch erwähnt werden, der zur experimentellen Bestimmung der Größe dieser Deformierung durchgeführt wurde.

Es wurden an einer Maschine von 500 Volt, 65 KW alle Bürsten abgehoben und das Stück der Potentialkurve aufgenommen, das zwischen den Polen liegt. Die Maschine wurde von einer fremden Stromquelle erregt und die Erregung und die Umdrehungszahl (700) wurden während des Versuches konstant gehalten.

Die Potentialkurve ist durch die Kurve *A* (Fig. 275b) dargestellt.

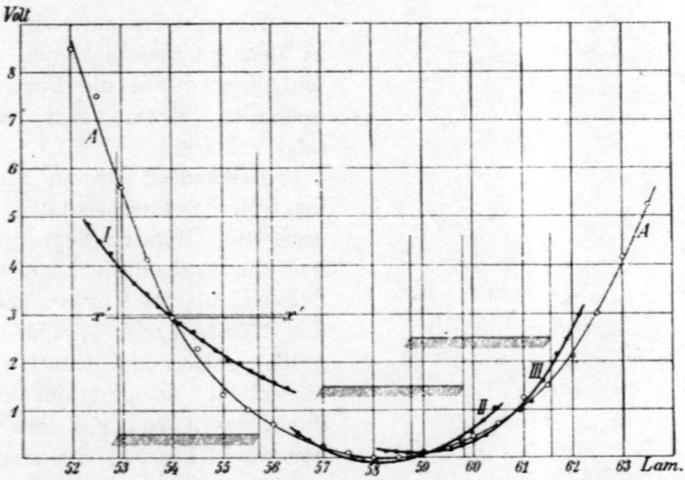

Fig. 275b. Potentialkurve in der neutralen Zone bei abgehobenen und aufgelegten Bürsten.

Hierauf wurden die Bürsten (Kohlenbürsten) aller Stifte auf den Kommutator gelegt, jedoch die elektrische Verbindung zwischen den einzelnen Bürstenstiften gelöst. Da die Wicklung als Wellenwicklung ausgeführt und die Verbindung zwischen den Bürstenstiften gelöst war, konnten keine inneren Ankerströme durch die Wicklung fließen.

Durch das Auflegen der Bürsten werden jedoch Ankerspulen kurzgeschlossen, und da sie sich im magnetischen Felde bewegen, werden in ihnen Ströme induziert, die sich außen durch die Bürsten der einzelnen Stifte schließen.

Die Kurven I, II und III der Fig. 275b zeigen die Form der Potentialkurve für drei verschiedene Bürstenstellungen. Es ist zu bemerken, daß die Kurven I und III in der Nähe der Funkengrenze aufgenommen wurden.

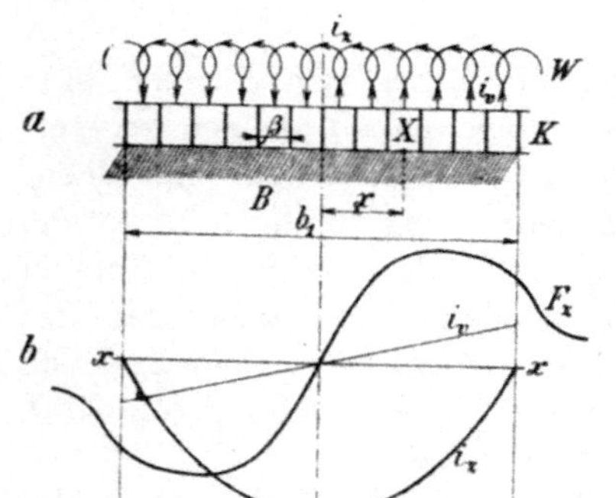

Fig. 276. Konstruktion der von zusätzlichen Strömen verursachten Deformierung der Potentialkurve.

Wie aus den Kurven ersichtlich, wird die Potentialkurve um so mehr deformiert, je steiler das unter der Bürste liegende Stück der Potentialkurve A des stromlosen Ankers verläuft. Ferner sieht man, daß die Potentialkurve unter der Bürste flacher verläuft als die Kurve A.

Diese Wirkung der inneren in den kurzgeschlossenen Spulen und quer durch die Bürsten verlaufenden Ströme läßt sich wie folgt erklären:

Betrachten wir in Fig. 275b den Teil der Potentialkurve A, der unter den Bürsten liegt, und ziehen die horizontale Linie $x'x'$, so daß sie mit der Kurve A zwischen der Bürstenbreite b_1 eine gleichgroße positive und negative Fläche einschließt, so gibt der Abstand der Kurve A von $x'x'$ (ebenso wie von xx in Fig. 274) die verschiedenen Potentiale der Lamellen an, bevor die Bürsten aufgelegt werden.

Legen wir die Bürste auf und nehmen wir an, wie es in Fig. 276 dargestellt ist, daß wir es mit einem glatten Anker zu tun haben, und daß die Bürste viele schmale Lamellen bedeckt, so erzeugen die durch die Spannungen hervorgerufenen zusätzlichen Ströme ein im Raume stillstehendes Magnetfeld, das Eigenfeld der Ströme.

Die durch die Bewegung der kurzgeschlossenen Spulen in diesem Felde induzierte EMK ist die EMK der Selbstinduktion.

Es sind also hauptsächlich zwei Ursachen, die eine Deformierung der Potentialkurve unter der Bürste bewirken.

Erstens haben die in den Spulen auftretenden zusätzlichen Ströme einen Spannungsabfall in den Spulen und Verbindungsdrähten zum Kommutator zur Folge, wodurch kleinere Spannungen zwischen den einzelnen Lamellen entstehen.

Zweitens induziert das Eigenfeld der zusätzlichen Ströme eine EMK der Selbstinduktion, wodurch eine weitere Deformierung der Potentialkurve eintritt.

Bei Verwendung von Metallbürsten werden die zusätzlichen Ströme größer als bei Kohlenbürsten; infolge des größeren Spannungsabfalls wird daher auch die Potentialkurve stärker deformiert und die Spannung zwischen den Lamellen wird kleiner. Daraus erklärt sich auch die Tatsache, daß Metallbürsten zwischen den Bürstenkanten eine größere induzierte EMK zulassen können, als man von vornherein anzunehmen geneigt ist.

Es ist ferner leicht einzusehen, daß, je steiler die Potentialkurve unter den Bürsten verläuft, um so größere zusätzliche Ströme auftreten, und eine um so stärkere Abflachung der Potentialkurve eintritt. Graphisch läßt sich die Deformierung der Feldkurve qualitativ am besten bestimmen.

Wir betrachten wieder den glatten Anker (Fig. 276) und nehmen vorläufig an, daß die Ströme, die in den Verbindungsdrähten zwischen der Wicklung und dem Kommutator fließen, proportional dem Abstande von der Bürstenmitte seien. Die Ordinaten der geraden Linie i_v (Fig. 276b) stellen dann die Größe der zusätzlichen Ströme in den Verbindungsdrähten dar, $x\,x$ bezeichnet die Abszissenachse.

Durch Integration dieser Kurve ergibt sich die quadratische Kurve i_z, deren Ordinaten den Verlauf des zusätzlichen Stromes einer Spule während der Kurzschlußzeit darstellt.

Die zusätzlichen Ströme i_z erzeugen ein magnetisches Feld, das Eigenfeld, dessen Stärke die Kurve F_z veranschaulicht.

Der Spannungsabfall, herrührend von dem Widerstand der Verbindungsdrähte, ist durch die Gerade e_r'' in Fig. 276c dargestellt, und der Spannungsabfall, herrührend von dem Widerstand der Ankerspulen, durch die Kurve e_r'. Die Ordinaten der Kurve i_z, multipliziert mit dem Widerstand einer Spule, ergeben den Spannungsabfall einer Spule in den verschiedenen Lagen während des Kurzschlusses. Die Kurve e_r' ist somit die Integralkurve der Kurve i_z, denn die Ankerspulen sind hintereinder geschaltet und der Momentanwert des Spannungsabfalls einer Spule folgt der Kurve i_z. Eine

Ordinate der Integralkurve e_r' stellt den Ohmschen Spannungsabfall in denjenigen Ankerspulen dar, die zwischen der Mitte der Bürste und der betrachteten Ordinate liegen.

Die von dem Eigenfelde in den einzelnen Ankerspulen induzierten EMKe sind proportional den Ordinaten der Kurve F_z. Wir finden daher die Kurve e_x der in den hintereinanderliegenden Spulen induzierten EMKe als Integralkurve der Kurve F_z.

Subtrahieren wir nun die Ordinaten der Kurven e_r', e_r'' und e_x von denen der Potentialkurve A bei nicht aufgelegter Bürste, so erhalten wir die Potentialkurve H, die den aufgelegten Bürsten entspricht. Infolge der zusätzlichen Ströme ist die Spannung zwischen den äußeren Lamellen von Δe bei abgehobener Bürste auf Δp bei aufgelegter Bürste gesunken (Fig. 276d).

Hätten wir den Einfluß des Eigenfeldes F_z verachlässigt, so würden wir beim Auflegen der Bürsten die Kurve H' erhalten, die sich durch Subtraktion der Ordinaten der Kurven e_r' und e_r'' von A ergibt.

Wie ersichtlich, haben nur die Ohmschen Spannungsabfälle eine Abflachung der Potentialkurve und somit eine Verkleinerung der Spannung zwischen Bürstenkante und Kommutator zur Folge.

Die vom Eigenfelde F_z, d. h. von der Selbstinduktion herrührende EMK (Kurve e_x) bewirkt dagegen eine Durchbiegung der Potentialkurve, ohne daß dadurch die Spannung an den Bürstenkanten beeinflußt wird.

Der in Fig. 275b dargestellte Versuch mit der 65-KW-Maschine zeigt, daß die Abflachung die Durchbiegung überwiegt. Das trifft in besonders starkem Maße zu, wenn die Verbindungsdrähte zwischen Wicklung und Kommutator einen verhältnismäßig großen Widerstand haben.

Wünscht man den Mittelwert des inneren zusätzlichen Stromes in den kurzgeschlossenen Spulen angenähert zu berechnen, so läßt sich dies graphisch wie unten beschrieben durchführen. Hierbei vernachlässigen wir das Eigenfeld F_z der zusätzlichen Ströme, weil dieses zwar auf den zeitlichen Verlauf einen geringen Einfluß, aber auf die Größe des Stromes fast gar keine Einwirkung ausübt.

Wir nehmen wieder an, daß die Ströme, die in den Verbindungsdrähten zwischen Wicklung und Kommutator fließen, proportional dem Abstande von der Bürstenmitte sind. Dasselbe gilt dann auch für die Stromdichte unter den Bürsten, deren größter Wert s_z unter den Bürstenkanten auftritt. Bezeichnen wir die Auflagefläche der Bürsten eines Stiftes wieder mit F_u, so wird ein Strom $i_{s\,max} = \frac{s_z F_u}{4}$ in die linke Bürstenhälfte ein- und aus der rechten Hälfte austreten.

Dieser Strom wird somit eine Ankerspule in dem Augenblick durchfließen, in dem die Spule sich in der Mitte der Kommutierungszone befindet. Wenn sich die Spule unter den Bürstenkanten befindet, ist der zusätzliche Strom Null. Der Mittelwert des zusätzlichen Stromes während der Kurzschlußperiode ergibt sich durch Integration zu $\frac{2}{3}$ des Maximalwertes, so daß

$$i_{z\,mitt} = \frac{2}{3} i_{z\,max} = \frac{s_z F_u}{6} \quad \ldots \ldots \quad (116)$$

ist. Dieser Strom gibt in den $\frac{b_1}{\beta}$ kurzgeschlossenen Spulen zu dem Ohmschen Spannungsabfall

$$e_r' = \frac{b_1}{\beta} r_s i_{z\,mitt} = \frac{b_1}{\beta} r_s \frac{s_z F_u}{6}$$

Anlaß. In den Verbindungsdrähten zwischen Kommutator und Ankerwicklung bedingen die inneren Ströme einen Ohmschen Spannungsabfall unter den Bürstenkanten, proportional dem Strome $\frac{\beta}{b_1} \frac{b_1 - \beta}{b_1} s_z F_u$, den die Lamellen unter den Bürstenkanten im Mittel aufnehmen. Es wird also

$$e_r'' = \frac{\beta}{b_1} \frac{b_1 - \beta}{b_1} 2 r_v s_z F_u$$

und der totale Ohmsche Spannungsabfall in der Ankerwicklung und in den Verbindungsdrähten zwischen den Bürstenkanten wird

$$e_r = s_z F_u \left(\frac{b_1}{\beta} \frac{r_s}{6} + \frac{\beta (b_1 - \beta)}{b_1^2} 2 r_v \right) = s_z C.$$

Bei abgehobenen Bürsten wird in den kurzgeschlossenen Spulen die EMK Δe induziert, die sich aus der Potentialkurve A Fig. 275b ergibt.

Zwischen den unter den Bürstenkanten liegenden Punkten des Kommutators erhalten wir somit eine Spannung

$$\Delta p = \Delta e - e_r.$$

Da die Funktion der effektiven Stromdichte und Spannung in der Übergangsschicht zwischen Bürste und Kommutator uns nur durch die experimentell aufgenommene Spannungskurve der betreffenden Bürstensorte bekannt ist, und da sowohl Δp als auch e_r von s_z abhängen, so können wir Δp aus dieser Bürstencharakteristik nur graphisch bestimmen.

In Fig. 277 ist eine solche Kurve $2 \Delta P = f(s_{u\,eff})$ dargestellt. Wir ziehen eine Horizontale in der Höhe $OA = \Delta e$ über der Abszissenachse und tragen nach unten die lineare Funktion $e_r = s_z C$ als die Gerade AC auf. Diese Linie schneidet die Spannungskurve der Kohle in C, und es ist nun

$$\overline{OB} = s_z, \quad \overline{BC} = \Delta p \quad \text{und} \quad \overline{CD} = e_r.$$

Wie aus dieser Konstruktion ersichtlich, ist $\frac{e_r}{\Delta p}$ um so kleiner, je kleiner Δe ist, d. h. die Deformierung der Potentialkurve unter den Bürsten ist bei dem obigen Versuch um so kleiner, je kleiner Δe ist.

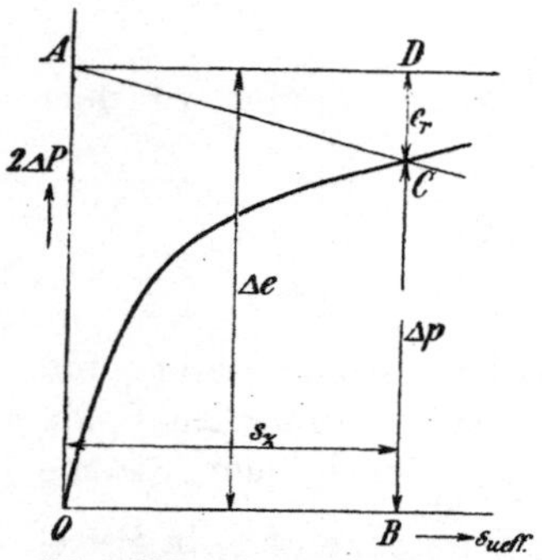

Fig. 277. Berechnung der zusätzlichen Stromdichte.

Wir haben eingangs dieser Rechnung die Annahme gemacht, daß die Stromdichte unter den Bürsten nach der Linie i_v (Fig. 276) verläuft. Es würde somit auch Δp eine geradlinige Funktion der Bürstenbreite b_1 sein, wenn der spezifische Übergangswiderstand R_k für die ganze Bürstenfläche als konstant angenommen würde. Die Versuche zeigen aber, daß die Kurve I Fig. 275b angenähert dieselbe Krümmung wie A erhält, und daß die Kurve I alle Ordinaten von A unter der Bürste in einem konstanten Verhältnis teilt. Dieses Verhältnis ist, wie wir für die Punkte unter den Bürstenkanten abgeleitet haben, gleich $\frac{BC}{CD}$ (Fig. 277). Also kann die Potentialkurve I bei aufgelegten Bürsten in der Weise aus der Potentialkurve A ermittelt werden, daß man alle Ordinaten der letzteren Kurve mit dem Verhältnis $\frac{\overline{BC}}{\overline{BD}} = \frac{\Delta p}{\Delta e}$ multipliziert.

Dieses Verhältnis läßt sich analytisch wie folgt ausdrücken. Es ist an den Bürstenkanten

$$\Delta e = \Delta p + e_r = 2 s_z R_k + s_z F_u \left[\frac{1}{6}\frac{b_1}{\beta} r_s + \frac{2\beta(b_1 - \beta)}{b_1^2} r_v\right],$$

also wird

$$s_z = \frac{\Delta e}{2 R_k + F_u \left[\frac{1}{6}\frac{b_1}{\beta} r_s + \frac{2\beta(b_1 - \beta)}{b_1^2} r_v\right]} \quad . \; . \; . \; (117)$$

und

$$\frac{\Delta p}{\Delta e} = \frac{2 R_k}{2 R_k + F_u \left[\frac{1}{6}\frac{b_1}{\beta} r_s + \frac{2\beta(b_1 - \beta)}{b_1^2} r_v\right]} \quad . \; . \; . \; (118)$$

Um diese angenäherte Berechnung zu bestätigen und um den Einfluß verschiedener Bürsten (Kupfer und Kohle) auf die Deformierung der Potentialkurve zu untersuchen, wurde an einem 10-PS-Nebenschlußmotor der Gesellschaft für elektrische Industrie, Karlsruhe, die Potentialkurve sowohl bei abgehobenen Bürsten (Fig. 278) als mit verschiedenen Kohlen- und Kupferbürsten experimentell aufgenommen. Für jede Bürstensorte wurden die Bürsten zuerst in der neutralen Zone eingestellt und darauf bis zur Funkengrenze sowohl in der Drehrichtung als auch in der entgegengesetzten Richtung verschoben.

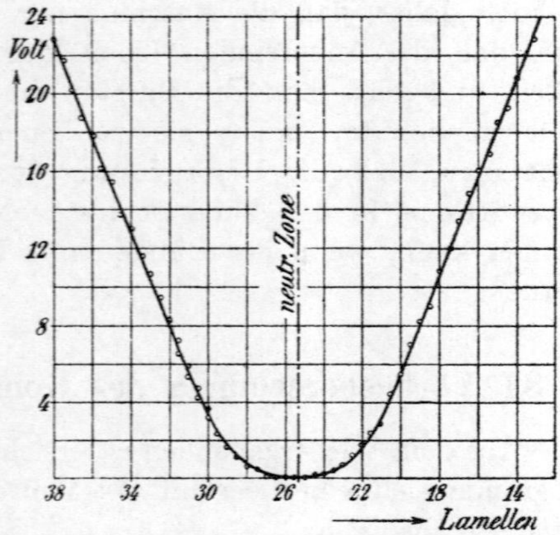

Fig. 278. Potentialkurve in der neutralen Zone bei abgehobenen Bürsten.

Fig. 279 zeigt die Potentialkurven bei Auflegung der sehr weichen Carbone-Bürsten und Fig. 280 diejenigen bei Auflegung von

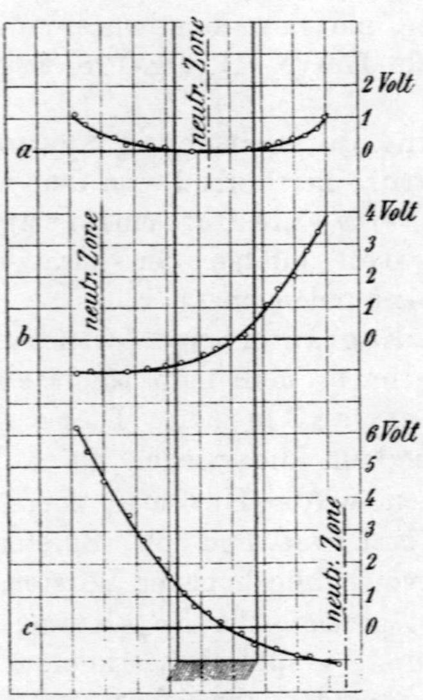

Fig. 279. Potentialkurve in der neutralen Zone bei aufgelegten Kohlenbürsten.

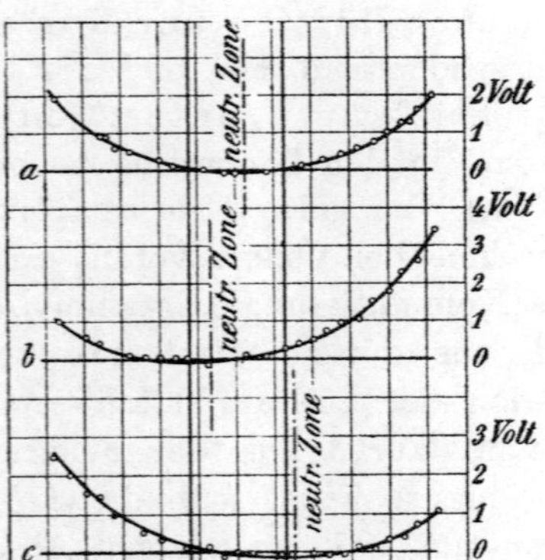

Fig. 280. Potentialkurve in der neutralen Zone bei aufgelegten Bürsten aus Kupfergeflecht.

Bürsten aus Kupfergeflecht. Es trat bei keinen Bürsten eine bedeutende Deformierung der Potentialkurve ein, wenn die Bürsten nur bis zur Funkengrenze verschoben wurden. Dies rührt hauptsächlich daher, daß die Maschine nur für niedrige Spannung gebaut war, daß die Ankerspulen einen kleinen Ohmschen Widerstand besaßen und daß man die Bürsten nur wenig ins Feld hinein verschieben konnte, bevor sie zu feuern anfingen. Aber immerhin sieht man, daß die Deformierung der Potentialkurve durch zusätzliche Ströme in den kurzgeschlossenen Ankerspulen nicht sehr groß werden kann, wenn die Bürsten nur bis zur Funkengrenze verstellt werden.

83. Vorausberechnung des Kommutierungsdiagrammes.

Aus dem Vorhergehenden ist ersichtlich, daß das Kommutierungsdiagramm sich von Leerlauf bis Vollast ändert, und zwar aus drei Ursachen, nämlich:

Erstens wird die Potentialkurve am Kommutator infolge der Ankerrückwirkung verschoben; diese Verschiebung läßt sich durch Anordnung von Kommutierungspolen fast aufheben. Bei Maschinen mit Kommutierungspolen hat die Ankerrückwirkung somit nur die Induktion von kleinen EMKen in den kurzgeschlossenen Ankerspulen zur Folge, die daher rühren, daß das Kommutierungsfeld das Nutenfeld in seiner Wirkung nie ganz kompensieren kann, sondern kleine Oberfelder — wie die Kurve III Fig. 198 zeigt — übrig läßt.

Zweitens tritt eine Erhöhung der mittleren Spannung zwischen Bürsten und Kommutator, herrührend von dem Übergangswiderstand, ein, und drittens tritt eine Deformierung der Potentialkurve unter den Bürsten infolge der zusätzlichen Ströme in den kurzgeschlossenen Ankerspulen ein.

a) Um das Kommutierungsdiagramm einer Gleichstrommaschine bei Vollast voraus zu berechnen, muß man somit erstens das Kommutierungsdiagramm bei Leerlauf kennen. Dieses ergibt sich aus der Potentialkurve bei Leerlauf, die wieder durch Summation der Leerlauffeldkurve erhalten wird. Hat man zuerst die Potentialkurve aus der Feldkurve bestimmt und die Bürstenlage gewählt, so kennt man die Δe_x-Kurve bei abgehobenen Bürsten und kann nun, wie im vorigen Abschnitt gezeigt, die Δp_x-Kurve, d. h. das Kommutierungsdiagramm der Bürste graphisch bestimmen. Da diese beiden Kurven nicht viel voneinander abweichen, wenn die Maschine funkenfrei arbeitet, so genügt es in den meisten Fällen, die Δe_x-Kurve allein zu bestimmen.

In Fig. 281 bis 283 stellt Kurve I das Feld in der Kommutierungszone dar. Die Summationskurve derselben ist die Potentialkurve II, die man so im Verhältnis zur Abszissenachse einzeichnet, daß die Flächenstücke, die die Potentialkurve mit der Abszissenachse einschließt, gleich groß werden. Ist die mittlere Feldstärke in der Kommutierungszone B_{k0}, so wird zwischen den Bürstenkanten eine mittlere EMK

$$\Delta e = \frac{b_1}{\beta}\,\frac{N}{K}\,\frac{p}{a}\,l v B_{k0}\,10^{-6}\ \text{Volt}$$

induziert. Werden die Bürsten in der geometrisch neutralen Zone eingestellt, so erhält man die in Fig. 282 eingezeichnete Feldkurve I und die dazugehörige Potentialkurve II, die die Abszissenachse zweimal schneidet. Der Mittelwert B_{k0} des kommutierenden Feldes ist hier gleich Null, wodurch auch die mittlere Spannung zwischen den

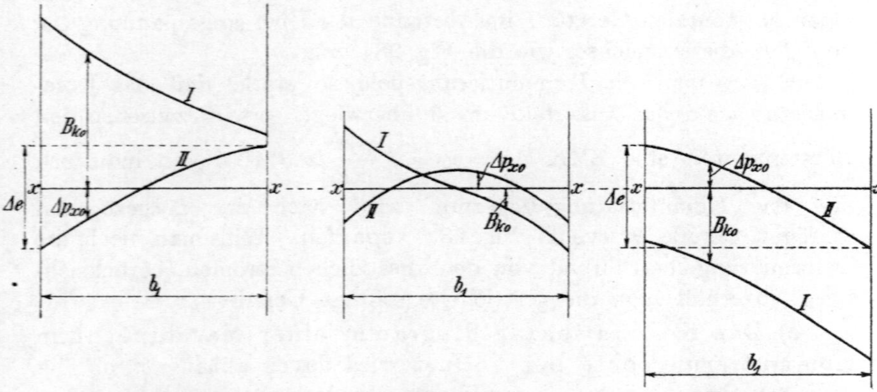

Fig. 281. Fig. 282. Fig. 283.

Kommutierungsdiagramme bei Leerlauf und Belastung für verschiedene Bürstenlagen.

Bürstenkanten gleich Null wird. In Fig. 283 ist die Bürste in der Drehrichtung und in Fig. 281 gegen die Drehrichtung im Felde verschoben.

Bei Maschinen mit Kommutierungspolen ist der Mittelwert B_{k0} des Kommutierungsfeldes gleich Null, so daß Δe auch gleich Null wird. Außerdem wird man die Kommutierungspole so nahe an die Ankeroberfläche heranbringen, daß das Feld der Hauptpole nicht unter den Kommutierungspolen in die Ankeroberfläche eindringen kann, sondern sich durch die Kommutierungspolschuhe schließt. In diesem Falle wird das Kommutierungsdiagramm bei Leerlauf mit der Abszissenachse zusammenfallen, was ja der ideellste Fall ist, den man sich denken kann.

b) Das Kommutierungsdiagramm einer Maschine mit Kommutierungspolen bei Vollast wird davon abhängen, ob man die Pole für geradlinige Kommutierung oder Überkommutierung erregt. Im ersten Falle wird das Kommutierungsfeld gerade das Ankerfeld, das sich aus dem Nutenfeld B_{ng}, dem Feld B_s der Stirnverbindungen und einem etwaigen Querfeld B_q außerhalb der Kommutierungspole zusammensetzt, kompensieren. Bei Überkommutierung kommt hierzu noch das zusätzliche Feld B_z.

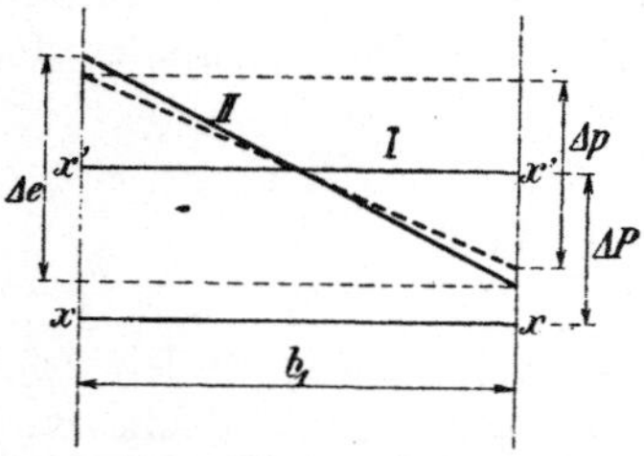

Fig. 284. Kommutierungsdiagramm einer Wendepolmaschine.

Bei geradliniger Kommutierung wird zwischen den Bürstenkanten keine EMK induziert und das Kommutierungsdiagramm verläuft nach einer horizontalen Gerade I im Abstande der Übergangsspannung ΔP von der Abszissenachse, wie die Fig. 284 zeigt.

Erregt man die Kommutierungspole so stark, daß das Kommutierungsfeld das Ankerfeld um B_z überwiegt, so wird zwischen den Bürstenkanten eine EMK $\Delta e = e_z = \frac{b_1}{\beta} \frac{p}{a} \frac{N}{K} l v B_z 10^{-6}$ Volt induziert, und das Kommutierungsdiagramm wird nach der ausgezogenen schrägen Gerade Kurve II Fig. 284 verlaufen. Will man noch die Deformierung, herrührend von den zusätzlichen Strömen, berücksichtigen, so erhält man die gestrichelte schräge Gerade.

c) Das Kommutierungsdiagramm einer Maschine ohne Kommutierungspole bei Vollast wird davon abhängen, ob die Bürsten in der geometrisch neutralen Zone oder in dem für Halblast günstigsten Kommutierungsfeld eingestellt werden. Werden die Bürsten, wie für reversierbare Motoren, in der geometrisch neutralen Zone eingestellt, so wird bei Leerlauf keine EMK zwischen den Bürstenkanten induziert, und man erhält die Feldkurve und das Kommutierungsdiagramm, die in Fig. 282 dargestellt sind. Geht man nun zur Belastung über, so kommt das fehlerhafte Ankerfeld $B_f = B_{no} + B_s + B_q$ hinzu, und man erhält den in Fig. 285

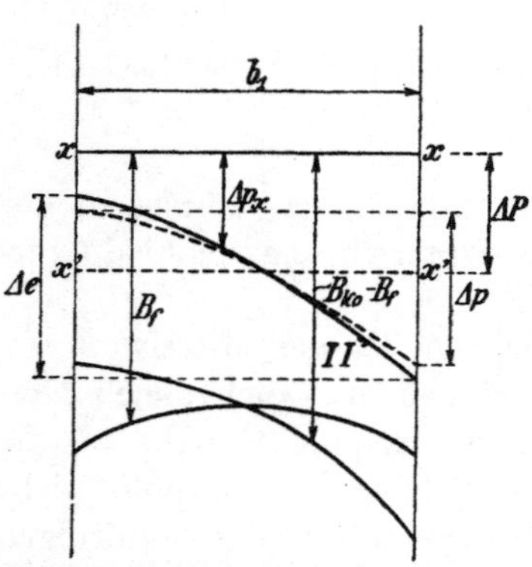

Fig. 285. Kommutierungsdiagramm einer Maschine ohne Wendepole.

dargestellten Verlauf des resultierenden Feldes $B_{k0} - B_f$. Die von diesem Feld erzeugte Potentialkurve II, deren Mittelwert im Abstande $\varDelta P$ von der Abszissenachse liegt, gibt uns das Kommutierungsdiagramm bei Vollast. Wie ersichtlich, ist das Kommutierungsdiagramm eines reversierbaren Motors sowohl bei Vollast als bei Leerlauf konkav nach unten.

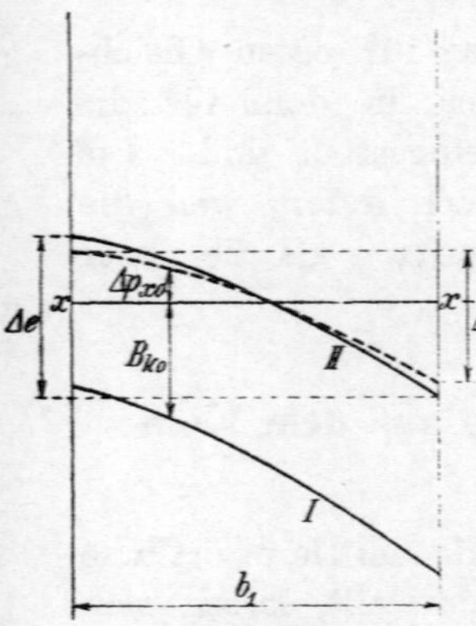

Fig. 286.

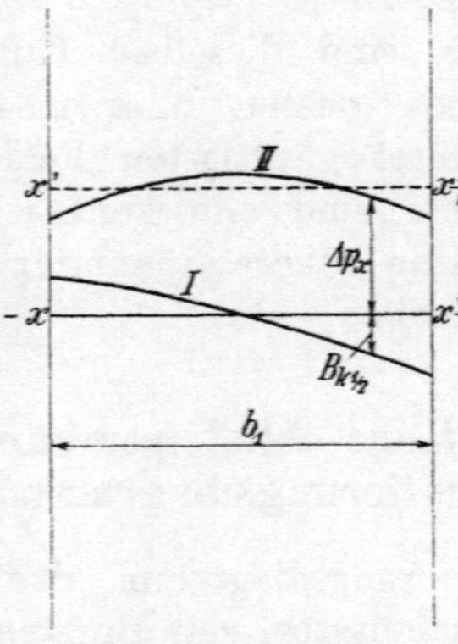

Fig. 287.

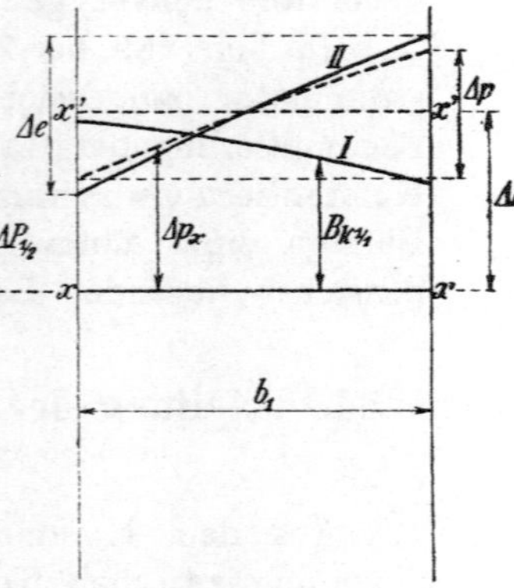

Fig. 288.

Kommutierungsdiagramme eines Generators für verschiedene Bürstenstellungen.

Wünscht man die Deformierung der Potentialkurve unter den Bürsten zu berücksichtigen, so erhält man die gestrichelt eingezeichnete Kurve II.

Stellt man die Bürsten eines Gleichstromgenerators in einem solchen Felde B_{k0} ein, daß das für die Kommutierung nötige Feld bei Halblast $\frac{1}{2}(B_{no} + B_s + B_q) = B_{ko}$ wird, so wird bei Halblast keine EMK zwischen den Bürstenkanten induziert und man erhält die in Fig. 287 dargestellte resultierende Feldkurve I und das ent-

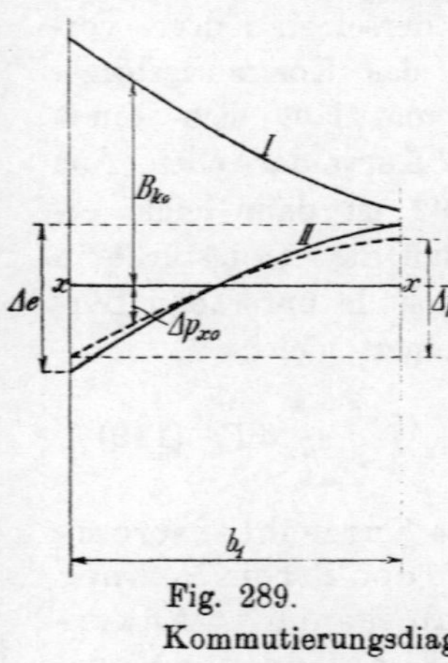

Fig. 289.

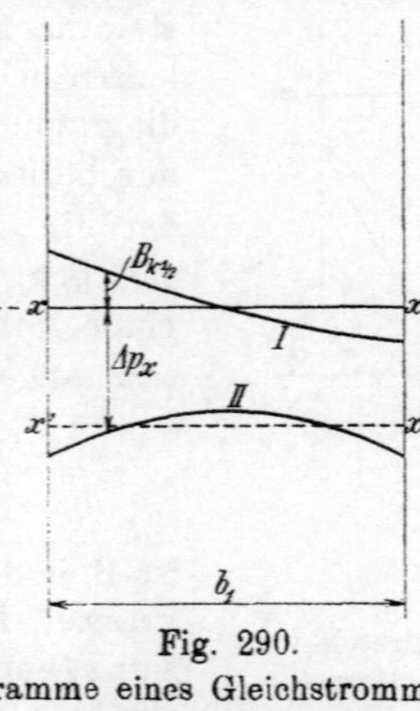

Fig. 290.

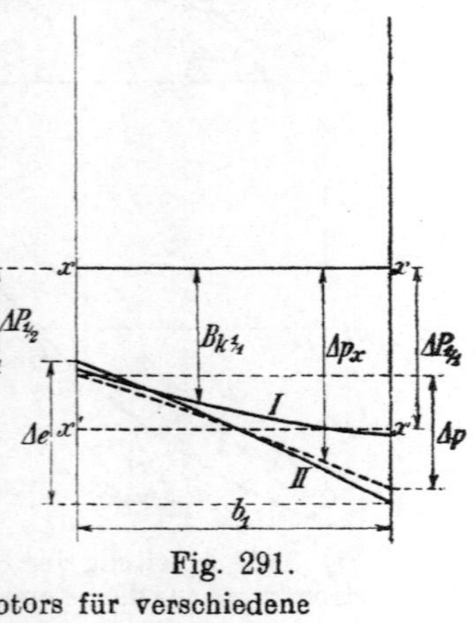

Fig. 291.

Kommutierungsdiagramme eines Gleichstrommotors für verschiedene Bürstenstellungen.

sprechende Kommutierungsdiagramm bei Halblast. In Fig. 286 sind dieselben Kurven für Leerlauf und in Fig. 288 dieselben Kurven für Vollast eingezeichnet. Da die Bürsten eines Generators eine kleinere Spannung aufweisen als die Kommutatorlamellen unter den Bürsten, so sind alle normalen Kommutierungsdiagramme eines Gleichstromgenerators konvex gewölbt.

In Fig. 289 bis 291 sind dieselben Kurven für einen Gleichstrommotor aufgezeichnet, dessen Bürsten auch in dem für die Kommutierung bei Halblast günstigsten Feld eingestellt sind. Die Kommutierungsdiagramme sind alle konkav nach unten, weil die Bürsten eines Motors eine höhere Spannung besitzen als die unter denselben liegenden Lamellen.

84. Ableitung der Kurzschlußstromkurve aus dem Kommutierungsdiagramm.

Aus dem Kommutierungsdiagramm, das die mittlere örtliche Spannung zwischen Kommutator und Bürsten darstellt, lassen sich wichtige Schlüsse über den Verlauf der Kurzschlußstromkurve ziehen.

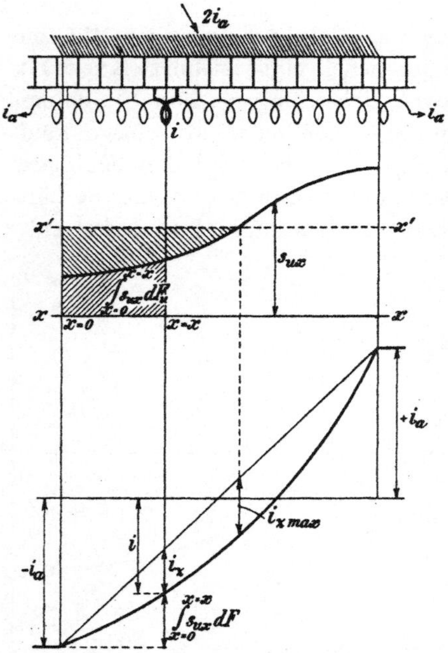

Fig. 292. Ableitung der Kurzschlußstromkurve aus dem Kommutierungsdiagramm.

Zuerst betrachten wir den ideellen Fall, bei dem die Lamellenbreite β sehr klein im Verhältnis zur Bürstenbreite b_1 und der spezifische Übergangswiderstand R_k über der ganzen Bürstenfläche konstant ist. In dem Falle wird die mittlere örtliche Stromdichte s_{ux} unter den Bürsten nach derselben Kurve verlaufen wie das Kommutierungsdiagramm und läßt sich somit durch diese Kurve darstellen. Aus der Fig. 292 ist dann leicht ersichtlich, daß die Stromstärke in einer Ankerspule unter den Bürsten angenähert gleich

$$i = -i_a + \int_{x=0}^{x=x} s_{ux}\, d F_u \quad (119)$$

ist d. h. die **Kurzschlußstromkurve**, die den Strom in einer kurzgeschlossenen Ankerspule als Funktion der Kommutierungszeit darstellt, wird die Integralkurve des Kommutierungsdiagrammes, wenn R_k über der ganzen Bürstenfläche konstant und $\frac{b_1}{\beta}$ sehr groß angenommen wird. Umgekehrt wird die Kurve der mittleren örtlichen Stromdichten gleich der Differentialkurve der Kurzschlußstromkurve und kann aus dieser ermittelt werden, indem man in mehreren Punkten derselben die Tangente zieht und die Stromdichte proportional dem tg des Winkels setzt, den die Tangente mit einer Horizontalen bildet. In dieser Weise läßt sich die Form der Kurzschlußstromkurve aus dem Kommutierungsdiagramm graphisch bestimmen, während der Maßstab sich aus dem der Bürste zugeführten Strom $2 i_a$ ergibt.

Aus dieser Konstruktion folgt ferner, daß der größte zusätzliche Strom $i_{z\,max}$ in den kurzgeschlossenen Spulen, der von der Spannung Δp herrührt, proportional der schraffierten Fläche ist, die zwischen der Potentialkurve und der Abszissenachse $x' x'$ liegt (s. Fig. 292).

Bei Schleifenwicklungen, bei denen im wirklichen und im reduzierten Schema der Kommutator und die Bürstenlagen identisch sind, erstreckt die Δp_x-Kurve sich nur über eine Bürstenbreite; bei den Wellenwicklungen dagegen müßte man eigentlich die Δp_x-Kurve über die Breite einer Bürstengruppe des reduzierten Schemas aufnehmen. Dies ist aber nicht möglich; deswegen erhält man bei Wellenwicklungen als mittlere örtliche Stromdichte Mittelwerte, die einem größeren Verhältnis $\frac{\beta}{b_1}$ entsprechen als demjenigen, das sich aus dem reduzierten Schema des betreffenden Ankers ergibt. Bei Wellenwicklungen gibt aus dem Grunde diese Untersuchungsart die größten Fehler.

Ist der spezifische Übergangswiderstand R_k nicht über der ganzen Bürstenfläche konstant, so ist aus dem Kommutierungsdiagramm zuerst die Kurve der mittleren örtlichen Stromdichte zu bestimmen. Diese Kurve läßt sich aber auch nur dann aus der ersten ableiten, wenn der spezifische Übergangswiderstand an jedem Punkt der Bürstenfläche zeitlich konstant ist. Die Wechselstromversuche von Dr. Kahn über den spezifischen Übergangswiderstand lassen diese Annahme als praktisch zulässig erscheinen, und man kann in dem Falle die Kurve der mittleren örtlichen Stromdichte aus dem Kommutierungsdiagramm berechnen.

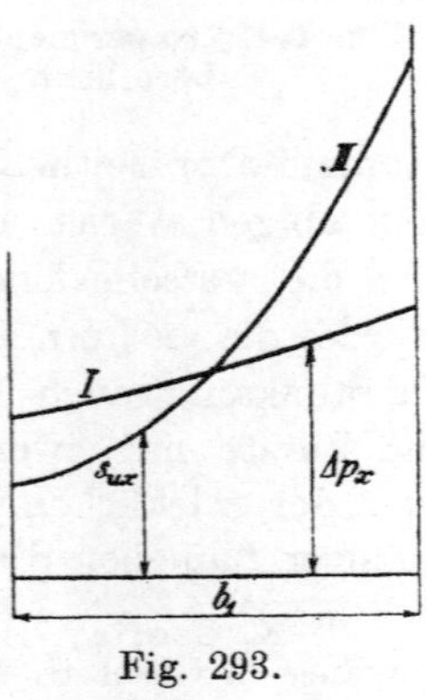

Fig. 293.

Aus der charakteristischen Kurve Fig. 258

der betreffenden Bürstensorte entnimmt man den jeder Spannung Δp_x der Kurve I in Fig. 293 entsprechenden Wert s_{ux} der mittleren örtlichen Stromdichte und trägt diesen für jede Spannung des Kommutierungsdiagrammes in Fig. 293 ein, wodurch sich die Kurve II ergibt.

Bedeckt die Bürste nur wenige, z. B. 2 bis 3 Lamellen, so trifft die Gleichung (119) nicht mehr zu, insbesondere nicht in der Nähe der Bürstenkanten, weil hier die Spannung zwischen Bürste und

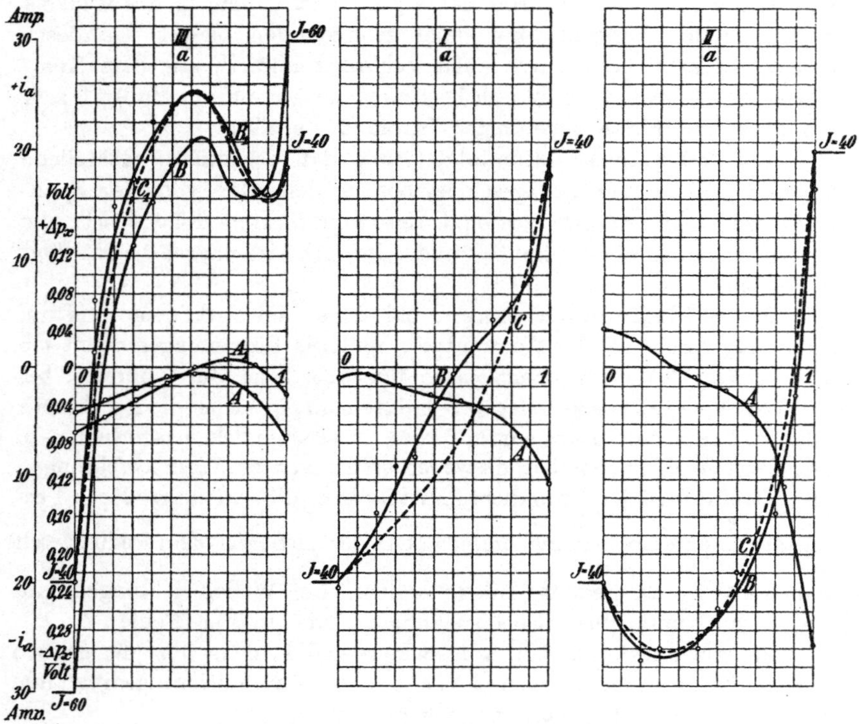

Fig. 294. Experimentell aufgenommene und aus Kommutierungsdiagramm berechnete Kurzschlußstromkurven bei Kupferbürsten.

Kommutator zeitlich zu stark schwankt. Selbst wenn man die in der obigen Weise ermittelte Kurzschlußstromkurve als Mittelwert für die verschiedenen Spulen einer Ankernut auffassen würde, so würde die so ermittelte Kurzschlußstromkurve in der Nähe der Bürstenkante auch nicht den wirklichen Mittelwert ergeben, wenn die Bürste nur zwei oder drei Lamellen bedeckt. Die Abweichung von der wirklichen Kurzschlußstromkurve wird um so größer, je weniger Lamellen die Bürste bedeckt. Eine von Dr. ing. K. Czeija[1])

[1]) K. Czeija, „Die experimentelle Untersuchung der Kommutierungsvorgänge in Gleichstrommaschinen.“ Stuttgart 1903, F. Enke.

ausgeführte experimentelle Untersuchung hat ergeben, daß bei Verwendung von **Metallbürsten** die durch Integration aus den Δp_x-Kurven ermittelte Kurzschlußstromkurve mit der tatsächlichen Kurve genügend genau übereinstimmt. Dieses Resultat, das durch die Kurven in Fig. 294 dargestellt ist, ergab sich für eine Kupferbürste, die nur 1,56 Lamelle bedeckte. Die Kurven A stellen die mittlere örtliche Spannung Δp_x zwischen Bürste und Kommutator, das sogenannte Kommutierungsdiagramm dar, während die Kurven B die für dieselben Bedingungen experimentell aufgenommenen Kurzschlußstromkurven i wiedergeben. Die aus dem Kommutierungsdiagramm durch Integration ermittelten Kurzschlußstromkurven sind durch die gestrichelten Kurven C angegeben.

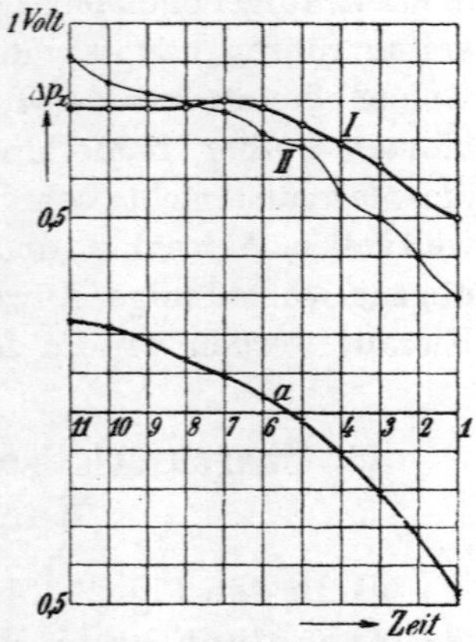

Fig. 295. Experimentell aufgenommene Kommutierungs diagramme bei Kohlenbürsten.

Bei Kohlenbürsten ist die Übereinstimmung keine so gute, wie die Versuche von sowohl Prof. **Arnold**[1]) als Prof. K. **Czeija** gezeigt

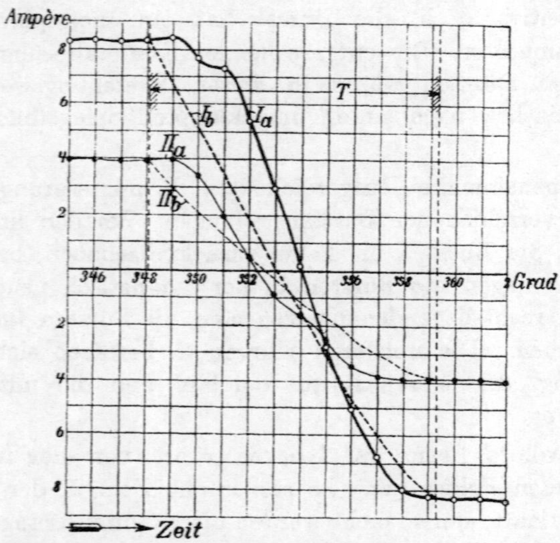

Fig. 296. Die aus dem Kommutierungsdiagramm Fig. 295 berechneten Kurzschlußstromkurven (gestrichelt), verglichen mit den experimentell aufgenommenen Kurven.

---

[1]) E. **Arnold**, Arbeiten aus dem Elektrotechnischen Institut der Technischen Hochschule in Karlsruhe, S. 10. Berlin 1909, Julius Springer.

haben. In Fig. 295 sind die von Prof. Arnold experimentell aufgenommenen Kommutierungsdiagramme wiedergegeben und in Fig. 296 die aus diesen berechneten Kurzschlußstromkurven mit den experimentell aufgenommenen Kurven zusammengestellt. Die Unstimmigkeiten rühren hauptsächlich daher, daß der Übergangswiderstand bei Kohlenbürsten mit der Stromdichte sich mehr ändert als bei Kupferbürsten. Aber immerhin gibt das Kommutierungsdiagramm, wenn die Maschine nicht sehr klein ist und nicht zu stark feuert, sehr wertvollen Aufschluß über den Verlauf der Kommutierung und genügend vollständige Anweisung, wie man dieselbe verbessern kann. Hierauf werden wir im folgenden Kapitel näher eingehen.

85. Charakteristische Kommutierungsdiagramme und Kurzschlußstromkurven.

a) In den Fig. 297 bis 299 sind einige charakteristische Kurven für Maschinen ohne Wendepole zusammengestellt, wie sie den normal vorkommenden Arten der Kurzschlußstromkurven entsprechen. Nimmt man dabei, wie wir es bisher getan haben, das Potential der Bürste zu Null an (Nullinie), so gelten die Kurven für die positive Bürste eines Generators; denn es ist ihre mittlere Ordinate positiv, d. h. die Bürste hat ein niedrigeres Potential als der Kommutator. Die entsprechenden Kommutierungsdiagramme der negativen Bürsten wären in dieser Darstellungsweise die um die Abszissenachse nach unten umgeklappten Spiegelbilder der hier gezeigten.

Die nebeneinander aufgezeichneten Kommutierungsdiagramme entsprechen verschiedenen Bürstenstellungen. Bei den linksliegenden Kurven sind die Bürsten im Felde zurückverschoben, bei den mittleren Kurven liegen die Bürsten in der magnetisch neutralen Zone, und bei den rechtsliegenden Kurven sind die Bürsten im Felde vorwärtsverschoben. Die mittleren Kurven G beziehen sich auf Generatorbelastung, die oberen L auf Leerlauf und die unteren M auf Motorbelastung.

Die gewölbte Form der Kurven rührt von der Neigung des kommutierenden Feldes her. Je steiler das Feld in der Kommutierungszone verläuft, um so mehr werden die Kommutierungsdiagramme gewölbt. Unterhalb der Kommutierungsdiagramme sind in Fig. 297 bis 299 die entsprechenden Kurzschlußstromkurven eingezeichnet. Wie aus diesen ersichtlich, erhält man Unterkommutierung beim Generator, wenn die Bürsten im Felde zurückverschoben, und beim Motor, wenn sie im Felde vorwärtsverschoben werden.

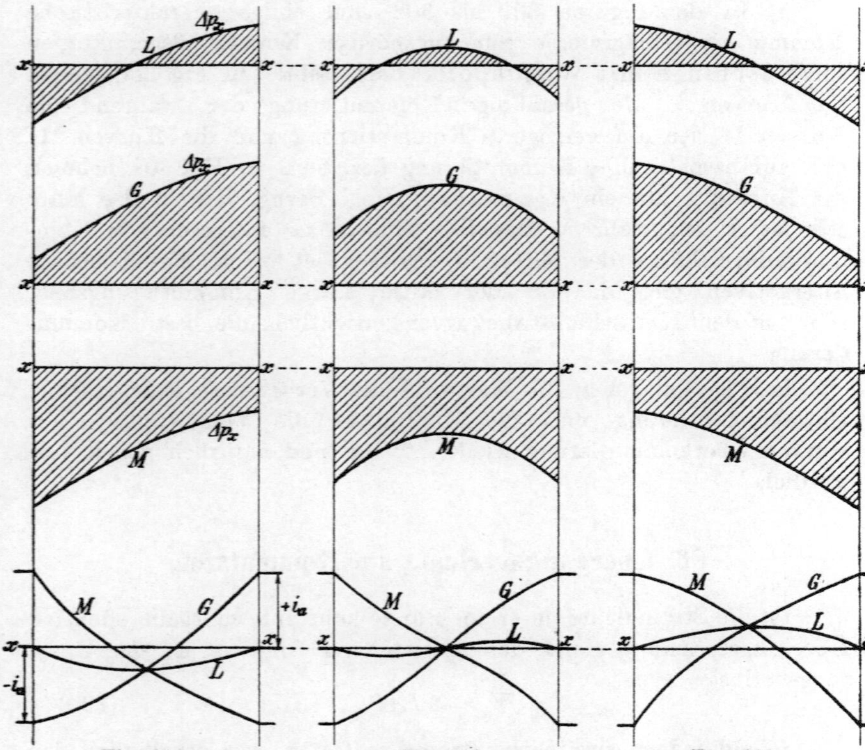

Fig. 297. Fig. 298. Fig. 299.

Charakteristische Kommutierungsdiagramme und Kurzschlußstromkurven bei Maschinen ohne Wendepole.

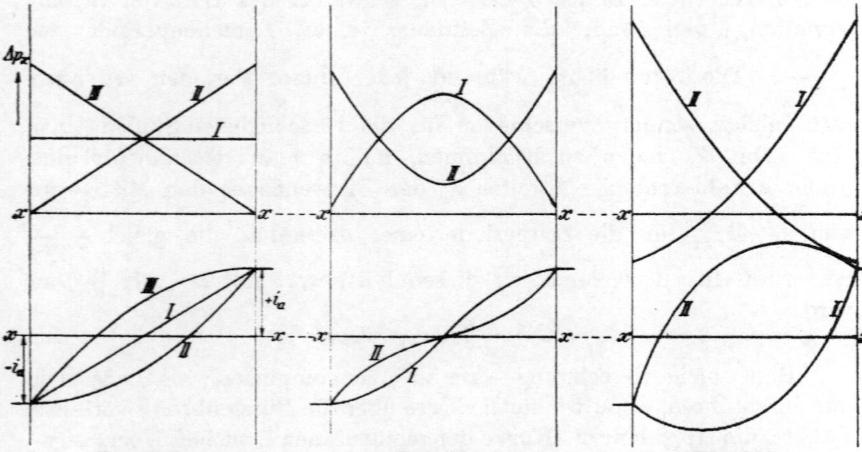

Fig. 300. Fig. 301. Fig. 302.

Kommutierungsdiagramme und Kurzschlußstromkurven bei Maschinen mit Wendepolen.

b) In den Figuren 300 bis 302 sind einige charakteristische Kommutierungsdiagramme mit zugehörigen Kurzschlußstromkurven für Maschinen mit Wendepolen dargestellt. In Fig. 300 stellen die Kurven I die geradlinige Kommutierung dar, während die Kurven II sich auf verzögerte Kommutierung und die Kurven III sich auf beschleunigte Kommutierung beziehen. In Fig. 301 nehmen die Kurven I auf ein Kommutierungsfeld Bezug, das in der Mitte sehr stark ist, während das den Kurven II entsprechende Kommutierungsfeld in der Mitte zu schwach ist. Von diesen beiden Alternativen gibt das in der Mitte starke Kommutierungsfeld, wie aus den Kurzschlußstromkurven ersichtlich, die beste Kommutierung.

In Fig. 302 geben die Kurven I die Verhältnisse einer starken Unterkommutierung und die Kurven II die Verhältnisse einer starken Überkommutierung wieder. Beide sind natürlich gleich verwerflich.

86. Übergangsverluste am Kommutator.

Ist die Stromdichte unter der Bürste konstant, so ist die effektive Übergangsspannung gleich der mittleren ΔP und es ist der Übergangsverlust

$$W_u = 2 J \Delta P \quad \text{. . . . . (120)}$$

Sobald jedoch zusätzliche Ströme auftreten, was gewöhnlich der Fall ist, wird die Stromdichte über der Bürstenbreite veränderlich, und da die Kommutatorlamellen im Verhältnis zur Bürstenbreite b_1 eine beträchtliche Breite β besitzen, schwankt das Bild der Stromverteilung periodisch; die Zeitdauer einer Lamellenperiode ist $\frac{\beta}{100\, v_k}$. Die Stromdichte während jeder dieser Perioden ist auch nicht gleich, sondern verschieden für die verschiedenen Spulen einer Nut. Um W_u genau zu bestimmen, müßte man deshalb für eine große Anzahl schmaler Streifen F_x der Bürstenfläche den Mittelwert von $s_{uxt} \Delta p_{xt}$ für die Zeitperiode einer Ankernut, die gleich $\frac{t_1}{100\, v}$ ist, ermitteln. Bezeichnen wir diesen Mittelwert mit $(s_{uxt} \Delta p_{xt})_m$, so wird

$$W_u = \Sigma F_x (s_{uxt} \Delta p_{xt})_m .$$

Eine solche Berechnung wäre aber zu kompliziert; sie ließe sich nur durchführen, wenn wir für mehrere über die Bürstenbreite verteilte Punkte die Δp_{xt}-Kurve (Kurve der momentanen örtlichen Übergangsspannung) und die s_{uxt}-Kurve (Kurve der momentanen örtlichen

Stromdichte) experimentell ermitteln würden. Um die Berechnung einfacher zu gestalten, benutzen wir die Kurve der mittleren örtlichen Stromdichte s_{ux}, die wir aus der Beziehung $s_{ux} = \frac{\Delta p_x}{R_k}$ durch Messung der mittleren örtlichen Übergangsspannung berechnen können.

Indem wir den Mittelwert $(s_{uxt}\Delta p_{xt})_m$ gleich dem Produkte der beiden Mittelwerte s_{ux} und $\Delta p_x = s_{ux} R_k$ setzen, erhalten wir für eine Bürste

$$W_{u1} = \int_{x=0}^{x=1} s_{ux}^2 R_k \, dF_u.$$

Der Widerstand R_k ist abhängig von der örtlichen effektiven Stromdichte, die etwas größer ist als s_{ux}; R_k ändert sich daher über die Bürstenbreite mit s_{ux}. Bei größeren Belastungen der Maschine und guter Kommutierung ist jedoch s_{ux} nicht sehr stark veränderlich, ferner wird R_k hauptsächlich durch die Temperatur der Kohle, die über der ganzen Bürstenbreite annähernd gleich ist, beeinflußt. Wir wollen daher für R_k einen konstanten, der mittleren effektiven Stromstärke entsprechenden Wert einsetzen und bekommen somit angenähert

$$W_{u1} = R_k \int_{x=0}^{x=1} s_{ux}^2 \, dF_u = R_k s_{u\,eff}^2 F_u.$$

Nun ist

$$s_{u\,eff} = s_u f_u, \qquad s_u F_u = 2 i_a$$

und

$$R_k s_{u\,eff} = \Delta P,$$

folglich wird

$$W_{u1} = 2 i_a \Delta P f_u.$$

Um den Verlust aller Bürsten zu erhalten, ist die gesamte Stromstärke der Maschine einzuführen, somit

$$\boldsymbol{W_u = 2 J_a \Delta P f_u}, \quad . \; . \; . \; . \; . \; . \; . \; . \quad (121)$$

worin die Übergangsspannung $2\Delta P$ der Bürstencharakteristik für die effektive Stromdichte $s_{u\,eff}$ entnommen werden kann. Der Formfaktor f_u läßt sich in bekannter Weise aus dem Kommutierungsdiagramm bestimmen, indem man die Wurzel aus dem quadratischen Mittelwert, geteilt durch den arithmetischen Mittelwert der Flächenelemente ermittelt, die das Kommutierungsdiagramm mit der Abszissenachse einschließt. Indem $(s_{uxt}\Delta p_{xt})_m = s_{ux}\Delta p_x$ bei der Berechnung von W_u gesetzt wurde, ist es ratsam, den Formfaktor f_u eher zu groß als zu klein zu wählen.

Aus Formel (121) folgt direkt, daß der Übergangsverlust am Kommutator mit einer Zunahme des Formfaktors ansteigt, und da der Formfaktor $f_u = 1$ ist bei geradliniger Kommutierung, so ist der Übergangsverlust W_u am Kommutator bei geradliniger Kommutierung am kleinsten. Sowohl bei Über- als Unterkommutierung wächst f_u mit der Deformierung des Kommutierungsdiagrammes, und der Übergangsverlust nimmt mit der Abweichung von der geradlinigen Kommutierung schnell zu. Dies geht auch aus den Versuchen (Fig. 303) von Dr. Jordan[1]) hervor, die die Abhängigkeit des Übergangsverlustes von der Bürstenstellung darstellt. Diese Kurven hat Dr. Jordan in der Weise bestimmt, daß er die momentane Stromdichte s_{ut} und die Übergangsspannung Δp_t einer Kommutatorlamelle mittels eines Oszillographen experimentell aufnahm und den Mittelwert von $s_{ut} \Delta p_t$ während der Zeit, die eine Lamelle benötigt, um an der Kommutatorbürste vorbeizugehen, berechnete. Dieser Mittelwert mit $\frac{b_1}{\beta}$ multipliziert gibt den Übergangsverlust einer Bürste. Bei einer Maschine mit mehreren Lamellen pro Nut würde dies nur der Fall gewesen sein, wenn die verschiedenen Lamellen einer Nut gleiche Strom- und Spannungskurven ergeben hätten, was ja nie ganz zutrifft. Aus den Kurven Fig. 303 geht außerdem hervor, daß die positiven Bürsten sehr viel geringere Verluste haben als die negativen. Dies rührt wahrscheinlich daher, daß der höhere spezifische Übergangswiderstand der positiven Bürste nur eine geringere Ausbildung zusätzlicher Ströme, die sich über die Bürsten schließen müssen, zuläßt. Die Kurven zeigen ferner, daß die Verluste nach der Seite der Unterkommutierung, also bei Verschiebung gegen die Drehrichtung, weit schneller zunehmen als bei Verschiebung in der Drehrichtung, und daß für die erste Art die Funkengrenze schneller erreicht ist als für die zweite.

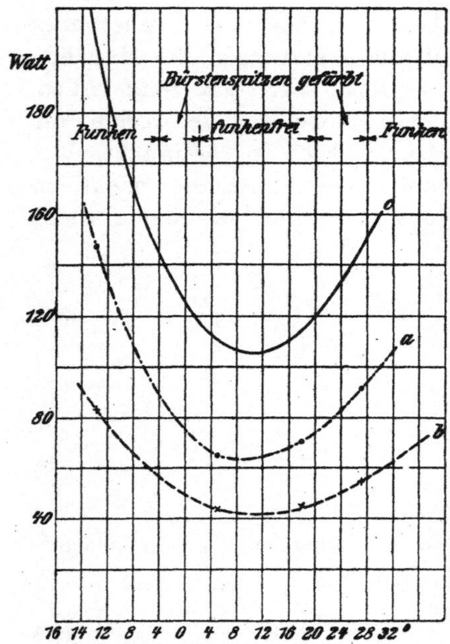

Fig. 303. Abhängigkeit der Übergangsverluste am Kommutator von der Bürstenstellung, *a* für die negativen und *b* für die positiven Bürsten.

[1]) E. Arnold, Arbeiten aus dem Elektrotechnischen Institut der Technischen Hochschule in Karlsruhe, S. 280. Springer, 1909.

In ähnlicher Weise gibt es bei Wendepolmaschinen eine bestimmte Erregung der Wendepole, bei der der Übergangsverlust ein Minimum ist. Schwächt oder verstärkt man die Erregung der Wendepole, so erhält man Unter- bzw. Überkommutierung und der Verlust steigt.

Bei einer leerlaufenden Maschine verschwindet der Übergangsverlust nicht immer, obwohl die obige Formel für $J_a = 0$ den Wert Null ergibt. Es können nämlich zusätzliche Ströme sich durch die Bürsten schließen, deren Übergangsverluste man nur schwierig bestimmen kann.

Achtzehntes Kapitel.

Analytische Berechnung einiger Kurzschlußstromkurven.

87. Elektrische und magnetische Verkettung der Kurzschlußstromkreise.

Eine genaue analytische Berechnung der Kurzschlußstromkurve einer Ankerspule bietet fast unüberwindliche Schwierigkeiten, sobald die Bürstenbreite größer als die Lamellenteilung ist. Diese Schwierigkeiten beruhen nicht allein auf den mit der Stromdichte unter den Bürsten veränderlichen Übergangswiderstand, sondern auch auf die verwickelte Art, durch welche die gleichzeitig kurzgeschlossenen Ankerspulen magnetisch und elektrisch miteinander verkettet sind.

Solange man annimmt, daß die Kommutierung in allen kurzgeschlossenen Spulen geradlinig verläuft, so sind die Erscheinungen nicht schwierig analytisch zu verfolgen, denn die für die induzierten EMKe maßgebende Änderung des Stromes nach der Zeit $\frac{di}{dt}$ ist nämlich dann für alle Spulen gleich groß. Sobald man aber die zusätzlichen Ströme, die ja in wenigstens einigen der Spulen auftreten, berücksichtigen will, so wird die Sache verwickelt.

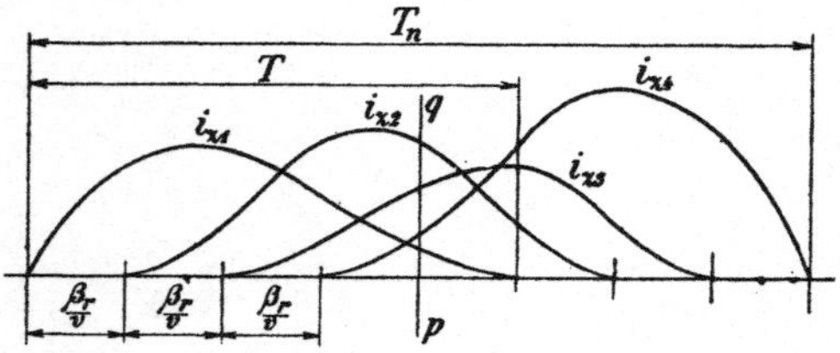

Fig. 304.

Befinden sich z. B. vier Spulen einer Nut im Kurzschluß und stellen die Kurven i_{z1}, i_{z2}, i_{z3} und i_{z4} in Fig. 304 den zeitlichen Verlauf der zusätzlichen Kurzschlußströme dar, so sind z. B. in dem durch die Ordinate pq bezeichneten Augenblick die zusätzlichen Ströme i_{z1} bis i_{z4} und ihre Änderung nach der Zeit verschieden. Die von den zusätzlichen Strömen in einer Spule induzierten EMKe unterstützen sich daher nicht immer, sondern schwächen sich zeitweise gegenseitig. Im Momente pq nehmen z. B. i_{z1} und i_{z2} ab, während i_{z3} und i_{z4} zunehmen; die von ihnen induzierten EMKe haben somit entgegengesetzte Richtung. Infolge dieser gegenseitigen dämpfenden Wirkung der zusätzlichen Ströme strebt der Kurzschlußstrom i einem geradlinigen Verlauf als Funktion der Zeit zu. In dieser Hinsicht ist daher eine große gegenseitige Induktion der kurzgeschlossenen Spulen günstig.

Betrachten wir nur eine der kurzgeschlossenen Spulen, so sehen wir, daß in dieser eine zusätzliche EMK e_z von dem fehlerhaften Felde B_f induziert wird; als fehlerhaftes Feld bezeichnen wir das Feld, das nach Abzug des für eine geradlinige Kommutierung nötige Kommutierungsfeld vom Hauptfeld noch übrig bleibt. Außerdem induzieren die zusätzlichen Ströme der übrigen kurzgeschlossenen Spulen EMKe in der betrachteten Spule. Man erhält deswegen nach Kirchhoff die folgende Spannungsgleichung zur Bestimmung des zusätzlichen Stromes i_z

$$e_z - L_1 \frac{di_{z1}}{dt} - \Sigma M_{1x} \frac{di_{zx}}{dt} - r_1 i_{z1} = 0$$

worin r_1 den Widerstand, L_1 den Selbstinduktionskoeffizienten des Kurzschlußstromkreises und M_{1x} den gegenseitigen Induktionskoeffizienten bedeuten. Wenn zahlreiche Spulen sich gleichzeitig im Kurzschluß befinden, so heben sich die von den verschiedenen zusätzlichen Strömen induzierten EMKe teilweise auf und man kann, wie von Dr.-Ing. R. Rüdenberg[1]) zuerst vorgeschlagen,

$$(L_1 - S_1) \frac{di_{z1}}{dt} + \Sigma M_{1x} \frac{di_{zx}}{dt} = 0$$

setzen, wenn S_1 den Streuinduktionskoeffizienten der betrachteten Spule bedeutet. Es geht dann die obige Differentialgleichung in die folgende Form über

$$e_z - S_1 \frac{di_{z1}}{dt} - r_1 i_{z1} = 0 \quad . \quad . \quad . \quad . \quad . \quad (122)$$

Noch schwieriger als die magnetische Verkettung läßt sich die elektrische rechnerisch verfolgen. Deswegen soll hier nur eine kurze

---

[1]) R. Rüdenberg, Theorie der Kommutation in Gleichstrommaschinen, Stuttgart 1907, F. Enke, Seite 17.

Beschreibung derselben gebracht werden, während für die Berechnung derselben auf die Arbeit von Rüdenberg[1]) verwiesen wird. Die betrachtete kurzgeschlossene Spule Fig. 305 liegt zwischen den beiden Verbindungsdrähten a und b. Ein Teil des zusätzlichen Stromes nimmt seinen Weg direkt durch diese beiden Verbindungen, ihre Lamellen und die Bürste. Ein anderer Teil des Stromes dagegen durchläuft zuerst eine oder mehrere der anderen kurzgeschlossenen Spulen, bevor er sich durch die Verbindungsdrähte und die Bürste schließt. In Fig. 305 ist die Unterteilung des Stromes i_z der betrachteten Spule über die Bürstenfläche durch die schraffierten Flächen dargestellt. Ein ähnliches Bild erhält man für jede der anderen kurzgeschlossenen Spulen, und wenn man alle diese übereinander lagert, bekommt man die Verteilung der von den zusätzlichen Strömen i_z herrührenden Stromdichte s_z über die Bürstenfläche. Addiert man zu dieser zusätzlichen Stromdichte s_z die Stromdichte $s_u = \frac{2 i_a}{F_u}$ des dem Kommutator zugeführten Arbeitsstromes $2 i_a$, so erhält man den Verlauf der Stromdichte unter einer Bürste für den betrachteten Moment. Dieses Bild ändert sich ununterbrochen woraus folgt, daß die momentane örtliche Stromdichte zeitlich um ihren Mittelwert, d. h. um die mittlere örtliche Stromdichte s_{ux} schwankt.

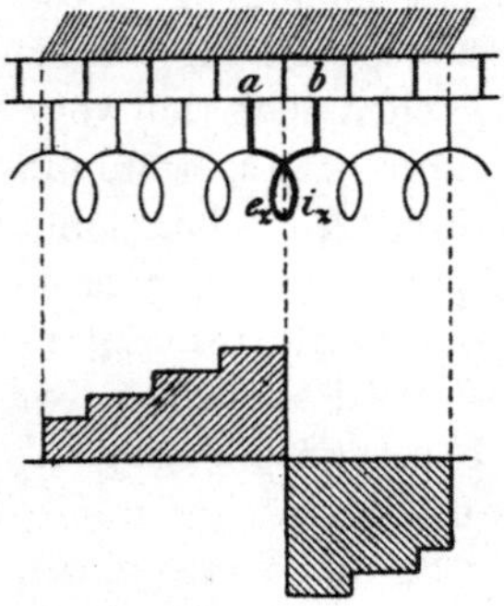

Fig. 305.

88. Kurzschlußstromkurve bei einer Bürstenbreite kleiner als die Lamellenbreite ($b_1 \leq \beta$).

Da sich der Kurzschlußstrom für den allgemeinen Fall, wo die Bürste mehr als eine Lamelle bedeckt, nicht durch endliche und übersichtliche Formeln berechnen läßt, so wollen wir unsere analytische Berechnungen des Kurzschlußstromes auf den einfachen Fall beschränken, daß die Bürstenbreite kleiner als eine Lamellenbreite ist. Wir bezeichnen wieder den geradlinig verlaufenden Teil des Kurzschlußstromes mit i_k und den zusätzlichen Strom mit i_z. Dementsprechend bezeichnen wir die EMK, die von dem für die geradlinige Kommutierung nötigen Felde $B_{ng} + B_s$ induziert wird, mit e_k und die EMK, die von dem fehlerhaften Felde B_f induziert wird,

[1]) l. c., Seite 19.

mit e_z. Diese zusätzliche EMK erzeugt den zusätzlichen Strom i_z, der am Anfang und Ende der Kurzschlußperiode gleich Null wird. Es wird somit in der kurzgeschlossenen Spule vom Hauptfeld eine EMK

$$e = e_k + e_z$$

induziert und diese erzeugt den Kurzschlußstrom

$$i = i_k + i_z = i_a\left(\frac{2t}{T} - 1\right) + i_z.$$

Für $b_r \leqq \beta_r$ wird das zur Kompensierung des Nutenfeldes nötige Feld B_{ng} konstant und für $\varepsilon_k = 0$ wird es gleich

$$B_{ng} = b_n = 2\frac{\beta_r}{b_r} AS\lambda_n.$$

Dieses Feld und $B_s = 2\,AS\,\lambda_s$ induzieren in der kurzgeschlossenen Spule die EMK

$$\frac{N}{K} l v (B_{ng} + B_s) 10^{-6} = 2\frac{N}{K} l v AS\left(\frac{\beta_r}{b_r}\lambda_n + \lambda_s\right) 10^{-6} \text{ Volt.}$$

Bezeichnen wir den Selbstinduktionskoeffizienten der Ankerspule mit L und den gegenseitigen Induktionskoeffizienten zwischen der oberen und unteren Ankerspule einer Nut mit M, so wird das Nutenfeld $i_a(L + M)$. Dieses Feld wird während der Kurzschlußzeit T gewendet und induziert somit in der betrachteten Ankerspule die mittlere EMK $2 i_a \frac{L + M}{T}$, so daß wir auch

$$\frac{N}{K} l v (B_{ng} + B_s)\, 10^{-6} = 2\, i_a \frac{L + M}{T}$$

schreiben können.

Addiert man hierzu den Spannungsabfall $i_a(r_s + 2\,r_v)$ in der kurzgeschlossenen Spule und in den beiden Verbindungsdrähten, so erhält man die für eine geradlinige Kommutierung nötige kommutierende EMK

$$e_k = 2\frac{N}{K} l v A\,S\left(\frac{\beta_r}{b_r}\lambda_n + \lambda_s\right) 10^{-6} + i_a r\left(\frac{2t}{T} - 1\right)$$

$$= 2\, i_a\left[\frac{L + M}{T} + r\left(\frac{t}{T} - \frac{1}{2}\right)\right] \quad . \; . \; . \; . \; . \; . \; . \quad (123)$$

Wir müssen, um die Kurzschlußstromkurze zu bestimmen, den zusätzlichen Strom i_z berechnen, und für diesen erhalten wir nach Kirchhoff die Differentialgleichung

$$e_z - L_s \frac{d\,i_z}{d\,t} - \left(r + \frac{R_k}{F_u'} + \frac{R_k}{F_u''}\right) i_z = 0, \quad . \; . \; . \quad (124)$$

worin der scheinbare Selbstinduktionskoeffizient L_s in diesem Falle gleich $L + M$ ist, weil zwei Spulenseiten pro Nut gleichzeitig in den Kurzschluß ein- und austreten. Den konstanten Widerstand des Kurzschlußstromkreises bezeichnen wir mit

$$r = r_s + 2\,r_v$$

und den veränderlichen Übergangswiderstand unter der kurzschließenden Bürste schreiben wir wie folgt

$$\frac{R_k}{F_u'} + \frac{R_k}{F_u''} = \frac{R_k T}{F_u t} + \frac{R_k T}{F_u (T - t)} = \frac{R_k T}{F_u}\left(\frac{1}{t} + \frac{1}{T - t}\right).$$

Es geht dann die Differentialgleichung des zusätzlichen Stromes in die folgende Form über

$$e_z - L_s \frac{d\,i_z}{d\,t} - i_z\left[r + \frac{R_k T}{F_u}\left(\frac{1}{t} + \frac{1}{T - t}\right)\right] = 0;$$

e_z können wir als eine Funktion ersten oder zweiten Grades von t annehmen.

Setzen wir

$$\frac{t}{T} = x, \text{ so ist } dt = T dx$$

und
$$\frac{di_z}{dx} + i_z\left[\frac{rT}{L_s} + \frac{R_k T}{F_u L_s}\left(\frac{1}{x} + \frac{1}{1 - x}\right)\right] - \frac{e_z T}{L_s} = 0. \quad (124\,\text{a})$$

Setzen wir ferner

$$\frac{rT}{L_s} = A_1 \quad \text{und} \quad \frac{R_k T}{F_u L_s} = A,$$

so erhalten wir die lineare Differentialgleichung

$$\frac{di_z}{d_x} + i_z\left[A_1 + A\left(\frac{1}{x} + \frac{1}{1 - x}\right)\right] - \frac{e_z T}{L_s} = 0\,.\quad . \quad (124\,\text{b})$$

Die Lösung lautet (ε = Basis der nat. Log.)

$$i_z = \varepsilon^{-\int\left[A_1 + A\left(\frac{1}{x} + \frac{1}{1-x}\right)\right]dx}\left[\int \frac{e_z T}{L_s}\cdot \varepsilon^{\int\left[A_1 + A\left(\frac{1}{x} + \frac{1}{1-x}\right)\right]dx}\cdot dx + C\right] \quad (125)$$

In unserem Fall ist

$$\varepsilon^{-\int\left[A_1 + A\left(\frac{1}{x} + \frac{1}{1-x}\right)\right]dx} = \varepsilon^{-A_1 x}\cdot \varepsilon^{-A \ln \frac{x}{1-x}} = \varepsilon^{-A_1 x}\left(\frac{x}{1 - x}\right)^{-A}.$$

Indem wir nun dieses Glied in Gl. 125 auf die andere Seite bringen, erhalten wir

$$i_z\,\varepsilon^{A_1 x}\left(\frac{x}{1 - x}\right)^{A} = \int \frac{e_z T}{L_s}\,\varepsilon^{A_1 x}\left(\frac{x}{1 - x}\right)^{A} dx + C.$$

Um die Konstante C zu bestimmen, haben wir die Grenzbedingungen

$$x=0 \qquad t=0 \qquad i_z=0$$

$$0\cdot 1\cdot 0=\int \frac{e_z T}{L_s}\varepsilon^{A_1 x}\left(\frac{x}{1-x}\right)^A dx+C.$$

Da A stets größer als Null ist, verschwindet für $x=0$ der Wert unter dem Integral und es muß

$$C=0 \quad \text{sein.}$$

Als Endresultat erhalten wir

$$i_z=\varepsilon^{-A_1 x}\left(\frac{x}{1-x}\right)^{-A}\int_{x=0}^{x=x}\frac{e_z T}{L_s}\varepsilon^{A_1 x}\left(\frac{x}{1-x}\right)^A dx. \tag{126}$$

Wie im Electrical Review 1900, Seite 211 gezeigt ist, läßt sich dieses Integral leicht graphisch ermitteln. Auf diese Weise findet man für alle Werte von x zwischen 0 und 1 die entsprechenden Stromstärken i_z. An den Grenzen $x=0$ und $x=1$ wird i_z stets gleich Null.

Dividiert man i_z einmal mit $F_u'=xF_u$ und ein anderes mal mit $F_u''=(1-x)F_u$, so erhält man die von i_z herrührenden Stromdichten s_z' und s_z''.

Es ist

$$A=\frac{R_k T}{F_u L_s} \quad \text{und} \quad \frac{1}{xF_u}=\frac{AL_s}{xR_k T}.$$

Die zusätzliche Stromdichte der auflaufenden Lamelle wird

$$s_z'=\frac{i_z}{xF_u}=\frac{A}{R_k}\varepsilon^{-A_1 x}\frac{(1-x)^A}{x^{A+1}}\int_{x=0}^{x=x} e_z\varepsilon^{A_1 x}\left(\frac{x}{1-x}\right)^A dx \tag{127}$$

und die zusätzliche Stromdichte der ablaufenden Lamelle

$$s_z''=\frac{i_z}{(1-x)F_u}=\frac{A}{R_k}\varepsilon^{-A_1 x}\frac{(1-x)^{A-1}}{x^A}\int_{x=0}^{x=x} e_z\varepsilon^{A_1 x}\left(\frac{x}{1-x}\right)^A dx. \tag{128}$$

Für die Grenzwerte $x=0$ und $x=1$ werden i_z und s_z nach den Gleichungen 126 bis 128 entweder unbestimmt oder Null. Durch graphische Ermittlung der Werte des Integrals Gl. 126 können wir jedoch die Stromdichten für jede beliebige Zeit t bestimmen.

Die Grenzwerte von s_z zur Zeit $t=0$ und $t=T$, die besonders wichtig sind, können wir auch direkt durch folgende Überlegungen berechnen.

Nach Gl. (124) ist im Moment $t=T$

$$e_{zT} - L_s\left(\frac{di_z}{dt}\right)_{t=T} - i_{zT}\left[r + \frac{R_k}{F_u}\left(\frac{T}{t} + \frac{T}{T-t}\right)\right]_{t=T} = 0. \quad (129)$$

Im Moment $t=0$ ist

$$e_{z0} - L_s\left(\frac{di_z}{dt}\right)_{t=0} - i_{z0}\left[r + \frac{R_k}{F_u}\left(\frac{T}{t} + \frac{T}{T-t}\right)\right]_{t=0} = 0. \quad (130)$$

Das letzte Glied der Gl. 129 wird

$$= (r i_z)_{t=T} + \left(\frac{R_k}{F_u}\frac{T}{t} i_z\right)_{t=T} + \left(\frac{R_k}{F_u}\frac{T}{T-t} i_z\right)_{t=T}$$

Wenn sich t dem Wert T nähert, nähert sich der Übergangswiderstand der ablaufenden Bürstenkante dem Werte ∞, für $t=T$ muß $i_z=0$ sein, d. h. die beiden ersten Glieder sind Null, und wir können die Gleichung (129) schreiben:

$$e_{zT} - L_s\left(\frac{di_z}{dt}\right)_{t=T} - \left(\frac{R_k}{F_u}\frac{T}{T-t} i_z\right)_{t=T} = 0.$$

Da die Berührungsfläche der ablaufenden Bürstenkante

$$F_u'' = F_u \frac{T-t}{T}$$

ist, so ist das letzte Glied

$$\left(\frac{R_k}{F_u}\frac{T}{T-t} i_z\right)_{t=T} = \left(\frac{R_k i_z}{F_u''}\right)_{t=T} = R_k s_{zT} \quad . \quad . \quad . \quad (131)$$

Auf der linken Seite dieser Gleichung haben wir einen Ausdruck von der Form

$$y = \frac{f(t)}{\varphi(t)},$$

dessen Zähler und Nenner sich dem Werte Null nähern, wenn t sich dem Wert T nähert. Es ist daher der Grenzwert

$$y_T = \left(\frac{\frac{df(t)}{dt}}{\frac{d\varphi(t)}{dt}}\right)_{t=T}$$

somit folgt aus Gl. (131)

$$\left(\frac{R_k}{F_u}\frac{T}{T-t} i_z\right)_{t=T} = -\frac{R_k T}{F_u}\left(\frac{di_z}{dt}\right)_{t=T} = R_k s_{zT},$$

oder die zusätzliche Stromdichte im Moment $t = T$

$$s_{zT} = -\frac{T}{F_u}\left(\frac{di_z}{dt}\right)_{t=T} \quad \ldots \ldots \quad (132)$$

Für die Zeit $t = 0$ erhalten wir aus dem letzten Glied der Gl. (130)

$$\left(\frac{R_k}{F_u}\frac{T}{t}\, i_z\right)_{t=0} = R_k\left(\frac{i_z}{F_u'}\right)_{t=0} = R_k\, s_{z0}$$

oder

$$\frac{R_k T}{F_u}\left(\frac{di_z}{dt}\right)_{t=0} = R_k\, s_{z0}$$

und die zusätzliche Stromdichte im Moment $t = 0$

$$s_{z0} = \frac{T}{F_u}\left(\frac{di_z}{dt}\right)_{t=0} \quad \ldots \ldots \quad (133)$$

Führen wir nun die Werte von

$$\left(\frac{di_z}{dt}\right)_{t=T} \quad \text{und} \quad \left(\frac{di_z}{dt}\right)_{t=0}$$

aus den Gl. (132) und (133) in die Gl. (129) bzw. (130) ein, so erhalten wir als zusätzliche Stromdichte der ablaufenden Bürstenkante

$$s_{zT} = \frac{e_{zT}}{R_k\left(1 - \frac{1}{A}\right)} \quad \ldots \ldots \quad (134)$$

und als zusätzliche Stromdichte der auflaufenden Bürstenkante

$$s_{z0} = \frac{e_{z0}}{R_k\left(1 + \frac{1}{A}\right)} \quad \ldots \ldots \quad (135)$$

Aus Gl. (134) geht hervor, daß für $A = 1$ die Stromdichte

$$s_{zT} = \infty$$

wird.

Es läßt sich ferner beweisen[1]), daß nicht nur für $A = 1$, sondern auch für $A \leqq 1$

$$s_{zT} = \pm\infty$$

wird.

Für funkenfreien Gang muß demnach die Bedingung erfüllt sein

$$A = \frac{R_k T}{F_u L_s} > 1 \quad \ldots \ldots \quad (136)$$

[1]) Siehe ETZ 1899, S. 97 u. ff. E. Arnold und G. Mie, Theorie der Kommutation.

Aus den obigen Rechnungen ist ersichtlich, daß in dem Ausdruck für A die Koeffizienten der scheinbaren Selbstinduktion L_s und R_k nur den Wert haben können, der zur Zeit $t=T$ vorhanden ist, einerlei welchen Wert sie während der übrigen Zeit haben. Diese besonderen Werte von L_s und R_k werden wir mit L_{sT} bzw. R_{kT} bezeichnen. Es ist also

$$A=\frac{R_{kT}}{F_u}\frac{T}{L_{sT}},$$

oder, da

$$T=\frac{l_1}{100\,v_k} \quad \text{und} \quad F_u=b_1 l_B,$$

wo l_B die Länge der Bürste in axialer Richtung des Kommutators ist, ergibt sich für funkenfreien Gang die Bedingung[1])

$$A=\frac{R_{kT}}{100\,v_k l_B L_{sT}}>1 \quad . \; . \; . \; . \; . \quad (136\,\text{a})$$

Ist die Stromkurve i_z aus der Gl. (126) z. B. durch graphische Auswertung des Integrals gefunden, so können wir den Kurzschlußstrom für jeden Wert von t berechnen, indem wir

$$i=i_k+i_z=i_a\left(\frac{2\,t}{T}-1\right)+i_z$$

setzen.

Wir sind nun imstande, ein vollständiges Bild der Stromdichten s_u' und s_u'' als Funktion der Kurzschlußzeit zu entwerfen. Es ist die mittlere Stromdichte unter der Bürste

$$s_u=\frac{2\,i_a}{F_u}$$

und die gesamte Stromdichte wird

$$s_u'=s_u+s_z' \text{ für die auflaufende Lamelle.}$$

$$s_u''=s_u-s_z'' \text{ für die ablaufende Lamelle.}$$

$$\text{zur Zeit } t=0 \text{ ist } s_z'=s_{z0},$$

$$\text{zur Zeit } t=T \text{ ist } s_z''=s_{zT}.$$

Wir erhalten somit an der auflaufenden Bürstenkante die Stromdichte

[1]) Näheres über die Bedeutung dieser Bedingung s. S. 357. Sind die Bürsten gestaffelt oder ist die eine Bürste in der Drehrichtung vorangestellt, so bedeutet l_B die Länge dieser Bürste. R_{kT} ist das konstante Glied des spez. Übergangswiderstandes an der Ablaufkante, entsprechend der effektiven Stromdichte an dieser Stelle.

$$s_{u0} = s_u + s_{z0} = s_u + \frac{e_{z0}}{R_k\left(1 + \frac{1}{A}\right)} \quad . \quad . \quad . \quad (137)$$

und die Spannung

$$\Delta p_0 = R_k s_{u0} = \Delta p + \frac{e_{z0}}{1 + \frac{1}{A}}, \quad . \quad . \quad . \quad . \quad (138)$$

während wir an der ablaufenden Bürstenkante die Stromdichte

$$s_{uT} = s_u + s_{zT} = s_u + \frac{e_{zT}}{R_k\left(1 - \frac{1}{A}\right)} \quad . \quad . \quad . \quad (139)$$

und die Spannung

$$\Delta p_T = R_k s_{uT} = \Delta p + \frac{e_{zT}}{1 - \frac{1}{A}} \quad . \quad . \quad . \quad . \quad (140)$$

erhalten.

Die zusätzliche Stromdichte kann positiv oder negativ sein und während der Kommutierung von positiv zu negativ oder umgekehrt übergehen. Ein zu starkes Feld ($e_z > 0$, also auch $i_z > 0$) beschleunigt die Kommutierung, während ein zu schwaches Feld eine zu langsame Kommutierung bewirkt. Im ersten Fall sprechen wir von einer beschleunigten Kommutierung und im zweiten Fall von einer verzögerten Kommutierung. Wenn die zusätzliche Stromdichte s_z'' gegen das Ende der Kommutierung positiv ist und größer wird als s_u, so wird s_u'' negativ, wir sprechen in diesem Fall von Überkommutierung; ist dagegen am Anfang der Kommutierung s_z' negativ und größer als s_u, so wird s_u' negativ und wir haben Unterkommutierung.

In den Fig. 308 und 309 geben die Kurven I bis VI den Verlauf verschiedener Kurzschlußströme an.

Wünscht man, daß die ablaufende Bürstenkante spannungslos werden soll, so muß die Stromdichte der ablaufenden Lamelle am Ende der Kurzschlußzeit Null sein. Es muß somit

$$\left(\frac{di}{dt}\right)_{t=T} = 0$$

sein, woraus folgt, daß die in der kurzgeschlossenen Spule induzierte EMK e_T gleich dem Ohmschen Spannungsabfall im Kurzschlußkreis ist. Es soll somit

$$e_T = i_a\left(\frac{2\,R_k}{F_u} + r_s + 2\,r_v\right) \quad . \quad . \quad . \quad . \quad . \quad (141)$$

sein, damit die ablaufende Bürstenkante strom- und spannungslos werden kann.

Der größte Wert des zusätzlichen Stromes läßt sich wie folgt berechnen. In dem Augenblicke, da i_z seinen Maximalwert erreicht hat, ist

$$L_s\left(\frac{di_s}{dt}\right)=0.$$

Tritt dies zur Zeit $t=t_m$ ein, so wird

$$e_s=i_{s\,max}\left[r+\frac{R_kT}{F_u}\left(\frac{1}{t_m}+\frac{1}{T-t_m}\right)\right]=0$$

also

$$i_{s\,max}=\frac{e_s}{r_s+2r_v+\frac{R_k}{F_u}\left(\frac{T}{t_m}+\frac{T}{T-t_m}\right)} \quad . \; . \; . \; (142)$$

Es ist nun die Frage, wie groß $\frac{t_m}{T}$ ist. Diese Zeit läßt sich durch Berechnung von der Zeit t_m, für die i_z nach Formel (126) ein

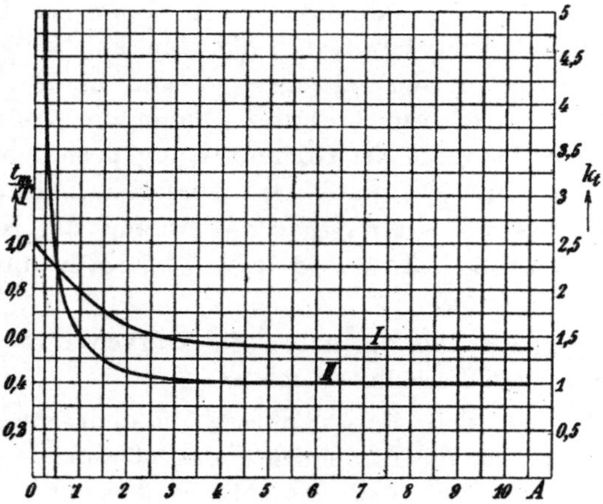

Fig. 306.

Maximum ist, ermitteln. Für den Fall, daß e_z während der Kommutierungszeit konstant ist, ergibt die Rechnung, daß die Zeit t_m fast allein von der Konstante $A=\frac{R_kT}{F_uL_s}$ abhängig ist, während die Konstante $A_1=\frac{rT}{L_s}$ wenig Einfluß auf sie hat. Da diese Berechnungen sehr lang sind, begnügen wir uns hier damit, das Endergebnis derselben zu bringen. Die Kurve I Fig. 306 stellt das Verhältnis $\frac{t_m}{T}$ als Funktion von der Konstante A dar. Für $A = 0$, d. h. der spezifische Übergangswiderstand $R_k = 0$, wird natürlich i_z erst ein Maximum beim Aufhören der Kommutierung, d. h. für $\frac{t_m}{T} = 1$. Ist R_k und somit auch A sehr groß, so wird i_z ein Maximum, wenn $\frac{t_m}{T} = 0{,}5$ ist.

Wie ersichtlich, beginnt die Kurve I auch bei 1 und nähert sich asymptotisch dem Wert 0,5 für sehr große Werte von A.

Aus der Kurve I ist nun die Größe

$$\frac{T}{t_m} + \frac{T}{T - t_m} = 4\,k_t$$

berechnet und k_t in Kurve II als Funktion von A aufgetragen worden. Für große Werte von A nähert sich k_t asymptotisch dem Wert 1. Mittels der Kurve II läßt sich nun in einfacher Weise der Maximalwert des zusätzlichen Stromes

$$i_{z\,max} = \frac{e_z}{4\,k_t \frac{R_k}{F_u} + r_s + 2\,r_v} \quad . \quad . \quad . \quad . \quad (142\,\mathrm{a})$$

berechnen.

Da $k_t = 1$ für A sehr groß, d. h. wenn L_s sehr klein ist, so ist k_t ein Faktor, der den Einfluß der Selbstinduktion auf den Maximalwert des zusätzlichen Stromes angibt. Je größer die Selbstinduktion wird, um so größer wird k_t und um so kleiner der zusätzliche Strom $i_{z\,max}$.

89. Beispiele für die Kommutierung bei einer Bürstenbreite $b_1 \leqq \beta$.

Nehmen wir an, es seien

$$i_a = 100 \text{ Ampere}, \quad T = 0{,}001 \text{ sek.}, \quad \frac{R_k}{F_u} = 0{,}005 \text{ Ohm},$$

$$r = r_s + 2\,r_v = 0{,}0025 \text{ Ohm}, \quad \beta = b_1,$$

$$L_s = L + M = 2{,}5 \cdot 10^{-6} \text{ Henry},$$

woraus folgt, daß

$$A = 2 \quad \text{und} \quad A_1 = 1$$

wird.

Für diese Annahme wollen wir verschiedene Kurzschlußstromkreise berechnen, indem wir den zeitlichen Verlauf des kommutierenden Feldes verschieden wählen.

1. **Geradlinige Kurzschlußstromkurve.** Das erforderliche kommutierende Feld ist nach Gl. (123)

$$e_k = 2\,i_a\left[\frac{L+M}{T} + r\left(\frac{t}{T} - \frac{1}{2}\right)\right] = 200\left(\frac{2{,}5\cdot 10^{-6}}{0{,}001} + \frac{0{,}0025}{0{,}001}\,t - \frac{0{,}0025}{2}\right)$$

$$= 0{,}25 + 500\,t.$$

Für $t = 0$ wird

$$e_{k0} = 0{,}25$$

und für $t = T$

$$e_{kT} = 0{,}75.$$

Die Stromkurve I Fig. 308 entspricht dieser EMK e_k.

2. **Kurzschlußstromkurve für** $e = 0{,}75 - 500\,t$. Ein der EMK e_k entsprechendes Feld kann bei einem Generator erhalten werden. Dagegen wird bei einem Motor das kommutierende Feld mit der Zeit abnehmen statt zunehmen. Läuft die obige Maschine bei gleicher Bürstenstellung als Motor, so wird deshalb

$$e = 0{,}75 - 500\,t,$$

also

$$e_0 = 0{,}75 \text{ Volt} \quad \text{und} \quad e_T = 0{,}25 \text{ Volt}.$$

Da

$$e_k = 0{,}25 + 500\,t$$

zur Erzeugung des geradlinigen Kurzschlußstromes erforderlich ist, so wird die zusätzliche EMK für den Motor

$$e_z = e - e_k = 0{,}5 - 1000\,t$$

und von dieser wird für $A = 2$ nach der Gl. (126)

$$i_z = \varepsilon^{-A_1 x}\left(\frac{x}{1-x}\right)^{-A}\int\limits_{x=0}^{x=x}\frac{e_z T}{L_s}\,\varepsilon^{A_1 x}\left(\frac{x}{1-x}\right)^{A} dx$$

der Strom

$$i_z = \varepsilon^{-x}\left(\frac{x}{1-x}\right)^{-2}\int\limits_{x=0}^{x=x} e_z\,400\,\varepsilon^{x}\left(\frac{x}{1-x}\right)^{2} dx$$

erzeugt.

Da A hier gleich 2, also größer als Null ist, wird i_z an den Grenzen $x = 0$ und $x = 1$ zu Null, und die Zwischenwerte können durch graphische Integration ermittelt werden, wie in Fig. 307 gezeigt ist.

Man verfährt am besten tabellarisch. In den ersten Zeilen der Tabelle S. 346 stehen die Werte von x, e_z, $e_z \frac{T}{L_s} \varepsilon^x \left(\frac{x}{1-x}\right)^2$ und $\frac{e_z T}{L_s} \varepsilon \left(\frac{x}{1-x}\right)^2$ für jedes Zehntel der Kurzschlußperiode. Die beiden letzten Größen sind als Funktionen von x graphisch in Fig. 307 auf-

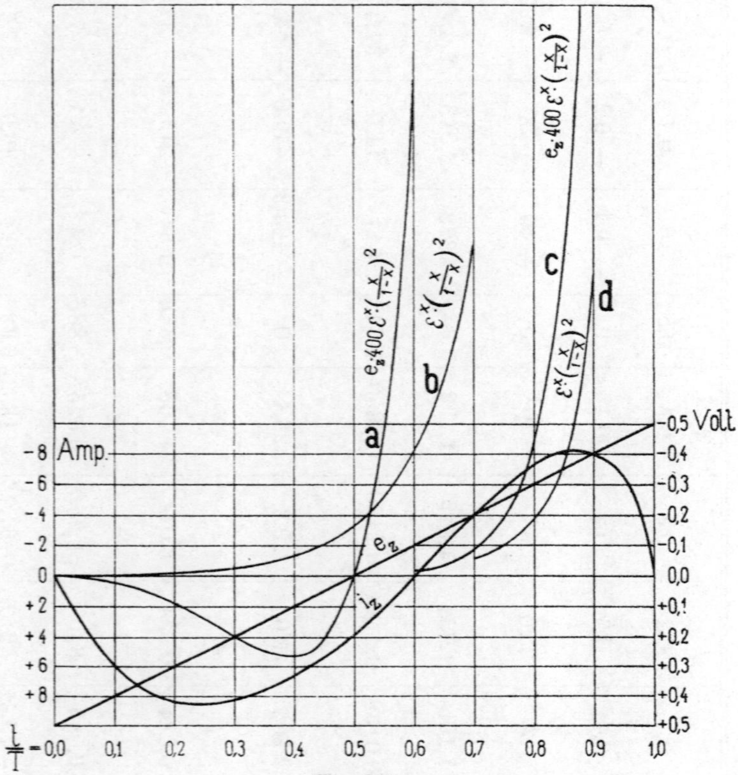

Fig. 307.

getragen. Für die kleinen x wurde ein größerer Maßstab (Kurven a und b) als für die größeren x (Kurven c und d) gewählt, damit man genauer integrieren kann. Mittels eines Planimeters wird nun $\int\limits_{x=0}^{x=x} e_z\, 400\, \varepsilon^x \left(\frac{x}{1-x}\right)^2 dx$ ermittelt und durch $\varepsilon_x \left(\frac{x}{1-x}\right)^2$ geteilt, welcher Quotient gleich i_z ist. Da $e_z\, 400\, \varepsilon^x \left(\frac{x}{1-x}\right)^2$ und $\varepsilon^x \left(\frac{x}{1-x}\right)^2$ sowohl bei den kleinen als bei den größeren ungefähr in derselben Größe aufgetragen sind, so wird man i_z über der ganzen Kurz-

Tabelle zur graphischen Ermittlung des zusätzlichen Stromes (Beispiel 2).

x . . .	0	0,1	0,2	0,3	0,4	0,5	0,6	0,7	0,8	0,9	1,0
e_z . . .	0,5	0,4	0,3	0,2	0,1	0	— 0,1	— 0,2	— 0,3	— 0,4	— 0,5
$e_z \dfrac{T}{L_s}$ . . .	200	160	120	80	40	0	— 40	— 80	— 120	— 160	— 200
ε^x . . .	1	1,105	1,221	1,349	1,492	1,648	1,822	2,013	2,220	2,460	2,718
$\varepsilon^x \left(\dfrac{x}{1-x}\right)^2$ . .	0	0,0138	0,0756	0,2480	0,6660	1,648	4,11	11,0	37,2	199,7	∞
$e_z \dfrac{T}{L_s} \varepsilon^x \left(\dfrac{x}{1-x}\right)^2$ . .	0	2,206	9,0	19,8	26,4	0	— 164,3	— 880	— 4460	— 32000	∞
$\int\limits_{x=0}^{x=x} 400\, e_z \varepsilon^x \left(\dfrac{x}{1-x}\right)^2 dx$	0	0,084	0,634	2,044	4,408	6,368	1,64	— 45,23	— 271	— 1556	
i_z . . .	0	6,085	8,39	8,25	6,625	3,886	0,4	— 4,1	— 7,3	— 7,8	0
i . . .	— 100	— 73,92	— 51,61	— 31,75	— 13,38	3,89	20,4	36,9	52,7	72,2	100

schlußperiode mit annähernd derselben Genauigkeit bestimmen können. In der Tabelle und der Figur sind ferner e_z und i_s eingetragen; $i = i_k + i_z$ ist demnach leicht zu bestimmen, wir erhalten so die Kurve II der Fig. 309.

Das Feld ist am Anfang zu stark und gegen das Ende der Periode zu schwach.

3. Kurzschlußstromkurve für spannungslose Bürstenkante. Diese Kurve, für die die Stromdichte der ablaufenden Bürstenkante im letzten Moment des Kurzschlusses Null ist, erhält man nach Gl. (141) mit einer kommutierenden EMK, die in diesem Moment den Wert

$$e_T = i_a\left(\frac{2\,R_k}{F_u} + r_s + 2\,r_v\right)$$

hat. In unserem Fall wird

$$e_T = 200\,(0{,}005 + 0{,}001\,25) = 200 \cdot 0{,}006\,25 = 1{,}25 \text{ Volt}.$$

Machen wir ferner die Annahme, daß $e = e_k + e_z$ konstant und gleich 1,25 Volt sei, so wird

$$e_z = 1{,}0 - 500\,t$$

und wir erhalten die Kurve III, Fig. 308. Das kommutierende Feld ist stärker als bei dem geradlinigen Verlauf des Kurzschlußstromes.

4. Kurzschlußstromkurve für $e = 0$, sogenannte Widerstandskommutierung. Gehen wir nun nach der anderen Richtung und nehmen ein schwaches kommutierendes Feld an, das z. B. während der ganzen Periode gleich Null ist, so bekommt man die Stromkurve IV, Fig. 308, die unterhalb der geraden Linie (Kurve I) liegt. Im letzten Moment der Periode wird die Stromdichte beträchtlich; denn hier ist $-s_z''$ positiv. Diese Stromdichte rührt von der Spannung zwischen den benachbarten Lamellen unter der Bürste her, die nötig ist, um die Kommutierung zu vollenden, weil das Feld zu schwach ist. — Wir sehen somit, daß ein schwaches kommutierendes Feld, d. h. e_z negativ, den Kommutierungsvorgang verzögert und eine Kommutierung bewirkt, die nur durch den Übergangswiderstand unter den Bürsten vollendet werden kann; dadurch werden aber die Übergangsverluste größer und der Kommutator wärmer, unter Umständen kann die Erwärmung oder die schnelle Stromänderung die Bürstenkanten zum Feuern bringen.

5. Kurzschlußstromkurve eines Generators mit Überkommutierung. (Zu steiles Feld.) Kurve V, Fig. 308, ist die Stromkurve eines Generators, die einem zu kräftigen Feld ($e = 5000\,t$) entspricht. Der Strom wird zu schnell kommutiert und zuletzt überkommutiert, so daß zwischen den Kommutatorlamellen, die unter

den Bürsten liegen, Spannungen entstehen, die von dem zu starken Feld erzeugt werden. Diese Spannungen vergrößern die Verluste am Kommutator, was durch die Wahl eines richtigen Feldes vermieden werden kann.

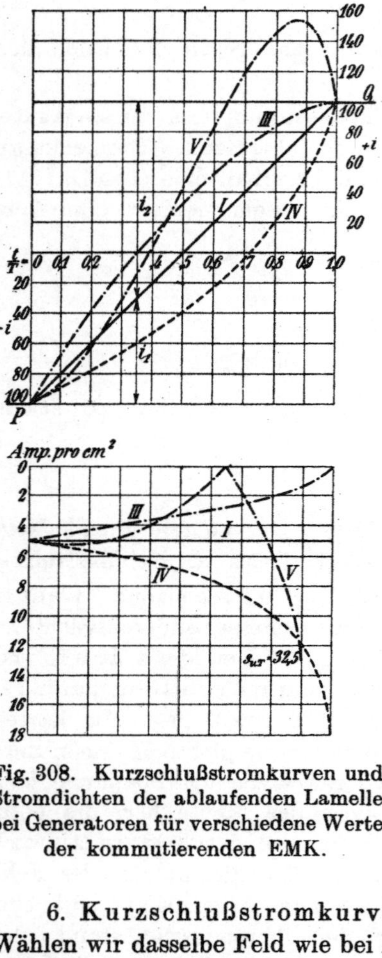

Fig. 308. Kurzschlußstromkurven und Stromdichten der ablaufenden Lamelle bei Generatoren für verschiedene Werte der kommutierenden EMK.

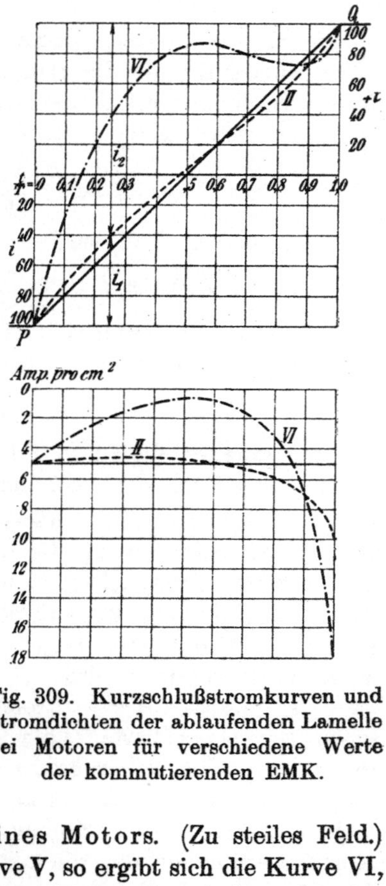

Fig. 309. Kurzschlußstromkurven und Stromdichten der ablaufenden Lamelle bei Motoren für verschiedene Werte der kommutierenden EMK.

6. Kurzschlußstromkurve eines Motors. (Zu steiles Feld.) Wählen wir dasselbe Feld wie bei Kurve V, so ergibt sich die Kurve VI, Fig. 309, wenn die Maschine als Motor läuft. Am Anfang ist das Feld zu stark, es nimmt aber sehr rasch ab und wird zuletzt zu schwach, weshalb die Stromkurve nach dem raschen Anstieg mehr und mehr horizontal verläuft, um im letzten Moment schnell auf den Endwert anzusteigen, so daß s_z'' auch einen beträchtlichen Wert annehmen kann und deswegen kontrolliert werden muß. In den Figuren 308 und 309 sind die Stromdichten der ablaufenden Lamelle, die proportional $\frac{i_a - i}{T - t}$ sind, auch graphisch dargestellt.

Läßt man die Felderregung unverändert und den Anker sich in dem gegebenen Felde bewegen, einmal als Generator und ein andermal als Motor, und verschiebt man die Bürsten nicht, so hat man in den beiden Fällen dasselbe kommutierende Feld; aber, indem die Maschine als Motor im entgegengesetzten Sinne läuft wie als Generator, muß man in der Fig. 310 die Zeit des Kurzschlusses beim Motor von rechts nach links, dagegen beim Generator im umgekehrten Sinne rechnen.

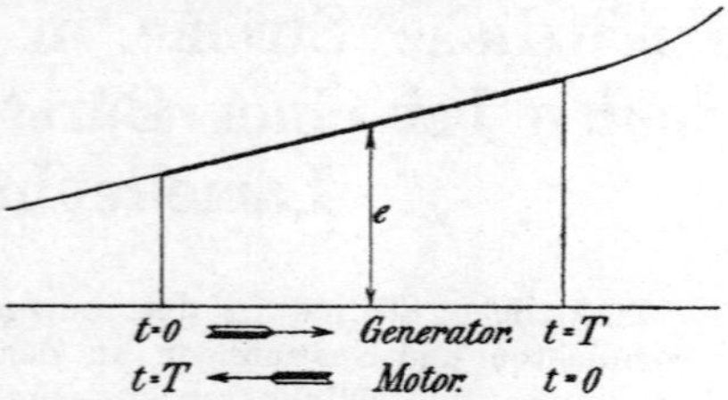

Fig. 310.

Aus den Kurven II und VI der Fig. 309, die sich auf Motoren beziehen, folgt, daß die zusätzliche EMK e_z sehr groß sein kann, bevor ein störender zusätzlicher Strom am Ende der Kommutierung entsteht.

Damit eine Überkommutierung überhaupt möglich ist, soll

$$e_T \geqq i_a \left(\frac{2\,R_k}{F_u} + r_s + 2\,r_v \right)$$

sein.

Die Bürsten dürfen aber nicht zu weit in das Feld hinein verschoben werden; denn in diesem Fall kann s_z' für $t = 0$ zu groß werden, und es können kleine Funken unter der auflaufenden Kante der Bürste entstehen.

Der Wert $(L + M)$ nimmt mit wachsendem t beim Motor ab, während er beim Generator wächst. Denkt man sich nun die Kurzschlußstromkurve beibehalten und $(L + M)$ mit der Zeit abnehmend, so sieht man leicht ein, daß das nötige kommutierende Feld am Schluß der Periode kleiner werden kann, als wenn $(L + M)$ konstant geblieben wäre, d. h. bei einem Motor braucht das kommutierende Feld am Schluß der Kurzschlußperiode nicht so groß zu sein wie beim Generator; diese Tatsache ist sehr günstig, weil das Feld beim Motor mit der Zeit t abnehmend ist.

Ferner unterstützt die magnetische Hysteresis beim Motor die Kommutierung, weil das Feld abnehmend ist; das Umgekehrte ist der Fall beim Generator.

Aus allen diesen Gründen folgt, daß man bei einem Motor in einem schwächeren Felde kommutieren kann und daß die Einstellung der Bürsten nicht so empfindlich ist wie bei einem Generator, d. h. man erreicht unter sonst gleichen Verhältnissen leichter eine konstante Bürstenstellung bei einem Motor als bei einem Generator.

Neunzehntes Kapitel.

Zusätzliche Ströme in den kurzgeschlossenen Spulen bei einer Bürstenbreite größer als die Lamellenbreite ($b_1 > \beta$).

90. Zusätzliche Ströme in den kurzgeschlossenen Spulen.

Bei der Berechnung der Kurzschlußstromkurve für eine Bürstenbreite kleiner als die Lamellenbreite haben wir gesehen, daß der zusätzliche Strom zu sehr großen Stromdichten an den auflaufenden Bürstenkanten und noch öfters an den ablaufenden Kanten Anlaß geben kann. Diese hohe Stromdichte veranlaßt oft Funken oder Glühen an der Bürstenkante. Es ist deswegen zu erwarten, daß die Verhältnisse bei breiten Bürsten ähnlich oder eher noch schlimmer liegen. Da es aber, wie im Abschnitt 87 erwähnt, nicht möglich ist, die Kurzschlußstromkurve analytisch genau zu berechnen, wenn die Bürstenbreite größer als die Lamellenbreite ist, so müssen wir uns in diesem Falle mit angenäherten Formeln begnügen, um die zusätzlichen Ströme, welche für die Kommutierung von so großer Bedeutung sind, zu bestimmen.

Bei horizontal verlaufender Potentialkurve unter den Bürsten wird die Stromdichte unter den Bürsten konstant, was zur Folge hat, daß die Kurzschlußstromkurve geradlinig verläuft. Sobald aber eine Spannung zwischen den Kommutatorlamellen unter den Bürstenkanten auftritt, werden zusätzliche Ströme in den kurzgeschlossenen Spulen auch auftreten. Es ist deswegen nur natürlich, wenn wir für die angenäherte Berechnung der zusätzlichen Ströme von der mittleren EMK Δe, die in den zwischen den Bürstenkanten liegenden kurzgeschlossenen Spulen induziert wird, ausgehen; denn diese EMK ist der direkte Anlaß zu den zusätzlichen Strömen.

Um den zusätzlichen Strom graphisch zu bestimmen, berechnet man zuerst die Potentialkurve unter den Bürsten, die den in den kurzgeschlossenen Ankerspulen induzierten EMKen entspricht. Für diese Kurve zeichnet man (Fig. 311) die Mittellinie $x'x'$ im Abstande ΔP von der Abszissenachse ein, die mit der Potentialkurve gleich große positive und negative Flächen einschließt. Um die Ohmschen Spannungsabfälle des zusätzlichen Stromes in den kurzgeschlossenen Ankerspulen zu berücksichtigen, muß man nach dem Seite 316 angegebenen Verfahren die Ordinaten zwischen der Potentialkurve und der Achse $x'x'$ noch mit dem Verhältnis

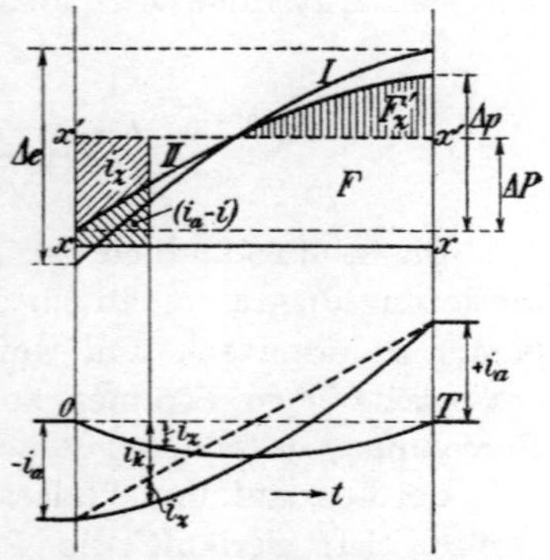

Fig. 311. Berechnung des maximalen zusätzlichen Stromes.

$$\frac{\Delta p}{\Delta e} = \frac{2 R_k}{2 R_k + F_u \left(\frac{b_1}{6 \beta} r_s + \frac{2 \beta (b_1 - \beta)}{b_1^2} r_v \right)}$$

multiplizieren und erhält in dieser Weise ein Kommutierungsdiagramm, dessen Übergangsspannungen proportional der mittleren örtlichen Stromdichte angenommen sind. Δp ist stets kleiner als Δe und da sie die mittlere Spannung ist, welche man mittels eines Gleichstromvoltmeters zwischen dem unter den Bürstenkanten liegenden Kommutatorpunkte messen kann, so soll diese im folgenden als mittlere Bürstenspannung bezeichnet werden, während Δe dementsprechend die mittlere Bürsten-EMK bezeichnet werden kann.

Durch Integration des Kommutierungsdiagrammes erhält man den angenäherten Verlauf des Kurzschlußstromes, der im Mittel in den Spulen einer Ankernut während der Kurzschlußzeit fließt. In gleicher Weise erhält man durch Integration der Flächen, die zwischen dem Kommutierungsdiagramm und der Achse $x'x'$ liegen, den zeitlichen Verlauf der mittleren zusätzlichen Ströme in den Spulen einer Ankernut. Hierbei ist jedoch der Einfluß der von den zusätzlichen Strömen in der Ankernut selbstinduzierten EMKe vernachlässigt worden. Der größte Wert des zusätzlichen Stromes ist proportional der schraffierten Fläche F_z' zwischen dem Kommutierungsdiagramm und der Achse $x'x'$, und der dem Kommutator zugeführte Arbeitsstrom $2 i_a$ ist proportional der rechteckign Fläche F zwischen der

Abszissenachse und der Achse $x'x'$. Es ergibt sich somit der größte Wert des zusätzlichen Stromes

$$i_{z\,max} = \frac{F_z'}{F} 2 i_a .$$

Man kann auch die Fläche F_z zwischen der Potentialkurve I und der Mittellinie $x'x'$ ermitteln; es wird dann für $a = p$

$$i_{z\,max} = \frac{F_z}{F} \frac{2 i_a}{1 + \frac{F_u}{2 R_k}\left(\frac{b_1}{6\beta} r_s + \frac{2\beta(b_1 - \beta)}{b_1^2} r_v\right)} \quad . . . (143)$$

Da es umständlich ist, zuerst die Potentialkurve und das Kommutierungsdiagramm aufzuzeichnen, hieraus wieder den zusätzlichen Strom zu ermitteln, und weil es hauptsächlich auf den Maximalwert des zusätzlichen Stromes ankommt, so soll hier eine angenäherte Berechnung desselben gebracht werden.

Bei Leerlauf und Vollast, wo die Gefahr der Funkenbildung am größten ist, verläuft die Potentialkurve unter den Bürsten sehr schräg und läßt sich angenähert durch eine gerade Linie ersetzen. Für diesen Fall trifft die Annahme, die wir S. 316 für die zusätzliche Stromdichte gemacht haben, zu, nämlich, daß sie unter den Bürsten nach einer schrägen Geraden verläuft. Es wird dann

$$i_{z\,max} = \frac{s_z F_u}{4},$$

und da, für $a \gtrless p$,

$$s_z = \frac{\Delta e}{2 R_k + F_u\left(\frac{1}{6}\frac{b_1}{\beta}\frac{p}{a} r_s + \frac{2\beta(b_1 - \beta)}{b_1^2} r_v\right)}, \quad . . (144)$$

so wird bei der Annahme einer **geradlinigen Potentialkurve unter den Bürsten** und unter **Vernachlässigung der EMK der Selbstinduktion des zusätzlichen Stromes**

$$i_{z\,max} = \frac{\Delta e}{8\frac{R_k}{F_u} + \frac{2}{3}\frac{b_1}{\beta}\frac{p}{a} r_s + \frac{8\beta(b_1 - \beta)}{b_1^2} r_v} \quad . . . (145)$$

Diese Formel gilt unter der Annahme, daß wir gleich viele Bürstenstifte $2p_1$ wie Ankerstromzweige $2a$ haben. Trifft dies nicht zu, so ist im letzten Glied des Nenners in der Formel für $i_{z\,max}$ statt der einfachen Bürstenbreite b_1

$$b_1' = b_1 \frac{p_1}{a}$$

und statt des Übergangswiderstandes R_k

$$R_k' = R_k \frac{a}{p_1}$$

zu setzen. Diese Änderung ergibt sich am einfachsten, wenn man alle Wellenwicklungen durch das reduzierte Schema auf die Pacinottische Ringwicklung zurückführt.

Es lautet dann die allgemeine Formel für den maximalen zusätzlichen Strom der kurzgeschlossenen Spulen einer geschlossenen Ankerwicklung

$$i_{z\,max} = \frac{\Delta e}{8\frac{R_k a}{F_u p_1} + \frac{2}{3}\frac{b_1}{\beta}\frac{p}{a} r_s + \frac{8\beta a(b_1 p_1 - \beta a)}{b_1^2 p_1^2} r_v} \quad . \; . \; (145\text{a})$$

Wir haben, wie oben gesagt, vorläufig den Einfluß der Selbstinduktion der kurzgeschlossenen Ankerspulen auf den zusätzlichen Strom vernachlässigt. Um diesen Einfluß auf den Maximalwert des zusätzlichen Stromes zu beurteilen, kehren wir auf den Fall zurück, wo die Bürstenbreite kleiner oder gleich der Lamellenbreite ist. Für diesen Fall läßt sich, wie auf S. 343 gezeigt, der Einfluß der Selbstinduktion dadurch berücksichtigen, daß man den spezifischen Übergangswiderstand mit einem Faktor k_t multipliziert, der fast ausschließlich von der Konstante

$$A = \frac{R_k T}{F_u L_s}$$

abhängt. Wenn die zusätzliche EMK e_z während der Kommutierungszeit konstant angenommen wird, ergeben sich für k_t die durch Kurve II Fig. 306 angegebenen Werte.

In unserem Fall, wo die Bürste breiter als eine Kommutatorlamelle ist, sind wir davon ausgegangen, daß die Potentialkurve fast geradlinig unter der Bürste verläuft, oder was auf dasselbe hinauskommt, daß die zusätzliche EMK während der Kurzschlußzeit konstant ist. Für angenäherte Berechnungen werden wir deswegen den Einfluß der Selbstinduktion auf den Maximalwert des zusätzlichen Stromes in gleicher Weise bei den breiten wie bei den schmalen Bürsten berücksichtigen und multiplizieren den spezifischen Übergangswiderstand R_k mit dem Faktor k_t.

Wir erhalten somit den größten Wert des mittleren zusätzlichen Stromes in den kurzgeschlossenen Spulen, wenn die Potentialkurve unter der Bürste angenähert geradlinig verläuft, zu

$$i_{z\,max} = \frac{\Delta e}{8\frac{k_t R_k a}{F_u p_1} + \frac{2}{3}\frac{b_1}{\beta}\frac{p_1}{a} r_s + \frac{8\beta a(b_1 p_1 - \beta a)}{b_1^2 p_1^2} r_v} \quad . \; . \; . \; (145\text{b})$$

Wünscht man dagegen den absolut größten Wert des zusätzlichen Stromes, der in einer kurzgeschlossenen Spule auftreten kann, zu bestimmen, so kann das in angenäherter Weise geschehen, indem man in der Formel für $i_{z\,max}$ den Mittelwert Δe durch den Maximalwert Δe_{max} ersetzt. Man erhält dann den folgenden angenäherten Wert:

$$i'_{z\,max} = \frac{\Delta e_{max}}{8\frac{k_t R_k a}{F_u p_1} + \frac{2}{3}\frac{b_1}{\beta}\frac{p_1}{a} r_s + \frac{8\beta a (b_1 p_1 - \beta a)}{b_1^2 p_1^2} r_v} \quad . \quad . \quad (146)$$

Die zusätzlichen Ströme schließen sich nicht allein quer über die Bürsten, sondern bei Wellenwicklungen auch durch die Verbindungen der gleichnamigen Bürsten. Dies geht ja direkt aus den reduzierten Schemas hervor, in denen eine Bürstengruppe sich aus

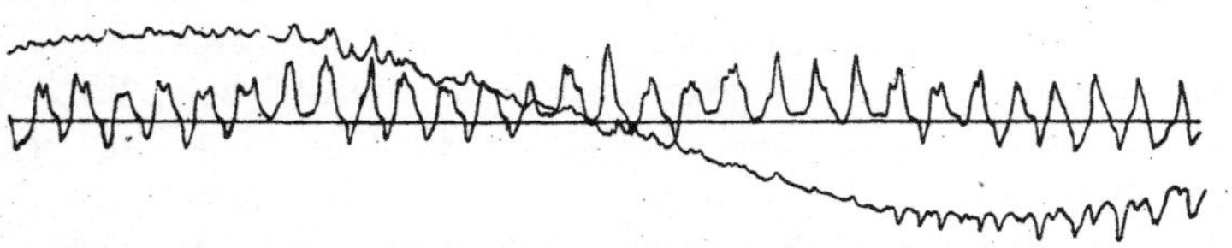

Fig. 312. Zusätzliche Ströme in den Verbindungen gleichnamiger Bürstenbolzen.

Bürsten verschiedener Polbolzen zusammensetzt. Daß in den Verbindungen gleichnamiger Bürsten tatsächlich Ausgleichströme fließen, läßt sich leicht durch Aufnahme von Oszillogrammen nachweisen. Fig. 312 zeigt ein derartiges Oszillogramm. Gleichzeitig ist auch die in einer Ankerspule induzierte EMK aufgenommen, jedoch in anderem Maßstab. Durch Vergleichen dieser Kurve mit der Ausgleichstromkurve läßt sich die Periodenzahl der letzteren feststellen. Eine halbe Periode der EMK-Kurve der Ankerspule stimmt mit ungefähr 21 Perioden der Ausgleichstromkurve, was der Lamellenzahl pro Pol gleichkommt, überein.

91. Maximale Stromdichten und Spannungen an den Bürstenkanten.

Außer dem Maximalwert des zusätzlichen Stromes interessiert uns auch die zusätzliche Stromdichte und Spannung an der auflaufenden und ablaufenden Bürstenkante in dem Augenblicke, da eine Spule in den Kurzschluß ein- bzw. aus demselben heraustritt. Um diese zu berechnen, gehen wir in ähnlicher Weise wie bei den schmalen Bürsten ($b_1 < \beta$) S. 338 vor.

Beim Eintritt in den Kurzschluß, d. h. zu der Zeit $t = 0$, können wir folgende Differentialgleichung für den Strom in der betrachteten Spule aufstellen (Fig. 313):

$$\Delta p_z + e_{z0} - L_s\left(\frac{d i_z}{d t}\right)_{t=0} - i_{z0}\left[r_s + r_v + \frac{R_k T}{F_u t}\right] = 0, \quad . \; . \; . \; (147)$$

worin Δp_z die zusätzliche Spannung zwischen der Bürste und der vorausliegenden Lamelle bedeutet. Wenn t sich dem Wert Null nähert, wird $r_s + r_v$ verschwindend klein gegenüber $\frac{R_k T}{F_u t}$, und indem wir

$$\left(\frac{R_k}{F_u}\frac{T}{t} i_z\right)_{t=0} = R_k s_{z0}$$

und

$$L_s\left(\frac{d i_z}{d t}\right)_{t=0} = \frac{L_{s0} F_u}{T} s_{z0}$$

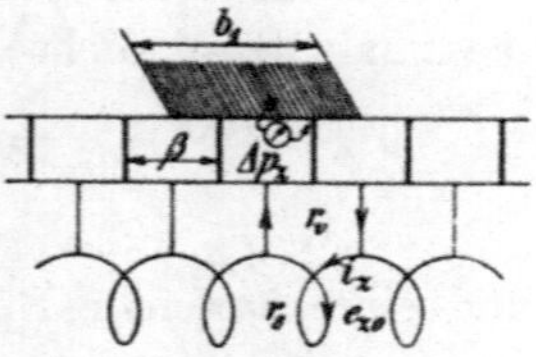

Fig. 313.

in die Differentialgleichung (147) einsetzen, erhalten wir

$$\Delta p_z + e_{z0} - \left(\frac{L_s F_u}{T} + R_k\right) s_{z0} = 0,$$

woraus die zusätzliche Stromdichte der auflaufenden Bürstenkante sich zu

$$s_{z0} = \frac{\Delta p_z + e_{z0}}{R_k\left(1 + \frac{1}{A}\right)} \quad . \; . \; . \; . \; . \; . \; . \; (148)$$

ergibt.

In ähnlicher Weise erhalten wir für eine Spule, die den Kurzschluß verläßt, d. h. zur Zeit $t = T$, die folgende Differentialgleichung für den zusätzlichen Strom:

$$\Delta p_z + e_{zT} - L_s\left(\frac{d i_z}{d t}\right)_{t=T} - i_{zT}\left[r_s + r_v + \frac{R_k}{F_u}\frac{T}{(T-t)}\right] = 0 \; . \; . \; (149)$$

worin Δp_z die zusätzliche Spannung zwischen der Bürste und der nachfolgenden Lamelle bedeutet. Unter Vernachlässigung von $r_s + r_v$ als kleine Größe gegenüber $\frac{R_k T}{F_u (F-t)}$ und indem wir $\left(\frac{R_k}{F_u}\frac{T}{T-t} i_z\right)_{t=T} = R_k s_{zT}$ und $L_s\left(\frac{d i_s}{d t}\right)_{t=T} = -\frac{L_s F_u}{T} s_{zT}$ in die Differentialgleichung (149) einsetzen, läßt sich die Gleichung in der folgenden Form schreiben:

$$\Delta p_z + e_{zT} - \left(\frac{L_s F_u}{T} - R_k\right) s_{zT} = 0,$$

woraus die zusätzliche Stromdichte der ablaufenden Bürstenkante sich zu

$$s_{zT} = \frac{\Delta p_z + e_{zT}}{R_k\left(1 - \frac{1}{A}\right)} \quad \ldots\ldots\ldots \quad (150)$$

ergibt.

Gewöhnlich wird $\Delta p_z + e_{z0}$ und $\Delta p_z + e_{zT}$ nicht mehr als die Hälfte der EMK betragen, die in den kurzgeschlossenen Spulen zwischen den Bürstenkanten vom fehlerhaften Feld im Maximum induziert wird. Diese EMK haben wir im dreizehnten Kapitel mit Δe_{max} bezeichnet und für mehrere Fälle berechnet.

Wir erhalten somit an der auflaufenden Bürstenkante eine maximale Stromdichte

$$s_{u0} = s_u + s_{z0} \cong s_u + \frac{\Delta e_{max}}{2 R_k\left(1 + \frac{1}{A}\right)} \quad \ldots\ldots \quad (151)$$

und eine maximale Spannung

$$\Delta p_0 = R_k s_{u0} \cong \Delta p + \frac{\Delta e_{max}}{2\left(1 + \frac{1}{A}\right)} \quad \ldots\ldots \quad (152)$$

während wir an der ablaufenden Bürstenkante eine maximale Stromdichte

$$s_{uT} = s_u + s_{zT} \cong s_u + \frac{\Delta e_{max}}{2 R_k\left(1 - \frac{1}{A}\right)} \quad \ldots\ldots \quad (153)$$

und eine maximale Spannung

$$\Delta p_T = R_k s_{uT} \cong \Delta p + \frac{\Delta e_{max}}{2\left(1 - \frac{1}{A}\right)} \quad \ldots\ldots \quad (154)$$

erhalten.

Betrachten wir die Differentialgleichung des zusätzlichen Stromes für den Augenblick, wo die Spule aus dem Kurzschluß heraustritt, so ist es einleuchtend, daß das zweite Glied $-L_s\left(\frac{di_z}{dt}\right)_{t=T}$ stets dasselbe Vorzeichen wie die den zusätzlichen Strom erzeugende Spannung $\Delta p_z + e_{zT}$ haben muß. Damit die Differentialgleichung zu einer physikalisch möglichen Lösung führen kann, muß das letzte Glied $\frac{R_k T}{F_u(T-t)} i_{zT}$ größer als das zweite Glied $-L_s\left(\frac{di_z}{dt}\right)_{t=T}$ sein.

Hieraus folgt, daß

$$R_k s_{zT} > \frac{L_s F_u}{T} s_{zT}$$

oder

$$\frac{R_k T}{L_s F_u} = A > 1$$

sein muß. Die Bedingung, daß $A > 1$ für funkenfreien Gang sei, besagt somit nichts anderes, als daß die beim Verschwinden des zusätzlichen Stromes in einer Ankerspule selbstinduzierende EMK kleiner als die vom zusätzlichen Strom erzeugte Spannung zwischen der Bürstenkante und der ablaufenden Lamelle sein muß. Ist dies nicht der Fall, so erhält man einen Öffnungsfunken. Indem wir

$$F_u = l_B b_1 = 100 l_B v_k T$$

schreiben, erhalten wir den folgenden Ausdruck für die Konstante:

$$A = \frac{R_k}{100 l_B v_k L_s}, \quad . \quad . \quad . \quad . \quad . \quad . \quad . \quad (136\,a)$$

aus dem direkt hervorgeht, daß die Bürstenbreite b_1 keinen Einfluß auf die Konstante A hat. Dies folgt daraus, daß in den obigen Differentialgleichungen die Bürstenfläche F_u nur in dem Verhältnis $\frac{F_u}{T}$ erscheint, das von der Bürstenbreite unabhängig ist, und somit nicht davon beeinflußt wird, ob die Bürste eine, zwei oder mehrere Lamellen gleichzeitig bedeckt.

Nach Formel (154) steigt die Spannung zwischen der Bürstenkante und der ablaufenden Lamelle beim Verschwinden des zusätzlichen Stromes um so stärker an, je kleiner A ist. Natürlich kann die Öffnungsspannung nicht unendlich groß werden, was nach der obigen Formel für $A \leq 1$ der Fall sein würde. Es ist deswegen diese Formel nicht streng zu nehmen und auch nicht die Bedingung $A > 1$. Dies rührt daher, daß sich zwischen der Bürstenkante und der ablaufenden Lamelle Vorgänge abspielen, die sich jeder analytischen Berechnung entziehen.

Es ist nämlich zu berücksichtigen, daß in der Formel für A der spezifische Übergangswiderstand R_k sehr stark wächst, sobald kleine, anfangs kaum wahrnehmbare und unschädliche Funken auftreten.

Außerdem haben wir angenommen, daß der Übergangswiderstand zwischen Bürste und ablaufender Lamelle am Ende des Kurzschlusses unendlich groß wird. Dies ist tatsächlich nicht der Fall. Es kann, wenn die Bürste gerade von der Lamelle abgelaufen ist und sobald die Spannung zwischen der Bürste und genannter Lamelle eine gewisse Grenze überschreitet, ein kleiner Strom über die Isolationsschicht fließen. Besonders trifft das bei Kupferbürsten zu, die die Isolationsschichten mit feinem Metallstaub teilweise bedecken.

Diese Gründe sind jedoch nicht ausreichend, um die Annahme zu gestatten, daß auch bei $A < 1$ eine leidlich gute Kommutierung möglich sei Wir müssen daher an der Bedingung $A > 1$ festhalten, damit die Kommutierung selbst bei einem schwach fehlerhaften Felde noch fehlerfrei verlaufen kann.

Um die Vorgänge zwischen der Bürstenkante und der ablaufenden Lamelle näher zu studieren, sollen in den nächsten Abschnitten einige Versuche und Erfahrungen aus der Praxis eingehend besprochen werden.

92. Experimentelle Bestimmung von Öffnungsspannungen zwischen Bürsten und Kommutatorlamellen.

Um den zeitlichen Verlauf der zusätzlichen Ströme und die von denselben herrührenden Öffnungsspannungen näher zu studieren, ließen Prof. Arnold[1]) und Verfasser folgende Versuche durchführen, die die oben besprochenen Vorgänge künstlich nachahmen.

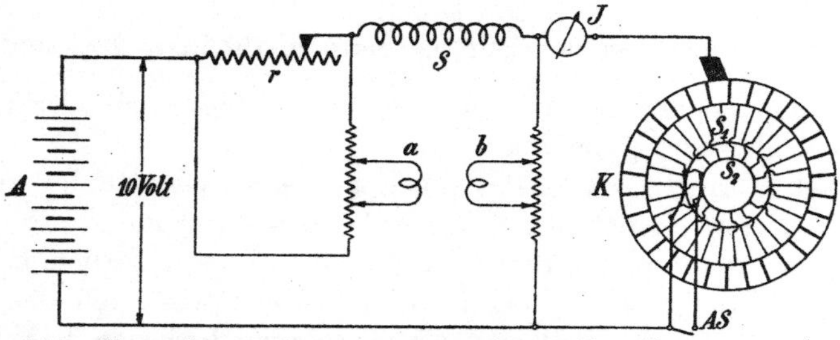

Fig. 314. Versuchsanordnung zur experimentellen Untersuchung des Verlaufs zusätzlicher Ströme.

Es wurde eine Akkumulatorenbatterie A von konstanter Spannung, ca. 10 Volt, durch den Stromkreis Fig. 314 geschlossen. Dieser bestand aus einem bekannten Widerstand r, einer Selbstinduktion S und einem Kommutator K, der zur periodischen Schließung und Unterbrechung des Stromkreises diente. Dazu wurde ein gewöhnlicher Gleichstromkommutator von 20 cm Durchmesser mit 120 Kupferlamellen, die durch Mikanit voneinander isoliert waren, benutzt. Je vier aufeinanderfolgende Lamellen wurden zu einer Gruppe vereinigt und untereinander leitend verbunden. Von den so entstandenen 30 Gruppen wurde jede zweite an einen Schleifring S_1 angeschlossen, der zur Abnahme des Stromes diente. Die übrigen Gruppen wurden an einen zweiten Schleifring S_2. angeschlossen. Es wurden nun bei rotierendem Kommutator mittels eines Dudellschen Oszillographen

[1]) Diese Versuche wurden von den Herren H. Hallo und W. Land im Laboratorium des Elektrotechnischen Instituts Karlsruhe durchgeführt.

die Strom- und Spannungskurve aufgenommen. Die Strom- und Spannungsdrähte des Oszillographen sind in dem Schaltungsschema durch a und b bezeichnet. Um den Maßstab der Kurven direkt in den Oszillogrammen zu bekommen, wurden nach jeder Aufnahme der Strom- und Spannungskurven die beiden Schleifringe S_1 und S_2 durch Schließung des Schalters AS verbunden. Der Strom durch die Bürste wurde dann konstant und man erhielt im Oszillogramm eine horizontale Linie. Um den Spannungsmaßstab zu bekommen, wurde der stillstehende Kommutator so verdreht, daß der Stromkreis unterbrochen wurde; die horizontale Linie, die man für diesen Fall im Oszillogramm erhielt, entspricht also der 10 Volt-

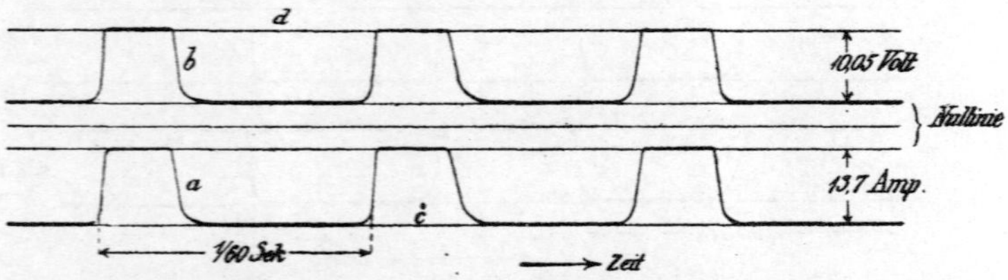

Fig. 315. $\varDelta e = 10.05$ Volt, $r = 0{,}73\ \Omega$, $L_s \cong 2{,}5 \cdot 10^{-5}$ Henry, $n = 240$. $v_k = 2{,}5$ m/sek, $A = 4{,}8$. Kein Funken.

Klemmenspannung der Akkumulatorenbatterie. Mit dieser Anordnung, die den Differentialgleichungen für den Fall, daß $\varDelta p_z + e_z$ konstant ist, ganz entspricht, wurden nun bei verschiedenen Kommutatorgeschwindigkeiten, verschiedenen Widerständen r, Selbstinduktionen L_s und mehreren Kohlensorten eingehende Versuche gemacht. Von diesen sollen im folgenden jedoch nur die charakteristischen gebracht werden.

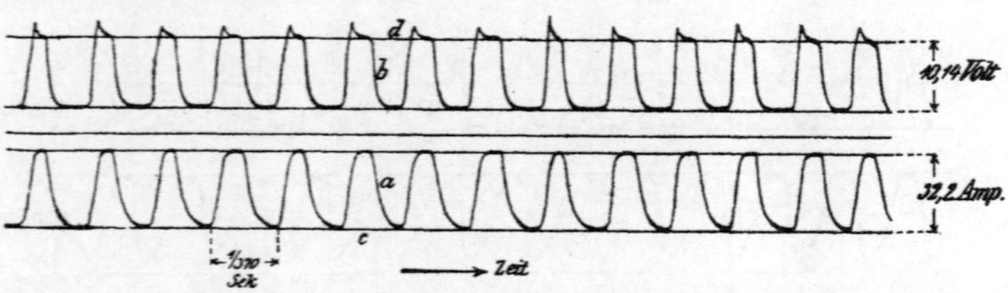

Fig. 316. $\varDelta e = 10{,}14$ Volt, $r = 0{,}315\ \Omega$, $L_s \cong 2{,}5 \cdot 10^{-5}$ Henry, $n = 1475$, $v_k = 15{,}5$ m/sek, $A = 0{,}78$. Beinahe keine Funken.

Die Oszillogramme Fig. 315 bis 318 wurden alle mit weichen Kohlenbürsten, Marke X der Firma Le Carbonne, aufgenommen. Die totale Länge der drei nebeneinandersitzenden Bürsten war $l_B = 6{,}6$ cm und ihre Breite am Umfang des Kommutators $b_1 = 1{,}4$ cm. Jede Gruppe von vier Lamellen hatte eine Breite von $\beta = 4\,\dfrac{\pi \cdot 20}{120}$

= 2,09 cm. Es wurden Umdrehungszahlen von 200 bis 1500 in der Minute entsprechend Umfangsgeschwindigkeiten von 2,1 bis 15,7 m/sek. angewandt.

In den Oszillogrammen sind die Stromkurven mit *a*, die Spannungskurven mit *b*, die Maßlinien für den Strom mit *c* und die für die Spannung mit *d* bezeichnet. Die Spannungskurven sind nach oben und die Stromkurven nach unten umgeklappt, damit die beiden Kurven nicht ineinander fallen und die Oszillogramme undeutlich machen. Die Spannungen sind somit in der positiven Richtung und die Ströme in der negativen Richtung der Ordinatenachse aufgetragen.

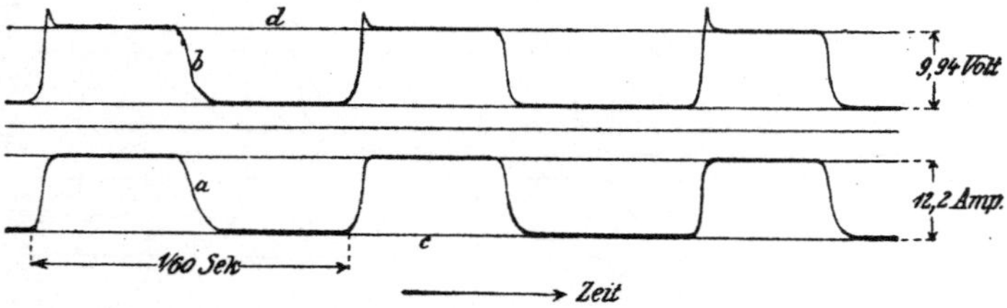

Fig. 317. $\Delta e = 9{,}94$ Volt, $r = 0{,}815\ \Omega$, $L_s \cong 18{,}5 \cdot 10^{-5}$ Henry, $n = 240$, $v_k = 2{,}5$ m/sek, $A = 0{,}65$. Feuert ein wenig.

Verfolgen wir die Stromkurve in der Richtung der Zeit, so steigt diese zuerst nach einer Exponentialkurve an; bevor der Strom aber sein Maximum vollständig erreicht hat, wird er gezwungen, zu verschwinden. Das Verschwinden des Stromes geschieht bei den kleinen Selbstinduktionen und kleinen Umfangsgeschwindigkeiten auch nach

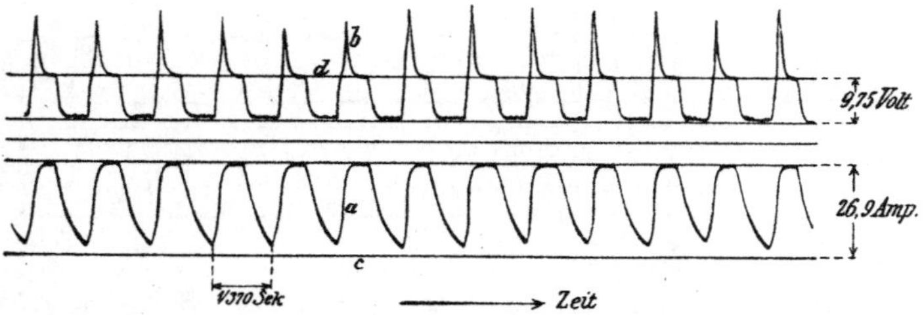

Fig. 318. $\Delta e = 9{,}75$ Volt, $r = 0{,}362\ \Omega$, $L_s \cong 18{,}5 \cdot 10^{-5}$ Henry, $n = 1480$, $v_k = 15{,}5$ m/sek, $A = 0{,}105$. Sehr starkes Feuern.

einer Exponentialkurve. Bei großen Selbstinduktionen und Umfangsgeschwindigkeiten dagegen, bei denen die Unterbrechung des Stromes von Funken begleitet ist, wird die Kurve, nach welcher der Strom verschwindet, natürlich etwas verzerrt. Dies geht auch aus den Oszillogrammen deutlich hervor.

Was die Spannungskurve b betrifft, so verläuft diese, so lange der Strom Null ist, horizontal. Fängt der Strom an zu steigen, so sinkt die Spannung zwischen Bürste und Kommutator infolge Spannungsabfalles in dem vorgeschalteten Widerstande r auf einen kleinen Betrag. Verschwindet der Strom, so schnellt die Spannung wieder in die Höhe und überschreitet bei den großen Selbstinduktionen sogar die aufgedrückte Spannung.

Für die vier wiedergegebenen Versuche nahm die Kommutierungskonstante $A = \frac{R_K}{100\, v_k\, l_B L_s}$ unter Annahme eines spezifischen Übergangswiderstandes $R_K = 0{,}20\,\Omega$ die Werte 4,8, 0,78, 0,65 und 0,105 an. Es hätte somit die Öffnungsspannung bei den drei letzten Versuchen unendlich groß werden sollen, was die Kurven gar nicht zeigen. Nur bei dem vierten, letzten Versuch könnte die Spannung im Öffnungsmomente bis zum 2,7 fachen Wert der aufgedrückten Spannungen steigen. Andererseits ergaben aber die Versuche, daß nur im ersten Falle, wo $A > 1$ war, keine Funken auftraten.

93. Einfluß der zusätzlichen Ströme auf die Funkenbildung.

Wie aus den obigen Versuchen ersichtlich, bietet eine gewisse Spannung Δp_T zwischen Bürstenkante und einer ablaufenden Lamelle selbst keine Gefahr der Funkenbildung; denn die Spannung betrug z. B. bei den in den Fig. 315 bis 318 wiedergegebenen Versuchen sogar 10 Volt, ohne daß Funken zu bemerken waren. Es ist deshalb nicht richtig, von einer Funkenspannung zwischen Bürste und ablaufender Kommutatorlamelle zu sprechen, bei deren Überschreitung eine Funkenbildung unvermeidlich ist. Denn nicht Spannungen allein, sondern nur Spannungen, die von einer gewissen Energie erzeugt werden, können zu Funken Anlaß geben.

Man darf deswegen nicht die Kommutierung einer Maschine allein von dem Gesichtspunkte der in den zwischen den Bürstenkanten liegenden kurzgeschlossenen Spulen induzierten EMK Δe bzw. Δe_{max} beurteilen. Auch nicht darf man die Kommutierung allein in bezug auf die Kommutierungskonstante A beurteilen.

Studiert man nämlich die Schattierung der Bürstenauflagefläche bei verschiedenen Kommutierungsfeldern, so zeigt es sich, daß bei vollständig funkenfreier (z. B. geradliniger) Kommutierung, die Bürstenfläche überall blank und spiegelnd ist. Verschiebt man die Bürsten ein wenig aus der magnetisch neutralen Zone, so treten zunächst keine Funken auf, sondern die vorher blank geschliffenen Laufflächen der Bürsten werden an den ablaufenden Kanten nach einer meistens scharf gezogenen Linie ganz matt. Verschiebt man die Bürsten etwas weiter aus der neutralen Zone, so treten kleine Funken unter der ablaufenden Bürstenkante auf und dieselbe nimmt eine rötliche Färbung an, während gleichzeitig eine Schwärzung der ablaufenden Kanten der Lamellen eintritt. Verschiebt man die Bürste noch weiter aus der neutralen Zone, so treten größere Funken auf und sowohl die auflaufende Bürstenkante als die ablaufende Lamellenkante werden angefressen. Prof. Arnold[1]) hat Kurzschlußstromkurven für verschiedene Kommutierungsfelder aufgenommen, und es zeigte sich, daß die eigentliche Stromwendung um so schneller vor sich ging, je weiter man sich vom richtigen Feld entfernte. Aus dieser scheinbaren Abkürzung der Kurzschlußzeit zog Prof. Arnold den Schluß, daß der spezifische Übergangswiderstand sich fast sprungweise an der Linie ändert, welche die blanke Fläche der Bürste von der matten trennt. Da wo die Fläche blank ist, haben wir guten Kontakt und dürfen annähernd mit dem Widerstand rechnen, den wir bei Prüfung der Kohlen auf einem Kommutator erhalten. Da wo Funken auftreten, ist der Übergangswiderstand viel größer. Die ganze Erscheinung weist darauf hin, daß der Strom nicht allein durch direkten Kontakt, sondern auch durch kleine Funkenstrecken über eine dünne Gasschicht geleitet wird und daß die über die Berührungsschicht wandernde Elektrizitätsmenge pro Flächeneinheit um so größer wird, je kleiner die Funken und je größer ihre Zahl pro Flächeneinheit ist. Die plötzliche Erhöhung des Übergangswiderstandes tritt dort auf, wo die Leitung durch direkten Kontakt nahezu oder ganz verschwindet.

Das Ansteigen des Übergangswiderstandes der matt gewordenen Bürstenkante macht es erklärlich, warum keine Funken aufzutreten brauchen, selbst wenn die Kommutierungskonstante A kleiner als die Einheit ist. Denn der spezifische Widerstand R_k, womit die Konstante gerechnet wird, ist viel kleiner als derjenige der matten Bürstenfläche. Um eine Maschine in bezug auf Kommutierung in ausführlicher Weise beurteilen zu können, ist es deswegen zu empfehlen, neben der Öffnungsspannung Δp_T und der Kommutierungskonstante A auch noch den zusätzlichen Strom $i_{z\,max}$ und die Energie, die bei seinem Verschwinden frei wird, zu bestimmen.

Beim Verschwinden des zusätzlichen Stromes $i_{z\,max}$ wird die elektromagnetische Energie

$$\frac{1}{2}\, i_{z\,max}^2\, L_S$$

frei. Da sie nicht motorisch wirken kann, muß sie entweder in Form von Wärme oder Ionisierungsarbeit, an den Bürstenkanten verbraucht

[1]) E. Arnold, Arbeiten aus dem Elektrotechnischen Institut der Techn. Hochschule Karlsruhe. S. 22. Julius Springer, Berlin 1909.

werden. Dadurch kommen manchmal die Bürstenkanten ins Glühen oder, wenn die Energie so groß ist oder so schnell ausgelöst wird, daß sie einen Lichtbogen zwischen Lamelle und Bürstenkante hervorzurufen vermag, treten Funken auf. Wie aus den Oszillogrammen ersichtlich, ist das Ansteigen und Verschwinden des zusätzlichen Stromes in hohem Maße von der Größe der Selbstinduktion des Stromkreises abhängig, was leicht begreiflich ist, denn je größer die Selbstinduktion ist, eine um so größere Energie muß in der gleichen Zeit verschwinden.

Da das Feuern nicht allein von dem maximalen Betrag der freiwerdenden Energie, die sich unter den Bürstenkanten momentan auslöst, sondern auch davon abhängt, wie lange diese Energie wirksam ist, so ist es kein einfaches Problem, die Funkengrenze einer Maschine zu bestimmen. Diese hängt nämlich nicht allein von den elektrischen Größen der Maschine, sondern auch von der Abkühlung der Bürstenkanten usw. ab.

Mit der in Fig. 314 dargestellten Versuchsanordnung wurden deshalb mehrere Versuchsreihen durchgeführt, um die mittlere Leistung festzustellen, die pro Zentimeter Bürstenlänge frei werden konnte, ohne daß Funken auftraten. Da derartige Versuche auf persönliche Ansichten über das, was praktisch als funkenfrei betrachtet werden kann, beruhen, so soll hier nur der Wert, den die Versuche ergaben, kurz angegeben werden. Die Leistung der freiwerdenden Energie durfte nicht 50 Watt pro cm übersteigen, bevor sich Funken zeigten.

Die mittlere elektromagnetische Energie, die bei einer $2p$-poligen Gleichstrommaschine pro Zentimeter Bürstenlänge und Sekunde frei wird, läßt sich wie folgt berechnen.

Während der Kommutator sich um eine Lamelle vorwärts bewegt, d. h. während der Zeit $\frac{\beta}{100\, v_K}$ werden

$$2p \frac{i_{z\,max}^2 L_s}{2}$$

Joule frei, und diese verteilen sich über $2p_1 l_B$ cm Bürstenlänge, wenn die Maschine $2p_1$ Bürstenstifte besitzt. Es ist somit die mittlere Leistung pro Zentimeter Bürstenlänge

$$F_m = \frac{2p}{2p_1} \frac{i_{z\,max}^2 L_s 100\, v_k}{2\, l_B \beta} = 50 \frac{p}{p_1} \frac{i_{z\,max} L_s v_k}{l_B \beta}.$$

Da diese kleiner als 50 Watt sein soll, so muß

$$\frac{F_m}{50} = \frac{p\, i_{z\,max}^2 L_s v_k}{p_1 l_B \beta} \leq 1 \text{ Watt} \quad . \quad . \quad . \quad . \quad (155)$$

sein.

94. Rückwirkung der zusätzlichen Ströme auf das Hauptfeld.

Wir haben früher die Ankeramperewindungen in längsmagnetisierende und quermagnetisierende zerlegt ohne dabei die Wirkung der Ströme in den kurzgeschlossenen Spulen zu berücksichtigen.

Denken wir uns den Fall, daß die Bürste viele Lamellen bedeckt und daß die Kurzschlußstromkurve geradlinig nach Kurve I (Fig. 319a) verläuft, so führt die Hälfte der kurzgeschlossenen Ankerspulen im Mittel die halbe Stromstärke in einer Richtung und die zweite Hälfte der kurzgeschlossenen Ankerspulen die halbe Stromstärke in der entgegengesetzten Richtung. Man erhält deswegen den durch die Kurve I Fig. 319b dargestellten Verlauf der Anker-MMK, die in der Kommutierungszone die Form eine Parabel hat und symmetrisch zu der MMK-Kurve I′ liegt, die man bei einer momentanen Stromwendung erhalten würde. Der geradlinige Kurzschlußstrom ändert somit nicht die Art der Ankerrückwirkung, sondern nur die Größe derselben ein wenig. Es ist nämlich die Pfeilhöhe a des Parabelbogens nur halb so groß wie die Höhe des Dreiecks der Kurve I′ und zwar gleich $\frac{b_1}{4} AS$.

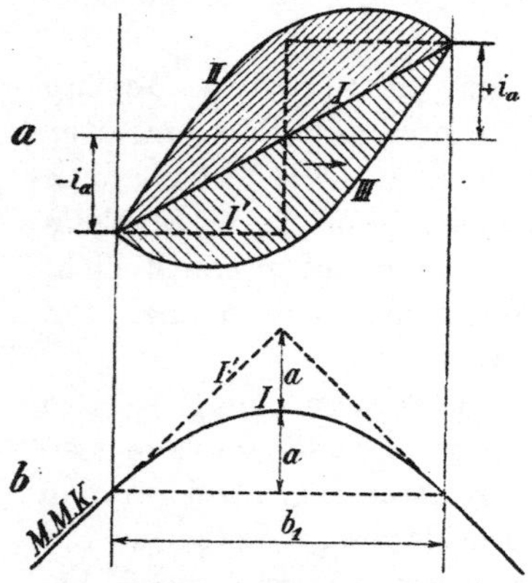

Fig. 319. Einfluß der zusätzlichen Ströme auf die MMK der kurzgeschlossenen Ankerspulen.

Die in den kurzgeschlossenen Ankerspulen auftretenden zusätzlichen Ströme verhalten sich dagegen anders. In Fig. 319a ist durch Kurve II ein zusätzlicher Strom, der die Kommutierung verzögert, und durch Kurve III ein zusätzlicher Strom, der die Kommutierung beschleunigt, dargestellt. Wie ersichtlich, wird das Stromband am Anker und somit das Ankerfeld durch die verzögerte Kommutierung in der Drehrichtung des Ankers und durch die beschleunigte Kommutierung gegen die Drehrichtung des Ankers verschoben. Stehen die Bürsten in der neutralen Zone oder in der Nähe derselben, so stellen die schraffierten Flächen, Fig. 319a, der zusätzlichen Ströme ein längsmagnetisierendes Stromband an der Ankeroberfläche dar, und zwar wirkt dasselbe bei beschleunigter Kommutierung magnetisierend und bei verzögerter Kommutierung entmagnetisierend auf das Hauptfeld. Werden die Bürsten aus der neutralen Zone in der Drehrichtung verschoben, wie z. B. bei Generatoren ohne Wendepole, so wird ein die Kommutierung verzögernder Zusatzstrom die entmagnetisierenden Ankeramperewindungen vermehren und ein die Kommutierung beschleunigender Zusatzstrom die Ankeramperewindungen verkleinern. Sind die Bürsten, wie bei Motoren ohne Wendepole, dagegen aus der neutralen Zone zurückverschoben, so wird ein verzögernder Zusatzstrom die entmagnetisierenden Ankeramperewindungen verkleinern und ein beschleunigender Zusatzstrom dieselben vermehren.

Da bei steigender Belastung die Kommutierung mehr und mehr verzögert wird, so hat die magnetisierende Wirkung der zusätzlichen Kommutierungsströme zur Folge, daß bei Generatoren eine verstärkte Feldschwächung und bei Motoren eine Feldverstärkung mit zunehmender Belastung eintritt. Diese mit der Belastung eintretende Feldänderung trägt, worauf Dr. Humburg[1]) zuerst aufmerksam gemacht hat, zur Stabilität von Gleichstrommaschinen ohne Wendepole bei.

Daß die zusätzlichen Ströme wirklich einen merkbaren Einfluß auf das Hauptfeld einer Maschine ausüben können, läßt sich durch den folgenden Versuch nachweisen.

Läßt man einen Generator leerlaufen und verstellt man die Bürsten aus der neutralen Zone, so tritt Längsmagnetisierung auf, und zwar wirken die längsmagnetisierenden Kurzschluß-Amperewindungen magnetisierend, wenn man die Bürsten in der Drehrichtung, und entmagnetisierend, wenn man die Bürsten gegen die Drehrichtung verschiebt. Verschiebt man die Bürsten nach beiden Seiten um den gleichen Betrag aus der neutralen Zone, so ist der wirksame Kraftfluß Φ_a des Ankers in beiden Fällen der gleiche. Wären die Amperewindungen der kurzgeschlossenen Spulen ohne Einfluß, so müßte die Leerlaufcharakteristik, die man bei in der Drehrichtung verschobenen Bürsten aufnimmt, tiefer liegen, als wenn man die Charakteristik aufnimmt, wenn die Bürsten in der neutralen Zone stehen. Bei einer Deri-Maschine der Union Elektr. A.-G. in Wien wurde bei verschiedener Bürstenstellung die Leerlaufcharakteristik aufgenommen[2]). Diese ist in Fig. 320 aufgezeichnet; die Zahlen $-4{,}2^0$ und $-8{,}4^0$ bezeichnen eine Bürstenverstellung in der Drehrichtung und $+4{,}2^0$ und $+8{,}4^0$ eine solche entgegengesetzt der Drehrichtung, bezogen auf eine zweipolige Anordnung. Es zeigt sich aus den Kurven, daß bei Verschiebung der Bürsten in der Drehrichtung die Leerlaufcharakteristik höher liegt.

---

[1]) Dr. Karl Humburg. Das Pendeln bei Gleichstrommaschinen mit Wendepolen. Julius Springer. 1912.

[2]) Versuche von F. Eichberg. ETZ 1902 S. 817.

Diese Erscheinung ist nur aus der Wirkung der Kurzschlußströme zu erklären, wie Dipl.-Ing. K. Schnetzler, der bei den Versuchen mitwirkte, durch Aufsetzen von Bürsten verschiedener Breiten herausfand.

Von Dr.-Ing. R. Pohl wurden Versuche über den Einfluß der Kurzschlußströme systematisch durchgeführt[1]). Die von ihm aufgenommenen Leerlaufcharakteristiken bei verschiedener Bürstenstellung zeigen denselben Charakter wie bei der Deri-Maschine.

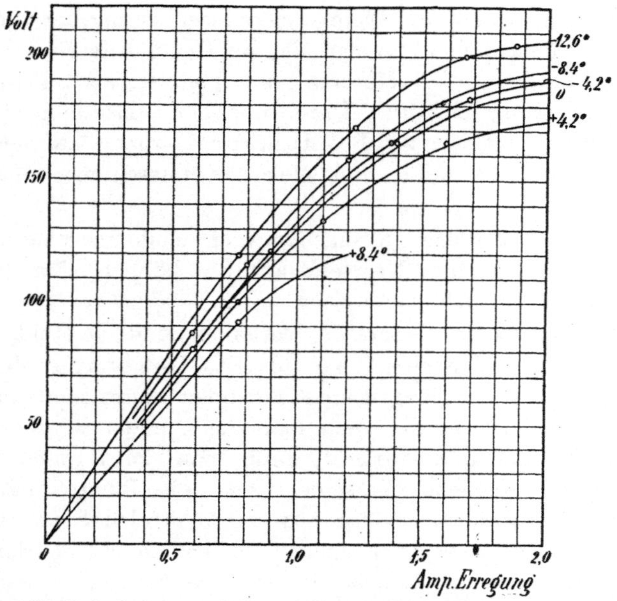

Fig. 320. Einfluß der zusätzlichen Ströme auf die Leerlaufcharakteristik einer kompensierten Gleichstrommaschine.

Außerdem machte er Versuche bei Motoren und belasteten Maschinen und zeigte weiter, daß bei einem leerlaufenden Generator die Abhängigkeit der Spannung von der Umdrehungszahl nur bei einer Bürstenstellung in der neutralen Zone eine lineare ist. Verstellt man die Bürsten aus der neutralen Zone, so treten zusätzliche Kurzschlußströme auf, deren Größe mit der Umdrehungszahl wächst. Wenn daher die Kurzschlußströme magnetisierend wirken, so wächst die Spannung stärker als proportional der Umdrehungszahl; wirken die Kurzschlußströme dagegen entmagnetisierend, so wächst die Spannung lang-

---

[1]) R. Pohl, „Über magnetische Wirkungen der Kurzschlußströme in Gleichstromankern." Sammlung Elektrot. Vorträge 1905.

samer als proportional der Umdrehungszahl. Der Einfluß der Kurzschlußströme ist groß, wenn die Anzahl der kurzgeschlossenen Spulen groß und das Verhältnis von Feldamperewindungen zu den Ankeramperewindungen klein ist.

Die Erscheinungen werden somit bei kompensierten Maschinen, wo das genannte Verhältnis klein ist, stark auftreten; auch stellen die Versuche von Pohl den Einfluß sehr drastisch dar.

Der Spannungsabfall eines Generators oder die Umdrehungszahl eines Motors ist daher bei Wellenwicklungen auch abhängig von der Zahl der aufgelegten Bürsten, denn die Zahl der kurzgeschlossenen Spulen nimmt ab und der Widerstand der Kurzschlußkreise wächst, wenn Bürsten weggelassen werden. Auch die Kompoundierung einer Maschine wird durch die Zahl der aufgelegten Bürsten, die Bürstenbreite und die Stellung der Bürsten beeinflußt.

Die Ankerstromkurven II und III in Fig. 319a stellen nur Mittelwerte dar, um die die zusätzlichen Ströme schwanken. Diese Pulsationen der zusätzlichen Ströme erzeugen im Magnetgestell pulsierende Längsfelder, die in der induzierten EMK der rotierenden Ankerwicklung merkbare Pulsationen hervorrufen können. Daß dies tatsächlich der Fall ist, davon kann man sich leicht durch Aufnahme von Oszillogrammen überzeugen. Fig. 312 zeigt diese Pulsationen in der mit einem Oszillographen aufgenommenen Lamellenspannungskurve einer kleinen vierpoligen Maschine.

Zwanzigstes Kapitel.

Experimentelle Untersuchung der Kommutierung.

95. Untersuchung der Symmetrie einer Gleichstrommaschine.

Bevor man die Kommutierung einer Gleichstrommaschine mit Erfolg untersuchen und beurteilen kann, muß man sich erst davon überzeugen, daß die Maschine vollkommen symmetrisch ausgeführt ist; denn sonst werden die Unsymmetrien auf die gemessenen Ströme und Spannungen störend zurückwirken und man bekommt keine Resultate, die man mit Vorteil mit den berechneten Werten vergleichen kann.

Hat man sich davon überzeugt, daß die Maschine vollständig oder nahezu symmetrisch ist, so untersucht man sie im Versuchsraum einer Fabrik gewöhnlich in der im nächsten Abschnitt beschriebenen Weise. Theoretische Untersuchungen, wie sie in den Abschnitten 98 und 99 beschrieben sind, lassen sich nur an Maschinen durchführen, die man längere Zeit zur Verfügung haben kann. Solche Untersuchungen mit dem Oszillographen sind jedoch nur bei besonderen Ausführungen erwünscht.

Wie öfters erwähnt, werden Gleichstrommaschinen nunmehr stets mit symmetrischen Ankerwicklungen versehen. Da der Ankerkörper auf Grund seines Aufbaues aus gestanzten Blechen stets symmetrisch ausfallen muß, so kann man davon ausgehen, daß der Ankerkörper und die Ankerwicklung stets symmetrisch sind. Dies ist aber mit dem Kommutator, der Bürstenanordnung und dem Magnetsystem nicht der Fall.

Wenn die Micaniteinlagen zwischen den Kommutatorlamellen nicht alle gleich stark sind, so wird die Lamellenteilung nicht überall gleich ausfallen und man wird auf jede Polteilung τ_k des Kommutators nicht die gleiche Anzahl Lamellen erhalten. Es ist deshalb sehr wichtig, daß alle Micaniteinlagen für den Aufbau von Kommutatoren mit der größten Sorgfalt hergestellt und vor ihrer Einlegung auf genau gleiche Stärke geprüft werden.

Hat man sich davon überzeugt, daß der Kommutator symmetrisch ist, so untersucht man die Bürstenlage der verschiedenen Bürstenstifte. Von der Bürstenkante eines Stiftes bis zur entsprechenden Bürstenkante der benachbarten Stifte muß überall die gleiche Polteilung τ_k und dieselbe Anzahl Lamellen $\frac{K}{2p}$ vorhanden sein. Ob dies der Fall ist, läßt sich auch elektrisch messen, indem man die Verbindungen zwischen den Bürstenstiften gleicher Polarität löst und die Spannungen zwischen den Stiften mißt. Wenn die Spannungen alle Null sind, so sind alle Bürstenstifte symmetrisch eingestellt.

Wenn der Kommutator und die Bürstenanordnung ganz symmetrisch ausgeführt und eingestellt sind, läßt sich die Symmetrie des Magnetfeldes auch leicht elektrisch kontrollieren, wenn der Anker mit Schleifenwicklung versehen ist. Man löst nämlich dann alle Ausgleichverbindungen und die Verbindungen zwischen den Bürstenstiften und mißt die Spannungen zwischen den Stiften gleicher Polarität. Ist der Luftspalt unter den verschiedenen Polen nicht gleich oder sind Gußlöcher in den massiven Teilen des Joches und der Magnetkerne vorhanden oder liegen die Magnetkerne nicht überall gut gegen das Joch und die Polschuhe an, so wird ein Pol mehr Kraftfluß führen als ein anderer und es können sehr große Spannungen zwischen den Bürstenstiften gleicher Polarität gemessen werden. Diese werden natürlich durch die Ausgleichverbindungen wieder behoben. Da es aber für die Kommutierung nicht günstig ist, wenn die Ausgleichverbindungen zu große Ausgleichströme führen, so justiert man besser die Luftspalte des Magnetfeldes, bis die Spannungen zwischen den Bürstenstiften gleicher Polarität ganz verschwunden oder verschwindend klein geworden sind. Man verbindet dann wieder alle Ausgleichverbindungen mit der Ankerwicklung und die Bürstenstifte gleicher Polarität, wonach die Maschine vollkommen symmetrisch ist und man die Untersuchung der Kommutierung beginnen kann.

Ist die Ankerwicklung als Wellenwicklung ausgeführt, so hat eine Unsymmetrie des Magnetfeldes weniger Einfluß auf die Kommutierung; andererseits läßt diese Unsymmetrie sich nur schwierig und zwar durch Messung des Luftspaltes und durch Aufnahme der Feldkurven unter den verschiedenen Polen bestimmen.

96. Praktische Untersuchung der Kommutierung.

In dem Prüffeld einer Maschinenfabrik wird jede Maschine zuerst als Motor oder Generator in Leerlauf untersucht.

a) Ist die Maschine ohne Wendepole ausgeführt, so schiebt man die Bürsten beim Generator so weit vor und beim Motor so weit zurück wie nur möglich, ohne daß Funken sich zeigen. In dieser Weise läßt man die Maschine einige Stunden laufen, und wenn sie sich eingelaufen hat, nimmt man das Kommutierungsdiagramm sowohl unter den Bürsten als in der Pollücke auf, um einen Einblick in die Form der Feldkurve in der Kommutierungszone zu erhalten. Je flacher die Potentialkurve verläuft, um so weiter ist es möglich, die Bürsten aus der geometrisch neutralen Zone zu verschieben.

Ist die Maschine nicht sehr groß, so belastet man sie gewöhnlich, nachdem sie einige Zeit leer gelaufen ist. Bei Belastung sucht man nun, wenn möglich, die Bürsten gegen die neutrale Zone zurück zu verschieben, ohne daß sich an den Bürstenkanten Funken zeigen. Nachdem die Maschine einige Stunden mit Vollast gelaufen ist, nimmt man das Kommutierungsdiagramm in der Pollücke und unter den Bürsten auf.

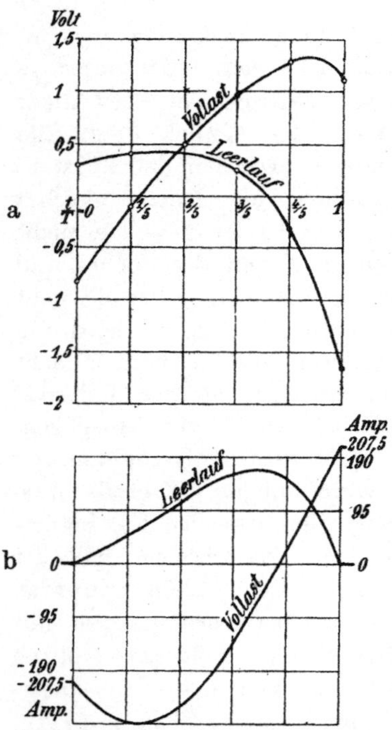

Fig. 321. Experimentell ermittelte Kommutierungsdiagramme eines Generators und die daraus berechneten Kurzschlußstromkurven.

Die günstigste Bürstenstellung der Maschine ergibt sich nun als Mittelstellung der beiden Bürstenlagen, die als Funkengrenzen bei Leerlauf und Belastung gefunden wurden. In dieser günstigsten Bürstenstellung nimmt man schließlich die Kommutierungsdiagramme bei Leerlauf, Halblast und Vollast auf. Solche von Ing. H. Oesterlein der A. G. Volta in Reval aufgenommenen Kommutierungsdiagramme sind in Fig. 321a für einen 175 KW, 105 Volt, 275 Umdr.-Generator dargestellt. Der Anker hat Reihenparallelschaltung mit $a = p = 4$ und jede Bürste bedeckt 2,85 Lamellen. — Aus dem Kommutierungsdiagramm sind die entsprechenden Kurzschlußstromkurven unter Annahme eines konstanten Übergangswiderstandes abgeleitet und in Fig. 321b wiedergegeben.

Ist die Maschine zu groß, um im Prüffeld belastet zu werden, so muß man sich damit begnügen, die Maschine bei Leerlauf und Kurzschluß[1]) zu untersuchen. Nachdem die Bürstenlage der Funkengrenze bei Leerlauf festgestellt ist, schließt man die Ankerklemmen durch ein Amperemeter kurz und erregt das Feld ganz schwach, bis sich Funken an den Bürstenkanten zeigen. Die Maschine läßt man in diesem Kurzschlußzustand einige Stunden laufen und nimmt dann das Kommutierungsdiagramm in der Pollücke und unter den Bürsten auf und notiert sich den größten Ankerstrom, den die Maschine im Kurzschluß bei der äußersten Bürstenlage des Leerlaufes noch funkenlos kommutieren kann. Dieser Strom ist ein Maß für den Strom, den die Maschine bei derselben Bürstenlage in Vollast kommutieren kann, was aus der folgenden Überlegung hervorgeht.

Bei Leerlauf ist kein Kommutierungsfeld erforderlich; das Hauptfeld hat aber in der Kommutierungszone die Stärke B_{k0}, welches Feld ganz als fehlerhaftes Feld B_f bezeichnet werden kann. Im Kurzschluß, wo fast kein Hauptfeld vorhanden ist, benötigt man ein Kommutierungsfeld

$$\alpha(f_m B_n + B_s + B_q')$$

um α mal Normalstrom geradlinig zu kommutieren; und da hier kein Feld vorhanden ist, wird das fehlerhafte Feld bei Kurzschluß

$$B_f = \alpha(f_m B_n + B_s + B_q').$$

Das Querfeld B_q' bei Kurzschluß ist bei ungesättigten Polspitzen in der Pollücke gleich dem Querfeld B_q bei Vollast und bei gesättigten Polspitzen etwas größer als B_q.

Bei Vollast erhalten wir, wie Seite 233 gezeigt, ein fehlerhaftes Kommutierungsfeld

$$B_f = \beta(f_m B_n + B_s + B_q) - B_{k0}$$

um β mal Normalstrom noch funkenfrei zu kommutieren. Da man bei Leerlauf, Kurzschluß und Vollast nahezu dasselbe fehlerhafte Kommutierungsfeld zulassen kann, so erhalten wir folgende Beziehung

$$B_{k0} = \alpha(f_m B_n + B_s + B_q') = \beta(f_m B_n + B_s + B_q) - B_{k0}.$$

Setzen wir hier $B_q' = B_q$ ein, so wird $\beta = 2\alpha$.

---

[1]) J. L. la Cour. Leerlauf und Kurzschlußversuch in Theorie und Praxis, S. 88. Vieweg u. Sohn, 1904.

Es folgt hieraus, daß man bei der für funkenfreien Leerlauf noch zulässigen Bürstenverschiebung im Kurzschluß nur den halben Strom als bei Vollast funkenfrei kommutieren kann.

Von einer richtig bemessenen Maschine wird man daher verlangen können, daß sie bei der äußersten Bürstenlage für funkenfreien Leerlauf im Kurzschluß den halben Normalstrom der Maschine funkenfrei kommutiert.

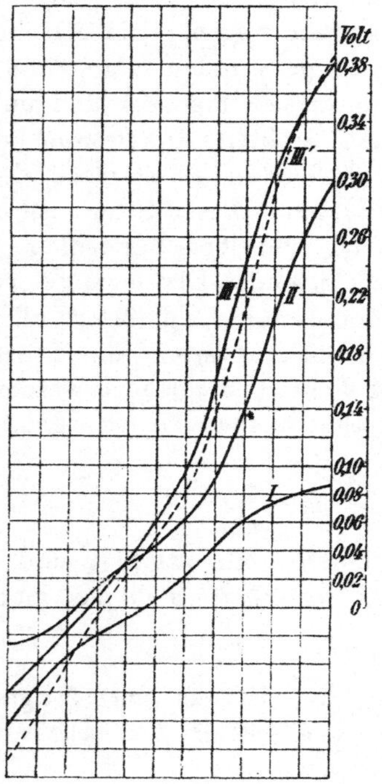

Fig. 322.

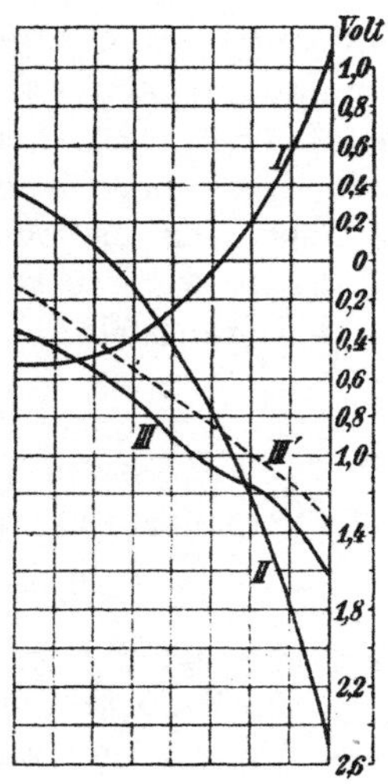

Fig. 323.

Superposition der bei Leerlauf und Kurzschluß aufgenommenen Kommutierungsdiagramme.

Ist die Maschine für reversiblen Betrieb gebaut, so ist das Hauptfeld in der Kommutierungszone bei Leerlauf, Kurzschluß und Vollast stets Null und das fehlerhafte Feld bei Kurzschluß gleich dem bei Vollast, wenn man $B_q' = B_q$ setzt. Man muß daher verlangen, daß eine Maschine für reversiblen Betrieb im Kurzschluß den vollen oder nahezu vollen Normalstrom funkenfrei kommutieren kann.

Hat man die Kommutierungsdiagramme einer großen Maschine bei Leerlauf und Kurzschluß aufgenommen, so läßt sich daraus ein

Schluß auf den Verlauf des Kommutierungsdiagrammes bei derselben Belastungsstromstärke ziehen. Nehmen wir nämlich an, daß das Ankerquerfeld B_q' bei Kurzschluß gleich dem bei Belastung B_q ist, so wird bei Belastung in den kurzgeschlossenen Ankerspulen die Summe der zusätzlichen EMKe bei Leerlauf und Kurzschluß induziert. Sind ferner die von den zusätzlichen Strömen unter den Bürsten verursachten Verzerrungen der Potentialkurve sehr klein, so läßt das Kommutierungsdiagramm bei Vollast sich auch aus denen bei Leerlauf und Kurzschluß durch Superposition bestimmen. Dies ist aber nur dann streng gültig, wenn der Übergangswiderstand zwischen Bürste und Kommutator bei allen drei Kurven derselbe ist. Bei Kohlenbürsten ist dies nicht der Fall; da aber die Deformierung der Potentialkurve, wie erwähnt, nicht groß ist, so wird die Annahme eines konstanten Übergangswiderstandes für diese inneren Ströme keinen großen Fehler herbeiführen. In der Tat zeigt das Experiment, daß selbst unter Berücksichtigung dieser Verzerrung die Kurve Δp_{xb} sich mit genügender Genauigkeit aus den Kurven Δp_{xl} und Δp_{xk} durch Superposition ableiten läßt. — In den Kurven, Fig. 322 und 323, die von Professor K. Czeija gelegentlich seiner Doktorarbeit aufgenommen wurden, stellen die Kurven I die bei Leerlauf, die Kurven II die bei Kurzschluß und die Kurven III die bei Belastung unter den Bürsten aufgenommenen Potentialkurven dar, während die Kurven III′ sich durch Superposition aus den Kurven I und II ergeben. Die Kurven Fig. 322 sind bei einer Maschine mit Kupferbürsten und die der Fig. 323 bei einer solchen mit Kohlenbürsten aufgenommen worden.

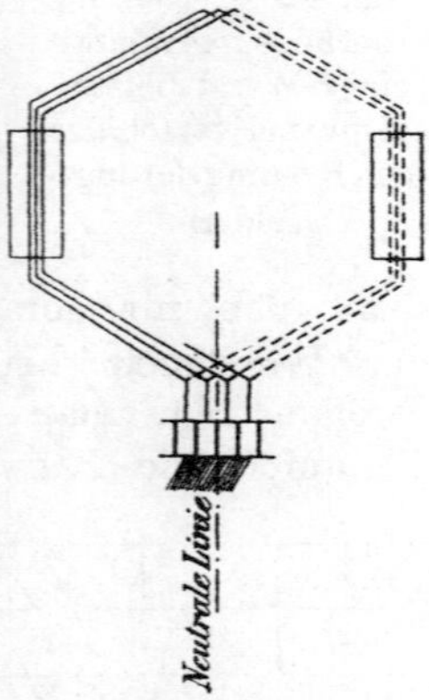

Fig. 324. Aufsuchung der neutralen Zone bei Wendepolmaschinen.

b) Wir gehen nun dazu über, die Untersuchung der Kommutierung von Wendepolmaschinen im Prüffeld zu betrachten. — Um diese zu erleichtern, ist es zu empfehlen, eine Ankerspule mit zugehörigen Lamellen deutlich zu merken, so daß man die Bürsten sofort in der geometrisch neutralen Zone einstellen kann, wie die Fig. 324 zeigt.

Man verfährt nun gleich so wie bei Maschinen ohne Wendepole, indem man die Kommutierungsdiagramme bei Leerlauf, Vollast und Kurzschluß aufnimmt. Ändert das Kommutierungsdiagramm von einer gewissen Belastung ab seine Form, wie in Fig. 325 gezeigt, so ist das ein Zeichen dafür, daß der magnetische Kreis des Wendepols irgendwo gesättigt ist. Ändert das Kommutierungsdiagramm auch bei Kurzschluß von einer bestimmten Ankerstromstärke ab seine Form, so ist das weiter ein Zeichen dafür, daß die Sättigung des Wendepolkreises sich im Kern des Wendepols befindet, während die Sättigung sich im Joch befindet, wenn die Kommutierungsdiagramme bei Belastung, aber nicht bei Kurzschluß ihre Form ändern. Ändern die Kommutierungsdiagramme sich gleich von Leerlauf ab, also bei sehr kleinen Stromstärken, so ist das ein Zeichen dafür, daß die Windungszahl der Wendepole zu klein oder zu groß gewählt worden ist.

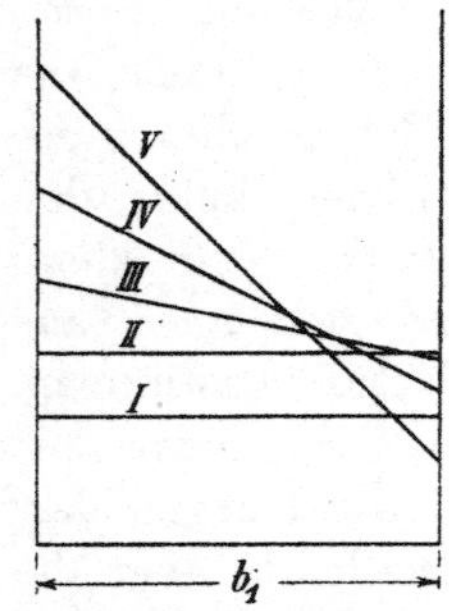

Fig. 325. Kommutierungsdiagramm einer Wendepolmaschine bei verschiedenen Kommutierungsfeldern.

Diese Verhältnisse lassen sich in anderer Weise noch besser nachweisen. Wenn die Wendepole bei Belastung zu schwach sind, so kann man die Wendepolwicklung von einer kleinen Niederspannungsmaschine gesondert erregen und dann den für geradlinige Kommutierung nötigen Erregerstrom J_w der Wendepole bei verschiedenen Belastungen ermitteln. Diese Ströme trägt man als Funktionen der Ankerstromstärke J_a auf. Verlaufen die Kurven wie III und V geradlinig, Fig. 326, so ist die Windungszahl der Wendepole zu klein bzw. zu groß. Verlaufen die Kurven wie II, IV und VI nach oben gekrümmt, so sind Sättigungen im Wendepolkreis vorhanden. Um festzustellen, inwiefern diese sich in den Magnetkernen oder im Jocheisen vorhanden sind, nimmt man dieselben Kurven auch bei Kurzschluß auf. Verläuft der Erregerstrom der Wendepole bei Kurzschluß ähnlich wie bei Belastung, so sind die Kerne der Wendepole zu stark gesättigt, während bei Kurzschluß geradlinig verlaufende Kurven auf eine Sättigung im Jocheisen allein schließen lassen. Eine richtig bemessene Wendepolmaschine wird die unter 45° verlaufende Gerade I ergeben. Zuletzt wird diese auch nach oben abbiegen; aber bis zu der Stromstärke, bei der dies eintritt, wird die Kommutierung zufriedenstellend verlaufen, und bis zu dieser Stromstärke läßt die Maschine sich funkenfrei überlasten.

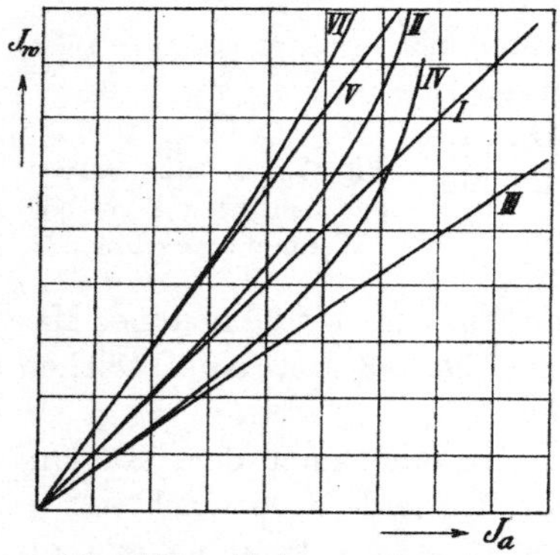

Fig. 326. Erregerstrom eines Wendepols bei zunehmender Ankerstromstärke.

97. Meßanordnung zur theoretischen Untersuchung der Kommutierung.

Die theoretische Untersuchung der Kommutierung hat sich auf die Vorgänge an der Stromabnahmestelle, auf den zeitlichen Verlauf des Kurzschlußstromes und auf die Form des kommutierenden Feldes zu erstrecken. Es werden somit außer den Kommutierungsdiagrammen und der mittleren Spannung zwischen den Bürstenkanten folgende Werte zu messen sein:

1. Die Feldkurve in der Kommutierungszone (I).
2. Die momentanen Werte $i = i_k + i_z$ des Kurzschlußstromes einer Ankerspule (Die Kurzschlußstromkurve II).
3. Die örtliche Spannung zwischen Kommutator und Bürste (Die örtliche Kommutatorspannung III) und die Spannung Δp zwischen den Bürstenkanten (Bürstenspannung).
4. Die Spannung zwischen einer unter den Bürsten durchlaufenden Lamelle und der Bürste (Lamellenspannungskurve IV).
5. Die momentanen Stromstärken in der Verbindung einer Ankerspule mit einer Lamelle (Lamellenstromkurve V).

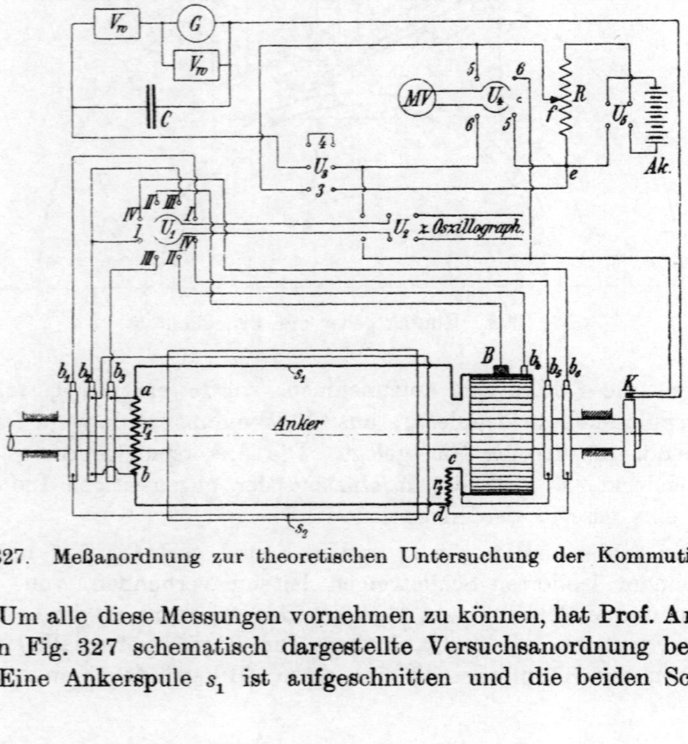

Fig. 327. Meßanordnung zur theoretischen Untersuchung der Kommutierung.

Um alle diese Messungen vornehmen zu können, hat Prof. Arnold die in Fig. 327 schematisch dargestellte Versuchsanordnung benutzt. Eine Ankerspule s_1 ist aufgeschnitten und die beiden Schnittenden ab sind durch einen Ohmschen Widerstand $r_1 \cong 0{,}01\,\Omega$ verbunden; der in s_1 fließende Kurzschlußstrom kann dann durch den Spannungsabfall ir_1 zwischen $a - b$ gemessen werden. Um die Störung, die durch das Aufschneiden der Ankerspule hineingebracht wird, ganz zu vermeiden, müßten alle Ankerspulen aufgeschnitten und mit dem gleichen Widerstande r_1 versehen werden. Der Einfachheit halber wurde jedoch hier davon abgesehen.

Weiter ist ein ähnlicher Widerstand r_2 in die Verbindung der Spule mit dem Kommutator eingefügt und die Punkte cd sind zu zwei Schleifringen geführt, auf welchen die Bürsten b_5, b_6 aufliegen. Der auf diese Weise meßbare Spannungsabfall in r_2 ist ein Maß für den einer Lamelle zufließenden Strom. Solche Widerstände sind auch in die benachbarten Verbinder eingebaut, so daß durch sie eine Störung der Stromverteilung unter der Bürste nicht hervorgerufen werden kann.

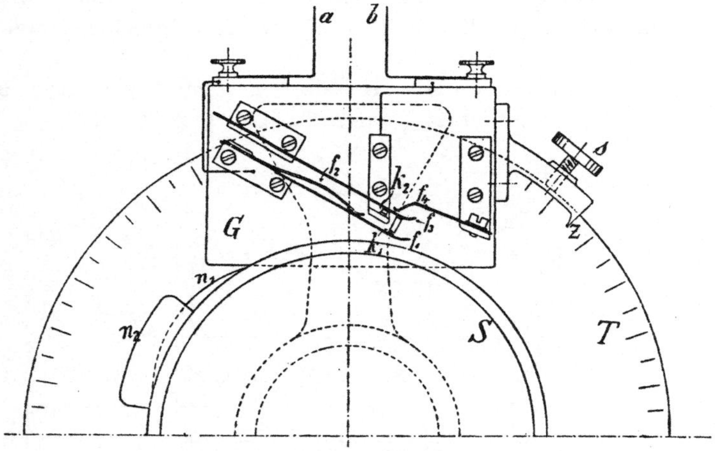

Fig. 328. Kontaktgeber mit Druckkontakt.

Um die Feldkurven aufzunehmen, wurde um die betreffende Ankerspule eine Prüfspule s_2, aus 20 Windungen dünnen Drahtes bestehend, in dieselbe Nut gelegt. Die Ankerspule wurde von ihr ganz bedeckt, so daß der Koeffizient der gegenseitigen Induktion gleich eins gesetzt werden darf.

Die beiden Enden von s_2 und a, b sind nach Fig. 327 mit drei voneinander isolierten Schleifringen leitend verbunden, von denen aus drei dünne Metallbürsten b_1, b_2, b_3 den Anschluß an die Leitungsdrähte vermitteln. — Zur Aufnahme der Bürstenpotentialkurve III ist neben der Hauptbürste B eine dünne Hilfsbürste b_4 angeordnet;

sie kann über die ganze Breite von B verschoben und scharf eingestellt werden, während sich ihre Lage an einer Teilung genau ablesen läßt.

Neben einer Gradeinteilung zur Feststellung der (Haupt-) Bürstenverschiebung im Felde ist die Versuchsmaschine noch mit einem starr mit der Maschinenwelle gekuppelten Kontaktgeber K ausgestattet. Die Bauart dieses Apparates ist aus Fig. 328 ersichtlich. Bei ihm sind nicht wie bei anderen üblichen Konstruktionen Schleifkontakte, sondern Druckkontakte angewandt und die Dauer eines Kontaktes ist so weit herabgedrückt, daß der Apparat auch bei sehr schnellen Stromwechseln tadellos funktioniert. Er besteht im Prinzip aus der mit der Maschinenwelle starr gekuppelten Kontaktscheibe S, einer Teilscheibe T und dem darauf verschiebbaren Gleitstück G aus Ebonit. Auf G sitzen isoliert die beiden Kontaktfedern $f_1\,f_3$ und die Gegenfedern $f_2\,f_4$. S hat einen Kontaktnocken n_1. G kann durch Drehen in eine beliebige Lage relativ zu n_1 gebracht und hier mit der Stellschraube s festgehalten werden; zum Ablesen dient der Zeiger z.

Der Stromkreis der Leiter a und b wird einmal pro Umdrehung geschlossen, wenn n_1 unter f_1 zu liegen kommt. f_1 wird dadurch bis zum Anschlag mit der Kontaktfläche k_1 der Feder f_3 gehoben. Aber nur einen Augenblick dauert der Kontakt, denn schon im nächsten Momente gehen $f_1\,f_3$ gemeinsam in die Höhe und trennen die Kontaktfläche k_2 von ihrem Sitz. Damit aber nach dem Passieren von n_1 nicht noch einmal Kontakt hergestellt wird, ist ein zweiter Nocken n_2, axial und radial gegen n_1 verschoben, vorhanden, der f_3 hoch hebt und so lange oben hält, bis f_1 in die ursprüngliche Lage zurückgekehrt ist[1]).

Neben dem Kontaktapparat wurde bei diesen Versuchen noch ein Oszillograph von Duddell benutzt.

Die Schaltung ist in Fig. 327 dargestellt. Die Momentanwerte der Spannung, wie sie der Kontaktapparat K liefert, sind an dem ballistischen Galvanometer G in der bekannten Schaltung mit Widerstand und Kondensator ablesbar. Sind die vom Kontaktgeber pro Umdrehung gegebenen Momentanspannungen annähernd gleich (was z. B. bei den später beschriebenen Kurven III nicht der Fall ist), so braucht man die Momentanspannung nicht aus dem Galvanometerausschlag abzulesen, sondern kann sie nach einer von Bragstad angegebenen Kompensationsmethode[2]) ermitteln. Dabei dient das Galvanometer als Nullinstrument; das Verfahren hat die

[1]) Der Kontaktgeber wurde vom Mechaniker des Karlsruher Elektrotechnischen Instituts G. Schade konstruiert. Das Physikal.-mech. Institut von Dr. Th. Edelmann, München, hat seine Fabrikation übernommen.

[2]) O. S. Bragstad. ETZ 1895. S. 112.

Vorteile der Nullmethoden, und seine Genauigkeit ist von der ungleichen Dauer der aufeinanderfolgenden Kontakte unabhängig. Die Spannungsimpulse werden hier mittels der regulierbaren Gleichstromspannung *e f* kompensiert.

Die eigentliche Messung vollzieht sich also folgendermaßen: An dem Umschalter U_1 wird die der gewünschten Kurve entsprechende Verbindung hergestellt, dann U_2 entweder auf den Oszillographen oder den Kontaktapparat umgelegt. Je nachdem man im letzteren Falle mit dem gewöhnlichen Galvanometerausschlag oder mit der Kompensationsmethode arbeiten will, wird U_3 in die Stellung 4 oder 3 gebracht. Beim Kompensieren muß dann die Gleichstromspannung zwischen *e f* durch *R* so reguliert werden, daß der Galvanometerausschlag Null wird. Am Millivoltmeter *MV* kann mittels U_4 (Stellung 5) diese Spannung abgelesen werden. —

Die Eichung des Galvanometers erfolgt bei der richtigen Umdrehungszahl des Kontaktapparates mittels der regulierbaren Gleichstromspannung *e f*. Dabei ist U_3 in Stellung 4 und U_2 offen.

Zur Aufnahme eines Kommutierungsdiagrammes hat man U_1 nach *II*, U_2 nach 1 und U_4 nach 6 zu bringen.

Weiter ist noch eine in Fig. 327 nicht eingezeichnete Hilfsbürste b_7 vorhanden, die hinter b_4 sitzt, so daß man, wenn b_4 und b_7 an den Kanten der Bürste stehen, den Verlauf der Kurzschlußspannung Δe zwischen den Bürstenkanten aufnehmen kann.

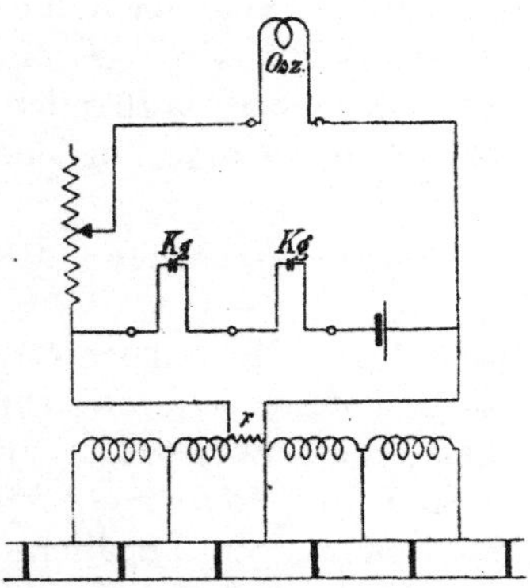

Fig. 329.

Die Teilscheibe des Kontaktgebers ist in 360 Grade geteilt. Diese Grade sind in den folgenden Figuren angegeben.

Anfang und Ende der Kurzschlußzeit der Spule, deren Strom mit dem Oszillographen aufgenommen werden soll, lassen sich durch kurze Stromstöße angeben, die von einem Akkumulator geliefert werden, der über einen Kontaktgeber und die Schleife des Oszillographen geschlossen wird. Die Schaltung ist in Fig. 329 dargestellt. Diese Stromstöße zeigen sich in den Oszillogrammen als scharfe Spitzen an den Stellen, wo die dickeren Striche, die die Grenze des Kommutierungsvorganges kennzeichnen, unterbrochen sind

98. Experimentelle Aufnahmen von Feldkurven, Kurzschlußstromkurven und örtlichen Kommutatorspannungen.

a) Feldkurven. An einer zweipoligen Maschine mit 25 cm Ankerdurchmesser hat Professor Arnold die folgenden Feldkurven in der Kommutierungszone mittels des Kontaktgebers aufgenommen. Da die Prüfspule mit den Ankerspulen magnetisch gekuppelt war, so entspricht die in der Prüfspule induzierte Spannung nicht dem Kraftfluß der Wendepole, sondern der in jeder Ankerspule induzierten resultierenden EMK.

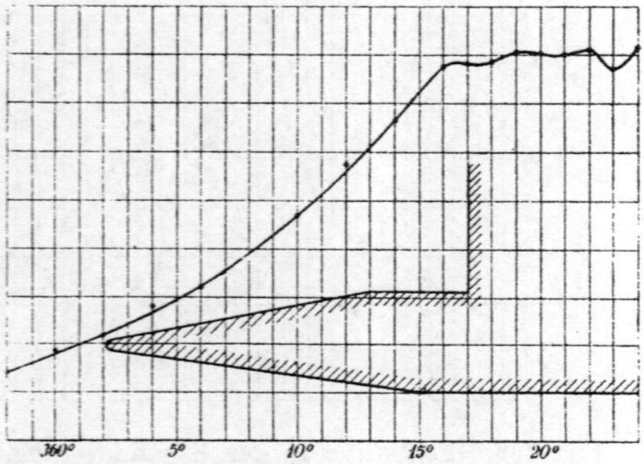

Fig. 330. Feldkurve bei Leerlauf und abgehobenen Bürsten.

Fig. 330 gibt die Feldkurve bei Leerlauf und abgehobenen Bürsten und Fig. 331 die Feldkurve bei belasteter Maschine wieder. Die Polform ist in Fig. 330 eingezeichnet. Die Umdrehungszahl war $n = 800$ und die Erregung in beiden Fällen $i_e = 0{,}79$ Amp. Die Bürsten waren um $49{,}8^0$ in der Drehrichtung verschoben. Die Zacken in der Feldkurve bei Belastung (Fig. 331) rühren hauptsächlich von der Änderung der Ankeramperewindungen während der Kurzschlußzeit her.

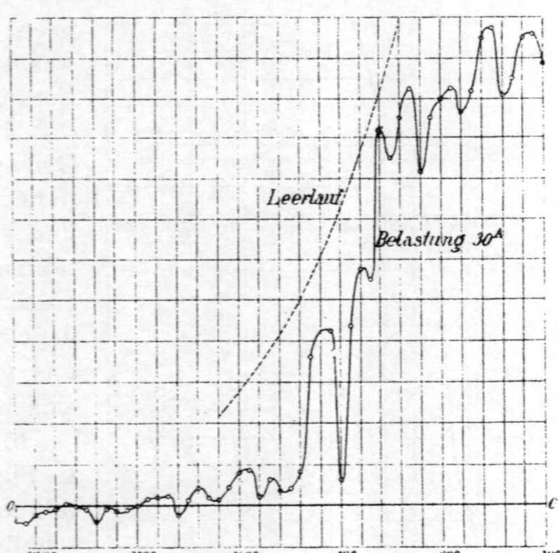

Fig. 331. Feldkurve bei 30 Amp. Belastung. Bürsten um $49{,}8^0$ in der Drehrichtung verschoben.

Die weiteren Aufnahmen zeigen den Verlauf der Feldkurve in der Kommutierungszone bei Anwendung von Wendepolen.

Bei der Aufnahme der Kurven der Fig. 332 waren Wendepole angeordnet und zwar von gleicher Länge wie der Anker; die Breite betrug 2,7 Zahnteilungen.

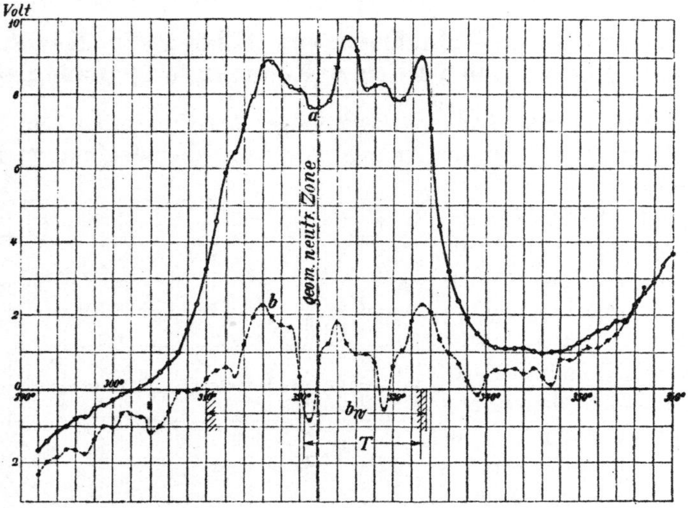

Fig. 332. Feldkurve in der Kommutierungszone. *a*) bei Leerlauf, *b*) bei Belastung. $J_a = 22$ Amp. $J_w = 4$ Amp.

Die Wendepole waren fremderregt, und zwar in diesem Fall mit 4 Amp. Kurve *a* ist bei abgehobenen Bürsten und Kurve *b* bei Belastung der Maschine mit 22 Amp. erhalten worden.

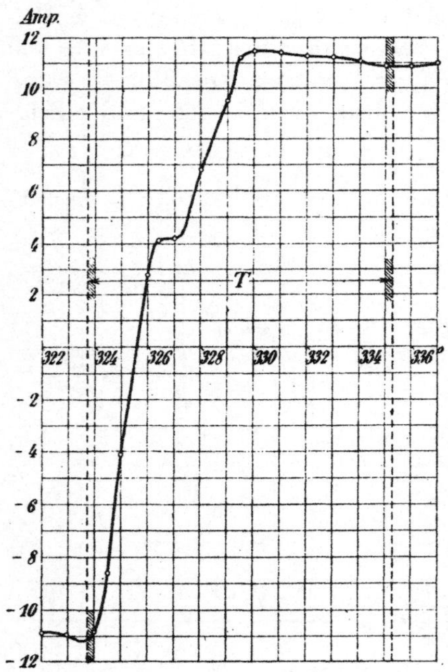

Fig. 333. Mit dem Kontaktgeber aufgenommene Kurzschlußstromkurve.

Bei dieser bleibt im Mittel noch eine positive EMK übrig, was eine schwache Überkommutierung zur Folge hat.

In der Fig. 332 sind als Ordinaten die in der Hilfsspule induzierte Spannung in Volt und als Abszissen die am Kontaktgeber abgelesenen Grade eingeschrieben. Ferner sind Wendepolbreite b_w, Kurzschlußzeit T und geometrisch neutrale Zone eingezeichnet.

b) Kurzschlußstromkurven. In Fig. 333 ist die mit dem Kontaktgeber aufgenommene Kurzschlußstromkurve entsprechend dem Wendefeld in Fig. 332 wiedergegeben. Prof. Arnold hat ferner an einer kleinen vierpoligen Maschine ohne Wendepole mittels des Oszillographen eine Reihe von Kurzschlußstromkurven aufgenommen und zwar von mehreren Kurzschlüssen ein und derselben Ankerspule hintereinander, so daß er die ganze Ankerstromkurve erhielt. Gleichzeitig mit diesen Kurven wurde entweder die Feldkurve oder die Potentialkurve des Kommutators mittels der zweiten Schleife des Oszillographen aufgenommen.

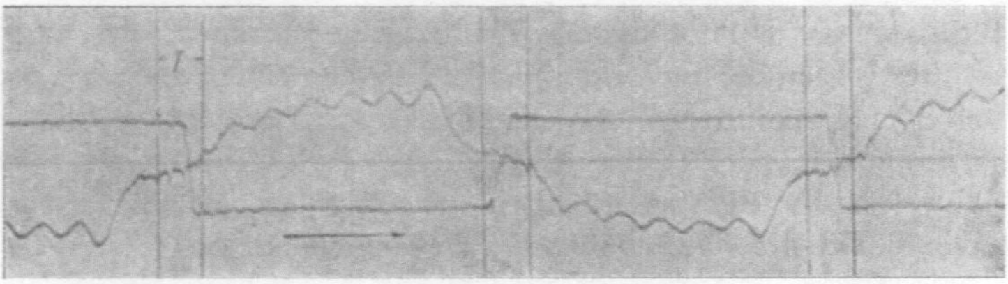

Fig. 334. Feldkurve und Strom in einer Spule. $n = 500$. $i_e = 1{,}15$ Amp. $J = 70$ Amp. $E = 75$ Volt. Bürstenbreite $b_1 = 15$ mm. Bürsten in der Drehrichtung um $16{,}6^0$ verschoben. Funkenfrei.

Fig. 334 und 335 zeigen die Ankerstromkurven und Feldkurven bei derselben Bürstenstellung, aber verschiedener Belastung. Da die Bürsten sehr weit ins Feld hineinverschoben waren, so traten bei der kleineren Belastung Überkommutierung und Funken auf. Bei diesen Untersuchungen beobachtete Prof. Arnold, daß die Kommutierung gewöhnlich vollzogen war, bevor die Lamelle die ab-

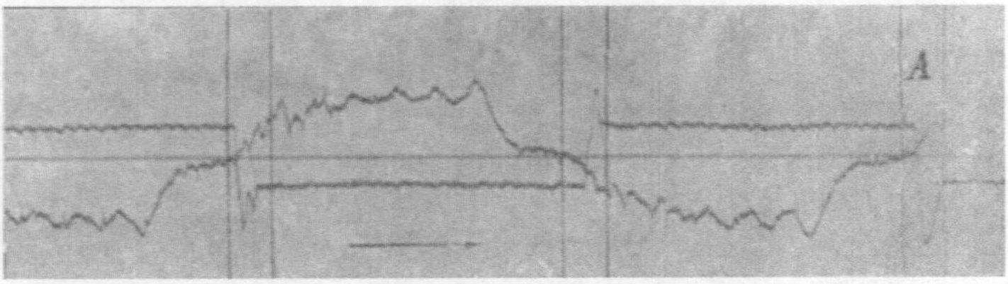

Fig. 335. Feldkurve und Strom in einer Spule. $n = 500$. $i_e = 1{,}15$ Amp. $J = 32$ Amp. $E = 82$ Volt. Bürstenbreite $b_1 = 15$ mm. Bürsten um $16{,}6^0$ in der Drehrichtung verschoben. Starke Funken.

laufende Bürstenkante verlassen hatte, so daß die Lamelle nahezu stromlos ablief. Diesen Verlauf der Stromkurve erklärt Prof. Arnold durch eine starke Vergrößerung des spezifischen Übergangswiderstandes an den Funkenstellen der ablaufenden Bürstenkante. Seine Erhöhung zwingt einen Teil der zusätzlichen Ströme, sich über den Anker und den äußeren Stromkreis zu schließen. Auf diese Weise wird erreicht, daß, solange überhaupt eine erträgliche Stromwendung stattfindet, die Stromdichte an den ablaufenden Bürstenkanten kleine Werte erhält.

Im Anker fließen zusätzliche Ströme von der Periodenzahl der Kommutierung, und diese Ströme, deren Größe bei minder guter Stromwendung nicht unerheblich ist, sind in den wiedergegebenen Oszillogrammen deutlich zu sehen. Auch im äußeren Stromkreis sind sie mit Hilfe des Oszillographen nachzuweisen. Würden in den gleichzeitig kurzgeschlossenen Spulen aller Bürsten die Ströme den gleichen zeitlichen Verlauf haben, so würden die zusätzlichen Ströme, die sich durch die Ankerwicklung allein schließen, sich aufheben. Im allgemeinen ist dies wegen der unvermeidlichen Unsymmetrien auch bei bestem Aufbau der Maschine und wegen der Verschiedenheit in den Übergangswiderständen der Bürsten verschiedener Polarität nicht möglich. Kommutieren die Bürsten nicht gleichzeitig, so treten Ströme und Pulsationen entsprechend höherer Periodenzahlen auf.

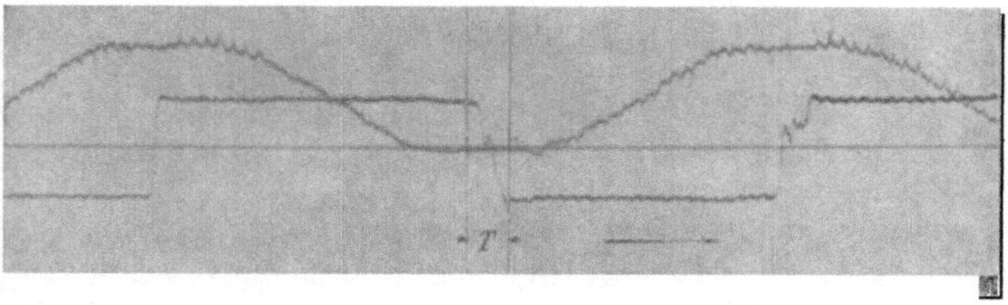

Fig. 336. Strom einer Spule und Potentialkurve zwischen negativer Bürste und einer Lamelle. $n = 500$. $i_e = 1{,}15$ Amp. $J = 70$ Amp. $E = 75$ Volt. Bürstenbreite $b_1 = 15$ mm. Bürsten um $16{,}6^0$ in der Drehrichtung verschoben. Funkenfrei.

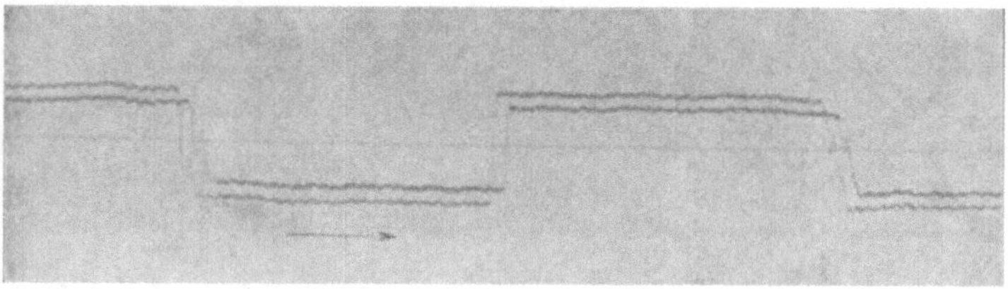

Fig. 337. Strom der ersten und zweiten Spule einer Nut (der Ordinatenmaßstab der Kurven ist verschieden). $n = 500$. $i_e = 1{,}15$ Amp. $J = 70$ Amp. $E = 75$ Volt. Bürstenbreite $b_1 = 15$ mm. Bürsten in der Drehrichtung um $16{,}6^0$ verschoben. Funkenfrei.

Die zusätzlichen Kurzschlußströme erzeugen ein pulsierendes Längsfeld, das sich durch die lamellierten Hauptpole und die Luft schließt. Dieses Wechselfeld ruft in der rotierenden Ankerwicklung Pulsationen der induzierten EMK hervor, die deutlich in der mit der Ankerstromkurve in Fig. 336 aufgenommenen Potentialkurve zu sehen sind.

Der große Einfluß dieser Pulsationen auf die Potentialkurve ist aus Fig. 336 zu ersehen. Dort ist die Spannung einer Bürste gegen einen Schleifring aufgezeichnet, der mit einer Lamelle verbunden war. Obwohl nur kleine zusätzliche Ströme vorhanden sind, ergeben sich infolge der raschen Änderung des Kurzschlußstromes bedeutende Schwankungen der EMK, die bis zu 16 Volt ansteigen. Da diese Spitzen sich, wenn auch abgeschwächt, bis unter die Bürsten fortsetzen, so finden hiermit die oft zu beobachtenden Spitzen in den Potentialkurven unter den Bürsten ihre einfache Erklärung. Es ist wohl anzunehmen, daß sie auf die Funkenbildung nicht ohne Einfluß sind

Fig. 338. Strom einer Spule und Feldkurve. $n = 500$. $i_e = 0{,}95$ Amp. $i_w = 7$ Amp. $J = 20$ Amp. $E = 65$ Volt. Bürstenbreite $b_1 = 15$ mm. Bürsten in der neutralen Zone. Funkenfrei.

Es ist dann noch untersucht worden, ob die Kurzschlußströme in den verschiedenen Spulen einer Nut in ihrem Verlauf Abweichungen

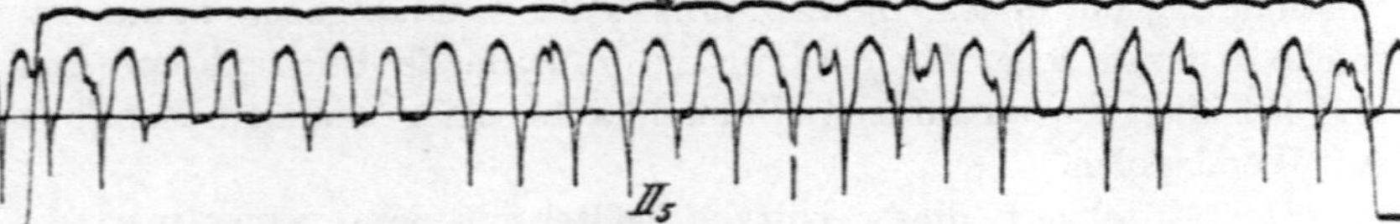

Fig. 339a.

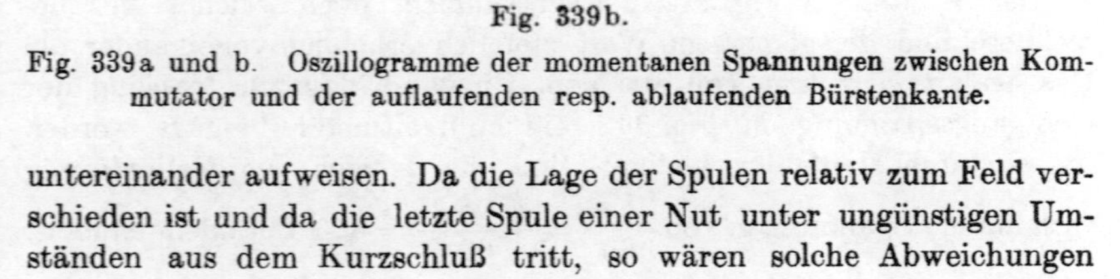

Fig. 339b.

Fig. 339a und b. Oszillogramme der momentanen Spannungen zwischen Kommutator und der auflaufenden resp. ablaufenden Bürstenkante.

untereinander aufweisen. Da die Lage der Spulen relativ zum Feld verschieden ist und da die letzte Spule einer Nut unter ungünstigen Umständen aus dem Kurzschluß tritt, so wären solche Abweichungen wohl erklärlich. Aus den gemachten Aufnahmen geht aber hervor, daß die Kurzschlußströme einer Nut nicht wesentlich verschieden verlaufen. Es sei deshalb hier nur eine solche Aufnahme als Beispiel gegeben (Fig. 337). Der Ordinatenmaßstab beider Kurven ist verschieden.

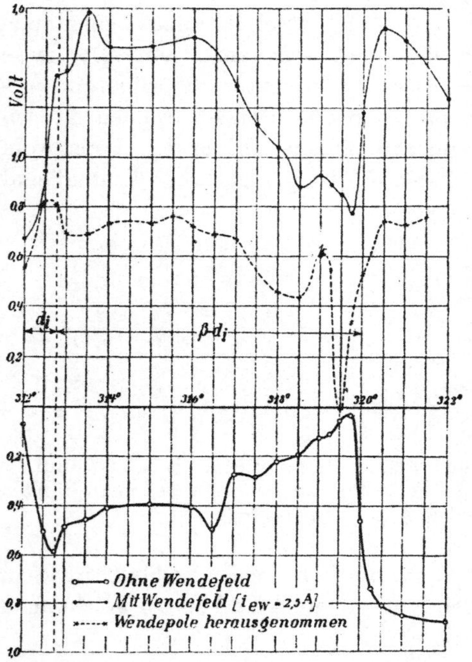

Fig. 340. Kurven der momentanen Spannungen zwischen Bürste und Kommutator an der auflaufenden Kante.

In Fig. 338 ist die Ankerstromkurve derselben Maschine mit Wendepolen wiedergegeben.

c) Örtliche Kommutatorspannungen. Fig. 339 a und b zeigen einige von Ing. J. N. van der Ley aufgenommenen Oszillogramme, die die Kommutatorspannungen an der auf- und ablaufenden Bürstenkante wiedergeben. Es geht aus den Oszillogrammen deutlich hervor, daß die Momentanwerte für die einzelnen Lamellen verschieden sind, was davon herrührt, daß die Lamellen sowohl infolge ihrer etwas ungleichen Breite als auch wegen des rasch veränderlichen Verhaltens der Bürste unter nicht genau denselben Bedingungen kommutieren. Doch ist, wie man sieht, der Charakter der Kurven überall der gleiche und in sehr guter Übereinstimmung mit denen, die man mittels des Kontaktgebers aufnimmt. Solche Kurven zeigt Fig. 340 für die auflaufende Bürstenkante und Fig. 341 für die ablaufende Bürstenkante einer anderen Maschine mit Wendepolen.

Der Mittelwert dieser Kurven sollte mit dem gemessenen Δp an den Kanten in Fig. 342 übereinstimmen, doch weichen der berechnete und der gemessene Wert ziemlich erheblich voneinander ab. Das erklärt sich zum Teil aus dem Umstand, daß zur Messung der Übergangsspannung in Fig. 342 ein Millivoltmeter benutzt worden ist, wodurch Meßfehler bedingt sind, da es sich um wellenförmig verlaufende Spannungen von $\frac{Kn}{60} = \frac{45 \cdot 800}{60} = 600$ Perioden handelt.

Der Fehler wäre kleiner, wenn die Kurven nicht so viel von den Mittelwerten abgewichen hätten, was auch bei allen Berechnungen vorausgesetzt wurde. Bessere Übereinstimmung müßte sich bei Aufnahme der Δp-Kurven mit einem Hitzdrahtinstrument oder einem Elektrometer ergeben.

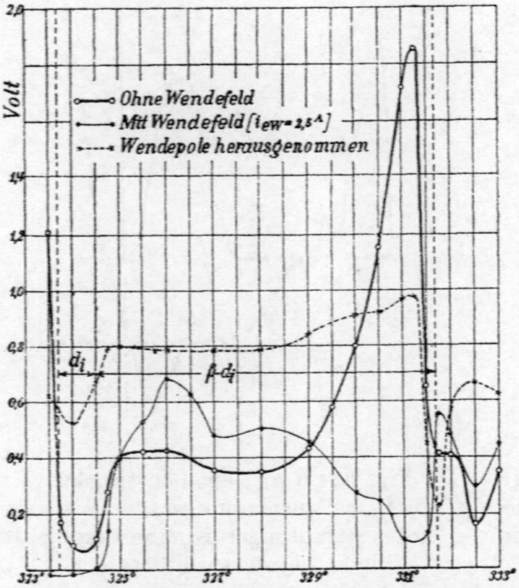

Fig. 341. Kurven der momentanen Spannungen zwischen Bürste und Kommutator an der ablaufenden Kante.

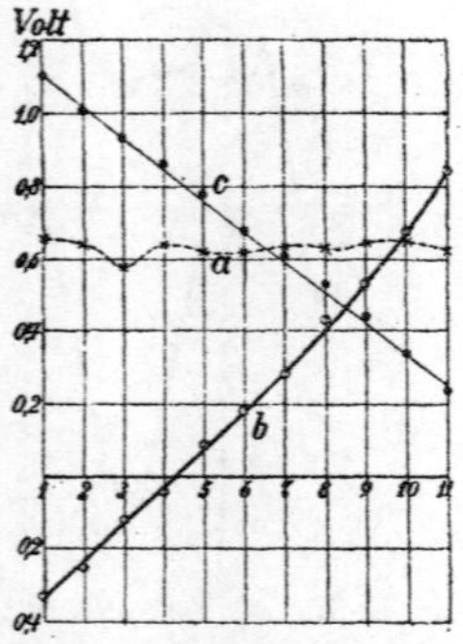

Fig. 342. Δp_x-Kurven. *a*) bei herausgenommenen Wendepolen, *b*) bei unerregten Wendepolen, *c*) bei mit 2,5 Amp. erregten Wendepolen.

Man sieht auch aus diesen Kurven (d_i bezeichnet die Stärke der Isolierschicht zwischen zwei Lamellen), besser noch als aus den Kurzschlußstromkurven, welchen Einfluß die Wendepole auf die Kommutierung haben. Vor allem sind, wie Fig. 341 zeigt, an der ablaufenden Kante, die Spannungen erheblich verringert, während sie an der auflaufenden Kante zugenommen haben (Fig. 340), und diese Umstände müssen natürlich die Funkenbildung sehr beeinflussen. Man sieht hier, wie trotz niedriger Mittelwerte doch sehr hohe Spannungsspitzen auftreten können, und wenn man bedenkt, daß in allen hier wiedergegebenen Kurven, auch wo nur geringe Stromdichten vorhanden sind, die gemessenen Δp erheblich waren, so wird der schon früher ausgesprochene Gedanke, daß die Energieverteilung bzw. die Energiedichte die eigentliche Ursache der Funkenbildung ist, hierdurch gestärkt. Dazu kommt noch die Beobachtung, daß Δp hohe Werte annimmt, wenn Funken tatsächlich auftreten.

99. Experimentelle Aufnahme von Lamellenspannungs- und Lamellenstromkurven.

Dr.-Ing. Fr. Jordan[1]) hat sich in seiner Doktorarbeit besonders der Aufnahme derartiger Kurven mittels Oszillographen gewidmet

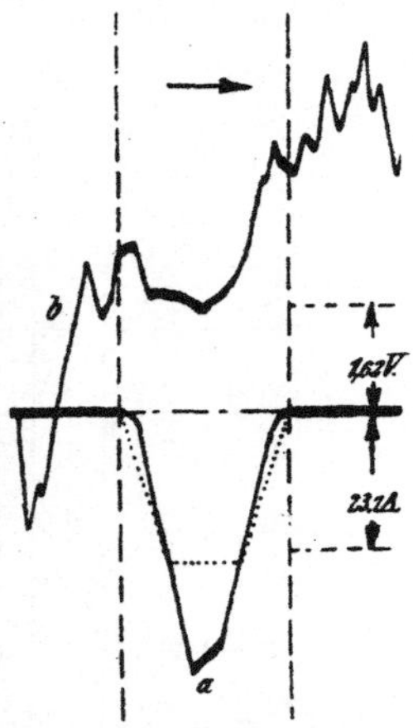

Fig. 343. *a*) Lamellenstromkurve. *b*) Lamellenspannungskurve bei möglichst geradliniger Kommutierung der positiven Bürste.

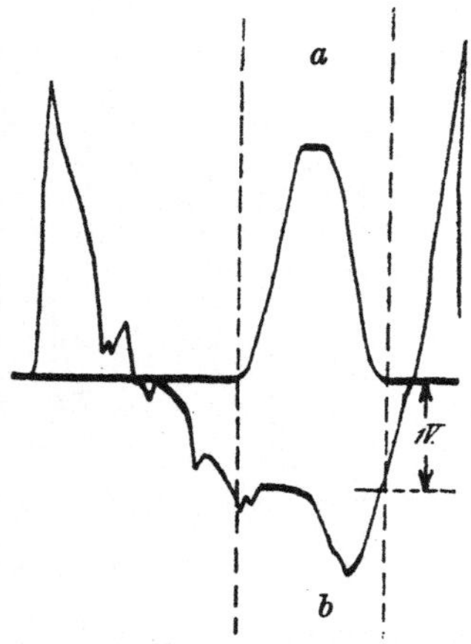

Fig. 344. *a*) Lamellenstromkurve. *b*) Lamellenspannungskurve bei möglichst geradliniger Kommutierung der negativen Bürste.

und gezeigt, wie man aus ihnen viele für die Beurteilung der Kommutierung interessante Kurven angenähert ableiten kann.

Dr.-Ing. Jordan bediente sich einer Versuchsanordnung, die nur unwesentlich von der von Prof. Arnold abweicht. Die Fig. 343 und 344 geben Lamellenstrom und Lamellenspannung bei möglichst geradliniger Kommutierung wieder. Bei geradlinigem Verlauf des Kurzschlußstromes wird die Lamellenstromkurve die Form eines Trapezes bekommen, dessen mit der Grundlinie parallele Seite

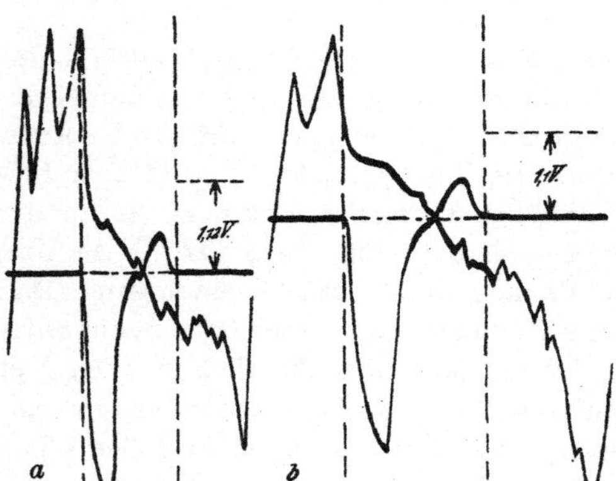

Fig. 345. Lamellenstromkurve und Lamellenspannungskurve. *a*) für die negative Bürste, *b*) für die positive Bürste bei Überkommutierung.

[1]) E. Arnold, Arbeiten aus dem Elektrotechn. Institut, S. 247, Springer.

gleich $\frac{b_1 - \beta}{100\, v_k}$ ist. In Fig. 343 ist diese Trapezform punktiert eingetragen und, wie man sieht, weicht sie recht beträchtlich von der aufgenommenen Lamellenstromkurve ab.

Die beiden folgenden Oszillogrammausschnitte (Fig. 345) zeigen eine Überkommutierung für beide Polaritäten so, wie sie die Theorie als bestehend voraussetzt. Die Bürsten sind blank und funkenfrei. Daß man es mit Überkommutierung zu tun hat, sieht man daraus, daß die Lamellenstromkurve die Abszissenachse gegen das Ende hin durchschneidet. Bei Unterkommutierung liegt der Schnitt mit der Achse vor der Mitte der Kurve, und der Hauptstromübergang verschiebt sich nach der ablaufenden Kante der Bürste hin. Die Spannungskurve schneidet die Abszissenachse stets in demselben Punkt wie die Lamellenstromkurve.

Der zusätzliche Kurzschlußstrom verschwindet, ohne eine plötzliche Spannungsänderung unter der Bürste hervorzubringen. Beschleunigt man die Stromwendung durch Verstärkung der Wendepolerregung noch mehr, so erreicht man keine stärkere Ausbildung der zusätzlichen Ströme, sondern es tritt jener merkwürdige Zustand der scheinbaren Erhöhung des Übergangswiderstandes ein, der ein stromloses Ablaufen der Lamelle bewirkt. Die mittlere Übergangsspannung unter den Bürsten steigt jedoch bedeutend.

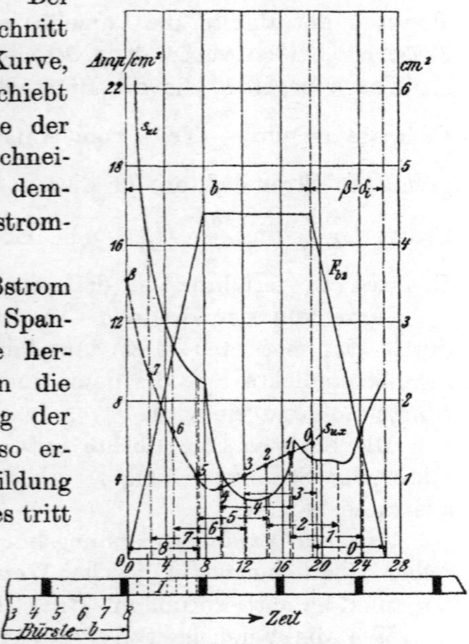

Fig. 346. Ableitung der mittleren örtlichen Stromdichtenkurve (s_{ux}) aus der Lamellenstromdichte (s_{ut}).

Seite 303 ist gezeigt worden, wie sich aus der Lamellenstrom- und Lamellenspannungskurve die Lamellenstromdichte und der entsprechende Übergangswiderstand berechnen lassen. Ferner ist auf Seite 330 beschrieben worden, wie man aus der Lamellenstrom- und Lamellenspannungskurve auch die Übergangsverluste am Kommutator berechnen kann. Diese Berechnungen beruhen aber alle auf der Annahme, daß die Lamellenstrom- und Lamellenspannungskurve für alle Lamellen gleich sind. Unter derselben Annahme hat Dr.-Ing. Jordan auch die Kurven der mittleren örtlichen Stromdichte und Übergangsspannungen berechnet und zwar in der folgenden Weise.

Aus der Lamellenstromkurve (i_L-Kurve) und der Kurve der berührten Lamellenfläche, von denen die letztere in Fig. 346 gezeichnet ist, läßt sich durch Division der entsprechenden Ordinaten die Kurve der durchlaufenden momentanen Stromdichten (s_{ut}) berechnen.

Teilt man nun z. B. eine Lamellenteilung, oder genauer gesagt, die Zeit des Fortschreitens um eine Lamellenteilung, und die Bürstenbreite in acht Teile ein, so wird man eine genügend große Genauigkeit erzielen. Die momentanen Stromdichten unter der auflaufenden Kante sind dann die Ordinaten 0 bis 8 der s_{ut}-Kurve. Berührt Punkt 7 der Bürste die Lamelle, so ist die in diesem Augenblick zwischen beiden vorhandene Stromdichte durch die Ordinaten der s_{ut}-Kurve gegeben, die die Bürstenkante dann erreicht hat. Diese Ordinate ist um $\frac{b}{8}$ Teile vom Anfangspunkt entfernt. Die übrigen gesuchten Stromdichten für diesen Punkt liegen dann zwischen den Ordinaten $\frac{b}{8}$ und $\frac{b}{8}+(\beta-\delta_i)$. Ebenso hat man an den anderen Punkten zu verfahren, so daß man schließlich acht Abschnitte der s_{ut}-Kurve von der Breite $\beta-\delta_i$ erhält. Der Mittelwert, den man durch Planimetrieren dieser Abschnitte erhält, ist die mittlere örtliche Stromdichte s_{ux}, die dann über den entsprechenden Teilen der Bürste aufgetragen wird.

Die effektive Stromdichte unter der Bürste $s_{u\,eff}$ und den Formfaktor der Stromverteilung f_u erhält man nun in bekannter Weise aus dieser Kurve.

Aus der Lamellenspannungskurve erhält man auf Grund derselben Überlegungen in gleicher Weise das Kommutierungsdiagramm Δp_x und die mittlere und effektive Übergangsspannung für die Bürste.

Wie die Versuche von Prof. Arnold und Dr.-Ing. Jordan ergaben, stimmte das in dieser Weise berechnete Kommutierungsdiagramm und die Kurve der mittleren örtlichen Stromdichte nur schlecht mit dem mittels Millivoltmeter aufgenommenen Kommutierungsdiagramm. Die Maschinen, die von Prof. Arnold und Dr.-Ing. Jordan untersucht wurden, waren aber verhältnismäßig klein, so daß viele kleine Nebeneinflüsse die Ergebnisse mehr beeinflußten als es bei großen Maschinen der Fall gewesen wäre. Verfasser ist deshalb der Ansicht, daß die Kommutierungsdiagramme, die man an großen Maschinen aufnimmt, ohne Zweifel einen sehr guten Einblick in die Kommutierungsverhältnisse der Maschinen geben.

Einundzwanzigstes Kapitel.

Bedingungen für eine gute Kommutierung bei Maschinen ohne Kommutierungspole.

100. Hauptbedingung für eine gute Kommutierung. — 101. Einfluß der Hauptabmessungen einer Maschine auf die Kommutierung. — 102. Weitere Bedingungen für eine gute Kommutierung.

100. Hauptbedingung für eine gute Kommutierung.

Die Faktoren, die einen Einfluß auf die Kommutierung ausüben, sind von sehr verschiedener und zwar sowohl mechanischer als elektrischer und magnetischer Natur. Wir wollen erst die mechanischen Bedingungen feststellen und nachher die elektrischen und magnetischen Bedingungen näher betrachten.

Mechanisch soll der Kommutator in jeder Beziehung richtig konstruiert und fehlerfrei ausgeführt sein. Er soll vollständig zylindrisch und glatt sein und eine gleichmäßige Lamellenteilung haben. Das verwendete Kupfer muß von gleichmäßiger Härte sein. Der Glimmer soll von tadelloser Güte sein und eine ganz gleichmäßige, aber nicht große Härte besitzen. Die Lamellen müssen absolut fest sitzen, so daß der ganze Kommutator ein unveränderliches Gefüge behält. Ferner soll die Temperaturerhöhung des Kommutators 60^0 C nicht übersteigen, da der Kommutator sich sonst unter Umständen deformiert und unrund wird. Bei langen Kommutatoren ist die Längenausdehnung durch eine geeignete Konstruktion so zu ermöglichen, daß ein Unrundwerden nitht eintreten kann.

Besonders wichtig ist die Konstruktion der Bürstenhalter. Sie sollen ein gutes und gleichmäßiges Aufliegen der Bürsten sichern und durch die meist vorhandenen kleinen Unebenheiten des Kommutators oder kleine Vibrationen der Maschine nicht in Schwingungen geraten.

Was die elektrischen und magnetischen Bedingungen betrifft, so muß als erste Hauptbedingung für eine gute Kommutierung gefordert werden, daß die mittlere Bürsten-EMK Δe, die in den zwischen den Bürstenkanten liegenden kurzgeschlossenen Spulen induziert wird, bei keiner Belastung gewisse zulässige Werte nicht überschreitet. Es werden die zusätzlichen Ströme dann nur mäßige Werte annehmen. Als weitere Bedingungen für eine gute Kommutierung muß man fordern, daß trotz des Vorhandenseins dieser zusätzlichen Ströme doch keine Funken unter den Bürsten auftreten. Wir werden uns in diesem Abschnitt nur mit der ersten Hauptbedingung beschäftigen.

Damit die zwischen den Bürstenkanten induzierte EMK Δe möglichst klein wird, müssen die Bürsten so eingestellt werden, daß die Kommutierung in einem möglichst günstigen Feld stattfindet. Stellt man die Bürsten in die magnetisch neutrale Zone (unter Berücksichtigung des Nutenfeldes), so wird die Potentialkurve unter den Bürsten fast horizontal verlaufen und es werden nur kleine zusätzliche Ströme in den kurzgeschlossenen Spulen entstehen. Da aber die neutrale Zone sich mit der Belastung verschiebt und die Bürsten nicht für jede Belastungsänderung verschoben werden können, so stellt man gewöhnlich die Bürsten so ein, daß die Kommutierung bei Leerlauf und Vollast gleich günstig verläuft. Dies wird erreicht, wenn man die Bürsten in dem Hauptfelde (Feld bei Leerlauf)

$$B_{k0} = \tfrac{1}{2}(f_m B_n + B_s + B_q)$$

einstellt. Es wird dann bei Leerlauf und Vollast dieselbe mittlere EMK

$$\Delta e = \frac{b_1}{2\beta} \frac{p}{a} \frac{N}{K} lv (f_m B_n + B_s + B_q) 10^{-6} \text{ Volt} \quad . \quad . \quad (156)$$

zwischen den Bürstenkanten induziert, während bei Halblast Δe gleich Null wird. Führen wir die früher abgeleiteten Beziehungen

$$B_n = 2 \frac{t_1}{b_k} \lambda_n AS = \frac{t_1}{t_1 + b_r + \left(\varepsilon_k - \frac{a}{p}\right)\beta_r} 2\lambda_n AS$$

$$B_s = 2\lambda_s AS \quad \text{und} \quad B_q = 2\lambda_q AS$$

ein, so erhalten wir für die zwischen den Bürstenkanten bei Leerlauf und Vollast induzierte mittlere EMK, die sogenannte Bürsten-EMK, die folgende Formel:

$$\Delta e = \frac{b_1}{\beta} \frac{p}{a} \left(\frac{N}{K} lvAS\right) \left[\frac{f_m t_1}{t_1 + b_r + \left(\varepsilon_k - \frac{a}{p}\right)\beta_r} + \lambda_s + \lambda_q\right] 10^{-6} \text{ Volt.} \quad (157)$$

Durch Nachrechnung einer größeren Anzahl raschlaufender Maschinen, die in bezug auf Kommutierung noch tadellos arbeiteten, ergaben sich Bürsten-EMKe bis 7,5 Volt. Es ist jedoch besser, $\varDelta e$ nicht größer als ca. 5 Volt zu wählen, wenn man sicher sein will, daß die Maschine anstandslos kommutiert. Als erste Bedingung für eine gute Kommutieruung erhalten wir somit

$$\varDelta e = \frac{b_1}{\beta}\frac{p}{a}\frac{N}{K} l v A S \left[\frac{f_m t_1}{t_1 + b_r + \left(\varepsilon_k - \frac{a}{p}\right)\beta_r} + \lambda_s + \lambda_q\right] 10^{-6} \leqq 5 \text{ Volt.}$$

Bei Motoren, die in beiden Drehrichtungen arbeiten sollen, ist man gezwungen, die Bürsten in der geometrisch neutralen Zone einzustellen, so daß $\varDelta e$ bei Leerlauf verschwindet. Bei Belastung erhält man die größte mittlere EMK zwischen den Bürstenkanten

$$\varDelta e = 2\frac{b_1}{\beta}\frac{p}{a}\frac{N}{K} l v A S \left[\frac{f_m t_1}{t_1 + b_r + \left(\varepsilon_k - \frac{a}{p}\right)\beta_r} + \lambda_s + \lambda_q\right] 10^{-6} \text{ Volt,} \qquad (158)$$

und diese darf einen Wert von ca. 7,5 Volt nicht überschreiten.

Wir wollen jetzt den Einfluß der Hauptabmesssungen der Maschine auf die einzelnen Faktoren in diesen Gleichungen betrachten.

101. Einfluß der Hauptabmessungen einer Maschine auf die Kommutierung.

1. Ankerkonstante. Das Produkt

$$\frac{N}{K} l v A S\, 10^{-6},$$

das auf die Bürstenspannung einen wesentlichen Einfluß ausübt, wollen wir als Ankerkonstante bezeichnen, weil es nur Größen enthält, die sich auf den Anker beziehen. Da die anderen Faktoren von $\varDelta e$ nur innerhalb gewisser Grenzen schwanken, so kann man aus der Größe der Ankerkonstante schon überblicken, ob schwierige Kommutierungsverhältnisse vorliegen.

Es darf die Ankerkonstante für große mehrpolige Maschinen und bei einem Verhältnis $AW_l + AW_z \geqq \tau A S$ unter sehr günstigen Verhältnissen (gesättigten Polspitzen, kleinem α_i usw.) für harte Kohlen bis 0,50 betragen.

$\frac{N}{K}$ ist die zwischen zwei Lamellen liegende Leiterzahl von der induzierten Länge l. Bei gewöhnlichen Trommelwicklungen kann $\frac{N}{K}$ nicht kleiner als 2 werden. Vermehrt man jedoch die Lamellenzahl auf die in Fig. 58 dargestellte Weise, so kann $\frac{N}{K}$ so weit verkleinert werden, wie die vergrößerte Lamellenzahl angibt.

2. Die Zahl der hintereinander zwischen den Bürstenkanten liegenden kurzgeschlossenen Ankerspulen $\frac{b_1}{\beta}\frac{p}{a}$ darf nicht beliebig groß gewählt werden.

Mit Rücksicht hierauf ist $\frac{p}{a}$ klein zu halten, und für schwierige Kommutierungsverhältnisse ist stets $a=p$ zu wählen und Schleifenwicklung anzuwenden.

Die Reihenparallelwicklung gewährt den Vorteil, daß die Ankerzweigzahl $2a$ mit Rücksicht sowohl auf den Bau der Maschine als auf die Kommutierung so gewählt werden kann, daß für beide Zwecke gute Verhältnisse erreicht werden.

Um die Vorteile der Wellenwicklungen beizubehalten, auch wenn Δe zu groß wird, können wir eine Vermehrung der Lamellenzahl vornehmen (Fig. 58 S. 66). Erhöhen wir allgemein die Lamellenzahl auf das m-fache, wo m eine ganze Zahl zwischen 1 und p sein muß, so wird die Bürstenspannung um das m-fache kleiner.

3. Die Leitfähigkeit λ_n des Nutenfeldes ist möglichst klein zu halten.

Um dies zu erreichen, soll man weite und niedrige Nuten verwenden.

Das wird erreicht, indem man 4, 6 bis 8 und sogar bis 10 Spulenseiten in eine Nut legt. Hierdurch erfolgt ebenfalls eine große Ersparnis an Isolation, und die Beanspruchung des Ankers kann dadurch gesteigert werden. Damit die Spulenseiten einer Nut während des Kurzschlusses jedoch nicht allzu verschiedene Lagen im magnetischen Felde einnehmen, soll die gesamte Stabzahl einer Nut nur so groß sein, daß das gesamte Stromvolumen einer Nut nicht größer als etwa 1000 Ampere wird.

Wegen der bei mehreren Lamellen pro Nut entstehenden Unsymmetrien legt man bei schwierigen Kommutierungsverhältnissen jedoch nur zwei Spulenseiten in eine Nut.

4. Die Leitfähigkeit λ_s des Spulenkopfes ist ziemlich konstant, jedoch fällt sie in der Formel für λ_n um so mehr ins Gewicht, je größer die Länge des Spulenkopfes l_s im Verhältnis zur Ankerlänge l ist.

5. Verkürzung der Spulenweite und Weglassen von

Bürsten. In der Gleichung (157) für die Bürsten-EMK kommt weiter noch das Glied

$$\frac{t_1}{t_1 + b_r + \left(\varepsilon_k - \frac{a}{p}\right)\beta_r}$$

vor. Dieses ist um so kleiner, je größer die Bürstendeckung und je kleiner t_1 ist.

Wie im Abschnitt 62 S. 245 erläutert, ist diese Formel nur dann maßgebend, wenn keine Bürstensätze weggelassen sind. Sind p_w benachbarte gleichnamige Bürstensätze weggelassen, so erhält der Nenner die folgende Form:

$$t_1 + b_r + \left[\varepsilon_k - (1 + p_w)\frac{a}{p}\right]\beta_r.$$

Eine Verkürzung der Spulenweite verkleinert die Bürstenspannung. Weiter wird durch die Verkürzung die Ankerrückwirkung verkleinert, da das Stromband, das zwischen den kurzgeschlossenen Spulenseiten senkrecht zur Magnetachse liegt, Ströme verschiedener Richtung führt und keine Rückwirkung auf das Magnetfeld ausübt. Eine Verkürzung der Spulenweite ist jedoch nur so lange vorteilhaft, wie die Neigung des Feldes in der ganzen Kommutierungszone die gleiche bleibt. Dies trifft meistens nicht zu und der große Nachteil der Verkürzung ist, daß die kurzgeschlossenen Spulenseiten zu nahe an die Pole rücken, wo das Feld sehr steil verläuft; hierdurch wird die Bürsteneinstellung eine sehr empfindliche. Es ist somit nur dann zulässig, die Spulenweite zu verkürzen, wenn die Pollücke ausreichend groß ist; dies ergibt jedoch eine schlechte Ausnützung der Maschine, und es ist besser, den Polbogen so groß zu machen, daß eine größere Verkürzung der Spulenweite nicht mehr zulässig ist.

Bei der Wahl der Bürstendeckung $\frac{b_1}{\beta}$ sind zweierlei Einflüsse zu berücksichtigen. Macht man die Bürste zu schmal, so muß der Strom in den Ankerspulen sehr schnell gewendet werden und außerdem entstehen leicht große zusätzliche Ströme, weil die dämpfende Wirkung der anderen kurzgeschlossenen Spulen sehr klein wird. Andererseits erhöht aber eine breite Bürste direkt die Bürstenspannung Δe. Als günstigste Bürstendeckung hat sich in der Praxis 2,0 bis 3,5 Lamellen erwiesen.

Bei großen Lamellenteilungen (Maschinen für elektrochemische und galvanoplastische Zwecke) und kleinen Kommutatorgeschwindigkeiten darf die Bürstendeckung kleiner genommen werden.

6. Was die Leitfähigheit λ_q anbetrifft, so hängt diese mit

der Stärke des kommutierenden Feldes sehr eng zusammen, weshalb beide hier gemeinsam besprochen werden sollen.

Das Ankerquerfeld $B_q = 2\,AS\lambda_q$ läßt sich nach der Formel

$$B_q = \frac{\left(\frac{\tau}{2} - \varrho - b_c\right)AS - \frac{1}{2}AW_p}{0{,}8\,\delta_a} + \frac{\frac{\tau}{2} + \varrho + b_c}{0{,}8\,\delta_b}AS$$

berechnen, und wir haben S. 193 gesehen, daß λ_q und mit ihm B_q sehr schnell zunimmt, wenn man die Bürsten gegen die Polspitzen hin verschiebt, und daß B um so größer wird, je größer α_i gewählt wird, d. h. je schmäler man die Pollücke wählt. — Man muß aber weiter bedenken, daß je größer das Querfeld wird, um so größer muß das kommutierende Feld B_{k0} gemacht werden und um so weiter müssen die Bürsten gegen die Polspitzen hin verschoben werden, wodurch das Querfeld B_q noch mehr ansteigt. Wir haben somit eine kumulative Wirkung zwischen dem Ankerquerfeld B_q und dem kommutierenden Feld B_{k0}. Diese läßt sich am besten durch die folgende Rechnung übersehen.

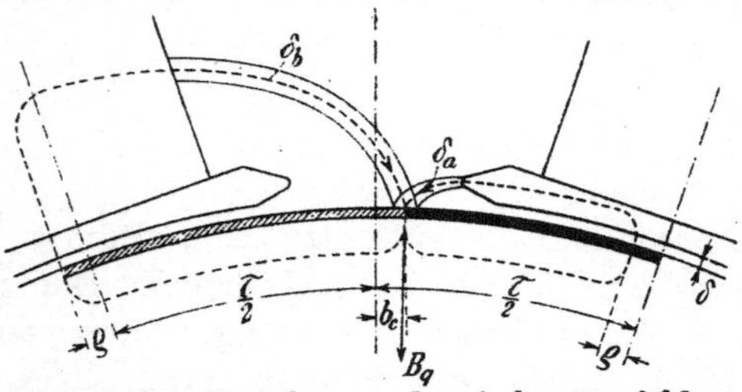

Fig. 347. Berechnung des Ankerquerfeldes in der Kommutierungszone.

Der Abstand δ_a ergibt sich aus der bei Leerlauf gültigen Beziehung

$$1{,}6\,\delta_a B_{k0} = AW_l + AW_z - AW_p.$$

Setzen wir

$$AW_l + AW_z = k_q b_i AS \quad \text{und} \quad AW_p = k_p b_i AS,$$

so wird

$$1{,}6\,\delta_a = (k_q - k_p)\frac{b_i AS}{B_{k0}}.$$

Führen wir ferner die folgenden vereinfachenden Annahmen

$$\frac{\tau}{2} - b_c - \varrho = \tfrac{1}{2}b_i, \quad \frac{\tau}{2} + b_c + \varrho = \tau - \tfrac{1}{2}b_i \quad \text{und} \quad \delta_b = (\tau - b_i)\frac{\pi}{2},$$

die der Wirklichkeit sehr nahe kommen, in die Formel für B_q ein, so erhalten wir

$$B_q = \frac{(b_i - k_p b_i)AS}{(k_q - k_p)b_i AS}B_{k0} + \frac{\tau - \frac{1}{2}b_i}{0{,}8(\tau - b_i)\frac{\pi}{2}}AS$$

oder $$B_q = \frac{1-k_p}{k_q-k_p} B_{k0} + \frac{1-\frac{\alpha_i}{2}}{0{,}4\pi(1-\alpha_i)} AS.$$

Da das günstigste kommutierende Feld

$$B_{k0} = \tfrac{1}{2}(f_m B_n + B_s + B_q) = \left[\frac{f_m t_1}{t_1 + b_r + \left(\varepsilon_k - \frac{a}{p}\right)\beta_r} + \lambda_s + \lambda_q\right] AS$$

ist, so geht die obige Formel für B_q in die folgende Form über:

$$B_q = \frac{1-k_p}{2(k_q-k_p)}(f_m B_n + B_s + B_q) + \frac{1-\frac{\alpha_i}{2}}{0{,}4\pi(1-\alpha_i)} AS,$$

oder nach B_q aufgelöst

$$B_q \frac{2k_q-k_p-1}{2(k_q-k_p)} = \frac{1-k_p}{2(k_q-k_p)}(f_m B_n + B_s) + \frac{1-\frac{\alpha_i}{2}}{0{,}4\pi(1-\alpha_i)} AS.$$

Hieraus folgt, daß in der günstigsten Kommutierungszone das Ankerquerfeld

$$B_q = \frac{1-k_p}{2k_q-k_p-1}(f_m B_n + B_s) + \frac{1-\frac{\alpha_i}{2}}{0{,}4\pi(1-\alpha_i)} \frac{2(k_q-k_p)}{2k_q-k_p-1} AS, \quad (159)$$

die entsprechende Leitfähigkeit

$$\lambda_q = \frac{1-k_p}{2k_q-k_p-1}\left(\frac{f_m \lambda_n t_1}{t_1 + b_r + \left(\varepsilon_k - \frac{a}{p}\right)\beta_r} + \lambda_s\right)$$
$$+ \frac{1-\frac{\alpha_i}{2}}{0{,}4\pi(1-\alpha_1)} \frac{k_q-k_p}{2k_q-k_p-1} \quad . \; . \; . \; . \; . \; . \; . \; . \quad (160)$$

und das kommutierende Feld

$$B_{k0} = \left[\frac{f_m t_1 \lambda_n}{t_1 + b_r + \left(\varepsilon_k - \frac{a}{p}\right)\beta_r} + \lambda_s + \frac{1-\frac{\alpha_1}{2}}{0{,}8\pi(1-\alpha_i)}\right] \frac{2(k_q-k_p)}{2k_q-k_p-1} AS \quad (161)$$

wird.

In Fig. 348 ist das Verhältnis

$$f_{q1} = \frac{1-k_p}{2k_q-k_p-1} \quad . \; . \; . \; . \; . \; . \; . \; . \; . \quad (162)$$

für verschiedene Werte von $k_{\,}$ als Funktion von k_q aufgezeichnet und, wie ersichtlich, wird dasselbe für $k_q < 1$ um so größer, je größer k_p ist und für $k_q > 1$ um so kleiner, je größer k_p ist. Dasselbe gilt auch für das Verhältnis

$$f_{q2} = \frac{k_q - k_p}{2\,k_q - k_p - 1} \quad \text{. . . . . (163)}$$

das in Fig. 349 für dieselben Werte von k_p als Funktion von k_q aufgetragen ist. Wir sehen somit, daß es nicht möglich ist, die Leitfähigkeit λ_q des Querfeldes durch Sättigung der Polspitzen zu verkleinern, wenn man nicht gleichzeitig für ein im Verhältnis zu den Ankeramperewindungen $b_i\,AS$ kräftiges Hauptfeld (großes $AW_l + AW_z$) sorgt. Man kann deswegen nicht viel Feldkupfer dadurch sparen,

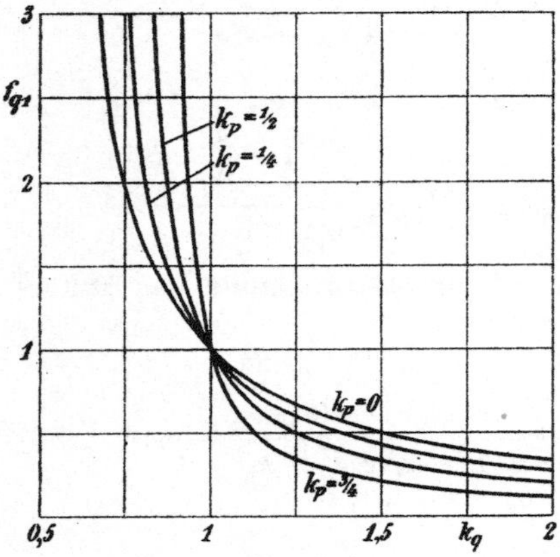

Fig. 348.

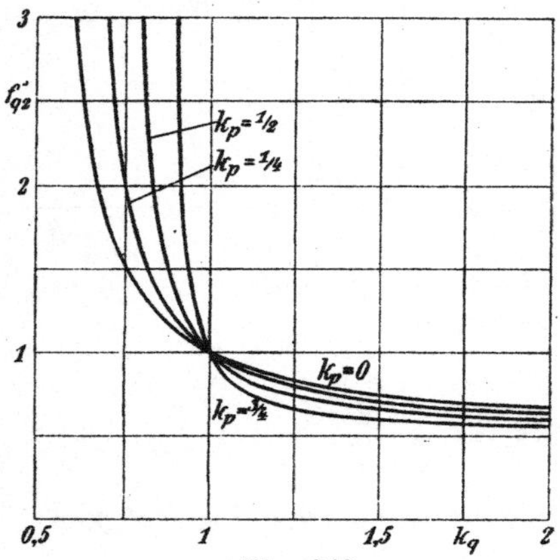

Fig. 349.

daß man die Polspitzen sättigt. Ferner sieht man, daß für normale Feldstärken (k_q zwischen 1 und 2) die Sättigung der Polspitzen nur einen sehr kleinen Einfluß auf die Leitfähigkeit λ_q des Querfeldes ausübt. Dies stimmt auch mit den Erfahrungen gut überein, die man in der Praxis macht. Die gesättigten Polspitzen haben eigentlich sehr wenig Einfluß auf die Kommutierung.

Wir können nun die Leitfähigkeit λ_q wie folgt schreiben

$$\lambda_q = f_{q1}\left(\frac{f_m \lambda_n t_1}{t_1 + b_r + \left(\varepsilon_k - \frac{a}{p}\right)\beta_r} + \lambda_s\right) + f_{q2}\,\frac{1 - \frac{\alpha_i}{2}}{0{,}4\,\pi\,(1 - \alpha_i)}$$

$$= f_{q1}\,\lambda_{q1} + f_{q2}\,\lambda_{q2} \quad \text{. . . . . (164)}$$

woraus folgt, daß die Leitfähigkeit λ_q in der günstigsten Kommutierungszone um so größer wird, je größer die Leitfähigkeit des Nutenraumes und der Stirnverbindungen ist, und daß λ_q um so größer wird, je größer der Polbogen b_i im Verhältnis zur Polteilung τ ist. Es ist deshalb von größter Bedeutung, daß die Leitfähigkeit des Nutenfeldes λ_n und der Stirnverbindungen λ_s möglichst klein ausfällt, weil diese wieder eine entsprechend große Leitfähigkeit λ_{q1} zur Folge hat. In Fig. 350 ist

$$\lambda_{q2} = \frac{1 - \frac{\alpha_i}{2}}{0{,}4\,\pi(1 - \alpha_i)} \quad . \; . \; . \; . \; . \; . \; . \quad (165)$$

als Funktion von α_i aufgetragen. Für normale Verhältnisse, d. h. α_i = ca. 0,7, wird diese Leitfähigkeit 1,72, während sie für $\alpha_i = 0{,}8$ gleich 2,4 wird. Es hat der Füllfaktor α_i somit keinen großen Einfluß auf die mittlere Leitfähigkeit λ_q des Querfeldes in der günstigsten Kommutierungszone.

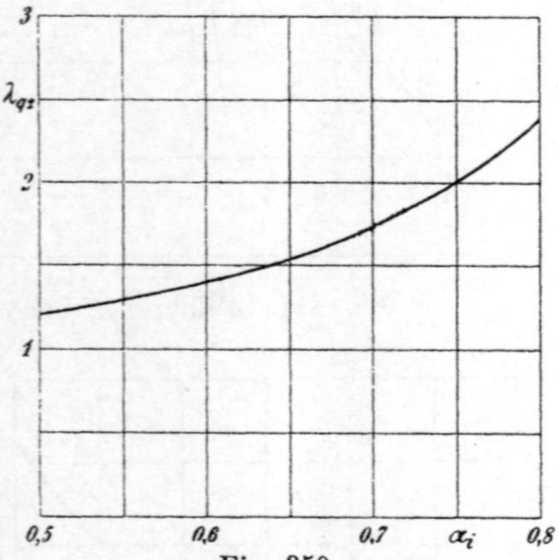

Fig. 350.

Das kommutierende Feld B_{k0} darf aber nicht zu steil verlaufen, weil dann neben Δe, wie auf Seite 241 erwähnt, noch andere zusätzliche EMKe in den kurzgeschlossenen Spulen induziert werden. Aus diesem Grunde muß erstens das kommutierende Feld möglichst klein sein, denn je weiter die Kommutierungszone von den Polspitzen entfernt liegt, um so flacher verläuft auch das Feld. Zweitens darf der Füllfaktor α_i nicht zu groß gewählt werden; denn dann wird sowohl das Querfeld B_q (s. Fig. 168) als das Hauptfeld sehr steil verlaufen. Mit Rücksicht auf eine gute Ausnützung des Materials in einer Gleichstrommaschine darf andererseits der Polbogen und somit α_i auch nicht zu klein gewählt werden.

Wir müssen daher verlangen, daß die Feldkurve so steil durch die neutrale Zone geht, wie es mit Rücksicht auf eine funkenfreie Einstellung der Bürsten noch zulässig ist.

Auf die Form der Feldkurve in der neutralen Zone haben hauptsächlich folgende Faktoren Einfluß:

erstens: das Verhältnis des Polbogens zur Polteilung (α_i),
zweitens: die Amperewindungen für Luftspalt, Zähne und Polspitzen,
und drittens: die Form und das Material der Polschuhe.

Um den Einfluß des Füllfaktors α_i zu zeigen, sind in Fig. 351 drei Feldkurven aufgezeichnet, die den Verhältnissen $\alpha_i = 0{,}75$, $0{,}65$ und $0{,}55$ entsprechen. Es ist für alle drei das Verhältnis $\frac{\delta}{b} = \frac{1}{25}$ und die Spitzen der Polschuhe sind gut abgerundet gedacht.

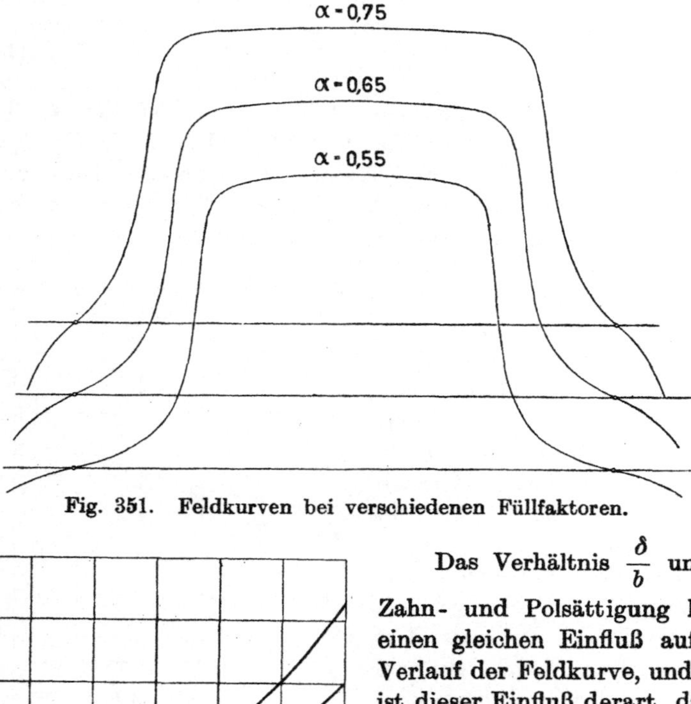

Fig. 351. Feldkurven bei verschiedenen Füllfaktoren.

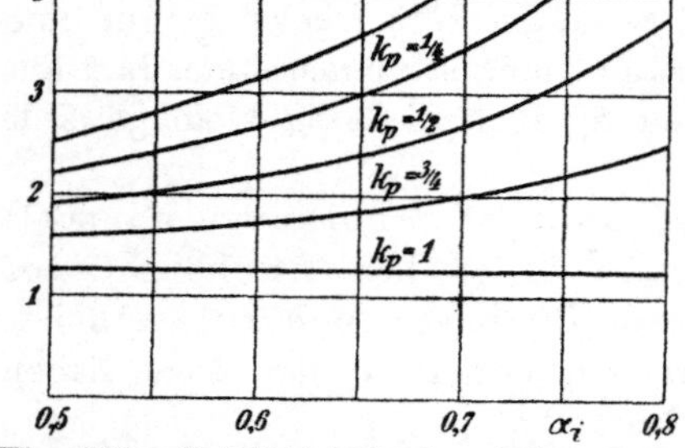

Fig. 352. Leitfähigkeit des Ankerquerfeldes in der geometrisch neutralen Zone.

Das Verhältnis $\frac{\delta}{b}$ und die Zahn- und Polsättigung haben einen gleichen Einfluß auf den Verlauf der Feldkurve, und zwar ist dieser Einfluß derart, daß je größer die Amperewindungen für Luftspalt, Zähne und Polspitzen gewählt werden, um so allmählicher fällt die Feldkurve außerhalb der Polschuhe ab.

Eine allmähliche Vergrößerung des Luftspaltes unter den Polspitzen hat ein allmähliches Abfallen der Feldkurve zur Folge und wird auch zur Verkleinerung der Verluste in den Ankerzähnen und Polschuhen, sowie zur Erzielung eines geräuschlosen Laufes der Maschine in der letzten Zeit allgemein ausgeführt.

Was das Material der Polschuhe betrifft, so hat ein Material von kleiner Permeabilität, wie z. B. Gußeisen, einen gleichen Einfluß wie die Zahnsättigung und fördert somit ein allmähliches Abfallen der Feldkurve. Gußeiserne Polschuhe haben weiter den Vorteil, daß sie dem Ankerquerfluß einen großen Widerstand bieten. Jedoch wird bei modernen Maschinen die Verwendung massiver Polschuhe eine beschränkte sein, weil diese in den meisten Fällen durch die Wirbelströme zu stark erhitzt werden.

Für reversierbare Motoren, bei denen die Bürsten in der geometrisch neutralen Zone eingestellt werden, kann $\delta_a = \delta_b \simeq \frac{1}{2}(\tau - b_i)$ und $\varrho = 0$ gesetzt werden, wodurch die Leitfähigkeit des Querfeldes gleich

$$\lambda_q = \frac{\tau - \frac{AW_p}{AS}}{0{,}8\,(\tau - b_i)} = \frac{1 - k_p\,\alpha_i}{0{,}8\,(1 - \alpha_i)} \quad \ldots\ldots (166)$$

wird, deren Werte in Fig. 352 für verschiedene Werte von k_p als Funktion von α_i aufgetragen sind.

102. Weitere Bedingungen für eine gute Kommutierung.

Nachdem wir im vorigen Abschnitt die Bedingung für eine möglichst kleine Bürsten-EMK Δe bzw. Bürstenspannung Δp besprochen haben, so gehen wir nun dazu über, die Bedingung für ein funkenfreies Verschwinden der zusätzlichen Ströme zu untersuchen.

Fassen wir nun alles, was im neunzehnten Kapitel in bezug auf den zusätzlichen Strom in den kurzgeschlossenen Spulen einer Gleichstrommaschine gesagt worden ist, zusammen, so erhalten wir folgende Bedingungen, die erfüllt sein müssen, wenn der zusätzliche Strom im Öffnungsmoment keinen Anlaß zur Funkenbildung geben soll.

1. Es muß die Kommutierungskonstante $A > 1$ sein, damit der Strom früh genug und nicht erst durch einen Funken, selbst wenn dieser auch sehr klein ist, verschwindet. In dem Ausdruck für A kommt der spezifische Übergangswiderstand zwischen Kohle und Kommutator vor. Da dieser Widerstand erstens mit der Stromdichte schwankt und zweitens beim Auftreten von Funken sehr große Werte annehmen kann, und da ferner der Kontakt unter der Bürstenkante kein einwandfreier zu sein braucht, so ist die Bedingung $A > 1$ nicht absolut maßgebend für die Funkengrenze. Man darf aber behaupten, daß die Kommutierung um so günstiger verläuft, je größer diese Konstante A

$$A = \frac{R_k T}{F_u L_s} = \frac{R_k}{100 l_B L_s v_k} > 1$$

ist. Wie ersichtlich, wird diese Bedingung um so eher erfüllt, je härter die verwendete Kohlenbürste und je kleiner die Breite aller Bürsten pro Stift ist. Ferner soll der Selbstinduktionskoeffizient

$$L_s = (1 \text{ oder } 2)\left(\frac{N}{K}\right)^2 \frac{l\lambda_{ns}}{2\cdot 10^8} \text{ Henry}$$

und die Umfangsgeschwindigkeit v_k des Kommutators möglichst klein sein.

Damit der scheinbare Selbstinduktionskoeffizient möglichst klein wird, ist bei allen Maschinen eine Kommutatorlamellenzahl K zu bevorzugen, die nicht durch die Polzahl teilbar ist, weil dann nie zwei Spulenseiten pro Nut gleichzeitig den Kurzschluß verlassen können. Ist $\frac{K}{2p}$ eine ganze Zahl, so läßt sich das gleichzeitige Austreten zweier Spulenseiten aus dem Kurzschluß in der Weise vermeiden, daß man alle Bürsten der positiven Polarität um eine halbe Lamelle in der Umfangsrichtung des Kommutators im Verhältnis zu den negativen Bürsten vorwärts schiebt.

Es ist also immer möglich, eine solche Anordnung zu treffen, daß in jeder neutralen Zone jede Spulenseite den Kurzschluß stets einzeln verläßt.

Ungleiche Breiten und Teilungen der Kommutatorlamellen verschieben den Zeitpunkt des Verlassens des Kurzschlusses ebenfalls, aber in periodisch veränderlicher Weise. Es kann somit der scheinbare Selbstinduktionskoeffizient stets fast halb so groß gemacht werden, als wenn zwei Spulenseiten pro Nut gleichzeitig den Kurzschluß verlassen.

2. Wir haben im Abschnitt 91 die maximale Öffnungsspannung, die zwischen der Bürstenkante und einer ablaufenden Lamelle auftreten kann, wenn eine Spule den Kurzschluß verläßt, zu

$$\Delta p_T \cong \Delta p + \frac{\Delta e_{max}}{2\left(1 - \frac{1}{A}\right)}$$

berechnet.

Damit diese nicht zu groß wird, muß erstens die Kommutierungskonstante A bedeutend größer als die Einheit und zweitens muß die maximale Bürsten-EMK Δe_{max} möglichst klein sein. Natürlich kann sie nicht kleiner als die mittlere Bürsten-EMK Δe werden. Damit Δe_{max} sich aber diesem Wert nähert, muß man dafür sorgen, daß das Nutenfeld möglichst glatt und ohne Zacken verläuft. Dies kann, wie die Figuren 226 bis 236 zeigen, durch eine passende Wahl von Bürstenbreite, Lamellenzahl pro Pol und eine etwaige Verkürzung des Nutenschrittes erreicht werden. Ferner muß die Verkürzung des Nutenschrittes so gewählt werden, daß die Wicklungsfaktoren f_s und f_m möglichst gleich groß ausfallen; denn dann werden die Pulsationen $(\Delta e_{max} - \Delta e)$ in der Bürsten-EMK fast verschwinden. Dies kann man zwar auch dadurch erreichen, daß man nur eine Lamelle pro Nut vorsieht; diese Anordnung führt aber zu sehr teuren Maschinen und wird nur bei Maschinen mit sehr schwierigen Kommutierungsverhältnissen, wie z. B. bei Turbodynamos ausgeführt. Außerdem muß man dafür sorgen, daß sowohl das Ankerquerfeld B_q als das kommutierende Feld B_{k0} in der Kommutierungszone so flach wie möglich verläuft, da sonst, wie Seite 241 beschrieben, zusätzliche EMKe zwischen den Bürstenkanten induziert werden.

Es ist sehr schwierig, etwas Bestimmtes über den höchsten zulässigen Wert für die Öffnungsspannung auszusagen, weil die berechneten Werte so sehr von der Konstante A abhängen und weil die Spannung selbst nur mittels eines Oszillographen bestimmt werden kann. Man kann aber an Hand von nachgerechneten Maschinen behaupten, daß, wenn die Öffnungsspannung nicht ca. 10 Volt übersteigt, die Kommutierung sicher günstig verlaufen wird.

3. Es wurde der maximale zusätzliche Strom unter der Annahme einer geradlinigen Potentialkurve unter den Bürsten zu

$$i'_{z\,max} = \frac{\Delta e_{max}}{8\,\frac{k_t R_k a}{F_u p_1} + \frac{2}{3}\,\frac{b_1}{\beta}\,\frac{p_1}{a}\,r_s + \frac{8\,\beta\, a\,(b_1 p_1 - \beta\, a)}{b_1^2\, p_1^2}\,r_v}$$

berechnet. Ferner fanden wir für das funkenfreie Verschwinden dieses Stromes die folgende angenäherte Beziehung

$$\frac{F_m}{50} = \frac{p\, i_{z\,max}^2\, L_s\, v_k}{p_1\, l_B\, \beta} \leqq 1 \text{ Watt},$$

die besagt, daß die beim Verschwinden des zusätzlichen Stromes freiwerdende mittlere Leistung 50 Watt pro cm Bürstenlänge nicht überschreiten darf.

Diese Bedingungen werden um so eher erfüllt, je kleiner der zusätzliche Strom $i_{z\,max}$, der Selbstinduktionskoeffizient L_s und die Umfangsgeschwindigkeit v_k am Kommutator sind. Der zusätzliche Strom $i_{z\,max}$ wird um so kleiner, je größer die Übergangsspannung ΔP der Bürsten ist und je größer die Widerstände r_v der Verbindungsdrähte zwischen Ankerwicklung und Kommutator sind. Den Widerstand r_s der Ankerspulen darf man nicht vergrößern, um die Kommutierung zu verbessern, weil dann der Anker zu warm und der Wirkungsgrad der Maschine zu schlecht wird. Dies gilt natürlich auch zum Teil von den Widerständen r_v.

Als weitere Bedingungen für eine gute Kommutierung, die nicht direkt aus den Gleichungen für die Kommutierung hervorgehen, können die folgenden aufgestellt werden.

4. Die Ankerwicklungen sollen für große Maschinen absolut symmetrisch und für kleine Maschinen mit Wellenwicklungen möglichst symmetrisch ausgeführt werden. Außerdem sollen alle Wicklungen, sowohl Wellen- als Schleifenwicklungen mit mehr als zwei Ankerzweigen mit Ausgleichverbindungen versehen werden. Diese beseitigen stets jede Unsymmetrie in den verschiedenen Feldern; und damit dieser Ausgleich für die Kommutierungszone möglichst kräftig wird, ordnet man bei großen Maschinen mit schwierigen Kommutierungsverhältnissen stets eine Ausgleichsverbindung pro Nut an. Bei kleineren Maschinen mit Schleifenwicklung ordnet man mindestens zwei solche pro Pollücke, d. h. ca. 15 pro Polpaar an. Hätte die Kommutierung das Bestreben, unter den Bürsten gleicher Polarität verschieden zu verlaufen, so würden durch die Ausgleichverbindungen sofort Ströme fließen, die bestrebt wären, diese Unsymmetrie zu beseitigen. Durch Anordnung von Ausgleichverbindungen wird somit sowohl bei den Schleifen- als bei den Wellenwicklungen ein möglichst gleicher Verlauf der Kurzschlußströme in den symmetrisch gelegenen Ankerspulen zustande gebracht.

5. Die Nutenzahl muß so groß sein, daß in der Pollücke mindestens drei bis vier Nuten liegen. Bei zu kleiner Nutenzahl werden die Bedingungen einer guten Kommutierung für die einzelnen Spulen einer Nut zu stark verschieden. Unter besonders schwierigen Verhältnissen sind nur zwei Spulenseiten in einer Nut anzuordnen.

6. Die Lamellenzahl ist, soweit es eine gute Ausführung der Wicklung gestattet, möglichst groß zu wählen. Bei guter Ventilation der Maschine werden die durch Erhöhung der Lamellenzahl entstehenden Mehrkosten durch eine größere Leistungsfähigkeit der Maschine reichlich aufgewogen.

7. Die mittlere Stromdichte unter den Bürsten ist innerhalb der auf Seite 307 ff. angegebenen Grenzen zu halten.

Zweiundzwanzigstes Kapitel.

Hilfsmittel zur Förderung einer guten Kommutierung.

103. Einleitung. — 104. Besondere Polkonstruktionen zur Erzeugung eines günstigen Kommutierungsfeldes. — 105. Erzeugung des kommutierenden Feldes mittels einer Hauptschlußwicklung auf den Hauptpolen oder auf einem Teil derselben. — 106. Wendepole und Kompensationswicklungen. — 107. Besondere Ankerwicklungen zur Verkleinerung der zusätzlichen Ströme. — 108. Besondere Bürstenkonstruktionen zur Verkleinerung der zusätzlichen Ströme. — 109. Besondere Anordnungen zur Dämpfung der Öffnungsspannungen.

103. Einleitung.

Im vorigen Kapitel wurde nachgewiesen, wie man ohne besondere Hilfsmittel eine Maschine bauen muß, damit sie in bezug auf die Kommutierung am günstigsten ausfällt. Wird bei einer möglichst günstigen Abmessung die Bürstenspannung oder die Öffnungsspannung zu groß oder liegen besondere für die Kommutierung ungünstige Bedingungen vor, so ist man genötigt, zu Hilfsmitteln zu greifen. Im folgenden ist eine Reihe solcher Mittel, die von verschiedenen Konstrukteuren in Vorschlag gebracht worden sind, beschrieben. Diese sind jedoch alle bis auf die Wendepole und Kompensationswicklungen wieder verlassen worden und besitzen nunmehr nur geschichtliches und pädagogisches Interesse.

Wir können diese Hilfsmittel in zwei Hauptgruppen einteilen.

A. Hilfsmittel zur Erzeugung eines günstigen Kommutierungsfeldes. Diese können wieder in drei Untergruppen geteilt werden.

1. Besondere Polkonstruktionen,
2. Hauptschlußwicklungen auf den Hauptpolen oder auf einem Teil derselben, und
3. Wendepole und Kompensationswicklungen.

26*

B. Hilfsmittel zur Verkleinerung und zu funkenlosem Abschalten der zusätzlichen Ströme. Diese können auch in drei Untergruppen geteilt werden.

1. Besondere Ankerwicklungen,
2. Besondere Bürstenkonstruktionen, und
3. Besondere Dämpfungsanordnungen.

104. Besondere Polkonstruktionen zur Erzeugung eines günstigen Kommutierungsfeldes.

Form und Konstruktion der Pole. Um ein möglichst richtig verlaufendes Kommutierungsfeld und nur eine kleine Schwächung an der Eintrittskante des Polschuhes, d. h. ein kleines λ_q zu erzielen, waren viele Konstrukteure von Gleichstrommaschinen bestrebt, passende Polschuhe und Polkonstruktionen zu entwerfen. Die meisten Konstrukteure haben nämlich den Einfluß einer Sättigung der Polspitzen auf λ_q sehr überschätzt. In den Fig. 353 bis 366 ist eine Anzahl von Polkonstruktionen abgebildet, die wir jetzt besprechen werden.

Die Fig. 354 bis 366 stellen Polkonstruktionen dar, bei denen die Polspitzen stark gesättigt sind. In Fig. 356, die eine Polschuhform von Ganz & Co. darstellt, ist die Sättigung durch gefräste Einschnitte in den massiven aus Stahlguß hergestellten Polschuh erreicht.

Die Polkonstruktionen (Fig. 357 und 359) suchen ein allmähliches Ansteigen der mittleren Feldstärke durch Schrägstellen oder Abrunden der Polkanten längs des Ankers zu erreichen; dadurch wird aber λ_q größer als sonst, weil die kurzgeschlossene Spule unter den Pol zu liegen kommt. Diese Konstruktionen erfüllen deshalb nicht vollständig ihren Zweck.

Die Konstruktion (Fig. 361) mit gußeisernem Polschuh soll hauptsächlich dazu dienen, die schädliche Wirkung der Quermagnetisierung des Ankerstromes zu verkleinern.

Zu dem gleichen Zweck erhält die Polecke in Fig. 360, deren Sättigung durch die Quermagnetisierung verstärkt wird, ein Material von geringerer magnetischer Leitfähigkeit als die andere, oder einen kleineren Querschnitt. Die Wirkung dieser Anordnungen ist jedoch nicht so groß wie diejenige der Fig. 361.

In Fig. 362 ist die jetzt verlassene Polbüchsenkonstruktion der Allgemeinen Elektrizitäts-Gesellschaft, Berlin, dargestellt; diese ermöglicht zwar ein sehr flach verlaufendes Feld in der Kommutierungszone, besitzt aber gleichzeitig so viele Nachteile, daß sie bald verlassen wurde. Die Feldstreuung, die Selbstinduktion der kurzgeschlossenen Spulen und die Quermagnetisierung sind sehr groß.

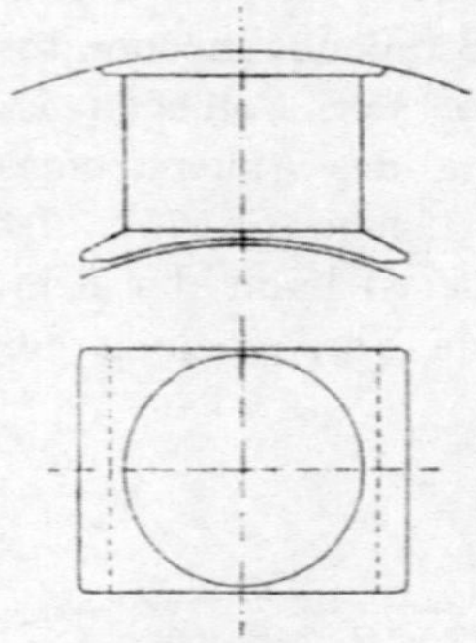

Fig. 353.

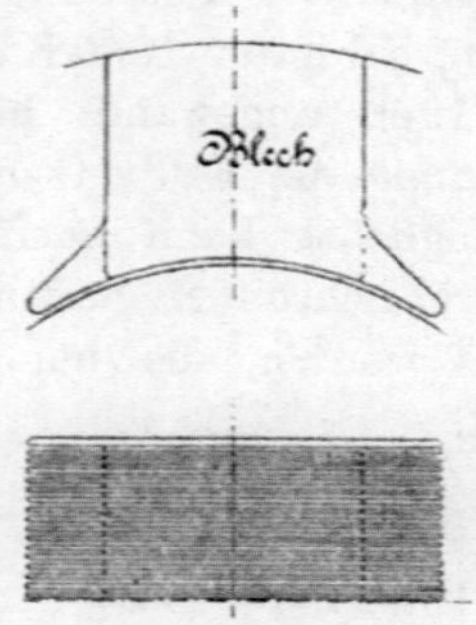

Fig. 354.

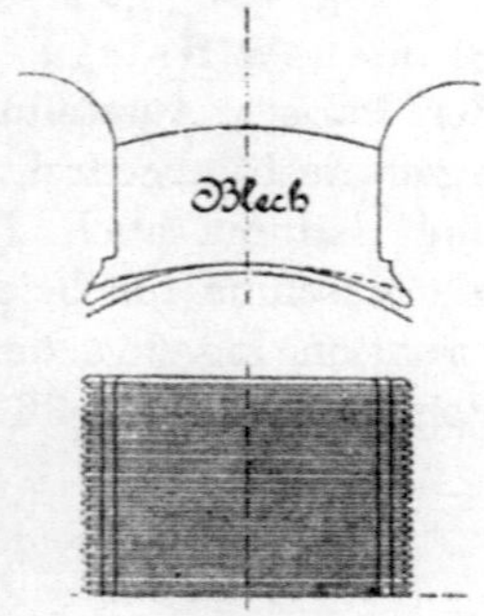

Fig. 355.

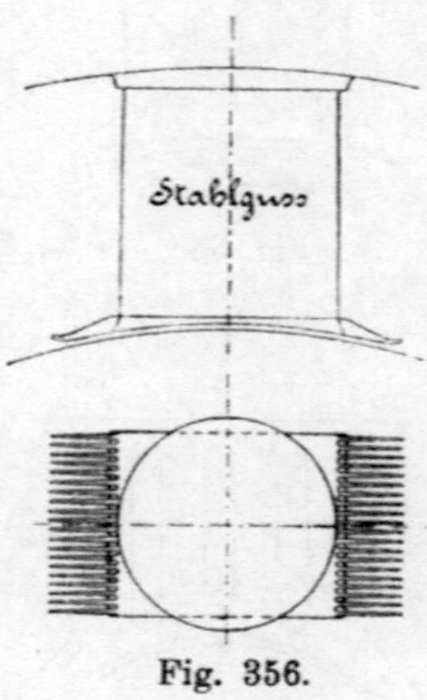

Fig. 356.

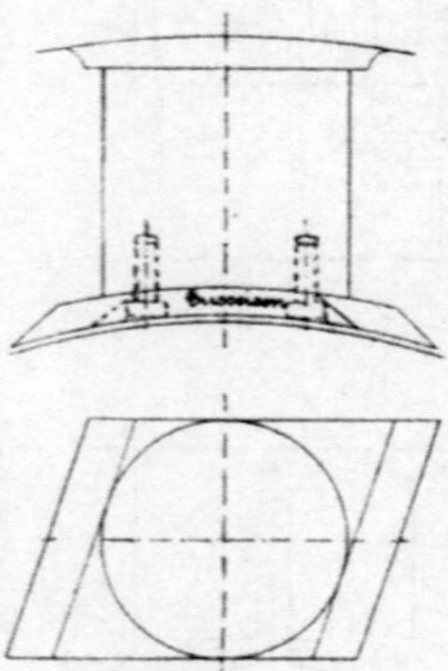

Fig. 357.

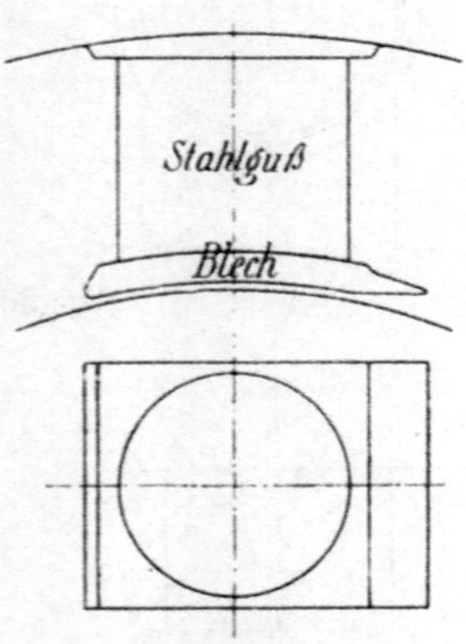

Fig. 358.

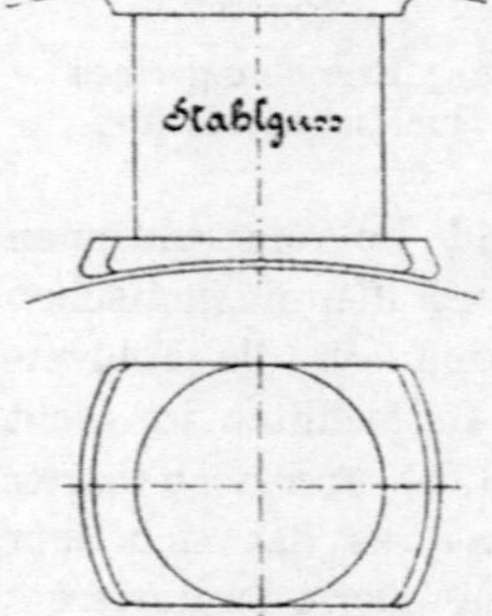

Fig. 359.

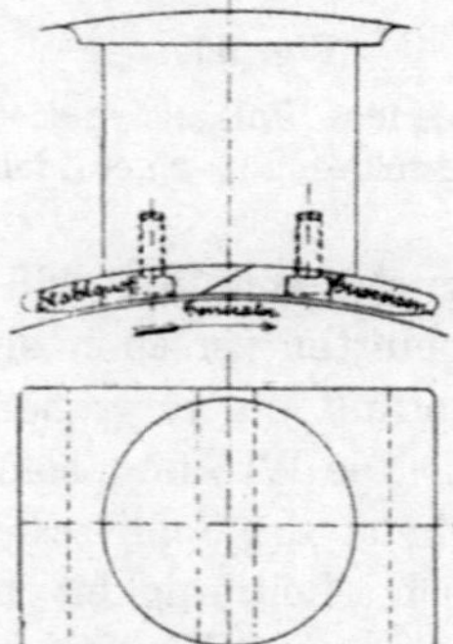

Fig. 360.

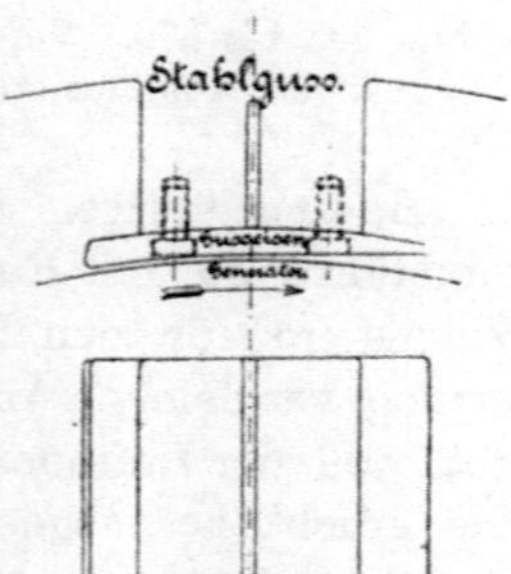

Fig. 361.

Fig. 353 bis 361. **Verschiedene Polkonstruktionen zur Erreichung eines günstigen Kommutierungsfeldes.**

Fig. 363 gibt ein Bild der Polkonstruktion, die die Firma Siemens & Halske, Wien, bei ihrem 1000 KW-Straßenbahngenerator der Pariser Ausstellung 1900 angewandt hatte; der Polbogen ist exzentrisch abgedreht, damit die Feldverzerrung des Ankerstromes und dadurch auch λ_q möglichst klein ausfällt (siehe S. 175). Ist die Maschine für beide Drehrichtungen bestimmt, so kann die Konstruktion Fig. 364 benutzt werden, die nur eine Verdoppelung der Polschuhform Fig. 363 ist.

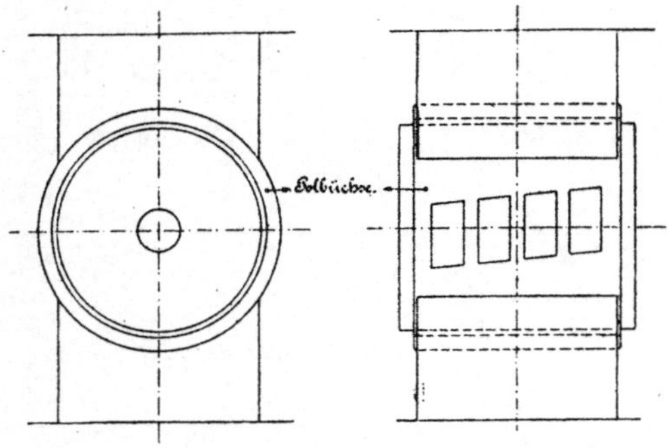

Fig. 362.

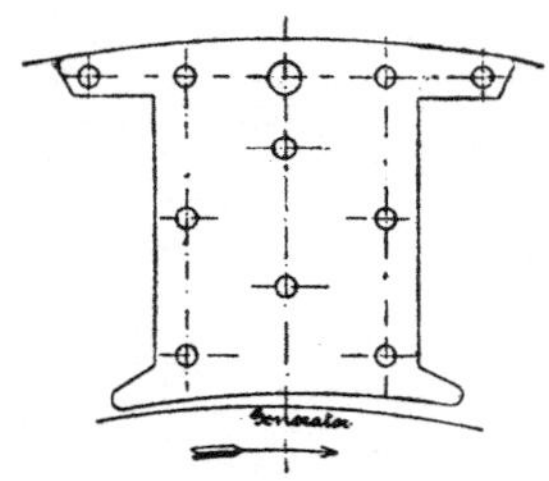

Fig. 363.

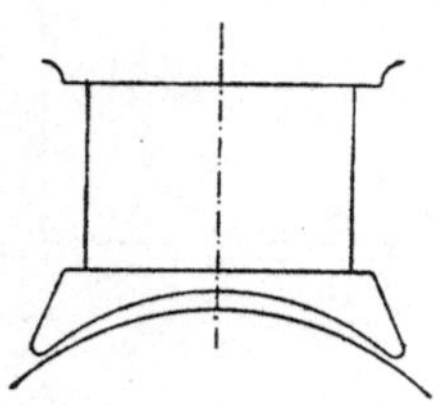

Fig. 364.

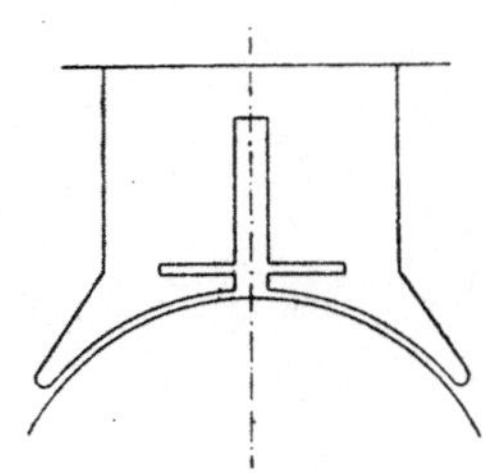

Fig. 365.

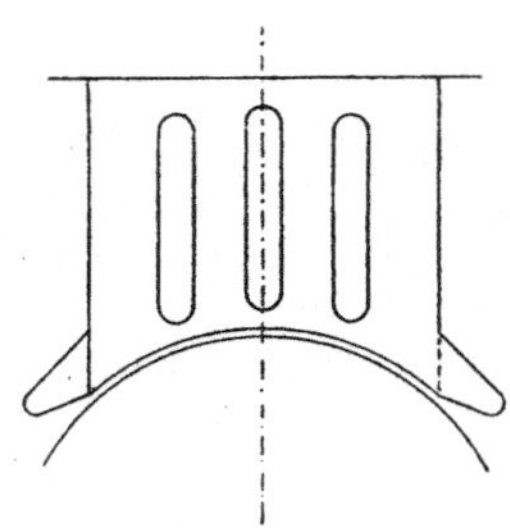

Fig. 366.

Fig. 362 bis 366. Verschiedene Polkonstruktionen zur Erreichung eines günstigen Kommutierungsfeldes und einer kleinen Quermagnetisierung.

In den übrigen Figuren 365 und 366 sind Polkonstruktionen vorgeführt, die mit Einschnitten versehen sind, um den magnetischen Widerstand für den Querfluß zu vergrößern, wodurch die Feldverzerrung verkleinert wird. Die Wirkung solcher Luftschlitze ist nicht groß, weil der Luftquerschnitt des Schlitzes groß ist und noch immer eine erhebliche magnetische Leitfähigkeit besitzt; es hat sich aber gezeigt, daß sie oft ausreichen, um Maschinen, die feuern, zu kurieren; deswegen verdienen diese Schlitze wegen ihrer leichten Ausführbarkeit doch Beachtung und können versucht werden, wenn eine Maschine nicht tadellos arbeitet. Weiter zeigen die mit solchen Polen versehenen Maschinen öfters einen großen Spannungsabfall, was dadurch begründet ist, daß bei großer Sättigung des Pols bei Belastung die eine Polhälfte geschwächt wird, während die andere Hälfte nur wenig verstärkt wird.

105. Erzeugung des kommutierenden Feldes mittels einer Hauptschlußwicklung auf den Hauptpolen oder auf einem Teil derselben.

Da das erforderliche kommutierende Feld proportional mit dem Ankerstrome steigt, so liegt es nahe, es durch eine Spule zu erregen, die vom Ankerstrom durchflossen wird.

Swinburne schlug 1886 vor[1]), eine Wicklung auf einen Polzahn an der Eintrittsseite des Pols zu setzen, wie Fig. 367 zeigt. Sie verstärkt die durch den Ankerstrom geschwächte Polecke und erhöht gleichzeitig den totalen Kraftfluß pro Pol, so daß auch eine kompoundierende Wirkung eintritt. Im praktischen Dynamobau hat sich diese Anordnung nicht eingebürgert, denn sie kann die Bedingung, daß das kommutierende Feld bei Leerlauf Null sei und proportional mit der Belastung wachse, nicht erfüllen; jedoch wird durch die Hilfswicklung die Schwächung des kommutierenden Feldes bzw. λ_q verkleinert und insofern die Kommutierung verbessert.

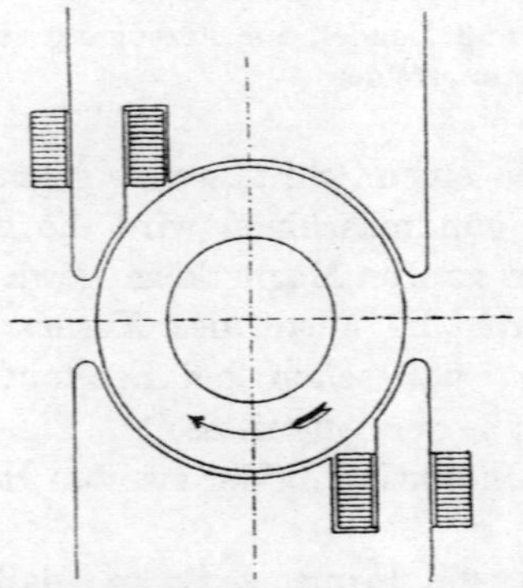

Fig. 367. Erzeugung eines kommutierenden Feldes nach Swinburne.

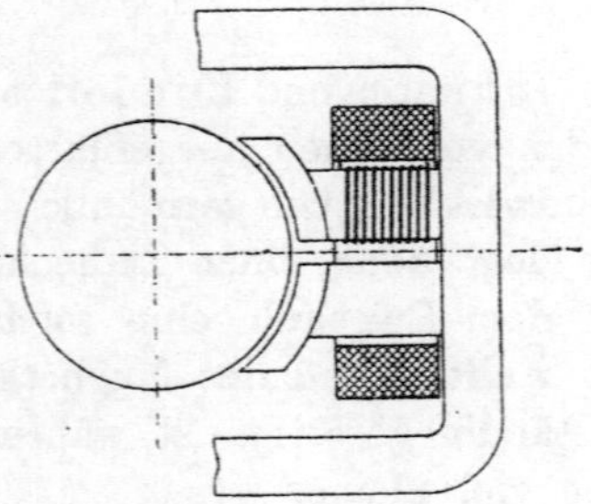

Fig. 368. Erzeugung eines kommutierenden Feldes nach Seidener.

Eine Abart der vorhergehenden Anordnung ist die von Seidener in der Zeitschrift für Elektrotechnik 1898, S. 137 vorgeschlagene Kompoundwicklung, die die eine Hälfte des Magnetkernes umschlingt, wie Fig. 368 zeigt. Auch durch diese Wicklung wird erstens ein

---

[1]) Journ. Soc. Telegr. Eng., Bd. XV, S. 542.

kommutierendes Feld geschaffen und zweitens wird der totale Kraftfluß Φ pro Pol mit der Belastung erhöht, so daß die Spannung an den Klemmen konstant gehalten werden kann; d. h. die Maschine ist kompoundiert.

Die Quermagnetisierung, die die kommutierende Polspitze schwächt, ist auf dem halben Polbogen noch beträchtlich, außerdem hat diese Anordnung die gleichen Mängel wie die von Swinburne, so daß sie weitgehenden Ansprüchen nicht genügen kann.

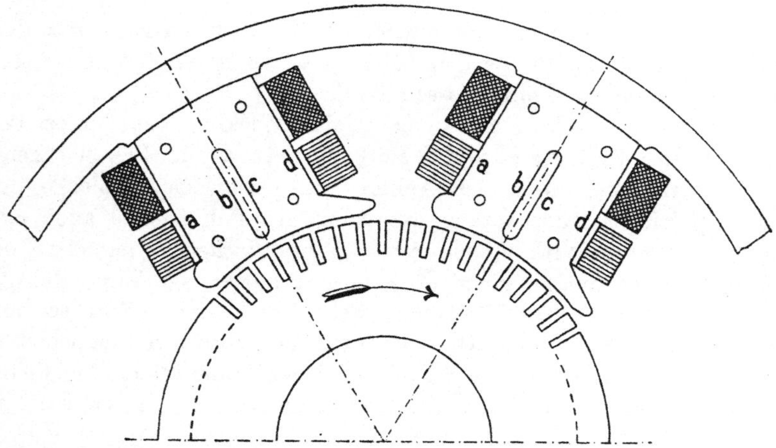

Fig. 369. Polkonstruktion von Johnson und Lundell zur Erzeugung eines stabilen Kommutierungsfeldes.

Johnson und Lundell sind noch einen Schritt weiter gegangen. In den von ihnen ausgeführten Kompoundmaschinen wird die Kompoundwicklung wie gewöhnlich um den ganzen Magnetkern gewickelt; man legt aber einen Luftschlitz durch die Mitte des Kernes und gibt dem Polschuh eine solche Form, daß schon bei Leerlauf die eine Hälfte $c—d$ des Magnetkernes an der Austrittsseite, Fig. 369, vollständig gesättigt ist, während die Induktion in der zweiten Hälfte $a—b$ viel kleiner ist.

Bei einer 50 KW-Maschine gibt die Firma z. B. an, daß die Amperewindungen des Nebenschlusses 3380 und die des Hauptschlusses 2600 pro Pol ausmachen. Die beiden Teile des Magnetkernes sind so dimensioniert, daß die Nebenschlußamperewindungen allein in dem Teile des Pols mit Polspitze eine Induktion bis zur Sättigung von ca. 17000 erzeugen, während im Teile ohne Polspitze nur eine Induktion von ca. 10—11000 vorhanden ist. Bei Leerlauf hat die Maschine die Feldkurve I (Fig. 370) und bei Vollast die Kurve II.

Wird die Maschine belastet, so sucht der Ankerstrom das Feld zu verzerren, was nur bei der einen Hälfte des Feldes an der Eintrittseite möglich ist, weil der Teil c—d des Magnetkernes stark gesättigt ist. Die Kompoundwicklung wird so kräftig gewählt, daß sie die Hälfte a—b des Magnetkernes aufmagnetisiert, und man be-

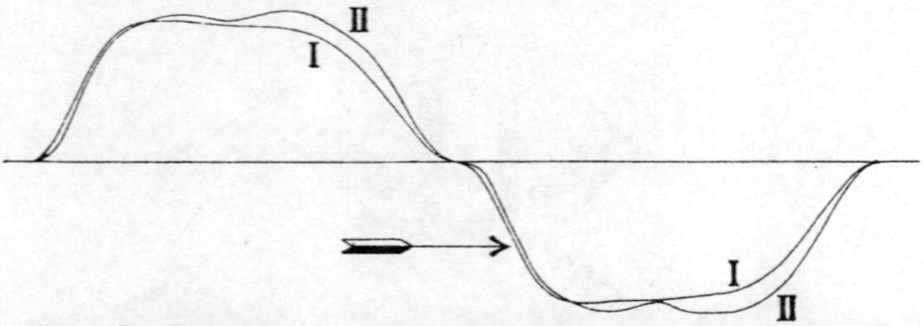

Fig. 370. Feldkurve bei Leerlauf und Vollast bei richtiger Drehrichtung des Ankers.

kommt, wie Kurve II in Fig. 370 zeigt, fast dieselbe Feldkurve bei Vollast wie bei Leerlauf, so daß λ_q sehr klein wird. Durch eine zweckmäßige Form der Polspitze an der Eintrittseite kann man der Feldkurve in der Kommutierungszone eine sehr flach verlaufende Gestalt verleihen.

106. Wendepole und Kompensationswicklungen.

Um die vom Nutenfeld und dem Feld der Stirnverbindungen in den kurzgeschlossenen Ankerspulen induzierten EMKe zu kompensieren, wendet man nunmehr nur vom Hauptstrom erregte Wendepole oder Kompensationswicklungen an. Wie Seite 232 nachgewiesen, ist es möglich die Wendepole so zu dimensionieren und erregen, daß die Bürsten-EMK Δe bei allen Belastungen gleich Null wird. Bevor wir aber näher auf die Theorie der Wendepole eingehen, soll hier eine kurze geschichtliche Entwicklung derselben gebracht werden.

In Fig. 371 ist eine normale Anordnung eines Wendepols zwischen den beiden Hauptpolen dargestellt und Fig. 372 zeigt die normale Ausführung einer Kompensationswicklung in Verbindung mit Wendepolen. Im ersten Falle liegt die ganze Hauptschlußerregung der Wendepole auf diesen selbst, während im letzten Falle die Kompensationswicklung in den Polschuhen einen Teil der Wendepolerregung ausmacht. Es wird bei dieser Anordnung nicht allein das nötige kommutierende Feld geschaffen, sondern es wird das ganze Ankerfeld unter den Hauptpolen aufgehoben (kompensiert).

Das Prinzip der Kompensation, sowohl mit Wendepolen als mit Kompensationswicklung, hat Menges in DRP. 34465 vom 6. Dezember 1884 zuerst dargestellt. Der Patentanspruch lautet:

„Bei dynamo-elektrischen, magneto-elektrischen oder elektro-magnetischen Maschinen die Anwendung von Kompensationswicklungen, d. h. feststehenden Windungen, die vom Ankerstrom (oder einem Teil derselben) durchflossen werden und um oder zur Seite des Ankers,

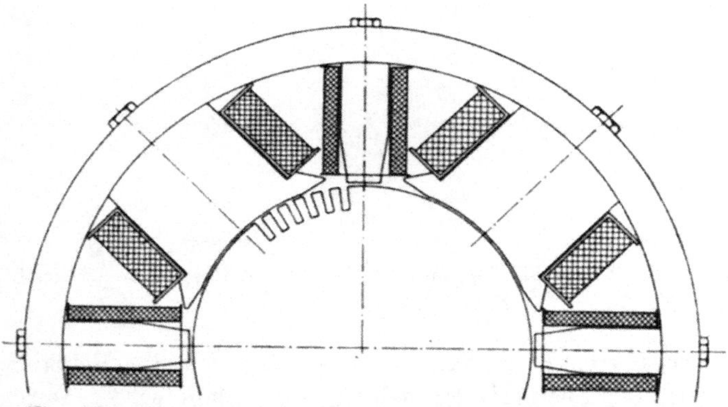

Fig. 371. Magnetgestell einer normalen Wendepolmaschine.

der Magnete oder der Elektromagnete angebracht sind, so daß diese Windungen für sich allein eine elektromagnetische Wirkung ausüben können, die derjenigen des Ankerstromes (ganz oder teilweise) entgegengesetzt ist."

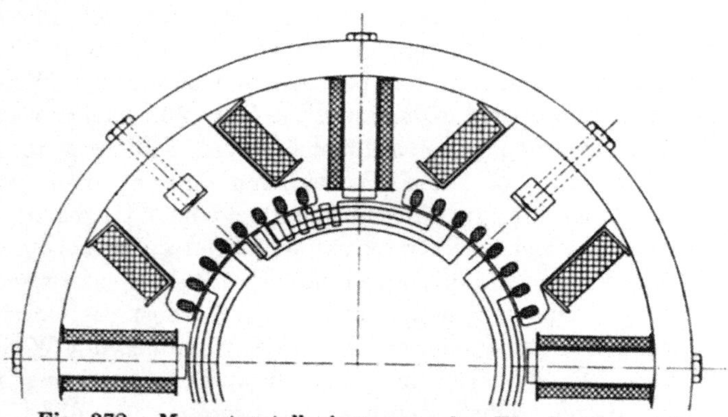

Fig. 372. Magnetgestell einer normalen Wendepolmaschine mit Kompensationswicklung.

Menges hat, wie hieraus ersichtlich, sowohl die Kompensationswicklung wie die Wendepole mit bemerkenswerter Klarheit beschrieben, jedoch keinen praktischen Erfolg erreicht, weil er die Kompensation hauptsächlich für Maschinen mit offener Ankerwicklung in Betracht zog.

Nach Menges sind auch von anderer Seite vom Hauptstrom erregte Wendepole und Kompensationswicklungen in Vorschlag gebracht und teilweise ausgeführt worden. So schlägt z. B. Swinburne (Journ. of the Inst. of El. Engineers 1890, S. 106) vor, kleine ⊔-förmige Elektromagnete in der neutralen Zone anzubringen, die vom Hauptstrom erregt werden (Fig. 373). Liegen die Bürsten unter dem im Sinne der Drehrichtung vorausliegenden Pol des Elektromagneten, so ist der Kraftfluß des Magnets im Sinne der Pfeile gerichtet und wirkt kompoundierend.

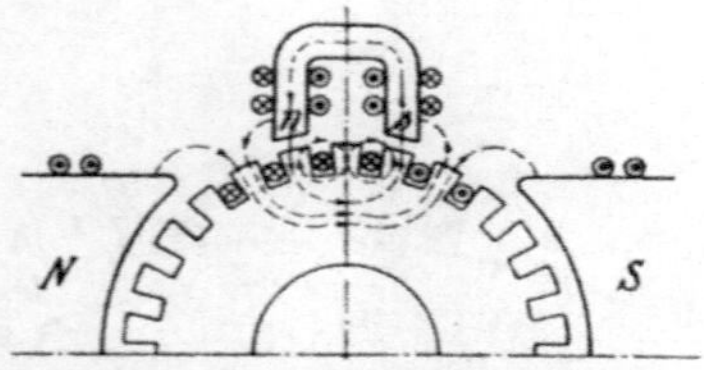

Fig. 373. Wendepolanordnung von Swinburne.

Swinburne empfiehlt ferner, die Wendepole bis zum Joch zu führen und bei Doppelschluß- oder Hauptschlußmaschinen die Hauptschlußwindungen ungleich auf beiden Seiten des Wendepols zu verteilen. Diesem Gedanken entspricht der in der ETZ 1897, S. 786, von Fischer-Hinnen angegebene Entwurf einer Manchestertype mit Wendepolen. Ferner hat Fischer-Hinnen im Jahre 1891 bei einer Manchestertype, die funkte, um das Joch eine Spule zur Verminderung der Ankerrückwirkung mit Erfolg angeordnet.

In eingehender und verständnisvoller Weise haben sich nach Menges zuerst J. Ryan und M. E. Thompson (1892) mit der Kompensation befaßt[1]). J. Ryan (Engl. P. Nr. 14 756 vom Jahre 1893 und U. S. P. 502 384) ordnet die vom Hauptstrom durchflossene Kompensationswicklung in Nuten der Pole an (Fig. 374).

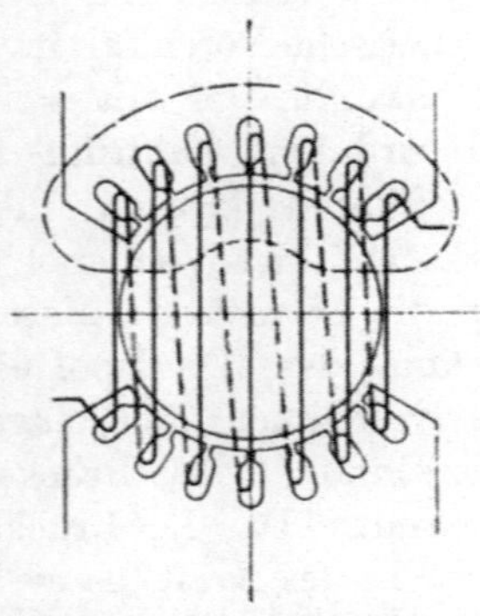

Fig. 374. Kompensationswicklung von Ryan.

Betrachten wir den gestrichelt eingezeichneten Kraftlinienweg, so sehen wir, daß wenn die Amperewindungen der Kompensationswicklung gleich den Amperewindungen des Ankers, aber entgegengesetzt zu diesen gerichtet sind, keine magnetomotorische Kraft längs dieser Linie wirkt und daß kein Querfeld sich ausbilden kann.

Während ihrer Versuche haben J. Ryan und M. E. Thompson die Konstruktion dahin abgeändert, daß sie außer der Kompensationswicklung noch besondere Wendepole anordneten.

---

[1]) The Electrician v. J. 1895, Bd. 34, S. 765 „A method for preventing armature reaction. Die Fig. 374 und 375 entsprechen dieser Veröffentlichung.

In Fig. 375 ist diese Anordnung im Schnitt senkrecht zur Drehachse dargestellt. Es sind *a*, *a* und *b*, *b* zwei Feldspulen, die um die Pole *S* und *N* gewickelt sind. Der Wendepol *q* ist in der Mitte der Polbrücke *h i* angebracht. Die Kompensationswicklung wird durch die Nuten *k* — *l* — *n* — *o* usw. gewickelt, so daß der Wendepol *q* die Mitte der Wicklung bildet. Der von der Haupt- und Kompensationswicklung gemeinsam erzeugte Kraftfluß folgt den gestrichelten Linien. Ein Teil des Kraftflusses geht durch die Brücke *h*—*i* direkt von einem Pol zum anderen, ohne in den Anker einzudringen.

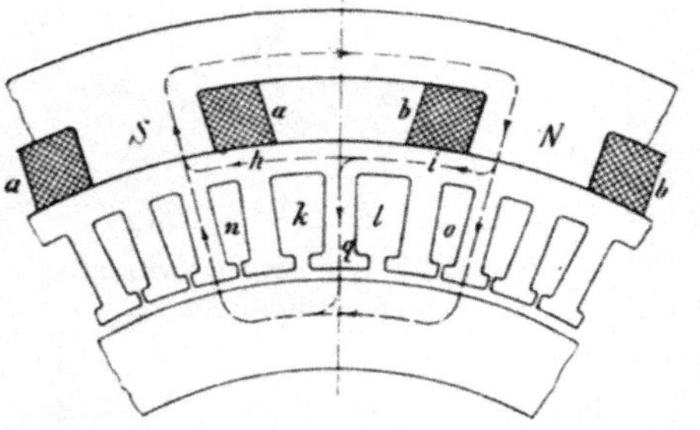

Fig. 375. Kompensationswicklung mit Wendezähnen von Ryan und Thompson.

Sind Anker und Kompensationswicklung stromlos, so ist das magnetische Potential in der Mitte der Brücke *h*—*i* das gleiche wie im Anker in der Mitte zwischen den Polen, und durch den Wendepol wird kein Kraftfluß fließen.

Führen dagegen Anker und Kompensationswicklung Strom, so wirkt auf den Wendepol eine Amperewindungszahl. Nehmen wir an, daß die betrachtete Maschine ein Generator sei, so muß bei Rechtsdrehung der Wendepol ein Nordpol werden. In diesem Fall haben die Kraftlinien den eingezeichneten Verlauf und der Kraftfluß im Querschnitt *i* der Brücke nimmt zu, während er im Querschnitt *h* abnimmt. Da die Brücke bei Leerlauf gesättigt ist, so wird der Zuwachs des Kraftflusses im Querschnitt *i* nicht groß sein. Um den Streufluß in der Brücke *h*—*i* möglichst klein zu halten, ist der Querschnitt der Brücke nur so groß zu machen, daß der Teil *i* denjenigen Kraftfluß aufnehmen kann, der bei Belastung durch den Teil *h* und den Wendepol *q* fließt.

Wegen der Sättigung der Brücke *h*—*i* ist es nicht möglich, ein Wendefeld zu erhalten, das dem Ankerstrome proportional ist. Man kann deshalb nicht bei jeder Belastung das für eine gute Kommutierung erforderliche Wendefeld bekommen.

M. Deri[1]) und Leblanc[2]) haben eine kompensierte Maschine

[1]) D. R. P. 122 411 10. Mai 1900. Siehe auch ETZ 1902 „Über kompensierte Gleichstrommaschinen System Deri" von F. Eichberg.

[2]) Vortrag vor dem Internationalen Elektrotechniker-Kongreß, Paris 1900. The Electrician Bd. 45 S. 930.

angegeben, die von derjenigen von Ryan und Thompson insofern abweicht, als auch die Erregerwicklung der Hauptpole in Nuten untergebracht und am Umfange gleichmäßig verteilt wird. Das Feldeisen erhält keine ausgeprägten Pole, sondern besteht aus einem von zwei Zylinderflächen begrenzten lamellierten Eisenkörper (Fig. 376). In der Figur sind Erregerwicklung und Kompensationswicklung als zweipolige Ringwicklung ausgeführt. Das Hauptfeld würde, wenn keine großen Sättigungen im Eisen vorhanden wären, von Dreieckform sein, wie Fig. 148 Seite 169 zeigt, da die Erregerwicklung gleichmäßig über den Umfang verteilt und der Luftspalt überall konstant ist. Wird das Eisen gesättigt, so nehmen die Feldkurve und die Kurve des Ankerfeldes fast Sinusform an.

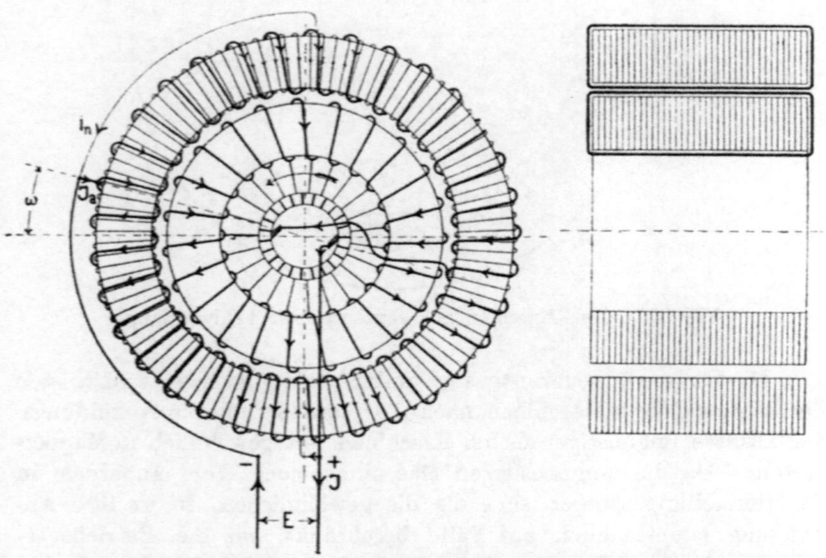

Fig. 376. **Deri-Maschine mit gleichmäßig verteilter Feldwicklung.**

Da diese Feldwicklungen keine günstige Kommutierungsfelder erzeugen, so haben Deri, die Firma Brown, Boveri & Co. und andere Firmen, welche Gleichstrom-Turbo-Generatoren mit Kompensationswicklung ausführen, veranlaßt, die ursprüngliche Anordnung dahin abzuändern, daß die Erregerwicklung in wenigen Nuten untergebracht und nur die Kompensationswicklung verteilt wird. Ferner wird in den meisten Fällen, ebenso wie bei Ryan und Thompson, ein besonderer Wendepol vorgesehen.

Das Schema eines vierpoligen Feldes mit Kompensationswicklung und Wendepolen zeigt Fig. 377. Für die Nebenschlußwicklung sind pro Pol nur zwei große Nuten vorgesehen, die Kompensationswicklung ist dagegen gleichmäßig über die Polflächen verteilt. Zwischen je zwei Polen hat man einen Eisensteg stehen lassen und eine Kompensationsspule um ihn geschlungen. Diese Stege bilden also die Wendepole.

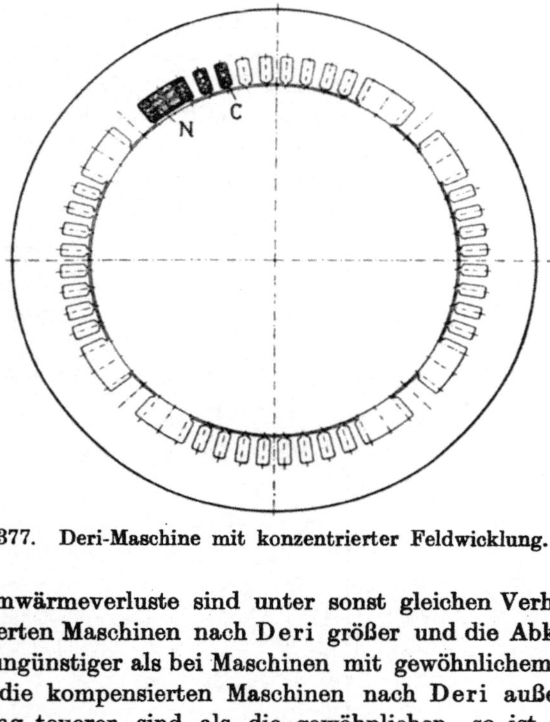

Fig. 377. Deri-Maschine mit konzentrierter Feldwicklung.

Die Stromwärmeverluste sind unter sonst gleichen Verhältnissen bei kompensierten Maschinen nach Deri größer und die Abkühlungsverhältnisse ungünstiger als bei Maschinen mit gewöhnlichem Magnetsystem. Da die kompensierten Maschinen nach Deri außerdem in der Herstellung teuerer sind als die gewöhnlichen, so ist ihre Anwendung hauptsächlich auf Fälle beschränkt, wo die Betriebsverhältnisse für die Kommutierung sehr ungünstig sind, wie z. B. bei Turbo-Generatoren, Motoren von Reversierwalzwerken u. dgl.

107. Besondere Ankerwicklungen zur Verkleinerung der zusätzlichen Ströme.

a) Seidener (D. R. P. 113 022 v. 1899) ordnet zwischen je zwei an die Wicklung angeschlossene Lamellen eine Lamelle an, die mittels eines Widerstandes an eine benachbarte Lamelle angeschlossen ist. Infolgedessen verläßt jede Spule den Kurzschluß mit in den Kurzschlußkreis eingeschaltetem Widerstand. In Fig. 378 tut dies die Spule *C* mit dem Widerstand 3.

Bei dieser Anordnung führen die Widerstände nicht, wie im vorigen Falle, den vollen Hauptstrom und man kann somit die Widerstände mit entsprechend kleineren Abmessungen ausführen.

Nachteilig ist, daß die Kommutatorfläche nur nahezu zur Hälfte ausgenutzt wird und daß die Widerstände sich nur schwer unterbringen lassen. Wollen wir die Maschine in beiden Drehrichtungen betreiben, so muß noch ein Satz Lamellen mit Widerständen eingeschoben werden.

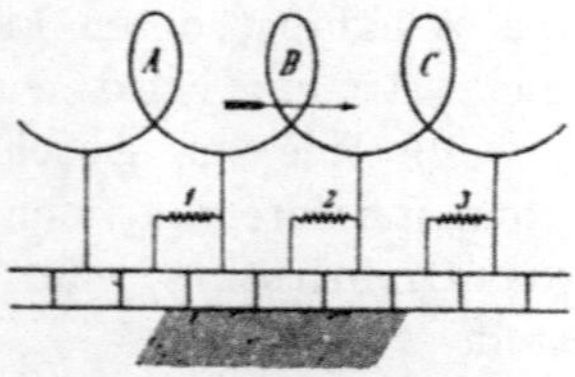

Fig. 378. Ankerwicklung nach Seidener.

b) Eine andere Anordnung[1]), die diese Nachteile vermeidet, erhält man, wenn man mehrere (n) in sich geschlossene parallele Wicklungen anordnet und zwischen ihre Anschlüsse an den Kommutator für je n Lamellen $n-1$ Widerstände legt. Durch diese Widerstände werden die n Wicklungen parallel geschaltet und eine Wicklung erhält auch dann Strom, wenn sie nicht direkt mit der Bürste in Verbindung ist. Macht man die Bürstenbreite kleiner oder gleich $n-1$ Lamellenteilungen, so werden die Spulen immer über einen Widerstand kurzgeschlossen.

In Fig. 379 ist eine Anordnung mit drei parallelen Wicklungen A_1, A_2, A_3 aufgezeichnet; die Widerstände sind mit r bezeichnet. Die Bürste bedeckt etwas weniger als zwei Lamellenteilungen. Die Bürste B schließt die Spulen S_1, S_2 und S_3 kurz; in jedem der Kurzschlußkreise dieser Spulen sind zwei Widerstände r hintereinander geschaltet und die zusätzlichen Kurzschlußströme werden hierdurch begrenzt.

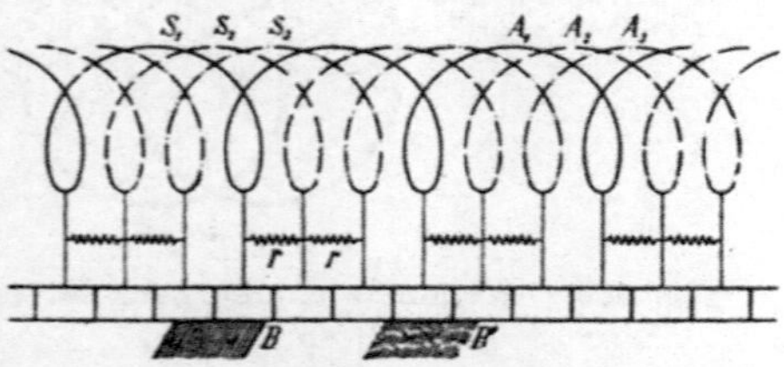

Fig. 379. Ankerwicklung nach Arnold-la Cour.

Die Wicklungen A_1 und A_3 erhalten den Strom direkt von der Bürste, während der Wicklung A_2 durch die vielen Widerstände r, die alle drei Wicklungen parallel schalten, Strom zugeführt wird.

Denken wir uns die Bürste in der Lage B', so erhalten alle drei Wicklungen direkt Strom von der Bürste, und auch jetzt sind die kurzgeschlossenen Spulen über Widerstände kurzgeschlossen. Damit keine inneren Ströme entstehen, sollen die Wicklungen, die durch die Widerstände r parallel geschaltet werden, immer in der-

---

[1]) D. R. P. 156 959 von E. Arnold und J. L. la Cour.

selben Nut zusammen bleiben. Die Widerstände r sollen so groß sein, daß die Kurzschlußströme unterhalb der zulässigen Grenze gehalten werden; andererseits sollen sie so klein gemacht sein, daß die Wicklung, deren Lamellen nicht von den Bürsten berührt sind, nicht stromlos wird.

c) Wie im Abschnitt 46 gezeigt wurde, wirkt das Ankerfeld kompoundierend, wenn die Bürsten bei einem Generator entgegen der Drehrichtung und bei einem Motor in der Drehrichtung verstellt werden.

Diese Art der Kompoundierung wird von Sayers[1] und S. G. Brown[2]) angewandt.

Sayers führt zur Erzeugung einer richtig kommutierenden EMK bei negativer Bürstenverstellung die Verbindungsdrähte von der Wicklung zum Kommutator in der Weise durch das Feld, daß in diesen eine richtig kommutierende EMK induziert wird. In Fig. 380 ist das in der Papierebene ausgebreitete Schema einer Trommelwicklung aufgezeichnet. Die Verbindungen zum Kommutator (z. B. *a c e* und *b d f*) werden entgegengesetzt zur Drehrichtung umgebogen und in kurzer Entfernung parallel mit der gewöhnlichen Wicklung auf der Oberfläche des Ankers geführt und erst jetzt an die Segmente (*e* und *f*) angeschlossen. Die Teile *a c e* und *b d f* nennt Sayers die Kommutierungsstäbe der Wicklung.

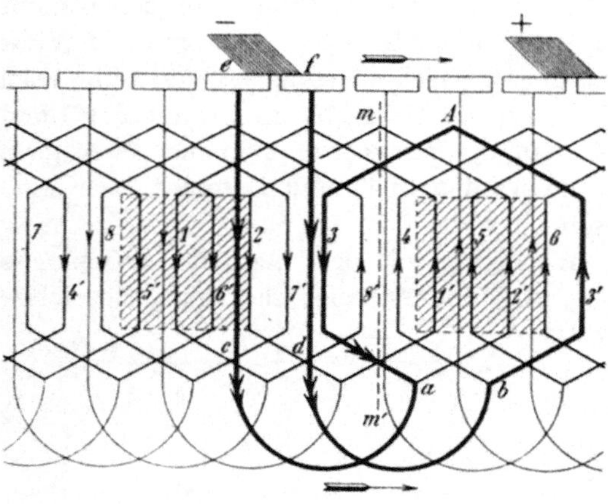

Fig. 380. Trommelwicklung nach Sayers für eine Drehrichtung.

Die neutrale Zone der belasteten Maschine soll bei mm' liegen und die Spule *a A b* sei kurzgeschlossen. Der Kurzschlußstromkreis *f d b A a c e* enthält zwei Kommutierungsstäbe. Der Stab *c e* bewegt sich in einem stärkeren magnetischen Feld und in ihm wird eine größere EMK induziert als im Stabe *d f*, während die kurzgeschlossene Spule sich der neutralen Zone am nächsten befindet und sich

[1]) D. R. P. 73 119 v. 1. Mai 1892 und 78 954 v. 31. Dez. 1893. Engl. Patent 16 752 v. 28. Sept. 1891 und 10 298 v. 24. Mai 1893. Journ. of the Inst. of El. Engineers 1893 Nr. 107.

[2]) Engl. Patent 21 972 v. 3. Okt. 1896.

im schwächsten magnetischen Felde bewegt. Bezeichnen wir die in den Stäben c, d und der Spule induzierten EMKe mit e_c, e_d, e_a und deren Richtung mit Doppelpfeilen, so finden wir, daß die kommutierende EMK gleich

$$e_c - e_d - e_a$$

ist. Diese ist bestrebt, den Strom in der Spule umzukehren und einen Strom in der Richtung aA zu erzeugen, so daß die Spule den Kurzschluß ohne Funkenbildung verlassen wird, vorausgesetzt, daß die obige Differenz der EMKe genügend groß und die Zeit des Kurzschlusses genügend lang ist.

Ein weiterer Vorzug der Sayers-Wicklung, der sie von allen anderen unterscheidet, liegt darin, daß die rückliegende Polspitze (Spitze b, Fig. 380) die kommutierende EMK induziert. Da nun infolge der Quermagnetisierung die rückliegende Polspitze mit zunehmender Stromstärke des Ankers verstärkt wird, so können die Verhältnisse so gewählt werden, daß die Bürstenspannung für alle Belastungen nahezu kompensiert wird.

Die praktische Ausführung der Wicklung bietet Schwierigkeiten, und da Anker mit gewöhnlichen Wicklungen ebenso leistungsfähig gebaut werden können, so hat die Sayersche Wicklung bei dem heutigen Stande des Gleichstromdynamobaues ihre Berechtigung zur Ausführung verloren. Das gleiche gilt von der Wicklung von S. G. Brown, die durch Kombination einer Durchmesserwicklung mit einer Sehnenwicklung entsteht.

108. Besondere Bürstenkonstruktionen zur Verkleinerung der zusätzlichen Ströme.

a) Kupferkohlenbürsten. Die Kohlenbürsten mit eingelegten dünnen Kupferblättchen (s. S. 293) bezwecken den Widerstand für den Ankerstrom möglichst klein zu machen und dabei den Widerstand im Kreise der zusätzlichen Ströme groß zu halten. Einige dieser Bürstenarten weisen in der Querrichtung einen fünffmal so großen Widerstand wie in der Längsrichtung auf. Obwohl diese Bürsten gute Dienste leisten können, erfüllen sie nicht ganz ihren Zweck, da die zusätzlichen Ströme ihren Weg durch die Kupferschicht und den Bürstenhalter nehmen können. Außerdem spalten sich leicht Stücke von den Bürsten ab.

b) Doppelbürsten. Für hohe Kommutatorgeschwindigkeiten (über ca. 25 m) und mit den früher bekannten Konstruktionen der Bürstenhalter bewährten sich die Kohlenbürsten nicht. Sie erfordern nämlich, damit sie nicht abgeschleudert werden, einen großen

Auflagedruck, der eine zu große Reibungsarbeit hervorruft. Bei Turbomaschinen, bei denen diese hohen Geschwindigkeiten auftreten, hat man außerdem keine große spezifischen Abkühlungsflächen, so daß man auch die Übergangsverluste zwischen Bürsten und Kommutator möglichst klein halten muß.

Man war daher früher bei diesen Maschinen auf Metallbürsten angewiesen, da diese

erstens: eine viel kleinere Übergangsspannung und somit kleine Übergangsverluste haben und

zweitens: eine größere Stromdichte zulassen, so daß man die Bürstenfläche kleiner nehmen und die Reibungsarbeit herabsetzn kann.

Die Kupferbürsten lassen jedoch nur eine kleine Öffnungsspannung Δp_T zu. Um diesen Nachteil zu umgehen, ordneten viele Firmen hinter der ablaufenden Bürstenkante eine Kohlenbürste an, so daß die kurzgeschlossene Spule immer über eine Kohlenbürste den Kurzschluß verließ. Es ist nicht nötig, jede Kupferbürste mit einer Kohle zu versehen; es genügt meistens, wenn man pro Stift eine Doppelbürste anordnet. Auch kann man die Kohlenbürste ganz für sich auf dem Stift anordnen und sie in der richtigen Lage zu den Kupferbürsten (in der Drehrichtung nach vorwärts, einstellen. Heutzutage ist es jedoch den Firmen gelungen, die Kommutatoren von Turbodynamos so gut zu ventilieren, daß nunmehr Kohlenbürsten mit kleinen Reibungskoeffizienten allgemein angewandt werden.

c) Angehängte isolierte Bürsten. F. M. Young und G. S. Dünn[1]) ordnen zwecks besserer Kommutierung neben der ablaufenden Bürstenkante der Hauptbürste mehrere Hilfsbürsten an, die voneinander und von der Hauptbürste ganz isoliert sind. Es genügt jedoch nur eine Hilfsbürste H, wie Fig. 381 zeigt, anzuordnen; sie kann auch in einem besonderen isolierten Bürstenhalter befestigt werden. Bei dieser Anordnung ist beim Abschalten der Übergangswiderstand zwischen Bürste und Kommutator dreimal hintereinander geschaltet, der Widerstand des Kurzschlußkreises wird somit im letzten Momente sehr stark erhöht und die Energiedichte der Ablaufkante bedeutend vermindert. Durch Anbringung der Hilfsbürste wird die Bürstenspannung nicht geändert, und für ihre Berechnung kommt nur die Breite der Hauptbürste in

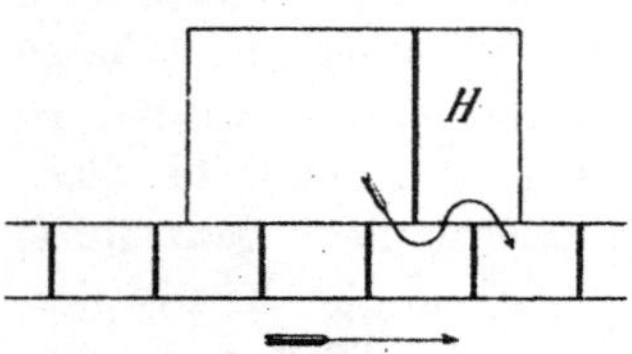

Fig. 381.

[1]) Electrical World. 1905 S. 481.

Betracht. Wenn die kurzgeschlossenen Spulen durch die Verbreiterung der Bürste nicht in ein zu steil verlaufendes Feld geraten, kann diese Anordnung einen guten Erfolg haben. Ing. J. Rezelman, Charleroi, hat z. B. 500 Volt-Motoren, die feuerten, durch Anwendung von isolierten Hilfsbürsten zu funkenfreiem Lauf gebracht.

109. Besondere Anordnungen zur Dämpfung der Öffnungsspannungen.

a) Um das veränderliche Eigenfeld der kurzgeschlossenen Spulen abzudämpfen, können in der Kommutierungszone massive Metallplatten oder kurzgeschlossene Windungen angeordnet werden. Diese Anordnung wird als Amortisseur bezeichnet.

Der Amortisseur von M. Leblanc, Fig. 382, besteht aus einer Reihe von Kupferstäben, die durch Löcher in den Polschuhen gesteckt und an beiden Enden durch zwei Kupferringe miteinander verbunden sind. Ein solcher Amortisseur, in den neutralen Zonen angebracht, verkleinert auch die scheinbare Selbstinduktion etwas. Die Wirkung eines solchen Apparates ist jedoch zu klein im Verhältnis zu den Kosten desselben.

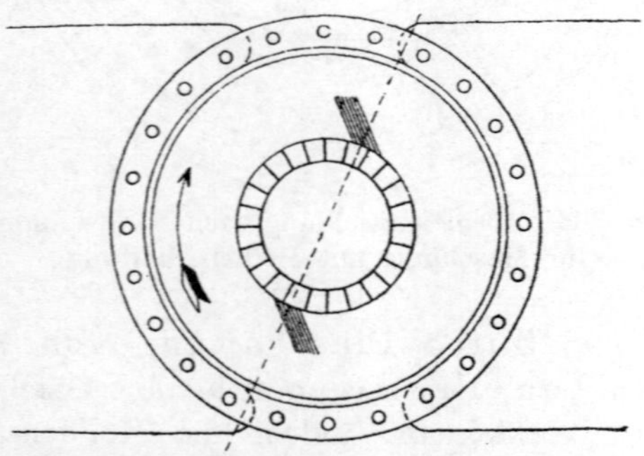

Fig. 382. Zweipolige Maschine mit Amortisseur von Leblanc.

Er erfüllt aber einen anderen Zweck, indem er die Erregerwicklung bei ihrer Unterbrechung oder bei starken und plötzlichen Belastungsschwankungen vor hohen Selbstinduktionsspannungen schützt.

Massive Pole geben aber in den meisten Fällen genügend Schutz gegen rasche Feldänderungen. Eine zu starke Dämpfung der Feldänderung wirkt außerdem ungünstig auf die Kommutierung.

b) Die in der deutschen Patentschrift 119 342 beschriebene Ausgleichwicklung von B. G. Lamme zur Ausgleichung der magnetischen Kraftflüsse bei elektrischen Maschinen mit Wellenwicklungen übt, ähnlich wie die Äquipotentialverbindungen, eine dämpfende Wirkung auf die ungleichen Kurzschlußströme aus und sucht einen möglichst gleichen Verlauf derselben unter den verschiedenen Bürsten herzustellen. Diese Ausgleichwicklungen von Lamme bestehen aus je p Stäben, die gleichmäßig auf den Ankerumfang verteilt und so untereinander zu einem oder mehreren geschlossenen Stromkreisen verbunden sind (Fig. 383), daß in denselben nur Ströme entstehen, wenn im Feld oder bei der Kommutierung Unsymmetrien vorhanden sind. Jeder Anker besitzt mehrere solcher Wicklungen. Die Ausgleichwicklungen nach Lamme können bei den Reihenwicklungen günstig auf die Kommutierung wirken; um aber einen merkbaren Einfluß zu erhalten, müssen ziemlich viele Wicklungen angebracht werden, die viel totes Kupfer erfordern und viel Platz einnehmen, so daß die Leistung der Maschine verkleinert wird.

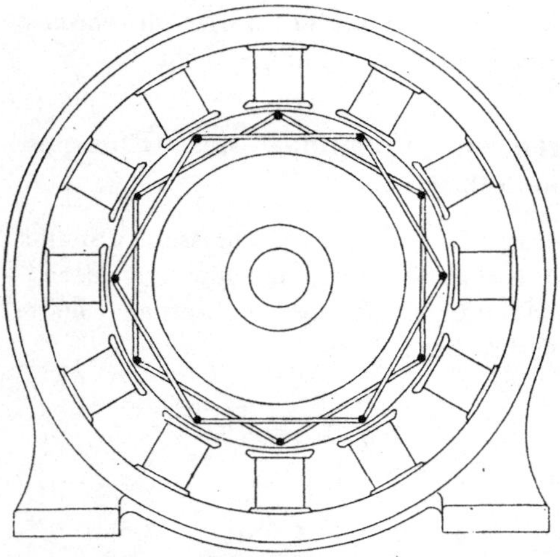

Fig. 383. Ausgleichwicklung nach B. G. Lamme für Maschinen mit Reihenschaltung.

c) Durch Einschaltung von Kondensatoren zwischen den Lamellen lassen sich die zusätzlichen Ströme durch die Bürsten verkleinern, indem die Kondensatoren Strömen wechselnder Richtung einen Weg parallel zur Bürste bieten.

Ist der Kurzschlußstrom geradlinig, so ist die Spannung zwischen den beiden Lamellen während des Kurzschlusses Null und die Kondensatoren bleiben somit ohne Wirkung. Treten jedoch zusätzliche Ströme auf, so erhalten die Lamellen verschiedene Potentiale, und der Kondensator dämpft die Öffnungsspannungen auf einen kleinen unschädlichen Wert ab. Um eine geradlinige Kommutierung zu erreichen, müßte die Kapazität der Kondensatoren unendlich groß sein.

Im allgemeinen müssen die Kondensatoren, um einen wesentlichen Einfluß zu haben, so groß gemacht werden, daß sie schwer in einem rotierenden Anker untergebracht werden können.

Die Comp. de l'Industrie Electrique, Genf[1]) hat eine Maschine für 22 000 Volt und 1,5 Amp. mit Kondensatoren zwischen den Lamellen gebaut. Der Anker wurde außen und feststehend angeordnet und zwischen den feststehenden Lamellen wurden Kondensatoren geschaltet. Der Strom wurde mittels rotierender Pinselbürsten abgenommen.

[1]) ETZ 1902 S. 1033.

Dreiundzwanzigstes Kapitel.

Wendepole und Kompensationswicklungen.

110. Feldkurven bei Wendepolmaschinen und kompensierten Maschinen.

Das kommutierende Feld eines Wendepols soll bis zur größten Belastung dem Ankerstrom J_a proportional folgen. Es werden deswegen die Wendepole vom Ankerstrom erregt und zwar in entgegengesetzter Richtung des von den Ankeramperewindungen in der neu-

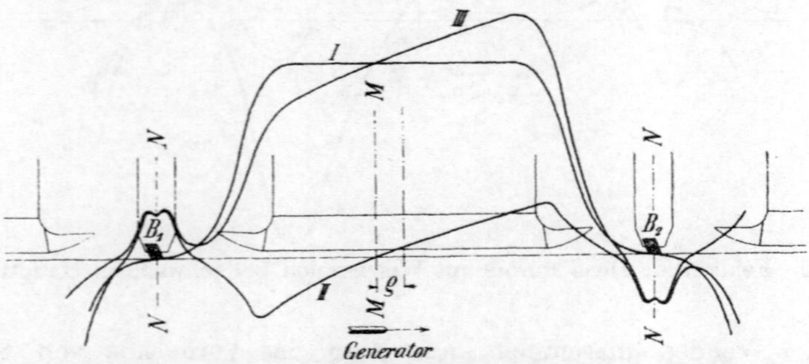

Fig. 384. Feldkurven eines normalen Generators mit Wendepolen.

tralen Zone erzeugten Querfeldes. Wird bei unerregten Hauptpolen ein Strom durch die in Reihe geschaltete Ankerwicklung und Wendepolwicklung geschickt, so erhält man ein vom Hauptstrom erzeugtes resultierendes Feld, das um das Wendepolfeld vom gewöhnlichen Ankerfeld abweicht. Dasselbe ist in Fig. 384 für einen Generator und in Fig. 385 für einen Motor durch die Kurve II dargestellt und ändert sich proportional mit der Belastung. Erregt man die Hauptpole, so erhält man bei Leerlauf das durch die Kurve I dargestellte Feld. Man kann annehmen, daß dieses Feld unter dem Wendepol Null ist, da die Kraftlinien, die in diese Zone gelangen, ihren Weg durch den Wendepolschuh nehmen. Die Kurven III stellen das Feld bei Belastung und zwar bei derselben Erregung wie für das Leerlauffeld dar.

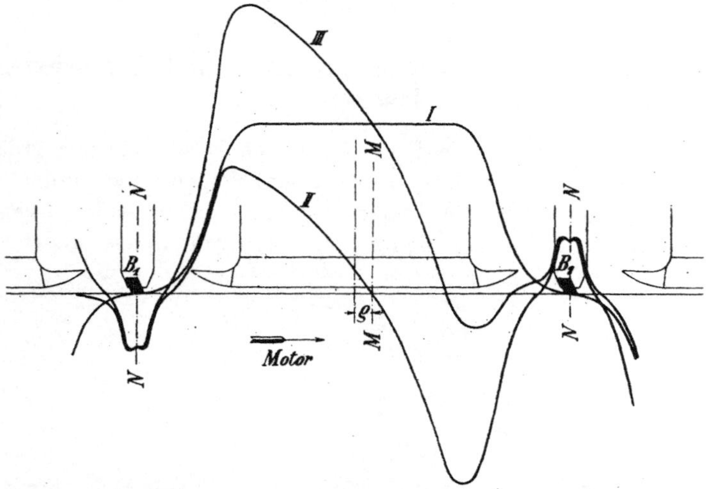

Fig. 385. Feldkurven eines Motors mit Wendepolen bei schwachem Hauptfelde.

Bei Wendepolmaschinen kann man das Verhältnis von Feldamperewindungen zu Ankeramperewindungen bedeutend kleiner wählen als bei gewöhnlichen Maschinen. Es kann dann auch leicht der Fall eintreten, daß das Feld unter einer Polkante von Leerlauf bis Vollast sein Vorzeichen ändert. Ein solcher Fall ist in Fig. 385 dargestellt, unter der auflaufenden Polkante wird bei Belastung das Feld (Kurve III) negativ. Bei Maschinen mit großer Spannungsregulierung, die bei den kleinsten Spannungen noch mit der vollen Stromstärke arbeiten müssen, kann die negative Fläche ziemlich groß werden. Bei gewöhnlichen Maschinen ist dies jedoch nicht zu empfehlen, weil die maximale Lamellenspannung dann leicht zu groß werden kann und weil die zusätzlichen Verluste in den Ankerzähnen und im Ankerkupfer sehr groß ausfallen können. Die in der Ankerwicklung induzierte EMK ist wie bei gewöhnlichen Gleichstrommaschinen der Summe der positiven und negativen Flächen der Feldkurve zwischen den Bürsten proportional.

Führt man eine Maschine sowohl mit Kompensationswicklungen, die in den Polflächen der Hauptpole gleichmäßig verteilt sind, als mit Wendepolen aus, so kann das Ankerquerfeld sich unter den Hauptpolen nicht frei ausbilden. Das Ankerquerfeld wird nämlich von den Amperestäben der verteilten Kompensationswicklung aufgehoben, und bei sehr kräftigen Kompensationswicklungen entsteht unter den Hauptpolen sogar ein dem Ankerfeld entgegengerichtetes Querfeld.

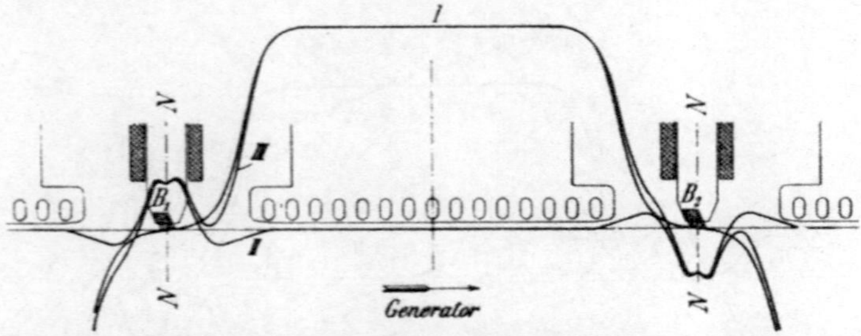

Fig. 386. Feldkurven eines kompensierten Generators mit unter den Hauptpolen kompensierter Ankerrückwirkung.

In Fig. 386 sind die Feldkurven für eine kompensierte Maschine mit Wendepolen, bei der die Ankeramperestäbe unter den Hauptpolen gerade von der Kompensationswicklung neutralisiert werden, wiedergegeben. Die Feldkurve II des aus Ankerfeld und Wendepolfeld resultierenden Hauptstromfeldes fällt somit unter den Hauptpolen mit der Abszissenachse zusammen. Es bleibt fast nur das Wendefeld direkt unter den Wendepolen übrig. Das resultierende Feld III bei Belastung ändert unter den Hauptpolen seine Form von Leerlauf bis Vollast nicht und gestattet somit eine gute Ausnützung der Ankerzähne, ohne große Verluste zu verursachen.

Da die magnetische Achse der Kompensationswicklung sowie der Wendepolwicklung in die neutrale Zone fällt, wo die Wendepole stehen, so wird das Wendefeld durch die Summe der Amperewindungen dieser beiden Wicklungen bestimmt. Man kann deswegen mit Rücksicht auf die Kommutierung die Summe der Amperewindungen dieser beiden Wicklungen beliebig auf die Wendepole und als Kompensationswicklung auf die Hauptpole verteilen. Bei gewöhnlichen Wendepolmaschinen ist die ganze Wicklung auf den Wendepolen angebracht. Es lassen sich auch alle Windungen auf den Hauptpolen unterbringen.

In Fig. 387 sind die Feldkurven für eine derartige kompensierte Maschine mit unbewickelten Wendepolen aufgezeichnet. Kurve I stellt die Feldkurve bei Leerlauf dar. Die Amperestabzahl der

Kompensationswicklung ist 20% größer als die des Ankers angenommen, und da der Polbogen 70% der Polteilung ausmacht, so erhalten wir unter dem Pol eine Amperestabzahl, die in der Mitte des Pols Null ist, von hier proportional dem Abstande von der Polmitte zunimmt und an der Polkante gleich $\frac{1}{2}(1{,}2-0{,}70)\,\tau\,AS = 0{,}25\,\tau\,AS$ ist. Die resultierenden Amperewindungen wirken in entgegengesetzter Richtung wie die Ankeramperewindungen und erzeugen das dem Ankerquerfeld entgegengerichtete Querfeld, Kurve II. Außerhalb der

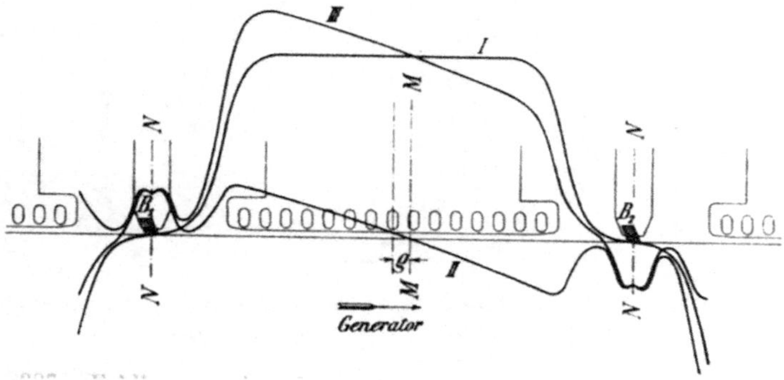

Fig. 387. Feldkurven eines kompensierten Generators mit unbewickelten Wendepolen.

Hauptpole fällt die Querfeldkurve schnell ab, erstens weil der magnetische Widerstand des Querkraftflusses zunimmt und zweitens, weil die Ankeramperewindungen zunehmen, während die Amperewindungen der Kompensationswicklung dieselben bleiben. Im Kreise des Wendepols wirkt eine resultierende Amperewindungszahl $\frac{1}{2}0{,}2\,\tau\,AS = 0{,}1\,\tau\,AS$. Diese Amperewindungen treten nur unter der Mitte des Wendepols auf, während sie nach den Kanten hin etwas zunehmen, da die Ankeramperewindungen hier abnehmen Kurve III stellt die Feldkurve bei Belastung dar, die ihre Form unter den Hauptpolen mit der Belastung ändert.

Fig. 388 stellt die Feldkurven einer Deri-Maschine, wie diese heute ausgeführt wird, und Fig. 389 stellt die Feldkurven einer kompensierten Maschine ohne Wendepole dar.

Wir können somit drei verschiedene Anordnungen von Wendepolen und Kompensationswicklungen unterscheiden:

1. Maschinen mit Wendepolen, deren Wicklung sowohl zur Kommutierung als auch zur Kompensierung des Ankerfeldes unter dem Wendepol dient.

2. Maschinen mit Wendepolen und einer über die Hauptpole verteilten Wicklung zur Kompensierung des Ankerfeldes (Ryan, Deri).

3. Maschinen ohne Wendepole mit einer über die Hauptpole verteilten Wicklung zur Kompensierung des Ankerfeldes und Verstärkung des kommutierenden Feldes (Ryan, Deri, Parson).

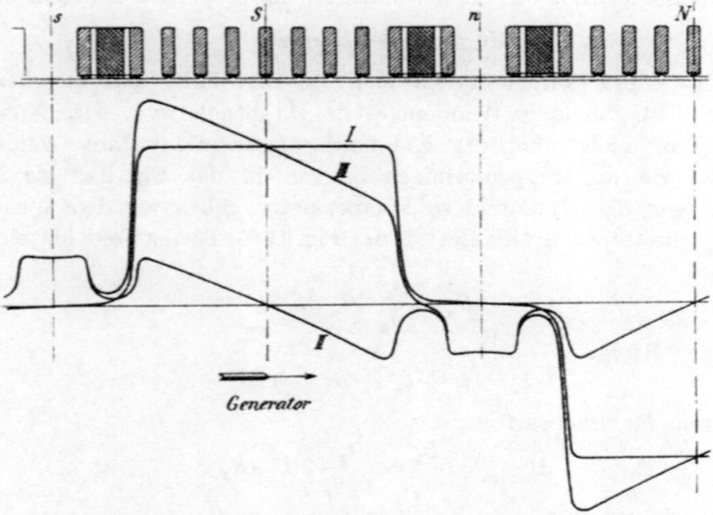

Fig. 388. Feldkurven eines kompensierten Generators nach Deri mit konzentrierter Feldwicklung.

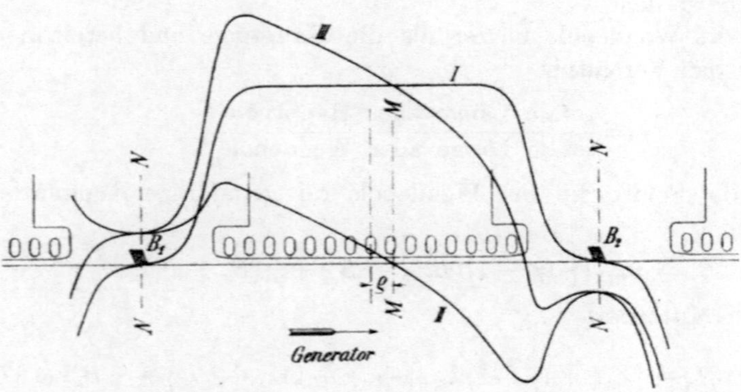

Fig. 389. Kompensierter Generator nach Parson ohne Wendepole.

Wir wollen die Maschinen der Gruppe 1 kurz als Wendepolmaschinen und die Maschinen der Gruppen 2 und 3 als kompensierte Maschinen bezeichnen und gehen nun dazu über, dieselben zu berechnen.

111. Feldstärke der Wendepole.

a) Berechnung des Wendefeldes für geradlinige Kommutierung. Die Stärke des für eine geradlinige Kommutierung nötigen Wendefeldes wurde, wie im Abschnitt 58 gezeigt, durch die Gleichung

$$B_c = B_{ng} + B_s + B_r$$

gegeben. Diese Formel bezieht sich auf den Fall, daß es ebenso viele und ebenso lange Wendepole wie Hauptpole gibt. Das Nutenfeld B_{ng} ist nicht über der Kommutierungszone konstant, sondern verläuft wie die treppenförmigen Kurven in den Fig. 229 bis 236 zeigen. Um das Nutenfeld zu kompensieren geben wir dem Wendefeld B_{ng} die trapezförmige Gestalt der Fig. 198. Dieses Feld hat einen Mittelwert

$$B_n = \frac{t_1}{b_k} 2\,\lambda_n AS$$

mit einer Breite

$$b_k = t_1 + b_r' + (\varepsilon_k - 1)\beta_r$$

und einen Maximalwert

$$B_{n\,max} = \frac{B_n}{\alpha_k} = \frac{t_1}{\alpha_k b_k} 2\,\lambda_n AS,$$

der eine Breite von

$$b_{ki} = (2\,\alpha_k - 1)\,b_k$$

besitzt; α_k kann aus der Formel 77 berechnet oder der Tabelle I entnommen werden.

Sind die Wendepole kürzer als die Hauptpole und bezeichnen wir mit γ das Verhältnis

$$\gamma = \frac{\text{totale Länge aller Hauptpole}}{\text{totale Länge aller Wendepole}},$$

so muß die Feldstärke des Wendepols für geradlinige Kommutierung gleich

$$B_c = B_{n,1} + (\gamma - 1)(B_{n,2} + B_q) + \gamma(B_s + B_r)$$

sein, deren Mittelwert

$$B_{c\,mitt} = 2\,AS\left\{\frac{t_1}{b_k}[\lambda_{n,1} + (\gamma - 1)\lambda_{n,2}] + (\gamma - 1)\lambda_q + \gamma\lambda_s\right\} + \gamma B_r, \quad (167)$$

Maximalwert

$$B_{c\,max} = 2\,AS\left\{\frac{t_1}{\alpha_k b_k}[\lambda_{n,1} + (\gamma - 1)\lambda_{n,2}] + (\gamma - 1)\lambda_q + \gamma\lambda_s\right\} + \gamma B_r \quad (168)$$

und Minimalwert

$$B_{c\,min} = 2\,AS[(\gamma - 1)\lambda_q + \gamma\lambda_s] + \gamma B_r \; . \; . \; . \; . \quad (169)$$

wird. Für $\lambda_{n,1}$ und $\lambda_{n,2}$ sind die durch die Formeln (107) und (108) sich ergebenden Werte einzusetzen. Die Leitfähigkeit λ_q des Ankerquerfeldes ist für die geometrisch neutrale Zone nach der Formel (166) zu berechnen oder sie kann den Kurven der Fig. 352 entnommen werden.

b) Berechnung des Wendefeldes für eine spannungslose Bürstenkante. In diesem Fall ist das Wendefeld um den konstanten Betrag

$$B_z = \frac{\Delta P \cdot 10^6}{\gamma \frac{b_1}{\beta} \frac{p}{a} \frac{N}{K} l v}$$

zu vergrößern. Es wird somit der Maximalwert des Wendefeldes

$$B'_{c\,max} = 2\,AS \left\{ \frac{t_1}{\alpha_k b_k} [\lambda_{n,1} + (\gamma - 1)\lambda_{n,2} + (\gamma - 1)\lambda_q + \gamma \lambda_s] + \gamma (B_r + B_z) \right\} \quad (170)$$

und der Minimalwert

$$B'_{c\,min} = 2\,AS [(\gamma - 1)\lambda_q + \gamma \lambda_s] + \gamma (B_r + B_z) \quad . \quad . \quad (171)$$

Gewöhnlich wird man das Feld nicht so stark machen, sondern $B_{c\,max}$ nur um $\frac{\gamma}{2} B_z$ vergrößern, damit die Überkommutierung nicht zu groß wird. In die Formel für B_z sind die Seite 307 angegebenen Werte für ΔP einzuführen.

c) Breite und Form der Wendepole. Um die seitliche Streuung zwischen den Polschuhen der Haupt- und Wendepole und um die Leitfähigkeit der Zahnkopfstreuung, die sich durch die Wendepolschuhe schließt, klein zu halten, ist es günstig, die Wendepole möglichst schmal zu halten. Andererseits haben aber breite Wendepole den Vorteil, daß das Wendefeld nicht so stark pulsiert, wenn die Ankerzähne unter dem Pol vorbeilaufen. Breite Wendepole haben außerdem den Vorteil, daß man die Bürsten weiter verstellen kann, ohne daß sie feuern. Hierdurch kann man die Charakteristik der Maschine innerhalb kleiner Grenzen beeinflussen.

Was die Form der Wendepole betrifft, so wurde in dem Abschnitt 85 darauf hingewiesen, daß es günstiger ist, das Wendefeld in der Mitte eher zu stark als zu schwach zu machen. Ein in der Mitte zu starkes Wendefeld gäbe nämlich der Kurzschlußstromkurve den durch Kurve I Fig. 307 dargestellten Verlauf, während ein zu schwaches Wendefeld den viel ungünstigeren Verlauf der Kurzschlußstromkurve II zur Folge hätte. Man soll also aus diesem Grunde dem Wendefeld eher einen zu spitzen als zu flachen Verlauf geben. Das Wendefeld nach den Formeln (167) und (168) ist unter Annahme einer konstanten Leitfähigkeit $\lambda_{n,1}$ des Nutenraumes berechnet. Dies ist aber nicht ganz der Fall, weil das Feld zwischen den Zahnköpfen unter der Mitte des Wendepols größer ist als unter den Polkanten. Dies erfordert, wie im Abschnitt 66 erwähnt, daß das Nutenfeld unter den Polkanten noch mehr geschwächt werden soll, als die Formeln angeben. Also soll auch mit Rücksicht auf die Abnahme der Leitfähigkeit zwischen den Zahnköpfen unter den Polkanten das Nutenfeld eine möglichst spitze Form haben.

Aus allen diesen Gründen soll man also die Breite b_w der Wendepole eher kleiner denn größer als die Kommutierungszone b_k einer Nut machen, d. h.

$$b_w \leqq b_k = t_1 + b_r' + (\varepsilon_k - 1)\beta_r' \quad . \quad . \quad . \quad . \quad . \quad (172)$$

und Verfasser hat mit dieser Dimensionierung der Wendepole bessere Erfahrungen gemacht als mit breiten Wendepolen. Würde man die Wendepole breiter als b_k machen, so würde man außerhalb der Kommutierungszone ein Feld schaffen, das für die Kommutierung und für den Hauptfluß der Maschine vollkommen unwirksam wäre. Dies gilt jedoch nur, wenn die Bürsten in der geometrisch neutralen Zone eingestellt sind und nicht aus derselben verschoben werden. Eine solche Verschiebung wird jeweils zur Beeinflussung der charakteristischen Eigenschaften der Maschine durch Kompoundierung vorgenommen.

Bei der Berechnung der Abschrägung der Wendepole ist darauf zu achten, daß die auf den Wendepol wirkenden Amperewindungen nicht überall konstant sind, weil die Nutenamperewindungen sich in der Kommutierungszone b_{ki} aufheben. Also erhalten die Ankeramperewindungen unter dem Kommutierungspol die in Fig. 390a dargestellte Form. Ordnet man nun eine gewisse Amperewindungszahl auf die Wendepole an, um sowohl die Ankeramperewindungen zu überwinden als ein kommutierendes Feld zu schaffen, so erhalten die resultierenden Amperewindungen unter den Wendepolen den in Fig. 390b dargestellten Verlauf, d. h. man erhält unter den Polkanten eine Amperewindungszahl, die um $\frac{b_k - b_{ki}}{2} \cdot \frac{AS}{2}$ größer ist als unter der Mitte des Wendepols. Dies ist in Betracht zu ziehen, wenn man die Abschrägung der Wendepolschuhe berechnet.

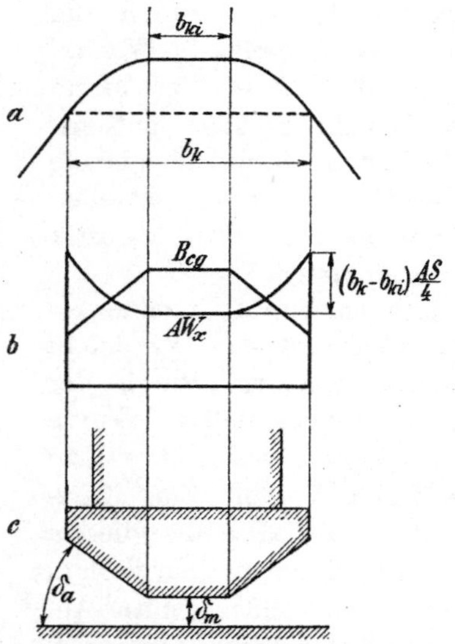

Fig. 390. Konstruktion der Polschuhform eines Wendepols.

Bezeichnen wir den Luftspalt unter der Mitte des Wendepols Fig. 390c mit δ_m und unter den Polkanten mit δ_a, so soll

$$0{,}8\,k_{1m}\,\delta_m\,B_{c\,max}+\frac{1}{2}\left[b_k-\frac{b_r}{2}-\frac{(\varepsilon_k\,\beta_r)^2}{2\,b_r}\right]AS=0{,}8\,k_{1a}\,\delta_a\,B_{c\,min}\quad. \qquad (173)$$

sein, woraus δ_a berechnet werden kann, wenn δ_m bekannt ist.

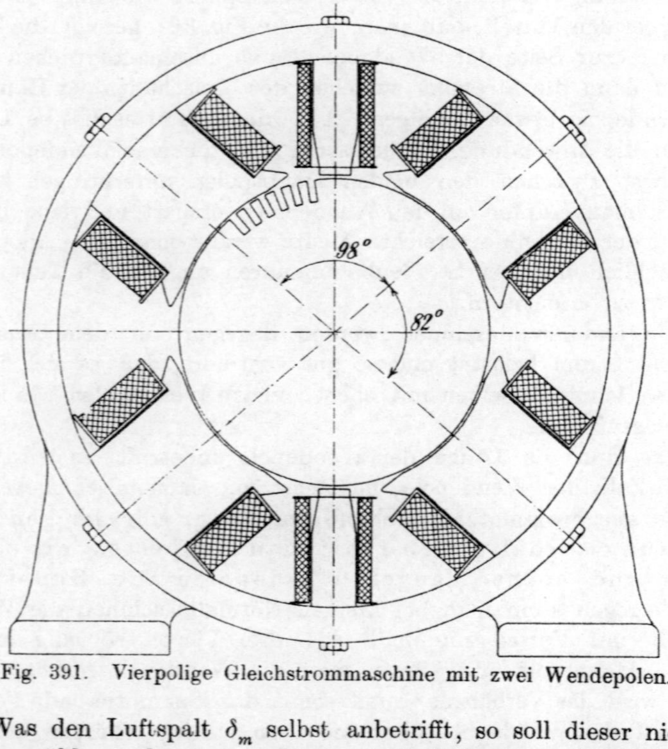

Fig. 391. Vierpolige Gleichstrommaschine mit zwei Wendepolen.

Was den Luftspalt δ_m selbst anbetrifft, so soll dieser nicht zu klein gewählt werden, um nicht zu große Pulsationen im Wendefeld, herrührend von den Ankerzähnen, zu verursachen. Eine große Nutenzahl, d. h. kleine Nutenteilung t_1 trägt auch zur Verminderung der Pulsationen bei. Andererseits ist es aber nicht günstig, den Luftspalt sehr groß zu machen, weil dann das Hauptfeld zum Teil sich unter den Wendepolen bemerkbar macht. Das durch Null schräg verlaufende Hauptfeld hat zwar keinen Einfluß auf die mittlere Bürstenspannung, es induziert aber in den kurzgeschlossenen Spulen schädliche zusätzliche EMKe.

d) Zahl und Länge der Wendepole. Als man dazu überging, Wendepole bei allen normalen Gleichstrommaschinen einzuführen, scheute man sich anfangs vor den Mehrkosten und Komplikationen, die sie in der Fabrikation verursachten. Es würden deswegen oft nur halb so viele Wendepole wie Hauptpole eingebaut, wie in Fig. 391 gezeigt.

Diese kleine Zahl von Wendepolen zeigte sich vollkommen zufriedenstellend bei Maschinen, deren Strombelastung AS auf dem Anker nicht viel höher lag als bei Maschinen ohne Wendepole. Bei der Anordnung von halb so vielen Wendepolen wie Hauptpolen hat man ferner den Vorteil, daß man, wie in Fig. 391 gezeigt, die beiden Hauptpole zur Seite der Wendepole etwas auseinanderrücken kann. Es wird dann die Streuung zwischen den Polschuhen der Hauptpole und Wendepole etwas verringert. Außerdem gestattet dies bei kleinen Motoren die Anwendung von kürzeren und dickeren Wendepolen, als man sonst zwischen den beiden Hauptpolen unterbringen könnte, wodurch man Kupfer auf den Wendepolen erspart und eine bessere Lüftung der Maschine erreicht. Heute wendet man diese Anordnung hauptsächlich nur bei Straßenbahnmotoren an, um die Teilung des Gehäuses zu erleichtern.

Alle anderen Maschinen werden dagegen auf dem Anker so stark mit Strom belastet und so gut ventiliert, daß es sich im allgemeinen lohnt, dieselben mit ebenso vielen Wendepolen wie Hauptpolen auszuführen.

Was nun die Länge der Wendepole anbetrifft, so wird diese, wie die Zahl der Wendepole, meistens von ökonomischen Gesichtspunkten aus bestimmt. Maschinen mit sehr schwierigen Kommutierungsverhältnissen führt man am besten mit ebenso vielen und ebenso langen Wendepolen wie Hauptpolen aus. Dagegen kann man bei kleinen Normalmaschinen die Wendepole oft mit Vorteil nur halb bis drei Viertel so lang machen wie die Hauptpole. Je kürzer man die Wendepole macht, um so größer wird das Verhältnis γ und somit das kommutierende Feld B_c. Man darf die Wendepole aber nicht so stark verkürzen, daß die Zahninduktion unter ihnen bei Maximallast in das Sättigungsgebiet hineinkommt, weil das kommutierende Feld dann nicht mehr mit AS, d. h. mit dem Ankerstrom proportional ansteigt.

e) Berechnung des Wendefeldes einer kompensierten Maschine mit Wendepolen. Diese Anordnung ist in Fig. 386 dargestellt. Damit das Ankerquerfeld unter den Hauptpolen ganz aufgehoben (kompensiert) werden kann, muß man ebenso viele Amperestäbe AW_c in den Polflächen der Hauptpole anordnen, wie Amperestäbe auf dem Anker unter den Hauptpolen liegen. Auf die Wendepole werden dann nur die in den Pollücken zwischen den Hauptpolen liegenden Ankeramperestäbe $AW_c = (\tau - b) AS$ wirksam. Das erforderliche Wendefeld läßt sich deshalb nach denselben Formeln (167) und (168) wie für eine

Wendepolmaschine ohne Kompensationswicklung berechnen, wenn man anstatt λ_q für das Querfeld $\lambda_q \frac{\tau - b}{\tau} = \lambda_q \left(1 - \frac{AW_c}{\tau AS}\right)$ in die Formeln einführt. Selbst wenn die Amperestabzahl AW_c der Kompensationswicklung nicht der Ankeramperestabzahl bAS gleichkommt, kann das Wendefeld nach den Formeln (167) und (168) berechnet werden, wenn man in diese $\lambda_q \left(1 - \frac{AW_c}{\tau AS}\right)$ anstatt λ_q einsetzt. In einigen Fällen sieht man von einer Bewicklung der Wendepole ab und ordnet nur in den Hauptpolflächen eine Wicklung an; es wird dann $AW_c > \tau AS$ und das Ankerquerfeld kehrt seine Richtung um.

f) Berechnung des Wendefeldes einer kompensierten Maschine ohne Wendepole. Die Anordnung einer derartigen Maschine ist in Fig. 389 gezeigt. Sie wurde lange von der Firma C. A. Parson & Co. in New Castle für ihre Turbodynamos ausgeführt. Die Kompensationswicklung in den Polschuhen wird in diesem Falle so stark gemacht, daß sie die unter dem Pol liegenden quermagnetisierenden Amperewindungen des Ankers nicht allein kompensiert, sondern sie sogar stark überwiegt. Es entsteht somit in der Kommutierungszone ein dem Ankerquerfeld entgegengerichtetes Feld von der Stärke

$$B_c = \left(\frac{AW_c}{\tau} - AS\right) 2\lambda_q,$$

worin AW_c die Amperestabzahl der Kompensationswicklung in einem Pol bedeutet.

Um geradlinige Kommutierung zu erhalten, muß das mittlere kommutierende Feld $B_c = f_m B_n + B_s + B_r$ gemacht werden, woraus folgt, daß die Kompensationswicklung mit einer Amperestabzahl pro Pol gleich

$$AW_c = \tau AS + \frac{f_m B_n + B_s + B_r}{2\lambda_q} = \left(1 + \frac{f_m t_1 \lambda_n}{b_k \lambda_q} + \frac{\lambda_s}{\lambda_q}\right) \tau AS + \frac{B_r}{2\lambda_q} \quad (174)$$

ausgeführt werden muß. Um noch die Bürstenkante spannungslos zu machen, ist zu B_r das zusätzliche Feld B_z hinzuzufügen. Da für Zahnanker die Größe innerhalb der Klammer den Wert 2 übersteigt, so wird eine derartige Maschine eine sehr große Amperestabzahl für die Kompensationswicklung benötigen und deswegen sehr teuer ausfallen. Die kompensierten Maschinen von Parsons wurden aber auch mit glatten Ankern ausgeführt, für die die Leitfähigkeit λ_n sehr klein ausfällt.

112. Magnetische Kreise einer Wendepolmaschine.

Das kommutierende Feld eines Wendepols soll bis zur größten Belastung dem Ankerstrom J_a proportional folgen. Es ist deshalb nötig, daß der ganze magnetische Kreis des Wendefeldes bis zu dieser Belastung vollständig ungesättigt bleibt und somit eine geradlinige Magnetisierungskurve aufweist. Ist dies nicht der Fall, so wird man, wie aus Fig. 392 ersichtlich, bei niedriger Belastung ein zu starkes und bei großer Belastung ein zu schwaches Wendefeld erhalten. In Fig. 392 ist das für geradlinige Kommutierung nötige Wendefeld durch die gerade Linie B_c und das zur Verfügung stehende Wendefeld durch die gekrümmte Magnetisierungskurve B_w dargestellt. Nur bei dem Ankerstrom, bei dem die beiden Kurven sich schneiden, erhält man das richtige kommutierende Feld. Bei allen anderen Belastungen tritt ein fehlerhaftes Feld B_f auf, das leicht so groß werden kann, daß ein Feuern am Kommutator auftritt.

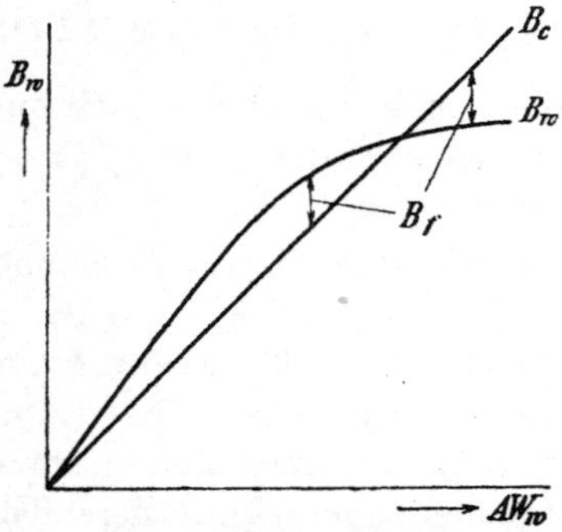

Fig. 392. Magnetisierungskurve eines Wendepolkreises.

Um zu untersuchen, wie weit es möglich ist, ein dem Ankerstrom proportionales Wendefeld zu erzeugen, wollen wir die magnetischen Kreise einer Wendepolmaschine näher betrachten. Diese Kreise führen zwei sich kreuzende Kraftflüsse, das Hauptfeld und das Wendefeld, deren gegenseitige Einwirkung auch festgestellt werden muß.

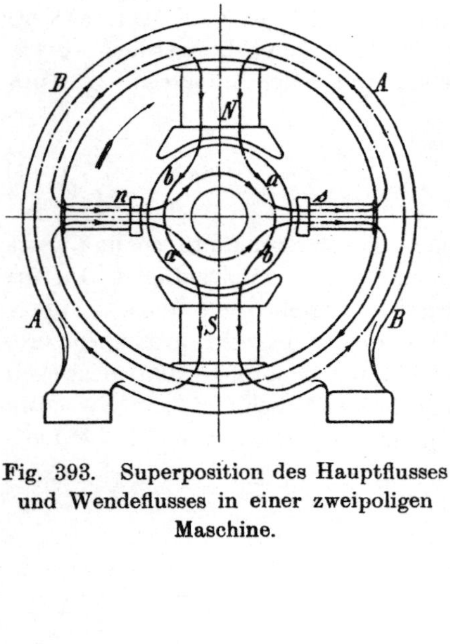

Fig. 393. Superposition des Hauptflusses und Wendeflusses in einer zweipoligen Maschine.

In Fig. 393 ist die übliche Anordnung einer zweipoligen Maschine mit Wendepolen dargestellt. Die Wendepole liegen symmetrisch zu den Hauptpolen.

Denkt man sich die Wendepole und die Hauptpole je für sich allein erregt, so ist der Verlauf der Kraftflüsse wie in Fig. 393 strichpunktiert eingezeichnet. Sind die Hauptpole allein erregt, so wird durch die Wendepole kein Kraftfluß treten, da die magnetische Spannung zwischen dem Joch und dem Anker in der Mitte zwischen den Hauptpolen Null ist. Aus gleichen Gründen wird, wenn die Wendepole allein erregt werden, kein Kraftfluß durch die Hauptpole fließen.

Das Joch und der Anker sind Teile des magnetischen Kreises sowohl der Hauptpole als der Wendepole. Ist die Sättigung dieser Teile klein und sind die Wendepole und die Hauptpole erregt, so erhält man durch Übereinanderlagerung der Kraftflüsse ein Bild der resultierenden Kraftflußverteilung. Treten im Joch und im Anker größere Sättigungen auf, so werden die von den Hauptpol- und den Wendepol-AW erzeugten Kraftflüsse einander beeinflussen.

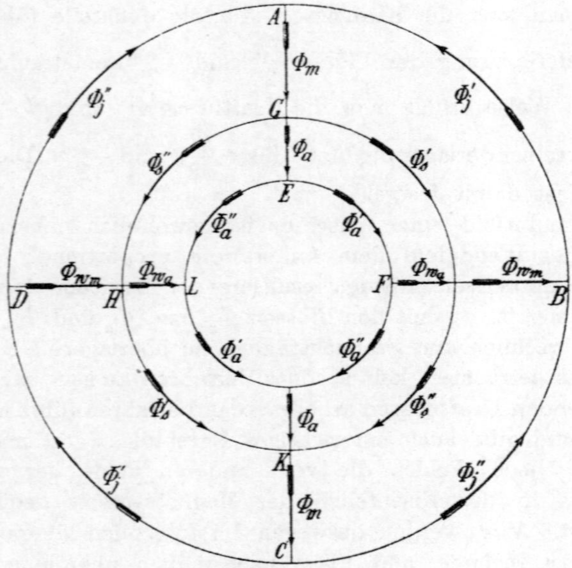

Fig. 394.

Betrachten wir Fig. 394, wo die Kraftflußverteilung schematisch dargestellt ist, so sehen wir, daß die Kraftflußverteilung aus Symmetriegründen in den Quadranten 1 und 3 und in den Quadranten 2 und 4 die gleiche sein muß. Da die Kraftflüsse, die in einen Querschnitt eintreten, gleich denjenigen sein müssen, die aus diesem Querschnitt austreten, so können wir schreiben:

$$\Phi_j' + \Phi_j'' = \Phi_m \qquad \Phi_a' + \Phi_a'' = \Phi_a$$

$$\Phi_j' - \Phi_j'' = \Phi_{wm} \qquad \Phi_a' - \Phi_a'' = \Phi_{wa}.$$

Aus diesen Gleichungen folgt

$$\Phi_j' = \frac{\Phi_m + \Phi_{wm}}{2}$$

$$\Phi_j'' = \frac{\Phi_m - \Phi_{wm}}{2}$$

$$\Phi_a' = \frac{\Phi_a + \Phi_{wa}}{2}$$

$$\Phi_a'' = \frac{\Phi_a - \Phi_{wa}}{2}.$$

Nimmt man an, daß der Kraftfluß Φ_m sich in A und C und der Kraftfluß Φ_{wm} sich in B und D in zwei gleiche Teile teilt, so kann man sich die Kraftflüsse, die die Jochteile führen, durch Übereinanderlagerung der Flüsse $\frac{\Phi_m}{2}$ und $\frac{\Phi_{wm}}{2}$ entstanden denken. In gleicher Weise erhält man die Kraftflüsse Φ_a' und Φ_a'' im Anker durch Übereinanderlagerung der Flüsse $\frac{\Phi_a}{2}$ und $\frac{\Phi_{wa}}{2}$. Die Kraftflußverteilung ist damit festgelegt.

Das Hauptfeld einer Maschine ist gewöhnlich nahezu konstant, während das Wendefeld dem Ankerstrom proportional ist. Es ist deswegen unpraktisch, mit den resultierenden Kraftflüssen zu rechnen; viel bequemer ist es, mit den Flüssen Φ_m bzw. Φ_a und Φ_{wm} bzw. Φ_{wa} einzeln zu rechnen und sie nachträglich zu überlagern. Dies scheint, physikalisch betrachtet, kein schönes Verfahren zu sein, weil man mit sich kreuzenden Kraftflüssen arbeitet; das Verfahren führt aber schnell zum Ziel und gibt auch ein richtiges Ergebnis, wenn man bei der Berechnung jedes Feldes die vom anderen Felde hervorgerufenen Sättigungen in den Eisenteilen des Magnetsystems gebührend berücksichtigt. Wir werden deswegen im folgenden überall mit den Einzelfeldern rechnen und diese nachträglich übereinander lagern, um das richtige physikalische Bild der Kraftflußverteilung in der Maschine zu erhalten. Dies ist um so eher gestattet, als man das Joch und das Ankereisen, wo die beiden Flüsse sich überlagern, so reichlich dimensionieren muß, daß keine Sättigung und damit folgende Krümmung in der Magnetisierungskurve des Wendekraftflusses eintreten kann. — Treten Sättigungen hier ein, so wird das Wendefeld eine Schwächung des Hauptfeldes zur Folge haben, und um diese Schwächung zu beseitigen, muß die Erregung der Hauptpole um ΔAW_k erhöht werden. Diese Erhöhung bekommen wir, indem wir die Amperewindungen des Joches und des Ankereisens für die Kraftflüsse $\frac{1}{2}(\Phi + \Phi_w)$, $\frac{1}{2}\Phi$ und $\frac{1}{2}(\Phi - \Phi_w)$ berechnen. Bezeichnen wir nämlich diese Amperewindungen mit $AW_{a(+)}$, AW_a, $AW_{a(-)}$, $AW_{j(+)}$, AW_j und $AW_{j(-)}$, so wird

$$\begin{aligned}\Delta AW_k &= \tfrac{1}{2}(AW_{a(+)} + AW_{a(-)} - 2\,AW_a) + \tfrac{1}{2}(AW_{j(+)} + AW_{j(-)} - 2\,AW_j)\\ &= \Delta AW_a + \Delta AW_j \quad \ldots \ldots \ldots \ldots (175)\end{aligned}$$

Würde man die Erregung der Hauptpole nicht um ΔAW_k erhöhen, so würde eine Feldschwächung und ein damit folgender Spannungsabfall eintreten.

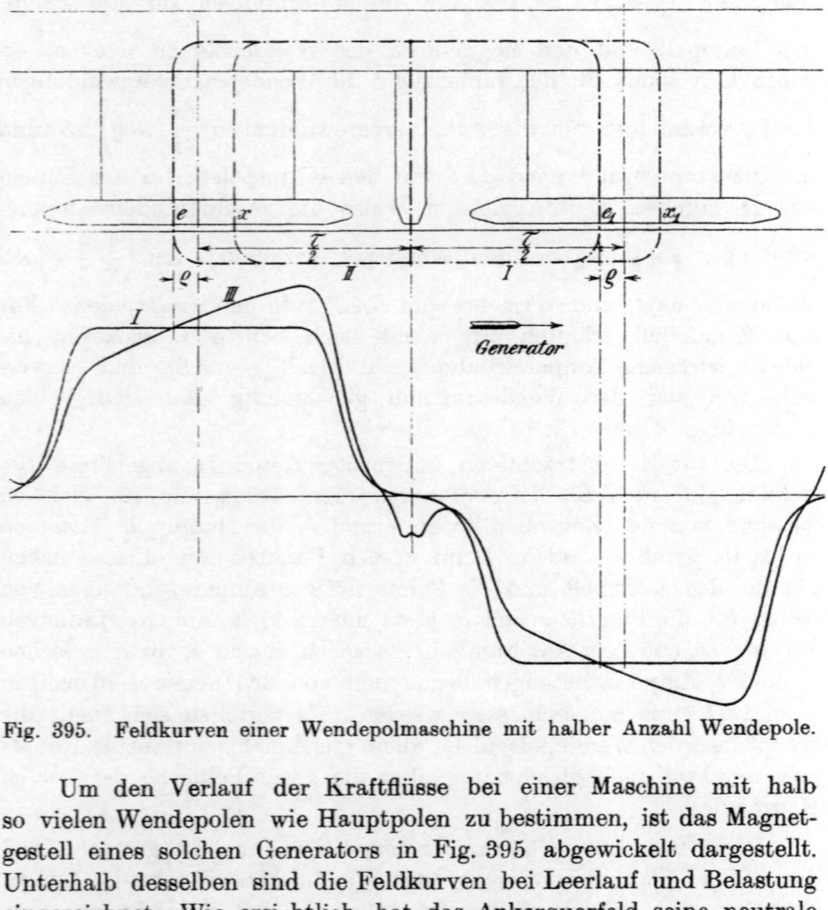

Fig. 395. Feldkurven einer Wendepolmaschine mit halber Anzahl Wendepole.

Um den Verlauf der Kraftflüsse bei einer Maschine mit halb so vielen Wendepolen wie Hauptpolen zu bestimmen, ist das Magnetgestell eines solchen Generators in Fig. 395 abgewickelt dargestellt. Unterhalb desselben sind die Feldkurven bei Leerlauf und Belastung eingezeichnet. Wie ersichtlich, hat das Ankerquerfeld seine neutrale Zone im Abstande ϱ von der Mitte der Hauptpole. Betrachten wir nun die beiden geschlossenen Linienzüge I und II, die sich durch die Kommutierungspole und die neutralen Zonen der Ankerquerfelder schließen, und bilden wir über dieselben das Linienintegral der magnetischen Kräfte, so werden die auf dem Hauptpol befindlichen Amperewindungen nicht allein ausreichen, um die für die Zähne, den Luftspalt, den Magnetkern und das Joch des Hauptpolkreises nötigen Amperewindungen zu decken, sondern auch dieselben je um ϱAS zu überwiegen.

Für den Linienzug *I* betragen andererseits die umschlossenen Ankeramperewindungen $\left(\frac{\tau}{2}-\varrho\right)AS$ und für den Linienzug *II* betragen sie $\left(\frac{\tau}{2}+\varrho\right)AS$. Um die Amperewindungen für die Zähne, den Luftspalt und den Magnetkern des Wendepols zu decken, ergeben sich somit für den Linienzug *I* die Wendepolamperewindungen $\frac{1}{2}AW_w$ vermindert um die Ankeramperewindungen $\left(\frac{\tau}{2}-\varrho\right)AS$ und um die Amperewindungen ϱAS auf den Hauptpolen; für den Linienzug *II* ergeben sich in gleicher Weise die resultierenden Amperewindungen zu $\frac{1}{2}AW_w$ auf dem Wendepol, vermindert um $\left(\frac{\tau}{2}+\varrho\right)AS$ auf dem Anker und vermehrt um ϱAS auf den Hauptpolen. Für den Wendefluß erhalten wir somit nach beiden Linienzügen die gleiche wirksame Amperewindungszahl $\frac{1}{2}(AW_w-\tau AS)$, und es verteilt sich also der Wendekraftfluß gleichmäßig nach den beiden Linienzügen *I* und *II*.

Die für die betrachteten Linienzüge *I* und *II* abgeleitete Beziehung gilt auch für je zwei andere Linienzüge, die im gleichen Abstand von den neutralen Zonen e und e_1 der Hauptpole über den Luftspalt geführt werden. Denn in den Punkten x und x_1 weichen die für den Luftspalt und die Zähne nötigen Amperewindungen von denen für die Punkte e und e_1 stets um so viele Amperewindungen ab, wie es auf dem Ankerumfang zwischen x und e, bzw. zwischen x_1 und e_1 Amperewindungen liegen und von den neuen Linienzügen *I'* und *II'* mit eingeschlossen werden. Es verteilen sich somit die Kraftflüsse des Wendepols nicht allein gleichmäßig auf beide Hauptpole, sondern auch gleichmäßig über die ganze Polfläche der beiden Hauptpole.

Diese Berechnung haben wir unter der Annahme gemacht, daß die nötigen Amperewindungen des Wendefeldes für beide Linienzüge *I* und *II* gleich groß seien. Dies ist jedoch nicht der Fall, weil der Wendekraftfluß im rechtsliegenden Pol das Feld schwächt und im linksliegenden verstärkt. Nehmen wir an, daß um $\Delta\Phi_w$ mehr Fluß durch den linksliegenden Hauptpol als durch den rechtsliegenden ginge, so würde dies bedeuten, daß das Hauptfeld um $\frac{1}{2}\Delta\Phi_w$ geschwächt wird, und um dies zu verhindern, muß die Erregung der Hauptpole um

$$\Delta AW_k = \Delta AW_a + \Delta AW_z + \Delta AW_m + \Delta AW_j$$

erhöht werden. Wenn dies geschieht, geht wieder die Hälfte des Wendekraftflusses durch jeden der beiden Hauptpole. ΔAW_k ist somit die erforderliche Erhöhung der Feldamperewindungen auf den Hauptpolen um den Kraftfluß der Hauptpole um $\frac{1}{2}\Delta\Phi_w$ zu erhöhen. ΔAW_k läßt sich einfach dadurch bestimmen, daß man die Amperewindungen der Hauptpole für die in den verschiedenen Teilen auftretenden Kraftflüsse $(\Phi + \frac{1}{2}\Phi_w)$, Φ und $(\Phi - \frac{1}{2}\Phi_w)$, bzw. $\frac{1}{2}(\Phi + \Phi_w)$ und $\frac{1}{2}(\Phi - \Phi_w)$ berechnet. Bezeichnen wir diese mit $AW_{k(+)}$ und $AW_{k(-)}$, so ist $\Delta AW_k = \frac{1}{2}(AW_{k(+)} + AW_{k(-)} - 2\,AW_k)$.

Diese ausführliche Berechnung der magnetischen Kreise von Wendepolmaschinen hat hauptsächlich den Zweck, den Anfängern diese verzwickten Verhältnisse klarzulegen, und es ist interessant zu sehen, wie leicht das Problem zu behandeln ist, wenn man von den neutralen Zonen des Ankerquerfeldes ausgeht. Es soll aber hier gleich darauf aufmerksam gemacht werden, daß die Erhöhung der Feldamperewindungen um ΔAW_k so klein gehalten werden muß, daß man die vom Wendefeld verursachte Feldschwächung und den damit folgenden Spannungsabfall vernachlässigen kann. Sonst würde man für den Wendekraftfluß nämlich keine geradlinige Magnetisierungskurve erhalten und die Kommutierung würde nicht bei allen Belastungen gleich günstig verlaufen.

113. Streuflüsse einer Wendepolmaschine.

Nachdem wir nun die Kraftflüsse durch das Magneteisen einer Wendepolmaschine festgestellt haben, werden wir dazu übergehen, die Streuflüsse einer Wendepolmaschine näher zu betrachten. Wir haben Seite 185 gesehen, daß die Ankerrückwirkung eine Vergrößerung der Streufelder der Hauptpole zur Folge hat. Bei den Wendepolen ist die Ankerrückwirkung vielfach größer als bei den Hauptpolen, weil die ganzen Ankeramperewindungen $\tau A S$ den Amperewindungen der Wendepole entgegenwirken und deshalb eine sehr große Amperewindungszahl auf den Wendepolen erfordern.

Diese große Amperewindungszahl der Wendepole erzeugt große Streuflüsse, die den kleinen nützlichen Kraftfluß des Wendepols gewöhnlich mehrfach übersteigt. Streuungskoeffizienten von 4 und 5 sind deswegen für Wendepole keine außergewöhnlichen Werte. Die Streuflüsse der Wendepole werden wir ohne Rücksicht auf die Feldamperewindungen der Hauptpole berechnen; denn wir wollen die

Streuflüsse der Wendepole und die der Hauptpole sowie die Hauptflüsse der beiden Pole für sich getrennt berechnen, um sie später übereinander zu lagern. Die magnetische Sättigung der Hauptpole können wir auch vernachlässigen; denn wenn die Sättigung im Hauptpol an der einen Seite des Wendepols die Streuung des Wendepols verkleinert, so wird diese Streuung durch die Sättigung des Hauptpols an der anderen Seite verstärkt. Diese beiden Einflüsse heben sich zwar nicht ganz, aber immerhin nahezu auf, so daß die Differenz derselben gegenüber dem großen Widerstand der Luftwege vernachlässigt werden kann.

Wir können deswegen die Streuflüsse der Wendepole in ähnlicher Weise wie die der Hauptpole (Seite 148) berechnen und unterteilen hierbei den gesamten Streufluß Φ_{ws} eines Pols in drei Teilflüsse, nämlich:

1. den Streufluß Φ_{w1} zwischen dem Polschuh und den Hauptpolen;
2. den Streufluß Φ_{w2} zwischen den Kernflächen und den Hauptpolen, und
3. den Streufluß zwischen den Kernflächen und dem Joch.

Wie bei den Hauptpolen, so nimmt auch bei den Wendepolen die magnetische Spannung, herrührend von den Amperewindungen auf den Wendepolen, vom Joch, wo sie gleich Null gesetzt werden kann, entsprechend der Anordnung der Wendepolwicklung zu und erreicht am Ende der Wicklung, d. h. an den Polschuhen, den größtmöglichen Wert $P_m = \frac{1}{2} A W_w$.

Die Wendepole sind gewöhnlich sehr schmal im Verhältnis zu ihrer Länge und diese ist gewöhnlich kleiner als die Länge der Hauptpole. Die Streuflüsse von den Stirnflächen der Polschuhe und der Pole lassen sich deswegen angenähert dadurch berechnen, daß man diese Flächen, wie in Fig. 396 gezeigt, in die Ebene der Seitenflächen umklappt. Man braucht dann nur die Streuflüsse von den in dieser Weise verlängerten Seitenflächen nach den Hauptpolen und dem Joch zu berechnen.

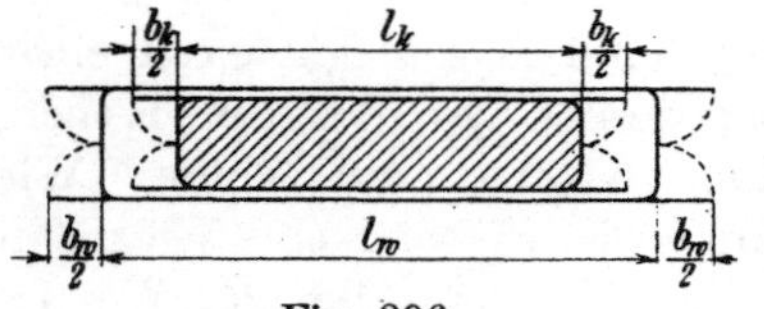

Fig. 396.

Berechnung der Teilflüsse.

1. Der Streufluß Φ_{w1} zwischen den Polschuhen und den Hauptpolen. Die magnetische Spannung, herrührend von den Amperewindungen auf dem Wendepol, ist hier gleich $\frac{1}{2} A W_w$. Bei Benutzung der in Fig. 396 und 397 eingetragenen Bezeichnungen wird die Leitfähigkeit zwischen den Polschuhen

$$\lambda'_{w1} = \frac{a_1'(l_w + b_w + l_p)}{1,6\,L_1'}$$

und der Streufluß

$$\Phi'_{w1} = \frac{1}{2}\,AW_w\,\frac{a_1'(l_w + b_w + l_p)}{1,6\,L_1'} = \frac{a_1'(l_w + b_w + l_p)}{3,2\,L_1'}\,AW_w.$$

Stehen die Polschuhe weit über die Wendepolkerne hinaus, so wird Φ_{w1} durch den aus der nach oben gekehrten Fläche des Polschuhes austretenden Streufluß vermehrt. Die Leitfähigkeit dieses Streuflusses ist

$$\lambda''_{w1} = \frac{a_1''(l_w - l_k)}{1,6\,L_1''}\,AW_w,$$

so daß der Streufluß von den Wendepolschuhen gleich

$$\Phi_{w,1} = \left[\frac{a_1(l_w + b_w + l_p)}{1,6\,L_1'} + \frac{a_1''(l_w - b_k)}{0,8\,L_1''}\right]\frac{AW_w}{2} = \lambda_{w1}\,\frac{AW_w}{2} \qquad (176)$$

wird.

2. Zur Berechnung des Streuflusses zwischen den Polkernflächen entwirft man nach bestem Ermessen das Kraftröhrenbild nach Fig. 397. Dabei kann man annehmen, daß diejenigen Streulinien, für die der Weg L_2 größer als L_3 wird, zum Joch übertreten.

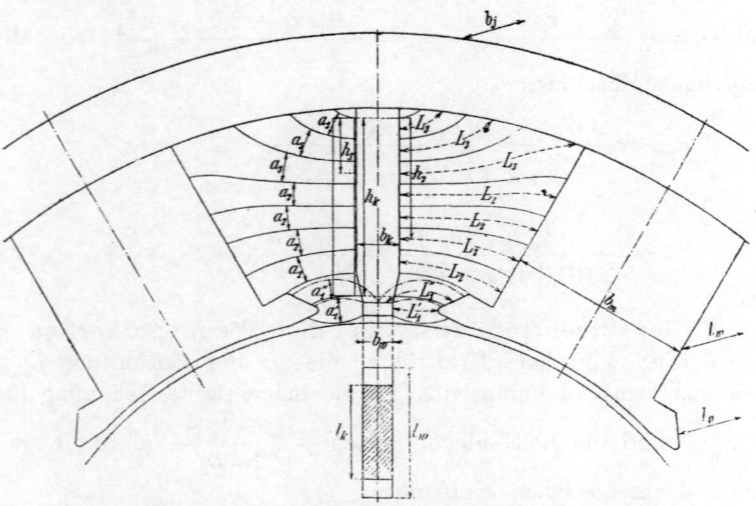

Fig. 397. Berechnung der Steuerung eines Wendepols.

Haben die Polkerne ovalen oder kreisförmigen Querschnitt, so verwandeln wir diesen in einen inhaltsgleichen rechteckigen Querschnitt mit der Länge l_k und der Breite b_k. Für einen kreisförmigen

Querschnitt mit dem Kerndurchmesser d_k erhalten wir einen inhaltsgleichen quadratischen Querschnitt mit der Kantenlänge

$$l_k = b_k = \frac{d_k \sqrt{\pi}}{2}.$$

Unter der Annahme, daß die magnetische Spannung $\frac{1}{2} A W_w$ vom Polschuh bis zum Joche geradlinig abnehme, ist die auf den Streufluß $d\Phi_{w2}$ wirkende MMK gleich $\frac{1}{2} A W_w \frac{h_2}{h_k}$.

Ihre Leitfähigkeit ist

$$d\lambda_{w2} = \frac{a_2 (l_k + b_k + l_m)}{1{,}6\, L_2},$$

so daß

$$d\Phi_{w2} = d\lambda_{w2} \frac{A W_w}{2} \frac{h_2}{h_k} = \frac{a_2 (l_k + b_k + l_m) h_2}{1{,}6\, L_2 h_k} \frac{A W_w}{2}$$

wird und

$$\Phi_{w2} = \frac{A W_w}{2} \frac{l_k + b_k + l_m}{1{,}6\, h_k} \sum \frac{h_2 a_2}{L_2} = \lambda_{w2} \frac{A W_w}{2}. \qquad (177)$$

Ist die Maschine vielpolig, so kann man die inneren Polkernflächen als parallel ansehen und annehmen, daß die Streuung von ihnen zum Joch gleich Null sei. Es wird dann die magnetische Spannung für den Streufluß Φ_{w2} gleich $\frac{1}{4} A W_w$. Ferner wird $a_2 = h_k$ und $L_2 = \frac{1}{2}\left(\frac{\tau_1 + \tau_2}{2} - b_m - b_k\right) = \frac{\tau_1 + \tau_2 - 2\, b_m - 2\, b_k}{4}$, so daß bei vielpoligen Maschinen

$$\Phi_{w2} = \frac{A W_w}{4} \frac{h_k (l_k + b_k + l_m)}{1{,}6 \frac{\tau_1 + \tau_2 - 2\, b_m - 2\, b_k}{4}}$$

$$= \frac{h_k (l_k + b_k + l_m)}{0{,}8 (\tau_1 + \tau_2 - 2\, b_m - 2\, b_k)} \frac{A W_w}{2} = \lambda_{w2} \frac{A W_w}{2}. \qquad (177\,\mathrm{a})$$

wird.

3. Der Streufluß zwischen den Wendepolkernen und dem Joch. Für jede Kraftröhre, die in der Entfernung h_3 vom Joch aus dem Pol heraustritt, ist die magnetische Spannung gleich $\frac{1}{2} A W_w \frac{h_3}{h_k}$ und die Leitfähigkeit gleich $\frac{a_3 (l_k + b_k + b_j)}{1{,}6\, L_3}$, somit ist der Streufluß einer solchen Kraftröhre

$$d\Phi_{w3} = \frac{1}{2} A W_w \frac{h_3}{h_k} \frac{a_3 (l_k + b_k + b_j)}{1{,}6\, L_3}$$

$$\Phi_{w3} = \frac{A W_w}{2} \frac{l_k + b_k + b_j}{1{,}6\, h_k} \sum \frac{h_3 a_3}{L_3} = \lambda_{w3} \frac{A W_w}{2}. \qquad (178)$$

Da wir die Teilflüsse für je eine Streufläche berechnet haben und bei jedem Pol sich je zwei gleichnamige Streuflächen entsprechen, so erhalten wir durch Summierung den Gesamtstreufluß eines Pols zu

$$\Phi_{ws} = 2(\Phi_{w1} + \Phi_{w2} + \Phi_{w3}) = AW_w(\lambda_{w1} + \lambda_{w2} + \lambda_{w3}) = AW_w \Sigma \lambda_w. \quad (179)$$

Addieren wir hierzu den vom Wendepol in den Anker eintretenden Kraftfluß

$$\Phi_{wa} = b_w l_w B_c,$$

so erhalten wir den aus dem Joch heraustretenden Kraftfluß des Wendepols

$$\Phi_{wm} = \Phi_{wa} + \Phi_{ws} = \sigma_{wm} \Phi_{wa}$$

und der maximale Streuungskoeffizient der Wendepole ist gleich

$$\sigma_{wm} = 1 + \frac{AW_w}{\Phi_{wa}} \Sigma \lambda_w, \quad \ldots \ldots \quad (180)$$

der bei allen Belastungen konstant ist und Werte zwischen 2 und 5 annimmt.

Der Kraftfluß im Wendepolkern nimmt vom Polschuh bis zum Joch um $2(\Phi_{w2} + \Phi_{w3}) = AW_w(\lambda_{w2} + \lambda_{w3})$ zu.

Die Streuung der Wendepole ist möglichst klein zu machen. Um das zu erreichen, ist die Wicklung möglichst nahe an den Anker heranzubringen, und die Länge des Pols in der Achsenrichtung ist, wenn möglich, kürzer auszuführen als die Eisenlänge des Ankers. Durch letztere Anordnung wird gleichzeitig das Verhältnis: Querschnitt des Pols zur Länge einer Windung größer und der Kupferverbrauch kleiner.

Um die Streuung zu verkleinern und um Platz für die bis an den Anker heranreichende Wicklung zu schaffen, ist es meist notwendig, den Polbogen der Hauptpole kleiner zu machen als bei Maschinen ohne Wendepole.

Um die Richtigkeit der obigen Formeln zu kontrollieren, hat Dr.-Ing. F. Schimrigk[1]) die Streuung einer Wendepolmaschine sehr genau untersucht und eine befriedigende Übereinstimmung zwischen Versuch und Berechnung festgestellt. Da die Streuung eines Wendepols nicht genau genug bei einer Änderung der mehrere Prüfspulen durchsetzenden Felder ermittelt werden kann, bediente sich Dr.-Ing. Schimrigk einer den Wendepol dicht umschließenden Prüfspule, die er schnell vom Joche nach dem Anker hin bewegte. Durch den Ausschlag eines ballistischen Galvanometers wurde der totale Streufluß Φ_{ws} des Wendepols in dieser Weise gemessen. Der in den

---

[1]) E. Arnold, Arbeiten aus dem Elektrotechnischen Institut, S. 198. Berlin, Julius Springer.

Anker eintretende Wendekraftfluß Φ_{wa}' wurde in der Weise ermittelt, daß die Feldkurve unter und in der Nähe der Wendepole mittels einer Prüfspule experimentell festgestellt und Φ_{wa} proportional dem Flächeninhalt der Feldkurve des Wendefeldes gesetzt wurde.

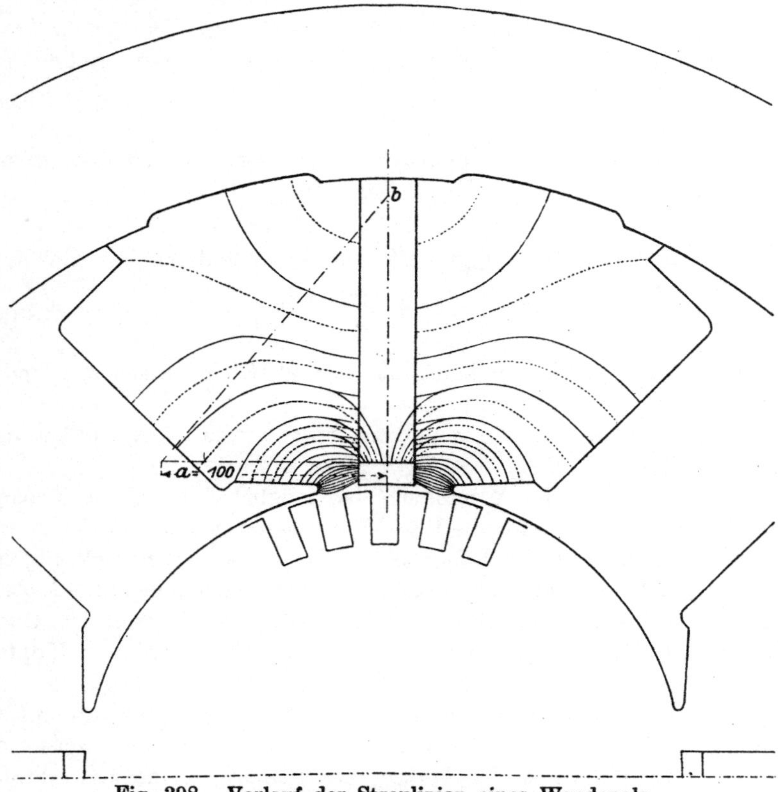

Fig. 398. **Verlauf der Streulinien eines Wendepols.**

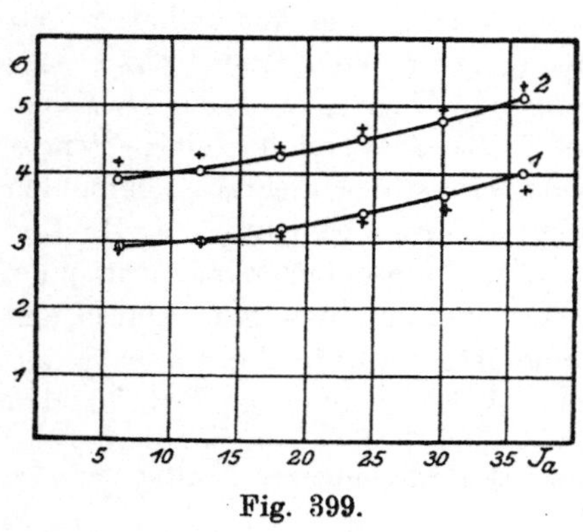

Fig. 399.

Umschließt die zur Messung des Streuflusses an der Ankeroberfläche benutzte Prüfspule auch einen Teil des Ankerfeldes außerhalb der Wendepolschuhe, so ist dieser Kraftfluß an Hand der Feldkurve zu ermitteln und vom Streufluß abzuziehen.

In dieser Weise ermittelte Dr.-Ing. Schimrigk für den in Fig. 398 dargestellten Wendepol die in Fig. 399 durch Kreuze angegebenen Werte des Streuungskoeffizienten, die sehr wenig von den berechneten Werten abweichen: diese letzteren sind durch die ausgezogenen Kurven wiedergegeben.

Die Streuung der Hauptpole wird durch die Wendepole etwas beeinflußt, und zwar erstens dadurch, daß die Luftwege zwischen den beiden Hauptpolen verkürzt werden, und zweitens dadurch, daß die Kraftlinien einen etwas anderen Verlauf nehmen, wie die Fig. 398 zeigt. Die im Abschnitt 42 berechneten Leitfähigkeiten der Streuflüsse sind deswegen wie folgt umzuändern.

Anstatt $\frac{l_p}{L_1}$ ist $\frac{l_w}{L_1 - l_w} + \frac{l_p - l_w}{L_1}$, und anstatt $\frac{l_m}{L_3}$ ist $\frac{l_k}{L_3 - b_k} + \frac{l_m - l_k}{L_3}$ einzuführen.

114. Berechnung der Feldamperewindungen einer Wendepolmaschine.

a) Die Feldamperewindungen der Hauptpole sind bei Leerlauf genau so zu berechnen wie bei Maschinen ohne Wendepole. Bei Belastung berechnet man den Kraftfluß Φ_b für die induzierte EMK

$$E = P + J_a(R_a + R_h) + 2\Delta P$$

und zeichnet die Feldkurve ohne Rücksicht auf die Wendepole auf. Demnach berechnet man das Wendefeld, das sich bei der gleichen Anzahl Wendepole wie Hauptpole nur durch die Wendepole schließt. Das Wendefeld lagert man über das Hauptfeld und kontrolliert nun, ob der in eine kurzgeschlossene Ankerspule eintretende Kraftfluß gleich dem erforderlichen Kraftfluß Φ_b ist. Ist dies der Fall, so ermittelt man den Wert $AW_q = 2\varrho AS$ für die Feldkurve, die den Wendekraftfluß berücksichtigt, und erhält die nötigen Amperewindungen bei Belastung gleich

$$AW_k = AW_{ab} + AW_{zb} + AW_{lb} + AW_{mb} + AW_{jb} + 2(\varrho + b_c)AS.$$

Bei der Berechnung von AW_{jb} ist Rücksicht darauf zu nehmen, daß in der einen Hälfte des Joches der Kraftfluß gleich

$$\tfrac{1}{2}(\sigma\Phi_b + \Phi_{wm})$$

und in der anderen Hälfte gleich $\frac{1}{2}(\sigma\Phi_b - \Phi_{wm})$ wird. Die erforderlichen Amperewindungen für das Joch werden deswegen um ΔAW_j größer, als wenn man AW_{jb} für den mittleren Kraftfluß $\frac{1}{2}\sigma\Phi_b$ berechnet hätte. Für praktische Zwecke genügt es jedoch meistens, AW_j für den Mittelwert zu berechnen.

Wird die Maschine nur mit der halben Anzahl Wendepole

wie Hauptpole ausgeführt, so verfährt man in gleicher Weise, nur sind alle Amperewindungen AW_{ab}, AW_{zb}, AW_{lb}, AW_{mb} und AW_{jb} für die Kraftflüsse $\sigma\Phi_b - \frac{1}{2}\Phi_{wm}$ und $\sigma\Phi_b + \frac{1}{2}\Phi_{wm}$ bzw. für $\frac{1}{2}(\Phi_b + \Phi_{wa})$ und $\frac{1}{2}(\sigma\Phi_b + \Phi_{wm})$ in der einen Hälfte des magnetischen Kreises und für die Kraftflüsse $\Phi_b - \frac{1}{2}\Phi_{wm}$ und $\sigma\Phi_b - \frac{1}{2}\Phi_{wm}$ in der zweiten Hälfte des magnetischen Kreises zu berechnen. Die so berechneten Amperewindungen sind natürlich ein klein wenig größer, als wenn man dieselben mit den mittleren Kraftflüssen Φ_b bzw. $\sigma\Phi_b$ berechnet. Für praktische Berechnungen genügt es jedoch meistens, mit den Mittelwerten zu rechnen, denn wie schon erwähnt, dürfen wir weder das Ankereisen, die Ankerzähne, die Magnetkerne noch das Joch einer Maschine mit der halben Anzahl Wendepole so stark sättigen, daß diese Differenz einen merkbaren Wert annehmen kann.

Ist die Maschine kompensiert und außerdem mit Wendepolen versehen, so wird das Ankerquerfeld vollständig aufgehoben. Es gelten in diesem Fall dieselben Formeln wie für Maschinen mit der vollen Anzahl Wendepole. Nur ist $\varrho = 0$ und somit $AW_q = 0$. Stellt man außerdem die Bürsten genau in die neutrale Zone, so wird auch $AW_e = 0$.

b) Die Amperewindungen der Wendepole lassen sich nun sehr einfach berechnen. Wir kennen unter den Wendepolen die mittleren und maximalen Induktionen B_c bzw. $B_{c\,max}$, die einen in den Anker eintretenden Kraftfluß $\Phi_{wa} = b_w l_w B_c$ ergeben. Außerdem kennen wir die Streuflüsse Φ_{w1}, Φ_{w2} und Φ_{w3}, so daß wir imstande sind, die Induktion in jedem Querschnitt des Wendepols zu berechnen.

Sind alle Wendepole vorhanden, so schließt der Wendekraftfluß sich nur durch die Wendepole, und da diese selbst bei der größten Belastung nicht gesättigt werden dürfen, so kann man die für das Eisen der Wendepole erforderlichen Amperewindungen AW_{wm} fast ganz vernachlässigen. Dasselbe gilt auch für die Ankerzähne, weil man, wie früher erwähnt, $B_{c\,max}$ so klein wählt, daß die Zähne unter den Wendepolen nicht gesättigt werden. Im Ankereisen und im Joche verläuft der Wendekraftfluß teils in derselben und teils in der entgegengesetzten Richtung wie der Hauptfluß, weshalb wir für das Ankereisen und das Joch die Amperewindungen $\Delta AW_a + \Delta AW_j$ nötig haben. Die Sättigung im Ankereisen und im Joche würde somit die Magnetisierungskurve des Wendepolkreises krumm gestalten. Da dies nicht im merkbaren Grade gestattet ist, so dürfen das Anker- und das Jocheisen einer gut arbeitenden Wendepolmaschine nicht merkbar gesättigt werden und wir erhalten für den Wendepolkreis die folgenden erforderlichen Amperewindungen

$$1{,}6\, k_{1m} \delta_m B_{c\,max} + AW_{wz} + \Delta AW_a + \Delta AW_j + AW_{wm}.$$

Hierzu sind noch die rückwirkenden Amperewindungen des Ankers zu addieren; diese würden bei unverkürztem Nutenschritt pro Polpaar $\tau A S$ betragen, wenn man keine Rücksicht auf die kurzgeschlossenen Ankerspulen nähme. Berücksichtigt man, daß in diesen im Mittel nur der halbe Ankerstrom fließt, so wird die auf den Wendepolkreis rückwirkenden Ankeramperewindungen gleich $\left[\tau - \frac{1}{2} b_r - \frac{(\varepsilon_k \beta_r)^2}{2 b_r}\right] A S$[1]), worin $\varepsilon_k \beta_r$ die Verkürzung des Nutenschrittes bedeutet. Wir erhalten somit für jedes Wendepolpaar die Amperewindungszahl

$$A W_w = 1{,}6\, k_{1m} \delta_m B_{c\,max} + A W_{wz} + \Delta A W_a + \Delta A W_j + A W_{wm} + \left[\tau - \frac{b_r}{2} - \frac{(\varepsilon_k \beta_r)^2}{2 b_r}\right] A S \quad (181)$$

oder angenähert

$$A W_w \cong \left[\tau - \frac{b_r}{2} - \frac{(\varepsilon_k \beta_r)^2}{2 b_r}\right] A S + 1{,}6\, k_{1m} \delta_m B_{c\,max} \quad . \quad . \quad (181\text{a})$$

Ist die Maschine mit nur der halben Anzahl Wendepole ausgeführt, so schließt der Wendekraftfluß sich durch die Hauptpole und man muß darauf achten, daß sowohl die Magnetkerne als das Joch nicht so stark gesättigt werden, daß die Differenz in den Amperewindungen $\Delta A W_m$ zu groß wird. Hieraus folgt, daß die Magnetkerne einer Maschine mit halber Wendepolzahl mit Rücksicht auf den Wendekraftfluß sehr reichlich bemessen werden muß, was bei Maschinen mit der vollen Wendepolzahl nur für das Joch gilt. Dasselbe bezieht sich zwar auch auf die Ankerzähne und das Ankereisen, aber im geringeren Grade, weil der in den Anker eintretende Wendekraftfluß Φ_{wa} bedeutend kleiner ist als Φ_{wm}, der aus dem Joch und aus dem oberen Teil der Magnetkern heraustritt. — Das Eisen, das man durch Fortlassen der Hälfte der Wendepole spart, muß man meistens wieder auf die Maschine legen, um die Magnetkerne der Hauptpole und die Ankerzähne entsprechend zu verstärken. Es lohnt sich deswegen nicht, bei modernen Maschinen mit stark ausgenutzten Materialien die halbe Anzahl Wendepole wegzulassen.

Vernachlässigt man die Amperewindungen für das Eisen, so erhält man für den Fall, daß die halbe Anzahl Wendepole weggelassen sind, pro Wendepol die Amperewindungen

$$\tfrac{1}{2} A W_w \cong \tfrac{1}{2}\left[\tau - \frac{b_r}{2} - \frac{(\varepsilon_k \beta_r)^2}{2 b_r}\right] A S + 0{,}8\, k_{1m} \delta_m B_{c\,max} + 0{,}8\, k_1 \delta B_{wl}, \quad (182)$$

---

[1]) Dies gilt jedoch nur so lange wie $b_r \geqq \varepsilon_k \beta_r$; wenn dagegen $\varepsilon_k \beta_r \geqq b_r$ ist, so werden die rückwirkenden Ankeramperewindungen gleich $(\tau - \varepsilon_k \beta_r) A S$. Dieser Fall tritt jedoch selten ein.

die etwas mehr als die Hälfte der nötigen Amperewindungen bei voller Wendepolzahl ausmachen.

Die Formeln 181 und 182 gelten auch für kompensierte Maschinen mit Wendepolen. Bei diesen ordnet man in den Polflächen der Hauptpole entweder alle Amperewindungen AW_w oder bAS Amperewindungen entsprechend den unter den Hauptpolen liegenden Ankeramperewindungen an.

c) Die Magnetisierungskurve des Wendekraftflusses soll, wie oben gesagt, möglichst geradlinig bis zur höchsten vorkommenden Belastung verlaufen. Da der Raum zwischen den Hauptpolen sehr begrenzt ist, so ist diese Forderung bei Maschinen, die für große Überlastungen gebaut werden sollen, nicht immer leicht zu erfüllen. Man macht aus dem Grunde oft die Magnetkerne der Wendepole konisch nach dem Joche hin vergrößert, so daß der Querschnitt entsprechend dem zunehmenden Kraftfluß zunimmt.

Um den Streufluß, der den größten Teil des Kraftflusses Φ_{wm} ausmacht, klein zu halten, ordnet man auch die Kompensationswicklungen auf den Hauptpolen an, wodurch die Amperewindungen von den Wendepolen entweder ganz oder nahezu ganz weggelassen werden können.

Sobald die Magnetisierungskurve, Fig. 400, des Wendekraftflusses den geradlinigen Verlauf verläßt, so krümmt sie sehr schnell ab, weil die Amperewindungen für den Luftspalt einen verhältnismäßig kleinen Teil der totalen Amperewindungen der Wendepole ausmachen. Die Magnetisierungskurve erreicht bei steigender Belastung ihren Höchstwert, wenn die Differenz zwischen den Wendepolamperewindungen AW_w und den rückwirkenden Ankeramperewindungen τAS nicht schneller ansteigt als die Eisenamperewindungen, die durch den mit steigender Belastung stetig zunehmenden Streufluß erfordert wird. Von dieser Belastung an aufwärts nimmt der Wendekraftfluß Φ_{wa} ab und die Magnetisierungskurve neigt sich wieder nach der Abszissenachse hin. Sie wird die Abszissenachse bei einer Belastung erreichen, bei der die Streuung so groß geworden ist, daß die durch sie erforderlichen Eisenamperewindungen gleich der Differenz $AW_w - \tau AS$ geworden ist. Bei etwas knapp bemessenem Wendepolkern kann

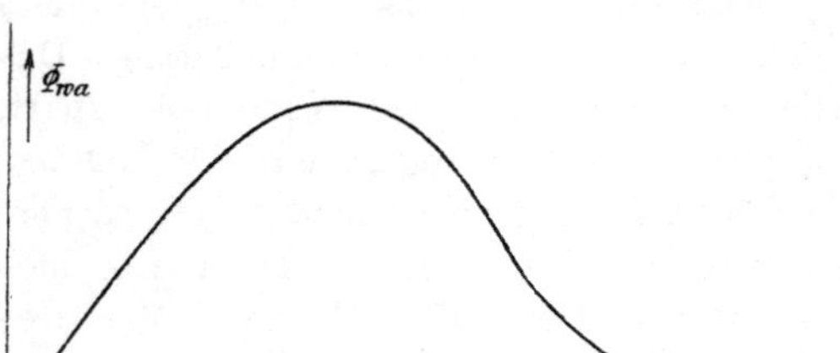

Fig. 400. Magnetisierungskurve eines zu klein dimensionierten Wendepols.

dieser Fall schon bei zweifacher Belastung eintreten. Der Wendepol tut bei dieser Belastung also eher Schaden als Nutzen, denn das nötige Kommutierungsfeld B_c ist durch die Anwesenheit der Wendepolschuhe vergrößert worden gleichzeitig damit, daß es kein Kommutierungsfeld gibt.

Bei kompensierten Maschinen und besonders bei solchen mit unbewickelten Wendepolen tritt die Sättigung der Wendepolkerne viel später als die der Ankerzähne ein. Bei den kompensierten Maschinen von Parsons mit glattem Anker und ohne Wendepole tritt natürlich selbst bei den größten Belastungsstößen keine Sättigung des magnetischen Kreises des Wendefeldes ein.

115. Rückwirkung der Wendepole auf das Hauptfeld.

Im Abschnitt 112 ist gezeigt, wie bei voller Anzahl Wendepole das Wendefeld sich über das Hauptfeld lagert und dasselbe dadurch schwächt, daß es in der einen Hälfte des Joches und Ankereisens den Kraftfluß mehr schwächt als es ihn in der anderen Hälfte des Joches und Ankereisens verstärkt. Um diese Feldschwächung und den entsprechenden Spannungsabfall wieder wett zu machen, müssen die Feldamperewindungen um ΔAW_k erhöht werden. Bei der halben Anzahl Wendepole tritt eine noch größere Feldschwächung ein, weil das Wendefeld und das Hauptfeld sich hier auch in den Magnetkernen und Ankerzähnen überlagern.

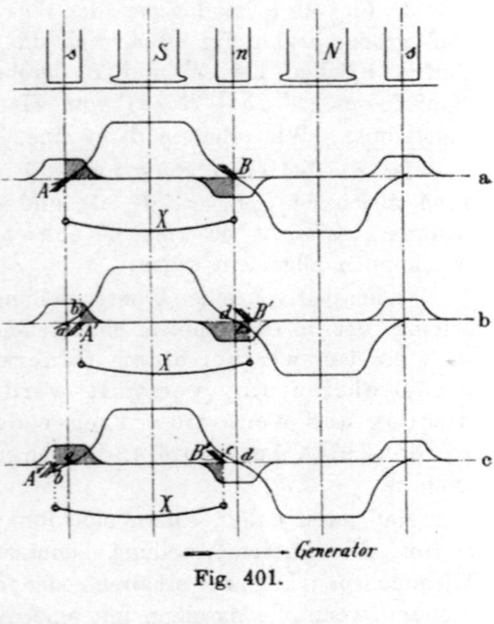

Fig. 401.

Außer dieser Feldschwächung tritt bei einer Verschiebung der Bürsten am Kommutator auch eine Spannungsänderung, herrührend vom Wendefeld, ein. Dies geht aus der Fig. 401, in der die Feldkurve der Hauptpole und Wendepole getrennt aufgezeichnet sind, deutlich hervor. Dabei ist angenommen, daß das Ankerfeld vollkommen kompensiert sei, so daß eine Feldverzerrung nicht auftritt. In Fig. 401a liegt die Mitte der Kurzschlußzone symmetrisch zum Wendepolfeld; in Fig. 401b ist die Bürste aus der Lage der Fig. 401a in der Drehrichtung und in Fig. 401c entgegen der Drehrichtung verschoben.

Die zwischen den ungleichnamigen Bürsten induzierte EMK ist dem Kraftfluß, der die kurzgeschlossene Spule durchsetzt, proportional. In Fig. 401a ist dieser Kraftfluß gleich dem Inhalt der Feldkurve der Hauptpole zwischen A und B. Der Kraftfluß, der vom Wendepol n in die kurzgeschlossene Spule X eintritt (schraffierte Fläche bei A), ist gleich, aber entgegengesetzt dem Kraftfluß, den der Wendepol s durch die Spule schickt (schraffierte Fläche bei B). Diese Kraftflüsse heben somit einander auf.

In Fig. 401b geht vom Hauptpol ein Kraftfluß gleich dem Inhalt der Feldkurven zwischen $A'B'$ durch die kurzgeschlossene Spule; dieser ist kleiner als der Kraftfluß zwischen A und B in Fig. 401a, denn der Hauptkraftfluß ist entsprechend den Flächen $A'ab + B'cd$ verkleinert worden und der negative Fluß des Wendefeldes bei B' überwiegt den positiven bei A'. Wir haben in diesem Fall eine Gegenkompoundierung.

In Fig. 401c ist dagegen der durch die Spule X tretende Kraftfluß größer als in Fig. 401a, weil die positive Differenz der schraffierten Flächen bei A'' und B'' größer ist als die Abnahme des Kraftflusses $(A''ab + B''cd)$ vom Hauptfeld infolge der Bürstenverstellung. Wir erhalten dann eine Aufkompoundierung.

Da die bei einer Bürstenverschiebung b_c auftretende Feldänderung gleich $2\,b_c l_w B_c = \Delta\,\Phi_w$ ist und proportional dem Ankerstrom zunimmt, so wirkt sie wie eine schwache Kompoundierung und wir können allgemein sagen:

Gehen wir von einer Bürstenstellung aus, bei der die algebraische Summe der in die Spulen eintretenden Wendekraftflüsse Null ist, so erhalten wir bei einem Generator, wenn die Bürsten in die Drehrichtung verstellt werden, eine Gegenkompoundierung und wenn sie entgegen der Drehrichtung verstellt werden, eine Aufkompoundierung; bei einem Motor ist es umgekehrt.

Man kann daher, sofern eine funkenfreie Kommutierung es gestattet, die Bürsteneinstellung benutzen, um z. B. eine konstante Klemmenspannung zu erhalten oder den Spannungsabfall zu vergrößern, wenn die Maschine mit einer Akkumulatorenbatterie parallel arbeitet, damit die Stromstöße von der Batterie und nicht von der Maschine aufgenommen werden.

Infolge der kompoundierenden Wirkung der Wendepole kann die Umdrehungszahl eines Motors durch Verstellen der Bürsten in der Drehrichtung erniedrigt und durch Verstellen entgegen der Drehrichtung erhöht werden.

Bei Wendepolmaschinen tritt bei einer Bürstenverschiebung somit außer den längsmagnetisierenden Ankeramperewindungen $AW_e = 2\, b_c AS$ auch eine Kompoundierung, entsprechend $\varDelta \Phi_w$, ein. Hieraus folgt, daß die Wendepolmaschinen in bezug auf Ankerrückwirkung gegen Bürstenverschiebung empfindlicher sind als Maschinen ohne Wendepole.

Sind die Wendepole übererregt und die Bürsten in der geometrisch neutralen Zone eingestellt, so treten in den kurzgeschlossenen Ankerspulen zusätzliche Ströme auf, die die Kommutierung beschleunigen und bei Generatoren somit magnetisierend und bei Motoren entmagnetisierend wirken. Das Umgekehrte tritt bei Untererregung der Wendepole ein. Übererregte Wendepole wirken also bei Generatoren kompoundierend und untererregte Wendepole gegenkompoundierend; bei Motoren ist das Umgekehrte der Fall.

Sind die Wendepole nicht breit genug, um eine Bürstenverschiebung funkenfrei zu gestatten, so treten in den kurzgeschlossenen Ankerspulen zusätzliche Ströme auf, die die Kommutierung verzögern und somit nach Abschnitt 94 bei Generatoren entmagnetisierend und bei Motoren magnetisierend wirken.

Es ist aus oben angeführten Gründen nicht anzuraten, die Wendepole für zu große Überkommutierung zu erregen, da man hierdurch die Stabilität der Maschinen gefährden kann, wie es später im Abschnitt 128 gezeigt werden soll. Andererseits hat man aber dann die Möglichkeit, die Bürsten etwas aus der neutralen Zone zu verschieben, um dadurch die Stabilität der Maschine wieder zu erhöhen. Es ist deswegen jedenfalls besser, die Wendepole zu stark als zu schwach zu erregen.

116. Bedingungen für eine gute Kommutierung bei Wendepolmaschinen.

In der Einleitung zum einundzwanzigsten Kapitel sind zuerst die mechanischen Bedingungen, die für eine gute Kommutierung absolut erforderlich sind, kurz erwähnt. Diese Forderungen an den mechanischen Aufbau von Kommutator, Anker und Magnetsystem müssen natürlich auch bei Wendepolmaschinen eingehalten werden. Zwar ist eine Wendepolmaschine mit richtig bemessenem Wendefeld weniger empfindlich gegenüber mechanischen Unsymmetrien und Fehlern als eine Maschine ohne Wendepole; andererseits werden aber der Kommutator und der Anker einer Wendepolmaschine elektrisch bedeutend stärker belastet als bei einer Maschine ohne Wendepole, weshalb man bei modernen Wendepolmaschinen auf größtmögliche Symmetrie und fehlerfreien Aufbau der ganzen Maschine genau so achten muß wie bei Maschinen ohne Wendepole.

a) Als erste Bedingung für eine gute Kommutierung müssen wir bei Wendepolmaschinen ein bei allen Belastungen richtiges Wendefeld fordern. Um dies zu erreichen, muß das Wendefeld die im Abschnitt 111 angegebene Stärke haben, die mit der Belastung proportional ansteigt. Damit dies möglich ist, darf selbst bei den größten Belastungen keine Sättigung in den magnetischen Kreisen der Wendepole eintreten, so daß die Magnetisierungskurve der Wendepole bis zum höchsten Ankerstrom noch geradlinig verläuft. — Ferner darf die Lücke zwischen den Hauptpolschuhen nicht so klein und der Luftspalt unter den Wendepolen nicht so groß sein, daß das Hauptfeld unter den Wendepolen sich merkbar macht und dadurch die Kommutierung beeinflußt. Schließlich darf auch zur Vermeidung einer zu großen Wendepolstreuung der Polbogen, d. h. der Füllfaktor α, bei Wendepolen nicht zu groß gewählt werden.

b) Um die Kommutierung von Wendepolmaschinen unter normalen Arbeitsverhältnissen vollständig befriedigend zu gestalten, ist es nicht allein nötig, daß die in den kurzgeschlossenen Spulen vom Wendefeld induzierten mittleren EMKe denen vom Ankerfeld induzierten mittleren EMKen gleich und entgegengesetzt gerichtet sind. Es sind auch alle Pulsationen in den vom Wendefeld und Ankerfeld induzierten EMKen möglichst zu vermeiden. — Wir haben im Abschnitt 61 gesehen, daß die zwischen den Bürstenkanten vom Nutenfeld induzierte EMK stark pulsieren kann. Diese Pulsationen lassen sich teils durch passende Formgebung des Wendefeldes kompensieren und teils durch passende Wahl der Bürstenbreite b_r im Verhältnis zur Lamellenbreite β_r, der Schrittverkürzung ε_k und der Anzahl Lamellen u_k pro Nut unterdrücken. Es ist deswegen anzuraten, die Wendepolschuhe bei Maschinen mit schwierigen Kommutierungsverhältnissen so abzuschrägen, daß das Wendefeld möglichst dieselbe Form erhält, wie das auf den Ankerumfang reduzierte Nutenfeld. Ferner soll man b_r, β_r, ε_k und u_k so wählen, daß der Wicklungsfaktor f_s nur wenig von f_m abweicht; und drittens soll man den Luftspalt und die Wendepolschuhe so bemessen, daß die vorbeipassierenden Ankerzähne möglichst kleine Feldpulsationen im Wendekraftfluß verursachen. Das letzte erreicht man, wenn das magnetische Feld im Luftspalt zwischen Anker und Wendepol bei den verschiedenen Lagen der Ankerzähne möglichst wenig hin und her oszilliert. Dies ist der Fall, wenn, wie Seite 140 erwähnt, die ideelle Wendepolbreite fast gleich einer ganzen Anzahl Nutenteilungen ist.

Unsymmetrische Ankerwicklungen können auch zu Pulsationen in den zwischen den Bürstenkanten induzierten EMKen führen, weshalb es ganz selbstverständlich ist, daß man bei Wendepolmaschinen wie bei Maschinen ohne Wendepole auf möglichste Symmetrie der Ankernuten zu sehen hat.

c) **Rundfeuer.** Von einer modernen Wendepolmaschine fordert man, daß sie nicht allein bei stationären Belastungen, sondern auch bei Belastungsänderungen im Netz anstandslos arbeitet. Man fordert sogar, daß selbst bei Kurzschlüssen im Netz kein Rundfeuer oder eine andere dauernde Beschädigung des Kommutators entstehen darf. Diese Forderungen erfüllten die älteren Maschinen ohne Wendepole mit ihren elektrisch schwach belasteten Ankern meistens. Beim Übergang zu den Wendepolmaschinen wurde diese Forderung deswegen oft nicht berücksichtigt und das Resultat war, daß an den zuerst gebauten Wendepolmaschinen bei sehr angestrengtem Betriebe oft Rundfeuer und andere schwere Beschädigungen auftraten. Man fand aber bald heraus, daß die Ursache zu diesen Übelständen darin lag, daß der Wendekraftfluß dem Ankerstrom bei Belastungsstößen zeitlich nicht folgen konnte, weil in den magnetischen Kreisen der Wendepole sich meistens massive Eisenteile befinden. Schnelle Änderungen im Wendekraftfluß induzierten nämlich in diesen massiven Eisenteilen Wirbelströme, die der Änderung des Wendeflusses entgegenwirkten. Obgleich die Wendepolwicklung vom Ankerstrom durchflossen wird, so ändert sich der Wendekraftfluß langsamer als das Ankerfeld, das sich nur durch die Luft und lamelliertes Eisen schließt, wenn man von dem Teil des Ankerfeldes, der sich durch die Wendepolschuhe schließt, absieht. Im fünfundzwanzigsten Kapitel soll näher auf die bei Belastungsstößen auftretenden Feldänderungen eingegangen werden, weshalb hier nur die Ergebnisse dieser Überlegungen für den Wendekraftfluß erwähnt werden sollen. Das nützliche Wendefeld ist meistens so schwach und macht gewöhnlich einen so kleinen Teil des ganzen Feldes durch die Wendepole aus, daß es keine großen Wirbelströme in den massiven Wendepolen und im Jocheisen benötigt, um das in den Anker eintretende Wendefeld stark zu verzögern. Dies läßt sich auch leicht experimentell nachweisen; denn mißt man die zwischen den Bürstenkanten auftretende momentane Spannung bei Belastungsstößen, so ist diese fast so groß, wie wenn das Wendefeld sich gar nicht geändert hätte. Bei plötzlicher Belastung oder Entlastung einer Maschine mit massiven Wendepolen und Jocheisen wird unter der Annahme, daß das Wendefeld im ersten Moment sich nicht ändere, eine mittlere EMK zwischen den Bürstenkanten, gleich

$$\Delta e = \frac{b_1}{\beta} \frac{p}{a} \frac{N}{K} l_w v B_c 10^{-6} \text{ Volt} \quad . . . . \quad (183)$$

und eine maximale EMK

$$\Delta e_{max} \simeq \frac{f_s}{f_m} \Delta e = \frac{f_s}{f_m} \frac{b_1}{\beta} \frac{p}{a} \frac{N}{K} l_w v B_c 10^{-6} \text{ Volt} \quad . . \quad (184)$$

induziert.

Wenn diese zwischen den Bürstenkanten induzierte Spannung einen gewissen Wert, ca. 40 bis 60 Volt, überschreitet, so wird sie in den kurzgeschlossenen Ankerspulen einen so großen zusätzlichen Strom erzeugen, daß ein ganzer Feuerquast die ablaufenden Bürstenkanten entlang hervortritt und zu Rundfeuer Anlaß geben kann. Die Grenze für die zulässige Spannung Δe_{max} liegt, wie die zulässige Lamellenspannung (Seite 212), nicht bei allen Maschinen gleich hoch, sondern hängt wie $i_{z\,max}$ von den Widerständen der Kurzschlußkreise, der Umfangsgeschwindigkeit des Kommutators, sowie von der Lamellenspannung unter der auflaufenden Polkante und der konstruktiven Ausführung der Bürstenhalter und Bürstenbrücke ab. Im allgemeinen geht man jedoch sicher, wenn man die maximale Bürstenspannung beim plötzlichen Ausschalten der Normallast nicht über 10 Volt wählt. Diese Spannung ist verhältnismäßig klein; man muß aber bedenken, daß der Ankerstrom, der beim Kurzschluß einer Maschine auftreten kann, den Normalstrom vielfach übersteigt und daß man bei der Begrenzung von Δe_{max} hierauf Rücksicht nehmen muß.

Beim Kurzschluß eines Gleichstromgenerators kann der Ankerstrom im ersten Augenblick sehr leicht auf den zehnfachen Betrag des Normalstromes anwachsen. Bei dieser Stromstärke würden die Wendepole, wenn das Feld schnell genug entstehen könnte, immerhin so stark gesättigt werden, daß das in den Anker eintretende nützliche Wendefeld verschwinden würde. Es ist von diesem Gesichtspunkt aus deswegen auch ganz in der Ordnung, wenn wir die nach Formel 184 berechnete maximale Spannung Δe_{max} als Maß für die bei großen Belastungsstößen und Kurzschlüssen eintretende Gefahr eines Rundfeuers betrachten.

Wir erhalten also für Wendepolmaschinen als Bedingung für die Vermeidung von Rundfeuer eine ganz ähnliche Formel, wie wir für Maschinen ohne Wendepole als Hauptbedingung für eine gute Kommutierung ableiteten. Bei Wendepolmaschinen ist somit auf dieselben Verhältnisse wie bei Maschinen ohne Wendepole acht zu geben. Es dürfen die Ankerkonstante $\frac{N}{K} l v AS 10^{-6}$, die Zahl der in Reihe geschalteten kurzgeschlossenen Ankerspulen

$\frac{b_1}{\beta}\frac{p}{a}$, die magnetischen Leitfähigkeiten λ_n, λ_s und λ_q, sowie das Verhältnis $\frac{f_s}{f_m}$ nicht zu groß gewählt werden. Bei Wendepolmaschinen darf man außerdem das Verhältnis γ zwischen den Längen der Hauptpole und der Wendepole nicht zu groß wählen; denn je mehr γ sich der Einheit nähert, um so kleiner wird das Wendefeld B_c und somit Δe_{max}.

Außerdem ist es bei Wendepolmaschinen wie bei Maschinen ohne Wendepole günstig, daß Δe_{max} einen möglichst kleinen zusätzlichen Strom $i_{z\,max}$ erzeugt, daß die Kommutierungskonstante A möglichst groß und die maximale Öffnungsspannung Δp_T möglichst klein ausfällt.

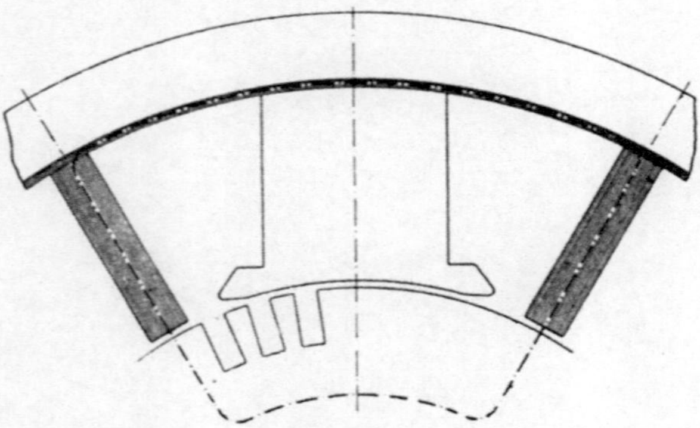

Fig. 402.

Um schnelle Änderungen des Wendekraftflusses zu ermöglichen, muß man entweder, wie Déri, das ganze Magnetgestell lamellieren oder man kann, wie von Prof. R. Richter vorgeschlagen und in Fig. 402 gezeigt, einen Teil der magnetischen Kreise der Wendepole lamellieren, indem man die Wendepole selbst ganz lamelliert und sie durch wenige Schichten lamellierter Bleche das Joch entlang magnetisch verbindet. Die Anordnung von Prof. Richter ist jedoch nur bei kompensierten Maschinen vollständig vom Nutzen, denn bei gewöhnlichen Wendepolmaschinen würden die Wendepole bei plötzlichem Kurzschluß so stark gesättigt werden, daß so wie so kein nützliches Wendefeld in den Anker eintreten könnte.

Wir haben im Abschnitt 53 gesehen, daß eine kompensierte Maschine, bei der das Ankerquerfeld ganz aufgehoben wird, sich in bezug auf Rundfeuer, herrührend von zu großer Lamellenspannung, viel günstiger verhält als eine gewöhnliche Maschine, bei der die maximale Lamellenspannung mit zunehmender Belastung stark ansteigt. In diesem Abschnitt haben wir ferner gesehen, daß die kompensierte Maschine bei angestrengten Betrieben mit großen und schnellen Belastungsstößen und plötzlichen Kurzschlüssen in bezug auf Kommutierung und Rundfeuer sich günstiger verhält als die gewöhnliche Wendepolmaschine. Jedoch ist dafür zu sorgen, daß das Wendefeld dem Ankerstrom möglichst schnell folgen kann, indem man entweder wie Déri das ganze Magnetgestell, oder wie Richter einen Teil desselben lamelliert.

Vierundzwanzigstes Kapitel.

Die charakteristischen Kurven der Gleichstrommaschine.

117. Die charakteristischen Kurven des fremderregten Generators.

a) Die Leerlaufcharakteristik einer Maschine ist diejenige Kurve, welche bei konstanter Umdrehungszahl und bei der Belastung Null die im Anker induzierte EMK E in Abhängigkeit vom Erregerstrome darstellt. Die Leerlaufcharakteristik unterscheidet sich nur insofern von der Magnetisierungskurve, als jene die Spannung E, diese das Feld Φ_a in Abhängigkeit von i_n darstellt. Weil E jedoch Φ_a proportional ist, unterscheidet sich die Gestalt der beiden Kurven nur hinsichtlich des Maßstabes.

Die Leerlaufcharakteristik kennzeichnet also die magnetischen Eigenschaften einer Maschine und bildet deshalb die Grundlage nicht nur für die Beurteilung dieser Eigenschaften, sondern auch für die Ermittelung aller im folgenden zu beschreibenden charakteristischen Kurven einer Maschine, sowohl wenn sie als Generator als wenn sie als Motor arbeitet.

Bei unbelasteter Maschine ist, wie oben gesagt, die Klemmenspannung P gleich der im Anker induzierten EMK E. Nach Gl. 7 ist

$$E = \frac{N}{a} \frac{pn}{60} \Phi 10^{-8} \text{ Volt.}$$

Bei einer Maschine sind N, p und a konstante Größen, somit ist

$$E = C_1 n \Phi.$$

Der Kraftfluß Φ pro Pol ist abhängig von den Feldamperewindungen $i_n w_n$, wo w_n, die Windungszahl der Erregerspulen für eine ausgeführte Maschine, unveränderlich ist. Wenn wir noch annehmen, daß die Umdrehungszahl der Maschine konstant sei, so erhalten wir die induzierte EMK

$$E = f(i_n).$$

Die Vorausberechnung der Leerlaufcharakteristik ist daher durch die Berechnung der Magnetisierungskurve (s. Kap. XVI) gegeben.

In Fig. 403 ist eine solche Kurve (I) dargestellt.

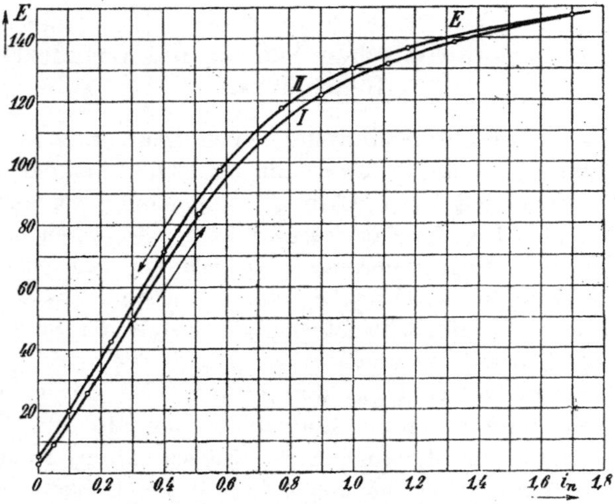

Fig. 403. Leerlaufcharakteristik eines fremderregten Generators.

Die experimentelle Aufnahme geschieht unter Benutzung des Schaltungsschemas Fig. 404.

Es ist

Umdrehungszahl n konstant,
Bürstenstellung konstant,
Ankerstrom $J_a = 0$,
Erregung i_n veränderlich.

Zu beobachten ist die veränderliche Klemmenspannung

$$E = f(i_n),$$

indem man den Erregerstrom, von Null ausgehend, bis zu einem Maximalwert steigert und die jedem einzelnen Wert der Erregung entsprechende Spannung an den Klemmen abliest, die in diesem Falle gleich der induzierten EMK ist.

Die Kurve beginnt nicht im Nullpunkt, sondern etwas höher, d. h. es wird im Anker schon eine EMK induziert, wenn der Erregerstrom i_n noch gleich Null ist. Dies rührt vom remanenten Magnetismus her. Wenn die Maschine neu hergestellt ist, kommt es unter Umständen vor, daß sie noch keinen remanenten Magnetismus besitzt, weshalb sie sich von selbst nicht erregen würde. Um der Maschine den für die Selbsterregung erforderlichen remanenten Magnetismus zu erteilen, empfiehlt es sich, die Maschine fremd zu erregen und die Leerlaufcharakteristik als erste Probe, nachdem die Maschine ins Prüffeld gekommen ist, aufzunehmen. Wird die Maschine langsam erregt, nimmt E anfangs ungefähr geradlinig zu. Die Neigung dieses Teiles der Leerlaufcharakteristik ist abhängig vom Luftspalt. Je kleiner dieser ist, desto steiler steigt die Leerlaufcharakteristik an.

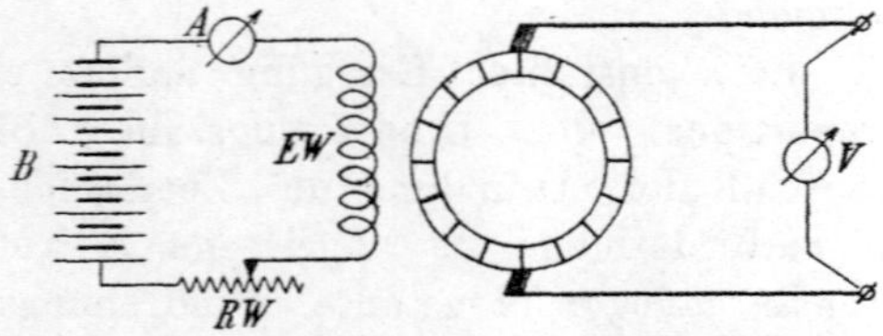

Fig. 404. Schaltungsschema zur Aufnahme der Leerlaufcharakteristik.

Bei ungesättigtem Eisen werden fast alle Amperewindungen für den Luftspalt benötigt, während die Amperewindungen für das Eisen vernachlässigt werden können. Bei weiterer Erregung wird das Eisen allmählich gesättigt und die für das Eisen erforderlichen Amperewindungen nehmen bald rasch zu und werden schließlich bedeutend größer, als die Amperewindungen für den Luftspalt. Es macht sich dies dadurch bemerkbar, daß die Kurve von der Geraden im sogenannten Knie abbiegt, so daß die Spannung bei weiterer Erregung nur noch wenig steigt.

Schreiben wir in üblicher Weise für die Induktion im Eisen

$$B = 4\pi J + H,$$

wo J die Intensität der Magnetisierung und H die Feldstärke bedeutet, so nähert sich J bei stärkerer Sättigung mehr und mehr einem konstanten Wert, bis wir, allerdings erst bei sehr hohen Sättigungen, schreiben können

$$B = \text{Konstant} + H.$$

Die Leerlaufcharakteristik nähert sich deshalb bei hoher Erregung einer zweiten Geraden, die eine viel kleinere Neigung hat, als die Gerade bei ungesättigtem Eisen. Sie verläuft fast horizontal.

Geht man mit der Erregung einer Maschine wieder langsam auf Null zurück, so erhalten wir für E eine Kurve (II), die höher liegt als die vorher beschriebene Leerlaufcharakteristik. Diese Erscheinung ist auf die magnetische Trägheit des Eisens zurückzuführen.

Bei der Aufnahme der Leerlaufcharakteristik ist daher zu beachten, daß die Änderung des Erregerstromes nur in einer Richtung erfolgen darf, d. h. entweder nur ansteigend oder nur abnehmend.

Bei konstanter Erregung ändert sich die induzierte EMK E proportional der Umdrehungszahl. Bleibt die Umdrehungszahl während der Aufnahme der Leerlaufcharakteristik nicht konstant, so muß deshalb das abgelesene E' auf die der Untersuchung zugrunde gelegte konstante Umdrehungszahl umgerechnet werden. Ist n' die Umdrehungszahl, bei welcher E' abgelesen wurde, so wird die umgerechnete EMK

$$E = E' \frac{n}{n'} \quad \ldots \ldots \ldots \ldots \quad (185)$$

Wenn man nicht in der Lage ist, die Maschine mechanisch anzutreiben, kann man zur Aufnahme der Leerlaufcharakteristik die Maschine auch elektrisch, d. h. als Motor, und zwar in Leerlauf, laufen lassen. Die Klemmenspannung wird dann auf einige verschiedene Werte, z. B. durch Vorschalten eines Widerstandes vor den Anker, so eingestellt, daß eine gewisse Umdrehungszahl beibehalten wird. Der Ankerstrom J_a ist dabei sehr klein, weshalb die Klemmenspannung praktisch gleich der EMK E ist. Indem wir somit die Klemmenspannung in Abhängigkeit vom Erregerstrome, der bei konstanter Umdrehungszahl jeweils erforderlich ist, auftragen, erhalten wir die Leerlaufcharakteristik.

Wenn die Spannung nicht verändert werden kann, ändert man die Erregung und ermittelt die bei einigen Erregerströmen erreichten Umdrehungszahlen. Mit Hilfe der Gleichung (185) wird dann die konstante Klemmenspannung auf solche Werte reduziert, die einer konstanten Umdrehungszahl entsprechen. Diese Spannungswerte, in Abhängigkeit von den zugehörigen Erregerströmen aufgetragen, stellen dann die Leerlaufcharakteristik dar.

b) **Die Belastungscharakteristik** stellt das Verhalten der Klemmenspannung P eines mit konstanter Umdrehungszahl angetriebenen und mit einem konstanter Strom belasteten Generators in Abhängigkeit von der Erregung dar.

Die Klemmenspannung P wird hierbei stets kleiner als die im Anker induzierte EMK E sein, und zwar aus folgenden Gründen:

1. wegen des Ohmschen Spannungsabfalles im Anker und an den Bürsten;
2. wegen der Rückwirkung des Ankerstromes auf das Magnetfeld.

Weil sowohl der Ohmsche Spannungsabfall als auch die Ankerrückwirkung mit zunehmender Belastung größer werden, liegt die Belastungscharakteristik um so tiefer, je größer der konstant zu haltende Belastungsstrom gewählt wird. Es ist deshalb zweckmäßig, einige Belastungscharakteristiken für verschiedene Belastungen aufzuzeichnen. Diese Kurven geben uns dann einen Überblick über das Verhalten der Spannung des Generators bei verschiedenen Erregungen und Belastungen.

Bei der experimentellen Aufnahme einer Belastungscharakteristik ist

Umdrehungszahl konstant,
Ankerstrom konstant,
Bürstenstellung konstant,
Erregung veränderlich.

Zu beobachten ist die veränderliche Klemmenspannung

$$P = f(i_n),$$

indem man den Erregerstrom stufenweise ändert und den Belastungswiderstand so einreguliert, daß der Ankerstrom konstant bleibt. Das Schaltungsschema ist in Fig. 405 dargestellt.

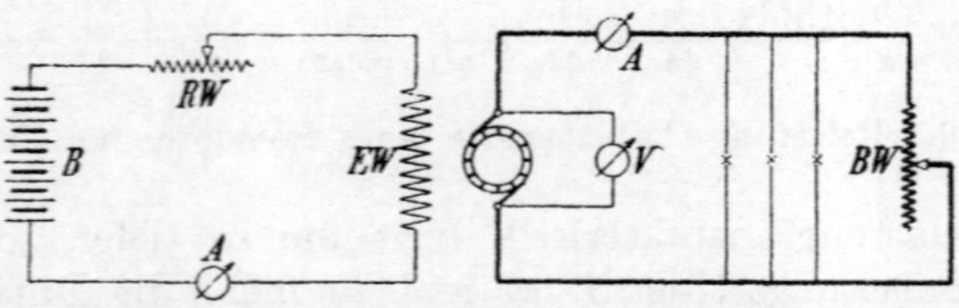

Fig. 405. Schaltungsschema zur Aufnahme der Belastungscharakteristik.

Bezeichnet R_a den Ankerwiderstand, $2\Delta P$ die Spannung zwischen Bürste und Kommutator für eine positive und eine negative Bürste zusammen, so ist die im Anker induzierte EMK

$$E = P + JR_a + 2\Delta P.$$

Da nun J konstant ist, so muß auch der Spannungsabfall $JR_a + 2\Delta P$ konstant sein. Wir erhalten somit aus der Belastungscharakteristik III (Fig. 406) die E-Kurve in Abhängigkeit von i_n, wenn wir zu den Ordinaten der Belastungscharakteristik III den konstanten Wert $JR_a + 2\Delta P$ addieren. Die so entstandene Kurve II liegt zwischen der Leerlaufcharakteristik I und der Belastungscharakteristik III.

Ziehen wir eine Parallele zur Ordinatenachse, so bedeutet $c_1 f$ den gesamten Spannungsabfall, der eintritt, wenn wir die Maschine mit einem Strome von J Ampère belasten. Dieser Spannungsabfall zerfällt in zwei Teile, ef und $c_1 e$, wo ef den Spannungsabfall im Anker und an den Bürsten und $c_1 e$ den Spannungsabfall, herrührend von der Ankerrückwirkung, darstellt. $c_1 g$ ist die erforderliche Erhöhung des Erregerstromes, um den gesamten Spannungsabfall $c_1 f$ aufzuheben.

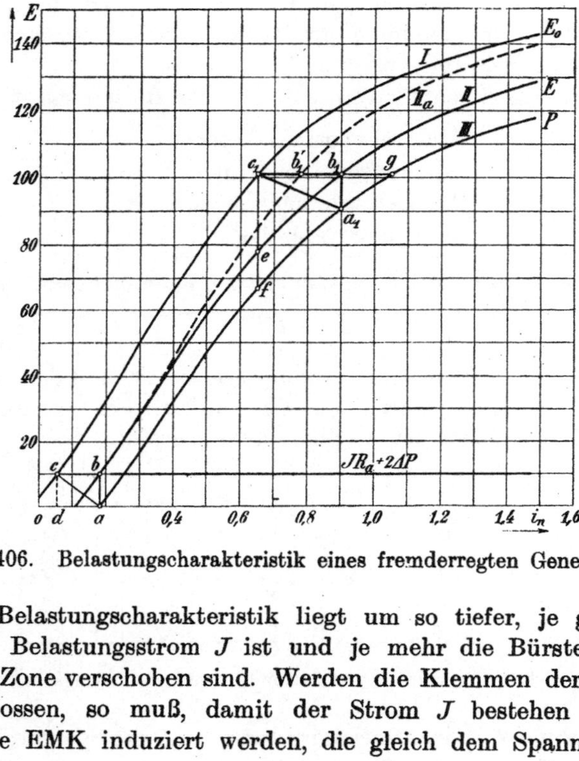

Fig. 406. Belastungscharakteristik eines fremderregten Generators.

Die Belastungscharakteristik liegt um so tiefer, je größer der konstante Belastungsstrom J ist und je mehr die Bürsten aus der neutralen Zone verschoben sind. Werden die Klemmen der Maschine kurzgeschlossen, so muß, damit der Strom J bestehen kann, im Anker eine EMK induziert werden, die gleich dem Spannungsabfall

$$JR_a + 2\Delta P = ab = cd \quad \text{ist.}$$

Dieser EMK entsprechen die Feldamperewindungen od. Außerdem muß noch die Ankerrückwirkung kompensiert werden, indem man den Erregerstrom um den Betrag $cb = da = \frac{AW_r}{w_n}$ erhöht. Sehen wir von der Änderung des Ankerwiderstandes durch die Temperaturerhöhung ab, so bleibt ab konstant, dagegen cb nicht. Die Ankerrückwirkung setzt sich aus den entmagnetisierenden und quermagnetisierenden Amperewindungen zusammen. Die ersteren sind bei konstantem Belastungsstrom J nur von der Bürstenstellung abhängig; ist diese unveränderlich, so bleiben die Amperewindungen AW_e, welche die entmagnetisierende Wirkung aufheben, konstant. Die Amperewindungen AW_q, welche die entmagnetisierende Wirkung des Querfeldes kompensieren sollen, sind für den geradlinigen Teil der Leerlaufcharakteristik, d. h. solange das Eisen ungesättigt ist, gleich Null; sobald aber das Eisen anfängt sich zu sättigen, nimmt AW_q ziemlich rasch zu. $AW_r = AW_e + AW_q$ bleibt somit nicht konstant, sondern wächst mit der Sättigung.

Wenn wir die Strecke cb, die gleich $\frac{AW_e}{w_n}$ ist, parallel mit sich selbst verschieben, indem wir den Punkt c längs der Leerlaufcharakteristik gleiten lassen, so beschreibt der Punkt b die Kurve IIa, die den Einfluß von AW_e allein darstellt. Der horizontale Abstand $b_1' b_1$ zwischen den Kurven IIa und II zeigt dann den bei höherer Sättigung immer größer werdenden Einfluß von AW_q.

In den meisten Fällen ist es nun von Interesse, den Verlauf des oberen Teiles der Belastungscharakteristik zu kennen. Dieses Stück können wir in einfacher Weise angenähert konstruieren. Wir bestimmen $AW_r = AW_e + AW_q$ bei etwa der normalen Spannung (s. S. 184), berechnen den Spannungsabfall und bilden das Dreieck $c_1 b_1 a_1$ (Fig. 406), wo $c_1 b_1 = \frac{AW_r}{w_n}$ und $b_1 a_1 = JR_a + 2\Delta P$ ist.

Wir verschieben nun das Dreieck $c_1 b_1 a_1$ so parallel zu sich selbst, daß der Punkt c_1 sich auf der Leerlaufcharakteristik bewegt; dann beschreibt der Punkt a_1 die gesuchte Belastungscharakteristik. Diese stimmt mit der wirklichen jedoch nicht genau überein, weil AW_r nicht konstant bleibt. Bei ungesättigtem Eisen bekommen wir zu kleine, und bei hohen Sättigungen des Eisens etwas zu große Werte von P.

Hat man als Abszissen die Amperewindungen $i_n w_n$ aufgetragen, so sind die Amperewindungen AW_r, welche die Ankerrückwirkung kompensieren, gleich $b_1 c_1$ zu machen.

Bei dieser Konstruktion der Belastungscharakteristik ist auch die Wirkung der Kurzschlußströme in den von den Bürsten kurzgeschlossenen Spulen auf das Feld zu berücksichtigen. Wie im Abschnitt 94 gezeigt ist, wirkt bei einem Generator ein die Kommutierung verzögernder Zusatzstrom entmagnetisierend, ein die Kommutierung beschleunigender Zusatzstrom magnetisierend. Bei Belastung hat man gewöhnlich Unterkommutierung und es wird daher, infolge der entmagnetisierenden Wirkung der Kurzschlußströme, P etwas kleiner, als die Konstruktion ohne Berücksichtigung der Zusatzströme ergeben würde.

Hat man die Leerlaufcharakteristik und die Belastungscharakteristik an einer Maschine experimentell aufgenommen, so läßt sich hieraus rückwärts die Ankerrückwirkung berechnen.

Der Anker- und Bürstenübergangswiderstand müssen aus einer vorhergegangenen Messung bekannt sein. Addiert man zu der Belastungscharakteristik den Spannungsabfall $JR_a + 2\Delta P = ef$ (Fig. 406), so erhält man die Kurve der bei Belastung induzierten EMK $E = f(i_n)$. Die Strecken, welche auf Parallelen zur Abszissenachse von der Leerlaufcharakteristik E_0 und dieser E-Kurve abgeschnitten werden, geben dann bei den verschiedenen Sättigungen den Erregerstrom bzw. die Amperewindungen AW_r, welche die Ankerrückwirkung kompensieren.

Will man die Ankerrückwirkung in Abhängigkeit vom Ankerstrom ermitteln, so hat man eine Anzahl Belastungscharakteristiken für verschiedene Ströme aufzunehmen.

Ebenso läßt sich der Einfluß der Bürstenverschiebung auf die Ankerrückwirkung ermitteln, indem man mehrere Belastungscharakteristiken bei verschiedenen Bürstenstellungen aufnimmt.

c) Äußere Charakteristik. Die meisten Generatoren arbeiten mit veränderlicher Belastung und es ist nur selten möglich, die Spannung mit der Belastung zu ändern. Man stellt deswegen allgemein die Forderung an einen Generator, daß die Spannung bei den verschiedenen Belastungen und bei unveränderter Erregung möglichst konstant bleiben soll. Zur Beurteilung der Güte des Generators in dieser Hinsicht dient die äußere Charakteristik, welche die Abhängigkeit der Klemmenspannung P vom Belastungsstrom J bei konstanter Umdrehungszahl und unveränderter Erregung darstellt.

Est ist

Umdrehungszahl konstant,
Erregung konstant,
Bürstenstellung konstant.

Zu beobachten ist die veränderliche Klemmenspannung

$$P = f(J)$$

(Fig. 407), indem man den Ankerstrom verschieden einstellt.

Der gesamte Spannungsabfall nimmt nicht proportional J zu, sondern rascher, d. h. die Kurve kehrt ihre konkave Seite gegen die Abszissenachse.

Die Gerade durch O stellt den Spannungsabfall im Anker und an den Bürsten in Abhängigkeit von J dar. In Wirklichkeit nimmt der Spannungsabfall im Anker und an den Bürsten $JR_a + 2\Delta P$ nicht proportional dem Strome zu, weil, wie im sechzehnten Kapitel gezeigt, ΔP bei Kohlenbürsten und größeren Stromdichten nahezu konstant bleibt.

Der Einfachheit halber nehmen wir hier und im folgenden jedoch an, daß der Spannungsabfall dem Strom proportional sei.

Wenn man die Werte $JR_a + 2\Delta P$ zu den entsprechenden Ordinaten der äußeren Charakteristik addiert, so bekommt man die innere Charakteristik, d. h. die im Anker induzierte EMK E in Abhängigkeit vom Belastungsstrome J. Die Ordinatendifferenz zwischen der Horizontalen und der inneren Charakteristik gibt uns den durch die Ankerrückwirkung verursachten Spannungsabfall.

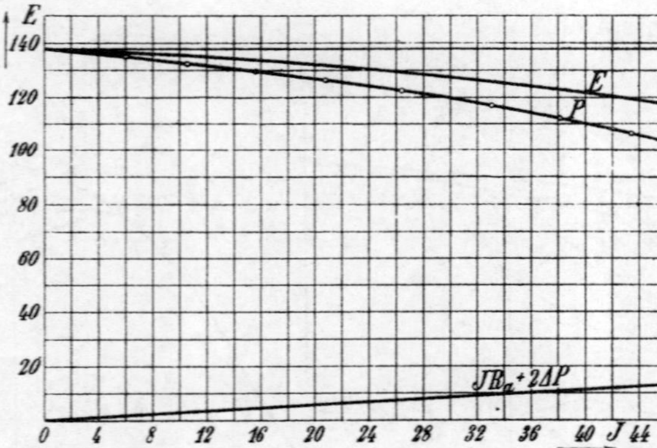

Fig. 407. Innere und äußere Charakteristik eines fremderregten Generators.

Mit Hilfe der Leerlaufcharakteristik kann man die äußere Charakteristik für eine gegebene Erregung, z. B. i_{n1} angenähert konstruieren. Wir tragen $OA = i_{n1}$ ab (siehe Fig. 408) und ziehen durch A eine Parallele zur Ordinatenachse. Nun berechnen wir für einen bestimmten Strom J_1 das zugehörige AW_r (siehe Seite 186), ferner den Spannungsabfall $J_1 R_a + 2\Delta P$ und bilden das Dreieck $c_1 b_1 a_1$, wo

$$c_1 b_1 = AW_r \quad \text{und} \quad b_1 a_1 = J_1 R_a + 2\Delta P \quad \text{ist.}$$

Aa_1 ist dann die dem Strom J_1 entsprechende Klemmenspannung. Indem wir Aa_1 als Funktion von J_1 links von der Ordinatenachse auftragen, erhalten wir einen Punkt Q_1 der äußeren Charakteristik. Um diese Konstruktion für weitere Punkte möglichst einfach zu gestalten, nehmen wir an, daß sich AW_r ebenso wie der Spannungsabfall proportional dem Belastungsstrom ändere. Dies ist nicht ganz richtig, aber für die Werte oberhalb des Knies der Leerlaufcharakteristik erhält man unter dieser Annahme Kurven, die mit den experimentell ermittelten äußern Charakteristiken gut übereinstimmen. Da die Änderung von $c_1 b_1$ und $b_1 a_1$ proportional dem Belastungsstrome J vor sich geht, so verändert sich auch $c_1 a_1$ proportional mit J; infolgedessen verschiebt sich beim Verändern des Belastungsstromes die Gerade $c_1 a_1$ parallel zu sich selbst.

Wir erhalten nun einen weiteren Punkt der äußeren Charakteristik, indem wir auf der Leerlaufcharakteristik einen beliebigen Punkt, z. B. c_2, annehmen, durch ihn eine Parallele zu $c_1 a_1$ ziehen und sie zum Schnitt mit der Geraden AC bringen. Wegen der Proportionalität von $c_2 a_2$ mit dem Belastungsstrome J können wir letzteren für $c_2 a_2$ rechnerisch oder graphisch leicht bestimmen; er sei J_2. $A a_2$ stellt uns die Klemmenspannung dar, welche dem Belastungsstrome J_2 entspricht.

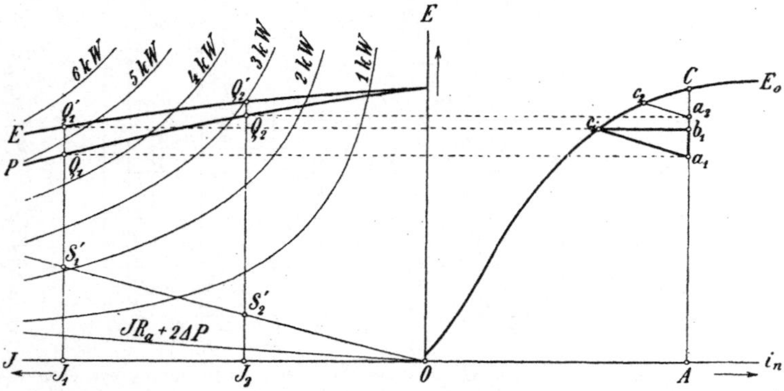

Fig. 408. Konstruktion der äußeren Charakteristik eines fremderregten Generators.

Wir tragen nun links von der Ordinatenachse die Klemmenspannung als Funktion von J_2 auf und erhalten so den Punkt Q_2 der äußeren Charakteristik. Durch paralleles Verschieben der Geraden $c_2 a_2$ können wir auf diese Weise beliebig viele Punkte der äußeren Charakteristik bestimmen. Wenn wir zu den Ordinaten $J_1 Q_1$ bzw. $J_2 Q_2$ die den Stromstärken J_1 und J_2 entsprechenden Spannungsabfälle $JR_a + 2\Delta P$ addieren, so bekommen wir die Punkte Q_1' und Q_2' der inneren Charakteristik.

In die Fig. 408 ist eine Schar von Linien, längs welchen verschiedene Leistungen EJ konstant sind, eingezeichnet. Diese Linien sind alle gleichseitige Hyperbeln, weil $W = EJ =$ konstant ist. Mit Hilfe dieser Einteilung des Gebietes links von der Ordinatenachse können wir leicht die Änderung der abgegebenen Leistung ersehen, wenn wir uns längs der äußeren Charakteristik bewegen.

Die äußere Charakteristik gibt uns vollständigen Aufschluß über das Verhalten der Generatoren bei zunehmender Belastung. Da die

Spannung jedoch nahezu geradlinig mit der Belastung abnimmt, so genügt es in der Praxis meistens, die Änderung der Spannung bei Veränderung der Belastung von Leerlauf bis Vollast und umgekehrt zu bestimmen. Hierbei geht man in beiden Fällen von der normalen Klemmenspannung P aus und läßt die Erregung während der Belastungsänderung unverändert bleiben. Diese Spannungsänderungen sind nicht in Volt, sondern in Prozenten auszudrücken, weil hier, wie in der Technik üblich, nur die prozentuale Änderung einen für alle verschiedenen Fälle unveränderlichen Maßstab für die Beurteilung darstellt.

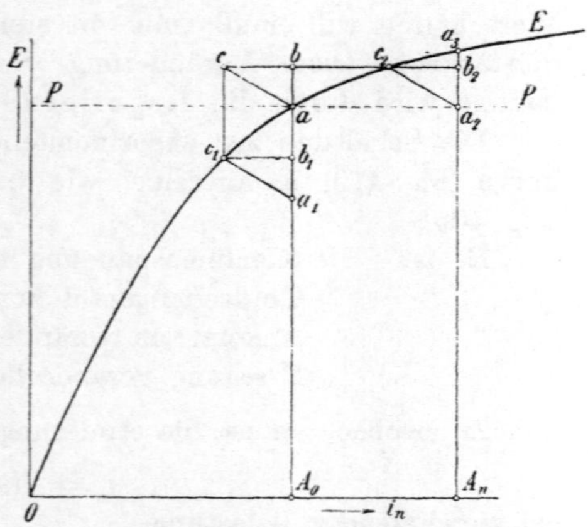

Fig. 409. Berechnung der prozentualen Spannungsänderungen.

Diese Spannungsänderungen können wir, ohne die äußere Charakteristik aufzuzeichnen, mit Hilfe der Leerlaufcharakteristik (Fig. 409) allein, wie folgt ermitteln.

Die normale Klemmenspannung P ist durch die wagerechte Linie PP dargestellt. Im Leerlauf bekommen wir diese Spannung bei der Erregung OA_0. Wir zeichnen jetzt das Dreieck cba mit den Seiten $cb = AW_r$ und $ba = JR_a + 2\Delta P$ bei der normalen Volllaststromstärke J_n und verschieben dieses Dreieck längs der Ordinate $A_0 a$ in die Lage $c_1 b_1 a_1$, wo c_1 auf die Leerlaufcharakteristik zu liegen kommt.

Der prozentuale Spannungsabfall bei Belastung ist dann

$$\varepsilon_a = \frac{\overline{a a_1}}{a A_0} 100\,\% \quad . \; . \; . \; . \; . \; . \; . \quad (186)$$

Um die Spannungserhöhung zu ermitteln, verschieben wir dagegen das Dreieck cba längs der Abszisse PP in die Lage $c_2 b_2 a_2$, wo c_2 auf die Leerlaufcharakteristik zu liegen kommt. Bei Vollast ist demnach die Erregung OA_n erforderlich, um die Klemmenspannung P zu erzeugen. Entlasten wir nun den Generator, so steigt die Spannung längs der Ordinate $A_n a_2$ bis zum Schnittpunkt a_3 mit der Leerlaufcharakteristik.

Die prozentuale Spannungserhöhung bei Entlastung ist somit

$$\varepsilon_e = \frac{\overline{a_2 a_3}}{a_2 A_n} 100\,\% \quad . \; . \; . \; . \; . \; . \; . \quad (187)$$

d) Regulierungskurve. Weil man mit Rücksicht auf die Herstellungskosten eines Generators, diesen nicht so ausführen kann, daß der Spannungsabfall bei Belastung vernachlässigbar klein wird, und weil man andererseits die Spannung meistens auf einem konstanten Wert halten will, muß man mit steigender Belastung die Erregung verstärken. Diese Veränderung des Erregerstromes mit der Belastung wird durch die Regulierungskurve (Fig. 410) dargestellt.

Die Schaltung zur experimentellen Aufnahme der Regulierungskurve (Fig. 410) ist dieselbe, wie bei der Belastungscharakteristik (Fig. 405).

Es ist Klemmenspannung konstant,
Umdrehungszahl konstant,
Ankerstrom veränderlich,
Erregung veränderlich.

Zu beobachten ist die Änderung des Erregerstromes

$$i_n = f(J)$$

bei zunehmender Belastung.

Wir können die Regulierungskurve auch mit Hilfe der in Fig. 410 aufgetragenen Leerlaufcharakteristik konstruieren. Soll die Spannung z. B. auf dem Wert $P =$ 115 Volt konstant gehalten werden, so ziehen wir die wagerechte Linie PP im Abstande 115 Volt von der Abszissenachse. Für einen beliebigen Strom J_1 ermitteln wir $AW_r = c_1 b_1$ und $J_1 R_a + 2\Delta P = b_1 c_1$ und verschieben dann das Dreieck $c_1 b_1 a_1$ längs der Leerlaufcharakteristik, bis der Punkt a_1 auf die Linie PP zu liegen kommt. Aus Fig. 410 geht hervor, daß die im Leerlauf erforderliche Erregung OA bei Belastung mit J_1 Ampere auf den Wert OA_1 erhöht werden muß, damit die Spannung auf dem Wert P konstant bleibe. Um die bei Belastung mit J_2 Am-

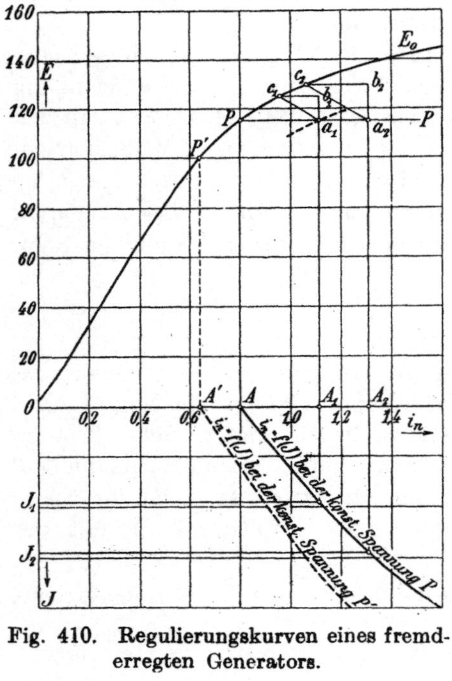

Fig. 410. Regulierungskurven eines fremderregten Generators.

pere erforderliche Erregung OA_2 zu ermitteln, verschieben wir die Linie $c_1 a_1$ parallel zu sich selbst und verändern gleichzeitig ihre Länge proportional der Änderung des Stromes, wodurch wir die Linie $\overline{c_2 a_2} = \frac{J_2}{J_1} \overline{c_1 a_1}$ bekommen. Weil die Strecken ca dem Strome proportional sind, stellen sie den Strom J in einem gewissen Maßstabe dar. Tragen wir deshalb den Strom J in der Richtung der negativen Ordinatenachse auf, so können wir die Regulierungskurve $i_n = f(J)$, wie aus der Figur hervorgeht, ermitteln. In dieser ist auch die Regulierungskurve für $P' = 100$ Volt aufgetragen. Aus diesen beiden Kurven geht hervor, daß die Regulierungskurve um so steiler ansteigt, je größer die Sättigung wird.

118. Die charakteristischen Kurven des Hauptschlußgenerators.

a) Leerlaufcharakteristik. Da beim Hauptschlußgenerator die Erregerwicklung vom Ankerstrom durchflossen wird, haben wir hier keine Leerlaufcharakteristik im eigentlichen Sinne dieser Bezeichnung. Die Leerlaufcharakteristik bildet jedoch auch hier die Grundlage für die Konstruktion der übrigen charakteristischen Kurven, und wir können uns diese Kurve verschaffen, indem wir von einer fremden Stromquelle aus Strom nur durch die Hauptschlußwicklung schicken und, wie bei dem fremderregten Generator, die im unbelasteten Anker induzierte EMK E in Abhängigkeit von i_n bei konstanter Umdrehungszahl ermitteln. Hierbei ist zu beachten, daß der Widerstand der Hauptschlußwicklung sehr klein ist und daß wir für die Erregung verhältnismäßig viel Strom brauchen.

b) Belastungscharakteristik. Beim Hauptschlußgenerator gibt es keine Belastungscharakteristik, weil hier Anker und Erregerstrom identisch sind und nicht voneinander unabhängig reguliert werden können. Dagegen kann man beim Hauptschlußgenerator Belastungscharakteristiken in derselben Weise aufnehmen wie die Leerlaufcharakteristik, d. h. durch Fremderregung.

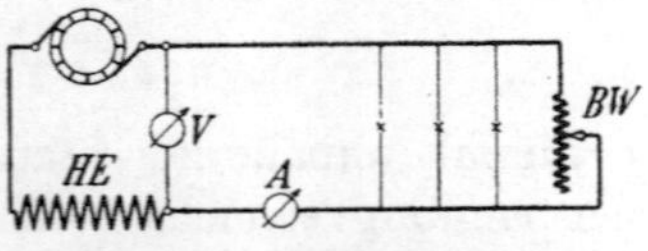

Fig. 411. Schaltungsschema zur Aufnahme der äußeren Charakteristik eines Hauptschlußgenerators.

c) Äußere Charakteristik. In dieser Kurve kommt das Charakteristische des Hauptschlußgenerators zum Ausdruck. Da der gesamte Ankerstrom zur Erregung der Magnete verwendet wird, so muß mit zunehmender Belastung der Maschine die im Anker induzierte EMK E und mit ihr die Klemmenspannung P zunehmen. In Fig. 412 sind die Leerlaufcharakteristik I, die innere Charakteristik $E = f(J)$, Kurve II, und die äußere Charakteristik $P = f(J)$, Kurve III, dargestellt.

Fig. 411 gibt die Schaltung zur experimentellen Aufnahme der äußeren Charakteristik. Es ist

Umdrehungszahl konstant,
Bürstenstellung konstant.

Zu beobachten ist die veränderliche Klemmenspannung

$$P = f(J),$$

wenn der Ankerstrom verschieden einreguliert wird.

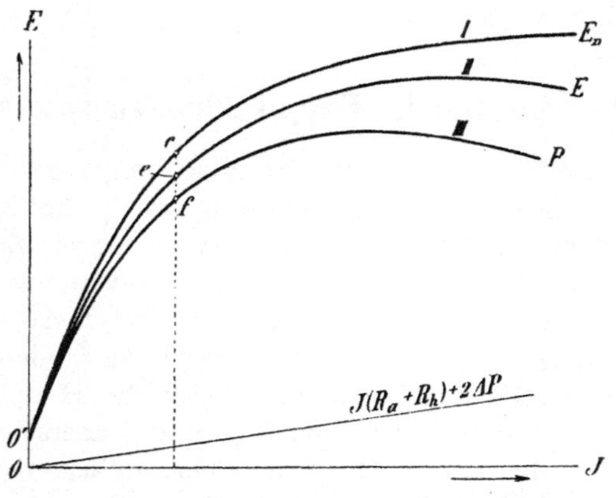

Fig. 412. Innere und äußere Charakteristik eines Hauptschlußgenerators.

Alle drei Kurven beginnen im gleichen Punkte O', der wegen des remanenten Magnetismus etwas höher liegt als O. Mit zunehmendem Strome J steigen die Kurven anfangs ziemlich steil an; am schnellsten die Leerlaufcharakteristik, dann die innere Charakteristik und am tiefsten liegt die äußere Charakteristik.

ce ist der Spannungsabfall infolge der Schwächung des Feldes durch die Ankerrückwirkung, ef ist der Ohmsche Spannungsabfall im Anker, in der Hauptschlußwicklung und an den Bürsten

$$ef = J(R_a + R_h) + 2\,\Delta P.$$

ef nimmt annähernd proportional der Belastung zu. Die Klemmenspannung erreicht bald nach dem Knie ihren Maximalwert und fängt bei noch größerer Belastung an zu sinken. Wenn die Ankerrückwirkung groß ist, zeigt die innere Charakteristik ein ähnliches Verhalten; ist die Rückwirkung klein, so biegt sie erst später ab.

Wir können die äußere Charakteristik leicht aus der Leerlaufcharakteristik konstruieren, wenn wir die Annahme machen, daß die Ankerrückwirkung sich proportional dem Belastungsstrome ändere, was in Wirklichkeit nicht ganz der Fall ist. Nach Seite 84 berechnen wir für einen bestimmten Strom J_1 die Amperewindungen $AW_r = AW_e + AW_q$, welche die Ankerrückwirkung kompensieren, ferner den Spannungsabfall im Anker, an den Bürsten und in der Hauptschlußwicklung. Mit diesen beiden Größen bilden wir das rechtwinklige Dreieck $a_1 b_1 c_1$ (Fig. 413), wo $a_1 b_1 = J_1 (R_a + R_h) + 2 \Delta P$ und $b_1 c_1 = \frac{A W_r}{w_h}$ ist. Wenn der Belastungsstrom J_1 zu- oder abnimmt, so ändern sämtliche Seiten ihre Länge proportional mit J_1; dabei verschiebt sich das Dreieck so parallel zu sich selbst, daß der Punkt c_1 sich auf der Leerlaufcharakteristik bewegt, während der Punkt a_1 die äußere Charakteristik beschreibt. Die Konstruktion derselben kann nun in sehr einfacher Weise erfolgen. Wir ziehen durch A_1 eine Parallele zu $c_1 a_1$ und tragen von A_1 aus $A_1 C_1 = a_1 c_1$ ab. Hierauf verbinden wir C_1 mit O. Um nun für einen beliebigen Strom J den zugehörigen Punkt der äußeren Charakteristik zu finden, verfahren wir folgendermaßen. Wir tragen auf der J-Achse den Strom $J = OA$ ab, ziehen durch A eine Parallele zu $A_1 C_1$ und bekommen den Punkt C. Indem wir nun das Parallelogramm $CcaA$ bilden, erhalten wir in a den gesuchten Punkt der äußeren Charakteristik. Die so erhaltene Kurve stimmt mit der wirklichen äußern Charakteristik nicht ganz überein; für kleine Sättigungen des Magnetsystems erhalten wir zu kleine, für große Sättigungen zu große Werte der Klemmenspannung, weil die entmagnetisierende Wirkung der Queramperewindungen AW_q schneller als proportional mit J zunimmt.

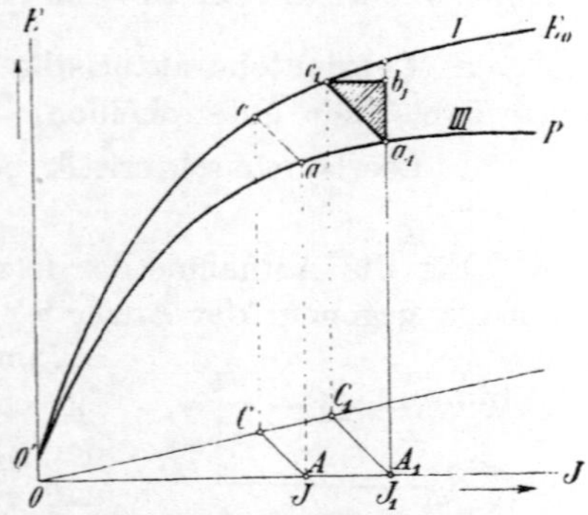

Fig. 413. Konstruktion der äußeren Charakteristik eines Hauptschlußgenerators.

Ist für eine Umdrehungszahl, z. B. n, die äußere Charakteristik $P = f(J)$ bekannt, so können wir die äußere Charakteristik für irgendeine andere Umdrehungszahl, z. B. n', aus dieser ableiten. Für einen bestimmten Ankerstrom ist das Feld konstant; folglich verhalten sich bei demselben Ankerstrome die im Anker induzierten EMKe E wie die Umdrehungszahlen

$$\frac{E'}{E} = \frac{n'}{n} = \frac{P' + J(R_a + R_h) + 2\Delta P}{P + J(R_a + R_h) + 2\Delta P},$$

woraus $$P' = \frac{n'}{n}[P + J(R_a + R_h) + 2\Delta P] - [J(R_a + R_h) + 2\Delta P]$$

oder $$P' = \frac{n'}{n} P - \left(1 - \frac{n'}{n}\right)[J(R_a + R_h) + 2\Delta P].$$

Wenn wir graphisch verfahren wollen, so müssen wir aus der P-Kurve zuerst die innere Charakteristik bestimmen; hieraus ermitteln wir $E' = f(J)$, subtrahieren von dieser Kurve den Spannungsabfall $J(R_a + R_h) + 2\Delta P$ und erhalten so die gesuchte äußere Charakteristik für die Umdrehungszahl n'.

119. Die charakteristischen Kurven des Nebenschlußgenerators.

a) Leerlaufcharakteristik. Beim Nebenschlußgenerator können wir zwei Fälle unterscheiden:

1. Leerlaufcharakteristik bei Fremderregung,
2. „ „ Selbsterregung.

Für die Aufnahme der letzteren ist in Fig. 414 das Schaltungsschema gegeben; der Anker ist nicht mehr stromlos, sondern es fließt in ihm der Erregerstrom. Da dieser sehr klein ist, etwa 2 bis 3 % vom Hauptstrom, so ist der Spannungsabfall im Anker so gering, daß er vernachlässigt werden kann; die beiden Leerlaufcharakteristiken fallen somit zusammen. Folglich haben die auf S. 457 über die Leerlaufcharakteristik einer fremderregten Maschine gemachten Bemerkungen ohne weiteres auch hier Gültigkeit.

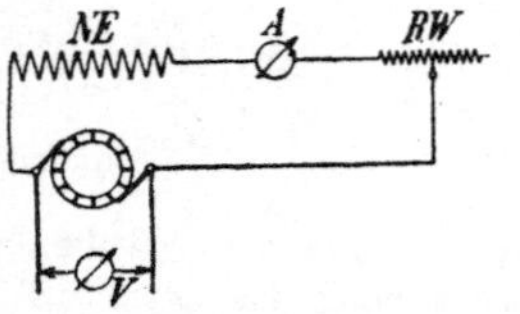

Fig. 414. Schaltungsschema zur Aufnahme der Leerlaufcharakteristik.

Ein Nebenschlußgenerator fängt doch erst an sich selbst zu erregen, wenn der Widerstand im Erregerkreise so klein gemacht worden ist, daß die Gerade Oa (Fig. 417) die Leerlaufcharakteristik I schneidet; denn erst dann wird im Anker eine genügend große EMK induziert, um den für die Erzeugung des Feldes nötigen Erregerstrom durch den Erregerkreis zu treiben. — Wenn man den Widerstand des Erregerkreises so groß macht, daß die Gerade Oa mit dem unteren geradlinigen Teil der Leerlaufcharakteristik zusammenfällt, so würde die Klemmenspannung verschwinden, wenn kein remanenter Magnetismus vorhanden wäre.

b) Belastungscharakteristik. Die Belastungscharakteristik kann sowohl bei Fremderregung als auch bei Selbsterregung aufgenommen werden. Die beiden Kurven weichen aber so wenig voneinander ab, daß sie praktisch als identisch angesehen werden dürfen; es kann daher auf das S. 459 u. f. über die Belastungscharakteristik Gesagte verwiesen werden.

c) Die äußere Charakteristik des Nebenschlußgenerators erhalten wir, wenn wir die Maschine bei konstantem Widerstand des Erregerkreises und konstanter Umdrehungszahl stufenweise belasten.

Aus dieser Kurve kann man das charakteristische Verhalten des Nebenschlußgenerators erkennen. In Fig. 416 ist die äußere Charakteristik bei Fremderregung I, die äußere Charakteristik III $P = f(J)$ und die innere Charakteristik II $E = f(J)$ bei Selbsterregung aufgezeichnet. Für die Aufnahme der Kurve III ist in Fig. 415 das Schaltungsschema angegeben.

Es ist Umdrehungszahl konstant,
Erregerwiderstand konstant,
Bürstenstellung konstant.

Zu beobachten ist die veränderliche Klemmenspannung

$$P = f(J),$$

wenn der Ankerstrom geändert wird.

Die äußere Charakteristik bei Selbsterregung, Kurve III (Fig. 416), fällt mit zunehmender Belastung rascher ab als die äußere Charakteristik bei Fremderregung, Kurve I. Der Grund hierfür liegt darin, daß bei Selbsterregung und konstantem Nebenschlußwiderstand der Erregerstrom i_n nicht wie bei der Fremderregung konstant bleibt, sondern entsprechend dem Spannungsabfall im Anker abnimmt. Für eine bestimmte Stromstärke, die sogenannte kritische Stromstärke, kehrt die äußere Charakteristik sich um, verläuft, wenn wir den äußeren Widerstand noch mehr verkleinern, rückwärts und schneidet bei Kurzschluß der Klemmen die Abszissenachse im Punkte S_0. Hätte die Maschine keinen remanenten Magnetismus, so wäre bei Kurzschluß der Klemmen $J = 0$, d. h. in diesem Falle würde die äußere Charakteristik nicht durch S_0, sondern durch 0 gehen.

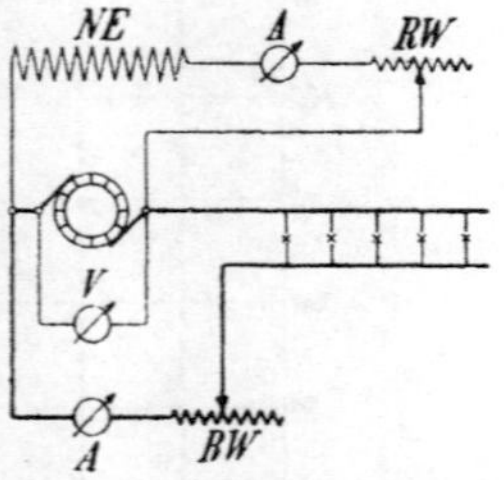

Fig. 415. Schaltungsschema zur Aufnahme der äußeren Charakteristik eines Nebenschlußgenerators.

Die äußere Charakteristik ist keine eindeutige Kurve; denn für einen bestimmten Wert von J ergeben sich zwei Werte von P. Aus dieser Kurve ist ferner noch ersichtlich, daß die Nebenschlußmaschine im Kurzschluß nicht Gefahr läuft zu verbrennen, da die Stromstärke für $R = 0$ auf einen kleinen Wert heruntersinkt, und zwar gilt dies um so mehr, je größer die Ankerrückwirkung ist. Mit Hilfe der äußeren Charakteristik läßt sich die innere Charakteristik, Kurve III, (Fig. 416) konstruieren, indem man jeweils zu P den zugehörigen Spannungsabfall $JR_a + 2\Delta P$ addiert. In Fig. 416 bedeutet cf den gesamten Spannungsabfall der Maschine vom Leerlauf bis zur Belastung J; ef stellt den Spannungsabfall $JR_a + 2\Delta P$ und ce den

Spannungsabfall infolge der Ankerrückwirkung und der Verkleinerung von i_n dar.

Konstruktion der äußeren Charakteristik. Die Abnahme von i_n geschieht proportional mit P. Bezeichnet R_n den Widerstand des Erregerkreises, so ist für alle Belastungen

$$i_n = \frac{P}{R_n} \quad \text{oder} \quad \frac{P}{i_n} = R_n = \operatorname{tg} \alpha = \text{konstant.}$$

Die Gerade Oa (Fig. 417) stellt somit die Klemmenspannung in Abhängigkeit von der Erregung dar. Mit Hilfe der Geraden Oa und der Leerlaufcharakteristik können wir die äußere Charakteristik mit großer Annäherung konstruieren. Für einen bestimmten

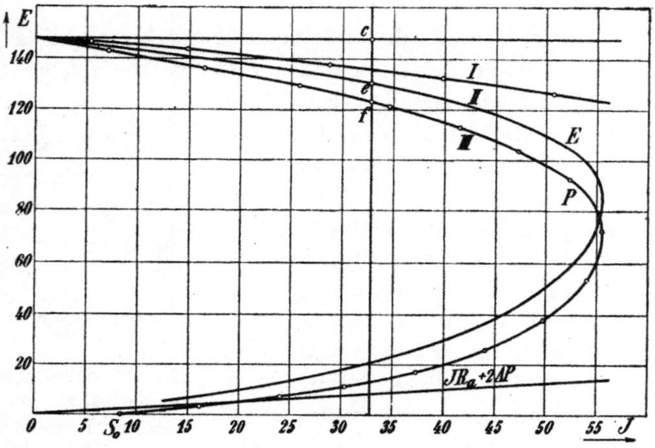

Fig. 416. Innere und äußere Charakteristik eines Nebenschlußgenerators.

Strom J_1 berechnet man das Dreieck abc, wo $ab = J_1 R_a + 2\Delta P$ und $bc = \frac{AW_r}{w_n}$ ist. Wir wollen nun hier auch wieder die verein fachende Annahme machen, daß $2\Delta P$ und AW_r sich proportional dem Belastungsstrom J ändern; infolgedessen ist dann ca auch proportional mit J und hat für alle Werte von J dieselbe Richtung. Um nun die zwei Werte von P, die dem Strome J_1 entsprechen, zu erhalten, ziehen wir durch c die Parallele zu Oa und erhalten die Schnittpunkte c_1 und c_2. Durch diese Punkte c_1 und c_2 legen wir zwei Parallele zu ca; die Schnittpunkte a_1 und a_2 mit der Geraden Oa sind dann die gesuchten zwei Klemmenspannungen. Wir erhalten weitere Punkte der äußeren Charakteristik, indem wir die Gerade $c_1 a_1$ parallel zu sich selbst verschieben; ihre Länge ist ein direktes Maß für die Größe des Stromes, und der Schnittpunkt mit der Geraden Oa gibt die zugehörige Klemmenspannung an. Die kritische Stromstärke erhält man, wenn man parallel zu Oa die Tangente an die Leerlaufcharakteristik legt und durch den Berührungspunkt eine Parallele $c_m a_m$ zu ca zieht. Links von der Ordinatenachse sind die gefundenen Werte von P als Funktion von J aufgetragen, Kurve II; außerdem ist zum Vergleich noch die experimentell ermittelte äußere Charakteristik, Kurve III, aufgezeichnet. Anfangs fallen beide Kurven zusammen; bald nach der normalen Belastung gehen sie jedoch auseinander, indem die konstruierte Charakteristik rascher abbiegt als die experimentell aufgenommene. Die Ursache hierfür liegt in der Ankerrückwirkung, die in der Nähe des Knies rascher abnimmt, als wir angenommen haben. Da aber nur die Kenntnis des oberen Teiles der äußeren Charakteristik praktischen Wert hat, so darf die Konstruktion als genügend genau betrachtet werden.

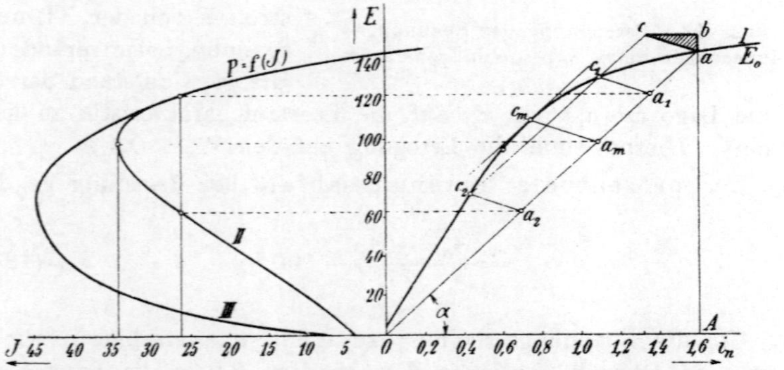

Fig. 417. Konstruktion der äußeren Charakteristik eines Nebenschlußgenerators.

Aus der Konstruktion der äußeren Charakteristik ist ersichtlich, daß der maximale Strom $a_m c_m$ bei gegebener Erregung OA um so größer und der Spannungsabfall um so kleiner wird, je stärker die Maschine gesättigt ist. Bei zu schwach gesättigten Maschinen kann der Spannungsabfall so groß werden, daß die normale Stromstärke nicht erhalten wird, wenn man die Erregung entsprechend der normalen Klemmenspannung bei Leerlauf einstellt.

Beim Nebenschlußgenerator genügt es ebenfalls, für die meisten praktischen Fälle nur die Spannungsänderungen bei Veränderung der Belastung von Leerlauf bis Vollast und umgekehrt zu bestimmen. Auch hier geht man in beiden Fällen von der normalen Klemmenspannung P aus, dagegen läßt man hier den Widerstand des Erregerkreises während der Belastungsänderung unverändert bleiben. Der Erregerstrom ändert sich also hier proportional der Spannung

Diese Spannungsänderungen können auch hier mit Hilfe der Leerlaufcharakteristik (Fig. 418) wie folgt ermittelt werden.

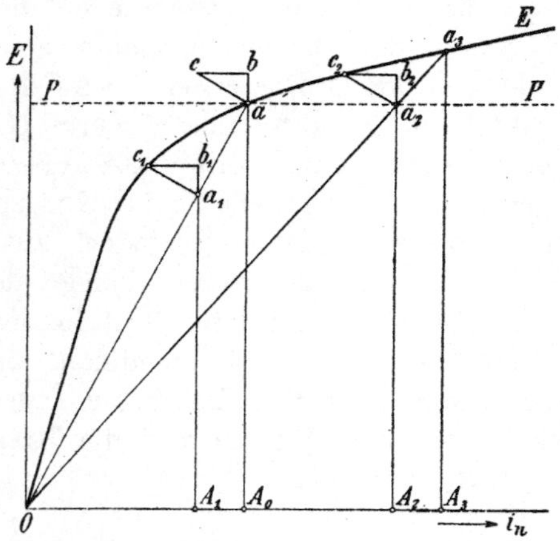

Fig. 418. Berechnung der Spannungsänderungen eines Nebenschlußgenerators.

Die normale Klemmenspannung P ist durch die wagerechte Linie PP dargestellt. Im Leerlauf bekommen wir diese Spannung bei der Erregung OA_0. Wir zeichnen jetzt das Dreieck cba mit den Seiten $cb = AW_r$ und $ba = JR_a + 2\Delta P$ bei der normalen Vollaststromstärke J_n. Wir verschieben nun dieses Dreieck längs der Linie aO, welche die Abhängigkeit des Erregerstromes von der Klemmenspannung bei unverändertem Erregerwiderstand darstellt, in die Lage $c_1 b_1 a_1$, wo c_1 auf die Leerlaufcharakteristik zu liegen kommt. Hierbei sinkt die Erregung auf den Wert OA_1.

Der prozentuale Spannungsabfall bei Belastung ist dann

$$\varepsilon_a = \frac{\overline{A_0 a} - \overline{A_1 a_1}}{\overline{A_0 a}}\, 100\,\% \quad \ldots\ldots\ldots \quad (188)$$

Um die Spannungserhöhung zu ermitteln, verschieben wir dagegen das Dreieck cba längs der Abszisse PP in die Lage $c_2 b_2 a_2$, wo c_2 auf die Leerlaufcharakteristik zu liegen kommt. Bei Vollast ist demnach die Erregung OA_2 erforderlich, um die Klemmenspannung P zu erzeugen. Entlasten wir nun den Generator, so steigt die Spannung längs der Linie Oa_2 bis zum Schnittpunkt a_3 mit der Leerlaufcharakteristik. Hierbei steigt die Erregung auf den Wert OA_3.

Die prozentuale Spannungserhöhung bei Entlastung ist dann

$$\varepsilon_e = \frac{\overline{A_3 a_3} - \overline{A_2 a_2}}{\overline{A_2 a_2}}\, 100\,\% \quad \ldots\ldots \quad (189)$$

Die Spannungsänderungen des Nebenschlußgenerators sind, wie wir sehen, größer als die des fremderregten Generators, weil der Erregerstrom hier nicht konstant bleibt, sondern sich in demselben Sinne ändert wie die Spannung. Wir haben also eine kumulative Wirkung.

d) Regulierungskurve. Die Regulierungskurve des Nebenschlußgenerators stellt die Abhängigkeit des Erregerstromes i_n vom Belastungsstrom J bei konstanter Klemmenspannung dar, $i_n = f(J)$. Es gilt also hier das gleiche, was über die Regulierungskurve der fremderregten Maschine auf S. 466 gesagt ist, wenn man den geringen Spannungsabfall vernachlässigt, welcher durch die Änderung des Erregerstromes verursacht wird. Das Verhältnis der Erregung bei Vollast zur Erregung bei Leerlauf gibt auch hier ein Maß für die erforderliche Nachregulierung.

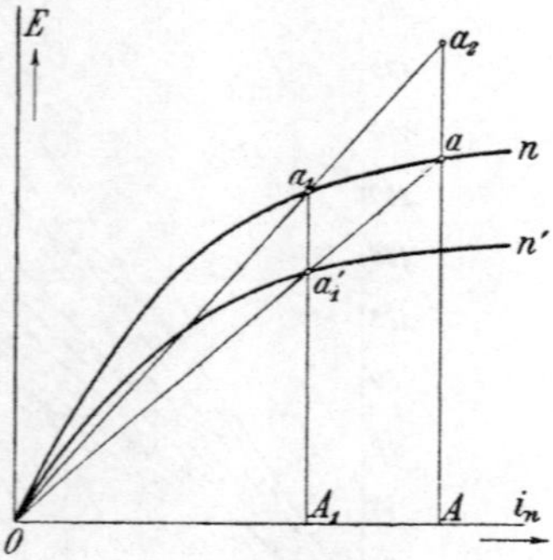

Fig. 419.

e) Klemmenspannung bei Leerlauf als Funktion der Umdrehungszahl. In Fig. 419 ist die Leerlaufcharakteristik eines Nebenschlußgenerators für die Umdrehungszahl n gezeigt. Aa sei die Spannung, welche sich einstellt, wenn die Maschine normal erregt ist. Sinkt n auf n', so geht Aa in $A_1 a_1'$ über. Es verhält sich nun:

$$\frac{n'}{n} = \frac{A_1 a_1'}{A_1 a_1} = \frac{Aa}{Aa_2}.$$

oder

$$A_1 a_1' = \frac{n'}{n} A_1 a_1 \quad \text{und} \quad Aa_2 = \frac{n}{n'} Aa.$$

Den Punkt a_1' kann man auch erhalten, ohne daß man die Leerlaufcharakteristik für die Umdrehungszahl n' ermittelt, wir berechnen dann Aa_2 und verbinden a und a_2 mit O. Vom Schnittpunkt a_1 fällen wir ein Lot auf die Abszissenachse und bekommen so den gesuchten Punkt a_1'. Indem wir n' verändern, jedesmal Aa_2 ausrechnen und die angegebene Konstruktion wiederholen, erhalten wir für die verschiedenen Umdrehungszahlen die zugehörigen Klemmenspannungen. In Fig. 420 ist dies durchgeführt und die Klemmenspannungen als Funktion von n aufgetragen.

Wäre kein remanenter Magnetismus vorhanden, so würde die Umdrehungszahlkurve nicht in den Nullpunkt auslaufen, sondern die x-Achse etwa im Punkte $n = 500$ schneiden. Diese Umdrehungszahl nennt man die tote Umdrehungszahl des Nebenschlußgenerators, weil bei dieser die Maschine aufhört Spannung zu geben.

Die Schaltung zur Aufnahme dieser Kurve ist dieselbe wie bei der Aufnahme der Leerlaufcharakteristik mit Selbsterregung

(Fig. 414), wobei der Regulierwiderstand des Nebenschlußkreises kurzgeschlossen oder unverändert bleibt.

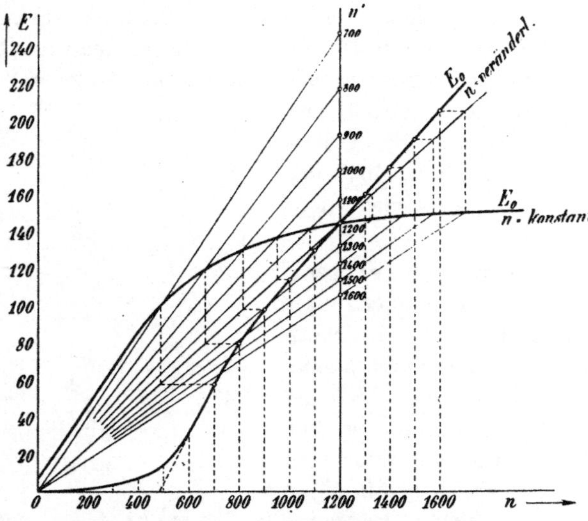

Fig. 420. Die Abhängigkeit der Leerlaufsspannung eines Nebenschlußgenerators von der Umdrehungszahl.

Es ist der Nebenschlußwiderstand konstant zu halten, während die bei veränderlicher Umdrehungszahl auftretende Spannung

$$E = f(n)$$

beobachtet wird.

Die tote Umdrehungszahl liegt um so höher, je größer der Widerstand der Erregerwicklung ist. In Fig. 420 liegt sie bei ca. 500 Umdrehungen, wo die gestrichelte Fortsetzung der Charakteristik die Abszissenachse schneidet.

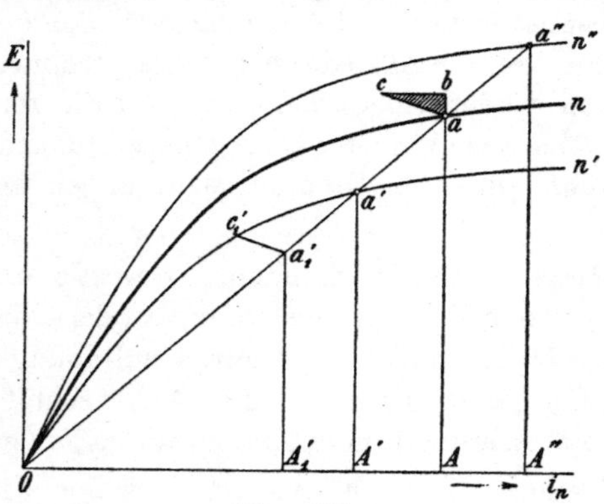

Fig. 421.

e) Klemmenspannung der belasteten Maschine bei veränderlicher Umdrehungszahl. In Fig. 421 sind drei Leerlaufcharakteristiken aufgezeichnet; die eine für die Umdrehungszahl n ist die gegebene, während die andern für die Umdrehungszahlen n' bzw. n'' aus dieser konstruiert sind. Bei

Leerlauf geht, wenn die Umdrehungszahl n auf n' herabsinkt, die Klemmenspannung Aa in $A'a'$ über, und wenn die Umdrehungszahl von n auf n'' sinkt, steigt die Klemmenspannung Aa auf $A''a''$.

Wenn die Maschine belastet wird und die Umdrehungszahl n auf n' sinkt, so verfahren wir zur Ermittlung der Klemmenspannung folgendermaßen:

Wir bestimmen zuerst den Punkt a', hierauf wenden wir für die Leerlaufcharakteristik, welche der Umdrehungszahl n' entspricht, dieselbe Konstruktion an, die früher (Fig. 417) für die äußere Charakteristik angegeben wurde. Wir ziehen parallel zu ca die Gerade $c_1'a_1'$. Aus der Länge von $c_1'a_1'$ ergibt sich der Belastungsstrom J, die zugehörige Klemmenspannung ist $a_1'A_1'$. Indem man die Gerade parallel zu sich selbst verschiebt, kann für jede beliebige Belastung die entsprechende Klemmenspannung bei der Umdrehungszahl n' gefunden werden.

f) Selbsterregung eines Nebenschlußgenerators. Treibt man einen Nebenschlußgenerator mit normaler Umdrehungszahl bei offenem Erregerstromkreis an, so gibt er eine Spannung, die nur vom remanenten Magnetismus herrührt. Schließt man nun den Stromkreis der Erregerwicklung, so erzeugt diese Spannung einen Strom, der die Erregung verstärkt. Trotzdem kommt es, besonders bei kleinen Maschinen, mitunter vor, daß die Maschine sich nicht weiter erregt.

Es beruht dies oft darauf, daß der Übergangswiderstand der Bürsten, infolge vorstehenden Glimmers, Verschmutzung des Kommutators oder dergleichen, zu groß ist. Ein vorübergehendes kräftiges Anpressen der Bürsten genügt daher meistens zur Einleitung der Selbsterregung.

120. Die charakteristischen Kurven des Doppelschlußgenerators.

a) Leerlaufcharakteristik. Diese ist identisch mit der Leerlaufcharakteristik eines Nebenschlußgenerators; denn bei Leerlauf ist die Hauptschlußwicklung stromlos.

b) Belastungscharakteristik. Die experimentelle Aufnahme der Belastungscharakteristik geschieht hier wie beim Nebenschlußgenerator, indem wir bei konstanter Umdrehungszahl den Generator mit einem konstanten Strom belasten und die Klemmenspannung in Abhängigkeit vom Erregerstrom beobachten.

Die Berechnung der Belastungscharakteristik geschieht mit Hilfe der Leerlaufcharakteristik, wie in Fig. 422 gezeigt.

Etwa bei der normalen Spannung berechnen wir AW_r für einen gewissen Strom J und ziechen die wagerechte Strecke $cb = AW_r$

nach rechts von der Leerlaufcharakteristik aus. Dann tragen wir in entgegengesetzter Richtung von AW_r die dem Strome J entsprechenden Hauptschlußamperewindungen $AW_h = bb_1$ ab und bekommen den Unterschied dieser beiden Amperewindungen $AW_h - AW_r$ als die Strecke $cb_1 = bb_1 - cb$. Von b_1 aus tragen wir die Strecke $b_1 a = J(R_a + R_h) + 2\Delta P$ nach unten ab und bekommen somit den Punkt a auf der Belastungscharakteristik. Unter der nicht ganz zutreffenden Annahme, daß AW_r konstant sei, bekommen wir jetzt die Belastungscharakteristik als Ort des Punktes a, wenn wir das Dreieck cb_1a parallel zu sich selbst verschieben, indem wir den Punkt c längs der Leerlaufcharakteristik gleiten lassen.

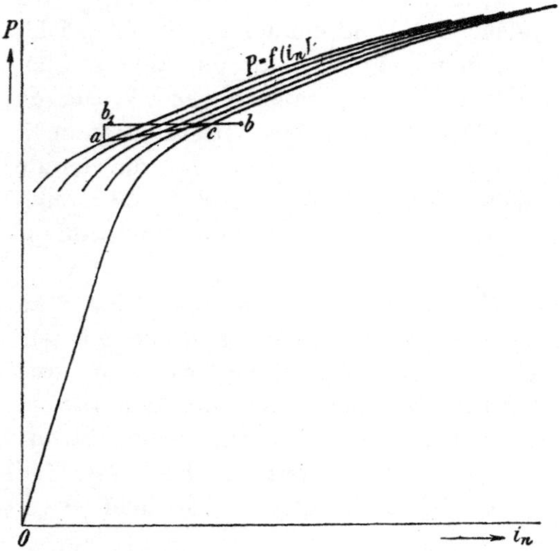

Fig. 422. Belastungscharakteristik eines Doppelschlußgenerators.

In Fig. 422 sind noch einige Belastungscharakteristiken für die der Reihe nach kleiner werdenden konstanten Stromstärken J_1, J_2 und J_3 eingezeichnet.

c) **Die äußere Charakteristik** des Doppelschlußgenerators erhalten wir in derselben Weise wie beim Nebenschlußgenerator. Für die Aufnahme der äußeren Charakteristik gilt das Schaltungsschema Fig. 423.

Es ist: Umdrehungszahl konstant,
Widerstand des Nebenschlußkreises konstant,
Bürstenstellung konstant,
Strom veränderlich,
Klemmenspannung veränderlich.

Zu beobachten ist die Klemmenspannung P in Abhängigkeit vom Belastungsstrom J.

Durch die Hauptschlußwicklung wird die Erregung proportional der Belastung verstärkt. Durch die Wahl der Windungszahl der Hauptschlußwicklung können wir deren Wirkung so anpassen, daß einerseits die Ankerrückwirkung kompensiert und anderseits die induzierte EMK angenähert proportional dem Ohmschen Spannungsabfall erhöht wird. Wir bekommen dann eine angenähert konstante Spannung an den Klemmen der Maschine. In vielen Fällen ist aber eine konstante Spannung nicht an den Maschinenklemmen, sondern in einem entfernten Speisepunkt erwünscht. Auch dies kann mit dem Doppelschlußgenerator angenähert erreicht werden, indem man die Hauptschlußwicklung mit so vielen Windungen ausführt, daß die induzierte EMK angenähert proportional der Summe der Spannungsabfälle im Anker, in der Hauptschlußwicklung, unter den Bürsten und auch in der Speiseleitung, d. h. proportional $J(R_a + R_h) + 2\Delta P + JR_s$ erhöht wird. In diesem Fall interessiert uns sowohl die Klemmenspannung, an welche die Nebenschlußwicklung angeschlossen ist, als auch die Spannung im Speisepunkt in Abhängigkeit von der Belastung. Diese beiden Kurven können wir mit Hilfe der Leerlaufcharakteristik (Fig. 424) wie folgt konstruieren, und es ist in dieser Figur die Leerlaufcharakteristik eines gewöhnlichen Nebenschlußgenerators, der nachträglich mit einer Hauptschlußwicklung versehen worden ist, aufgetragen.

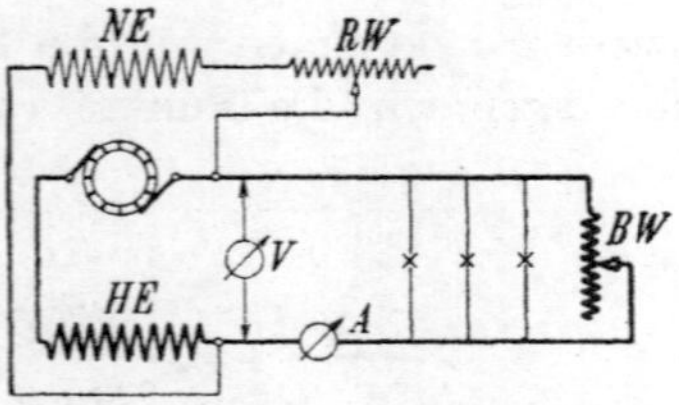

Fig. 423. Schaltungsschema zur Aufnahme der äußeren Charakteristik eines Doppelschlußgenerators.

Der Widerstand der Nebenschlußwicklung sei auf einen der Neigung der Gerade Oa entsprechenden Wert einreguliert, so daß wir im Leerlauf die Klemmenspannung $P = 110$ Volt bekommen. Wir tragen nun den Belastungsstrom längs der negativen Ordinatenachse auf und ermitteln die bei z. B. der Stromstärke $OF_3 = 48$ Ampere vorhandenen Hauptschlußamperewindungen $AW_h = F_3B_3$. Diese Amperewindungen sind dem Belastungsstrome J proportional und können deshalb durch die Gerade OB_3 dargestellt werden. Wir berechnen nun die rückwirkenden Amperewindungen AW_r bei der Stromstärke OF_3 und bei einer etwas höheren Spannung als P. Wir ziehen $AW_r = B_3C_3$ von AW_h ab und erhalten somit die vom Belastungsstrom J insgesamt hervorgerufenen Amperewindungen $F_3C_3 = AW_h - AW_r$. Unter der Annahme, daß AW_r dem Belastungsstrome proportional sei, werden diese resultierenden Amperewindungen durch die Gerade OC_3 dargestellt. Mit Hilfe dieser Geraden finden wir die den fünf Belastungen OF entsprechenden, vom Belastungsstrom hervorgerufenen Amperewindungen OA. Diese Amperewindungen addieren wir nun zu den Amperewindungen der Nebenschlußwicklung und bekommen die Summe aller im Generator vorhandenen Amperewindungen als die mit Oa parallelen Linien $A_1 a_1$, $A_2 a_2$ usw. Die Klemmenspannung P_g des Generators ermitteln wir jetzt, indem wir die jeder Belastung entsprechenden Spannungsabfälle $J(R_a + R_h) + 2\Delta P$ als die vertikalen Linien $b_1 a_1$, $b_2 a_2$ usw. zwischen der Leerlaufcharakteristik und den Linien $A_1 a_1$, $A_2 a_2$ usw. einpassen. Wenn wir nun von P_g die jeder Belastung entsprechenden Spannungsabfälle in der Speiseleitung JR_s gleich $a_1 a_1'$, $a_2 a_2'$ usw. abziehen, bekommen wir die Spannung im Speisepunkt P_s. Schließlich tragen wir die Punkte a und a' in Abhängigkeit vom Belastungs-

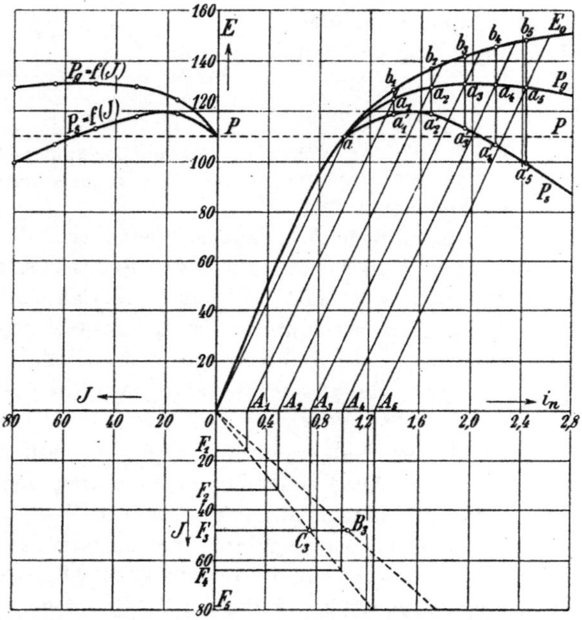

Fig. 424. Innere und äußere Charakteristik eines Doppelschlußgenerators.

strome J links von der Ordinatenachse auf und erhalten somit die gesuchte Abhängigkeit der Spannung P_g am Generator und der Spannung P_s im Speisepunkt von der Belastung.

Wie aus Fig. 424 hervorgeht, ist die Spannung im Speisepunkt in diesem Falle nur einigermaßen konstant, denn die Spannung steigt mit zunehmender Belastung anfänglich an, bis sie bei etwa $^1/_4$-Last $10\,^0/_0$ größer als $P = 110$ Volt wird, und sinkt dann, bis sie bei $^1/_1$-Last $10\,^0/_0$ kleiner als P wird. Diese recht beträchtlichen Abweichungen von dem erwünschten konstanten Wert P werden durch den gekrümmten Verlauf der Leerlaufcharakteristik hervorgerufen.

Weil die Amperewindungen OA des Belastungsstromes, wie auch die Spannungsabfälle ba und aa' proportional der Belastung zunehmen, ist es aus Fig. 424 leicht ersichtlich, daß wir eine konstante Spannung im Speisepunkt erhalten würden, wenn die Leerlaufcharakteristik oberhalb des Punktes a als eine gerade Linie verlaufen würde.

Man kann nun durch geeignete Konstruktion der Maschine einen solchen Verlauf der Leerlaufcharakteristik erzielen, indem man ein sehr kurzes Stück des Kraftlinienweges stark, die übrigen Teile schwach sättigt. Es geschieht dies z. B. dadurch, daß man nur die Zähne stark sättigt. Noch besser ist es, die Magnetkerne, wie in Fig. 425 gezeigt ist, mit einer Aussparung zu versehen. In Fig. 426 ist die Leerlaufcharakteristik einer nach dem letzten Verfahren ausgeführten Maschine aufgetragen. Bei schwachem Felde sind sämtliche Eisenteile so schwach gesättigt, daß die Amperewindungen für das Eisen vernachlässigt werden können. Diese dienen deshalb hauptsächlich dazu, das Feld durch den Luftspalt zu treiben und die Leerlaufcharakteristik steigt infolgedessen zuerst geradlinig an. Das Eisen an beiden Seiten der Aussparung wird nun bald gesättigt und schon etwas unter der normalen Spannung ist die Sättigung dort so hoch, daß für dieses kurze Stück von nun ab beinahe ebenso viele Amperewindungen erforderlich sind, wie wenn die ganze Aussparung aus Luft bestehen würde. Die Leerlaufcharakteristik geht deshalb in eine andere Gerade mit einer kleineren Neigung über, welche dem mit der Aussparung vergrößerten Luftspalt entspricht. Sie setzt als eine Gerade so lange fort, bis die Sättigung in den Zähnen und in den übrigen Eisenteilen anfängt sich bemerkbar zu machen. Aus Fig. 426 ist ersichtlich, daß wir mit einem solchen Generator eine im Speisepunkt fast konstante Spannung bei allen vorkommenden Belastungen erreichen können. Allerdings haben wir hierbei die Abweichungen von der geradlinigen Abhängigkeit der AW_q von der Belastung vernachlässigt. Wir können den Einfluß dieser Abweichungen auf die Spannungskurve $P_s = f(J)$, wenn wir genau verfahren wollen, dadurch berücksichtigen, daß wir die wirklichen Werte von AW_q für einige Belastungen ausrechnen und die Gerade OC_3 durch eine entsprechende Kurve ersetzen. Die hierdurch erhaltene wirkliche Spannungskurve wird größere Abweichungen vom Mittelwert aufweisen, als die in Fig. 426 gezeigte. Diese durch AW_q hervorgerufenen Abweichungen von der gewünschten Spannung können

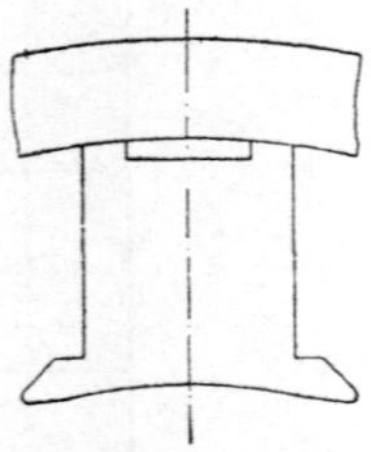

Fig. 425. Hauptpol mit Aussparung.

wir dadurch unterdrücken bzw. aufheben, daß wir den Generator entweder mit einem in der Drehrichtung größer werdenden Luftspalt oder mit einer besonderen die Ankeramperewindungen gerade aufhebenden Kompensationswicklung (nach Ryan oder Déri) versehen.

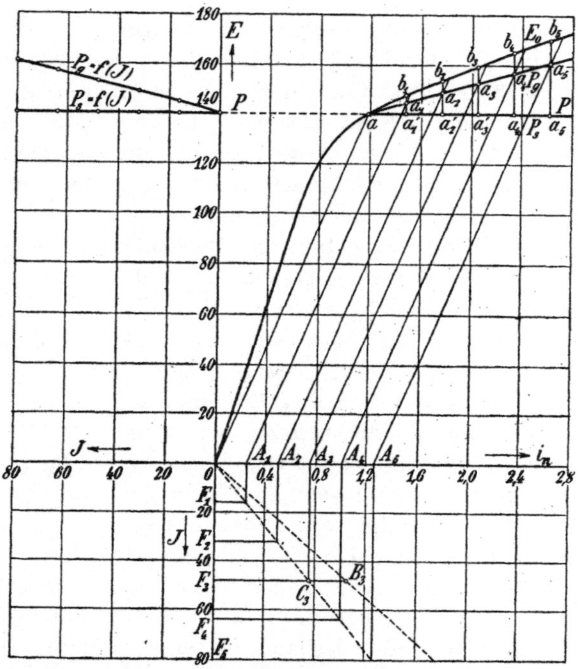

Fig. 426. **Äußere Charakteristik eines Doppelschlußgenerators mit Aussparungen in den Hauptpolen.**

Um noch den Spannungsabfall zu berücksichtigen, welcher dadurch eintritt, daß mit zunehmender Belastung die Umdrehungszahl sinkt, verfahren wir folgendermaßen: Wir nehmen an, die Umdrehungszahl nehme proportional der Belastung ab. Da die Klemmenspannung mit großer Annäherung konstant bleibt, dürfen wir den Abfall der Umdrehungszahl proportional dem Belastungsstrome setzen. Der durch den Abfall der Umdrehungszahl hervorgerufene Spannungsabfall verhält sich deshalb unter diesen Voraussetzungen wie ein in einem Widerstand entstehender Spannungsabfall. Wir können ihn also dadurch berücksichtigen, daß wir mit einem vergrößerten Ankerwiderstand rechnen, und zwar ist dieser gedachte, hinzuzufügende Widerstand so groß, daß in ihm die Spannung um denselben Prozentsatz fällt, wie die Umdrehungszahl sinkt.

121. Strom und Spannung eines Generators als Funktion des äußeren Belastungswiderstandes.

In Fig. 427 sind der Belastungsstrom J und die Klemmenspannung P als Funktion des Widerstandes R des äußeren Stromkreises für die verschiedenen Generatorgattungen aufgetragen. Wir ersehen aus diesen Kurven deutlich die Verschiedenheiten in dem Verhalten dieser Generatorgattungen bei Veränderung des äußeren Widerstandes, d. h. des Belastungswiderstandes. Die normalen Belastungszustände sind mit Punkten gekennzeichnet.

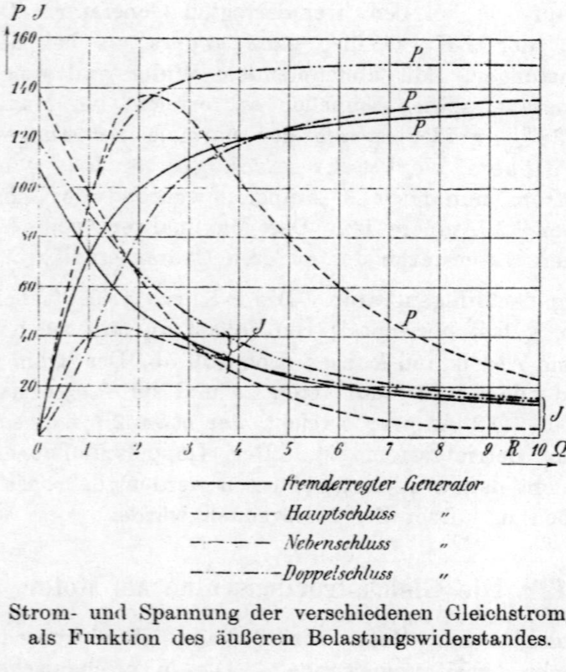

Fig. 427. Strom- und Spannung der verschiedenen Gleichstromgeneratoren als Funktion des äußeren Belastungswiderstandes.

a) Fremderregter Generator. Der normale Belastungsstrom J des Generators beträgt 32 Ampere; der entsprechende äußere Widerstand R hat den Wert 3,65 Ohm. Wenn wir denselben verkleinern, so steigt die Stromstärke rasch an, während die Klemmenspannung P abnimmt. Für $R = 0$ ist J ein Maximum $= 110$ Ampere und $P = 0$ geworden. Infolge des hohen Ansteigens des Stromes bei Kurzschluß würde die Ankerwicklung in sehr kurzer Zeit verbrennen, und unter Umständen das Kupfer der Ankerspulen zum Schmelzen gebracht werden. Ein fremderregter Generator darf also nicht dauernd kurzgeschlossen werden.

b) **Hauptschlußgenerator.** Die J-Kurve verläuft hier ganz ähnlich wie bei dem fremderregten Generator. Für $R = 0$ erreicht J seinen maximalen Wert 138 Ampere, während die normale Stromstärke nur 34 Ampere beträgt. Auch dieser Generator würde also durch einen länger andauernden Kurzschluß ernstlich beschädigt werden. Die P-Kurve zeigt dagegen einen ganz anderen Verlauf als bei dem fremderregten Generator. Für $R = 0$ ist P auch hier, wie bei allen Generatorgattungen, gleich Null. Mit wachsendem Widerstand steigt P jedoch anfänglich sehr rasch an, erreicht einen maximalen Wert von 137 Volt und fällt dann wieder ab.

c) **Nebenschlußgenerator.** Die P-Kurve hat hier einen ähnlichen Verlauf wie bei dem fremderregten Generator. Dagegen ist der Verlauf der J-Kurve hier ganz anders als bei den übrigen Generatorgattungen. Mit abnehmendem Widerstand steigt dieselbe, anfangs langsam, später schneller an, erreicht ein Maximum, das nur etwa 38 % größer ist als der normale Belastungsstrom und fällt von diesem Wert sehr rasch ab; für $R = 0$ beträgt der Belastungsstrom nur noch 8 Ampere, während der normale Belastungsstrom 32 Ampere ist. Der Maximalwert von J entspricht der kritischen Stromstärke der äußeren Charakteristik.

d) **Doppelschlußgenerator.** Die P-Kurve verläuft bei größeren Werten von R fast horizontal; von Vollast an fällt sie dagegen mit abnehmendem Widerstand R rasch nach Null ab. Der Strom nimmt mit kleiner werdendem Widerstand stets zu und für $R = 0$ hat J seinen höchsten Wert 118 Ampere erreicht, der etwa $2^1/_2$ mal so groß wie der normale Betriebsstrom ist. Der Doppelschlußgenerator darf also auch nicht dauernd kurzgeschlossen werden, da sonst die Wicklung desselben in kurzer Zeit verbrennen würde.

122. Die Gleichstrommaschine als Motor.

Beim elektrischen Motor wird bekanntlich elektrische Energie in mechanische Arbeit umgewandelt. Die in mechanische Leistung umgewandelte elektrische Leistung ist das Produkt aus der im Anker induzierten EMK E in Volt und dem Ankerstrom J_a in Ampere. Die mechanische Leistung wird dagegen ausgedrückt als das Produkt aus dem Drehmoment M_d in Vismeter[1]) und der Winkelgeschwindigkeit ω in Radianten pro Sekunde. Wenn wir zunächst von den im Motor auftretenden Verlusten (Eisen und Reibungsverlusten)

[1]) 1 Vis $= 10^8$ Dyn, 1 Dyn $= \frac{1}{981\,000}$ kg, also 1 Vismeter $= \frac{10^8}{981\,000}$ $= 102$ mkg.

absehen, so ist die mechanisch abgegebene Leistung gleich der elektrisch zugeführten, und mit den angegebenen Einheiten wird dann

$$\frac{E J_a}{1000} = M_d \omega \text{ kW} \quad . \quad . \quad . \quad . \quad . \quad . \quad . \quad (190)$$

Wenn wir das Drehmoment in $\vartheta_a = \frac{1000}{9{,}81} M_d$ Meterkilogramm und die Geschwindigkeit in $n = \frac{60}{2\pi}\omega$ Umdrehungen pro Minute ausdrücken, so wird

$$\frac{E J_a}{1000} = \frac{9{,}81}{1000} \frac{2\pi}{60} \vartheta_a n = \frac{\vartheta_a n}{975} \text{ kW} \quad . \quad . \quad . \quad (191)$$

Die im Anker induzierte EMK ist, wie früher (S. 21) gezeigt wurde,

$$E = \frac{N}{a} \frac{p n}{60} \Phi 10^{-8} \text{ Volt} \quad . \quad . \quad . \quad . \quad . \quad (192)$$

Das Drehmoment ergibt sich durch Einsetzen dieses Ausdruckes für E in die Gl. 191 zu

$$\vartheta_a = \frac{10^{-8}}{\pi \cdot 9{,}81} \cdot \frac{N J_a}{2a} p \Phi \text{ mkg} \quad . \quad . \quad . \quad . \quad . \quad (193)$$

d. h.

$$\vartheta_a = \frac{\text{Amperestabzahl} \times \text{totalem Kraftfluß}}{\pi \cdot 9{,}81 \cdot 10^8} \text{ mkg} \quad . \quad (193\text{a})$$

Wenn wir die in diesen Gleichungen eingehenden unveränderlichen Größen in den beiden Konstanten C_1 und C_2 zusammenfassen, bekommen wir:

$$n = C_1 \frac{E}{\Phi} \quad . \quad . \quad . \quad . \quad . \quad . \quad . \quad . \quad (194)$$

und

$$\vartheta_a = C_2 \Phi J_a \quad . \quad . \quad . \quad . \quad . \quad . \quad . \quad . \quad (193\text{b})$$

Wie aus Gl. 194 ersichtlich, ist die Umdrehungszahl eines Gleichstrommotors proportional dem Teil der aufgedrückten Spannung, welcher der im Anker induzierten EMK E gleichkommt, und umgekehrt proportional dem in den Anker eintretenden Kraftflusse Φ.

Wenn man einen Motor belastet, wird derselbe einen Strom J_a im Anker aufnehmen und durch die Aufnahme dieses Ankerstromes wird sowohl die EMK E als auch der Kraftfluß Φ mehr oder weniger verändert.

Um also die Umdrehungszahl bei verschiedenen Belastungen zu bestimmen, zeichnet man zuerst die Abhängigkeit der induzierten EMK E und des Kraftflusses Φ von dem Ankerstrom J_a auf und bestimmt aus diesen beiden Kurven den Verlauf der Umdrehungszahl.

Nimmt die EMK E schneller als der Kraftfluß ab, so sinkt die Umdrehungszahl; nimmt sie ebenso schnell ab, bleibt die Umdrehungszahl konstant und nimmt die EMK langsamer als der Kraftfluß ab, so steigt die Umdrehungszahl mit zunehmender Belastung.

Betrachten wir nun das Drehmoment eines Motors, so sehen wir, daß es proportional dem Kraftflusse und dem Ankerstrome zunimmt. Ist das Drehmoment kleiner als das zu überwindende Belastungsdrehmoment, so sinkt die Umdrehungszahl, ist das Drehmoment dagegen größer als das Belastungsdrehmoment, so steigt die Umdrehungszahl bis die beiden Momente gleich werden. Bleibt aber das Drehmoment bei steigender Umdrehungszahl stets größer als das Belastungsdrehmoment, so steigt die Umdrehungszahl des Motors schnell auf einen so hohen Wert, daß Gefahr für ein Auseinanderfliegen des Ankers eintritt; man sagt der Motor geht durch. — Dies wird, wie weiter unten ausführlich erläutert werden soll, nur dann eintreten können, wenn das auf den Anker elektrisch ausgeübte Drehmoment mit zunehmender Umdrehungszahl wächst. Der Motor verhält sich dann in bezug auf die Umdrehungszahl unstabil und eignet sich somit nicht für praktische Zwecke. Nimmt das Drehmoment dagegen mit zunehmender Umdrehungszahl ab, so verhält sich der Motor stets stabil, d. h. der Motor stellt sich auf eine der Belastung entsprechende bestimmte Umdrehungszahl von selbst ein.

Wie hieraus ersichtlich, wird jeder Motor durch das Verhalten der Umdrehungszahl bei steigendem Ankerstrome oder Drehmoment charakterisiert, und es sollen im folgenden diese charakteristischen Kurven für die verschiedenen Motorgattungen näher beschrieben und besprochen werden.

Die den Kraftfluß Φ erzeugenden Amperewindungen werden im allgemeinen einerseits von einer an die Klemmenspannung angeschlossenen, vom Erregerstrom i_n durchflossenen Nebenschlußwicklung, andererseits von einer vom Ankerstrom J_a durchflossenen Hauptschlußwicklung hervorgerufen. Je nachdem der Ankerstrom J_a einen größeren oder kleineren Einfluß auf die Gesamterregung hat, unterscheiden wir drei verschiedene Gattungen von Motoren, nämlich:

1. Den Hauptschlußmotor, wo keine Nebenschlußwicklung vorkommt, und also die gesamte Erregung vom Ankerstrom J_a hervorgerufen wird.
2. Den Nebenschlußmotor, wo die Erregung ausschließlich von der Nebenschlußwicklung hervorgerufen wird, während der Ankerstrom J_a nur durch die Ankerrückwirkung einen Einfluß auf den Kraftfluß ausübt. Und zwar wirkt die

Ankerrückwirkung, wenn die Bürsten entgegengesetzt der Drehrichtung verschoben sind, schwächend auf den Kraftfluß.

3. Den Doppelschlußmotor, wo die Wirkung der Nebenschlußwicklung durch eine von J_a durchflossene Hauptschlußwicklung unterstützt wird.

123. Die charakteristischen Kurven des Hauptschlußmotors.

Der Kraftfluß wird beim Hauptschlußmotor ausschließlich vom Ankerstrom erzeugt und nimmt also mit zunehmender Belastung des Motors stark zu, weshalb die Umdrehungszahl des Motors bei konstanter Klemmenspannung mit zunehmender Belastung schnell sinkt. Dies geht auch aus der folgenden Konstruktion deutlich hervor.

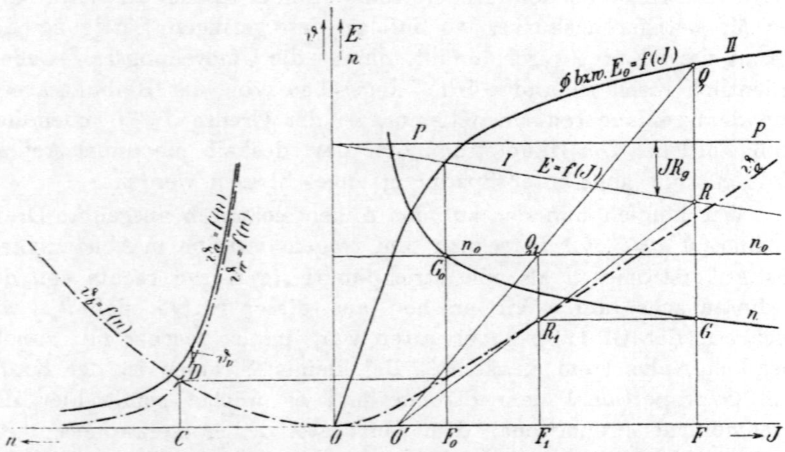

Fig. 428. Konstruktion von Umdrehungszahl und Drehmoment eines Hauptschlußmotors.

Bei konstanter Klemmenspannung nimmt die EMK mit dem Ankerstrom nach der geradlinigen Kurve I (Fig. 428)

$$E = P - [J(R_a + R_h) + 2\Delta P] = P - JR_g$$

langsam ab, während der Kraftfluß Φ nach der Magnetisierungskurve II (Fig. 428) als Funktion des Ankerstromes erst schnell und dann langsam ansteigt. Tragen wir in der Figur nicht den Kraftfluß Φ selbst, sondern die von ihm bei einer konstanten Umdrehungszahl n_0 im Anker induzierte EMK E_0 auf, so wird man bei dem Ankerstrom, bei welchem die beiden Kurven I und II sich schneiden, die Umdrehungszahl n_0 erhalten. Für einen anderen beliebigen Ankerstrom OF erhalten wir nun die Umdrehungszahl wie folgt.

Wir ziehen zuerst die Ordinate durch F, welche die E_0-Kurve in Q und die E-Kurve in R schneidet. Von einem beliebigen Punkte O' der Abszissenachse aus ziehen wir Strahlen durch Q und R. Tragen wir ferner die Umdrehungszahl n_0 als die Ordinate $\overline{F_0 G_0}$ auf und ziehen durch G_0 eine Horizontale, so wird diese $O'Q$ in Q_1 schneiden und die Vertikale durch Q_1 wird $O'R$ in R_1 schneiden. Es ist dann die gesuchte Umdrehungszahl

$$n = n_0 \frac{E}{E_0} = n_0 \frac{\overline{FR}}{\overline{FQ}} = n_0 \frac{\overline{F_1 R_1}}{\overline{F_1 Q_1}} = \overline{FG}.$$

wo $\overline{F_1 Q_1}$ gleich n_0 ist.

Wenn wir diese Konstruktion für verschiedene Ströme J durchführen, erhalten wir die Kurve der Umdrehungszahl n. Dieselbe steigt mit abnehmendem Ankerstrom J immer rascher an. Am Knie der Magnetisierungskurve, wo infolge der geringen Sättigung des Eisens diese Kurve rasch abfällt, nimmt die Umdrehungszahl außerordentlich rasch zu und würde, abgesehen von der Reibungsarbeit und dem remanenten Magnetismus, an der Grenze $J = 0$ unendlich groß werden. Der Hauptstrommotor darf deshalb nie unbelastet an ein Netz mit konstanter Spannung angeschlossen werden.

Wir können nun das auf den Anker elektrisch ausgeübte Drehmoment $\vartheta_a = C_2 \Phi J$ berechnen und tragen dasselbe in Abhängigkeit des Ankerstromes J als eine strichpunktierte Kurve rechts von der Ordinatenachse auf. Wir ersehen aus dieser Kurve, daß ϑ_a, wie auch aus der Gl. 193b zu erwarten war, immer rascher mit zunehmendem Ankerstrom anwächst. Bei kleinen Strömen ist der Kraftfluß Φ proportional dem Strome, und es wächst somit hier das Drehmoment proportional dem Quadrate des Ankerstromes. Bei größeren Strömen nimmt das Drehmoment etwas langsamer zu. Infolge des schnellen (fast quadratischen) Anwachsens des Drehmomentes ϑ_a mit dem Strome J eignet sich der Hauptschlußmotor besonders für Hebezeuge und im Bahnbetrieb, wo beim Anfahren sehr hohe Drehmomente zur Erzielung einer großen Beschleunigung erforderlich sind.

Aus den beiden bis jetzt erhaltenen charakteristischen Kurven, die Umdrehungszahl n und das Drehmoment ϑ_a als Funktionen vom Ankerstrom J, ermitteln wir nun die Abhängigkeit des auf den Anker elektrisch ausgeübten Drehmomentes ϑ_a von der Umdrehungszahl n und tragen die Kurve $\vartheta_a = f(n)$ links von der Ordinatenachse auf.

Wenn wir von dieser Kurve das als annähernd konstant anzusehende Verlustdrehmoment ϑ_v abziehen, erhalten wir das auf die

Motorwelle vom Anker ausgeübte Drehmoment ϑ_w, das in der Figur in Abhängigkeit der Umdrehungszahl als eine strichpunktierte Kurve aufgetragen ist.

Wir wollen nun annehmen, daß das von der Belastung ausgeübte Drehmoment ϑ_b quadratisch, wie z. B. bei einem Zentrifugalventilator, mit der Umdrehungszahl zunehme. Bei der Umdrehungszahl OC schneiden sich dann die beiden Kurven $\vartheta_w = f(n)$ und $\vartheta_b = f(n)$ im Punkte D. Wie leicht ersichtlich, muß die Umdrehungszahl sich auf den Wert OC stabil einstellen. Bei einer kleineren Umdrehungszahl würde nämlich ϑ_w überwiegen und den Anker beschleunigen, bei einer größeren Umdrehungszahl würde dagegen ϑ_b überwiegen und den Anker verzögern. Aus der Figur ersehen wir, daß der Motor sich auch stabil verhalten würde, wenn das Belastungsdrehmoment konstant wäre. Da das Belastungsdrehmoment meistens entweder konstant ist oder mit der Umdrehungszahl zunimmt, verhält sich dieser Motor stets stabil. Aus der Figur geht weiter hervor, daß das Belastungsdrehmoment nicht besonders groß sein muß, um eine gefährliche Erhöhung der Umdrehungszahl zu verhindern.

Nutzbremsung. Wenn bei einem Hebezeug die Last gesenkt wird, oder wenn ein Straßenbahnwagen eine Neigung herunterfährt, wird mechanische Arbeit geleistet, die irgendwie abgebremst werden muß, damit die Geschwindigkeit nicht zu groß werden soll. Man benutzt hierbei sehr oft den antreibenden Hauptschlußmotor als Bremse, indem man ihn als Generator auf einen Widerstand arbeiten läßt. Bleibt, wie bei einer Bahn, die Drehrichtung unverändert, so müssen beim Übergang von der Wirkungsweise als Motor zur Wirkungsweise als Generator die Klemmen der Hauptschlußwicklung vertauscht werden (s. Kap. VIII).

Wir wollen nun untersuchen, ob es möglich ist, die bei der Bremsung gewonnene elektrische Energie, statt sie in dem Belastungswiderstand nutzlos in Wärme umzusetzen, dem Netze zuzuführen oder, wie man sagt, eine Nutzbremsung zu erzielen.

In Fig. 429 tragen wir die bei der konstanten Umdrehungszahl n_0 im Anker induzierte EMK E_0 und die zu erzeugende EMK

$$E = P + JR_g$$

als Funktionen des Ankerstromes J_a auf. Wir ermitteln mit Hilfe der in Fig. 428 gezeigten Konstruktion die jeweils zur Erzeugung der EMK E erforderliche Umdrehungszahl n.

Die Maschine mag mit der Umdrehungszahl n_1 laufen. Bevor wir die Maschine ans Netz anschließen, muß sie dieselbe Klemmenspannung P wie das Netz haben. Wir führen deshalb die Schaltung nach Fig. 430 aus. Der Umschalter ohne Unterbrechung U_2 wird nach unten gelegt und der Belastungswiderstand so einreguliert, daß J den Wert OA erreicht. Die Spannungsgleichheit wird mittels Voltmeters kontrolliert und dann die Maschine mittels des Umschalters U_2 ans Netz angeschlossen.

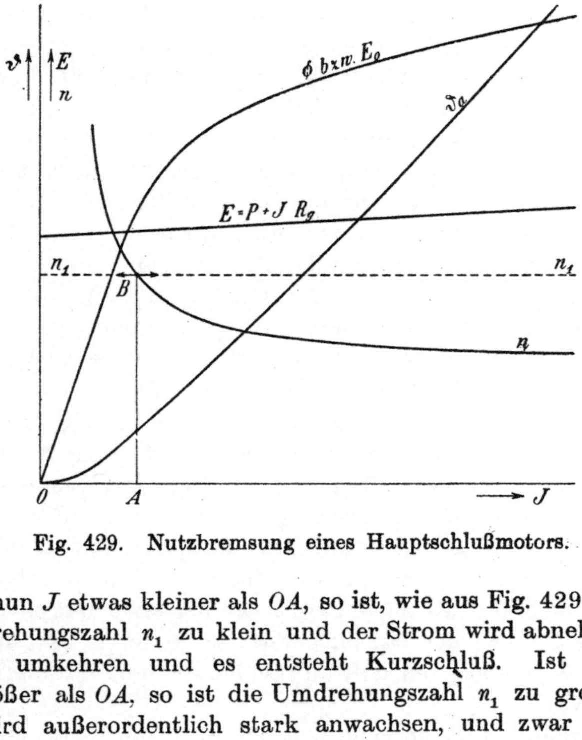

Fig. 429. Nutzbremsung eines Hauptschlußmotors.

Ist nun J etwas kleiner als OA, so ist, wie aus Fig. 429 ersichtlich, die Umdrehungszahl n_1 zu klein und der Strom wird abnehmen, seine Richtung umkehren und es entsteht Kurzschluß. Ist dagegen J etwas größer als OA, so ist die Umdrehungszahl n_1 zu groß und der Strom wird außerordentlich stark anwachsen, und zwar so schnell, daß die Umdrehungszahl trotz der kräftigen Bremsung nicht Zeit hat, nennenswert abzunehmen.

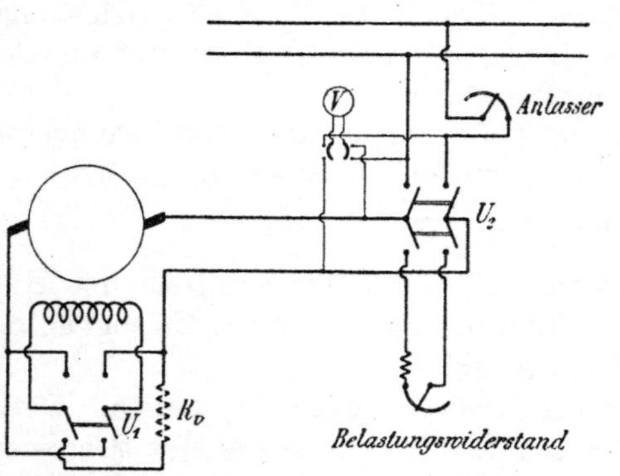

Fig. 430. Schaltungsschema zur Nutzbremsung eines Hauptschlußmotors.

Um eine Nutzbremsung zu erzielen, müssen wir, wie in Fig. 430 gezeigt ist, beim Umschalten der Hauptschlußwicklung mittels des Umschalters U_1 einen großen Vorschaltwiderstand R_v vor die Maschine schalten. Wir bekommen dann die in Fig. 431 gezeigten Kurven. Ist hier J etwas kleiner als OA, so entsteht wiederum Kurzschluß. Ist J dagegen etwas größer als OA, so steigt die Stromstärke plötzlich auf den Wert OA_1, bei welchem die n-Kurve die Linie $n_1 n_1$ im Punkte B_1 schneidet. Aus der Figur ist ersichtlich, daß wir dabei den Punkt D_1 auf der Kurve $\vartheta_w = f(n)$ erreichen. Übt die Last das konstante Drehmoment ϑ_b aus, so wird die Maschine gebremst und wir erreichen bei der Umdrehungszahl OC den stabilen Punkt D.

Aus dem Obenstehenden geht folgendes hervor: Die Nutzbremsung kann beim Hauptschlußmotor nur durch recht umständliche Schaltungen vorgenommen werden. Ein verhältnismäßig großer Widerstand muß zwischen Netz und Maschine geschaltet werden, wodurch

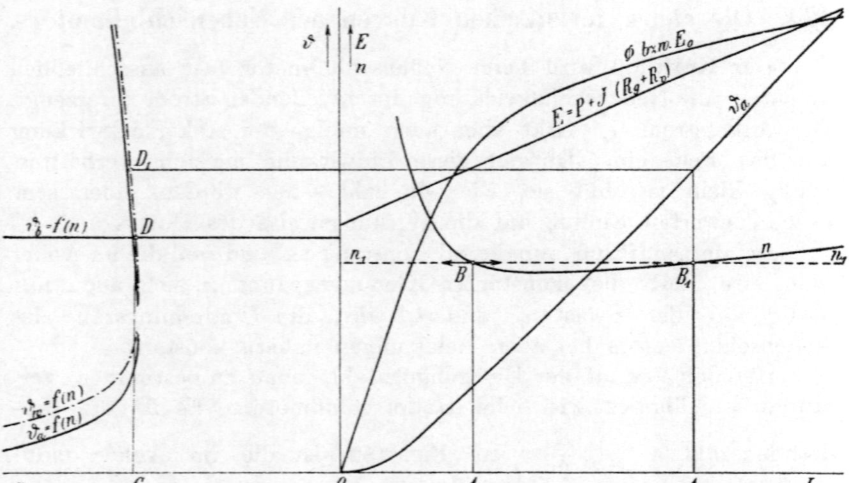

Fig. 431. Kurven zur Beurteilung der Nutzbremsung eines Hauptschlußmotors.

der Wirkungsgrad der Energierückgewinnung sehr schlecht wird. Der Vorschaltwiderstand R_v muß so groß bemessen sein, daß die n-Kurve nach oben abbiegt. Ein Stromstoß ist beim Umschalten auf das Netz entweder durch Umschalten und allmähliches Kurzschließen des Anlassers (Fig. 430) oder durch vorhergehende Erhöhung des Stromes J_a auf den Wert OA_1 zu vermeiden. Dies alles hat dazu geführt, daß man bei Hauptschlußmotoren von einer Nutzbremsung absieht.

Die Magnetisierungskurve eines Hauptschlußmotors wird in derselben Weise experimentell aufgenommen, wie die eines Hauptschlußgenerators, nämlich bei fremderregter Magnetwicklung. — Um die übrigen charakteristischen Kurven eines Hauptschlußmotors experimentell aufzunehmen, bremst man gewöhnlich den Motor mit einem Bremszaum, wie im siebenundzwanzigsten Kapitel näher beschrieben werden soll, und mißt bei konstanter Klemmenspannung P die Umdrehungszahl n und das Drehmoment ϑ_w bei gegebenem Belastungsstrom J. Wünscht man die Umdrehungszahl n_1 bei einer anderen Klemmenspannung P' zu ermitteln, so ergibt diese sich bei ein und derselben Stromstärke aus der folgenden Beziehung

$$\frac{n'}{n}=\frac{E'}{E}=\frac{P'-J(R_a+R_h)-2\Delta P}{P-J(R_a+R_h)-2\Delta P}\cong\frac{P'}{P}-\left(1-\frac{P'}{P}\right)\frac{J(R_a+R_h)+2\Delta P}{P}$$

Was das Drehmoment ϑ_w anbetrifft, so ist dasselbe fast unabhängig von der Klemmenspannung, weil $\vartheta_a=\vartheta_w+\vartheta_v$ nur vom Strom J abhängt.

124. Die charakteristischen Kurven des Nebenschlußmotors.

Der Kraftfluß wird beim Nebenschlußmotor fast ausschließlich von dem die Nebenschlußwicklung durchfließenden Strom i_n erzeugt. Der Ankerstrom J_a wirkt aber auch infolge der Ankerrückwirkung auf das Feld ein. Obwohl diese Einwirkung meistens verhältnismäßig klein ist, übt sie, wie wir bald sehen werden, einen sehr beachtenswerten Einfluß auf die Wirkungsweise des Motors aus.

Da der Kraftfluß annähernd konstant ist, und weil die im Anker induzierte EMK bei konstanter Klemmenspannung sich auch nur wenig mit der Belastung ändert, wird die Umdrehungszahl des Nebenschlußmotors bei allen Belastungen nahezu konstant.

Um den Verlauf der Umdrehungszahl genau zu bestimmen, verfahren wir ähnlich wie beim Hauptschlußmotor. Es ist die Umdrehungszahl $n=C_1\frac{E}{\Phi}$. In Fig. 432 ist die im Anker induzierte EMK

$$E=P-(J_aR_a+2\Delta P)=P-J_aR_g$$

als die Kurve I aufgetragen. Diese fällt mit zunehmender Belastung infolge des Spannungsabfalles im Anker und am Kommutator, wodurch eine Abnahme der Umdrehungszahl mit der Belastung hervorgerufen wird. — Andererseits wirkt aber die Ankerrückwirkung schwächend auf den Kraftfluß und hat eine Erhöhung der Umdrehungszahl zur Folge. Je nachdem nun der Einfluß des Spannungsabfalles oder der Ankerrückwirkung überwiegt, wird die Umdrehungszahl mit zunehmender Belastung abfallen oder ansteigen bzw. annähernd konstant bleiben.

In Fig. 432 tragen wir nun auch den Kraftfluß Φ oder, besser, die bei einer konstanten Umdrehungszahl n_0 von ihm induzierte EMK E_0 als Funktion des Ankerstromes J_a auf (Kurve II). Wenn wir als konstante Umdrehungszahl n_0 die Umdrehungszahl des Motors bei Leerlauf wählen, so wird die Kurve E_0 von demselben Punkt der Ordinatenachse wie die E-Kurve ausgehen. Um den weiteren Verlauf der E_0-Kurve zu bestimmen, bedienen wir uns der Magnetisierungskurve der Maschine, Fig. 433, und tragen in diese den konstanten Erregerstrom $i_n = OA_0$ ein. Diesem Strome entspricht die EMK $E_0 = P = A_0 Q_0$. Wir verlängern nun die Linie $A_0 Q_0$ nach unten und tragen den Ankerstrom J_a längs dieser Verlängerung auf. Für

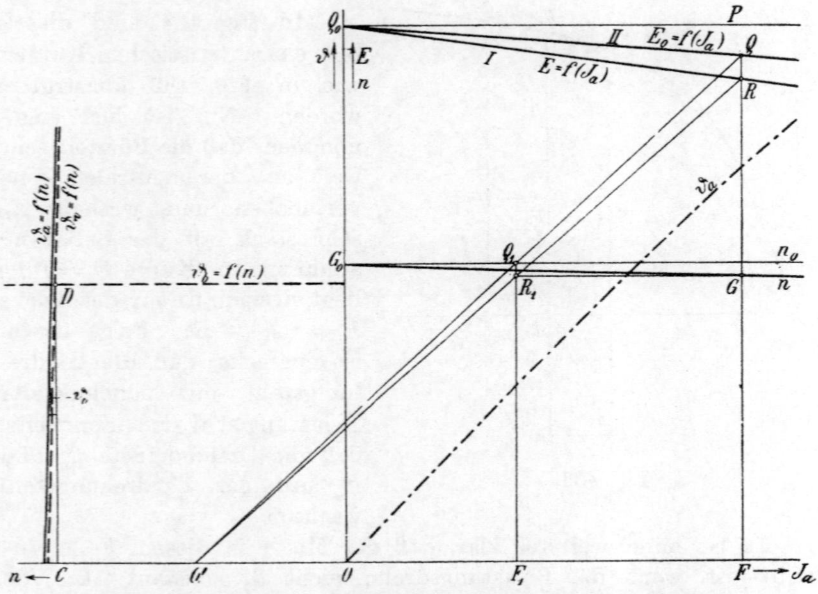

Fig. 432. Berechnung von Umdrehungszahl und Drehmoment eines Nebenschlußmotors.

einen gewissen Ankerstrom $A_0 F$ berechnen wir die rückwirkenden Amperewindungen AW_r und ziehen die Linie $FC = \frac{AW_r}{w_n}$. Die als eine Gerade oder, wenn man genauer verfahren will, als eine Kurve zu zeichnende Linie $A_0 C$ stellt dann die schwächende Einwirkung des Ankerstromes J_a auf den Kraftfluß dar. Bei $J_a = A_0 F$ bekommen wir somit nur die EMK $E_0 = AQ$.

Unter Benutzung dieser Figur tragen wir in der Fig. 432 E_0 in Abhängigkeit von J_a auf und können nun mit Hilfe der beiden Kurven $E = f(J_a)$ und $E_0 = f(J_a)$, wie aus der Figur ersichtlich, die charakteristischen Kurven des Motors in genau derselben Weise konstruieren wie beim Hauptschlußmotor. Weil die Kurve für E_0

hier verhältnismäßig wenig von der Horizontalen $Q_0 P$ abweicht, wird die gezeigte Konstruktion doch leicht ungenau. Es empfiehlt sich deshalb, die charakteristischen Kurven mittels des Rechenschiebers aus den E- und E_0-Kurven zu ermitteln.

In diesem Falle haben wir angenommen, daß E rascher als E_0 mit der Belastung abnimmt. Das Drehmoment $\vartheta_w = f(n)$ nimmt deshalb mit zunehmender Umdrehungszahl ab und, wie aus Fig. 432 zu ersehen ist, verhält sich der Motor stabil.

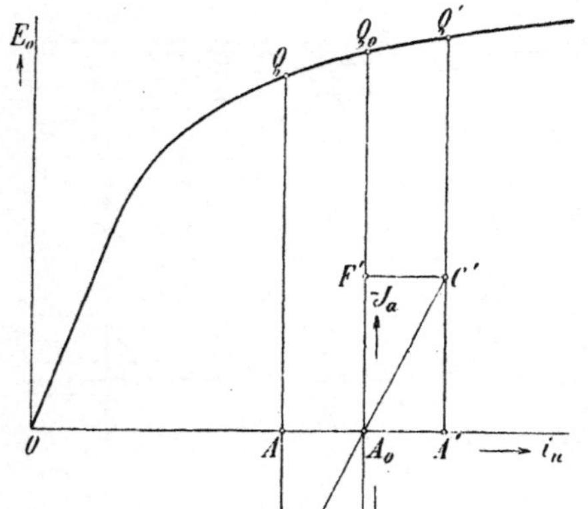

Fig. 433.

In Fig. 434 sind dieselben charakteristischen Kurven wie in Fig. 432 konstruiert worden. Nur ist hier angenommen, daß die Bürsten sehr weit aus der neutralen Zone verschoben sind, weshalb E_0 sehr stark mit der Belastung abnimmt. Die Kurve $E_0 = f(J_a)$ liegt deshalb unter der Kurve $E = f(J_a)$. Die Folge davon ist einerseits, daß die Umdrehungszahl mit zunehmender Belastung steigt, andererseits, daß die Drehmomente ϑ_a und ϑ_w mit der Umdrehungszahl wachsen.

Es ist ohne weiteres klar, daß der Motor in diesem Falle unstabil ist, wenn das Belastungsdrehmoment ϑ_b konstant ist. Von besonderem Interesse ist das Verhalten des Motors, wenn das Belastungsdrehmoment ϑ_b, wie in der Figur angegeben, quadratisch mit der Umdrehungszahl zunimmt. Die beiden Kurven $\vartheta_w = f(n)$ und $\vartheta_b = f(n)$ schneiden sich dann bei den Umdrehungszahlen OC_1 und OC_2 in den Punkten D_1 bzw. D_2. Oberhalb der Umdrehungszahl OC_1 verhält sich der Motor wohl hier stabil, und die Umdrehungszahl wird sich stabil auf den Wert OC_2 einstellen. Unterhalb der Umdrehungszahl OC_1 ist der Motor jedoch auch in diesem Falle unstabil.

Es ist deshalb beim Nebenschlußmotor stets darauf zu achten, daß die Bürsten nicht zu weit aus der neutralen Zone verschoben werden.

Weil die Umdrehungszahl beim Nebenschlußmotor bei allen Belastungen annähernd konstant bleibt, eignet er sich für alle solche Fälle, wo eine konstante Umdrehungszahl erwünscht ist. Es ist nun dies meistens der Fall bei Fabrikbetrieben u. a. m., und deshalb hat der Nebenschlußmotor die größte Verbreitung der drei Motorgattungen gefunden.

Rückarbeit und Nutzbremsung. Wenn bei einer laufenden Maschine das Belastungsdrehmoment gegen die Drehrichtung des Ankers gerichtet ist, so nimmt die Maschine elektrische Energie auf und gibt mechanische Energie ab, die zur Überwindung des Belastungsdrehmomentes erforderlich ist. — Die Maschine wirkt also als Motor

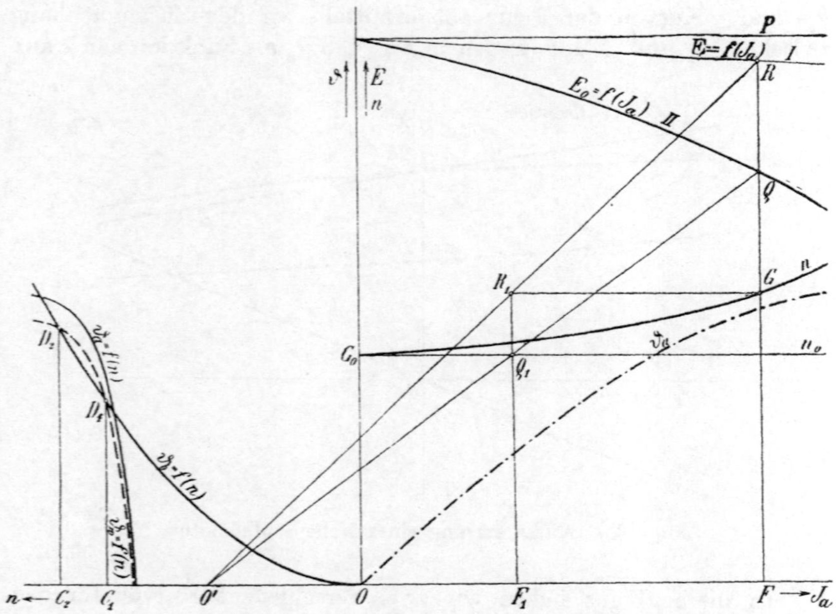

Fig. 434. Untersuchung der Stabilität eines Nebenschlußmotors.

Wir können nun das Belastungsdrehmoment verkleinern, und es liegt nichts im Wege es auf Null herabzusetzen. Wir können sogar noch weiter mit der Verkleinerung des Belastungsdrehmomentes gehen, indem wir es n e g a t i v machen. Die Drehrichtung der Nebenschlußmaschine bleibt dabei unverändert, denn die Richtung des Kraftflusses ist unverändert geblieben, und die im Anker induzierte EMK muß nach wie vor der aufgedrückten Netzspannung entgegengesetzt gerichtet sein. Das negativ gewordene Belastungsmoment wirkt deshalb in der Drehrichtung, weshalb wir es Antriebs- oder Treibmoment nennen und es mit ϑ_t bezeichnen. Die Folge hiervon ist, daß der Maschine **n u n m e h r m e c h a n i s c h e E n e r g i e z u g e f ü h r t w i r d.** Wir wollen nun näher untersuchen, ob die Maschine auch imstande ist, diese mechanisch zugeführte Energie in elektrische Energie umzuwandeln, d. h. ob er dabei als Generator stabil auf das Netz zurückarbeiten kann.

In Fig. 435 sind die in Fig. 432 gezeigten charakteristischen Kurven auf das Gebiet des negativen Ankerstromes erweitert worden, wo die Maschine elektrische Energie abgibt und also als Generator wirkt. Sie sind ebenfalls mit Hilfe der Fig. 433 ermittelt worden, aus welcher Figur wir bei dem negativen Ankerstrom $A_0 F'$ die Ankerrückwirkung $F'C'$ und die EMK $E_0 = A'Q'$ erhalten. Aus den ϑ_a- und n-Kurven der Figur 435 ermitteln wir den Zusammenhang zwischen ϑ_a und n und tragen in Fig. 436 ϑ_a als Funktion von n auf.

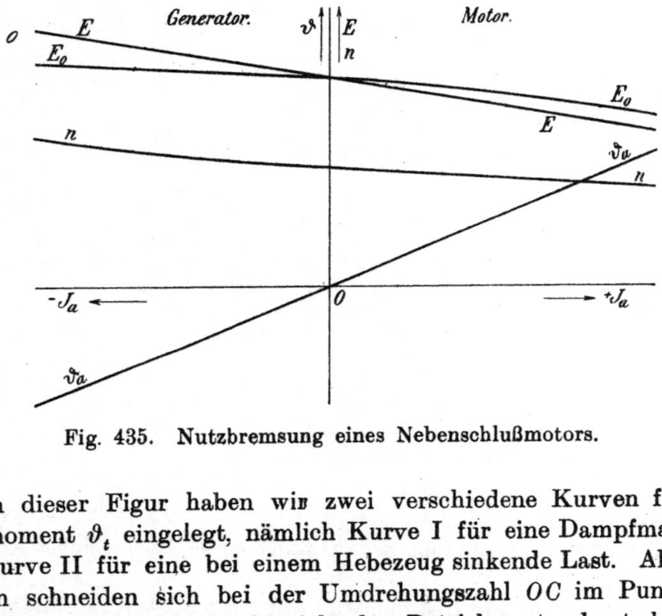

Fig. 435. Nutzbremsung eines Nebenschlußmotors.

In dieser Figur haben wir zwei verschiedene Kurven für das Treibmoment ϑ_t eingelegt, nämlich Kurve I für eine Dampfmaschine und Kurve II für eine bei einem Hebezeug sinkende Last. Alle drei Kurven schneiden sich bei der Umdrehungszahl OC im Punkte D. Wie leicht ersichtlich, stellt sich der Betriebszustand stabil auf diesen Punkt ein. Ist nämlich die Umdrehungszahl kleiner als OC, so überwiegt das Treibmoment ϑ_t bei beiden Betriebsarten dem nunmehr bremsenden elektrischen Drehmoment ϑ_a, und die Maschine wird beschleunigt. Ist dagegen die Umdrehungszahl größer als OC, so liegen die Verhältnisse umgekehrt und die Maschine wird verzögert, bis der Punkt D erreicht wird.

Aus der Figur ist weiter zu entnehmen, daß die Maschine sich labil verhält, wenn die Kurve $\vartheta_a = f(n)$ beim Antrieb mittels einer sinkenden Last eine entgegengesetzte Neigung zur Linie DC aufweist, und wenn sie beim Antrieb mittels einer Dampfmaschine innerhalb des schraffierten Gebietes verläuft. Es tritt dies bei der Nebenschlußmaschine dann ein, wenn die Bürsten zu weit aus der neutralen Zone gegen die Drehrichtung verschoben sind.

Die Nebenschlußmaschine geht also stetig von der Wirkungsweise als Motor zur Wirkungsweise als Generator über und verhält sich dabei stets stabil, wenn sie sich als Motor stabil verhält, dagegen meistens labil, wenn sie sich als Motor labil verhalten würde. Die Nebenschlußmaschine eignet sich deshalb im allgemeinen sehr gut für Rückarbeiten auf das Netz bzw. für Nutzbremsung.

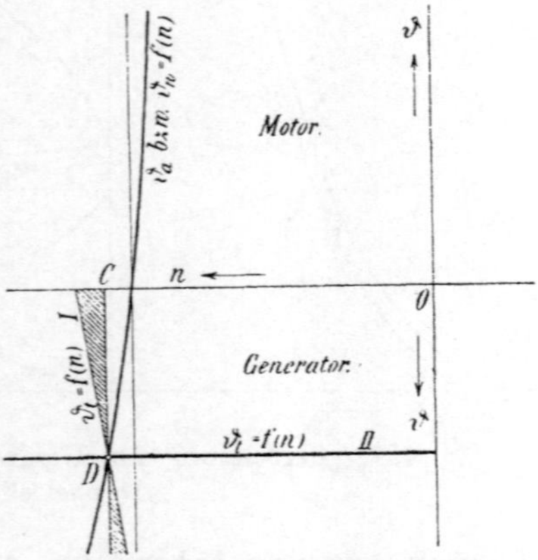

Fig. 436. Stabilität eines Nebenschlußmotors.

Die charakteristischen Kurven eines Nebenschlußmotors können wie die des Hauptschlußmotors durch Bremsung experimentell aufgenommen werden. — Ändert man die Klemmenspannung, so ändert sich sowohl die induzierte EMK wie der Erregerstrom und mit diesem letzteren auch das Feld. Man muß somit auf die Leerlaufcharakteristik zurückgreifen, um die Geschwindigkeitskurve für jede neue Klemmenspannung festzustellen.

125. Die charakteristischen Kurven des Doppelschlußmotors.

Der Kraftfluß wird beim Doppelschlußmotor wie beim Nebenschlußmotor in erster Linie von dem die Nebenschlußwicklung durchsetzenden Strom i_n erzeugt. Hier übt jedoch der Belastungsstrom einen bedeutend größeren Einfluß auf den Kraftfluß aus, weil der Belastungsstrom durch eine besondere um die Magnetpole geführte Hauptschlußwicklung geleitet wird, wodurch der Kraftfluß verstärkt wird. Diese verstärkende Wirkung der Hauptschlußwicklung ist so groß, daß die schwächende Wirkung der Ankerrückwirkung vollständig überwunden wird. Der Kraftfluß steigt deshalb hier mit zunehmender Belastung.

Die Konstruktion der charakteristischen Kurven gestaltet sich, wie die Fig. 437 zeigt, analog wie beim Nebenschlußmotor. Die Ermittlung der in dieser Figur dargestellten Abhängigkeit der bei der Leerlaufumdrehungszahl n_0 induzierten Spannung E_0 vom Ankerstrom J_a gestaltet sich ebenfalls, wie die Fig. 438 zeigt, ähnlich wie beim Nebenschlußmotor.

Wir tragen nämlich in diese Figur den konstanten Erregerstrom $i_n = OA_0$ ein. Diesem Strome entspricht die EMK $E_0 = P = A_0 Q_0$.

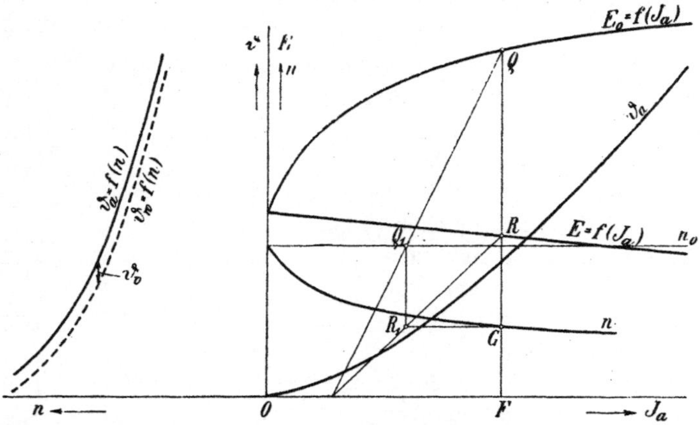

Fig. 437. Berechnung von Umdrehungszahl und Drehmoment eines Doppelschlußmotors.

Für einen gewissen Ankerstrom $A_0 F$ berechnen wir die Hauptschluß-amperewindungen AW_h und die rückwirkenden Amperewindungen AW_r. Wir ziehen nun die Linie $FB = \frac{AW_h}{w_n}$ und tragen von der Strecke $\overline{FB}$ das Stück $\overline{BC} = \frac{AW_r}{w_n}$ ab. Die Linie $A_0 C$ stellt dann die verstärkende Einwirkung des Ankerstromes J_a auf den Kraftfluß dar. Für $J_a = A_0 F$ bekommen wir somit die EMK AQ

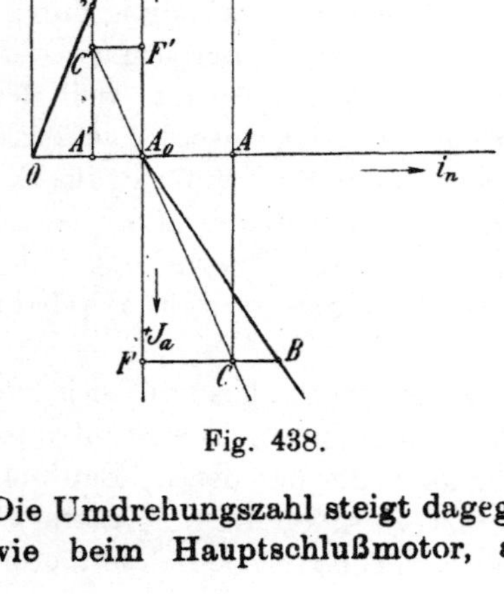

Fig. 438.

Wie aus Fig. 437 hervorgeht, sinkt beim Doppelschlußmotor die Umdrehungszahl mit zunehmender Belastung, und das Drehmoment ϑ_w sinkt mit zunehmender Umdrehungszahl. Dieser Motor verhält sich deshalb stets stabil.

Das Drehmoment ϑ_a steigt hier rascher als proportional dem Ankerstrom J_a, doch nicht so schnell wie beim Hauptschlußmotor. Die Umdrehungszahl steigt dagegen bei vollständiger Entlastung nicht, wie beim Hauptschlußmotor, auf einen den Motor gefährdenden hohen Betrag, sondern nur bis zu einem der Nebenschlußerregung entsprechenden Wert.

Dieses Verhalten des Drehmomentes und der Umdrehungszahl macht den Doppelschlußmotor für solche Betriebe geeignet, wo einerseits das Belastungsdrehmoment über den normalen Wert zeitweise stark gesteigert wird, während andererseits auch eine fast vollständige Entlastung des Motors vorkommt, wie z. B. bei Walzenstraßen u. dgl.

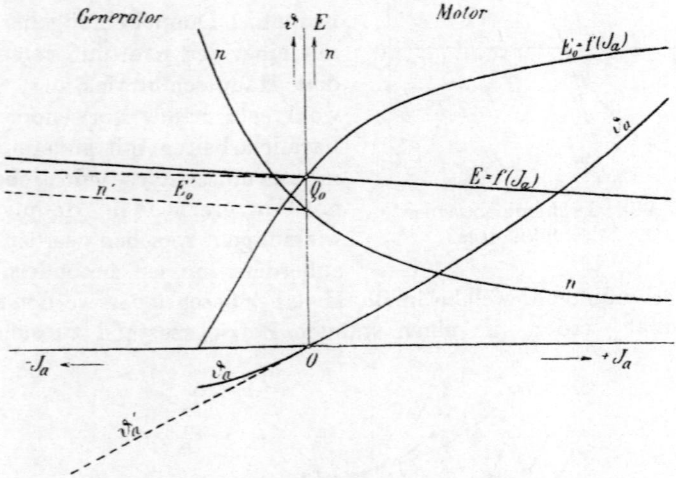

Fig. 439. Nutzbremsung eines Doppelschlußmotors.

Rückarbeit und Nutzbremsung. Mit Hilfe der Fig. 438 zeichnen wir in Fig. 439 die charakteristischen Kurven des Doppelschlußmotors für sowohl positiven (Motor) wie negativen (Generator) Belastungsstrom J_a auf. Aus den ϑ_a- und n-Kurven ermitteln wir die Kurve $\vartheta_a = f(n)$, die wir in Fig. 440 aufzeichnen. Wir ersehen aus diesen beiden Figuren, daß der Doppelschlußmotor, wenn das Drehmoment ϑ_a negativ wird, ohne weiteres zur Wirkungsweise als Generator übergeht, und daß er sich dabei auch stabil verhält. Die Umdrehungszahl steigt jedoch sehr bald auf einen sehr hohen Wert, weshalb es sich empfiehlt, die Hauptschlußwicklung beim Rückarbeiten auf das Netz bzw. bei Nutzbremsung kurzzuschließen, wenigstens wenn wir beabsichtigen ein hohes Treibmoment ϑ_t zu verwenden. Wenn wir die Hauptschlußwicklung kurzschließen, nehmen die charakteristischen Kurven, bei Vernachlässigung der Ankerrückwirkung, den gestrichelt gezeichneten Verlauf und wir bekommen die Kurven E_0', n' und ϑ_a'. Die Maschine verhält sich dabei als ein Nebenschlußgenerator, und zwar ist sie stabil. Es liegt nun nahe, statt die

Hauptwicklung kurzzuschließen, ihre Klemmen beim Übergang zum Generatorbetrieb zu vertauschen. Wir würden dann zwar eine abnehmende statt einer anwachsenden Umdrehungszahl bekommen, aber gerade dadurch würde die Maschine **unstabil** werden, vorausgesetzt, daß wir auf ein Netz mit konstanter Spannung arbeiten. Doppelschlußgeneratoren mit einer den Kraftfluß verstärkenden Hauptschlußwicklung werden wohl sehr häufig verwendet; beim Parallelarbeiten mit anderen Generatoren müssen diese jedoch ebenfalls mit entsprechenden Hauptschlußwicklungen versehen werden, und außerdem mussen besondere Ausgleichverbindungen, welche in Bd. II näher beschrieben werden sollen, angeordnet werden, um einen stabilen Betriebszustand zu sichern.

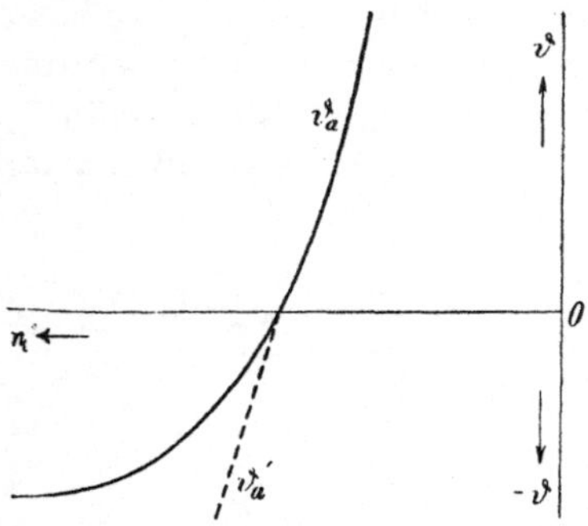

Fig. 440. Drehmoment eines Doppelschlußmotors.

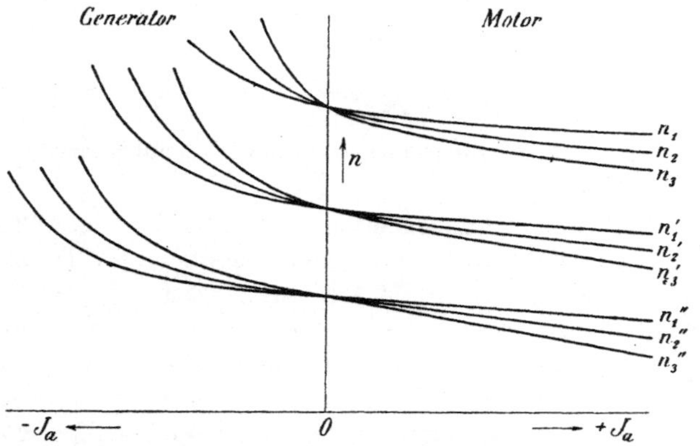

Fig. 441. Umdrehungszahlen eines Doppelschlußmotors für verschiedene Feldwicklungen.

In Fig. 441 sind verschiedene Kurven der Umdrehungszahl n als Funktionen von J_a für drei verschiedene Nebenschlußerregungen aufgetragen. Für jede Nebenschlußerregung sind die Geschwindigkeitskurven außerdem für drei verschiedene Windungszahlen der Hauptschlußwicklung angegeben. Hieraus gehen deutlich die Einflüsse der Neben- und der Hauptschlußerregung auf die Geschwindigkeitskurve eines Doppelschlußmotors hervor.

126. Gleichstrommaschinen für konstanten Strom.

a) Wie man eine Gleichstrommaschine durch eine gemischte Erregung so ausführen kann, daß sie bei konstanter Umdrehungszahl innerhalb weiter Grenzen eine nahezu konstante Spannung gibt, so kann man auch durch gemischte Erregung eine Gleichstrommaschine so ausführen, daß sie bei konstanter Umdrehungszahl innerhalb weiter Grenzen einen konstanten Strom abgibt.

Die einfachste Lösung dieses Problems erhält man durch die von Ch. Krämer[1]) vorgeschlagene Erregung. Um die Erregung unabhängig von der Spannung zu machen, führt man die Maschine ohne größere Sättigungen im Eisen aus und ordnet auf den Magnetpolen eine Nebenschlußwicklung *NE*, Fig. 442, an, die gerade aus-

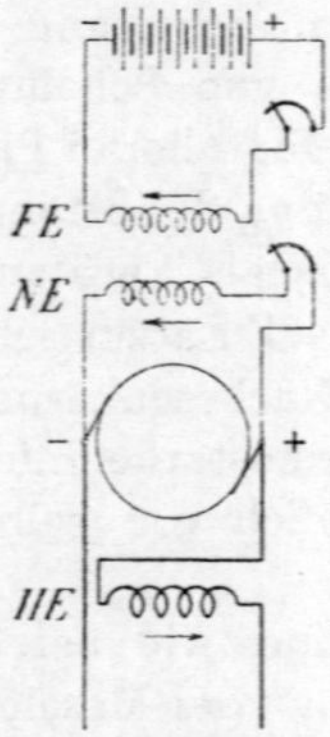

Fig. 442. Gleichstrommaschine mit Erregerschaltung für konstanten Strom, nach Krämer.

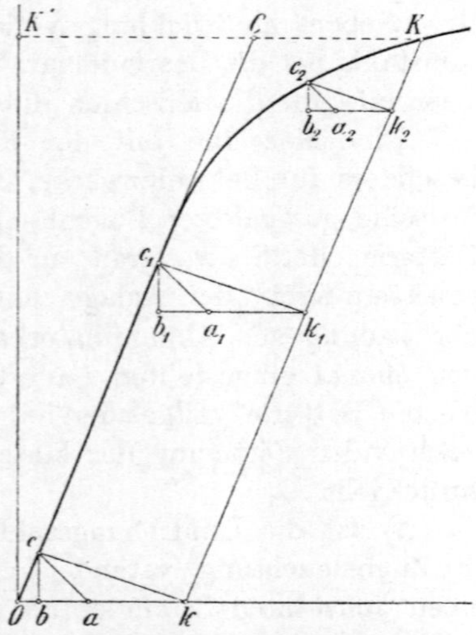

Fig. 443. Charakteristik für die Krämersche Schaltung.

reicht, um die Maschine im Leerlauf zu erregen. Die Widerstandslinie *OC* dieser Nebenschlußwicklung läßt man deswegen, wie die Fig. 443 zeigt, mit dem unteren Teil der Leerlaufcharakteristik zusammenfallen. Ferner ordnet man eine fremderregte Magnetwicklung *FE* und eine entmagnetisierende Hauptschlußwicklung *HE* auf den Magnetkernen an. Die Maschine wird dann einen so großen Strom abgeben, daß der Spannungsabfall die Rückwirkung und die gegenkompoundierende Wirkung dieses Stromes auf das Feld den Ampere-

[1]) ETZ 1909, S. 798.

windungen der fremderregten Magnetwicklung gerade im Gleichgewicht hält. Indem wir von dem konstanten Strom ausgehen, tragen wir zuerst den Ohmschen Spannungsabfall *cb* in der Leerlaufcharakteristik ein. Um diese Spannung zu erzeugen, sind die Amperewindungen *Ob* erforderlich und zu diesen addiert man dann die rückwirkenden Amperewindungen *ba* und die Amperewindungen der entmagnetisierenden Hauptschlußwicklung *ak*. Um den Strom zu erzeugen, benötigt man somit eine fremderregte Magnetwicklung mit *Ok* Amperewindungen.

Ist die Maschine kurzgeschlossen, so sind die Spannung und die Nebenschlußamperewindungen Null und man arbeitet im Punkte *k*. Erhöht man den Belastungswiderstand der Maschine, so steigt die Spannung und der Arbeitspunkt verschiebt sich in die Höhe der schrägen Gerade *kK* entlang, welche parallel der Widerstandslinie der Nebenschlußwicklung verläuft. Der abgegebene Strom bleibt konstant, bis die Leerlaufcharakteristik anfängt abzubiegen, und bei Leerlauf gibt die Maschine die Spannung *OK'* ab.

Eine Maschine mit der Krämerschen Schaltung eignet sich besonders für Schweißzwecke, zum Speisen von Scheinwerfern und in Reihe geschalteten Bogenlampen, ferner für allerlei Pufferung mit Batterie oder Schwungrad zur Konstanthaltung des Stromes in einem gewissen Kreis der Anlage und schließlich als Zusatzmaschine bei der Ladung von Akkumulatorbatterien. Als Zusatzmaschine hält sie den einmal eingestellten Ladestrom ohne Nachregulierung konstant, bis die Batterie vollgeladen ist und die Stromstärke infolge der anwachsenden Sättigung der Maschine allmählich von selbst auf Null zurückgeht.

b) Ist die Umdrehungszahl der Maschine, wie bei Generatoren für Zugbeleuchtung, veränderlich, so kann man der Maschine ebenfalls einen konstanten Strom entnehmen, wenn der Belastungswiderstand nahezu konstant bleibt. Dies läßt sich durch Anwendung besonderer Erregermaschinen erreichen. Hier soll aber nur die Maschine von E. Rosenberg erwähnt werden, die ohne komplizierte Wicklungen und ohne Zwischenschaltung von anderen Apparaten oder Maschinen bei einem konstanten äußeren Widerstand einen nahezu konstanten Strom bzw. konstante Spannung bei stark veränderlicher Umdrehungszahl abgibt. Die Maschine, die wir im folgenden ihrer Wirkungsweise nach als Querfelddynamo bezeichnen wollen, ist in Fig. 444 schematisch dargestellt.

Die Pole sind mit einer schwachen, von einer Batterie aus erregten Magnetwicklung *F* versehen. Die Querschnitte des Jochs und der Magnetschenkel sind klein gehalten, dagegen sind die Polschuhe stark ausgebildet. In der neutralen Zone dieses Hauptfeldes stehen die Bürsten bb, welche miteinander widerstandslos verbunden sind. Sobald durch die Verbindung dieser Bürsten ein Strom fließt, entsteht ein Feld, dessen Achse in der Richtung bb liegt. Wir wollen dieses Feld als Querfeld bezeichnen, denn es ist identisch mit dem in jeder gewöhnlichen Maschine von den Ankerströmen erzeugten Querfelde, hier ist jedoch einerseits durch den direkten Kurzschluß der Bürsten bb und andererseits durch die Form der Polschuhe dafür gesorgt, daß eine schwache Felderregung zur Erzeugung eines starken Querfeldes ausreicht. In der neutralen Zone dieses Querfeldes stehen die Bürsten BB, welchen der Nutzstrom entnommen wird.

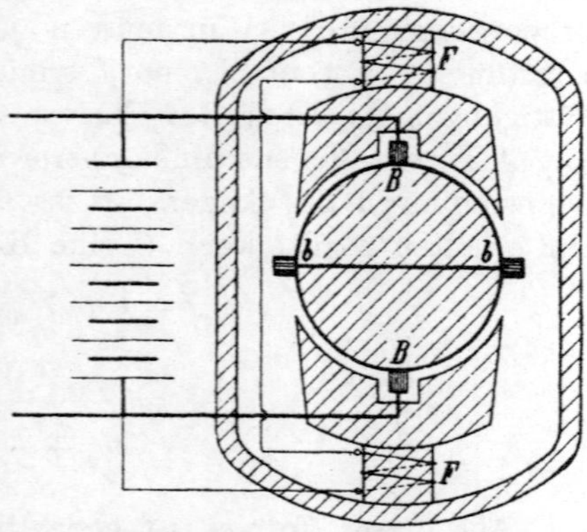

Fig. 444. Querfelddynamo mit Fremderregung.

Die Wirkungsweise der Maschine ist jetzt wie folgt: Bei einer bestimmten Umdrehungszahl liefert der Anker einen bestimmten Nutzstrom über die Bürsten BB an den äußeren Stromkreis. Dieser Strom erzeugt ein magnetisches Feld in Richtung der Achse BB. Dieses Feld ist so gerichtet, daß es dem von den Amperewindungen der Wicklung F erzeugten Feld entgegenwirkt. Das resultierende Feld, welches durch die Differenz der Ankeramperewindungen und der AW der Spule F hervorgerufen wird, erzeugt bei der Drehung des Ankers eine EMK zwischen den Bürsten bb. Diese EMK ist auf den Ankerwiderstand kurzgeschlossen und erzeugt somit im Anker einen Strom, welcher das Querfeld hervorruft. Durch die Drehung des Ankers in diesem Querfelde wird schließlich zwischen den Bürsten BB eine bestimmte EMK induziert. Der Nutzstrom kann niemals so groß werden, daß das Ankerfeld in der Richtung der Bürsten BB das von den Nebenschlußwindungen F erzeugte Feld vollkommen kompensiert, denn in diesem Fall würde zwischen den Bürsten bb keine EMK induziert werden und es wäre kein Querfeld vorhanden. Der Nutzstrom kann somit, wie groß auch die Umdrehungszahl wird, niemals einen bestimmten Betrag überschreiten.

Wie der Strom sich mit der Umdrehungszahl ändert, ist jetzt leicht zu verfolgen. Sei Φ der resultierende Fluß in der Achse BB, so wird zwischen den Bürsten bb eine EMK proportional Φn induziert. Da diese EMK auf die Ankerwicklung kurzgeschlossen ist,

ist auch das Querfeld proportional Φn und die zwischen den Bürsten BB induzierte EMK E_a proportional Φn^2. Wirkt diese EMK auf einen Kreis von konstantem Widerstand, so ist auch der Nutzstrom J proportional Φn^2. Wir müssen jetzt noch die Abhängigkeit des Kraftflusses Φ vom Strome J ermitteln. Nehmen wir an, daß keine Sättigungen im Kreis des Flusses Φ auftreten und bezeichnen wir mit AW_n die Nebenschlußamperewindungen und mit Jw_a die Amperewindungen des Ankers, so ist Φ proportional $AW_n - Jw_a$ und wir erhalten somit, wenn C eine Konstante ist,

$$J = C(AW_n - Jw_a$$

oder

$$J = \frac{AW_n}{w_a + \frac{1}{Cn^2}} \quad \ldots\ldots\ldots \quad (195)$$

Aus dieser Formel ist ersichtlich, daß, wie wir schon früher fanden, der Strom einen Maximalwert nicht überschreiten kann; für $n = \infty$ wird

$$J = \frac{AW_n}{w_a} \quad \text{oder} \quad Jw_a = AW_n,$$

d. h. die Amperewindungen des Ankers können niemals größer als die Amperewindungen der Nebenschlußspule werden.

Fig. 445 stellt die nach Formel 195 gerechnete Abhängigkeit des Stromes J von der Umdrehungszahl n dar. Arbeitet man über der Umdrehungszahl OA, so kann die Schwankung des Stromes bzw. der Spannung höchstens 10% betragen. Zieht man die Sättigung des Magnetkreises für das Hauptfeld in Betracht, so wird hierdurch nur der Verlauf des aufsteigenden Astes der Kurve 445 ein anderer werden, da bei den höheren Umdrehungszahlen die Ankeramperewindungen nahezu gleich den Amperewindungen der Nebenschlußspule sind. (Über der Umdrehungszahl OA ist die Differenz der genannten Amperewindungen höchstens 10% der Amperewindungen der Nebenschlußspule). Eine genaue Berücksichtigung der Sättigung wird dadurch erschwert, daß der von den Nebenschluß-

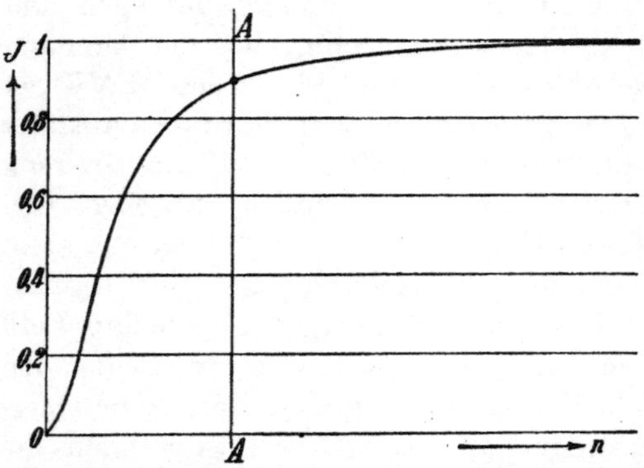

Fig. 445. Abhängigkeit des Belastungsstromes von der Umdrehungszahl.

amperewindungen und der von den Ankeramperewindungen erzeugte Kraftfluß nicht in demselben Kreis verlaufen. Bei hohen Sättigungen wird nämlich das von den Ankeramperewindungen erzeugte Feld seinen Weg durch die großen Polschuhe nehmen und sich durch die Luft zwischen den Polschuhen schließen. Um ein Urteil über die Abhängigkeit des Stromes von der Umdrehungszahl zu bekommen, genügt die von uns aufgestellte Betrachtung, bei welcher der Kraftfluß proportional der Differenz von Anker- und Nebenschlußamperewindungen gesetzt wurde[1]).

Es ist noch zu bemerken, daß diese Maschine **unabhängig von der Drehungsrichtung** einen Strom in der gleichen Richtung liefert. Bei Umkehrung der Drehrichtung kehrt sich die Polarität der Bürsten *b b* und somit auch die Richtung des Querfeldes um. Die Bürsten *B B* halten jedoch ihre Polarität bei, da erstens die Drehrichtung und zweitens die Richtung des Querfeldes sich umgekehrt hat.

Die Maschine von Rosenberg eignet sich daher besonders für Zugbeleuchtung.

In Fig. 446 sind die Versuchskurven einer Querfelddynamo für Zugbeleuchtung aufgezeichnet, und zwar wurden die Kurven bei konstantem äußerem Widerstande aufgenommen, während die Maschine von einer Batterie erregt wurde. Zwischen 800 und 2300 Umdr. pr. Min. entsprechend einer Fahrgeschwindigkeit von 35 und 100 km/st. ändern sich Spannung und Stromstärke nur um ca. 12⁰/₀.

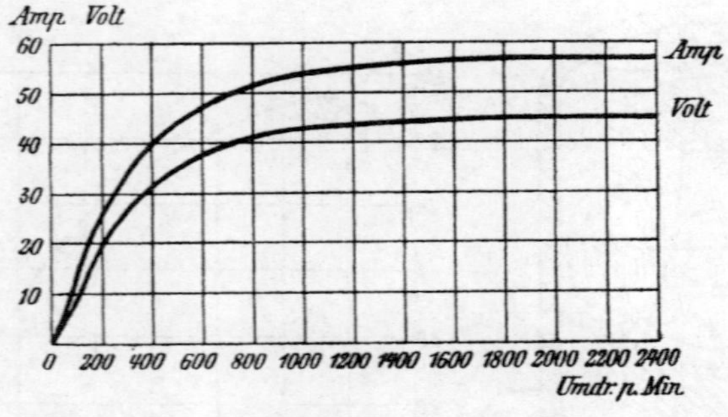

Fig. 446. Versuchskurven einer Querfelddynamo.

Wird die Querfelddynamo mit konstanter Umdrehungszahl angetrieben, so gibt sie bei veränderlichem äußerem Widerstande einen nahezu konstanten Strom. Bei Kurzschluß liefert die Maschine einen

[1]) Bei einer genauen Theorie wären, wie von Rosenberg hervorgehoben wurde, auch die von den kurzgeschlossenen Ankerspulen hervorgerufenen Magnetfelder zu berücksichtigen.

bestimmten Strom, der so bemessen werden kann, daß er die Maschine nicht gefährdet. Dies ist auch leicht einzusehen, da der Ankerstrom niemals so groß werden kann, daß der von den Magnet- und Ankeramperewindungen hervorgerufene Hauptkraftfluß Null wird.

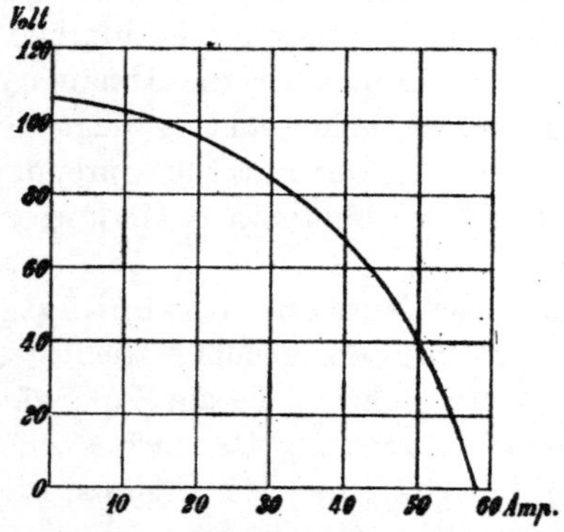

Fig. 447. Äußere Charakteristik einer fremderregten Querfelddynamo.

Fig. 447 zeigt die äußere Charakteristik einer fremderregten, mit konstanter Umdrehungszahl angetriebenen Querfelddynamo. Sie ist gebaut für eine normale Leistung von 40 Volt und 50 Amp. Aus der Figur ist ersichtlich, daß bei einer Spannungsänderung von 0—80 Volt, d. i. von 200 $^0/_0$ der normalen Spannung. die Stromstärke sich nur von 57 auf 33 Amp., d. i. um 48 $^0/_0$ des normalen Stromes ändert.

Ist eine so große Konstanz des Stromes nicht erforderlich, so kann man die Maschine auch mit Selbsterregung, und zwar mit Hauptschlußerregung bauen.

Fig. 448 zeigt die Schaltung und Fig. 448a die äußere Charakteristik einer solchen Maschine. Der eigentümliche Verlauf der

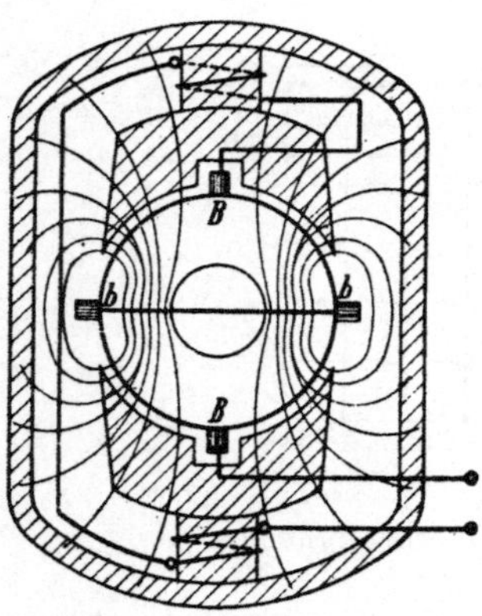

Fig. 448. Querfelddynamo mit Hauptschlußerregung.

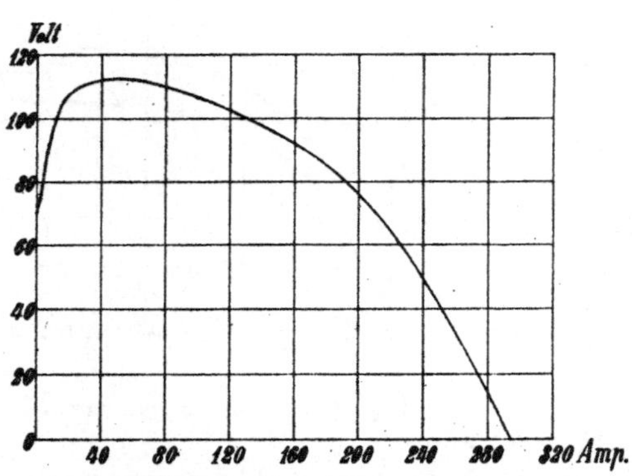

Fig. 448a. Äußere Charakteristik einer Querfelddynamo mit Hauptschlußerregung.

äußeren Charakteristik läßt sich auf folgende Weise erklären. Im Anfang steigt mit Zunahme des Stromes das Hauptfeld und somit das Querfeld und die Spannung an den Bürsten *B B* an, bis das

Joch und die Magnete, welche nur einen kleinen Querschnitt haben, stark gesättigt sind. Dies trifft schon bei einem verhältnismäßig kleinen Strom zu. Der Kraftfluß im Joch und in den Magneten vergrößert sich bei einem weiteren Ansteigen des Stromes nur unbedeutend. Das Ankerfeld in der Richtung der Bürsten BB kann sich jedoch frei ausbilden, weil es die großen Querschnitte des Ankers und der Polschuhe zur Verfügung hat (s. Fig. 448). Dieses Feld wird sich somit fast proportional mit dem Strom ändern. Der resultierende Hauptkraftfluß wird deshalb mit zunehmender Stromstärke abnehmen und somit auch die Spannung zwischen den Bürsten BB.

Die äußere Charakteristik, sowohl der fremderregten wie der im Hauptsschluß erregten Maschine, eignet sich sehr gut zur Speisung von in Reihe geschalteten Bogenlampen, da diese ohne Vorschaltwiderstand an die Maschine angeschlossen werden können, wodurch ein geringerer Energieverbrauch erreicht wird. Auch für Lichtbogenschweißung eignet sich die Maschine.

Fünfundzwanzigstes Kapitel.

Eigenschwingungen in Gleichstrommaschinen.

Es treten in Gleichstrommaschinen sowohl mechanische als elektrische Schwingungen auf, die beide in diesem Kapitel näher beschrieben werden sollen. Die mechanischen Schwingungen des Ankers lagern sich über die konstante Umfangsgeschwindigkeit desselben und werden ähnlichen Schwingungen der synchronen Wechselstrommaschinen entsprechend Pendeln genannt. Gleichzeitig mit dem Pendeln der Umfangsgeschwindigkeit treten natürlich auch Schwingungen im Ankerstrom auf. Aber außer diesen Schwingungen des Ankerstromes können bei fehlerhafter Dimensionierung von Gleichstrommaschinen auch eigenartige elektrische Schwingungen in Anker- und Feldwicklungen entstehen, herrührend von im Raume sich drehenden Magnetfeldern. Ferner sollen in diesem Kapitel die Erscheinungen, die beim Ein- und Ausschalten sowie beim Kurzschließen von Gleichstrommaschinen entstehen, näher beschrieben werden.

127. Pendeln von Gleichsstrommaschinen, herrührend von äußeren periodischen Störungen.

In den letzten Jahren ist es nicht selten, daß der Anker von Gleichstrommaschinen in Schwingungen gerät oder, wie man sich kürzer ausdrückt, pendelt. Diese Erscheinung kann, wie bei den synchronen Wechselstrommaschinen, zweierlei Art, nämlich entweder aufgedrückte oder freie Schwingungen sein. In diesem Abschnitt werden wir uns mit den von periodischen äußeren Kräften aufgedrückten Schwingungen zuerst befassen.

Die aufgedrückten Schwingungen können entweder von einer Ungleichförmigkeit im Drehmoment des Triebmotors oder der getriebenen Arbeitsmaschine (wie z. B. eine Kolbenpumpe oder ein Kolbenkompressor) herrühren. Ist der Anker der Gleichstrommaschine mit dem Triebmotor oder der Arbeitsmaschine starr verbunden, so wird der Anker dieselbe ungleichförmige Bewegung wie der Motor durchmachen. Man schreibt deswegen für Motoren, die sich zum Antrieb von Gleichstromgeneratoren eignen sollen, einen gewissen höchsten Ungleichförmigkeitsgrad vor. Die Spannung des Gleichstromgenerators wird nämlich dem ungleichförmigen Gang des Antriebsmotors entsprechend pulsieren, und wenn die Gleichstromspannung zu stark schwankt, wird das Licht der an den Gleichstromgenerator angeschlossenen Glühlampen flackern und kann sogar unerträglich werden.

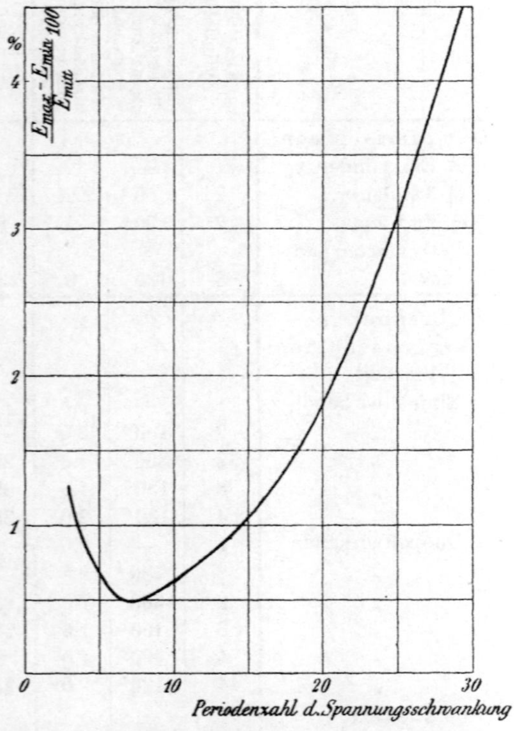

Fig. 449. Zulässige Spannungsschwankungen bei veränderlicher Periodenzahl.

Prof. Dr. K. Simons[1]) hat die Empfindlichkeit des Auges für Lichtschwankungen eingehend untersucht und bei einer 32 kerzigen Metalldrahtlampe für 220 Volt (entspricht 16 kerzige 110 Volt) die in Fig. 449 angegebene Grenze gefunden.

Mit einem Sicherheitszuschlag von 50% ergeben sich daraus die in der folgenden Tabelle angegebenen inversen Werte $1/\delta$ des erforderlichen Ungleichförmigkeitsgrades $\delta = \frac{\Omega_2 - \Omega_1}{\Omega_m}$ bei verschie-

[1]) ETZ 1917, H. 37, 38 u. 39.

denen Maschinen, um ein ruhiges Licht ohne Verwendung von Akkumulatorbatterie zu erhalten.

	Anzahl Zylinder	Auf gleiche Zylinderlage bezogene Kurbelversetzung	Perioden der Grundschwingung pro Umdrehung	Umdrehungen pro Minute				
				300	200	150	100	75
				$\frac{1}{\delta}=\frac{\Omega_m}{\Omega_2-\Omega_1}$				
Dampfmaschinen:								
a) Einzylinder . .	1	—	2	238	292	221	137	120
b) Tandem . . .	2	0°	2					
c) Verbund . . .	2	90°	4	83	171	238	293	221
d) Dreifachexpansion	3	120°	6	32	83	143	238	294
Verbrennungskraftmaschinen:								
a) Viertakt,								
Einfachwirkende	1	—	0,5	120	120	120	120	120
„	2	180°	0,5					
„	2	360°	1,0	221	137	120	120	120
„	3	120°	1,5	294	221	158	120	120
„	4	180°	2,0	238	292	221	137	120
Doppeltwirkende	1	—	0,5	120	120	120	120	120
„	2	180°	0,5					
„	2	360°	2,0	238	292	221	137	120
„	3	120°	1,5	294	221	158	120	120
„	4	90°	4,0	83	171	238	293	221
„	4	180°	2,0	238	292	221	137	120
b) Zweitakt,								
Einfachwirkende	1	—	1,0	221	137	120	120	120
„	2	0°	1,0					
„	2	180°	2,0	238	292	221	137	120
„	3	120°	3,0	143	238	294	221	158
„	4	90°	4,0	83	171	238	293	221
„	4	180°	2,0	238	292	221	137	120
Doppeltwirkende	1	—	2,0	238	292	221	137	120
„	2	90°	4,0	83	171	238	293	221
„	2	180°	2,0	238	292	221	137	120
„	3	120°	6,0	32	83	143	238	294
„	4	45°	8,0	18	39	83	171	238
„	4	90°	4,0	83	171	238	293	221

Ist der Triebmotor nicht mit dem Gleichstromgenerator starr, sondern durch eine elastische Welle verbunden, wie in Fig. 450 gezeigt, so besitzt das aus Welle und Schwungmasse des rotierenden Gleichstromankers bestehende System eine natürliche Schwingungszahl und der Anker kann in freie Schwingungen geraten. Weicht diese natürliche Schwingungszahl des Gleichstromankers nicht viel von der aufgedrückten Schwingungszahl des Antriebsmotors ab, so tritt Resonanz ein und der Gleichstromanker kann in so starke Schwingungen geraten, dass die Welle unter Umständen abbricht. Wenigstens wird die Welle sehr stark auf Torsion beansprucht und die Spannung des Generators wird so stark pulsieren, daß sie sich nicht zur Speisung von Glühlampen eignet.

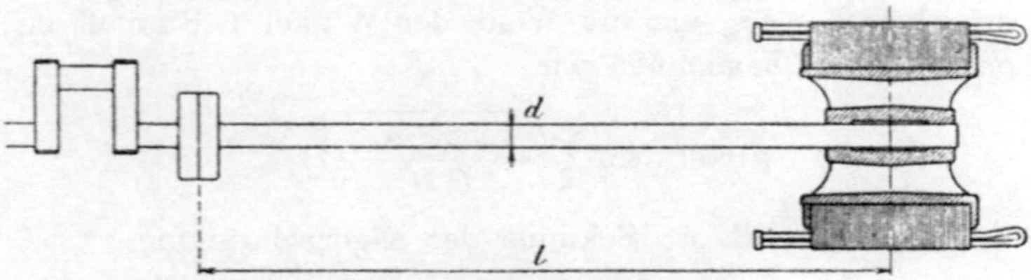

Fig. 450. Einfach schwingende Welle.

Ein von Ing. B. G. Berg[1]) aufgenommenes Tachogramm, welches in Fig. 451 wiedergegeben ist, zeigt diese Resonanz zwischen aufgedrückten und freien Schwingungen bei einer Umdrehungszahl von ca. 186 pro Minute.

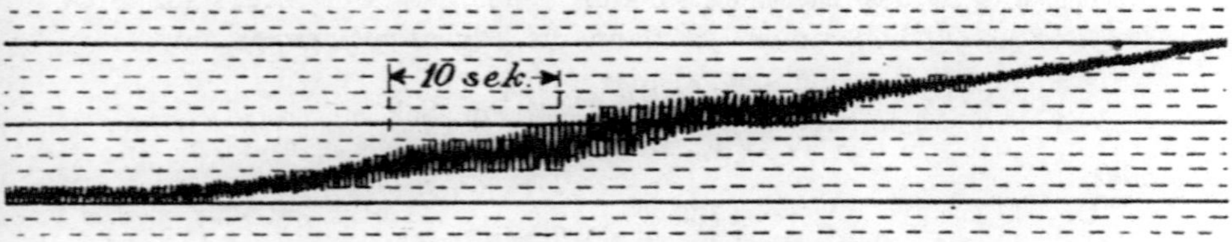

Fig. 451. Tachogramm einer schwingenden Welle.

Bei Gleichstromgeneratoren, die von Kolbenmotoren angetrieben werden, muß man deswegen suchen, die mechanische Verbindung möglichst starr zu machen, und wenn dies nicht möglich ist, muß man dafür sorgen, daß die freie Schwingungszahl des Gleichstromankers nicht in Resonanz mit den vom Antriebsmotor aufgedrückten Schwingungen gerät. Es soll nun hier die freie Schwingungszahl eines Gleichstromankers pro Minute kurz abgeleitet und angegeben werden.

Wenn wir den dämpfenden Einfluß der Reibung vernachlässigen, so muß das Drehmoment der Massenkräfte, welches proportional der

[1]) Teknisk Tidskrift, Elektroteknik 1910, S. 19.

Winkelbeschleunigung $\frac{d^2\alpha}{dt^2}$ ist, das Drehmoment der Torsionskräfte, welches proportional dem Verdrehungswinkel α ist, in Gleichgewicht halten. Es wird somit

$$\frac{1}{9{,}81}\,\frac{1}{4}\,GD^2\,\frac{d^2\alpha}{dt^2}+k\alpha=0 \quad \ldots\ldots \quad (196)$$

worin α den jeweiligen Verdrehungswinkel der Welle in Radianten, t die Zeit in Sekunden und k das Drehmoment in mkg bedeutet, das erforderlich wäre, um die Welle den Winkel 1 Radiant zu verdrehen. Hieraus bekommen wir

$$\alpha=\alpha_0 \sin \sqrt{\frac{k\,9{,}81\cdot 4}{GD^2}}\,t$$

und die Periodenzahl pro Sekunde der Eigenschwingung

$$c_{ei}=\frac{1}{2\pi}\sqrt{\frac{k\,9{,}81\cdot 4}{GD^2}} \quad \ldots\ldots\ldots \quad (197)$$

Hierin ist

$$k=\frac{\pi d^4\,0{,}385\,E}{32\cdot 100\,l}$$

wo d und l den Durchmesser bzw. die Länge der Welle in Zentimetern und E das Elastizitätsmodul bedeuten. Für Flußstahl mit $E=2\,200\,000$ bekommen wir dann die Eigenschwingungszahl

$$c_{ei}=\frac{28{,}8\,d^2_{cm}}{\sqrt{l_{cm}\,GD^2_{kgm^2}}}\ \text{Per./Sek.}$$

oder

$$c_{ei}=\frac{1730\,d^2}{\sqrt{l\,GD^2}}\ \text{Per./Min.} \quad \ldots\ldots \quad (197\,\text{a})$$

Ist die Welle nicht überall gleich stark, so ist für $\frac{l}{d^4}$ in die obige Formel

$$\frac{l}{d^4}=\frac{l_1}{d_1^{\,4}}+\frac{l_2}{d_2^{\,4}}+\frac{l_3}{d_3^{\,4}}+\cdots$$

einzusetzen, worin $l_1, l_2, l_3 \ldots$ die Längen der Achsenteile mit den Durchmessern $d_1, d_2, d_3 \ldots$ sind.

Befinden sich zwischen dem starren Wellenstück des Triebmotors und dem Gleichstromanker ein oder mehrere Schwungräder, so wird es zwei oder mehrere freie Schwingungszahlen geben. Für die Welle in Fig. 452 gibt es somit zwei Eigenschwingungszahlen[1]), nämlich

---

[1]) ETZ 1917, S. 475.

$$c_{ei\,1\,u.\,2} = \sqrt{\frac{q^2+r^2+s^2}{2} \pm \sqrt{\left(\frac{q^2+r^2+s^2}{2}\right)^2 - q^2 s^2}} \text{ Per./Sek.,} \quad (198)$$

wo

$$q = \frac{28{,}8\ d_{1cm}^2}{\sqrt{l_{1cm}\ GD_1^2}} \text{ Per./Sek.}$$

die Eigenschwingungszahl des Schwungrades in bezug auf die erste Welle

$$r = \frac{28{,}8\ d_{2cm}^2}{\sqrt{l_{2\,cm}\ GD_1^2}} \text{ Per./Sek.}$$

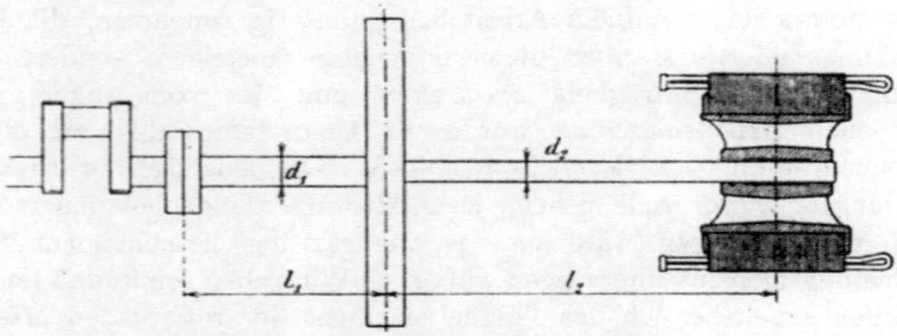

Fig. 452. Welle mit mehrfachen Schwingungen.

die Eigenschwingungszahl des Schwungrades in Bezug auf die zweite Welle und

$$s = \frac{28{,}8\ d_{2cm}^2}{\sqrt{l_{2\,cm}\ GD_2^2}} \text{ Per./Sek.}$$

die Eigenschwingungszahl des Ankers in bezug auf die zweite Welle bedeuten.

128. Pendeln von elektrisch unstabilen Gleichstrommaschinen.

Wenn eine Gleichstrommaschine ohne äußere periodische Störungen in freie Schwingungen gerät, so beruht das, wie wir gleich sehen werden, darauf, daß sie elektrisch nicht stabil ist.

Freie Schwingungen traten erst häufig auf, als man dazu überging, Gleichstrommotoren mit Wendepolen auszuführen, und die Periodenzahl dieser Pendelungen schwankte meistens zwischen 10 und 50 pro Minute.

Im vorigen Kapitel haben wir die Bedingungen für ein stabiles Arbeiten der verschiedenen Gleichstrommotoren eingehend besprochen und fanden für Nebenschlußmotoren, daß das Belastungsdrehmoment mit abnehmender Umdrehungszahl stärker zunehmen muß als das treibende Drehmoment des Motors. — Der Nebenschlußmotor ist deswegen ganz besonders stabil, wenn das Drehmoment des Motors mit zunehmender Umdrehungszahl abnimmt. Dies ist der Fall, wenn der Ohmsche Spannungsabfall im Anker bei Belastung prozentual größer ist, als die vom Ankerstrom herrührende Feldschwächung.

Es soll jetzt näher untersucht werden, wie der Motor sich verhält, wenn er nicht mehr stabil ist. Nimmt man an, daß die magnetischen Felder im Motor sich den sie erregenden Strömen entsprechend momentan ändern könnten, so würde die Geschwindigkeit des Motors im unstabilen Arbeitsbereich stetig zunehmen, die Umdrehungszahl würde aber nicht momentan ansteigen, sondern auf Grund der Massenträgheit des Ankers und der vom Anker angetriebenen Arbeitsmaschine würde die Umdrehungszahl nach einer Exponentialfunktion der Zeit ansteigen. Das Ansteigen würde um so langsamer vor sich gehen, je größer das Trägheitsmoment der rotierenden Massen wäre und je weniger das Triebmoment dem Belastungsmoment überwiegen würde. — Wir sehen somit, daß im unstabilen Arbeitsbereich das Trägheitsmoment der rotierenden Massen mit in Betracht gezogen werden muß.

Berücksichtigen wir ferner die Trägheit, mit der die magnetischen Felder im Motor entstehen, so ändern sich die Vorgänge wesentlich. Wenn nämlich der Kraftfluß des Motorfeldes mit steigender Belastung langsam abnimmt, so wird in der Nebenschlußwicklung ein Strom induziert, der eine kleine Feldverstärkung zur Folge hat, hierdurch sinkt wieder die Umdrehungszahl und mit ihr die Belastung des Motors. Mit abnehmender Belastung steigt der Kraftfluß wieder an, wodurch im Nebenschlußkreis ein feldschwächender Strom induziert wird. Dadurch steigt die Umdrehungszahl und mit ihr die Belastung des Motors wieder an und dasselbe Spiel wiederholt sich von neuem, d. h. die Umdrehungszahl und die Belastung des Motors pendeln um Mittelwerte herum, wenn der Motoranker durch irgendeinen äußeren Anlaß in seinem Beharrungszustande gestört wird. — Diese Schwingungen werden natürlich nicht ununterbrochen fortgesetzt.

Die Amplituden der Pendelungen nehmen entweder ab, d. h. die Schwingungen sind gedämpft und sterben allmählich aus, oder die Amplituden nehmen ständig zu, d. h. die Schwingungen sind ungedämpft und wachsen an bis der Motorstrom so groß wird, daß die Sicherungen durchschmelzen.

Wir sehen somit, daß die magnetische Trägheit des Hauptfeldes einen Motor in Pendelungen versetzen kann, und eine ähnliche Wirkung hat auch die Trägheit des Ankerfeldes[1]) zur Folge. Da diese Pendelungen sehr häufig und in verschiedenen Formen auftreten, so sollen die Bedingungen für dieselben und ihr Verhalten hier kurz aufgestellt und besprochen werden. Wir wollen hierbei dem von Dr.-Ing. Karl Humburg[2]) eingeschlagene Weg folgen, indem wir der Reihe nach die folgenden vier Gleichungen aufstellen.

1. Die Gleichung für das Gleichgewicht der Drehmomente am rotierenden Teil lautet:

$$\vartheta_b \left(1 + \frac{\omega}{\Omega}\right)^n + \Theta \frac{d\omega}{dt} = C\,(\Phi + \varphi)\,(J_a + i_a), \quad . \quad . \quad (199)$$

worin

Θ = das Trägheitsmoment aller rotierenden Massen,
Ω = die Winkelgeschwindigkeit bei schwingungsfreiem Betriebe,
ω = die Abweichung der Winkelgeschwindigkeit von dem normalen Wert Ω während des Pendelns,
φ = die Abweichung des Kraftflusses von dem normalen Wert Φ während des Pendelns und
i_a = die Abweichung des Ankerstromes von dem normalen Wert J_a während des Pendelns bedeuten.

Ferner ist angenommen, daß das Belastungsmoment des Motors nach der n-ten Potenz der Geschwindigkeit zunimmt. Für kleine Schwingungen kann man dann

$$\vartheta_b \left(1 + \frac{\omega}{\Omega}\right)^n \cong \vartheta_b \left(1 + n\,\frac{\omega}{\Omega}\right)$$

schreiben.

2. Die Gleichung für das Gleichgewicht der EMKe in dem Ankerstromkreise lautet:

$$P - R_t\,(J_a + i_a) - C\,(\Phi + \varphi)\,(\Omega + \omega) - L_t \frac{di_a}{dt} - w_t \frac{d\varphi}{dt} = 0, \;(200)$$

worin R_t den Ohmschen Widerstand, L_t den Selbstinduktionskoeffizienten und w_t die mit dem Hauptfelde Φ effektiv verkettete Windungszahl des ganzen Ankerstromkreises, bestehend aus Ankerwicklung, Kommutierungspolwicklung und einer etwaigen Hauptschlußwicklung, bedeuten.

3. Die Gleichung für das Gleichgewicht der EMKe im Nebenschlußkreise lautet:

$$P - r_n\,(J_n + i_n) - w_n \frac{d\varphi}{dt} = 0. \quad . \quad . \quad . \quad . \quad . \quad (201)$$

---

[1]) K. W. Wagner, ETZ 1907, S. 286.

[2]) Das Pendeln bei Gleichstrommotoren mit Wendepolen. Verlag von Julius Springer, Berlin.

worin i_n die Abweichung des Nebenschlußstromes von dem normalen Wert J_n und w_n die mit dem Hauptfelde Φ effektiv verkettete Windungszahl des Nebenschlußkreises bedeuten.

4. Die Gleichung, wonach der Hauptkraftfluß sich mit dem veränderlichen Nebenschluß- und Ankerstrom ändert, lautet

$$\Phi + \varphi = \Phi_0 + c_n (J_n + i_n) - c_a (J_a + i_a), \quad . \quad . \quad (202)$$

worin Φ_0 (siehe Fig. 453) den Kraftfluß bedeutet, den die Tangente an die Leerlaufcharakteristik auf der Ordinatenachse abschneidet. Diese Leerlaufcharakteristik ist bei der normalen Bürstenstellung aufzunehmen und unterscheidet sich insofern von der Magnetisierungskurve, daß in ihr die Rückwirkung auf das Hauptfeld, herrührend von den zusätzlichen Strömen in den von den Bürsten kurzgeschlossenen Spulen, berücksichtigt ist.

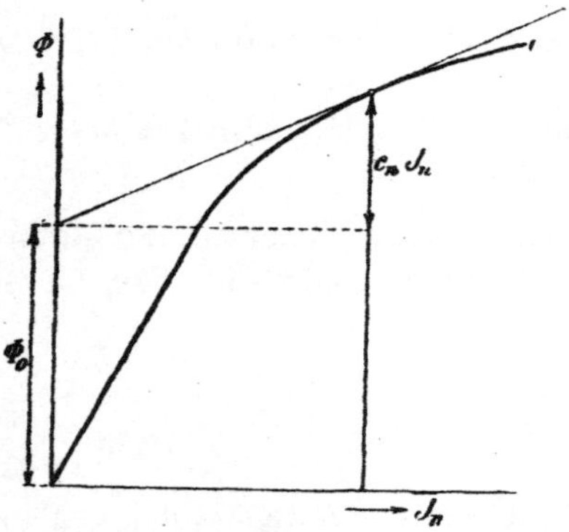

Fig. 453.

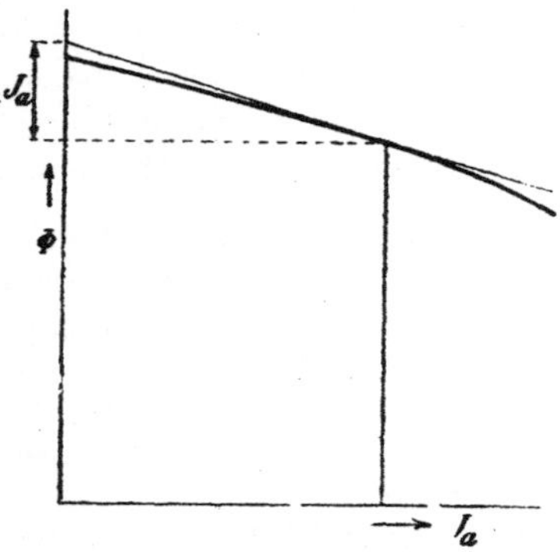

Fig. 454.

c_n und c_a geben den Einfluß des Nebenschlußstromes bzw den des Ankerstromes auf das Hauptfeld Φ an. Die Koeffizienten c_n und c_a berücksichtigen sowohl den direkten Einfluß der Amperewindungen des Nebenschluß- bzw. des Ankerstromkreises auf den Kraftfluß, als den indirekten Einfluß, der von der Einwirkung des Nebenschluß- bzw. Ankerstromes auf die zusätzlichen Ströme in den kurzgeschlossenen Spulen herrührt. c_n ergibt sich aus Fig. 453 und c_a aus Fig. 454, welche Feldkurve in der auf Seite 493 beschriebenen Weise ermittelt worden ist.

Für den stationären schwingungsfreien Betrieb gelten den obigen entsprechend die folgenden vier Gleichungen:

$$\vartheta_b = C\,\Phi\,J_a,$$

$$P - R_t J_a - C\,\Phi\,\Omega = 0.$$

$$P - r_n J_n = 0,$$

$$\Phi = \Phi_0 + c_n J_n - c_a J_a.$$

Subtrahiert man diese letzteren Gleichungen von den obigen, so erhält man die folgenden vier neuen Gleichungen für die Änderungen der Geschwindigkeit, des Ankerstromes, des Nebenschlußstromes und des Kraftflusses während des Pendelns:

$$\Theta \frac{d\omega}{dt} + \vartheta_b n \frac{\omega}{\Omega} = C\Phi i_a + C J_a \varphi + C\varphi i_a, \quad . \quad . \quad . \quad (199\,\text{a})$$

$$R_t i_a + C\Phi\omega + C\Omega\varphi + C\varphi\omega + L_t \frac{di_a}{dt} + w_t \frac{d\varphi}{dt} = 0, \quad (200\,\text{a})$$

$$r_n i_n + w_n \frac{d\varphi}{dt} = 0, \quad . \quad . \quad . \quad . \quad . \quad . \quad . \quad (201\,\text{a})$$

und

$$\varphi = c_n i_n - c_a i_a. \quad . \quad . \quad . \quad . \quad . \quad . \quad . \quad (202\,\text{a})$$

Vernachlässigen wir der Einfachheit halber zuerst die kleinen Größen zweiter Ordnung, wie $C\varphi i_a$ und $C\varphi\omega$ und ferner die Größen $L_t \frac{d i_a}{dt}$ und $w_t \frac{d\varphi}{dt}$, so erhalten wir folgende vereinfachte Gleichungen. Diese geben die häufigst vorkommenden Pendelungen mit genügender Genauigkeit wieder.

$$\Theta \frac{d\omega}{dt} + \vartheta_b n \frac{\omega}{\Omega} = C\Phi i_a + C J_a \varphi,$$

$$R_t i_a + C\Phi\omega + C\Omega\varphi = 0,$$

$$r_n i_n + w_n \frac{d\varphi}{dt} = 0,$$

$$\varphi = c_n i_n - c_a i_a.$$

Die erste dieser Gleichungen dividieren wir durch $\vartheta_b = C\Phi J_a$, die zweite durch $C\Phi\Omega$, die dritte durch $\frac{r_n \Phi}{c_n}$ und die vierte durch Φ; dann erhalten wir neue Gleichungen, welche nur die verhältnismäßigen Änderungen der verschiedenen Größen angeben.

$$\frac{\Theta\Omega}{C\Phi J_a} \frac{d}{dt}\left(\frac{\omega}{\Omega}\right) + n \frac{\omega}{\Omega} = \frac{i_a}{J_a} + \frac{\varphi}{\Phi},$$

$$\frac{R_t J_a}{C\Phi\Omega} \frac{i_a}{J_a} + \frac{\omega}{\Omega} + \frac{\varphi}{\Phi} = 0,$$

$$\frac{c_n J_n}{\Phi} \frac{i_n}{J_n} + \frac{w_n c_n}{r_n} \frac{d}{dt}\left(\frac{\varphi}{\Phi}\right) = 0,$$

$$\frac{\varphi}{\Phi} = \frac{c_n J_n}{\Phi} \frac{i_n}{J_n} - \frac{c_a J_a}{\Phi} \frac{i_a}{J_a}.$$

Führen wir außerdem folgende allgemein benutzte Bezeichnungen ein:

1. $T_n = \frac{w_n c_n}{r_n} = \frac{L_n}{r_n}$ die Zeitkonstante der Nebenschlußwicklung,

2. $T_m = \frac{\Theta \Omega}{C \Phi J_a}$ die **Anlaufszeit**[1]) der rotierenden Teile, d. h. die Zeit, welche nötig ist, um die rotierenden Massen auf die Winkelgeschwindigkeit Ω zu bringen, wenn die ganze Leistung EJ_a dem Anker zugeführt wird und keine Energie in Widerständen oder durch Reibung verloren geht.

3. $\varepsilon_e = \frac{R_t J_a}{C \Phi \Omega}$ der Spannungsabfall im Ankerstromkreis im Verhältnis zu der in der Ankerwicklung induzierten EMK.

4. $\varepsilon_\varphi = \frac{c_a J_a}{\Phi}$ die Schwächung des Hauptfeldes, vom Ankerstrom herrührend, im Verhältnis zum Hauptfelde Φ selbst, und

5. $\varepsilon_{\varphi n} = \frac{c_n J_n}{\Phi}$ die Änderung des Hauptfeldes, vom Erregerstrom herrührend, im Verhältnis zum Hauptfelde selbst, so lassen sich die vier Gleichungen wie folgt schreiben:

$$T_m \frac{d}{dt}\left(\frac{\omega}{\Omega}\right) + n \frac{\omega}{\Omega} = \frac{i_a}{J_a} + \frac{\varphi}{\Phi}, \quad \ldots \ldots \quad (199\text{b})$$

$$\varepsilon_e \frac{i_a}{J_a} + \frac{\omega}{\Omega} + \frac{\varphi}{\Phi} = 0, \quad \ldots \ldots \quad (200\text{b})$$

$$\varepsilon_{\varphi n} \frac{i_n}{J_n} + T_n \frac{d}{dt}\left(\frac{\varphi}{\Phi}\right) = 0, \quad \ldots \ldots \quad (201\text{b})$$

$$\frac{\varphi}{\Phi} = \varepsilon_{\varphi n} \frac{i_n}{J_n} - \varepsilon_\varphi \frac{i_a}{J_a}. \quad \ldots \ldots \quad (202\text{b})$$

Durch Addition der beiden ersten Gleichungen erhält man

$$T_m \frac{d}{dt}\left(\frac{\omega}{\Omega}\right) + (n+1) \frac{\omega}{\Omega} = (1 - \varepsilon_e) \frac{i_a}{J_a} \quad \ldots \quad (203)$$

und durch Addition der beiden letzten ergibt sich

$$T_n \frac{d}{dt}\left(\frac{\varphi}{\Phi}\right) + \frac{\varphi}{\Phi} + \varepsilon_\varphi \frac{i_a}{J_a} = 0. \quad \ldots \quad (204)$$

Man differentiert nun Gl. (200b), addiert hierzu Gl. (200b) und subtrahiert Gl. (204), wonach man

---

[1]) Wechselstromtechnik Bd. IV, Seite 355.

$$T_n \varepsilon_e \frac{d}{dt}\left(\frac{i_a}{J_a}\right) + T_n \frac{d}{dt}\left(\frac{\omega}{\Omega}\right) + (\varepsilon_e - \varepsilon_\varphi)\frac{i_a}{J_a} + \frac{\omega}{\Omega} = 0$$

erhält. Hierin führt man $\frac{i_a}{J_a}$ aus Gl. (203) ein und erhält schließlich die folgende lineare Differentialgleichung zweiter Ordnung:

$$\frac{d^2}{dt^2}\left(\frac{\omega}{\Omega}\right) + \left[\frac{(\varepsilon_e - \varepsilon_\varphi)}{T_n \varepsilon_e} + \frac{1}{T_m \varepsilon_e} + \frac{n}{T_m}\right]\frac{d}{dt}\left(\frac{\omega}{\Omega}\right)$$
$$+ \frac{(\varepsilon_e - \varepsilon_\varphi)\, n + (1 - \varepsilon_\varphi)}{\varepsilon_e T_n T_m}\frac{\omega}{\Omega} = 0. \quad . \quad . \quad . \quad . \quad (205)$$

Diese Gleichung läßt sich wie folgt schreiben:

$$\frac{d^2}{dt^2}\left(\frac{\omega}{\Omega}\right) + a_1 \frac{d}{dt}\left(\frac{\omega}{\Omega}\right) + a_2 \frac{\omega}{\Omega} = 0, \quad . \quad . \quad . \quad . \quad (205\,\mathrm{a})$$

worin

$$a_1 = \frac{\varepsilon_e - \varepsilon_\varphi}{\varepsilon_e T_n} + \frac{1}{\varepsilon_e T_m} + \frac{n}{T_m} \quad . \quad . \quad . \quad . \quad . \quad . \quad (206)$$

und

$$a_2 = \frac{(\varepsilon_e - \varepsilon_\varphi)\, n + 1 - \varepsilon_\varphi}{\varepsilon_e T_n T_m} \quad . \quad . \quad . \quad . \quad . \quad . \quad (207)$$

sind, und deren allgemeine Lösung

$$\frac{\omega}{\Omega} = \frac{\omega_1}{\Omega} e^{\alpha_1 t} + \frac{\omega_2}{\Omega} e^{\alpha_2 t} \quad . \quad . \quad . \quad . \quad . \quad . \quad . \quad (208)$$

oder

$$\frac{\omega}{\Omega} = \frac{\omega_0}{\Omega} e^{\alpha t} \sin \beta t \quad . \quad . \quad . \quad . \quad . \quad . \quad . \quad . \quad (208\,\mathrm{a})$$

lautet, worin α_1 und α_2 bzw. $\alpha \pm j\beta$ die Wurzeln der quadratischen Gleichung

$$x^2 + a_1 x + a_2 = 0$$

sind.

Es können nun folgende Fälle unterschieden werden:

a) $\frac{a_1}{2} > \sqrt{a_2} > 0.$

Die quadratische Gleichung gibt dann zwei reelle Wurzeln, die beide negativ sind:

$$\left.\begin{matrix}\alpha_1\\ \alpha_2\end{matrix}\right\} = -\frac{a_1}{2} \pm \sqrt{\left(\frac{a_1}{2}\right)^2 - a_2}.$$

Der Motor ist vollkommen stabil, und wenn er durch irgendeinen störenden äußeren Einfluß aus seinem Gleichgewicht herausgebracht wird, so kehrt die Geschwindigkeit nach zeitlich exponentialem Verlauf, also ohne Pendeln, bald wieder auf ihren normalen

Wert Ω zurück. Dieser Fall tritt wie gezeigt ein, wenn $\frac{a_1}{2}$ positiv und größer als $\sqrt{a_2}$ ist, also wenn

$$\frac{\varepsilon_e - \varepsilon_\varphi}{\varepsilon_e T_n} + \frac{1}{\varepsilon_e T_m} + \frac{n}{T_m} > 2\sqrt{\frac{(\varepsilon_e - \varepsilon_\varphi)n + 1 - \varepsilon_\varphi}{\varepsilon_e T_n T_m}}. \quad (209)$$

Wir haben im vierundzwanzigsten Kapitel gesehen, daß ein Motor stets stabil ist, wenn die Umdrehungszahl mit zunehmender Belastung sinkt, und dies tritt ein, wenn der Ohmsche Spannungsabfall ε_e im Ankerstromkreis verhältnismäßig größer ist, als die vom Ankerstrom herrührende Feldschwächung ε_φ, also wenn $\varepsilon_e > \varepsilon_\varphi$. Betrachten wir nun den Grenzfall, wenn die Geschwindigkeit unabhängig von der Belastung stets konstant bleibt, d. h. $\varepsilon_e = \varepsilon_\varphi$, so sehen wir, daß selbst in diesem ungünstigen Fall kein Pendeln eintritt, solange

$$\frac{1 + n\varepsilon_e}{\varepsilon_e T_m} > 2\sqrt{\frac{1 - \varepsilon_\varphi}{\varepsilon_e T_n T_m}}, \quad \ldots\ldots \quad (209\,a)$$

d. h. solange

$$\frac{T_n}{T_m} > \frac{4\varepsilon_e(1 - \varepsilon_\varphi)}{(1 + n\varepsilon_e)^2}.$$

Setzen wir hierin $\varepsilon_e = \varepsilon_\varphi = 0{,}05$ und $n = 1$, so wird

$$\frac{T_n}{T_m} > \frac{4 \cdot 0{,}05}{1{,}05^2} \cong 0{,}18.$$

Nun hat Dr. Humburg das Verhältnis $\frac{T_n}{T_m}$ für eine berechnete Maschinenreihe ermittelt und, wie die in Fig. 455 von Dr. Humburg erhaltenen Werte zeigen, liegt das Verhältnis zwischen 0,1 und 0,35. In T_m ist jedoch nur die Schwungmasse des Motorankers und nicht die rotierenden Massen der mit dem Motor gekuppelten Arbeitsmaschine berücksichtigt.

Wir sehen immerhin aus Fig. 455, daß größere Motoren selbst bei horizontaler Geschwindigkeitscharakteristik meistens immer noch stabil bleiben. Bei kleineren Motoren, wo $\frac{T_n}{T_m}$ kleiner und ε_e größer werden, kann das Pendeln nicht verhütet werden, ohne daß die Geschwindigkeit mit zunehmender Belastung abnimmt. Ist der Motor mit Wendepolen versehen und hat er dadurch eine zu wenig abfallende Geschwindigkeitscharakteristik erhalten, so kann man die Neigung dieser Charakteristik durch eine kleine Hauptschlußwicklung auf den Hauptpolen beliebig vergrößern.

b) $\sqrt{a_2} > \frac{a_1}{2} > 0.$

Die quadratische Gleichung gibt jetzt zwei imaginäre Wurzeln

$$\alpha \pm j\beta = -\frac{a_1}{2} \pm j\sqrt{a_2 - \left(\frac{a_1}{2}\right)^2}.$$

Der Motor gerät in Pendeln, wenn er in seinem Gleichgewicht ge-

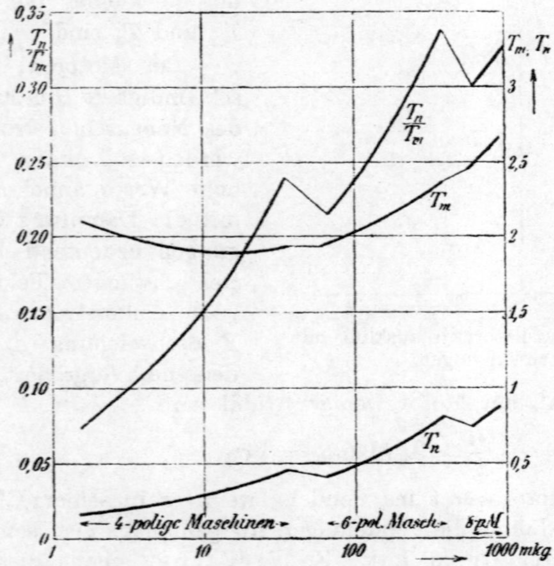

Fig. 455. Zeitkonstanten normaler Gleichstrommaschinen.

stört wird. Die Schwingungen klingen jedoch bald aus, wie Fig. 456 zeigt.

$$\alpha = -\frac{a_1}{2}$$

nennt man die Dämpfungskonstante und je größer $\frac{a_1}{2}$ ist, um so schneller klingen die Schwingungen ab.

$$c_{ei} = \frac{\beta}{2\pi} = \frac{1}{2\pi}\sqrt{a_2 - \left(\frac{a_1}{2}\right)^2}.$$

ist die Eigenschwingungszahl des Motors. Solange a_1 positiv ist, sind die Pendelungen, wie man sagt, gedämpft und dies ist somit der Fall, wenn

$$a_1 = \frac{\varepsilon_e - \varepsilon_\varphi}{\varepsilon_e T_n} + \frac{1}{\varepsilon_e T_m} + \frac{n}{T_m} > 0 \quad . \quad . \quad . \quad . \quad (210)$$

Da man stets Motoren eine abfallende Geschwindigkeitscharakteristik gibt, d. h. $\varepsilon_e > \varepsilon_\varphi$ macht, so werden die Pendelungen bei allen richtig gebauten Motoren, selbst bei den kleinsten, stets gedämpft sein. Die Pendelungen sind um so stärker gedämpft, je mehr die Umfangsgeschwindigkeit mit der Belastung sinkt und je kleiner die Konstanten T_m und T_n sind.

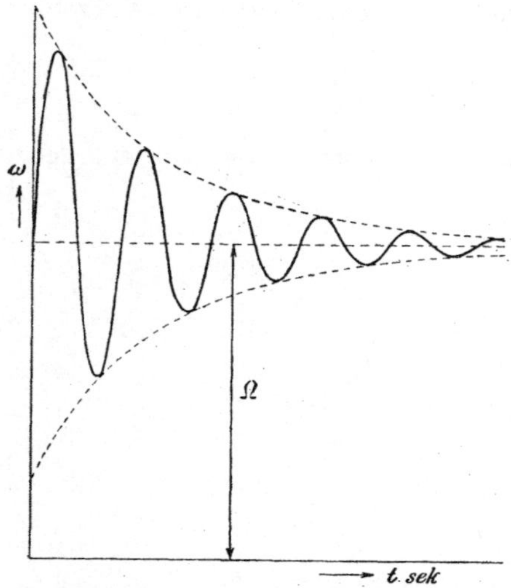

Fig. 456. Oszillatorisch ausklingende Schwingungen.

Bei Motoren, deren Geschwindigkeit durch Regelung des Nebenschlußstromes erhöht werden soll, kann T_n ziemlich hohe Werte annehmen und somit die Dämpfung der Schwingungen bedeutend herabsetzen. Bei schwachem Felde wird die vom Ankerstrom herrührende Feldschwächung ε_φ auch bedeutend vergrößert, was dazu beiträgt, daß der Motor weniger stabil wird.

c) $\alpha = -\frac{a_1}{2} = 0$, also $\beta_0 = \sqrt{a_2}$.

Der Motor gerät ins Pendeln, wenn er in seinem Gleichgewicht gestört wird und die Pendelungen klingen nicht aus, sondern setzen in konstanter Größe fort. K. W. Wagner nennt diesen Zustand pseudostabil. Da dieser Zustand erst eintritt, wenn $\varepsilon_\varphi > \varepsilon_e$ ist, wollen wir denselben praktisch gesprochen eher labil nennen.

Für diesen Zustand ist die Periodenzahl der Pendelungen

$$c_{ei,0} = \frac{\beta_0}{2\pi} = \frac{1}{2\pi}\sqrt{a_2} = \frac{1}{2\pi}\sqrt{\frac{(\varepsilon_e - \varepsilon_\varphi)n + 1 - \varepsilon_\varphi}{\varepsilon_e T_n T_m}}, \quad (211)$$

und da in diesem Falle $\varepsilon_e - \varepsilon_\varphi$ gegen eins verhältnismäßig klein ist, so kann man ohne großen Fehler

$$c_{ei,0} \cong \frac{1}{2\pi}\sqrt{\frac{1 - \varepsilon_\varphi}{\varepsilon_e T_n T_m}} \quad \ldots\ldots \quad (211\text{a})$$

setzen, woraus hervorgeht, daß die Eigenschwingungszahl in dem pseudostabilen Zustand hauptsächlich von dem prozentualen Spannungsabfall ε_e im Ankerstromkreis und von den Zeitkonstanten T_n und T_m abhängt. Je größer diese drei Größen sind, um so langsamer pendelt der Motor. Da ε_e mit zunehmender Motorgröße abnimmt, während T_n und T_m zunehmen, so bleibt die Eigenschwingungszahl für Motoren der verschiedenen Größen nahezu konstant und, wie die Rechnungen von Dr. Humburg ergeben, liegt sie in der Nähe von einer Periode pro Sekunde. Schwächt man jedoch das Feld, um die Geschwindigkeit des Motors in die Höhe zu regulieren. so nimmt T_n stark zu und die Periodenzahl sinkt gegen 0,5 Perioden pro Sekunde herunter. Bei gedämpften Schwingungen ist die Eigenschwingungszahl c_{ei} stets etwas kleiner als $c_{ei,0}$, weil

$$2\pi c_{ei} = \sqrt{(2\pi c_{ei,0})^2 - \left(\frac{a_1}{2}\right)^2} \quad . \quad . \quad . \quad . \quad (212)$$

d) $0 > \frac{a_1}{2} > -\sqrt{a_2}$.

Die quadratische Gleichung gibt immer noch zwei imaginäre Wurzeln

$$\alpha \pm j\beta = -\frac{a_1}{2} \pm j\sqrt{a_2 - \left(\frac{a_1}{2}\right)^2}.$$

Die Dämpfungskonstante $\frac{a_1}{2}$ ist jedoch negativ geworden und die Schwingungen nehmen, wie Fig. 457 zeigt, nach einer Exponentialfunktion mit der Zeit zu. bis die Stromstärke so groß wird, daß die Sicherungen durchschmelzen. Dieser Zustand kann nur bei fehlerhafter Dimensionierung oder bei fehlerhafter Bürstenstellung eintreten, weil ε_ω in diesem Falle bedeutend größer als ε sein muß.

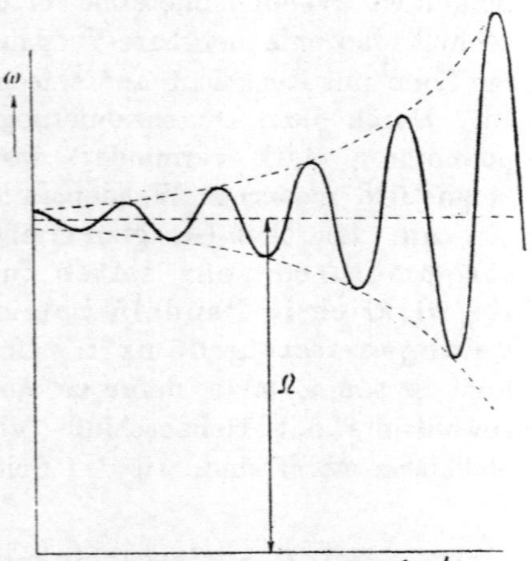

Fig. 457. Oszillatorisch zunehmende Schwingungen.

e) $\frac{a_1}{2} \gtrless -\sqrt{a_2} < 0$.

Die beiden Wurzeln

$$\left.\begin{matrix}\alpha_1\\ \alpha_2\end{matrix}\right\} = -\frac{a_1}{2} \pm \sqrt{\left(\frac{a_1}{2}\right)^2 - a_2}$$

werden hier wieder reell, aber positiv. Der Motor ist vollkommen labil, d. h. er geht durch. und zwar steigt seine Geschwindigkeit ohne vorhergehendes Pendeln nach einer Exponentialfunktion mit der Zeit an. Dieser Fall kann z. B. eintreten, wenn der Motor mit einer Hauptschlußwicklung versehen ist, die irrtümlicherweise auf das Feld schwächend einwirkt.

Nach dem oben Gesagten werden viele sich darüber wundern, warum man bei Wendepolmotoren anfangs so viele Schwierigkeiten mit Pendelungen und sogar mit ungedämpften Pendelungen hatte. Dies beruht darauf, daß man anfangs die Wendepole einführte teils um die Geschwindigkeit mittels Nebenschlußregulierung ändern zu können und teils um bei normalen Geschwindigkeiten mit schwachen Feldern zu arbeiten, um dadurch an Feldkupfer zu sparen. In beiden Fällen wird die Zeitkonstante T_n groß und die vom Ankerstrom herrührende Feldschwächung ε_φ würde auch groß und unter Umständen größer als der Ohmsche Spannungsabfall ε_e werden. Kommt noch hier hinzu, daß man die Kommutatorbürsten nicht genau in der neutralen Zone einstellt, sondern gegen die Drehrichtung etwas zurückverschiebt, wie es bei Motoren ohne Wendepole früher der Fall war, so wird ε_φ noch größer und der Motor ganz labil. Ein Wendepolmotor ist nämlich viel empfindlicher gegenüber einer Bürstenverschiebung als ein Motor ohne Wendepole. Bei Zurückverschiebung der Bürsten wirkt nämlich ein Teil des Wendepolfeldes gegen das Hauptfeld Φ und muß von diesem abgezogen werden, und außerdem wirkt ein Teil der Ankeramperewindungen auf das Hauptfeld schwächend ein. Eine Vorwärtsverschiebung der Bürsten vermindert andererseits bei Wendepolmotoren die Pendelgefahr. Bei modernen Wendepolmotoren macht man aber die Wendepole so schmal, daß eine merkbare Verschiebung der Bürsten aus der neutralen Zone mit Rücksicht auf eine gute Kommutierung nicht gestattet ist. Durch diese Dimensionierung ist die Pendelgefahr bei Wendepolmotoren stark vermindert worden. Außerdem sättigt man das Magnetfeld moderner Wendepolmotoren etwas mehr als früher.

Aus dem oben Gesagten ergibt sich somit, daß **stabile Gleichstrommotoren sehr selten in Pendeln geraten, und wenn sie wirklich in Pendeln kommen sollten, so sind diese Pendelungen stets gedämpft.** Um Pendelgefahr zu vermeiden, genügt es somit, stets dafür zu sorgen, daß die Gleichstrommotoren, sowohl die mit Nebenschluß- als die mit Doppelschlußerregung, elektrisch stabil sind, wie auf Seite 494 beschrieben.

129. Pendelerscheinungen beim Betriebe mit Hauptschlußgeneratoren.

Wenn wir einen Motor mit Strom von einem Hauptschlußgenerator betreiben, der mit konstanter Umdrehungszahl läuft, so treten beim Unterschreiten einer gewissen Belastung Pendelerscheinungen auf. Je nach der Anordnung der Erregung des Motors können wir hierbei die folgenden beiden Fälle unterscheiden.

a) Motor fremd und konstant erregt. In Fig. 458 sind oben links die im Generator induzierte EMK E_g und der gesamte Ohmsche Spannungsabfall im ganzen Kreis JR als Funktionen des Ankerstromes J aufgetragen. Darunter ist, ebenfalls als Funktion von J, der Unterschied $E_g - JR$ zwischen diesen beiden Spannungen im vergrößerten Maßstab aufgetragen.

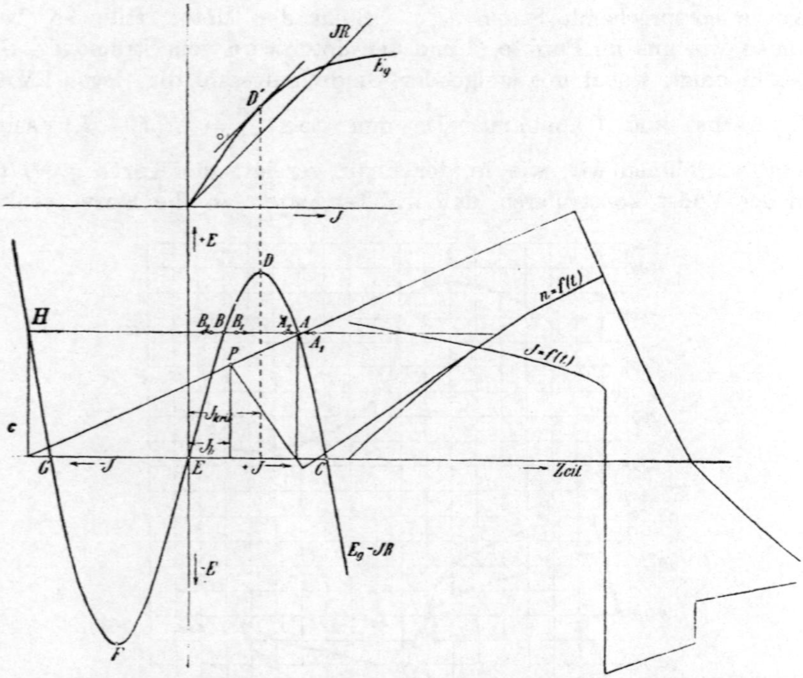

Fig. 458. Ableitung der Pendelerscheinungen eines fremderregten Motors, der von einem Hauptschlußgenerator gespeist wird.

Wenn wir nun zunächst von der Wirkung der Selbstinduktion des Kreises absehen, muß $E_g - JR$ stets gleich der im Motor induzierten Gegen-EMK E_m sein. Da nun der Motor konstant erregt ist, kann $E_m = f(J)$ bei verschiedenen Umdrehungszahlen als horizontale gerade Linien dargestellt werden.

Der Motor mag nun unveränderlich bei einer gewissen Umdrehungszahl gehalten werden. Haben wir dann eine Stromstärke, die der Lage des Punktes A_1 oder A_2 entspricht, so überwiegt im ersten Falle die Spannung E_m und der Strom nimmt ab, während im zweiten Falle $E_g - JR$ die Oberhand hat und eine Vergrößerung des Stromes verlanlaßt. Beide Punkte rücken also gegen die Kurve und wir erreichen in A einen stabilen Betriebszustand. Betrachten wir dagegen die an beiden Seiten des anderen Astes der Kurve liegenden Punkte B_1 und B_2, so sehen wir, daß diese vom Punkte B statt dessen abrücken werden, weshalb der Betriebszustand auf diesem Ast der Kurve unstabil ist.

Der zur Überwindung des Belastungsmomentes erforderliche Strom J_b mag nun kleiner sein als der dem Scheitelpunkt D der Kurve entsprechende Strom J_{krit}. Steht der Motor still, so befinden wir uns im Punkte C und der Motor wird vom Strome $J - J_b$ beschleunigt, wobei mit steigender Umdrehungszahl die Gegen-EMK E_m wächst und J abnimmt. Da nun stets $\frac{dn}{dt} = C\,(J - J_b)$ sein muß, so können wir, wie in der Figur gezeigt, die Kurve $n = f(t)$ in der Weise konstruieren, daß wir Tangenten an die Kurve senk-

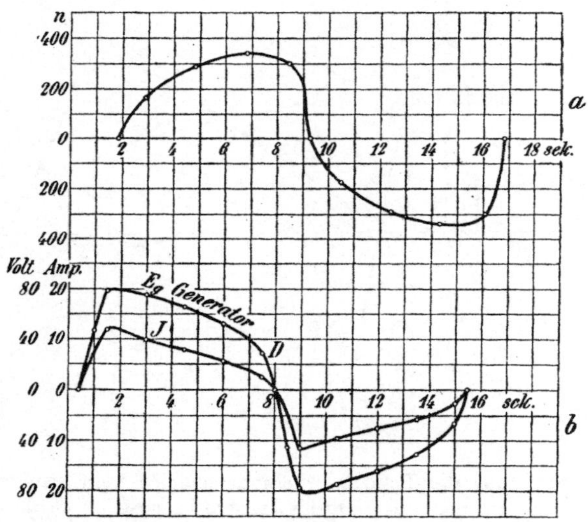

Fig. 459. Strom- und Spannungsschwingungen eines Hauptschlußgenerators.

recht zu Strahlen vom beliebigen Punkte P auf der Ordinate bei J_b ziehen. Wenn wir in dieser Weise den Punkt D erreicht haben, so setzt die Beschleunigung fort, E_m überwiegt und der Strom fällt fortwährend ab. Von hier aus nimmt aber $E_g - JR$ ab und wir durchlaufen die Kurve $DEFG$ bis H, wo wieder Gleichgewicht eintritt. Hier wird aber der Motor sehr schnell entsprechend dem Strome $J + J_b$ gebremst, bis er wieder stillsteht und dann in entgegengesetzter Richtung (Kurve GF) zu laufen anfängt. Diese Pendelungen setzen dauernd fort.

In Fig. 459 sind die Werte von n, E_g und J als Funktionen der Zeit aufgetragen, die im Elektrotechnischen Institut der Technischen Hochschule zu Karlsruhe von Dr.-Ing. S. Ottenstein bei den Untersuchungen eines von einem Hauptschlußgenerator (4 kW, 1200 Umdr.) gespeisten, konstant erregten Motors aufgenommen wurden. Diese Kurven zeigen einen ganz ähnlichen Verlauf, wie die in Fig. 458 konstruierten; es ist hier jedoch der Einfluß der Selbstinduktion deutlich zu erkennen.

Aus Fig. 458 ersehen wir, daß der Scheitelpunkt D gerade unter dem Punkte D' liegt, wo eine Parallele zur JR-Linie die E_g-Kurve berührt. Wenn keine besonderen Widerstände im Kreise eingeschaltet sind, hat die JR-Linie eine viel kleinere Neigung, als hier gezeigt ist. Der Berührungspunkt D' rückt dann entsprechend weiter nach rechts, d. h. J wird sehr groß. Damit der Motor dann nicht in Pendelungen geraten sollte, müßte er so stark belastet werden, daß die Isolation in kurzer Zeit verkohlen würde.

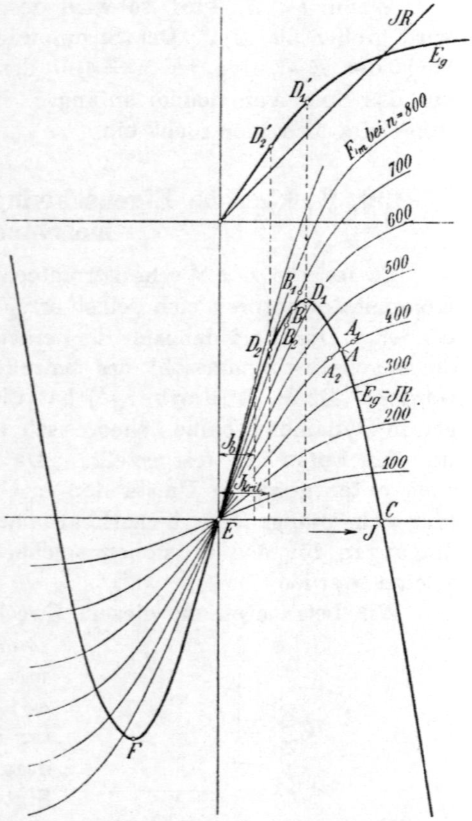

Fig. 460. Ableitung der Pendelerscheinungen eines Hauptschlußmotors, der von einem Hauptschlußgenerator gespeist wird.

b) Motor durch den Hauptstrom erregt. Die in Fig. 460 aufgetragenen Kurven für E_g, JR und $E_g - JR$ als Funktionen von J sind genau dieselben wie im vorigen Falle. Die Kurven für $E_m = f(J)$ bei verschiedenen Umdrehungszahlen sind hier dagegen von Null ausgehende Magnetisierungskurven des Motors, die in der Figur mit demselben Verlauf wie die des Generators gezeichnet sind. Wir erkennen, daß der Motor hier sowohl bei 400 Umdrehungen im Punkt A wie bei 700 Umdrehungen im Punkt B stabil arbeitet. Der kritische Punkt, wo ein Pendeln eintritt, liegt hier bei D_2 entsprechend dem Punkte D_2', wo die Magnetisierungskurve von dem geradlinigen Verlauf abweicht (in diesem Falle bei 800 Umdr.). Ist nämlich J_b kleiner als J_{krit} im Punkte D_2, so wird der Motor in diesem Punkte noch beschleunigt. E_m überwiegt dann und drückt den Strom gegen Null herab. Der Strom kann jedoch nicht umkehren, denn dann würden sämtliche Spannungen mit Ausnahme der Selbstinduktionsspannung ihre Vorzeichen umkehren.

Wenn $J < J_b$ wird, so wird der Motor gebremst und $E_g - JR$ wird größer als E_m. Der Strom wächst dann wieder, bis wir z. B. längs der E_m-Kurve bei $n = 400$ den Punkt A erreichen, von wo aus das Spiel von neuem anfängt. Eine Umkehrung der Drehrichtung tritt also hier nicht ein.

130. Elektrische Eigenschwingungen in Gleichstrommaschinen.

Es ist von der Wechselstromtechnik bekannt, daß Nebenschluß-Kommutatormotoren sich selbst erregen und als Generatoren arbeiten können. Die Periodenzahl der erzeugten Wechselströme kann als die Eigenschwingungszahl des betreffenden Stromkreises bezeichnet werden. Dr. R. Rüdenberg[1]) hat die elektrischen Eigenschwingungen in Dynamomaschinen theoretisch behandelt und die Bedingungen für ihr Entstehen festgestellt. Da derartige Eigenschwingungen auch unter gewissen Umständen in Gleichstrommaschinen entstehen und sich unangenehm bemerkbar machen können, so sollen die Bedingungen für das Entstehen solcher Schwingungen hier kurz abgeleitet werden.

Wir betrachten zu diesem Zwecke die Rotorstromkreise eines zweiphasigen Kommutatormotors mit Nebenschlußerregung. In Fig. 461 ist ein zweipoliger Zweiphasen-Nebenschlußmotor schematisch dargestellt. S_1 und S_2 sind die Statorhauptwicklungen der beiden Phasen. Der Rotorstromkreis der ersten Phase besteht aus der zweipoligen Ankerwicklung, die über die Bürsten $B_1 B_1$ mit der Querwicklung Q_1 in Reihe geschaltet ist. Die Querwicklung Q_1 hat dieselbe magnetische Achse wie die Ankerwicklung durch die Bürsten $B_1 B_1$ und dient zur Regulierung

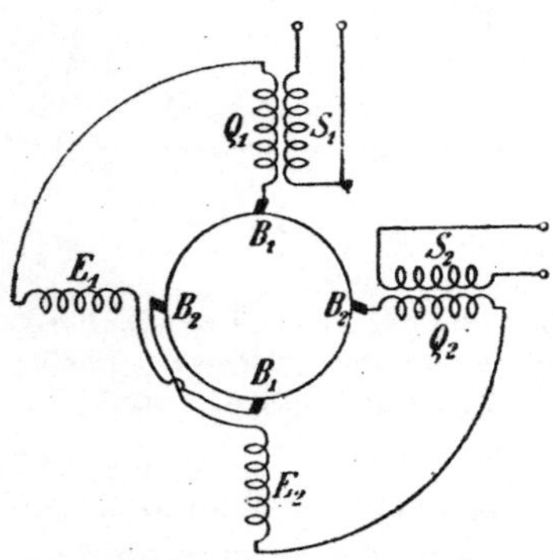

Fig. 461. Schaltungsschema eines zweiphasigen Nebenschlußkommutatormotors.

1) Archiv für Elektrotechnik Bd. I, Seite 34.

der Periodenzahl bzw. der Umdrehungszahl. Die magnetische Achse der Erregerwicklung E_1 steht dagegen senkrecht auf die Bürstenachse $B_1 B_1$ und erzeugt die für den Magnetisierungsstrom nötige Erregerspannung. Dr. Rüdenberg folgend, stellen wir nun die Spannungsgleichung für die beiden Rotorstromkreise auf.

$$(L_{Q_1} + L_{E_1}) \frac{d i_1}{d t} + N_{E_1} i_1 + R_1 i_1 - (M_{Q_1 E_2} + M_{Q_2 E_1}) \frac{d i_2}{d t} + N_{Q_2 i_1} = 0 \tag{213}$$

und

$$(L_{Q_2} + L_{E_2}) \frac{d i_2}{d t} + N_{E_2} i_2 + R_2 i_2 + (M_{Q_2 E_1} + M_{Q_1 E_2}) \frac{d i_1}{d i} - N_{Q_1} i_1 = 0\,, \tag{214}$$

worin die Selbstinduktionskoeffizienten L_Q der Ankerwicklung und der mit ihr in Reihe geschalteten Querwicklung in einem zusammengefaßt sind, und worin die Koeffizienten N ein Maß für die EMKe sind die in der Ankerwicklung durch die Drehung derselben in den verschiedenen Feldern induziert werden. N ist der Umdrehungszahl und der Leitfähigkeit der magnetischen Felder proportional. Die negativen Vorzeichen rühren daher, daß die Wicklungen so geschaltet werden müssen, daß eine Selbsterregung überhaupt zustande kommen kann. Der Abkürzung halber setzen wir

$$L_{Q_1} + L_{E_1} = L_1$$

$$L_{Q_2} + L_{E_2} = L_2$$

$$M_{Q_1 E_2} + M_{Q_2 E_1} = 2 M_{QE} = M$$

$$N_{E_1} + R_1 = O_1$$

$$N_{E_2} + R_2 = O_2$$

und erhalten dann die beiden simultanen Differentialgleichungen

$$L_1 \frac{d i_1}{d t} + O_1 i_1 - M \frac{d i_2}{d t} + N_{Q_2} i_2 = 0 \quad . \quad . \quad . \tag{213a}$$

und

$$L_2 \frac{d i_2}{d t} + O_2 i_2 + M \frac{d i_1}{d t} - N_{Q_1} i_1 = 0 \, . \quad . \quad . \quad . \tag{214a}$$

Eliminiert man aus diesen i_1 bzw. i_2, so erhält man die gleiche lineare Differentialgleichung zweiter Ordnung für beide Ströme; diese lautet

$$(L_1 L_2 + M^2) \frac{d^2 i}{d t^2} + \{(L_1 O_2 + L_2 O_1) - M(N_{Q_2} + N_{Q_1})\} \frac{d i}{d t}$$
$$+ \{O_1 O_2 + N_{Q_1} N_{Q_2}\} i_1 = 0 \, . \quad . \quad . \quad . \tag{215}$$

Für stationär ungedämpfte Schwingungen muß das zweite Glied mit $\frac{di}{dt}$ verschwinden, also muß

$$L_1 O_2 + L_2 O_1 = M(N_{Q_2} + N_{Q_1})$$

sein, damit die Eigenschwingungen stationär bleiben sollen, und die Periodenzahl dieser Schwingungen ergibt sich aus

$$\frac{d^2 i}{dt^2} + \frac{O_1 O_2 + N_{Q_1} N_{Q_2}}{L_1 L_2 + M^2} = 0 \quad \ldots \ldots \quad (216)$$

deren Lösung $i = C \sin \omega t$ ist, worin

$$c_{ei} = \frac{\omega}{2\pi} = \frac{1}{2\pi} \sqrt{\frac{O_1 O_2 + N_{Q_1} N_{Q_2}}{L_1 L_2 + M^2}} \quad \ldots \quad (217)$$

die Periodenzahl der selbsterregten Wechselströme angibt.

Sind die beiden Phasen gleich, so können wir die Indizes 1 und 2 fortlassen und es wird

$$\omega = \sqrt{\frac{O^2 + N_Q^2}{L^2 + M^2}}, \quad \ldots \ldots \quad (217\text{a})$$

während wir als Bedingung für stationäre Schwingungen

$$L O = M N_Q$$

erhalten. Führen wir den Wert für O aus dieser letzten Beziehung in den Ausdruck für ω ein, so erhalten wir

$$\omega = \sqrt{\frac{N_Q^2}{L^2} \frac{L^2 + M^2}{L^2 + M^2}} = \frac{N_Q}{L} = \frac{O}{M}, \quad \ldots \quad (217\text{b})$$

d. h.

$$\omega L = \omega (L_Q + L_E) = N_Q$$

oder

$$\omega M = O = R + N_E.$$

Betrachten wir diese beiden Beziehungen in Zusammenhang mit den Spannungsgleichungen, so sehen wir, daß

$$L \frac{di_1}{dt} + N_Q i_2 = 0$$

und

$$(N_E + R) i_1 - 2 M_{QE} \frac{di_2}{dt} = 0$$

werden.

Aus der ersten dieser beiden Beziehungen ersehen wir, daß die Eigenschwingungszahl $\frac{\omega}{2\pi}$ so groß wird, daß die in der Ankerwicklung eines Stromkreises von dem Strom der zweiten Phase durch

Rotation induzierte EMK gleich der Reaktanzspannung des Selbstinduktionsfeldes dieses Stromkreises wird.

Lassen wir im Schema Fig. 461 die Querwicklungen Q_1 und Q_2 weg, so wird

$$N_Q = \omega_r L_Q$$

worin $\omega_r = \frac{pn}{60}$ die Rotationsperiodenzahl des Ankers ist, und es wird die Periodenzahl des generierten Wechselstromes

$$\omega = \omega_r \frac{L_Q}{L} = \omega_r \frac{L_Q}{L_Q + L_E} \quad \dots \dots \quad (218)$$

und, da L_E gegen L_Q verschwindend klein ist, so wird

$$\omega \simeq \omega_r.$$

Die zweite Beziehung

$$(N_E + R)\, i_1 - 2\, M_{QE} \frac{di_2}{dt} = 0$$

läßt sich bei Weglassen der Querwicklungen auch vereinfachen, denn in dem Falle wird

$$\frac{N_E}{M_{QE}} = \frac{N_Q}{L_Q} = \omega_r \simeq \omega,$$

also

$$N_E i_1 = M_{QE} \frac{di_2}{dt},$$

so daß auch

$$R i_1 = M_{QE} \frac{di_2}{dt} \quad \dots \dots \dots \quad (219)$$

wird. Es wird also ein so großer Strom in den beiden Stromkreisen fließen, daß der Ohmsche Spannungsabfall gleich der in der Erregerwicklung von der Ankerwicklung induzierten EMK wird. In Effektivwerten geschrieben erhält man

$$R J_m = \omega M_{QE} J_m = \frac{\omega}{\sqrt{2}} w_e \Phi_0 10^{-8}, \quad \dots \quad (219\text{a})$$

worin w_e die Windungszahl der Erregerwicklung bedeutet; also wird, wenn keine Querwicklung vorhanden ist, das Verhältnis zwischen Kraftfluß und Magnetisierungsstrom

$$\frac{\Phi_0}{J_m} = \frac{\sqrt{2}\, R\, 10^8}{\omega\, w_e}. \quad \dots \dots \quad (219\text{b})$$

In Fig. 462 ist die Magnetisierungskurve des Zweiphasenmotors $\Phi = f(J)$ aufgezeichnet, und zieht man ferner eine Gerade mit einer Neigung von $\Phi_0 : J_m$, so schneidet diese die Magnetisierungskurve in dem Arbeitspunkt der Charakteristik. Vergrößert man den Widerstand, so bewegt sich die schräge Grade nach oben und der Schnittpunkt der Geraden rückt, genau wie bei einer Gleichstrommaschine mit Nebenschlußerregung, auf der Charakteristik herunter. Macht man den Widerstand R so groß, daß die Gerade die Charakteristik gar nicht schneidet, so erregt sich die Zweiphasenwechselstrommaschine nicht. Damit die Maschine sich erregt, muß man also den Ohmschen Widerstand genügend klein oder die Windungszahl der Erregerwicklung genügend groß wählen.

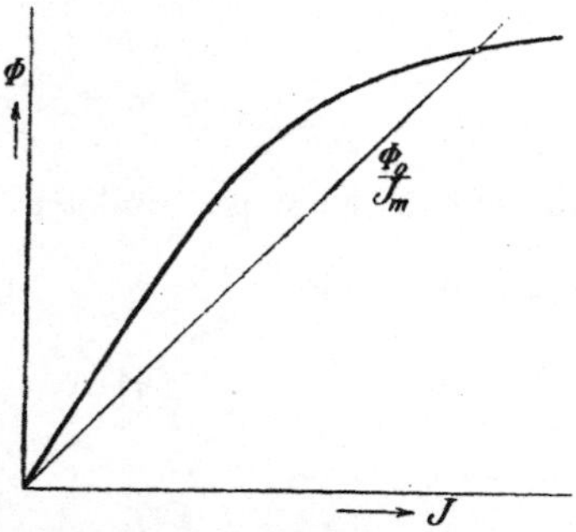

Fig. 462. Magnetisierungskurve eines Zweiphasenkommutatormotors.

Gehen wir zu dem allgemeinen Fall über, wenn die Querwicklung vorhanden ist, so wird angenähert

$$N_Q \cong \omega_r L_Q \frac{w_a}{w_a \pm w_q},$$

worin w_a die effektive Windungszahl des Ankers und w_q die effektive Windungszahl der Querwicklung bedeuten. Die Periodenzahl des generierten Wechselstromes wird dann

$$\omega = \frac{N_Q}{L} \cong \omega_r \frac{L_Q}{L_Q + L_E} \frac{w_a}{w_a \pm w_q} \cong \omega_r \frac{w_a}{w_a \pm w_q} \quad . \quad . \quad (220)$$

Die Querwicklung hat somit eine Abweichung der Periodenzahl von der Rotationsperiodenzahl zur Folge, und zwar wird die Periodenzahl größer, wenn die Querwicklung gegen die Ankerwicklung geschaltet ist, und sie wird kleiner, wenn die Querwicklung in demselben Sinne magnetisiert wie die Ankerwicklung. Die Erregerwicklung hat dagegen einen sehr kleinen Einfluß auf die Periodenzahl, weil L_E fast stets bedeutend kleiner als L_Q ist.

Es wird auch in diesem Falle

$$\frac{N_E}{M_{QE}} = \frac{N_Q}{L_Q} = \omega_r \frac{w_a}{w_a \pm w_q} = \omega \frac{L_Q + L_E}{L_Q} \cong \omega,$$

also

$$N_E \cong \omega M_{QE}$$

und somit auch hier

$$R i_1 \cong M_{QE} \frac{d i_2}{dt},$$

woraus folgt

$$\frac{\Phi_0}{J_m} \cong \frac{\sqrt{2}\, R\, 10^8}{\omega w_e}$$

Es ist jedoch darauf zu achten, daß die den Kraftfluß erzeugende Amperewindungszahl $J_m (w_a \pm w_q)$ sich mit der Windungszahl w_q der Querwicklung ändert. Tragen wir also den Kraftfluß Φ_0 als Funktion der Amperewindungszahl $J_m (w_a \pm w_q)$ auf, so erhält man für jede Windungszahl w_q eine neue schräge Gerade

$$\frac{\Phi_0}{J_m (w_a \pm w_q)} = \frac{\sqrt{2}\, R\, 10^8}{\omega w_e (w_a \pm w_q)}, \quad . \quad . \quad . \quad . \quad (221)$$

die um so steiler verläuft und somit einen um so kleineren Kraftfluß ergibt, je größer w_q ist, und zwar gilt dies nur, wenn die Querwicklung der Ankerwicklung entgegenwirkt.

Wie ersichtlich, haben die Querwicklungen nur einen kleinen Einfluß auf das Vermögen einer Kommutatormaschine, sich selbst zu erregen. Dagegen haben die Erregerwicklungen einen sehr großen Einfluß; man kann zwar die eine Erregerwicklung, z. B. E_1, weglassen, dann muß aber die andere E_2 etwas mehr als doppelt so stark erregt werden. Läßt man dagegen beide Erregerwicklungen weg oder schaltet man sie so, daß die in den Erregerwicklungen induzierten Ströme das erwünschte Feld schwächen, so kann die Maschine sich natürlich nicht erregen. Denn selbst wenn das Ankereisen einen remanenten Magnetismus besitzen würde, so könnte dieser Kraftfluß keine EMK in der mit dem Ankereisen rotierenden Wicklung induzieren. Es muß somit stets wenigstens eine Statorwicklung vorhanden sein, die mit der Rotorwicklung in der zur Statorwicklung senkrechten Achse in Reihe geschaltet ist.

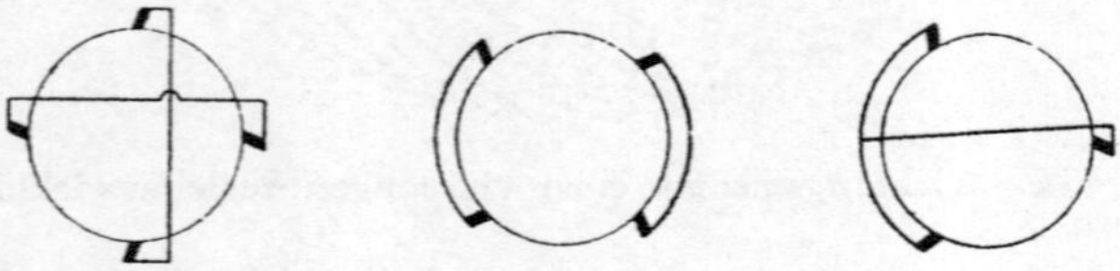

a b c

Fig. 463.

In Fig. 461 und 463a ist die Ankerwicklung diametral kurzgeschlossen, was jedoch nicht nötig ist. Man kann den Anker auch in der in Fig. 463b und c angegebenen Weise kurzschließen.

Es soll nun untersucht werden, wie derartige elektrische Wechselströme in Gleichstrommaschinen induziert werden können. Betrachten wir das Wicklungsschema einer vierpoligen Schleifenwicklung Fig. 464, so sehen wir, daß die diametralen Bürsten kurzgeschlossen sind und daß Ströme durch die Kurzschlußverbindungen ein zweipoliges magnetisches Feld im Anker erzeugen können. Dieses Feld ist um 90 elektrische Grade gegen das normale Ankerfeld verschoben und steht somit in Fig. 464 senkrecht auf der stromführenden Bürstenverbindung und verläuft parallel mit der stromlosen Bürstenverbindung. Dieses Feld schließt sich somit durch die beiden Südpole des vierpoligen Magnetgestelles. Von einer sechspoligen Schleifenwicklung, Fig. 465, dessen Kommutatorbürsten im Dreieck kurzgeschlossen sind, wird auch durch Ströme in den Kurzschlußverbindungen ein zweipoliges Feld erzeugt, dessen Achse senkrecht auf

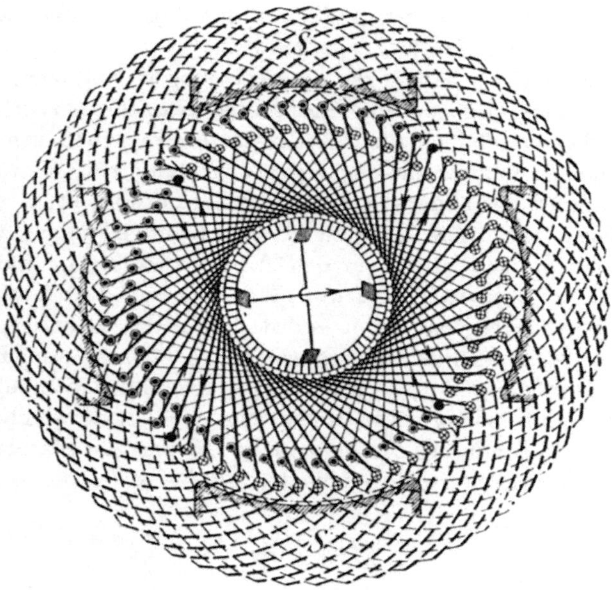

Fig. 464. Wicklungsschema einer vierpoligen Schleifenwicklung

der Stromrichtung in den Kurzschlußverbindungen steht. Es erzeugen somit Ströme in den Kurzschlußverbindungen gleichpoliger Bürstenbolzen eines Gleichstromankers, der mit Schleifenwicklung versehen ist, zweipolige Felder, und umgekehrt erzeugen zweipolige Felder in einer mehrpoligen Schleifenwicklung Ströme, die sich durch die Kurzschlußverbindungen der Bürstenbolzen schließen, wenn die Wicklung ohne Ausgleichverbindungen ausgeführt ist. Andernfalls würden die Ströme sich durch diese schließen. Bei mehrpoligen Wellenwicklungen können Ströme durch die Kurzschlußverbindungen der Bürstenbolzen dagegen keine zweipoligen Felder erzeugen und die zweipoligen Felder können andererseits auch keine Ströme durch die Verbindungen der Bürstenbolzen hervorrufen, was ja das charakteristische Merkmal der Wellenwicklungen ist. Schwingungen ähnlicher Art, wie die in zweiphasigen Kommutatormaschinen generierten Wechselströme, können somit nur in den Bürstenverbindungen eines Gleichstromankers mit Schleifenwicklung ohne Ausgleichverbindungen entstehen.

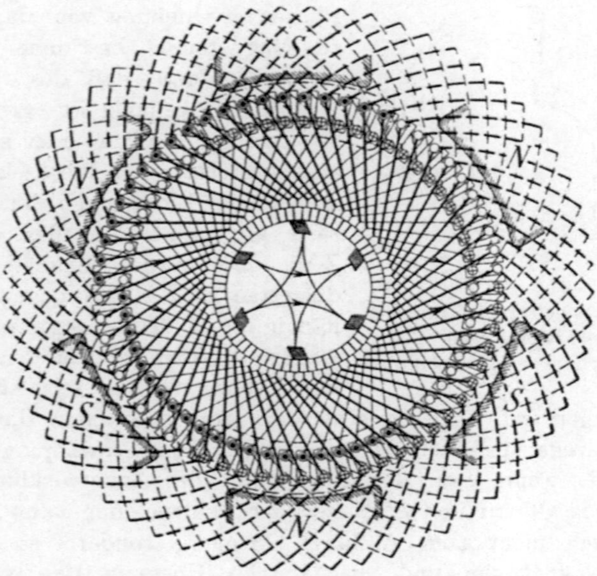

Fig. 465. Wicklungsschema einer sechspoligen Schleifenwicklung.

Die zweipoligen Felder der zweiphasigen Wechselstromkommutatormaschine, Fig. 461, sind Wechselfelder und können, wie wir oben sahen, ohne eine stationäre Erregerwicklung nicht erzeugt werden. Es scheint somit ausgeschlossen, daß selbst durch die Bürstenverbindungen einer Schleifenwicklung derartige Wechselströme entstehen könnten; denn es fehlt ja eine Erregerwicklung in der Kurzschlußverbindung. Es hat sich aber gezeigt, daß in mehrpoligen Gleichstrommaschinen mit Schleifenwicklungen ohne Ausgleichverbindungen elektrische Schwingungen, entsprechend den in zweiphasigen zweipoligen Kommutatormotoren, entstehen können.

Wenn eine vierpolige Gleichstrommaschine in Kurzschluß geprüft wird, so erhält man das in Fig. 466 angegebene Schaltungsschema, und wenn die Ankerwicklung als Schleifenwicklung ohne Ausgleichverbindungen ausgeführt ist, so treten die oben beschriebenen Schwingungen sehr leicht auf und machen sich wie folgt bemerkbar. Scheinbar ohne äußeren Anlaß gerät die Maschine plötzlich in sehr starke mechanische Vibrationen und das Feldeisen wird bald sehr warm. Die Welle kann sogar unter Umständen verbogen oder abgebrochen werden. Durch Messung der in den einzelnen Nebenschlußfeldspulen induzierten Wechselspannungen kann man leicht die Phasenverschiebung von Magnetspule zu Magnetspule bestimmen und es zeigt sich dann, daß das rotierende Ankerfeld zweipolig ist, gleichgültig, ob die Maschine vier- oder sechspolig ausgeführt ist. Die Wechselspannung ist von der Bürstenlage abhängig und zwar am größten in der neutralen Zone. Die in den Magnetspulen induzierten EMKe sind dagegen unabhängig vom Belastungsstrome des Ankers. Wenn die Bürsten zu viel verschoben werden, so hören die Schwingungen auf. Ebenso hören sie auf, wenn man die Bürsten eines Bolzens aufhebt. Dagegen hören die Schwingungen nicht immer auf, wenn man den Kurzschluß der Ankerwicklung unterbricht. Das Öffnen und Schließen der Feldwicklung kann das Phänomen auch nicht zum Aufhören bringen, sondern es nur einleiten. Magnetische und mechanische Unsymmetrien verstärken die Schwingungen. Sind die Schwingungen einmal erst verschwunden, so muß man die Maschine kurzschließen, um das Phänomen wieder einzuleiten. Bei Leerlauf und Vollast arbeiten derartige Maschinen vollständig zufriedenstellend. Bei Zusatzmaschinen können bei niedrigen Spannungen derartige Schwingungen jedoch auch im Betrieb auftreten. Die Schwingungen werden sofort unterdrückt, wenn die Ankerwicklung mit Ausgleichverbindungen versehen wird.

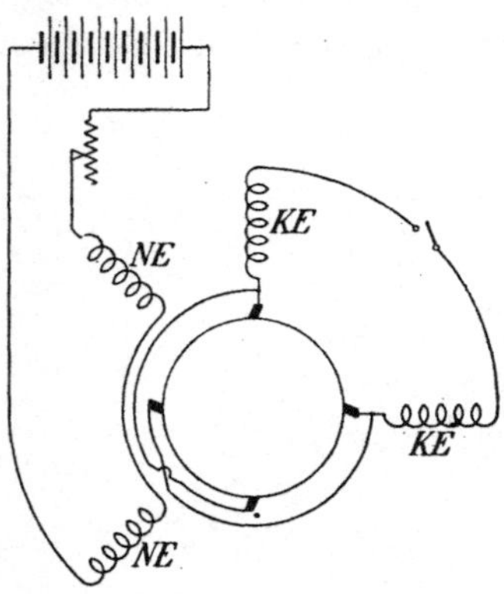

Fig. 466. Schaltungsschema bei Prüfung einer vierpoligen Gleichstrommaschine im Kuzzschluß.

Auf Grund dieser Beobachtungen sind wir genötigt zu untersuchen, ob es nicht möglich ist, daß Wechselstromschwingungen entstehen können, ohne daß eine stationäre Erregerwicklung in den Bürstenverbindungen eingeschaltet ist. — Wir betrachten zu dem Zweck einen vierpoligen Gleichstromanker mit Schleifenwicklung. Denken wir uns, daß der Anker nicht zentrisch, sondern exzentrisch im Felde gelagert sei, wie die Fig. 467 zeigt, so wird der obere

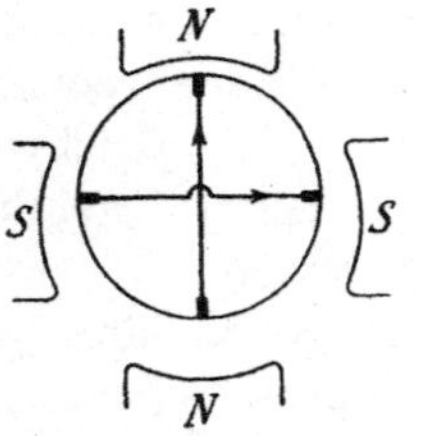

Fig. 467. Exzentrisch gelagerter Anker einer vierpoligen Gleichstrommaschine.

Nordpol stärker sein als der untere, während die beiden Südpole gleich stark sind. Dies bedeutet, daß ein zweipoliges Feld sich über das normale vierpolige Feld lagert, welches zweipolige Feld den oberen Nordpol stärkt und den unteren schwächt. Durch Rotation des Ankers in diesem zweipoligen Feld wird in der vierpoligen Schleifenwicklung ein Strom induziert, der sich, wie man aus Fig. 467 ersieht, durch die vertikale Bürstenverbindung schließt. Dieser Strom erzeugt ein horizontales zweipoliges Feld, das wieder einen Strom in der Ankerwicklung induziert, welcher Strom sich durch die horizontale Bürstenverbindung schließt und ein vertikales Feld erzeugt. Dieses letzte Feld ist dem ursprünglichen zweipoligen Feld entgegengerichtet und schwächt somit dasselbe. Das durch die exzentrische Lagerung des Ankers hervorgebrachte zweipolige Feld induziert also in der vierpoligen Schleifenwicklung ähnliche Ankerströme, wie die in der Rosenbergdynamo, die das ursprüngliche zweipolige Feld fast vernichten.

Bei einer Schleifenwicklung ohne Ausgleichverbindungen schließen sich die von einem unsymmetrischen Feld induzierten Ausgleichströme durch die Bürstenverbindungen und geben natürlich zur Funkenbildung unter den Bürsten Anlaß. Dies ist ja auch eine der wesentlichsten Ursachen, weshalb man Schleifenwicklungen stets mit Ausgleichverbindungen versieht, wie Seite 77 erwähnt.

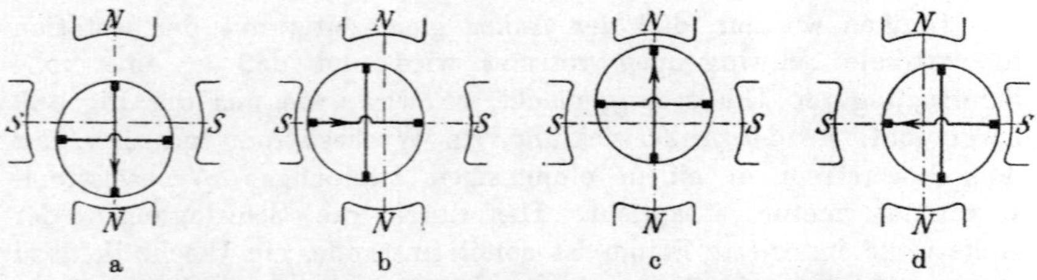

Fig. 468a bis d. Ankerlagen einer vierpoligen Gleichstrommaschine mit verbogener Welle.

Nehmen wir an, daß die Ankerwelle verbogen ist, so daß der vierpolige Anker während einer Umdrehung der Reihe nach die in Fig. 468a bis d dargestellten Lagen einnimmt, so werden in den Bürstenverbindungen die durch Pfeile angegebenen Ströme fließen. Diese Ströme in den Bürstenverbindungen sind, wie ersichtlich, zweiphasige Wechselströme, die eine Periode für jede Umdrehung durchmachen und also einem zweipoligen Feld entsprechen. Wir sehen also, daß es möglich ist, Wechselströme in einem zweipoligen zweiphasigen Kommutatoranker ohne stationäre Erregerwicklung zu induzieren, wenn der Anker in einem vierpoligen Gleichstromfeld exzentrisch rotiert. Die induzierten Wechselströme erzeugen ein im Raume **gegen** die Drehrichtung des Ankers und mit derselben Winkelgeschwindigkeit wie dieser rotierendes Feld. Der Anker rotiert gegen das Drehfeld und es werden in der Ankerwicklung Wechselströme mit einer Periodenzahl induziert, die doppelt so groß ist wie die, welche in den Bürstenverbindungen fließen. Die Ankerwicklung besitzt bei dieser großen Periodenzahl eine große Reaktanz. Die durch eine verbogene Welle induzierten EMKe können somit nur kleine Ströme durch die Bürstenverbindungen erzeugen, und da die Erfahrung lehrt, daß die Ströme, die sich durch die Bürstenverbindungen von mehrpoligen Gleichstrommaschinen schließen, sehr groß sind, so sind wir genötigt, eine andere Annahme zu machen.

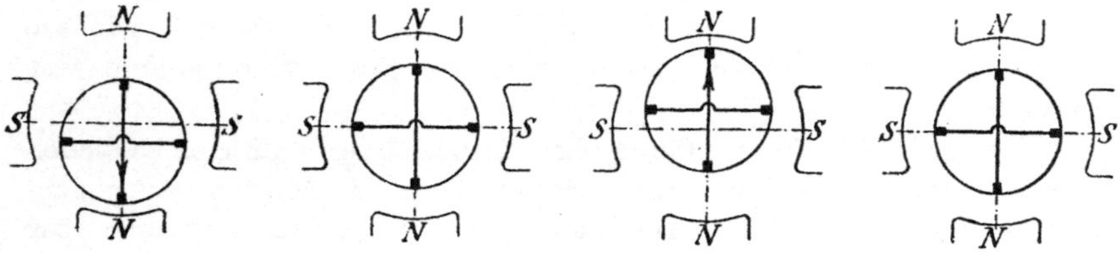

Fig. 469 a bis d. Ankerlagen einer vierpoligen Gleichstrommaschine mit schwingender Welle.

Denken wir uns, daß der Anker gleichzeitig mit der Rotation in vertikale Schwingungen versetzt wird und daß er eine volle Schwingung pro Umdrehung macht, so wird, wie aus der Fig. 469 hervorgeht, in der Ankerwicklung ein Wechselstrom induziert, der dem Rotorstrom in einem einphasigen zweipoligen Wechselstromkommutatormotor entspricht. Der durch die Schwingungen der Ankerwelle induzierte Strom ist somit imstande, ein Wechselfeld zu erzeugen und durch die synchrone Rotation des zweiachsig kurzgeschlossenen Ankers in diesem Felde können nunmehr die für Wechselstromkommutatormotoren charakteristischen Rotorströme induziert werden.

Sobald eine äußere kleine Erregerspannung vorhanden ist, die in diesem Falle durch die mechanischen Schwingungen des Ankers induziert wird, so bilden sich die zweiphasigen Rotorströme sehr leicht aus und halten sich, wie auf Seite 532 nachgewiesen, durch gegenseitige Induktion dauernd bei.

Unsere Überlegungen lehren uns also, daß in mehrpoligen Gleichstrommaschinen mit Schleifenwicklungen ohne Ausgleichverbindungen selbsterregte Wechselströme, die sich durch die gleichpoligen Bürstenverbindungen schließen, erzeugt werden können. Um diese

Ströme einzuleiten, ist es jedoch nötig, daß der Anker in mechanische Schwingungen versetzt wird, was z. B. durch ein schnelles Schließen oder Unterbrechen des Stromkreises der Feldspulen oder des Ankers geschehen kann. Wenn diese Wechselströme erst erregt sind, halten sie dauernd an und der Anker zittert dermaßen mit, daß die Welle zuletzt überanspruchst wird und unter Umständen abbrechen kann. Man kann die Ströme zum Aufhören bringen, indem man die Bürsten eines Polbolzens abhebt.

Um diese Wechselströme, die eine wirkliche Gefahr für eine Gleichstrommaschine sein können, zu vermeiden, ist es deshalb absolut nötig, alle Schleifenwicklungen mit Ausgleichverbindungen zu versehen.

131. Die eine plötzliche Belastungsänderung begleitenden Vorgänge.

Die stationären Zustandsänderungen, die beim Ein- und Ausschalten der Belastung einer Gleichstrommaschine eintreten, sind im vorigen Kapitel eingehend besprochen, weshalb wir uns in diesem Abschnitt auf die Begleiterscheinungen beschränken können, die bei einer plötzlichen Belastungsänderung auftreten. Die größte Zustandsänderung, die bei einem Generator möglich ist, ist der Übergang

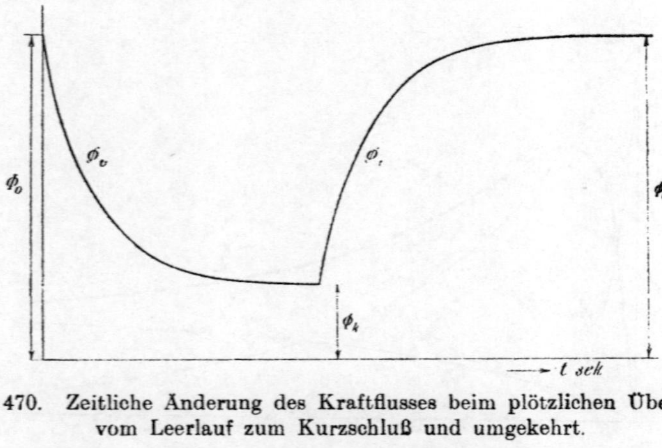

Fig. 470. Zeitliche Änderung des Kraftflusses beim plötzlichen Übergang vom Leerlauf zum Kurzschluß und umgekehrt.

vom Leerlauf zum Kurzschluß. Im Leerlauf ist der Anker fast stromlos und das Hauptfeld ein Maximum, während der Ankerstrom einer fremderregten Maschine im Kurzschluß ein Maximum und das resultierende Hauptfeld sehr klein ist.

a) Zuerst wollen wir den Verlauf des Ankerstromes feststellen. Bezeichnen wir den resultierenden Kraftfluß im Leerlauf mit Φ_0

und denjenigen im Kurzschluß mit Φ_k, so ist in der Wechselstromtechnik Bd. I, Seite 695 nachgewiesen, daß der Kraftfluß sich zeitlich angenähert nach dem folgenden Exponentialgesetz ändert (Fig. 470)

$$\Phi_v = (\Phi_0 - \Phi_k)\, e^{-\alpha t} + \Phi_k, \quad . \quad . \quad . \quad . \quad . \quad (222)$$

worin $\alpha \cong \frac{r_n}{L_n}$. Die von Φ_0 und Φ_k in der Ankerwicklung induzierten EMKe bezeichnen wir mit E_0 und E_k und die diesen EMKen entsprechenden Ankerströme mit

$$J_{mk} = \frac{E_0}{R_t} \quad \text{und} \quad J_k = \frac{E_k}{R_t}.$$

Es wird dann der Kurzschlußstrom[1]) des Ankers angenähert nach dem folgenden Gesetz verlaufen

$$i_a = J_{mk}\left(e^{-\alpha t} - e^{-\frac{R_t}{L_t}t}\right) + J_k(1 - e^{-\alpha t}). \quad . \quad . \quad (223)$$

Der Strom steigt also schnell nach einer Exponentialkurve $e^{-\frac{R_t}{L_t}t}$ auf einen sehr großen Wert an und geht nach einer anderen Exponentialkurve $e^{-\alpha t}$ auf den Endwert J_k zurück, wie die Fig. 471a zeigt. Der Endzustand stellt sich um so langsamer ein, je kleiner

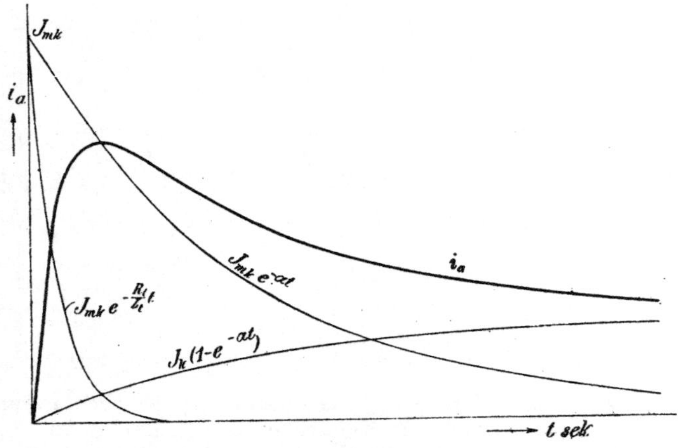

Fig. 471a. Zeitliche Änderung des Ankerstromes beim plötzlichen Übergang vom Leerlauf zum Kurzschluß.

der Widerstand r_n der Magnetwicklung ist. Es ist deswegen nötig den Drahtquerschnitt der Magnetwicklung groß, und die Windungs-

[1]) Wechselstromtechnik Bd. I, S. 714.

zahl derselben klein zu wählen, um einen großen Vorschaltwiderstand zu bekommen, wenn Spannungs- und Belastungsänderungen einer Maschine möglichst schnell stationär werden sollen. Maschinen, die mit Schnellregler arbeiten sollen, führt man deswegen auch stets mit einer für eine wesentlich kleinere Spannung als die Ankerspannung bemessene Magnetwicklung aus. Um den ersten momentanen Kurzschlußstrom möglichst klein zu halten, ist es anzustreben, $\frac{R_t}{L_t}$ möglichst klein zu machen. Betrachten wir den extremen Fall, wenn $\frac{R_t}{L_t} = \alpha$ ist, wird der momentane Kurzschlußstrom

$$i_a = J_k (1 - e^{-\alpha t}) \quad . \quad . \quad . \quad . \quad . \quad . \quad (223\text{a})$$

der langsam von Null nach einer Exponentialkurve auf ihren Maximalwert ansteigt, wie Fig. 471b zeigt. Diese Zustandsänderung ist natürlich die ideelste, die man sich denken kann.

Die Selbstinduktion der Ankerwicklung und der Hauptschlußwicklungen des Feldes reicht aber nicht aus, wenn $\frac{R_t}{L_t}$ sich dem Werte α einigermaßen nähern soll. Um dies zu erreichen, muß man außerdem noch eine kräftige, eisenlose Drosselspule in Reihe mit dem Ankerstromkreis schalten. Die Schaltung der Feldwicklungen hat, wie im Abschnitt 121 nachgewiesen wurde, auf den stationären Kurzschlußstrom einen großen Einfluß. Bei Maschinen mit Fremd- und Doppelschlußerregung haben Φ_k, E_k und somit auch J_k ziemlich große Werte, während sie bei Nebenschlußgeneratoren verschwindend klein werden. Dagegen hat die Schaltung der Feldwicklungen einen viel kleineren Einfluß auf die Größe des momentanen Kurzschlußstromes J_{mk}, der hauptsächlich von der Selbstinduktion L_t des Ankerstromkreises abhängt. Da eine Kompensationswicklung in den Polschuhen die Selbstinduktion L_t verkleinert, so steigt der momentane Kurzschlußstrom einer kompensierten Maschine sehr schnell an und erreicht einen großen Wert, was natürlich nicht sehr günstig ist.

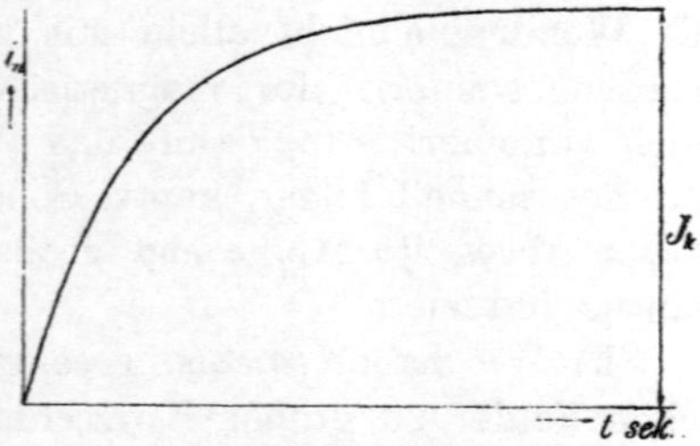

Fig. 471b.

Maschinen mit Kompensationswicklung besitzen gegenüber Maschinen ohne solche aber andere Vorteile, die diesen Nachteil überwiegen. Die Spannung zwischen den Kommutatorlamellen ändert sich nämlich selbst bei den größten Ankerströmen nur sehr wenig oder gar nicht, und das Wendefeld, wenn richtig bemessen, vermag den schnellen Änderungen des Ankerstromes zu folgen.

Durch die Änderung des Hauptfeldes um Φ_v wird in den einzelnen Ankerspulen eine EMK statisch induziert; da der Kraftfluß sich aber gewöhnlich nur langsam ändert, so wird diese EMK, wie eine Berechnung leicht zeigt, nie so groß werden, daß sie zur Funkenbildung zwischen benachbarten Kommutatorlamellen Anlaß geben kann.

Ist der Generator nicht kompensiert, so erzeugt der Ankerstrom ein Querfeld, das sich in lamellierten Polschuhen schnell ausbilden kann. Dieses Querfeld verstärkt zwar die Selhstinduktion L_t des Ankerstromkreises und verkleinert dadurch den momentanen Kurzschlußstrom. Andererseits induziert es aber in den rotierenden Ankerspulen große EMKe, die zu Funken zwischen benachbarten Kommutatorlamellen und sogar zu Rundfeuer Anlaß geben können. Die Anordnung von Wendepolen verbessert die Sache etwas, weil derartige Pole selbst bei größeren Strömen die Kommutierung verbessern und somit dem Feuern unter und in der Nähe der Bürsten entgegenwirken; das Rundfeuer wird nämlich meistens vom Bürstenfeuer eingeleitet.

Im Abschnitt 116c ist der Einfluß von Wendepolen auf das Rundfeuer und die damit zusammenhängende Bemessung der Wendepole eingehend besprochen. Wie dort nachgewiesen, müssen die Wendepole nicht allein mit großem Eisenquerschnitt ausgeführt werden, sondern der magnetische Kreis des Wendepolfeldes muß auch lamelliert sein, damit das Wendefeld der Änderung des Ankerstromes schnell folgen kann. Sonst werden bei jedem Belastungsstoß, wie in Abschnitt 116 gezeigt, große Spannungen zwischen den Bürstenkanten induziert.

b) Wir haben soeben gesehen, daß die Trägheit der magnetischen Felder zu großen Kurzschlußströmen und zu großen Spannungen zwischen den Bürstenkanten Anlaß gibt. Das Entstehen und Verschwinden der magnetischen Felder läßt sich zwar dadurch beschleunigen, daß man die magnetische Energie in Ohmschen Widerständen vergeudet. Ein großer Widerstand in Reihe mit der Feldwicklung beschleunigt z. B. jede Änderung des Hauptfeldes, weil die magnetische Energie von diesem Widerstand schnell aufgezehrt wird. Um die Wendefelder zu beschleunigen, kann man parallel zur Wendepolwicklung eine Drosselspule schalten, deren Zeitkonstante $\frac{L}{R}$ viel größer ist als die der Wendepolwicklung. Bei einer Belastungsänderung wird dann im ersten Augenblick die Stromänderung sich zuerst in der Wendepolwicklung vollziehen. Diese Anordnung von Widerständen zur Beschleunigung von magnetischen Feldänderungen ist jedoch nicht besonders wirtschaftlich: es soll deswegen hier eine neue Methode, die F. G. Liljenroth[1]) vorgeschlagen hat, angegeben werden. Liljenroth legt einen Hilfsstromkreis um das Feld herum, welches sich ändern soll. Den in diesem Stromkreis durch die Feldänderung induzierten Strom benutzt er zur Erregung einer kleinen Gleichstrommaschine, deren Strom wieder zur Beschleunigung der Feldänderung benutzt wird. In Fig. 472a ist das Feld, das sich ändern soll, durch einen Eisenring mit dem Kraftfluß Φ dargestellt, dessen Haupterregerwicklung mit w_1 Windungen von einer Batterie gespeist wird. Wünscht man, daß der Kraftfluß sich schnell ändern soll, legt man eine kleine Hilfswicklung mit w_h Windungen um den Eisenring und schließt diese an die Feldwicklung einer kleinen Gleichstrommaschine E, die eine zweite Erregerwicklung mit w_2 Windungen des Eisenringes speist.

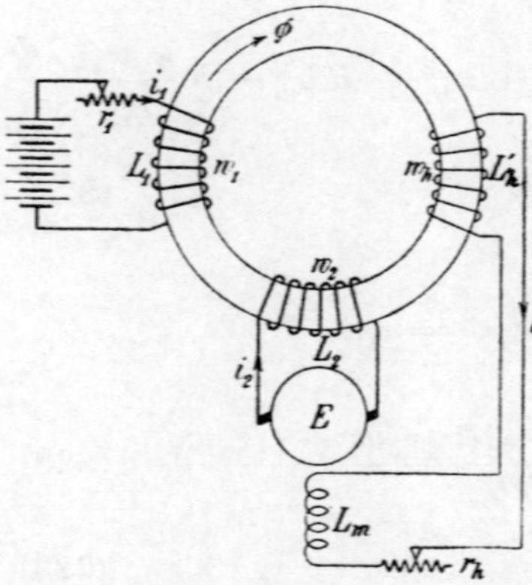

Fig. 472a.

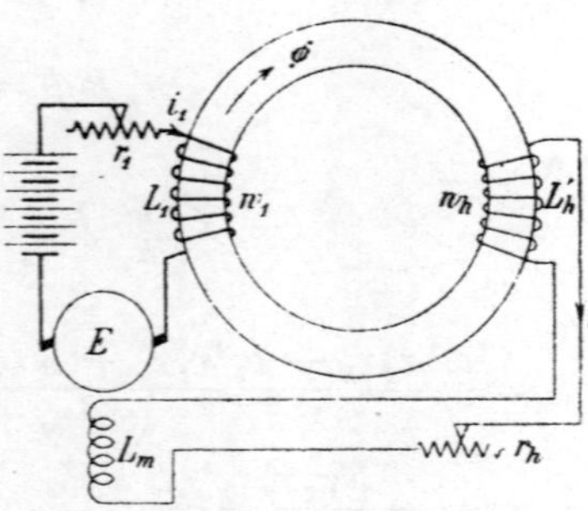

Fig. 472b.

Schaltung von Liljenroth zur Beschleunigung magnetischer Felder.

Wünscht man, daß beim Einschalten der Haupterregerwicklung der Kraftfluß schnell ansteigen soll, so schaltet man die Hilfswicklung w_h und die zweite Erregerwicklung w_2 so, daß ein ansteigender Kraftfluß einen Strom in der zweiten Erregerwicklung induziert, der die Haupterregerwicklung unterstützt. Man kann sogar diese Wirkung so stark machen, daß der Kraftfluß über seinen stationären Wert hinausgeht und sich oszillierend auf diesen Wert langsam einstellt. Eine Berechnung wird das ganze Verhalten dieser Schaltung am besten klarlegen. Bezeichnen wir den magnetischen Widerstand des Eisenringes mit R, so ergibt sich der Kraftfluß Φ aus der folgenden Beziehung

$$R\,\Phi = i_1 w_1 + i_2 w_2 - i_h w_h .$$

[1]) D. R. P.

Für die drei Stromkreise erhalten wir die folgenden drei Spannungsgleichungen

$$P = i_1 r_1 + w_1 \frac{d\Phi}{dt} \quad \ldots \ldots \quad (224)$$

$$w_h \frac{d\Phi}{dt} = i_h r_h + L_m \frac{di_h}{dt} \quad \ldots \ldots \quad (225)$$

und

$$N i_h = i_2 r_2 + w_2 \frac{d\Phi}{dt}, \quad \ldots \ldots \quad (226)$$

worin L_m die Selbstinduktion der Magnetwicklung der kleinen Erregermaschine und N die Spannung bedeutet, die ein Ampere in der Hilfswicklung an den Klemmen der kleinen Erregermaschine erzeugt.

Eliminieren wir aus diesen vier Gleichungen i_1, i_2 und i_h, so erhalten wir folgende Differentialgleichung

$$\left(\frac{w_1^2}{r_1} + \frac{w_2^2}{r_2}\right) L_m \frac{d^2\Phi}{dt^2} + \left(\frac{w_1^2 r_h}{r_1} + \frac{w_2^2 r_h}{r_2} + w_h^2 + R L_m - N \frac{w_2 w_h}{r_2}\right) \frac{d\Phi}{dt}$$

$$+ r_h R \Phi = P \frac{w_1 r_h}{r_1} \quad \ldots \ldots \ldots \quad (227)$$

oder

$$\frac{d^2\Phi}{dt^2} + a_1 \frac{d\Phi}{dt} + a_2 \Phi = a_3,$$

wo

$$a_1 = \frac{w_1^2 r_2 r_h + w_2^2 r_1 r_h + R L_m r_1 r_2 - N w_2 r_1 w_h + r_1 r_2 w_h^2}{(w_1^2 r_2 + w_2^2 r_1) L_m} \quad (228)$$

$$a_2 = \frac{R r_1 r_2 r_h}{(w_1^2 r_2 + w_2^2 r_1) L_m} \quad \ldots \ldots \ldots \quad (229)$$

und

$$a_3 = \frac{P w_1 r_2 r_h}{(w_1^2 r_2 + w_2^2 r_1) L_m} \quad \ldots \ldots \ldots \quad (230)$$

ist.

Die Wurzel der zur Lösung dieser Differentialgleichung zu benutzenden Hilfsgleichung

$$x^2 + a_1 x + a_2 = 0$$

sind

$$\left.\begin{matrix} \alpha_1 \\ \alpha_2 \end{matrix}\right\} = -\frac{a_1}{2} \pm \sqrt{\frac{a_1^2}{4} - a_2}.$$

Bei der Lösung der Differentialgleichung haben wir nun die folgenden drei Fälle zu unterscheiden:

Fall I: $\frac{a_1^2}{4} > a_2$.

Die Lösung lautet dann:

$$\Phi = C_1 e^{\alpha_1 t} + C_2 e^{\alpha_2 t} + \frac{a_3}{a_2} \quad . \quad . \quad . \quad . \quad . \quad . \quad (231)$$

Hier wie in den übrigen Fällen werden die Konstanten aus den folgenden Grenzbedingungen bestimmt.

Im Einschaltaugenblick ist $i_h = 0$, weil der Hilfsstromkreis mit dem Selbstinduktionskoeffizienten L_m behaftet ist. Dagegen entsteht im zweiten Erregerkreis beim Einschalten sofort ein Strom, weil der Selbstinduktionskoeffizient des Ankers der Erregermaschine vernachlässigt werden kann, und zwar ist dieser Strom dem Strome in der ersten Erregerwicklung entgegengesetzt gerichtet. Es wird deshalb stets

$$\text{für } t = 0; \quad \frac{d\Phi}{dt} = \frac{P w_1 r_2}{w_1^2 r_2 + w_2^2 r_1}.$$

Es ist ohne weiteres einzusehen, daß

$$\text{für } t = \infty; \quad \Phi = \frac{P w_1}{R r_1}$$

sein muß.

In diesem Falle wird deshalb

$$\Phi = \frac{\dfrac{P w_1 r_2}{w_1^2 r_2 + w_2^2 r_1} + \dfrac{P w_1}{R r_1} \alpha_2}{\alpha_1 - \alpha_2} e^{\alpha_1 t} - \frac{\dfrac{P w_1 r_2}{w_1^2 r_2 + w_2^2 r_1} + \dfrac{P w_1}{R r_1} \alpha_1}{\alpha_1 - \alpha_2} e^{\alpha_2 t} + \frac{P w_1}{R r_1}.$$

(231a)

D. h. der Vorgang spielt sich **überaperiodisch** gedämpft ab.

Fall II: $\frac{a_1^2}{4} = a_2$.

Es wird hier

$$\Phi = \left[\left(\frac{P w_1 r_2}{w_1^2 r_2 + w_2^2 r_1} - \frac{a_1}{2} \frac{P w_1}{R r_1}\right) t - \frac{P w_1}{R r_1}\right] e^{-\frac{a_1}{2} t} + \frac{P w_1}{R r_1} \qquad (232)$$

und die Dämpfung ist gerade **aperiodisch**.

Fall III: $\frac{a_1^2}{4} < a_2$.

Dann ist

$$\Phi = \left[\frac{\dfrac{P w_1 r_2}{w_1^2 r_2 + w_2^2 r_1} - \dfrac{a_1}{2} \dfrac{P w_1}{R r_1}}{\sqrt{a_2 - \dfrac{a_1^2}{4}}} \sin \sqrt{a_2 - \frac{a_1^2}{4}}\, t - \frac{P w_1}{R r_1} \cos \sqrt{a_2 - \frac{a_1^2}{4}}\, t\right] e^{-\frac{a_1}{2} t}$$

$$+ \frac{P w_1}{R r_1} \quad . \quad . \quad . \quad . \quad . \quad . \quad . \quad . \quad . \quad . \quad . \quad . \quad . \quad . \quad . \quad . \quad (233)$$

und der Vorgang **oszillatorisch**.

Zum Vergleich soll noch die Gleichung des Feldes für den Fall angegeben werden, daß die Hilfswicklung weggenommen wird, während die Schaltung sonst ungeändert bleibt. Wir bekommen dann:

Fall IV: $w_h = 0$ bzw. $r_h = \infty$

und

$$\Phi = \frac{P w_1}{R r_1}\left(1 - e^{-\frac{R r_1 r_2}{w_1^2 r_2 + w_2^2 r_1} t}\right). \quad . \quad . \quad . \quad . \quad (234)$$

Um einen Überblick über die Wirkungsweise der Anordnung zu bekommen, machen wir die folgenden Annahmen:

$$\frac{P w_1}{R r_1} = 1; \qquad \frac{P w_1 r_2}{w_1^2 r_2 + w_2^2 r_1} = 2,$$

also

$$\frac{R r_1 r_2}{w_1^2 r_2 + w_2^2 r_1} = 2;$$

und ferner:

$$\frac{r_h}{L_m} = 50 \text{ (entspricht bei } c = 50 \text{ Per/Sek; } \cos\varphi = 0{,}157),$$

d. h.

$$a_2 = \frac{R r_1 r_2}{w_1^2 r_2 + w_2^2 r_1} \, \frac{r_h}{L_m} = 100.$$

Wir nehmen nun an, daß wir, von Null anfangend, die Windungszahl der Hilfswicklung vergrößern und bekommen dann der Reihe nach die charakteristischen vier Fälle, welche in der Fig. 473, mit entsprechenden Ziffern bezeichnet, als Kurven dargestellt sind:

Fall IV: $w_h = 0$.

$$\Phi = 1 - e^{-2t}.$$

Fall I: $\frac{a_1^2}{4} = 256 > a_2 = 100$; d. h.

$$\frac{a_1}{2} = 16; \qquad \alpha_1 = -3{,}5 \quad \text{und} \quad \alpha_2 = -28{,}5;$$

$$\Phi = 1 - 1{,}06\, e^{-3{,}5 t} + 0{,}06\, e^{-28{,}5 t}.$$

Fall II: $\frac{a_1^2}{4} = 100 = a_2 = 100$;

$$\Phi = 1 - (1 + 8t)\, e^{-10t}.$$

Fall III: $\frac{a_1^2}{4} = 16 < a_2 = 100$;

$$\Phi = 1 - [0{,}218 \sin 9{,}17\, t + \cos 9{,}17\, t]\, e^{-4t}.$$

Wie wir sehen, können wir eine erhebliche Beschleunigung der Feldänderung mit der Anordnung erzielen.

Die gezeigte Anordnung kann jedoch nicht unwesentlich dadurch verbessert werden, daß die Erregermaschine, wie die Fig. 472 b zeigt, direkt in die erste Erregerwicklung eingeschaltet wird, während die zweite Erregerwicklung wegfällt. Das Feld steigt dann im Einschaltaugenblick schneller an, und zwar wird für $t = 0$; $\frac{d\Phi}{dt} = \frac{P}{w_1}$. Sämtliche Kurven verlaufen wie vorhin, aber in einem im umgekehrten Verhältnis der Anfangstangenten der beiden Fälle verkürzten Zeitmaßstab.

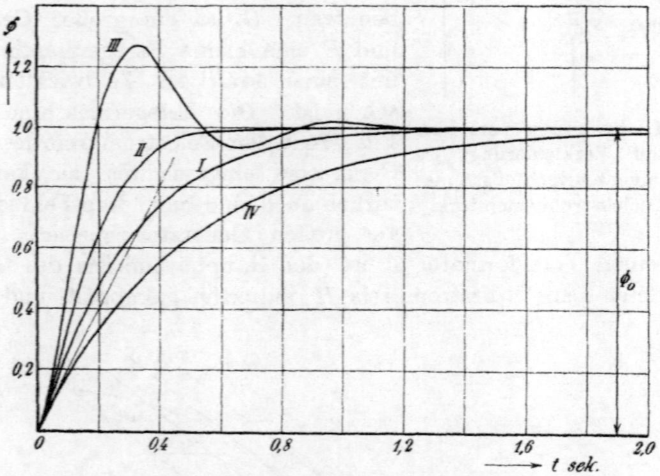

Fig. 473. Zeitlicher Verlauf eines beschleunigten Kraftflusses.

Wie ersichtlich, kann man also den zeitlichen Verlauf eines Kraftflusses beliebig beeinflussen, wenn man den Kraftfluß, außer von einer fremden Stromquelle, auch von einer kleinen Erregermaschine erregt, deren Feld von Strömen erregt wird, die durch die Änderung des Kraftflusses in einer mit demselben verketteten Hilfswicklung induziert werden. Ändert sich das Feld nicht, so ist die Feldwicklung der kleinen Erregermaschine stromlos und der Anker derselben somit spannungslos. Die magnetische Energie, die bei jeder Feldänderung frei wird oder erzeugt werden muß, wird von der kleinen Erregermaschine aufgenommen, bzw. abgegeben. Die Anordnung von Liljenroth kann benutzt werden, um sowohl die Änderung von Hauptfeldern zu beschleunigen, wie es bei Reversierbetrieben erforderlich ist, als auch um Wendepolfelder so zu beschleunigen, daß sie der Änderung des Ankerstromes folgen kann.

Durch diese Anordnung kann die Feldänderung einer Gleichstrommaschine auch so kräftig beschleunigt werden, daß der momentane Kurzschlußstrom etwas reduziert wird. Die Anordnung wird aber in diesem letzten Fall auch die Spannung der betreffenden Maschine gegen jeden Belastungsstoß sehr empfindlich machen, was natürlich nicht sehr empfehlenswert ist. Um dies zu vermeiden, kann man die in Fig. 474 dargestellte Schaltung benutzen. G ist ein großer Generator und E eine kleine Erregermaschine, die mit einer kräftigen Feldwicklung versehen ist. Die Erregermaschine ist in Fig. 474 in dem Feldstromkreis des großen Generators eingeschaltet; sie kann natürlich auch eine besondere Feldwicklung am großen Generator speisen. Durch den kleinen Transformator T ist der Hauptstromkreis des Generators G mit dem Hilfsstromkreis H induktiv gekuppelt und jeden

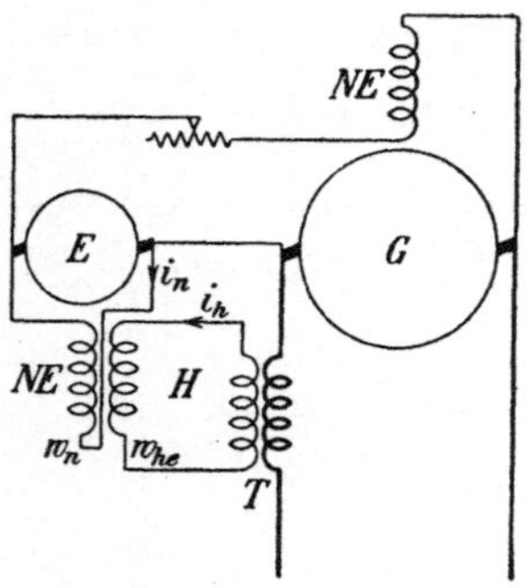

Fig. 474. Schaltung vom Verfasser zur Verkleinerung des momentanen Kurzschlußstromes eines Gleichstromgenerators.

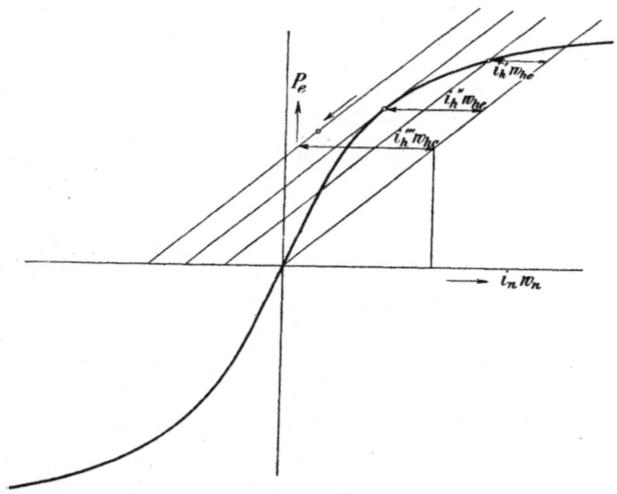

Fig. 475. Diagramm zur Darstellung der Wirkungsweise der in Fig. 474 angegebenen Schaltung.

Stromstoß im Hauptstromkreis induziert im Hilfsstromkreis einen Strom, der dem Eigenfeld der Erregermaschine entgegenwirkt.

Das Feld der Erregermaschine ist normal so stark gesättigt,

daß die momentane Einschaltung von Vollast des Generators *G* nicht imstande ist, einen so großen Strom in den Hilfsstromkreis *H* zu induzieren, daß das Feld der Erregermaschine merkbar geschwächt wird. Übersteigt aber der Belastungsstoß weit den normalen Strom, so verschwindet das Feld der kleinen Erregermaschine und kann sich sogar, wie in Fig. 475 gezeigt, umkehren. Der Erregerstrom des Generators wird hierdurch sehr stark geschwächt und kann unter Umständen ganz verschwinden oder sogar umkehren. Hierdurch können große Belastungsstöße etwas begrenzt werden. Diese Anordnung hat aber den Nachteil, daß die Polarität der kleinen Erregermaschine wie die des großen Generators sich bei großen Belastungsstößen umkehren kann.

Sechsundzwanzigstes Kapitel.

Verluste der Gleichstrommaschine.

132. Feldverteilung im Anker und in den Polschuhen. — 133. Hysteresisverluste. — 134. Wirbelstromverluste. — 135. Zusätzliche Wirbelstromverluste. — 136. Berechnung der gesamten Eisenverluste. — 137. Stromwärmeverlust durch den Nebenschlußstrom. — 138. Stromwärmeverlust durch den Ankerstrom. — 139. Mechanische Verluste. — 140. Zusammenstellung der Formeln für die Verluste.

Einteilung der Verluste.

In jeder im Betriebe befindlichen Maschine treten Verluste magnetischer, elektrischer und mechanischer Natur auf. Die bei einer Gleichstrommaschine auftretenden Verluste können wir wie folgt einteilen.

1. Vom Hauptfelde herrührende Verluste.

A) Hysteresisverluste im Anker und in den Polschuhen,

B) Wirbelstromverluste im Anker und in den Polschuhen,

C) Zusätzliche Wirbelstromverluste

a) durch die Bearbeitung des Ankerkörpers,

b) in der Ankerwicklung,

c) durch innere Ankerströme und nicht isolierte Ankerbolzen.

2. Vom Nebenschlußstrom herrührende Verluste.

3. Vom Ankerstrom herrührende Verluste.

A) Ohmsche Verluste

a) in der Ankerwicklung,

b) in Hauptschluß- und Wendepolwicklungen,

c) durch Stromübergang am Kommutator.

B) Wirbelstromverluste

a) in der Ankerwicklung,

b) in den Kommutatorlamellen.

C) Erhöhung der Eisenverluste durch Feldverzerrung.

4. Mechanische Verluste durch

A) Lagerreibung,
B) Luftreibung,
C) Bürstenreibung.

Die Verluste unter 1 werden oft Eisenverluste genannt, weil sie im Eisen der Maschine auftreten, die Verluste unter 2, 3 A und 3 B oft Kupferverluste, weil sie in den, meistens aus Kupfer bestehenden Teilen der Maschine hervorgerufen werden.

Die Verluste unter 1, 2 und 4 sind im Leerlauf vorhanden, diejenigen unter 3 A und 3 B, sowie teilweise die unter 3 C treten bei Kurzschluß auf. Bei Vollast sind alle Verluste in voller Größe vorhanden.

Wir wollen nun diese Verluste der Reihe nach besprechen.

132. Feldverteilung im Anker und in den Polschuhen.

Bei der Drehung des Ankers einer Gleichstrommaschine in dem räumlich stillstehenden, hauptsächlich von den Magneten erzeugten, Hauptfelde entstehen Veränderungen der Stärke und zum Teil auch der Richtung der magnetischen Induktion im Ankerkern, in den Zähnen und in den Polschuhen. Diese Änderungen der Induktion haben zweierlei unerwünschte und deshalb als Verluste bezeichnete Energieentwicklungen im Eisen zur Folge, nämlich die Hysteresis- und die Wirbelstromverluste.

Die Größe dieser Verluste ist abhängig von der Größe der Induktion und von der Art der Ummagnetisierung des Ankereisens, weshalb die Verteilung des Feldes im Anker und in den Polschuhen zuerst besprochen werden soll.

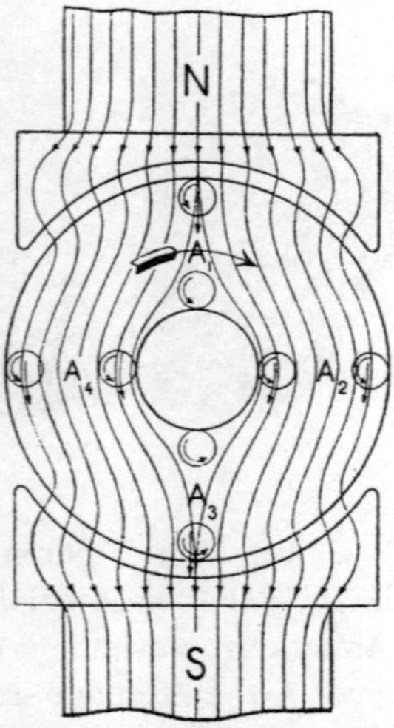

Fig. 476. Ummagnetisierung des Ankereisens einer zweipoligen Maschine.

Fig. 476 und 477 zeigen die mutmaßlichen Kraftlinienbilder einer zwei- bzw. mehrpoligen Gleichstrommaschine. Wir betrachten ein als kleinen Elementarmagneten aufzufassendes Eisenmolekül A im Anker. Dieser Elementarmagnet hat das Bestreben, sich in der Richtung der Kraftlinien einzustellen. Dreht sich nun der Anker in beiden Fällen nach rechts, so würde, wie wir sehen, der Elementarmagnet sich im Verhältnis zum Ankereisen nach links drehen und der Reihe nach die Stellungen A_1, A_2,

A_3 und A_4 einnehmen. Die Induktion ist an allen diesen Stellen nicht gleich groß; wir ersehen jedoch aus diesen Figuren, daß die Eisenmoleküle in Gleichstromankern einer Art drehender Ummagnetisierung ausgesetzt werden müssen.

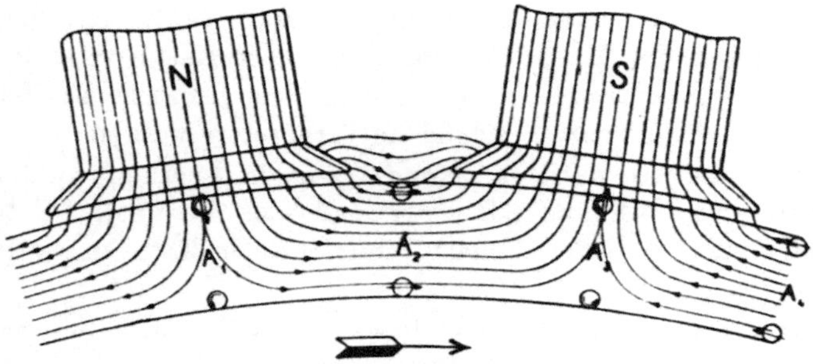

Fig. 477. Ummagnetisierung des Ankereisens einer mehrpoligen Maschine.

Nach dem auf Seite 136 beschriebenen Verfahren zur Bestimmung der Kraftflußverteilung mittels Strömungslinien wurde von W. M. Thornton[1]) die Kraftflußverteilung in glatten Ankern und Nutenankern untersucht. Die Fig. 478—480 zeigen einige der erhaltenen Bilder.

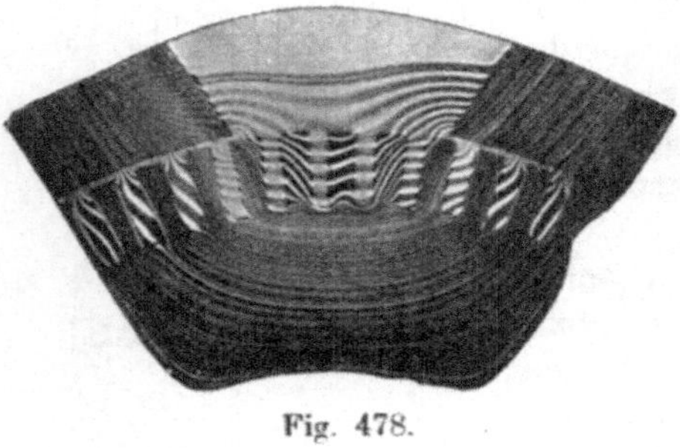

Fig. 478.

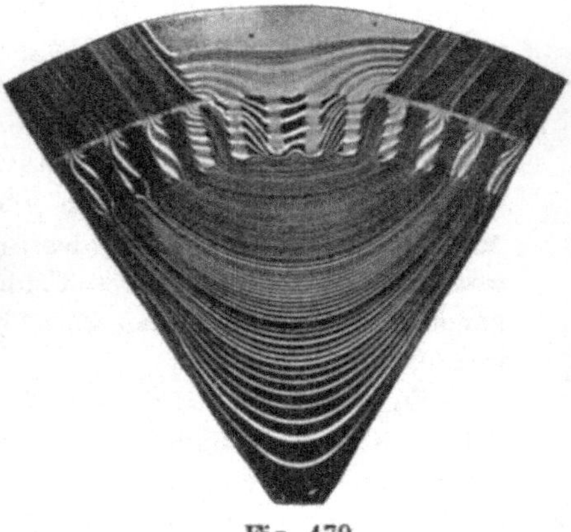

Fig. 479.

Aus den Figuren läßt sich sehr leicht ersehen, wie die Kraftlinien für verschiedene Nutenstellungen durch die Zähne und den Ankerkern verlaufen und wie die Ummagnetisierung im Ankerkern eine Art rotierende sein muß, während sie in den Zähnen mit genügender Genauigkeit als eine wechselnde angesehen werden kann.

[1]) Electrician 1905—1906, S. 959.

Bei diesen Versuchen wurde die Flüssigkeitsschicht für ein bestimmtes Medium überall gleich dick genommen, d. h. den Medien wurde eine bestimmte von der Induktion unabhängige Permeabilität beigelegt. Die Bilder sind somit nur annähernd richtig.

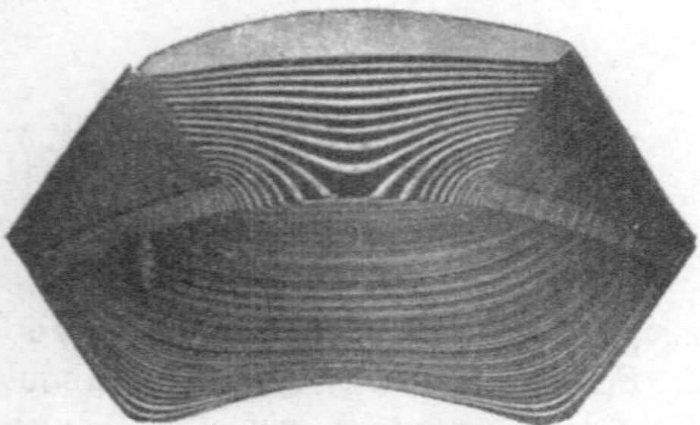

Fig. 480.

Unter denselben Bedingungen, d. h. für konstante Permeabilität des Eisens hat Dr.-Ing. R. Rüdenberg[1]) die Feldverteilung in glatten Ankern für den Fall einer sinusförmigen Verteilung der Induktion im Luftspalt untersucht.

Bezeichnet B_l die maximale Induktion im Luftspalt, b_r die radiale und b_φ die tangentiale Komponente der Induktion im Ankereisen

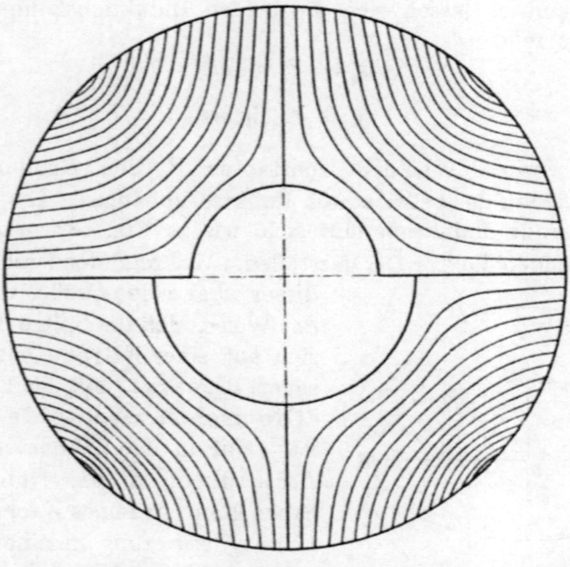

Fig. 481. Verlauf der Induktionslinien im Anker einer vierpoligen Maschine nach Rüdenberg.

in einem Punkte mit den Polarkoordinaten r und φ, r_i und r_a den inneren und äußeren Radius des Ankerkerns und p die Polpaarzahl der Maschine, so ist:

[1]) Energie der Wirbelströme in elektrischen Bremsen und Dynamomaschinen, Stuttgart 1906, F. Enke.

$$b_r = \frac{B_l}{r}\left[\frac{r_a^{\,1-p}}{1-\left(\frac{r_i}{r_a}\right)^{2p}}\,r^p - \frac{r_a^{\,1+p}}{\left(\frac{r_a}{r_i}\right)^{2p}-1}\,r^{-p}\right]\cos p\varphi \quad . (235)$$

und

$$b_\varphi = -\frac{B_l}{r}\left[\frac{r_a^{\,1-p}}{1-\left(\frac{r_i}{r_a}\right)^{2p}}\,r^p + \frac{r_a^{\,1+p}}{\left(\frac{r_a}{r_i}\right)^{2p}-1}\,r^{-p}\right]\sin p\varphi \quad . (236)$$

Die nach diesen Formeln berechnete Induktionsverteilung stimmt mit der durch das Thorntonsche Verfahren erhaltenen gut überein. In Fig. 481 ist der Verlauf der Induktionslinien für eine vierpolige Maschine dargestellt, wie R. Rüdenberg sie aus den angegebenen Formeln konstruiert hat.

Dreht sich der Anker in dem so beschriebenen Felde, so ändert sich der Winkel φ mit der Zeit t. Es ist nämlich $\varphi = \frac{2\pi n}{60}t$, also $p\varphi = \omega t$, und es lassen sich die beiden Induktionskomponenten b_r und b_φ wie folgt

$$b_r = B_r \cos \omega t$$

$$b_\varphi = B_\varphi \sin \omega t$$

schreiben, worin die beiden Konstanten B_r und B_φ nur von dem radialen Abstand des betrachteten Punktes abhängen. Die aus b_r und b_φ resultierende Induktion läßt sich, wie in Fig. 482 gezeigt, durch einen drehenden Vektor $\overline{OB}$ darstellen. Während der Drehung ändert dieser aber seine Größe, und zwar in der Weise, daß die Spitze des Vektors sich auf einer Ellipse bewegt. Wir sagen deswegen, daß das Eisen einem elliptischen Drehfelde ausgesetzt ist. Nur in den Zähnen ist die eine Achse dieser Ellipse Null, und wir haben dann ein reines Wechselfeld. Die Ummagnetisierung in einer Maschine unterscheidet sich also wesentlich von der Ummagnetisierung in einem Transformator oder in einem Epsteinapparat zur Prüfung von Eisenblechen, in denen die Induktion in allen Punkten praktisch dieselbe Größe hat, und in welchem nur ein reines Wechselfeld auftritt. Es ist dies hauptsächlich der Grund, weshalb die Eisenverluste in einer Maschine etwas anders zu berechnen sind als in einem Trans-

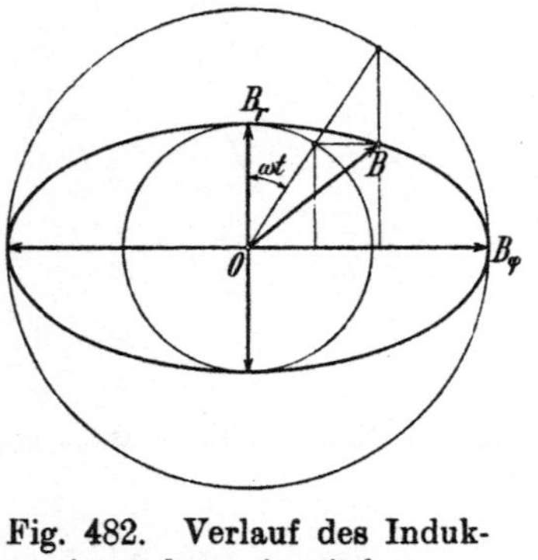

Fig. 482. Verlauf des Induktionsvektors im Anker.

formator. — Das Verhältnis $k = \frac{B_r}{B_\varphi}$ der beiden Halbachsen der Ellipse (Fig. 482) bezeichnen wir als die Elliptizität des Drehfeldes; diese ist jedoch in den verschiedenen Eisentiefen r sehr verschieden.

In der Nähe der äußeren Oberfläche des Ankers ist $B_r = B_l$ und

$$B_\varphi = \frac{r_a^{2p} + r_i^{2p}}{r_a^{2p} - r_i^{2p}} B_l ,$$

also wird für $r_i = 0$, oder p sehr groß an der Außenfläche, wo $r = r_a$ ist:

$$B_r = B_\varphi = B_l .$$

An der Innenfläche des Ankers, wo $r = r_i$ ist, wird $B_r = 0$ und

$$B_\varphi = B_l \frac{2 r_a^{1+p} r_i^{p-1}}{r_a^{2p} - r_i^{2p}} .$$

Während die radiale Komponente immer von der äußeren bis an die innere Oberfläche des Ankers abnimmt, ist dies für die tangentiale Komponente nur der Fall, wenn die Polzahl größer als zwei ist. Die Ellipsen, nach denen die Induktion sich ändert, werden um so flacher, je weiter man in den Anker hineinkommt. An der Innenfläche ist sie zu einer Linie zusammengeschrumpft, was darauf hinauskommt, daß die Induktion sich hier nach zwei diametralen Richtungen ändert, ganz wie in dem Eisenkern eines Transformators. Die Ellipse geht nur in dem theoretischen Fall in einen Kreis über, wenn der Innendurchmesser gleich Null ist. Die Induktion führt dann bei einem zweipoligen Anker überall, bei einem mehrpoligen nur in der äußeren Schicht eine gleichmäßige Drehung wie ein Kreisvektor aus (vollkommenes Drehfeld). Nimmt man an, daß die magnetische Molekulartheorie den physikalischen Vorgängen im Eisenkörper entspricht, so sieht man, daß die einzelnen Moleküle das Bestreben haben zu rotieren, wenn der Anker rotiert, und zwar mit einer mittleren Geschwindigkeit, entsprechend der Periodenzahl der in der Ankerwicklung induzierten EMKe.

Weicht das Feld im Luftraume von der Sinusform ab, so kann man die Feldkurve nach Fourier in eine Grundwelle von Sinusform und Oberwellen von drei-, fünffacher usw. Polzahl zerlegen und für jedes Feld die Berechnungen wiederholen. Durch Superposition der Induktionen, die von den verschiedenen Feldern herrühren, erhält man das resultierende Bild der Verteilung der Induktionslinien im Anker. Natürlich dringen die Felder höherer Polzahl am wenigsten in das Ankereisen ein.

Ist p sehr groß oder ∞, so gehen die Gleichungen unter Einführung von rechtwinkligen Koordinaten in die folgende Form über. Die tangentiale Komponente wird

$$b_x = \left(Ae^{\frac{\pi}{\tau}y} + Be^{-\frac{\pi}{\tau}y}\right)\sin\frac{\pi}{\tau}x \quad . \quad . \quad . \quad . \quad . \quad (237)$$

und die radiale

$$b_y = -\left(Ae^{\frac{\pi}{\tau}y} - Be^{-\frac{\pi}{\tau}y}\right)\cos\frac{\pi}{\tau}x, \quad . \quad . \quad . \quad . \quad (238)$$

worin τ die Polteilung und A und B zwei Konstanten bedeuten, die sich aus den beiden Grenzbedingungen ergeben

1. $y = h \qquad b_y = 0$
2. $y = 0 \qquad b_y = B_l \cos\frac{\pi}{\tau}x$.

Man erhält somit

$$A = \frac{B_l}{e^{2\frac{\pi}{\tau}h} - 1} \quad \text{und} \quad B = \frac{B_l}{1 - e^{-2\frac{\pi}{\tau}h}}.$$

h ist die Eisentiefe des Ankers. In den ersten Formeln war also $h = r_a - r_i$ und $\tau = \frac{\pi r_a}{p}$. Die letzten Formeln geben Aufschluß über die Verteilung der Induktion in den lamellierten Polschuhen einer Gleich- oder Wechselstrommaschine, deren Anker offene oder halboffene Nuten besitzt. Denn über die mittlere Induktion B_l lagert sich eine magnetische Welle, deren Maximalinduktion B_n gegenüber den Zähnen und deren Minimalinduktion $-B_n$ gegenüber den Nutenöffnungen liegt (Fig. 483).

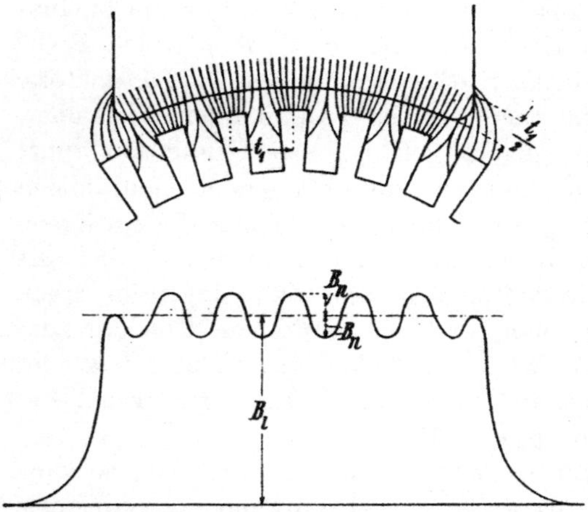

Fig. 483. Verteilung der Induktion im Luftspalt bei Nutenankern.

In der Tiefe $y = \frac{t_1}{2} = \tau_n$ sind die magnetischen Wellen fast verschwunden, weil sie bis hier sich auf

$$e^{-\frac{\pi}{\tau_n}y} = e^{-\pi} = 0{,}0435\,,$$

d. h. auf ca. 4,5 % ihres Anfangswertes verringert haben.

133. Hysteresisverluste.

Aus zahlreichen Versuchen fand Steinmetz[1]), daß bei der Ummagnetisierung von Eisen, wie sie z. B. in dem Eisenkern eines Transformators vor sich geht, der Energieverlust pro Periode und cm³ angenähert gleich

$$\eta B_{max}^{1,6} \text{ Erg}$$

gesetzt werden kann, worin η eine für die betreffende Eisensorte konstante Größe ist und B_{max} die maximale Induktion bezeichnet.

Wird das Eisenvolumen V in dm³ angegeben und ist c die Periodenzahl der Ummagnetisierung, so ist der spezifische Hysteresisverlust w_h in Watt

$$w_h = (631\,\eta)\left(\frac{c}{100}\right)\left(\frac{B_{max}}{1000}\right)^{1,6}$$

oder indem man $631\,\eta = \sigma_{1h}$ setzt, wird

$$w_h = \sigma_{1h}\left(\frac{c}{100}\right)\left(\frac{B_{max}}{1000}\right)^{1,6} \text{ Watt/dm}^3. \quad . \quad . \quad (239)$$

Diese Formel gilt jedoch nur für kleinere Werte der Induktion; für höhere Induktionen, wie sie in modernen Gleichstrommaschinen meistens vorkommen, gibt diese Formel jedoch zu kleine Werte.

Wie Prof. R. Richter[2]) gezeigt hat, läßt sich eine viel bessere Übereinstimmung mit der Wirklichkeit erzielen, wenn der spezifische Hysteresisverlust

$$w_h = a\,B_{max} + b\,B_{max}^2 \quad . \quad . \quad . \quad . \quad . \quad (240)$$

gesetzt wird. Diese Darstellungsweise hat jedoch den praktischen Nachteil, daß wir die zwei Materialkonstanten a und b statt der einen σ_{1h} ermitteln müssen. Das Glied aB kann aber, wenigstens für höhere Induktionen, vollständig gegen bB^2 vernachlässigt werden, weshalb wir mit genügender Genauigkeit schreiben können:

$$w_h = \sigma_{2h}\left(\frac{c}{100}\right)\left(\frac{B_{max}}{1000}\right)^2 \text{ Watt/dm}^3, \quad . \quad . \quad (241)$$

worin σ_{2h} eine von σ_{1h} abweichende Materialkonstante bedeutet.

In Fig. 484 sind die aus der Richterschen Arbeit entnommenen, experimentell bestimmten Hysteresisverluste[3]) einer Blechprobe in

---

[1]) ETZ 1891 S. 62 u. 1892 S. 43 u. 519. — Wechselstromtechnik Bd. I, S. 392.

[2]) „Ein Vorschlag zur Darstellung der Hysteresiswärme", ETZ 1910, H. 49, S. 1241.

[3]) l. c. Tabelle 1.

Watt/kg als kleine Nullkreise über die Induktion eingezeichnet. Richter hat hieraus den Hysteresisverlust bei $B_{max} = 10\,000$, für welche Induktion bei 50 Perioden die Verlustziffer nach den Verbandsnormalien bestimmt wird, zu 3,14 Watt/kg ermittelt. Durch diesen Punkt sind zwei Kurven gelegt, von denen die eine nach Gl. (239), die andere nach Gl. (241) verläuft.

Wir ersehen hieraus, daß, wenn wir von dem bei $B_{max} = 10\,000$ bestimmten Hysteresisverlust ausgehen, so stimmt zwar die Steinmetzsche Formel, für Induktionen kleiner als 10000 sehr gut; für größere Induktionen, z. B. 10000 und darüber, gibt sie jedoch zu kleine Werte. Hier gibt dagegen die Formel (241) mit der Wirklichkeit sehr gut übereinstimmende Werte.

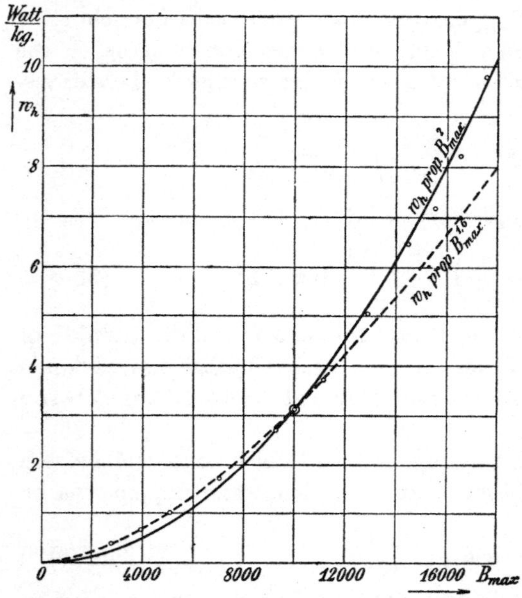

Fig. 484. Darstellung der Hystereseverluste bei $c = 50$ nach Steinmetz (- - - -) und Richter (———).

Da nun der Maximalwert der mittleren Induktion bei Maschinen, im Ankerkern etwa 10000 bis 15000, und in den Zähnen etwa 20000 bis 25000 beträgt, so kann der Hysteresisverlust hier proportional der zweiten Potenz der Induktion gesetzt werden. Bei den in Transformatoren vorkommenden Induktionen liefern die beiden Formeln ungefähr gleich gute Werte. Die Formel (217) ist jedoch auch dort ihrer Einfachheit wegen vorzuziehen.

Indem beide Verlustkurven (Fig. 484) durch denselben Punkt $B_{max} = 10\,000$ gelegt sind, so erhält man für die Hysteresiskonstante σ_{2h} nach dem quadratischen Gesetz folgende Beziehung zu der alten Konstante σ_{1h}

$$\sigma_{2h} = \frac{10^{1,6}}{10^2}\,\sigma_{1h} = 0{,}398\,\sigma_{1h} \simeq 0{,}4\,\sigma_{1h}$$

und folgende Beziehung zu der Steinmetzschen Konstante η

$$\sigma_{2h} = 0{,}398 \cdot 631\,\eta = 251\,\eta \quad . \quad . \quad . \quad . \quad . \quad (242)$$

Über den Hysteresisverlust bei drehender Magnetisierung liegen noch ungenügende Untersuchungen vor. Wie gezeigt, haben die Eisenmoleküle eines rotierenden Ankers das Bestreben mit einer der Periodenzahl c entsprechenden mittleren Winkelgeschwindigkeit ω zu rotieren, werden aber bei der entgegengesetzten Bewegungsrichtung der benachbarten Moleküle durch Reibung verhindert, der magnetischen Kraft zu folgen. Es treten deswegen hier Verluste auf, die a priori nicht gleich dem Hysteresisverlust bei Wechselstrommagnetisierung zu sein brauchen; dort ändert die magnetisierende Kraft nämlich nicht ihre Richtung, sondern nur ihre Stärke.

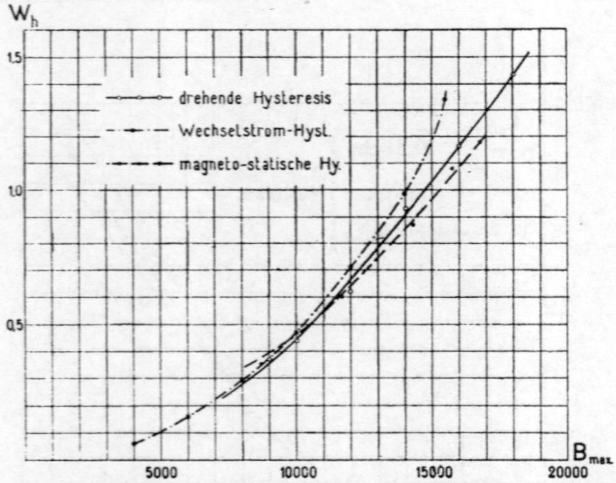

Fig. 485. Experimentell von Dr.-Ing. L. Bloch ermittelte Hysteresisverluste für verschiedene Arten der Ummagnetisierung.

Versuche, die von Herrn Dr.-Ing. L. Bloch im Mai 1900 gelegentlich seiner Diplomarbeit in dem Laboratorium des Karlsruher Elektrotechnischen Instituts über die Verluste bei drehender Hysteresis mit einem glatten Anker ausgeführt wurden, ergaben sehr kleine Abweichungen von den Verlusten bei Wechselstrommagnetisierung derselben Blechprobe. Das Ergebnis dieser Untersuchungen ist in Fig. 485 dargestellt.

Der zu dem Versuche konstruierte Apparat bestand aus zwei zweipoligen Dynamomaschinen, die mit einer Spiralfeder gekuppelt waren. Die eine Maschine diente als Motor und die zweite erhielt an Stelle des Ankers nur einen glatten Eisenkern von 0,5 mm Blechen mit Papierisolation, der durch starke Fiberringe und Hülsen auf der Welle befestigt war. Das vom Motor übertragene Drehmoment wurde mittels einer Torsionsfeder, deren Verdrehung durch elektrische Kontakte genau gemessen werden konnte, bestimmt. Die Trennung der gemessenen Hysteresis und Wirbelstromverluste erfolgte nach der Periodenzahl.

Dasselbe Eisen wurde nachher durch Wechselstrommagnetisierung und magneto-statische (langsame) Ummagnetisierung untersucht.

Ingenieur A. Dina[1]) hat eingehende Untersuchungen über die Verluste bei drehender Hysteresis durchgeführt und seine Resultate, die in Fig. 486 dargestellt sind, stimmen insofern mit denjenigen von Herrn Bloch überein, daß die Verluste bei den drei verschiedenen Magnetisierungsarten nicht beträchtlich voneinander abweichen, und daß die Verluste bei drehender Magnetisierung bei den höheren Induktionen kleiner sind, als die bei Wechselstrommagnetisierung.

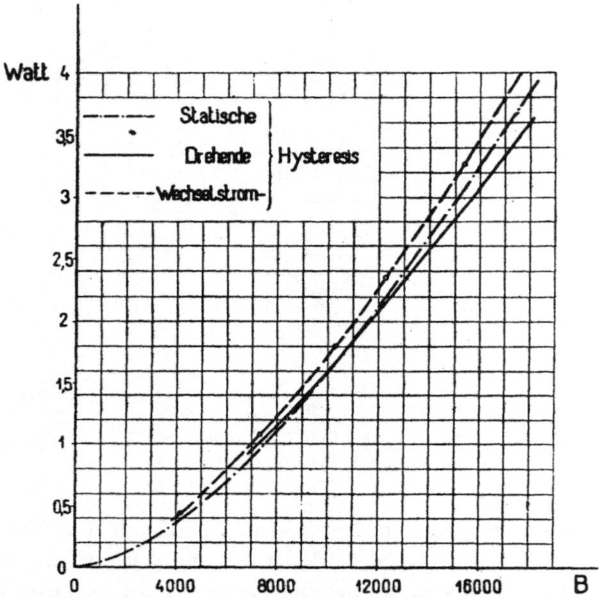

Fig. 486. Experimentell von Ing. A. Dina ermittelte Hysteresisverluste für verschiedene Arten der Ummagnetisierung.

Da diese Versuche für die drehende Magnetisierung keine erhebliche Abweichung der Hysteresisverluste von den Verlusten bei reiner Wechselstrommagnetisierung ergeben, so übertragen wir das abgeänderte Steinmetzsche Gesetz auch auf diese Hysteresisverluste und setzen allgemein

$$w_h = \sigma_{2h} \left(\frac{c}{100}\right) \left(\frac{B_{max}}{1000}\right)^2 \text{ Watt/dm}^3$$

[1]) ETZ 1902, S. 41.

Dieses Resultat ist erklärlich, wenn man bedenkt, daß der Hysteresisverlust in dem Kern eines Transformators hauptsächlich von dem Maximalwert der Induktion und nur sehr wenig von der Kurvenform, d. h. von der Änderungsgeschwindigkeit der Induktion, abhängt. Der Hysteresisverlust scheint somit weder von dem zeitlichen, noch von dem räumlichen Verlauf der Ummagnetisierung der Eisenmoleküle, sondern nur von dem absoluten Maximalwert der Induktion abzuhängen.

Der Hysteresisverlust im Ankerkern. Betrachten wir einen Nutenanker, so ist der Hysteresisverlust im Ankerkern und derjenige in den Zähnen getrennt zu berechnen. Der Hysteresisverlust im Ankerkern würde sich aus der Formel

$$W_{ha} = \sigma_{2h}\left(\frac{c}{100}\right)\left(\frac{B_a}{1000}\right)^2 V_a \text{ Watt}$$

ergeben, wenn der Kraftfluß gleichmäßig über den Kernquerschnitt verteilt wäre.

$c = \frac{pn}{60}$ ist die Periodenzahl der Ummagnetisierung, B_a die mittlere Maximalinduktion im Ankerkern und V_a das Eisenvolum des Kernes in dm^3.

Die Induktion verteilt sich aber nicht vollständig gleichmäßig über den ganzen Kernquerschnitt, was ja aus den Rüdenbergschen Gleichungen (235) und (236) hervorgeht. Ferner üben die Zähne auch einen Einfluß auf die Verteilung des Kraftflusses in der äußeren Schicht des Ankerkernes aus. Daß dies tatsächlich der Fall ist, geht aus den folgenden in der Maschinenfabrik Oerlikon ausgeführten Versuch deutlich hervor.

An verschiedenen Stellen des Ankers (Fig. 487a) sind Meßspulen I bis VI mit je 10 Windungen angebracht; die an diesen Spulen gemessene Wechselstromspannung ist als Funktion des Erregerstromes in den Kurven I bis VI (Fig. 487b) aufgezeichnet. In das Ankereisen wurden in axialer Richtung 3 Löcher von 8 mm Durchmesser gebohrt und zwischen diese Löcher sind die Meßspulen I bis IV gewickelt; die Spule V umschließt den ganzen Eisenring und die Spule VI umschließt als Trommelwindung 44 Ankerzähne. Eigentümlich ist, daß die in der Spule IV induzierte EMK mit der Erhöhung der Feldstärke langsamer ansteigt als die in den Spulen I, II und III induzierten EMKe. Dies kommt jedenfalls daher, daß die Kraftlinien dort, wo sie aus der Zahnwurzel in den Ankerkern übertreten, zunächst noch ein Stück in radialer Richtung verlaufen. Die in der Spule VI induzierte EMK ist fast doppelt so groß wie die in der Spule V induzierte EMK, weil in der Spule V nur die Hälfte des Kraftflusses pro Pol induzierend wirkt. Die Ordinaten dieser zwei Kurven (V und VI) haben den zehnfachen Wert des Ordinatenmaßstabes.

Der Einfluß der ungleichförmigen Verteilung des Kraftflusses über den ganzen Kernquerschnitt auf den Hysteresisverlust kann am

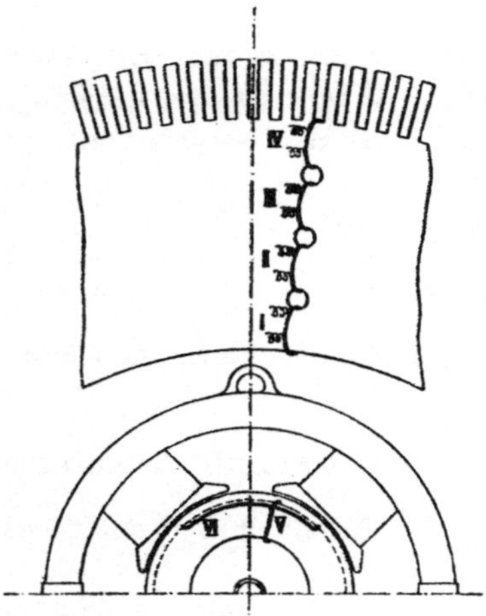

Fig. 487a.

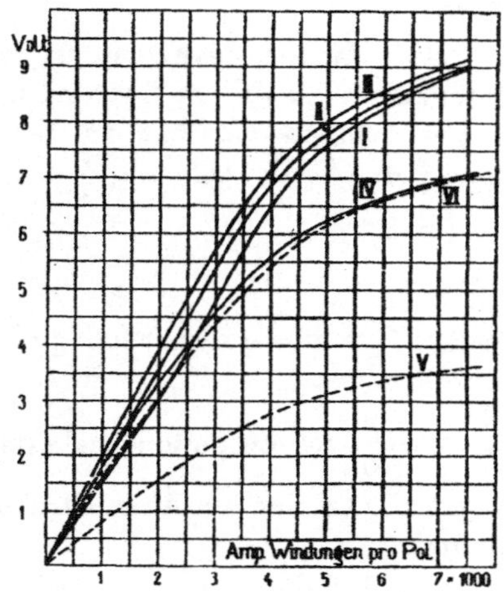

Fig. 487b.

Verteilung des Kraftflusses im Ankerkern.

einfachsten durch einen Zuschlag berücksichtigt werden. Wir setzen deswegen den Hysteresisverlust im Ankerkern

$$W_{ha} = \sigma_{2h} f_a \left(\frac{c}{100}\right)\left(\frac{B_a}{1000}\right)^2 V_a \text{ Watt}, \quad . \quad . \quad (243)$$

worin f_a eine Art Formfaktor ist, durch den die ungleichmäßige Verteilung des Kraftflusses über den Ankerquerschnitt berücksichtigt wird. Ausgehend von den Feldgleichungen (235) und (236) läßt sich dieser Faktor für einen glatten Anker berechnen, indem man die maximale resultierende Induktion in jeder Ankerschicht bestimmt und nach Formel (241) für jede Zylinderschale des Ankerkernes den Hysteresisverlust berechnet. Durch Summierung der Hysteresisverluste in allen Ankerschichten ergibt sich dann für f_a die folgende Formel

$$f_a = \frac{\pi h}{\tau}\left\{\frac{1+\left(1-\frac{\pi h}{p\tau}\right)^{2p}}{1-\left(1-\frac{\pi h}{p\tau}\right)^{2p}} + \frac{9{,}2\,p}{\left(1-\frac{\pi h}{p\tau}\right)^{2p}+\left(1-\frac{\pi h}{p\tau}\right)^{-2p}-2}\log\left(\frac{1}{1-\frac{\pi h}{p\tau}}\right)\right\}\frac{1}{2-\frac{\pi h}{p\tau}} \qquad (244)$$

Hierin bedeutet h die radiale Eisentiefe des Kernes in cm, τ die Polteilung am Nutengrund in cm und p die Polpaarzahl. In Fig. 488 ist f_a für verschiedene Polpaarzahlen als Funktion von $\frac{h}{\tau}$ aufgetragen und, wie zu erwarten war, ist f_a, bei mehrpoligen Maschinen, stets größer als eins.

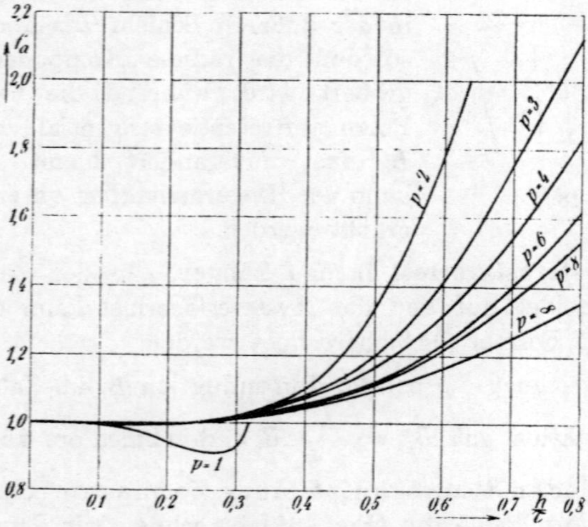

Fig. 488. Faktor f_a für die Hysteresisverluste im Ankerkern.

Wie aus Fig. 488 ersichtlich, steigt der Korrektionsfaktor f_a bei mehrpoligen Ankern mit zunehmender Ankertiefe h schnell an. Dies ist darauf zurückzuführen, daß die Kraftlinien nicht in den inneren Teil des Ankerkerns eindringen, weshalb eine Berechnung mit gleichmäßig verteiltem Feld in diesem Falle zu niedrige Verluste ergeben muß. — Es hat deswegen keinen Zweck, den Ankerkern eines mehrpoligen Ankers sehr tief zu machen, um dadurch die Induktion und die Eisenverluste klein zu halten, was übrigens auch mit der Erfahrung gut übereinstimmt.

Die Feldgleichungen (235) und (236) setzen eine sinusförmige Feldkurve am Luftspalt voraus. Eine kleine Abweichung von der sinusförmigen Feldkurve hat aber wenig Einfluß auf die Maximalinduktion in den verschiedenen Schichten des Ankerkernes, und da der Hysteresisverlust fast ausschließlich vom Maximalwerte der Induktion abhängt, so ergibt eine von der Sinusform abweichende Feldkurve fast denselben Korrektionsfaktor f_a wie die Formel (244).

Die Zähne üben dagegen einen größeren Einfluß auf den Hysteresisverlust in den äußeren Schichten des Ankerkernes aus. Durch die Zähne treten nämlich die Kraftlinien nicht gleichmäßig, sondern nur an gewissen Stellen in den Ankerkern ein und haben dort, wo sie aus der Zahnwurzel in den Ankerkern eintreten, das Bestreben, zunächst noch ein Stück in radialer Richtung zu verlaufen. Deshalb wird der in den Anker eintretende Kraftfluß unter den Zähnen in der äußeren Schicht zusammengedrängt, so daß die radiale Komponente B_r vergrößert wird, während die zwischen den Polen auftretende tangentiale Komponente B_φ fast unverändert bleibt. Hierdurch kann der Hysteresisverlust unter Umständen erhöht werden.

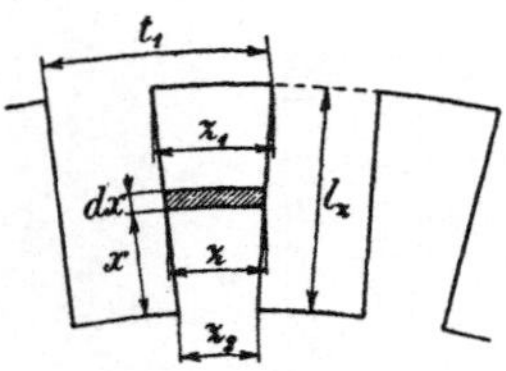

Fig. 489.

Der Hysteresisverlust in den Zähnen. In den Zähnen treten nur Wechselfelder auf und der Hysteresisverlust kann deshalb hier an Hand der Formel (241) berechnet werden.

Wir bezeichnen die bei der Luftinduktion B_l im Zahnkopf herrschende Induktion mit $B_{z1} = \frac{t_1}{z_1 k_2} B_l$ und nehmen an, daß derselbe Kraftfluß jeden Querschnitt eines Zahnes durchsetzt. Für einen trapezförmigen Zahn (Fig. 489) berechnen wir dann den mittleren spezifischen Hysteresisverlust, den wir auf $B_{z1} = B_{z\,min}$ beziehen wollen, wie folgt.

Der spezifische Verlust in dem schraffierten Zahnelement ist:

$$d w_{hz} = \sigma_{3h} \left(\frac{c}{100}\right)\left(\frac{B_{z\,min}}{1000}\right)^2 \left(\frac{z_1}{z}\right)^2 z\, dx;$$

da nun

$$z = \frac{z_1 l_z - x(z_1 - z_2)}{l_z}$$

ist, so wird der mittlere spezifische Verlust im ganzen Zahn

$$w_{hz} = \sigma_{2h}\left(\frac{c}{100}\right)\left(\frac{B_{z\,min}}{1000}\right)^2 \frac{2 z_1{}^2}{(z_1+z_2)} \int\limits_{x=0}^{x=l_z} \frac{dx}{z_1 l_z - x(z_1-z_2)}$$

$$= \sigma_{2h} k_5 \left(\frac{c}{100}\right)\left(\frac{B_{z\,min}}{1000}\right)^2 \text{ Watt/dm}^3, \quad \ldots\ldots \quad (245)$$

worin der Korrektionsfaktor

$$k_5 = \frac{4{,}6}{1-\left(\frac{z_2}{z_1}\right)} \log\left(\frac{z_1}{z_2}\right) \quad \ldots\ldots \quad (246)$$

aus der Kurve (Fig. 490) als Funktion von $\frac{z_2}{z_1}$ abgegriffen werden kann.

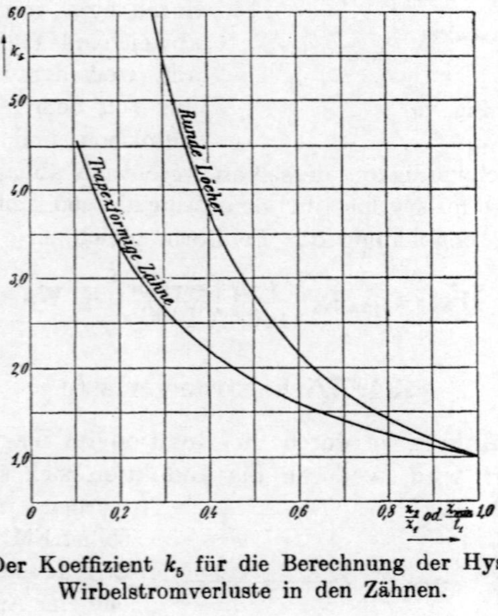

Fig. 490. Der Koeffizient k_5 für die Berechnung der Hysteresis- und Wirbelstromverluste in den Zähnen.

Für runde Löcher (Fig. 491) beziehen wir den mittleren spezifischen Verlust auf die Induktion $B_{z1} = \frac{B_l}{k_2}$ am Zahnkopf und bekommen dann für den Korrektionsfaktor k_5 den folgenden Ausdruck:

$$k_5 = \frac{1}{2 t_1 r - \pi r^2} \int\limits_{x=0}^{x=2r} \left(\frac{t_1}{z}\right)^2 z\, dx$$

$$= \frac{2 t_1{}^2}{2 t_1 r - \pi r^2} \left\{ \frac{t_1}{\sqrt{t_1{}^2 - 4 r^2}} \operatorname{arctg} \sqrt{\frac{t_1 + 2r}{t_1 - 2r}} - \frac{\pi}{4} \right\}.$$

Setzen wir $2r \cong t_1 - z_{min}$, bekommen wir schließlich für runde Löcher, wenn wir das Verhältnis $\frac{z_{min}}{t_1} = \nu$ setzen,

$$k_5 = \frac{8}{0{,}858 + 2{,}284\,\nu - 3{,}142\,\nu^2}\left\{\frac{\operatorname{arctg}\sqrt{\frac{2-\nu}{\nu}}}{\sqrt{2\nu - \nu^2}} - 0{,}786\right\} \quad (247)$$

Dieser Wert von k_5 ist in Fig. 490 als Funktion von $\frac{z_{min}}{t_1}$ aufgetragen.

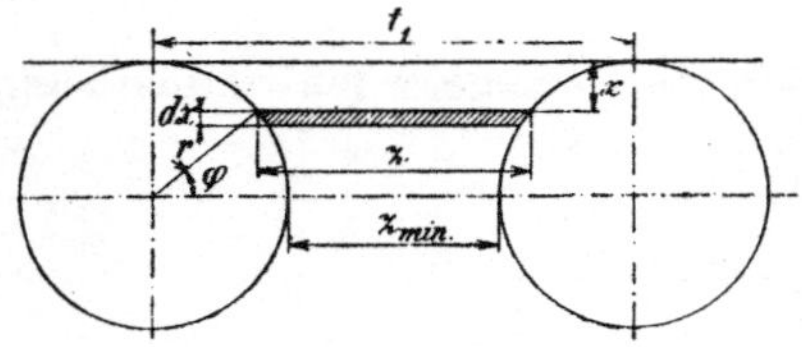

Fig. 491.

Eine Vergrößerung des Hysteresisverlustes in den Zähnen durch eine von der Sinusform abweichende Feldkurve tritt nicht auf, weil der Hysteresisverlust nur von dem Maximalwert der Induktion und nicht von der Änderungsgeschwindigkeit derselben wesentlich abhängt.

Der Hysteresisverlust in den Ankerzähnen mit dem Volumen V_z wird somit unabhängig der Feldform gleich

$$W_{hz} = \sigma_{2h}\, k_5 \left(\frac{c}{100}\right)\left(\frac{B_{z\,min}}{1000}\right)^2 V_z \text{ Watt} \quad . \quad . \quad . \quad (245a)$$

134. Wirbelstromverluste.

Da das Ankereisen durch die Rotation im magnetischen Felde ummagnetisiert wird, wodurch die Induktion sich stetig ändert, so werden im Ankerkörper selbst EMKe induziert, die Ströme hervorrufen, welche der Änderung der Induktion entgegenwirken. Diese Ströme werden Wirbelströme oder Foucaultströme genannt und sind nach den Rechnungen von J. J. Thomson so kräftig, daß eine dicke Eisenplatte einen Wechselkraftfluß von 100 Perioden nicht besser leitet als zwei dünne Platten von je $^1/_4$ mm Stärke. Diese Ströme würden das Ankereisen stark erwärmen. Aus diesen Gründen

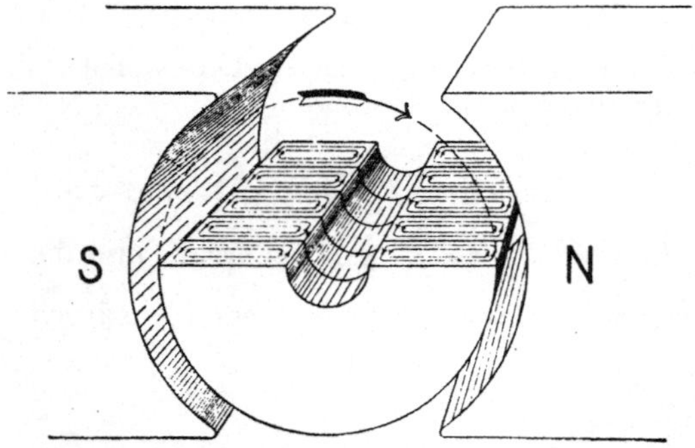

Fig. 492. Wirbelströme im Ankerkern.

muß der ganze Ankerkörper aus lamelliertem Eisen, d. h. aus dünnen Blechscheiben, die voneinander isoliert sind, zusammengesetzt werden. Da die induzierte EMK der Wirbelströme auf der Ebene, welche durch die Richtung der magnetischen Kraft und die Bewegungsrichtung gebildet wird, senkrecht steht, so ist die Lamellierung des Eisenkörpers parallel zu dieser Ebene auszuführen, wie Fig. 492 zeigt. Bei den Periodenzahlen, die für Gleichstrommaschinen gewöhnlich in Betracht kommen, genügt eine Stärke der Bleche von 0,5 mm; bei großer Periodenzahl ist es günstig, noch dünnere Bleche zu verwenden, z. B. solche von 0,3 mm Stärke. — Der spezifische Wirbelstromverlust in einem homogenen Wechselfelde, welches gleichmäßig über den Eisenkern verteilt ist, läßt sich nach der bekannten Formel[1]) berechnen

$$w_w = \frac{\pi^2}{6}\,\frac{1}{10^5\varrho}\left(\Delta\,\frac{c}{100}\,\frac{B_{max}}{1000}\right)^2 \text{ Watt/dm}^3$$

$$= \sigma_w\left(\Delta\,\frac{c}{100}\,\frac{B_{max}}{1000}\right)^2 \text{ Watt/dm}^3, \quad . \quad . \quad . \quad . \quad . \quad (248)$$

worin Δ die Blechstärke in mm, c die Periodenzahl und $\sigma_w = \frac{\pi^2}{6}\,\frac{1}{10^5\varrho}$ der sogenannte Wirbelstromkoeffizient des Bleches ist. Dieser ist von der elektrischen Leitfähigkeit $\frac{1}{\varrho}$ des Eisens sehr abhängig und ändert sich innerhalb weiter Grenzen mit der molekularen und chemischen Beschaffenheit des Eisens. Wird das Blechpaket durch zwei räumlich senkrecht aufeinanderstehende Induktionen magnetisiert, d. h. einem elliptischen Drehfeld ausgesetzt, so wird jede der beiden Induktionen für sich Wirbelströme und einen dementsprechenden Verlust erzeugen, der nach Formel (248) zu berechnen ist. — In einem elliptischen Drehfelde mit der Elliptizität k werden wir somit einen spezifischen Wirbelstromverlust

$$w_w = \sigma_w\left(\Delta\,\frac{c}{100}\,\frac{B_{max}}{1000}\right)^2 (1+k^2) \text{ Watt/dm}^3 \quad . \quad . \quad (249)$$

erhalten. In einem reinen Drehfelde, $k=1$, wird der Wirbelstromverlust also doppelt so groß wie in einem homogenen Wechselfelde.

Der Hysteresiskoeffizient σ_{2h} und der Wirbelstromkoeffizient σ_w lassen sich mittels des zur Untersuchung von Eisenproben üblichen Epsteinapparates in folgender Weise bestimmen. Die gesamten

[1]) Wechselstromtechnik Bd. I, Aufl. 2, Seite 403.

Eisenverluste in einem derartigen Transformatorkern ergeben sich nach den Formeln (241) und (248) zu

$$w_e = w_h + w_w = \left[\sigma_{2h} \frac{c}{100} \left(\frac{B_{max}}{1000}\right)^2 + \sigma_w \left(\Delta \frac{c}{100} \frac{B_{max}}{1000}\right)^2\right] \text{Watt/dm}^3.$$

Man magnetisiert die Eisenprobe mittels Wechselstromes bei konstanter Induktion und veränderlicher Periodenzahl c. Die mittels Wattmeters gemessenen Verluste werden durch Division durch das Eisenvolum auf 1 dm^3 umgerechnet. Diese Werte werden dann durch die jeweilige Periodenzahl c dividiert und als Funktion der Periodenzahl bei verschiedenen Induktionen B_{max} aufgetragen; nach der Gleichung für die Verluste müssen die Werte $\frac{w_h + w_w}{c}$ auf einer Geraden liegen. Der Abschnitt dieser Geraden auf der Ordinatenachse ist gleich $\frac{\sigma_{2h}}{100}\left(\frac{B_{max}}{1000}\right)^2$, während die Höhe eines Punktes der Geraden über diesem Schnittpunkt mit der Ordinatenachse den Wert $c\sigma_w \left(\frac{\Delta}{100} \frac{B_{max}}{1000}\right)^2$ ergibt.

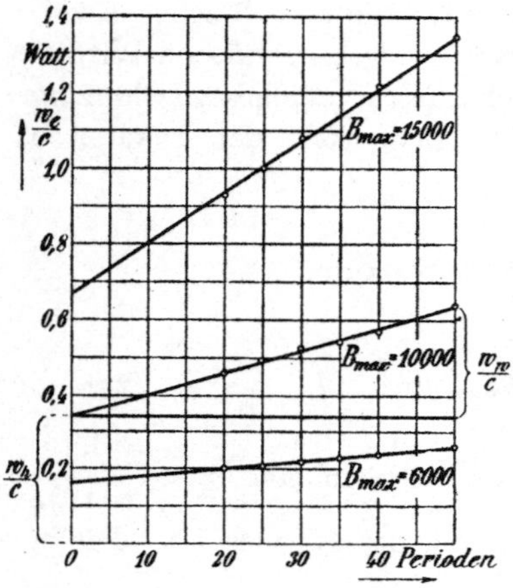

Fig. 493. Trennung der Hysteresis- und Wirbelstromverluste.

Fig. 493 zeigt diese Trennung für verschiedene Induktionen B_1 B_2 B_3 bei einem Transformatorblech. Bei mittleren Induktionen und niederen Periodenzahlen ist die Kurve $\frac{w_h + w_w}{c}$ eine Gerade, während sie bei höheren Induktionen mit zunehmender Periodenzahl von der Geraden abweicht und gewöhnlich unterhalb derselben verläuft. Diese Abweichung ist zum Teil auf Temperaturänderungen und zum Teil auf die Rückwirkung der Wirbelströme auf die Feldverteilung innerhalb jeder Blechscheibe zurückzuführen.

Nach Gumlich und Rose nimmt das Leitvermögen bei den gewöhnlichen Blechsorten mit steigender Temperatur pro Grad um rund 0,45 %$_0$ ab.

In der folgenden Tabelle sind die Verlustkoeffizienten σ_{1h}, σ_{2h} und σ_w für einige Eisensorten sowie die Verlustziffer in Watt pro kg bei $B_{max} = 10\,000$ und 50 Perioden angegeben.

Material	Blechstärke Δ mm	Verlustziffer bei $B = 10000$; $c = 50$ $\frac{\text{Watt}}{\text{kg}}$	$\frac{\text{Watt}}{\text{dm}^3}$	σ_{2h}	$\sigma_w = \frac{\pi^2}{6}\frac{1}{10^5 \varrho}$	$10^4 \varrho$ Ohm $\frac{\text{cm}^2}{\text{cm}}$	σ_{1h}
Gewöhnliches Dynamoblech[1])	0,5	3,35	26,0	0,334	1,49	0,110	0,84
" "	0,5	3,10	24,1	0,342	1,12	0,146	0,86
Gewöhnliches Dynamoblech[1])	0,35	2,85	22,2	0,311	2,16	0,076	0,782
" "	0,35	2,70	21,0	0,296	2,03	0,081	0,745
" "	0,35	2,77	21,5	0,314	1,90	0,086	0,790
" "	0,35	2,70	21,0	0,311	1,78	0,092	0,782
Legiertes Blech[1])	0,5	1,65	12,8	0,218	0,311	0,528	0,549
" "	0,5	1,87	14,5	0,236	0,435	0,377	0,594
Hochlegiertes Blech[1])	0,5	1,50	11,6	0,187	0,373	0,440	0,470
"	0,5	1,43	11,1	0,179	0,373	0,440	0,450
Elektrolyteisen[2])	0,25	1,66	13,1	0,154	3,43	0,0478	0,388

Wirbelstromverlust im Ankerkern. Die Wirbelstromverluste im Ankereisen müssen wie die Hysteresisverluste für Kern und Zähne getrennt berechnet werden. Die Wirbelstromverluste nehmen, wie oben erwähnt, im homogenen Wechselfelde proportional dem Quadrate der Induktion, und im elliptischen Drehfelde proportional dem Quadrate der Induktionskompenenten zu.

Um dem Einfluß der ungleichmäßigen Feldverteilung im Ankereisen und des elliptischen Drehfeldes auf den Wirbelstromverlust Rechnung zu tragen, geht man am besten von der durch die Rüdenbergschen Gleichungen (235) und (236) gegebenen Feldverteilung in einem glatten Anker aus und berechnet nach der Formel (249) den Wirbelstromverlust in jeder Zylinderschale des Ankerkernes.

Durch Integration über den ganzen Ankerkern erhält man dann, wie von Dr.-Ing. R. Rüdenberg und Dr.-Ing. A. Ytterberg[3]) gezeigt, den totalen Wirbelstromverlust im Ankerkern gleich

$$W_{wa} = \sigma_w k_4 \left(\Delta \frac{c}{100} \frac{B_a}{1000}\right)^2 V_a \text{ Watt}, \quad . \; . \; . \quad (250)$$

worin

$$k_4 = \frac{\pi h}{\tau} \frac{1 + \left(1 - \frac{\pi h}{p\tau}\right)^{2p}}{1 - \left(1 - \frac{\pi h}{p\tau}\right)^{2p}} \frac{2}{2 - \frac{\pi h}{p\tau}} . \; . \; . \; . \quad (251)$$

---

[1]) Nach F. Goltze, E. u. M., Wien 1913, Heft 49.

[2]) M. Breslauer, ETZ 1913, S. 671.

[3]) Die Eisenverluste in elektrischen Maschinen, Verl. Robert Noske, Borna-Leipzig, 1914. Arch. f. El. 1915, S. 225.

Diese Formel gilt streng genommen nur für konstante Permeabilität; **Rüdenberg** weist jedoch in seiner oben angeführten Arbeit nach, daß die wirklich auftretende veränderliche Permeabilität nur einen sehr geringen Einfluß auf die Verluste ausübt.

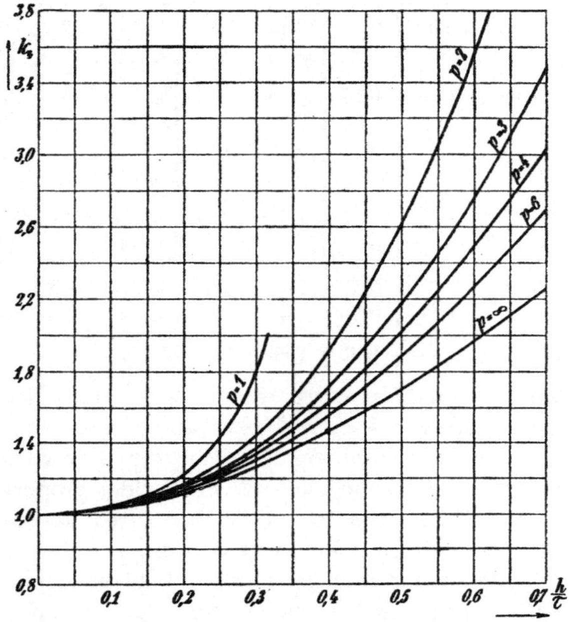

Fig. 494. Der Korrektionsfaktor k_4 für die Berechnung des Wirbelstromverlustes im Ankerkern.

Wie aus Fig. 494 ersichtlich, steigt der Korrektionsfaktor k_4 mit zunehmender Ankertiefe h noch schneller an als f_a. Eine Berechnung mit gleichmäßig verteiltem Feld würde also einen viel zu niedrigen Wirbelstromverlust im Ankerkern ergeben. Es hat deswegen auch keinen Zweck, zur Erzielung kleiner Wirbelstromverluste den Ankerkern sehr tief zu machen.

Die Kurven der Figur zeigen ferner, daß die Maschinen mit kleinen Polzahlen den größten Korrektionsfaktor aufweisen, was darauf zurückzuführen ist, daß das elliptische Feld sich in diesen Maschinen dem homogenen Drehfeld am meisten nähert.

Der Korrektionsfaktor ist für alle praktischen Fälle bedeutend größer als eins. Es ist deswegen leicht zu verstehen, weshalb die Eisenverluste in elektrischen Maschinen früher stets größer ausfielen, als die theoretische Berechnung ergab und weshalb der „Erfahrungskoeffizient", den man einführte um ein einigermaßen richtiges Resultat zu bekommen, von Fall zu Fall die unerklärlichsten Schwankungen aufwies.

Die Feldgleichungen (235) und (236) setzen sowohl einen glatten Anker als eine sinusförmige Feldkurve im Luftspalt voraus. Da aber die Wirbelstromverluste bei niedrigen Periodenzahlen proportional dem Quadrate der Periodenzahl und nicht wie die Hysteresisverluste proportional der Periodenzahl zunehmen, so wird eine Abweichung der Feldknrve von der Sinusform eine Erhöhung der Wirbelstromverluste zur Folge haben. — Zerlegen wir eine Feldkurve mit der Maximalinduktion B_l in ihre Harmonischen B_{l1}, B_{l3}, B_{l5}, B_{l7} und nennt man den Maximalwert der inhaltsgleichen sinusförmigen Feldkurve $B_{l\,sin}$, so wird man an Hand der Kurven für den Korrektionsfaktor k_4 finden, daß der Wirbelstromverlust im Ankerkern angenähert proportional

$$f_4 = \frac{B_{l1}^2 + 3\,B_{l3}^2 + 5\,B_{l5}^2 + \ldots}{B_{l\,sin}^2} \quad . \quad . \quad . \quad . \quad (252)$$

zunimmt, wenn die Feldkurve von der Sinusform abweicht. Die Erhöhung beruht darauf, daß die Felder höherer Polzahl nur sehr wenig in den Ankerkern eindringen, was daraus hervorgeht, daß der Korrektionsfaktor k_4 für die verschiedenen Feldkurven annähernd proportional der Polzahl zunimmt.

Bei einer von der Sinusform abweichenden Feldkurve erhalten wir somit im Ankerkern den Wirbelstromverlust

$$W_{wa} = \sigma_w\, k_4 \left(\Delta \frac{c}{100} \frac{B_a}{1000}\right)^2 f_4\, V_a \text{ Watt} \quad . \quad . \quad (250\text{a})$$

Diese Formel ist unter Annahme eines glatten Ankers abgeleitet. Durch die Verzerrung der Kraftlinien, die die Zähne in der äußeren Schicht des Ankerkernes zur Folge hat, wird dieser Verlust noch erhöht.

Wirbelstromverlust in den Zähnen. Da der Wirbelstromverlust im Wechselfelde, wie für den Hysterisverlust angenommen, proportional dem Quadrate der Induktion zunimmt, so erhalten wir durch die trapezförmige Gestalt der Zähne den gleichen Korrektionsfaktor k_5 für Wirbelstromverlust wie für Hysteresisverlust in den Zähnen.

Der Wirbelstromverlust in den Zähnen ergibt sich somit zu

$$W_{wz} = \sigma_w\, k_5 \left(\Delta \frac{c}{100} \frac{B_{z\,min}}{1000}\right)^2 V_z \text{ Watt} \quad . \quad . \quad . \quad (253)$$

Weicht die Feldkurve von der Sinusform ab, so werden die höheren Feldharmonischen jeden Zahn gleich so viel beeinflussen wie die Grundwelle, was jedoch nur so lange zutrifft, als die Polteilung nicht kleiner ist als eine Nutenteilung. Bei von der Sinusform abweichender Feldkurve ist der Wirbelstromverlust in den Zähnen deswegen proportional

$$f_5 = \frac{B_{l1}^2 + 3^2 B_{l3}^2 + 5^2 B_{l5}^2 + 7 B_{l7}^2}{B_l^2} \quad . \; . \; . \quad (254)$$

zu erhöhen.

Zerlegt man die Feldkurven I bei Leerlauf und III bei Belastung der Figur 168 in ihre Harmonischen, so findet man für diese normalen Feldkurven einer Gleichstrommaschine folgende Verhältnisse:

	B_l	B_{l1}	B_{l3}	B_{l5}	B_{l7}	$B_{l\,sin}$	f_4	f_5
Kurve I, Leerlauf	93,3	103,2	2,8	13,4	6,8	100	1,19	2,02
Kurve III, Belastung	111,2	105	8,2	14,1	8,2	100	1,27	1,60

Wie hieraus ersichtlich, wird der Wirbelstromverlust im Ankerkern bei Leerlauf und Belastung sehr wenig erhöht, wenn die Feldkurve von der Sinusform abweicht. Dagegen wird der Wirbelstromverlust in den Zähnen bei Leerlauf durch eine abweichende Feldform sehr beträchtlich erhöht. Der Wirbelstromverlust in den Zähnen ist bei Belastung natürlich noch größer, weicht aber nicht so viel von dem nach Formel (253) berechneten Wert ab, weil die Feldkurve bei Belastung viel spitzer ist und dadurch eine bedeutend höhere Maximalinduktion bei derselben mittleren Feldstärke besitzt.

Feldverdrängung innerhalb der Bleche. Bei Berechnung der Feldverteilung in Ankern hat R. Rüdenberg den rückwirkenden Einfluß der Wirbelströme in den einzelnen Blechscheiben auf das Feld innerhalb jedes Bleches vernachlässigt. Bei den meistens verwendeten Blechstärken von nur 0,3 bis 0,5 mm und bei den in Gleichstromankern auftretenden Periodenzahlen von höchstens etwa 60 Perioden pro Sekunde ist diese Rückwirkung auch vollkommen zu vernachlässigen. In den Polschuhen treten dagegen weit höhere Periodenzahlen, oft 1000 bis 2000 Perioden, auf, die eine Berücksichtigung der Rückwirkung der Wirbelströme bei Gleichstrommaschinen notwendig erscheinen lassen.

Der Einfluß dieser Rückwirkung ist von Dr.-Ing. Ludwig Dreyfus[1]), neuerdings unter Zugrundelegung der klassischen Arbeit von J. J. Thomson[2]) in sehr anschaulicher Weise behandelt worden.

Beschicken wir die Wicklung eines Transformators mit Gleichstrom, so bildet sich ein praktisch gleichmäßig über einen beliebigen

---

[1]) Archiv f. Elektrotechnik, Berlin 1915, Bd. IV, H. 4, S. 99.

[2]) The Electrician, London 1892, Bd. XXVIII, S. 599.

Querschnitt durch das Blechpaket verteilter Kraftfluß aus. Wenn wir nun diesen Kraftfluß sinusförmig mit der Zeit wechseln lassen. so werden in jedem Bleche Spannungen induziert, die Ströme in dem Blech hervorrufen. Fig. 495 zeigt einen Schnitt durch ein Blech von der Länge l cm und der Dicke Δ' cm. Diese Ströme verlaufen, wie in der Figur gezeigt, in Bahnen oder Stromfäden, die den Kraftfluß ganz oder teilweise umschlingen. Diese Stromfäden wirken, genau wie die Sekundärwicklung eines Transformators [1]), schwächend auf das Feld ein. Diese Einwirkung ist in der Mitte des Bleches, wo eine Kraftlinie von allen Stromfäden umschlungen wird, am größten und nimmt gegen die äußeren Randschichten ab. In der alleräußersten Randschicht selbst ist diese Rückwirkung Null, weil die Kraftlinien hier von den Stromfäden nicht umschlungen werden.

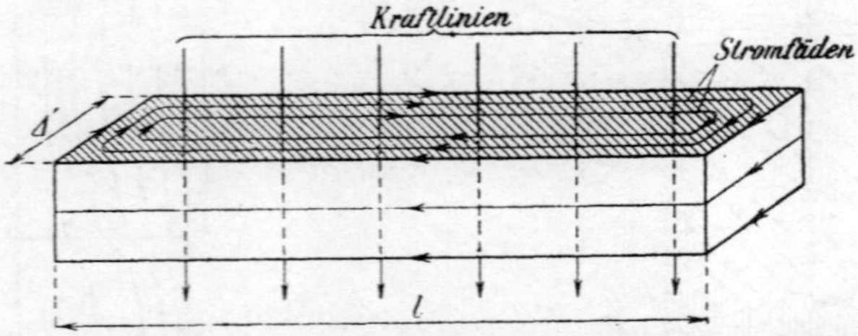

Fig. 495. Verlauf der Wirbelstromfäden in einem Transformatorblech.

Weil die Dicke Δ' gegenüber der Länge l des Bleches vernachlässigbar klein ist, können wir dieselbe Induktionsverteilung in allen Schnitten quer zur Längsrichtung des Bleches als gleich betrachten. In Fig. 496 ist die Verteilung der Induktion in einem solchen Schnitt eines Transformatorbleches schematisch dargestellt.

Die von den Wirbelströmen verursachten Feldverzerrungen innerhalb der einzelnen Blechscheiben hat, wie von L. Dreyfus gezeigt, eine Verkleinerung der Wirbelstromverluste in den Blechen zur Folge. L. Dreyfus hat sich aber nicht damit begnügt, die Feldverzerrung in Transformatorkernen, die ohne Luftspalt ausgeführt sind, zu berechnen, sondern auch die Feldverzerrung an den Blechkanten bestimmt, wo die Kraftlinien von den Blechen in einen Luftspalt heraustreten, und gerade diese Erscheinung hat große Bedeutung für die Berechnung der Wirbelstromverluste in lamellierten Polschuhen. Als typisches Beispiel dieser Feldverzerrung an den Blechkanten zeigt Fig. 497 den Kraftlinienverlauf in einem Einzelblech eines Transformators mit Luftspalt.

[1]) Vergl. Wechselstromtechnik Bd. I, S. 403.

Dreyfus weist ferner nach, daß die Rückwirkung der Wirbelströme auf die Induktionsverteilung in Ankerblechen genau denselben Einfluß hat wie in Transformatorblechen. Fig. 498 zeigt den Verlauf der Wirbelströmfäden in einem Ankerkern, wie ihn Dreyfus konstruiert hat. Die Stromfäden verlaufen an der vorderen Blechhälfte ähnlich, aber nicht gleich den Induktionslinien. An der Blechkante am Nutengrunde biegen sie ab und durchlaufen in der hinteren Blechhälfte dieselben Bahnen in entgegengesetzter Richtung.

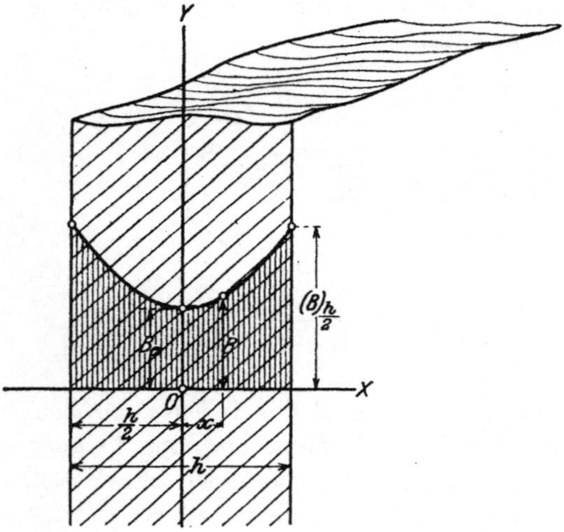

Fig. 496. Verteilung der Induktion in einem Transformatorblech unter dem rückwirkenden Einfluß der Wirbelströme.

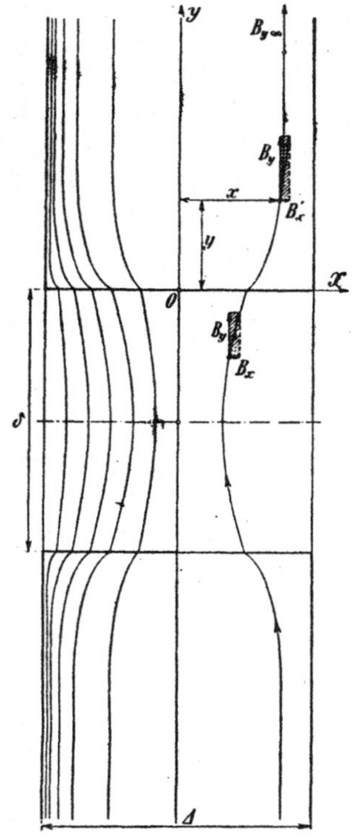

Fig. 497. Verteilung der Induktion in einem von einem Luftspalt unterbrochenen Transformatorblech unter dem rückwirkenden Einfluß der Wirbelströme.

Die Rückwirkung der Wirbelstromfäden auf den Kraftfluß ist natürlich abhängig von dem Ohmschen und induktiven Widerstand der einzelnen Stromfäden. Wir können diese Abhängigkeit dadurch zum Ausdruck bringen, daß wir die Bezeichnung

$$\xi = \lambda \frac{\Delta}{10} \text{ [1]}, \quad \ldots \ldots \ldots \quad (255)$$

[1] Es ist interessant sich zu merken, daß $\xi = 2\sqrt{\frac{\omega L}{r}}$ ist, worin ωL den induktiven und r den Ohmschen Widerstand eines mittleren Stromfadens bedeutet.

worin
$$\lambda = \frac{2\pi}{10^4}\sqrt{\frac{c\mu}{10\varrho}} \quad \ldots\ldots\ldots \quad (256)$$
ist, einführen. Hierin bedeutet Δ die Blechstärke in mm, c die Periodenzahl pro Sekunde, $\mu = \frac{B}{H}$ die mittlere magnetische Leitfähigkeit des Eisens und ϱ den spezifischen Widerstand in Ohm $\frac{\text{cm}^2}{\text{cm}}$.

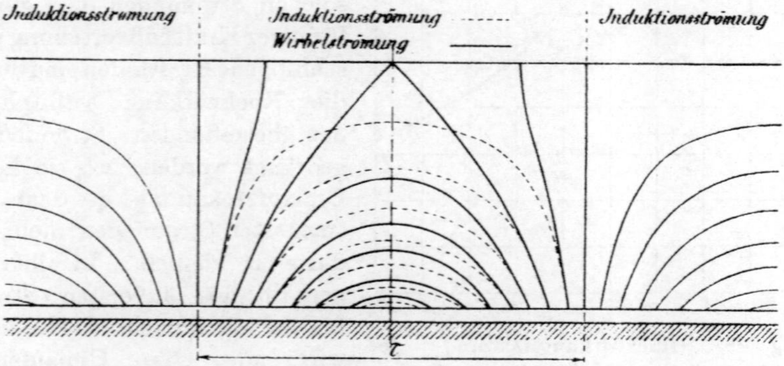

Fig. 498. Induktions- und Wirbelströmung in einem Anker mit $p = \infty$.

Es ergibt sich dann der spezifische Wirbelstromverlust für ein Wechselfeld nach Dreyfus zu
$$w_w = \sigma_w \left(\Delta \frac{c}{100} \frac{B_{max}}{1000}\right)^2 f_\varrho \quad \text{Watt/dm}^3, \ . \ . \ (248\text{a})$$
worin
$$f_\varrho = \frac{3}{\xi} \frac{\operatorname{Sin}\xi - \sin\xi}{\operatorname{Cos}\xi - \cos\xi} \quad \ldots\ldots \quad (257)$$

Diese Formel unterscheidet sich von der gewöhnlichen, ohne Berücksichtigung der Rückwirkung, nur durch den hinzugefügten Korrektionsfaktor f_ϱ. Dieser Rückwirkungsfaktor ist in der Fig. 499 als Funktion von $\xi = \frac{\lambda\Delta}{10}$ aufgetragen. Wie aus der Figur ersichtlich, ist f_ϱ praktisch gleich eins für $\xi < 1{,}5$. Für höhere Werte von ξ wird f_ϱ jedoch erheblich kleiner als eins.

Abgesehen von den Aussagen der Formeln ist es leicht einzusehen, daß die Rückwirkung der Wirbelströme eine Verkleinerung der Wirbelstromverluste zur Folge haben muß. Die Wirbelströme bewirken eine Schwächung des Feldes im Inneren des Bleches, weil die Kraftlinien dort von den meisten Stromfäden umschlungen sind. Soll nun die mittlere Induktion stets so groß sein, daß von dem

Gesamtkraftfluß dieselbe Spannung in einer um das Blech geschlungenen Wicklung induziert werden soll, so muß auch die Stromdichte im äußersten Stromfaden dieselbe bleiben. Die Stromdichte in allen anderen Stromfäden muß dagegen abnehmen, wenn der Kraftfluß nach außen gedrängt wird, denn einige von einem solchen Stromfaden bei gleichförmiger Kraftflußverteilung umschlungene Kraftlinien sind durch die Rückwirkung außerhalb des betreffenden Stromfadens gedrängt worden, wo sie keine Umlaufsspannung in dem betrachteten Stromfaden mehr induzieren können. In allen innerhalb des äußersten Stromfadens gelegenen Stromfäden wird also die Umlaufspannung und damit auch der Gesamtverlust kleiner. Für $\Delta = 0{,}5$ mm, $c = 75$, $\mu = 3000$ und $\varrho = 10^{-5}\,\Omega\,\frac{\text{cm}^2}{\text{cm}}$ bekommen wir $\xi = 1{,}5$ und somit $f_\varrho = 0{,}99 \cong 1$.

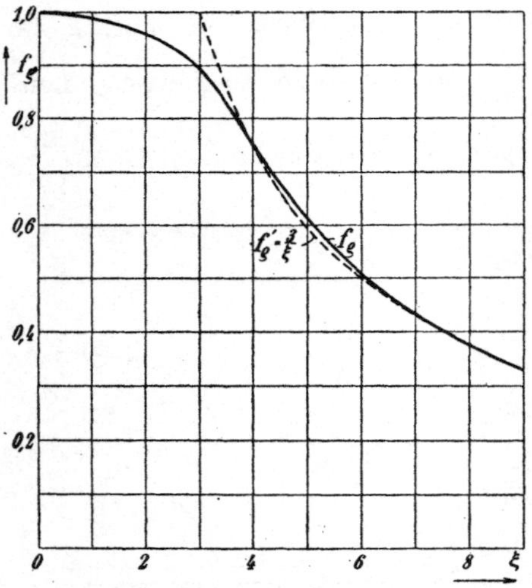

Fig. 499. Rückwirkungsfaktor f_ϱ, der die Verkleinerung der Wirbelstromverluste durch die Rückwirkung der Wirbelströme angibt.

Für die in gewöhnlichen Gleichstrommaschinen herrschenden Verhältnisse können wir demnach stets $f_\varrho = 1$ setzen.

Durch die ungleichmäßige Feldverteilung in den Blechen erfahren die Hysteresisverluste eine Erhöhung, und zwar im Verhältnis

$$f_h = \frac{\xi}{2}\,\frac{\operatorname{Sin}\xi + \sin\xi}{\operatorname{Cos}\xi - \cos\xi} \quad \ldots\ldots \quad (258)$$

Der spezifische Hysteresisverlust in einem homogenen Wechselfelde unter Berücksichtigung der Rückwirkung der Wirbelströme wird also

$$w_h = \sigma_{2h}\left(\frac{c}{100}\right)\left(\frac{B_{max}}{1000}\right)^2 f_h \ \text{Watt/dm}^3 \quad \ldots \quad (259)$$

In Fig. 500 ist f_h als Funktion von ξ aufgetragen. Aus dieser Kurve ist zu ersehen, daß für $\xi < 1{,}5$ auch $f_h = 1$ gesetzt werden kann. Für größere Werte von ξ nimmt jedoch f_h rasch zu im Gegensatz zu f_ϱ, der statt dessen bei größeren Werten von ξ abnahm.

Wirbelstromverluste in den Polschuhen. Bei einem Nutenanker ist der Kraftfluß entlang des Polschuhes, wie im Abschnitt 132 gezeigt, nicht gleichförmig verteilt, sondern es folgen entsprechend den Zähnen und den Nuten Maximal- und Minimalwerte aufeinander. Ist B_l die mittlere Induktion, so beträgt die maximale Induktion $k_1 B_l$ im Luftspalt, und für einen bestimmten Moment kann die Kraftflußverteilung durch die wellenförmige Kurve Fig. 501 dargestellt werden. Es lagert sich über den Mittelwert der Induktion B_l eine wellenförmige Kurve, deren Amplitude

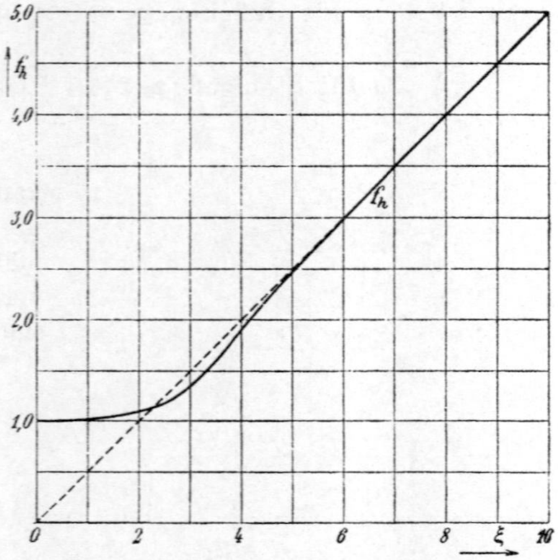

Fig. 500. Rückwirkungsfaktor f_h, der die Vergrößerung der Hysteresisverluste durch die Rückwirkung der Wirbelströme angibt.

$$B_n = (k_1 - 1) B_l \quad \text{ist.}$$

Dreht sich nun der Anker, so verschieben sich die Maxima und Minima dieser Kurven gegenüber den Polschuhen, wodurch Eisenverluste in den Polschuhen hervorgerufen werden.

Für massive Polschuhe wird der Wirbelstromverlust in einem Polschuh nach Rüdenberg[1])

$$W_{wp} = \frac{1}{80\pi} \left(\frac{B_n}{1000}\right)^2 \left(\frac{v}{10}\right)^{1,5} \sqrt{\frac{t_1}{\varrho \mu}}\, b l \text{ Watt}. \tag{260}$$

Hierin bedeutet v die Umfangsgeschwindigkeit des Ankers in Metern pro Sekunde, t_1 die Nutenteilung in cm, b den Polbogen in cm, l die Pollänge in cm, ϱ den spezifischen Widerstand in Ohm $\frac{\text{cm}^2}{\text{cm}}$ und μ die mittlere magnetische Leitfähigkeit des Eisens.

Da die Amplitude B_n die Zahnschwingungen gegenüber dem Mittelwert der Luftinduktion B_l nicht sehr groß ausfällt, so ist nach Dreyfus die Eisenpermeabilität μ als das Verhältnis von der Änderung der Induktion zur Änderung der Feldstärke zu definieren, d. h. es ist, s. Fig. 502,

[1]) ETZ 1905, S. 182, und Wechselstromtechnik Bd. I, S. 426.

$$\mu = \frac{\Delta B}{\Delta H} = \frac{1}{0{,}4\,\pi}\,\frac{\Delta B}{\Delta\, a w} \,. \quad . \quad . \quad . \quad . \quad . \qquad (261)$$

Es ist ϱ für Gußeisen $\cong 10^{-4}$ Ohm $\frac{\text{cm}^2}{\text{cm}}$,

ϱ für Stahlguß $\cong 2 \cdot 10^{-5}$ Ohm $\frac{\text{cm}^2}{\text{cm}}$.

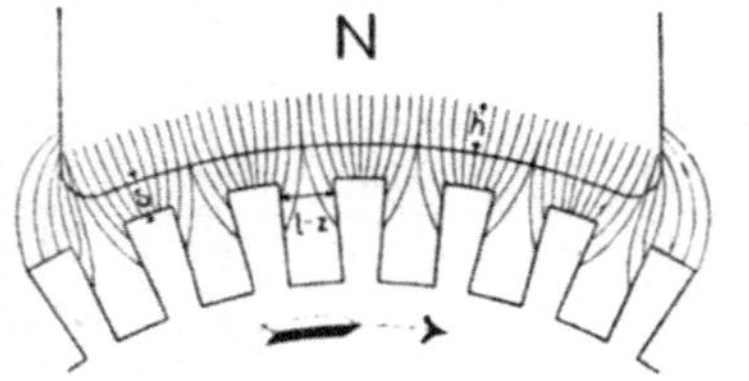

Der Hysteresisverlust kann in diesem Falle gegenüber dem hier verhältnismäßig großen Wirbelstromverlust gänzlich vernachlässigt werden.

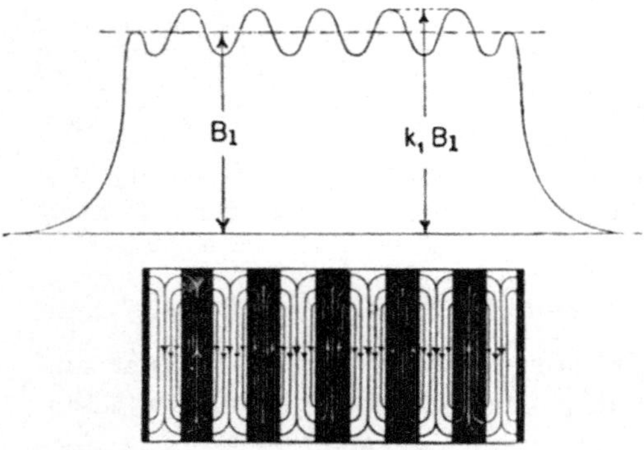

Fig. 501. Kraftflußverteilung im Luftspalt.

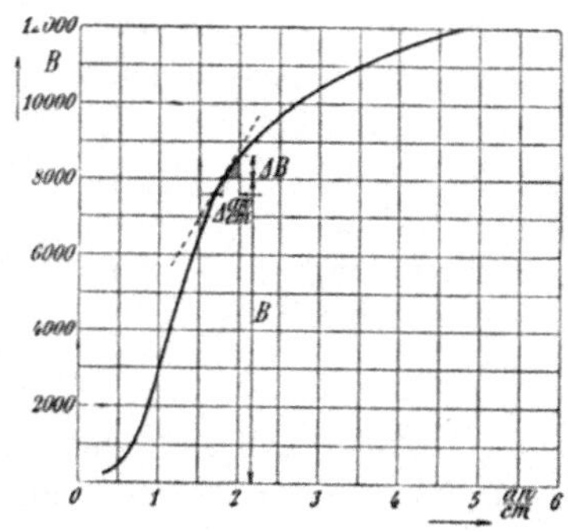

Fig. 502. Magnetisierungskurve eines Polbleches.

Sind die Polschuhe zur Verkleinerung der Polschuhverluste lamelliert, so können wir den Wirbelstromverlust nach der Formel

$$W_{wp} = \sigma_w \left(\Delta \frac{c_n}{100} \frac{B_p}{1000} \right)^2 k_4 f_\varrho V_p \text{ Watt} \;. \;\; . \;\; . \qquad (262)$$

berechnen, worin der Korrektionsfaktor k_4 für $p = \infty$ einzusetzen ist; es ist für diesen Fall

$$k_4 = \frac{\dfrac{\pi h}{\tau}}{\operatorname{Tg} \dfrac{\pi h}{\tau}}, \quad . \;\; . \;\; . \;\; . \;\; . \;\; . \;\; . \;\; . \;\; . \qquad (263)$$

und indem wir die Tiefe der Lamellierung h gleich $\frac{t_1}{2} = \tau$ setzen, wird

$$k_4 = \frac{\pi}{\operatorname{Tg} \pi} = \pi \,.$$

Die Periodenzahl des Nutenfeldes ist

$$c_n = \frac{Z n}{60} = \frac{100\, v}{t_1},$$

wenn v die Umfangsgeschwindigkeit des Ankers in Metern pro Sekunde bedeutet.

Die mittlere Induktion in der Polschuhlamellierung, herrührend von dem Nutenfeld B_n, ist

$$B_p = \frac{B_n}{\pi} \frac{1}{k_2}.$$

Das Volum des lamellierten Polschuhes ist $V_p = \frac{b\, l\, t_1}{2000}$ dm³, wenn der Polbogen b, die Pollänge l und die Nutenteilung t_1 in cm angegeben sind.

Diese Werte in die Formel für W_{wp} eingesetzt, ergeben nun für einen Polschuh

$$W_{wp} = \frac{\pi^2}{6 \varrho\, 10^5} \left(\varDelta\, v \frac{B_n}{1000} \right)^2 \frac{\pi}{\pi^2 t_1{}^2} f_\varrho \frac{b\, l\, t_1}{2000} \text{ Watt}$$

oder

$$\boldsymbol{W_{wp} = \frac{\pi}{120\, t_1} \left(\varDelta \frac{v}{10} \frac{B_n}{1000} \right)^2 f_\varrho\, b\, l} \textbf{ Watt} \quad . \quad . \quad . \quad . \quad (264)$$

Der Rückwirkungsfaktor f_ϱ ist aus der Fig. 499 zu entnehmen, wobei ξ aus der Gl. 255 unter Benutzung des aus der Gl. 261 zu berechnenden Wertes von μ zu ermitteln ist. Der spezifische Widerstand ϱ ist in Ohm $\frac{\text{cm}^2}{\text{cm}}$ einzusetzen.

Außer dem Wirbelstromverlust tritt noch ein Hysteresisverlust in den lamellierten Polschuhen auf, weil sich die Intensität des Magnetismus in der Schicht h (Fig. 501) periodisch ändert. Dieser Verlust ergibt sich in ähnlicher Weise wie der Wirbelstromverlust zu

$$W'_{hp} = \sigma_{2h} \left(\frac{c_n}{100} \right) \left(\frac{B_p}{1000} \right)^2 f_a\, f_h\, V_p \text{ Watt}$$

$$= \frac{\sigma_{2h}}{124\, \pi^2} \left(\frac{v}{10} \right) \left(\frac{B_n}{1000} \right)^2 f_h b\, l \text{ Watt}, \quad . \quad . \quad . \quad (265)$$

wenn der Wert für $f_a = 1{,}61$ bei $h = \tau$ eingesetzt wird.

Der Faktor f_h ist aus der Fig. 503 unter Benutzung des für den Wirbelstromverlust geltenden Wertes von ξ zu entnehmen.

Die Induktion im Poleisen ändert sich jedoch nicht von einem positiven zu einem gleich großen negativen Wert, wie die obige Formel voraussetzt, sondern sie wechselt mit der Amplitude B_n um einen Mittelwert B_l. Dr.-Ing. F. Holm [1]) hat die bei derartiger Ummagnetisierung auftretenden Hysteresisverluste untersucht und gefunden, daß sie größer sind als die bei symmetrischer Ummagnetisierung auftretenden. Aus seinen Versuchen entnehmen wir, daß für die in Polschuhen auftretenden Induktionen B_n = ca. 1000 und $B_l \simeq$ 5000 bis 11000 die wirklich auftretenden Hysteresisverluste 1,24 bis 2,14, d. h. im Mittel ca. 1,7 mal so groß sind wie die nur unter Berücksichtigung der Induktion B_n berechneten. Zu dem gleichen Resultat kommt J. D. Ball [2]), der die Untersuchungen auch auf legierte Bleche ausgedehnt hat. Der zusätzliche durch die Induktion B_n hervorgerufene Hysteresisverlust in einem Polschuh kann also angenähert wie folgt geschrieben werden:

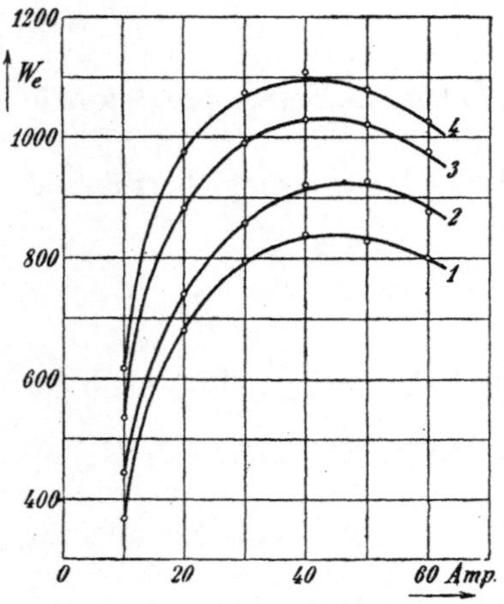

Fig. 503. Eisenverluste eines Ankers in verschiedenen Stadien der Fabrikation.

$$W_{hp} = \frac{\sigma_{2h}}{720}\left(\frac{v}{10}\right)\left(\frac{B_n}{1000}\right)^2 f_h b\, l \text{ Watt} \quad . \quad . (265\text{a})$$

135. Zusätzliche Wirbelstromverluste.

Außer den oben beschriebenen Eisenverlusten, die vom Hauptfeld im Leerlauf normalerweise hervorgerufen werden, treten unter gewissen Umständen auch sogenannte zusätzliche Eisenverluste auf, die wir jetzt behandeln wollen.

a) Verlust durch die Bearbeitung des Ankerkörpers. Wird beim fertigen Anker die Oberfläche abgedreht oder werden die Nuten zwecks Erzielung einer glatten Nutenfläche durch Ausdornen oder Feilen bearbeitet, so wird die Isolation zwischen den Blechen teilweise zerstört, und es entstehen leitende Überbrückungen zwischen den Blechen. An Hand der Fig. 498 ist leicht zu ersehen, daß dies eine Erhöhung der Wirbelstromverluste zur Folge haben muß. Wenn nämlich zwei nebeneinanderliegende Bleche, wenn auch nur am äußeren Umfange, überall miteinander leitend verbunden werden würden, so würde für die früher an der vorderen Blechhälfte ver-

[1]) Untersuchungen über magnetische Hysteresis, Dissertation T. H., Berlin 1912.

[2]) Proc. Am. Inst. El. Eng. Bd. 34, S. 2275, ETZ 1917, S. 608.

laufenden Stromfäden nunmehr der ganze Blechquerschnitt zur Verfügung stehen. Am Umfange würden die Stromfäden an das andere Blech übergehen und durch dieses Blech, den ganzen Querschnitt benutzend, zurücklaufen. Diese gänzliche Zerstörung der Isolation zwischen den Blechen, obwohl sie auf die äußerste Randschicht beschränkt ist, hat also auf den Verlauf der Wirbelströme und auf den Wirbelstromverlust denselben Einfluß wie die Verdoppelung der Blechstärke, und der Wirbelstromverlust würde hierdurch den vierfachen Wert erreichen.

In Wirklichkeit wird nun nicht eine vollständige, sondern nur eine teilweise Überbrückung durch die Bearbeitung hervorgerufen. Die Erhöhung des Wirbelstromverlustes durch die Bearbeitung kann jedoch bei Verwendung von stumpfen Werkzeugen erheblich werden.

Nach einer Mitteilung von Parshall und Hobart[1]) hat die Herstellung der Nuten durch Fräsen in gewissen Fällen den Eisenverlust auf das Dreifache des ursprünglichen erhöht. Sogar leichtes Feilen erhöht den Verlust beträchtlich. Versuche mit dem Anker eines Straßenbahnmotors in verschiedenen Stadien der Fabrikation ergaben die in Fig. 503 dargestellten Resultate. Die Erregerstromstärken des Feldes sind als Abzissen, die Eisenverluste in Watt als Ordinaten aufgetragen. Die Umdrehungszahl war bei derselben Erregerstromstärke in allen vier Fällen dieselbe, bei verschiedenen Erregerstromstärken jedoch verschieden.

Kurve 1 wurde erhalten nach dem Stanzen.
„ 2 „ „ nachdem die Nuten mittels Durchziehen eines Werkzeuges gerichtet worden waren.
„ 3 „ „ nachdem die Nuten leicht gefeilt worden waren.
„ 4 „ „ nach dem Bewickeln des Ankers.

Die Differenz der Kurven 3 und 4 stellt die Wirbelstromverluste im Ankerkupfer dar, die weiter unten besprochen werden sollen.

Zur Vermeidung bzw. Unterdrückung dieser zusätzlichen Wirbelstromverluste sollen die Nuten deshalb stets durch Stanzen hergestellt werden. Die dabei verwendeten Schnittwerkzeuge sollen scharf sein, damit Grate an den Kanten nach Möglichkeit vermieden werden. Ein Abdrehen des Ankers oder ein Befeilen bzw. ein Ausrichten der Nuten soll nicht vorgenommen werden. Erweist eine derartige Bearbeitung sich trotzdem als notwendig, so sollen nur geeignete Werkzeuge dazu verwendet werden. Nach erfolgtem Abdrehen empfiehlt es sich, zur Wegnahme der entstandenen Über-

---

[1]) Engineering 1898, Vol. LXVI, S. 6.

brückungen die Oberfläche abzuschmirgeln. Durch Einlegen von dickeren Papierscheiben zwischen die Bleche in etwa 2 bis 3 cm Entfernung voneinander können die schädlichen Folgen einer Bearbeitung ebenfalls teilweise unterdrückt werden.

Kurz, es ist bei der Fabrikation das größte Gewicht darauf zu legen, daß eine gute Isolation zwischen den Blechen, namentlich am äußeren Umfange derselben, stets erhalten bleibt.

b) Verluste durch Wirbelströme in der Ankerwicklung. Wir wollen die hier zu beschreibenden Wirbelstromverluste im Ankerkupfer zu den Eisenverlusten rechnen, obwohl sie nicht im Eisen, sondern im Kupfer entstehen. Sie treten nämlich schon im Leerlauf auf und werden dort zusammen mit den Eisenverlusten, welche infolgedessen höher als die berechneten erscheinen, gemessen.

Liegen die Ankerstäbe in Nuten, so werden in ihnen vom Hauptfeld auch EMKe induziert. Diese rühren meistens von den Kraftlinien her, die zwischen den Polflächen und den Zahnseiten verlaufen; diese Kraftlinien treten hauptsächlich bei großen, weit geöffneten Nuten und kleinen Luftspalten auf, wie in Fig. 504a gezeigt.

Fig. 504a

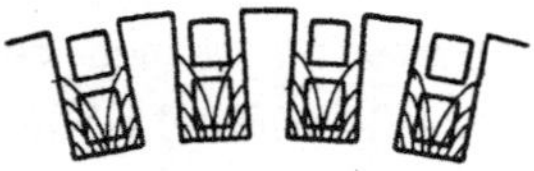

Fig. 504b.

Kraftflüsse im Nutenraum.

Die Feldstärke des Nutenfeldes kann zweckmäßig in eine radiale und eine tangentiale Komponente zerlegt werden; hauptsächlich die tangentiale Komponente induziert in den oberen Ankerleitern schädliche Wirbelströme. Stark gesättigte Zähne erhöhen auch die Feldstärke in den Nuten. Sind die Nuten sehr tief und die Zähne nur an der Wurzel stark gesättigt, so treten auch Kraftlinien zwischen den Zahnseiten und dem Nutenboden auf, wie Fig. 504b zeigt. Sie induzieren Wirbelströme in den unteren Ankerleitern, und zwar ist hier sowohl die radiale als die tangentiale Komponente für die Größe der Wirbelstromverluste maßgebend.

Die Wirbelstromverluste lassen sich auch in diesem Falle nach ähnlichen Formeln wie für Leiter am glatten Anker bestimmen. Rechnerisch ist dies jedoch schwierig, weil die Berechnung der Nutenfelder sehr viel Zeit in Anspruch nimmt und nur angenähert sein kann.

Dr.-Ing. Ottenstein[1]) hat durch eine große Reihe sorgfältig durchgeführter Versuche die Größenordnung dieser Verluste bestimmt und gefunden, daß man mit den maximalen Zahninduktionen bis zu 24—25 000 gehen kann, bevor große Verluste, herrührend von den Kraftlinien zwischen Nutenseiten und Nutenboden, auftreten. In der Fig. 505 sind die Verluste für 1 cm³ als Funktion der ideellen maximalen Zahninduktion B_{id} (d. h. der Zahninduktion, die man berechnet, wenn man annimmt, daß alle Kraftlinien durch die Zähne gehen, was ja bei hochgesättigten Zähnen nicht der Fall ist) für verschiedene Anordnung der Leiter in den Nuten aufgetragen. Aus dieser Figur geht deutlich hervor, daß die Kraftlinien zwischen den Polflächen und den Nutenflächen zu sehr großen Verlusten Anlaß geben können.

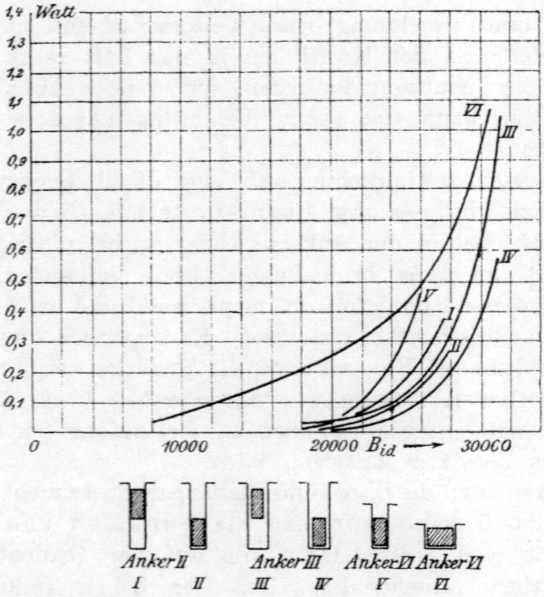

Fig. 505. Wirbelstromverlust in 1 cm³ Ankerkupfer als Funktion der ideellen Zahninduktion.

Der höchste in den Kurven vorkommende Verlust von 1,0 Watt für 1 cm³ entspricht einer effektiven Stromdichte s_w, der sich aus

$$s_w^2 \varrho = 1{,}0$$

[1]) Das Nutenfeld in Zahnarmaturen und die Wirbelstromverluste in massiven Armatur-Kupferleitern. Sammlung elektrotechnischer Vorträge. F. Enke, Stuttgart 1903

ergibt. Wird $\varrho = 0{,}020$ für warmes Kupfer gesetzt, so entspricht der Verlust von einem Watt pro cm^3 einer effektiven Stromdichte $s_w = \sqrt{50}$ Amp./mm^2, ein Wert, der die in Ankerstäben übliche mittlere Stromdichte weit übersteigt. — Es ist deswegen ratsam, wenn Kupferstäbe als Ankerleiter in offenen Nuten liegen, wie sie in größeren Gleichstrommaschinen angewendet werden, daß die Ankerleiter nicht zu nahe an die Ankeroberfläche herankommen, daß der Luftspalt im Verhältnis zur Nutenweite nicht zu klein (d. h. nicht unter $^1/_3$) ist und daß die maximale Zahnsättigung nicht zu hoch (d. h. nicht über 25 000 bei Belastung) gewählt wird.

Es ist besonders zu beachten, daß die maximale Induktion bei Belastung durch die Ankerrückwirkung erhöht wird, weshalb diese Verluste, auch wenn sie im Leerlauf klein sind, bei Belastung sehr groß werden können.

Eine Vorausberechnung dieser Verluste scheint infolge des verwickelten Verlaufes der Kraftlinien in der Luft recht aussichtslos. Hier muß die Erfahrung einsetzen, um weitere Anhaltspunkte zu schaffen. Man kann sich solche Erfahrungszahlen sehr leicht wie folgt verschaffen.

Bei konstanter Umdrehungszahl sind die Reibungsverluste konstant, während die gesamten Eisenverluste mit B^2 wachsen. Dieser Wirbelstromverlust in der Ankerwicklung ist bei niedrigeren Induktionen überhaupt nicht in meßbarer Größe vorhanden, fängt aber bei einer gewissen Induktion an zu wachsen, und zwar viel rascher als mit dem Quadrat der Induktion. Es zeigt sich dies sehr oft in der Praxis, denn die Eisenverluste, als Funktion der Induktion aufgetragen, verlaufen anfangs wie eine Parabel; über einer gewissen Induktion heraus fangen sie aber an viel rascher zu wachsen, als nach diesem Gesetz zu erwarten wäre.

Tragen wir nun die Eisen- und Reibungsverluste nicht als Funktion der Induktion B selbst, sondern als Funktion von B^2 auf, so erhalten wir eine gerade Linie, die auf der Ordinatenachse die Reibungsverluste abschneidet. Bei sehr hohen Induktionswerten finden wir, daß die Verluste höher als diese (verlängerte) gerade Linie liegen. Die Beträge, um welche die Verluste hier höher als die gerade Linie liegen, stellen dann den Wirbelstromverlust in der Ankerwicklung dar und kann somit bequem ermittelt werden.

c) Verlust durch innere Ankerströme. Wie im vierten Kapitel gezeigt ist, können innere Ankerströme in einer geschlossenen Gleichstromwicklung dadurch entstehen, daß die EMKe in den parallelgeschalteten Ankerstromzweigen verschieden groß sind.

Die Ursache der Verschiedenheit der EMKe in den Ankerstromzweigen kann herrühren

1. von Unsymmetrien der Wicklung,
2. von exzentrischer Lagerung des Ankers im Felde,
3. von ungleich gestalteten Polen und anderen Unsymmetrien des Feldes.

Die Ausgleichströme sind so gerichtet, daß sie die Unsymmetrien zu vermindern suchen. Sie schließen sich über die Bürsten, und wenn die Wicklung mit Äquipotentialverbindungen versehen ist, über diese, und können unter Umständen zu großer Erwärmung Veranlassung geben. Diese Verluste treten schon bei Leerlauf auf und werden mit den Leerlaufverlusten gemessen.

d) Verluste durch nicht isolierte Ankerbolzen. In den Bolzen, welche das Eisen des Ankers durchqueren, wird eine EMK von der Periodenzahl $\frac{pn}{60}$ induziert. Sind die Bolzen nicht isoliert, so entsteht ein Wechselstrom, der sich durch die Bolzen und die Endplatten (Fig. 506) schließt. Dieser Strom ist so groß, daß er das Ankerfeld, welches innerhalb der Bolzen gehen würde, nach außen drängt. Da hierzu kein sehr großer Strom notwendig ist, so werden in den unisolierten Bolzen selbst nur kleine Verluste entstehen. Die Eisenverluste im Ankerkern werden aber durch das Verdrängen des Feldes von dem Teil des Ankereisens, das innerhalb der Bolzen liegt, erhöht. In modernen Maschinen ordnet man deswegen die Bolzen entweder nahe am inneren Blechrande oder noch besser innerhalb des Ankerkernes an.

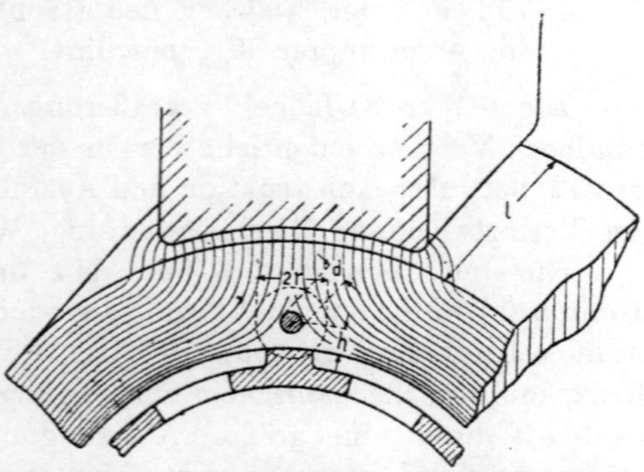

Fig. 506. Verdrängung des Kraftflusses im Ankerkern durch Ströme in nicht isolierten Ankerbolzen.

136. Berechnung der gesamten Eisenverluste.

Um die sogenannten Eisenverluste, zu denen wir alle in den vorhergehenden Abschnitten 133, 134 und 135 angeführten Verluste zählen, obwohl auch Verluste, die im Ankerkupfer auftreten, darin enthalten sind, berechnen zu können, ist man auf die Erfahrung angewiesen. Wird eine Gleichstrommaschine bei stromlosem Anker etwa von einem geeichten Motor angetrieben, so erhält man bei unerregtem

Feld die Verluste durch Lager und Luftreibung, und bei erregter Maschine treten zu diesen Verlusten noch die Verluste der Abschnitte 133, 134 und 135 hinzu. Wir schreiben daher, wenn wir die Verluste durch innere Ankerströme als klein voraussetzen dürfen, Eisenverluste = Leerlaufverluste — Reibungsverluste oder

$$W_{ei} = W_0 - W_\varrho.$$

Den Eisenverlust zerlegt man gewöhnlich in drei Teile, und zwar:

1. in einen Teil, der proportional der Periodenzahl und dem Quadrate der Induktion ist, und bezeichnet ihn als Hysteresisverlust W_h,
2. in einen Teil, der proportional dem Quadrat der Periodenzahl und der Induktion ist, und bezeichnet ihn als Wirbelstromverlust W_w,

und

3. in einen Teil, der proportional dem Quadrate der Periodenzahl ist und mit höheren Potenzen als der zweite der Induktion ansteigt, welcher hauptsächlich von den Wirbelströmen im Ankerkupfer W_{wk} herrührt.

Die 1,7- bis 2,0fache Vergrößerung der für die Blechprobe gefundenen Verluste entspricht der in der fertigen Maschine erfahrungsgemäß bei guter Konstruktion und Ausführung auftretender Erhöhung der Verluste infolge Blechbearbeitung, Wirbelströme usw.

Hie und da kommt es vor, daß Maschinen bei einer gewissen Tourenzahl anfangen zu brummen oder zu heulen. Dieser Übelstand scheint mit großen örtlichen Wirbelstromverlusten und der Resonanz von mechanischen Schwingungen zusammenzuhängen und kann oft durch eine größere Abschrägung der Polschuhe, durch Vergrößerung des Luftspaltes oder durch Vergrößerung der Polschuhe beseitigt werden.

Nach Versuchen von Fischer-Hinnen[1]) ist die Schwingungszahl des Tones gleich der Periodenzahl der Nuten $c_n = \frac{Zn}{60}$.

Es ergab sich durch den Versuch die Regel, daß eine Maschine dann möglichst geräuschlos läuft, wenn das Verhältnis des Polbogens zu der auf die Bohrung projizierten Nutenteilung möglichst von einer ganzen Zahl entfernt, also etwa = einer ganzen Zahl + 0,5 ist.

Eine Begründung und Bestätigung dieser Formel müssen erst weitere Untersuchungen lehren, in anderen Fällen haben andere Mittel das Heulen beseitigt z. B. das Abrunden der Polkanten.

Um die gesamten Eisenverluste zu berechnen, geht man wie

[1]) Z. f. El., Wien 1904.

folgt vor. Man ermittelt die spezifischen Verluste des zu verwendenden Ankerbleches im Wechselfelde eines Eisenprüfapparates bei einer maximalen Induktion von 10000 und bei verschiedenen Periodenzahlen. Man zerlegt diese Verluste in Hysteresisverluste und Wirbelstromverluste, um die Konstanten σ_{2h} und σ_w festzustellen, und berechnet demnach die spezifischen Eisenverluste im homogenen Wechselfelde

$$w_e = \sigma_{2h}\left(\frac{c}{100}\right)\left(\frac{B}{1000}\right)^2 + \sigma_w\left(\frac{c}{100}\right)^2\left(\frac{B}{1000}\right)^2 \frac{\text{Watt}}{\text{dm}^3}$$

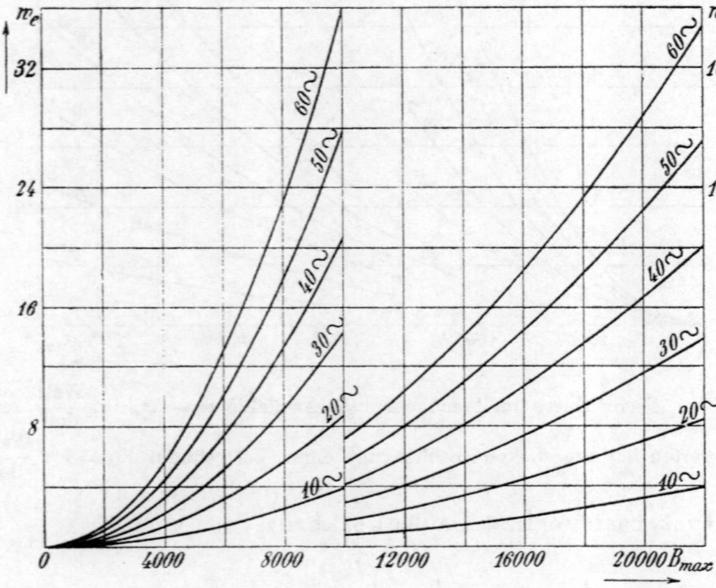

Fig. 507. Eisenverluste im homogenen Wechselfelde $w_h + w_w$ in $\frac{\text{Watt}}{\text{dm}^3}$ eines gewöhnlichen 0,5 mm dicken Bleches mit einer Verlustziffer $V_{10} = 3{,}6\ \frac{\text{Watt}}{\text{kg}}$.

für verschiedene Periodenzahlen und tragen diese als Funktion der Induktion B auf. In Fig. 507 sind diese Verluste für ein allgemein benutztes Ankerblech mit einer garantierten Verlustziffer von 3,6 Watt pro kg aufgetragen; dieses Blech besitzt einen Hysteresiskoeffizienten $\sigma_{2h} = 0{,}36$ und einen Wirbelstromkoeffizienten $\sigma_w = 1{,}6$. In Fig. 508 sind dieselben Kurven für ein hochlegiertes Transformatorblech mit einer Verlustziffer von 1,8 Watt pro kg, einem Hysteresiskoeffizienten $\sigma_{2h} = 0{,}23$ und einem Wirbelstromkoeffizienten $\sigma_w = 0{,}40$ eingetragen.

In den vorhergehenden Abschnitten wurden für die Verluste im Ankereisen und in den Polschuhen folgende Formeln abgeleitet.

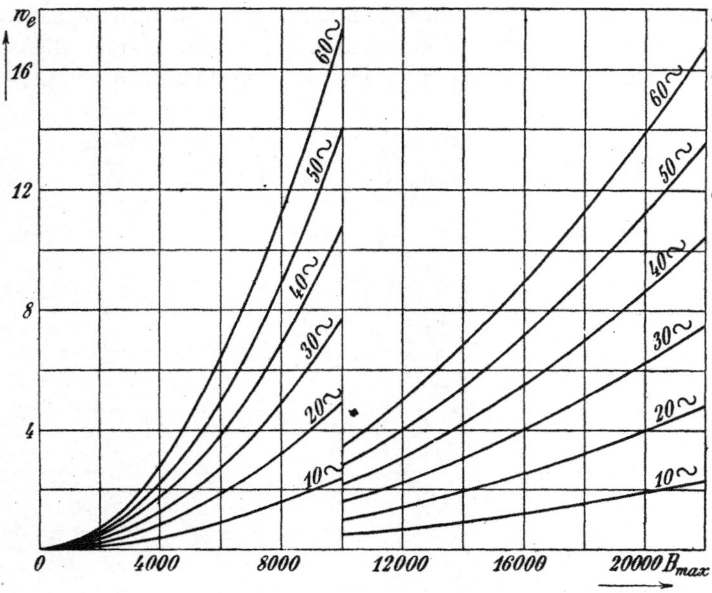

Fig. 508. Eisenverluste im homogenen Wechselfelde $w_h + w_w$ in $\frac{\text{Watt}}{\text{dm}^3}$ eines hochlegierten 0,5 mm dicken Bleches mit einer Verlustziffer $V_{10} = 1{,}8\ \frac{\text{Watt}}{\text{kg}}$.

Hysteresisverlust im Ankerkern:

$$W_{ha} = \sigma_{2h} f_a \left(\frac{c}{100}\right)\left(\frac{B_a}{1000}\right)^2 V_a \text{ Watt.}$$

Wirbelstromverlust im Ankerkern:

$$W_{wa} = \sigma_w k_4 \left(\Delta \frac{c}{100} \frac{B_a}{1000}\right)^2 f_4 V_a \text{ Watt.}$$

Hysteresisverlust in den Zähnen:

$$W_{hz} = \sigma_{2h} k_5 \left(\frac{c}{100}\right)\left(\frac{B_{z\,min}}{1000}\right)^2 V_z \text{ Watt.}$$

Wirbelstromverlust in den Zähnen:

$$W_{wz} = \sigma_w k_5 \left(\Delta \frac{c}{100} \frac{B_{z\,min}}{1000}\right)^2 f_5 V_z \text{ Watt.}$$

Hysteresisverlust in den $2p$ lamellierten Polschuhen:

$$W_{hp} = \frac{\sigma_{2h}}{720}\left(\frac{v}{10}\right)\left(\frac{B_n}{1000}\right)^2 f_h 2pbl \text{ Watt.}$$

Wirbelstromverlust in den $2p$ lamellierten Polschuhen:

$$W_{wp} = \frac{\pi}{120 t_1}\left(\Delta \frac{v}{10} \frac{B_n}{1000}\right)^2 f_\varrho 2pbl \text{ Watt.}$$

Wirbelstromverlust in den $2p$ massiven Polschuhen:

$$W_{wp} = \frac{1}{80\pi}\left(\frac{B_n}{1000}\right)^2 \left(\frac{v}{10}\right)^{1,5} \sqrt{\frac{t_1}{\varrho\mu}}\, 2pbl \text{ Watt.}$$

und die zusätzlichen Verluste W_{zei}, die von der Bearbeitung des Ankers und der Polschuhe, sowie von den im Ankerkupfer induzierten Wirbelströmen herrühren. Man berücksichtigt diese zusätzlichen Verluste in der Praxis gewöhnlich dadurch, daß man zu dem berechneten Verluste einen prozentualen Zuschlag von 10 bis 30% macht. Bei fehlerhaften Konstruktionen, unzweckmäßiger Bearbeitung oder großen Wirbelstromverlusten im Ankerkupfer kann der prozentuale Zuschlag noch größer ausfallen.

Wir können somit die gesamten Eisenverluste wie folgt berechnen:

$$W_{ei} = (1,1 \text{ bis } 1,3)(W_{ha} + W_{wa} + W_{hz} + W_{wz} + W_{hp} + W_{wp}) \text{ Watt} \quad (266)$$

Dieses Verfahren zur Berücksichtigung der zusätzlichen Verluste ist jedoch etwas summarisch, und es ist zu empfehlen, an ausgeführten Maschinen die gesamten Eisenverluste in die oben erwähnten drei Teile W_h, W_w und W_{wk} zu zerlegen. Man wird dann bald feststellen können, inwiefern die einzelnen Verluste von den berechneten Werten abweichen.

Wenn es sich nur um Überschlagsberechnungen handelt, so lassen sich die gesamten Eisenverluste auch in einer anderen vielfach gebrauchten Weise schätzen. Man geht hierbei von den Verlustkurven Fig. 507 und 508 aus und berechnet die Eisenverluste, die im Ankereisen und in den Zähnen entstehen würden, wenn das Eisen dort einem homogenen Wechselfeld ausgesetzt wäre. Bezeichnen wir diese Verluste mit W_{ta} und W_{tz}, die den Induktionen B_a und $B_{z\,mitt}$ entsprechen, so schätzt man die gesamten Eisenverluste zu

$$W_{ei} = (1,7 \text{ bis } 2)(W_{ta} + W_{tz}) \text{ Watt} \quad . \quad . \quad . \quad . \quad (267)$$

137. Stromwärmeverlust durch den Nebenschlußstrom.

Die Abmessungen der Nebenschlußwicklung setzen wir hier als bekannt voraus. Ihre Berechnung folgt im zweiten Bande.

Ist l_n die mittlere Länge einer Windung in cm, q_n der Querschnitt in mm² und w_n die totale Windungszahl der Nebenschlußwicklung, so ist ihr Widerstand in Ohm

$$R_n = \frac{w_n l_n (1 + 0{,}004\, T_m)}{5700\, q_n},$$

wenn T_m die mittlere Temperaturerhöhung des Magnetkupfers über ca. 15° Celsius bedeutet.

Im Nebenschlußkreis befindet sich noch ein Widerstand zur Regulierung der Klemmenspannung zwischen Leerlauf und Vollast. Bezeichnet r_n denjenigen Teil des Widerstandes, der eingeschaltet ist, so ist der gesamte Widerstand des Nebenschlusses $R_n + r_n$.

Der Nebenschlußstrom wird

$$i_n = \frac{P}{R_n + r_n}$$

und der totale Energieverlust

$$W_{nt} = P i_n = i_n^2 (R_n + r_n).$$

Hiervon geht der Teil

$$W_n = i_n^2 R_n = \frac{(1 + 0{,}004\, T_m)\, l_n w_n}{5700\, q_n}\, i_n^2$$

oder da $\frac{i_n}{q_n} = s_n$ = Stromdichte und $w_n i_n = AW_t$

$$\boldsymbol{W_n = i_n^2 R_n = \frac{(1 + 0{,}004\, T_m)\, l_n s_n A W_t}{5700}} \textbf{ Watt} \quad (268)$$

in der Wicklung selbst verloren und setzt sich da in Wärme um.

Im Vorschaltwiderstand wird der Energieverbrauch gleich

$$i_n^2 r_n = P i_n - W_n.$$

Für die maximale Erregung wird $r_n = 0$ und

$$W_n = W_{nt} = P i_n.$$

138. Stromwärmeverluste durch den Ankerstrom.

Der Ankerstrom verursacht in den von ihm durchflossenen Wicklungen in erster Linie die sogenannten Ohmschen Verluste, welche proportional den Ohmschen Widerständen der Wicklungen sind. In der Ankerwicklung tritt jedoch eine, unter Umständen recht beträchtliche Erhöhung des Ohmschen Verlustes dadurch auf, daß der Ankerstrom kommutiert wird, wobei Wirbelströme in den Ankerstäben durch die Änderung des Nutenfeldes induziert werden. Auch in den Kommutatorlamellen entstehen Wirbelstromverluste, welche vom Ankerstrom herrühren. Schließlich entsteht durch den Ankerstrom ein besonders zu berechnender Verlust, der sogenannte Übergangsverlust, beim Übergang des Ankerstromes vom Kommutator zu den Bürsten. Infolge des eigentümlichen Verhaltens dieses Übergangsverlustes ist es nicht statthaft, den gesamten Ohmschen Widerstand des Ankerkreises in der Weise zu bestimmen, daß man den von einem gewissen Meßstrom in den Wicklungen und unter den Bürsten hervorgerufenen Spannungsabfall bestimmt. Der Ohmsche Widerstand jeder Wicklung des Kreises muß vielmehr für sich, und dann der Spannungsabfall unter den Bürsten besonders ermittelt werden.

Wir wollen nun diese vom Ankerstrom hervorgerufenen Verluste der Reihe nach besprechen.

a) Ohmscher Verlust in der Ankerwicklung. Bezeichnet l_a in cm die halbe Länge einer Windung bei Trommelankern und die ganze Länge einer Windung bei Ringankern, so ist Nl_a die gesamte Länge des Ankerdrahtes. Die Ankerwicklung hat $2a$ Stromzweige und ist somit in bezug auf den Ohmschen Widerstand äquivalent einem Kupferleiter von der Länge $\frac{N}{100} \cdot \frac{l_a}{2a}$ Meter und von dem Querschnitt $2aq_a$ mm², woraus sich der Widerstand der Ankerwicklung ergibt zu:

$$R_a = \frac{N}{100} \, \frac{l_a}{2a} \cdot \frac{\varrho}{2aq_a} = \frac{N}{(2a)^2} \cdot \frac{l_a \varrho}{100 q_a}.$$

ϱ ist der spezifische Widerstand des Kupfers und kann gleich

$$\varrho = 0{,}0175(1 + 0{,}004\, T_a) = \frac{1 + 0{,}004\, T_a}{57} \text{ Ohm} \frac{\text{mm}^2}{\text{m}}$$

gesetzt werden, T_a = ist die Temperaturerhöhung des Ankerkupfers über die Lufttemperatur von ca. 15° C.

Also·

$$\boldsymbol{R_a = \frac{N}{(2a)^2} \cdot \frac{l_a(1 + 0{,}004\, T_a)}{5700\, q_a}} \textbf{ Ohm} \quad . \; . \; . \quad (269)$$

Der Spannungsverlust im Anker ist

$$J_a R_a \text{ Volt}$$

und der Energieverlust durch Stromwärme

$$\boldsymbol{W_{ka} = J_a^2 R_a} \textbf{ Watt} \quad . \; . \; . \; . \; . \; . \quad (270)$$

Dieser Energieverlust ist berechnet unter der Annahme, daß der Strom J_a sich gleichmäßig auf alle $2a$ parallelgeschalteten Stromzweige verteilt. Wir haben gesehen, daß dies nicht immer der Fall ist; durch Anordnung von Äquipotentialverbindungen wird aber doch eine gleichmäßige Verteilung erreicht. Die Verluste, die durch eine ungleichmäßige Stromverteilung hinzukommen würden, oder die, welche in den Äquipotentialverbindungen auftreten, sind verhältnismäßig klein und rechnerisch schwierig zu bestimmen.

Die halbe Länge einer Windung l_a ist bei zweipoligen Ankern ungefähr gleich

$$l_a \cong l_1 + 1{,}25\,D + 5\text{ cm},$$

bei mehrpoligen Ankern kann man setzen

$$l_a = l_1 + 1{,}4\,\tau + 5\text{ cm}.$$

b) Ohmscher Verlust in Hauptschluß- und Wendepolwicklungen. Es bezeichnet w_h die in Reihe geschalteten Windungen der Hauptschlußwicklung und i_h den Strom dieser Wicklung. Die mittlere Länge einer Windung in Zentimetern wird durch l_h bezeichnet und der Querschnitt aller parallelgeschalteter Windungen in mm² mit q_h.

Also wird

$$R_h = \frac{w_h l_h (1 + 0{,}004\,T_m)}{5700\,q_h}\text{ Ohm}$$

und

$$\boldsymbol{W_H = i_h^2 R_h = \frac{(1 + 0{,}004\,T_m)\,l_h s_h A W_t}{5700}}\ \textbf{Watt.} \quad (271)$$

Wird der Hauptschlußwicklung ein Nebenschluß parallelgeschaltet, so wird in ihm ein Energieverlust erzeugt gleich

$$i_h R_h (J_a - i_h)$$

und der totale Energieverlust in der Hauptschlußwicklung und im Nebenschlußwiderstand wird

$$W_{Ht} = i_h^2 R_h + i_h R_h (J_a - i_h)$$

oder

$$W_{Ht} = i_h J_a R_h\text{ Watt.}$$

Da Wendepol und Kompensationswicklungen stets vom ganzen Ankerstrom durchflossen werden, so erhält man in diesem einen Ohmschen Verlust

$$\boldsymbol{W_W = J_a^2 R_w = \frac{(1 + 0{,}004\,T_m)\,l_w s_w A W_w}{5700}}\ \textbf{Watt.} \quad (272)$$

c) Übergangsverlust am Kommutator. Ist die Stromdichte unter den Bürsten konstant, so ist die effektive Übergangsspannung gleich der mittleren, die wir mit ΔP bezeichnet haben, und es ist der Übergangsverlust

$$W_u' = 2 J_a \Delta P.$$

Sobald jedoch zusätzliche Ströme auftreten, so daß die Kommutierung nicht mehr geradlinig verläuft, so wird die Potentialkurve unter den Bürsten auch nicht mehr geradlinig horizontal verlaufen und die Übergangsverluste nehmen, wie Seite 330 gezeigt, erst langsam und bei großen zusätzlichen Strömen schnell zu. In diesem Falle erhalten wir die Übergangsverluste angenähert gleich

$$\boldsymbol{W_u = 2 J_a \Delta P f_u} \textbf{ Watt}, \quad . \quad . \quad . \quad . \quad . \quad . \quad (273)$$

worin der Formfaktor f_u für die Potentialkurve unter den Bürsten sich mit der Belastung und der Bürstenstellung ändert. Bei normaler Belastung und befriedigender Kommutierung kann $f_u = 1,1$ bis 1,3 gesetzt werden.

Bei offenem äußeren Stromkreis und erregter Maschine ist $J_a = 0$; in den kurzgeschlossenen Spulen werden aber zusätzliche Ströme induziert und W_u ist nicht Null, obwohl obige Formel den Wert Null ergibt. Für kleine Belastungen ist sie daher nicht brauchbar. — Die Übergangsspannung ΔP nimmt auch nicht proportional der Belastung J_a zu; man kann deswegen die Übergangsverluste eigentlich nicht zu den Ohmschen Verlusten rechnen.

d) **Wirbelstromverluste in der Ankerwicklung.** Durch das Eindringen des Hauptfeldes in die Ankernuten wird, wie in Abschnitt 125 gezeigt, ein Wirbelstromverlust W_{wk} im Ankerkupfer erzeugt. Außer diesem Verlust wird aber noch in der Kommutierungszone ein nicht zu vernachlässigender Wirbelstromverlust durch das Wenden des vom Ankerstrome erzeugten Nutenfeldes B_n verursacht. Dieses Feld wird während der Zeit

$$T_{n0} = \frac{t_1 + b_r' - \beta_r}{100\, v}$$

gewendet, wenn die Wicklung ohne Schrittverkürzung ausgeführt ist. Ist die Wicklung mit einer Schrittverkürzung $\varepsilon_k \beta_r$ ausgeführt, so wird das Nutenfeld während der Zeit

$$T_n = \frac{t_1 + b_r' + (\varepsilon_k - 1)\beta_r}{100\, v}$$

gewendet, in dem die Stromwendung der oberen Spulenseiten um

$$\vartheta = \frac{\varepsilon_k \beta_r}{100\, v},$$

später anfängt und aufhört als die Stromwendung der unteren Spulenseiten. Die Stromwendung dauert nur einige Hundertstel Sekunden und durch diesen schnellen Wechsel des Nutenfeldes (Fig 509) werden Wirbelströme in den Kupferstäben, in den Ankerzähnen und in den Wendepolschuhen induziert, welche Ströme auf die Feldänderung dämpfend zurückwirken. Wegen des schnellen Wechsels dringen die Wirbelströme nicht tief in das Metall ein, sondern bleiben hauptsächlich an der Oberfläche und erzeugen dort einen Verlust, welcher als zusätzlicher Verlust zu dem Stromwärmeverlust in der Ankerwicklung erscheint.

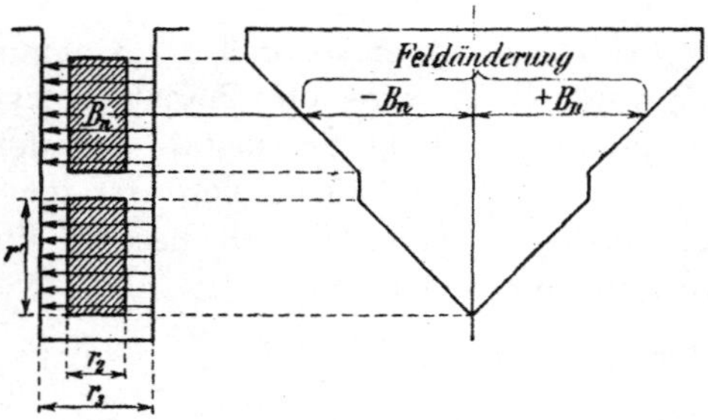

Fig. 509. Durch den Ankerstrom erzeugtes Nutenfeld.

Dr.-Ing. L. Dreyfus hat die in dem Ankerkupfer durch das Wenden des Nutenfeldes induzierten Wirbelströme und die von ihnen erzeugten Verluste berechnet. Diese außerordentlich eleganten Berechnungen sind jedoch so weitläufig, daß wir uns leider hier begnügen müssen, die wertvollen Resultate derselben kurz zu bringen.

Zuerst berechnete Dreyfus[1]) die Wirbelstromverluste unter der Annahme, daß die Stromwendung in allen Stäben der Nut momentan und gleichzeitig vor sich geht, und fand, daß der Stromwärmeverlust in dem Teil des Ankerkupfers, der in den Nuten eingebettet ist, im Verhältnis

$$k'_m = 1 + \frac{4\,m^2\,\xi^2}{3\,\pi}$$

erhöht werden. Hierin ist

$$\xi = \lambda r' \quad \ldots \ldots \ldots \quad (274)$$

einzusetzen, wo r' die Höhe eines Ankerstabes in cm bedeutet und

$$\lambda = \frac{2\pi}{10^4}\sqrt{\frac{\mu c r_2}{10 \varrho r_3}} \quad \ldots \ldots \quad (275)$$

die bekannte Konstante[2]), die in jeder Wirbelstromberechnung bei Ankerstäben auftritt, während m die Zahl der Stablagen bedeutet.

Die Stromwärmeverluste in der ganzen Ankerwicklung werden somit im Verhältnis

[1]) E. u. M. 1914, S. 281.
[2]) Wechselstromtechnik Bd. I, S. 571.

$$k_m = 1 + \frac{4\,m^2\,\xi^2}{3\,\pi}\,\frac{l}{l_a} \;\; \ldots \ldots \; (276)$$

erhöht, wo l die Länge des Ankereisens und l_a die halbe Länge einer Ankerwindung bedeutet.

Für Kupfer ist $\mu = 1$ und setzen wir $\varrho = 0{,}02 \cdot 10^{-4}\,\Omega$ pro $\frac{\mathrm{cm}^2}{\mathrm{cm}}$ so wird

$$\lambda = 0{,}14\sqrt{\frac{c\,r_2}{r_3}} \;\; \ldots \ldots \ldots \; (275\,\mathrm{a})$$

Wie aus der Formel für k_m hervorgeht, ist $m\xi = \lambda m r' = \lambda r$ maßgebend für die zusätzlichen Wirbelstromverluste bei einer momentanen Stromwendung. Hieraus folgt, daß die Verluste unabhängig von der Stablagenzahl m und nur von der totalen Kupferhöhe in der Nut abhängig ist, was ja bei Wechselstromankerwicklungen bekanntlich nicht der Fall ist. — In Fig. 510 ist der Widerstandsfaktor k_m für zwei und vier Stablagen pro Nut als Funktion von ξ eingezeichnet und zum Vergleich ist auch die Verlusterhöhung derselben Wicklungen für den Fall eingezeichnet, daß die Wicklung einen sinusförmigen Wechselstrom von derselben Periodenzahl wie der kommutierte Ankerstrom führt. Wie ersichtlich, sind die Wirbelstromverluste bei dem viereckigen Stromverlauf (Fig. 511), der einer momentanen Stromwendung entspricht, bedeutend größer als bei einem sinusförmigen Wechselstrom. Es liegt deswegen auf der Hand, daß die Wirbelstromverluste im Ankerkupfer kleiner ausfallen werden, wenn man die Zeit für die Wendung des Nutenfeldes mit in Betracht zieht, wie es durch die Kurve III, Fig. 511, angedeutet ist.

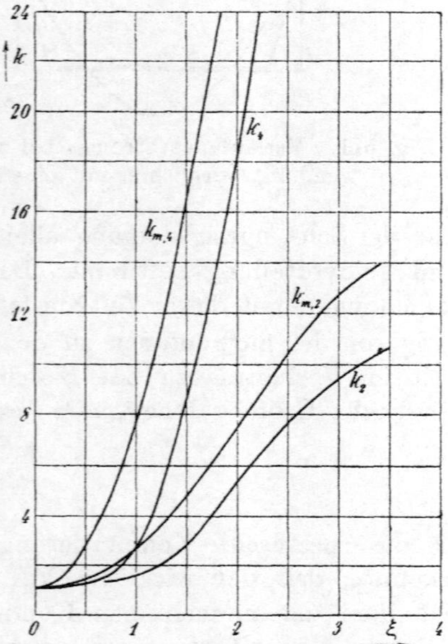

Fig. 510. Widerstandsfaktor bei sinusförmigem Wechselstrom $\left\{\begin{array}{l} k_2 \text{ für } m = 2 \\ k_4 \;\; „ \;\; m = 4 \end{array}\right.$ momentan kommutiertem Gleichstrom $\left\{\begin{array}{l} k_{m2} \text{ für } m = 2 \\ k_{m4} \;\; „ \;\; m = 4 \end{array}\right.$

Die bei der momentanen Stromwendung entstehende Feldänderung $2\,\Phi_n$ löste Dreyfus räumlich in eine unendliche Reihe sinusförmig verteilter Wellen auf, deren halbe Länge gleich der Stabhöhe, oder einem geraden oder ungeraden Vielfachen derselben, und ließ diese nach zeitlichen Exponentialfunktionen innerhalb kurzer Zeit abklingen. Es zeigte sich hierbei, daß nach Ablauf der Zeit

$$T = \frac{0{,}4}{\pi\varrho}\frac{r_2}{r_3}r'^2\,10^{-8} = \frac{\xi^2}{c\,\pi^3} = \frac{r'^2\lambda^2}{c\,\pi^3}, \quad . \; . \; . \quad (277)$$

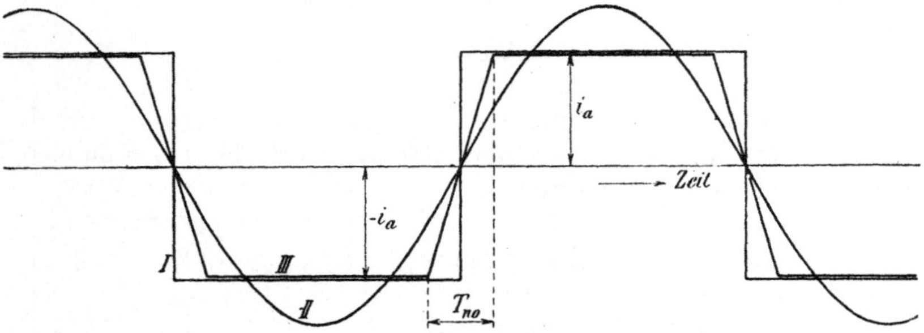

Fig. 511. Verlauf des Stromes bei momentaner und allmählicher Stromwendung, verglichen mit einem sinusförmigen Wechselstrom.

war der Schwingungsvorgang allein durch die Grundwelle der Strom- und Feldverteilung bestimmt. Dreyfus führte deswegen alle seine Rechnungen mit dieser Zeitkonstante durch und brauchte beim Übergang von der momentanen zu der allmählichen Stromwendung diese Zeit im Verhältnis zu der Kommutierungszeit T_n als eine charakteristische Größe. Dreyfus[1]) bezeichnet das Verhältnis

$$\frac{T_{n^\wedge}}{T} = \gamma \quad . \; . \; . \; . \; . \; . \; . \; . \; . \quad (278)$$

als die spezifische Kommutierungsdauer einer Stablage, indem er erkannte, daß der wirkliche Verlauf des Kommutierungsvorganges sich dem der momentanen Kommutierung um so mehr nähert, je kleiner die spezifische Kommutierungsdauer ist, und daß Maschinen mit gleicher spezifischer Kommutierungsdauer von dem Verlauf der momentanen Kommutierung gleich weit entfernt sind. In Fig. 512 ist für eine Wicklung ohne Schrittverkürzung und unter Annahme einer geradlinigen Kommutierung die zeitliche Änderung eines Nutenfeldes durch den gebrochenen Linienzug I dargestellt; diesen ersetzte Dreyfus durch die gerade Linie II und löste nun diese Feldänderung wieder in viele kleine momentane Feldänderungen, wie die treppenförmige Kurve III andeutet, auf. Alsdann berechnet er die Wirbelstromverluste, welche dadurch entstehen, und kommt zu dem

[1]) Archiv für Elektrotechnik Bd. III, S. 273.

Resultat, daß die Stromwärmeverluste im Anker nicht im Verhältnis k_m, sondern im Verhältnis

$$k_o = 1 + \frac{4 m^2 \xi^2}{3 \pi} \frac{l}{l_a} \varphi(\gamma) \quad \ldots \ldots \quad (279)$$

zunehmen, worin die Funktion $\varphi(\gamma)$ ein Reduktionsfaktor ist, der für 2, 4 und ∞ viele Spulenlagen in Fig. 513 dargestellt ist. Da die Zeitkonstante T proportional $\xi^2 = \lambda^2 r'^2$ ist, so wird γ für dieselbe

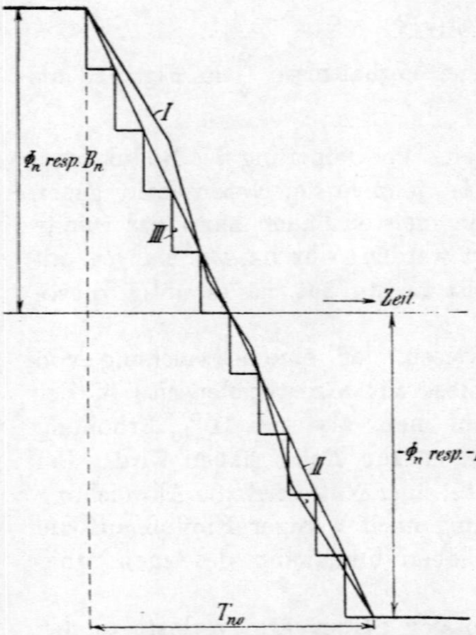

Fig. 512. Zeitliche Veränderung des Nutenfeldes, wenn keine Schrittverkürzung und geradlinige Kommutierung.

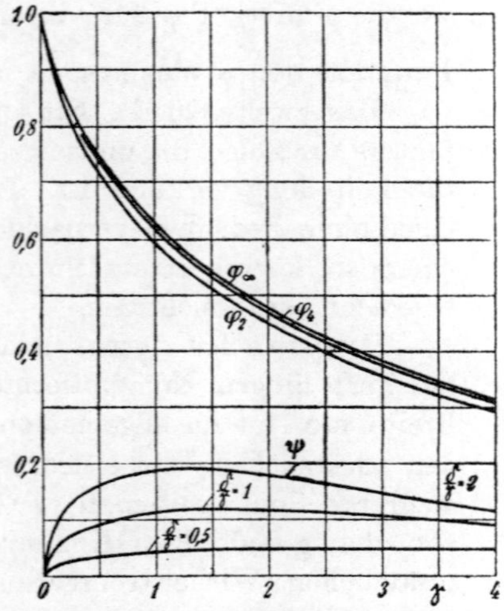

Fig. 513. Reduktionsfaktor φ für $m = 2$, 4 und ∞ und (untere Kurven) Reduktionsfaktor ψ für $\frac{\delta}{\gamma} = 0{,}5$; 1 und 2.

Nut fast quadratisch mit der Zahl der Spulenlagen zunehmen und der Reduktionsfaktor $\varphi(\gamma)$ dementsprechend abnehmen, wie es aus den Kurven Fig. 513 deutlich hervorgeht. Für zwei und mehrere Spulenlagen hat Prof. R. Richter[1]) eine einfache angenäherte Formel für $\varphi(\gamma)$ aufgestellt, nämlich

$$\varphi(\gamma) = \frac{1{,}8}{2 + \gamma}, \quad \ldots \ldots \quad (280)$$

die sich bei kleinen Werten von γ der Funktion $\varphi_2(\gamma)$ für $m = 2$ und für große Werte von γ sich der Funktion $\varphi_\infty(\gamma)$ für $m = \infty$ nähert.

[1]) Archiv für Elektrotechnik Bd. V, S. 40.

Dreyfus hat ferner den Einfluß der zeitlichen Verschiebung zwischen der Stromwendung der verschiedenen Spulenlagen rechnerisch festgelegt, und indem er diese Verschiebung durch das Verhältnis

$$\delta = \frac{\vartheta}{T} \quad \ldots \ldots \ldots \ldots \quad (281)$$

charakterisiert, ergab sich für Gleichstromankerwicklungen mit verkürztem Schnitte der Reduktionsfakter

$$\varphi(\gamma) - \psi(\gamma, \delta),$$

wo die Funktion ψ für verschiedene Verhältnisse $\frac{\delta}{\gamma}$ in Fig. 513 als Funktion von γ eingetragen ist.

Das zweite Glied ψ hat somit eine Verkleinerung des Reduktionsfaktors zur Folge, die um so größer ist, je mehr der Nutenschritt gegen die Polteilung verkürzt ist. In den meisten Fällen kann das zweite Glied ohne Bedenken vernachlässigt werden; nur da, wo man es mit einem stark verkürztem Nutenschritt zu tun hat, ist es nötig, dieses Glied zu berücksichtigen.

Dreyfus hat ferner nachgewiesen, daß eine Abweichung von der geradlinigen Kommutierung selbst für eine Spulenseite in der Breite pro Nut im allgemeinen nicht mehr als etwa 10 % Erhöhung der zusätzlichen Wirbelstromverlusten zur Folge haben wird. Bei mehreren Spulenseiten in der Breite einer Nut wird die Abweichung von der geradlinigen Kommutierung noch weniger Einfluß auf die zusätzlichen Wirbelstromverluste haben und kann deswegen ruhig vernachlässigt werden.

Wir erhalten somit für die totalen Stromwärmeverluste in der Wicklung eines Gleichstromankers

$$W_{ka} + W_{kw} = k J_a^2 R_a \text{ Watt} \quad \ldots \quad (282)$$

worin

$$k = 1 + \frac{4 m^2 \xi^2}{3\pi} \frac{l}{l_a} \left(\varphi(\gamma) - \psi(\gamma, \delta) \right) \quad \ldots \quad (283)$$

$$\cong 1 + \frac{4 r^2 \lambda^2}{3\pi} \frac{l}{l_a} \frac{1{,}8}{2 + \gamma}.$$

Die zusätzlichen Wirbelstromverluste im Ankerkupfer sind somit

$$W_{kw} = J_a^2 R_a \frac{4 r^2 \lambda^2}{3\pi} \frac{l}{l_a} \left(\frac{1{,}8}{2 + \gamma} - \psi(\gamma, \delta) \right) \text{ Watt}, \quad (284)$$

worin

$$\lambda = 0{,}14 \sqrt{\frac{c r_2}{r_3}},$$

$$\gamma = \frac{T_{no}}{T} = \frac{cm^2\pi^3}{r^2\lambda^2} \cdot \frac{t_1 + b_r' - \beta_r}{100\,v} \quad . \quad . \quad . \quad . \quad (278\,a)$$

und

$$\delta = \frac{\vartheta}{T} = \frac{cm^2\pi^3}{r^2\lambda^2} \cdot \frac{\varepsilon_k \beta_r}{100\,v} \quad . \quad . \quad . \quad . \quad . \quad . \quad (281\,a)$$

Wie ersichtlich, nehmen die zusätzlichen Wirbelstromverluste mehr als proportional dem Quadrate der totalen Kupferhöhe einer Nut zu, während die Ohmschen Stromwärmeverluste umgekehrt proportional der Kupferhöhe abnehmen. Es muß sich deswegen eine Kupferhöhe ergeben, über die es sich nicht empfiehlt hinauszugehen, wenn man nicht die totalen Stromwärmeverluste im Anker erhöhen, anstatt erniedrigen will. Diese kritische Stabhöhe hat Dreyfus zu

$$r'_m = \frac{\sqrt{3\pi}}{2\,m\,\lambda}\sqrt{\frac{l_a}{l}}\ \text{cm} \quad . \quad . \quad . \quad . \quad . \quad (285)$$

für den Fall der momentanen Stromwendung berechnet. Für allmähliche Kommutierung ergibt sich die angenäherte Formel

$$r_k' = \frac{1{,}2 \text{ bis } 1{,}3}{\lambda}\sqrt[3]{\frac{l_a}{l}}\sqrt[6]{2\,c\,T_{no}}\ \text{cm} \quad . \quad . \quad (286)$$

und es ist nicht anzuraten, diese Leiterhöhe zu überschreiten. Kommt man bei der Dimensionierung einer Maschine nicht mit dieser Stabhöhe aus, so teilt man entweder den Stab in zwei parallele Stäbe auf, die übereinander in der Nut anzuordnen sind, oder man führt den Stab als lamellierten Leiter oder Kabel aus. Da Kabel nicht sehr steif und deswegen nicht sehr konstruktiv sind und weil man bei Kabel nur ca. 80 % des zur Verfügung stehenden Querschnittes ausnutzt, so ist es zweckmäßiger, lamellierte Leiter anzuwenden. Es ist bei Anwendung solcher natürlich darauf zu achten, daß die Teilleiter, welche in der einen Seite einer Ankerspule unten liegen, in der anderen Seite derselben Spule oben zu liegen kommen. Prof. Richter[1]) hat auf die verschiedenen derartigen Ausführungen besonders aufmerksam gemacht und ihnen den Namen verschränkte Leiter beigelegt. Der Verfasser hat derartige lamellierte Leiter in verschränkter Ausführung bei den Gleichstromankern von Bruce Peebles & Co. in Edinburgh 1904 bis 1907 in großer Anzahl angewandt.

e) Verlust durch Wirbelströme in den Kommutatorlamellen. Ein Verlust durch Wirbelströme entsteht dadurch, daß sich die Lamellen in einem im Raume stillstehenden magnetischen Felde bewegen,

[1]) Archiv für Elektrotechnik Bd. V, S. 46.

welches durch den den Bürsten zufließenden Strom erzeugt wird. In Fig. 514 ist angenommen, daß der Strom an vier Stellen fortgeleitet wird; denkt man sich die zu- und abfließenden Stromstärken durch die gestrichelt gezeichneten Resultanten ersetzt, so liegen die magnetischen Kraftlinien zum großen Teil in der Richtung der Ebenen $a_1 b_1$, $a_2 b_2$, $a_3 b_3$ und $a_4 b_4$; in der Seitenansicht erscheinen dieselben als Ellipsen.

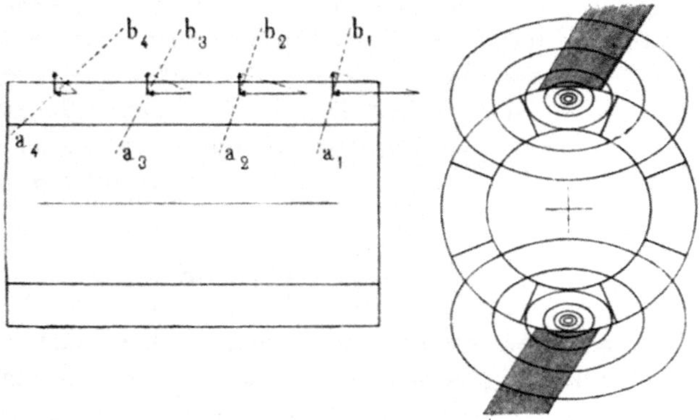

Fig. 514. Verteilung des von den Strömen in den Kommutatorlamellen erzeugten Kraftflusses.

Für Anker mit geringen Spannungen und hohen Stromstärken, wie dieselben z. B. für elektrolytische Zwecke gebaut werden, erhält man wegen der geringen Lamellenzahl und der großen Berührungsflächen für die Bürsten sehr große Lamellenquerschnitte. Bei solchen Ankern zeigt sich gerne die Erscheinung, daß der Kommutator sich im Lauf des Betriebes stark erwärmt, während die übrigen Teile des Ankers verhältnismäßig kühl bleiben.

Diese Erwärmung hat zunächst ihren Grund in dem Verluste W_u, der in diesem Falle groß wird, dann aber auch in dem Auftreten von Wirbelströmen. Im allgemeinen wird jedoch der Energieverlust durch diese Wirbelströme unbedeutend sein.

f) Verluste durch Feldverzerrung bei Belastung. Wie im elften Kapitel beschrieben wurde, wird die Feldkurve durch die Ankerrückwirkung bei Belastung verzerrt. Wir wollen hier diejenige Veränderung der Eisenverluste bei Belastung außer acht lassen, die dadurch entsteht, daß die im Anker bei Belastung zu induzierende EMK von der im Leerlauf induzierten verschieden ist, weil sie durch Zugrundelegen eines entsprechend größeren Kraftflusses bei Generatoren bzw. eines entsprechend kleineren Kraftflusses bei Motoren ohne weiteres berücksichtigt werden kann, und uns hier nur dem Einflusse der Verzerrung bei konstantem Inhalt der Feldkurve zuwenden.

Die Eisenverluste im Ankerkern können wir als von der Feldverzerrung unabhängig ansehen, weil, wie wir oben sahen, diese Verluste nur sehr wenig von der Form der Feldkurve beeinflußt werden.

Der Hysteresisverlust in den Zähnen dagegen ist dem Quadrat der maximalen Induktion im Luftspalt proportional. Diese Induktion wird also durch die Ankerrückwirkung eine Erhöhung erfahren, die aus der in Fig. 165 gezeigten Konstruktion ermittelt werden kann. Der Hysteresisverlust in den Zähnen wird demnach im Verhältnis $\left(\frac{B_{lb}}{B_{lo}}\right)^2$, bei Belastung, erhöht.

Um die Erhöhung des Wirbelstromverlustes in den Zähnen zu bestimmen, wäre es eigentlich notwendig, die verzerrte Feldkurve in ihre Harmonischen zu zerlegen. Es lohnt sich jedoch nicht, eine derart genaue Berechnung anzustellen, weil der Wirbelstromverlust im allgemeinen bedeutend kleiner als der Hysteresisverlust ist. Wir wollen deshalb der Erhöhung des Wirbelstromverlustes dadurch Rechnung tragen, daß wir den Wirbelstromverlust in den Zähnen ebenfalls mit $\left(\frac{B_{lb}}{B_{lo}}\right)^2$ multiplizieren.

Schließlich tritt eine Erhöhung des vom Hauptfelde herrührenden Wirbelstromverlustes in der Ankerwicklung auf. Wir können diese Erhöhung angenähert dadurch abschätzen, daß wir die ideelle Induktion am Zahnfuß bei B_{lb} statt bei B_{lo} berechnen.

139. Mechanische Verluste.

Die mechanischen Verluste setzen sich aus der Lagerreibung, der Bürstenreibung, der Luftreibung und den Verlusten durch Vibration der Maschine zusammen.

Rechnerisch verfolgen lassen sich hiervon jedoch nur die Verluste durch Lager- und Bürstenreibung.

a) Verlust durch Lagerreibung. Nach den eingehenden Versuchen von Tower 1883 und Dettmar[1]) 1899 ist der Reibungskoeffizient in Lagern abhängig von dem Lagerdruck, der Lagertemperatur, der Wellengeschwindigkeit und von der Ölsorte.

[1]) ETZ 1899, Seite 380 und 397; Dinglers polyt. Journal 1900 Heft 6; in der im folgenden gebrachten Darstellung sind diese Aufsätze von Dettmar benutzt.

Versuchswerte von Tower für Olivenöl.

Belastung p des Zapfens in kg/cm²	Reibungskoeffizient μ	$p\,\mu$
36,6	0,0013	0,0476
32,9	0,0015	0,0494
29,2	0,0017	0,0496
25,5	0,0019	0,0485
21,8	0,0021	0,0458
18,1	0,0025	0,0452
14,4	0,0030	0,0431
10,8	0,0044	0,0475
7,03	0,0069	0,0485

Bezeichnet man mit

μ den Reibungskoeffizienten,
p den spezifischen Zapfendruck in kg/cm²,
d_z den Zapfendurchmesser in cm,
l_z die Länge des Lagers in cm,
v_z die Zapfengeschwindigkeit in m/sek.,
Q den Lagerdruck in kg,
A_R die Reibungsarbeit in mkg/sek,
und W_R die Reibungsarbeit in Watt,

so ist bekanntlich

$$A_R = \mu Q v_z$$

$$p = \frac{Q}{d_z l_z}$$

$$v_z = \frac{\pi d_z n}{6000}$$

und

$$W_R = 9{,}81 A_R.$$

Nach diesen Versuchen von Tower ändert sich der Reibungskoeffizient μ umgekehrt proportional dem Drucke p; d. h. die Lagerreibung ist ganz unabhängig vom Lagerdrucke. Zur Prüfung dieses letzten Gesetzes hat Dettmar folgenden Versuch ausgeführt. Er ließ durch einen Motor eine Welle antreiben, welche er verschieden belastete, und zwar entweder mit einem Schwungrad oder durch den auf einen Anker ausgeübten einseitigen magnetischen Zug. Es ergab sich, daß der Reibungsverlust absolut konstant blieb, ob die Welle belastet war oder nicht. Da man nun eine solche Messung bequem auf $^1/_2\,{}^0/_0$ genau machen kann, so würde sich eine Änderung der Reibungsarbeit leicht mit Sicherheit feststellen lassen.

Für diese Beziehung zwischen μ und p gilt die Einschränkung, daß der spezifische Druck gewisse zulässige Grenzen nicht überschreiten darf, welche von der Ölsorte abhängen, und bei brauchbaren Ölen noch über 30 kg/cm² liegen. Das Verhalten der verschiedenen Ölsorten läßt sich nach den von Tower erhaltenen Resultaten beurteilen. Es betrug der Reibungskoeffizient bei einem spezifischen Drucke von 29,2 kg/cm², einer Zapfengeschwindigkeit von 1,6 m/sek und einer Lagertemperatur von 32° C. bei

Olivenöl	0,00172
Schmalzöl	0,00172
Walratöl	0,00208
Mineralöl	0,00176
Mineralfett	0,00233.

Die letzten beiden Schmiermittel haben die gute Eigenschaft, ganz bedeutende spezifische Drucke aufnehmen zu können. Es konnten die Untersuchungen bei

Olivenöl	bis ca.	37	kg/cm²
Schmalzöl	„ „	37	„
Walratöl	„ „	30	„
Mineralöl	„ „	44	„
Mineralfett	„ „	44	„

ausgeführt werden. welche Werte gleichzeitig die obersten Grenzen angeben, bis zu denen obiges Gesetz Gültigkeit hat.

Bei Dynamomaschinen usw. verwendet man aber mit Rücksicht auf die hohen Geschwindigkeiten nie hohe Lagerdrücke, so daß für sie die Gültigkeit des obigen Gesetzes ohne Einschränkung angenommen werden kann.

Das erste Reibungsgesetz lautet demnach:

1. Bei konstanter Lagertemperatur und Zapfengeschwindigkeit ist der Reibungskoeffizient μ umgekehrt proportional dem spezifischen Lagerdrucke p, und somit die Reibungsarbeit unabhängig vom Druck. sofern dieser 30 bis 44 kg/cm² nicht überschreitet ($p\,\mu$ = konstant).

Hieraus folgt weiter:

1a) Die Lagerreibungsarbeit ist unabhängig von der Belastung der Maschine und von der Anspannung des Riemens, d. h. es gibt keine zusätzlichen Reibungsverluste von Leerlauf bis Vollast.

Nach den Versuchen von Tower (siehe nachfolgende Tabelle) ändert sich der Reibungskoeffizient umgekehrt proportional der Temperatur.

Versuchswerte von Tower für Schmalzöl.

Temperatur T_z in Grad C.	Reibungskoeffizient μ	μT_z
48,9	0,0044	0,215
43,4	0,0050	0,217
37,8	0,0058	0,219
32,2	0,0069	0,222
26,7	0,0083	0,222
21,1	0,0103	0,218
15,6	0,0130	0,203

Die Richtigkeit dieses Gesetzes wurde von Dettmar in einfacher Weise geprüft. Es wurde ein Elektromotor, welcher die normale Temperatur der Umgebung hatte, während einer Zeit von über 5 Stunden mit konstanter Spannung und konstanter Umdrehungszahl laufen gelassen und dabei sein Stromverbrauch gemessen. Da nun sowohl die Lagerbelastung als auch die Umfangsgeschwindigkeit der Welle während des Versuches konstant waren, so kann aus der

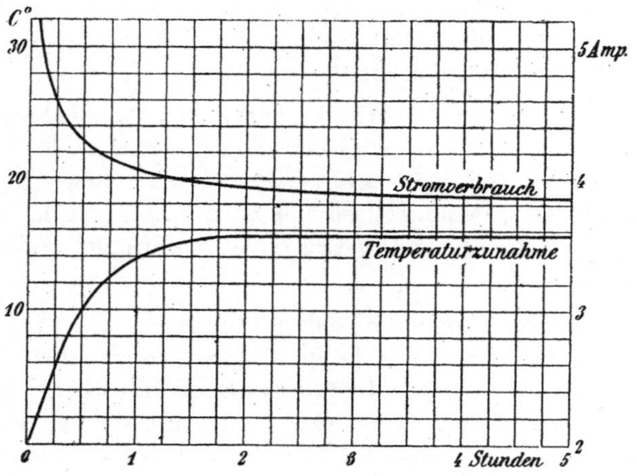

Fig. 515. Erwärmungskurve und Reibung eines Lagers.

Abnahme des Reibungsverlustes direkt auf eine Abnahme des Reibungskoeffizienten geschlossen werden. Es wurde nun bei der betreffenden Maschine außer dem Stromverbrauch gleichzeitig auch die Lagertemperatur gemessen. Beide Resultate sind in Fig. 515 dargestellt. Man ersieht hieraus, daß in dem gleichen Maße, wie die Temperatur zunimmt, der Strom abnimmt und daß, sobald die Temperatur einen konstanten Wert erreicht hat, auch der Stromverbrauch konstant bleibt. Bei einer Reihe von Maschinen hat Dettmar gefunden, daß erst nach $3^1/_2$ bis $4^1/_2$ Stunden die Lagertemperatur konstant wird.

Das zweite Reibungsgesetz kann wie folgt ausgedrückt werden:

2. Bei konstantem spezifischem Druck und konstanter Umfangsgeschwindigkeit des Zapfens ist der Reibungskoeffizient umgekehrt proportional der Lagertemperatur und folglich auch die Reibungsarbeit umgekehrt proportional der Temperatur ($\mu T_z =$ konstant).

Aus den Untersuchungen von Tower über die Abhängigkeit der Reibungsarbeit von der Zapfengeschwindigkeit hat Dettmar das dritte Reibungsgesetz aufgestellt:

3. Bei konstanter Lagertemperatur und bei konstantem spezifischem Druck wächst der Reibungskoeffizient mit der Wurzel aus und somit die Reibungsarbeit mit der 1,5ten Potenz der Zapfengeschwindigkeit.

Dettmar hat bei weit über 100 Maschinen verschiedenen Fabrikats, die er auf Reibung untersuchte, den Exponenten zwischen 1,4 und 1,6 gefunden. Da in diesen Verlusten die Bürstenreibung, die einen Verlust proportional der Umdrehungszahl bewirkt, und die Luftreibung mit enthalten sind, und da diese beiden Verluste möglichst verringert waren, so darf man den Exponenten 1,5 als richtig annehmen.

Nach Versuchen von Thurston, sowie nach den neueren Untersuchungen von Stribeck (Z. d. V. d. I. 1902) und Heimann (Z. d. V. d. I. 1905) hat sich ergeben, daß der Reibungskoeffizient bei einer gewissen geringen Wellengeschwindigkeit ein Minimum aufweist und unter diesem Wert mit abnehmender Geschwindigkeit steigt. Die Geschwindigkeit, für welche dies eintritt, hängt von dem Druck und der Temperatur ab. Bei kalten, gut geschmierten Zapfen soll der Wendepunkt ungefähr bei 0,5 m/sek liegen. Es rührt dies wohl daher, daß bei sehr kleinen Geschwindigkeiten die durch die Ölringe usw. zugeführte Ölmenge nicht mehr ausreicht, um das an den Stirnflächen austretende Öl zu erneuern, hierdurch wird die Ölschicht unterbrochen und die Reibung geht immer mehr in die Reibung von Metall auf Metall über.

Man ersieht aus all diesen Versuchen, daß es notwendig ist, die Maschine mit derjenigen Umdrehungszahl einlaufen zu lassen, für die man den Wirkungsgrad bestimmen will.

Die Versuche von Tower und Dettmar gelten nur bis zu einer Zapfengeschwindigkeit von 4 m pro Sekunde.

Über die Lagerreibung von Zapfen mit hoher Geschwindigkeit, wie sie bei Turbogeneratoren vorkommen, hat Lasche (Z. d. V. d. I. 1902) eingehende Versuche angestellt.

Aus diesen Versuchen ergibt sich zunächst, daß das dritte Reibungsgesetz bei Zapfengeschwindigkeiten von mehr als 4 m/sek nicht mehr gültig ist, daß vielmehr der Reibungskoeffizient zunächst langsamer als mit der Wurzel aus der Zapfengeschwindigkeit zunimmt und endlich bei Geschwindigkeiten von mehr als 10 m/sek unabhängig von dieser bleibt.

Es ergibt sich also aus den Versuchen von Lasche das abgeänderte dritte Reibungsgesetz für große Zapfengeschwindigkeiten:

3a) Bei Geschwindigkeiten über 10 m/sek ist bei konstanter Lagertemperatur und konstantem spezifischen Druck der Reibungskoeffizient unabhängig von der Zapfengeschwindigkeit, die Reibungsarbeit ist somit proportional mit ihr.

Dagegen gelten die beiden ersten Reibungsgesetze auch bei den großen Zapfengeschwindigkeiten, und es ergibt sich somit aus den Reibungsgesetzen 1, 2 und 3a die Beziehung $p \mu T_z =$ konstant.

Trägt man für v_z zwischen 0 und 4 m/sek das Produkt $p \mu T_z$ in Abhängigkeit von v_z nach verschiedenen Autoren auf, so zeigt es sich, daß die Kurve nach Lasche sowohl der Größe als der Gestalt nach von den Kurven von Dettmar, Stribeck und Tower wesentlich abweicht und überhaupt nicht mit dem Gesetze 3 (S. 605) im Einklang ist.

Von großem Einfluß auf die Reibung ist der Spielraum des Lagers. Mit wachsender Dicke der Ölschicht nimmt der Reibungskoeffizient ab, wie sich aus den Versuchen von Heimann ergibt.

Berechnung der Reibungsverluste. Wir hatten

$$W_R = 9{,}81\, A_R = 9{,}81\, \mu Q v_z.$$

Auf Grund der drei Reibungsgesetze ist zwischen 0,5 und 4 m/sek Umfangsgeschwindigkeit

$$\mu = \frac{k_6}{T_z} \cdot \frac{\sqrt{v_z}}{p}, \quad \ldots \ldots \quad (287)$$

wo k_6 eine von der Ölsorte und dem Spielraum des Zapfens im Lager abhängige Konstante und T_z die Temperatur des Zapfens ist; da

$$Q = p\, d_z\, l_z,$$

wird der Energieverlust durch Reibung zwischen 0,5 und 4 m/sek Umfangsgeschwindigkeit

$$\boldsymbol{W_R = 9{,}81 \frac{k_6}{T_z} d_z l_z \sqrt{v_z^3}} \textbf{ Watt} \quad . \quad . \quad (288)$$

Über 4 m/sek Zapfengeschwindigkeit wird der Reibungsverlust kleiner als der nach Formel (288) gerechnete, und für $v_z > 10$ m geht Gl. (287) zufolge des abgeänderten dritten Reibungsgesetzes über in

$$\mu = \frac{k_6'}{T_z\, p} \quad . \quad . \quad . \quad . \quad . \quad . \quad . \quad (287\text{a})$$

und Gl. (288) in

$$\boldsymbol{W_R = 9{,}81 \frac{k_6'}{T_z} d_z l_z v_z}. \textbf{ Watt} \quad . \quad . \quad (288\text{a})$$

Machen wir die Annahme, daß die in der Zeiteinheit abgegebene Wärme proportional der Temperaturerhöhung des Zapfens gegenüber der umgebenden Luft $(T_z - T_l)$ und proportional der Zapfenlauffläche $\pi d_z l_z$ sei, so ist die abgegebene Wärme

$$W_a = \frac{\pi d_z l_z (T_z - T_l)}{k_7} \text{ Watt,}$$

worin k_7 eine Konstante ist. Es ergibt sich demnach für den Beharrungszustand $W_a = W_R$ und die Temperatur des Zapfens

$$T_z = T_l + \frac{k\, W_R}{\pi d_z l_z}.$$

Setzen wir T_z in Gl. (288) bzw. (288a) für W_R ein, so ergibt sich

$$W_R = \frac{-T_l + \sqrt{T_l^2 + 12{,}5\, k_6 k_7 \sqrt{v_z^3}}}{0{,}637\, k_7} d_z l_z$$

bzw. $$W_R = \frac{-T_l + \sqrt{T_l^2 + 12{,}5\, k_6' k_7 v_z}}{0{,}637\, k_7} d_z l_z$$

und $$T_z = \frac{T_l + \sqrt{T_l^2 + 12{,}5\, k_6 k_7 \sqrt{v_z^3}}}{2}$$

bzw. $$T_z = \frac{T_l + \sqrt{T_l^2 + 12{,}5\, k_6' k_7 v_z}}{2}$$

oder die Temperaturzunahme

$$T_z - T_l = \frac{-T_l + \sqrt{T_l^2 + 12{,}5\, k_6 k_7 \sqrt{v_z^3}}}{2} \quad . \quad . \quad . \quad (289)$$

bzw. $$T_z - T_l = \frac{-T_l + \sqrt{T_l^2 + 12{,}5\, k_6' k_7 v_z}}{2} \quad . \quad . \quad . \quad (289\text{a})$$

Dieses Resultat ist nicht ganz richtig; denn hieraus folgt, daß die Temperaturerhöhung eines Lagers lediglich von der Umfangsgeschwindigkeit des Zapfens abhängt und daß die Lagerlänge keinerlei Einfluß auf dieselbe ausübt; das stimmt mit der Erfahrung nicht überein, was auch ganz natürlich ist; denn die Temperaturerhöhung des Lagers hängt nicht allein von

$$\frac{W_R}{\pi d_z l_z}$$

ab, sondern auch von der Konstruktion des Lagers, d. h. k_7 ist eine von l_z abhängige Größe.

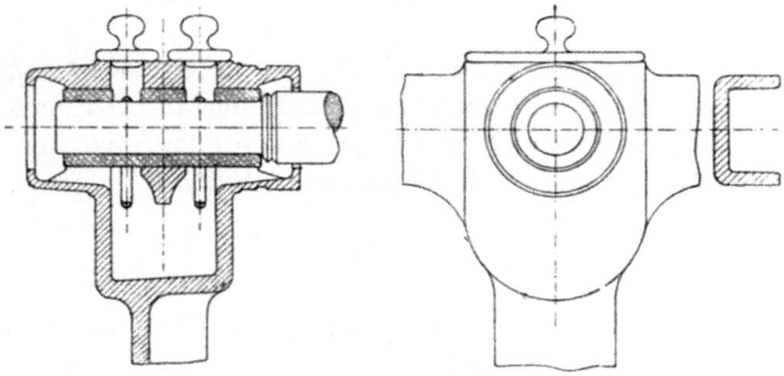

Fig. 516. Lager.

Dettmar hat an einer Reihe von Lagern nach der Konstruktion Fig. 516, wie sie von der Firma Gebrüder Körting gebaut wurden, folgende Werte für k_6 und k_7 bei kleinen und mittelgroßen Dynamomaschinen gefunden

$$k_6 = 2{,}65$$

und

$$k_7 = 25.$$

In dem Koeffizienten k_6 ist auch die Luftreibung der Maschine mit enthalten.

Nach Lasche ist für p bis 15 kg/cm², T_z bis 100° C und v_z von $10 \div 20$ m/sek, $k_6' = 2$. Betreffs der Wärmeausstrahlung fand er, daß diese um so größer ist, je größer die Metallmassen sind, welche die Lagerschale umgeben, weil hiermit die gesamte ausstrahlende Oberfläche zunimmt.

Bei einem künstlich erwärmten Lager war die spez. Ausstrahlung, d. h. die pro cm² Zapfenfläche und pro Grad C ausgestrahlte Wärme stets größer, wenn sich die Welle im Lager befand, als wenn das Lager ohne Welle erwärmt wurde.

Die spez. Ausstrahlung nimmt schneller zu, als der Temperaturunterschied zwischen Lagerschale und umgebender Luft, ist jedoch nahezu unabhängig von der Konstruktion, den Betriebsbedingungen und Arten der Ölzufuhr.

Bezeichnet man die pro cm² der Zapfenlauffläche und pro Grad C ausgestrahlte Wärme in kgm/sek mit A, so läßt sich diese als Funktion der Temperaturerhöhung, als Mittelwert aus den zahlreichen Versuchen von Lasche darstellen durch die Beziehung:

$$A = [3{,}6 + 0{,}045\,(T_z - T_l)]\,10^{-4}\ \text{kgm/sek}.$$

Die spezifische Ausstrahlung in Watt W_A ist

$$W_A = 9{,}81 \cdot A = [35 + 0{,}44\,(T_z - T_l)]\,10^{-4},$$

also ist

$$k_\tau = \frac{1}{W_A} = \frac{10^4}{35 + 0{,}44\,(T_z - T_l)}$$

$T_z - T_l = 10^0$	. . .	$k_\tau = 251$
20^0	. . .	225
30^0	. . .	205
40^0	. . .	189
50^0	. . .	175

Man sieht hieraus, daß die Werte von k_τ nach Lasche nahezu 10 mal so groß sind wie der von Dettmar angegebene Wert $k_\tau = 25$. Es ist jedoch zu berücksichtigen, daß Dettmar k_τ aus Versuchen an fertigen Maschinen, bei welchen die Lager durch die Ventilation des Ankers gekühlt wurden, berechnete.

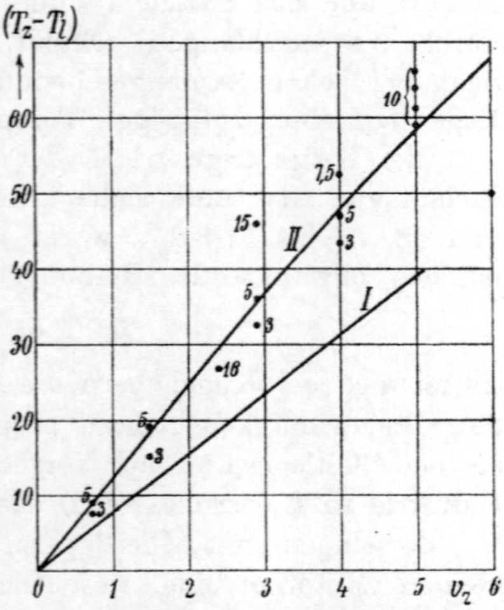

Fig. 517. Übertemperatur eines Lagers im Beharrungszustand als Funktion der Zapfenumfangsgeschwindigkeit v_z. Kurve I nach Dettmar, Kurve II nach Lasche.

Man verfährt nun am sichersten, indem man für ein und dieselbe Lagertype die Temperaturerhöhung als Funktion der Umfangsgeschwindigkeit v_z aufträgt. Man kann dann für jeden Fall die Temperaturzunahme direkt ablesen und die Temperatur der Umgebung dazu addieren und erhält so die Temperatur T_z des Lagers; diese in die Formel 288 bzw. 288a eingesetzt, gibt den Lagerreibungsverlust der Maschine.

In Fig. 517 ist eine solche Kurve I dargestellt, die mit den von Dettmar gefundenen Koeffizienten $k_6 = 2{,}65$, $k_7 = 25$ und $T_l = 20^0$ berechnet ist. Kurve II wurde von Lasche für mittlere Verhältnisse aufgestellt. Die von ihm selbst und von Stribeck experimentell beobachteten Werte sind in der Figur eingetragen und bestätigen die Richtigkeit der Kurve. (Die eingetragenen Zahlen bedeuten den Flächendruck p.)

Nehmen wir Kurve II als für mittlere Verhältnisse geltend an, so ersieht man, daß schon bei einer Zapfengeschwindigkeit von 4,5 m/sek die Temperaturerhöhung des Zapfens ca. 50^0, seine Temperatur also ca. 70^0 beträgt, ein Wert, den man kaum überschreiten wird.

Doch zeigt es sich in der Praxis, daß öfters Zapfen mit einer Umfangsgeschwindigkeit von 10 m und darüber noch keiner künstlichen Kühlung bedürfen. Als eine praktische Regel kann man annehmen, daß man noch ohne künstliche Kühlung auskommt, wenn das Produkt $pv_z < 15$ ist.

Zur künstlichen Kühlung verwendet man Wasser, das durch Kanäle in den Lagerschalen oder durch eine in der Ölkammer des Lagers liegende Kühlschlange geführt wird. Bei hohen Lagerpressungen wird das Öl mit 1,5 bis 3 Atm. Druck dem Zapfen zugeführt und das zwischen Pumpe und Zapfen zirkulierende Öl wird durch Wasserschlangen gekühlt. Auf diese Art wird es möglich, auch bei hohen Zapfengeschwindigkeiten und hohen Pressungen das Lager auf einer zulässigen Temperatur zu halten.

Bei Kugellagern ist der Reibungskoeffizient nach den Versuchen von Stribeck nahezu konstant. Bei Belastungsänderungen von 58 d_k^2 bis 110 d_k^2, worin d_k der Durchmesser einer Kugel in cm ist, schwankte der Reibungskoeffizient nur zwischen

$$0{,}00165 \text{ bis } 0{,}0013.$$

Es ist also bei Kugellagern die Reibungsarbeit dem Lagerdruck und der Geschwindigkeit nahezu proportional und außerdem viel kleiner als bei Gleitlagern. Nach Versuchen der Gesellschaft für elektrische Industrie in Karlsruhe mit Drehstrommotoren ist sie nicht mehr als $^1/_{10}$ derjenigen mit Gleitlagern. Es wird daher namentlich bei kleinen Motoren eine wesentliche Erhöhung des Wirkungsgrades bei Verwendung von Kugellagern eintreten.

b) Verlust durch Luftreibung. Der Verlust durch Luftreibung läßt sich nicht getrennt berechnen. Er hängt hauptsächlich von der Anordnung der Wicklung und der Zahl und Größe der Ventilationskanäle ab.

Nimmt man an, daß der Luftwiderstand mit dem Quadrat

der Geschwindigkeit zunimmt, so ist der Verlust durch Luftreibung der dritten Potenz der Geschwindigkeit proportional. Bei kleinen Umfangsgeschwindigkeiten bis ca. 20 m/sek ist der Verlust durch Luftreibung nur ein kleiner Teil, ca. 10% der Lagerreibung, bei großen Umfangsgeschwindigkeiten, wie z. B. bei Turbogeneratoren mit besonders stark gekühltem Anker, kann er jedoch bedeutend größer werden und die Lagerreibung um ein Vielfaches überschreiten.

Parshall und Hobart geben für die Gesamtreibung folgende Werte als Anhaltspunkte an.

1 bis 3% der Leistung bei 400 KW bis 60 KW und 360 bis 1500 Umdrehungen	schnellaufende riemengetriebene Maschinen
0,8 bis 2% der Leistung bei 500 KW bis 50 KW	langsam laufende Maschinen.

Große mit der Dampfmaschine direkt gekuppelte langsam laufende Maschinen haben 1/2 bis 1% Reibungsverluste bei Leistungen von 1000 KW und abwärts. Bei sehr rasch laufenden Maschinen werden die Reibungsverluste wesentlich größer als oben angegeben.

c) Verlust durch Bürstenreibung. Dieser Verlust ergibt sich aus der Umfangsgeschwindigkeit, dem Auflagedruck und dem Reibungskoeffizienten.

Bezeichnet

g den Auflagedruck pro cm² in kg,
ϱ den Reibungskoeffizienten,
v_k die Umfangsgeschwindigkeit des Kommutators in m/sek,
F_b die Auflagefläche aller Bürsten und
W_r den Energieverlust durch Reibung.

dann ist

$$W_r = 9{,}81\, v_k\, F_b\, g\, \varrho \text{ Watt} \qquad (290)$$

Für Kupferbürsten ist

$$g = 0{,}10 \text{ bis } 0{,}13 \text{ kg} \quad \text{und} \quad \varrho = 0{,}25 \text{ bis } 0{,}3.$$

Für Kohlenbürsten ist

$$g = 0{,}12 \text{ bis } 0{,}15 \text{ kg} \quad \text{und} \quad \varrho = 0{,}20 \text{ bis } 0{,}3.$$

Bei Motoren, die starken Erschütterungen ausgesetzt sind, wie z. B. Straßenbahnmotoren, muß g zwei- bis dreimal so groß gemacht werden.

d) Bedingungen für das Minimum der Verluste am Kommutator. Wenn wir annehmen, daß der Strom J_a gleichmäßig über die Bürsten verteilt ist, so wird

$W_u = 2\,J_a\,\Delta P =$ konstant für verschiedene Stromdichten,

$$W_r = 9{,}81\,F_b\,v_k\,g\,\varrho = 9{,}81\,\frac{2\,J_a}{s_u}\,v_k\,g\,\varrho,$$

und

$$W_u + W_r = 2\,J_a\left(\Delta P + 9{,}81\,\frac{v_k}{s_u}\,g\,\varrho\right)\ \textbf{Watt}\ . \qquad (291)$$

Der Gesamtverlust wird für einen gegebenen Wert von g ein Minimum, wenn s_u möglichst groß ist, und für ein konstantes s_u wird W um so kleiner, je kleiner g ist. Der höchste Wert von s_u und der kleinste von g sind durch das Feuern der Maschine begrenzt; denn in dem Momente, in welchem Funken unter der Bürste auftreten, steigt der Wert von ΔP ganz erheblich, so daß W_u rasch zunimmt. Die zulässigen Werte von s_u sind auf Seite 307 angegeben. Bei einer bestimmten Stromdichte erhält man den günstigsten Druck, d. h. die kleinsten Verluste, wenn man die Bürsten mit dem kleinsten Druck einstellt, bei welchem sie nicht mehr feuern. Dieser Druck hängt sehr von der Beschaffenheit des Kommutators und der Art des Betriebes ab.

140. Zusammenstellung der Formeln für die Verluste.

1. Hysteresisverlust im Ankerkern nach Formel (243) S. 562

$$W_{ha} = \sigma_{2h}\,f_a\left(\frac{c}{100}\right)\left(\frac{B_a}{1000}\right)^2 V_a \ \text{Watt.}$$

Für f_a siehe Fig. 488.

2. Wirbelstromverlust im Ankerkern nach Formel (250a) S. 571

$$W_{wa} = \sigma_w\,k_4\left(\Delta\,\frac{c}{100}\,\frac{B_a}{1000}\right)^2 f_4\,V_a \ \text{Watt.}$$

Für k_4 siehe Fig. 494 und für f_4 Formel (252).

3. Hysteresisverlust in den Zähnen nach Formel (245a) S. 566

$$W_{hz} = \sigma_{2h}\,k_5\left(\frac{c}{100}\right)\left(\frac{B_{z\,min}}{1000}\right)^2 V_z \ \text{Watt.}$$

Für k_5 siehe Fig. 490.

4. Wirbelstromverlust in den Zähnen nach Formel (253) S. 571

$$W_{wz} = \sigma_w\,k_5\left(\Delta\,\frac{c}{100}\,\frac{B_{z\,min}}{1000}\right)^2 f_5\,V_z \ \text{Watt.}$$

Für k_5 siehe Fig. 490 und für f_5 Formel (254).

5. Hysteresisverlust in den $2p$ lamellierten Polschuhen nach Formel (265a) S. 580

$$W_{hp} = \frac{\sigma_{2h}}{720}\left(\frac{v}{10}\right)\left(\frac{B_n}{1000}\right)^2 f_h\, 2pbl \text{ Watt.}$$

Für f_h siehe Fig. 500.

6a. Wirbelstromverlust in den $2p$ lamellierten Polschuhen nach Formel (264) S. 579

$$W_{wp} = \frac{\pi}{120\,t_1}\left(\Delta\frac{v}{10}\frac{B_n}{1000}\right)^2 f_\varrho\, 2pbl \text{ Watt.}$$

Für f_ϱ siehe Fig. 499.

6b. Wirbelstromverlust in den $2p$ massiven Polschuhen nach Formel (260) S. 577

$$W_{wp} = \frac{1}{80\pi}\left(\frac{B_n}{1000}\right)^2\left(\frac{v}{10}\right)^{1,5}\sqrt{\frac{t_1}{\varrho\mu}}\, 2pbl \text{ Watt.}$$

7. Stromwärmeverlust durch den Nebenschlußstrom nach Formel (268) S. 590

$$W_n = i_n^2 R_n \text{ Watt.}$$

8. Stromwärmeverlust durch den Ankerstrom nach Formel (282) S. 598

$$W_{ka} + W_{kw} = kJ_a^2 R_a \cong J_a^2 R_a\left(1 + \frac{4r^2\lambda^2}{3\pi}\frac{l}{l_a}\frac{1.8}{2+\gamma}\right) \text{ Watt.}$$

9. Stromwärmeverlust in Hauptschluß- und Wendepolwicklungen nach den Formeln (271) und (272) S. 592

$$W_H + W_W = J_a^2 (R_h + R_w) \text{ Watt.}$$

10. Übergangsverlust am Kommutator nach Formel (273) S. 593

$$W_u = 2\,J_a \Delta P f_u \text{ Watt.}$$

11. Lagerreibung nach Formel (288) S. 607

$$W_R = 9{,}81\,\frac{k_6}{T_z}\,d_z l_z \sqrt{v_z^3} \text{ Watt} \qquad \text{für } v_z = 0{,}5 \text{ bis } 4\,\frac{\text{m}}{\text{sek.}}$$

und

$$W_R = 9.81\,\frac{k_6'}{T_z}\,d_z l_z v_z \text{ Watt} \qquad \text{für } v_z > 10\,\frac{\text{m}}{\text{sek.}}$$

12. Bürstenreibung nach Formel (290) S. 611

$$W_r = 9.81\,v_k F_b\, g\, \varrho \text{ Watt.}$$

Siebenundzwanzigstes Kapitel.

Wirkungsgrad der Gleichstrommaschine.

141. Wirkungsgrad der Gleichstrommaschine und seine Abhängigkeit von der Belastung. — 142. Verfahren zur experimentellen Bestimmung des Wirkungsgrades und der Verluste. — 143. Direkte Bestimmung des Wirkungsgrades durch Messung der zugeführten und der abgegebenen Leistung. — 144. Indirekte Bestimmung des Wirkungsgrades durch Messung der Gesamtverluste. Zurückarbeitungsmethode. — 145. Indirekte Bestimmung des Wirkungsgrades durch Messung der im Leerlauf und Kurzschluß auftretenden Verluste. — 146. Indirekte Bestimmung des Wirkungsgrades durch Messung und Berechnung der einzelnen Verluste je für sich, Leerlaufmethode. — 147. Experimentelle Trennung der Verluste einer Gleichstrommaschine.

141. Wirkungsgrad der Gleichstrommaschine und seine Abhängigkeit von der Belastung.

Unter dem Wirkungsgrad irgend einer Maschine versteht man das Verhältnis

$$\eta = \frac{\text{Abgegebene Leistung}}{\text{Zugeführte Leistung}}$$

Bei einem Generator ist die abgegebene Leistung das Produkt aus Spannung und Stromstärke PJ und die zugeführte Leistung um den Betrag der Summe aller Verluste W_v größer. Bei einem Motor ist dagegen die zugeführte Leistung PJ und die abgegebene Leistung um den Betrag W_v kleiner. Es wird also der Wirkungsgrad:

eines Generators

$$\eta_g = \frac{PJ}{PJ + W_v}$$

oder in Prozenten

$$\eta_g\,\% = 100 - \frac{W_v}{PJ + W_v} \cdot 100\,\%, \quad \ldots \quad (292)$$

und eines Motors

$$\eta_m = \frac{PJ - W_v}{PJ}$$

oder in Prozenten

$$\eta_m\,\% = 100 - \frac{W_v}{PJ} \cdot 100\,\% \quad . \quad . \quad . \quad . \quad . \quad (293)$$

Da die Gesamtverluste W_v mit der Belastung zunehmen, so wird der Wirkungsgrad sich mit der Belastung ändern. Um Irrtümer bei der Angabe des Wirkungsgrades zu verhindern, enthalten die Normalien der V. D. E.[1]) deshalb die Bestimmung: Der Wirkungsgrad ohne besondere Angaben der Belastung bezieht sich auf die normale Belastung.

Wir wollen nun die Abhängigkeit des Wirkungsgrades von der Belastung näher untersuchen und haben dabei vor allen Dingen die Veränderung der Verluste mit der Belastung zu beachten. Wir beschränken uns auf den Fall eines mit konstanter Klemmenspannung und Umdrehungszahl laufenden Generators, dessen Temperatur wir als konstant ansehen. Die Verluste teilen wir dann wie folgt ein:

A. Reibungsverluste W_ϱ Diese setzen sich zusammen aus den Luft-, Lager- und Bürstenreibungsverlusten, die alle nahezu unabhängig von der Belastung sind. Die Reibungsverluste sind also:

$$W_\varrho = W_R + W_r.$$

B. Hysteresisverluste. Diese bestehen aus den Hysteresisverlusten im Ankerkern und in den Zähnen W_{ha} und W_{hz} und aus den Hysteresisverlusten in den Polschuhen W_{hp}.

Von diesen Verlusten sind W_{ha} und W_{hp} praktisch unabhängig von der Belastung, während W_{hz} mit der Feldverzerrung, herrührend von den quermagnetisierenden Ankeramperewindungen von Leerlauf bis Vollast um

$$\Delta W_{hz} = \sigma_{2h}\, k_5 \left(\frac{c}{100}\right)\left(\frac{B_{z\,min}}{1000}\right)^2 \left[\left(\frac{B_{lb}}{B_{lo}}\right)^2 - 1\right] V_z \text{ Watt}$$

zunimmt. Diese Verlusterhöhung steigt annähernd proportional der Belastung an.

C. Wirbelstromverluste. Diese bestehen aus den Wirbelstromverlusten im Ankerkern und in den Zähnen W_{wa} und W_{wz}, aus den Wirbelstromverlusten in den Polschuhen W_{wp} und aus den Wirbelstromverlusten W_{wk} in der Ankerwicklung, herrührend vom Hauptfeld.

Von diesen Verlusten sind W_{wa} und W_{wp} praktisch unabhängig von der Belastung, während W_{wz} und W_{wk} mit der bei Belastung

[1]) Verlag von Julius Springer, Berlin, 1910.

eintretenden Feldverzerrung zunehmen. W_{wz} steigt somit von Leerlauf bis Belastung um

$$\Delta W_{wz} = \sigma_w k_5 \left(\frac{c}{100}\right)\left(\frac{B_{z\,min}}{1000}\right)^2 \left[\frac{f_{5b}}{f_{5o}}\left(\frac{B_{lb}}{B_{lo}}\right)^2 - 1\right] V_z \text{ Watt},$$

welche Erhöhung auch annähernd proportional der Belastung ansteigt.

Der Wirbelstromverlust in der Ankerwicklung W_{wk} steigt bei Belastung noch viel schneller an und hängt hauptsächlich von der Zunahme von $B_{z\,max}$ von Leerlauf bis Vollast ab.

D. Stromwärmeverlust des Nebenschlußstromes. Dieser besitzt bei Leerlauf schon einen beträchtlichen Wert und nimmt mit der Belastung langsam zu. Es steigt W_{nt} annähernd proportional der Belastung an.

E. Der Stromwärmeverlust im Ankerkupfer setzt sich aus dem reinen Ohmschen Verlust und dem durch die Kommutierung in der Ankerwicklung verursachten Wirbelstromverlust

$$W_{ka} + W_{kw} = k J_a^2 R_a$$

zusammen. Bei Wendepolmaschinen, wo die Kommutierung bei allen Belastungen fast geradlinig verläuft, nimmt der Wirbelstromverlust ähnlich dem Ohmschen Verlust proportional dem Quadrate der Belastung zu, so daß der Widerstandskoeffizient k in richtig dimensionierten Wendepolmaschinen als konstant angesehen werden kann.

F. Stromwärmeverlust in Hauptschluß- und Wendepolwicklungen. Diese nehmen beide proportional dem Quadrate der Belastung zu:

$$W_H + W_W = J_a^2 (R_h + R_w).$$

G. Der Übergangsverlust an den Bürsten ist, geradlinige Kommutierung bei allen Belastungen vorausgesetzt (Wendepole), annähernd

$$W_u = 2\,\Delta P J_a,$$

und da ΔP sich mit der Belastung sehr wenig ändert, so nimmt W_u fast proportional der Belastung zu.

Wir wollen nun an Hand der gefundenen Formeln die Abhängigkeit der Verluste und des Wirkungsgrades von der Belastung an einem praktischen Beispiel untersuchen.

Die Berechnung der Verluste eines 8-poligen Generators für 700 kW, 750 Umdrehungen, 230 Volt und 3040 Ampere ergab das folgende Resultat:

Als Ankerblech wurde gewöhnlich 3,6 Watt/kg Dynamoblech angenommen, dessen Hysteresiskonstante $\sigma_{2h} = 0{,}36$ und dessen Wirbelstromkonstante $\sigma_w = 1{,}6$ sind. — Für $p = 4$ und $\frac{h}{\tau} = 0.32$ wird nach

Fig. 488 $f_a = 1{,}04$ und nach Fig. 494 $k_4 = 1{,}48$. Für $\frac{z_2}{z_1} = 0{,}91$ wird nach Fig. 490 $k_5 = 1{,}16$, während nach Seite 572 $f_4 = 1{,}19$ und $f_5 = 2{,}02$ gesetzt werden kann. Nach Fig. 500 ist $f_h = 1{,}01$ und $f_\varrho = 0{,}98$, da $\xi \simeq 1{,}0$ ist.

Es ergeben sich somit die folgenden Eisenverluste bei Leerlauf zu

$$W_{ha} = \sigma_{zh} f_a \left(\frac{c}{100}\right)\left(\frac{B_a}{1000}\right)^2 V_a = 0{,}36 \cdot 1{,}04 \cdot 0{,}5 \cdot 12{,}8^2 \cdot 67 = 2050 \text{ Watt}$$

$$W_{wa} = \sigma_w k_4 \left(\Delta \frac{c}{100} \frac{B_a}{1000}\right)^2 f_4 V_a = 1{,}6 \cdot 1{,}48 \, (0{,}5 \cdot 0{,}5 \cdot 12{,}8)^2 \cdot 1{,}19 \cdot 67 = = 1870 \text{ Watt}$$

$$W_{hz} = \sigma_{zh} k_5 \left(\frac{c}{100}\right)\left(\frac{B_{z\,min}}{1000}\right)^2 V_z = 0{,}36 \cdot 1{,}16 \cdot 0{,}5 \cdot 19{,}7^2 \cdot 15{,}5 = 1253 \text{ Watt}$$

$$W_{wz} = \sigma_w k_5 \left(\Delta \frac{c}{100} \frac{B_{z\,min}}{1000}\right)^2 f_5 V_z = 1{,}6 \cdot 1{,}16 \, (0{,}5 \cdot 0{,}5 \cdot 19{,}7)^2 \cdot 2{,}02 \cdot 15{,}5 = = 1400 \text{ Watt}$$

$$W_{hp} = \frac{\sigma_{zh}}{720}\left(\frac{v}{10}\right)\left(\frac{B_n}{1000}\right)^2 f_h \, 2pbl = \frac{0{,}36}{720} \, 3{,}53 \cdot 1{,}44^2 \cdot 1{,}01 \cdot 5800 = = 13 \text{ Watt}$$

$$W_{wp} = \frac{\pi}{120 t_1}\left(\Delta \frac{v}{10} \frac{B_n}{1000}\right)^2 f_\varrho \, 2pbl = \frac{\pi}{120 \cdot 2{,}02} \, (0{,}5 \cdot 3{,}53 \cdot 1{,}44)^2 \cdot 0{,}98 \cdot 5800 = = 475 \text{ Watt}$$

also $W_{ei,0} = 1{,}2 \, (W_{ha} + W_{wa} + W_{hz} + W_{wz} + W_{hp} + W_{wp}) = 8500$ Watt.

Nach dem Seite 589 beschriebenen vereinfachten Verfahren erhält man nach Fig. 507 für $B_a = 12800$ und $c = 50$

$$W_{ta} = 46 \cdot 67 = 3100 \text{ Watt}$$

und für $B_{z\,mit} = 21400$ und $c = 50$

$$W_{tz} = 129 \cdot 15{,}5 = 2000 \text{ Watt},$$

also wird nach diesem Verfahren

$$W_{ei} = 1{,}8 \, (W_{ta} + W_{tz}) = 1{,}8 \, (3100 + 2000) = 9200 \text{ Watt}.$$

Die Gesamtreibungsverluste ergeben sich zu 8 kW, während die Stromwärmeverluste im Nebenschlußkreis sich bei Leerlauf zu 230 Volt $\times$ 12 Amp. = 2760 Watt ergeben. Die Leerlaufverluste betragen somit

$$W_0 = W_{ei,0} + W_n + W_\varrho = 8500 + 2760 + 8000 = 19260 \text{ Watt},$$

was annähernd mit dem gemessenen Werte 18000 Watt übereinstimmt.

Von Leerlauf bis Vollast nehmen die Eisenverluste und die Wirbelstromverluste im Ankerkupfer wegen der Feldverzerrung etwas zu und können wir angenähert

$$W_{ei} = 1{,}25\ W_{ei,0} = 10\,600 \text{ Watt}$$

setzen. Die Verluste im Nebenschlußkreise steigen auch mit der Belastung etwas an und betragen bei Vollast

$$230 \text{ Volt} \times 15 \text{ Amp.} = 3450 \text{ Watt.}$$

Um die Stromwärmeverluste im Ankerkupfer zu berechnen, soll zuerst die Konstante k, um welche die Wirbelstromverluste die Ohmschen Ankerverluste erhöhen, ermittelt werden. Es sind

$$\lambda = 0{,}14 \sqrt{\frac{c r_2}{r_3}} = 0{,}14 \sqrt{\frac{50 \cdot 5{,}5}{8{,}5}} = 0{,}8$$

$$\gamma = \frac{T_{n0}}{T} = \frac{c m^2 \pi^3}{r^2 \lambda^2} \frac{t_1 + b_r' - \beta_r}{100 v} = \frac{50 \cdot 2^2 \cdot 31}{2{,}8^2 \cdot 0{,}8^2} \cdot \frac{2{,}02 + 4{,}04 - 2{,}02}{100 \cdot 35{,}3} = 1{,}42$$

und
$$\delta = \frac{c m^2 \pi^3}{r^2 \lambda^2} \frac{\xi_k \beta_r}{100 v} = 0{,}35$$

Es wird somit die Konstante

$$k = 1 + \frac{4 r^2 \lambda^2}{3\pi} \frac{l}{l_a} \left(\frac{1{,}8}{2 + \gamma} - \psi(\gamma, \delta) \right)$$

$$= 1 + \frac{4 \cdot 2{,}8^2 \cdot 0{,}8^2}{3\pi} \frac{27}{85} \left(\frac{1{,}8}{2 + 1{,}42} - 0{,}02 \right) = 1{,}35.$$

Die Stromwärmeverluste im Ankerkupfer betragen somit bei Vollast

$$W_{ka} + W_{kw} = k J_a^2 R_a = 1{,}35 \cdot 3040^2 \cdot 10^{-3} = 12\,500 \text{ Watt.}$$

Die Stromverluste in Hauptschluß- und Wendepolwicklungen betragen bei Vollast

$$W_H + W_W = J_a^2 (R_H + R_w) = 3040^2 \cdot 1{,}6 10^{-4} = 1480 \text{ Watt.}$$

Der Übergangsverlust an den Bürsten ergibt sich für weiche Bürsten bei Vollast zu

$$W_u = 2 \Delta P J_a = 2 \cdot 0{,}7 \cdot 3040 = 4250 \text{ Watt.}$$

In der Fig. 518 sind diese verschiedenen Verluste, die Gesamtverluste und der Wirkungsgrad als Funktionen der abgegebenen Leistung aufgetragen. Außerdem sind durch gestrichelte Kurven die Gesamtverluste und der Wirkungsgrad, wie sie aus der weiter unten zu beschreibenden Leerlaufmethode zur Bestimmung des Wirkungsgrades ermittelt werden würden, angegeben.

Wenn wir nun den Belastungspunkt ermitteln wollen, bei welchem der Wirkungsgrad seinen Höchstwert hat, so bestimmen wir aus der Gl. (292)

$$\frac{d\eta}{dJ} = \frac{P(PJ + W_v) - PJ\left(P + \dfrac{dW_v}{dJ}\right)}{(PJ + W_v)^2}.$$

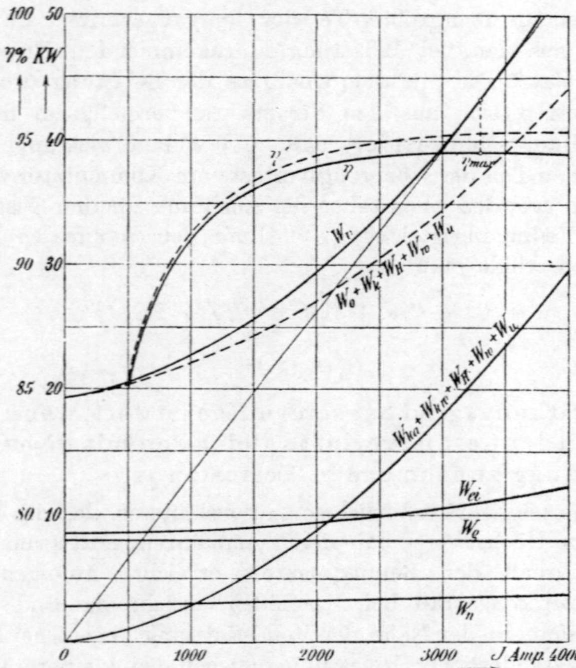

Fig. 518. Verluste und Wirkungsgrad eines 8poligen Generators für 700 kW, 750 Umdrehungen, 230 Volt und 3040 Ampere.

Hieraus ergibt sich für $\eta = \max$

$$W_v = J\frac{dW_v}{dJ}, \quad . \quad . \quad . \quad . \quad . \quad . \quad . \quad (294)$$

d. h. der Wirkungsgrad hat seinen Höchstwert bei derjenigen Belastung, für die eine Tangente an die Kurve der Gesamtverluste durch den Anfangspunkt des Koordinatensystems geht. Es kann gezeigt werden, daß dieser Satz auch für Motoren gilt, unabhängig davon, ob die Kurven als Funktionen der abgegebenen oder der zugeführten Leistung aufgetragen werden.

In der Fig. 518 ist diese Konstruktion zur Ermittelung des Höchstwirkungsgrades dargestellt. Da man die Gesamtverluste nach der obigen Erläuterung als eine quadratische Funktion des Belastungsstromes J darstellen kann, so können wir die Gesamtverluste W_v als aus drei Teilen zusammengesetzt auffassen

$$W_v = C_0 + C_1 J + C_2 J^2 \quad . \quad . \quad . \quad . \quad . \quad . \quad (295)$$

Von diesen macht der konstante Teil die bei Leerlauf auftretenden Verluste aus, während die mit der Belastung proportional zunehmenden Verluste sich aus dem größten Teil der Übergangsverluste am Kommentator und aus den bei Belastung hinzukommenden Eisenverlusten zusammensetzt. Die mit dem Quadrate der Belastung zunehmenden Verluste setzen sich aus den Stromwärmeverlusten in der Ankerwicklung, Hauptschlußerregerwicklung, Wendepolwicklungen und aus einem kleinen Teil der Übergangsverluste am Kommutator zusammen.

Führen wir den obenstehenden Ausdruck für den Gesamtverlust W_v in die Bedingungsgleichung (294) für den maximalen Wirkungsgrad ein, so erhält man

$$C_0 + C_1 J + C_2 J^2 = C_1 J + 2 C_2 J^2$$

oder

$$C_0 = C_2 J^2 \quad . \quad . \quad . \quad . \quad . \quad . \quad . \quad . \quad . \quad . \quad (296)$$

d. h. der Wirkungsgrad hat seinen Höchstwert, wenn der konstante Teil der Gesamtverluste gleich den mit dem Quadrate der Belastung zunehmenden Verlusten ist.

Eine Maschine ist natürlich so zu konstruieren, daß der Wirkungsgrad seinen Höchstwert bei dem ungefähren Mittelwert der Belastung während der Benutzungszeit erreicht. Infolgedessen soll der Höchstwirkungsgrad bei Maschinen, welche dauernd etwa voll belastet laufen, in der Nähe der Vollastleistung liegen, bei Maschinen mit stark veränderlicher Belastung dagegen bei kleinerer Belastung auftreten.

Wenn wir nur zwei Punkte der Wirkungsgradskurve z. B. bei $^1/_1$ und $^1/_2$ Last und den Leerlaufverlust kennen, so kann die ganze Wirkungsgradkurve wie folgt konstruiert werden. — Man berechnet die Verluste bei Halblast und Vollast, zieht von ihnen den Leerlaufverlust ab, wonach man den Restbetrag entsprechend $C_1 J + C_2 J^2$ durch den Belastungsstrom J dividiert und trägt den somit erhaltener Wert $C_1 + C_2 J$ als Funktion der Belastung auf. Die so erhaltene gerade Linie schneidet, wie Fig. 519 zeigt, auf der Ordinatenachse die Strecke C_1 ab und die Neigung der geraden Linie gegen die Abszissenachse ergibt die Konstante C_2. Mittels der Konstanten C_0, C_1 und C_2 lassen sich dann die Gesamtverluste $W_v = C_0 + C_1 J + C_2 J^2$ und der Wirkungsgrad bei verschiedenen Belastungen berechnen. Diese sind in Fig. 519 zusammen mit den aus Fig. 518

entnommenen wirklichen Gesamtverlusten aufgetragen. Wie ersichtlich, weichen die beiden Verlustkurven nicht wesentlich voneinander

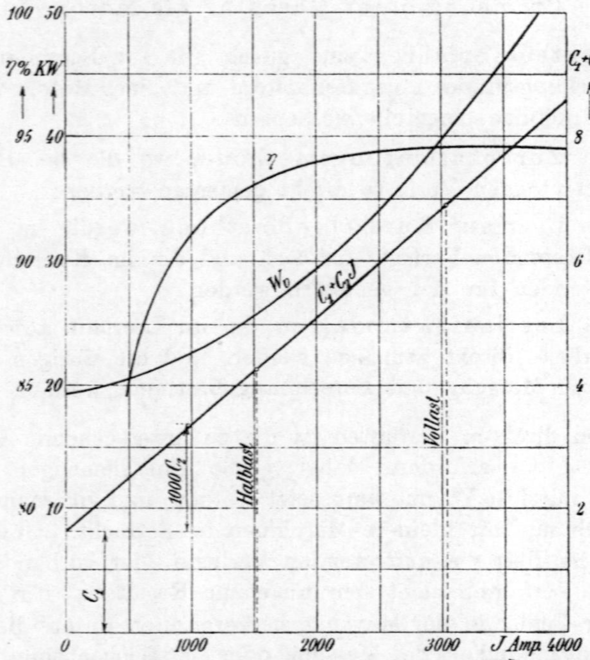

Fig. 519. Bestimmung der Wirkungsgradskurve aus dem Wirkungsgrad bei $^1/_1$ und $^1/_2$ Last und dem Leerlaufverlust.

ab, so daß die Verlustkurve einer Gleichstrommaschine in fast allen Fällen als eine Kurve zweiten Grades von der Belastung dargestellt werden kann.

142. Verfahren zur experimentellen Bestimmung des Wirkungsgrades und der Verluste.

Die Verfahren zur experimentellen Bestimmung des Wirkungsgrades einer Gleichstrommaschine lassen sich in zwei Gruppen einteilen:

1. Die direkten Verfahren, bei denen der Wirkungsgrad durch Messung der zugeführten und der abgegebenen Leistung ermittelt wird.
2. Die indirekten Verfahren, bei denen die Verluste experimentell ermittelt werden und der Wirkungsgrad hieraus berechnet wird.

Zu den direkten Verfahren gehören:

a) die Belastung einer Maschine als Generator,

b) die Bremsung einer Maschine als Motor.

Die indirekten Verfahren sind gleich gut zur Bestimmung des Wirkungsgrades eines Generators und eines Motors geeignet. Sie können eingeteilt werden in

a) die Zurückarbeitungsmethode, wo die bei Belastung auftretenden Verluste direkt gemessen werden;

b) die Leerlauf-Kurzschlußmethode, wo die im Leerlauf auftretenden Verluste für sich und die im Kurzschluß auftretenden für sich gemessen werden;

c) die Leerlaufmethode, wo die im Leerlauf auftretenden Verluste direkt gemessen werden und die übrigen indirekt durch Messung und Berechnung bestimmt werden.

Bei den direkten Verfahren ist die zu untersuchende Maschine voll belastet, sie erfordern daher große Energiemengen, welche meistens in nutzlose Wärme umgesetzt werden, und kommen deshalb hauptsächlich nur für kleinere Maschinen in Betracht. Obwohl die tatsächlich im Betriebe auftretenden Verluste hier vorhanden sind, liefern diese Verfahren leicht sehr ungenaue Resultate. Ein gewisser prozentualer Fehler in der Messung, hervorgerufen durch die unvermeidliche Ungenauigkeit der Messung oder der Beobachtung, beeinflußt nämlich hier den Wirkungsgrad um denselben Prozentsatz. Beträgt die Meßgenauigkeit bei der Bestimmung jeder der beiden Leistungen z. B. $\pm {}^1/_2{}^0/_0$, so ist der ermittelte Wirkungsgrad mit einem möglichen Fehler von $\pm {}^1/_2 \pm {}^1/_2 = \pm 1{}^0/_0$ behaftet, was in Anbetracht der hohen Wirkungsgrade elektrischer Maschinen, etwa $90{}^0/_0$, nicht sehr genau ist.

Die Meßfehler beeinflussen das Resultat bei den indirekten Verfahren weniger, weil wir hier nur die Verluste messen, also Größen, welche im Verhältnis zur gesamten Leistung klein sind. Machen wir z. B. bei der Messung der Leerlaufverluste einen Fehler von ebenfalls $\pm {}^1/_2{}^0/_0$, und betragen diese ${}^1/_{10}$ der Nutzleistung, so beeinflußt dieser Fehler den Wirkungsgrad nur um $\pm {}^1/_{20}{}^0/_0$.

Dagegen haben die indirekten Verfahren meistens den Nachteil, daß wir bei ihnen nicht alle Verluste so messen, wie sie bei Belastung der Maschine auftreten. Wir werden hierauf bei der Besprechung der einzelnen Verfahren näher eingehen.

Die verschiedenen Verfahren sollen hauptsächlich in Anlehnung an die Normalien der V. D. E. beschrieben werden.

143. Direkte Bestimmung des Wirkungsgrades durch Messung der zugeführten und der abgegebenen Leistung.

a) **Bei Generatoren.** Die verschiedenen Verfahren zur direkten Bestimmung des Wirkungsgrades eines Generators unterscheiden sich durch die verschiedenen Arten des Antriebes, welche verschiedene Verfahren zur Messung der zugeführten Leistung bedingen.

1. Beim Antrieb durch eine Kraftmaschine. Bei einigen Belastungen des Generators, z. B. $^1/_1$-, $^3/_4$- und $^1/_2$-Last, wird die mechanisch zugeführte Leistung wie folgt bestimmt. Geschieht der Antrieb durch eine Dampf- oder Explosionsmaschine, so wird die indizierte Leistung mittels Indikatordiagramme ermittelt. Bei Dampfturbinen wird die Leistung durch Messung der durchströmenden Dampfmenge, durch Flanschmessung od. dgl.[1]) bestimmt. Von den so ermittelten Leistungen sind die Reibungsverluste der Kraftmaschine selbst, welche nach Loskupplung des Generators in der gleichen Weise ermittelt werden, abzuziehen. Der Verlust in einer etwa vorhandenen Riemenübertragung ist durch Messung des Schlupfes zwischen Kraftmaschine und Generator bei der jeweiligen Belastung besonders zu bestimmen. Die vom Generator elektrisch abgegebene Leistung dividiert mit der, nach Abzug der Reibungsverluste der Kraftmaschine selbst, erhaltenen, mechanisch zugeführten Leistung stellt dann den gesuchten Wirkungsgrad dar.

Dieses Verfahren ist natürlich ziemlich ungenau. Etwas sicherere Werte können erhalten werden, wenn man die Belastung während einer längeren Zeit, etwa 8 Stunden, konstant hält und den Dampfverbrauch durch Kondensatmessung bestimmt. Die elektrische Leistung ist dabei öfters abzulesen. Der Mittelwert der Ablesungen ist in die Rechnung zu setzen. Die mittlere Leistung kann auch sehr bequem mittels eines genau geeichten Zählers bestimmt werden.

2. Beim Antrieb durch elektrischen Motor. Geschieht der Antrieb durch einen elektrischen Motor, so muß die Wirkungsgradkurve desselben genau bekannt sein. Die dem Motor zugeführte wie die vom Generator abgegebene Leistung ist entweder nur mit Hilfe direkt zeigender Instrumente oder außerdem auch mittels genau geeichter Zähler zu bestimmen. Verluste in einer etwa vorhandenen Riemenübertragung sind durch Schlupfmessungen zu bestimmen.

3. Beim Antrieb durch einen elektrischen Motor mit drehbar angeordnetem Gehäuse. Weil es bei dem eben beschriebenen Verfahren nicht leicht ist, den Wirkungsgrad des Motors genau zu bestimmen, verwendet man oft als Antrieb einen Motor

---

[1]) Näheres hierüber ist in der einschlägigen Literatur zu finden.

besonderer Konstruktion, welche die Kenntnis des Wirkungsgrades entbehrlich macht.

Der verwendete Motor unterscheidet sich von einem gewöhnlichen nur dadurch, daß das Gehäuse in Kugellagern aufgehängt ist, so daß es sich zwischen zwei Anschlagsstutzen ohne nennenswerte Reibung frei drehen kann. Das Gehäuse ist mit einem Hebelarm versehen, der mit Gewichten unter Gegenwirkung einer Federwage belastet werden kann. Die Fig. 520 zeigt eine solche Maschine der A. E. G. Motor und Generator werden direkt miteinander gekuppelt.

Fig. 520. Maschine der A. E. G. mit drehbarem Gehäuse für direkte Bestimmung des Wirkungsgrades.

Wird der Generator auf einen Widerstand oder auf ein vorhandenes Netz, und damit auch der Motor, belastet, so entsteht zwischen dem Motoranker und dem Gehäuse ein Drehmoment, welches das Gehäuse entgegen der Drehrichtung des Ankers zu drehen sucht. Dieses Drehmoment ist fast genau gleich dem auf den Generator übertragenen Drehmoment, was aus der folgenden Überlegung hervorgeht. Der Motor mag sich nach rechts drehen. Zur Überwindung der im Motor auftretenden Eisen-, Lagerreibungs- und Bürstenreibungsverluste muß dann zwischen Anker und Gehäuse ein elektrisches Drehmoment vorhanden sein, welches das Gehäuse nach links zu drehen sucht. Diese Verluste üben aber zwischen Anker und Gehäuse ein genau gleiches und entgegengesetzt gerichtetes Drehmoment aus, so daß die resultierende Wirkung auf das Gehäuse Null wird. Die Luft ruft ebenfalls ein Drehmoment der Reibung hervor. Dieses Drehmoment tritt jedoch nur teilweise zwischen Anker und Gehäuse auf, indem nur ein Teil der von dem Anker angesaugten Luft gegen das Gehäuse geblasen wird. Die übrige, gegen Boden und Wände geblasene Luft ruft zwischen diesen und dem Anker ein Drehmoment hervor, das durch besondere Messung bei losgekuppeltem Generator für verschiedene Umdrehungszahlen besonders ermittelt werden muß.

Das auf den Generator übertragene Drehmoment wird nun in der Weise gemessen, daß der Hebelarm so lange mit Gewichten belastet wird, daß das Hebelarmgehäuse zwischen den beiden Anschlägen frei schwebt. Die Feineinstellung geschieht mittels der Federwage, deren Aufhängepunkt durch eine Stellschraube verstellt werden kann.

Ist die Länge des Hebelarmes l m, das Gewicht G kg, die Zugkraft der Federwage g kg, die Gesamtzugkraft bei losgekuppeltem Generator g' kg und die Umdrehungszahl n Umdr. pro Minute, so ist die dem Generator zugeführte Leistung:

$$W = \frac{\pi}{30} 9{,}81\, M_d\, n = \frac{\pi}{30} 9{,}81\, (G \pm g - g')\, l n \text{ kW} \quad . \quad (297)$$

Die dem Motor zugeführte Leistung braucht natürlich nicht bestimmt zu werden; die vom Generator elektrisch abgegebene Leistung wird nach gewöhnlichen Methoden gemessen.

Das Verfahren eignet sich für kleine und mittelgroße Generatoren. Wenn keine Spannungsschwankungen auftreten, kann die Einstellung sehr genau vorgenommen werden. Mit der Einschränkung, die für alle direkten Verfahren gilt, liefert dieses ziemlich zuverlässige Werte.

4. Durch Bremsung als Motor. Man kann den Wirkungsgrad eines Generators schließlich auch in der Weise bestimmen, daß man ihn als Motor antreibt und ihn nach einem der folgenden Verfahren als solcher ausbremst. Wenn die Verhältnisse so gewählt werden, daß die magnetischen und elektrischen Beanspruchungen, Umdrehungszahl und Leistung während der Prüfung möglichst wenig von den entsprechenden Größen bei der Benutzung als Generator abweichen, kann der ermittelte Wirkungsgrad als annähernd gleich dem gesuchten angesehen werden.

b) Bei Motoren. Es handelt sich hier stets um ein Ausbremsen des Motors. Die ausgebremste Energie wird entweder in nutzlose Wärme umgesetzt oder als elektrische Energie zurückgewonnen. Wir können deshalb die verschiedenen Verfahren einteilen in solche ohne und solche mit Energierückgewinnung.

1. Ausbremsen ohne Energierückgewinnung. Der Motor wird mittels irgendeiner Bremse, welche die Messung des auf die

Welle ausgeübten Drehmomentes gestattet, belastet. Die abgegebene Leistung kann dann aus dem Drehmoment M_d und der Umdrehungszahl n nach der Gl. (297) ermittelt werden. Die gebräuchlichsten zum Bremsen verwendeten Vorrichtungen sollen im folgenden kurz beschrieben werden.

Pronyscher Zaum (Fig. 521). Die beiden Bremsklötze können mittels der Schrauben SS gegen die Riemenscheibe gepreßt werden. Bei einer bestimmten Reibungskraft wird der Gleichgewichtszustand hergestellt, indem man rechts G_1 und links G_2 kg, im Sinne der Pfeile wirkend, anbringt. Feinere Abstufungen in der Belastung und eine elastische Einstellung des Gleichgewichtszustandes werden erzielt, indem man in Richtung von G_2 den Zug einer geeichten Federwage wirken läßt. Zur Kühlung und Schmierung verwendet man Wasserzufuhr bei W.

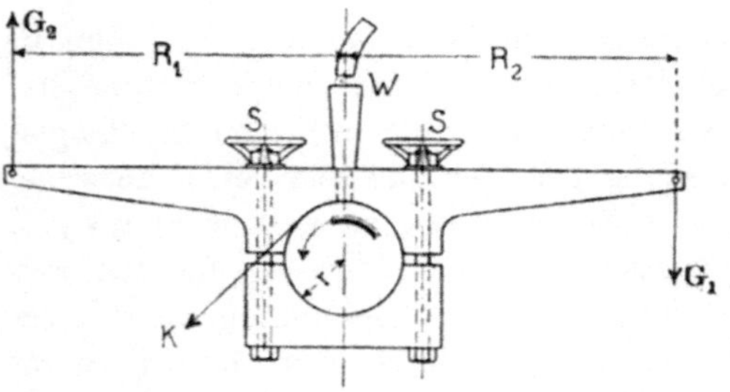

Fig. 521. Pronyscher Zaum.

Amslersche Differentialbandbremse (Fig. 522). Das Bremsband ist ein Hanf- oder Baumwollgurt, der teilweise mit Blechstücke, wie die Figur zeigt, inwendig versehen ist. Diese Blechstücke üben auf die Scheibe eine viel kleinere Reibungskraft als der Gurt aus.

Die belastete Bremse reguliert sich deshalb durch die selbsttätig erfolgte Änderung des Bogens des aufliegenden Gurtes. Vergrößert sich z. B. das Reibungsmoment, so wird G_1 gehoben. Infolgedessen laufen mehr Blechstücke auf die Scheibe auf, der umspannte Bogen verkleinert sich und gleichzeitig wird auch die Reibungskraft so lange vermindert, bis sich wieder der Gleichgewichtszustand eingestellt hat.

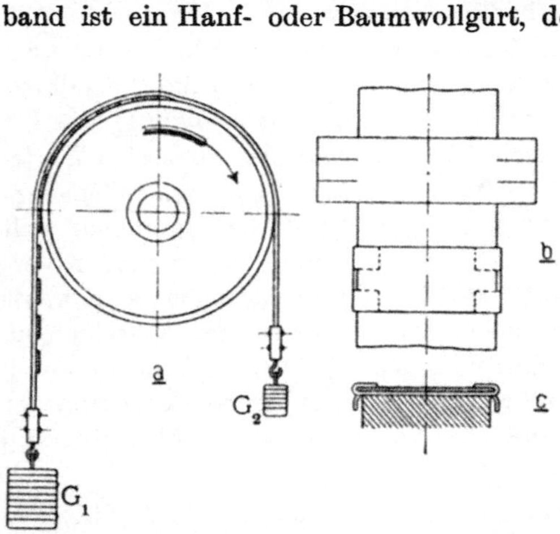

Fig. 522. Amslersche Differentialbandbremse.

Differentialbremse mit Hanfgurt. Ein aus mehreren Hanf-

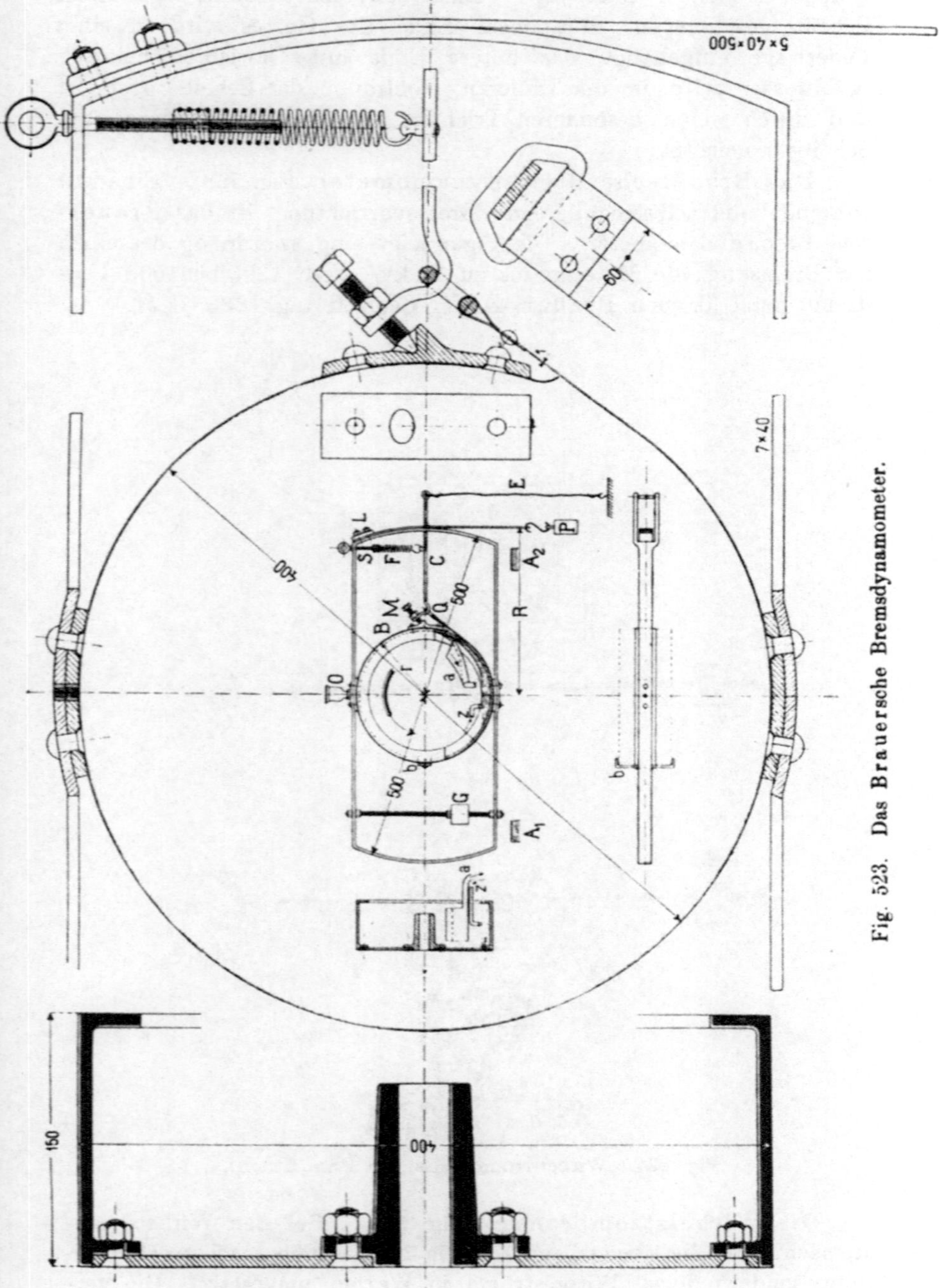

Fig. 523. Das Brauersche Bremsdynamometer.

seilen bestehender Gurt wird einmal um eine besonders gestaltete Scheibe geschlungen. Das obere Ende des Gurtes wird in einer Federwage aufgehängt, das untere Ende mit Gewichten belastet. Kühlwasser wird in den inneren Hohlraum der Scheibe gespritzt und durch einen besonderen Trichter vom inneren Umfange der Scheibe abgeleitet.

Das Brauersche Bremsdynamometer (Fig. 523). Eine gut wirkende und selbstregulierende Bremsvorrichtung ist das Brauersche Bremsdynamometer. Die Figur zeigt eine Anordnung desselben zur Bremsung von Motoren bis zu 15 kW und 1200 bis 1500 Umdrehungen. (S. auch Brauer, Z. Ver. deutsch. Ing. 1888, S. 56.)

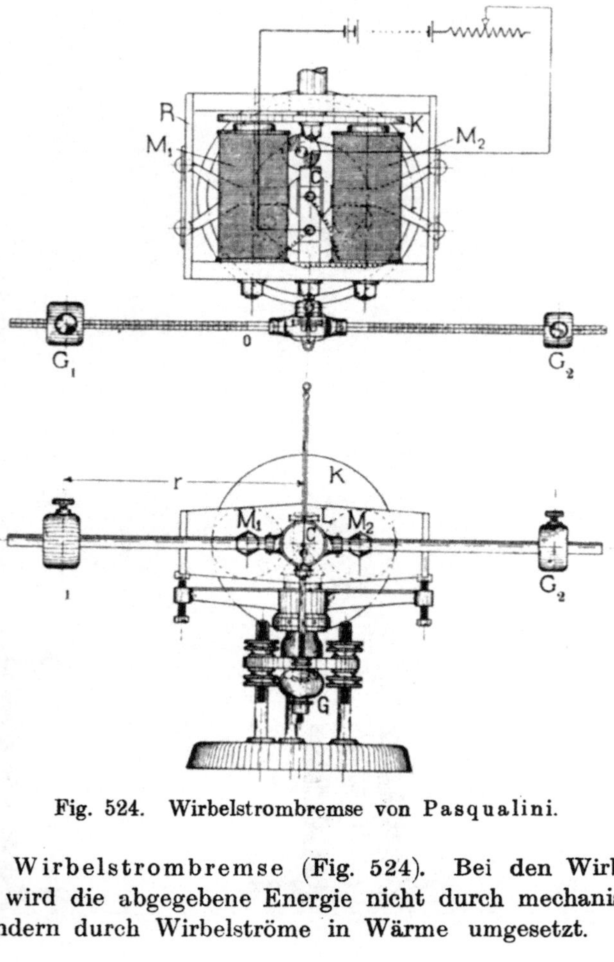

Fig. 524. Wirbelstrombremse von Pasqualini.

Die Wirbelstrombremse (Fig. 524). Bei den Wirbelstrombremsen wird die abgegebene Energie nicht durch mechanische Reibung, sondern durch Wirbelströme in Wärme umgesetzt. Die verschiedenen Ausführungsarten von Grau (ETZ 1900 S. 365; 1902 S. 467), Feußner (ETZ 1901 S. 608), Siemens & Halske (Nachrichten von S. & H. 1902, Nr. 32) und Pasqualini bestehen im Prinzip aus einer Kupferscheibe, die sich im Felde eines verschieden erregbaren Elektromagneten dreht.

Eine Wirbelstrombremse für größere Leistungen bis ca. 50 PS ist das Bremsdynamometer von Rieter (ETZ 1901 S. 194). Es besitzt anstelle der Kupferscheibe einen glockenförmigen Eisenzylinder, der auf einer Welle befestigt, auf einem besonderen Lagergestell gelagert und mit der Motorwelle gekuppelt ist. In dem Hohlraum des Zylinders ist das mehrpolige Feldsystem drehbar angeordnet.

Wasserbremse Bauart Froude. Während die bis jetzt beschriebenen Bremsen sich nur für kleinere Leistungen, bis etwa 50 KW, eignen, kann die Wasserbremse Bauart Froude auch für die höchsten vorkommenden Leistungen benutzt werden. Sie werden von der Fried. Krupp A.-G., Germaniawerft, Kiel-Gaarden in 20 verschiedenen Ausführungsformen geliefert, von denen die kleinste für eine Höchstleistung von 0,48 bis 224 kW bei 200 bis 3000 Umdrehungen, die größte für eine Höchstleistung von 582 bis 4150 kW bei 100 bis 200 Umdrehungen bestimmt ist. Die Fig. 525 zeigt eine solche Bremse.

Die Wasserbremse besteht im wesentlichen aus einem oder mehreren Laufrädern, die in einem ganz oder teilweise mit Wasser gefüllten, in geeigneter Weise frei beweglichen, abgestützten und mit der Frischwasserleitung verbundenen Gehäuse umlaufen.

Jede Laufradseite bildet einen halbelliptischen Ringkanal, der in seinem Umfang durch schräge Wände in eine Anzahl Zellen geteilt ist. Die gegenüberliegende Gehäusewandung ist von gleicher Form und Unterteilung, so daß jedes Laufrad mit dem entsprechenden Gehäuseteil zwei vollständige Ringe von elliptischem Querschnitt bildet, in denen schrägstehende radiale Wände oder Schaufeln korrespondierende Kammern herstellen (Fig. 526 und 527)

Sobald das Laufrad sich dreht, setzt innerhalb dieses Ringkanals eine je nach der Geschwindigkeit mehr oder weniger schief zur Achse verlaufende Drehbewegung des Wassers ein, die eine beständige Erneuerung des Zelleninhaltes des Laufrades hervorruft. Gleichzeitig wird Frischwasser aus dem umgebenden Zuführungskanal mitgerissen, und am äußeren Umfange des Rades durch den Ringspalt ein Teil des erwärmten Wassers nach dem ruhenden Gehäuse und dem Ablaufstutzen abgeschieden. Fast die gesamte der Wasserfüllung erteilte Bewegungsenergie wird auf diese Weise durch die feststehende Zellenwände in Wärme umgewandelt.

Das Laufrad sucht bei seiner Drehung das auf Rollen leicht drehbar gelagerte Gehäuse in der Drehrichtung mitzunehmen. Dies wird indessen durch den zwischen Anschlägen schwingenden, mit dem Gehäuse fest verbundenen, belasteten Wagehebel verhindert. Angehängte Gewichte und eine Federwage bestimmen die am Ende des

Fig. 525. Wasserbremse Bauart Froude.

Wagebalkens zur Herstellung des Gleichgewichtes nötige Belastung. Da die Zapfen der Gehäuse-Lagerrollen selbst wieder durch Kugellager gestützt sind, ist ein sehr empfindliches Ausbalancieren des Gehäuses und größte Genauigkeit in der Messung der Belastung möglich. Die Reibung der Bremswelle in den Gehäuselagern wird mitgemessen und verursacht also keinen Fehler in dem Meßergebnis.

Die abzubremsende Leistung bedingt für jede Drehzahl eine

gewisse Wasserfüllung des Apparates. Ein einfaches Hebelsystem für die Betätigung des Abflußventils erlaubt diese Wassermenge und damit den Widerstand an der Motorwelle zwischen Höchst- und Nulleistung der betreffenden Bremse für jede gewünschte Zeitdauer unverändert zu erhalten.

2. Bremsen mit Energierückgewinnung. Die Ausbremsung von Motoren ohne Energierückgewinnung verursacht natürlich erhebliche Kosten für die Herstellung der erforderlichen elektrischen Energiemengen. Diese Energiekosten können wesentlich vermindert werden, wenn wir die mechanisch abgegebene Energie nicht in Wärme sondern wieder in elektrische Energie umformen.

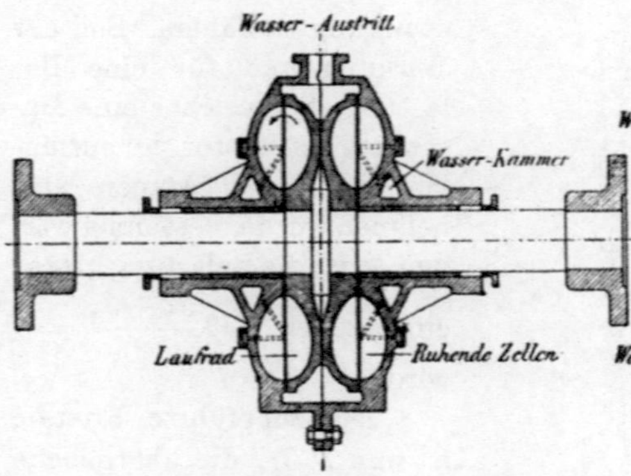

Fig. 526.

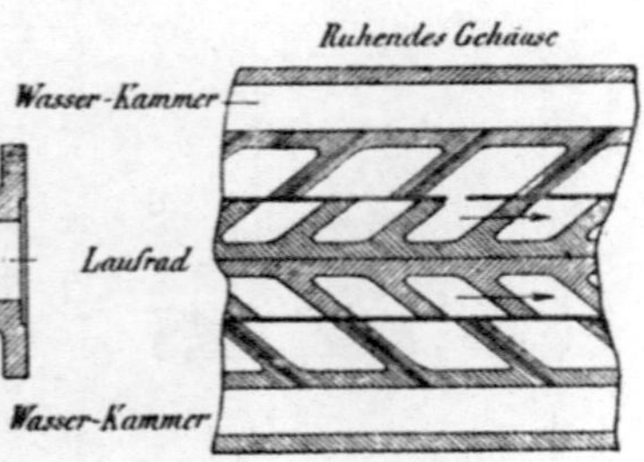

Fig. 527.

Laufrad der Wasserbremse Bauart Froude.

Zu diesem Zwecke benutzen wir als Bremse entweder einen Generator, dessen Wirkungsgradkurve vorher genau bekannt ist, oder einen Generator mit drehbar angeordnetem Gehäuse, wie die Fig. 520 zeigt. Die Bestimmung des Wirkungsgrades geschieht hier in genau derselben Weise wie die Wirkungsgradbestimmung nach den oben beschriebenen entsprechenden Verfahren bei Generatoren.

Bei der Bestimmung des Wirkungsgrades von Straßenbahn-Hauptschlußmotoren sollen die Verluste möglichst in der Weise in Betracht gezogen werden, wie sie im Betriebe tatsächlich auftreten. Zu den Verlusten des Motors wird deshalb auch der Verlust der Zahnradübersetzung bei der gegebenen Aufhängung gezählt. Dieser Verlust läßt sich zugleich mit den Verlusten in den Maschinen für die verschiedenen Geschwindigkeiten und Belastungen folgendermaßen ermitteln (M. B. Field, Journ. of the Inst. of El. Eng. Bd. 31, S. 1283). Man schaltet zwei vollkommen gleiche Motoren nach Fig. 528 so, daß der eine als Generator G, der andere als Motor M läuft. Die beiden Motoren werden auf einem aus Winkeleisen hergestellten Bock in derselben Weise wie im Rahmen des Motorwagens montiert. Die Übertragung der mechanischen Energie des Motors auf den Generator erfolgt durch eine Zahnradübersetzung.

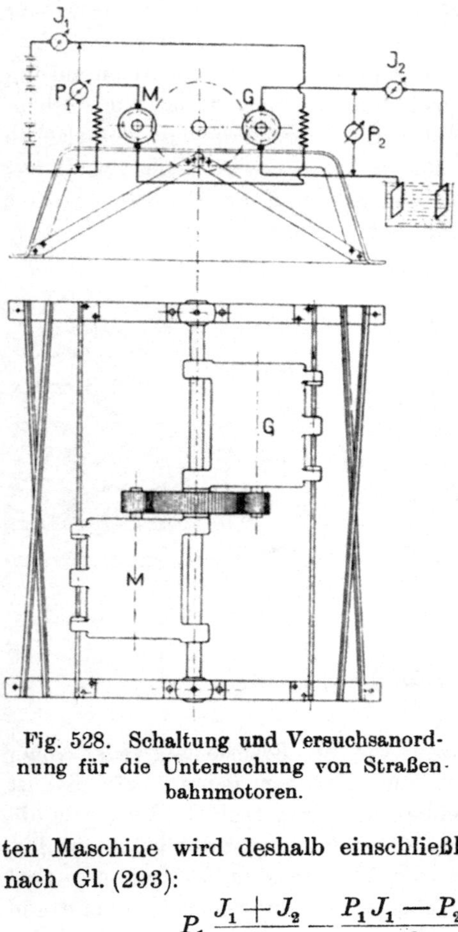

Fig. 528. Schaltung und Versuchsanordnung für die Untersuchung von Straßenbahnmotoren.

Die Spannung des zugeführten Stromes ist, wenn wir den Spannungsabfall in der Erregerwicklung des Generators vernachlässigen, gleich der normalen Motorspannung zu wählen. Soll der Wirkungsgrad für eine Belastung, bei welcher eine Maschine als Motor in normalem Betriebe J Ampere aufnehmen würde, bestimmt werden, so ist die Belastung hier so einzustellen, daß $\frac{J_1 + J_2}{2} = J$ wird.

Die zugeführte Energie ist nun $P_1 J_1$, die abgegebene $P_2 J_2$, folglich sind die Verluste in beiden Maschinen $P_1 J_1 - P_2 J_2$.

Der Wirkungsgrad einer im normalen Betriebe als Motor mit J Ampere belasteten Maschine wird deshalb einschließlich einer Zahnradübersetzung nach Gl. (293):

$$\eta_m = \frac{P_1 \frac{J_1 + J_2}{2} - \frac{P_1 J_1 - P_2 J_2}{2}}{P_1 \frac{J_1 + J_2}{2}} = \frac{J_2 (P_1 + P_2)}{P_1 (J_1 + J_2)} \qquad (298)$$

144. Indirekte Bestimmung des Wirkungsgrades durch Messung der Gesamtverluste, Zurückarbeitungsmethode.

Sind zwei Maschinen gleicher Leistung, Stromstärke und Type vorhanden, so können wir die beiden Maschinen mechanisch und elektrisch miteinander in der Weise kuppeln, daß die eine Maschine als Motor, die andere als Generator vollbelastet läuft. Der Motor treibt dann den Generator an und dieser liefert die für den Motor erforderliche Energie, sofern die bei diesem Kreislauf der Energie in den beiden Maschinen auftretenden Verluste elektrisch, mechanisch oder elektrisch und mechanisch dem System zugeführt werden. Diese Verluste können nun für sich gemessen werden, und zwar so wie sie tatsächlich im Betriebe auftreten. Dieses Verfahren liefert deshalb sehr zuverlässige Werte. Sie unterscheidet sich also wesentlich von den direkten Verfahren, bei denen die Meßgenauigkeit dadurch beträchtlich herabgesetzt wurde, daß wir die Gesamtleistung messen mußten.

Wenn nur zwei gleiche Maschinen vorhanden sind, können wir zwar nach diesem Verfahren nur den Mittelwert der Verluste beider Maschinen messen. Sind dagegen drei gleiche Maschinen vorhanden, so können wir die Mittelwerte der Verluste der Maschinen 1 und 2; 2 und 3; 3 und 1 messen und hieraus die Verluste jeder der drei Maschinen bestimmen. Es ist dies jedoch für die Praxis meistens viel zu umständlich und auch nicht erforderlich.

Je nach der Art, wie die Verluste gedeckt werden, unterscheiden wir die folgenden drei Verfahren:

a) Elektrische Energiezufuhr. Die Schaltung wird nach dem Schema Fig. 529 ausgeführt. Die beiden zu untersuchenden Maschinen sind hier miteinander direkt gekuppelt. Wenn sie mit Riemen oder Zahnrädern verbunden sind, werden die Verluste in der Transmission mitgemessen und sind von den gemessenen Verlusten abzuziehen.

Bei offenem Schalter S wird das Aggregat mit dem Anlasser A angelassen und mit dem Regler R_1 auf die normale Umdrehungszahl einreguliert. Der Generator G wird dann auf die Klemmenspannung des Motors M erregt und der Schalter S geschlossen. Durch Verkleinerung des Widerstandes R_2 und Vergrößerung des Widerstandes R_1 wird der Generator zur Stromlieferung, der Motor zur Stromaufnahme gezwungen. Die weitere Einregulierung und die Berechnung des Wirkungsgrades ist nun verschieden auszuführen, je nachdem der Wirkungsgrad der Maschinen als Generatoren oder Motoren bestimmt werden soll.

Generatorwirkungsgrad. Jede Maschine mag bei Vollast als Generator J Ampere bei P Volt abgeben und dabei einen Nebenschlußstrom i_n liefern müssen, d. h. der Ankerstrom ist $J_a = J + i_n$.

Aus dem Schaltungsschema ist leicht zu ersehen, daß wir nicht in beiden Maschinen die gleichen Feldstärken bzw. EMKe und Ankerstromstärken herstellen können. Wir bekommen aber trotzdem fast genau dieselben Werte der einzelnen Verluste **beider** Maschinen in dieser Schaltung wie im normalen Betriebe, wenn wir die Belastung und die Spannung so einregulieren, daß die **Mittelwerte** der Ankerströme und der induzierten Spannungen der beiden Maschinen mit den Verhältnissen im normalen Betriebe übereinstimmen.

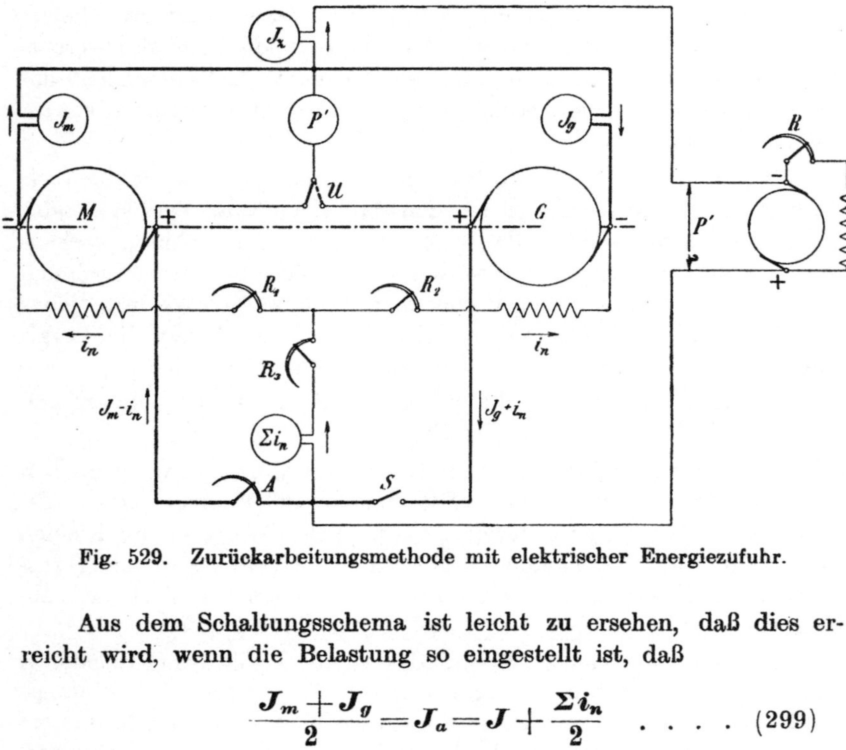

Fig. 529. Zurückarbeitungsmethode mit elektrischer Energiezufuhr.

Aus dem Schaltungsschema ist leicht zu ersehen, daß dies erreicht wird, wenn die Belastung so eingestellt ist, daß

$$\frac{J_m + J_g}{2} = J_a = J + \frac{\Sigma i_n}{2} \quad \ldots . \quad (299)$$

wird.

Die aufzudrückende Spannung P' ergibt sich aus der Gleichung:

$$\frac{(P' - J_{am} R_a - 2\Delta P) + (P' + J_{ag} R_a + 2\Delta P)}{2} = P + J_a R_a + 2\Delta P,$$

oder, wenn

$$J_{am} \cong J_{ag} \cong J_a \cong J$$

gesetzt wird, zu:

$$P' = P + J R_a + 2\Delta P \quad \ldots\ldots \quad (300)$$

Die Umdrehungszahl wird mit dem Regler R_3 schließlich genau auf den normalen Wert n einreguliert.

Wenn wir die unbedeutende Erhöhung der Erregerverluste infolge der Erhöhung der Spannung von P zu P' vernachlässigen, so ist die zugeführte Leistung $P'J_z$ gleich allen Verlusten in beiden Maschinen, wie sie im normalen Betriebe bei Vollast, einschließlich aller zusätzlichen Verluste, auftreten. Der Wirkungsgrad jeder Maschine als Generator wird deshalb nach Gl. 292:

$$\eta_g = 100 \left[1 - \frac{P' \frac{J_z}{2}}{P\left(\frac{J_m + J_g}{2} - \frac{\Sigma i_n}{2}\right) + P' \frac{J_z}{2}} \right] \% \quad . \quad (301)$$

oder, wenn wir $P' \simeq P$ setzen:

$$\eta_g \simeq 100 \left[1 - \frac{J_z}{J_m + J_g - \Sigma i_n + J_z} \right] \% \quad . \quad . \quad (301\,\text{a})$$

Motorwirkungsgrad. Jede Maschine mag bei Vollast als Motor J Ampere bei P Volt aufnehmen und dabei einen Nebenschlußstrom i_n verbrauchen, d. h. der Ankerstrom ist $J_a = J - i_n$.

Die Belastung ist dann so einzustellen, daß

$$\frac{J_m + J_g}{2} = J_a = J - \frac{\Sigma i_n}{2} \quad . \quad . \quad . \quad . \quad . \quad (302)$$

wird.

Die aufzudrückende Spannung wird in diesem Falle

$$P' = P - J R_a - 2 \Delta P \quad . \quad . \quad . \quad . \quad . \quad . \quad (303)$$

Der Wirkungsgrad jeder Maschine als Motor wird dann nach Gl. 293:

$$\eta_m = 100 \left| 1 - \frac{P' \frac{J_z}{2}}{P\left(\frac{J_m + J_g}{2} + \frac{\Sigma i_n}{2}\right)} \right| \% \quad . \quad . \quad . \quad (304)$$

oder, wenn wir $P' \simeq P$ setzen:

$$\eta_m \simeq 100 \left[1 - \frac{J_z}{J_m + J_g + \Sigma i_n} \right] \% \quad . \quad . \quad (304\,\text{a})$$

Wenn die Bürsten im normalen Betriebe nicht in der geometrisch neutralen Zone stehen, so sind die Bürsten bei der als Generator laufenden Maschine ebensoviel in der Drehrichtung wie bei der als Motor laufenden Maschine entgegengesetzt der Drehrichtung zu verschieben. Der Ankerstrom wirkt dann in demselben Grade schwächend auf den Kraftfluß in beiden Maschinen, und zwar, bei richtiger Bürstenstellung, um denselben Betrag wie im normalen Betriebe. Wir ermitteln also auch bei verschobenen Bürsten den richtigen Wirkungsgrad. In diesem Falle ist jedoch bei der Einstellung der Belastung Vorsicht geboten, denn bei zu großer Bürstenverschiebung kann das Aggregat bei einer gewissen Steigerung der Belastung anfangen durchzugehen.

Wollen wir den Wirkungsgrad von Straßenbahn-Hauptschlußmotoren einschließlich des Verlustes in der Zahnradübersetzung nach der Zurückarbeitungsmethode bestimmen, so ist die Schaltung nach der Fig. 530, der Aufbau nach der Fig. 528 auszuführen.

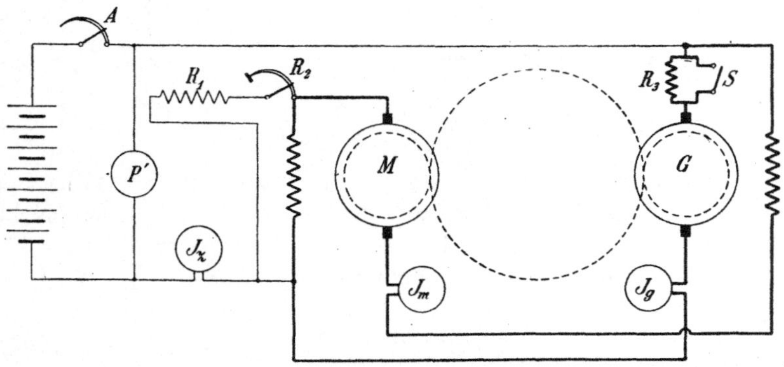

Fig. 530. Bestimmung des Wirkungsgrades bei Straßenbahn-Hauptschlußmotoren nach der Zurückarbeitungsmethode.

Der Widerstand R_1 ist so zu wählen, daß bei laufenden Maschinen die Belastung beim Kurzschließen von R_2 nicht zu hoch ansteigen kann. Der Widerstand R_2, der nicht unterbrochen werden kann, ist so zu wählen, daß beim gänzlichen Einschalten desselben die Umdrehungszahl nicht zu hoch wird. Der Widerstand R_3 soll verhindern, daß beim Anlassen im ersten Augenblick zu viel Strom durch G geht und ist deshalb etwa gleich der Summe der Widerstände beider Hauptschlußwicklungen zu wählen.

Vor dem Anlassen ist der Schalter S zu öffnen und R_2 kurzzuschließen. Beide Maschinen werden gemeinsam mit dem Anlasser A angelassen. Der Widerstand R_3 wird mit dem Schalter S schon im Anfang der Anlaßperiode kurzgeschlossen und dann das Anlassen vollzogen. Die Belastung wird mit dem Widerstand R_2 einreguliert. Wenn jede Maschine bei Vollast als Motor J Ampere bei P Volt Klemmenspannung aufnimmt, so ist bei der Bestimmung des Vollastwirkungsgrades die Belastung so einzustellen, daß

$$\frac{J_m + J_g}{2} = J \quad \ldots \ldots \ldots \quad (305)$$

wird.

Die aufzudrückende Spannung P' ergibt sich aus der Gleichung

$$\frac{[P' - J_{am}(R_a + 2R_h) - 2\varDelta P] + [P' + J_{ag}R_a + 2\varDelta P]}{2}$$

$$= P' - J(R_a + R_h) - 2\varDelta P,$$

oder, wenn

$$J_{am} \simeq J_{ag} \simeq J$$

gesetzt wird, zu:

$$\boldsymbol{P' = P - J R_a - 2\varDelta P} \quad . \quad . \quad . \quad . \quad (306)$$

Die zugeführte Leistung $P' J_z$ deckt nun sämtliche Verluste beider Maschinen, und der Wirkungsgrad jeder Maschine als Motor einschließlich einer Zahnradübersetzung wird deshalb nach Gl. 293:

$$\eta_m = 100 \left[1 - \frac{P' \dfrac{J_z}{2}}{P \dfrac{J_m + J_g}{2}}\right] \% \quad . \quad . \quad . \quad . \quad (307)$$

oder, wenn wir $P' \simeq P$ setzen:

$$\boldsymbol{\eta_m = 100 \left[1 - \frac{J_z}{J_m + J_g}\right]} \% \quad . \quad . \quad . \quad . \quad (307a)$$

b) Mechanische Energiezufuhr. Soll die zur Deckung der Verluste erforderliche Energie mechanisch zugeführt werden, so ist

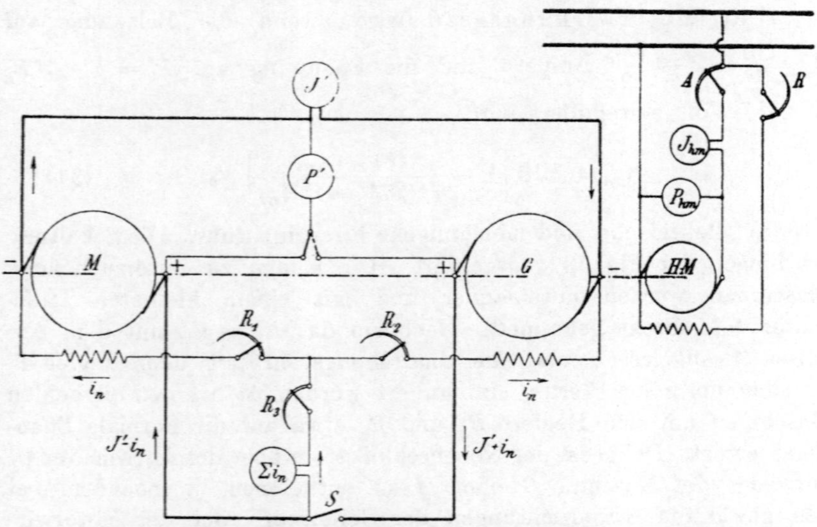

Fig. 531. Zurückarbeitungsmethode mit mechanischer Energiezufuhr.

die Schaltung nach der Fig. 531 auszuführen. Die beiden zu untersuchenden Maschinen werden miteinander und mit einem kleineren

Hilfsmotor *HM* direkt gekuppelt. Der Hilfsmotor kann das Aggregat auch mit Riemen antreiben, wobei der Verlust in der Riemenübertragung besonders zu berücksichtigen ist.

Das Aggregat wird mit dem Anlasser *A* angelassen und die Umdrehungszahl mit dem Regler *R* auf den normalen Wert einreguliert. Die beiden Maschinen werden auf die gleiche Spannung erregt und dann der Schalter *S* geschlossen.

Der Generatorwirkungsgrad wird wie folgt bestimmt. Mit den Reglern R_1 und R_2 wird die Belastung so eingestellt, daß

$$J' = J_a = J + \frac{\Sigma i_n}{2} \quad . \; . \; . \; . \; . \; . \quad (308)$$

wird.

Die mit dem Regler R_3 einzuregulierende Spannung ist

$$P' = P + J R_a + 2 \Delta P \quad . \; . \; . \; . \; . \quad (309)$$

Ist die vom Anker des Hilfsmotors elektrisch aufgenommene Leistung $W_{hm} = P_{hm} J_{ahm}$ Watt und der Wirkungsgrad des Hilfsmotors, ausschließlich der Erregerverluste, η_{hm}, so wird der Wirkungsgrad nach Gl. 292:

$$\eta_g = 100 \left[1 - \frac{W_{hm}\eta_{hm}}{P(2J' - \Sigma i_n) + W_{hm}\eta_{hm}}\right] {}^0/_0 \; . \quad (310)$$

Der Motorwirkungsgrad wird, wenn die Belastung auf $J' = J_a = J - \frac{\Sigma i_n}{2}$ Ampere und die Spannung auf $P' = P - J R_a$ $2 \Delta P$ Volt einreguliert wird:

$$\eta_m = 100 \left[1 - \frac{W_{hm}\eta_{hm}}{P(2J' + \Sigma i_n)}\right] {}^0/_0 \; . \; . \; . \quad (311)$$

c) Elektrische und mechanische Energiezufuhr. Die Schaltung wird nach der Fig. 532 ausgeführt. Die beiden zu untersuchenden Maschinen werden miteinander und mit einem kleineren Hilfsmotor *HM* direkt gekuppelt. Nachdem das Aggregat mit dem Anlasser *A* angelassen und die Umdrehungszahl mit dem Regler *R'* auf den normalen Wert *n* einreguliert worden ist, werden die beiden Maschinen mit den Reglern R_1 und R_2 etwa auf die normale Spannung erregt. Dabei ist der Nebenschlußstrom über den Umschalter U_2 entweder der Maschine *G* oder *M* zu entnehmen, je nachdem bei den gewählten Stromrichtungen der Generator- oder der Motorwirkungsgrad zu bestimmen ist.

Der Umschalter ohne Unterbrechung U_3 ist nach links zu legen. Wenn die beiden Maschinen genau gleiche Spannungen zeigen, ist Schalter *S* zu schließen. Ein dabei von dem Amperemeter J_{hg} angezeigter Strom ist auf Null herunterzuregulieren. Dann wird der Umschalter U_3 nach rechts umgelegt und der Hilfsgenerator HG erregt. Die in dem Vorschaltwiderstand R_4 abgedrosselte Spannung P_{hg} des Hilfsgenerators treibt dann den Belastungsstrom J_{hg} bzw. J' durch die beiden Maschinen. Die Bürsten sind entweder genau in die neutrale Zone zu stellen oder beim Generator ebensoviel in der Drehrichtung wie beim Motor entgegengesetzt der Drehrichtung zu verschieben. Die Methode läuft nämlich darauf hinaus, die verschiedenen Verluste voneinander zu trennen, und es ist deshalb

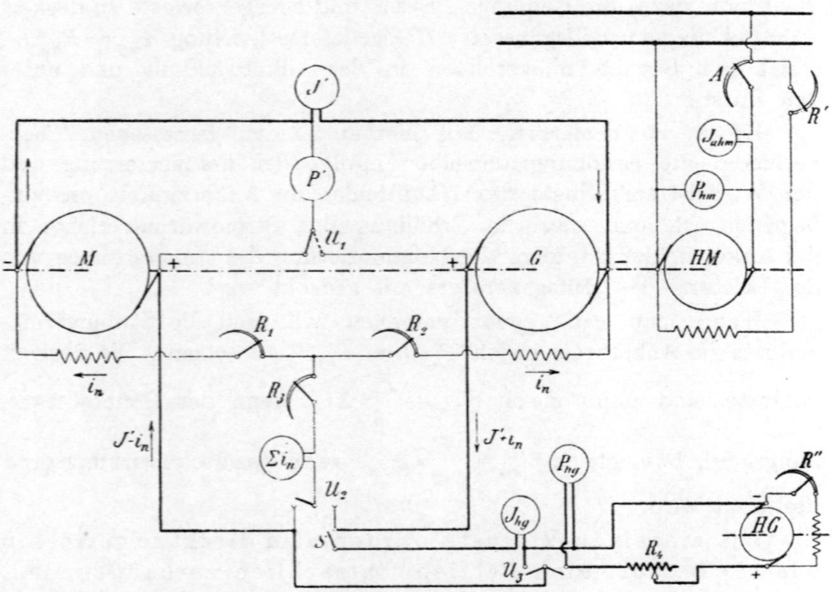

Fig. 532. Zurückarbeitungsmethode mit elektrischer und mechanischer Energiezufuhr.

wichtig, daß der Ankerstrom nur durch die meßbare Spannung P_{hg} und nicht etwa teilweise auch von einer Differenz zwischen den in den Maschinen induzierten Spannungen durch sie getrieben wird. Die Bürsten sind dann richtig eingestellt, wenn, bei konstanter Spannung P_{hg}, die Stromstärke J_{hg} konstant bleibt, wenn wir die Erregung mit dem gemeinsamen Regler R_3 von dem höchsten zu dem niedrigsten Wert ändern. Es beruht dies darauf, daß eine etwa vorhandene Unsymmetrie in der feldschwächenden Einwirkung des Belastungsstromes bei sehr starker Erregung sich fast gar nicht, bei schwacher Erregung, in der Nähe des Knies der Magnetierungskurve, sich viel mehr bemerkbar macht. Die Spannungsgleichheit der beiden Maschinen im Leerlauf ist von Zeit zu Zeit durch Umlegen des Umschalters U_3 nach links zu kontrollieren, wobei J_{hg} gleich Null sein soll.

Die Stromstärke J' ist so einzustellen, daß sie dem Ankerstrom in normalem Betriebe J_a gleich ist. Bei Bestimmung des Generatorwirkungsgrades ist die Klemmenspannung des Generators G, bei Bestimmung des Motorwirkungsgrades die Klemmenspannung des Motors M gleich der normalen Klemmenspannung zu machen.

Die vom Hilfsmotor abgegebene Leistung $W_{hm} = P_{hm} J_{ahm} \eta_{hm}$ dient nun dazu, die Reibungs-, Eisen- und Erregerverluste zu decken, während die vom Hilfsgenerator HG gelieferte Leistung $W_{hg} = P_{hg} J_{hg}$ gleich den Stromwärmeverlusten in der Ankerwicklung und unter den Bürsten ist.

Es ist zu bemerken, daß hierbei in den gemessenen Eisenverlusten die Erhöhung derselben infolge der Feldverzerrung und der Wirbelstromverluste des Hauptfeldes im Ankerkupfer mit einbegriffen ist, und daß die Erhöhung der Stromwärmeverluste in der Ankerwicklung infolge der Kommutierung des Ankerstromes von der Leistung des Hilfsgenerators mit gedeckt wird.

Wenn man ganz genau vorgehen will, sind die Stromwärmeverluste im Ankerkreis gleich $P_{hg} J' = P_{hg} J_a$ zu setzen. Die übrigen Verluste sind dann gleich $W_{hm} - \frac{P_{hg}}{2} \Sigma i_n$, wenn der Generatorwirkungsgrad, bzw. gleich $W_{hm} + \frac{P_{hg}}{2} \Sigma i_n$, wenn der Motorwirkungsgrad bestimmt wird.

Die einzelnen Verluste werden also direkt so gemessen wie sie im normalen Betriebe tatsächlich vorhanden sind, und es liegt auf der Hand, daß dieses Verfahren eine weitgehende Trennung derselben gestattet. Wenn die Maschinen fremd erregt werden können, wird diese Trennung der Verluste natürlich noch erleichtert.

Das Verfahren eignet sich zwar nicht für die laufenden Untersuchungen im Prüffeld, dagegen eignet es sich sehr gut für genauere Untersuchungen im Versuchsfeld, weil es das einzige Verfahren ist, bei welchem das Verhalten der wirklich bei Belastung auftretenden einzelnen Verluste genau verfolgt werden kann.

Das Verfahren läßt sich auch bei Haupt- und Doppelschlußmaschinen verwenden. Die Klemmen der Hauptschlußwicklung der einen Maschine sind dabei zu vertauschen, damit die Hauptschlußwicklungen entweder beide verstärkend oder beide schwächend auf die Kraftflüsse wirken soll.

In dem Aufsatze über die Zurückarbeitungsmethode von G. Brion ETZ 1909, S. 865 sind noch einige andere Schaltungen gezeigt.

145. Indirekte Bestimmung des Wirkungsgrades durch Messung der im Leerlauf und Kurzschluß auftretenden Verluste.

Die Untersuchung einer in Kurzschluß laufenden Maschine wird von verschiedenen Firmen schon seit geraumer Zeit dazu verwendet, um bei großen Typen, die im Versuchsraume nur umständlich voll belastet werden können, ein Kriterium über die Erwärmung und die Kommutierung zu erhalten. Sie kann auch dazu ausgenutzt werden, den Wirkungsgrad zu bestimmen, indem man die totalen bei Belastung auftretenden Verluste gleich der Summe der bei Leerlauf und Kurzschluß (ausschließlich Reibung) gemessenen Verluste setzt. Die Erregung der im Kurzschluß laufenden Maschine ist so einzuregulieren, daß die Kurzschlußstromstärke gleich dem normalen Belastungsstrom ist[1]).

Wir wollen jetzt untersuchen, ob die bei Belastung auftretenden Verluste als Summe der bei Leerlauf und Kurzschluß gemessenen Verluste aufgefaßt werden dürfen.

Was die Eisenverluste anbetrifft, so ist hier zu berücksichtigen, daß die Gesetze des Magnetismus bei höheren Induktionen eine Superposition nicht zulassen. Das Feld der belasteten Maschine weicht infolge der quermagnetisierenden Wirkung des Ankerstromes wesentlich von dem der leerlaufenden Maschine ab und die Zahninduktionen sind bei Belastung größer als bei Leerlauf.

Es fragt sich jetzt, ob die Zunahme der Eisenverluste bei Belastung größer oder kleiner ist, als die bei Kurzschluß mitgemessenen Eisenverluste. Nachrechnungen verschiedener Fälle haben ergeben, daß bei gering gesättigten Maschinen die Superposition zu kleine und bei stark gesättigten Maschinen zu große Eisenverluste ergibt. Da jedoch die Unterschiede klein sind, so dürfen wir uns bezüglich der Eisenverluste der Superposition bedienen.

Es gibt aber Wirbelstromverluste, die wir weder in dem Leerlaufeffekte noch in dem Kurzschlußeffekte messen. Hierher gehört der zusätzliche Wirbelstromverlust im Ankerkupfer, welcher infolge der erhöhten Zahnsättigung durch die Quermagnetisierung bei Belastung auftritt; denn erfahrungsgemäß nimmt der Wirbelstromverlust im Kupfer von einer gewissen Zahnsättigung an (etwa

[1]) S. ferner Leerlauf und Kurzschluß von J. L. la Cour. Braunschweig, Vieweg & Sohn 1904.

23000) sehr rasch zu und ist für geringe Sättigungen, also auch bei Kurzschluß, fast Null.

Dasselbe gilt von den Wirbelstromverlusten in den massiven Teilen des Ankers, der von der seitlichen Ausbreitung des Kraftflusses über den Ankerkern hinaus abhängt. Diese seitliche Ausbreitung nimmt bei großen Sättigungen rasch zu und verursacht zusätzliche Wirbelstromverluste. Soweit diese vom superponierten Ankerfelde abhängen, werden sie bei Kurzschluß ebenfalls nicht gemessen.

Es werden deswegen die Eisen- und Wirbelstromherluste bei Belastung gewöhnlich größer ausfallen als die Summe derselben Verluste, die man bei Leerlauf und Kurzschluß mißt.

Bezüglich der Kommutatorübergangsverluste haben wir im Abschnitt 96 gesehen, daß wir durch Superposition der Leerlauf- und Kurzschluß-Kommutierungsdiagramme ein Kommutierungsdiagramm erhalten, welches annähernd gleich dem für Belastung ist. Da aber das Hauptfeld bei Kurzschluß fast Null ist, so erhalten wir bei Kurzschluß größere Übergangsverluste als bei Belastung, wenn die Bürsten in beiden Fällen gleich eingestellt sind.

Wir sehen somit, daß die Übergangsverluste den Fehler, den wir durch die Superposition der Eisen- und Wirbelstromverluste machen, zum Teil wieder ausgleichen, und es unter Umständen möglich ist, daß die Summe der aus Leerlauf und Kurzschluß ermittelten Gesamtverluste größer werden kann als die Verluste bei Belastung.

Die Messung der der kurzgeschlossenen Maschine zuzuführenden Energie kann mit geeichtem Motor oder durch Beobachtung des Auslaufes[1]) bei Kurzschluß erfolgen.

Bei Verwendung der Auslaufmethode ist zu beachten, daß bei Maschinen mit großer magnetischer Trägheit es immer einige Zeit dauert, bis der Strom in der Feldwicklung den für den Auslauf bei Kurzschluß erforderlichen Wert erreicht hat. Um deshalb beim plötzlichen Kurzschließen das Auftreten von Stromstößen und Funkenbildung zu vermeiden, soll man die Maschine erst einige Sekunden, nachdem der Vorschaltwiderstand im Erregerkreis auf den erforderlichen Wert vergrößert worden ist, kurzschließen.

[1]) Über die Ermittelung der Verluste aus dem Auslauf s. Seite 652.

146. Indirekte Bestimmung des Wirkungsgrades durch Messung und Berechnung der einzelnen Verluste je für sich. Leerlaufmethode.

Bei dieser Methode wird angenommen, daß sich die ganzen in einer Maschine auftretenden Verluste in die Leerlaufverluste und die bei Belastung hinzukommenden Stromwärmeverluste zerlegen lassen. Die Leerlaufverluste werden gemessen, indem man die Leistung bestimmt, welche man der leer als Motor oder Generator laufenden Maschine zuführen muß, damit sie mit gleicher Geschwindigkeit und gleicher induzierter EMK, wie die normal belastete Maschine läuft. Die Stromwärmeverluste werden aus den gemessenen Widerständen und Stromstärken bestimmt.

Die in einer Maschine auftretenden, nach diesem Verfahren meßbaren Verluste setzen sich zusammen aus:

1. der Lager-, Bürsten- und Luftreibung W_ϱ,
2. dem Hysteresis- und Wirbelstromverlust $(W_h + W_w)$,
3. dem Stromwärmeverlust in der Erregerwicklung und dem Regulierwiderstand W_{nt};
4. dem Stromwärmeverlust in der Ankerwicklung $J_a^2 R_a$,
5. dem Stromwärmeverlust in den Hauptschluß- und Wendepolwicklungen $J_a^2(R_h + R_w)$,
6. dem Übergangsverlust an den Bürsten W_u.

Die Verluste unter 1 und 2, die Leerlaufverluste, werden im Leerlauf direkt gemessen, die übrigen, die Stromwärmeverluste, durch Messung und Berechnung ermittelt.

a) Messung der Leerlaufverluste.

Bei der Messung der Leerlaufverluste ist folgendes zu beachten. Die Reibungsverluste sind von der Umdrehungszahl abhängig, weshalb die Messung stets bei der normalen Umdrehungszahl vorgenommen werden soll. Die Lagerreibungsverluste sind bei kalten Lagern nicht unbedeutend größer als bei warmen. Die Maschine soll deshalb vor der Messung 1 bis 2 Stunden laufen, damit die Lager gut eingelaufen und erwärmt sind.

Die Hysteresis- und Wirbelstromverluste sind bei einer bestimmten Umdrehungszahl von dem Kraftfluß abhängig, also auch von der im Anker induzierten EMK. Es muß somit beim Leerlaufversuch dieselbe EMK im Anker induziert werden wie bei derjenigen Belastung, bei welcher der Wirkungsgrad bestimmt werden soll.

Die Messung gestaltet sich deshalb für die verschiedenen Maschinengattungen wie folgt.

1. Nebenschlußmaschinen. Man läßt die Maschine, auch wenn ihr Wirkungsgrad als Generator bestimmt werden soll, als Motor leer laufen, und berechnet die Klemmenspannung so, daß die im leerlaufenden Motor induzierte EMK gleich derjenigen ist, die bei Vollast induziert wird, wenn die Maschine als Generator bzw. als Motor arbeitet.

Wichtig ist, daß die Bürsten des leerlaufenden Motors in die neutrale Zone gestellt werden, sonst können erhebliche Verluste durch Ströme, die in den kurzgeschlossenen Spulen induziert werden, entstehen.

Für einen Generator berechnet sich die Klemmenspannung P', mit der die Maschine als Motor leer laufen soll, zu

$$P' = E + J_0 R_a + 2 \Delta P_0 \quad . \quad . \quad . \quad . \quad . \quad . \quad (312)$$

J_0 stellt den Strom dar, den der Anker bei Leerlauf aufnimmt. E ist die im Anker zu induzierende EMK, wenn die Maschine als Generator bei dem Vollaststrome J_a die Klemmenspannung P ergeben soll, es ist also

$$E = P + J_a R_a + 2 \Delta P.$$

Dieser Wert von E in die Gl. 312 eingeführt, gibt

$$P' = P + (J_0 + J_a) R_a + 2 \Delta P_0 + 2 \Delta P$$

Annähernd darf man setzen, da ΔP_0 nur wenig kleiner als ΔP und $J_0 R_a$ klein ist,

$$\boldsymbol{P' = P + J_a R_a + 4 \Delta P} \quad . \quad . \quad . \quad . \quad . \quad (313)$$

(Maschine im Betrieb ein Generator).

Für einen Motor, welcher bei der Belastung von PS Pferdestärken oder $PS \cdot 0{,}736$ kW und einer Klemmenspannung P Volt den Strom J verbraucht, hat die induzierte EMK der Bedingung

$$E = P - J_a R_a - 2 \Delta P$$

zu entsprechen.

Damit im leerlaufenden Motor dieselbe EMK wie bei dem mit einem bestimmten Ankerstrom J_a laufenden Motor induziert wird, soll die Maschine als Motor mit einer Klemmenspannung laufen, die wir erhalten, indem wir obigen Wert von E in die Gl. 312 einführen.

Es wird

$$P' = P - J_a R_a - 2 \Delta P + J_0 R_a + 2 \Delta P_0$$

oder annähernd

$$\boldsymbol{P' = P - (J_a - J_0) R_a} \quad . \quad . \quad . \quad . \quad (314)$$

(Maschine im Betrieb ein Motor).

Den Leerlaufstrom J_0 ermittelt man durch einen Vorversuch, indem man den Motor bei der vorerst schätzungsweise angenommenen Klemmenspannung P' und normaler Umdrehungszahl laufen läßt. Ein eventueller Fehler in der Schätzung von P' ist durch einen weiteren Versuch zu berichtigen.

Die dem Anker bei Leerlauf zugeführte Leistung $P'J_0$ ist gleich den Verlusten

$$W_\varrho + W_h + W_w + J_0^2 R_a + 2 J_0 \Delta P f_u.$$

Wenn die Bürsten in der geometrisch neutralen Zone stehen, ist der Verlust $2 J_0 \Delta P f_u$ klein, ebenso kann der Stromwärmeverlust $J_0^2 R_a$ vernachlässigt werden. Diese Vernachlässigungen sind auch dadurch gerechtfertigt, daß die bei Leerlauf bestimmten Eisenverluste stets kleiner sind, als die bei Belastung und bei derselben induzierten EMK auftretenden.

Wir setzen somit

$$P'J_0 = W_\varrho + W_h + W_w \quad \ldots \ldots \quad (315)$$

2. Hauptschlußmaschinen. Um die Leerlaufleistung messen zu können, wird die Hauptschlußwicklung vom Anker abgetrennt und die ganze Maschine wie ein Nebenschlußmotor geschaltet und an eine Energiequelle gelegt.

Die Hauptschlußmaschine entspricht einer Nebenschlußmaschine mit einem Ankerwiderstand gleich $R_a + R_h + R_w$.

Ist die Maschine im Betrieb ein Generator, so muß sie mit einer Klemmenspannung als Motor leer laufen, die sich nach Gl. 313 ergibt zu

$$\boldsymbol{P' = P + J(R_a + R_h + R_w) + 4\Delta P} \quad \ldots \quad (316)$$

Ist die Maschine ein Motor, so wird nach Gl. 314

$$\boldsymbol{P' = P - (J - J_0)(R_a + R_h + R_w)} \quad \ldots \quad (317)$$

und ebenso wie früher

$$P'J_0 = W_\varrho + W_h + W_w.$$

3. Doppelschlußmaschinen. Die Messung der Leerlaufverluste geschieht wie bei Nebenschlußmaschinen, nur ist hier in die oben angegebenen Formeln zur Berechnung der aufzudrückenden Spannung statt R_a der Widerstand $R_a + R_h + R_w$ einzuführen.

b) Bestimmung der Stromwärmeverluste.

1. In dem Nebenschlußkreis. Die Regulierkurve $i_n = f(J)$ wird bei der normalen Klemmenspannung aufgenommen oder aus der Leerlaufcharakteristik berechnet. Aus der Regulierungskurve wird der Erregerstrom i_n bei Vollast ermittelt. Der Stromwärme-

verlust im Nebenschlußkreis (einschließlich Vorschaltwiderstand) ist dann Pi_n.

2. In der Ankerwicklung. Um den Stromwärmeverlust in der Ankerwicklung bestimmen zu können, ist die genaue Kenntnis des Ankerwiderstandes R_a bei der Temperatur, welche die Wicklung im normalen Betriebe bei Vollast annimmt, erforderlich. Die Messung des Ankerwiderstandes ist deshalb unmittelbar nach einer Belastungsprobe auszuführen. Wenn die Maschine nicht belastet werden kann, ist der im kalten Zustande bestimmte Widerstand der mutmaßlichen Erwärmung entsprechend zu erhöhen. Es gilt dies für die Bestimmung der Widerstände aller Wicklungen. Dagegen berücksichtigt man bei diesem Verfahren nicht die scheinbare Erhöhung des Ankerwiderstandes durch die Kommutierung des Stromes.

Der Ankerwiderstand R_a kann aus Strom und Spannung an dem stillstehenden Anker ermittelt werden. Man hebt zu diesem Zwecke die Bürsten ab und wählt als Eintrittsstellen für den Strom i zwei solche Lamellen, durch welche die Wicklung in zwei gleiche Teile geteilt wird.

Aus dem zwischen diesen Lamellen gemessenen Spannungsabfall ergibt sich ein Widerstand

$$r = \frac{e}{i},$$

der gleich dem vierten Teile des Widerstandes sämtlicher hintereinander geschalteter Spulen ist. Bei $2a$ Ankerzweigen und einer einfach geschlossenen Wicklung sind nun immer $2a$ Widerstände von $\frac{4r}{2a}$ Ohm parallel geschaltet und es wird

$$R_a = \frac{4r}{(2a)^2} = \frac{r}{a^2} \text{ Ohm}.$$

Die Lamellen, zwischen welchen der Widerstand r gemessen werden muß, bestimmt man folgendermaßen. (Wettler ETZ 1902 S. 8.)

Im allgemeinen hat man, je nachdem die Lamellenzahl K gerade oder ungerade ist, um $\frac{K}{2} y_k$ bzw. $\frac{K-1}{2} y_k$ Lamellen am Kommutator vorwärts zu schreiten, um die halbe Wicklung zu durchlaufen. $y_k = \frac{y_1 + y_2}{2}$ stellt den Kommutatorschritt dar. Sei y_m der Meßschritt, d. i. diejenige Zahl von Lamellen, zwischen welchen zwei gleiche Wicklungshälften liegen, so kann dieser gefunden werden, indem man von $\frac{K}{2} y_k$ bzw. $\frac{K-1}{2} y_k$ ein solches

Vielfaches der Lamellenzahl K abzieht, daß ein Rest kleiner als K übrig bleibt, also

$$y_m = \frac{K}{2} y_k - xK = K\left(\frac{y_k}{2} - x\right) \quad . \quad . \quad . \quad . \quad (318)$$

$$\text{bzw. } y_m = \frac{K \pm 1}{2} y_k - xK = K\left(\frac{y_k}{2} - x\right) \pm \frac{y_k}{2} \quad (318\text{a})$$

Bei Reihen- und Reihenparallelwicklungen ergeben sich die folgenden Fälle:

1. y_k ungerade: wir setzen $x = \frac{y_k - 1}{2}$, so daß $\left(\frac{y_k}{2} - x\right) = \frac{1}{2}$ wird, es ist dann

$$\text{für } K \text{ gerade } y_m = \frac{K}{2}$$

$$\text{und für } K \text{ ungerade } y_m = \frac{K \pm y_k}{2}.$$

2. y_k gerade und K ungerade; es wird $x = \frac{y_k}{2}$ gesetzt. so daß $\left(\frac{y_k}{2} - x\right) = 0$ und

$$y_m = \pm \frac{y_k}{2}.$$

3. y_k und K gerade, was bei mehrfachen Reihenparallelwicklungen vorkommen kann. Es wird $x = \frac{y_k - 1}{2}$, so daß $\left(\frac{y_k}{2} - x\right) = \frac{1}{2}$ und

$$y_m = \frac{K}{2}.$$

Bei einfach geschlossenen Schleifenwicklungen ist $y_k = \frac{y_1 - y_2}{2} = 1$ und es wird $x = \frac{y_k - 1}{2} = 0$, so daß für

$$K \text{ gerade } y_m = \frac{K}{2}$$

$$\text{und für } K \text{ ungerade } y_m = \frac{K \pm 1}{2} \text{ wird.}$$

Für mehrfache Schleifenwicklungen und K gerade ist $y_m = \frac{K}{2}$ und für K ungerade ist $y_m = \frac{K - m}{2}$, wenn m die Anzahl der Stromzweige pro Pol bedeutet.

Mißt man bei g-fach geschlossenen Wicklungen zwischen den so bestimmten Lamellen den Widerstand r, dann wird

$$R_a = \frac{r}{a^2} \cdot \frac{1}{g}.$$

Beispiele:

1. Für $a = p = 2$, $K = 16$ erhalten wir z. B.:

$$y_k = \frac{16 + 2}{2} = 9 \quad \text{und} \quad y_m = \frac{K}{2} = 8.$$

2. Für $a = 2$, $p = 3$ und $K = 145$ wird

$$y_k = \frac{145 + 2}{3} = 49 \text{ und}$$

$$y_m = \frac{145 + 49}{2} = \begin{matrix} 97 \\ 48 \end{matrix}.$$

Der zwischen zwei um 48 Lamellen auseinander gelegenen Lamellen gemessene Widerstand ergab sich zu $r = 0{,}01736$ Ohm und der gesuchte Ankerwiderstand ist

$$R_a = \frac{r}{a^2} = \frac{0{,}01736}{4} = 0{,}00434 \text{ Ohm}.$$

Anstatt den Widerstand r aus Strom und Spannung zu bestimmen, kann man ihn auch direkt mittels eines Universal-Galvanometers oder einer Thomsonschen Doppelbrücke messen. In Fig. 533 sind A und B die beiden Lamellen, durch welche die Wicklung in zwei gleiche Teile geteilt wird. Die Widerstände r_1 r_2, r_3 r_4 der Meßanordnung sind paarweise gleich und sollen nicht zu klein sein. Ist die Entfernung der Punkte MN so bestimmt, daß im Galvanometer G kein Strom fließt, dann sind die Widerstände zwischen MN und AB einander gleich.

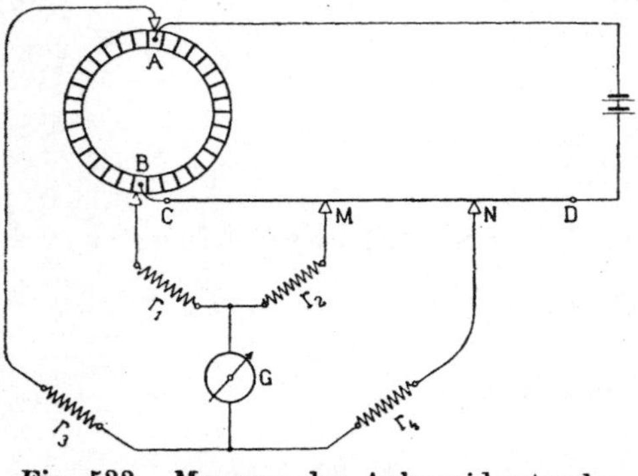

Fig. 533. Messung des Ankerwiderstandes.

3. In Hauptschluß- und Kommutierungswicklungen. Der warme Widerstand der Wicklung wird mit Strom und Spannung oder mit einer Thomsonbrücke für sich gemessen. Es ist nicht statt-

haft, den Widerstand einer solchen Wicklung zusammen mit dem Widerstand der Ankerwicklung zu messen, weil die Bürsten dann in dem Stromkreise liegen und das Meßresultat infolge der Übergangsspannung fälschen.

4. Am Kommutator. Der Übergangsverlust ist nach Gl. 273, S. 593

$$W_u = 2 J_a \Delta P f_u.$$

Die Übergangsspannung ΔP kann, wenn für gleiche Kohle und ähnliche Verhältnisse Versuchsresultate vorliegen, aus den hiernach aufgestellten Kurven entnommen werden (s. Kapitel XVI). Der Formfaktor der örtlichen Stromverteilung unter der Bürste f_u ergibt sich aus dem Kommutierungsdiagramm oder ist zu schätzen. Bei funkenfreier Kommutierung ist f_u im Mittel etwa gleich 1,1 bis 1,3. Treten Funken auf, so kann f_u über 2 steigen.

Liegen Versuchsresultate nicht vor, so kann die Übergangsspannung mit der in Fig. 250 dargestellten Versuchsanordnung ermittelt werden.

Wird R_a bei ruhendem Anker gemessen, und $2 \Delta P f_u$ festgestellt, so stimmt der hiernach berechnete Verlust $J_a^2 R_a + W_u$ nur dann mit den wirklich auftretenden Verlusten überein, wenn die Wicklung symmetrisch, die Lagerung des Ankers vollkommen zentrisch ist und wenn bei Ankern mit Schleifenwicklung und Äquipotentialverbindungen die Verteilung der Induktion unter den einzelnen Polen überall die gleiche ist. Ist dies nicht der Fall, dann treten beim rotierenden und stromführenden Anker Ausgleichströme auf, welche Spannungsabfälle und Ankerverluste bedingen, die mit den aus $J_a^2 R_a + 2 J_a \Delta P f_u$ berechneten in keinem bestimmten Verhältnis stehen.

c) Berechnung des Wirkungsgrades.

Aus den in der oben beschriebenen Weise ermittelten Verlusten wird nun der Wirkungsgrad aus den Formeln berechnet:

für einen Generator

$$\eta_g = 100 \left[1 - \frac{\{W_\varrho + (W_h + W_w) + W_{nt} + J_a^2 (R_a + R_h + R_w) + W_u\}}{PJ + \{W_\varrho + (W_h + W_w) + W_{nt} + J_a^2 (R_a + R_h + R_w) + W_u\}}\right] \% \tag{319}$$

und für einen Motor

$$\eta_m = 100 \left[1 - \frac{\{W_\varrho + (W_h + W_w) + W_{nt} + J_a^2 (R_a + R_h + R_w) + W_u\}}{PJ}\right] \%. \tag{320}$$

Der mit diesen Verlusten berechnete Wirkungsgrad wird stets etwas zu hoch und zwar aus folgenden Gründen:

Erstens sind die Eisenverluste bei derselben induzierten EMK E bei Belastung größer als bei Leerlauf, weil durch die Quermagnetisierung der belasteten Maschine die Induktion im Eisen örtlich vergrößert wird.

Zweitens nehmen die vom Hauptfelde induzierten Wirbelstromverluste im Ankerkupfer zu, und zwar um so mehr, je mehr die Zahnsättigung infolge der Quermagnetisierung wächst.

Drittens entsteht bei laufender Maschine eine Erhöhung des Stromwärmeverlustes in der Ankerwicklung infolge der Kommutierung des Ankerstromes.

Die Fig. 518 S. 619 zeigt den Einfluß dieser Erhöhungen der einzelnen Verluste auf den Wirkungsgrad in einem bestimmten Falle, wo der nach der Leerlaufmethode berechnete Wirkungsgrad ca. 1% höher als der wirkliche ist.

Bei normalen gut gebauten Maschinen weicht der nach der Leerlaufmethode ermittelte Wirkungsgrad selten um mehr als $+2\%$ von dem tatsächlichen Wirkungsgrad ab. Die Leerlaufmethode ist deshalb, trotz den nicht zu umgehenden Ungenauigkeiten, genauer als die direkten Methoden, denn bei diesen ist der totale Fehler nicht selten größer als 1% und kann noch dazu ebensogut positiv wie negativ sein.

Beispiel. Für einen Nebenschlußgenerator von 2,6 kW wurde nach diesem Verfahren der Wirkungsgrad bei einer Belastung von $J = 20$ Amp. und $P = 110$ Volt Klemmenspannung folgendermaßen bestimmt.

Es wurde $R_a = 0{,}22$ Ohm gemessen.

Für die normale Belastung und Klemmenspannung ergab sich $i_n = 0{,}86$ Amp.

Läßt man die Maschine bei der normalen Umdrehungszahl $n = 1200$ und der geschätzten Klemmenspannung von $P' = 119$ Volt als Motor leer laufen, so beträgt $J_0 = 2{,}9$ Amp., und es wird, wenn $\varDelta P = 1{,}0$ Volt (mittelharte Kohle) gesetzt wird,

$$(J + i_n) R_a + 2\varDelta P = (20 + 0{,}86) \cdot 0{,}22 + 2 = 6{,}58 \text{ Volt},$$

$$J_0 R_a + 2\varDelta P = 2{,}9 \cdot 0{,}22 + 2 = 2{,}64 \text{ Volt}$$

und somit

$$P' = 110 + 6{,}58 + 2{,}64 \cong 119 \text{ Volt}.$$

Die Leerlaufverluste sind:

$$W_e + W_h + W_w = P'J_0 = 119 \cdot 2{,}9 = 345 \text{ Watt.}$$

Der Verlust im Ankerkupfer:

$$J_a^2 R_a = (20 + 0{,}86)^2 \cdot 0{,}22 = \quad 96 \quad „$$

Der Kommutatorübergangsverlust:

$$W_u = 2 J_a \Delta P f_u = 2 \cdot (20 + 0{,}86) \cdot 1 \cdot 1{,}3 = \quad 54 \quad „$$

Die Stromwärmeverluste im Erregerkreis:

$$W_{nt} = i_n P = 0{,}86 \cdot 110 = \quad 95 \quad „$$

Summe der meßbaren Verluste = 590 Watt,

Der Wirkungsgrad ist

$$\eta = \frac{110 \cdot 20}{110 \cdot 20 + 590} = \mathbf{0{,}79.}$$

Wenn dieselbe Maschine als Motor mit

$$P = 110 \text{ Volt}, \; J = 20 \text{ Amp. und } n = 1200$$

läuft, erhält man:

$$i_n = 0{,}693 \text{ Amp. und } J_a = (20 - 0{,}693) = 19{,}3 \text{ Amp.}$$

für $P' = 106$ Volt (geschätzt) wird $J_0 = 3{,}18$ und die Rechnung ergibt nun

$$P' = P - (J_a - J_0) R_a = 110 - (19{,}3 - 3{,}18)\, 0{,}22 \cong 106 \text{ Volt}$$

Leerlaufverluste	$P'J_0 =$	331 Watt
Stromwärmeverlust im Anker	$J_a^2 R_a =$	83 „
Übergangsverlust	$2 J_a \Delta P f_u =$	50 „
Verlust im Erregerkreis . . .	$i_n P =$	76 „
Summe der meßbaren Verluste	=	540 Watt

Der Wirkungsgrad für die Maschine als Motor ist

$$\eta = \frac{110 \cdot 20 - 540}{110 \cdot 20} = \mathbf{0{,}755.}$$

147. Experimentelle Trennung der Verluste einer Gleichstrommaschine.

In vielen Fällen ist eine weitere Trennung bzw. eine nähere Untersuchung der Verluste, als bei den oben beschriebenen indirekten Verfahren zur Bestimmung des Wirkungsgrades vorgenommen wurde, am Platze. Derartige Untersuchungen geben uns nämlich Mittel in die Hand, die Richtigkeit der Berechnungen zu kontrollieren, wertvolle Erfahrungswerte über Luft- und Lagerreibung zu sammeln und Fabrikationsfehler zu entdecken.

Zur Durchführung einer eingehenden Untersuchung der einzelnen Verluste gibt es verschiedene Verfahren, die wir hier näher behandeln wollen.

a) Verfahren zur experimentellen Aufnahme der einzelnen Verluste.

1. Auslaufmethode. Die zuerst von Marcel Deprez 1884 und Dettmar[1]) 1899 vorgeschlagene und später von Peukert[2]) erweiterte Auslaufmethode beruht auf der Massenträgheit. In einem sich drehenden Anker ist eine gewisse, dem Quadrate der Umdrehungszahl proportionale, Bewegungsenergie aufgespeichert. Schaltet man die Antriebskraft aus und überläßt den Anker sich selbst, so zehren die Verluste diesen als Bewegungsenergie vorhandenen Energievorrat auf, indem die Geschwindigkeit des Ankers abnimmt. Die Geschwindigkeit nimmt um so rascher ab, je größer die Verluste sind. Daraus folgt, daß man aus der Auslaufkurve, welche die Abhängigkeit der Umdrehungszahl des Ankers von der Zeit während des Auslaufes darstellt, die Verluste bei den verschiedenen Umdrehungszahlen ermitteln kann.

Die bei einer gewissen Umdrehungszahl n pro Minute im Anker aufgespeicherte Bewegungsenergie ist

$$L = \frac{1}{2}\left(\frac{\pi}{60}\right)^2 (GD^2)\, n^2 \text{ Wattsekunden}, \quad . \; . \; . \quad (321)$$

wo GD^2 das Trägheitsmoment in kg m² bedeutet. G ist die Masse des Ankers, welche durch Wägung, d. h. durch Vergleich mit der Masse soundso vieler Kilogrammgewichte, ermittelt wird. Denken wir uns die Masse G auf einem Kreis mit dem Durchmesser D konzentriert, so ist GD^2 das Trägheitsmoment.

Der von der Bewegungsenergie in irgendeinem Augenblick geleistete Effekt ist:

$$-\frac{dL}{dt} = \left(\frac{\pi}{60}\right)^2 (GD^2)\, n \frac{dn}{dt} \text{ Watt}, \quad . \; . \; . \; . \; . \quad (322)$$

wo $\frac{dn}{dt}$ die Änderung der Umdrehungszahl pro Sekunde bedeutet, während die Umdrehungszahl n selbst, wie vorhin festgelegt, in Umdrehungen pro Minute gerechnet wird.

---

[1]) ETZ 1899, S. 220.
[2]) ETZ 1901, S. 393.

Diese Leistung ist nun gleich der Summe der Reibungs-, Hysteresis- und Wirbelstromverluste, und wir bekommen, wenn wir die Konstante

$$C = \left(\frac{\pi}{60}\right)^2 (GD^2) \quad . \quad . \quad . \quad . \quad . \quad . \quad . \quad (323)$$

einführen:
$$-C n \frac{dn}{dt} = W_\varrho + W_h + W_w \text{ Watt} \quad . \quad . \quad (324)$$

Die Konstante C kann rechnerisch oder experimentell bestimmt werden.

Die Berechnung von C geschieht, wenn die Konstruktionsdaten vorliegen, indem wir GD^2 wie folgt bestimmen. Es sei

G_{aw} das Gewicht, D_{aw} der mittlere Durchmesser der Ankerwicklung;
G_z „ „ D_z „ „ „ der Zähne;
G_{ak} „ „ D_{ak} bzw. D_{ik} äußere und innere Durchm. des Ankerkernes;
G_{an} „ „ D_{an} der mittlere Durchmesser der Ankernabe;
G_w „ „ D_w der Durchmesser der Welle;
G_k „ „ D_k der mittlere Durchm. der Kommutatorlamellen;
G_{kn} „ „ D_{kn} „ „ „ der Kommutatornabe.

Werden die Gewichte in kg, die Durchmesser in m ausgedrückt, dann ist

$$C = \left(\frac{\pi}{60}\right)^2 \left\{ G_{aw} D_{aw}^2 + G_z D_z^2 + \frac{1}{2} G_{ak} (D_{ak}^2 + D_{ik}^2) + \frac{4}{3} G_{an} D_{an}^2 + \frac{1}{2} G_w D_w^2 + G_k D_k^2 + \frac{4}{3} G_{kn} D_{kn}^2 \right\} . \quad . \quad . \quad (325)$$

Die direkte experimentelle Bestimmung von C kann nach einem der folgenden Verfahren ausgeführt werden.

Ein Seil wird, Fig. 534. auf die Riemenscheibe der Maschine aufgewunden, über ein Rad R geführt und an dem herunterhängenden freien Ende mit einem Gewicht g kg belastet, das so groß ist, daß die Reibung gerade überwunden wird. Dann wird die Belastung mit einem Gewicht G kg vergrößert und die Zeit t Sekunden mit einer Stopp-

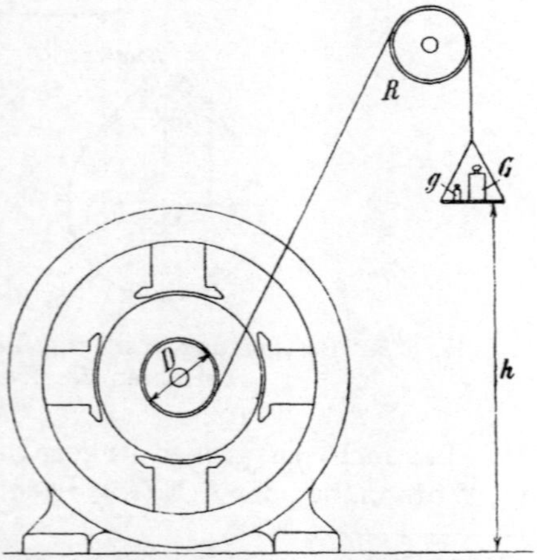

Fig. 534. Bestimmung des Trägheitsmomentes eines Ankers durch fallendes Gewicht.

uhr beobachtet, welche verstreicht, bis die Gewichte die Höhe h m gefallen sind. Wiegen nun das Seil und das Rad R zusammen g' kg, ist der Durchmesser der Riemenscheibe D m, so ist die gesuchte Konstante

$$C = \left(\frac{\pi}{60}\right)^2 D^2 \left\{\frac{9{,}81}{2}\frac{G}{h} t^2 - g' - g - G\right\} \quad . \; . \; . \quad (326)$$

Bei Maschinen mit Kugellagern läßt sich die Auslaufkonstante C nach O. S. Bragstad[1]) auf sehr einfache Weise durch Schwingungsbeobachtungen bestimmen. An einem Punkt auf der Riemenscheibe wird ein Gewicht angehängt und der Anker in pendelnde Schwingungen versetzt. Ist die Zeit einer einfachen Schwingung von der einen Außenlage zur anderen T Sekunden, G das angehängte Gewicht in kg und r die Entfernung des Aufhängepunktes von dem Mittelpunkt in m, so ist das Trägheitsmoment

$$(GD^2) = \left(T^2 - \frac{\pi^2}{9{,}81} r\right) \frac{9{,}81}{\pi^2} 4 r G \text{ kgm}^2 \quad . \; . \quad (327)$$

und die Auslaufkonstante

$$C = \frac{9{,}81}{900} r G \left(T^2 - \frac{\pi^2}{9{,}81} r\right) \quad . \; . \; . \; . \; . \; . \quad (328)$$

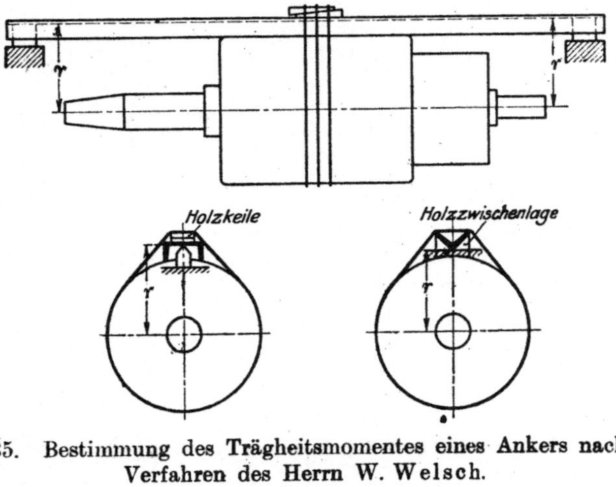

Fig. 535. Bestimmung des Trägheitsmomentes eines Ankers nach dem Verfahren des Herrn W. Welsch.

Bei nicht zu großen Ankern kann man, nach einem von Herrn W. Welsch bei der A.E.G. verwendeten Verfahren[2]), den Anker, wie

---

[1]) Zeitschrift f. Elektr., Wien 1905, S. 381.

[2]) ETZ 1917, S. 182.

die Fig. 535 zeigt, aufhängen und ihn in Schwingungen versetzen. Ist die Zeit einer einfachen Schwingung T Sekunden, G das Gewicht des Ankers in kg und r die Entfernung des Aufhängepunktes von dem Schwerpunkt des Ankers in m, so sind das Trägheitsmoment und die Auslaufkonstante ebenfalls nach den letztgenannten Formeln (327) und (328) zu berechnen. Die Resultate werden in beiden Fällen um so genauer, je kleiner der Abstand r gewählt wird.

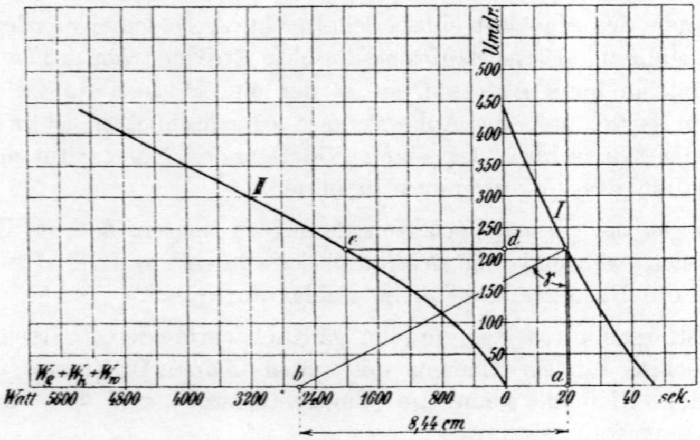

Fig. 536. Zeichnerische Ermittlung der Verluste aus der Auslaufkurve.

Ist C bekannt, so kann man aus einer aufgenommenen Auslaufkurve, wie z. B. aus der in Fig. 536 dargestellten Kurve I, die Verlustkurve II wie folgt berechnen. Es ist

$$-\frac{dn}{dt} = \operatorname{tg}\gamma$$

und die Subnormale $\overline{ab} = -n \operatorname{tg}\gamma = -n\frac{dn}{dt}$, also

$$W_\varrho + W_w + W_h = C \cdot ab, \quad \ldots\ldots \quad (329)$$

wo ab im richtigen Maß einzusetzen ist. Sind die Maßstäbe der Umdrehungszahl und der Auslaufzeit so gewählt, daß 1 cm y Umdrehungen pro Minute bzw. x Sekunden bedeutet, und ist die Subnormale $\overline{ab} = S$ cm, so wird

$$W_\varrho + W_w + W_h = CS\frac{y^2}{x} \text{ Watt}. \quad \ldots \quad (330)$$

Die Aufnahme der Auslaufkurven geschieht wie folgt. Die Maschine wird bei einem gewissen Erregerstrom, der stets einer fremden Stromquelle zu entnehmen ist, angelassen, bis man eine Umdrehungszahl erreicht hat, die 10 bis 15% höher als die normale ist. Dann wird der Ankerstrom unterbrochen und die Abnahme der Umdrehungszahl mit der Zeit beobachtet. Ist es nicht möglich, die Maschine bei demjenigen Erregerstrom anzulassen, der während des Auslaufes vorhanden sein soll, so sind zwei hintereinander geschaltete Regulierwiderstände in den Erregerkreis einzubauen, von denen der eine mit einem Schalter kurzgeschlossen werden kann. Ist der während des Auslaufes erwünschte Erregerstrom größer als der Erregerstrom beim Anlassen, so ist der eine Widerstand gleichzeitig mit dem Ausschalten des Ankerstromes kurzzuschließen, ist er kleiner, so ist der Kurzschluß des einen Widerstandes gleichzeitig mit dem Ausschalten des Ankerstromes zu öffnen.

Es ist bei diesem Verfahren darauf zu achten, daß der Erregerstrom sich während der Auslaufperiode nicht ändert, denn sonst können die Resultate erhebliche Fehler aufweisen.

Will man diese Fehlerquelle gänzlich vermeiden, so treibt man die Maschine mittels Riemens mit einem kleinen Hilfsmotor an und wirft den Riemen, wenn die Umdrehungszahl und die Erregung richtig eingestellt sind, ab.

Die Abnahme der Umdrehungszahl mit der Zeit kann mittels eines direkt zeigenden Tachometers und einer Sekundenuhr festgestellt werden. Statt Tachometer kann man ein an die Bürsten der Maschine gelegtes Voltmeter verwenden, denn bei konstanter Erregung ist die induzierte EMK proportional der Umdrehungszahl. Das Voltmeter kann auch bei unerregter Maschine verwendet werden, denn der remanente Mechanismus genügt meistens zur Erzeugung einer genügend hohen Spannung. Sehr bequem ist es, die Auslaufkurven mittels registrierender Instrumente aufzunehmen. Ein hierfür besonders gut geeignetes Instrument wird von Wilhelm Morell, Leipzig, hergestellt.

Die zeichnerische Ermittelung der Verluste aus der Auslaufkurve ist nun allerdings recht unsicher, denn sie läuft letzten Endes darauf hinaus die Richtung einer Tangente zu bestimmen, was immer schwierig ist genau auszuführen. Wir können diese Ungenauigkeit vermeiden, wenn wir das folgende von Dr.-Ing. A. Ytterberg[1]) vorgeschlagene Verfahren verwenden.

---

[1]) ETZ 1912, S. 1158.

Die zu untersuchende Maschine wird, Fig. 537, mit einem kleinen fremd erregten Generator von etwa $^1/_{20}$ KW und 220 Volt direkt gekuppelt. An die Bürsten wird erstens ein gewöhnliches Voltmeter, zweitens ein empfindliches Amperemeter unter Vorschaltung eines Kondensators von etwa 100 bis 200 MF gelegt. Das Amperemeter soll eine Empfindlichkeit von etwa 10^{-5} Amp. pro Grad Ausschlag haben; seine Eigenschwingungszeit soll bei aperiodischer Dämpfung nicht größer als etwa eine Sekunde sein.

Solange die Maschine mit konstanter Umdrehungszahl läuft, ist die Spannung des Generators konstant, und es fließt kein Strom durch das Amperemeter. Ändert sich aber die Umdrehungszahl, so ändert sich die Spannung und damit auch die Ladung des Kondensators, und es fließt ein Ladungsstrom durch das Amperemeter, der $\frac{dn}{dt}$ proportional ist. Die am Voltmeter gleichzeitig abgelesene Spannung gibt uns die Umdrehungszahl n.

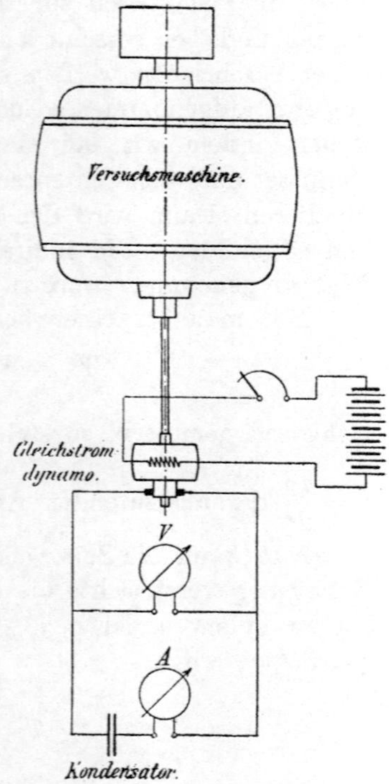

Fig. 537. Verfahren von Dr.-Ing. A. Ytterberg zur Bestimmung der Verluste nach der Auslaufmethode.

Ist C_c die Kapazität des Kondensators in Farad, $e = kn$ Volt die Spannung des Generators bei einer bestimmten Erregung und i Amp. der Strom durch das Amperemeter, so ist das auf den Anker der zu untersuchenden Maschine während des Auslaufes wirkende Verlustdrehmoment

$$M_d = \frac{\pi}{2 \cdot 9{,}81 \cdot 60} (GD^2) \frac{i}{k C_c} \text{ mkg} \quad . \; . \; . \; . \; . \quad (331)$$

und die Verluste

$$W_\varrho + W_w + W_h = \left(\frac{\pi}{60}\right)^2 (GD^2)\, n \frac{dn}{dt} = \frac{1}{k^2} \frac{C}{C_c} ei \text{ Watt.} \qquad (332)$$

Mit der Auslaufmethode können wir nun entweder aus der Auslaufkurve zeichnerisch oder aus dieser Formel direkt die Leerlaufverluste bei verschiedenen Umdrehungszahlen und Erregungen ermitteln. Der Vorteil der Methode liegt darin, daß wir die Verluste auch bei sehr schwach und sogar bei unerregter Maschine direkt ermitteln können. Mehrere Meßreihen können außerdem sehr rasch aufgenommen werden.

Es ist nicht immer erforderlich, die Auslaufkonstante C direkt rechnerisch oder experimentell zu bestimmen. Wir können auch die dem Anker elektrisch zugeführte Leistung bei einer bestimmten Erregung und bei verschiedenen Umdrehungszahlen, wie weiter unten näher beschrieben werden soll, messen und die bei derselben Erregung aufgenommene Auslaufkurve zur Bestimmung von C heranziehen, indem wir bei einigen Umdrehungszahlen die gemessenen Verluste mit den entsprechenden Subnormalen der Auslaufkurve dividieren. Dann wird der Mittelwert aus den so erhaltenen Werten von C gebildet. Die indirekte Bestimmung von C kann auch wie folgt vorgenommen werden.

Hat man bei einer bestimmten Erregung die Leerlaufverluste:

$$W_0 = W_\varrho + W_h + W_w = f(n) \quad . \quad . \quad . \quad . \quad . \quad (333)$$

elektrisch gemessen, so stellt $\frac{W_0}{n} = C\frac{dn}{dt}$ ein Maß für die Verzögerung $\varepsilon = \frac{dn}{dt}$ des auslaufenden Ankers bei dieser Erregung dar.

Nun kann die Zeit, welche beim Auslaufversuch mit derselben Erregung verstreicht, bis die Umdrehungszahl von einem Wert n_1 bis zu einem anderen n_2 gesunken ist, durch die Gleichung ausgedrückt werden:

$$T = \int_{n=n_1}^{n=n_2} \frac{dt}{dn}\, dn = \int_{n=n_1}^{n=n_2} \frac{1}{\varepsilon}\, dn. \quad . \quad . \quad . \quad . \quad . \quad (334)$$

Tragen wir den reziproken Wert von $\frac{W_0}{n}$, nämlich $\frac{n}{W_0}$ als Funktion von n auf, so ist also der Inhalt der von dieser Kurve und der Abszissenachse zwischen $n = n_1$ und $n = n_2$ gebildeten Fläche:

$$\int_{n=n_1}^{n=n_2} \frac{n}{W_0}\, dn = \frac{1}{C}\int_{n=n_1}^{n=n_2} \frac{1}{\varepsilon}\, dn = \frac{T}{C}. \quad . \quad . \quad . \quad . \quad . \quad (335)$$

Man erhält also die Auslaufkonstante C als Verhältnis der Auslaufzeit T zum Inhalt der Fläche $\frac{n}{W_0} = f(n)$, Fig. 538. Die Auslaufzeit T kann mittels Stoppuhr sehr genau ermittelt werden, selbst wenn die Auslaufzeit, wie es bei erregten kleinen Maschinen der Fall sein kann, nur 10 Sekunden beträgt. Hat man auf diese Weise die Auslaufkonstante C ermittelt, so kann man diese für den Auslauf ohne Erregung verwenden, um die Reibungsverluste allein zu bestimmen. Die Auslaufzeit ist bei unerregter Maschine wesentlich länger, weshalb es auch bei kleinen Maschinen keine besonderen Schwierigkeiten bietet, eine Auslaufkurve mit genügender Genauigkeit aufzunehmen.

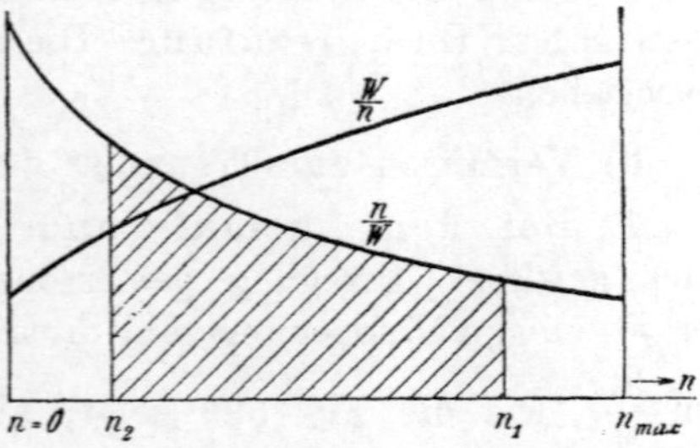

Fig. 538. Zeichnerische Bestimmung der Auslaufkonstante *C*.

2. Leerlaufmethode [1]). Man läßt die zu untersuchende Maschine als Motor leerlaufen und reguliert, während die Magnete von einer besonderen Stromquelle konstant erregt sind, mit einem vor dem Anker geschalteten Hauptstromregulator die Klemmenspannung und damit die Umdrehungszahl.

Man beobachtet die Klemmenspannung P, den Ankerstrom J_a und die Umdrehungszahl n. Dann sind die Leerlaufverluste:

$$W_0 = W_\varrho + W_h + W_w = (P_a - J_a R_a - 2\Delta P) J_a = E J_a. \quad (336)$$

Die Umdrehungszahl ist nun bei einer bestimmten Erregung der induzierten EMK E proportional, weshalb man die Umdrehungszahl bei jeder Erregung nur einmal zur Feststellung des Proportionalitätsfaktors abzulesen braucht, sie dann aber aus der EMK E mit dem Rechenschieber ermittelt.

Dieser Versuch wird für eine Anzahl von verschiedenen Erregerströmen i_n wiederholt, z. B. mit $^1/_4$, $^1/_2$, $^3/_4$ und normalem Erregerstrom.

Zu beachten ist, daß man, um die Reibungsverluste, wie wir gleich sehen werden, einigermaßen genau bestimmen zu können, die Meßreihen auf so stark geschwächtem Felde ausdehnen muß, wie dies mit Rücksicht auf den ruhigen Lauf der Maschine noch möglich ist.

Wie bei der Auslaufmethode werden auch hier die Leerlaufverluste bei verschiedenen Erregungen in Abhängigkeit der Umdrehungszahl ermittelt. Mit diesem Verfahren können jedoch nicht die Leerlaufverluste bei unerregter Maschine, d. h. die Reibungsverluste, wie bei der Auslaufmethode, direkt gemessen werden. Die beiden Methoden ergänzen einander, indem man die Leerlaufmethode zur Bestimmung der Auslaufkonstante, wie auf Seite 654 gezeigt wurde,

[1]) Dettmar, ETZ 1899, S. 203.

benützt und dann die Reibungsverluste mit der Auslaufmethode direkt ermittelt.

3. Zurückarbeitungsmethode mit elektrischer und mechanischer Energiezufuhr. Dieses Verfahren wurde auf Seite 638 beschrieben.

b) Verfahren zur Trennung der gemessenen Verluste.

1. Bei den Auslauf- und Leerlaufmethoden. Die bei einer gewissen Erregung gemessenen Leerlaufverluste werden mit der jeweiligen Umdrehungszahl dividiert und die so erhaltenen Werte von $\frac{W_0}{n}$, wie die Fig. 539 zeigt, als Funktion von n aufgetragen.

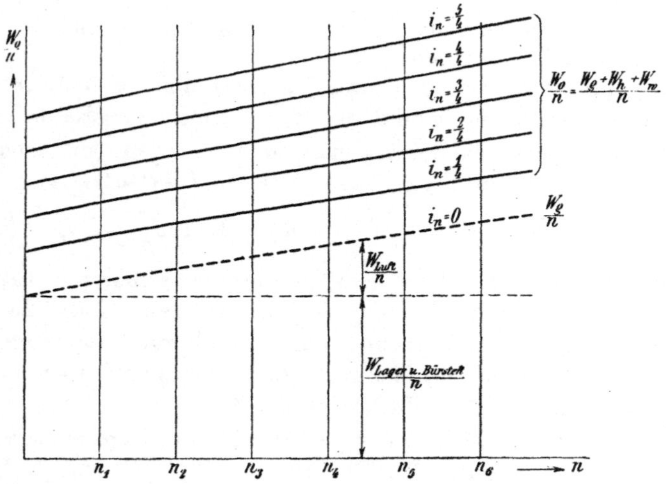

Fig. 539. Leerlaufverluste pro Umdrehung bei verschiedenen Erregungen als Funktion der Umdrehungszahl.

Für die verschiedenen Erregungen bekommen wir dann Kurven, deren Abweichungen von geraden Linien nur durch das Verhalten der Luftreibung bedingt sind.

Bei der Leerlaufmethode konnten wir nicht die Leerlaufverluste bei $i_n = 0$, d. h. die Reibungsverluste, allein für sich messen. Sie müssen deshalb mit der in der Fig. 540 gezeigten Konstruktion graphisch ermittelt werden.

Zu diesem Zwecke ermitteln wir aus den Versuchsdaten die bei einer beliebigen konstanten Umdrehungszahl n und bei verschiedenen Erregungen im Anker induzierte EMK E, die dann ein Maß für den Kraftfluß darstellt. In der Fig. 540 tragen wir dann die Quadrate dieser EMK E^2 als Funktion von i_n auf. Die Kurven der Fig. 539

werden bei den Umdrehungszahlen n_1, n_2, n_3 usw. geschnitten, und die Verluste $\frac{W_0}{n}$ der Schnittpunkte bei jeder Umdrehungszahl als Funktion von E^2 aufgetragen. Wir erhalten dann eine Schar von geraden Linien, welche, bis zur Ordinatenachse verlängert, auf die Ordinatenachse die Reibungsverluste pro Umdrehung $\frac{W_\varrho}{n}$ abschneiden. Die so erhaltenen Reibungsverluste werden dann in die Fig. 539 eingetragen, gestrichelte Kurve.

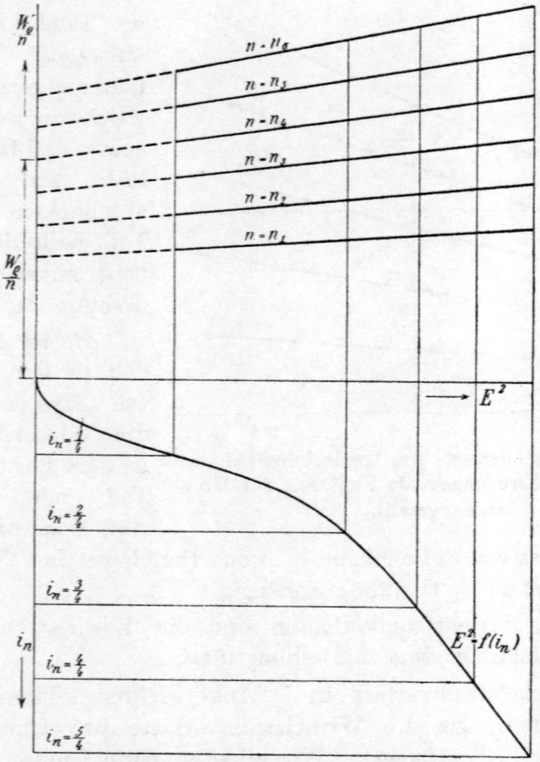

Fig. 540. Leerlaufverluste pro Umdrehung bei verschiedenen Umdrehungszahlen als Funktion von E^2.

Die Reibungsverluste können, wie die Fig. 539 zeigt, angenähert in Lager- und Bürstenreibungsverluste einerseits, in Luftreibungsverluste andererseits zerlegt werden, wenn wir das Reibungsmoment der Lager und der Bürsten als unabhängig von der Umdrehungszahl und das Moment der Luftreibungsverluste bei sehr kleinen Geschwindigkeiten als vernachlässigbar klein ansehen. Wegen des dritten Reibungsgesetzes, Abschn. 139a, wird hierbei jedoch ein Teil der Lagerreibung als von Luftreibung herrührend ermittelt.

Die Eisenverluste pro Umdrehung erhalten wir nun, wenn wir von den Verlusten $\frac{W_0}{n}$ in der Fig. 539 die Reibungsverluste $\frac{W_\varrho}{n}$ abziehen.

Die Eisenverluste werden dann in Wirbelstrom- und Hysteresisverluste getrennt, indem wir $\frac{W_h + W_w}{n}$ in der Fig. 541 für die verschiedenen Erregungen als Funktionen von n auftragen. Es sind dies lauter gerade Linien, welche auf der Ordinatenachse die Hysteresisverluste pro Umdrehung abschneiden. Der übrige Teil stellt dann die Wirbelstromverluste pro Umdrehung dar.

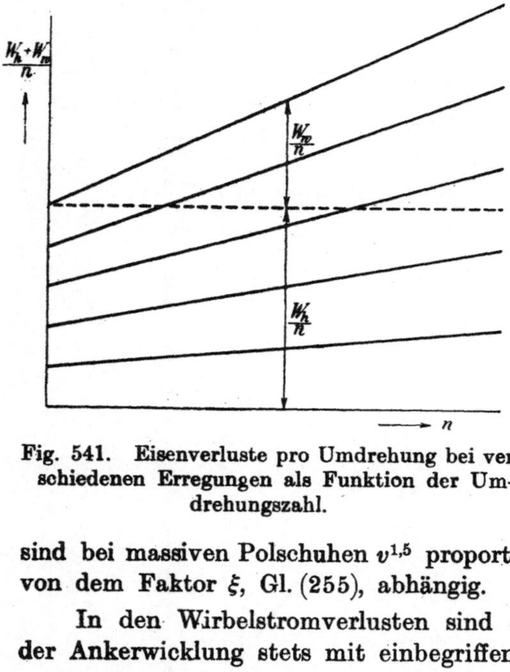

Fig. 541. Eisenverluste pro Umdrehung bei verschiedenen Erregungen als Funktion der Umdrehungszahl.

Es ist zu bemerken, daß in den so ermittelten Hysteresisverlusten die Wirbelstromverluste in den Polschuhen zum Teil mit einbegriffen sind, denn diese Verluste sind bei massiven Polschuhen $v^{1,5}$ proportional, bei lamellierten auch von dem Faktor ξ, Gl. (255), abhängig.

In den Wirbelstromverlusten sind die Wirbelstromverluste in der Ankerwicklung stets mit einbegriffen.

Die Wirbelstromverluste in der Ankerwicklung können abgetrennt werden, indem wir die Wirbelstromverluste pro Umdrehung als Funktion von E^2 auftragen. Wir erhalten dann Kurven, welche im Anfang als gerade Linien verlaufen, bei höheren Induktionen jedoch nach oben abbiegen. Die Abweichungen von der geraden Linie stellen dann die Verluste pro Umdrehung in der Ankerwicklung dar.

Seitdem wir somit die einzelnen Verluste pro Umdrehung ermittelt haben, brauchen wir sie nur mit der jeweiligen Umdrehungszahl n zu multiplizieren, um die Verluste selbst einzeln zu bekommen.

Die Figuren 542—545 zeigen die Ausführung einer solchen Trennung der Verluste bei einem Nebenschlußmotor für 5,1 kW,

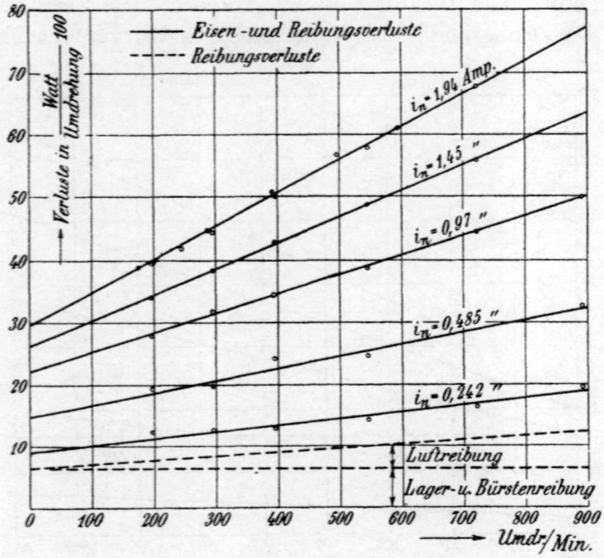

·Fig. 542. Leerlaufverluste pro Umdrehung bei verschiedenen Erregungen als Funktion der Umdrehungszahl.

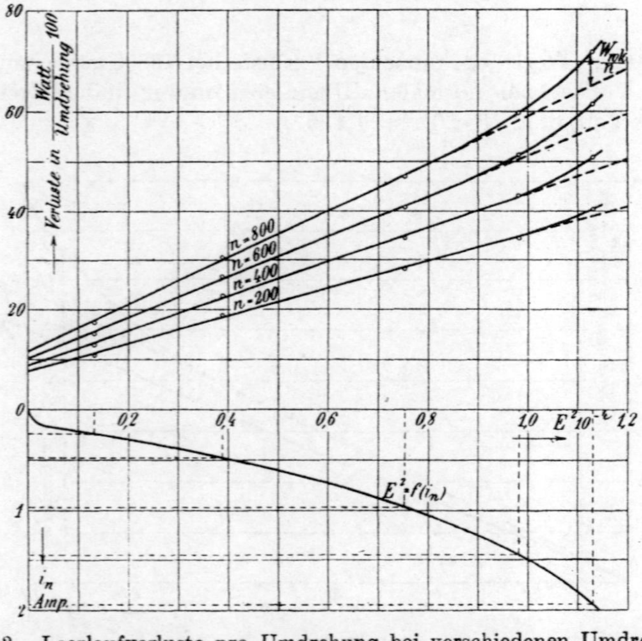

Fig. 543. Leerlaufverluste pro Umdrehung bei verschiedenen Umdrehungszahlen als Funktion von E^2.

725 Umdrehungen, 110 Volt und 57 Ampere. Die Verluste wurden nach der Leerlaufmethode bestimmt. Aus den Kurven entnehmen wir

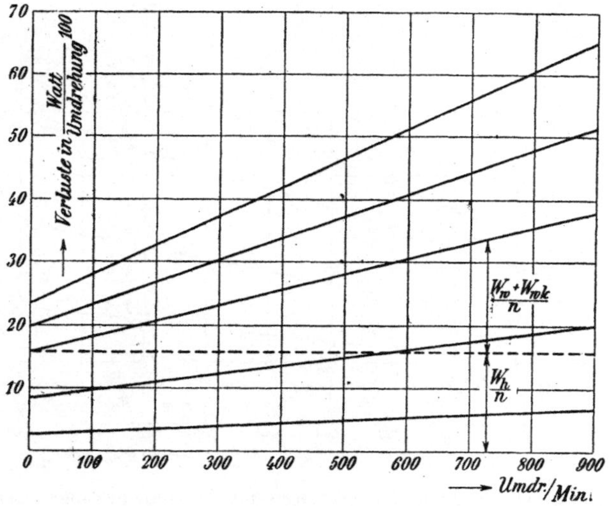

Fig. 544. **Eisenverluste pro Umdrehung bei verschiedenen Erregungen als Funktion der Umdrehungszahl.**

die folgenden Werte der einzelnen Verluste bei 725 Umdrehungen und der im Vollast bei normaler Klemmenspannung induzierten EMK $E = 106$ Volt, d. h. $E^2 \cdot 10^{-4} = 1{,}125$.

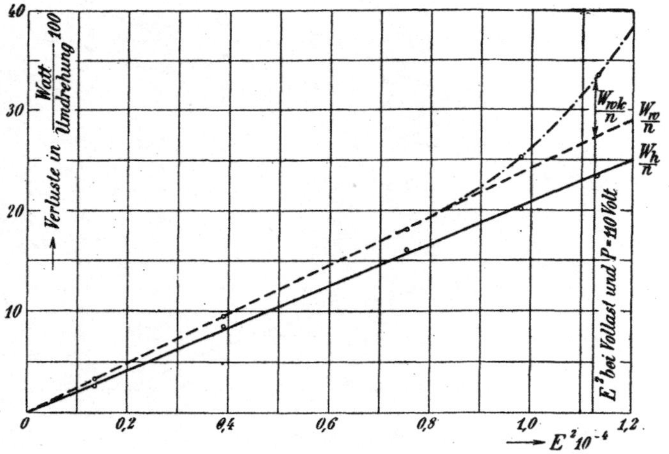

Fig. 545. **Eisenverluste pro Umdrehung bei normaler Umdrehungszahl als Funktion von E^2.**

Lager- und Bürstenreibung .	$6{,}4 \cdot 10^{-2}$	$\frac{\text{Watt}}{\text{Umdrehung}}$,	d. h.	46,4 Watt
Luftreibung	$4{,}8 \cdot 10^{-2}$	„	„ „	34,8 „
Wirbelstromverluste im Eisen	$27{,}2 \cdot 10^{-2}$	„	„ „	197,0 „
Wirbelstromverlust im Kupfer	$5{,}8 \cdot 10^{-2}$	„	„ „	42,0 „
Hysteresisverluste	$23{,}3 \cdot 10^{-2}$	„	„ „	169,0 „

Aus der Fig. 544 ist es leicht zu ersehen, daß der Wirbelstromverlust in der Ankerwicklung pro Umdrehung $\frac{W_{wk}}{n}$ bei konstantem Kraftfluß proportional der Umdrehungszahl zunimmt. Dieser Verlust selbst wächst also proportional n^2, in voller Übereinstimmung damit, daß er von Wirbelströmen herrührt.

2. Bei der Rückarbeitungsmethode mit elektrischer und mechanischer Energiezufuhr. Die mechanisch zugeführte Leistung deckt hier die sogenannten Leerlaufverluste. Die Trennung dieser Verluste geht genau so vor sich, wie vorhin beschrieben. Es ist aber zu bemerken, daß wir hier die Leerlaufverluste auch bei strombelastetem Anker messen können, weshalb wir diese Verluste hier so ermitteln können, wie sie im Betriebe tatsächlich auftreten. Wir können hier auch die zusätzlichen Verluste in der Ankerwicklung durch die Kommutierung des Stromes ermitteln, indem wir die elektrisch dem Anker zugeführte Leistung bei verschiedenen Umdrehungszahlen messen und als Funktion der Umdrehungszahl auftragen.

Achtundzwanzigstes Kapitel.

Erwärmung der Gleichstrommaschine.

148. Zulässige Erwärmung einer Gleichstrommaschine.

Diejenige Energie, welche den in einer Gleichstrommaschine auftretenden Verlusten entspricht, wird in Wärme übergeführt, einerlei welcher Art diese Verluste sind.

Es tritt deswegen eine Temperaturerhöhung der Maschine über die Temperatur der umgebenden Luft ein, und die entstandene Temperaturdifferenz bewirkt, daß teils durch Konvektion der umgebenden Luft, teils durch Strahlung und teils durch Leitung Wärme an die Umgebung abgegeben wird.

Die erzeugte Wärme ist den Verlusten und die Wärmeabfuhr ungefähr der Temperaturerhöhung und der ausstrahlenden Oberfläche proportional.

Setzt man eine Maschine in Betrieb, so steigt deren Temperatur anfangs schnell, weil fast keine Wärme an die Umgebung abgegeben wird und die erzeugte Wärme lediglich zur Erwärmung der Maschine dient. Mit steigender Temperatur der Maschine wächst jedoch die Wärmeabgabe nach außen, und die Temperatur steigt langsamer an und nähert sich asymptotisch dem stationären Zustande, bei welchem die Wärmeabgabe gleich der Wärmeerzeugung ist. Die Kurve I der Fig. 546 veranschaulicht den Verlauf der Temperaturkurve.

Es ist von der größten Wichtigkeit, daß die stationäre Temperatur einer Maschine einen gewissen Wert nicht überschreitet, weil die Maschine sonst in kurzer Zeit zugrunde geht. Baumwollisolation fängt z. B. bei über 90° C an zu verkohlen. — Der Verband Deutscher Elektrotechniker hat deswegen auch in seinen Maschinennormalien die in Spalte 2 der folgenden Tabelle höchst zulässigen Temperaturen festgesetzt.

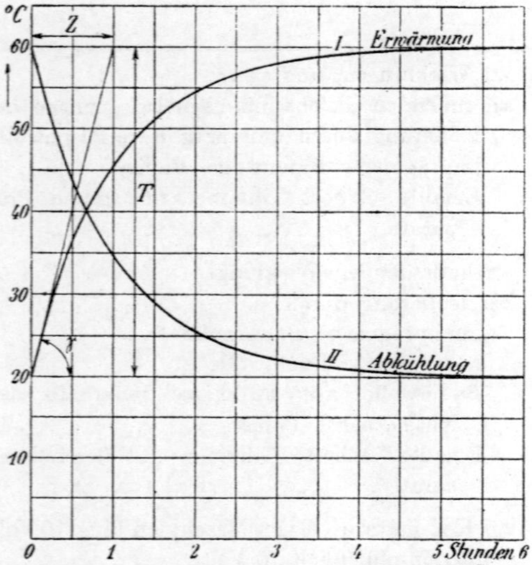

Fig. 546. Erwärmungs- und Abkühlungskurven eines homogenen Körpers.

Es wird angenommen, daß die Temperatur der Umgebung 35° C nicht überschreitet und dementsprechend dürfen die Temperaturzunahmen die in Spalte 1 aufgeführten Werte nicht überschreiten.

Bei Isolierungen, die aus verschiedenen Materialien geschichtet sind, gilt die untere Grenze.

Bei Maschinen für Bahn- und Kraftfahrzeuge dürfen die nach einstündigem ununterbrochenen Betriebe mit normaler Belastung im Versuchsraum ermittelten Temperaturen und Temperaturzunahmen die oben angegebenen Werte um 20° C überschreiten. Ausgenommen hiervon sind die Lager.

Da die Verluste einer Maschine und damit die Temperatur im Beharrungszustande mit der Belastung wachsen, wird also der Leistung einer Maschine durch die erreichte Temperatur eine Grenze gezogen. Es gilt dies stets für gut gebaute Maschinen, deren Leistung durch elektrische und magnetische Verhältnisse wie Kommutierungsschwierigkeiten, Spannungsabfall u. dgl. in erster Linie nicht begrenzt wird.

Es ist deshalb von Wichtigkeit, die Temperaturerhöhung der einzelnen Teile einer Gleichstrommaschine vorausberechnen zu können. Im allgemeinen herrscht hier Unsicherheit — ganz zuverlässige Formeln gibt es nicht, da die Temperaturerhöhung zu sehr von

	1 Höchste zulässige Temperaturzunahme	2 Höchste zulässige Temperatur
a) an Wicklungen, und zwar		
an ruhenden Gleichstrommagnetwicklungen bei		
Isolierung durch unimprägnierte Baumwolle	50°	85°
imprägnierte Baumwolle, Papier	60°	95°
Emaille, Asbest, Glimmer und deren Präparate	80°	115°
an umlaufenden Wicklungen		
bei Isolierung durch		
unimprägnierte Baumwolle	40°	75°
imprägnierte Baumwolle	50°	85°
Baumwolle mit Füllmasse innerhalb der Nuten, sowie Papier	60°	95°
Emaille, Asbest, Glimmer und deren Präparate	80°	115°
b) an Kommutatoren von Maschinen über 10 Volt	55°	90°
bis einschließlich 10 Volt	60°	95°
c) an Lagern	45°	80°

der Bauart der Maschine abhängt. Für einzelne Typen kann man durch Experimente Formeln ermitteln, welche ziemlich genaue Resultate geben. In dieser Weise hilft man sich gewöhnlich in der Praxis.

149. Erwärmung und Abkühlung eines homogenen Körpers.

Wir wollen einen ideellen Körper betrachten, der sich vollständig homogen erwärmt und bei dem die Abkühlung der ganzen Oberfläche eine gleichmäßige ist. Es ergibt sich dann die Temperaturkurve wie folgt:

Ist Q die pro Sekunde erzeugte Wärmemenge in kgcal.;

c die spez. Wärme des Körpers, d. h. diejenige Wärmemenge, welche 1 kg um 1^0 C erwärmt;

G sein Gewicht in kg, mithin cG seine Wärmekapazität;

A die Oberfläche in cm^2;

α der Wärmeabgabekoeffizient, d. h. die in 1 Sekunde pro cm^2 Oberfläche und Grad Temperaturunterschied abgegebene Wärmemenge in kgcal.;

so ist die während eines Zeitelementes dz erzeugte Wärmemenge Qdz gleich der zur Erhöhung der Temperatur des Körpers um dt

erforderlichen Wärmemenge $cG\,dt$, vermehrt um die bei der Übertemperatur t des Körpers abgegebene Wärmemenge $A\alpha t dz$ oder

$$Q\,dz = cG\,dt + A\alpha t\,dz \quad \ldots\ldots \quad (337)$$

Im stationären Zustand ist, wenn die Übertemperatur T erreicht ist,

$$Q = A\alpha T$$

und die Gl. 337 wird somit

$$Q\left(1 - \frac{t}{T}\right)dz = cG\,dt \quad \ldots\ldots \quad (338)$$

oder

$$\frac{dt}{T-t} = \frac{Q\,dz}{cGT} = \frac{dz}{Z} \quad \ldots\ldots\ldots \quad (339)$$

In dieser Gleichung ist $Z = \frac{cGT}{Q} = \frac{cG}{\alpha A}$ die Zeit, die vergehen würde, um den Körper auf die Temperatur T zu bringen, wenn keine Wärmeabgabe nach außen stattfände. Sie wird als Zeitkonstante bezeichnet.

Durch Integration der Gl. 339 von $z = 0$ bis $z = z$ und $t = 0$ bis $t = t$ erhält man

$$t = T\left(1 - \varepsilon^{-\frac{z}{Z}}\right) \quad \ldots\ldots\ldots \quad (340)$$

worin ε die Basis der nat. Log. bedeutet.

Die Temperatur nimmt also nach einer Exponentialkurve zu. Im Ursprung der Temperaturkurve ist das Ansteigen derselben

$$\left(\frac{dt}{dz}\right)_{(z=0)} = \frac{T}{Z} = \mathrm{tg}\,\gamma = \frac{Q}{cG} = \frac{\text{Wärmeerzeugung des Körpers}}{\text{Wärmekapazität des Körpers}}$$

nur abhängig von der erzeugten Wärmemenge und der Wärmekapazität des Körpers.

Ist ein homogener Körper auf eine bestimmte Temperatur T über die umgebende Temperatur gebracht und wird die Wärmezufuhr unterbrochen, so wird er sich abkühlen, und zwar nach der Kurve II Fig. 546, deren Gleichung

$$t = T\varepsilon^{-\frac{z}{Z}} \quad \ldots\ldots\ldots \quad (341)$$

lautet. Diese Kurve läßt sich aus der Erwärmungskurve leicht ableiten.

Wie aus den obigen beiden Gleichungen ersichtlich, stellt sich eine konstante Temperatur erst nach unendlich langer Zeit ein; da aber die Messung der Temperaturerhöhung über die der umgebenden Luft stets mit einem Beobachtungsfehler behaftet ist, so kann man für praktische Zwecke annehmen, daß der Endzustand erreicht ist, sobald die etwa noch zu erwartende Temperaturerhöhung kleiner ist als der Beobachtungsfehler. Es ist somit die praktische Frage zu beantworten: nach welcher Zeit ist die Temperatur des betrachteten Körpers bis auf $n\,\%$ an den theoretischen Endwert herangekommen?

Dies ist der Fall, wenn

$$100\frac{T-t}{T}=n,$$

also wenn

$$\varepsilon^{-\frac{z}{Z}}=\frac{n}{100} \text{ ist.}$$

Hieraus folgt

$$z=Z\ln\left(\frac{100}{n}\right).$$

Mit Hilfe dieser Formel läßt sich die folgende Tabelle berechnen, die auch für Abkühlung gilt:

$n=$	10%	5%	4%	3%	2%	1%	0,5%
z	2,3 Z	3 Z	3,22 Z	3,51 Z	3,91 Z	4,6 Z	5,3 Z

Nach einer Zeit von 3 bis 4 Z ist die Temperatur nur noch 5 bzw. 2% von der theoretischen Endtemperatur entfernt, also praktisch genommen konstant.

Aus den Gleichungen

$$Q=A\alpha T \text{ und } Z=\frac{cGT}{Q}$$

ergibt sich die Zeitkonstante

$$Z=\frac{cG}{A\alpha} \quad \ldots\ldots\ldots \quad (342)$$

als das Verhältnis der Wärmekapazität zu dem Produkt aus Oberfläche und Wärmeabgabekoeffizient; für zwei gleichartige Körper ist sie also um so größer, je größer das Verhältnis von Gewicht zu Oberfläche ist. Da aber die Zeit, nach der die Übertemperatur nur noch um einen bestimmten Prozentsatz von der theoretischen Endtemperatur entfernt ist, ein Vielfaches der Zeitkonstante ist, so folgt, daß auch diese Zeit für gleichartige Körper von dem Verhältnis von Gewicht zu Oberfläche abhängig ist, und dieses Verhältnis nimmt mit den Abmessungen des Körpers zu.

Erwärmen wir also einen kleinen und einen großen im übrigen gleichartigen Körper so, daß ihre Endtemperatur dieselbe ist, so erreicht der kleine Körper einen um z. B. 2 % von der Endtemperatur entfernten Wert früher als der große Körper.

150. Gesetze der Wärmeabfuhr bei elektrischen Maschinen.

Es sollen zunächst die Grundzüge der Wärmeabfuhr einer elektrischen Maschine ganz allgemein behandelt werden, während in den folgenden Abschnitten die Erwärmung der einzelnen Teile der Maschinen besonders berechnet werden soll.

Wir haben bei der Wärmeabgabe zwischen drei verschiedenen Arten, nämlich: Leitung, Strahlung und Konvektion, zu unterscheiden. Durch Leitung wird Wärme nur durch das Fundament an den Boden abgegeben. Die in dieser Weise abgegebene Wärmemenge ist so klein, daß sie vernachlässigt werden kann. Der Behandlung der beiden anderen Arten der Wärmeabfuhr wollen wir den von Dr. Ludwig Binder in: Über Wärmeübergang auf ruhige oder bewegte Luft[1]) niedergelegten ausführlichen Untersuchungen zugrunde legen. Wir können hier nur die Endresultate geben und müssen für die Begründungen derselben auf die Originalarbeit verweisen.

Strahlung. Jeder Körper, dessen Temperatur über absolut Null liegt, strahlt Wärme in den Raum aus in genau derselben Weise wie ein glühender Körper Licht ausstrahlt. Die geradlinigen Wärmestrahlen durchdringen die Luft, ohne sie nennenswert zu erwärmen, bis sie auf einen anderen Körper der Umgebung auftreffen, wo sie zum Teil verschluckt, zum Teil reflektiert werden. Gleichzeitig strahlt die Umgebung gegen den betrachteten Körper und dieser wird abgekühlt oder erwärmt je nachdem seine Temperatur höher oder niedriger ist als die der Umgebung.

Die abgegebene Wärmemenge, die wir im folgenden stets in Watt angeben wollen, hängt von der absoluten Temperatur T des Körpers selbst sowie von der absoluten Temperatur T_0 der Umgebung ab und ist außerdem abhängig von der Beschaffenheit der Oberfläche.

Nach dem Stefan Bolzmannschen Gesetz ist die pro Zeit- und Flächeneinheit ausgestrahlte Wärmemenge

$$Q_s = 5{,}30 \cdot 10^{-12} (T^4 - T_0^4)\, \nu \ \mathrm{Watt/cm^2}, \quad . \quad . \quad (343)$$

wo der Faktor ν von der Beschaffenheit der Oberfläche abhängt.

[1]) Verlag von Wilhelm Knapp, Halle a. S., 1911.

Wamsler[1]) hat die folgenden Werte für ν experimentell ermittelt:

Material	ν
Vollkommen spiegelnder Körper . .	0
Kupfer, poliert	0,17
Zink, matt	0,21
Messing, matt	0,23
Schmiedeeisen, hochpoliert	0,29
Kalkmörtel	0,93
Schmiedeeisen, matt	0,95
Lampenruß	0,96
Gußeisen, rauh	0,97
Absolut schwarzer Körper	1,00

Für die bei Maschinen gewöhnlich vorkommenden Temperaturen kann man nach Binder, wenn die Temperaturen über Eisnull mit T bezeichnet werden, näherungsweise setzen:

$$Q_s = \alpha_s (T - T_0) \text{ Watt/cm}^2, \quad . \quad . \quad . \quad . \quad (344)$$

worin der Koeffizient

$$\alpha_s = \frac{4,35}{10^4}\left[1 + 0,012\, T_0\right]\left[1 + 0,0062\,(T - T_0)\right] \nu \, \frac{\text{Watt}}{\text{cm}^2\, {}^0\text{C}}. \quad (345)$$

Für die häufig vorkommenden Werte: $T_0 = 15^0$ C, $T = 50^0$ C und $\nu = 0,92$ wird also

$$\alpha_s = \frac{5,8}{10^4} \, \frac{\text{Watt}}{\text{cm}^2\, {}^0\text{C}}.$$

Konvektion. Der weitaus größte Teil der in einer Maschine entwickelten Wärme wird durch Konvektion abgeführt, indem die kalte Luft der Umgebung die warmen Maschinenteile bestreicht, von diesen erwärmt wird und ihre Wärme wieder durch Mischung mit der umgebenden Luft abgibt. Je nachdem die Luft durch die Bewegung der Maschine selbst bzw. durch einen besonderen Ventilator oder nur durch den von der Erwärmung herrührenden Auftrieb in Bewegung gesetzt wird, unterscheiden wir künstliche und natürliche Konvektion.

1. Künstliche Konvektion. Wir wollen den Fall betrachten, daß die Luft durch einen Kanal von der Länge L cm und der

[1]) Die Wärmeabgabe geheizter Körper an Luft. Dissertation, München 1909.

Breite B cm, dessen parallelen Wände δ cm Abstand voneinander haben, mit der mittleren Geschwindigkeit v_z m/sek strömt. Infolge der inneren Reibung der Luftmoleküle gegeneinander und der äußeren Reibung der Luft gegen die Kanalwände ist die Geschwindigkeit zwar in der Mitte am größten und nimmt nach den Wänden zu allmählich ab; es übt aber, wie Binder nachweist, keinen großen Einfluß auf das Resultat aus, wenn wir mit einer mittleren Geschwindigkeit rechnen.

Bei sehr kleinen Geschwindigkeiten verlaufen die Luftmoleküle in parallelen Bahnen. Beim Überschreiten einer gewissen kritischen Geschwindigkeit lösen sich jedoch die Stromfäden auf und es entsteht eine sehr unregelmäßige sogenannte turbulente Bewegung. Bei elektrischen Maschinen ist die Luftgeschwindigkeit stets so groß, daß eine turbulente Bewegung vorhanden ist.

Bezeichnet T_0 die Temperatur der Luft vor dem Eintritt in den Kanal und T_w die Temperatur der Kanalwände, so erhält Binder für die pro Zeit- und Flächeneinheit durch Konvektion fortgeführte Wärmemenge

$$Q_k = 0{,}0114\, B \sqrt{L} \sqrt{v_z + 0{,}75\, \delta v_z^2}\,(T_w - T_0)\ \frac{\text{Watt}}{\text{cm}^2}. \qquad (346)$$

Tragen wir die nach dieser Gleichung berechnete Wärmemenge als Funktion der Luftgeschwindigkeit v_z auf, so bekommen wir für die in Maschinen vorkommenden Geschwindigkeiten eine gerade Linie, die aber nicht durch den Nullpunkt geht.

Diese Formel läßt sich für die radialen Luftschlitze im Anker direkt anwenden; denn die unbedeutende Wärmeabgabe der Distanzbleche zwischen den Blechpaketen ist schon in dem oben angegebenen Wert mit einbegriffen. Die Breite B ist hier für den mittleren Durchmesser des Blechpaketes zu berechnen, d. h. $B = \pi(R_a + R_i)$.

Für runde Kanäle, wie z. B. die Innenfläche des Ankerkernes, mit dem Durchmesser $D_i = 2\,R_i$ und der Länge L cm wird

$$Q_k = 0{,}0298\, R_i \sqrt{L} \sqrt{v_z + 0{,}9\, R_i v_z}\,(T_w - T_0)\ \frac{\text{Watt}}{\text{cm}^2}. \qquad (347)$$

2. Natürliche Konvektion. Ist F die Fläche in cm², T die Temperatur derselben und T_0 die der Umgebung, so ist die durch natürliche Konvektion pro Zeiteinheit abgeführte Wärmemenge

$$Q_n = \alpha_k F (T - T_0)\ \text{Watt}. \quad \dots\dots \quad (348)$$

Nach Versuchen an Kapselmotoren kann für Körper von den Dimensionen 0,3 ÷ 1 m ohne Rücksicht auf die Form näherungsweise

$$\alpha_k = \frac{6{,}5}{10^4}\left[1 + 0{,}0075\,(T - T_0)\right]\ \frac{\text{Watt}}{\text{cm}^2\,{}^0\text{C}} \quad \dots \quad (349)$$

gesetzt werden. Es ist also für $T - T_0 = 35\,^0$C:

$$\alpha_k = \frac{8{,}2}{10^4}\,\frac{\text{Watt}}{\text{cm}^2\,{}^0\text{C}}.$$

Die Hülle eines gekapselten Motors gibt also durch Strahlung und natürliche Konvektion bei den gewöhnlich vorkommenden Temperaturen (s. S. 672)

$$\alpha_t = \alpha_s + \alpha_k = \frac{5{,}8 + 8{,}2}{10^4} = \frac{14}{10^4}\,\frac{\textbf{Watt}}{\textbf{cm}^2\,{}^0\textbf{C}} \quad . \ . \ (350)$$

ab.

Beschreibung der Luftströmung. Wie oben angegeben, wird die in einer Maschine erzeugte Wärme hauptsächlich durch die von der Maschine erzeugten Luftströmungen abgeführt (künstliche Konvektion). Die Berechnung der Erwärmung läuft also letzten Endes darauf hinaus, die Geschwindigkeit der Luft in den einzelnen Teilen der Maschine zu ermitteln.

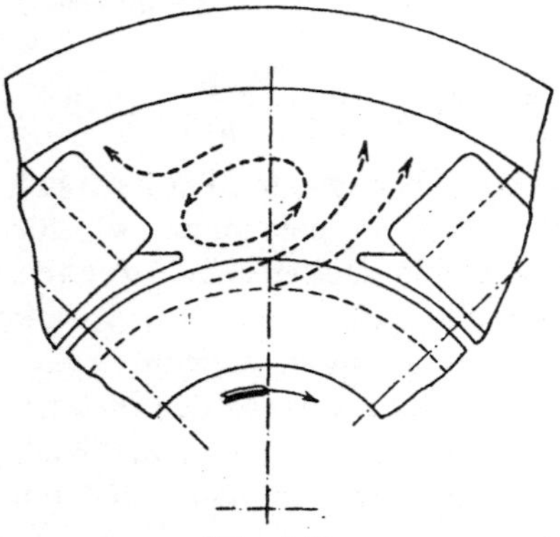

Fig. 547a.

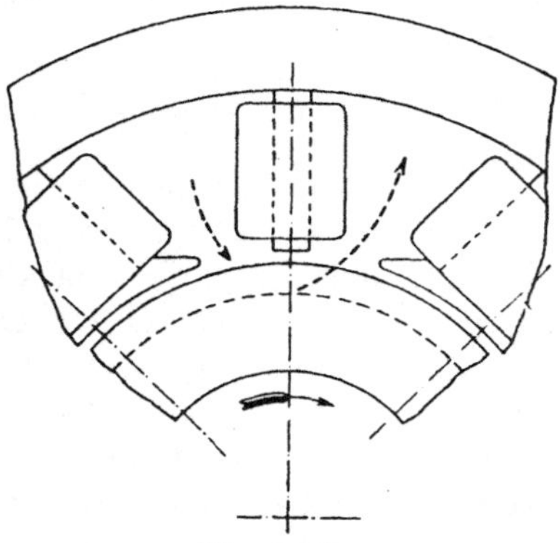

Fig. 547b.

Die Fig. 547a, 547b und 548 zeigen den ungefähren Verlauf der Luftströmungen.

Aus Fig. 548 ist ersichtlich, daß auf dem Wege der Luft von *a* bis *b* sowie für die von den Wickelköpfen erzeugten Luftströmungen nur die eine Wand eines Kanals vorhanden ist, nämlich im ersten Falle die Innenfläche des Ankerkörpers, im anderen Falle die Außenflächen der Magnetwicklung. Die Formel (346) kann jedoch auch hier zur Berechnung der abgegebenen Wärme verwendet werden, indem wir, wie die Figur zeigt, uns ideelle Grenzflächen dort eingelegt denken, wo wir annehmen können, daß keine nennenswerte Luftströmung mehr auftritt. Wenn wir das Spiegelbild der tatsächlich vorhandenen Wand in bezug auf diese Grenzfläche einzeichnen würden, so würden wir einen geschlossenen Kanal bekommen. Die in diesem gedachten geschlossenen Kanal abgegebene Wärme würde dann genau doppelt so groß sein, wie in dem offenen, wirklich vorhandenen, denn durch die Grenzfläche dringt weder in dem wirklich vorliegenden noch in dem gedachten Falle Wärme durch. Der Abstand der ideellen Grenzfläche von der Innenfläche des Ankers bzw. von der Magnetwicklung ist also mit $\frac{\delta}{2}$ zu bezeichnen und die nach Formel (346) berechnete Wärmemenge zu **halbieren**.

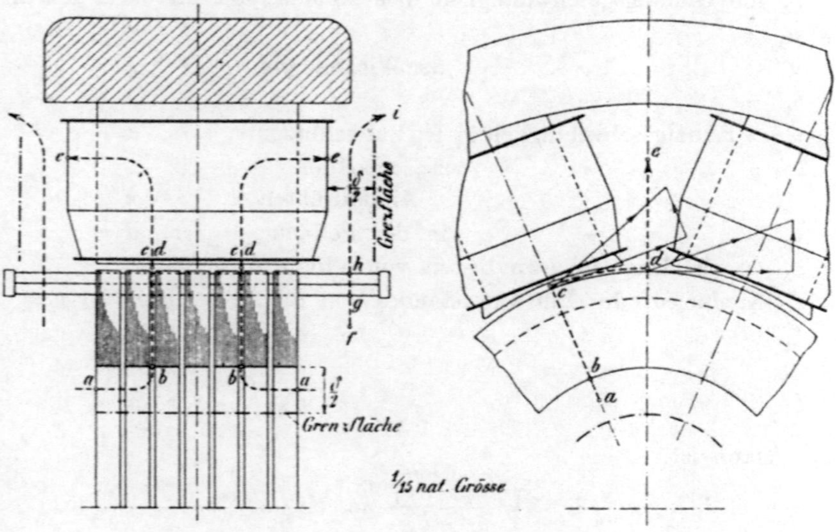

Fig. 548. Verlauf der Luftströmungen in elektrischen Maschinen nach Dr. L. Binder.

Die mittleren Geschwindigkeiten der eingezeichneten Luftströmungen können mittels Stauscheibe[1]) experimentell ermittelt und somit wertvolle Erfahrungswerte gesammelt werden. Hierbei ist zu bemerken, daß wir nur die auf den ruhenden Raum bezogenen wirklichen Geschwindigkeiten w auf den Wegen a bis b. c bis d, d bis e und f bis i direkt messen können. Die für die Abkühlung des Ankers maßgebende Geschwindigkeit v relativ des Ankers von b bis c und von g bis

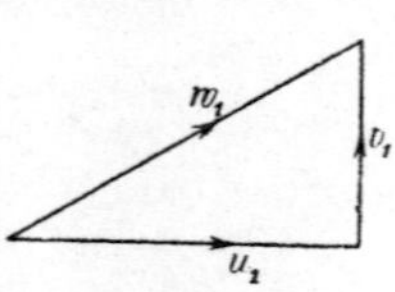

Fig. 549. Geschwindigkeitsdreieck der Luftstromung.

[1]) Von G. A. Schultze, Charlottenburg, Charlottenburgerufer 53/54 zu beziehen.

h kann hieraus nach dem Geschwindigkeitsdreieck Fig. 549 mit Hilfe der bekannten Umfangsgeschwindigkeit u berechnet werden.

Die Geschwindigkeiten können auch wie folgt berechnet werden. Wir führen die folgenden Bezeichnungen ein:

F_2 der Querschnitt der Luftschlitze an der Stelle c, $\pi D n_s b_s$ cm²,

F_5 „ „ „ Pollücken $\pi D(1-\alpha)\, l_1$ cm²,

F_2' „ „ „ der Zwischenräume zwischen den Ankerdrähten an den Wickelköpfen in cm²,

u_1 die Umfangsgeschwindigkeit des Ankers im Punkte b in m/sek,

u_2 „ „ „ „ „ „ c „ „

u_1' „ „ der Wickelköpfe „ „ g „ „

u_2' „ „ „ „ „ „ h „ „

v_2 „ Kanalgeschwindigkeit in den Luftschlitzen „ „ c „ „

v_2' „ „ zwischen den Ankerdrähten „ „ h „ „

c_5 „ „ in der Pollücke „ „ d „ „

v_5 „ wirkliche Geschwindigkeit von h bis i in m/sek,

ζ_i Koeffizient des Luftwiderstandes von a bis c bezogen auf v_2

ζ_a „ „ „ „ c „ e „ „ v_2

ζ_5 „ „ „ „ c „ e „ „ c_5

ζ_i' „ „ „ „ g „ h „ „ v_2'

Dann ist:

$$v_2 = \sqrt{\frac{u_2^2 - u_1^2}{\zeta_i + \zeta_a}} \text{ m/sek} \quad \ldots \ldots \quad (351)$$

$$\zeta_a = \left(\frac{F_2}{F_5}\right)^2 \zeta_5 \quad \ldots \ldots \quad (352)$$

$$c_5 = \left(\frac{F_2}{F_5}\right) v_2 \text{ m/sek} \quad \ldots \ldots \quad (353)$$

$$v_2' = \sqrt{\frac{u_2'^2 - u_1'^2}{\zeta_i'}} \text{ m/sek} \quad \ldots \ldots \quad (354)$$

$$v_5 = \sqrt{u_2'^2 + v_2'^2} \text{ m/sek} \quad \ldots \ldots \quad (355)$$

Die Koeffizienten des Luftwiderstandes sind durch Versuch zu ermitteln. Als Anhalt für die Beurteilung ihrer Größenordnungen können die folgenden von Binder an ausgeführten Maschinen ermittelten Werte dienen.

	Maschine A	Maschine B
ζ_i	6	3
ζ_a	5,8	2
ζ_5	15,5	16
ζ_i'	—	2

Die Maschine A ist eine 6polige mit Wendepolen, die Maschine B eine 8polige ohne Wendepole, die in der Fig. 548 wiedergegeben ist.

Binder stellt an Hand seiner theoretischen Untersuchungen über die Luftströmungen folgende wichtige Sätze auf:

1. Die Geschwindigkeiten in den Luftkanälen und die in der Zeiteinheit geförderte Luftmenge sind proportional der Umdrehungszahl.

2. Die auftretenden Druckdifferenzen sind proportional dem Quadrate der Umdrehungszahl.

Nach Messungen an schnellaufenden Maschinen gelten diese Gesetze sehr genau bis zu den höchsten Umfangsgeschwindigkeiten ($u_2 \simeq 100$ m/sek).

Aus diesen beiden Sätzen folgt ohne weiteres, daß der Luftreibungsverlust dem dritten Potenz der Umfangsgeschwindigkeit proportional ist. Die zur Luftbeförderung erforderliche Leistung wird teils in Wärme, teils in kinetische Energie, welche die abgehende Luft enthält, umgesetzt. Die in Wärme umgesetzte Leistung erwärmt die durchgetriebene Luftmenge, die hierdurch eine Temperaturzunahme beim Durchgang durch die Maschine aufweist, die nach Binder

$$T = \frac{2\,u_2^{\,2} - w_a^{\,2}}{2040}\ {}^0\mathrm{C} \quad \ldots\ldots \quad (356)$$

beträgt, wenn w_a die Geschwindigkeit der abgehenden Luft bezeichnet.

Da die Geschwindigkeiten u_2 und w_a einander proportional sind, steigt allgemein die Temperaturzunahme mit dem Quadrate der Umfangsgeschwindigkeit.

In vielen Fällen ist w_a^2 klein gegen u_2^2, so daß die maximal mögliche Erwärmung

$$T = \frac{u_2^{\,2}}{1020}\ {}^0\mathrm{C} \quad \ldots\ldots \quad (357)$$

wird, wobei u_2 in m/sek einzusetzen ist. In Fig. 550 ist T in Abhängigkeit von u_2 graphisch dargestellt.

Wenn größere Temperaturerhöhungen experimentell ermittelt werden, so ist dies ein Zeichen, daß ein Teil der Luft fortwährend innerhalb der Maschine kreist, statt seinen Weg von der Umgebung, durch die Maschine und direkt wieder in die Umgebung zu nehmen. Es wirkt dies natürlich sehr ungünstig auf die Abkühlung der Maschine, weil die Maschinenteile dann im Betriebe von schon zum Teil erwärmter Luft umspült werden. In solchen Fällen ist eine nähere Untersuchung der Luftströmungen innerhalb der Maschine und eine Abänderung der Konstruktion unbedingt erforderlich.

Bei der Berechnung der Erwärmung der einzelnen Teile einer Maschine ist zu bemerken, daß diese sich gegenseitig beinflussen, indem z. B. die Magnetwicklung von schon im Anker erwärmter Luft umspült wird. Es ist deshalb zuerst die Temperatur der vom Anker abgehenden Luft und dann die Temperatur der Magnetwicklung ausgehend von dieser Lufttemperatur zu berechnen. An Hand angestellter Versuche zeigt Binder, daß man im allgemeinen die resultierende Übertemperatur eines Teiles durch Übereinanderlagerung der je nur für eine Wärmequelle sich einstellenden Übertemperaturen berechnen kann. Bei der Berechnung der durch Strahlung abgegebenen Wärmemengen sind nur diejenigen Flächen in die Rechnung zu setzen, welche gegen den freien Raum strahlen können. So können z. B. die Innenflächen der Magnetwicklung und der Luftschlitze keine Wärme durch Strahlung abgeben, weil sie gegeneinander strahlen.

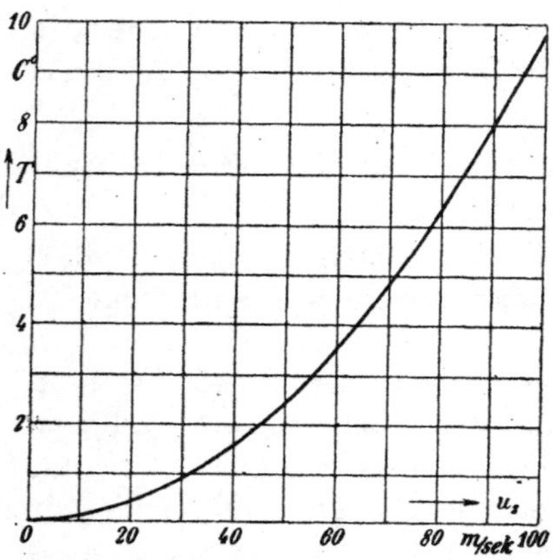

Fig. 550. Eigenerwärmung der Luft in Abhängigkeit der Ankerumfangsgeschwindigkeit nach Dr. L. Binder.

Da die nach Binder angegebene Berechnungsweise für die meisten praktischen Zwecke zu umständlich ausfällt, so sollen im folgenden einige einfache Formeln zur Berechnung der stationären Temperaturerhöhung in den verschiedenen Teilen einer Gleichstrommaschine angegeben werden. Die Koeffizienten dieser Formeln sind durch Erwärmungsversuche an ausgeführten Maschinen normaler Bauart ermittelt und gelten somit nur für solche Maschinen.

151. Erwärmung der Magnetspulen.

Hier haben wir es nicht mehr mit einem homogenen Körper, der überall gleichmäßig abgekühlt wird, zu tun; trotzdem weichen die Temperaturkurven nicht stark von einer Exponentialkurve ab.

Die Spulen kühlen sich ab durch Wärmeausstrahlung an die Umgebung, durch die Konvektion der Luft, welche durch die Umdrehung des Ankers, der die Luft in Bewegung setzt, erhöht wird, und durch Wärmeleitung der Magnetkerne. Die Spulen erwärmen sich teils durch Stromwärmeverluste in den Spulen selbst und teils durch Erwärmung der Polschuhe, die durch Wirbelströme und durch die Wärmeausstrahlung des Ankers erhitzt werden. Um die Größe dieser verschiedenen Einflüsse zu zeigen, werden im folgenden einige diesbezügliche Versuche beschrieben.

Neu, Levine und Havill[1]) haben die Wärmeverteilung in einer Magnetspule in folgenden Fällen untersucht: 1. wenn die Spule vollständig frei in der Luft, 2. wenn sie auf einem hölzernen Tisch, 3. wenn sie auf dem Magnetkern bei ruhendem und stromlosem

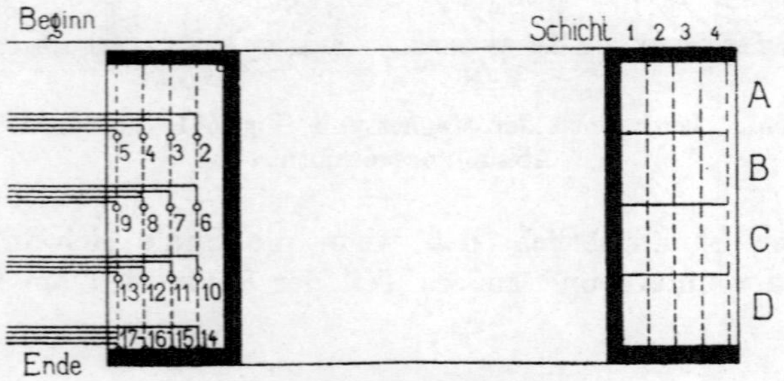

Fig. 551. **Magnetspule.**

Anker, und 4. wenn sie auf dem Magnetkern bei rotierendem und belastetem Anker sich befand. — Die Temperatur an den verschiedenen Orten der Spule wurde bestimmt durch Messung der Widerstandszunahme der einzelnen Teile der Spule, wie die Fig. 551 zeigt.

Die Spulen wurden während sechs Stunden erwärmt und die Temperaturen von Zeit zu Zeit gemessen; die Spannung an den Spulenklemmen wurde die ganze Zeit konstant gehalten. Die Ergebnisse dieser Messungen sind in den Fig. 552 und 553 graphisch wiedergegeben. — Fig. 552 gibt ein Bild der Wärmeverteilung in der Spule für verschiedene Abkühlungsverhältnisse. Die Verteilung ist durch Isothermen dargestellt, welche um je 2,5^0 C auseinander liegen; Fig. 553 stellt die mittlere Temperaturerhöhung als Funktion der Zeit unter den vier genannten Bedingungen dar.

Die Kurven zeigen, daß unter allen Versuchsbedingungen der heißeste Punkt der Spule in der Nähe des Schwerpunktes des

[1]) Electrical World, XXXVIII, S. 56.

Spulenquerschnittes liegt, und daß die Isothermen regelmäßige Kurven von elliptischer Form sind.

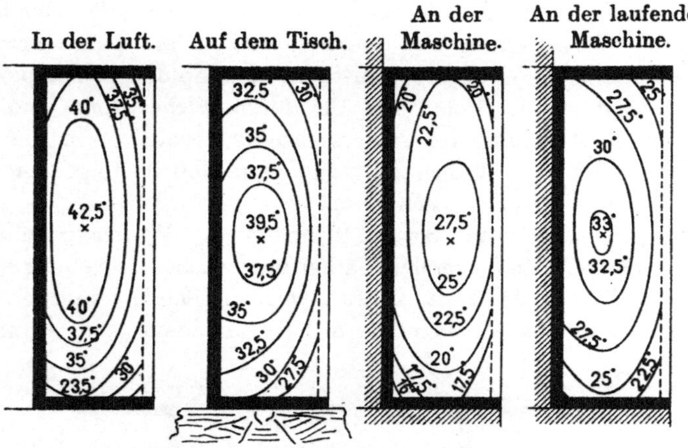

Fig. 552. Isothermen der Magnetspule, Fig. 551, für verschiedene Abkühlungsverhältnisse.

Weiter ist ersichtlich, daß wenn die Spule sich in der Luft befindet, der untere und äußere Teil der Spule sich am besten abkühlen.

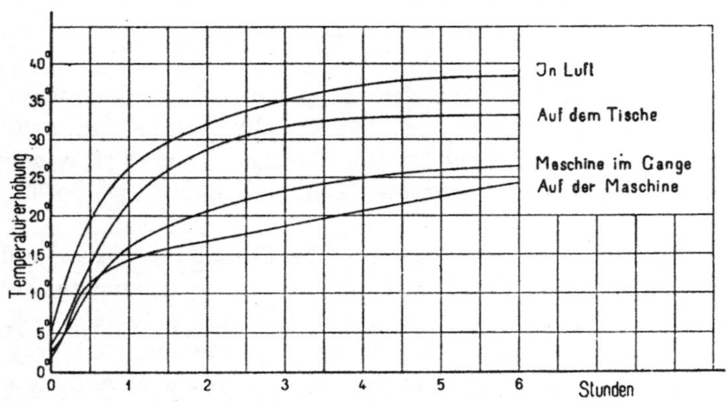

Fig. 553. Erwärmungskurven der Magnetspule, Fig. 551, für verschiedene Abkühlungsverhältnisse.

Wenn die Spule auf einem Tisch steht, so hört die Luftströmung durch den inneren Teil auf, und die innere Seite wird wärmer als die äußere. Der Tisch scheint die Spule gleichmäßig zu kühlen und nicht nur den unteren Teil allein, wie man erwarten könnte.

Sitzen die Spulen auf den Magnetkernen, so ist die Abkühlung derselben eine bessere, weil das Eisen die Wärme besser leitet als die Luft.

Wenn die Maschine belastet läuft, so kühlt das Eisen die Spulen nicht so viel ab, wie wenn die Maschine stillsteht. Der heißeste Teil der Spule liegt in der Mitte der Spule, aber näher am Eisenkern als an der Oberfläche, was darauf deutet, daß der Magnetkern kleinere Wärmemengen fortleitet, wenn die Maschine läuft, als wenn sie stillsteht.

Der Magnetkern wird nämlich bei Belastung der Maschine durch die Wärmeausstrahlung des Ankers und durch die Hysteresis- und Wirbelstromverluste in den Polschuhen erwärmt. Außerdem wird die erwärmte Luft vom Anker gegen die Polschuhe und die Magnetwicklung geschleudert und tragen zur Erwärmung dieser bei. Die vom Anker ausgeschleuderte warme Luft sammelt sich hauptsächlich an dem oberen Teil der Magnetspulen an, welcher Teil deswegen mehr erwärmt wird als der untere gegen den Anker gekehrte Teil der Spulen. Alle diese Einflüsse zusammengenommen bewirken, daß sich die Temperatur in der Spule gleichmäßiger verteilt, wenn die Maschine läuft, als unter den anderen Bedingungen, und daß die mittlere Temperatur einer Spule durch Widerstandszunahme gemessen nur wenig größer wird, wenn die Maschine belastet läuft, als wenn sie stillsteht.

Das Verhältnis zwischen der Temperaturerhöhung des heißesten Punktes und der mittleren durch Widerstandsmessung bestimmten Temperaturerhöhung der Spule war bei den vier Versuchen

in Luft	1,135
auf dem Tisch	1,17
auf der Maschine bei Stillstand	1,21
und auf der Maschine belastet	1,12.

Wird ein Thermometer zur Messung der Temperatur verwendet, so muß eine möglichst gute Wärmeleitung zwischen diesem und dem zu messenden Maschinenteil herbeigeführt werden, z. B. durch Stanniolumhüllung. Zur Vermeidung von Wärmeverlusten wird die Kugel des Thermometers und die Meßstelle außerdem mit einem schlechten Wärmeleiter (trockener Putzwolle und dergleichen) überdeckt. Die Ablesung findet erst statt, nachdem das Thermometer nicht mehr steigt.

Um das Verhältnis zwischen der mittleren Temperatur durch die Widerstandserhöhung und der Temperatur durch Thermometer gemessen festzulegen, nahmen Neu, Levine und Havill die in der Fig. 554 dargestellten Kurven auf. Um einen Mittelwert für die Temperatur der Oberfläche zu bekommen, wurde sie an den beiden Spulenenden und in der Mitte gemessen und daraus der Mittelwert genommen. In der Mitte war die Temperaturerhöhung ca. 15 %

größer als an den Enden, und man kann aus diesen und anderen Versuchen den Schluß ziehen, daß das Verhältnis

$$\frac{\text{Mittlere Temperaturerhöhung durch Widerstandsmessung}}{\text{Mittlere Temperaturerhöhung durch Thermometermessung}} = 1{,}4 \text{ bis } 1{,}6$$

ist, und daß es unter Umständen bis auf 2,0 ansteigen kann; das Verhältnis ist um so größer, je dicker die Kupferschicht der Spule ist.

Durch Ausfüllung der Lufträume zwischen den einzelnen Drähten der Magnetwicklung mit Kompound wird die Wärmeleitung innerhalb der Magnetspule erhöht und das Verhältnis zwischen Temperaturerhöhung durch Widerstandsmessung und Thermometermessung wird verkleinert. Aus dieser Ursache ist die zulässige Temperaturerhöhung für kompoundierte Spulen in den Verbandsvorschriften höher gesetzt als die Temperaturerhöhung für nicht kompoundierte Spulen.

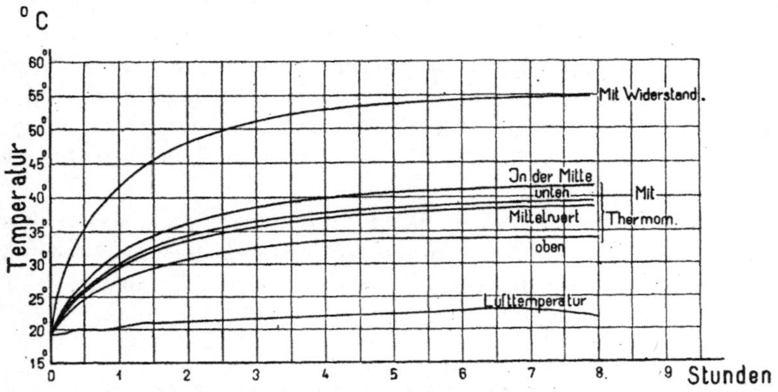

Fig. 554. Die mit Widerstandsmessung und mit Thermometer ermittelten Erwärmungskurven einer Magnetspule.

Weitere Versuche über die Verteilung der Temperatur im Inneren von Magnetspulen sind von Rayner ausgeführt[1]). Zur Temperaturmessung wurden Thermoelemente aus Eisen und Eureka verwendet, von denen eine größere Anzahl an verschiedenen Stellen angebracht wurden.

Die Ergebnisse zeigen eine ähnliche Verteilung der Temperaturen in verschiedener Höhe wie Fig. 552. In einem Querschnitt liegt das Maximum der Temperatur stets etwas außerhalb der Mitte der Spule nach dem Kern zu.

Sie bestätigen ferner den Einfluß der Erwärmung der Magnetspulen und Polschuhe bei Belastung, indem sich die Spulen bei gleichem Erregerstrom und belasteter Maschine wesentlich stärker erwärmten, als bei leerlaufendem Anker, und mitunter selbst mehr als

[1]) Journal of the Institution of Electrical Engineers, März 1905.

bei stillstehendem Anker, so daß die Ventilation des Ankers zum Teil wieder aufgehoben wird.

Ferner zeigt sich eine bedeutend stärkere Erwärmung, wenn die Spulen mit einer Bewicklung von Baumvollband oder dergleichen versehen sind, als wenn dies nicht der Fall ist. Diese ist daher von möglichst geringer Stärke zu wählen.

Das Verhältnis der mittleren durch Widerstandsmessung gefundenen Temperatur zu der mittels Thermometers gemessenen bewegt sich etwa zwischen 1,2 und 1,6, geht jedoch in einzelnen Fällen auch bis zu dem Wert 2.

Dr. L. Binder[1]) hat versucht die Temperaturerhöhung der Magnetspulen in zwei Teile zu zerlegen, einen Teil $T_{m,o}$, der hauptsächlich von der Eigenerwärmung der Magnetspulen abhängt, und einen Teil $T_{m,k}$, der hauptsächlich von der durch den Anker erwärmten und ausgeschleuderten Luft abhängt. Am zweckmäßigsten ist für $T_{m,o}$ die bei Leerlauf gemessene Temperaturerhöhung und für $T_{m,k}$ die bei Kurzschluß gemessene Temperaturerhöhung der Spulen einzuführen; es ist dann

$$T_m \cong T_{m,o} + T_{m,k}.$$

Dr. Binder hat durch Versuche an verschiedenen Maschinen folgende Abhängigkeit zwischen der Temperaturerhöhung $T_{m,k}$ der Feldspulen im Kurzschluß und der Temperaturerhöhung T_A der Ankerwicklung bei Belastung festgestellt. Als Mittelwerte kann man für Gleichstrommaschinen

$$\left.\begin{array}{rll} \text{ohne Wendepole} & T_{m,k} = 0{,}4\,T_a & \text{d. i. } 20^0 \\ \text{mit Wendepolen} & T_{m,k} = 0{,}5\,T_a & \text{d. i. } 25^0 \\ \text{mit Kompensationswicklung} & T_{m,k} = 0{,}6\,T_a & \text{d. i. } 30^0 \end{array}\right\} \begin{array}{c}\text{bei } 50^0\text{ C} \\ \text{Ankererwärmung}\end{array}$$

setzen.

Für die Vorausberechnung der durch Widerstandsmessung bestimmten mittleren Temperaturerhöhung einer Magnetspule kann die Formel benutzt werden

$$T_m = \frac{C_m}{a_m} \text{ Grad Celsius}, \quad . \; . \; . \; . \; . \quad (358)$$

wo C_m eine Erfahrungszahl und a_m die spezifische Kühlfläche der Magnetspule, d. h. die Abkühlungsfläche in cm^2 pro 1 Watt Verlust bedeutet

$$a_m = \frac{\text{Abkühlungsfläche in cm}^2}{\text{Watt Verlust}} = \frac{A_m}{W_H + W_n}. \quad (359)$$

[1]) s. Dr. L. Binder, Archiv für Elektrot. 1913, Bd. II, S. 131.

A_m ist die Abkühlungsfläche aller Spulen. Wenn die Magnetspulen lang sind, so wird die Abkühlungsfläche A_m nach der Fig. 555 berechnet, indem nur eine Endfläche der Spule als kühlend angesehen wird. Sind die Spulen dagegen kurz und dick, so wird A_m nach der Fig. 556 berechnet.

In der obigen Formel für T_m ist keine Rücksicht auf die Wärmeausstrahlung des Ankers und die Ventilation durch die Bewegung desselben genommen, weil, wie aus der Fig. 553 ersichtlich, diese beiden Einflüsse einander fast kompensieren.

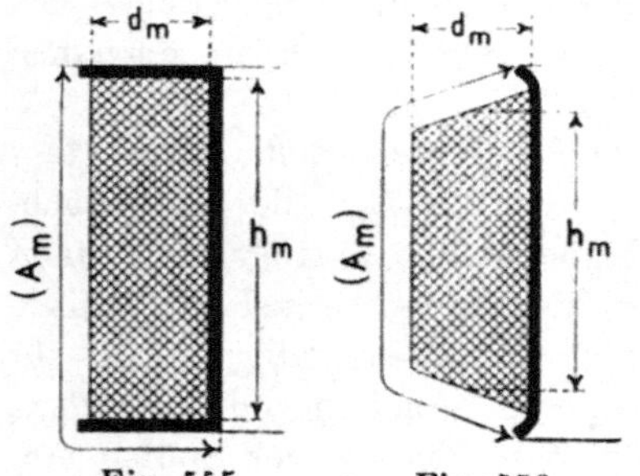

Fig. 555. Fig. 556.

Zu rechnende Abkühlungsflächen A_m bei langen bzw. kurzen und dicken Magnetspulen.

Mit der Spulendicke d_m geht man bei längeren rechteckigen Spulen (Fig. 555) selten über 4 bis 5 cm.

Der Koeffizient der Wärmeabgabe C_m ist gleich $0{,}24 \cdot 10^{-3}$ dividiert durch den Koeffizienten α Seite 668, also $C_m = \dfrac{0{,}24}{1000\,\alpha_m}$.

C_m hängt von der Isolation der Magnetspule, von der Bauart der Maschine, von a_m und von der Erwärmung des Ankers ab. Man kann etwa setzen:

für ganz offene Maschinen . . . . $C_m = 450—550$,
„ Maschinen mit Lagerschildern . $C_m = 550—650$,
„ halbgeschlossene Maschinen . . $C_m = 650—750$,

für ganz geschlossene Maschinen kann dagegen C_m bis zu 1300 und darüber steigen.

Je besser der Anker ventiliert ist, desto größer ist die Wärmeabgabe des Ankers an die Umgebung und desto größer muß C_m gewählt werden. Je größer T_m wird, um so größer wird auch die Erwärmung des Joches, und durch die Wärmeabgabe der äußeren Jochfläche wird die stationäre Temperatur T_m kleiner, als sonst zu erwarten ist, und deswegen ist C_m kleiner zu wählen, wenn a_m und die radiale Höhe des Joches klein sind.

Wenn man einigermaßen zuverlässige Resultate in der Praxis erzielen will, so stellt man am besten alle Versuchsresultate in einer Tabelle zusammen. Man kann dann die verschiedenen Einflüsse, wie Temperatur und Umfangsgeschwindigkeit des Ankers, Ausführung und Erwärmung der Polschuhe, Ausführung und Isolation der Magnetspulen, übersehen und bei Neuberechnungen die Konstante C_m mit ausreichender Sicherheit wählen.

Um eine bessere Kühlung der Magnetspulen zu bewirken, kann jede Spule unterteilt werden; die einzelnen Teile können mittels Holzkeile oder dergleichen auseinander gehalten werden, damit die Luft zu den inneren Lagen Zutritt bekommt (Fig. 557).

Als Abkühlungsfläche A_m rechnet man in diesem Falle sowohl die äußere Mantelfläche als den Teil der inneren Spulenfläche, der sich an den Magnetkern nicht dicht anschließt.

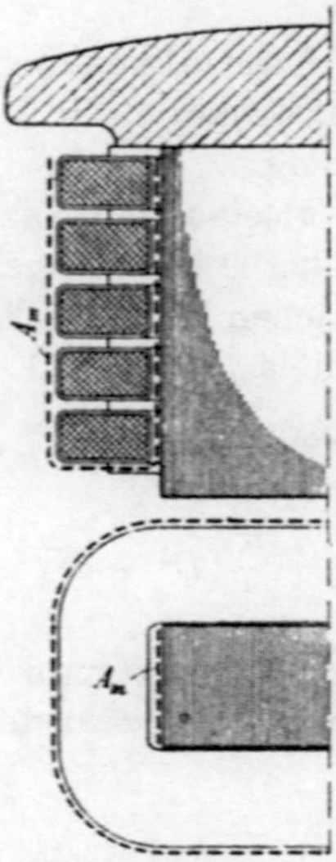

Fig. 557.

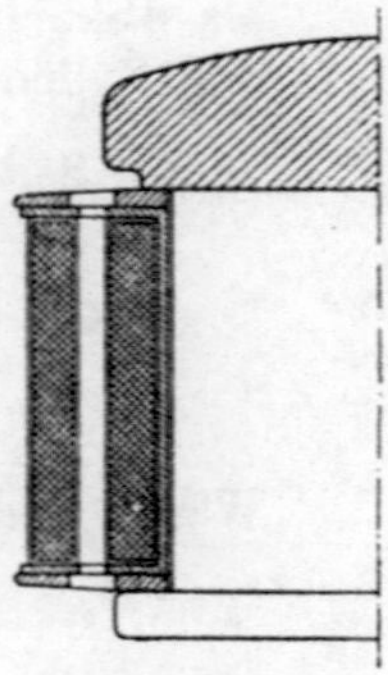

Fig. 558.

Zu rechnende Abkühlungsfläche A_m bei unterteilten Magnetspulen.

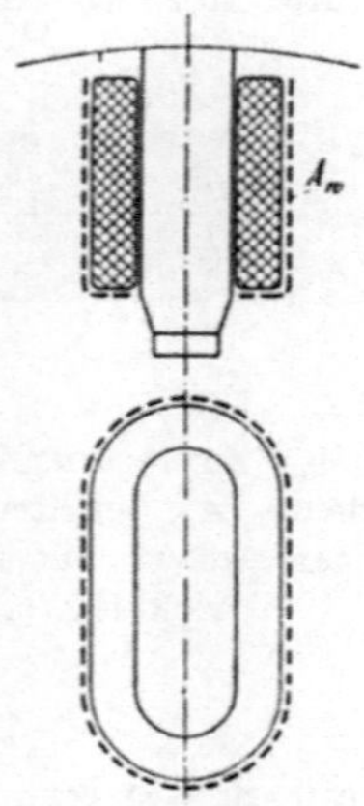

Fig. 558a.

Zu rechnende Abkühlungsfläche A_w bei Wendepolwicklungen.

Mitunter werden die Spulen auch in der Längsrichtung geteilt (Fig. 558), um die Luft hindurchstreichen zu lassen.

Um die Temperatur der Wendepolwicklungen vorauszuberechnen, lassen sich dieselben Formeln wie für die Magnetspulen anwenden. Da die Wendepolwicklungen (Fig. 558a) gewöhnlich sehr dünn und weniger isoliert sind als die Magnetspulen, so ergibt sich für diese ein Koeffizient C_w, der nur halb so groß ausfällt wie C_m für die Magnetspulen.

152. Erwärmung des Ankers.

Da die Wicklung nur zum Teil in Nuten eingebettet ist und die äußerste Schicht des Ankers sich am stärksten erwärmt, weil dort die Verluste pro Volumeinheit am größten sind, so wird die maximale Temperatur des Ankers mit dem Thermometer gemessen. Diese Meßmethode stimmt auch mit den Vorschriften des Verbandes Deutscher Elektrotechniker überein.

Von großem Einfluß auf die Temperaturerhöhung ist die Bauart des Ankers und der Wicklung, sowie die Umfangsgeschwindigkeit.

Wenn die Ankerwicklung so gestaltet ist, daß die Luft zwischen die Windungen treten kann, wie das z. B. bei den Stabankern vorkommt, so wird die Abkühlung sehr begünstigt.

Der Einfluß der Umfangsgeschwindigkeit auf die Abkühlung ist von der Konstruktion des Ankerkörpers, der Konstruktion der Wicklung und der Anordnung der Magnetpole abhängig.

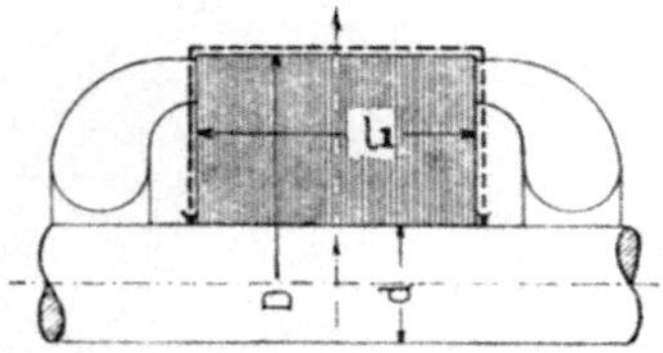

Fig. 559. Zu rechnende Abkühlungsfläche A_a bei kleinen zweipoligen Ankern mit Knäuelwicklung.

Bei kleinen zweipoligen Ankern mit Knäuelwicklung (Fig. 559) gelten als Abkühlungsflächen A_a die Fläche des Zylindermantels $\pi D l_1$ und die beiden Seitenflächen $\frac{\pi}{2}(D^2 - d^2)$, also

$$A_a = \pi D l_1 + \frac{\pi}{2}(D^2 - d^2).$$

Durch diese Flächen muß die Wärme des totalen Ankerverlustes

$$W_{ka} + W_{ei}$$

fortgeführt werden.

Bei kleinen Ankern kann man deswegen die auf Stillstand reduzierte spezifische Kühlfläche des Ankers

$$a_a = \frac{\text{Abkühlungsfläche in cm}^2}{\text{Watt Verlust}}(1 + 0{,}1\,v) = \frac{A_a}{W_{ka} + W_h + W_w}(1 + 0{,}1\,v)$$

$$a_a = \frac{\pi D l_1 + \frac{\pi}{2}(D^2 - d^2)}{W_{ka} + W_h + W_w}(1 + 0{,}1\,v) \quad . \quad . \quad . \quad (360)$$

setzen, wo v die Umfangsgeschwindigkeit des Ankers in m/sek ist. Bei halbgeschlossenen Typen mit Lagerschildern wird man die Temperaturerhöhung des Ankers gleich

$$T_a = \frac{450 \text{ bis } 550}{a_a} \text{ Grad Celsius} \quad . \quad . \quad (361)$$

finden. Bei ganz offenen Typen mit besonderen Lagern ist der Koeffizient der Wärmeabgabe ca. 30% größer, d. h. $C = 350$ bis 425.

Die Berücksichtigung des Einflusses der Umfangsgeschwindigkeit des Ankers auf die Abkühlung, wie die Formel (360) angibt, ist von verschiedenen Konstrukteuren bestätigt worden.

Bei größeren Ankern mit Zylinderwicklung unterstützt man gewöhnlich die Abkühlung, indem man den Ankerkörper normal zur Achse in mehrere durch Luftschlitze voneinander getrennte Teile unterteilt. Besonders bei Maschinen mit hoher Umdrehungszahl im Verhältnis zur Leistung, bei welchen der Durchmesser des Ankers klein und die Länge groß ausfällt, und bei welchen die Kühlflächen verhältnismäßig klein sind, ist für gute Ventilation und gute Kühlung der Wicklung zu sorgen. Das letztere wird am besten erreicht durch Anwendung einer Zylinderwicklung mit Luftzwischenräumen zwischen den einzelnen Stäben der Endverbindung, wie die Fig. 560 zeigt. Eine Ankerwicklung, bei welcher die Stirnverbindungen in zwei Ebenen normal zur Achse angeordnet sind, kühlt sich nicht so gut ab, weshalb diese Wicklung fast nie mehr angewandt wird.

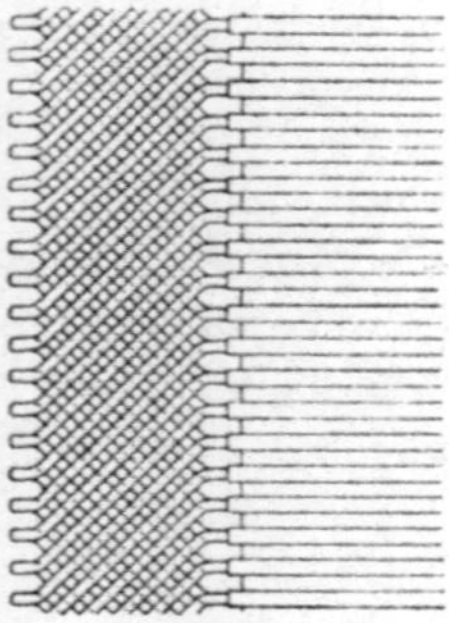

Fig. 560. Zylinderwicklung.

Im Anker hat man den Stromwärmeverlust

$$W_{ka} = J_a^2 R_a$$

und den Eisenverlust

$$W_{ei} = W_{ha} + W_{ua} + W_{hz} + W_{wz}.$$

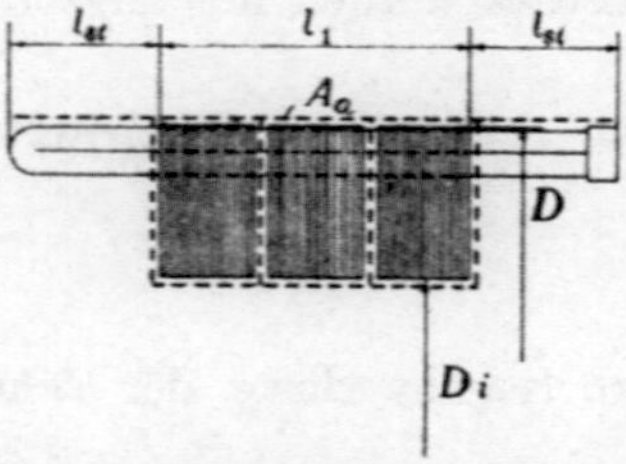

Fig. 561. Zu rechnende Abkühlungsfläche A_a für Anker bis 40 cm Außendurchmesser.

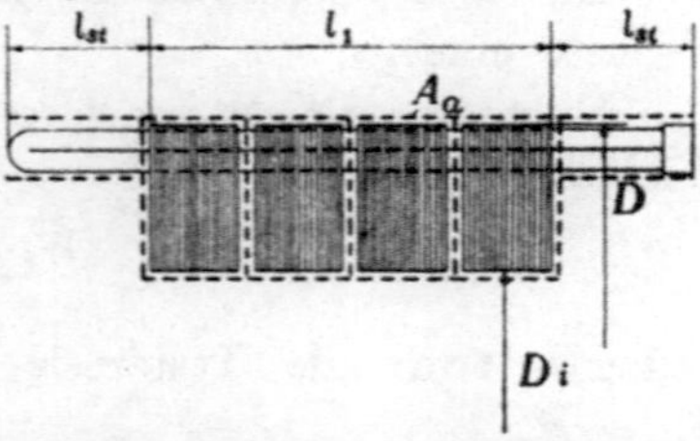

Fig. 562. Zu rechnende Abkühlungsfläche A_a für größere Anker.

Für Anker bis 40 cm Außendurchmesser kann man die in Fig. 561 angegebenen Kühlflächen als effektiv betrachten, während man für größere Anker besser mit den in Fig. 562 angegebenen Kühlflächen rechnet. Man erhält somit als spezifische Abkühlungsflächen größerer Anker

für $D < 40$ cm

$$a_a = \frac{\pi D(l_1 + 2 l_{st}) + \pi D_i l_1 + \frac{\pi}{4}(D^2 - D_i)^2 (2 + \text{Anzahl Luftschlitze})}{W_{ka} + W_{ei}}$$

$$(1 + 0{,}1 v) \quad . \quad . \quad (362\text{a})$$

und für $D > 40$ cm

$$a = \frac{\pi D(l_1 + 4 l_{st}) + \pi D_i l_1 + \frac{\pi}{4}(D^2 - D_i^2)(2 + \text{Anzahl Luftschlitze})}{W_{ka} + W_{ei}} (1 + 0{,}1 v) \quad . \ . \quad (362\text{b})$$

worin mit $(1 + 0{,}1 v)$ multipliziert ist, um der durch die Drehung des Ankers erhöhten Abkühlung Rechnung zu tragen.

Versuchsergebnisse zeigen, daß die Temperaturerhöhung der Oberfläche eines größeren Ankers, mit dem Thermometer gemessen, gleich

$$T_a = \frac{C_a}{a_a} \quad . \ . \ . \ . \ . \ . \ . \ . \ . \ . \quad (363)$$

gesetzt werden darf.

Der Koeffizient der Wärmeabgabe C_a hängt von der Bauart der Maschine und besonders von der Kühlung der Stirnverbindungen sowie von der Ventilation der Verbindungsleitern zwischen Ankerwicklung und Kommutatorlamelle ab. Für moderne, gut ventilierte Anker kann man

$$C_a = 450 \text{ bis } 500$$

setzen. Die Verluste in den Polschuhen und in den Magnetspulen üben natürlich auch einen Einfluß auf den Koeffizienten C_a aus.

In der äußeren Schicht des Ankerkernes werden die folgenden Verluste erzeugt:

Erstens die Stromwärme der im Ankereisen eingebetteten Wicklung

$$W_{kz} = \frac{l_1}{l_a} W_{ka}$$

und zweitens die Hysteresis- und Wirbelstromverluste der Zähne $W_{hz} + W_{wz}$.

Diese Verluste der äußeren Schicht müssen, wenn der stationäre Zustand sich eingestellt hat, die innere und äußere Begrenzungsfläche derselben, von welchen jede gleich $\pi D l_1$ gesetzt werden darf, durchströmen. Da die Wärmeabgaben durch die innere und äußere Zylinderfläche $\pi D l_1$ in einem bestimmten Verhältnis zueinander stehen, so brauchen wir in die Rechnung nur die einfachen Zylinderflächen einzusetzen.

Bei den meisten modernen Maschinen weicht die Induktion in den Zähnen nicht stark von gewissen bestimmten Werten ab, weshalb ein bestimmtes Verhältnis zwischen W_{kz} und $W_{hz} + W_{wz}$ angenommen werden kann.

Man kann deswegen die Temperaturerhöhung T_a der Ankeroberfläche proportional

$$\frac{W_{kz}}{(1+0{,}1v)\pi D l_1}$$

setzen und dieses Verhältnis ist wieder proportional

$$\frac{N l_1 i_a^2}{(1+0{,}1\,v)\pi D l_1 q_a} = \frac{AS \cdot s_a}{1+0{,}1\,v}.$$

Diese Größe darf somit einen gewissen Wert nicht überschreiten, wenn die Temperaturerhöhung des Ankers nicht zu groß ausfallen soll. Bei modernen, gut ventilierten Ankern kann man setzen

$$\frac{AS \cdot s_a}{1+0{,}1\,v} < 500 \text{ bis } 600 \quad . \quad . \quad . \quad . \quad . \quad (364)$$

Es muß aber bemerkt werden, daß diese Größe von der Güte und Isolation der Ankerbleche und vom Abkühlungsverhältnis des Ankers abhängig ist; immerhin kann sie aber zu einer vorläufigen Schätzung der spezifischen Strombelastung AS des Ankers und der Stromdichte s_a in dem Ankerleiter dienen.

153. Erwärmung des Kommutators.

Am Kommutator hat man den Stromwärmeverlust

$$W_u = 2 J_a \Delta P f_u \text{ Watt}$$

und den Reibungsverlust

$$W_r = 9{,}81\, v_k F_b g \varrho \text{ Watt}.$$

Bezeichnet D_k den Durchmesser und L_k die Länge des Kommutators, so kann seine spezifische Kühlfläche, auf Stillstand reduziert, gleich

$$a_k = \frac{\pi D_k L_k}{W_u + W_r}(1+0{,}1\,v_k) \quad . \quad . \quad . \quad . \quad (365)$$

gesetzt werden und die Temperaturerhöhung

$$T_k = \frac{C_k}{a_k} = \frac{70 \text{ bis } 120}{a_k} \text{ Grad Celsius} \quad . \quad . \quad . \quad (366)$$

Der Koeffizient C_k (70 bis 120) der Wärmeabgabe des Kommutators ist um so kleiner, je besser die Luft den Kommutator innen und außen bestreicht und je besser die Wärme durch die Bürsten fortgeleitet wird. Um den Kommutator und die Ankerwicklung gut zu kühlen, ist es oft zweckmäßig, die Verbindungsleiter zwischen Ankerwicklung und Kommutatorlamellen aus dünnen, breiten Kupferblechen auszuführen, welche die Luft von der Kommutatorfläche ansaugen und wegschleudern. Bei geteilten Kommutatoren begünstigen

Verbindungsbleche zwischen den beiden Hälften auch die Abkühlung des Kommutators.

Die Temperaturerhöhung des Kommutators läßt sich nur dann mit einiger Sicherheit vorausberechnen, wenn die Kommutierung funkenfrei verläuft. Sobald Funken auftreten, steigt der Übergangsverlust W_u, dessen Größe dann schwer zu bestimmen ist, rasch an; auch wird sich unter so stark veränderten Verhältnissen die Konstante C_k ändern.

154. Erwärmung der Lager.

Nach der auf Seite 607 gegebenen Berechnung hängt die Temperatur der Lager nur von der Umfangsgeschwindigkeit v_z des Zapfens ab. Da jedoch auch die Art der Lagerkonstruktion von Einfluß ist, so sollte diese Abhängigkeit für die in Frage kommende Konstruktion bekannt sein.

In Fig. 563 ist für ein bestimmtes Lager diese Abhängigkeit aufgetragen. Aus der Kurve geht hervor, daß man bei dieser Type über etwa 5 m/sek Zapfengeschwindigkeit nicht mehr ohne künstliche Kühlung auskommt.

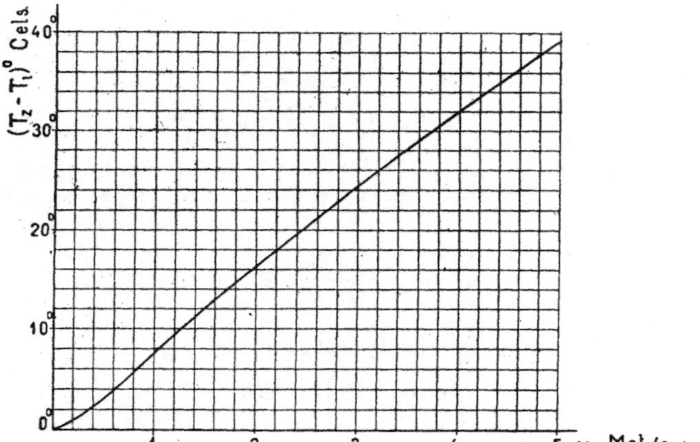

Fig. 563. Abhängigkeit der Übertemperatur eines Lagers von der Umfangsgeschwindigkeit v_z des Zapfens.

Die Kühlung kann durch Wasser oder Öl erfolgen. Die Wasserkühlschlangen werden entweder im Ölsack angeordnet oder in die Lagerschale eingegossen. Bei der Ölkühlung wird das Öl gewöhnlich unter einem Druck von 2 bis 3 Atm. an verschiedenen Stellen in das Lager gepreßt und bei der Zirkulation außerhalb des Lagers abgekühlt.

Die erforderliche Menge Kühlwasser oder Zirkulationsöl läßt sich wie folgt berechnen. Man geht von der als zulässig erachteten Temperaturerhöhung des Zapfens $(T_z - T_l)$, z. B. 50^0, aus und berechnet hierfür die Reibungsarbeit nach Gl. (288) bzw. (288a) S. 607

$$W_R = 9{,}81 \frac{k_6}{T_z} d_z l_z \sqrt{v_z^3} \text{ bzw. } = 9{,}81 \frac{k_6'}{T_z} d_z l_z v_z \text{ Watt,}$$

sowie die von dem Lager ohne künstliche Kühlung abgegebene Wärme

$$W_a = \frac{\pi d_z l_z (T_z - T_l)}{k_7} \text{ Watt}.$$

Der Überschuß an Wärme $W_R - W_a$ ist durch das Kühlwasser bzw. das Öl fortzuführen.

Die erforderliche Wasser- bzw. Ölmenge Q in Litern pro Sek. ergibt sich aus dem Wärmeäquivalent

$$0{,}24\,(W_R - W_a)\,10^{-3}\,\text{kgcal.} = Q\,(T_2 - T_1)\gamma c,$$

worin $(T_2 - T_1)$ die Temperaturerhöhung bedeutet, welche die Q Liter von der spez. Wärme c und dem spez. Gewicht γ während des Durchgangs durch das Lager erleiden.

Bei Ölkühlung ist nach Versuchen von Lasche[1]) die Temperatur T_2, mit der das Öl das Lager verläßt, um ca. 15^0 niedriger als die Schalentemperatur. Die Temperatur T_1, mit der das Öl dem Lager wieder zugeführt wird, hängt von der Anordnung der Rückkühlung ab.

Setzt man z. B. $T_z = 65^0$ entsprechend 40^0 Übertemperatur

$$T_2 = 65 - 15 = 50^0 \qquad T_1 = 20^0 \qquad c = 0{,}3 \qquad \gamma = 0{,}89\,,$$

so wird

$$Q_m = \frac{0{,}24\,(W_R - W_a)\cdot 60}{30 : 0{,}89 \cdot 0{,}3 \cdot 10^3} = 1{,}8\,(W_R - W_a)\,10^{-3} \text{ Liter Öl pro Minute.}$$

Bei Wasserzirkulation hängt die Erwärmung des Wassers hauptsächlich von der Oberfläche und der Anordnung der Kühlschlangen ab.

Meist liegen die Ölschlangen im Ölsack und kühlen nicht den Zapfen direkt, sondern das vom Zapfen erwärmte Öl. Die Öltemperatur ist um einige Grade geringer als die des Zapfens.

Die spez. Kühlfläche der Kühlschlangen kann man zu

$$a_{sch} = \frac{A_k}{W_R - W_a} \geqq 2 \text{ bis } 6 \text{ cm}^2/\text{Watt}$$

[1]) Zeitschr. d. Vereins deutscher Ing. 1902.

annehmnen, worin $A_k = L\pi d$ die Oberfläche, d der äußere Durchmesser und L die Länge der Kühlschlange ist. Legen wir einen Sicherheitskoeffizienten von 1,5 bis 2 zugrunde und lassen für die durchströmende Wassermenge eine Temperaturzunahme

$$T' = 0{,}25 \text{ bis } 0{,}5\,(T_z - T_l)$$

zu, so ergibt sich die Wassermenge zu

$$Q_m = 1{,}5 \text{ bis } 2\,\frac{0{,}24\,(W_R - W_a)\,10^{-3}\cdot 60}{(0{,}25 \text{ bis } 0{,}5)(T_z - T_l)}$$

$$\cong 50 \text{ bis } 80\,\frac{(W_R - W_a)}{(T_z - T_l)}\,10^{-3} \text{ Liter pro Minute.}$$

Mitunter wird die Kühlschlange in die Lagerschale eingegossen, welche in diesem Fall einteilig ist. Die Kühlung ist in diesem Fall viel energischer, doch läßt sich nur eine geringere Länge der Kühlschlangen unterbringen.

155. Erwärmung und Kühlung gekapselter Maschinen.

Man ist oft gezwungen, Motoren vollständig luftdicht einzukapseln, weil sie in Betrieben zu verwenden sind, wo die umgebende Luft entweder feucht oder voll Staub ist. Die in dem Motor erzeugte Wärmemenge, welche dem totalen Verluste des Motors proportional ist, wird in diesem Falle teils durch die Oberfläche des Motors ausgestrahlt, teils durch die umgebende Luft und die den Motor tragenden Teile (Boden oder Gerüst) fortgeleitet.

Die Temperaturerhöhung des Gehäuses eines Kapselmotors hängt somit von vielen Umständen ab und kann nicht durch eine allgemeine Formel ausgedrückt werden. Als Anhaltpunkt kann jedoch folgende Formel benutzt werden

$$\boldsymbol{T_g = \frac{2200\,W_v}{(A_g + 2\,F_g)(1 + 0{,}1\,v_g)}} \textbf{ Grad}\cdot\textbf{Celsius}; \qquad (367)$$

hierin bezeichnet T_g die Temperaturerhöhung des Gehäuses über die äußere Temperatur, W_v die Summe aller Verluste im Motor in Watt, A_g in cm^2 die freie Ausstrahlungsfläche des Gehäuses, F_g in cm^2 den Teil der Oberfläche des Gehäuses, durch welchen eine Wärmefortleitung stattfinden kann, und v_g die relative Geschwindigkeit der umgebenden Luftschicht dem Gehäuse gegenüber in Metern pro Sekunde.

Ist die Temperatur des Gehäuses bestimmt, so kann man die Temperatur der einzelnen Teile des Motors berechnen. Dazu benutzen wir dieselben Formeln wie früher, wo T_a, T_m, T_k und T_z jetzt die

Temperaturerhöhung des Ankers, der Magnetspulen, des Kommutators und des Lagers über die Temperatur des Gehäuses bedeuten. Es ist hier in den Formeln für T_a und T_k $v = 0$ zu setzen.

Läßt man gleiche Temperaturerhöhung zu, so ist die Leistung einer ganz geschlossenen Maschine bei Dauerbetrieb nur etwa die Hälfte von derjenigen, die die Maschine bei offener Bauart haben würde. Um die Leistungsfähigkeit zu erhöhen, greift man zu verschiedenen Mitteln.

Eine geringe Erhöhung der Leistungsfähigkeit erreicht man schon, wenn man die Oberfläche des Gehäuses vergrößert und als Rippenkörper ausbildet. Bedeutend wirksamer ist aber eine künstliche Kühlung, die durch Luftventilation oder Wasserzirkulation geschehen kann.

Bei Maschinen mit Luftkühlung baut man entweder ein Flügelrad ein und läßt durch zwei Öffnungen die kalte Luft ein und die erwärmte ausströmen, oder man ordnet einen besonderen Ventilator an und baut die ganze Maschine in ein Gehäuse mit Luftkanälen ein. Lassen Feuchtigkeit oder Staub nicht zu, daß man die Luft der direkten Nähe der Maschine entnimmt, so schließt man die Maschine an Rohrleitungen an, die ins Freie führen.

Die erforderliche Luftmenge läßt sich wie folgt berechnen. Ist T die zugelassene Übertemperatur, W_v die Summe aller Verluste in der Maschine und lassen wir eine Erwärmung der Luft um $0{,}5\,T$ zu, so ist $0{,}24\,W_v\,10^{-3} = 0{,}5\,T\gamma c Q$ dm³ pro Sek., wenn γ das spez. Gewicht, c die spez. Wärme der Luft ist, und die erforderliche Luftmenge ist gleich

$$Q_m = \frac{0{,}24\,W_v\,60}{0{,}5\,T\gamma c\,10^3}\ \text{dm}^3 \text{ pro Minute.}$$

Hierbei ist die durch die Oberfläche der Maschine ausgestrahlte Wärme nicht berücksichtigt, so daß die Formel eine hinreichende Sicherheit enthält.

Es ist für Luft $c = 0{,}238$ und $\gamma = 1{,}20 \cdot 10^{-3}$

somit

$$Q_m \simeq \frac{100\,W_v}{T}\ \text{dm}^3 \text{ pro Minute.}$$

Läßt man dagegen eine Erwärmung der Kühlluft von nur $^1/_3\,T$ zu, so ist die erforderliche Luftmenge um 50% zu erhöhen.

Fig. 564 zeigt die Anordnung eines ventilierten Turbogenerators nach Brown Boveri & Co., der als kompensierte Maschine ausgeführt ist. Er besitzt ein lamelliertes Joch mit mehreren Luftschlitzen, durch diese gelangt die Luft in das umgebende Gehäuse, welches mit Führungsrippen versehen ist, und wird nach oben abgesaugt.

Der Luftzutritt erfolgt bei dieser Maschine durch eine Öffnung in dem unteren Teil des Gehäuses.

Zur Wasserkühlung eignen sich hauptsächlich die Maschinen der Deri-Type. Das Gehäuse, welches die Feldbleche zusammenhält, wird doppelwandig ausgeführt und das Wasser durch Hohlräume, welche durch Anordnung von Zwischenwänden entstehen, hin und her geleitet. Es ist wichtig, die Bleche überall das Gehäuse berühren

Fig. 564. Ventilierter Turbogenerator von Brown, Boveri & Co.

zu lassen, damit eine möglichst gute Wärmeableitung erreicht wird. Bei richtiger Bemessung der Wassermenge und der Berührungsfläche werden etwa $^2/_3$ der ganzen Verluste durch das Wasser abgeführt. In einem Falle sank z. B. die Temperatur der Kompensationswicklung um etwa 30^0, der Nebenschlußwicklung um etwa 20^0 und der Ankerwicklung um etwa 10^0, wenn die Wasserzufuhr angestellt wurde.

Die Berechnung der erforderlichen Wassermenge kann in ähnlicher Weise, wie bei der Abkühlung des Lagers angegeben, erfolgen.

156. Erwärmung einer Maschine bei aussetzendem Betrieb.

Bisher sind diejenigen Temperaturerhöhungen T berechnet worden, die sich bei Dauerbetrieb einstellen. Die Erwärmungs- und Abkühlungskurven der verschiedenen Materialien haben auf die Höhe dieser Endtemperaturen keinen Einfluß, sondern nur auf die Zeit, innerhalb welcher die Endtemperatur erreicht wird.

Es ist zu bemerken, daß die Erwärmungs- und Abkühlungskurven keine vollständigen Exponentialkurven sind, denn jeder sich erwärmende Maschinenteil ist nicht homogen und die Erwärmung und Abkühlung eines solchen ist abhängig von der Erwärmung und Abkühlung benachbarter Teile der Maschine.

Gehen wir nun dazu über, die Temperaturerhöhung einer Maschine, die nur zeitweise belastet ist, zu betrachten, so werden wir sehen, daß diese nicht nur von der Temperaturerhöhung, die sich bei dauernder Belastung einstellen würde, abhängt, sondern außerdem sowohl eine Funktion der Erwärmungs- als auch der Abkühlungskurve ist. Nehmen wir z. B. an, daß die Maschine zuerst a Minuten belastet wird, alsdann b Minuten unbelastet, dann wieder a Minuten belastet und b Minuten unbelastet ist usw. und kennen wir ferner die Erwärmungs kurve eines Maschinenteiles für diese Belastung und die Abkühlungskurve desselben Teiles, so kann der zeitliche Verlauf der Temperatur dieses Teiles wie folgt nach E. Ölschläger (ETZ 1900, Seite 1058) bestimmt werden. Vom Moment des Einschaltens der Belastung an wird die Temperatur nach der Erwärmungskurve rasch ansteigen, bis nach der Zeit a, im Augenblick der Stromunterbrechung, das Anwachsen aufhört und das Abfallen der Temperatur nach der Abkühlungskurve beginnt (Fig. 565a). Diese verläuft ziemlich flach Nach Ablauf von b Minuten setzt die Belastung wieder ein; die Temperatur steigt von neuem an und erreicht einen etwas höheren Wert als vorher; während der darauffolgenden Pause fällt die Temperatur wieder etwas ab.

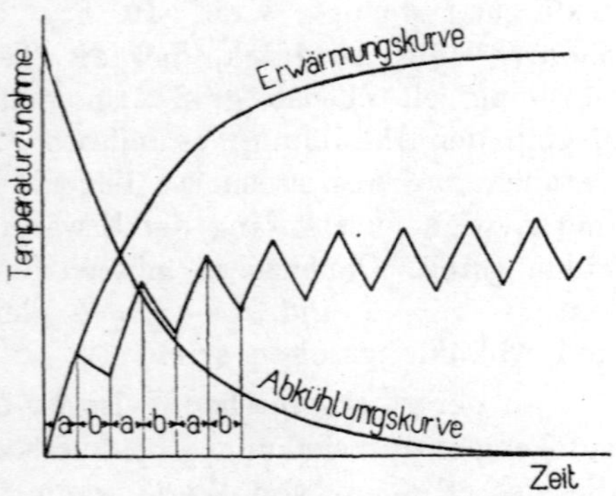

Fig. 565a. Erwärmungskurve bei aussetzendem Betrieb.

Das passende Stück der Erwärmungs- und Abkühlungskurve erhält man leicht, wenn man die beiden Kurven auf Pauspapier zeichnet und sie durch Verschiebung parallel zur Abszissenachse so anlegt, daß sie durch den Endpunkt der vorhergegangenen Kurve gehen.

Mit zunehmender Temperatur wird jeweils die Temperaturänderung während der Belastungszeit immer geringer, da man sich dem flacheren Teil der Erwärmungskurve nähert, während gleichzeitig das Abfallen der Temperatur während der Pause immer stärker wird. Es muß sich also schließlich ein stationärer Zustand einstellen, der dann eintritt, wenn während der Belastungszeit die Temperatur immer wieder um so viel anwächst, als sie während der Pause fällt; dann ist die während einer solchen Periode an die umgebende Luft abgegebene Wärmemenge ebenso groß wie die während der Belastungszeit in Wärme umgesetzte elektrische Arbeit. Um nun festzustellen, welcher stationäre Zustand bei verschiedenen Belastungen eintritt, ist es nicht erforderlich, von Fall zu Fall diese Zickzackkurve zu zeichnen, sondern die Endtemperatur läßt sich direkt berechnen, wenn man berücksichtigt, daß die Temperaturzunahme $t - t_1$ während der Belastungszeit a ebenso groß sein muß wie die Temperaturabnahme $t_2 - t_3$ während der Abkühlungszeit b (Fig. 565b).

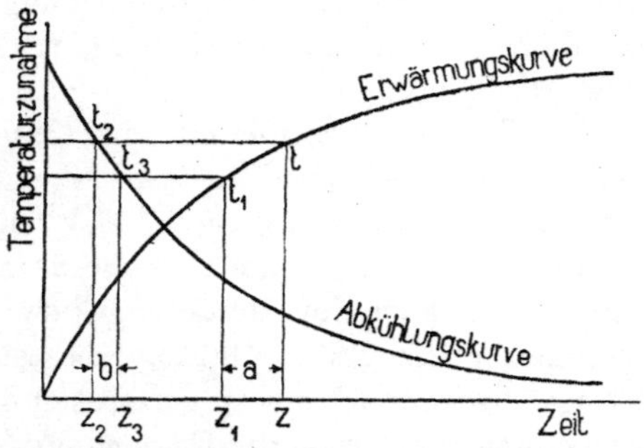

Fig. 565b. Ermittelung der Erwärmungskurve bei aussetzendem Betrieb.

Wir müssen also nur aus der Erwärmungs- und Abkühlungskurve je ein Stück derart herausschneiden, daß der eben gestellten Bedingung genügt wird. In Fig. 565b kommt diese Bedingung dadurch zum Ausdruck, daß die Temperatur t am Schluß der Erwärmungszeit ebenso groß sein muß wie die Temperatur t_2 beim Beginn der Abkühlung; es müssen also die Punkte t und t_2 auf einer Parallele zur Abszissenachse liegen. Dasselbe gilt für die Punkte t_1 und t_3, d. h. den Anfang der Erwärmungszeit und das Ende der Abkühlungszeit. Gleichzeitig müssen die entsprechenden Zeitdifferenzen von $z - z_1 = a$ und $z_3 - z_2 = b$ gleich den gegebenen Belastungs- und Abkühlungszeiten sein.

In derart graphischer Weise ist es möglich, alle Fragen in bezug auf Temperaturerhöhungen bei aussetzendem Betriebe zu beantworten; dies ist aber nur von Wert, wenn man die wirkliche Erwärmungskurve für mehrere Belastungen und die Abkühlungskurve kennt, was selten der Fall ist. Man darf aber mit Rücksicht auf die angenäherte Vorausberechnung der Temperaturerhöhung bei Dauerbelastung auch die Untersuchungen über Temperaturerhöhung bei aussetzendem Betriebe vereinfachen. Wir nehmen deshalb an, daß die Erwärmungs- und Abkühlungskurven des Ankers oder des Gehäuses eines Kapselmotors nach den Formeln

$$t = T\left(1 - \varepsilon^{-\frac{z}{Z}}\right) \qquad \text{(Erwärmung)}$$

und

$$t = T\varepsilon^{-\frac{z}{Z}} \qquad \text{(Abkühlung)}$$

verlaufen. Die maximale Temperaturerhöhung

$$T = \frac{\text{Wärmeerzeugung}}{\text{Abkühlungsfläche}} C_0 = \frac{\text{Watt Verlust}}{\text{Abkühlungsfläche}} C$$

kann nach den gegebenen Formeln (358) bis (366) für jede beliebige Belastung berechnet werden. Die Zeitkonstante ist gleich

$$Z = T\frac{\text{Wärmekapazität}}{\text{Wärmeerzeugung}} = 4160\, T\frac{\text{Wärmekapazität}}{\text{Watt Verlust}},$$

wo die Wärmekapazität in Kilogrammkalorien pro Grad Celsius berechnet wird. Bei der Berechnung der Wärmekapazität eines zusammengesetzten Körpers, wie diejenige einer Maschine, erreicht man in den meisten Fällen genügende Genauigkeit, wenn man einfach die Summe des wirksamen Eisen- und Kupfergewichtes in kg genommen mit einer mittleren spezifischen Wärme 0,1 multipliziert.

Es ist jedoch sicherer, statt Z zu berechnen, die Konstante experimentell zu bestimmen. Aus der Formel

$$t = T\left(1 - \varepsilon^{-\frac{z}{Z}}\right)$$

folgt

$$Z = \frac{z}{\ln\left(\frac{T}{T-t}\right)}.$$

Durch Messung von T und ein Paar zusammengehöriger Werte z und t kann Z bestimmt werden. Als besonderer Wert von t zur Bestimmung von Z eignet sich $0{,}633\, T$; denn für diesen Wert wird

$$\ln\left(\frac{T}{T-t}\right) = \ln\frac{1}{0{,}367} = 1$$

und

$$z = Z.$$

Die Zeitkonstante Z gibt somit die Zeit an, nach welcher die Temperaturerhöhung den 0,633fachen Wert derjenigen Endtemperatur erreicht, die der benutzten Belastung und Dauerbetrieb entspricht.

Ölschläger hat die Zeitkonstante durch Versuch bestimmt und hat für einen 68 KW-Gleichstromgenerator Z zu 3,1 Stunden und für einen eingekapselten 9 KW-Gleichstromgenerator Z zu 6,5 Stunden gefunden. Je schlechter ein Körper abgekühlt ist, desto größer wird T und dadurch, wie aus der Formel für Z ersichtlich, auch die Zeitkonstante Z.

Unter der Annahme, daß die Erwärmung und Abkühlung sich nach den Formeln Seite 669 vollziehen, wollen wir jetzt die Temperaturerhöhung bei aussetzendem Betriebe nach **Ölschläger** analytisch berechnen:

Es gelten für den Endpunkt der Belastungszeit a zur Zeit z (Fig. 565b) und für den Anfangspunkt zur Zeit z_1 die Gleichungen

$$t = T\left(1 - \varepsilon^{-\frac{z}{Z}}\right)$$

und

$$t_1 = T\left(1 - \varepsilon^{-\frac{z_1}{Z}}\right)$$

oder

$$\frac{T - t_1}{T - t} = \varepsilon^{\frac{z - z_1}{Z}} = \varepsilon^{\frac{a}{Z}}.$$

Ebenso gilt für Anfangs- und Endpunkt der Abkühlungskurve für die Zeiten z_2 und z_3 mit den Temperaturen t_2 und t_3

$$t_2 = T\,\varepsilon^{-\frac{z_2}{Z}}$$

und

$$t_3 = T\,\varepsilon^{-\frac{z_3}{Z}}$$

oder

$$\frac{t_2}{t_3} = \varepsilon^{\frac{z_3 - z_2}{Z}} = \varepsilon^{\frac{b}{Z}}.$$

Der Voraussetzung entsprechend, daß konstanter Zustand eingetreten ist, muß der Temperaturzuwachs während der Belastungszeit ebenso groß sein, wie der Temperaturabfall während der Pause, oder es muß die Temperatur t_1 zu Beginn der Belastungszeit ebenso groß sein wie die Temperatur t_3 am Schluß der Pause, also $t_1 = t_3$; ebenso muß die Temperatur t am Schluß der Belastungszeit gleich der Temperatur t_2 beim Beginn der Pause sein, d. i. $t = t_2$. Dies in die obigen Gleichungen eingesetzt, ergibt

$$t_1 = t_3 = T - \varepsilon^{\frac{a}{Z}}(T - t) = t_2\,\varepsilon^{-\frac{b}{Z}} = t\,\varepsilon^{-\frac{b}{Z}},$$

woraus folgt

$$\frac{b}{Z} = -\ln\left[\frac{T}{t} - \varepsilon^{\frac{a}{Z}}\left(\frac{T}{t} - 1\right)\right]. \quad . \quad . \quad . \quad (368)$$

Diese Gleichung enthält das Verhältnis von zwei Temperaturen $\frac{T}{t}$, das sich auch noch anders ausdrücken läßt. T ist die maximale Temperaturerhöhung über die umgebende Luft, welche die Maschine erreichen würde, wenn sie an Stelle des aussetzenden Betriebes dauernd mit der betreffenden Belastung gearbeitet hätte. t ist diejenige Temperaturerhöhung, mit welcher bei aussetzendem Betriebe die Erwärmung unterbrochen wird und die Pause einsetzt, t ist also die Temperatur an den oberen Spitzen der Zickzackkurve. Ist für dauernde Belastung einer Maschine eine bestimmte Temperatur als Grenze gegeben, so darf man auch für aussetzenden Betrieb diese Grenze in der Regel nicht überschreiten, d. h. man muß dann das t der Gl. 368 gleich derjenigen Temperaturerhöhung setzen, welche die Maschine erreicht, wenn sie dauernd mit der ihrer Konstruktion angepaßten normalen Leistung belastet wird.

Damit sind die beiden Temperaturen T und t definiert als die Endtemperaturen, die die Maschine bei zwei verschiedenen Belastungen annehmen würde, und zwar bei Überlast und bei normaler Dauerlast. Diese Endtemperaturen sind den Verlusten bei den betreffenden Belastungen proportional, also

$$\frac{T}{t} = \frac{\text{Verluste bei Überlast}}{\text{Verluste bei normaler Dauerlast}} = q.$$

Führen wir dieses Verhältnis q in die Gl. (368) ein, so erhalten wir

$$\frac{b}{Z} = -\ln\left[q - \varepsilon^{\frac{a}{Z}}(q-1)\right].$$

Addiert man beiderseits $\frac{a}{Z}$ und dividiert beide Seiten mit $\frac{a}{Z}$, so ergibt sich die Schlußgleichung

$$\frac{a}{a+b} = \frac{\frac{a}{Z}}{\frac{a}{Z} - \ln\left[q - \varepsilon^{\frac{a}{Z}}(q-1)\right]}$$

oder

$$\frac{a}{P} = \frac{1}{1 - \frac{Z}{a}\ln\left[q - \varepsilon^{\frac{a}{Z}}(q-1)\right]} \quad . \; . \; . \quad (369)$$

$P = a + b$ ist die Dauer der Periode einer Belastung und Entlastung. Diese Gleichung gibt die Beziehung zwischen dem Verhältnis q der zulässigen Verluste bei aussetzendem Betrieb zu denen bei Dauerbetrieb und dem Verhältnis $\frac{a}{P}$ der Belastungszeit zur Zeitdauer einer Periode wieder. Wie wir sehen, kommt darin keine Temperaturerhöhung mehr vor, und dennoch ist sie indirekt darin enthalten, insofern als bei der Entwicklung vorausgesetzt ist, daß durch die q-fach höheren Verluste bei aussetzendem Betriebe die Temperatur ebenso hoch wird wie bei der zulässigen Dauerlast. Die Gl. (369) enthält 3 Verhältnisse, und zwar

$$\frac{a}{P} = \frac{\text{Belastungsdauer}}{\text{Dauer der Periode}}$$

$$\frac{a}{Z} = \frac{\text{Belastungsdauer}}{\text{Zeitkonstante}}$$

und

$$q = \frac{\text{Verluste bei Überlastung}}{\text{Verluste bei zulässiger Dauerlast}}.$$

Das erste Verhältnis $\frac{a}{P}$ charakterisiert den aussetzenden Betrieb, es ist von Fall zu Fall durch die Art der vorliegenden Betriebsverhältnisse gegeben.

Das zweite Verhältnis $\frac{a}{Z}$ enthält die Belastungszeit, die durch die Betriebsverhältnisse bedingt ist, und die Zeitkonstante. Die letztere ist die einzige Konstante, welche bei einer Maschine bekannt sein muß, um ihr Verhalten für aussetzenden Betrieb ableiten zu können.

Sobald diese beiden Verhältnisse bestimmt sind, ist durch Gl. (369) auch das dritte Verhältnis und damit die zulässige Erhöhung der Verluste gegenüber Dauerbetrieb festgelegt.

Zur Übersichtlichkeit und zur bequemeren Handhabung sind nach Gl. (369) für die Werte von

$$\frac{a}{Z} = 0{,}1 \quad 0{,}2 \quad 0{,}3 \quad 0{,}4 \quad 0{,}5 \quad 1.0 \text{ und } 2{,}0$$

die entsprechenden Größen von q für verschiedene Werte von $\frac{a}{P}$ ausgerechnet und in Kurven als Funktion $\frac{a}{P}$ aufgetragen worden (Fig. 566). Die betreffenden Zahlenwerte sind in der Tabelle auf der nächsten Seite angegeben.

Die Kenntnis der Zeitkonstanten gibt uns also die Möglichkeit, für irgendwelche beliebige Betriebsverhältnisse aus der Kurvenschar Fig. 566 sofort die zulässige Erhöhung der Verluste herauszugreifen. Es zeigt sich, daß die Belastung um so größer genommen werden darf, je kleiner $\frac{a}{P}$, d. h. je kleiner die Belastungszeit im Verhältnis zur Periode ist. Außerdem weisen die Kurven darauf hin, daß für die zulässigen Verluste nicht allein das Verhältnis der Belastungszeit zur Periode $\frac{a}{P}$ maßgebend ist, sondern daß auch der absolute Wert der Belastungszeit eine bedeutende Rolle dabei spielt.

Tabelle für $\frac{a}{P}$.

q	$\frac{a}{Z}=0$	0,1	0,2	0,3	0,4	0,5	1,0	2,0
1,05	0,954	0,950	0,948	0,945	0,943	0,940	0,915	0,840
1,10	0,910	0,906	0,902	0,896	0,890	0,857	0,843	0,665
1,15	0,870	0,865	0,860	0,845	0,836	0,830	0,770	0,389
1,16	—	—	—	—	—	—	—	0
1,20	0,833	0,830	0,814	0,805	0,795	0,785	0,705	
1,30	0,770	0,765	0,745	0,730	0,717	0,698	0,581	
1,40	0,715	0,709	0,685	6,664	0,645	0,616	0,465	
1,50	0,667	0,645	0,626	0,610	0,586	0,560	0,340	
1,58	—	—	—	—	—	—	0	
1,60	0,625	0,596	0,584	0,558	0,535	0,504		
1,80	0,555	0,533	0,506	0,477	0,448	0,408		
2,00	0,500	0,476	0,456	0,410	0,376	0;325		
2,50	0,400	0,351	0,330	0,297	0,228	0,130		
2,54	—	—	—	—	—	0		
3,00	0,333	0,297	0,256	0,200	0,093			
3,04	—	—	—	—	0			
3,86	—	—	—	0				
4,00	0,250	0,209	0,156					
5,00	0,200	0,155	0,085					
5,55	—	—	0					
6,0	0,167	0,118						
7,0	0,143	0,091						
8,0	0,125	0,070						
9,0	0,111	0,052						
10,0	0,100	0,030						
10,5	—	0						
∞	0							

Setzt man $\frac{a}{Z}=$ unendlich klein, indem man entweder a sehr klein gegenüber Z oder Z sehr groß gegen a wählt, so kann unter Vernachlässigung der Glieder höherer Ordnung

$$\varepsilon^{\frac{a}{Z}} = 1 + \frac{a}{Z}$$

gesetzt werden und ebenso

$$\ln\left(1+\frac{a}{Z}\right)=\frac{a}{Z}.$$

Dadurch geht die Gl. (369) über in

$$\frac{a}{P}=\frac{1}{q} \quad \ldots \ldots \ldots \ldots (370)$$

d. h. die Kurven für unendlich kleine Werte von $\frac{a}{Z}$ gehen in eine Hyperbel über. Diese ist in Fig. 566 eingezeichnet. Daß diese Kurve, die wir die **Grenzkurve** nennen werden, eine Hyperbel sein muß, ist leicht einzusehen, wenn man bedenkt, daß für unendlich kleine

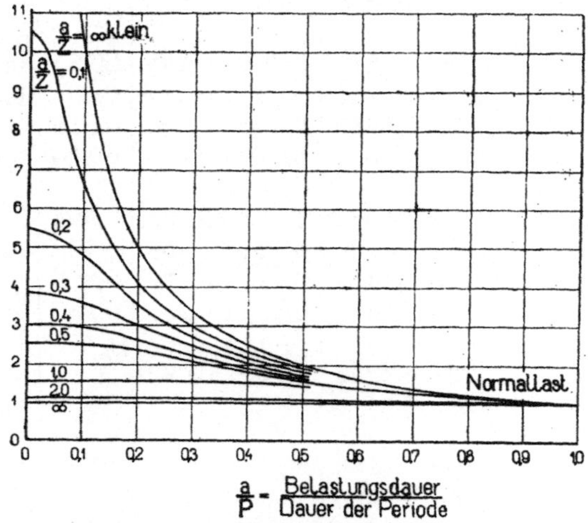

Fig. 566. $q=\frac{\text{Verluste bei Überlastung}}{\text{Verluste bei zulässiger Dauerlast}}$ in Abhängigkeit von $\frac{a}{P}=\frac{\text{Belastungsdauer}}{\text{Dauer der Periode}}$ für verschiedene Verhältnisse $\frac{a}{Z}=\frac{\text{Belastungsdauer}}{\text{Zeitkonstante}}$.

Belastungszeiten die Temperaturschwankungen der Zickzackkurven verschwinden, daß also die Wärmeabgabe nach außen konstant wird. Infolgedessen muß auch pro Periode eine konstante Wärmemenge zugeführt werden, um die Maschine auf konstante Temperatur zu halten, oder es muß

$$a q = \text{konstant}$$

sein, was durch Gl. (370) schon ausgesprochen ist.

Für $\frac{a}{Z}=\infty$ gehen die Kurven der Fig. 566 in eine Gerade über, die parallel zur Abszissenachse in der Höhe $q=1$ liegt.

Aus dem Verhältnis q der zulässigen Verluste bei Überlast zu den Verlusten bei Dauerlast ergibt sich die Überlastungsfähigkeit noch nicht direkt, da die Verluste der Leistung nicht proportional sind.

Erst aus der Verlustkurve kann die zulässige Überlast gefunden werden.

Für den Fall, daß $\frac{a}{Z}$ sehr klein ist, wie es z. B. bei Straßenbahnmotoren und Kranmotoren im allgemeinen zutrifft, ergibt sich aus Gl. (370), daß die gesamten Verluste bei Überlastung während der Belastungsdauer a höchstens den gesamten Verlusten bei Dauerlast während der ganzen Arbeitsperiode P gleich sein dürfen.

Diese Beziehung findet daher zur Bestimmung der Leistung eines Motors für aussetzenden Betrieb Verwendung. Kennt man nämlich für jeden Moment die Belastung des Motors, so hat man aus der Verlustkurve die zu jeder Belastung gehörigen Verluste zu entnehmen und das Mittel für die ganze Arbeitsperiode zu bilden. Dieses Mittel darf die Verluste bei derjenigen Belastung nicht überschreiten, bei welcher der Motor im Dauerbetrieb die zulässige Temperaturerhöhung erreicht.

157. Messung der Temperaturerhöhung.

Die Messung der Temperaturerhöhung erfolgt nach den „Normalien des Verbandes deutscher Elektrotechniker“ bei den Magnetspulen durch die Widerstandszunahme, bei allen übrigen Teilen mittels Thermometers. Neben der Temperaturmessung durch Widerstandszunahme kann jedoch zur Ermittelung örtlicher Erwärmung Thermometermessung angewendet werden.

Bei Berechung der Temperaturerhöhung aus der Widerstandszunahme ist ein Temperaturkoeffizient des Kupfers von $\alpha = \frac{1}{235 + t_0}$ anzuwenden.

Sei R_{t0} der der Temperatur t_0 Grad C und R_{t1} der der Temperatur t_1 Grad C entsprechende Widerstand der Feldspulen, so wird

$$R_{t1} = R_{t0}(1 + \alpha [t_1 - t_0])$$

und die Temperaturerhöhung T_m für die zwischen den beiden Messungen liegende Zeit

$$T_m = (t_1 - t_0) = (235 + t_0) \frac{R_{t1} - R_{t0}}{R_{t0}} \text{ Grad C.} \qquad (371)$$

Die Messung von R_t erfolgt durch Messung der Klemmenspannung und der Stromstärke der Feldspulen in bestimmten Zeitabschnitten.

Bei normalen Konstruktionen ist die aus der Widerstandserhöhung berechnete Temperatur das 1,4- bis 1,6 fache der mit dem Thermometer gemessenen (s. S. 682).

Betriebsmäßig vorgesehene Umhüllungen, Abdeckungen und Ummantelungen usw. dürfen nicht entfernt, geöffnet oder verändert werden. Die Lufttemperatur ist immer in Höhe der Maschinenmitte und 1 m von der Maschine entfernt zu messen. Während des letzten Viertels der Versuchszeit ist die umgebende Luft in regelmäßigen Zeitabschnitten zu messen und daraus ein Mittelwert zu nehmen.

Zwischen dem Thermometer und dem zu messenden Maschinenteil ist eine möglichst gute Wärmeleitung durch Umhüllen der Thermometerkugel mit Stanniol herzustellen. Wärmeverluste sollen ferner dadurch tunlichst vermieden werden, daß man Thermometer und Meßteile mit trockener Putzwolle überdeckt. Die Ablesung findet erst statt, wenn das Thermometer nicht mehr steigt. Soweit wie möglich sind jeweilig die Punkte höchster Temperatur zu ermitteln und die dort gemessenen Temperaturen bei Bestimmung der Temperaturzunahme zu verwenden.

Bezüglich der Höhe und der Dauer der Belastung während des Versuches hat man zu unterscheiden, ob die Maschine für Dauerbetrieb, für kurzzeitigen oder für aussetzenden Betrieb bestimmt ist. Bei Maschinen für Dauerbetrieb und für kurzzeitigen Betrieb ist die normale Belastung dadurch definiert, daß in der festgesetzten Betriebszeit die Erwärmung die zulässige Grenze nicht überschreitet.

Maschinen für Dauerbetrieb sind daher bis zur Erreichung des stationären Zustandes zu untersuchen. Maschinen für kurzzeitigen Betrieb nur während der Betriebszeit, für die sie bestimmt sind. Wie oben gezeigt, wird der stationäre Zustand im allgemeinen bei kleinen Maschinen in kürzerer Zeit erreicht sein als bei großen, deshalb geben die Normalien des Verbandes deutscher Elektrotechniker an, daß bei Dauerbetrieb die Temperaturerhöhung nach Ablauf von 10 Stunden zu messen ist. Sofern aber für kleine Maschinen feststeht, daß die stationäre Temperatur in weniger als 10 Stunden erreicht wird, kann die Temperaturzunahme nach entsprechend kürzerer Zeit gemessen werden.

Bei aussetzenden Betrieben ist die Leistung nicht eindeutig bestimmt. Legt man die Leistung nach den im Abschnitt 156 angegebenen Gesichtspunkten fest, so kann bei verschiedenen Betriebsarten die Leistung ein und derselben Maschine sehr verschieden sein, und zwar hängt sie zunächst von dem Verhältnis $\frac{a}{P}$ ab.

Nehmen wir z. B. an, es sei $\frac{a}{P} = \frac{1}{4}$, so dürfen die Verluste das Vierfache desjenigen bei Dauerlast betragen, und wenn wir nur Kupferverluste betrachten, können wir somit den doppelten Strom zulassen. Auf die ganze Arbeitsperiode bezogen haben wir dann einen mittleren Strom von $\frac{2}{4}$ des normalen. Ist dagegen $\frac{a}{P} = \frac{1}{2}$, so ist der zulässige Strom das 1,4fache desjenigen bei Dauerlast und im Mittel der Arbeitsperiode das $\frac{1,4}{2} = 0,7$fache. Um dennoch verschiedene Motoren für aussetzenden Betrieb, z. B. Bahnmotoren, in bezug auf ihre Leistungsfähigkeit vergleichen zu können, ist es üblich, diejenige Leistung als Normalleistung zu bezeichnen, bei welcher der Motor während eines einstündigen Betriebes im Versuchsraum die zulässige Temperaturerhöhung (s. S. 668) erreicht.

Die Einstundenprobe gibt zwar einen Anhalt für den Vergleich verschiedener Motoren, ermöglicht aber noch nicht mit Sicherheit zu entscheiden, ob ein Motor für einen bestimmten Betrieb geeignet ist. Hierzu sind weitergehende Untersuchungen über die Temperaturerhöhung erforderlich. Bei der Westinghouse Electric Manufacturing Co. werden diese Untersuchungen an Bahnmotoren in folgender Weise angestellt. Es werden zunächst die Zeiten festgestellt, in denen die Temperatur des Motors bei verschiedenen Belastungen von einer Anfangstemperatur von 25^0 ausgehend sich um 75^0 C erhöht. Die Temperatur wird mittels Thermometers gemessen. Nimmt man nun an, daß bei denselben Belastungen die Erwärmung während der Fahrt infolge der verstärkten Kühlung nur 55^0 C beträgt, so darf sich der Motor um weitere 20^0 erwärmen ehe die zulässige Übertemperatur von 75^0 C erreicht ist. Man beobachtet daher ferner, innerhalb welcher Zeit der Motor sich um weitere 20^0 erwärmt, nachdem seine Temperaturerhöhung bei Stillstand schon 75^0 C betragen hat. Trägt man diese Zeit als Funktion des Stromes auf, so erhält man die Zeittemperaturkurve, welche angibt, innerhalb welcher Zeit eine bestimmte Belastung zulässig ist, ohne daß eine höhere Übertemperatur als 75^0 C erreicht wird. Diese Temperaturkurve wird mit der Geschwindigkeits- und Zugkraftkurve zusammen angegeben und ermöglicht bei gegebenem Fahrtdiagramm sehr schnell zu beurteilen, ob der betreffende Motor für den Betrieb geeignet ist.

In Fig. 567 sind die Temperaturkurven eines 150-PS-Westinghouse-Bahnmotors mit den charakteristischen Kurven zusammengestellt[1]). Der Motor ist für 500 Volt gebaut und hat eine Über-

[1]) s. Transactions A. J. E. E. 1903, Seite 1061.

setzung von 20/51 bei 915 mm Laufraddurchmesser (36″). Die Kurven A_1 und A_2 zeigen die Zeiten, bei denen der Motor offen und geschlossen sich um 75⁰ erwärmt, wenn er zu Anfang kalt war. Diese Kurven beziehen sich auf eine Klemmenspannung von 500 Volt. Die Kurven B_1 und B_2 geben die Zeiten an, in denen sich der Motor im Betrieb um weitere 20⁰ erwärmt, B_1 bei offenem, B_2 bei geschlossenem Gehäuse.

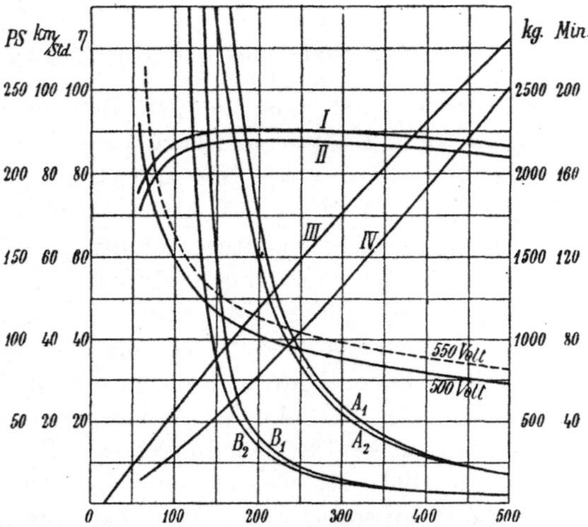

Fig. 567. Temperatur- und Wirkungsgradskurven eines 150 PS-Westinghouse-Bahnmotors.

Weiter sind die Geschwindigkeiten in km/Stde. bei 500 und 550 Volt, Zugkraft und Bremsleistung, sowie der Wirkungsgrad mit und ohne Vorgelege angegeben.

Die Dauerleistung des Motors beträgt bei geschlossenem Gehäuse

120 Amp. bei 300 Volt,
115 Amp. bei 400 Volt,

während die Einstundenleistung nach Kurve A_2 bei geschlossenem Gehäuse ca. 264 Amp. bei 500 Volt beträgt.

Wenn der Motor mit seiner Dauerlast dauernd belastet ist, beträgt seine Erwärmung 55⁰ und kann dann nach Kurve B_2 während 10 Minuten mit 300 Amp. belastet werden, ehe er sich um weitere 20⁰ erwärmt.

Diese Kurve bezieht sich auf eine kleinere Spannung als 500 Volt, und zwar auf die mittlere Fahrspannung, um die Eisenverluste in richtiger Weise zu berücksichtigen. Denn die Eisenverluste, welche auch die Erwärmung der Ankerspulen beeinflussen, hängen bei einem Hauptstrommotor sowohl von der Spannung als vom Strom ab. Der Motor ist aber nur während eines Teiles der Arbeitsperiode an die volle Netzspannung angeschlossen, beim Anlassen steigt die Spannung stufenweise von 0 zunächst bis zu einer je nach dem System (Serie Parallel- oder Parallelschaltung) bedingten Spannung, die bei der meist angewendeten Serie-Parallelschaltung die halbe Netzspannung ist, und erst bei voller Geschwindigkeit wird der Motor an die volle Netzspannung angelegt. Die Spannung, welche den mittleren Eisenverlusten entspricht, ist also davon abhängig, wie lange der Motor an die volle Spannung angeschlossen ist, d. h. von der Stationsentfernung. Um dies zu untersuchen, und ferner die kühlende Wirkung bei der Fahrt, welche oben nur schätzungsweise berücksichtigt wurde, genauer festzustellen, werden in Amerika den tatsächlichen Verhältnissen entsprechende Versuche[1]) über die Temperaturerhöhung der Motoren durch Probefahrten gemacht, bei denen die Motoren in den Wagen eingebaut, auf Versuchsstrecken mit verschiedenen Vorgelegen untersucht werden. Es werden dann bei verschiedenen Zuggewichten für die verschiedenen Stationsentfernungen Strom- und Spannungsdiagramme während der Fahrt aufgenommen und die Temperaturerhöhung genau gemessen.

Hierdurch erhält man genau die Zuggewichte, die der Motor bei verschiedenen Stationsentfernungen und bei verschiedenen Fahrplangeschwindigkeiten und gegebener Temperaturerhöhung befördern kann.

158. Ermittelung der Temperaturerhöhung bei Maschinen mit veränderlicher Belastung.

Das im vorigen Abschnitt beschriebene Verfahren zur Ermittelung der Erwärmung eines Bahnmotors durch direkte Messung der Erwärmung bei verschiedenen Belastungsverhältnissen erfordert naturgemäß einen großen Aufwand an Zeit und Geld; denn jede Erwärmungsprobe mit der darauf folgenden Abkühlungspause nimmt wenigstens einen Tag in Anspruch, und es ist eine ganze Reihe solcher Proben erforderlich. Durch das von Dr. O. Szilas in E. u. M. 1913 S. 1065 beschriebene Verfahren kommt man bedeutend rascher zum Ziel; im folgenden ist dieses Verfahren in etwas vereinfachter Form beschrieben.

Bei einem Straßenbahnmotor für 80 PS Stundenleistung sollte z. B. untersucht werden, nach welchen Zeitabschnitten die vorschrifts-

[1]) s. Armstrong, Transactions American Institute of Electrical Engineers, 1902. Gutbrod. Zeitschr. d. Vereins deutscher Ingenieure 1903.

mäßige Übertemperatur von 70° C bei verschiedenen konstanten Belastungen erreicht wird. Die Zeitkonstante des Motors wurde zuerst nach einem der im Abschnitt 156 beschriebenen Verfahren zu drei Stunden ermittelt. Alsdann wurde der Motor mit 80 PS während einer Stunde belastet, wobei am Ende der Probe eine Übertemperatur von $t = 70°$ C gemessen wurde. Aus der Anfangstangente der hierbei erhaltenen Erwärmungskurve und aus der Zeitkonstante kann die Übertemperatur des Motors bei dauernder Belastung mit 80 PS zu $T = 250°$ C bestimmt werden. Es wurden demnächst die in Fig. 568 durch die stark ausgezogene Kurve dargestellten Gesamtverluste ausschließlich der Verluste in der Zahnradübersetzung im warmen Zustande (70° C) bei verschiedenen Belastungen bestimmt. Da nun die Übertemperaturen, die im Beharrungszustand bei dauernder Beanspruchung mit diesen Belastungen, den zugehörigen Verlusten proportional sind, so konnten diese Übertemperaturen als die in Fig. 568 dünn ausgezogene Kurve als Funktion der Belastung aufgetragen werden.

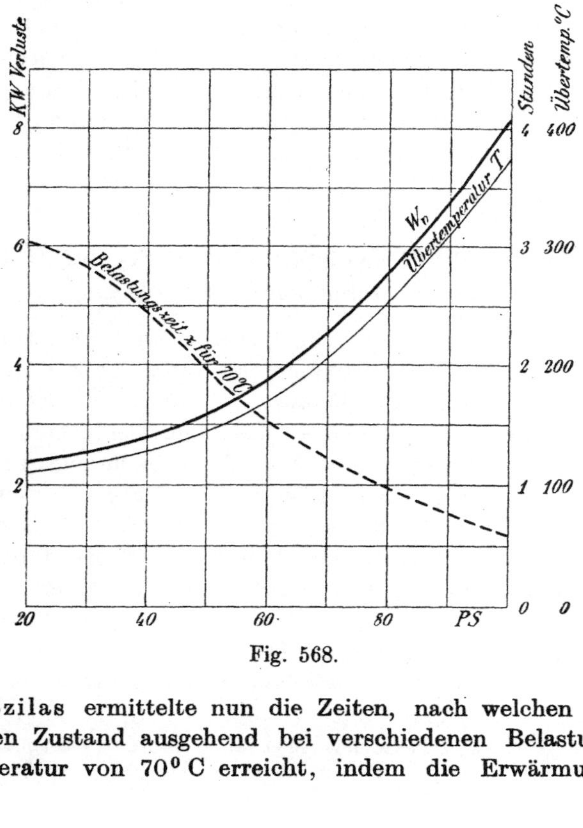

Fig. 568.

Dr. Szilas ermittelte nun die Zeiten, nach welchen der Motor vom kalten Zustand ausgehend bei verschiedenen Belastungen eine Übertemperatur von 70° C erreicht, indem die Erwärmungskurven bei verschiedenen Belastungen mit Hilfe der Zeitkonstante und der eben gefundenen Übertemperaturen konstruiert und dann alle bei 70° C durch eine horizontale Linie geschnitten wurden. Man kann aber diese Zeiten einfacher aus der im Abschnitt 156 angegebenen Gleichung der Erwärmungskurve rechnerisch bestimmen, indem man daraus die Zeit

$$z = Z \ln \frac{T}{T - t} = 2{,}3\, Z \log \frac{T}{T - t}$$

ermittelt. Setzen wir nämlich in diese Gleichung den Wert der Zeitkonstante $Z = 3$ Stunden, $t = 70^0$ C und die zu jeder Belastung gehörenden Übertemperaturen T im Beharrungszustand ein, so erhalten wir die gesuchten Werte der Zeit z, die in Fig. 568 als gestrichelte Kurve als Funktion der Belastung aufgetragen sind.

Dasselbe Verfahren kann auch dazu benutzt werden, um den Verlauf der Übertemperatur bei wechselnder Belastung zu verfolgen. Eine solche Aufgabe liegt z. B. vor, wenn untersucht werden soll, ob ein Bahnmotor für eine Strecke mit gegebenen Stationsentfernungen bei gegebenen Zuggewichten ausreicht.

Wenn die Belastung und mit ihr die Verluste im Motor sich ändern, so ändert sich proportional mit den Verlusten auch jene Temperatur, die der Motor im stationären Zustand erreichen würde. Zeichnet man nun den zeitlichen Verlauf der Motorleistung auf, so kann aus ihm der zeitliche Verlauf der Verluste im Motor ermittelt werden und daraus durch proportionale Umrechnung die stationäre Temperatur T_z, die von der Verlustkurve nur im Maßstabe abweicht. Alsdann berechnet man die Temperaturänderung während jeder Belastungsphase nach der Formel

$$t_e - t_a = (T_z - t_a)\left(1 - e^{-\frac{z}{Z}}\right), \quad . \quad . \quad . \quad . \quad (372)$$

worin T_z die stationäre Temperaturerhöhung, die der Belastung zur Zeit z entspricht, t_a die Temperaturerhöhung am Anfang und t_e die Temperaturerhöhung am Ende der Zeit z der betrachteten Belastungsphase bedeuten.

Wir wollen dieses Verfahren nun zur Lösung der folgenden oft vorliegenden Aufgabe heranziehen.

In Fig. 569 ist die Belastung eines Elektrizitätswerkes am 23. Dezember als eine stark ausgezogene Linie aufgetragen. Wir wollen nun untersuchen, ob diese Energielieferung, die eine Spitze von 825 kW aufweist, von einem Generator für 700 kW mit Wendepolen allein besorgt werden könnte.

In Fig. 570 sind die Verluste des Generators als Funktionen der Belastung aufgetragen (starke Kurven), und zwar stellt

Kurve I die Eisenverluste W_{ei} und die Kupferverluste W_k im Anker,

Kurve II die Verluste $W_H + W_n$ in den Kompound- und Nebenschlußwicklungen (nach Abzug der Verluste im Vorschaltwiderstand)

und Kurve III die Bürstenübergangs- und Reibungsverluste $W_u + W_r$ am Kommutator dar.

Hierbei ist angenommen, daß die Klemmenspannung des Generators bei den verschiedenen Belastungen konstant gehalten wird. In Wirklichkeit müßte diese Spannung wegen des Spannungsabfalles in den Speiseleitungen mit der Belastung erhöht werden, was jedoch nur einen etwas anderen Verlauf der Verlustkurven zur Folge haben würde.

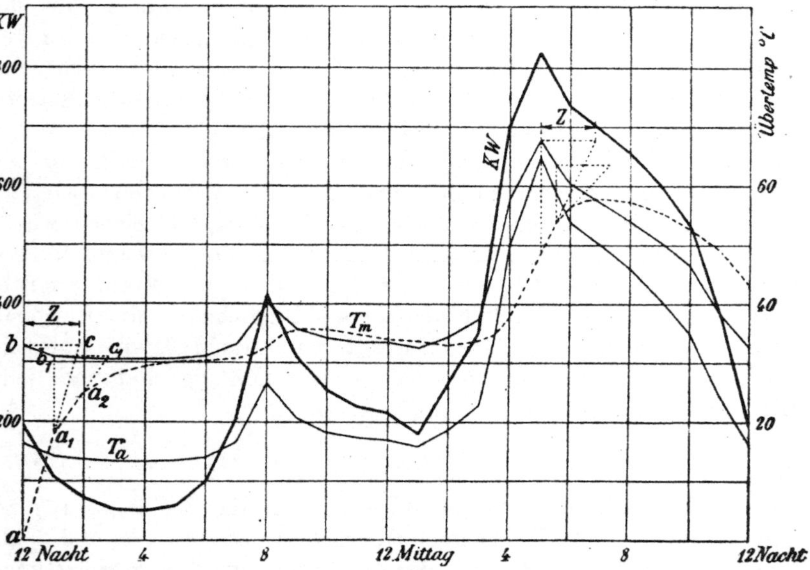

Fig. 569. Übertemperatur eines Gleichstromgenerators bei veränderlicher Belastung.

——— Übertemperatur der Magnetwicklung im Beharrungszustand,
- - - - - „ „ „ „ Betrieb.

Bei Belastung mit 700 kW nimmt im Beharrungszustand

der Anker . . . . eine Übertemperatur von 50° C,
die Magnetwicklung „ „ „ 57° C und
der Kommutator „ „ „ 26° C an.

Wir erhalten die Übertemperatur T_a des Ankers bei verschiedenen Belastungen, indem wir die Übertemperatur 50° C bei Vollast einfach proportional den Verlusten im Anker verändern. Um die Übertemperatur der Magnetwicklung zu bekommen, müssen wir dagegen zuerst die Übertemperatur $T_m = 57^0$ C bei Vollast in die Übertemperatur im Kurzschluß $T_{mk} = 0{,}5 \cdot 50 = 25^0$ C und in die Übertemperatur bei Leerlauf $T_{m0} = 57 - 25 = 32^0$ C zerlegen (s. S. 683). Dann wird T_{m0} proportional den Verlusten in der Erregerwicklung verändert und T_m schließlich dadurch erhalten, daß zu T_{m0} die jeweiligen Werte von 0,5 T_a addiert werden. In Fig. 570 sind diese Übertemperaturen im Beharrungszustand als Funktionen der Belastung als dünne Kurven aufgetragen.

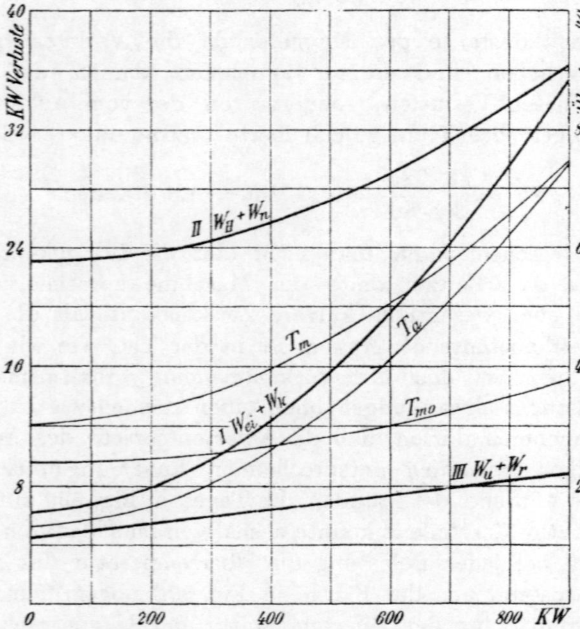

Fig. 570. Verluste und Übertemperaturen eines Generators in Abhängigkeit von der Belastung.

Die Zeitkonstanten des Ankers und der Magnete können wir aus der Übertemperatur T_a des Ankers und die Übertemperatur T_{m0} der Magnetwicklung über die sie tatsächlich umgebende Luft, wenn wir die Gewichte kennen, berechnen.

Es betragen die Gewichte

des Ankereisens . . . . 580 kg
der Ankerwicklung . . . . . . 163 „

der Magnetkerne und Polschuhe 935 kg
der Magnetwicklung . . . . . 445 „

Da die spezifische Wärme für Eisen 0,115 und für Kupfer 0,094 beträgt, so sind zur Erwärmung des Ankers um 1° C: $580 \cdot 0{,}115 + 163 \cdot 0{,}094 = 82{,}0$ kgcalt ensprechend $4{,}19 \cdot 82 = 344$ kWsek und zur Erwärmung der Magnete um denselben Betrag $(935 \cdot 0{,}115 + 445 \cdot 0{,}094)$ $4{,}19 = 625$ kWsek erforderlich.

Die Zeitkonstante des Ankers wird also, da die Ankerverluste bei Vollast 24 kW betragen,

$$Z_a = \frac{5 \cdot 0344}{24 \cdot 60} = 12 \text{ Min.}$$

und die Zeitkonstante der Magnete, da die Verluste bei diesen 3,1 kW ausmachen, und da wir annehmen können, daß das Joch nicht von diesen Verlusten, sondern von der vom Anker über die Magnete gegen das Joch geschleuderte warme Luft erwärmt wird,

$$Z_m = \frac{32 \cdot 625}{3{,}4 \cdot 60} = 108 \text{ Min.} = 1{,}8 \text{ Stunden.}$$

Wie wir sehen, kann man nicht hier wie bei gekapselten Maschinen von der Zeitkonstante der Maschine sprechen, denn der Anker hat eine wesentlich kürzere Zeitkonstante als die Magnete.

Die Zeitkonstante des Ankers ist in der Tat, wie wir sehen, so klein, daß wir bei den hier vorkommenden verhältnismäßig langsamen Belastungsschwankungen ohne einen nennenswerten Fehler zu begehen annehmen dürfen, daß die Übertemperatur des Ankers den der jeweiligen Belastung entsprechenden Beharrungswert stets erreicht. Die während der Stunden des Tages in Fig. 569 aufgetragene Übertemperatur des Ankers konnte deshalb einfach dadurch ermittelt werden, daß bei jeder Belastung die Übertemperatur des Ankers im Beharrungszustand aus der Kurve in Fig. 570 abgegriffen wurde.

Zur Ermittelung der Übertemperatur der Magnetwicklung werden zunächst die jeder Belastung entsprechenden Beharrungswerte in gleicher Weise ermittelt und als die ganz ausgezogene Kurve, Fig. 569, aufgetragen. Die wirkliche Temperaturkurve wird nun aus dieser Kurve folgendermaßen konstruiert:

Die Maschine mag nun 12 Uhr nachts eingeschaltet werden. Von dem Wert Null in diesem Punkt a muß die Temperatur dann so schnell ansteigen, daß sie nach $Z = 1{,}8$ Stunden die entsprechende Übertemperatur im Beharrungszustand $a — b$ im Punkt c erreichen würde. Während des Anstieges ändern sich jedoch sowohl die Temperatur der Magnetwicklung selbst, als der Beharrungswert, dem sie zustrebt. Wir unterbrechen deshalb den angefangenen

Temperaturanstieg um 1 Uhr im Punkt a_1. Von hier aus strebt die Temperatur dem neuen Beharrungswert bei b_1 zu, und zwar so, daß dieser Wert im Punkt c_1 wieder nach $Z = 1{,}8$ Stunden erreicht werden würde. Dieser Temperaturanstieg wird um 2 Uhr im Punkt a_2 als nicht mehr genügend richtig abgebrochen und die Konstruktion von dort aus in gleicher Weise über den ganzen Tag fortgesetzt. Fangen wir mit dem am Ende des Tages erreichten Wert am Anfang des nächsten Tages wieder an, so erhalten wir eine Kurve, die sich mit dem ersten um 7,30 Uhr vormittags vereinigt, und die tatsächlichen Schwankungen der Übertemperatur der Magnetwicklung sind festgestellt.

Wie wir sehen, würde die Übertemperatur der Magnetwicklung, wenn sie den Beharrungsschwankungen zu folgen vermochte, den zulässigen Wert mit 7,5° C übersteigen. Dank der großen Zeitkonstante der Magnete bleibt sie jedoch statt dessen 2,5° C darunter.

Die Übertemperatur des Ankers steigt dagegen 15° C über den zulässigen Wert. Dieser beträchtliche Temperaturanstieg hat seinen Grund teils in dem schnellen Anstieg der Ankerverluste bei Überlastung, teils in der außerordentlich kleinen Zeitkonstante des Ankers.

Da es sich hier um eine verhältnismäßig große Maschine handelt, deren Zeitkonstanten immerhin größer sind als bei kleinen Maschinen, kann man sich bei offenen Maschinen bei Überlastungen überhaupt nicht auf den verzögernden Einfluß der Zeitkonstante des Ankers verlassen.

Hieraus ist für offene Maschinen, die einer wechselnden Belastung ausgesetzt sind, die wichtige Tatsache zu entnehmen, daß der Anker stets für die höchste Spitzenbelastung zu entwerfen ist, während die Magnetwicklung für eine niedrigere Leistung bemessen werden kann.

Die Übertemperatur des Kommutators brauchte in diesem Falle nicht näher untersucht zu werden, teils weil sie an und für sich klein war, teils weil die Kommutatorverluste sich nur unbedeutend mit der Belastung änderten.

Wegen der beträchtlichen Übertemperatur des Ankers würde man beim ersten Zusehen geneigt sein, von der vorliegenden Überlastung der Maschine abzuraten. Die Maschine genügt aber trotzdem für die vorliegende Energielieferung, denn die nur kurz andauernde Übersteigung der zulässigen Übertemperatur, die nur dann unzulässig ist, wenn die Temperatur des Maschinenraumes 35° C erreicht, wird nur während einiger Tage im Dezember auftreten. In diesem Monat wird es aber wahrscheinlich keine Schwierigkeiten bieten, die Temperatur des Maschinenraumes nicht höher als 20° C zu halten, und unter dieser Voraussetzung wird die für die Isolation allein maßgebende Temperatur des Ankers den zulässigen Wert nur gerade erreichen.

Wenn das beschriebene Verfahren bei offenen Motoren, die ihre Umdrehungszahl mit der Belastung ändern, verwendet wird, ist die Veränderung der Zeitkonstanten mit der Umdrehungszahl zu berücksichtigen. Mit zunehmender Umdrehungszahl werden nämlich die Abkühlungsverhältnisse verbessert und infolgedessen die Zeitkonstanten für den Anker und für die Magnete verkleinert. In solchen Fällen empfiehlt es sich, die Zeitkonstanten bei z. B. der kleinsten, der mittleren und der höchsten Belastung zu ermitteln und als Funktion der Belastung aufzutragen. Aus dieser Kurve wird die bei der jeweiligen Belastung vorhandene Zeitkonstante abgegriffen und bei der Konstruktion der Temperaturkurve benutzt, indem das Stück $b - c$ der Fig. 569 von Punkt zu Punkt entsprechend geändert wird.

Namen- und Sachregister.

(Die mit * versehenen Seitenzahlen geben an, daß an dieser Stelle die betreffende Sache ausführlich behandelt ist.)

Erklärung der in den Formeln verwendeten Buchstaben.

(Die beigedruckten Seitenzahlen bedeuten die Seiten, auf denen die betreffenden Bezeichnungen eingeführt sind. Die durch * besonders kenntlich gemachten Seitenzahlen geben an, wo Formeln für die betreffenden Größen zu finden sind.)

A.

A = Oberfläche 668.
= $\frac{R_k T}{F_u L_s}$ Kommutierungskonstante 339*, 357.
= Koeffizient der Wärmeausstrahlung 609*.
A_a = Abkühlungsfläche des Ankers 686*.
A_1 = $\frac{r T}{L_s}$ 336*.
A_R = Reibungsarbeit in mkg/sek 602.
$A S$ = lineare Belastung des Ankers oder Stromvolumen für 1 cm Umfang 169. 179*.
$A W$ = Amperewindungen 126.
$A W_a$ = Amperewindungen für den Ankerkern 146*.
$A W_c$ = Amperestabzahl der Kompensationswicklung in einem Pol 431*.
$A W_e$ = entmagnetisierende Amperewindungen des Ankers 179*.
$A W_f$ = Amperewindungen des Hauptfeldes 180.
$A W_j$ = Amperewindungen für das Joch 147*.
$A W_k$ = Amperewindungen pro magnetischen Kreis bei Belastung 185*.
$A W_{k0}$ = Amperewindungen pro magnetischen Kreis bei Leerlauf 127. 147*.
$A W_l$ = Amperewindungen für den Luftspalt 134*.
$A W_m$ = Amperewindungen für die Feldmagnete 147*.
$A W_n$ = Nebenschlußamperewindung einer Querfelddynamo 504.
$A W_p$ = Amperewindungen für die Polspitzen 188.
$A W_q$ = Amperewindungen zur Kompensierung der entmagnetisierenden Wirkung des Ankerquerfeldes 184*.
$A W_r = A W_e + A W_q$ = rückwirkende Ankeramperewindungen 461.
$A W_w$ = Amperewindungen des Wendepolkreises 438. 445*.
$A W_z$ = Amperewindungen für die Zähne 145*.
a = Halbe Anzahl der Ankerzweige 20.
a_a = spezifische Kühlfläche des Ankers 686*.
a_k = spezifische Kühlfläche des Kommutators 689*.
a_m = spezifische Kühlfläche der Magnetspulen 683*.
a_x = Breite einer Kraftröhre am Anker 131.
$a w$ = Amperewindungen pro Zentimeter Länge des Kraftlinienweges 126.
α = Wärmeabgabekoeffizient 668.

α = Winkel 18.
α = Verdrehungswinkel einer Welle 512.
α_a, α_m = Ausschlag eines ballistischen Galvanometers 161.
α_b = Füllfaktor bei Belastung 210.
α_i = ideeller Füllfaktor 132.
α_k = Füllfaktor des Nutenfeldes 227*.
α_k = Konvektionskonstante 673.
α_s = Wärmeausstrahlungskoeffizient 672.

B.

B = Induktion oder Kraftlinienzahl pro cm^2 3*.
B_a = Induktion im Ankerkern 146*.
B_c = günstigstes Kommutierungsfeld, das man zustrebt 232*.
B_{cg} = das für eine geradlinige Kommutierung erforderliche Kommutierungsfeld 224*.
$B_{cg\,mitt}$ = Mittelwert des für eine geradlinige Kommutierung erforderliche Kommutierungsfeld 224*.
B_{c0} = das für Nullspannung zwischen den Bürstenkanten erforderliche Kommutierungsfeld 233*.
feld 231*.
B_{ct} = das für eine spannungslose Bürstenkante erforderliche Kommutierungs-
$B_{ct\,mitt}$ = Mittelwert des für eine spannungslose Bürstenkante erforderlichen Kommutierungsfeldes 231*.
B_f = fehlerhaftes Feld in der Kommutierungszone 234.
B_{kb} = Feldsträrke in der Kommutierungszone bei Belastung 193.
B_{k0} = Feldstärke in der Kommutierungszone bei Leerlauf 193.
B_j = Induktion im Joch 147.
B_l = Induktion im Luftraum 133*.
B_m = Induktion im Feldmagnet 146*.
B_{ng} = das für eine geradlinige Kommutierung zur Kompensierung des Nutenfeldes nötige Feld bei Belastung 335*.
$B_{n\,max}$ = die dem Nutenfeld entsprechende maximale Feldstärke in der Kommutierungszone bei Belastung 227*.
B_n $B_{ng\,mitt}$ = die dem Nutenfeld entsprechende mittlere Feldstärke in der Kommutierungszone bei Belastung 193. 223. 227*.
B_q = Feldstärke des Ankerfeldes in der Kommutierungszone 192. 395*.
B_r = das wegen des Ohmschen Ankerwiderstandes erforderliche Kommutierungsfeld 229*.
B_r, B_q = Komponenten der Induktionen im Ankerkern 557*.
B_s = die dem Streufeld der Spulenköpfe entsprechende Feldstärke in der Kommutierungszone bei Belastung 193. 223*.
B_w = vom Wendepol erzeugtes Kommutierungsfeld 432.
B_z = zusätzliches Kommutierungsfeld 231*.
B_{zi} = ideelle Zahninduktion 142.
B_{zw} = wirkliche Zahninduktion 142.
b = wirklicher Polbogen 137.
b_c = auf den Ankerumfang reduzierte Bürstenverstellung 179.
b_i = ideeller Polbogen 132.
b_k = Breite der Kommutierungszone einer Ankernut bei Verkürzung des Nutenschrittes 224.
b_{k0} = Breite der Kommutierungszone einer Ankernut ohne Verkürzung des Nutenschrittes 227*.
b_{ki} = Breite des maximalen kommutierenden Feldes einer Ankernut mit Verkürzung des Nutenschrittes 227*.

$b_{k\,i\,0}$ = Breite des maximalen kommutierenden Feldes einer Ankernut ohne Verkürzung des Nutenschrittes 227*.
b_k = Breite des Wendepolkernes 439.
b_m = Breite des Magnetkernes 150.
b_n = erforderliches Kommutierungsfeld, um den Strom in einem Stabpaar geradlinig zu wenden 226.
b_r, b_r' = auf den Ankerumfang reduzierte Bürstenbreite 226. 244*.
b_w = wirklicher Polbogen des Wendepolschuhes 428.
b_x = mittlere Weite einer Kraftröhre 131.
b_1 = Bürstenbreite 244.
b_1 = Breite einer Bürstengruppe im reduzierten Schema 246*.
β = Lamellenteilung 244.
β_r = die auf den Ankerumfang reduzierte Lamellenteilung 226. 247.

C.

C_a = Koeffizient der Wärmeabgabe des Ankers 688.
C_c = Kapazität eines Kondensators 657.
C_k = Koeffizient der Wärmeabgabe des Kommutators 689.
C_m = Koeffizient der Wärmeabgabe der Magnetspulen 683.
c = Periodenzahl 21*.
c = spezifische Wärme 668.
c_{ei} = Eigenschwingungszahl 512.
c_k = Periodenzahl der Kommutatorlamellen 237*.
c_n = Periodenzahl der durch die Nuten verursachten Feldpulsationen 139. 237*.

D.

D = äußerer Ankerdurchmesser 45.
D_i = innerer Ankerdurchmesser 146.
D_k = Kommutatordurchmesser 226.
d_1, d_2, d_3 = Wellendurchmesser 512.
d_m = Durchmesser des Magnetkernes 150.
d_z = Zapfendurchmesser 602.
Δ = Blechstärke in mm 567.
δ = Größe des Luftspaltes in Zentimetern 132.
δ = Verlängerung der spezifischen Kommutierungsdauer durch Verkürzung des Nutenschrittes 598.
δ = Ungleichförmigkeitsgrad 509.

E

E = induzierte elektromotorische Kraft (EMK) 20*. 124.
$E_{d\,k\,max}$ = maximale Lamellenspannung 206. 210*.
$E_{d\,k\,mitt}$ = mittlere Lamellenspannung 206. 210.
e resp. e_x = Momentanwert der induzierten EMK 2. 19*.
Δe = die zwischen den Bürstenkanten induzierte mittlere EMK 239. 391*.
Δe_{max} = die zwischen den Bürstenkanten induzierte maximale EMK 239.
Δe_p = Pulsationen der zwischen den Bürstenkanten induzierten EMK 239.
e_k = Größe der kommutierenden EMK zur Erreichung einer geradlinigen Kommutierung 335*.
e_z = Teil der kommutierenden EMK, der den zusätzlichen Strom erzeugt 335.
ε = Spannungsschwankung der Gleichstromspannung eines Kommutators in Prozent 201*.
ε = Basis der nat. Logarithmen.

ε_a = prozentualer Spannungsabfall 465.
ε_e = prozentuale Spannungserhöhung 465.
ε_ε = relativer Spannungsabfall im Ankerstromkreis 518.
ε_k = Verkürzung des Nutenschrittes in Lamellenteilungen gerechnet 34.
ε_n = Verkürzung des Nutenschrittes in Nutenteilungen gerechnet 31.
ε_{φ} = relative Schwächung des Hauptfeldes vom Ankerstrom 518.
$\varepsilon_{\varphi n}$ = relative Änderung des Hauptfeldes durch Änderung des Erregerstromes 518.
η = Steinmetzsche Hysteresiskonstante 557.
η_g = Wirkungsgrad eines Generators 614*.
η_m = Wirkungsgrad eines Motors 615*.
Θ = Trägheitsmoment rotierender Massen 515.
ξ $= \lambda \frac{\Delta}{10}$ 574.

F.

F = Fläche.
F_m = mittlere elektromagnetische Leistung pro cm Bürstenlänge 363*.
F_p = Größe einer Polschuhstirnfläche 149.
F_u = Berührungsfläche zwischen Bürste und Kommutator 222. 314. 336.
F_u' = Berührungsfläche zwischen Bürste und auflaufender Lamelle 222. 336.
F_u'' = Berührungsfläche zwischen Bürste und ablaufender Lamelle 222. 336.
f_4 = Korrektionsfaktor der Wirbelstromverluste im Ankerkern herrührend von Oberfeldern 571.
f_5 = Korrektionsfaktor der Wirbelstromverluste in den Ankerzähnen herrührend von Oberfeldern 574.
f_h = Korrektionsfaktor der Hysteresisverluste durch die Rückwirkung der Wirbelströme 576*.
f_ϱ = Rückwirkungsfaktor auf den Wirbelstromverlust in Eisenblechen 576*.
f_a = Korrektionsfaktor der Hysteresisverluste im Ankerkern 562*.
f_m = Wicklungsfaktor der zwischen den Bürstenkanten induzierten mittleren EMK 233. 270*.
f_s = Wicklungsfaktor der zwischen den Bürstenkanten induzierten maximalen EMK 241. 271*.
Φ = Kraftfluß 2.
Φ_a, Φ_m, Φ_j = Kraftfluß im Anker, Magnet, Joch 125. 128.
Φ_b = Kraftfluß bei Belastung 184.
Φ_n = Kraftfluß des Nutenfeldes 223.
Φ_o = Kraftfluß bei Leerlauf 540.
Φ_k = Kraftfluß bei Kurzschluß 540.
Φ_s = Streufluß 128.
Φ_v = vorübergehender Kraftfluß bei Zustandsänderungen 540.
Φ_{wa}, Φ_{wm}, Φ_{ws} = Kraftfluß und Streufluß im Wendepolkreis 441.

G.

G_1, G_2, g, g' = Kräfte in kg 625.
$g = 9{,}81$ = Beschleunigung der Schwere in m/sek².
g = Auflagedruck der Bürsten pro cm² 287.
γ = spezifisches Gewicht.
γ = spezifische Kommutierungsdauer einer Stablage 596.
γ $= \frac{\text{totale Länge aller Hauptpole}}{\text{totale Länge aller Wendepole}}$ 232. 426.

H.

H_x = magnetische Feldstärke 126.
h = Eisenhöhe des Ankers 146*.
h_j = radiale Höhe des Joches 151.
h_k = radiale Höhe des Wendepolkernes 439.
h_m = radiale Höhe des Magnetkernes 153.

J.

J = Intentensität der Magnetisierung 557.
J = Strom des äußeren Stromkreises 22. 124*.
J_a = gesamter Strom des Ankers 117. 124*.
J_0 = Ankerstrom bei Leerlauf 644.
J_h = Strom in der Hauptschlußwicklung 117.
J_i = innerer Strom in der Ankerwicklung 199.
J_k = stationärer Kurzschlußstrom eines Gleichstromgenerators 540.
J_{km} = momentaner Kurzschlußstrom eines Gleichstromgenerators 540.
J_m = Magnetiesierungsstrom des zweiphasigen Motors 531.
i = Momentanwert des Kurzschlußstromes 217*. 335.
i_a = momentaner Kurzschlußstrom 541.
i_a = Strom eines Ankerzweiges 124*.
i_k = Momentanwert des geradlinigen Kurzschlußstromes 222*. 335.
i_n = Nebenschlußstrom 117. 124.
i_z = Momentanwert des zusätzlichen Kurzschlußstromes 222*. 335.

K.

K = Lamellenzahl des Kommutators 31.
k = Elliptisität des Drehfeldes 555.
k = Widerstandsfaktor bei allmählich kommutierendem Gleichstrom 598*.
k_1 = Verhältnis der Leitfähigkeit des Luftspalts eines glatten Ankers zu der eines Nutenankers 134. 135*.
k_2 = Isolationsfaktor 142*.
k_3 = Luftquerschnitt der Nut: Eisenquerschnitt des Zahnes 142*.
k_4 = Koeffizient zur Berechnung der Wirbelstromverluste im Ankerkern 569*.
k_5 = Koeffizient zur Berechnung der Hysteresis- und Wirbelstromverluste in den Ankerzähnen 565*.
k_6, k_7 = Lagerkonstanten 606. 607*.
k_m = Reduktionsfaktor der gegenseitigen Induktionskoeffizienten 276.
k_m = Widerstandsfaktor bei momentan kommutierendem Gleichstrom 595*.
k_p $= \dfrac{AW_p}{b_i AS}$ 394.
k_q $= \dfrac{AW_l + AW_z}{b_i AS}$ 183. 394.
k_r = Koeffizient der scheinbaren Widerstandserhöhung durch die Selbstinduktion einer Ankerspule 243.
k_z $= 1 + \dfrac{AW_z - AW_p}{AW_l}$ 138*. 188.

L.

$L_1, L_2, \ldots$ = Länge der Feldstreulinien 150.
L, L_1, L_2 = Koeffizienten der Selbstinduktion 275. 279*.
L mit Index = Länge des Kraftlinienweges 126. 131*.
L_{E_1}, L_{E_2}, L_{Q_1}, L_{Q_2} } Selbstinduktionskoeffizienten der Wicklungen eines zweiphasigen Kommutatormotors 529.

L_s = Koeffizient der scheinbaren Selbstinduktion 276*
l = Ankerlänge 133.
l_1 = gesamte Ankerlänge 142.
l_1, l_2, l_3 . . . . = Wellenlängen 512.
l_a = halbe Länge einer Ankerwindung 591.
l_B = Länge der Bürsten eines Stiftes in der Achsenrichtung 340.
l_k = Länge des Wendepolkernes 439.
l_m = Länge des Magnetkernes 150.
l_p = Länge des Polschuhs 150.
l_s = Länge einer Stirnverbindung 273.
l_w = Länge des Wendepolschuhes 439.
l_z = Nutentiefe 564.
λ = Dämpfungskonstante 575*.
λ_{10}, λ_{1n}, λ_2 = spezifische magnetische Leitfähigkeiten der Streuflüsse einer Nut 256*.
λ_n = spezifische magnetische Leitfähigkeit des Nutenfeldes 223.
λ_{n1} = totale spezifische magnetische Leitfähigkeit einer Nut unter einem Wendepol 258*.
λ_{n2} = totale spezifische magnetische Leitfähigkeit einer Nut außerhalb eines Wendepols 258*.
λ_{ns} = spezifische magnetische Leitfähigkeit einer Ankerspule 280.
λ_q, λ_{q1}, λ_{q2} = spezifische magnetische Leitfähigkeit des Ankerquerfeldes 192*.
λ_s, λ_{s1}, λ_{s2} = spezifische magnetische Leitfähigkeit der Streufelder um die Spulenköpfe in der Kommutierungszone 273*.
λ_{w1}, λ_{w2}, λ_{w3} = spezifische magnetische Leitfähigkeit der Streuflüsse eines Wendepols 440.
λ_x, λ_1, λ_2 . . . λ_8 = spezifische magnetische Leitfähigkeiten des Feldstreuflusses 149*.

M.

M = Koeffizient der gegenseitigen Induktion 275.
M_d = Drehmoment in Vismetern 484.
$M_{Q_1 E_2}$, $M_{Q_2 E_1}$ = gegenseitiger Induktionskoeffizient der Wicklung eines Zweiphasen Kommutatormotors 529.
m = Vermehrung der Lamellenzahl 68.
μ = Permeabilität des Eisens 131.
μ = Reibungskoeffizient 602.

N.

N = Draht- oder Stabzahl eines Ankers 20.
N_{E_1}, N_{E_2}, N_{Q_1}, N_{Q_2} = Rotationsinduktionskoeffizienten der Wicklung eines Zweiphasen-Kommutatormotors 529.
n = Umdrehungszahl in einer Minute 21.
ν = Verhältnis von Nutenweite zum Luftraum 135.

O.

Ω_1, Ω_2, Ω_m = Winkelgeschwindigkeiten 509.
ω = Winkelgesshwindigkeit 18*.

P.

P = Klemmenspannung 124.
P = Dauer einer Periode bei aussetzendem Betrieb 699.
ΔP = Mittelwert der Übergangsspannung zwischen einer pos. und einer neg. Bürste und dem Kommutator 124. 285*.
$\Delta P_{(+)}$, $\Delta P_{(-)}$ = Übergangsspannung zwischen Kommutator und pos. resp. neg Bürste eines Generators 285.

P_g = Gleichstromspannung 201.
P_w = Wechselstromspannung 201.
P_m = Magnetische Potentialdifferenz zwischen den Polschuhen 149*.
p = Zahl der Polpaare 21.
p = spezifischer Zapfendruck in kg/cm² 602.
p_1 = Anzahl gleichnamiger Bürstenstifte 352.
p_w = Anzahl der zwischen zwei aufeinanderfolgenden gleichnamigen Bürstenstiften weggelassenen Bürstenstifte gleichnamiger Polarität 245.
Δp = mittlere Spannung zwischen den Bürstenkanten 315. 316.
Δp_x = Spannung zwischen Bürste und Kommutator bei Belastung 320.
Δp_{x0} = Spannuug zwischen Bürste und Kommutator bei Leerlauf 319.

Q.

Q = Wärmemenge pro Sek. 668*.
Q = Elektrizitätsmenge 161*.
Q = Lagerdruck in kg 602.
Q mit Index = Querschnitt eines Kraftlinienweges 131*.
Q_k = durch Konvektion abgeführte Wärmemenge 673.
Q_n = durch natürliche Konvektion abgeführte Wärmemenge 673.
Q_s = ausgestrahlte Wärmemenge 671.
q, r, s = Eigenschwingungszahlen 513.
q_a = Querschnitt eines Ankerdrahtes in mm² 591.
q_n = Querschnitt eines Drahtes der Nebenschlußwicklung 590.
q_h = Querschnitt eines Drahtes der Hauptschlußwicklung 592.

R.

R = magnetischer Widerstand 543.
R_1, R_2 = Hebelarm beim Bremszaun 626.
R_1, R_2 = Widerstände der Wicklung eines zweiphasigen Kommutatormotors 540.
R_a = Ankerwiderstand 459. 591*.
R_g = Gesamtwiderstand des Ankerstromkreises 124.
R_h = Widerstand der Hauptschlußwicklung 468. 592*.
R_k = spezifischer Übergangswiderstand der Bürsten Ω/cm² bei Gleichstrom 284.
$R_{k(+)}, R_{k(-)}$ = spezifischer Übergangswiderstand zwischen Kommutator und pos. resp. neg. Bürste eines Generators 285.
R_n = Widerstand der Nebenschlußwicklung 472. 590*.
R_x = magnetischer Widerstand einer Kraftröhre 279.
r = $r_s + 2r_v$ 336.
r_1 bis r_8 = Abmessungen der Nut 255.
r_k' = kritische Stabhöhe bei allmählicher Kommutierung 599.
r_m' = kritische Stabhöhe bei momentaner Kommutierung 599.
r_n = Regulierwiderstand im Nebenschlußkreis 117. 590.
r_s = Widerstand einer Ankerspule 282.
r_v = Widerstand der Verbindung zwischen Ankerspule u. Kommutator 282.
ϱ = spezifischer Widerstand 591*.
ϱ = Entfernung der neutralen Zone des Ankerfeldes von der Polmitte 184*.

S.

S = Anzahl der gesamten Ankerspulen 31.
S_1, S_2 = Streuinduktionskoeffizienten 276.
s = Anzahl der gesamten Ankerspulenseiten oder Ankerstäbe 31.
s_n = Stromdichte in der Nebenschlußwicklung 590.
s_u = mittlere Stromdichte unter den Bürsten 223. 284*.
$s_{u\,eff}$ = effektive Stromdichte unter den Bürsten 302. 329*.

s_{uxt} = momentane örtliche Stromdichte unter den Bürsten 328.
s_{ux} = mittlere örtliche Stromdichte unter den Bürsten 329.
s_w = effektive Stromdichte der Wirbelströme im Ankerkupfer 583.
s_z = Stromdichte des zusätzlichen Stromes unter den Bürsten 316. 337.
σ = Streukoeffizient 128. 148*.
σ_a = $\frac{\Phi_a}{\Phi}$ 130*.
σ_{1h} = Steinmetzscher Hysteresiskoeffizient 557*.
σ_{2h} = Richterscher Hysteresiskoeffizient 557*.
σ_w = Wirbelstromkonstante 567*.

T.

T = Zeit einer Umdrehung oder einer Periode 18.
T = Endtemperatur 669.
T = Kurzschlußzeit einer Spule 222. 244*.
T = Zeit der einfachen Schwingung eines Ankers 654.
T_a = Temperaturerhöhung des Ankers 591. 686*.
T_g = Temperaturerhöhung des Gußgehäuses eines Kapselmotors 692*
T_k = Temperaturerhöhung des Kommutators 689*.
T_l = Lufttemperatur 607.
T_m = Temperaturerhöhung der Magnetspulen 590. 683*.
T_m = Anlaufszeit rotierender Körper 518.
T_{mk} = Temperaturerhöhung der Magnetspulen im Kurzschluß 683.
T_{m0} = Temperaturerhöhung der Magnetspulen im Leerlauf 683.
T_n = Zeitkonstante der Nebenschlußwicklung 518.
T_n = Kurzschlußzeit des Stromvolumens einer Nut bei verkürztem Nutenschritt 223. 247*.
T_{n0} = Kurzschlußzeit des Stromvolumens einer Nut bei unverkürztem Nutenschritt 247.
T_z = Zapfentemperatur 607.
t = Zeit 18.
ϑ = Drehmoment 485*.
ϑ_a = auf den Anker elektrisch ausgeübtes Drehmoment 485.
ϑ_b = Belastungsmoment eines Motors 488.
ϑ_v = Verlustdrehmoment eines Motors 488.
ϑ_w = resultierendes Drehmoment an der Motorwelle 488.
τ = Polteilung 22.

U.

u_k = Zahl der Kommutatorlamellen pro Nut 34.
u_n = Zahl der Spulenseiten einer Nut 31.

V.

V = Volumen 557.
V_a = Eisenvolumen des Ankerkerns 561.
V_z = Eisenvolumen der Zähne 566.
v = Umfangsgeschwindigkeit des Ankers in m/sek 3. 22*.
v_k = Umfangsgeschwindigkeit des Kommutators in m/sek 244.
v_z = Zapfengeschwindigkeit in m/sek 602.

W.

W = Leistung in Watt 23.
W_{ei} = Eisenverlust 586. 589*.
W_H = Verluste in der Hauptschlußwicklung 592.

W_h = Summe aller Hysteresisverluste 649.
W_{ha} = Hysteresisverlust im Ankerkern 561*.
W_{hp} = Hysteresisverlust in den Polschuhen 580*.
W_{hz} = Hysteresisverlust in den Ankerzähnen 566*.
W_{ka} = Verlust durch Stromwärme im Ankerkupfer 591*.
W_{kw} — zusätzlicher Wirbelstromverlust im Ankerkupfer 598*.
W_{kz} = Stromwärme des im Ankereisen eingebetteten Teils der Ankerwicklung 683.
W_n = Verlust in der Nebenschlußwicklung 590*.
W_{nt} = totaler Verlust im Nebenschlußkreis 649.
W_R = Reibungsarbeit in Watt 602. 607*.
W_r = Verlust durch Bürstenreibung 611*.
W_ϱ = Summe aller Reibungsverluste 586. 615.
W_u = Bürstenübergangsverlust 329*. 593.
W_v = Summe aller Verluste einer Maschine 615.
W_W = Verluste in der Wendepolwicklung 592*.
W_w = Summe aller Wirbelstromverluste 649*.
W_{wa} = Wirbelstromverlust im Ankerkern 571*.
W_{wk} = Wirbelstromverluste in der Ankerwicklung, herrührend vom Hauptfeld 615.
W_{wp} = Wirbelstromverluste in den Polschuhen 577*. 579*.
W_{wz} = Wirbelstromverluste in den Zähnen 571*.
w = Windungszahl der Ankerwicklung 18.
w_a = effektive Windungszahl der Ankerwicklung 504. 532
w_e = spezifischer Eisenverlust 587.
w_h = spezifischer Hysteresisverlust 561*.
w_h = Windungszahl der Hauptschlußwicklung 469. 592.
w_n = Windungszahl in der Erregerwicklung 456. 590.
w_q = effektive Windungszahl der Querwicklung einer zweiphasigen Kommutatormaschine 532.
w_w = spezifischer Wirbelstromverlust 567*.

X.

X = Zahlenwert zur Berechnung von k_1 135*.
x $= \frac{t}{T}$ 336.
x_1, x_2, x_k, x_m = Reaktanzen verschiedener Induktionskoeffizienten 277

Y.

y = resultierender Wicklungsschritt 36.
$y_1, y_2, \ldots, y_{2m}$ = Teilschritte 35*. 71.
y_k = Kommutatorschritt 37*.
y_m = Meßschritt zur Bestimmung des Ankerwiderstand s 646*
y_n = Nutenschritt 33*.
y_p = Potentialschritt 75*.

Z.

Z = Nutenzahl 31.
Z = Zeitkonstante 669*.
z = Zeit 668.
z_1 = Breite des Zahnkopfes 135. 143.
z_2 = Breite des Zahnfußes 143.

Manuldruck von F. Ullmann G. m. b. H., Zwickau Sa.

GPSR Compliance

The European Union's (EU) General Product Safety Regulation (GPSR) is a set of rules that requires consumer products to be safe and our obligations to ensure this.

If you have any concerns about our products, you can contact us on ProductSafety@springernature.com

In case Publisher is established outside the EU, the EU authorized representative is:

Springer Nature Customer Service Center GmbH
Europaplatz 3
69115 Heidelberg, Germany

Batch number: 10697687

Printed by Printforce, the Netherlands